国家出版基金项目
NATIONAL PUBLICATION FOUNDATION

"十四五"国家重点出版物
出版规划项目

中国兽药研究与应用全书

COMPREHENSIVE SERIES
ON VETERINARY DRUG
RESEARCH AND APPLICATION
IN CHINA

兽药残留与分析

王战辉 主编

化学工业出版社

·北京·

内容简介

本书介绍了兽药残留的概念、兽药残留的控制原理和兽药残留分析方法，详细阐述了样品前处理方法、仪器分析方法、免疫分析法、微生物分析方法，深入介绍了磺胺及磺胺增效剂类药物、喹诺酮类药物、喹噁啉类药物、硝基呋喃类药物、硝基咪唑类药物、β-内酰胺类药物、氨基糖苷类药物、四环素类药物、酰胺醇类药物、大环内酯类和林可胺类药物、多肽类药物、抗病毒药物、驱线虫类药物、抗球虫类药物、阿维菌素类药物、β-受体激动剂类药物、皮质激素类药物、同化激素类药物、镇静剂类药物、非甾体类抗炎药物、抗组胺类药物等各类兽药的残留分析。

全书内容系统全面，理论联系实际，并融入了行业最新进展，是动物药学、动物医学、动物科学、食品安全、环境监测、化工等相关专业师生，政府食品安全管理部门及食品生产、加工企业管理及技术人员等的良好参考读物。

图书在版编目（CIP）数据

兽药残留与分析 / 王战辉主编 . — 北京：化学工业出版社，2024. 11. — （中国兽药研究与应用全书）.
ISBN 978-7-122-46229-9

Ⅰ. S859. 79

中国国家版本馆 CIP 数据核字第 2024BP3123 号

责任编辑：邵桂林　刘　军　　文字编辑：朱　允
责任校对：李　爽　　　　　　装帧设计：尹琳琳

出版发行：化学工业出版社
　　　　　（北京市东城区青年湖南街 13 号　邮政编码 100011）
印　　装：北京建宏印刷有限公司
787mm×1092mm　1/16　印张 44¼　字数 1100 千字
2025 年 6 月北京第 1 版第 1 次印刷

购书咨询：010-64518888　　　售后服务：010-64518899
网　　址：http://www.cip.com.cn
凡购买本书，如有缺损质量问题，本社销售中心负责调换。

定　　价：368. 00 元　　　　　　版权所有　违者必究

《中国兽药研究与应用全书》编辑委员会

顾　问

夏咸柱　中国人民解放军军事医学科学院，中国工程院院士

陈焕春　华中农业大学，中国工程院院士

刘秀梵　扬州大学，中国工程院院士

张改平　北京大学，中国工程院院士

陈化兰　中国农业科学院哈尔滨兽医研究所，中国科学院院士

张　涌　西北农林科技大学，中国工程院院士

麦康森　中国海洋大学，中国工程院院士

李德发　中国农业大学，中国工程院院士

印遇龙　中国科学院亚热带农业生态研究所，中国工程院院士

包振民　中国海洋大学，中国工程院院士

刘少军　湖南师范大学，中国工程院院士

编委会主任

沈建忠　中国农业大学，中国工程院院士

金宁一　中国人民解放军军事医学科学院，中国工程院院士

编委会委员（按姓氏笔画排序）

才学鹏　王战辉　邓均华　田克恭　冯忠武　沈建忠

金宁一　郝智慧　曹兴元　曾建国　曾振灵　廖　明

薛飞群

编写人员名单

主　　编　王战辉

副 主 编　王鹤佳　王建平　温　凯

编写人员（按姓氏笔画排序）

于雪芝　王　琳　王志强　王建平　王建龙　王战辉

王培龙　王鹤佳　匡　华　江海洋　汤有志　许文涛

李　存　李　园　李成龙　陈　红　陈冬梅　陈爱亮

赵思俊　夏　曦　彭大鹏　温　凯　潘彦彤

我国是世界养殖业第一大国。兽药作为不可或缺的生产资料，对保障和促进养殖业健康发展至关重要，对保障我国动物源性食品安全具有重大战略意义，在我国国民经济的发展中起着不可替代的重要作用。党和政府高度重视兽药科研、生产、应用和管理，要求大力发展和推广使用安全、有效、质量可控、低残留兽药，除了要求保障我国畜牧养殖业健康发展外，进一步保障人民群众"舌尖上的安全"。国家发布的《"十四五"全国畜牧兽医行业发展规划》中明确规定，要继续完善兽药质量标准体系、检验体系等；同时提出推动兽药产业转型升级，加快兽用中药产业发展，加强中兽药饲料添加剂研发，支持发展动物专用原料药及制剂、安全高效的多价多联疫苗、新型标记疫苗及兽医诊断制品。以2020年《兽药管理条例》修订、突出"减抗替抗"为标志，我国兽药生产、管理工作和行业发展面临深刻调整，进入全新的发展时代。

兽药创新发展势在必行，成果的产业化应用推广是行业发展的关键。在国家科技创新政策的支持下，广大兽药从业人员深入实施创新驱动发展战略，推动高水平农业科技自立自强，兽药创制能力得到了大幅提升，取得了相当成效，特别是针对重大动物疾病和新发病的预防控制的兽药（尤其是疫苗）创制开发取得了丰硕的成果。我国兽药科技创新平台初具规模、兽药创制体系形成并稳步发展，取得一系列自主研发的新兽药品种，已经成为世界上少数几个具有新兽药创制能力的国家，为我国实现科技强国、加快建设农业强国提供坚实保障。

为了系统总结新中国成立以来兽药工业的研究与应用发展状况和取得的成果，尤其是介绍近年来我国在新兽药研究、创制与应用过程中取得的新技术、新成果和新思路，包括兽药安全评价、管理和贸易流通等，在化学工业出版社的邀请和提议下，沈建忠院士、金宁一院士组织了国内兽药教学、科研、生产、应用和管理等各领域知名专家编写了《中国兽药研究与应用全书》。参与编写的专家在本领域学术造诣深厚、取得了丰硕的成果、具有丰富的经验，代表了当前我国兽药学科领域的水平，保证了本套全书内容的权威性。

《中国兽药研究与应用全书》包含10卷，紧紧围绕党中央提出的新五大发展理念，结合国家兽药施用"减量增效"方针、最新修订的《兽药管理条例》和农业农村部"减抗限抗"政策，分别从中国兽药产业发展、兽用化学药物及应用、中兽药及应用、兽用疫苗及应用、兽用诊断试剂及应用、兽用抗生素替代物及应用、兽药残留与分析、兽药管理与国际贸易、兽药安全性与有效性评价、新兽药创制等方面给予了深入阐述，对学科和行业发展具有重要的参考价值和指导价值。

我相信，《中国兽药研究与应用全书》的顺利出版必将对推动我国兽药技术创新，提升兽药行业竞争力，保障畜牧养殖业的绿色和良性发展、动物和人类健康，保护生态环境等方面起到重要和积极作用。

祝贺《中国兽药研究与应用全书》顺利出版，是为序。

中国工程院院士
国家兽药安全评价中心主任、兽医公共卫生安全全国重点实验室主任

前言

近年来，我国畜牧养殖业规模稳步发展和集约化程度不断提高，尽管国家对抗生素、激素、抗寄生虫药物等兽药的使用加强了监管，但兽药的不合理使用、滥用甚至违禁使用依然存在，导致兽药残留问题频发，严重影响食品安全。加强兽药残留的检测与监控是保障动物源食品安全、维护公共卫生安全和人民健康的重大需求，也是打破动物性产品国际贸易壁垒的有效手段。

在此背景下，我们组织行业内专家编写了《兽药残留与分析》一书。本书共包括 26 章，第 1 章至第 5 章对兽药残留的相关概念、样品前处理方法、仪器分析方法、免疫分析法和微生物分析方法进行了综述；第 6 章至第 26 章分别针对常见的残留兽药种类，如磺胺及磺胺增效剂类、喹诺酮类、硝基呋喃类、β-内酰胺类、氨基糖苷类等，对其药学性质、样品前处理方法、残留分析技术、公定方法等进行了详细介绍。全书涵盖了兽药残留分析的基本理论、最新进展、技术方法及其应用实例，具有较强的实用性和指导性。本书旨在通过对兽药残留与分析进行系统而详尽的论述，为兽药行业从业人员、分析化学家、环境保护工作者、食品安全部门监管人员、高校及研究所教学和研究人员等了解兽药残留分析方法提供理论支撑与技术指导，促进兽药残留分析领域的学术交流与技术创新。

本书汇聚了兽药领域内多位专家的智慧结晶与实践经验，书中尽量追求内容的严谨性与全面性，但考虑到学科的快速发展与编撰工作的复杂性和艰巨性，存在疏漏或表述欠妥之处在所难免。由衷期待行业同仁、广大读者给予宝贵意见，帮助本书在未来的版本中更加完善，共同推动兽药残留检测与监测领域相关研究内容的持续发展与技术革新。

编者

目录

第 3 章
仪器分析方法　　　　55

第 1 章
绪 论

1.1

概述

近年来，伴随畜牧养殖业的飞速发展，兽药（包括化学药物、生物药物以及药物饲料添加剂等）被广泛应用于畜牧养殖中，在预防疾病、优化肉质、助力生长方面作用明显，已成为畜牧养殖业不可缺少的物质基础。在动物养殖过程中常用的药物有抗菌药物、驱虫药物、抗生素类生长促进剂、激素类生长促进剂及其他药物，具体见表 1-1[1]。

表 1-1 动物养殖中常用的药物种类及代表性药物

药物种类	代表性药物
β-内酰胺类	青霉素 G、青霉素 V、氨苄西林、阿莫西林、氯唑西林、苯唑西林、双氯西林、氟氯西林、美西林、羧苄西林、萘夫西林、美洛西林、替卡西林、甲氧西林、苄星青霉素、头孢噻呋、头孢噻吩、头孢喹肟、头孢拉定、头孢他啶、头孢噻肟、头孢唑林、头孢哌酮、头孢匹林、头孢羟氨苄、头孢唑肟、头孢曲松、头孢克肟、头孢吡肟
喹诺酮类	萘啶酸、噁喹酸、氟甲喹、西诺沙星、吡咯酸、吡哌酸、帕珠沙星、诺氟沙星、依诺沙星、环丙沙星、培氟沙星、尤利沙星、洛美沙星、达氟沙星、恩诺沙星、氧氟沙星、马波沙星、克林沙星、氟罗沙星、加替沙星、沙拉沙星、二氟沙星、司帕沙星
磺胺类	磺胺吡啶、磺胺嘧啶、磺胺甲基嘧啶、磺胺二甲基嘧啶、磺胺对甲氧嘧啶、磺胺间甲氧嘧啶、磺胺间二甲氧嘧啶、磺胺二甲基异噁唑、磺胺氯哒嗪、磺胺氯吡嗪、磺胺甲氧哒嗪、磺胺噻唑、磺胺甲噻二唑、磺胺甲噁唑、磺胺异噁唑、磺胺喹噁啉、磺胺苯吡唑、磺胺脒、磺胺硝苯
大环内酯类	红霉素、克拉霉素、阿奇霉素、螺旋霉素、替米考星、罗红霉素、泰乐菌素
酰胺醇类	氯霉素、甲砜霉素、氟苯尼考
氨基糖苷类	庆大霉素、卡那霉素、链霉素、新霉素、大观霉素、丁胺卡那霉素、妥布霉素、安普霉素
四环素类	四环素、土霉素、金霉素、多西环素、美他环素
多肽类	黏菌素、杆菌肽、万古霉素
喹噁啉类	喹乙醇、卡巴氧、喹烯酮
咪唑并噻唑类	左旋咪唑、噻咪唑
苯并咪唑类	阿苯达唑、氟苯达唑、芬苯达唑、奥芬达唑、甲苯达唑、噻苯咪唑、奥苯达唑
硝基咪唑类	甲硝唑、地美硝唑、奥硝唑、异丙硝唑
阿维菌素类	阿维菌素、伊维菌素、爱普菌素、多拉菌素、莫西菌素
聚醚类	盐霉素、甲基盐霉素、莫能菌素、马杜霉素、拉沙洛西
三嗪类	地克珠利、妥曲珠利、克拉珠利
抗虫药	氯羟吡啶、氯苯胍、三氮脒
糖皮质激素类	泼尼松龙、泼尼松、氢化可的松、可的松、甲泼尼龙、地塞米松、倍他米松、氟米松、倍氯米松曲安奈德、氟氢可的松、氟米龙、醋酸可的松、布地奈德、安西奈德、丁酸氯倍他松、阿氯米松、曲安西龙、氟轻松、氟氢缩松、去羟米松
玉米赤霉醇类	α-玉米赤霉醇、β-玉米赤霉醇、α-玉米赤霉烯醇、β-玉米赤霉烯醇、玉米赤霉酮、玉米赤霉烯酮
β-受体激动剂类	异丙肾上腺素、奥西那林、齐帕特罗、特布他林、西马特罗、丙卡特罗、氯那林、妥布特罗、福莫特罗、溴布特罗、班布特罗、马布特罗、马喷特罗、苯乙醇胺 A、喷布特罗、卡布特罗、沙丁胺醇、非诺特罗、莱克多巴胺、克伦特罗

药物种类	代表性药物
同化类激素	孕酮、黄体酮、睾酮、雌二醇、炔诺孕酮、群勃龙、苯丙酸诺龙、甲睾酮、丙酸诺龙、勃地酮、诺龙、司坦唑醇、丙酸睾酮
硝基呋喃类	呋喃唑酮、呋喃它酮、呋喃妥因、呋喃西林
抗病毒药	金刚烷胺、金刚乙胺、阿昔洛韦、吗啉胍、利巴韦林

兽药使用种类和品种的增加，滥用兽药、不遵守休药期和非法使用违禁药物的现象长期存在，导致动物源性食品包括肉制品、奶类、蛋类、水产品中兽药残留问题愈发严重。2020 年，全国市场监管部门完成食品安全监督抽检 6387366 批次，依据有关食品安全国家标准检验，检出不合格样品 147721 批次，总体不合格率为 2.31%。从食品抽样品种来看，其中肉制品、蛋制品、乳制品抽检不合格率分别为 1.26%、0.29%、0.13%；从检出的不合格项目类别看，其中农兽药残留超标占不合格样品总量的 35.31%，与上年相比不合格率有所上升[2]。食品安全关系人民群众的身体健康和生命安全，是重大民生问题。畜产品中兽药残留问题是引发动物源性食品安全的最主要的因素之一，也成为全球关注的焦点。因此，对兽药残留的检测与控制已经是目前国内外兽药研究、开发、使用和管理中的重要内容。

随着人们生活水平的日益提高，健康意识不断增强，"绿色"消费需求也越来越严格，因此动物源性食品的质量安全问题成为全球公共卫生领域的重要工作。保证动物源性食品安全，一方面要完善质量安全监管体系，另一方面还要提高检测和分析技术水平[3]。残留分析不仅是兽药残留研究和健康的重要基础，而且是兽药代谢、临床药理和生物药剂学等兽药理论及应用研究的必要手段。在实行的食品安全保障体系中，检测工作作为食品原料生产、加工及运输等环节中内部自我监控和外部监督检查的重要手段，直接影响食品的质量和安全。检测和监控动物源性食品安全的风险因素是避免其对人体造成危害的最后一道防线[4]。随着社会的发展，人类社会对食品安全的要求不断提高，食品中安全卫生指标的限量值也逐步降低，这对检测技术提出了更高的要求。食品安全检测技术在不断地发展与更新，并朝着高技术化、速测化、便携化以及信息共享的方向迈进。本书对兽药残留检测技术现状进行了综述，有助于相关人员对动物源性食品安全检测技术有一个概括性的了解，为实际工作提供参考。

1.2

药物在动物机体内的变化过程

药物进入动物机体后，在对机体产生效应的同时，也会受机体的作用而发生变化，在体内的变化过程包括吸收、分布、生物转化和排泄（图 1-1）。上述过程在药物进入机体后是相继发生、同时进行的，在药动学上被称为机体对药物的处置（disposition），生物转化和排泄合称为消除（elimination）。掌握药物的体内过程对了解和预测残留的组成、分布、浓度、休药期，指导用药，以及减少残留具有十分重要的意义[5,6]。

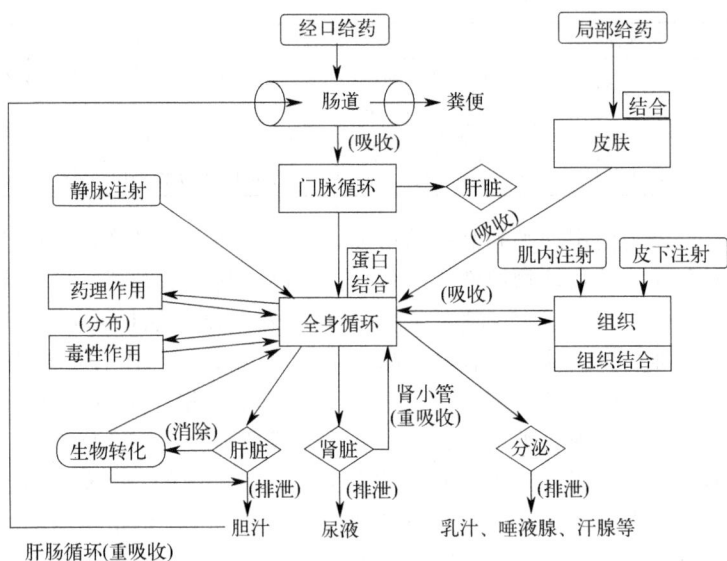

图 1-1 药物的体内过程

1.2.1 生物转运

小分子药物在体内的转运主要包括简单扩散和主动转运两种方式。简单扩散又称为被动扩散，大部分药物均通过这种方式转运，该过程是顺浓度梯度进行，与细胞代谢无关，故不需要消耗能量。主动转运是一种载体介导的逆浓度或逆电化学梯度的转运过程。由于载体的参与，转运过程有饱和性，相似化学性质的物质还有竞争性。主动转运是直接耗能的转运过程，对药物的不均匀分布和肾脏的排泄具有重要意义。

影响药物转运的因素包括药物的理化性质、剂型与给药方式、pH、组织结合、组织屏障等。

（1）理化性质　药物的脂溶性（辛醇/水分配系数）越高、分子量越小，越容易通过脂质的细胞膜进行扩散、吸收或分布。由于药物在体内的扩散需要通过水相，故水溶性太低的药物不易被细胞吸收。

（2）剂型与给药方式　剂型影响药物的生物利用度，一些类型能影响分布。在所有的给药方式中，内服给药对药物吸收的影响最大，如小肠的排空率、胃肠道 pH、胃肠内容物的充盈度、药物的相互作用以及肝脏首过效应等。药物主要在小肠内被吸收。

（3）pH　许多药物多是弱有机酸或弱有机碱，其解离度取决于药物的 pK_a 和体液的 pH。pH 是药物吸收、分布和排泄的重要影响因素。弱酸、弱碱性药物的解离与 pH 的关系可用 Henderson-Hasselbalch 公式计算：

酸性药物：

$$pH - pK_a = \lg \frac{解离浓度}{非解离浓度} \tag{1-1}$$

碱性药物：

$$pH - pK_a = \lg \frac{非解离浓度}{解离浓度} \tag{1-2}$$

式中，pK_a 是解离常数 K_a 的负对数，其意义是当药物 50% 解离时的 pH。

以酸为例，将式(1-1)改写成：

$$\frac{解离浓度}{非解离浓度}=10^{pH-pK_a} \tag{1-3}$$

式(1-3)中，升高 pH 能促进酸性药物的解离，降低 pH 则抑制酸性药物的解离。当 pH 增加 1 个单位，对弱酸性药物来说，则有 91% 药物解离，9% 非解离；若 pH 增加 2 个单位，则解离型约为 99%，非解离型为 1%。对弱碱性药物则相反；当 pH＝pK_a 时，解离和非解离药物各有 50%，处于动态平衡之中，这种条件下药物最容易被吸收和在体内分布。因此，pH 的微小变化即可明显影响药物解离型与非解离型浓度的比值。表 1-2 给出了药物 pK_a－pH 与其解离度之间的关系。

表 1-2　药物 pK_a－pH 与解离度的关系

pK_a－pH	解离度/%	
	有机酸	有机碱
－4	99.99	0.01
－3	99.90	0.10
－2	99.01	0.99
－1	90.91	9.09
0	50.00	50.00
1	9.09	90.91
2	0.99	99.01
3	0.10	99.90
4	0.01	99.99

（4）**组织结合**　药物被吸收进入体内后通常与组织成分发生一定程度的结合，按相互作用力性质分为共价结合和非共价结合。

非共价结合形式比较普遍，是体内药物溶解和运输的重要方式，影响药物的分布和效应。研究较多的是药物与血浆蛋白的结合。这种分子间的作用力是可逆的，也是一种非特异性结合，游离型和结合型的药物经常处于动态平衡。血浆蛋白的非特异性结合位点有限，药物剂量过大，超过饱和时，会使游离型药物大量增加，有时可引起中毒。此外，若同时使用两种都对血浆蛋白有较高亲和力的药物，则将会发生竞争性抑制现象，一种药物可把另一种药物从结合部位置换出来。

与血浆蛋白结合的药物，延缓了药物从血浆中消除的速率，从而延长了药物的半衰期，因此与血浆蛋白的结合实际上是一种储存功能。一些药物对某些组织成分有特殊的亲和性，排泄缓慢，易发生蓄积。如重金属、四环素类和喹诺酮类药物易与骨组织结合；有机磷杀虫剂等脂溶性药物容易蓄积在脂肪组织中；肝脏和肾脏中含有大量的结合蛋白，对许多药物和重金属具有较强的结合和滞留能力，所以肝脏和肾脏容易蓄积高浓度的药物，成为残留检测的重要靶组织。

另有部分药物及其代谢产物能与组织成分或蛋白质、核酸等内源性物质发生不可逆的共价结合。这部分药物残留一般分为两种：轭合残留（conjugated residues）和结合残留（bound residues）。轭合残留是药物与体内一些极性的内源性小分子（如葡萄糖醛酸、活性硫酸等）在 II 相反应中结合形成的水溶性产物，易于排泄，是机体重要的代谢或解毒方式。轭合残留的水溶性高，稳定性差，在溶剂提取和净化中易损失，检测比较困难，一般用 β-葡糖苷酸酶、芳基硫酸酶或稀酸水解为游离药物再测定。结合残留一般是指药物与蛋白质、核酸等大分子物质形成的结合物，不能进行再次分布和排泄，通常使用常规的溶剂提取方法无法提取出来。

肝脏是主要的代谢器官，通常是活性中间体集中攻击的组织，也常含有较高的结合残留。

（5）组织屏障　体内存在一些天然的组织屏障，是体内器官的一种选择性转运功能，可以阻止或减少外来物质的进入，如血脑屏障、胎盘屏障。

① 血脑屏障（blood brain barrier）：是由毛细血管壁与神经胶质细胞形成的血浆与脑细胞之间的屏障和由脉络丛形成的血浆与脑脊液之间的屏障。这些膜的通透性较差，许多分子量较大、极性较高的药物不能穿过此膜进入脑内，与血浆蛋白结合的药物也不能进入，而脂溶性的小分子物质可以依靠简单扩散的方式通过血脑屏障。例如，头孢西丁在实验性脑膜炎犬的脑内药物浓度可达 $5\sim10\mu g/mL$，比健康犬高出 5 倍。

② 胎盘屏障（placental barrier）：是指胎盘绒毛血流与子宫血窦间的屏障，其通透性与一般毛细血管没有明显差异。母体所用大多数药物均可以进入胎儿体内，但因胎盘与母体的血流量少，故进入胎儿体内的药物需要较长时间才能和母体达到平衡，即使脂溶性很大的硫喷妥钠也需要 15min，这限制了进入胎儿体内的药物浓度。

（6）排泄器官的状态　排泄是药物的基本消除方式之一。肾脏是药物最重要的排泄器官，排泄量超过其他各种途径排泄量的总和。极性和水溶性分子排泄效率高，脂溶性分子易被肾小球重吸收进入循环。因为重吸收主要是被动扩散，故重吸收取决于药物的浓度和在小管液中的解离程度。这与小管液的 pH 和药物的 pK_a 有关。一般肉食性动物的尿液呈酸性，如犬、猫尿液 pH 为 $5.5\sim7.0$；草食动物的呈碱性，如马、牛、绵羊尿液 pH 为 $7.2\sim8.0$。因此，同一药物在不同种属动物中的排泄速率有很大差异。

1.2.2　生物转化

药物在体内经过化学变化生成代谢产物的过程称为生物转化（biotransformation），又称代谢（metabolism）。生物转化是体内清除外来物质和解毒的重要机制，主要发生在肝脏。因此，肝功能状态对药物代谢有重要影响。

生物转化通常分为两步（相）进行：第一步包括氧化、还原和水解反应，第二步为结合反应。第一步生物转化使药物分子产生一些极性基团，如—OH、—COOH 和—NH_2 等，使药物极性增强，易于排泄或进一步发生第二步反应。少数药物经第一步转化后，生成毒性更强的中间产物，这种现象称为生物毒性作用（biotoxication），例如苯并芘本身是无毒的，但是在体内代谢后生成的环氧化物有很强的致癌作用。经第一步代谢生成的极性代谢物或未经代谢的原性药物（如磺胺类等）能与内源性小分子如葡萄糖醛酸、硫酸、氨基酸、谷胱甘肽等共价结合，形成水溶性共轭合物，称为轭合作用（conjugation）。通过结合反应生成极性更强、更易溶于水、更利于从尿液或胆汁排出的代谢产物。这些反应通常在各种酶的催化下完成，参与生物转化的酶，主要是肝脏微粒体药物代谢酶系，其中最重要的是细胞色素 P-450 混合功能氧化酶系。

1.2.3 药物排泄

排泄（excretion）是指药物的代谢产物或原型通过各种途径从体内排出的过程。大多数药物都是通过生物转化和排泄两个过程从体内消除，单极性药物和低脂溶性的化合物主要通过排泄消除。一些药物如青霉素、氧氟沙星等以原型药物排泄。肾脏是最重要的排泄器官，也有某些药物主要由胆汁排泄，此外，乳腺、肺、唾液、汗腺也能排泄少部分药物。

1.3
兽药残留概述

1.3.1 兽药残留的定义

兽药残留是指给动物使用药物后积累或贮存在动物细胞、组织或者器官内的原型药物、代谢产物和药物杂质，其以残留的方式进入生态系统，给人体和环境带来长期性、累积性的危害。兽药残留既包括原药，也包括药物在动物体内的代谢产物。另外，药物或者其他代谢产物与内源大分子共价结合产物称为结合残留。动物组织中存在共价结合物（结合残留），表明药物对动物具有潜在的毒性作用。

1.3.2 兽药残留的来源

兽药残留可能发生于畜牧养殖过程中的各个环节。在饲料生产环节，饲料及饲料原料受兽药污染或超量添加促生长抗菌药物，如使用喹乙醇提高饲料转化率；在动物养殖环节，长期随意使用药物添加剂如盐酸克伦特罗等，提高畜禽的体重、瘦肉率和饲料转化率，或者滥用兽药，非法使用违禁药物如呋喃唑酮和氯霉素等，抗菌杀虫，以及不遵循用药剂量、给药途径、用药部位、用药种类、休药期等用药规定；在动物运输环节，使用镇静麻醉剂，如地西泮等，减少动物应激反应，或者是违规添加防腐保鲜剂，如水产中加入孔雀石绿等防止细菌感染；在动物屠宰环节，注射沙丁胺醇药水给生猪灌水增重；在食品生产加工环节，为防止蚊蝇喷洒杀虫剂。另外，还需要注意在植物源性食品或其他加工食品中为防腐保鲜使用如喹诺酮类化合物等抗生素都有可能引发兽药残留问题。

1.3.3 兽药残留的危害

虽然兽药残留在很大程度上提高了饲料利用率，改善了畜产品的品质和产量，促进了畜牧业的发展，但是兽药残留带来的动物源性食品安全问题不仅会限制畜牧业的健康发展，随着动物体内兽药蓄积和体外排泄的增多，也会污染生态环境，影响人类食品安全和健康。

1.3.3.1　一般毒性作用

一般毒性（general toxicity）是指外源化学物质在一定剂量、一定接触时间和一定接触方式下，对实验动物机体产生总体毒效应的能力，又称为一般毒性作用（general toxicity effect）或基本毒性（basic toxicity），主要包括急性毒性、蓄积毒性、亚慢性毒性和慢性毒性。外源性物质毒性作用与剂量和接触时间密切相关，兽药残留的浓度一般很低，大多数药物并不能因为残留导致急性中毒，主要是由于长期摄入可产生慢性或蓄积中毒。婴幼儿的药物代谢功能不完善，因此比较敏感。注射部位和一些代谢器官（如肝）的药物残留浓度比较高，摄入后出现中毒的机会将大大增加。多种兽药可产生毒性作用：

① 氯霉素可引起人和动物的可逆性血细胞减少并导致严重的再生障碍性贫血，是第一个被禁止使用的药物。人体对氯霉素比动物敏感，婴幼儿的代谢和排泄机能尚不完善，对氯霉素比较敏感，可出现致命的"灰婴综合征"。因此出于对人类健康的考虑，我国农业农村部禁止氯霉素及其盐、酯（包括琥珀氯霉素等）用于所有食品动物。

② 四环素类药物能够与体内的钙离子形成黄色络合物沉积在骨骼和牙齿上，小儿服用会发生牙齿变黄，孕妇服用后其产儿可能发生牙齿变色，骨骼生长抑制。因此小儿和孕妇应慎用或禁服此药。

③ 大环内酯类药物如红霉素、泰乐菌素多属碱性和脂溶性药物，在体内分布容积较高，易发生蓄积和慢性中毒，如肝损害和听觉障碍。

④ 氨基糖苷类药物如链霉素、庆大霉素和卡那霉素主要损害前庭和耳蜗神经，导致眩晕和听力减退。

⑤ 磺胺类药物在组织和饲料中残留严重，如磺胺二甲基嘧啶在连续给药中能够诱发啮齿动物甲状腺增生，乙酰化磺胺在酸性尿中溶解度降低，析出结晶后损害肾脏。我国将动物产品中磺胺类药物残留作为重点监控内容。

⑥ "瘦肉精"是人们对盐酸克伦特罗、莱克多巴胺等β-受体激动剂的特定俗称，对于动物具有提高饲料转化率和瘦肉率的作用，如果动物在屠宰前没有足够的停药时间，则在肌肉和内脏器官有较高浓度的残留，人食用后重者可发生急性中毒，轻者感觉不明显，但长期食用可致慢性蓄积性中毒。人一次摄入 $100\sim200g$，即可达到治疗剂量，往往出现副反应，表现为头痛、狂躁不安、心动过速、血压下降等中毒症状，甚至引起心血管疾病。

⑦ 喹噁啉类、硝基呋喃类和硝基咪唑类药物急性中毒可能性较高，安全范围小，临床上中毒病例较多。

1.3.3.2　"三致"作用

致突变作用、致癌作用以及致畸作用被称为"三致"作用。近年来，人群中肿瘤发生率不断升高，这被认为与环境污染和食物中的药物残留有关。当人们长期食用含有"三致"作用的药物残留的动物源性食品后，这些药物会直接威胁到人体健康，或者蓄积在人体内，造成致癌、致畸、致突变的后果。多数药物在动物实验中具有"三致"效应，如治疗量的链霉素、四环素具有致畸作用；喹乙醇、卡巴氧、硝基呋喃具有潜在的"三致"作用，要求在食品中不得检出；磺胺类药物具有致肿瘤倾向；喹诺酮类药物大部分具有光敏作用，个别品种在真核细胞内已显示致突变作用；杀虫剂特别是有机氯杀虫剂具有较高的脂溶性，可通过皮肤进入体内，或通过受污染的环境或食物链进入体内，并在体内蓄积，具有"三致"作用，尽管有机氯杀虫剂的应用范围已很有限，但仍需引起重视；苯并咪唑类抗蠕虫药，在干扰细胞的有丝分裂和抑制细胞活性的同时具有潜在的致畸和致突变的毒性。此外，多数激素类药物、硝基呋喃类、免疫抑制剂（环孢素A、硫唑嘌呤）、含非那西丁的解热镇痛药以及砷制剂等都已被证明具有致癌作用。

1.3.3.3　免疫毒性

免疫毒性主要包括三方面，即免疫抑制、过敏反应及自身免疫反应。一些药物如环磷酰胺、环孢素A、雌二醇等具有免疫抑制作用。此外，一些抗菌药物，如青霉素、磺胺类药物、氯霉素等抗生素能使人发生变态反应，轻的变态反应引起皮炎或皮肤瘙痒，严重的变态反应能导致过敏性休克，甚至危及生命。当这些抗菌药物通过食物链进入人体后，会导致部分敏感人群致敏，产生抗体。致敏个体再次接触抗原药物后，这些药物就会与人体内的抗体结合，生成抗原抗体复合物，发生变态反应，主要表现为组织损伤和/或生理功能紊乱。在我国，因食用牛奶后出现皮肤过敏和荨麻疹的病例（尤其是婴幼儿）屡见不鲜，这主要是由于在治疗奶牛乳腺炎时不遵守弃乳期规定，造成牛奶中药物残留。

1.3.3.4　激素样作用

激素样作用也称为发育毒性。人经常食用含有低剂量雌激素类物质或雄性激素类物质残留的食品，或不断接触和摄入动物体内的内源性激素，会干扰人体内的激素平衡，造成人的生殖系统障碍以及引发乳腺癌、睾丸癌等癌症。此外蓄积在人体内的激素类药物可能通过胎盘传递给胎儿，影响胎儿正常发育。

1.3.3.5　诱导耐药菌株

细菌耐药性（drug resistance）又称抗药性，是指细菌对于抗菌药物作用的耐受性，耐药性一旦产生，药物的化疗作用就明显下降。中国每年生产的抗菌药物原料大约21万吨，其中近一半用于畜牧养殖业[7]。根据有关研究报告估算，每生产1kg牛肉、鸡肉和猪肉分别消耗45mg、148mg和172mg抗菌药物[8]。抗菌药物是一种宝贵的医疗资源，但是饲料中添加抗菌药物等同于持续低剂量给药，动物机体长期与抗菌药物接触会造成耐药菌不断增多，耐药性也不断增强，而且很多细菌由单药耐药发展为多重耐药。耐甲氧西林金黄色葡萄球菌（MRSA）、耐万古霉素肠球菌（VRE）、耐碳青霉烯类肠杆菌（CRE）、多重耐药铜绿假单胞菌（MDR-PA）、多重耐药肺炎链球菌（MDR-SP）、多重耐药结核分枝杆菌（MDR-TB）以及多重耐药鲍曼不动杆菌（MDR-AB）等超级细菌不断出现，这些耐药菌株可通过食物链向人传播，导致人胃肠道菌群失衡或诱导产生耐受的病原菌株。耐药菌不断压缩着人类可使用的抗菌药物的范围，给临床感染性疾病的治疗带来了极大的挑战[9]。

1.3.3.6　对环境和生态的影响

动物用药后，药物会以原型或代谢物的形式随粪便、尿液等排泄物进入环境当中，有些化合物的半衰期较长，可能会长时间残留在环境当中。进入环境中的残留兽药，在多种因素作用下，可产生转移、转化或在植物中蓄积，然后通过空气、水源或食物链进入人体内，对人类健康造成潜在的危害[10]。

1.3.3.7 对其他方面的影响

兽药残留对国家的经济、政治和大众心理稳定，以及养殖业和食品加工业的发展也会产生潜在影响。

1.4

兽药残留的控制原理

兽药残留已成为兽药研发和开发的重要内容，对残留物实施监控是一项复杂的系统工程，包括药物及剂型研制、注册登记、使用、食品和环境监控等诸多环节。从理论和技术角度，建立最大残留限量和分析方法是最基本的方面。前者是监控的依据，后者是监控的手段，二者共同构建了兽药残留监控的基础。兽药残留的控制原理如图 1-2 所示。

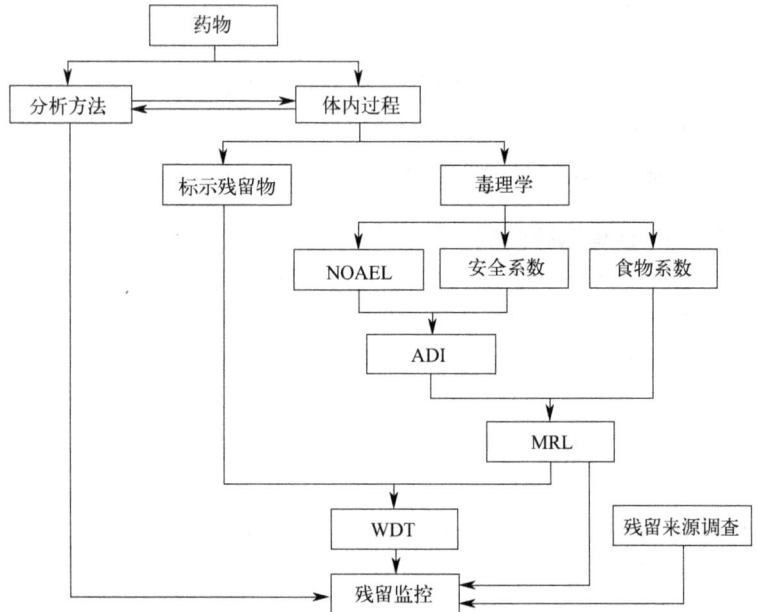

图 1-2 兽药残留控制原理

1.4.1 最大残留限量

最大残留限量（maximum residue limit，MRL）指的是允许药物或其他化学物质在食品中的最高残留量，也称为允许残留量（tolerance level）。MRL 属于国家公布的强制性标准，决定了公众消费的安全性和生产用药的休药期，其重要性是显而易见的。

兽药的安全性、使用范围和分析方法是建立 MRL 的基础，其中安全性是决定性的。MRL 的建立步骤包括：确定残留组分、测定无作用剂量、危害性评估（安全系数）、确定日许量和接触情况调查（食品系数）。如果组织中含有多个残留组分，如原型药物和代谢产物，建立 MRL 时需要考虑总残留（total residue）。总残留物应包括可被提取的原型药物及任何具有毒理学意义的代谢产物。对总残留物中比例较高的代谢产物（如 5%～10% 及以上），通常需要专门研究其药理和毒理性质，可能发现新的药效或毒性的物质。

需要建立 MRL 的动物组织主要是各种食用组织（edible tissue），包括肌肉、脂肪、肝、肾、皮肤等。残留分析的样品可能是任何食用组织。通常定义残留消除最慢、含量高的组织为残留监控的靶组织（target tissue）。测定靶组织药物含量在残留监控中具有实际意义。

1.4.2　安全系数

不同物种的动物（包括人类）对外来物质的敏感性存在差异，另外还存在实验误差等因素，所以当使用实验动物实验结果（如 NOAEL）推测人的日许量时需除以适当的数值，即安全系数（safety factor）。

1.4.3　日许量

日许量是人体每日允许摄入量（acceptable daily intake，ADI）的简称，指人一生中每天摄入某种化学物质（如食品添加剂、残留农药或兽药）后，以现代手段未能检出各种急性、慢性有害作用的剂量，通常以每千克体重的毫克摄入量表示。

1.4.4　休药期

休药期（withdrawal time，WDT）也叫消除期，是指动物从停止给药到许可屠宰或它们的乳、蛋等产品许可上市的间隔时间。WDT 可理解为从停止给药到保证所有食用组织中的总残留浓度降低至安全浓度以下所需的时间。休药期是依据药物在动物体内的消除规律确定的，就是按最大剂量、最长用药周期给药，停药后在不同的时间点屠宰，采集各个组织进行残留量的检测，直至在最后时间点采集的所有组织中均检测不出药物。

1.4.5　未见毒性反应剂量

未见毒性反应剂量（no observed adverse effect level，NOAEL）是指在一定时间内，一种外源化学物质按一定方式或途径与机体接触，用最灵敏的实验方法和观察指标，未能观察到任何对机体的损害作用的最高剂量。理论上讲，无作用剂量与最小有作用剂量应该相差极微，但实际中由于受到对损害作用观察指标和检测方法灵敏度的限制，两者之间存在一定的剂量差距。无作用剂量是根据亚慢性试验的结果确定的，是评定毒物对机体损害作用的主要依据。

1.5
兽药残留分析方法概述

1.5.1 仪器分析方法

1.5.1.1 毛细管电泳（CE）

毛细管电泳（capillary electrophoresis，CE）是一种以毛细管为分离通道，高压直流电场为驱动力的新型液相分离技术。CE 具有样品和缓冲液消耗量低、高效和快速等优点。CE 的另一个重要优势在于应用的多功能性，向缓冲液中添加不同分子（表面活性剂、手性选择剂、聚合物、特定电解质和有机改性剂）或用新材料对毛细管内壁进行改性，从而产生不同的分离机制和选择性，增加了 CE 的多功能性和应用潜力。因此，CE 成为分析多种食品基质和食品相关分子的强大工具，在食品质量和安全方面具有重要应用[11,12]。Wang 等[13] 使用 CE 测定牛奶样品中的氟喹诺酮类药物。Islas 等[14] 使用大体积样品堆积（large-volume sample stacking，LVSS）在线预浓缩系统，建立了能够测定牛奶样品中的金霉素、多西环素、土霉素和四环素的 LVSS-CE 分析方法。与常规毛细管区带电泳（capillary zone electrophoresis，CZE）和其他定量牛奶中上述兽药残留的传统方法相比，所开发的方法具有更高的灵敏度和准确性。

1.5.1.2 气相色谱（GC）

气相色谱（gas chromatography，GC）是一种分析检测中常用的色谱技术。由于化合物的沸点、极性和吸附特性具有一定差异，因此，待测组分在气相和固定时间内分配系数不同，组分运行的速度也具有差异，从而达到分离样品的效果。最后根据保留时间和峰面积对待测组分进行定性和定量分析。用于检测兽药残留时，通常需要将分析物衍生化以使其成为挥发性衍生物，因此不常用于兽药残留分析。GC 通常需要选择特定的毛细管柱来分离样品中的兽药，不需要去优化流动相。对于动物源性食品中兽药残留的分析，GC 仪器通常与经典的检测器联用，如氮磷检测器（nitrogen-phosphorus detector，NPD）和电子捕获检测器（electron capture detector，ECD）。例如，采用 GC-ECD 检测动物组织中氯霉素残留[15]，采用 GC-NPD 测定林可霉素和大观霉素[16]。

1.5.1.3 液相色谱（LC）

液相色谱法（liquid chromatography，LC）是一种基于待测物在固定相和流动相之间快速分布平衡的兽药检测方法。待测物在流动相与固定相内的分配或吸附系数不同，导致在流经色谱柱时不同化合物会以不同速度通过色谱柱，从而达到分离效果。到达检测器采集到各自的色谱峰，通过比较峰值大小和保留时间可以确定混合组分中的各组分含量和类别。高效液相色谱（high performance liquid chromatography，HPLC）和超高效液相色谱（ultra-high performance liquid chromatography，UHPLC）是在 LC 的基础上，引入了气相色谱的理论发展起来的，与传统 LC 相比，其色谱柱使用了颗粒更小的填料，装填更加均匀，根据范德华方程原理，小颗粒填料会大大增加色谱柱的效率，但是需要高压泵来输送流动相，具有快速、高效、灵敏度高的特点，适用于兽药残留的检测。液相色谱分离的关键是选择合适的色谱柱，优化流动相的组成和洗脱程序。液相色谱法具有广泛的适用性，因此可用于大多数兽药残留检测。此外，LC 或 HPLC 常与紫外检测器（ultraviolet detector，UV）、二极管阵列检测器（diode array detector，DAD）、荧光检测器（fluorescence detector，FD）和 ECD 等检测器联用，具有简单、快速的特点。但其灵敏度相对有限。因此往往需要配合高效的样品前处理方法[17]。例如，Yang 等[18] 还使用碳纳米管-中空纤维固相微萃取作为样品前处理方法以提高 HPLC-UV 的检测限；Wang 等[19] 在样品前处理中使用加速溶剂萃取，建立 ASE-UPLC-FLD 方法测定禽蛋中甲砜霉素、氟苯尼考和氟苯尼考胺。

1.5.1.4 毛细管电泳-质谱（CE-MS）

毛细管电泳方法可以使用电喷雾电离（electrospray ionization，ESI）、基质辅助激光解吸/电离（matrix-assisted laser desorption/ionization，MALDI）和电感耦合等离子体（inductively coupled plasma，ICP）作为 CE-MS 离子化器，通过提高 CE 灵敏度来提高兽药残留分析灵敏度。该方法对于相关兽药残留具有良好的应用前景，且与液相色谱方法相比，能够有效缩短检验时间，提升检测效率。此外，CE-MS（capillary electrophoresis-mass spectrometry）可以在高盐缓冲液条件下检测样品，从而使同类液相色谱方法对仪器的损耗减少，大幅降低检验成本。例如，Moreno-González 等[20] 建立了 CZE-四极杆飞行时间质谱联用技术（CZE coupled with quadrupole time-of-flight mass spectrometry，CZE-Q-TOFMS），能够灵敏检测牛奶样品中 8 种四环素类药物和 7 种喹诺酮类药物。Zhang 等[21] 建立了 CE-MS 方法，成功对当地湖泊采集的淡水中的氟喹诺酮进行测定，其检测结果稳定、灵敏和可靠，且灵敏度与广泛使用的 HPLC-FD 相当。

1.5.1.5 气相色谱-质谱（GC-MS）

GC 与 MS 或 MS/MS 联用比与 NPD 或 ECD 等检测器联用，具有更好的回收率、精密度和重现性，可以对色谱中无法分离的物质进行定量。但是在与色谱联用时，需要尽可能优化色谱条件以更好地分离目标化合物，从而降低杂质产生的基质效应。GC-MS（gas chromatography-mass spectrometry）和 GC-MS/MS 是检测动物源性食品中兽药残留较为常用的方法之一。GC-MS 通常用于激素的检测，有时也用于液相色谱及相关技术的衍生分析物的检测。例如，Azzouz 等[23] 建立了一种 GC-MS 法同时测定可食用动物组织中 20 种药物的微量水平，包括激素、β-受体抑制剂、抗菌药物等。Zhao 等[23] 建立了 GC-MS/MS 方法测定鸡肉组织中的二硝基苯胺及其代谢物。Xue 等[24] 建立了一种 GM-MS 法，能够检测鱼肉中 9 种羟基残留的兽药。

1.5.1.6 液相色谱-串联质谱（LC-MS/MS）

目前，液相色谱与质谱联用技术已广泛应用于动物源性食品中兽药的残留分析，是最常用的筛选或测定动物源性食品中兽药残留的方法，几乎所有国家食品安全标准中均有此方法。其常用于动物肌肉、肝脏、鱼肉、蜂蜜、牛奶和鸡蛋等样品的检测。液相色谱作为分离系统，质谱作为检测系统，同时具有色谱对复杂样品的高分离能力和质谱的高选择性、高灵敏度的优点，能够提供分子量和结构信息，实现对多个残基的快速分离和测定。LC-MS/MS（liquid chromatography-tandem mass spectrometry）也可以应用于多种兽药检测，如测定抗球虫药[25]、苯并咪唑[26]、大环内酯类药[27]、磺胺类药[28]、四环素[29]、青霉素[30] 等。LC-MS 可以实现对动物源性食品中不同种类兽药残留的筛选和测定。Jadhav 等[31] 使用超快液相色谱串联质谱（ultrafast liquid chromatography-tandem mass spectrometry，UFLC-MS/MS）和 GC-MS/MS，可同时分析不同化学类别和极性的 238 种农药和 78 种兽药的残留物。该方法可以应用于 80 个具有不同脂肪和非脂肪固体含量的牛奶样品。

1.5.2 免疫分析方法

免疫分析方法是以免疫学理论为基础，抗原与抗体特异性反应为基本原理的检测技术。该方法特异性强、灵敏度高、简单便捷、通量高、分析成本低、安全可靠，目前已广泛应用于动物源性食品兽药残留快速检测。但相较于 GC-MS、LC-MS/MS 等仪器分析方法，其灵敏度不高，且易出现假阳性，因此，免疫分析方法鉴定阳性后，需要进一步使用仪器方法进行确证。目前几乎所有常用的兽药均已建立或正在建立免疫测定方法（多数为 ELISA），如青霉素、氯霉素、四环素、磺胺二甲嘧啶、三甲氧苄氨嘧啶、莫能菌素等。免疫分析方法主要包括放射免疫分析方法（radioimmunoassay，RIA）、酶联免疫分析方法（enzyme-linked immunoassay，EIA）、荧光免疫分析方法（fluorescence immunoassay，FIA）、免疫色谱技术（immunochromatography，ICA）、化学发光免疫分析方法（chemiluminescence immunoassay，CLIA）、免疫芯片（immunochip）和免疫传感器（immunosensor）等[32]。

1.5.2.1 放射免疫分析方法

放射免疫分析方法是将同位素测定的高灵敏性和抗原抗体反应的高特异性有效结合的一种方法。具有较高的灵敏度和特异性，且操作简单、快速，不需要浓缩食品标本。但是该方法存在放射污染，且需要专业防护设备和仪器。因此不宜被推广使用。

1.5.2.2 酶联免疫分析方法

（1）酶联免疫吸附方法（enzyme-linked immunosorbent assay，ELISA） 又称为固相酶免疫测定方法，是一种敏感、快速、简单的方法。其基本原理是预先结合在固相载体上的抗体或抗原分子与样品中的抗原或抗体分子在一定条件下进行免疫学反应，免疫复合物所携带的酶分子可将特定的底物分子转化为具有特定颜色的化合物，最后通过定性或定量分析有色产物即可确定样品中待测物质含量。它结合了免疫荧光技术和放射免疫法两种技术的优点，具有可定量、反应灵敏准确、标记物稳定、适用范围广、结果判断客观、操作简单、检测速度快及费用低等特点，且同时可进行上千份样品的分析。ELISA

试剂盒已成为目前国内外兽药残留检测的主流技术。大多数用于兽药残留测定的免疫分析法都是竞争性的。原则上，这些方法基于两种方式进行：分析物和酶标记分析物竞争有限抗体——直接竞争 ELISA（direct competitive ELISA，dc-ELISA）或分析物和包被抗原竞争有限抗体——间接竞争 ELISA（indirect competitive ELISA，ic-ELISA）[33]。例如，Li 等[34] 首次开发了一种可以检测鸡肉和牛奶中的磺胺和磺胺增效剂的 ic-ELISA 方法，具有较高灵敏度和特异性；Mari 等[35] 通过合理设计半抗原制备抗体，从而建立了一种 ic-ELISA 方法，可直接检测鸡肉组织中硝基呋喃代谢物。

（2）均相酶免疫分析方法（homogeneous enzyme immunoassay，HEIA）又称为酶放大免疫分析方法，其原理是加入待测样品、抗体和酶标药物，与样品中的待测物竞争结合有限的抗体，酶标药物与抗体结合后酶活性受到抑制，催化活性受到抑制，因此，可以根据反应前后体系中酶活性变化计算药物含量。

1.5.2.3 荧光免疫分析方法

（1）荧光偏振免疫分析（fluorescence polarization immunoassay，FPIA）是一种基于待测分析物和荧光标记抗原（Tracer）与特异性抗体竞争性结合的均相检测方法。其原理为结合特异性的抗体前后荧光偏振（fluorescence polarization，FP）值的变化。Tracer 的体积较小，运动速度较快，FP 值较小，一般在 30～50mP。当样本不含竞争抗原时，Tracer 与抗体结合，形成大的抗原抗体复合物，运动速度变慢，荧光偏振值相应变大，一般是在 150～300mP。如果样本中竞争抗原的浓度增加，抗原将与 Tracer 竞争有限的抗体结合位点，抑制 Tracer 与抗体的结合，Tracer 以游离的形式存在于样本中，FP 值便会下降，一般在 30～60mP。因此，其反应系统完全在溶液中，不需要分离结合的和未结合的抗体。实验过程简单，仅需将抗体、Tracer 和被测药物加入反应杯，经过几分钟甚至是几秒钟的温育便可直接测量[36]。具有均相分析、无需洗涤分离步骤、检测时间短、多靶标检测、易于自动化的优点。例如，已有学者建立了能够高灵敏测定牛奶中庆大霉素、喹诺酮类药物和磺胺类药物含量的 FPIA 方法[37,38]。

（2）时间分辨荧光免疫分析（time-resolved fluorescence immunoassay，TRFIA） 是一种基于镧系螯合物独特荧光特性的新型荧光检测技术，加入待测药物进行竞争反应后，通过测定结合在固相载体上的镧系元素荧光强度达到定量检测的分析方法。这类荧光标记物具有 Stoke's 位移长、发射光谱窄和荧光寿命长等特点。有效降低背景干扰和具有较高的灵敏度。由于其技术优势和在医学检测方面大量的成功应用，近年来，在兽药检测领域也逐渐获得重视[39,40]。此外，有学者开发双标记 TRFIA，能同时检测两种物质，且互相之间无干扰[41]。

1.5.2.4 化学发光免疫分析方法

化学发光免疫分析是一种用化学发光试剂直接标记抗原或抗体，利用免疫分析的特异性与化学发光的高灵敏性相结合的一项技术。在免疫分析时通过测定化学发光强度来进行待测物的定量分析[42]。根据标记物的不同，可以分为化学发光标记免疫分析、化学发光酶免疫分析和电化学发光免疫分析[43]。化学发光标记免疫分析是通过发光剂或催化剂等化学发光试剂标记抗原或抗体，后通过测定化学发光强度来进行待测物的定量分析。该方法操作简单，检测速度快，灵敏度高，特异性强，成本低，具有开发为自动化的前景。为获得理想的检测结果，通常需要寻找合适的发光标记物。常用发光剂的种类主要分为鲁米诺类、二氧杂环丁烷类、吖啶酯类和过氧化草酸酯类等。化学发光酶免疫分析是一种将化学发光与酶联免疫分析法相结合的技术，与常规化学发光免疫分析相比，该技术可更大程度地提高反应灵敏度，化学发光酶免疫分析可使发光信号提高并可使发光信号持续几十分钟甚至 24 小时，最小检出值可达 $10^{-18} \sim 10^{-15}$ mol/L，比酶免疫分析的灵敏度提高 3～5 个数量级。电化学发光免疫分析检测原理是基于电化学反应引起化学发光的新型技术。该方法的可控性更强，灵敏度更高，更加经济。

1.5.2.5 免疫色谱方法

免疫色谱技术是一种将抗原与抗体的特异性与色谱技术相结合的分析方法。以待测物溶液为流动相，反应后标记物在显色带聚集显色，通过显色情况进行定性定量分析。ICA 具有操作简单、样品用量少、成本低、易携带、对操作人员没有专业要求、非常适合现场大批量样本的筛选等特点，是一种极具优势的快速检测技术。根据检测方式可以分为穿流色谱技术、侧流色谱技术和凝胶免疫色谱技术。根据使用的标记物不同可将免疫色谱技术分为胶体金免疫技术、荧光免疫色谱技术、荧光微球色谱技术、时间分辨荧光免疫色谱技术、磁珠免疫色谱技术、量子点色谱技术、适配体色谱技术，这些技术统称为免疫试纸条技术。免疫试纸条技术是一种相对新颖且应用广泛的分析技术，近年来的发展十分迅速，起初只能进行定性分析，目前该技术已可进行半定量或定量分析[44-46]。随着技术的不断发展，目前 ICA 不仅可进行单一组分兽药残留的检测，多组分兽药残留测定的免疫分析技术也不断被报道[47,48]。

1.5.3 微生物分析方法

微生物分析方法是应用最早的方法。微生物分析方法通常作为兽药定性或半定量检测的筛选方法。其测定原理是根据抗生素对微生物的生理功能、代谢抑制作用来定性或定量确定样品中抗微生物药物残留，常用方法有纸片法、抑制法、管碟法、浊度法等。这些检测方法的优点是成本低和简单易操作。与理化方法和免疫学方法相比，微生物分析还具有另一个重要的优势，即可以检测任何具有抗菌活性的抗生素或代谢物，而前两种方法仅能检测预先测定的靶标物，因此其他抗生素都不会被检测到[49]。但由于微生物检测法缺乏特异性和灵敏度，以及在某些情况下需要较长的孵育时间，可能会受到非特异性抑制剂的影响等缺点，导致其在实际应用中受限。更适合作为一种快速初筛方法检测一些限量值较高的抗生素，在大规模定性筛选工作中具有一定应用价值[50]。例如，国内外已开发了较为灵敏的微生物检测法检测多种抗生素，如四环素[51,52]和喹诺酮类[53,54]等。

1.5.4 其他分析方法

随着动物源性食品中兽药残留分析方法的蓬勃发展，推出了新一代快速、经济、高灵敏的检测方法，如生物传感技术[55-58]、电化学传感技术[59-63]、微流控技术[64-67]和表面增强拉曼光谱技术[68-72]等。这些分析方法的检测体系更加精巧、环保、简便且易于操作。由于缩短了检测时间，因此避免了检测过程中兽药降解，有助于对现场样本污染真实情况的检测。此外，这些分析策略可通过激光束和智能手机上的简单应用程序联用，可用于现场/实地检测兽药残留物。

1.6

兽药残留分析方法发展趋势

动物源性食品中兽药残留物的相关法规规定一些兽药残留物需维持在低浓度水平方可食用，例如百万分之一（mg/kg）甚至万亿分之一（ng/kg）级，这意味着需要非常灵敏的分析方法来检测、识别、量化不同基质中的兽药残留。

虽然仪器分析方法复杂、成本高，但由于其灵敏度高，检出限低，准确度和精度高，常被作为残留检测的"金标准"，适合兽药残留的分析和筛选后的确认。分离技术领域是仪器发展的重要方向，提高分离速度和效率一直是分离技术目标。这导致了从薄层色谱（thin layer chromatography，TLC）向HPLC的转变，随后又引入了UPLC和二维液相色谱（two-dimensional liquid chromatography，2DLC）。此外，超高性能超临界流体色谱（ultra-high-performance supercritical fluid chromatography，UHPSFC）的引入可能会增强分离能力和速度[73]。在未来，这种发展将朝着使用越来越复杂（和昂贵）的设备［如高分辨率质谱仪（high-resolution mass spectrometer，HRMS）］的方向发展[74]。尽管（低分辨率）串联质谱（MS/MS）仍然是兽药残留领域中较常用的目标分析检测技术，但由于HRMS具有更高的质量精度和分辨率，可以观察到HRMS使用的增加趋势。此外，可以观察到明显的多残留分析趋势，即在一次分析中检测到多个或多种类型的化合物。例如，使用LC-MS/MS同时测定牛肉、猪肉、鸡肉、肾脏等基质中多类兽药残留方法的例子[75,76]。然而，这种多残留检测方法需要以适当的方式处理样品。在样品提取技术方面，液相萃取和在线或离线固相萃取（solid phase extraction，SPE）相结合的方法仍然是最流行的。然而，在同时提取和预处理极性差异很大的分析物方面仍然遇到问题。因此，基于快速、简单、廉价、有效、坚固和安全（quick，easy，cheap，effective，rugged and safe，QuEChERS）的方法将在未来样品前处理过程中享有一席之地。

免疫学方法操作简单、成本低，通常作为对兽药残留进行现场初步、快速筛查的分析方法。未来的兽药残留快速检测技术必将是多维而全面的[77]。为进一步提高快速、高灵敏度、高通量检测性能，未来的发展方向将会集中在纳米技术的应用、多通路自动化检测方案的实现和换能检测方法的创新与改进等方面，这些高新方法具有替代传统方法的光明前景[78]。其中传感器和量子点的应用由于操作简单、速度快、成本低，而且特异性、灵敏度和回收率高，促进了免疫分析法在兽药残留检测中的应用。例如，Wang等[79]基于碳量子点与二硫化钼纳米片之间的荧光猝灭反应，设计了一种快速检测卡那霉素的荧光猝灭传感器；Fu等[80]构建了一种基于碳量子点和Fe^{3+}复合物的荧光传感器，该传感器对矿泉水、牛奶和猪肉样品中的氨苄西林具有良好的响应，检出限为$0.7\mu mol/L$。迄今为止，已有多种生物传感器被用于检测牛奶、蜂蜜、鸡肉和牛肉中的四环素、氯霉素和青霉素[81-85]等。综上所述，兽药残留检测方法正朝着快速、高灵敏度、高通量、多残留同时检测、低成本、高效益的方向发展。

参考文献

[1] 曲志娜，赵思俊. 动物源性食品安全危害及检测技术[M]. 北京：中国农业出版社，2021.

[2] 食品安全抽检监测司. 市场监管总局关于 2020 年市场监管部门食品安全监督抽检情况的通告[R]. [2021-05-07].

[3] 黑龙江省兽药饲料检查所. 兽药残留检测技术指南[M]. 哈尔滨：黑龙江科学技术出版社，2017.

[4] 李俊锁，邱月明，王超. 兽药残留分析[M]. 上海：上海科学技术出版社，2002.

[5] 陈杖榴. 兽医药理学[M]. 北京：中国农业出版社，2009.

[6] 沈建忠. 动物毒理学[M]. 北京：中国农业出版社，2011.

[7] Van Boeckel T P, Brower C, Gilbert M, et al. Global trends in antimicrobial use in food animals[J]. Proceedings of the National Academy of Sciences of the United States of America, 2015, 112（18）：5649-5654.

[8] 赵晓彤，周铁忠，李欣南. 我国动物源细菌耐药性监测现状与耐药性控制策略分析[J]. 现代畜牧兽医，2012（12）：45-48.

[9] 高铎，李欣南，韩镌竹，等. 动物源细菌耐药性的形成、影响、现状及建议[J]. 饲料博览，2021（12）：7-12+18.

[10] 曹继东，孙燕. 浅谈兽药残留对环境的危害[J]. 家禽科学，2008（11）：33-34.

[11] Li S, Zhang Q, Chen M, et al. Determination of veterinary drug residues in food of animal origin: sample preparation methods and analytical techniques[J]. Journal of Liquid Chromatography & Related Technologies, 2020, 43（17/18）：701-724.

[12] Colombo R, Papetti A. Advances in the analysis of veterinary drug residues in food matrices by capillary electrophoresis techniques[J]. Molecules, 2019, 24（24）：4617.

[13] Wang H W, Liu Y, et al. Selective extraction and determination of fluoroquinolones in bovine milk samples with montmorillonite magnetic molecularly imprinted polymers and capillary electrophoresis[J]. Analytical & Bioanalytical Chemistry, 2016, 408: 589-598.

[14] Islas G, Rodriguez J A, Perez-Silva I, et al. Solid-phase extraction and large-volume sample stacking-capillary electrophoresis for determination of tetracycline residues in milk[J]. Journal of Analytical Methods in Chemistry, 2018: 1-7.

[15] Cerkvenik-Flajs V. Performance characteristics of an analytical procedure for determining chloramphenicol residues in muscle tissue by gas chromatography-electron capture detection[J]. Biomedical Chromatography, 2006, 20（10）：985-992.

[16] Tao Y, Chen D, Yu G, et al. Simultaneous determination of lincomycin and spectinomycin residues in animal tissues by gas chromatography-nitrogen phosphorus detection and gas chromatography-mass spectrometry with accelerated solvent extraction[J]. Food Additives and Contaminants Part A: Chemistry Analysis Control Exposure & Risk Assessment, 2011, 28（2）：145-154.

[17] Hirpessa B B, Ulusoy B H, Hecer C. Hormones and hormonal anabolics: residues in animal source food, potential public health impacts, and methods of analysis. [J]Journal of Food Quality, 2020（3）：1-12.

[18] Yang Y, Chen J, Shi Y P. Recent developments in modifying polypropylene hollow fibers for sample preparation[J]. Trends in Analytical Chemistry, 2015, 64: 109-117.

[19] Wang B, Xie X, Zhao X, et al. Development of an accelerated solvent extraction-ultra-performance liquid chromatography-fluorescence detection method for quantitative analysis of thiamphenicol, florfenicol and florfenicol amine in poultry eggs[J]. Molecules, 2019, 24（9）: 1830.

[20] Moreno-González D, Hamed A M, Gilbert-Ló pez B, et al. Evaluation of a multiresidue capillary electrophoresis-quadrupole-time-of-flight mass spectrometry method for the determination of antibiotics in milk samples[J]. Journal of Chromatography A, 2017, 1510: 100-107.

[21] Zhang X H, Deng Y, Zhao M Z, et al. Highly-sensitive detection of eight typical fluoroquinolone antibiotics by capillary electrophoresis-mass spectroscopy coupled with immunoaffinity extraction[J]. RSC Advances, 2018, 8（8）: 4063-4071.

[22] Azzouz A, Souhail B, Ballesteros E. Determination of residual pharmaceuticals in edible animal tissues by continuous solid-phase extraction and gas chromatography-mass spectrometry[J]. Talanta, 2011, 84（3）: 820-828.

[23] Zhao X, Bo W, Xie K, et al. Determination of dinitolmide and its metabolite 3-ANOT in chicken tissues via ASE-SPE-GC-MS/MS[J]. Journal of Food Composition and Analysis, 2018, 71: 94-103.

[24] Xue L C, Cai Q R, Zheng X, et al. Determination of 9 hydroxy veterinary drug residues in fish by QuEChERS-GPC-GC/MS[J]. Journal of Chinese Mass Spectrometry Society, 2017, 38（6）: 655-663.

[25] Barreto F, Ribeiro C, Hoff R B, et al. A simple and high-throughput method for determination and confirmation of 14 coccidiostats in poultry muscle and eggs using liquid chromatography- quadrupole linear ion trap-tandem mass spectrometry（HPLC-QqLIT-MS/MS）: validation according to Europe[J]. Talanta, 2017, 168: 43-51.

[26] Silva G R D, Lima J A, Souza L F D, et al. Multiresidue method for identification and quantification of avermectins, benzimidazoles and nitroimidazoles residues in bovine muscle tissue by ultra-high performance liquid chromatography tandem mass spectrometry（UHPLC-MS/MS）using a QuEChERS approach[J]. Talanta, 2017, 171: 307.

[27] Zhou W, Ling Y, Liu T, et al. Simultaneous determination of 16 macrolide antibiotics and 4 metabolites in milk by using quick, easy, cheap, effective, rugged, and safe extraction（QuEChERS）and high performance liquid chromatography tandem mass spectrometry[J]. Journal of Chromatography B, 2017, 1061/1062: 411-420.

[28] Te-An K, Chung-Wei T, Bing Chang K, et al. A generic and rapid strategy for determining trace multiresidues of sulfonamides in aquatic products by using an improved QuEChERS method and liquid chromatography-electrospray quadrupole tandem mass spectrometry[J]. Food Chemistry, 2015, 175: 189-196.

[29] Cammilleri G, Pulvirenti A, Vella A, et al. Tetracycline residues in bovine muscle and liver samples from Sicily（Southern Italy）by LC-MS/MS method: a six-year study[J]. Molecules, 2019, 24（4）: 809.

[30] Van Royen G, Dubruel P, Van Weyenber S, et al. Evaluation and validation of the use of a molecularly imprinted polymer coupled to LC-MS for benzylpenicillin determination in meat samples[J]. Journal of Chromatography B: Analytical Technologies in the Biomedical and Life Sciences, 2016, 1025: 48-56.

[31] Manjusha R J, Anjali P, Prakash R, et al. A unified approach for high-throughput quantitative analysis of the residues of multi-class veterinary drugs and pesticides in bovine milk using LC-MS/MS and GC-MS/MS[J]. Food Chemistry, 2019, 272: 292-305.

[32] 赵志高, 骆骄阳, 付延伟, 等. 免疫分析技术在农药残留分析中的研究进展及在中药中的应用展望[J]. 分析测试报, 2021, 40（01）: 149-158.

[33] Wang Z H, Beier R C, Shen J. Immunoassays for detection of macrocyclic lactones in food

matrices—a review[J]. Trends in Analytical Chemistry, 2017, 92: 42-61.

[34] Li H, Ma S, Zhang X, et al. Generic hapten synthesis, broad-specificity monoclonal antibodies preparation, and ultrasensitive ELISA for five antibacterial synergists in chicken and milk [J]. Journal of Agricultural and Food Chemistry, 2018, 66（42）: 11170-11179.

[35] Mari G M, Li H, Dong B, et al. Hapten synthesis, monoclonal antibody production and immunoassay development for direct detection of 4-hydroxybenzehydrazide in chicken, the metabolite of nifuroxazide[J]. Food Chemistry, 2021（1/2）: 129598.

[36] 王战辉, 张素霞, 沈建忠, 等. 荧光偏振免疫分析在农药和兽药残留检测中的研究进展[J]. 光谱学与光谱分析, 2007（11）: 2299-2306.

[37] Chen M, Wen K, Tao X, et al. A novel multiplexed fluorescence polarisation immunoassay based on a recombinant bi-specific single-chain diabody for simultaneous detection of fluoroquinolones and sulfonamides in milk[J]Food Additives and Contaminants Part A: Chemistry Analysis Control Exposure & Risk Assessment, 2014, 31: 1959-1967.

[38] Beloglazova N V, Shmelin P S, Eremin S A. Sensitive immunochemical approaches for quantitative（FPIA）and qualitative（lateral flow tests）determination of gentamicin in milk [J]. Talanta, 2016, 149: 217-224.

[39] Bacigalupo M A, Meroni G, Secundo F, et al. Time-resolved fluoroimmunoassay for quantitative determination of ampicillin in cow milk samples with different fat contents[J]. Talanta, 2009, 77（1）: 126-130.

[40] Wei S, Tao L E, Chen Y, et al. Time-resolved fluoroimmunoassay for quantitative determination of tylosin and tilmicosin in edible animal tissues[J]. Chinese Science Bulletin, 2013, 58（015）: 1838-1842.

[41] Zhang Z, Liu J, Yao Y, et al. A competitive dual-label time-resolved fluoroimmunoassay for the simultaneous determination of chloramphenicol and ractopamine in swine tissue[J]. Chinese Science Bulletin, 2011, 56（15）: 1543-1547.

[42] Roda A. Chemiluminescence and bioluminescence: past[M]. Present and Future, 2010.

[43] Chen W, Jie W U, Chen Z, et al. Chemiluminescent immunoassay and its applications [J]. Chinese Journal of Analytical Chemistry, 2012, 40（1）: 3-10.

[44] Shim W B, Kim K Y, Chung D H. Development and validation of a gold nanoparticle immunochrom-atographic assay（ICG）for the detection of zearalenone[J]. Journal of Agricultural and Food Chemistry, 2009, 57（10）: 4035-4041.

[45] Lyubavinal A, Valyakina T I, Grishin E V. Monoclonal antibodies labeled with colloidal gold for immunochromatographic express analysis of diphtheria toxin[J]. Russian Journal of Bioorganic Chemistry, 2011, 37（3）: 326-332.

[46] Wang P, Wang R, Zhang W, et al. Novel fabrication of immunochromatographic assay based on up conversion phosphors for sensitive detection of clenbuterol[J]. Biosensors & Bioelectronics, 2016, 77（6/7）: 866-870.

[47] 李向梅, 王战辉, 肖希龙, 等. 同时检测牛奶中喹诺酮类和庆大霉素残留的胶体金免疫层析方法研究[J]. 中国农业科学, 2014, 47（19）: 3883-3889.

[48] 袁晓春. 多重胶体金免疫层析法检测乳品中 β-内酰胺类、四环素类、头孢氨苄抗生素残留[J]. 饲料博览, 2019（07）: 41-47.

[49] Turnipseed S B, Andersen W C. Veterinary drug residues [J]. Comprehensive Analytical Chemistry, 2008, 51: 307-338.

[50] Okeman L, Croubels S, Cherlet M, et al. Evaluation and establishing the performance of different screening tests for tetracycline residues in animal tissues[J]. Food Additives and Contaminants Part A: Chemistry Analysis Control Exposure & Risk Assessment, 2004,（21）: 145-153.

[51] 黄晓蓉, 郑晶, 吴谦, 等. 食品中多种抗生素残留的微生物筛选方法研究[J]. 食品科学, 2007, 28（8）: 418-421.

[52] Tumini M, Nagel O G, Althaus R L. Microbiological bioassay using bacillus pumilus to de-

tect tetracycline in milk[J]. Journal of Dairy Research, 2015, 82（2）：248-255.

[53] 谭峰. 四环素和喹诺酮类药物分析方法研究[D]. 西安：西北大学，2001.

[54] Kerman L, Hoof J V, Debeuckalere W, et al. Evaluation of the European four-plate test as a tool for screening antibiotic residues in meat samples from retail out lets[J]. Journal of AOAC International, 1998, 81（1）：51.

[55] Wu D, Du D, Lin Y. Recent progress on nanomaterial-based biosensors for veterinary drug residues in animal-derived food[J]. Trends in Analytical Chemistry, 2016, 83：95-101.

[56] Song Y, Luo Y, Zhu C, et al. Recent advances in electrochemical biosensors based on graphene two-dimensional nanomaterials [J]. Biosensors and Bioelectronics, 2016, 76：195-212.

[57] Song Y, Zhu C, Li H, et al. A nonenzymatic electrochemical glucose sensor based on mesoporous Au/Pt nanodendrites[J]. Rsc Advances, 2015, 5（100）：82617-82622.

[58] Zhu C, Yang G, Li H, et al. Electrochemical sensors and biosensors based on nanomaterials and nanostructures[J]. Analytical Chemistry, 2015, 87（1）：230-249.

[59] Huang S, Chen M, Xuan Z, et al. Aptamer-based electrochemical sensors for rapid detection of veterinary drug residues[J]. International Journal of Electrochemical Science, 2020, 15：4102-4116.

[60] Rahman M M, Lee D J, Jo A, et al. Onsite/on-field analysis of pesticide and veterinary drug residues by a state-of-art technology: a review [J]. Journal of Separation Science, 2021, 44（11）：2310-2327.

[61] Brown K, Blake R S, Dennany L. Electrochemiluminescence within veterinary science: a review[J]. Bioelectrochemistry, 2022: 108156.

[62] Jia M, Zhongbo E, Zhai F, et al. Rapid multi-residue detection methods for pesticides and veterinary drugs[J]. Molecules, 2020, 25（16）：3590.

[63] Elfadil D, Lamaoui A, Della Pelle F, et al. Molecularly imprinted polymers combined with electrochemical sensors for food contaminants analysis[J]. Molecules, 2021, 26（15）：4607.

[64] Neethirajan S, Kobayashi I, Nakajima M, et al. Microfluidics for food, agriculture and biosystems industries[J]. Lab on a Chip, 2011, 11（9）：1574-1586.

[65] Wang M, Cui J, Wang Y, et al. Microfluidic paper-based analytical devices for the determination of food contaminants: developments and applications[J]. Journal of Agricultural and Food Chemistry, 2022, 70（27）：8188-8206.

[66] Qin X, Liu J, Zhang Z, et al. Microfluidic paper-based chips in rapid detection: current status, challenges, and perspectives[J]. TrAC Trends in Analytical Chemistry, 2021, 143: 116371.

[67] Trofimchuk E, Nilghaz A, Sun S, et al. Determination of norfloxacin residues in foods by exploiting the coffee-ring effect and paper-based microfluidics device coupling with smartphone-based detection[J]. Journal of Food Science, 2020, 85（3）：736-743.

[68] Li M, Zhang X. Nanostructure-based surface-enhanced raman spectroscopy techniques for pesticide and veterinary drug residues screening[J]. Bulletin of Environmental Contamination and Toxicology, 2021, 107（2）：194-205.

[69] Pu H, Xiao W, Sun D W. SERS-microfluidic systems: a potential platform for rapid analysis of food contaminants[J]. Trends in Food Science & Technology, 2017, 70：114-126.

[70] Jia M, Zhongbo E, Zhai F, et al. Rapid multi-residue detection methods for pesticides and veterinary drugs[J]. Molecules, 2020, 25（16）：3591.

[71] Hussain A, Pu H, Hu B, et al. Au@ Ag-TGANPs based SERS for facile screening of thiabendazole and ferbam in liquid milk[J]. Spectrochimica Acta Part A: Molecular and Biomolecular Spectroscopy, 2021, 245: 118908.

[72] Girmatsion M, Mahmud A, Abraha B, et al. Rapid detection of antibiotic residues in animal products using surface-enhanced Raman spectroscopy: a review [J]. Food Control, 2021, 126: 108019.

[73] Daeseleire E, Van Pamel E, Van Poucke C, et al. Veterinary drug residues in foods [J]. Chemical Contaminants and Residues in Food, 2017: 117-153.

[74] Kaufmann A, Butcher P, Maden K, et al. Reliability of veterinary drug residue confirmation: high resolution mass spectrometry versus tandem mass spectrometry[J]. Analytica Chimica Acta, 2015, 856: 54-67.

[75] Biselli S, Schwalb U. Meyer A. et al. A multi-class, multi-analyte method for routine analysis of 84 veterinary drugs in chicken muscle using simple extraction and LCMS/MS[J]. Food Additives and Contaminants Part A: Chemistry Analysis Control Exposure & Risk Assessment, 2013, 30: 921-939.

[76] Robert C, Gillard N, Brasseur P, et al. Rapid multi-residue and multi-class qualitative screening for veterinary drugs in foods of animal origin by UHPLC-MS/MS[J]. Food Additives and Contaminants Part A: Chemistry Analysis Control Exposure & Risk Assessment, 2013, 30: 443-457.

[77] 邓家珞, 陆利霞, 熊晓辉, 等. 兽药残留快速检测方法比较分析[J]. 生物加工过程, 2018, 16 (2): 42-48.

[78] Wang B, Xie K, Lee K. Veterinary drug residues in animal-derived foods: sample preparation and analytical methods[J]. Foods, 2021, 10 (3): 555.

[79] Wang Y, Ma T, Ma S, et al. Fluorometric determination of the antibiotic kanamycin by aptamer-induced FRET quenching and recovery between MoS_2 nanosheets and carbon dots [J]. Microchimica Acta, 2016, 184 (1): 1-8.

[80] Fu Y Z, Zhao S J, Wu S L, et al. A carbon dots-based fluorescent probe for turn-on sensing of ampicillin[J]. Dyes Pigment, 2020, 172: 107846.

[81] Wang K P, Zhang Y C, Zhang X, et al. Green preparation of chlorine-doped graphene and its application in electrochemical sensor for chloramphenicol detection[J]. SN Applied Sciences, 2019, 1 (2): 157.

[82] Benvidi A, Yazdanparast S, Rezaeinasab M, et al. Designing and fabrication of a novel sensitive electrochemical aptasensor based on poly (L-glutamic acid)/MWCNTs modified glassy carbon electrode for determination of tetracycline[J]. Journal of Electroanalytical Chemistry, 2018, 808: 311-320.

[83] Shi X, Ren X, Jing N, et al. Electrochemical determination of ampicillin based on an electropolymerized poly (o-phenylenediamine)/gold nanoparticle/single-walled carbon nanotube modified glassy carbon electrode[J]. Analytical Letters, 2020, 53: 2854-2867.

[84] Zhao J, Guo W, Pei M, et al. GR-Fe_3O_4 NPs and PEDOT-AuNPs composite based electrochemical aptasensor for the sensitive detection of penicillin[J]. Analytical Methods, 2016, 8: 4391-4397.

[85] Li Z, Liu C, Sarpong V, et al. Multisegment nanowire/nanoparticle hybrid arrays as electrochemical biosensors for simultaneous detection of antibiotics[J]. Biosensors and Bioelectronics, 2019, 126: 632-639.

第 2 章
样品前处理方法

样品前处理（sample pretreatment）是指样品的制备和对样品中待测组分进行提取、净化、浓缩的过程。样品前处理的目的是将待测组分从样品基质中分离出来，转化为可检测的形式，消除基质干扰，保护仪器，提高方法的准确度、精密度和灵敏度。

样品前处理是食品安全快速检测的关键环节，占样品分析测试时间的60％以上。分析仪器灵敏度的提高、样品基质复杂、待测组分含量极低，对样品前处理提出了更高的要求。在食品安全快速检测技术中，样品前处理技术的发展趋势是速度快、批量大、自动化程度高、成本低、试剂用量少、对操作人员和环境无损害等[1]。将新型高效的样品前处理技术与食品安全快检技术联用，有效地降低食品基质的干扰，提高待测试样中待测物的浓度，是发展选择性好、准确度高、可定量的食品安全快速检测新技术的关键，可在保持食品安全快速检测技术快速、经济、便携、操作简单等原有优点的前提下，进一步提高食品安全快速检测技术的稳定性、选择性、灵敏度及定量准确性。

下面将主要介绍食品安全快速检测的样品采集、提取方法和净化方法。

2.1

样品的采集、制备与保存

样品采集是指从产品的总体中抽取一部分样品，通过分析一个或数个样品，对整批食品的质量进行估计。食品的种类繁多，成分复杂，加工储藏条件不同，同一材料不同部位彼此有别；食品安全快速检测的目的、项目和要求也不尽相同。只有正确地采集样品，检测的结果才能客观地反映食品的安全问题。

2.1.1 样品采集的原则

样品采集应遵循的基本原则是保证样品的代表性，同时还需要考虑样品的典型性、实时性、适量性和同一性[2]。

（1）**代表性** 采样时必须考虑生产批号、原料、加工方法以及运输、贮藏、销售条件等的影响，使采集的样品能真正反映被采样本的总体水平。

（2）**典型性** 对于污染或怀疑污染、掺假或怀疑掺假、中毒或怀疑中毒的食品，要求采集能够达到检测目的的典型样品。

（3）**实时性** 对于待测物会随时间发生变化的样品，要保证样品从采样到分析的整个过程中不能发生明显的特异性改变，因此必须采取低温冷冻等措施，同时及时送检，以保证准确的检测结果。

（4）**适量性** 样品采集的数量应该既满足检验项目的需求又不浪费，一般需要采集三份试样，分别为检验样品、复检样品和备检样品。检验样品用于全部检验项目的检测；复检样品用于检验结果有怀疑、有争议或分歧时进行复检；备检样品是指对某些样品需封存保留一段时间以备再次验证或仲裁。

（5）**同一性** 检验样品、复检样品和备检样品应来自同一单位、同一品牌、同一规格、同一日期、同一批号的同一份样品。

2.1.2 样品采集的方法

样品采集要根据食品安全快速检测采样目的制订采样计划，根据样品的性质、形态、包装等采用适当的方法进行样品采集，做好现场采样记录和样品编号。微生物检验的样品采集必须遵循无菌操作原则。

（1）**样品采集计划** 是根据采样目的制订的一份为完成程序目标而已经确定所需要的各个步骤的详细文件，包括人员、物品、地点、目的、实施方案等。

（2）**采样记录** 主要包括：样品采集的地点，被采样单位，样品名称、产地、商标、生产日期、批号或编号，被采样产品的数量、包装类型及规格，采样时间，采样目的，采样现场的环境条件，采样部位，采样方式，样品重量，采样单位（盖章），采样人（签名），运输方式，样品保存时间和保存方式等。

（3）**不同样品的采集** 根据样品的性质、形态、包装等差异，采样方法也不同[2,3]：①液体、半液体样品，采样前先检查样品的感官性状，摇动或搅拌均匀后再采样；②颗粒或粉末状的固体，由上、中、下三层的几个不同部位分别采取，放入容器内再经搅拌混合均匀后采集样品；③小包装食品，直接采集原包装食品，分析检测前不开封，以防止交叉污染；④肉类，如果是品质相同的同一批次，按照上、中、下三层的几个不同部位分别采集样品，如果品质不同，可以分类后分别采集样品，也可以根据检测目的重点采集某一部位的样品。

（4）**微生物检验的样品采集** 必须遵循无菌操作原则，采样前，提前准备好经消毒的采样工具和容器，操作人员先用75%酒精棉消毒手，尽量从未开封的包装内采样。

2.1.3 样品的制备

样品制备是指对采集的样品进行粉碎、研磨、混匀和缩分，成为代表性的均匀样品，缩分后保留三份，分别为检验样品、复检样品和备检样品。制备好的样品若不能及时分析，应密闭冷冻保存。样品的制备方法依据检测目的、法规要求和食品性质的差异而不同[4,5]。

① 畜禽组织样品：如肌肉、脂肪、皮、肝、肾等，去骨和筋膜后，根据检测目的，取可食部分在干净砧板上用不锈钢刀切成块，经食品加工机绞碎成浆后取样。

② 水产品样品：如鱼类、甲壳类等，去鳞、壳、皮、头、尾、骨和内脏，取可食部分在干净砧板上用不锈钢刀切成块，经食品加工机绞碎成浆后取样。

③ 鸡蛋样品：去壳，用打蛋器混匀后取样。

④ 新鲜水果和蔬菜：水果去皮、核，取可食用部分，经食品加工机绞碎成浆后取样；蔬菜去泥沙、附着物及非食用部分，取可食用部分，食品加工机绞碎成浆后取样。

⑤ 干燥谷物、脱水水果和蔬菜：经食品加工机绞碎后取样。

2.1.4　样品的运输与保存

采集的样品用干净的玻璃或塑料容器密闭保存，标签中要明确标记品名、来源、数量、采样地点、采样人、采样日期等内容，编号应与采样记录上的编号相符。样品及采样记录等相关资料，应尽快送到实验室（一般 24～36 小时内），避免样品腐败、变质、受损、污染、待测物分解或含量发生变化，冷冻和易腐败的食品需要使用添加冰袋的保温容器运输和保存；微生物检验的样品在运输和保存中应保证样品中的微生物状态不发生改变。运输到实验室的样品应在 3～5℃暂存，并应及时检测，若需要较长时间保存，必须在－20℃冷冻条件下贮藏，解冻后立即检测分析[6]。

2.2

提取方法

提取（extraction）是指使用适当溶剂将待测物连同部分样本基质从固态转为易于净化或分析的液态，通常可除去 99％的样本杂质。提取过程中应首先保证最大的回收率。在设计提取方法的时候应考虑样品基质的种类、待测物溶解性和提取溶剂，并考虑到下一步可能采用的净化方法。

样品的提取中，提取溶剂很重要，应满足下列要求：对待测组分溶解度大，对干扰杂质溶解度小，与样品基质相容性较好，能有效释放药物，具有脱蛋白和/或脱脂能力，沸点适中（40～80℃），黏度小，毒性低（尽量少用卤化溶剂），价格低廉和易于进一步净化等。

水溶性有机溶剂（乙腈、甲醇等）是常用的提取溶液，具有以下几个优点：①与食品样品容易混合，穿透力大，溶解作用强，可有效降低极性待测物的吸附损失，提取速度快；②pH 值可以调节，可以调节弱酸、弱碱待测物的提取效率；③同时具有脱蛋白和脱脂的作用；④待测物在样本提取溶液中均匀分布，可以只移取部分上清液或滤液进行分析，无需反复提取将待测物全部转出；⑤便于进行进一步净化；⑥便于进行浓缩。

近些年，由于"绿色化学"的提出，环境友好的绿色溶剂（如离子液体、低共熔溶剂、可切换溶剂、表面活性剂等）被广泛用于样品提取，在食品安全快速检测中应尽可能避免使用沸点低、毒性大的有机溶剂。

（1）离子液体（ionic liquid，IL）　是指室温或低温下呈液态、完全由离子构成的物质。离子液体由有机阳离子和无机阴离子组成。阳离子通常是烷基季铵离子、季镤离子、N-烷基吡啶和 N,N-二烷基咪唑等；阴离子常见的是卤素离子，$AlCl_4^-$，含氟、磷、硫的多种离子，如 BF_4^-、PF_6^-、$CF_3SO_3^-$、CF_3COO^-、PO_4^{3-}、NO_3^- 等。与传统有机溶剂和电解质相比，离子液体主要具有以下优势：①通过阴阳离子的设计可调节其对无机物、水、有机物及聚合物的溶解性，对大量无机和有机物质都表现出良好的溶解能力；②几乎没有蒸气压，不挥发，不易燃，不易氧化，黏度可调，良好的热稳定性，可以循环使用，消除了挥发性有机化合物环境污染问题；③对水和空气稳定，便于操作处理，易于回收。离子液体作为萃取溶剂能很好地应用于液-液萃取、液相微萃取、固相微萃取、超临界萃取等，也可以将离子液体修饰在固定相上，改善固相萃取的选择性和高效性，还可以作为液相色谱流动相添加的试剂来改善或修饰物质的峰形等[7]。

（2）低共熔溶剂（deep eutectic solvent，DES） 由于合成原料经济易得、合成方法简单快速、易于降解对环境友好而受到广泛关注，是一类由一定化学计量比的氢键受体（如季铵盐）和氢键供体（如酰胺、羧酸和多元醇）合成的新型溶剂。它具有离子液体的一些性质，但是比离子液体毒性小、制备容易、成本低，且具有溶解性好、不易挥发等优点。合成后的 DES 熔点较单个组分时低，适合作为悬浮固化液相微萃取溶剂，具有良好的生物相容性，广泛应用于不同基质的兽药残留检测中[8]。

（3）可切换溶剂（switchable solvent，SS） 是可以转换亲水亲油特性的一种特殊液体，在通入或者去除 CO_2（即用低热量、惰性气体鼓泡）的情况下可逆地从一种形式切换到另一种形式，它主要包括可转换亲水性溶剂（switchable hydrophilic solvent，SHS）和可转换极性溶剂（switchable polarity solvent，SPS）。作为提取溶剂，SHS 较 SPS 更为合适，因为它通常由中链脂肪酸和叔胺组成，价格更低，更稳定，且与水的混溶性是完全可逆的，已经成功应用于液相微萃取中。可切换溶剂型液相微萃取法具有绿色、快速、简便、廉价的优点，是一种新型的前处理技术，并且可与各种分析仪器兼容，成功地应用于兽药残留检测工作中[8]。

2.2.1 液-液萃取

液-液萃取（liquid-liquid extraction，LLE）指利用化合物在两种互不相溶（或微溶）的溶剂中溶解度或分配系数的不同，使化合物从一种溶剂内转移到另外一种溶剂中，经过反复多次萃取，将绝大部分的化合物提取出来的方法。大多数情况下，一种液相是水相，另一种液相是有机相，可通过选择不同的有机溶剂来控制萃取的选择性和分离效率。应用于 LLE 的提取溶剂一般要求具备以下条件：对被测物质溶解度大，对杂质溶解度小；密度适当、沸点低；化学稳定性好、毒性小。最常用的提取溶剂主要有二氯甲烷、己烷、异丁醇、乙醚、乙酸乙酯、叔丁基甲醚、氯仿等。

LLE 是应用最为广泛的样品前处理技术之一，而且技术成熟、处理样品量较大、萃取较完全，但是操作烦琐、耗时较长、不易于自动化、有机溶剂消耗量大、常因乳化现象导致相间无法彻底分层，测定重复性较差。现在的 LLE 技术已不再局限于传统的分液漏斗萃取，而是向着微量、自动、绿色环保等方向发展，新的萃取形式包括：液相微萃取、双水相萃取、浊点萃取等。

常通过调节溶液的 pH 值、极性、离子对形成等手段提高 LLE 的萃取效率，如在样品溶液中加入氯化钠等盐类物质，利用盐析作用降低提取物的溶解度，使之更容易被弱极性溶剂提取出来。以下因素会影响 LLE 的萃取效率[6]：①溶剂。溶剂的选择是影响 LLE 效率的关键因素，应根据"相似相溶原理"，选择对待测物溶解度最大、对干扰物溶解度最小、沸点低、毒性小、价廉且环保的溶剂。②pH 值。调节 pH 值可以使水相中的弱酸或弱碱待测物处于中性分子状态，易被有机溶剂萃取；使弱酸或弱碱干扰物呈解离状态，水溶性增加，选择性除去杂质。③离子对试剂。在萃取溶液中加入与待测物电性相反的离子对试剂，离子对试剂中的反离子与待萃取离子型化合物中的离子结合形成离子对，在中和了离子的电荷的同时，也增强了化合物的亲脂性，易被有机溶剂萃取。常用的阳离子对试剂主要有溴化四丁铵、溴化十四烷基三甲铵、氢氧化三甲基苯胺、氯化三甲基苯胺等，常用的阴离子对试剂主要有十二烷基磺酸钠、1-庚烷磺酸钠、二辛基硫代琥珀酸钠等。④乳化现象。在萃取含有大量表面活性剂和脂肪的样品时，经常发生乳化现象，可以采用加热法、抽滤法、离心法、萃取溶剂倍量法，以及加入无水乙醇等方法进行破乳。⑤盐析。在萃取溶液中加入氯化钠、硫酸钠等中性强电解质，利用盐析效应，可以促进有机溶剂的萃取、降低乳化现象。

2.2.2　匀浆萃取

匀浆萃取（homogenate extraction）是指通过往一个均质机里加入一定量的提取溶剂进行匀浆，细胞破碎后，使样品基质中的待测物进入到提取溶剂中被提取出来。均质机分为离心式均质机、超声波均质机、高压均质机、纳米超高压均质机等。匀浆提取所用提取时间短，提取溶剂用量少，是一种高效提取方法。样品提取时加入了乙腈和无水硫酸钠，在匀浆时样品与无水硫酸钠包裹在一起形成团块，较难混匀。

2.2.3　微波辅助萃取

微波辅助萃取（microwave-assisted extraction，MAE）又称微波萃取，是指用微波能加热样品和提取溶剂的混合物，将待测物从样品基体中分离出来并进入溶剂的萃取技术。MAE 通过偶极子旋转和离子传导两种方式里外同时加热，无温度梯度，热效率高，升温快速均匀，大大缩短了萃取时间，提高了萃取效率。MAE 可以利用微波能选择性地将样品中的待测物加热以其原型高效地萃取出来。MAE 具有快速、高效节能、环境友好等特点，是一种具有很好前途的样品前处理技术。与传统萃取方法相比，MAE 具有设备简单、适用范围宽、萃取效率高、重现性好、节省时间、节省试剂、污染小等特点。MAE 法萃取生物样品中的痕量待测物时，一些干扰组分被同时萃取，往往会对待测物的色谱分析产生严重干扰，一般需要通过离心将提取溶液与样品基质分离，经过液相微萃取、固相萃取等净化后再进行分析。

常使用的 MAE 有以下几种：①高压微波辅助萃取（pressure MAE），也称为密闭式微波辅助萃取，萃取装置中可放置多个密闭萃取罐，可以自动调节温度和压力，进行温-压可控萃取，其优点是一次可制备多个样品，易于控制萃取条件，有利于待测物从样品基质中迅速萃取出来，提高回收率；②开罐式微波萃取（open-vessel MAE），萃取装置的萃取罐与大气相通，只能控制温度，不能控制压力，其优点是使用操作更加安全；③无溶剂微波辅助萃取（solvent free MAE），无须添加有机溶剂，主要利用样品自身携带（或添加）的水分来吸收微波辐射能，样品中的待测物随着水蒸气释放出来，再经过冷却回收；④超声微波辅助萃取（ultrasonic MAE），将超声技术引入到 MAE 中，可以很好地避免样品受热不均等问题，而且微波和超声波的结合增大了破坏样品基质的动能，有助于待测物的萃取；⑤真空微波辅助萃取（vacuum MAE），在真空环境下，萃取溶剂的沸点被降低，避免热不稳定化合物的降解，溶剂可以在低温条件下保持沸腾和回流，有助于样品和溶剂的充分混合，促进待测物的萃取；⑥动态微波辅助萃取（dynamic MAE），特点是待测物可以及时地从萃取容器中转移出来，可以避免热不稳定待测物分解，并且可以和其他样品预处理技术以及分析检测技术联用，有助于在线分析[9]。

以下因素会影响 MAE 的效果：①萃取溶剂，溶剂的极性越大，对微波能的吸收越大，升温越快，离子液体具有良好的热稳定性和吸收微波的能力，被广泛应用到微波萃取中；②萃取功率，高的萃取功率通常会提高样品的温度，有利于提高萃取效率，但太高会使一些干扰物也被萃取出来，对目标分析物产生干扰，降低方法的选择性，而且有些待测物在高温下会分解；③萃取时间，一般情况下为 5～20min，不同的样品基质最佳萃取时间不同；④样品中的水分或湿度，因为水具有较高的介电常数，能够有效吸收微波，所以试样中含水量的多少对萃取率的影响较大，在分析干性样品时，可通过润湿、浸泡等方法，在样品中添加适当的水，以提高待测物的萃取率，同时还能缩短萃取时间；⑤萃取溶剂的 pH 值，会影响待测物的解离，也会影响萃取效率；⑥样品粒径，较小的样品粒径一般有利于提高萃取效率[9]。

2.2.4　超声波辅助萃取

超声波辅助萃取（ultrasound-assisted extraction，UAE），是利用超声波辐射压强产生的强烈空化效应、机械振动、扰动效应、高的加速度、乳化、扩散、击碎和搅拌作用等多级效应，增大物质分子运动频率和速度，增加溶剂穿透力，从而加速待测物进入溶剂，促进提取的进行。与常规萃取技术相比，超声波辅助萃取快速、高效，仪器设备简单，萃取成本较低，适合不耐热的待测物的萃取；酸消解中，超声波辅助萃取比常规微波辅助萃取安全[9]。

以下因素会影响 UAE 的效果：①萃取溶剂，应根据相似相溶原理，选择对待测物溶解度最大、对干扰物溶解度最小、不与待测物发生化学反应、对光热稳定、成本低、无毒环保的溶剂；②样品粒径，合适的粒径可以增加与溶剂的接触面积，提高萃取效率；③提取时间，延长 UAE 时间能有效提高萃取速率，但对某些不稳定的待测物，特别是在高温条件下，长时间的萃取反而造成提取量下降；④提取温度，升高温度能有效提高萃取效率，但超过 50℃则可能导致空化效应下降，影响 UAE 效率；⑤超声频率，低频高能超声（16～100kHz）产生较大的空穴强度，随着频率的增加，空穴强度逐渐减弱，在兆赫范围内不再发生空穴现象，因此，频率越高，超声效果越差；⑥样品含水量，适当增加样品的含水量，固/液界面更有利于形成空穴，可以提高 UAE 效率。

2.2.5 加速溶剂萃取

加速溶剂萃取 (accelerated solvent extraction，ASE)，也称加压溶剂萃取 (pressurized solvent extraction，PSE)，包括高压溶剂萃取、加压热溶剂萃取、高温高压溶剂萃取和加压热水萃取等。ASE 是在提高的温度 (50~200℃) 和压力 (10.3~20.6MPa) 下，用提取溶剂萃取固体或半固体样品的样品前处理方法。提高压力和温度加速了待测物的解析动力学过程，降低溶剂的黏度，减小溶剂进入样品基体的阻滞，增加了溶剂进入样品基体的扩散，有利于被萃取物与溶剂的接触，使提取溶剂溶解待测物的容量增加，提高回收率。与其他提取方法相比，ASE 具有有机溶剂用量少、快速、基质影响小、萃取效率高、选择性好等优点，且使用方便，安全性好，自动化程度高。

ASE 通常在加速溶剂萃取仪中进行，其由溶剂瓶、泵、气路、加热炉、萃取池和收集瓶等构成 (见图 2-1)。操作步骤如下：①将样品装入萃取池；②溶剂充满萃取池；③萃取池加热加压；④样品在一定的温度和压力下静态萃取；⑤向萃取池中注入清洁溶剂；⑥用 N_2 吹扫萃取池；⑦萃取液准备分析。加速溶剂萃取仪可根据用户需要进行全自动溶剂的改变或混合，减少了实验室溶剂计量和溶剂混合的工作量，同时也降低了出错率[11]。

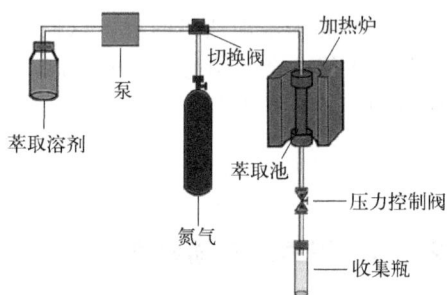

图 2-1　加速溶剂萃取仪示意图[10]

影响 ASE 萃取率的因素主要有：①提高萃取温度可以使得待测物的溶解度增加，溶质的扩散速率加快，提高回收率，但热降解是一个令人关注的问题，而 ASE 是在高压下加热，高温的时间一般少于 10min，因此，热降解不甚明显；②增加压力，使溶剂在较高的温度之下保持液态，液体对溶质的溶解能力远大于气体对溶质的溶解能力，高压还可以将溶剂推到样品基质的孔洞中，并将常压下被困留于孔洞中的待测物萃取出来，得到较高的提取率；③选择萃取溶剂时要考虑到溶剂的沸点、极性、相对密度、毒性等物化特性，用于 ASE 的萃取溶剂有很多，如甲醇水溶液、甲苯、二氯甲烷、乙酸乙酯、乙腈等，混合极性的溶剂或者非极性溶剂也会得到较高的萃取效率；④静态萃取时间与循环次数对样品萃取率的影响相当，增加循环次数时可适当减少静态萃取时间，静态萃取时间通常会和循环次数一起考虑[12]。

2.2.6 膜萃取

膜萃取 (membrane extraction) 又称固定膜界面萃取，样品溶液和萃取溶液分别在膜两侧流动，其中溶液会润湿膜并渗透进入膜孔，在膜表面上与另一溶液形成固定界面层，由于待测物在两种溶剂中存在溶解度差异，先进入膜中的萃取相，再通过膜孔扩散进入萃取溶剂。膜萃取具有溶剂用量少、选择性高、富集倍数高、操作步骤少等优点。

样品溶液和萃取液的 pH 值、待萃液的流速、萃取时间、体系的温度、液膜的组成和性质等影响膜萃取的效率。①膜相两侧的 pH 值决定待测物的存在形式，在样品溶液中使待测物以分子形式存在，透过膜到达萃取溶液后通过 pH 值的调节使其形成离子态，以防止其回到膜相进入样品溶液中，从而达到不断富集的目的；②流速等条件一定的情况下，一般在一定的范围内，萃取时间越长，萃取率越高，达到峰值后萃取率不再增加；③萃取时体系的温度会影响待萃取物的扩散系数、液体的表观黏度等，从而影响萃取效率；④通常选择待萃取物在其中分配系数大的有机溶剂作为萃取液，为了获得高传质系数，最好使用低黏度的液膜，通过向液膜中加入适当的添加剂（如配位试剂、离子对试剂），也可改变液膜的萃取性质，提高萃取的选择性和萃取效率[13]。

膜萃取根据膜结构进行样品的分离富集，按其装置构造及萃取原理的不同可将其分为固相膜萃取（solid phase membrane extraction，SPME）、支持液膜萃取（supported liquid membrane extraction，SLME）、中空纤维液相微萃取（hollow fiber liquid-phase microextraction，HF-LPME），以及吸附界面膜萃取等，其中，HF-LPME 在 2.3.4.2 中介绍。

2.2.6.1　固相膜萃取

固相膜萃取是利用固相萃取膜（如 C_8、C_{18}）吸附、富集样品中的待测物，再用少量溶剂洗脱或解吸，用于分析检测（见图 2-2）。SPME 解决了传统的固相萃取柱易造成堵塞而导致回收率降低的问题，膜状介质增大了接触面积，传质速率快，对于同等质量的填料，固相萃取圆盘的横截面积是萃取柱的 10 倍，因而提高了萃取效率，增大了萃取容量和萃取流速，可以实现大通量样品处理并获得较高的富集倍数[13]。目前 SPME 主要采用的填料类型有 C_{18} 键合硅胶、C_8 键合硅胶、十二烷基磺酸钠脂-水两亲型吸附剂、Anion X（阴离子交换吸附剂）等[14]。

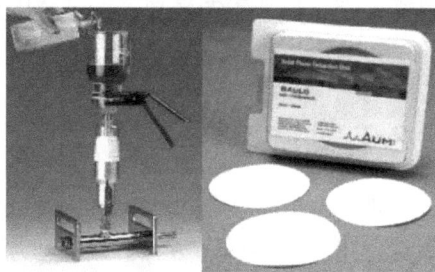

图 2-2　固相膜萃取装置图[14]

2.2.6.2　支持液膜萃取

支持液膜萃取的结构可看成是两层水相中间夹一个有机液膜（如聚四氟乙烯膜）形成的两相或三相萃取体系。有机溶剂由于毛细管作用力饱和于膜孔中，在膜两边各形成一个流体通道，每个通道体积一般在 $10\sim1000\mu L$。根据萃取相与膜纤维微孔中溶剂的异同，形成液-液两相萃取和液-液-液三相萃取。液-液两相萃取是用萃取溶剂浸润膜纤维，与样品溶液形成两相萃取体系；液-液-液三相萃取是用另外一种有机溶剂浸润膜纤维，萃取溶剂、液膜和样品溶液形成三相萃取体系，待测物首先萃取浸润膜纤维的有机溶剂，再萃取进入萃取溶液。

2.2.6.3 吸附界面膜萃取

吸附界面膜萃取是一种无须使用有机溶剂的样品前处理技术。它将采样、富集、进样合为一体，可避免样品的损失和污染。此技术可应用于挥发性、半挥发性和非极性有机物的分析，主要适用于连续监测、现场测试和在线分析，具有良好的应用前景[13]。

2.2.7 超临界流体萃取

超临界流体萃取（supercritical fluid extraction，SFE）是利用压力和温度对超临界流体溶解能力的影响而进行萃取的技术。超临界流体的密度是温度和压力的函数，其溶解能力在一定压力范围内与其密度成比例，故可通过对温度、压力的控制而改变物质溶解度。特别是在临界点附近，温度和压力的微小变化就可导致溶解度发生数量级的突变。超临界流体萃取技术就是建立在这个基础之上，即在超临界状态下，将超临界流体与待分离的物质接触，控制体系的压力和温度使其选择性地萃取其中的某一组分。然后通过温度或压力的变化，使溶解于超临界流体中的溶质因其密度的下降、溶解度降低而析出，从而实现特定溶质的分离，并让超临界流体循环使用。因此超临界流体是一种十分理想的萃取剂，它安全无毒、操作过程不易破坏有效成分、节能高效、兼有萃取和蒸馏的双重功效。

常用的超临界流体有 CO_2、NH_3、SO_2、乙烷、丙烯、甲醇和水等，其中最常用的超临界流体是 CO_2，这是因为：①CO_2 具有较低的临界温度（31.06℃），可以在接近室温的条件下完成萃取，操作条件温和，对待测物破坏小；②CO_2 的临界压力是 7.39MPa，较易达到；③CO_2 是一种非极性溶剂，对非极性化合物具有较高的亲和力，能够从天然物质中选择性地分离回收有效成分或脱除某种组分；④CO_2 无毒、不活泼、易于分离、价廉、易得，在萃取过程中不会残留在萃取物和萃余物料中，操作安全，不污染环境[15]。

2.2.8 浊点萃取

浊点萃取（cloud point extraction，CPE）是一种液-液萃取技术，也叫作液体凝聚萃取或胶束媒介萃取。该技术利用非离子型表面活性剂胶束水溶液的溶解性和"浊点"特性，通过改变实验条件（如温度）到达其浊点时引发相分离，从而将待测物质与基质分离开来。具体原理为：表面活性剂分子由亲水基团和疏水基团组成，当表面活性剂在水溶液中浓度超过其临界胶束浓度时，其分子在水溶液中将以胶束的形态存在，内部为由疏水性基团构成的疏水性环境，水合的亲水性基团和结合水分布在胶束外层，在样品溶液中加入高于临界胶束浓度的表面活性剂，在一定温度下，表面活性剂可以溶于水形成澄清的溶液，在外界条件（如温度、压力、离子强度）发生改变时，产生相分离而出现溶液浑浊的现象称为浊点现象，此时的温度即为浊点温度，样品溶液中的疏水性待测物就会结合表面活性剂的疏水基团，放置一段时间或者离心分离后就形成两相而分离，然后把待测物从样品中分离出来（见图 2-3）。

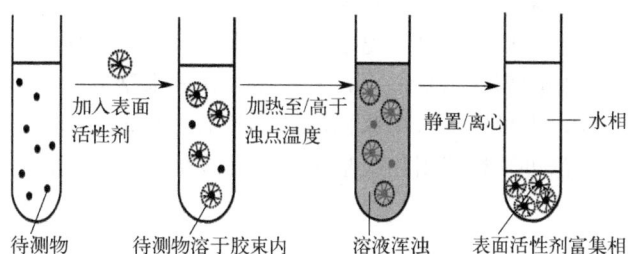

图 2-3 浊点萃取示意图[16]

加入表面活性剂　加热至/高于浊点温度　静置/离心　水相

待测物　待测物溶于胶束内　溶液浑浊　表面活性剂富集相

CPE 具有富集率高、萃取效率高、易于操作、应用范围广、有机溶剂用量少、表面活性剂可用透析回收利用、待测物在萃取过程中可保持原有特性、便于实现联用等特点，是一种绿色提取方法。通过改变 CPE 步骤，已开发并成功应用的改进方法主要有：双浊点萃取法、顺序浊点萃取法、置换浊点萃取法、微波辅助浊点萃取法以及在线浊点萃取技术等[17]。

影响浊点萃取的主要因素有：①表面活性剂类型及浓度。表面活性剂的疏水部分越大，疏水性越强，有机物的萃取效率越高，需要根据待测物的性质选择最佳的表面活性剂，常用的表面活性剂有 Triton X-100、Triton X-114 和 Genapol X-080 等。表面活性剂的浓度会影响回收率、浓缩因子和重现性等。②平衡温度和时间。平衡温度至少要比表面活性剂的浊点温度高出 15～20℃，增加平衡时间会提高萃取效率，通常在 30min 就有较好的萃取效率，高速离心（通常 5000r/min）也可以使水相与表面活性剂胶束分离。③溶液的 pH 值。pH 值对非离子型表面活性剂的萃取效率影响不大，对离子型表面活性剂体系影响十分显著。要获得较好的萃取效率，需要根据表面活性剂和待测物的性质调节 pH 值。④添加剂。在非离子型表面活性剂溶液中加入盐析型电解质（氯化物、硫酸盐等），可以使胶团中氢键断裂脱水，降低浊点温度；向非离子型表面活性剂溶液中加入盐溶型电解质（硫氰化物、硝酸盐等），可以使浊点温度升高。亲水性的有机物如脂肪醇、脂肪酸、苯酚和尿素等均能降低非离子型表面活性剂溶液的浊点温度。向非离子型表面活性剂溶液中加入多元醇，如葡萄糖、蔗糖、甘油等，或加入水溶性聚合物，如聚乙二醇、葡聚糖、聚乙烯吡咯烷酮等，可以明显降低体系的浊点温度[17]。

2.2.9　亚临界水萃取

亚临界水萃取（sub-critical water extraction，SCWE）技术是一种较新的不使用或少使用有机溶剂的绿色萃取技术，具有设备简单、萃取时间短、无毒无害、选择性好、灵敏度高等优点。亚临界水也称为高温水、超加热水、高压热水或热液态水，是指在一定压力下，将水加热到 100℃以上临界温度以下，水体仍然保持在液体状态，但可以改变水的极性、表面张力和黏度，使其对有机物的溶解能力大大增加。萃取所用的水要求是超纯水（HPLC 用水），萃取前用氮气驱除水中的溶解氧，以避免有机物在亚临界水中被氧化。通过改变亚临界水的温度和压力，可以改变其萃取能力，使水的极性接近于样品中的待测物，从而能被亚临界水萃取。SCWE 技术的最主要影响因素是温度，亚临界水的温度控制与待测物有关，通过对水体温度的控制，可以选择性地萃取不同极性的组分的待测物。亚临界水萃取的时间比较短，一般小于 1h。而亚临界水萃取技术对压力的要求较低，它主要受温度的影响，只要适当的压力（小于4MPa）使亚临界水保持在液体状态即可。在萃取结束后，恢复室温常压时，水的极性急剧增强，为了避免亚临界水降温过程中待测物重新分配到样品基体中，可以在亚临界水萃取的过程中加入吸附材料或固相微萃取的萃取纤维，也可以将从萃取柱流出的亚临界水直接加入与其相连接的固相萃取柱相，水中的有机物都可转移到固相吸附剂上去，减少重新分配回样品基体的比例[18]。

2.2.10　双水相萃取

双水相萃取（aqueous two-phase extraction，ATPE）是指把两种聚合物或一种聚合物（或亲水有机溶剂）与一种盐的水溶液混合在一起，在水中以适当的浓度溶解，当聚合物（或盐）溶液的浓度达到一定值，体系会自动分成互不相溶的两相。ATPE与一般的水-有机物萃取的原理相似，都是依据物质在两相间的选择性分配[19]。

ATPE所需设备简单、条件温和、易于操作，且可以获得较高的收率和较纯的有效成分。与常规的有机溶剂萃取技术相比较，其最大的优势在于可保持生物物质的活性及构象。但ATPE也存在易乳化、相分离时间长、成相聚合物的成本较高以及分离效率不高等缺点[19]。

ATPE体系的主要类型有：高聚物/高聚物、高聚物/无机盐、亲水有机物/盐体系、离子液体/盐双水相体系、阴阳离子型表面活性剂体系等。应用较多的是聚乙二醇（PEG）/葡聚糖（dextran）体系和PEG/无机盐（硫酸盐、磷酸盐、碳酸盐等）体系。以聚合物/无机盐双水相体系萃取蛋白质为例，影响双水相萃取平衡的主要因素有：组成双水相体系的高聚物类型、高聚物的平均分子量和分子量分布、高聚物的浓度、成相盐的种类和浓度、盐的离子浓度、pH值和温度等[19]。

2.3

净化方法

净化是指将待测组分与杂质分离的过程。提取过程中，许多与待测组分溶解性相似的杂质将被一起转移出来。提取过程一般可以除去99%以上的样品基质，而不到1%的共提取物是主要的干扰杂质。为保证检测的正常进行，必须在净化过程中除去这些杂质。由于对样品干扰物的数量和性质并不明确，因此净化过程是相当复杂的。一般主要基于待测物的各种理化性质，如待测物的极性、溶解性、酸碱性、分子量等并结合使用多种分离方法设计净化过程。

固相微萃取、基质固相分散萃取、免疫亲和色谱、分子印迹技术等多种新型样品净化方法与食品安全快速检测技术联用，有效地降低了复杂食品样品的基体干扰，拓宽了食品安全快速检测分析方法的适用范围，从而提高了食品安全快速检测方法的灵敏度及准确性。在未来的研究中，研发小型化、便携、稳定性好、灵敏度高的食品安全快速检测装置，并进一步发展与之相匹配的现场、原位、高效的样品净化方法，是发展便携、灵敏、可准确定量的食品安全快速检测技术的关键[20]。

2.3.1 固相萃取

固相萃取（solid phase extraction，SPE）是一种基于液-固分离萃取原理的样品前处理技术，当样品溶液通过固相萃取柱时，分析物根据待测物质与样品基质和其他组分在固定相填料上的保留能力强弱不同而实现分离，然后选择合适的洗脱液将吸附在固定相上的待测物进行洗脱，从而达到快速分离与富集的目的。SPE 与传统的前处理方法相比具有显著的优势，如操作简便、有较高的回收率和高的富集倍数、所用溶剂量少、能处理小体积试样、易于实现自动化等。

SPE 净化方法的关键是根据待测物的性质和基质的特点选择最佳的 SPE 柱，根据吸附剂的不同，SPE 柱可分为以下几种类型：

（1）**反相 SPE 柱**　柱中填料通常是非极性的或是弱极性的，如 C_2、C_8、C_{18}、环己基、苯基柱等，所萃取的目标化合物通常是中等极性到非极性的化合物。

（2）**正相 SPE 柱**　常用的吸附剂有硅胶、活性氧化铝、硅镁型吸附剂、用极性基团（如二醇基、氰基、氨基等）修饰的硅胶，以及石墨化炭黑等，这类吸附剂主要对分析前的复杂样品进行清洗净化。

（3）**离子交换型 SPE 柱**　吸附剂的基体主要有硅胶和聚合物两种，可以分为：①阳离子交换 SPE 柱，吸附剂官能团有磺酸基、羧基、羰基、磷酸基，萃取带有正电荷的化合物，适合于弱碱的提取；②阴离子交换 SPE 柱，吸附剂官能团是伯胺、仲胺、叔胺、季铵类，萃取带有负电荷的化合物，适合于弱酸的提取。

（4）**混合型吸附剂 SPE 柱**　如氨丙基＋C_8、季铵＋C_8、羧酸＋C_8、丙磺酸＋C_8、苯磺酸＋C_8、氰丙基＋C_8、环己基＋C_8，是具有两种或以上官能团的固相萃取材料，这种材料有多种作用力，在分离复杂样品时具有一定的优势。

（5）**新型吸附剂 SPE 柱**　随着固相萃取的发展，人们还研究开发出了新型的并具有独特优点的固相萃取吸附剂，如分子印迹 SPE 柱、免疫亲和 SPE 柱、限进介质 SPE 柱等。

SPE 操作过程一般分为四个步骤（见图 2-4）[21]：

（1）**活化**　也称预处理，是选择适当的溶剂淋洗固相萃取小柱，以反相 SPE 柱而言，先用甲醇或其他极性溶剂淋洗柱子，再用水或缓冲溶液平衡 SPE 柱，除去多余的有机溶剂，保证待测物被 SPE 柱吸附；已经预处理好的柱子在上样前必须保持湿润，否则会出现回收率低、重现性差的结果。

（2）**上样**　将样品溶液加入到固相萃取柱，用正压、负压或重力使样品通过 SPE 柱。样品过柱的流速必须控制。流速慢虽然有利于吸附目标化合物，但过慢会影响整个萃取过程速度，降低样品处理的效率。这时样品溶液的溶剂的极性不宜与目标物的极性过于相近或者太强，会使目标物无法被吸附剂保留，回收率偏低。

（3）**淋洗**　是为了尽量多地洗掉被吸附剂保留的干扰化合物。淋洗液应选择中等强度的溶剂，淋洗液的强度过大，导致目标物同时流出。通常为强弱溶剂混用，但需要保证混用溶剂是完全互溶的。

（4）**洗脱** 首先，洗脱剂必须对目标化合物有足够的洗脱强度，以便以尽可能小体积的用量将目标化合物洗脱下来。其次，洗脱溶剂必须有足够的选择性，能够选择性地将目标物从吸附剂上洗下来，而将干扰杂质留在柱上。最后，洗脱剂应该尽可能与分析检测仪器相适应。选择好适当的洗脱剂后进行洗脱，收集洗脱液，浓缩、检测，或者直接进行在线检测。

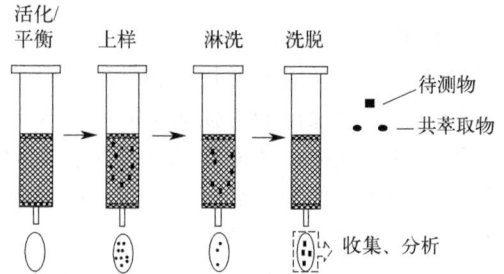

图 2-4　固相萃取示意图[14]

2.3.2　固相微萃取

固相微萃取（solid phase microextraction，SPME）是二十世纪九十年代兴起并迅速发展的新型的、环境友好的样品前处理技术，通常是将少量涂渍固定相的萃取纤维暴露于样品体系中一段时间，待达到平衡后直接进行解吸、分析。该技术集吸附、浓缩、解析和进样于一体，无需萃取溶剂，能与气相色谱（GC）和高效液相色谱（HPLC）实现在线联用，有机溶剂用量极少，操作也很简便。其装置结构见图 2-5。

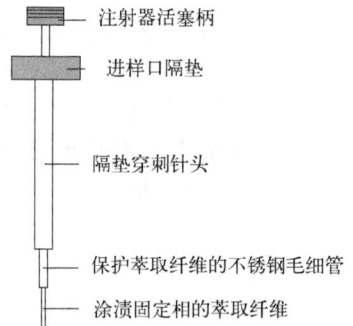

图 2-5　SPME 装置结构

涂渍的固定相涂层是 SPME 萃取头的核心部分，涂层的种类也多种多样。最早开发的是带有聚二甲基硅氧烷（PDMS）和聚丙烯酸酯（PA）涂层的萃取头。萃取头为熔融石英纤维，涂层一般可以分为非极性、中等极性和极性 3 种[22]。常见的非极性涂层有聚二甲基硅氧烷，厚度为 $100\mu m$ 时适合萃取分子量较小的挥发性极性化合物，厚度为 $7\mu m$ 和 $30\mu m$ 时，适用于萃取低挥发性的极性化合物。中等极性涂层有聚二甲基氧硅烷/二乙烯基苯和羧基/聚二甲基硅氧烷，分别适用于萃取极性低挥发性化合物和挥发性有机化合物。极性涂层有聚丙烯酸酯、聚乙二醇/二乙烯基苯和聚乙二醇/模板树脂，分别适用于萃取极性挥发性的化合物、极性化合物和表面活性剂。

固相微萃取主要有 3 种基本方式：浸入式固相微萃取（direct immersion solid phase microextraction，DI-SPME）、顶空固相微萃取（head space solid phase microextraction，HS-SPME）和管内固相微萃取（in-tube solid phase microextraction）。浸入式固相微萃取是将萃取纤维直接暴露在样品中的直接萃取法，适于分析气体样品和洁净水样中的有机化合物[如图 2-6(a)]。顶空固相微萃取是将纤维暴露于样品顶空中的萃取法，广泛适用于废水、油脂、高分子量腐殖酸及固体样品中挥发、半挥发性的有机化合物的分析[如图 2-6(b)]。管内固相微萃取是使用一段中空的熔融石英毛细管作为萃取介质的载体，在管内壁涂上固定相或者在管内部填充介质[如图 2-6(c)]，该技术与传统固相微萃取技术比较具有以下优点[24,25]：①吸附表面积大，萃取效率高；②脱附时固定相流失少，无样品组分残留；③能够方便实现与分析仪器在线联用。目前使用的毛细管固相微萃取按照固定相在毛细管中的存在形式可以分为以下 5 种类型：

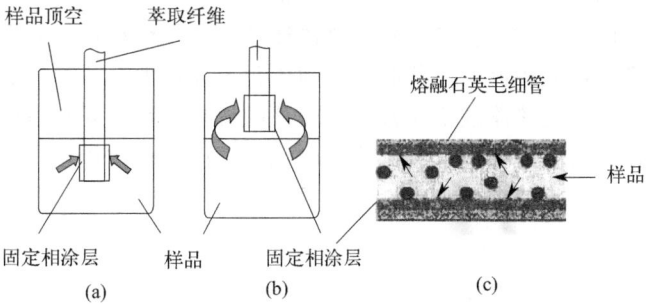

图 2-6　固相微萃取的 3 种基本方式[23]

（a）浸入式固相微萃取；（b）顶空固相微萃取；（c）管内固相微萃取

（1）开管-管内固相微萃取（open-tubular in-tube SPME）　是将固定相涂在石英管的内表面，样品基质流经管内时待测物被吸附到固定相上[如图 2-7(a)]，使用一定体积的溶剂或载气吹扫热脱附的方法进行解吸。该技术克服了传统纤维萃取头易折断、吸附量低、萃取平衡时间长、固定相涂层易流失等问题，具有自动化程度高、检测限低、固定相材料丰富等优点，是目前应用最广的管内 SPME 方式[24,25]。

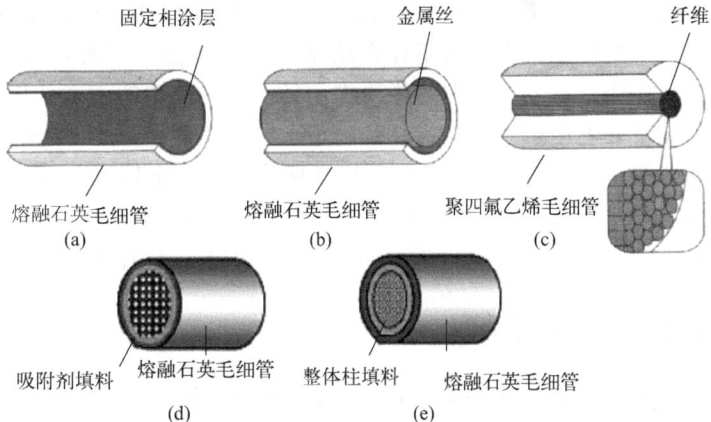

图 2-7　毛细管固相微萃取装置[24,25]

（a）开管柱；（b）金属丝填充柱；（c）纤维填充柱；（d）吸附剂填充柱；（e）整体柱

（2）金属丝-管内固相微萃取（wire in-tube SPME）　是将一根表面涂渍高聚物的不锈钢金属细丝放置在毛细管柱内[如图 2-7(b)]，使毛细管内的死体积明显减少，获得更好的萃取效果[24,25]。

（3）纤维-管内固相微萃取（fiber in-tube SPME）　将数百根合成高聚物丝状材料

纵向填充到短的聚四氟乙烯（PTFE）毛细管中，然后涂上一层高聚物，形成萃取介质［如图 2-7(c)］。这样的填充方式使得丝状物与外管壁处于平行分布，在管内形成了许多同轴的狭窄通道，减小了管内的死体积。与传统的吸附剂填充的萃取装置相比，不仅在吸附-解吸过程中的压力差下降，不溶物或颗粒状物质所产生的堵塞问题有所缓解，而且可以通过在丝状物表面涂覆一层聚合物材料来增强其萃取性能[24,25]。

（4）吸附剂-管内固相微萃取（sorbent in-tube SPME）　是在一段毛细管内填充微球颗粒，形成毛细管填充柱［如图 2-7(d)］，由于可供选择的商品化填充载体种类丰富，萃取柱制作较容易，可通过更换不同固定相的萃取柱适应不同类型的样品或富集不同的目标组分，但是毛细管填充柱不耐高压，管内填充物易堵塞，因此对分析物洁净度要求较高[24,25]。

（5）整体柱-管内固相微萃取（monolith in-tube SPME）　是由单体、交联剂、致孔剂以及引发剂的液体整体柱材料在色谱柱内通过原位热引发或光引发聚合而制成的连续床固定相［如图 2-7(e)］。整体柱具有双连续结构和双孔分布两大特点，与传统的涂层毛细管萃取柱相比，使萃取介质的体积大大增加，从而提高萃取容量，相对于填充型萃取柱而言，使用整体柱不仅省去了烦琐的填装过程，并且整体柱中特有的穿透孔为液体的流动提供了大孔通道，以对流传质取代了缓慢的扩散传质，使得传质阻力明显减小，因而有利于萃取效率的提高[24,25]。

2.3.3　磁固相萃取

磁固相萃取（magnetic solid phase extraction，MSPE）以磁性粒子作为吸附剂，不需要被填充到固相萃取柱中。磁性粒子能够在样品溶液中完全分散并吸附分析物，通过施加外部磁铁，可以迅速从液相中将磁性粒子分离和收集，采用适宜的溶剂将目标待测物从磁性粒子上洗脱下来，从而实现对待测物的纯化和富集，大大简化了萃取过程，提高了提取效率。与传统的固相萃取过程相比，MSPE 具有操作简便、萃取时间短、吸附剂用量少、不用装柱、吸附剂不存在堵塞问题等优点。另外，MSPE 不仅能萃取溶液中的待测物，还能萃取悬浮液中的待测物，且由于样品中的干扰杂质一般是反磁性物质，分离过程中能有效避免杂质的干扰。磁固相萃取完整的示意图见图 2-8。磁性材料中磁性成分常用铁的氧化物如磁铁矿（Fe_3O_4）和磁赤铁矿（γ-Fe_2O_3），金属 Ni、Co、Fe 及其合金 Fe-Co、Fe-Ni，以及铁氧体 $CoFe_2O_4$ 和 $BaFe_{12}O_{19}$。随着纳米技术的快速发展，磁性纳米材料受到了越来越多的关注，具有比表面积大、粒径小等优点[27]。

2.3.4　液相微萃取

液相微萃取（liquid-phase microextraction，LPME）是一个基于分析物在样品及小体积的有机溶剂之间平衡分配的过程，利用待测物在两种不混溶的溶剂中溶解度和分配比的不同而进行萃取的技术。其在液相萃取的基础上发展起来，集萃取、净化、浓缩、预分离于一体，具有萃取效率高、消耗有机溶剂少、快速、灵敏、价廉等优点。它所需要的有机溶剂也是非常少的（几至几十微升），是一项环境友好的样品前处理新技术[28]。

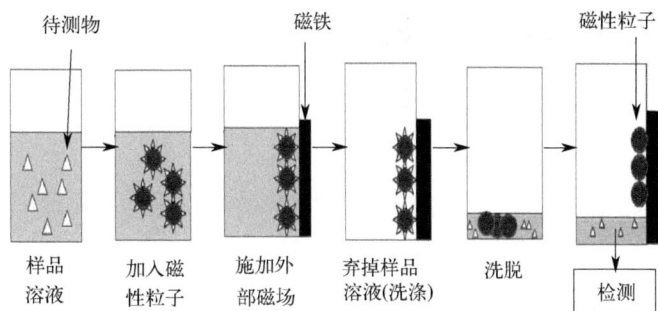

图 2-8 磁固相萃取示意图[26]

2.3.4.1 单滴液相微萃取

单滴液相微萃取（single-drop liquid phase microextraction，SD-LPME）是将萃取用的有机溶剂液滴悬挂在微量进样器的针端，有机相液滴体积一般为 $1\sim5\mu L$，远远小于样品体积，所以可以达到对待测物的富集。根据悬挂液滴的位置不同分为：①直接单滴液相微萃取（direct single-drop liquid phase microextraction，DSD-LPME）是将萃取溶剂液滴直接浸渍于样品中，对分离富集洁净样品中的低浓度分析物效果较好，但对含固体颗粒或含有能乳化有机溶剂的复杂基质样品的萃取效果较差（图 2-9）；②顶空单滴液相微萃取（headspace single-drop liquid phase microextraction，HSD-LPME）是液滴与样品基质不直接接触，适用于复杂基质中微量挥发性或半挥发性成分的萃取分析（图 2-10)[29]。

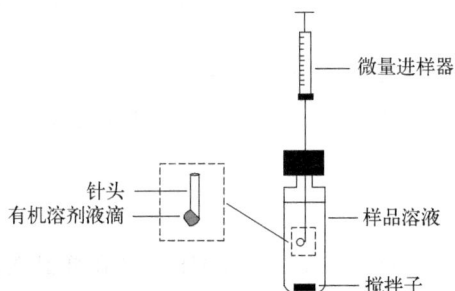

图 2-9 直接单滴液相微萃取示意图[29]

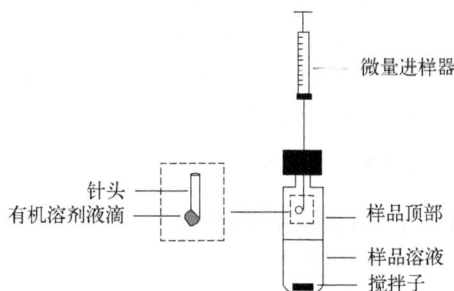

图 2-10 顶空单滴液相微萃取示意图[29]

2.3.4.2 中空纤维液相微萃取

中空纤维液相微萃取（HF-LPME）是以中空纤维稳定和保护萃取液滴，萃取是在多孔的中空纤维腔中进行，不与样品直接接触，避免了悬滴溶剂容易损失和脱落的缺点，并可以增加搅拌速度等。而且由于大分子、杂质等不能进入纤维空腔中，可以提高样品净化效果，适用于生物样品的分析。

目前常用的中空纤维是商品化的聚丙烯纤维，其对多数有机溶剂有较强的结合力，萃取过程中不会发生有机溶剂渗漏。其内径通常为 $600\sim1200\mu m$，使用长度多为 $1.5\sim10cm$，可容纳 $4\sim110\mu L$ 萃取溶剂（接收相），壁厚多为 $200\mu m$，中空纤维壁孔孔隙尺寸一般为 $0.2\mu m$，可防止大分子或颗粒等杂质进入接收相溶剂[30]。微量进样器可插入纤维空腔底部以注入或吸出接收相溶液，进行萃取或分析，操作简便。中空纤维液相微萃取结构见图 2-11。因为中空纤维价格便宜，每次使用后可以直接抛弃，从而避免了交叉污染。

图 2-11 中空纤维液相微萃取结构示意图[29]

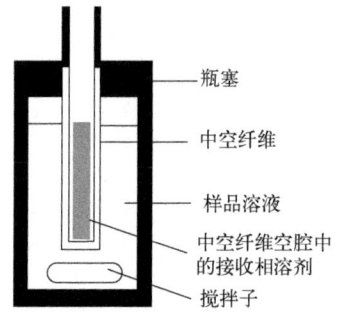

瓶塞
中空纤维
样品溶液
中空纤维空腔中的接收相溶剂
搅拌子

根据接收相与纤维微孔中溶剂的异同，HF-LPME 分为液-液两相微萃取和液-液-液三相微萃取：

① 液-液两相微萃取（liquid-liquid microextraction，LLME）是将中空纤维浸入到接收相溶剂中超声浸泡，使中空纤维壁孔中充满有机溶剂形成液膜，再将适量的接收相有机溶剂注入到一定长度的多孔中空纤维空腔中，然后将中空纤维置于样品溶液中，样品中的分析物经多孔中空纤维的壁孔中的有机相进入纤维腔内的接收相溶剂中，待测物在两相中进行分配。对于可离子化的样品，可以调节 pH 值增大其在有机溶剂中的溶解度[30]。

② 液-液-液三相微萃取（liquid-liquid-liquid microextraction，LLLME）也称为液相微萃取/反萃取（LPME with back extraction，LPME/BE），首先是将中空纤维浸入到有机溶剂（不同于接收相溶剂）中超声浸泡，使中空纤维壁孔中充满该有机溶剂形成液膜，再将适量的接收相有机溶剂注入到一定长度的多孔中空纤维空腔中，然后将中空纤维置于样品溶液中，样品中的待测物首先被萃取到中空纤维壁孔中的有机溶剂中，再被反萃取到中空纤维空腔内的接收相溶剂中，待测物在三相中进行分配，能得到较高的富集倍数[29]。

2.3.4.3 分散液-液微萃取

分散液-液微萃取（dispersive liquid-liquid microextraction，DLLME）是在样品溶液中加入数十微升萃取剂和一定体积分散剂，混合液经轻轻振荡后即形成一个水/分散剂/萃取剂的乳浊液体系，再经离心分层，用微量进样器取出萃取剂就直接进样分析（见图 2-12）。DLLME 技术操作简单、成本低、富集效率高、有机溶剂用量极少，是一种环境友好的液相微萃取新技术。与单滴液相微萃取和中空纤维液相微萃取相比，萃取时间大为缩短。DLLME 技术比较适合处理简单基质的样品，所以目前在水样分析中应用较多[31,32]。

DLLME 的影响因素主要有：萃取溶剂的选择、分散剂的选择、萃取时间、离子强度、pH 值、辅助方式等[31]。

（1）萃取溶剂 萃取溶剂需满足两个条件：一是其密度必须大于水，这样才能通过离心的方法把水溶液与萃取剂分离；二是萃取剂要不溶于水而且对待测物的溶解性要大，以保证取得良好的萃取效率，一般选用卤代烃为萃取剂，如卤苯、氯仿、四氯化碳、二氯乙烷及四氯乙烷（烯）等。但是卤代烃毒性较大，危害人体健康且污染环境。离子液体具有几乎不挥发、液程宽、溶解能力强、结构可调等独特的性质，在 DLLME 中广泛使用。一般需要萃取剂的体积为 $5\sim100\mu L$。

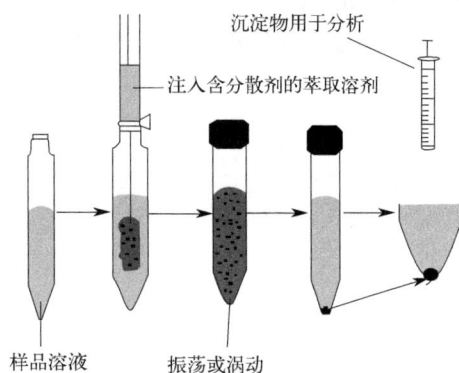

图 2-12　分散液-液微萃取示意图

（2）**分散剂**　分散剂不仅在萃取剂中有良好的溶解性，而且能与水互溶，这样可以使萃取剂在水相中分散成细小的液滴，均匀地分散在溶液中，增大萃取剂与待测物的接触面积，从而提高萃取效率。常用的分散剂包括甲醇、乙醇、丙酮、乙腈及四氢呋喃等。一般所需要分散剂的体积为 $0.5\sim1.5\text{mL}$。

（3）**萃取时间**　萃取时间短是 DLLME 的一个显著优点，萃取溶剂以小液滴的形式均匀分散在样品溶液中，增大了萃取剂和待测物的接触面积，加快了萃取速度，使萃取在极短的时间内就能够达到平衡，相对其他萃取方法，萃取时间对 DLLME 的萃取效率没有明显影响。

（4）**离子强度**　离子强度的增加，由于盐析作用，待测物在水相中的溶解度减小，萃取到萃取溶剂中的量增多，有利于提高萃取效率。

（5）**pH 值**　pH 值主要影响含碱性基团的待测物，当样品溶液的 pH 值大于待测物的 pK_a 时，待测物处于分子状态，更易被萃取到有机相中，但是当 pH 值继续增大超过一定限值时，目标物由离子状态转化为分子状态的过程中产生的盐可以引起盐溶效应，降低萃取率[33]，因此，选择适宜的 pH 值十分必要。

（6）**辅助方式**　最开始进行 DLLME 时是通过手轻轻摇晃试管加速分析物扩散。为了缩短萃取时间，提高传质速率，逐渐出现了各种形式的萃取辅助手段。①空气辅助分散液-液微萃取（air-assisted DLLME，AA-DLLME），使用玻璃注射器反复抽吸和推出含萃取剂的样品溶液，加速萃取剂的分散。该方法不使用分散剂，绿色环保，但是选择的萃取剂黏度不宜过大。②超声辅助分散液-液微萃取（ultrasound-assisted DLLME，UA-DLLME）。③涡旋辅助分散液-液微萃取（vortex-assisted DLLME，VA-DLLME），在涡旋过程中不会发生温度的变化，避免了超声时出现的放热现象，而导致热不稳定性目标化合物发生分解。④表面活性剂辅助分散液-液微萃取（surfactant-assisted DLLME，SA-DLLME），利用表面活性剂的亲水亲油基团能在样品溶液表面固定排列，使溶液表面张力减小，改变界面状态，起到乳化和分散的作用。⑤微波辅助分散液-液微萃取（micro-wave-assisted DLLME，MA-DLLME）。

2.3.4.4　悬浮固化液相微萃取

悬浮固化液相微萃取（solidification of floating organic drop liquid phase microextraction，SFO-LPME）使用的萃取剂密度小于水，熔点接近室温（10～30℃），萃取完成后悬浮于溶液表面的萃取剂经冰浴冷却后固化，将其取出在室温下融化后可直接进样进行分析（见图 2-13）。SFO-LPME 比 DLLME 操作更为方便，适于较复杂基质样品的萃取。

SFO-LPME 集采样、萃取、浓缩于一体，具有操作简单、成本低、富集倍率高等优点，是一种环境友好的样品前处理新技术[7]。

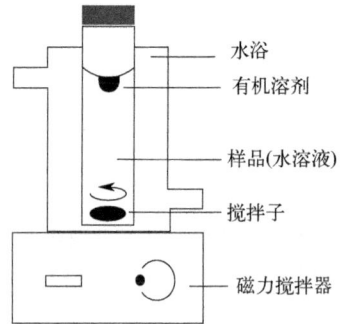

水浴
有机溶剂

样品(水溶液)
搅拌子

磁力搅拌器

图 2-13　悬浮固化液相微萃取示意图[29]

SFO-LPME 中萃取剂的选择非常重要，需要满足以下基本条件：萃取剂与水不互溶，并不易挥发；对分析物萃取率高；萃取剂的熔点接近室温（10～30℃）；萃取剂的密度要低于水溶液密度。常用的萃取剂有：十一醇（熔点为 13～15℃）、1-十二醇（22～24℃）、2-十二醇（17～18℃）、1-溴代十六烷（17～18℃）、正十六烷（18℃）和 1,10-二氯癸烷（14～16℃）等[7]。

2.3.4.5　平行人工液膜萃取

HF-LPME 的使用因其没有商用设备而受到限制，而且 HF-LPME 也很难实现高通量配置的自动化。为了解决这一问题，将 HF-LPME 的原理应用于最初开发用于过滤的商用 96 孔板中，并将其称为平行人工液膜萃取（parallel artificial liquid membrane extraction，PALME 或 96-well LPME）。在 PALME 中，微量样品装入 96 孔板的单个孔中，并通过相应的液膜（每个液膜包含几微升有机溶剂）从单个样品中提取目标分析物，并进入相应的受体溶液。液膜和受体溶液位于带有圆盘式膜的 96 孔滤板中，该滤板与 96 孔供体板夹在一起，并在提取过程中搅拌。平行人工液膜萃取法操作简便，适合生物样品中药物的提取[8]。

2.3.4.6　电膜萃取

电膜萃取（electromembrane extraction，EME）的原理与 HF-LPME 相似，目标分析物都是通过有机溶剂薄膜提取并进入到受体溶液中。然而，与 HF-LPME 不同的是，EME 中的传质是通过电动迁移实现的而不是扩散。因此，电极位于样品和受体溶液中，并且耦合到外部电源。一般来说，当提取碱性分析物时，带负电的电极（阴极）位于受体溶液中，反之用于酸性分析物的提取。与 HF-LPME 相比，EME 可以通过外部电场进行选择性调节并且具有更快的传质速度。自 2006 年引入以来，EME 的应用比较广泛，但主要还是用于生物液中药物的提取[8]。

2.3.5　搅拌棒吸附萃取

搅拌棒吸附萃取（stir bar sorptive extraction，SBSE）是基于吸附萃取的原理，用涂覆萃取涂层的搅拌棒搅拌液体样品基质的同时，将待测物萃取和富集于涂层中，经解吸后分析检测（见图 2-14 和图 2-15）。其具备灵敏度高、操作简便和消耗溶剂少等优点，它从固相微萃取（SPME）发展起来，继承了 SPME 的优点，集萃取、浓缩、解吸、进样于一体。但萃取固定相的体积比 SPME 萃取固定相体积大 50 倍以上，吸附表面积大，因此比 SPME 具有更高的萃取容量和灵敏度。如果在装有搅拌磁子的玻璃管外涂渍吸附材料，搅拌棒可以自身搅拌，避免额外加入搅拌子造成吸附干扰，适合于样品中痕量组分的分析[35]。

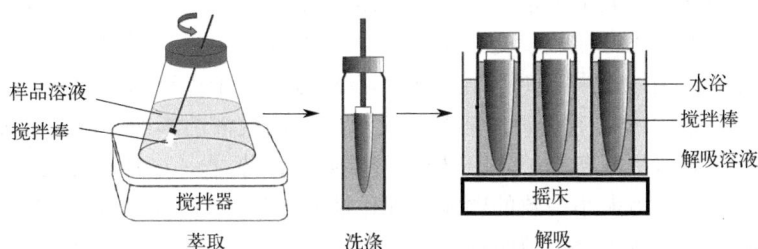

图 2-14 搅拌棒吸附萃取示意图[34]

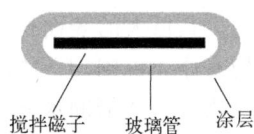

图 2-15 搅拌棒结构示意图

　　搅拌棒的萃取涂层是 SBSE 的核心部分，涂层材料必须符合以下要求：①对分析物有强的富集能力；②有良好的热稳定性；③有一定机械强度，能经受高速搅拌；④在解吸溶剂中不发生溶胀、溶解或脱落。选择材料的原则是"相似相溶"。极性大的分析物应该选择极性大的涂层材料，极性小的分析物应该选择极性小的涂层材料。目前商业化的 SBSE 搅拌棒涂层主要是聚二甲基硅氧烷（polydimethylsiloxane，PDMS），适用于非极性和低极性物质的萃取。为了扩大 SBSE 的应用范围，许多新材料被引进到 SBSE 涂层制备中，如溶胶-凝胶类（sol-gel）、聚吡咯（polypyrrole）及其衍生物、分子印迹聚合物（molecular imprinted polymer）、整体材料（monolithic material）、限进介质（restricted access media）、免疫亲和（immunoaffinity）等固相萃取涂层。其他影响萃取效果的因素有萃取方式、萃取时间、萃取温度、搅拌速度、pH 调节、离子浓度等。

2.3.6　免疫亲和色谱

　　免疫亲和色谱（immunoaffinity chromatography，IAC）是以抗体、抗原特异性的分子识别为基础的色谱技术。由于抗体、抗原具有高度的亲和力和选择性，并且能够可逆性结合，对分析复杂生物样品中残留的痕量目标物（抗原）较传统的液-液萃取（LLE）、固相萃取（SPE）具有无可比拟的优势。其基本原理是将特异性抗体与基质偶联，当待测组分流经时，抗体与目标待测物选择性结合，经洗涤后利用洗脱剂将待测物分离。

2.3.6.1　免疫亲和-固相萃取

　　免疫亲和-固相萃取（IAC-SPE）是将抗体与惰性基质偶联，制成免疫吸附剂（immunosorbent，IS），然后装柱；当待测组分流经 IAC-SPE 柱时，抗体与目标待测组分选择性结合；经适当洗涤，其余杂质不被保留而流出 IAC-SPE 柱；再利用适宜的洗脱剂将抗原-抗体复合物解离，使样品中的待测组分得到有效分离、净化和浓缩。

　　制备 IAC-SPE 柱的核心试剂为抗体。抗体可分为单克隆抗体（Mab）和多克隆抗体（Pab）两类。Pab 具有制备简便、群选择性的优点，因为包含了所有抗体的亚类，因而对有机溶剂等洗脱条件具有较强的抵抗力。Pab 的群选择性要优于 Mab。由于 IAC-SPE 柱的制备需要大量稳定、均质的抗体，而 Mab 是针对某一特定的抗原决定簇或表位，由单一的 B 淋巴细胞克隆分泌的抗体，具有高度专一、性能均一、高度纯化等特性，其在制备 IAC 柱净化样品时，较 Pab 具有优势，便于进行商品化生产。但 Mab 抵抗力较差，在抗原-抗体复合物解离时容易受洗涤液、洗脱液的影响而降低性能，甚至变性。

　　载体是制备 IAC-SPE 柱的重要影响因素之一，其特点为多孔性和具备一定的力学性能，通常为大小一致的颗粒，理化性质稳定，易于活化，并具有亲水性以避免非特异性吸附等。载体主要有琼脂糖（agarose）、葡聚糖、纤维素、聚丙烯酰胺、三丙烯酰胺、聚甲基丙烯酸酯等。使用最普遍的是 Sepharose 4B：其是一种珠状琼脂糖，具备性质独特的疏松网状立体结构，能容许大分子物质自由扩散，基质骨架有大量游离羟基供活化和偶联用，其巨大的表面积和网孔结构有利于制备高容量的 IAC-SPE 柱；具有一定的刚性、结构有序、规则均一的网状结构，能提高 IAC-SPE 的分离质量；良好的亲水性（能溶胀自身质量 100 倍的水分）和几乎不带电荷的多糖骨架使非特异性吸附降至最低，亦有利于免疫反应的自由进行。通常需要在 Sepharose 等载体骨架上先引入亲电基团使之活化，再与抗体上的亲核基团—NH$_2$、—OH、—SH 等进行偶联，制备免疫吸附剂。

　　IAC-SPE 柱的操作过程一般包括以下几个步骤：①活化，PBS 及含一定比例甲醇的 PBS 溶液通常被用来作为 IAC 的活化溶液。②上样，在分析生物样品时，由于样品成分比较复杂，在过柱前通常需要进行离心、超滤、稀释、调节 pH 等步骤。样品载液中保持一定的离子强度（如 0.15～0.5mol/L NaCl）或含有一定比例的有机溶剂如甲醇、乙腈、乙醇、异丙醇等，以降低非特异性吸附的发生（包括杂质与基质、抗体蛋白的结合，基质与待测物的结合），适量增加有机溶剂可有效减少非特异性吸附，但有机溶剂的量太大时会影响抗原抗体的特异性结合，降低回收率。③洗涤，主要是在不影响待测物吸附的前提下，去除柱床内滞留和非特异性吸附的样品基质。④洗脱，目的主要是减弱待测物与 IAC 柱的抗体间的相互作用，使复合物解离，待测物被有效分离。IAC 的洗脱方法分为特异性洗脱和非特异性洗脱两种。在食品安全分析中，通常采用非特异性洗脱方式，主要是使抗原-抗体复合物解离，降低亲和常数。非特异性洗脱主要有以下几种方法：改变 pH、改变极性、使用离液序列高的离子、加入蛋白变性剂、改变温度等。在实际应用中，常采用混合的洗脱方式。⑤再生，通常用 10～15 倍体积的 PBS 溶液冲洗平衡 IAC 柱。

2.3.6.2　免疫亲和-管内固相微萃取

　　免疫亲和-固相微萃取（IAC-SPME）用 IAC 作为 SPME 的萃取头涂层，既保留了 SPME 萃取高效和环境友好的优点，又使其拥有 IAC 强大的识别能力，尤其适合于复杂基体样品中痕量目标物的萃取[36]。常使用的免疫亲和-管内固相微萃取（IAC in-tube SPME）是在毛细管内壁涂覆 IAC 固定相，样品溶液在毛细管中反复吸入/流出，使样品中的目标组分萃取富集到固定相中，毛细管与高效液相色谱（HPLC）或液相色谱-质谱（LC-MS）系统相连接，进行分离和检测。目前报道的免疫亲和-管内固相微萃取装置制备方法主要为硅烷化试剂交联法。此方法用硅烷化试剂将净化后的毛细管或者纤维硅烷化，与含戊二醛的 PBS 溶液反应，石英纤维表面被活化后，与抗体溶液反应，抗体通过偶联作用紧紧结合在活化表面上。IAC 是通过化学作用依附在活化表面，因此涂层与石英纤维结合紧密，涂层的使用寿命较长[37]。

2.3.6.3　免疫亲和-搅拌棒吸附萃取

免疫亲和-搅拌棒吸附萃取（IAC-SBSE）装置形状似一支色谱注射器，萃取头是一根涂有 IAC 的熔融石英纤维或不锈钢丝，为保护萃取头，外套细的不锈钢针管，纤维头可以在针管内伸缩。萃取装置的制备方法与免疫亲和-管内固相微萃取相似，采用硅烷化试剂交联法。萃取过程为直接将萃取头浸入样品溶液，在 30～100℃ 下，持续搅动 15～60min，然后进行洗脱[38]。

2.3.6.4　免疫磁性微球

免疫磁性微球（immunomagnetic bead，IMB）技术是免疫学和磁载体技术结合而发展起来的一项新技术，分离原理是将抗体结合到磁性微球上，得到免疫磁性微球，将其与抗原特异性结合，在外加磁场的作用下，抗原和微球的复合物发生移动，因与其他组分磁反应性不同，故能达到分离抗原的目的。

IMB 的制备通常分为两步：首先制成磁性微球，然后活性基团引入微球表面，载体表面和抗体发生偶联反应结合到载体上，形成 IMB。IMB 由载体微球和免疫配基结合而成。因此载体微球是制备免疫磁性微球最关键的部分，其制备方法主要包括包埋法和单体聚合法。包埋法是将水溶性高分子物质缠绕在无机磁性颗粒表面，形成聚合物包被的磁性微球。制得的磁性微球表面无须化学修饰就含有活性功能基团，可以直接偶联所需的配基[39,40]。但磁性微球大小、粒度、形状均不好控制，而且容易混有杂质，给免疫测定和细胞分离带来了很大困难。单体聚合法是用引发剂将溶液中单体聚合在磁性微球表面，主要方法有悬浮聚合、分散聚合和乳液聚合（包括乳液聚合、种子聚合）等。得到的磁性微球粒度均匀、形状规则，但微球表面需要经过化学修饰才含有活性功能基团。

2.3.7　分子印迹技术

分子印迹技术（molecularly imprinted technique，MIT）也叫分子模板技术，是一种制备具有特定选择性的分子识别材料的技术。MIT 源于生物学上抗原与抗体的作用机制，即模板分子与功能单体在合适分散介质中依靠相互作用力，形成可逆结合的复合物，加入交联剂后，在光、热、电场等作用以及引发剂和致孔剂辅助下形成既具有一定刚性又具有一定柔性的多孔三维立体功能材料，将模板分子有规律地包在其中，最后用一定方法把模板分子去除，即可获得与模板分子互补有特异识别功能的三维孔穴，该孔穴可特异性识别并与模板分子再结合。图 2-16 为分子印迹聚合物（molecularly imprinted polymer，MIP）合成过程[41]。

MIT 在样品前处理的应用主要包括分子印迹-固相萃取、分子印迹-探针固相微萃取、分子印迹-整体柱固相微萃取、分子印迹-管内固相微萃取、分子印迹-搅拌棒吸附萃取、分子印迹-磁性微球萃取、分子印迹膜萃取、分子印迹-限进介质萃取等样品前处理技术。

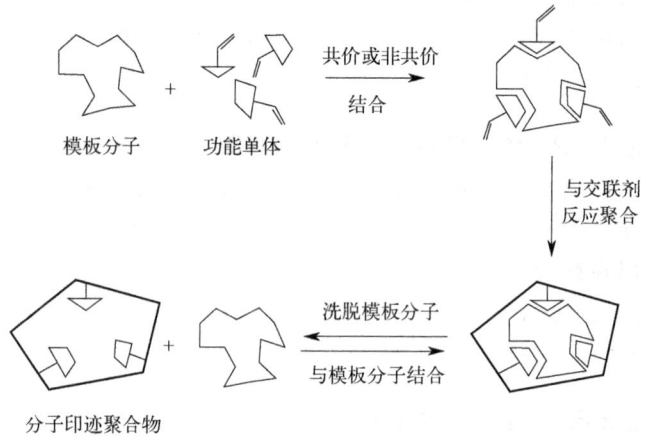

图 2-16　分子印迹聚合物合成示意图[42]

2.3.7.1　分子印迹-固相萃取

分子印迹-固相萃取（molecularly imprinted solid phase extraction，MI-SPE）是将微量 MIP（通常为 50～500mg）填充入萃取柱中使用。整个萃取过程包括预处理、加样、除杂质和洗脱 4 个步骤，均需用到相应溶剂。在 MI-SPE 的实际应用中，各种溶剂的优化选择是最主要的工作。

常用样品溶剂或非极性溶剂对柱进行预处理，可以创造一个与样品溶剂相容的环境，在 MI-SPE 柱反复使用时，还用于除去洗脱步骤后柱中残留的极性洗脱液。加样时溶解样品的溶剂原则上应采用非极性或低极性的溶剂，以减弱其对 MIP 中识别位点与底物分子相互作用的干扰。加样后，须使用清洗溶剂除去柱中残留的样品及被 MIP 吸附的基质和杂质。通常使用的溶剂与溶解样品的溶剂一致。在选择性萃取后，一般使用极性较强的洗脱剂如甲醇等把底物从萃取柱上洗脱出来[43]。

2.3.7.2　分子印迹-探针固相微萃取

分子印迹-探针固相微萃取（MI-fiber SPME）是研究最早也是应用最多的 MI-SPME 形式，多采用表面修饰的方法将 MIP 固载到石英纤维表面得到具有选择性的 SPME 萃取涂层，然后制备成与商用的探针 SPME 类似的萃取头装置，实现对复杂基质中痕量目标分析物的选择性萃取。一般采用溶胶-凝胶方法或多次共聚法在聚甲基丙烯酸甲酯纤维、硅烷化石英纤维等表面涂渍分子印迹聚合物[44]。

2.3.7.3　分子印迹-整体柱固相微萃取

分子印迹-整体柱固相微萃取（MI-monolith SPME）是以石英或玻璃毛细管作为模具，通过微量注射器将模板分子的聚合溶液注入到毛细管中，并用橡皮封住两端，在一定的温度下反应一定的时间，聚合反应完成后，用化学腐蚀或机械破坏的方法除去石英或玻璃毛细管，制得无支撑底材的整体 MIP。分子印迹-整体柱固相微萃取具有较好的弹性，不易折断，厚度也可方便地控制，但为了保证整体棒的力学性能，需加入大量的交联剂，这会导致非特异性吸附增加，进而选择性降低。MIP 直径小时，力学稳定性不好，但直径增大易导致模板分子渗漏问题[44]。

2.3.7.4　分子印迹-管内固相微萃取

分子印迹-管内固相微萃取（MI-in-tube SPME）是一种常用的 MI-SPME 方式，该方法将合成好的一定粒度的 MIP 涂覆在毛细管柱的内壁上得到 MIP 预处理柱，通过在线连接的 HPLC 系统对样品进行在线萃取、分离和测定[41]。

2.3.7.5　分子印迹-搅拌棒吸附萃取

分子印迹-搅拌棒吸附萃取（MI-SBSE）结合了 MIP 和 SBSE 技术的优势，将具有分子识别功能的 MIP 涂层固载在搅拌棒表面，在搅拌的同时实现对复杂基质中痕量分析物的选择性萃取。

2.3.7.6　分子印迹-磁性微球萃取

分子印迹微球（MIB）是一种具有分子印迹特异性吸附能力的聚合物微球，MIB 结合了微球大比表面积和 MIP 高选择性的特点，对目标分子具有快速的选择性分离和富集能力。分子印迹磁性微球作为样品前处理的一种新型介质，具有分子印迹微球的优点，而且使用时可以通过磁性分离快速地将微球从样品基质中分离，使富集和分离过程变得更加简单易行[44]。

2.3.7.7　分子印迹膜萃取

分子印迹膜（MIM）萃取技术是 MIP 与膜萃取技术相结合的产物，兼具 MIP 专一识别性与膜分离的操作简单、易于连续化、条件温和等优点，是一种兼具普通微孔膜的筛分作用和分子印迹特异性吸附作用的人工合成膜。MIM 根据其表面形态可分为 3 类：分子印迹填充膜、分子印迹整体膜和分子印迹复合膜。MIM 的制备方法可分为以下四种：原位聚合、相转移、表面修饰及电化学法。MIM 除了微孔膜所固有的筛分作用外，还具备源于分子印迹技术的专一选择性，这一特点使其区别于传统的商品膜（如超滤、微滤及反渗透膜）。与传统的粒子型 MIP 相比，具有制备过程简单、扩散阻力小、易于应用、抗恶劣环境能力强等优点，非常适合作为样品前处理的新型介质[45]。

2.3.7.8　分子印迹-限进介质萃取

在食品样品分析中，大分子如蛋白质、核酸、腐殖质在 MIP 表面的吸附会堵塞印迹位点、降低 MIP 的使用寿命、严重干扰测定，通常在萃取之前必须进行蛋白质沉淀、离心分离或过滤等前处理操作，容易引入误差，不利于联用与自动化。限进介质（restricted access media，RAM）是一种对大分子具有"限进"功能的分离介质，限进介质固相萃取技术（RAM-SPE）能与高效液相色谱、毛细管区带电泳等分析手段在线联用，应用于生物流体的直接进样分析。限进介质与分子印迹两种技术相结合能避免大分子的干扰，发挥 MIP 高选择性的优势[45]。

2.3.8　基质固相分散萃取

基质固相分散萃取（matrix solid-phase dispersion，MSPD）是对痕量化合物分析时应用的一种样品前处理技术，它能够直接用于从固态、半固态和黏稠基质样品中提取目标化合物。MSPD 是一种在 SPE 基础上改进后的处理方法，包括以下几个基本过程：①将样品和吸附剂于玻璃研钵中研磨破碎，样品和吸附剂的比例要合适；②混合均匀后，将混合物装于柱子内；③选用适当的溶剂淋洗柱子，去除一些干扰成分；④再用不同溶剂洗脱目标物。MSPD的优点在于将样品均质化、过滤、提取、净化等一并完成，操作简单，减少待测物的损失，特别适用于固体、半固体以及高黏稠的生物样品中待测物的提取；与传统的固相萃取相比，提取剂与目标化合物的接触面积更大，利于对待测物的提取，洗脱剂可以完全渗入到样品基质中，有效地提高了萃取效率。与传统的液-液萃取相比，MSPD方法的洗脱剂用量减少约95%，样品用量小，萃取速度快。

MSPD的影响因素主要有：分散剂的种类和用量、洗脱剂的选择、基质的性质等[46]。

（1）分散剂的种类和用量 分散剂与SPE固定相相似，分为反相分散剂（如C_{18}、C_8等）和正相分散剂（如键合硅胶、氧化铝、硅镁型吸附剂等），反相分散剂用来提取中等极性到非极性待测物，正相分散剂吸附极性待测物。分子印迹聚合物、多层碳纳米管等新型分散剂使用增加了MSPD方法的选择性。分散剂的粒度对提取效果也会有一定的影响，粒径太大，会使接触表面积变小，吸附能力减弱；粒径太小，影响流速和重复性。分散剂与样品的用量比例也会影响萃取效果，通常，样品与分散剂的质量比在(1:1)～(1:4)之间。使用MIP作为MSPD的分散剂，可以提高方法对目标物的亲和力和选择性。

（2）洗脱剂的选择 与SPE分离原理相同，洗脱剂的选择既要考虑到目标分析物，还要考虑到分散剂以及样品基质。最佳的洗脱剂应该能够将尽可能多的目标分析物洗脱下来，同时又能将更多的杂质留在柱中，在分离的同时可以达到净化的目的。当分散剂为反相填料时，洗脱剂一般选用乙腈或甲醇；当分散剂为正相填料或非极性物质时，一般选用正己烷、二氯甲烷等。

（3）基质的性质 在MSPD中，基质与分散剂一起装入柱子中，基质的性质影响待测物的提取率和检测结果，是选择分散剂和洗脱剂时必须考虑的因素。

2.3.9 QuEChERS方法

QuEChERS方法是一种新型药物多残留的样品前处理方法，因具有快速（quick）、简单（easy）、价廉（cheap）、有效（effective）、耐用（rugged）和安全（safe）的特点而得名。QuEChERS方法包括2个步骤：①使用提取溶剂萃取，加入脱水剂以除去样品中的水分，必要时可以调节样品的pH值；②离心，分离提取液，在提取液中加入脱水剂和吸附剂，离心后取上清液直接用于分析或浓缩、溶剂交换等处理。

QuEChERS方法与MSPD方法相似，是利用吸附剂填料与基质中的杂质相互作用，吸附杂质，从而达到除杂、净化的目的。QuEChERS方法中吸附剂是加到提取溶剂中，而MSPD方法中吸附剂是加到原始样品中。QuEChERS方法降低了吸附剂的成本，样品通量高，溶剂消耗和废液很少，快速、简单且可靠。

QuEChERS的影响因素主要有：提取溶剂、脱水剂、吸附剂等[47]。

（1）提取溶剂 选择合适的提取溶剂是QuEChERS方法的关键点之一，常用的提取溶剂有丙酮、乙腈和乙酸乙酯等。丙酮的水溶性强，很难实现与水的分离；乙酸乙酯和水不互溶，极性大的分析物不易提取，脂肪等易被共萃出来；乙腈是QuEChERS方法最常使用的提取溶剂，乙腈不会萃取出太多的油性物质，加盐到乙腈中通过盐析作用使乙腈和水分层，与正己烷等非极性溶剂易形成明显的分层，为下一步脱脂提供了可能。加入体积分数 1％乙酸的乙腈作为提取溶剂可以提高某些待测物的回收率。另外，乙腈不仅适用于 GC 分析，而且因其黏度低和极性中等，也非常适用于 HPLC 和 SPE 分析。

（2）**脱水剂**　$MgSO_4$、NaCl 和 Na_2SO_4 是常用的脱水剂。$MgSO_4$ 具有大的吸水容量，能明显减少水相，促进待测物在有机相中的分配和两相的分层；$MgSO_4$ 水合作用是一个强放热过程，可使提取溶剂变热，有利于非极性待测物的提取效果。Na_2SO_4 能形成水合物，在水中的溶解能力较 $MgSO_4$ 低，且吸水能力低。NaCl 能除去水溶性好的极性干扰物，从而提高净化效果以及回收率。使用两种盐的混合物作脱水剂可提高回收率和净化效果。

（3）**吸附剂**　乙二胺-*N*-丙基硅烷（PSA）、氨基（—NH_2）、C_{18}、石墨化炭黑（GCB）是常用的吸附剂。PSA 作为常用吸附剂，去除样品中共萃物的效果最好；C_{18} 吸附剂对油脂的去除效果十分显著；GCB 对平面结构分子有很强的亲和性，能有效地去除甾醇和色素。为了达到更好的净化效果，常采用多种吸附剂按一定比例混合的净化方法。

2.4

浓缩与富集

为了使待测物可以达到仪器能够检测的浓度，常需要对样品进行浓缩与富集。从样品中吸收并积累待测物使其平衡浓度超过样品中浓度的现象称为富集。浓缩是通过一定手段，使样品中不需要的部分减少，从而提高待测物的相对含量。通过样品的浓缩与富集还可以进行溶剂转换，达到净化的目的。固相微萃取、液相微萃取等技术同时具有萃取、净化、富集和浓缩作用，在样品前处理中广泛使用。

通过减少样品溶液中的溶剂而使待测物的浓度升高是最常用的浓缩方法，主要有旋转蒸发器浓缩、气流吹蒸法等技术。

2.4.1　旋转蒸发器浓缩

旋转蒸发器主要用于在减压条件下连续蒸馏大量易挥发性溶剂，基本原理是减压蒸馏，可降低液体的沸点，那些在常压蒸馏时未达到沸点就会受热分解、氧化或聚合的物质就可以在分解之前蒸馏出来，可以使溶剂形成薄膜，增大蒸发面积。通过冷凝管可将热蒸汽迅速液化，加快蒸发速率。其优点是蒸发速率相对较快，样品量大；缺点是只能处理单一样品。

2.4.2　气流吹蒸法

气流吹蒸法是将空气或氮气快速、连续、可控地吹向加热样品的表面，使待处理样品中的水分迅速蒸发、分离，实现样品浓缩。此法操作简单，但效率低，主要用于体积较小、溶剂沸点较低溶液的浓缩，但蒸气压较高的组分易损失。对兽药残留分析，由于多数待测组分不是太稳定，所以一般是用氮气作为吹扫气体。如需在热水浴中加热促使溶剂挥发，应控制水浴温度，防止被测物氧化分解或挥发，对于蒸气压高的农药，必须在50℃以下操作，最后残留的溶液只能在室温下暖和氮气流中除去，以免造成农药的损失。其优点是可以同时处理多个样品；缺点是样品处理量少，必须在通风橱中操作，而且需要消耗氮气。

2.5

化学衍生化技术

化学衍生化是将待测分析物与含有特定功能基团的衍生化试剂进行化学反应，生成含有特定功能的衍生化产物，通过衍生化产物间接测出待测物含量。在衍生化过程中待测分析物的活性官能团被修饰，反应产物的溶解度、极性、沸点等理化性质随之改变，可以根据理化性质进行分离或量化。衍生化试剂通常由反应基团和改性增敏基团构成。反应基团与待测物中的特定基团发生化合反应，而改性增敏基团可以优化色谱行为、增加信号强度等。在兽药残留检测分析中，对待测分析物进行衍生化的目的通常有如下几种：①增强待测分析物稳定性，利于气相分析；②提高选择性，降低杂质的干扰；③加快反应速率，缩短时间；④提高检测灵敏度。

2.5.1　衍生化试剂

在选择衍生化试剂时要考虑功能基团的影响。衍生化试剂可分为硅烷化、烷基化、酰基化、荧光化、紫外化试剂等。

2.5.2　衍生化技术的常见类型

液相色谱分析中，根据衍生化反应发生在色谱分离之前还是之后，衍生化技术可以分为柱前衍生化和柱后衍生化两种。根据衍生化试剂选择种类与方法不同，衍生化可以分为硅烷化、酰基化、烷基化，以及光化学衍生化等。

2.5.2.1 柱前衍生化

衍生化反应发生在色谱分离之前称为柱前衍生化。柱前衍生化具有消耗试剂少、快速且选择性和分辨率高等特点。可与多种检测器联用，不需要复杂的仪器设备。但试剂中可能会存在未能发生反应的衍生化试剂残留。因分析是在通过色谱柱分离后进行的，所以对结果影响甚微[48]。柱前衍生化可选择衍生化试剂较多，已被广泛用于多种生物基质中的兽药残留分析。房艳等[49]采用柱前衍生化结合荧光检测法测定牛奶中乙酰氨基阿维菌素残留量。Rashed等[50]采用柱前衍生化结合紫外检测法快速测定蜂蜜中头孢噻呋残留量。

2.5.2.2 柱后衍生化

与通常用于增强目标分析物的分离程度或提高检测灵敏度的柱前衍生化不同，因为已经发生分离，柱后衍生化仅用于增强待测物，忽略与目标分析物共洗脱可能产生的干扰。来自色谱柱的洗脱液与衍生化试剂进行混合，将分析物转化为具有不同理化性质的物质，从而提高灵敏度甚至特异性[51]。柱后化学衍生化反应在兽药残留分析中主要以荧光分析为主。

2.5.2.3 硅烷化衍生化

硅烷化衍生化是利用硅烷基取代羧基、巯基、氨基、亚氨基等基团中活性氢原子的化学反应，衍生化产物为硅烷基醚或硅酯，目的是降低极性，增强挥发性和热稳定性。最常见的试剂是三甲基硅烷咪唑（TMSI）。色谱法中硅烷化的目的主要是降低分析物的极性，增加其稳定性。例如大观霉素和林可霉素是具有高沸点和强极性的高分子化合物，需进行衍生化降低极性后通过GC进行分析[52]。

2.5.2.4 酰基化衍生化

酰基化衍生化可以降低待测物的极性、提高挥发性，还可用于取代待测物中的活性氢，使分析物的分子量升高，以增加电子捕获检测器（ECD）的灵敏度[53]。酰基化通常用于带有ECD或NCI-MS检测的GC以提高响应。

2.5.2.5 烷基化衍生化

烷基化衍生化是使用烷基基团取代分析物中的活性氢。如利用三甲基甲硅烷基重氮甲烷（TMSD）衍生化使青霉素挥发，满足气相色谱-串联质谱（GC-MS/MS）分析要求[54]。

2.5.2.6 光化学衍生化

光化学衍生化（photochemical derivatization，PCD）是所有衍生化方法中最环保、最通用、最直接的方法，也是在兽药残留分析中最常用的衍生化方法。PCD的原理是利用待测分析物在特定的条件下吸收紫外光，从而引起待测物的性质或结构发生变化，形成荧光增强的现象。PCD与传统的荧光、化学发光、紫外-可见、电化学等检测方法相结合，提高了原有方法的灵敏度与选择性，广泛应用于药品或食品分析领域。例如通过在线柱后利用紫外灯照射的光化学衍生化实现对鸡肉和鸡蛋中8种磺胺类抗生素的快速分析[55]。利用光化学衍生化也可实现对动物乳制品中黄曲霉毒素的定量分析[56]。

参考文献

[1] 唐英章 . 现代食品安全检测技术[M]. 北京：科学出版社，2004.

[2] 王林，王晶，周景洋 . 食品安全快速检测技术手册[M]. 北京：化学工业出版社，2008.

[3] 师邱毅，纪其雄，许莉勇 . 食品安全快速检测技术及应用[M]. 北京：化学工业出版社，2010.

[4] 王林，王晶，黄晓蓉 . 食品安全快速检测技术[M]. 北京：化学工业出版社，2002.

[5] 戾向君，蔡发，王境堂，等 . 进出口食品安全检测技术[M]. 青岛：中国海洋大学出版社，2008.

[6] 王大宁，董益阳，邹明强 . 农药残留检测与监控技术[M]. 北京：化学工业出版社，2006.

[7] 唐悦，叶国华，胡渝杰，等 . 离子液体在萃取分离中的应用现状与发展趋势[J]. 矿冶，2021，30
（6）：54-62.

[8] 王艺霞，刘畅，杨琳燕，等 . 基于新型萃取溶剂的液相微萃取技术及其在兽药残留检测中的应用
[J]. 动物医学进展，2021，42（07）：115-119.

[9] 李桂杰 . 基于动态微波辅助萃取技术的粮食中黄曲霉毒素和农药残留快速分析方法研究[D]. 长
春：吉林农业大学，2020.

[10] 吴兴强 . 加速溶剂萃取-超高效液相色谱检测农作物中农药残留与蒽醌类活性物质[D]. 保定：河
北大学，2014.

[11] 牛改改，邓建朝，李来好，等 . 加速溶剂萃取及其在食品分析中的应用[J]. 食品工业科技，
2014，35（1）：375-380.

[12] 郝昀，李挥，孙汉文 . 加速溶剂萃取在动物源食品农兽药残留分析中的应用进展[J]. 河北大学学
报（自然科学版），2012，34（2）：434-448.

[13] 王新铭，赵李霞，付颖 . 膜萃取技术在食品农药残留分析中的应用[J]. 食品工业科技，2010，31
（11）：401-404.

[14] 闫凤丽 . 新型固相萃取-高效液相色谱法测定水中微囊藻毒素和磺酰脲类农药[D]. 青岛：青岛理
工大学，2013.

[15] 许丽娟，柏连阳，欧阳建文 . 超临界流体萃取技术及其在农药残留分析研究中的应用[J]. 现代农
药，2006，5（5）：13-16.

[16] 姚炳佳 . 基于非离子型表面活性剂的新型浊点萃取的研究[D]. 上海：上海交通大学，2008.

[17] 高国芳 . 新型浊点萃取技术在有机污染物分析中的应用研究[D]. 临汾：山西师范大学，2016.

[18] 邵秀梅，王琳玲，黄卫红，等 . 亚临界水萃取技术应用于环境样品预处理的研究[J]. 理化检验-
化学分册，2005，41（8）：614-624.

[19] 吕思雨 . 双水相萃取与分散液液微萃取中药木脂素类化合物的研究[D]. 长春：长春工业大
学，2020.

[20] 黄怡淳，丁炜炜，张卓旻，等 . 食品安全分析样品前处理-快速检测联用方法研究进展[J]. 色谱，
2013，31（7）：613-619.

[21] 贾波 . 固相萃取柱的制备及在食品安全检验中的应用[D]. 齐齐哈尔：齐齐哈尔大学，2013.

[22] 刘妍，杨富巍，田锐 . 固相微萃取涂层的研究进展[J]. 资源开发与市场，2011，27（11）：
981-984.

[23] 赵慧宇 . 固相微萃取技术测定水中农药残留及有机磷农药与人血清白蛋白的结合作用[D]. 北
京：中国农业大学，2014.

[24] György V, Károly V. Solid-phase microextraction: a powerful sample preparation tool prior
to mass spectrometric analysis[J]. Journal of Mass Spectrometry[J], 2004, 39: 233-254.

[25] 林宇巍 . 毛细管内固相微萃取技术的研究进展[J]. 福建分析测试，2011，20（3）：25-29.

[26] 程桂红 . 磁固相萃取在痕量重金属分析中的应用[J]. 广东化工，2011，38（3）：137-138.

[27] 黄莹莹 . 磁性固相萃取技术在痕量污染物检测中的应用[D]. 武汉：武汉工程大学，2013.

[28] 王炎，张永梅. 液相微萃取研究与应用[J]. 化学进展，2009，21（4）：696-704.

[29] Ali S Y, Amirhassan A. Liquid-phase microextraction[J]. Trends in Analytical Chemistry, 2010, 29（1）: 1-14.

[30] 王丹. 中空纤维液相微萃取技术及在毒物毒品分析中研究进展[J]. 广州化工，2015，43（9）：43-46.

[31] 臧晓欢，吴秋华，张美月，等. 分散液相微萃取技术研究进展[J]. 分析化学，2009，37（2）：161-168.

[32] 王青. 超声辅助分散液-液微萃取/高效液相色谱联用富集分析环境水样中的有机污染物 [D]. 兰州：西北师范大学，2013.

[33] 肖中玉，马晓国. 分散液-液微萃取在有机化合物和金属离子分析中的应用进展[J]. 理化检验-化学分册，2011，47（5）：624-628.

[34] 马乔，余琼卫，罗彦波，等. 聚（甲基丙烯酸-乙二醇二甲基丙烯酸酯）搅拌棒吸附萃取与液相色谱-质谱联用检测牛奶中的磺胺类药物[J]. 色谱，2011，29（7）：624-630.

[35] 司汴京. 非水溶胶-凝胶法烟嘧磺隆分子印迹搅拌棒的制备及性能研究[D]. 泰安：山东农业大学，2011.

[36] Saharnaz S S. Immunoaffinity solid phase microextraction: degree of master [D]. Waterloo: University of Waterloo, 2007.

[37] Maria E Q, Eduardo B O. Immunoaffinity in-tube solid phase microextraction coupled with liquid chromatography-mass spectrometry for analysis of fluoxetine in serum samples[J]. Journal of Chromatography A, 2007, 1174（2007）: 72-77.

[38] Lord H L, Rajabi M. Development of immunoaffinity solid phase microextraction probes for analysis of sub ng/mL concentrations of 7-aminoflunitrazepam in urine[J]. Journal of Pharmaceutical and Biomedical Analysis, 2007, 44（2007）: 506-519.

[39] 李鹤，马力，李黎. 免疫磁性微球的研究进展[J]. 食品工程，2007，（3）：33-36.

[40] 廖鹏飞，夏金兰，聂珍媛. 磁性微球的制备及在生物分离应用中的研究进展[J]. 生物磁学，2005，5（4）：47-51.

[41] 李文超，王永花，孙成. 分子印迹技术与固相微萃取技术联用的研究进展[J]. 环境化学，2011，30（9）：1663-1669.

[42] 马玉哲，李红霞. 分子印迹技术的应用进展[J]. 化工技术与开发，2009，38（4）：20-22.

[43] 胡小刚，李攻科. 分子印迹技术在样品前处理中的应用[J]. 2006，34（7）：1035-1041.

[44] 张凯歌，胡玉玲，胡玉斐，等. 分子印迹微萃取技术的研究进展[J]. 色谱，2012，30（12）：1220-1228.

[45] 黄健祥，胡玉斐，潘加亮，等. 分子印迹样品前处理技术的研究进展[J]. 中国科学 B 辑：化学，2009，39（8）：733-746.

[46] 张玉璞. 基质固相分散法提取动物组织中的药物残留[D]. 长春：吉林大学，2011.

[47] 叶学敏. 新型 QuEChERS 方法在果蔬农残分析中的应用研究[D]. 杭州：浙江工业大学，2020.

[48] Płotka-Wasylka J M, Morrison C, Biziuk M, et al. Chemical derivatization processes applied to amine determination in samples of different matrix composition[J]. Chemical Reviews, 2015, 115（11）: 4693-4718.

[49] 房艳，高俊海，肖进进. 在线柱前衍生-高效液相色谱-荧光检测法测定牛奶中乙酰氨基阿维菌素残留量[J]. 食品安全质量检测学报，2019，10（17）：5636-5641.

[50] Rashed N, Zayed S, Fouad F, et al. Sensitive and fast determination of ceftiofur in honey and veterinary formulation by HPLC-UV method with pre-column derivatization [J]. Journal of Chromatographic Science, 2021, 59（1）: 15-22.

[51] Yánez-Jácome G S, Aguilar-Caballos M P, Gómez-Hens A. Luminescent determination of quinolones in milk samples by liquid chromatography/post-column derivatization with terbium oxide nanoparticles[J]. Journal of Chromatography A, 2015, 1405: 126-132.

[52] Guo Y, Xie X, Diao Z, et al. Detection and determination of spectinomycin and lincomycin in poultry muscles and pork by ASE-SPE-GC-MS/MS[J]. Journal of Food Composition and Anal-

ysis, 2021, 101: 103979.

[53] Vismeh R, Haddad D, Moore J, et al. Exposure assessment of acetamide in milk, beef, and coffee using xanthydrol derivatization and gas chromatography/mass spectrometry [J]. Journal of Agricultural and Food Chemistry, 2018, 66（1）: 298-305.

[54] Liu C, Guo Y, Wang B, et al. Establishment and validation of a GC-MS/MS method for the quantification of penicillin G residues in poultry eggs[J]. Foods, 2021, 10（11）: 2735.

[55] Huertas-Pérez J F, Arroyo-Manzanares N, Havlíková L, et al. Method optimization and validation for the determination of eight sulfonamides in chicken muscle and eggs by modified QuEChERS and liquid chromatography with fluorescence detection[J]. Journal of Pharmaceutical and Biomedical Analysis, 2016, 124: 261-266.

[56] Shuib N S, Makahleh A, Salhimi S M, et al. Determination of aflatoxin M1 in milk and dairy products using high performance liquid chromatography-fluorescence with post column photo-chemical derivatization[J]. Journal of Chromatography A, 2017, 1510: 51-56.

第 3 章
仪器分析
方法

3.1

概述

3.1.1　基本概念

兽药残留分析具有待测物质浓度低、浓度范围波动大、样品基质复杂、干扰物质多等特点，这就要求兽药残留分析具有灵敏度高、特异性强和线性范围宽等特点。因此，兽药残留分析是对复杂基质中痕量组分的分析。兽药残留的分析方法按照其分离或检测原理可以分为基于微生物学和免疫学原理的生物学方法和基于色谱、质谱等原理的理化方法；按被测组分数量可分为单组分残留分析方法和多组分残留分析方法；按分析目的可分为筛选方法、常规分析方法和确证分析方法。

3.1.2　仪器分析原理

兽药残留分析中常用的薄层色谱法、气相色谱法、液相色谱法、超临界流体色谱法和毛细管电泳法，均属于色谱法，是利用在固定相和流动相之间相互作用的平衡场内物质行为的差异，使单一组分从多组分混合物中分离出来，继而进行定性检出和鉴定、定量测定和记录的分析方法。

3.1.3　定性和定量方法

3.1.3.1　定性方法

色谱法具有很强的分离能力，但其定性能力较弱。色谱峰在色谱图中的位置用保留值（retention value）表示，保留值是表示试样中各组分在色谱固定相内的滞留时间的数值，反映了组分分子与固定相分子间作用力的大小，一般采用纯物质进行定性。

（1）利用保留值定性　任何一种物质在选定的色谱条件下，都有确定的保留值，依据这一特性即可定性。保留值是与被分析组分本身特性和仪器操作条件有关的、表示组分与固定相之间作用力大小的参数。可在完全相同的条件下，分别测定纯物质与试样中的保留值，通过对比试样中具有与纯物质相同保留值的色谱峰，来确定试样中是否有该物质及在色谱图中的位置。其缺点是在很难控制操作条件完全一致的情况下，特别是不同组分的保留值又较为接近时，难以对不同组分进行准确判断。此外，在不同仪器上测量的保留值数据差别也较大，所以这种方法不适用于不同仪器上获得的数据之间的比较。

（2）利用加入法定性　当相邻两组分保留值接近，且操作条件不稳定时，可以将纯物质加入试样中，在相同操作条件下进行实验，比较纯物质加入试样前和加入试样后两次实验所得的色谱图,观察各组分色谱峰的相对变化,如某一组分峰增高,则表示该组分可能与加入的纯物质相同。

(3)色谱-质谱联用法定性 色谱-质谱联用法可以给出组分的分子量和结构信息,可以对组分进行确证。但仅利用质谱碎片对同分异构体进行判断则比较困难,可以采用质谱和色谱保留值相结合的方式弥补定性准确性的不足,色谱-质谱联用法可大幅提高定性的准确性。

3.1.3.2 定量方法

在一定的色谱分离条件下,检测器的响应信号,即色谱图上的峰面积与进入检测器的质量成正比,这是色谱法的定量基础。为了获得准确的定量数据,需要精确测定色谱峰和比例系数。

(1)色谱峰的测量

① 峰高的测量。峰高(peak height)是指从色谱峰顶到基线的垂直距离,用 h 表示。峰高的测量是从基线至峰顶点对每一个化合物的峰进行测量。其缺点是峰高直接受流动相流速、柱温和检测器灵敏度的影响。当色谱峰分辨率不够、基线漂移或峰太小时,测量误差较大。

② 峰面积的测量。峰面积(peak area)是指某一色谱峰曲线和基线延长线所包围的面积,用 A 表示。

a. 峰高(h)乘半峰宽($W_{h/2}$)法。该法是近似将色谱峰当作等腰三角形进行面积计算。当色谱峰的峰形对称且不太窄时,该方法简便快捷,采用较多。此方法计算出的面积是实际峰面积的 0.94 倍:

$$A = 1.064h \cdot W_{h/2}$$

在相对计算时,1.064 可以省略。

b. 峰高乘平均峰宽法。当峰形不对称时(前伸峰或拖尾峰),可在峰高 0.15 和 0.85 处分别测定峰宽,由下式计算面积:

$$A = h \cdot (W_{0.15h} + W_{0.85h})/2$$

c. 峰高乘保留时间法。在一定操作条件下,同系物的半峰宽与保留时间成正比。当色谱峰很尖、很窄,半峰宽不易测准时,只要两峰尖分开即可用此法:

$$A = 1.064h \cdot b \cdot t_R$$

式中,b 表示色谱峰宽度,在相对计算时,1.064 和 b 可以省略。

d. 自动积分和手动积分。目前色谱仪均自带数据处理系统,可以自动记录由检测器输出的电信号,将检测器输出的各组分的模拟信号进行采集,进行基线和峰的检测、基线校正、面积积分和对重叠峰进行分解,响应因子可以存入系统内备用,通过转换和计算,给出色谱图、色谱数据及定性定量结果。特殊情况下,可以手动设定相关技术参数,有目的地获得色谱图、色谱数据及定性定量结果。

(2)常用定量方法

① 归一化法。当试样中有 n 个组分,各组分的量分别为 $m_1, m_2, \cdots, m_n$,且全部组分都显示出色谱峰时,可用归一化法按下式计算试样中各组分的质量分数:

$$w_i = m_i/(m_1 + m_2 + m_3 + \cdots + m_n)$$

归一化法主要用于通用型检测器,如 FID、UVD、FLD 等。选择性检测器对不同结构的物质的响应差别很大，一般不采用归一化法定量。此外，该法的缺点是需要获得每一个峰的峰面积，而且检测器的灵敏度直接影响峰的数量，从而影响定量的准确性。

② 外标法。外标法也称为标准曲线法。该方法是在相同的操作条件下，当组分的含量变化范围大时，准确称取试样中某组分的纯物质，溶于适当溶剂中，配成一系列不同浓度的标准溶液，准确控制相同的进样量，分别测定峰面积，以相应的峰面积 A（或峰高 h）对组分浓度作图，得该组分的标准曲线。同样还可以得出试样中其他各组分的标准曲线。

在完全相同的操作条件下，取同样量的试样分析，从色谱图上测出试样中各组分的峰面积 A_i（或峰高 h_i），在相应组分的标准曲线上查出对应的浓度。使用外标法的前提是必须保证在预期的浓度范围内被测定组分的响应是线性的。必须通过多次重复测量或用不同浓度的同一标准样品溶液进样，以获得一条通过原点、斜率恒定的校正曲线以提高响应因子的测量精度。

当试样中被测组分浓度变化不大时，可采用单点校正法，即配制一个与被测组分浓度接近的标准样品，标准样品的浓度为 c_s，分别取相同量的标准样品和试样进行分析，从得到的色谱图上测出两者的峰面积 A_s 和 A_i（或峰高），按下式计算被测组分的质量分数：

$$w_i = w_s \times A_i / A_s$$

式中　　w_i——试样中组分 i 的质量分数；

　　　　w_s——标准样品中组分 i 的质量分数。

外标法具有简便、快速的优点。外标法不使用校正因子，准确性较高，但色谱操作条件的变化对结果的准确性影响较大。对进样量的准确控制要求高，需操作熟练才能掌握。随着技术的发展，目前的气相色谱、液相色谱以及色谱-质谱联用仪均配有自动进样系统，取代了以往的手动进样系统，可准确控制进样量，更适用于大批量试样的快速分析。

③ 内标法。内标法是指在试样中加入能与所有组分完全分离的已知量的内标物质，用相应的校正因子校正待测组分的峰值并与内标物质的峰值进行比较，求出待测组分含量的方法。使用内标法时，首先需要选定一种物质作为内标物，内标物应满足以下条件：试样中不含有该物质；与被测组分性质比较接近，含量也接近；与试样中组分互溶，但不与试样发生化学反应；出峰位置应位于被测组分附近，且对组分峰无影响。

由于内标法中待测组分和内标物是混在一起注入色谱柱的，因此只要样品溶液中待测组分和内标物的比值是恒定的，样品体积和重复进样体积的变化等对定量的影响则可以在计算中被抵消。兽药残留检测属于痕量分析，基质复杂，尤其是在液相色谱-质谱联用方法中，有些药物的基质效应十分明显，如果在样品处理中加入内标物，既能降低因操作误差对定量分析的影响，又可以降低由于基质效应而带来的干扰。

内标法和外标法是色谱分析中较为常用的定量方法，且适用于各种检测器。

④ 内加法是外标法和内标法的组合。通常是先将样品注入色谱仪，得到相应的色谱图，然后再向样品中加入一定量的待测组分，再次进样得到另一张色谱图。根据两张色谱图中组分峰面积的差异，经过数据处理求得组分的浓度。该法主要应用于顶空分析和检测器的非线性区域浓度下的组分定量。

3.2

高效液相色谱法

液相色谱是以液体为流动相的色谱过程。高效液相色谱法（HPLC）是在经典的液相色谱法基础上发展起来的。通过引入气相色谱的理论和技术，发展了高分离效能的色谱柱和高灵敏度的检测器，特别适用于高沸点、大分子、强极性和热稳定性差的化合物的分析。HPLC的分离机制与常规柱色谱相同，但填料更加精细，可重复进样，分析速度快。但至今仍缺乏可满足兽药残留分析要求的通用型检测器。

高效液相色谱仪通常由储液瓶、输液泵、进样装置、色谱柱、检测器和记录仪、数据工作站等部分组成。①储液瓶，用于储存流动相，流动相应满足纯度高、黏度低、化学稳定性好、溶剂沸点高于55℃、能够完全浸润固定相、与检测器匹配等要求。流动相需经过脱气后才能进入输液泵，以防止流动相中溶解的气体在高压下产生气泡，从而在泵或检测器中引起噪声等问题。常用的脱气方法包括：超声波脱气法、真空脱气法、通氦脱气法和在线脱气法等。随着仪器制造技术的不断发展，目前市售的高效液相色谱仪基本都可以实现在线脱气，有效节省了实验人员的时间和精力。②输液泵，又称高压泵，用于输送恒定流量的流动相。输液泵按照动力差异可分为机械泵和气动泵；按照输液特性可分为恒流泵和恒压泵。恒流泵的主要优点为输送恒定流量的液体，定量分析通常采用此种方式。恒压泵的流量受柱阻影响，流量不稳定，目前已不再使用。③进样器，用微量注射器将样品注入储样管，通过调整六通阀，再将储样管内的样品带入色谱柱。④色谱柱，是整个色谱分离系统最为核心的部分，由柱管、接头和过滤片等部件组成，柱管内填有微小颗粒的化学填料。色谱柱中的填料类型、填料粒径、色谱柱内径和柱长是色谱柱的关键参数。液-固吸附色谱的柱填料是吸附剂，如硅胶、氧化铝、分子筛等。液-液分配色谱的柱填料可以是物理涂渍固定相，也可以是化学键合固定相。

3.2.1 基本原理

高效液相色谱法的原理是以液体为流动相，采用高压输液系统，将具有不同极性的单一溶剂或不同比例的混合溶剂、缓冲液等流动相泵入装有固定相的色谱柱，在柱内各成分被分离后，进入检测器进行检测。

3.2.2 分析条件选择

3.2.2.1 样品的溶解度

样品在有机溶剂和水溶液中的相对溶解性是样品最重要的性质之一。由样品在有机溶剂中溶解度的大小，初步判断样品是非极性化合物还是极性化合物，进而推断选用非极性溶剂（如戊烷、己烷、庚烷等）还是极性溶剂（如二氯甲烷、氯仿、乙酸乙酯、甲醇、乙腈等）溶解样品，并通过实验进行判断。

如果样品溶于非极性溶剂，表明样品为非极性化合物，通常可选用吸附色谱法、正相分配色谱法或正相键合相色谱法进行分析。如果样品溶于极性溶剂或相混溶的极性溶剂，表明样品为极性化合物，通常可选用反相分配色谱法或更为广泛应用的反相键合相色谱进行分析。如果样品溶于水相，可首先检查水溶液的 pH 值，若呈中性则为非离子型组分，常可用反相（或正相）键合相色谱法进行分析；若 pH 值呈弱酸性，可采用抑制样品电离的方法，在流动相中加入 H_2SO_4、H_3PO_4 调节 pH 为 2～3，再用反相键合相色谱法进行分析；若 pH 值呈碱性，且为强离子型水溶性生物大分子，其分析方法仍是高效液相色谱的特殊难题之一。近年来，凝胶过滤色谱和高效亲和色谱的迅速发展，为解决蛋白质、核酸等生物大分子的分析提供了有效途径。

3.2.2.2 样品的分子量范围

可通过尺寸排阻色谱法了解样品分子的大小或分子量范围，从而确定尺寸排阻色谱固定相的性质，既可对脂溶性样品也可对水溶性样品进行分析。

对于脂溶性样品，如果样品分子量小于 1000，且分子量差别不大，应进一步判定其属于非离子型还是离子型。如果属于非离子型，则应考虑其是否为同分异构体或具有不同极性的组分，此时可采用吸附色谱法或键合相色谱法进行分离；如果属于离子型，则可用离子对色谱法进行分析。如果样品分子量小于 100，且分子量差别很大，则仅能用刚性凝胶渗透色谱法或键合相色谱法进行分析。如果脂溶性样品的分子量大于 1000，则最好采用聚苯乙烯凝胶的凝胶渗透色谱法进行分析。

对于水溶性样品，如果样品的分子量小于 1000，且分子量差别不大，可考虑采用吸附色谱法或分配色谱法进行分析。如果分子量差别较大，只能选用刚性凝胶的凝胶过滤色谱法进行分离；如果分子量差别较大，且呈离子型，对强电离的可使用离子对色谱法进行分离，对弱电离的可使用离子色谱法进行分析。如果样品的分子量大于 1000，则可采用以聚醚为基体凝胶的凝胶过滤色谱法进行分析。

3.2.2.3 样品的分离与分子结构和分析特性的关系

对样品的来源及组成有了初步了解后，应进一步考虑样品的分子结构和分析特性对选择分析方法的影响。

（1）同系物的分离　同系物都具有相同的官能团，表现出相同的分析特性，其分子量呈现有规律地增加。对同系物可采用吸附色谱法、分配色谱法或键合相色谱法进行分析。同系物在谱图上都表现出随分子量的增加，保留时间增大的特点，无需使用提高柱效的方法来改善各组分间的分离度。

（2）同分异构体的分离　对于双键位置异构体（即顺反异构体）或芳香族取代基位置不同的邻、间、对位异构体，最好选用吸附色谱法进行分离。此时可充分利用硅胶吸附剂对异构体具有高选择性的特点，来实现满意的分离。对于多环芳烃异构体，由于其分子结构不同，具有不同的疏水性。此时可选用反相键合相色谱法，利用样品分子疏水性的差别来实现满意的分离。

（3）手性结构物质的分离　当前对具有特殊选择性的手性结构物质的分离，已成为高效液相色谱法研究的热点。使用通常的高效液相色谱方法无法将手性结构的物质进行分离，必须使用具有旋光性的固定相（如键合环糊精或含手性基团的环芳烃衍生物），或在流动相中加入手性选择剂，才能将其分离。

（4）生物大分子的分离　蛋白质、核酸等生物大分子的扩散系数要比小分子低 $1\sim2$ 个数量级。蛋白质是由氨基酸缩聚构成的肽链进一步连接生成的大分子，其分子侧链连有羟基、羧基、氨基等多种亲水基团，表面呈亲水性。分析蛋白质可采用反相键合相色谱法。

3.2.2.4　色谱柱

色谱方法中分离是核心，因此负责分离的色谱柱是色谱系统的核心，色谱柱应具备柱效高、选择性好、分析速度快等条件。市售的用于 HPLC 的各种微粒填料为多孔硅胶，以及以硅胶为基质的键合相、氧化铝、有机聚合物微球、多孔炭等，粒径一般为 $3\mu m$、$5\mu m$、$7\mu m$ 和 $10\mu m$ 等，柱效理论值可达 $5\times10^4\sim1.6\times10^5 m^{-1}$。对于同系物分析，塔板数为 $500 m^{-1}$ 即能满足要求；对于一般分析，塔板数需为 $5000 m^{-1}$；而对于较难分离的物质，可采用塔板数达 20000 的色谱柱。因此，一般 $10\sim30cm$ 的柱子就能够满足复杂混合物的分离需要。

色谱柱按用途分为分析型和制备型两种，内径规格也有所不同：常规分析柱，内径 $2\sim5mm$；窄径柱，又称细管径柱，内径 $1\sim2mm$；毛细管柱，内径 $0.2\sim0.5mm$；半制备柱，内径 $>5mm$；实验室制备柱，内径 $20\sim40mm$。为了避免管壁效应，一般根据柱长、填料粒径和折合流速来确定色谱柱的内径。近年来，为了进一步提高分析速度，又发展出柱长为 $3\sim10cm$，填料粒径为 $2\sim3\mu m$ 的短柱，其具有提高灵敏度、减少样品量、节省流动相、易控制柱温和易于与质谱联用等特点。

色谱柱的性能除了与固定相性能有关外，还与填充技术有关。随着科学技术的不断发展，除个别需要外，实验人员一般购买商品化的色谱柱，但使用前仍要注意对色谱柱进行性能考察，使用期间或放置一段时间后需重新考察，以确保在一定实验条件下，柱压、理论塔板高度和塔板数、对称因子、容量因子、选择因子、分离度等柱性能指标均能符合实验要求。

3.2.2.5　固定相

（1）硅胶　色谱柱用的硅胶通常是由硅酸钠在酸性条件下聚合而得到的稳定的多孔固体，其表面存在硅醇基或硅氧烷桥，一般认为硅氧烷桥的吸附性很弱，对色谱分离影响很小，而硅醇基具有一定的活性，能产生吸附作用。硅胶表面的硅醇基或以游离型存在，或与相邻硅醇基发生氢键合，后者包括活泼型和束缚型，三种硅醇基的吸附活性由高到低依次为游离型＞氢键合型＞硅氧烷桥型。

硅胶对溶液的吸附作用主要取决于溶质官能团的性质，官能团的极性越强，硅胶对溶质的吸附作用越强，则溶质的保留值越大，但强极性分子或离子型化合物在硅胶上可能发生不可逆吸附。此外，硅胶具有微酸性，碱性物质在硅胶上易出现严重拖尾现象。

各种化合物在硅胶上的保留顺序大致如下：饱和烃＜烯烃＜芳烃≈卤代烃＜硫化物＜醚＜硝基化物＜酯≈醛≈酮＜醇≈胺＜砜＜亚砜＜酰胺＜羧酸。硅胶色谱有利于不同族化合物的分离，但它分离同系物的选择性较差。另外，硅胶色谱在分离结构异构体和几何异构体方面的能力突出，如果溶质分子的极性官能团的位置与活性中心的位置相适应，则其在硅胶上的保留能力较强。

（2）化学键合固定相　目前化学键合固定相广泛采用液-固吸附色谱中的微粒硅胶为

基体，利用有机氯硅烷或烷氧基硅烷试剂与硅胶表面上的游离硅醇基反应制备而成的 Si—O—Si—C 键型键合相具有良好的耐热性和化学稳定性。

① 键合相的性质。键合相基体的硅胶表面上，可供化学键合反应的硅醇基数目约为 5 个/nm^2，由于空间位阻效应，不可能将较大的有机官能团键合到全部的硅醇基上，因此残余硅醇基是不可避免的。残余硅醇基对键合相的性能影响很大，特别是对非极性键合相，它可以降低键合相表面的疏水性，对极性溶质产生次级化学吸附，从而使保留机制复杂化，而残余硅醇基浓度的变化又是影响检测重复性的重要原因。

不同厂家的产品，其所用硅胶、硅烷化试剂和反应条件均有所不同，因此具有相同键合基团的键合相，其表面有机官能团的键合量往往差别很大，从而导致产品性能存在较大差异。键合相的键合量通常用含碳量表示，也可以用覆盖度表示，覆盖度是指参加反应的硅醇基数量占硅胶表面硅醇基总数的比例。

pH 值对以硅胶为基体的键合相的稳定性有很大影响，一般情况下，硅胶键合适用于 pH 2~8 的介质中。

② 键合相的种类。化学键合相按键合官能团的极性可分为极性和非极性键合相两种类型。

常用的极性键合相主要有氰基、氨基和二醇基键合相。极性键合相常用作正相色谱，混合物在极性键合相上的分离主要是基于极性键合基团与溶质分子间的氢键作用，极性强的组分保留值较大。极性键合相有时也可作为反相色谱的固定相。

常用的非极性键合相主要有各种烷基键合相（烷基链长为 C_2、C_4、C_8、C_{16}、C_{18} 等）和苯基键合相，其中以十八烷基硅烷键合相（C_{18}）应用最广。非极性键合相通常用作反相色谱，极性弱的组分保留值较大。非极性键合相的烷基链长对样品容量、溶质的保留值和分离选择性都有影响。一般情况下，样品容量随烷基链长的增长而增大，且长链烷基可使溶质的保留值增大，有效改善分离的选择性，但短链烷基键合相具有较高的覆盖度，分离极性化合物时可得到对称性较好的色谱峰。苯基键合相与短链烷基键合相性质相似。

（3）凝胶 凝胶是有一定孔径的固体颗粒，表面没有吸附作用。根据物理特性和化学结构，凝胶可以分为软质、半硬质和硬质凝胶三种，前两种属于有机填料，后一种属于无机填料。

① 软质凝胶。软质凝胶由网状交联葡聚糖凝胶、琼脂糖凝胶等构成。由于软质凝胶的微孔吸入溶剂量大，溶胀作用大，故孔隙度高，适用于以水为溶剂的小分子分离，但软性填料不耐压，不适宜在 HPLC 中使用。

新型凝胶克服了传统软填料的缺点，其粒度细，机械强度高，分离速度快，效果好，特别是无机填料，通过表面软性，可形成亲水性单分子层或多层覆盖，消除或抑制非排阻效应。按所用材料的不同，其又可分为醇型、酰胺型、醚型、单糖或多糖型等，其中，特别是键合单糖、多糖的填料，由于其表面亲水性大大增加，更适合于生物大分子的分离。

② 半硬质凝胶。半硬质凝胶是苯乙烯和二乙烯苯交联的聚合物，其有较宽的孔径范围，市售商品分粗粒度和细粒度两类。细粒凝胶属于高效凝胶，溶胀作用小，在高压下不变形，适用于小分子和分子量大于 10^6 的大分子分析。

③ 硬质凝胶。主要是多孔硅胶和多孔玻璃。多孔硅胶应用广泛，化学惰性、稳定性及机械强度均较好，使用寿命长，有良好的分离效果，柱效高，但分离时间稍长。

3.2.2.6 流动相

（1）**液-固吸附色谱流动相** 在以硅胶为吸附剂的液-固吸附色谱法中，对流动相的要求首先是组成流动相的纯溶剂必须经过净化与干燥处理，因为溶剂中含有的痕量水分或其他极性杂质会影响分离的重复性；其次是为保持硅胶的含水量恒定，应使用含有控制水分的流动相，通常是将干燥溶剂与水饱和度100%的溶剂按1∶1（体积比）混合制成水饱和度50%的溶剂，并使流动相与经碱活处理的硅胶之间完全达到热力学平衡。

（2）**化学键合相色谱流动相** 正相键合相色谱的流动相通常采用烷烃加适量极性调整剂。反相键合相色谱的流动相通常以水作基础溶剂，再加入一定量的能与水互溶的极性调整剂，常用的极性调整剂有甲醇、乙腈、四氢呋喃等。极性调整剂的性质及其与水的混合比例对溶质的保留值和分离选择有显著影响。一般情况下，甲醇-水系统已能满足多数样品的分离要求，且流动相的黏度小、价格低，是反相键合相色谱最常用的流动相。

（3）**凝胶色谱流动相** 凝胶色谱的流动相是最简单的。在分离过程中，流动相除对样品具携带作用外，不再起其他作用。流动相的性质对保留值和分离选择性无影响，但是为了提高分离效率和消除非排阻效应，对流动相的选择应注意以下几点：

① 选择的流动相应是能够溶解样品的良溶剂，黏度小，且能与检测器匹配。

② 选择的流动相应与填料相匹配。如对于苯乙烯-二乙烯苯聚合物柱填料，应选择非极性流动相。而对多孔硅胶柱填料，应选极性强的流动相，而且 pH 应为 $2\sim7.5$ 之间。

③ 为了消除分离过程中的非排阻效应，针对不同的柱填料，流动相中应加一定量的盐，以保持一定的离子强度。此外，还应选择与柱填料的作用比样品强的溶剂作为流动相。

凝胶过滤色谱一般用水作流动相，凝胶渗透色谱常采用甲苯、四氢呋喃和氯仿等有机溶剂作流动相。

（4）**离子排斥色谱流动相** 离子排斥色谱中流动相的主要作用是改变溶液的 pH，控制有机酸的解离。最简单的流动相是去离子水，水作为流动相的最大优点是背景电导值低，可以采用非抑制型电导检测。但在纯水中，有机酸的存在形式既有中性分子型也有阴离子型，因而在分离有机酸时往往出现峰拖尾或峰展宽。如果将流动相酸化，则可抑制有机酸的解离，有效改善峰形。

对有机酸的分析常用的流动相是无机酸（如 HCl、H_2SO_4 或 HNO_3）。无机酸作流动相时，背景电导值较高，通常需用抑制型电导检测器。如果采用 Ag 型阳离子交换剂抑制器，则流动相只能用盐酸。如果采用紫外检测器，硫酸是比较理想的流动相。另一类流动相是背景电导值较小的烷基磺酸、全氟羧酸等弱有机酸。多元醇、糖和聚乙烯醇也被用作离子排斥色谱的流动相，脂肪羧酸在磺化苯乙烯-二乙烯苯基（PS-DVB H^+ 型）阳离子交换树脂上能良好分离，采用电导检测器可获得较高灵敏度。

在流动相中加入有机溶剂可减少某些样品与固定相的相互作用。例如，一元脂肪羧酸、芳香羧酸和酚类样品在固定相的保留值较大，为了减弱其保留，可在流动相中加入少量有机溶剂（$10\sim30$ mL/L），如乙腈、丙醇或乙醇。但最好不用甲醇，甲醇可能使树脂收缩或使树脂表面出现一些不可逆的破坏。流动相的选择还应注意以下问题：

① 尽量使用高纯度试剂作流动相，防止微量杂质长期积累而损坏色谱柱，使检测器噪声增大。

② 避免流动相与固定相发生作用而使柱效下降或损坏柱子。如使固定液溶解流失，酸性溶剂破坏氧化铝固定相等。

③ 试样在流动相中应有适宜的溶解度，防止产生沉淀并在柱中沉积。

④ 选择的流动相应满足检测器的要求，如使用紫外检测器时，流动相不应有紫外吸收。

在选择流动相时，溶剂的极性是选择的重要依据，常用溶剂的极性由大到小依次为：水＞甲酰胺＞乙腈＞甲醇＞乙醇＞丙醇＞丙酮＞二氧六环＞四氢呋喃＞甲乙酮＞正丁醇＞乙酸乙酯＞乙醚＞异丙醚＞二氯甲烷＞氯仿＞溴乙烷＞苯＞四氯化碳＞二硫化碳＞环己烷＞己烷＞煤油。当纯溶剂不能满足分离要求时，多采用混合溶剂或梯度洗脱。

3.2.2.7 检测器

紫外检测器（UVD）最常用，其次是荧光检测器（FLD）和电子捕获检测器（ECD）。二极管阵列检测器（DAD）是二十一世纪初的重要突破。DAD可同时接收整个光谱区的信息，在色谱峰流出同时能进行每个瞬间的动态光谱扫描并快速采集信号，经计算机处理后得到色谱-光谱的三维图谱，信息量大大增加。一次进样可得到每个组分峰的定量、定性和纯度信息，灵敏度也明显提高。

（1）紫外检测器　UVD是基于溶质分子吸收紫外光的原理设计的检测器，其工作原理是 Lambert-Beer 定律，即当一束单色光透过流动池时，若流动相不吸收光，则吸光度 A 与吸光组分的浓度 C 和流动池的光径长度 L 成正比。

紫外检测器不仅灵敏度高、噪声低、线性范围宽、有较好的选择性，而且对环境温度、流动相组成变化和流速波动不太敏感，因此可用于对光吸收较弱、吸光系数低的物质进行微量分析。其既可用于等度洗脱，也可用于梯度洗脱。由于紫外检测器对流速和温度均不敏感，又可用于制备液相色谱仪，并能与任何检测器串联使用。当检测波长范围包括可见光时，又称为紫外-可见光检测器。

UVD分为固定波长检测器、可变波长检测器和光电二极管阵列检测器。按光路系统来分，紫外检测器可分为单光路和双光路两种。可变波长检测器又可分单波长（单通道）检测器和双波长（双通道）检测器。

光电二极管阵列检测器（PDAD）又称快速扫描紫外-可见分光光度计，是 20 世纪 80 年代出现的一种光学多通道检测器，它可以对每个洗脱组分进行光谱扫描，经计算机处理后，得到光谱和色谱结合的三维图谱。其中吸收光谱用于定性（确证是否是单一纯物质），色谱用于定量。它采用光电二极管阵列作为检测元件，形成多通道并行工作，同时它对光栅分离的所有波长的光信号进行检测，然后将其入射到阵列接收机，然后快速扫描二极管阵列来采集数据，得到吸收值（A）是保留时间（t_R）和波长（L）函数的三维色谱光谱图。由此可及时观察与每一组分的色谱图相应的光谱数据，从而迅速决定具有最佳选择性和灵敏度的波长。计算机化的数据处理，还可进行色谱峰光谱相似性比较、峰纯度检测及利用谱图库对样品进行检索等，为定性、定量分析提供更丰富的信息。其常用于液相色谱仪对复杂样品（如生物样品、中草药）的定性定量分析。其缺点在于选择性较低，对于基质复杂的样品，在色谱定性和定量上会出现不准确的情况，流动相的选择也受到一定限制。

单光束二极管阵列检测器，光源发出的光先通过检测池，透射光由全息光栅色散成多色光，射到阵列元件上，使所有波长的光在接收器上同时被检测。阵列式接收器上的光信号用电子学的方法快速扫描提取出来，每幅图像仅需要 10ms，远远超过色谱流出峰的速度，因此可随峰扫描。为了保证检测器的灵敏度，在使用紫外检测器分析检测时需注意以下事项：

① 氘灯的光强受温度和电压影响较大，建议在恒温室内工作或者在冰库里工作；

② T 调零生产时机内已校准，当更换光电倍增管后，需重新校准；

③ 氘灯寿命可达数千小时，若发现记录仪不能调到 10mV，且基线一直往小的方向漂移要考虑换灯。如氘灯不亮可再按一次电源开关，氘灯就会亮。光电倍增管寿命在数千小时以上。

（2）荧光检测器　荧光检测器是基于具有荧光的物质在一定条件下发射荧光的荧光强度与物质的浓度成正比进行检测。其由光源、选择激发波长用的单色器、样品流通池、选择发射波长的单色器和光电检测器等组成。由光源发出的光，经激发光单色器后，得到所需要的激发光波长，激发光通过样品流通池，一部分光线被荧光物质吸收，荧光物质激发后，向四面八方发射荧光。为了消除入射光与散射光的影响，一般取与激发光成直角的方向测量荧光（直角光路）。荧光至发射光单色器分光后，单一波长的发射光由光电检测器接收。

荧光检测器具有灵敏度很高、选择性良好、可用于梯度洗脱和所需样品量很少等特点。其灵敏度比紫外检测器高 100 倍，可用于痕量分析，是一种强有力的检测工具。但它的线性范围较窄，不宜作为一般的液相色谱仪检测器来使用。此外，在测定过程中不能使用可熄灭抑制或吸收荧光的溶剂作流动相。对不能直接产生荧光的物质要使用色谱柱后衍生技术，但其操作比较复杂。其在生物化工、临床医学检验、食品检验和环境监测中获得广泛应用。

（3）示差折光检测器　示差折光检测器（refractive index detector，RID），又称折射率检测器，是一种通用型检测器。它是通过连续监测参比池和测量池中溶液的折射率之差来测定试样浓度的检测器。常见示差折光检测器按结构可分为反射式、偏转式、干涉式和克里斯塔效应等类型。偏转式折光检测器池体积大，测量范围宽，一般只在制备色谱和凝胶渗透色谱中使用。HPLC 通常使用反射式折光检测器，因其池体积很小（小于 $5\mu L$），可获得较高灵敏度。

示差折光检测器对温度变化敏感，使用时温度变化要求保持在 ±0.001℃ 范围内；对流动相流量变化也敏感，要求流动相组成完全恒定，稍有变化都会对测定产生明显的影响，因此一般不宜作梯度洗脱。此外，示差折光检测器灵敏度较低，不宜用作痕量分析。

（4）电化学检测器　电化学检测器（electrochemical detector，ECD）属选择性检测器，主要有电导检测器、安培检测器、介电常数检测器和电位测定检测器等，可检测具有电活性的化合物。电导、电位等检测器已在离子色谱中得到了广泛应用；介电常数检测器性能类似于示差折光检测器；安培检测器可检测氧化性物质，适用范围很宽。电化学检测器的优点有以下几点：

① 灵敏度高，检测量一般为 ng 级，可以达到 pg 级；

② 选择性好，可测定大量非电活性物质中极痕量电活性物质；

③ 线性范围宽，通常为 4～5 个数量级；

④ 设备简单，成本较低；

⑤ 易于自动操作。

（5）化学发光检测器

化学发光检测器（chemiluminescence detector，CLD）是近年来发展起来的一种快速、灵敏的新型检测器，具有设备简单、价格低廉、线性范围宽等优点。其原理是基于某些物质在常温下进行化学反应，生成处于激发态势反应中间体或反应产物，当它们从激发态返回基态时，就发射出光子。由于物质激发态的能量是来自化学反应，故叫作化学发光。当分离组分从色谱柱中洗脱出来后，立即与适当的化学发光试剂混合，引起化学反应，导致发光物质产生辐射，其光强度与该物质的浓度成正比。

这种检测器不需要光源，也不需要复杂的光学系统，只要有恒流泵，将化学发光试剂以一定的流速泵入混合器中，使之与柱流出物迅速而又均匀地混合产生化学发光，通过光电倍增管将光信号变成电信号，就可进行检测。这种检测器的最小检出量可达 $10\sim12g$。

（6）蒸发光散射检测器　蒸发光散射检测器（evaporative light-scattering detector, ELSD）是 20 世纪 90 年代出现的新型通用型质量检测器，它适用于检测挥发性低于流动相的组分，主要用于检测糖类、高级脂肪酸、磷脂、维生素、氨基酸、甘油三酯及甾体等，并在没有标准品和化合物结构参数未知的情况下检测未知化合物。对各物质有几乎相同的响应，但是其灵敏度比较低，尤其是有紫外吸收的组分。此外，流动相必须是挥发性的，不能含有缓冲盐等。其克服了常见于 HPLC 传统检测方法的不足，已越来越多地应用于 HPLC、超临界色谱和逆流色谱中。不同于紫外和荧光检测器，ELSD 的响应不依赖于样品的光学特性，任何挥发性低于流动相的样品均能被检测，不受其官能团的影响。其灵敏度比示差折光检测器高，对温度变化不敏感，基线稳定，适合与梯度洗脱液相色谱联用。

① ELSD 运行有三个过程：第一是雾化过程，用惰性气体或净化空气将色谱柱流出物雾化；第二是蒸发过程，在一个加热管（漂移管）中将流动相挥发；第三是检测过程，测定留下来的样品颗粒的光散射。所有商品 ELSD 都由一种或两种模式完成这三个过程。模式 A 的操作是全部柱流出物（气溶胶）都进入直的漂移管，让流动相在其中蒸发；模式 B 中是将气溶胶通过一个弯管，在此管中大的颗粒沉积下来流入废气管，其余的小颗粒进入螺旋状的漂移管。在上述两种模式中，样品颗粒均进入光管，使激光发生散射而得以检测。

② ELSD 检测的优点及缺点。优点包括：具有较好的通用性，任何挥发性低于流动相的样品均能被检测；在相同色谱条件下，物理性质相似的物质可给出一致的响应；能与梯度洗脱方式相容；灵敏度高于示差折光检测器、紫外末端吸收检测法；在 ELSD 上开发的实验方法移植到质谱上则无需修改。ELSD 检测的不足之处主要包括：灵敏度不够理想；流动相的选择受限；某些样品线性范围较窄等。

③ 影响 ELSD 检测性能的基本因素

a. 操作模式的选择。选择合适的操作模式可提高方法的灵敏度，操作模式的选择取决于样品的挥发性、流动相的组成及其流速。

b. 流动相组成及流速的选择。流动相的挥发性越好，方法的灵敏度越高。流动相的流速越低，相应的信号越强。

c. 漂移管温度对基线水平和噪声的影响并无明显规律性。最优温度应为在流动相基本挥发基础上，产生可接受噪声的最低温度。

d. 载气流速是影响检测性能的一个很重要因素。最优载气流速应是在可接受噪声的基础上，产生最大检测响应值时的最低流速。

④ ELSD 检测时的数据处理模式。ELSD 检测最常采用的数学模型是 $\lg y = a\lg x + b$（y 为响应值，x 为进样量或样品浓度，a、b 为回归常数），也有采用二次曲线模型的（$y = ax^2 + bx + c$）。由于响应值（y）与进样量（x）之间并非线性关系，故其数据处理不同于紫外检测方法。ELSD 测定已知物质的含量时，一般应用随行标准曲线法而非外标

法，因为校正线性方程的截距并不为零。新药基准品的建立，除了对照品为另外一种含量已知、结构相似的物质外，数据处理方式同上相似。ELSD 测定物质纯度时，由于响应值与进样量间并非线性关系，多通过绘制其中的一种或数种物质的随行标准曲线来加以校正。多组分物质的分析，除了随行标准曲线的线性范围有所区别外，数据处理同上类似。尽管存在一些不足之处，但是 ELSD 作为一种新型的通用型质量检测器，具有许多独特的优势，例如它的通用性、响应因子的一致性以及与梯度洗脱相容等，将在无特征紫外吸收物质的分析方面发挥越来越重要的作用。

3.2.3 数据的采集

色谱数据的采集通常包括峰的检测、基线校正以及重叠峰的分离。

（1）峰的检测　依据在基线的信号水平上，预设一个"阈值"，超过该值时，判别为峰可开始检测。一般采用以下两种方式判别峰信号的变化：一是根据信号斜率的变化检测信号；二是根据积分面积检测峰信号。

（2）基线校正以及重叠峰的分离　在色谱分析中，经常会遇到基线漂移和色谱峰不能完全分离的情况。通常会采用谷-谷规则或预设基线漂移值参数来解决。

3.2.4 数据的处理

色谱数据处理是指通过模数转换器（analog to digital converter，A/D），把模拟信号转换成数字信号，然后采用色谱软件处理给出色谱图等信息，既可以自动处理，也可以人工修正。定量分析是把各种计算公式编制成应用软件存入计算机，通过键盘来选择所需方法。软件在进行定量计算时，一般通过保留值来识别峰。但由于各种因素的影响，在重复多次分析中，保留值会有一定的变化，可采用下面两种方法确定保留值的变化范围：

（1）"时间窗"法　对整个色谱图上各个峰的保留值都预设相同区间"时间窗"，规定图中各个峰保留时间的变化范围。该法设置简单，但用于识别保留时间相差很近的相邻峰不太方便。

（2）"时间带"法　对每个需识别的定量峰，都设定一个保留时间的相对变动范围，该设置较麻烦，但对不同峰可给出不同的变动范围，对识别相邻峰的分辨率较好，同时用于编组定量分析也方便。

3.3

气相色谱法

气相色谱法（gas chromatography，GC）有许多高灵敏度、通用性或专一性强的检测器供选用，如氢火焰离子化检测器（FID）、氮磷检测器（NPD），检测限一般为 $\mu g/kg$ 级。但是大多数兽药极性或沸点偏高，需烦琐的衍生化步骤，限制了 GC 的应用范围。

3.3.1 基本原理

利用试样中各组分在气相和固定液液相间的分配系数不同，当气化后的试样被载气带入色谱柱中运行时，组分就在其中的两相间进行反复多次分配，固定相对各组分的吸附或溶解能力不同，各组分在色谱柱中的运行速度就不同；经过一定的柱长后，便彼此分离，按顺序离开色谱柱进入检测器，产生的离子流信号经放大后，在记录器上描绘出各组分的色谱峰。

3.3.2 分析条件选择

（1）色谱柱　在气相色谱法（GC）中选择适当的色谱柱是非常重要的，它直接影响到分离效果、分析速度和峰形等。选择色谱柱时，需要考虑以下几个因素。①样品特性：样品的性质，如极性、分子量、挥发性等，会直接影响色谱柱的选择。例如，对于非极性样品，通常选择非极性色谱柱，而对于极性样品，则需要选择极性色谱柱。②分析目标是什么，以及需要分离哪些成分，也会影响色谱柱的选择。如果需要分离的化合物相似，但又不完全相同，可能需要更高分辨率的色谱柱。③样品矩阵：样品矩阵可能包含一些干扰物质，需要考虑这些干扰物质的性质，以及它们对分离和检测的影响。④应用领域：不同的应用领域可能对分离的要求不同。例如，环境分析可能需要更高的灵敏度和更广泛的分析范围，而食品分析可能更注重对特定成分的选择性分离。⑤操作条件：如温度、流速等，也会影响色谱柱的选择。一些色谱柱可能对温度或流速的变化更敏感，需要在选择时考虑这些因素。

（2）固定液　一般来说，宜按"相似性"原则选择固定液：分析非极性样品时用非极性固定液；分析强极性样品时用极性强的固定液。把固定液涂覆于开管柱的内壁，或涂渍在载体上制成填充柱的固定相，切勿太厚。开管柱的薄膜厚度（d_f）宜为 $0.2\sim0.4\mu m$，填充柱的固定液含量宜为 $3\%\sim10\%$。载体颗粒粒径约为柱径的 0.1，即 $80\sim100$ 目较好。这样，组分在液相中传质速度快，载体粒度较小而又未增大填充不均匀性，有利于在较低的温度下分析高沸点组分及缩短分析时间。

固定液的配比选择：（指固定液与担体的质量比）一般为 $5:100\sim25:100$。担体的比表面积越大，固定液用量的比例可越高。

担体的性质和粒度选择：若担体的比表面积大，孔径分布均匀，则固定液易分布均匀，从而可加快传质过程，提高柱效。故应该选用颗粒小且均匀的担体，并尽可能填充均匀，以减少涡流扩散，提高柱效。但粒度过小，填充不易均匀，会使柱压降增大，对操作不利。一般对 $4\sim6mm$ 的柱管，选用 $60\sim80$ 目或 $80\sim100$ 目的担体较为合适。

（3）**柱内径**　增加内径意味着需要更多的固定相，即使厚度不增加，也有较大的样品容量，同时也意味着降低了分离能力且流失量较大，小口径柱为复杂样品提供了所需的分离条件，但通常因为柱容量低需要分流进样。如果能够接受分离度的降低，也可以采用大口径柱以避免这一点。当样品容量是主要的考虑因素时，如气体、强挥发性样品、吹扫和捕集或顶空进样，大内径甚至多孔层开口管（porous layer open tubular，PLOT）色谱柱可能比较合适。同时色谱柱内径的选择要考虑仪器的限制和要求。填充柱的进样口可以使用大口径毛细管柱（0.53mm），而小口径柱可能无法连接在仪器上使用。毛细管柱的进样口一般适用于所有内径范围的毛细管柱（如 0.1mm、0.25mm、0.32mm、0.53mm）。直接联用的 GC/MSD 和 MSD 需要小口径柱，因为真空泵不能处理大口径柱的大流量。一般而言，0.2～0.25mm 内径的柱效高、负荷量低、流失小；0.3～0.35mm 内径的负荷量较高，但柱效低；0.53～0.6mm 大口径毛细管柱，负荷量近似填充柱，总柱效远远超过填充柱，分析速度快。

（4）**柱长**　一般情况 15m 柱用于快速筛选简单混合物或分子量极高的化合物，30m 柱是最普遍的柱长，超长柱（50m、60m、100m 或 150m）用于分析非常复杂的样品。柱长度在柱性能上不是一个重要参数，例如：柱长加倍，恒温分析时间则加倍，但峰分辨率仅提高约 40%，因此可以采用其他方法改进分析结果，如选择更薄的膜、优化载气流量或采用程序升温等。分析活性极强的组分是一种特殊情况，如果样品与柱材质接触，那么峰会严重拖尾，较厚的膜、相对短的柱由于较少的柱材和较厚的固定液体掩盖其表面以屏蔽活性表面从而减少相互作用的机会。增加柱长可提高分离效果，但柱长过长会导致分析时间延长。因此，在满足一定分离度的条件下，应选用尽可能短的色谱柱。一般而言，10～15m 的短柱适用于分离少于 10 个组分的样品，20～30m 的中长柱适用于分离 10～15 个组分的样品，50m 以上的长柱适用于分离 50 个组分以上的样品。

（5）**液膜厚度**　薄膜比厚膜洗脱组分速度快、峰分离好、温度低。一般而言，对于洗脱温度达 300℃ 的大多数样品（包括蜡、甘油三酯、甾族化合物等），色谱柱的膜厚为 0.25～0.5μm 时分析结果较好。对于更高的洗脱温度，可以采用 0.1μm 的液膜。对于流出温度在 100～200℃ 之间的物质，采用 1～1.5μm 的液膜效果较好。超厚膜（3～5μm）可用于分析气体、溶剂和可吹扫出来的物质，以增加样品组分与固定相的相互作用。当使用大口径柱时，为确保分离度和保留时间，也可以选择厚膜。0.1～0.2μm 的薄液膜适用于分离低负荷量、高沸点化合物，0.25～0.33μm 的标准液膜适用于标准毛细管柱分析，0.5～1μm 的厚液膜适用于分离负荷量较大、低沸点化合物，1～5μm 的特厚液膜适用于分析沸点 200℃ 以下复杂化合物。

（6）**柱温与温度控制程序**　气相色谱仪中的色谱柱放置于温度由电子电路精确控制的恒温箱内。样品通过色谱柱的速率与温度呈正相关。柱温越高，样品通过色谱柱越快。但是，样品通过色谱柱越快，其与固定相之间的相互作用就越少，因此分离效果越差。柱温的选择应综合考虑分离时间与分离度。

柱温在整个分析过程中始终保持不变的方法称为恒温方法。但在大多数分析方法中均采用程序升温，即柱温随着分析过程的进行而逐渐上升。程序升温可以确保较早洗脱出来的待测物得到充分分离，同时又缩短了较晚洗脱出来的待测物通过色谱柱的时间。

（7）流动相　即载气，可用氦气、二氧化碳、氢气、氮气等。载气选择与纯化的要求取决于所用的色谱柱、检测器和分析项目的要求，如有些固定相不能与微量氧气接触、热传导池检测器宜用氢气作为载气等。电子捕获检测器须除去载气中负电性较强的杂质，以利于提高检测器的灵敏度。用分子量小的气体作载气时可用较高的线速，分子量小的气体黏度小，柱压增加不大，高线速可减小气相传质阻力，缩短分析时间。

3.3.3　数据的采集

数据采集主要包括气相色谱仪采集的色谱图、数据中的各种频率的噪声；采集信号峰，即每个信号峰的起点及其他特征点；色谱图基线；气相色谱仪重叠峰。

3.3.4　数据的处理

（1）定性分析　气相色谱分析中最常用的方法是利用保留值进行定性分析，保留值是保留时间和保留体积的总称。当操作条件不变时，化学物质的保留值只与其化学性质相关，因此可用于定性分析。利用保留值进行定性分析时，当样品中某一组分与已知标准品的保留值相同时，可初步判断该组分与标准品可能为同一化合物。但需要注意的是，有时多种物质在一定的操作条件下具有相同的保留值，所以不能完全根据保留值相同而断定其为同一物质。可以选用其他具有不同极性的色谱柱进行二次甚至多次分析，若在不同色谱柱上测得的保留值均相同，则基本可以断定为同一物质。

（2）定量分析　在一定范围内，色谱峰的峰面积和样品组分中的含量或浓度呈线性关系，因此可以通过测量相应的峰面积确定样品的含量。定量分析中常采用内标法和外标法。内标法是指测量样品中某一组分或某几个组分的含量时，将一定量的某一纯组分加入样品中作为内标物，然后进行色谱分析，通过测量并对比内标物的峰面积和待测组分的峰面积，即可求出待测组分在样品中的含量。外标法则是用已知浓度的标准品进行色谱分析，得出关于峰面积和浓度的标准曲线，然后在完全相同的条件下检测待测物，得到相应的峰面积，再根据标准曲线计算待测样品的浓度。

3.4

薄层色谱法

薄层色谱法（thin-layer chromatography，TLC）是一种把固定相均匀地涂在一块玻璃板或塑料板上，形成一定厚度的薄层，并使其具有一定活性，在此薄层上进行色谱分离的方法。其具有展开快、分离效能高、灵敏度高、耐腐蚀等优点。后来又发展了高效薄层色谱法和薄层色谱扫描法，分析时间更短，分离效果更好。高效薄层色谱法（high-performance thin layer chromatography，HPTLC）现已成为仅次于 HPLC 和 GC 的残留分析方法。HPTLC 的斑点原位扫描定量、定性和高效分离材料，改变了常规 TLC 在灵敏度和再现性方面的不足，并且保持了 TLC 的简便、快速和样品容量大的优点，可使用正相和反相板，分辨率几乎与 HPLC 相当。HPTLC 在兽药残留的快速筛选检测方面应用广泛。

3.4.1　基本原理

薄层色谱法是一种吸附薄层色谱分离法，利用待测物中各成分对同一吸附剂吸附能力不同，使在展开剂（溶剂）流过固定相（吸附剂）的过程中，连续产生吸附、解吸附、再吸附、再解吸附，从而达到各成分的互相分离的目的。

固定相表面的分子（离子或原子）和其内部分子所受的吸引力不相等。在固定相内部，分子之间相互作用的力是对称的，其力场互相抵消。而处于固定相表面的分子所受的力是不对称的，向内的一面受到固体内部分子的作用力大，而表面层所受的作用力小，因而待测物中的分子在运动中遇到固体表面时受到这种剩余力的影响，就会被吸引而停留下来。吸附过程是可逆的，被吸附物在一定条件下可以解吸出来。在单位时间内，被吸附于吸附剂一定表面积上的分子和同一单位时间内离开此表面的分子之间可以建立动态平衡，称为吸附平衡。吸附色谱法就是不断地产生平衡与不平衡、吸附与解吸的动态平衡过程。

3.4.2　分析条件选择

（1）薄层板　用以涂布薄层的薄层板，也称载板，有玻璃板、铝箔及塑料板，按固定相种类可分为硅胶薄层板、键合硅胶板、微晶纤维素薄层板、聚酰胺薄层板、氧化铝薄层板等。薄层板需要有一定的机械强度及化学惰性，且厚度均匀、表面平整，因此最常用玻璃板。根据需要，薄层板具有不同的规格，但在使用前必须洗净，要求光滑、平整，洗净后不附水珠，晾干。

（2）固定相　固定相的选择是薄层色谱法中极为重要的环节，薄层色谱可根据固定相支持物的不同，分为薄层吸附色谱（吸附剂）、薄层分配色谱（纤维素）、薄层离子交换色谱（离子交换剂）、薄层凝胶色谱（分子筛凝胶）等。

一般实验中应用较多的是以吸附剂为固定相的薄层吸附色谱，常用的固定相为硅胶、氧化铝、聚酰胺、硅藻土及纤维素等，如硅胶 G、硅胶 GF254、硅胶 H、硅胶 HF254、硅藻土 G、氧化铝 G、微晶纤维素 F254 等。其颗粒一般要求直径为 $10\sim40\mu m$。薄层涂布，一般可分无黏合剂和含黏合剂两种；前者为将固定相直接涂布于玻璃板上，后者为在固定相中加入一定量的黏合剂和荧光剂，常用 $10\%\sim15\%$ 煅石膏（$CaSO_4 \cdot 2H_2O$ 在 140℃烘 4h），混匀后加适量水使用，或加适量羧甲基纤维素钠水溶液（$0.5\%\sim0.7\%$）调成糊状，均匀涂布于玻璃板上。

（3）**展开剂** 展开剂的作用就是使展开剂中的分子与待测物中分子竞争占据吸附剂表面的吸附活性中心。展开剂应具有纯度高、化学性质稳定、对待测样品溶解度高、黏度小等优点。展开剂的选择与柱色谱中流动相选择的要求一致，根据待测物组分的极性，按照相似相溶的原则选择展开剂，待测组分极性强则选择极性大的展开剂，待测组分极性弱则选择极性小的展开剂。如果单一展开剂分离效果不好，可以选择两种或两种以上溶剂，按照一定比例混合，作为展开剂。展开剂的选择应确保待测物中各组分的 R_f 值在 0.2～0.8 之间，以确保良好的分离效果。

3.4.3 数据的采集

在洗净的薄层板上均匀涂布吸附剂，干燥活化后将样品溶液用管口平整的毛细管滴加于薄层板一端约 1cm 处的起点上，晾干或吹干后将薄层板置于盛有展开剂的展开槽中。待展开剂前沿离顶端约 1cm 时，将薄层板取出，干燥后显色。记下原点至主斑点中心及展开剂前沿的距离，计算比移值 R_f。R_f＝溶质移动的距离/溶液移动的距离，表示物质移动的相对距离。

高效薄层色谱法的基本原理与普通薄层色谱法基本相同，但比普通薄层色谱法具有分离效能高、灵敏度高、分析速度快和测量误差小等优点。

薄层色谱扫描法是以一定波长的光照射在薄层板上，对薄层色谱中可吸收紫外光或可见光的斑点，或经激发后能发射出荧光的斑点进行扫描，将扫描得到的图谱及积分数据用于鉴别、检查或含量测定的方法。可根据不同薄层色谱扫描仪的结构特点，按照规定方式扫描测定，一般选择吸收法或荧光法。扫描方法可采用单波长扫描或双波长扫描。如采用双波长扫描，应选用待测斑点无吸收或最小吸收的波长作为参比波长，供试品色谱图中待测斑点的比移值、光谱扫描得到的吸收光谱图或测得的光谱最大吸收和最小吸收应与对照标准溶液相符，以保证测得结果的准确性。

3.4.4 数据的处理

（1）**定性分析** 通过测量待测组分的 R_f 值进行定性分析。R_f 与待测物的结构、薄层板的种类、溶剂、温度等因素有关。但在相同条件下，对每一种化合物来说 R_f 都是一个特定数值。为了使 R_f 值具有良好的重现性，需要严格控实验条件，如吸附剂含水量、板厚度、点样量、展开剂极性、展开距离、展开时间等。如果采用文献中的 R_f 值定性，则要控制待测组分的实验条件与文献中的实验条件完全一致，才能对照定性。

在条件许可的情况下，以待测组分的纯物质作对照定性是一种较准确的方法。在进行对照时，将待测组分与纯品在同一块薄层板上点样，于相同条件下展开、显色，分别测得 R_f 值，如果其 R_f 值完全一致，则表示待测组分即为该纯物质。

（2）**定量分析** 薄层色谱的定量分析分为直接法与间接法两类。直接法是在同一块板上，在相同的操作条件下测量斑点面积的大小或颜色深浅进行定量。按测量面积或颜色的方法不同又可分为斑点面积测量法、目视比较法和薄层色谱扫描仪法。间接法是将斑点从硅胶上洗脱下来，再用其他方法定量。

3.5

超临界流体色谱

3.5.1 基本原理

超临界流体色谱（supercritical fluid chromatography，SFC）是以固体吸附剂（如硅胶）或键合到载体（或毛细管壁）上的高聚物为固定相，以高度可压缩流体和少量助溶剂（也称改性剂或携带剂）为流动相，以分离、富集和纯化为目的一种高效色谱技术[1-3]。SFC 的分离机制与其他吸附、分配色谱相同，即基于化合物在流动相和固定相上的吸附或分配系数不同而使混合物分离[4,5]。

气相色谱（GC）、液相色谱（LC）、超临界流体色谱是当前三种主流的柱色谱技术，它们的主要区别在于所使用的流动相性质的差异。GC 中的流动相为低压气体，分析物与流动相的分子间相互作用力是可以忽略的，对分析物保留无显著影响。LC 中的流动相为不可压缩的液体，分子间相互作用很大程度上取决于液体的理化性质，分析物的保留由其与流动相和固定相间相互作用的差异决定，几乎与压力无关。SFC 中的流动相为超临界流体，在其临界温度和临界压力附近或以上时是一种高度可压缩流体。流动相中的分子间相互作用力强烈依赖于流体密度，因而在 SFC 中，流动相密度对分析物保留的影响是至关重要的。

常使用的超临界流体有氨、二氧化硫、卤代烃、乙烷、乙烯、二氧化碳等[6]，其中 CO_2 以其容易制备、易达到临界点、相对安全、能与各种强极性改性剂混溶、可回收利用等特点成为 SFC 分析最常用的流动相。纯 CO_2 是一种非极性流体，适用于低极性分子的溶解和分离，并已在开管柱 SFC 中用于弱极性和中等极性化合物的分析。对于极性更强的分析物，通常在流动相中添加有机溶剂（如甲醇）作为改性剂。改性剂的添加不仅提高了流动相的临界温度和压力，也使其黏度增大，并使分析物的扩散性降低，这些对于分析物的快速、高效分离都是十分重要的[7,8]。

SFC 所用的流动相的相对动力学性质介于 GC 所用的气体和 HPLC 所用的液体之间。相比于 HPLC，基于 CO_2 的流动相黏度小、扩散系数大，所以 SFC 在长色谱柱上分离速度更快、理论塔板数更大。相比于 GC 的气体流动相，SFC 的超临界流动相尽管在动力学性质上处于劣势，但超临界流体相对溶解能力更强，因此能够对非挥发性化合物进行分离。

SFC 中最常用的流动相 CO_2 通常与添加的改性剂（如甲醇）一起使用。CO_2 的临界温度 $T_c = 31.06℃$，临界压力 $P_c = 7.39MPa$。尽管在温度高于 $31.06℃$ 时，CO_2 才能达到超临界状态，但很多时候 SFC 分离是在低于此温度下进行的。值得注意的是，当压力在临界压力以上时，即使温度低于临界温度，CO_2 也不会有相变发生。一般来说，即使分析方法是在亚临界条件下建立的，也仍可称作超临界流体色谱法。CO_2 中添加改性剂（如甲醇），通常会使临界温度和压力升高。当压力低于临界压力时，CO_2 与改性剂的混合流动相会分成两相，其中一相以 CO_2 为主，另一相以改性剂为主，这将导致无法预知的保留行为，并使分离效率降低。因此，在 SFC 分析中，当使用 CO_2 与改性剂的混合流动相时，应尽量避免这种情况的发生[9-13]。超临界流体的高度可压缩性是 SFC 区别于 GC 和 LC 的一个重要特征，在超临界以及近超临界范围，CO_2 的密度随着温度和压力的改变而变化。当温度恒定时，压力增大，密度随之增大。鉴于流动相对分析物的溶解性和保留性与流动相的密度息息相关，故温度和压力是影响 SFC 分析中被分析物保留特性的两个重要参数。

在填充柱超临界流体系统，为了洗脱中等极性和极性分析物，通常在 CO_2 流动相中添加有机改性剂。使弱极性的分析物可用纯 CO_2 洗脱，在流动相中添加百分之几的有机改性剂，可使进样带来的溶剂效应最小化。关于改性剂降低分析物保留的机制有好几种。一种机制认为，在硅胶固定相上，极性有机改性剂可强烈吸附于其表面，与分析物分子在硅胶固定相上发生竞争性吸附，从而减弱分析物在固定相上的保留。另一种机制认为，有机改性剂的添加使流动相极性增强，从而提高极性分析物在流动相中的溶解度，因此更容易被洗脱[9,14-16]。

3.5.2　分析条件选择

利用超临界流体色谱进行化合物分析的关键是使化合物的性质与超临界流体色谱的性质相匹配，相似相溶原理长期以来一直是超临界流体色谱在各种分离应用中有用的指导原则[17]。充分了解目标化合物的理化性质可为选择合适的分析方法提供方向。虽然超临界流体色谱最适用于中等极性至弱极性化合物，但是亲水性物质，如核苷酸、肽、磷酸盐、高黏度聚合物等也可以运用超临界流体色谱进行分离。疏水性和亲水性化合物会根据所用超临界流体色谱条件或参数的性质而表现不同。水溶性化合物通常要求改性剂含有水溶剂组分，这取决于所用的浓度，它可能不适合使用 CO_2 作为流体的超临界流体色谱。相关研究结果表明，适用于超临界流体色谱的几个重要的化合物性质包括：①弱极性至中等极性[$c\lg P > 1$，拓扑极性表面积（topological polar surface area，TPSA）$<180\text{Å}$]；②分子量低于 500；③中等酸度和碱度[18,19]。

此外还必须考虑诸如样品和基质的复杂性、分析物结构的相似性、同分异构体以及潜在的分子内氢键等因素。在建立方法之前，一定要知悉样品信息，如待测化合物化学结构、样品的溶解性、待测成分数量、pK_a 值、分子量、浓度范围和待测成分 UV 吸收光谱等。当建立一个全新的方法时，这些信息有助于初始分析条件的确定。和 HPLC 类似，在采用 SFC 测定时，待测成分在流动相中的溶解性非常重要。一般来说，待测成分要想得到高效分离，需要在 100% CO_2 或添加了由一种或多种有机溶剂构成的改性剂（如甲醇、乙腈、异丙醇、二氯甲烷、氯仿）的 CO_2 中溶解。CO_2 不能有过多的水，多余水分的存在会形成相分离，此时如果采用 UV 检测器的话，会导致基线不稳。从另一方面讲，如果待测化合物分子量很大（>10000）或者具有极性，也不是非常适合 SFC 分离，因为这些物质一般在100%或添加了一定改性剂的超临界CO_2中溶解性不佳[20-23]。

正相色谱柱和反相色谱柱在SFC分离中都有典型应用，因为与HPLC类似，溶剂对固定相类型并没有限制要求。因此，在SFC上实现分离的重要步骤在于选择一根合适的色谱柱，柱子的选择对于分离的成功与否起着至关重要的作用。

反相填充柱（包括C_1、C_4、环己烷、苯基、C_8、C_{18}封端、C_{18}极性封端、C_{18}极性嵌入）既可以分离极性物质也可以分离非极性物质。对于多数采用SFC分离的化合物，无论是极性的还是中等极性的，这些分析柱在分离过程中均表现出较好的选择性。

使用SFC建立非手性化合物的测定方法时，几乎都使用正相色谱柱。在SFC分析中，使用极性分析柱对极性物质进行分离时，流动相中的改性剂和添加剂的加入是不可或缺的。

CO_2是SFC分析中应用最为广泛的流动相，因为其关键参数适合SFC分析，且其经济、安全、易得。CO_2中加入低比例（1%～10%）的改性剂，可以增加流动相极性，提高分析物的溶解度，并减少分析物与色谱柱填充材料的相互作用，在极性化合物的分离中，可以利用这些特性来改变流动相洗脱强度和选择性。为了实现极性范围较宽的混合物高效、快速分离，必须使用梯度洗脱。改性剂从一个较低的含量水平开始（1%～5%），在几分钟内迅速增加到40%～50%（增加的速度从5%/min到10%/min不等），在此类型梯度下，改性剂浓度最高的条件下保持一段时间，使极性化合物快速分离[24]。

在SFC分析中，如果只添加改性剂的CO_2溶剂强度不够，不能将极性物质洗脱至适宜峰形，那么就要考虑加入一些有机碱（三乙胺、异丙基胺等）、有机酸（甲酸、三氟乙酸等）或盐（甲酸铵、乙酸铵等），这些物质称为添加剂。这些添加剂通常被加入到主要的改性剂中，用于改善峰形，浓度在0.1%～0.5%（体积分数）[25,26]。

在SFC分析中，有三个因素会导致保留时间和选择性的变化，这三个因素是压力、温度和流动相的构成。随着温度和压力的变化，100% CO_2密度的波动范围为0.2～1.1g/mL。待测成分的溶解性则取决CO_2的密度。因此，提高CO_2的压力或者降低柱温能够增加待测成分在CO_2中的溶解性。利用这一点，可以对压力和温度进行梯度/程序化设置，使在CO_2中具有不同溶解度的各类物质洗脱出来。

3.5.3　数据的采集

与HPLC和GC仪器类似，SFC同样包括输送系统、进样单元、柱温箱、检测器和数据采集和处理系统。最初的检测器和GC系统类似，主要有电子捕获检测器、硫化学发光检测器、氢火焰离子化检测器（FID）及紫外检测器（PDA），它们具有灵敏和高选择性的特点[27-29]。一般情况下，对于以纯CO_2为流动相的分离体系可采用FID，尤其在空心管式SFC中使用比较多；而对于有谱学特征吸收峰的物质可采用紫外、红外等信息光谱型检测器。傅里叶变换红外（FTIR）检测的优点是人们能从柱上流出的化合物中获得分子结构信息。SFC与质谱（MS）联用将物质分离、鉴别结合在一起，成为非常有效的分析手段[30,31]；核磁共振（NMR）作为结构鉴定的手段在SFC中也有着非常重要的位置；元素选择性光学检测器，如微波诱导等离子体检测器、无线电频率等离子体检测器、ICP检测器，用于金属有机化合物的检测，也在SFC中被广泛应用。

3.5.4 数据的处理

超临界流体色谱和液相色谱都是有效的物质分离工具，数据的采集一般通过与紫外、荧光等检测器联用进行，需要根据所采集的数据类型进行数据的处理。首先需要对提取的谱图进行定性，即确定谱图对应的目标物质。对于紫外、荧光等检测器采集的谱图，可以利用保留时间定性，每种化合物在特定的色谱条件下的保留时间具有特征性，通过对比样品中具有与标准物质相同保留值的色谱峰，来确定样品中是否含有该目标物质。目标化合物的定量，一般是先建立色谱峰的积分方法，获取目标化合物色谱峰的积分面积，常用的有内标法和外标法两种定量分析方法。外标法是以待测目标化合物的标准品为对照物，与试样中待测目标化合物的峰面积相比较进行定量的方法，又分为标准曲线法和直接比较法。其特点是操作简单、计算方便，结果的准确度主要取决于进样量的重现性和操作条件的稳定性。内标法是比较精确的一种定量方法。它是将已知量的参比物加到已知量的试样中，那么试样中参比物的浓度为已知；在进行色谱测定后，待测组分峰面积和参比物峰面积之比应该等于待测组分的质量与参比物质量之比，求出待测组分的质量，进而求出待测组分的含量。内标法要求：试样中不含有该物质，与被测组分性质比较接近，不与试样发生化学反应，出峰位置应在被测组分附近。针对质谱所采集的数据，以目标化合物的保留时间为横坐标，以总离子强度为纵坐标作图。以定量分析中常用的 MRM 模式进行数据采集为例，针对采集的数据，首先利用数据处理软件建立目标化合物峰的提取和积分方法，通常选取一定浓度的标准溶液所采集的数据作为参考，选择目标物的 MRM 通道，包括定量离子和定性离子，如果使用内标法进行定量，还需选择内标的 MRM 通道，并将该内标化合物指定给目标分析物。依次检查各目标化合物色谱峰的积分情况，尽可能保证积分的准确。如对未知样品进行准确定量分析，将已采集的不同浓度的标准曲线样品和质控样品进行理论浓度赋值，选择 Linear 为线性模式，并选择相应的权重模式（$1/x$ 或 $1/x^2$ 等）建立标准曲线，检查标准曲线的线性回归系数是否大于 0.99，并检查各浓度水平的质控样本准确度是否在允许范围内，一般定量限（LOQ）的准确度偏差范围在 $\pm 20\%$ 以内，其他浓度在 $\pm 15\%$ 以内。

3.6

毛细管电泳

3.6.1 基本原理

毛细管电泳（capillary electrophoresis，CE），也称高效毛细管电泳（HPCE），是 20 世纪 80 年代末发展起来的一种分离方法[32,33]。CE 很好地将现代微柱分离与电泳技术加以整合，实现了物质的高效、微量、快速分离。除此之外，CE 对分析样品的用量需求非常少，环境危害小，属于"绿色"分析技术。同时，其分析对象的范围很广，小到无机离子，大到细胞细菌等物质。因此 CE 一经推出就很受重视，并迅速成为一种重要的微分离方法和技术[34-37]。

CE 分离的基本原理：在高压电场的驱动下，样品中的离子或荷电粒子在毛细管中依据其淌度及分配系数的不同实现快速、高效分离。图 3-1 是 CE 的基础结构示意图，其主要包括高压电源、毛细管通道、缓冲液池、检测系统和进样系统[38]。毛细管作为 CE 结构的关键部分，是 CE 的分离通道，电泳过程是在毛细管中进行的。我们通常使用的毛细管柱为外表面涂有聚酰亚胺、内径为 $25\sim100\mu m$ 的弹性熔融石英毛细管。通常，毛细管内径越小，产生的焦耳热越小，分离效果就越好，从而允许施加更高的电压。若采用柱上检测的方式，由于紫外灯检测窗口的光程较短，因此细内径的毛细管的检测灵敏度要比较粗内径的毛细管差。另外，毛细管柱又被分成两类：内壁涂层毛细管柱和非涂层的毛细管柱。

图 3-1　毛细管电泳简易装置[38]

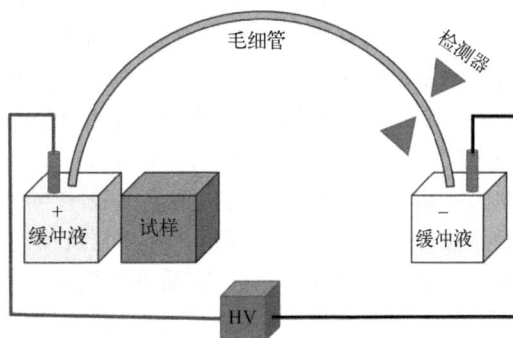

图 3-2 为毛细管电泳分离原理的简易图解，毛细管通道内充满了缓冲溶液。通常情况下，缓冲溶液的 pH 值大于 3 时，毛细管内壁会解离出—SiO—，此时，溶液中带正电荷的离子会被吸引从而在液固层形成双电层。施加电压后，毛细管内壁上的阳离子形成的正电荷层受到吸引从而向负极移动，因此产生电渗流（EOF）现象。EOF 和电泳同时存在于毛细管中，并且 EOF 的迁移速度约为电泳速度的 7 倍。以图中带正电荷的分析物为例（带负电荷的离子相反），其本身在电场中向负极移动，其迁移速度等于电泳速度和 EOF 速度的矢量和。因此，最先流向检测端的是 EOF 和电泳方向一致的带正电荷的粒子；随后的是不带电的粒子，其迁移速度等于 EOF 速度；因 EOF 和电泳方向相反，带负电荷的粒子最后流向检测端。

图 3-2　毛细管电泳分离原理图[39]

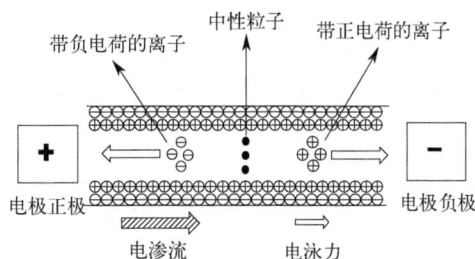

分离模式多样化是毛细管电泳的分离特征之一。各种分离方式的分离机制是不同的，它们之间看似互不相关但又能提供互相补充的信息。以下是 CE 常见的一些分离模式及其分离的依据：

（1）**毛细管区带电泳（capillary zone electrophoresis，CZE）** 是最基本、最简单、应用范围最广的分离模式之一，广泛应用于蛋白质、药物、环境样品及食品分析等领域。其分离依据为，样品粒子大小及所带电荷数的差异导致其具有不同电泳淌度，从而实现彼此的分离。在 CZE 中，需要控制的操作变量主要是电压、缓冲溶液浓度、pH 值、添加剂、毛细管尺寸、温度、进样条件等。CZE 被看成是其他各种分离模式的母体，其实验条件的选择也是其他分离模式的基础[40-42]。

（2）**毛细管凝胶电泳（capillary gel electrophoresis，CGE）** 是将板上的凝胶移到毛细管中作支持物进行的电泳，是毛细管电泳的重要模式之一。它综合了 CE 和普通平板凝胶电泳的优点。目前，在毛细管凝胶电泳中使用的凝胶物质主要是聚丙烯酰胺凝胶。其分离机制和平板凝胶电泳一样，而且更快速、灵敏、高效，易于定量，可以自动化。大分子物质，如 DNA 和被十二烷基硫酸钠（SDS）饱和的蛋白质，由于其质荷比与分子大小无关，若没有凝胶存在就不可能分离。在毛细管中充入交联聚合物，如具有三维网状多孔结构交联的聚丙烯酰胺/琼脂糖凝胶，聚合物起到了分子筛的作用，使质荷比相同的物质能够按照分子由小到大的顺序流出，从而实现了分离[43-46]。

（3）**胶束电动毛细管色谱（micellar electrokinetic capillary chromatography，MECC）** 胶束电动色谱（micellar electrokinetic chromatography，MEKC）是以胶束为准固定相的一种电动色谱，是电泳技术与色谱技术的巧妙结合。在 MECC 系统中，实际上存在着类似于色谱的两相，一相是流动的水相，是分离载体的溶剂，另一相是起固定作用的胶束相（准固定相）。溶质在这两相之间进行分配，由其在准固定相即胶束相中保留能力的不同而产生不同的保留值/迁移时间。MECC 实际上是一种特殊的毛细管区带电泳技术（CZE），在 MECC 中使用胶束溶液作为缓冲溶液，代替了 CZE 中简单的缓冲溶液，但从分离机制上存在较大差别。与 CZE 相似，在 MECC 体系中，熔断硅毛细管内壁也会形成双电层，表现出强烈的电渗流。在电场作用下，EOF 作为驱动力，根据离子胶束电荷极性不同会向阴极或阳极移动，在一般情况下，电渗流的速度大于胶束的迁移速度，这就使胶束向阴极做净迁移，可见在 MECC 中，其准固定相是移动的[47-49]。

（4）**毛细管电色谱（capillary electrochromatography，CEC）** 是在 CE 技术不断发展和色谱理论日益完善的基础上逐步兴起的结合体，是电泳迁移原理和色谱分离原理相结合的新型微分离分析技术。它是在毛细管中填充 HPLC 分离分析中的填料或在毛细管壁上涂布或键合液相色谱的固定相，用电渗流或电渗流结合压力驱动的微柱液相色谱技术。CEC 具有固定相和流动相消耗少、对环境友好、易于和质谱联用等优点。CEC 克服了毛细管电泳分离中性物质选择性差的缺点，既具有电泳的高效性，亦具有高效液相色谱的高选择性，同时又大大提高了色谱的分离效率。CEC 作为一种 CE 和 LC 相结合的新技术，一般采用熔融毛细管柱，内部装有填料，以高压直流电源代替高压泵对样品进行分离，样品溶质在 CEC 中根据它们在固定相与流动相中分配系数的不同和自身电泳淌度的差异得以分离[50]。

（5）**毛细管等电聚焦（capillary isoelelectric focusing，CIEF）** 是将带有两性基团的样品、载体两性电解质、缓冲剂和辅助添加剂的混合物注入毛细管中，当在毛细管两端加上直流电压时，载体两性电解质可以在管内形成一定范围的 pH 梯度，样品组分依据其所带电性向阴极或阳极泳动，柱内 pH 值与该组分的等电点（pI）相同时，溶质分子的净电荷为零，宏观上该组分将聚集在该点不再进一步迁移，达使复杂样品中各组分分离的目的[51,52]。

3.6.2　分析条件选择

针对不同的物质，其分析条件不同，仪器检测条件有如下选择：①最大检测响应浓度（100%），最大检测范围应是检测器线性动态范围的 75%。②温度要求。一般 CE 方法要求在控温条件下进行检测，一般为 25℃。③背景电解质。背景缓冲液应适合与质谱（MS）等检测器兼容，配制时应精确称量或经离心处理，并对 pH 值进行测定。④电泳模式。CE 方法应采用恒压或恒电流操作模式，如果恒压/恒电流操作不能满足要求时，尽可能选择线性梯度条件。在分析过程，在满足分析要求的前提下应对分析时间进行调节。为保证分析结果的重现性，每次运行之前应对毛细管柱进行平衡。样品应溶解在稀释 10 倍以上的背景缓冲溶液中，如果需要，可添加 40%（体积分数）的有机溶剂。⑤进行样品分析前，毛细管需经过色谱平衡处理，通常用 0.1mol/L NaOH 溶液或 10%（体积分数）磷酸冲洗 15min（一般为 10 倍柱体积）；再用去离子水冲洗 10min；氮气或空气中干燥 5min。⑥对于 CE 的操作，在进样前需对毛细管柱进行预平衡处理以获得与上次运行相同的毛细管内壁特征。相同的毛细管内壁可以保证电渗流、组分迁移时间及分离效果具有较好的重现性，是毛细管电泳分离重现性得以保证的关键。

3.6.3　数据的采集

毛细管电泳通过与检测器联用进行数据采集，经过多年的科学研究，已有多种检测器能够用于 CE：①紫外-可见（UV）检测器[53,54]。毛细管电泳中应用最广泛的是紫外-可见检测器。其通用性好，结构简单，具有较好检测性能，是目前应用最广泛的一种 CE 检测器。其主要由光源、光路系统、信号接收和处理系统构成，一般采用柱上检测或柱后检测方式。然而，毛细管的吸光路径很短，导致该检测手段灵敏度较低，难以用于痕量分析。②激光诱导荧光（LIF）检测器[55]。LIF 检测方法具有选择性好、灵敏度高等特点。其检测灵敏度可较紫外-可见检测器高出三个数量级以上。但该方法检测的是荧光信号，使得大多数样品都需要采用荧光试剂在毛细光柱前或柱后进行衍生化，而且该方法本身受到待测物或待测物衍生物的荧光特性的限制。另外，该检测手段的成本较高。③电化学发光（ECL）检测器[56,57]。物质在化学反应过程中，释放的能量被处于基态的反应物分子吸收而跃迁到激发态，返回基态时，激发态的分子所吸收的能量以光的形式辐射出来，称为化学发光。化学发光是基于反应物分子之间或者在催化剂催化下反应物分子之间进行化学反应所产生的光信号，因此需要在分离毛细管柱后引入发光试剂，与分离毛细管流出的分析物在柱后相遇产生化学发光反应。所以，毛细管电泳与化学发光联用的接口可依据引入发光试剂的方法不同而分为柱后套管式、在柱式和柱端式。电化学发光的高灵敏度、宽线性范围、仪器设备简单等优点，使得这种方法在一些分离技术中得到青睐。毛细管电泳的常规检测器如 UV 或荧光检测器对于很多没有发光基团的物质不能直接测定，而是通过复杂的衍生手段，且存在激发光源、光散射的影响。采用电化学发光作为检测器，可以克服这些问题，因为电化学发光不需要激发光，而且很多物质不需要任何前处理就能直接分离检测。④电化学检测器[58-60]。与光学检测相比，电化学检测具有选择性好、灵敏度高、线性范围宽、易小型化（包括检测器本身和所使用的监控仪器）、不受样品透光率和光学路径长度的影响、低成本、低能耗、样品无须衍生化以及与毛细管电泳体系的高度兼容性等优点，正成为毛细管电泳中极具发展前景的检测方法之一。电化学检测包括三种方法：安培法、点位法、电导法。⑤质谱检测器[61-64]。质谱检测器灵敏度高，专属性强，能够提供分子信息，是 CE 理想的一种检测器。CE 的高效分离和 MS 的高鉴别能力相结合，使得能用极微量的样品进行分子结构分析和分子量的准确测定，成为微量生物样品分析的强有力工具。近年来，该方法已在多肽和蛋白质的分离分析中广泛使用。但是此方法造价昂贵，大多数样品需要衍生化，操作复杂，难以广泛使用。

3.6.4 数据的处理

毛细管电泳一般通过与质谱等检测器联用进行数据的采集，不同的检测器采集的数据，处理的方式不同。通常包括色谱峰的提取、目标化合物的定性、目标化合物的定量。目标化合物的定性以标准溶液色谱图的保留时间为参考，如紫外、荧光等检测器采集的数据；如果是质谱检测器采集的数据，除了依据标准溶液的保留时间外，还可以根据目标化合物的定量及定性离子进行判断。目标化合物的定量，一般是先建立色谱峰的积分方法，获取目标化合物色谱峰的积分面积，然后将积分面积值代入建立的标准曲线，计算未知样品目标峰的浓度、含量等。具体到紫外、荧光等检测器采集的数据，其建立的标准曲线 R^2 需大于 0.9999。针对质谱所采集的数据，以目标化合物的保留时间为横坐标，以总离子强度为纵坐标作图。以定量分析中常用的 MRM 模式进行数据采集为例，针对采集的数据，首先利用数据处理软件建立目标化合物峰的提取和积分方法，通常选取一定浓度的标准溶液所采集的数据作为参考，选择目标物的 MRM 通道，包括定量离子和定性离子，如果使用内标法进行定量，还需选择内标的 MRM 通道，并将该内标化合物指定给目标分析物。依次检查各目标化合物色谱峰的积分情况，尽可能保证积分的准确。如对未知样品进行准确定量分析，将已采集的不同浓度的标准曲线样品和质控样品进行理论浓度赋值，选择 Linear 为线性模式，并选择相应的权重模式（$1/x$ 或 $1/x^2$ 等）建立标准曲线，检查标准曲线的线性回归系数是否大于 0.99，并检查各浓度水平的质控样本准确度是否在允许范围内，一般 LOQ 的准确度偏差范围在 ±20% 以内，其他浓度在 ±15% 以内。

3.7

气相色谱-质谱联用

3.7.1 GC-MS 联用仪的基本组成

GC-MS 系统由 GC 和 MS 共同组成，之间由接口连接。①GC 系统的组成之一———气路系统。气路系统由载气气源及气流控制系统组成，为仪器提供稳定、纯净的载气（H_2/N_2），保证准确控制载气流量，确保实验的重现性。②进样系统。进样系统由进样器和气化室构成，进样器分为气、液两种，气态进样器实现试样直接进入色谱仪，具有顶空进样器、吹扫捕集进样器等结构；液态进样器将试样引入气化室，利用气化室将液体试样转为气体，与载气混合后进入色谱柱。③分离系统。又称柱系统，是 GC 技术的核心，化合物实现有效分离的场所。色谱柱主要分为填充柱和毛细管柱两类，根据实际工作条件和样品性质进行选择，目标化合物能否实现有效分离的关键是选择合适的色谱柱，选择的前提是高柱效及高的分离速度。此外，程序升温分析手段是分离技术中最常用的方法，在 GC 技术中有着广泛的应用。程序升温适用于待测物质中各组分温度区间相差较大、相同温度分离效果一般的情况，利用程序设定的温度随时间进行线性或非线性变化，在不同温度下分配系数也随之变化，随着载气的流动从固定相中先后流出，实现分离的目的。④连接 GC 与 MS 部分的装置称为接口，接口一定要保持较高的密封性，离子源内的高真空状态不能因此被破坏，柱效也不能受到影响。化合物组分不能因为接口的存在受到损失，GC 分离后的组分及其结构也不因接口发生变化。常用接口为直接插入式和膜分离式两种。直接插入式具有较为简单的结构，操作简易，使用广泛，不发生吸附和催化分解反应，漏气概率低，死体积较低，灵敏度得到了很大的保证，但同样需要仪器具有很高的真空度，过大的载气流量影响较大，固定相流失及载气会对测定的基线产生影响[65]。

MS 技术的第一步为用离子源将试样电离成带电离子，汇集成具有一定几何形状和能量的离子束。离子源的优劣决定 MS 的灵敏度和分辨率，其选择标准为目标物的热稳定性和电离能，GC-MS 技术常用离子源有场致电离源（FI）、化学电离源（CI）和电子轰击离子源（EI）等。其中技术最成熟、应用最普遍为 EI，具有广泛的数据可进行直接查询。EI 具有很好的稳定性，质谱图重现性好，高数目的碎片离子峰有利于结构的推测和解析。质量分析器是 MS 技术的核心部件，将前一步产生的碎片离子及分子离子根据质核比的差别，通过电场、磁场的加速进行分离，得到以质荷比大小顺序排列的 MS 图。四极杆质量分析器因具有质量及体积小、造价低的优点而被广泛应用。检测器将离子信号不断放大传导至计算机系统，最终得到谱图。真空系统及计算机系统也是 GC-MS 联用仪不可缺少的组成部分，MS 技术要求整个过程要在高真空状态，通常一级真空泵无法满足真空度需要，需串联涡轮分子泵进行二次抽真空至高真空状态，避免各组分间的碰撞，噪声得到降低，灵敏度得到提高。计算机系统处理和检索检测器信号，按得到的谱图和数据进行分析处理。

3.7.2 GC-MS 联用仪的分类

GC-MS 仪器的分类有多种方法：按照分析规模，可以粗略地分为大型、中型、小型三类气相色谱-质谱联用仪；按照仪器的性能，可粗略地分为高档、中档、低档三类或研究级和常规检测级两类气相色谱-质谱联用仪；按照质量分析器的工作原理，可分为气相色谱-质谱联用（GC-MS）、气相色谱-离子阱质谱（GC-IT/MS）、气相色谱-飞行时间质谱（GC-TOF/MS）和气相色谱-傅里叶变换质谱联用仪等；按照质谱仪的分辨率，又可以分为高分辨（通常分辨率高于 5000）、中分辨（通常分辨率在 1000～5000 之间）、低分辨（通常分辨率低于 1000）气相色谱-质谱联用仪；按照质量分析器的时空属性可分为时间型气相色谱-质谱联用仪和空间型气相色谱-质谱联用仪；按用途可分为生物气相色谱-质谱联用仪、制药气相色谱-质谱联用仪、化工气相色谱-质谱联用仪、食品气相色谱-质谱联用仪、医用气相色谱-质谱联用仪和酒精气相色谱-质谱联用仪等。

3.7.3　分析条件选择

GC-MS 分析的关键是根据样品性质选择适宜的色谱分离和质谱采集条件，使样品中各组分得到很好的分离并得到理想的图谱和分析结果。样品性质主要包括样品组分种类及数目、溶解性、沸点范围、化合物类型、分子量范围等[66]。

色谱柱、进样方式、衬管类型、进样口的清洁程度、不分流进样开启分流阀的时间、柱效的保持、溶剂的选择、初始炉温、升温程序等影响色谱定量结果的因素会同样影响GC-MS 联用的定量。

质谱条件包括各参数的设定、调谐方式、仪器的稳定性、离子源、分析器清洁程度等。采样参数的设置要保证每个离子有足够的采样时间，同时每个色谱峰能够得到足够多的数据点。通常来讲，每个色谱峰需要有 10～20 个扫描数据点才能更好地定量。此外，尽可能采用选择离子监测（selected ion monitoring，SIM）模式进行定量，选择定性离子时，应尽量选择分子量较大、相对丰度较高、干扰较少的离子，而定量离子的选择更为重要，最好选择特异性离子。

3.7.4　数据的采集

样品中的物质经过气相色谱系统分离之后，可能获得若干个色谱峰。每个色谱峰都是经过数次扫描采集所得。一般来说，质谱进行质量扫描的速度取决于质量分析器的类型和结构参数。一个完整的色谱图通常需要至少 6 个数据点，这要求质谱仪有较高的扫描速率，才能在很短的时间内完成多次全范围的质量扫描。与常规的 GC-MS 相比，飞行时间质谱仪具有更高速的质谱采集系统。随着 GC-MS 技术的发展，可以一次性采集上百个组分，然后通过计算机的软件功能完成质量校正、谱峰强度修正、谱图累加平均、元素组成分析、峰面积积分和定量运算等数据处理程序。GC-MS 中最常用两种检测方式为全扫描（Scan）和选择离子监测（SIM）工作方式。前者是随着样品组分变化，在全扫描方式下形成总离子流随时间变化的色谱图，称为总离子流色谱图，适合于未知化合物的全谱定量分析，且能获得结构信息。后者采用选择离子监测工作方式，所得的特征离子流随着时间变化形成了质量离子色谱图或特征离子色谱图；对目标化合物或目标类别化合物进行分析，灵敏度明显提高，非常适合复杂样品中的痕量物质分析。

3.7.5　数据的处理

对于定性分析来说，主要是本底扣除和标准谱库检索。扣除本底是为了提高被测组分质谱图与标准谱库的相似度。谱库检索作为定性鉴定的有效工具被广泛采用，目前商用仪器主要配有 NIST、Willey 和其他专用谱库供用户选择。最常用的为 NIST 谱库，有十余万张谱图。谱图检索有 NIST 和 PMB 两种方式，一般匹配度在 90% 以上即可参考定性。当谱库中没有被鉴定组分的标准谱图时，必须进行人工谱图解析。

NIST 谱库的检索方式有两种：在线检索和离线检索。在线检索：将 GC-MS 分析时得到的、已扣除本底的全扫描质谱图与库中存有的质谱图进行对比，将得到的匹配度（相似度）最高的 20 个质谱图的有关数据如化合物的名称、库中索引号、分子量、可能的结构式等列出来，供被检索的质谱图做定性参考。离线检索：从质谱库中调出有关的质谱图与已经得到的质谱图进行比较，然后做出定性分析。主要有以下两种。①化合物索引号检索。如果已知谱库中给每一个化合物设定的序号，将其直接输入，就可以将此化合物的标准质谱图调出进行比较。②CAS 登记号检索。CAS 登记号是每个化合物在美国化学文摘服务处的登记号码，是唯一的，不同的谱库中同一化合物的 CAS 均相同。如果已知 CAS 登记号，只要输入 CAS 登记号，就可将此化合物的标准质谱图调出进行比较。此外还有化合物名称检索、分子式检索、分子量检索、峰检索等。

3.8

高效液相色谱-质谱联用

3.8.1　基本原理

高效液相色谱-质谱联用技术是将具有高分离能力、使用范围极广的色谱分离技术与高灵敏、高专属性的质谱技术相结合的一种能够对复杂样品进行定性、定量分析的强大工具，适用于分析极性较大、热稳定强、难挥发的目标物[67]。

高效液相色谱具有填料颗粒小而均匀、分离能力强大、速度快、灵敏度高等特点，但其内部阻力较大，流动相要通过高压输送。其由进样容器、水泵、检测设备、色谱柱、记录仪器等组成。其中待检测样品通过进样容器到达指定的色谱系统内；液体所受驱动力来自水泵，进而顺利流过分离柱和监测仪器进入下一个环节；样品进入色谱柱后其内部不同组分依据自身物理和化学性质而拥有不同流速，完成分离工作[68]；之后，各物质被输送到检测设备质谱离子源内，在接口部位将样品离子化，目标物由于结构性质不同而被电离为不同质荷比（m/z）的分子离子和碎片离子，并加速进入质量分析器，不同的离子在质量分析器中被分离并按质荷比大小依次抵达检测器，经记录得到按不同质荷比排列的离子质量谱。

液质联用中常用的电离源有电喷雾电离源（ESI）、大气压化学电离源（APCI）等。电喷雾电离是在液滴变成蒸汽、产生离子发射的过程中形成的。电喷雾离子化可分为三个过程：①形成带电小液滴；②溶剂蒸发和小液滴碎裂；③形成气相离子。大气压化学电离是在大气压条件下利用尖端高压（电晕）放电促使溶剂和其他反应物电离、碰撞，以及电荷转移等方式，形成反应气等离子区，样品分子通过等离子区时，发生质子转移，形成加合离子，可分为两个步骤：①快速蒸发；②气相化学电离。最后将质谱所测信息进行信号转换，最后在记录设备内进行信号传输和转换，依据出峰时间和峰面积进行定量，完成检测工作[69-72]。

3.8.2　分析条件选择

① 高效液相条件的选择。色谱分离系统是高效液相色谱-质谱联用的重要组成部分，因此色谱柱的选择是实验成功与否的关键因素之一。色谱柱的柱长、含碳量、孔径、填料种类、键合基团、粒径、比表面积均会对分析效果产生影响。另一个实验成功与否的重要因素是流动相，反相色谱常用的流动相及其洗脱强度顺序为：H_2O<甲醇<乙腈<乙醇<异丙醇<四氢呋喃；流动相 pH 值对色谱柱性能和目标化合物保留能力有一定影响，在反相色谱中通常需要加入酸、碱或缓冲液，使得流动相的 pH 值控制在一定数值，提高待测物响应值、改善峰形、提高分离的选择性；根据待分离组分的复杂程度选择等度或梯度洗脱[73,74]。

② 离子源的选择。ESI 是最软的电离技术，优点是适用范围广，能分析离子型、极性化合物、难挥发或热不稳定性化合物，易形成多电荷离子的形式，可以分析高分子量化合物，尤其是在溶液中能预先形成离子的化合物和可获得多个质子的生物大分子（蛋白质、多肽、核酸等）；缺点是待测化合物在溶液中必须形成离子，流动相中缓冲盐的种类和浓度对灵敏度均有显著影响，基质抑制现象较为明显。APCI 亦为软电离技术，常用于分析分子量小于 2000 的有一定挥发性的中等极性或低极性的小分子物质，对溶剂选择和流动相添加物的依赖性较小；缺点是有可能发生热裂解，样品需要一定的挥发性。

3.8.3　数据的采集

高效液相色谱-质谱图可在不同时间显示所测得的离子信号，因此也可以称为离子色谱图（ion chromatogram）。若将每一张谱图中的所有信号累加，则称为总离子色谱图（total ion chromatogram，TIC）。另一种常用的基峰色谱图（base peak chromatogram，BPC）则可描绘每张谱图中以最高质谱信号（基峰）为主的信号强度。若要进一步描绘出谱图中某一特定质量的色谱峰，则可以使用重建离子色谱图（reconstructed ion chromatogram，RIC）或提取离子色谱图（extracted ion chromatogram，EIC）。RIC 与 EIC 都适合在复杂样品信号中找出待测分析物的信息。

在高效液相色谱-质谱法采集方法中，可以在不同的色谱时间段对质谱仪设定全扫描（full scan）模式、选择离子监测（SIM）、子离子扫描（product ion scan）、多重反应监测（multiple reaction monitoring，MRM）、前体离子扫描（precursor ion scan）与中性丢失扫描（neutral loss scan）。全扫描模式可以设定所需的质量检测范围。选择离子监测、子离子扫描与多重反应监测只适合检测已知待测物的信号。子离子扫描与多重反应监测则因选定母离子并检测该母离子的特定碎片离子，可以提高信号的特异性而改善分析物灵敏度。子离子扫描与多重反应监测的最大不同点在于子离子扫描的二次离子扫描为一段可以涵盖所有或部分子离子碎片的质量范围，而多重反应监测的二次离子监测为固定监测一个或数个子离子质量。目前在蛋白质或小分子复杂样品中，若要尽可能获得样品中所有物质的一级母离子和二级离子碎片信号，则可以在进行一次全扫描后，挑选谱图中的许多母离子信号，再分别进行串联质谱分析（MS/MS）并以子离子扫描模式扫描。这种数据依赖采集（data-dependent acquisition，DDA）可以在复杂样品中获得大量离子信号，因此已被大量应用于蛋白质组学和代谢组学分析。DDA 或 MRM 的质谱信号采集模式较易使高效液相色谱-质谱受限于质谱本身扫描速率而不易进行全面检测，且可能无法产生足够的谱图数以构成可供定量的分析物色谱峰。非数据依赖采集（data-independent acquisition，DIA，或称 SWATH）是一种质谱分析技术，用于蛋白质组学和代谢组学研究中。相比传统的数据依赖采集，DIA 技术具有更高的灵敏度和覆盖面，能够提供更全面的样品信息。在 DIA 中，质谱仪会连续扫描所有离子，而不是选择特定的离子进行碎裂和分析。这意味着 DIA 可以捕获到所有样品中存在的离子，而不仅仅是那些丰度较高的离子。为了区分不同的离子，DIA 通常采用固定窗宽的质谱扫描，将整个质谱范围分割成多个窗口。每个窗口内的所有离子都被同时碎裂并记录下来。随后，通过复杂的数据处理和分析算法，对产生的数据进行解析和鉴定。这些算法可以识别和定量所有碎片离子，从而确定原始样品中存在的蛋白质或代谢产物。总的来说，DIA 技术提供了更全面、更可靠的样品信息，对于大规模蛋白质组学和代谢组学研究具有重要意义。

3.8.4 数据的处理

高效液相色谱-质谱联用采集的谱图是以目标化合物的保留时间为横坐标，以总离子强度为纵坐标。以定量分析中常用的 MRM 模式进行数据采集为例，针对采集的数据，首先利用高效液相色谱-质谱联用数据处理软件建立目标化合物峰的提取和积分方法，通常选取一定浓度的标准溶液所采集的数据作为参考，选择目标物的 MRM 通道，包括定量离子和定性离子，如果使用内标法进行定量，还需选择内标的 MRM 通道，并将该内标化合物指定给目标分析物。依次检查各目标化合物色谱峰的积分情况，尽可能保证积分的准确。如对未知样品进行准确定量分析，将已采集的不同浓度的标准曲线样品和质控样品进行理论浓度赋值，选择 Linear 为线性模式，并选择相应的权重模式（$1/x$ 或 $1/x^2$ 等）建立标准曲线，检查标准曲线的线性回归系数是否大于 0.99，并检查各浓度水平的质控样本准确度是否在允许范围内，一般 LOQ 的准确度偏差范围在 $\pm 20\%$ 以内，其他浓度在 $\pm 15\%$ 以内。

3.9

串联质谱

串联质谱（tandem mass spectrometry）在 20 世纪 70 年代末兴起，是指两级质谱

（MS^2）甚至更多级的串联质谱（MS^n）系统。它最初是通过扇形磁质谱发展起来的空间串联质谱。多个四极杆飞行时间质量分析器串联也可实现空间上的串联质谱。它们的共同特征是需要多个质量分析器才能实现多级质谱实验。随着离子阱以及傅里叶变换离子回旋共振技术的出现，由于它们具有贮存离子的功能，实现了时间上的串联质谱实验。它们的特点在于离子的选择、裂解以及分析都在一个分析器中完成。解离技术是实现串联质谱实验的关键。目前最常用的是碰撞诱导解离（collision induced dissociation，CID）技术[75]。CID 是采用具有一定能量的中性惰性气体分子（He、Ar）碰撞某种离子（可以是准分子离子或某种广义碎裂离子），部分动能转化为离子自身内能，导致离子裂解，使其产生碎片离子的过程。

串联质谱有分离、结构分析同时完成的特点，能直接分析混合物组分，有高度的选择性和可靠性，其检测水平可以达到 pg 级，提供了更多的结构信息。无论是药物代谢研究，还是天然产物的研究，它都发挥着越来越大的作用[76]。

3.10

其他

多维色谱（multidimensional chromatography）技术是通过接口组合同种但不同选择性色谱或者不同类型色谱技术构成分离选择性具有正交性的多色谱联用系统。多维色谱技术可分为中心切割与全多维、在线与离线多维色谱，最常见的为二维色谱，组合方式有 GC-GC、LC-LC、GC-LC、SFC-LC、SFC-SFC 等，也有 GC-GC-GC 和 LC-GC-GC 三维、四维等更多维色谱。多维系统的建立可以增大峰容量、增强分离选择性和分辨率，适用于一维色谱无法有效分离的复杂样品，如石油、食品、环境污染物等。多维色谱在食品分析中涉及营养成分分析（如磷脂、多肽、多酚类等）、兽药残留、化合物鉴定、指纹图谱建立等[77,78]。

核磁共振具有重现性较高、选择性好、样品用量少等特点，能够提供待测化合物丰富结构信息的分析技术。高效液相色谱-核磁共振波谱（HPLC-NMR）联用可以高效、快速地获得样品中未知物的结构信息，能够对未知化合物的快速分离鉴定提供非常重要的在线信息[79,80]。

液相色谱-傅里叶变换红外光谱联用（LC-FTIR）技术结合了液相色谱独特的分离能力与红外光谱的分子结构鉴定能力，检测灵敏度显著提高，可用于分离、鉴定各类复杂混合物[81,82]。

固相微萃取-液相色谱联用技术（SPME-LC）通过在一根纤细的熔融石英纤维头表面涂布高分子层对样品组分进行选择性萃取和预富集，然后将吸附组分热脱附后直接对样品进行 HPLC 在线进样分析。SPME-LC 具有装置简单，操作方便，萃取速度快，集样品采集、萃取、浓缩、进样、解析于一体等优点[83-85]。

参考文献

[1] 滕桂平，陈可可，余德顺，等. 超临界流体色谱及分析应用研究进展[J]. 现代化工，2019，39（6）：5.

[2] Klesper E, Corwin A H, Turner D A. High pressure gas chromatography above critical temperatures[J]. The Journal of Organic Chemistry, 1962, 27（2）: 700-701.

[3] Peaden P A, Fjeldsted J C, Lee M L, et al. Instrumental aspects of capillary supercritical fluid chromatography[J]. Analytical Chemistry, 1982, 54（7）: 1090-1093.

[4] Hofstetter R K, Hasan M, Eckert C, et al. Supercritical fluid chromatography: from science fiction to scientific fact[J]. ChemTexts, 2019, 5（3）: 13.

[5] West C. Current trends in supercritical fluid chromatography[J]. Analytical and Bioanalytical Chemistry, 2018, 410（25）: 6441-6457.

[6] Guiochon G, Tarafder A. Fundamental challenges and opportunities for preparative supercritical fluid chromatography[J]. Journal of Chromatography A, 2011, 1218（8）: 1037-1114.

[7] Karger B, Snydercsabahorvath L. An introduction to separation science[M]. An Introduction to Separation Science, 1973.

[8] Lmmerhoffer M, Maier N M, Lindner W. Introduction to modern liquid chromatography [M]. Wiley, 2010.

[9] Berger T A, Deye J F. Composition and density effects using methanol/carbon dioxide in packed column supercritical fluid chromatography[J]. Analytical Chemistry, 1990, 62（11）: 1181-1185.

[10] Berger T A. Packed Column SFC[M]. RSC Chromatography Monographs，1995.

[11] Dunn W B, Broadhurst D, Begley P, et al. Procedures for large-scale metabolic profiling of serum and plasma using gas chromatography and liquid chromatography coupled to mass spectrometry[J]. Nature Protocol, 2011, 6（7）: 1060-1083.

[12] Berger T A. The effect of adsorbed mobile phase components on the retention mechanism, efficiency, and peak distortion in supercritical fluid chromatography[J]. Chromatographia, 1993, 37（11）: 645-652.

[13] Tarafder A, Guiochon G. Use of isopycnic plots in designing operations of supercritical fluid chromatography: I. The critical role of density in determining the characteristics of the mobile phase in supercritical fluid chromatography[J]. Journal of Chromatography A, 2011, 1218（28）: 4569-4575.

[14] Galea C, Mangelings D, Heyden Y V. Characterization and classification of stationary phases in HPLC and SFC—a review[J]. Analytica Chimica Acta, 2015, 886: 1-15.

[15] Lesellier E, West C. The many faces of packed column supercritical fluid chromatography—a critical review[J]. Journal of Chromatography A, 2015, 1382: 2-46.

[16] Poole C F. Stationary phases for packed-column supercritical fluid chromatography [J]. Journal of Chromatography A, 2012, 1250: 157-171.

[17] Berger T A. Separation of polar solutes by packed column supercritical fluid chromatography [J]. Journal of Chromatography A, 1997, 785（1/2）: 3-33.

[18] Ebinger K, Weller H N. Comparative assessment of achiral stationary phases for high throughput analysis in supercritical fluid chromatography[J]. Journal of Chromatography A, 2014, 1332: 73-81.

[19] Lemasson E, Bertin S, Henning P, et al. Development of an achiral supercritical fluid chro-

matography method with ultraviolet absorbance and mass spectrometric detection for impurity profiling of drug candidates. Part Ⅱ. Selection of an orthogonal set of stationary phases [J]. Journal of Chromatography A, 2015, 1408: 227-235.

[20] Fairchild J, Hill J, Iraneta P. Influence of sample solvent composition for SFC separations [J]. LCGC North America, 2013, 31（4）: 326-333.

[21] Miller L, Sebastian I. Evaluation of injection conditions for preparative supercritical fluid chromatography[J]. Journal of Chromatography A, 2012, 1250: 256-263.

[22] Sabirzyanov A N, Il"In A P, Akhunov A R, et al. Solubility of water in supercritical carbon dioxide[J]. High Temperature, 2002, 40（2）: 203-206.

[23] Takahashi K. Polymer analysis by supercritical fluid chromatography[J]. Journal of Bioscience & Bioengineering, 2013, 116（2）: 133-140.

[24] Vera C, Shock D, Dennis G R, et al. Contrasting selectivity between HPLC and SFC using phenyl-type stationary phases: a study on linear polynuclear aromatic hydrocarbons [J]. Microchemical Journal, 2015, 119: 40-43.

[25] Ashraf-Khorassani M, Taylor L T. Subcritical fluid chromatography of water soluble nucleobases on various polar stationary phases facilitated with alcohol-modified CO_2 and water as the polar additive[J]. Journal of Separation Science, 2010, 33（11）: 1682-1691.

[26] Hamman C, Schmidt D E, Wong M, et al. The use of ammonium hydroxide as an additive in supercritical fluid chromatography for achiral and chiral separations and purifications of small, basic medicinal molecules[J]. Journal of Chromatography A, 2011, 1218（43）: 7886-7894.

[27] Berger T, Berger D, Burkle K. Packed column supercritical fluid chromatography[M]. Marcel Dekker, 1999.

[28] Takahashi K, Matsuyama S, Saito T, et al. Calibration of an evaporative light-scattering detector as a mass detector for supercritical fluid chromatography by using uniform poly（ethylene glycol）oligomers[J]. Journal of Chromatography A, 2008, 1193（1/2）: 146-150.

[29] Lecoeur M, Decaudin B, Guillotin Y, et al. Comparison of high-performance liquid chromatography and supercritical fluid chromatography using evaporative light scattering detection for the determination of plasticizers in medical devices[J]. Journal of Chromatography A, 2015, 1417: 104-115.

[30] Chester T L, Pinkston J D. Pressure-regulating fluid interface and phase behavior considerations in the coupling of packed-column supercritical fluid chromatography with low-pressure detectors[J]. Journal of Chromatography A, 1998, 807（2）: 265-273.

[31] Combs M T, Ashraf-Khorassani M, Taylor L T. Packed column supercritical fluid chromatography-mass spectroscopy: a review[J]. Journal of Chromatography A, 1997, 785（1/2）: 85-100.

[32] Ewing A G, Wallingford R A, Olefirowicz T M. Capillary electrophoresis[J]. Analytical Chemistry, 1989, 61（4）: 292A.

[33] Osbourn D M, Weiss D J, Lunte C E. On-line preconcentration methods for capillary electrophoresis[J]. Electrophoresis, 2000, 21（14）: 2768-2779.

[34] Wang S P, Lee W T. Determination of benzophenones in a cosmetic matrix by supercritical fluid extraction and capillary electrophoresis[J]. Journal of Chromatography A, 2003, 987（1/2）: 269-275.

[35] Wojcik R, Dada O O, Sadilek M, et al. Simplified capillary electrophoresis nanospray sheath-flow interface for high efficiency and sensitive peptide analysis[J]. Rapid Communications in Mass Spectrometry: RCM, 2010, 24（17）: 2554-2560.

[36] Shibukawa A, Yoshimoto Y, Ohara T, et al. High-performance capillary electrophoresis/frontal analysis for the study of protein binding of a basic drug[J]. Journal of Pharmaceutical Sciences, 2010, 83（5）: 616-619.

[37] Harstad R K, Johnson A C, Weisenberger M M, et al. Capillary electrophoresis

[J]. Analytical Chemistry, 2016, 88（1）: 299-319.

[38] 丁晓静，郭磊. 毛细管电泳实验技术[M]. 北京: 科学出版社，2015.

[39] 李晓斌. 高效毛细管电泳用于化妆品及食品分析的方法研究 [D]. 烟台: 烟台大学，2021.

[40] Issaq H J, Atamna I Z, Muschik G M, et al. The effect of electric field strength, buffer type and concentration on separation parameters in capillary zone electrophoresis[J]. Chromatographia, 1991, 32（3/4）: 155-161.

[41] Kaneta T, Tanaka S, Yoshida H. Improvement of resolution in the capillary electrophoretic separation of catecholamines by complex formation with boric acid and control of electroosmosis with a cationic surfactant[J]. Journal of Chromatography A, 1991, 538（2）: 385-391.

[42] Fujiwara S, Honda S. Determination of cinnamic acid and its analogues by electrophoresis in a fused silica capillary tube[J]. Analytical Chemistry, 1986, 58（8）: 1811-1814.

[43] Chen B, Bartlett M G. Determination of therapeutic oligonucleotides using capillary gel electrophoresis[J]. Biomedical Chromatography : BMC, 2012, 26（4）: 409-418.

[44] Zhu Z, Lu J J, Liu S. Protein separation by capillary gel electrophoresis: a review [J]. Analytica Chimica Acta, 2012, 709: 21-31.

[45] Guttman A. Capillary sodium dodecyl sulfate-gel electrophoresis of proteins [J]. Electrophoresis, 1996, 17（8）: 1333-1341.

[46] Durney B C, Crihfield C L, Holland L A. Capillary electrophoresis applied to DNA: determining and harnessing sequence and structure to advance bioanalyses（2009—2014）[J]. Analytical and Bioanalytical Chemistry, 2015, 407（23）: 6923-6938.

[47] Dresler S, Bogucka-Kocka A, Kováčik J, et al. Separation and determination of coumarins including furanocoumarins using micellar electrokinetic capillary chromatography [J]. Talanta, 2018, 187: 120-124.

[48] Marta G, Malgorzata K, Karolina M, et al. Application of micellar electrokinetic capillary chromatography to the discrimination of red lipstick samples[J]. Forensic Science International, 2019, 299: 49-58.

[49] Terabe S. Capillary separation: micellar electrokinetic chromatography[J]. Annual Review of Analytical Cemistry, 2009, 2: 99-120.

[50] Hu L F, Yin S J, Zhang H, et al. Recent developments of monolithic and open-tubular capillary electrochromatography（2017—2019）[J]. Journal of Separation Science, 2020, 43（9/10）: 1942-1966.

[51] Gao Z, Zhong W. Recent（2018—2020）development in capillary electrophoresis [J]. Analytical and Bioanalytical Chemistry, 2022, 414（1）: 115-130.

[52] Ahmed M A, Felisilda B M B, Quirino J P. Recent advancements in open-tubular liquid chromatography and capillary electrochromatography during 2014—2018[J]. Analytica Chimica Acta, 2019, 1088: 20-34.

[53] Lux J A, Häusig U, Schomburg G. Prodution of windows in fused silica capillaries for in-column detection of UV-absorption or fluorescence in capillary electrophoresis or HPLC[J]. Journal of Separation Science, 1990, 13（5）: 373-374.

[54] Mccormick R M, Zagursky R J. Polyimide stripping device for producing detection windows on fused-silica tubing used in capillary electrophoresis[J]. Analytical Chemistry, 1991, 63（7）: 750-752.

[55] Hokstad I. Electrophoresis[J]. Tidsskrift for den Norske laegeforening : Tidsskrift for Praktisk Medicin, ny Raekke, 2021, 141（3）.

[56] Fu Z, Wang L, Liu C, et al. CE-ECL detection of gatifloxacin in biological fluid after clean-up using SPE[J]. Journal of Separation Science, 2009, 32（22）: 3925-3929.

[57] San H, Su M, Li L. Simultaneous determination of tetracaine, proline, and enoxacin in human urine by CE with ECL detection[J]. Journal of Chromatographic Science, 2010, 48（1）: 49-54.

[58] Kuban P, Hauser P C. Fundamentals of electrochemical detection techniques for CE and MCE[J]. Electrophoresis, 2009, 30（19）: 3305-3314.

[59] Chen G, Zhu Y, Wang Y, et al. Determination of bioactive constituents in traditional Chinese medicines by CE with electrochemical detection[J]. Current Medicinal Chemistry, 2006, 13（21）: 2467-2485.

[60] Zhou T, Wu F, Shi G, et al. Study on pharmacokinetics and tissue distribution of norvancomycin in rats by CE with electrochemical detection [J]. Electrophoresis, 2006, 27（9）: 1790-1796.

[61] Wolf S M, Vouros P. Incorporation of sample stacking techniques into the capillary electrophoresis CF-FAB mass spectrometric analysis of DNA adducts[J]. Analytical Chemistry, 1995, 67（5）: 891-900.

[62] Bezy V, Chaimbault P, Morin P, et al. Analysis and validation of the phosphorylated metabolites of two anti- human immunodeficiency virus nucleotides（stavudine and didanosine）by pressure-assisted CE-ESI-MS/MS in cell extracts: sensitivity enhancement by the use of perfluorinated acids and alcohols as coaxial sheath-liquid make-up constituents[J]. Electrophoresis, 2010, 27（12）: 2464-2476.

[63] Hirayama A, Abe H, Yamaguchi N, et al. Development of a sheathless CE-ESI-MS interface[J]. Electrophoresis, 2018, 39（11）: 1382-1389.

[64] Hao L, Zhong X, Greer T, et al. Relative quantification of amine-containing metabolites using isobaric N, N-dimethyl leucine（DiLeu）reagents via LC-ESI-MS/MS and CE-ESI-MS/MS [J]. The Analyst, 2015, 140（2）: 467-475.

[65] 孙静. 气相色谱-质谱联用技术研究进展及前处理方法综述[J]. 当代化工研究, 2017（9）: 4-5.

[66] Xu M L, Gao Y, Wang X, et al. Comprehensive strategy for sample preparation for the analysis of food contaminants and residues by GC-MS/MS: a review of recent research trends [J]. Foods, 2021, 10（10）: 2473.

[67] 王伟丽. 高效液相色谱-质谱联用技术在药物分析中的应用[J]. 中国药业, 2009, 18（14）: 83-84.

[68] 黄琳娜. 超高效液相色谱-质谱联用技术在药物分析中的应用研究 [D]. 杭州: 浙江工业大学, 2010.

[69] Brecht D, Uteschil F, Schmitz O J. Development of a fast-switching dual（ESI/APCI）ionization source for liquid chromatography/mass spectrometry[J]. Rapid Communications in Mass Spectrometry: RCM, 2020, 34（17）: e8845.

[70] Lee M S, Kerns E H. LC/MS applications in drug development[J]. Mass Spectrometry Reviews, 2010, 18（3/4）: 187-279.

[71] Cech N B, Enke C G. Practical implications of some recent studies in electrospray ionization fundamentals[J]. Mass Spectrometry Reviews, 2010, 20.

[72] Brewer E, Henion J. Atmospheric pressure ionization LC/MS/MS techniques for drug disposition studies - sciencedirect[J]. Journal of Pharmaceutical Sciences, 2010, 87（4）: 395-402.

[73] 周仁客. 基于液质联用的食品中维生素 B_6 定量检测方法的建立 [D]. 杭州: 浙江大学, 2020.

[74] 洪慧. 定量分析生物样品中艾塞那肽的液质联用方法建立及应用 [D]. 上海: 上海交通大学, 2017.

[75] Pikulski M, Brodbelt J S. Differentiation of flavonoid glycoside isomers by using metal complexation and electrospray ionization mass spectrometry[J]. Journal of the American Society for Mass Spectrometry, 2003, 14（12）: 1437-1453.

[76] 肖文, 姜红石. MS/MS 的原理和 GC/MS/MS 在环境分析中的应用[J]. 环境科学与技术, 2004, 27（5）: 4.

[77] 丁黎, 张正行. HPLC-GC 多维色谱技术及其应用[J]. 中国药学杂志, 1993, 28（8）: 6.

[78] Elbashir A A, Aboul-Enein H Y. Multidimensional gas chromatography for chiral analysis [J]. Critical Reviews in Analytical Chemistry, 2018, 48（5）: 416-427.

[79] Narayanam M, Sahu A, Singh S. Use of LC-MS/TOF, LC-MS^n, NMR and LC-NMR in characterization of stress degradation products: application to cilazapril[J]. Journal of Pharmaceutical and Biomedical Analysis, 2015, 111: 190-203.

[80] Ashaq I, Ahmad Sheikh A, Beri N, et al. Biomarkers in disease diagnosis and the role of LC-MS and NMR: a review[J]. Current Pharmaceutical Design, 2022.

[81] Cordeiro I H, Lima N M, Scherrer E C, et al. Metabolic profiling by LC-DAD-MS, FTIR, NMR and CE-UV of polyphenols with potential against skin pigmentation disorder[J]. Natural Product Research, 2023, 37（8）: 1386-1391.

[82] Kuligowski J, Quintas G, Garrigues S, et al. Application of point-to-point matching algorithms for background correction in on-line liquid chromatography-Fourier transform infrared spectrometry（LC-FTIR）[J]. Talanta, 2010, 80（5）: 1771-1776.

[83] Burlikowska K, Stryjak I, Bogusiewicz J, et al. Comparison of metabolomic profiles of organs in mice of different strains based on SPME-LC-HRMS [J]. Metabolites, 2020; 10（6）: 255.

[84] Łuczykowski K, Warmuzinska N, Operacz S, et al. Metabolic evaluation of urine from patients diagnosed with high grade（HG）bladder cancer by SPME-LC-MS Method [J]. Molecules, 2021; 26（8）: 2194.

[85] Morisue Sartore D, Costa J L, et al. Packed in-tube SPME-LC-MS/MS for fast and straightforward analysis of cannabinoids and metabolites in human urine[J]. Electrophoresis, 2022, 43（15）: 1555-1566.

第 4 章
免疫分析法

本章主要介绍小分子化合物半抗原的设计合成、抗体及其他生物识别材料的制备、免疫分析方法的建立等内容。

4.1

抗原

4.1.1　半抗原的设计与合成

兽药残留标识物分子量大都小于2000，如四环素（分子量444.43）、磺胺嘧啶（分子量250.28）等，属于小分子化合物。这些小分子化合物单独免疫动物之后仅可被B细胞的B细胞受体（B-cell receptor，BCR）短暂识别，产生低效价/低亲和力IgM抗体，反应弱，不能有效激发免疫反应并产生可用于高灵敏免疫分析的高效价、高亲和力抗体。简单来说，这些小分子没有免疫原性，不能有效激发免疫反应，所以称为半抗原（hapten）。为了使半抗原能有效刺激免疫反应，必须将它们偶联在一个大分子量的蛋白质载体上，这个过程就是人工抗原的制备。但是有时候兽药等小分子化合物的残留标识物没有可供偶联的活性基团，因此需要对其进行化学改造，以便于其适合进行偶联反应，这个过程称为半抗原设计（hapten design）。

从使用场景来分，半抗原分为免疫半抗原、包被半抗原和标记半抗原。顾名思义，免疫半抗原用于免疫动物，激发免疫反应，制备高性能抗体，因此半抗原的设计主要在于改变半抗原的免疫原性；包被半抗原和标记半抗原用于制备包被抗原和标记抗原，作为免疫分析中抗体识别对象，因此包被半抗原和标记半抗原的设计主要在于改变抗体对抗原的结合亲和力。这三类半抗原的设计思路有一定的区别，但是也有很多共性，下面将一一进行介绍。

随着抗体制备需求的不断提高和半抗原使用场景不断丰富，半抗原设计被赋予了更多的目的，这包括：①增加活泼基团，以便于偶联载体；②改变分析物的免疫原性，以制备更高亲和力抗体；③通过半抗原设计改变制备抗体的特异性；④通过半抗原设计改变抗体对半抗原的亲和力。

半抗原一般由下列结构部件构成：分析物特征结构、用于连接特征部分与载体的间隔臂（spacer arm）以及末端的活性基团。半抗原设计的最基本原则是相似性原则，是指在半抗原设计时尽可能保持和突出分析物的特征结构，因为这些分析物特异性的结构特征是特异性抗体制备的关键。一般来说，机体免疫系统对远离载体的特征结构反应性最强，因此特征结构部分的选择和间隔臂的位置至关重要。另外，间隔臂的长度和结构等影响整个免疫半抗原在机体内的免疫原性以及在体外抗体识别时的亲和力，因此也是重要的考虑因素。总的来说，半抗原制备需要考虑5个部分：分析物特征结构的选择、间隔臂位置、间隔臂长度、间隔臂理化性质和活性基团。

4.1.1.1 分析物特征结构的选择

分析物特征结构的选择涉及到两个问题：一是抗体选择性；二是免疫原性。首先，分析物特征结构的选择影响抗体的选择性。许多大类的药物都是基于结构划分的，可以视为由两部分结构组成：公共特征结构部分和单个药物特征结构部分。这是因为在自然界存在一些结构类似、药效类似的药物，如多黏菌素类药物；另外在药物发现和研制过程中，可以根据一个公共母核结构开发一系列类似药物，如磺胺类抗菌药。因此，可以根据目的选择分析物特征结构：如果需要制备识别一类药物的抗体，即多残留检测抗体，半抗原设计要选择公共特征结构部分；如果需要制备仅针对一个药物的高特异性抗体，即单残留检测抗体，选择单个药物特征结构部分。如图 4-1 所示的磺胺类药物，虚线分割的左侧部分是磺胺类药物的公共特征结构部分，右侧分别是四种药物的特征结构部分。

磺胺甲基嘧啶

磺胺异噁唑

图 4-1 磺胺类药物的公共特征
结构和四种药物的特征结构

磺胺甲氧哒嗪

磺胺喹噁啉

需要注意的是：一般认为分子量越大、结构越复杂，越易诱导强的免疫应答，从而产生高效价/高亲和力抗体。因此在分析物特征结构选择的时候，要保证分子量，也要保证复杂性。另外，分析物特征结构的选择影响半抗原免疫原性。半抗原的免疫原性与其结构密切相关，选择不同的分析物特征结构会改变半抗原免疫原性，尤其是采取片段化的半抗原设计策略时。

4.1.1.2 间隔臂位置

间隔臂在分析物特征结构上的连接位置决定了分析物特征结构的暴露方向。因此在多残留抗体制备时，不仅要考虑选择分析物公共特征结构，还需要将间隔臂连在需要暴露公共结构的远端；在单残留抗体制备时，不仅要考虑选择单个分析物特征结构，也需要将间隔臂连在需要暴露单个分析物特征结构的远端。由于间隔臂的连接会改变连接部分的特性并使其不容易暴露于机体免疫系统，因此也可以用间隔臂的连接实现多残留和单残留的目的。

对于没有明显多残留/单残留抗体制备目的的分析物，尽量选择暴露分析物的特征基团，如—NH_2、—COOH、—OH、—NO_2、卤素原子、杂环、手性碳等，这些基团往往形成重要的抗原决定簇。因此在连接间隔臂的时候尽量避开这些特征基团。

4.1.1.3 间隔臂长度

合适的间隔臂长度为 4～6 个 C 原子（6～8Å❶）。间隔臂太短则会导致分析物特征结构

---

❶　1Å＝0.1nm。

在载体表面不突出，甚至包埋到载体表面沟壑内，而且可能会受到载体局部微化学反应的影响使半抗原局部结构发生变化；间隔臂过长则可能因为间隔臂上基团之间的静电相互作用（带电或极性基团）或疏水相互作用（非极性基团）使得半抗原发生"折叠"。常用的间隔臂有丁二酸酐和邻苯二甲酸酐。

4.1.1.4 间隔臂理化性质

对于很多小分子分析物，其本身的物理化学性质基本固定，很难改变，因此可以通过间隔臂性质的改变影响整个半抗原的免疫原性，最终制备出高性能抗体。半抗原免疫原性是抗体制备的关键，一般认为，免疫原性越高，激发的免疫反应越强烈，最终越容易得到高性能抗体。但是免疫原性是一个实验性质的概念，具体体现在半抗原的哪些物理化学性质尚不完全清楚。但是有一些研究表明，疏水性对于免疫系统来说是一种典型的、危险性的信号，可以激发固有免疫系统[1]，因此增加半抗原疏水性可能增加其免疫原性。

4.1.1.5 活性基团

设计出的半抗原一般需要连接蛋白质载体，所以一般选择羧基或氨基作为半抗原末端的活性基团，又以羧基为最多。

总的来说，机体免疫应答是个很复杂的系统，非常难以预测。因此在半抗原设计的时候尽量选择多设计几种不同的半抗原。半抗原的设计需要考虑实际合成的难度以及稳定性。在一个小分子分析物竞争体系构建中，包被半抗原或标记半抗原和待测分析物竞争结合抗体，如果包被半抗原或标记半抗原对于抗体的亲和力低于分析物对抗体的亲和力，一般建立的方法比较灵敏。所以在包被半抗原或标记半抗原设计时，可以选择改变分析物特征结构选择、间隔臂位置、间隔臂长度等方法。

4.1.2 抗原的合成

抗原是将半抗原连接在大分子载体上得到的完全抗原，也称人工抗原。抗原具备两种性质：免疫原性和反应原性。半抗原连接载体就是利用载体的免疫原性，让机体产生针对半抗原的免疫应答，此时半抗原就相当于载体表面的抗原表位，这样可以激发 T 细胞依赖的免疫应答，B 细胞可以进行持续的体细胞高突变和亲和力成熟，因此有利于高亲和力抗体的产生。

多种蛋白质可作为载体合成人工抗原，包括牛血清白蛋白（BSA）、人血清白蛋白（HSA）、卵清蛋白（OVA）、牛甲状腺球蛋白（BTG）、钥孔血蓝蛋白（KLH），以及合成的多肽聚赖氨酸或多聚谷氨酸。其中，KLH 由于分子量大（约 6×10^6），具有高度的免疫原性，且功能性可用基团多，易于结合，常被作为首选免疫原载体蛋白。BTG 因其高水溶性而被越来越多地用作免疫载体蛋白。免疫分析中另一种常用的蛋白质是 BSA，特别是作为包被抗原载体，其分子量为 6.4×10^4。BSA 的优点包括广泛的可用性、纯度高、成本低、稳定性好、相对耐变性、适用于一些含有有机溶剂的偶联反应。

合成的人工抗原在免疫实验动物中一般将诱导产生三类抗体：识别载体表位的抗体、识别半抗原表位的抗体和识别间隔臂的抗体。但是对于免疫分析来说，只需要识别半抗原表位的抗体，其他类型的抗体可能会产生干扰。这个问题可以通过使用和免疫原不同的载体及半抗原间隔臂的包被原或标记抗原来解决。

蛋白质载体可供偶联的基团主要有游离氨基（赖氨酸的 ε-氨基和末端氨基）、游离羧基（天冬氨酸的 β-羧基、谷氨酸的 γ-羧基和末端羧基），还有其他氨基酸的苯酚基、巯基、咪唑基等，以及糖蛋白的寡糖分子。在实际应用中，最常使用游离氨基和羧基进行半抗原连接反应。各种蛋白质的游离活性基团基本相同，和半抗原的偶联方式取决于半抗原上的官能团（如羧基、氨基、醛基等）。下面介绍一些常用的偶联方式。

4.1.2.1 含羧基的半抗原

羧基是半抗原设计中最常用的基团，具有羧酸基团的半抗原可以利用首先在缩合剂的作用下使羧基活化，生成不稳定的亲电性中间体，然后再与载体上的氨基发生缩合反应。本身具有羧基的半抗原可以使用混合酸酐法、碳二亚胺法等偶联载体蛋白。

（1）混合酸酐法　该方法使用的缩合剂是氯甲酸异丁酯，和羧基反应后生成活泼的酸酐中间产物，在碱性条件下可以和载体游离氨基形成酰胺键，偶联完成后半抗原和载体之间没有链延长，反应式见图 4-2。

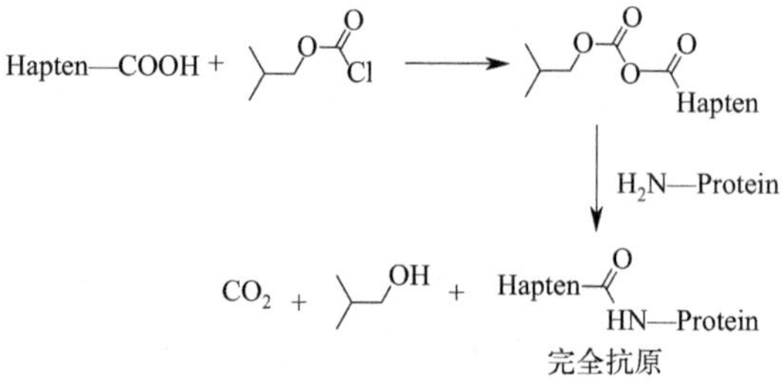

图 4-2　混合酸酐法

（2）碳二亚胺法　该方法使用的缩合剂是碳二亚胺类物质，常用的水溶性碳二亚胺是 1-乙基-3-（3-二甲基氨基丙基）碳二亚胺（EDC），常用的脂溶性碳二亚胺是 N,N'-二环己基碳二亚胺（DCC）。碳二亚胺类物质和羧基反应后生成活泼的类酸酐中间产物，可以和载体游离氨基形成酰胺键，偶联完成后半抗原和载体之间没有链延长，反应式见图 4-3。

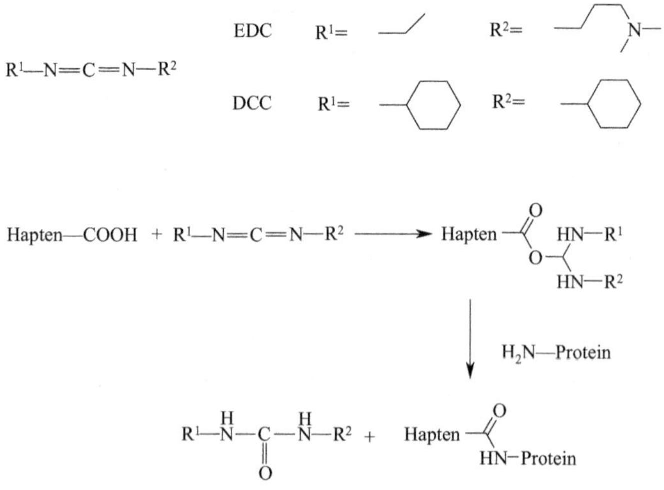

图 4-3　碳二亚胺法

由于碳二亚胺法产生的中间体不稳定，因此可以加入 N-羟基琥珀酰亚胺（NHS）稳定中间产物，这样反应条件更温和，产率高，而且可以对生成的中间产物 NHS 活化酯进行分离、干燥和保存，在实际生产中应用广泛。

4.1.2.2 含氨基的半抗原

带有自由氨基的半抗原可以通过戊二醛缩合或重氮化与蛋白质偶联。

（1）**戊二醛缩合法** 戊二醛（glutaraldehyde，GA）是一种双同官能团试剂，可以和半抗原氨基和载体氨基发生缩合反应，产生席夫碱，也可进一步还原为单键，偶联完成后半抗原和载体之间多出 5 个碳的间隔臂，反应式见图 4-4。

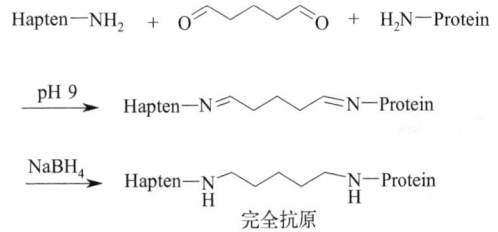

图 4-4 戊二醛缩合法

（2）**重氮化法** 含芳香族胺的半抗原在冰冷的亚硝酸作用下转化为重氮盐。重氮盐可以通过对载体蛋白的组氨酸、酪氨酸和色氨酸残基的亲电攻击，与碱中的蛋白质发生反应，生成偶氮产物。

半抗原、载体蛋白或两者中的氨基可以通过同或异双功能交联剂（如丁二酸酐、丁二酰氯或戊二醛）修饰并偶联。其他反应也可用来偶联半抗原与蛋白质，例如，具有邻近羟基的化合物（如某些糖）适用于高碘酸盐氧化法；具有巯基的化合物适用于一些含有马来酰亚胺的双功能试剂偶联；具有醛基的化合物适用于直接偶联蛋白氨基；具有酮基的化合物可以先使用羧甲基羟胺进行肟化反应；具有硝基的化合物可以先还原成氨基；等等。

4.1.3 抗原的鉴定

人工抗原的表征主要是确定半抗原在载体上的密度，也就是偶联比，这对免疫和检测性能都很重要。一般来说，偶联比过高或过低都会影响抗体的生成，以 5～15 之间为宜。但是这是一个经验范围，有些实验证据表明对于免疫原来说，偶联比越高越好；有些实验表明，偶联比低有助于抗体亲和力成熟。偶联比大小可以通过半抗原与载体投料比例进行一定程度的调节。

偶联比可以通过一些实验方法来确定，例如特征性的紫外-可见吸收光谱。如果半抗原的特征光谱可以与载体蛋白区分开，就可以直接通过表征半抗原、载体和人工抗原的特征光谱来计算偶联比。如果半抗原与蛋白质的特征光谱相似，则在已知蛋白质浓度的情况下仍然可以计算。人工抗原与起始蛋白质的吸光度差和半抗原结合的量成正比。另外，半抗原偶联比也可以通过使用三硝基苯磺酸测量连接和未连接蛋白质游离氨基之间的差异来间接确定。

由于偶联过程通常会改变蛋白质上氨基或巯基的数目，因此这些方法可以作为一种粗略的估计，是定性方法。另一方面，应用基质辅助激光解吸电离质谱（MALDI-MS）方法可以通过分子量的变化精确计算偶联比，但不太适合大分子量的蛋白质。

最佳半抗原比例可能取决于研究目标、抗原性质、免疫方案等。一般的经验法则是针对高偶联比的免疫原和低偶联比的包被原或酶标记抗原。对于免疫原而言，半抗原比例高意味着免疫系统更容易受到半抗原的影响；对于包被原或酶标记抗原，较低的半抗原密度意味着较少的半抗原在分析中与分析物竞争。最佳半抗原密度通常是用棋盘滴定法确定的。这种方法非常快速，通常足以在不知道确切半抗原密度的情况下优化酶联免疫吸附测定（ELISA）。然而，对于新的免疫传感器装置的发展，精确测定偶联比可能变得越来越重要。

4.2

抗体

4.2.1 抗体简介

抗体（antibody，Ab）是免疫分析的核心试剂，抗体的亲和力和特异性决定免疫分析的灵敏度和特异性。抗体具有多样性、特异性和高亲和力等特征，这使其迅速在医疗、诊断和检测领域广泛应用。从 1998 年到 2003 年，用于诊断和治疗的基于抗体的药物市场经历了爆炸性的增长（53％）。科勒和米尔斯坦首次开发了单克隆抗体技术[2]，单抗市场正在健康发展，预计将以更快的速度扩大[3]。抗体可用于蛋白质组学和诊断，以检测肿瘤和细菌抗原；它们可在羊奶和植物中合成，用作疫苗和抗肿瘤剂；作为药物传递载体用于治疗病毒、细菌感染和癌症。

4.2.1.1 抗体的来源

抗体作为获得性免疫系统（adaptive immune system）的标志之一，在大约 5 亿年前的有颌类脊椎动物中首次出现，以应对来自机体外部的挑战，如细菌或病毒感染或外源性的有机化合物。抗体的多样性来源于 B 细胞内免疫球蛋白（Ig）基因座内 V 基因片段（variable segment）、D 基因片段（diversity segment）和 J 基因片段（joining segment）的重排，以及遭遇抗原后抗体可变区的体细胞超突变（somatic hypermutation mutation，SHM）。

4.2.1.2 抗体的基本结构

典型的抗体分子单体由 4 条多肽链组成，两个相同的重链（heavy chain）和两个相同的轻链（light chain），形成一个近似的、灵活的"Y"形。这些多肽链由多个大约 110 个氨基酸组成的结构域（domain）组成，链内和链间由数量可变的二硫键连接，总分子质量约为 150kDa。

抗体的每条重链和轻链的 N 端结构域形成抗体的可变区（variable region，V 区），这个区域的氨基酸容易发生活化诱导胞苷脱氨酶（activation-induced cytidine deaminase，AID）介导的体细胞超突变，是重要的抗原识别区。直接结合抗原表位（epitope）的位于抗体可变区的独特氨基酸序列和空间构象称为抗体互补位（paratope）。重链和轻链的其他结构域结构和氨基酸成分稳定，称为恒定区（constant region，C 区），是重要的效应分子功能介导区域。

用木瓜酶消化典型 IgG 产生三个片段，其中两个完全相同，分子质量大约为 50kDa，保留了原始抗体的抗原结合能力，被命名为 Fab(fragment antigen binding) 片段；第三个片段明显不同，但分子质量也大约为 50kDa，可自发形成晶体，因此被命名为 Fc(fragment crystallizable) 片段。胃蛋白酶可将抗体水解形成了一个 100kDa 的单片段，它包含两个抗原结合位点，被命名为 F(ab')$_2$。抗体的 Fc 片段被胃蛋白酶消化为多个片段，不再具备效应功能。抗体结构和片段化见图 4-5。

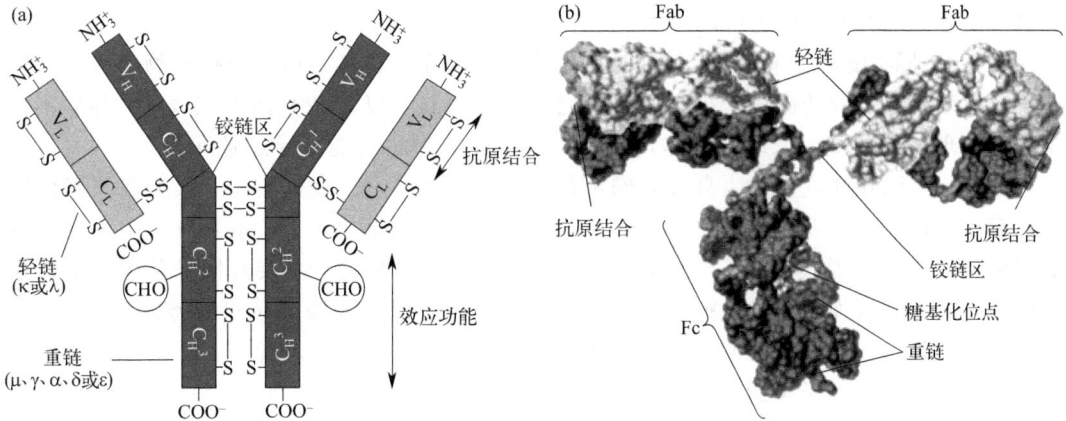

图 4-5 抗体结构和片段化[4]

4.2.2 抗体种类

在大多数高等哺乳动物中，根据免疫球蛋白重链恒定区大小、电荷、氨基酸组成和碳水化合物含量不同可将抗体分为 5 种：μ、δ、γ、α 和 ε，相应的抗体命名为 IgG、IgM、IgA、IgD 和 IgE，可称之为同种型（isotype）。根据轻链可分为 κ 型和 λ 型。此外，同种型内也存在一定的异质性，在人类中产生了四个 IgG 亚种（IgG1、IgG2、IgG3、IgG4）和两个 IgA 亚种。不同物种内抗体的同种型也不同。在小鼠中也产生了四个不同的 IgG 亚种（IgG1、IgG2a、IgG2b、IgG3）。有颌类脊椎动物的抗体类型和结构见图 4-6。

IgM 是最原始的同种型，除了腔棘鱼，IgM 在几乎所有发现的有颌类脊椎动物中都有存在。IgM 的恒定区结构域、序列和结构高度保守。跨膜 IgM 以单体形式存在，形成 B 细胞受体（BCR），其表达对 B 细胞存活和随后其他同种型的表达至关重要。分泌型 IgM(sIgM) 主要以多聚体形式表达，这使 sIgM 可以多价结合抗原、受体和补体（C'）。IgM 型抗体在感染早期产生，通过结合病毒并防止它们感染细胞。因为这些特性，IgM 是预防病毒或细菌感染最好的"第一抗体"。

与 IgM 相似，IgD 存在于所有脊椎动物谱系中。跨膜 IgD 通过其前体 mRNA 的选择性剪接与膜型 IgM 共同表达，其他种类抗体都是通过类别转换重组（class-switch recombination，CSR）实现的。IgD 的生物学功能直到最近才开始被阐明。研究表明，IgD 型抗体在 B 细胞发育和自我耐受中发挥作用，其他功能目前还需要进一步研究。

IgG 和 IgE 代表两种只在哺乳动物中发现的同种型。在健康人体中，IgG 的 4 种亚类总和，其血清浓度是 IgE 的 10^4 倍，因此 IgG 型抗体是最主要的血清抗体，在感染后期、二次感染和长期防御中发挥重要作用。IgG 的 4 种亚型在 Fc 端有轻微差别，相应的功能也有所不同。例如，人类 IgG3 型抗体，可以较其他任何亚型更好地固定补体，更好地激活补体杀伤功能。自然杀伤细胞表面有结合 IgG3 型抗体的受体，因此 IgG3 型抗体可以更好地介导抗体依赖的细胞毒作用（ADCC）。IgG1 亚型擅长结合入侵者并调理它们以利于专职吞噬细胞的吞噬。另外，IgG 也有很好的血清中和活性，可以很好地中和病毒。IgG 还可以穿越胎盘屏障，从母体进入胎儿体内提供保护。

IgE 抗体在抗寄生虫感染中发挥重要作用，可以介导肥大细胞脱颗粒，释放组胺等物质抵御寄生虫。IgE 抗体也可以导致过敏和过敏性休克。

像哺乳动物 IgG 一样，IgY 是鸟类中发现的主要血清抗体，但在爬行动物和两栖动物中没有发现。IgY 的功能尚未得到广泛研究，但已知 IgY 以 T 依赖的方式表达。IgY 不仅是参与调理作用的主要系统性抗体，而且 C′ 端固定，但也可能介导过敏反应。

IgA 抗体已在哺乳动物、鸟类和鳄鱼物种中发现并鉴定。在人类中，IgA 以二聚体的形式存在，代表了全身最丰富的同种型，尤其集中在黏膜部位。IgA 也是血清中第二丰富的同种型，以单体形式存在。IgA 的主要功能和黏膜免疫相关，主要是保护黏膜表面。长期以来，IgA 被认为是通过免疫排斥、中和以及抗原排泄在黏膜部位进行被动免疫。IgA 也能够通过调节黏膜和非黏膜部位各种细胞因子的产生来诱导主动免疫。

传统的抗体由 4 条多肽链组成，但是在驼科动物和软骨鱼中，除了传统抗体，还产生仅由两条重链组成的功能性同二聚体抗体（HCAbs）。HCAb 的抗原结合位点由一个来自重链的单一结构域组成，在驼科中称为 VHH 或纳米抗体，在软骨鱼中称为 IgNAR 的 V-NAR。特别值得注意的是，VHH 结构域和 V-NAR 结构域都以其小尺寸、增加的溶解度和稳定性以及多种结构拓扑为特征。这些特征使它们能够靶向传统抗体无法到达的抗原表位，即使在苛刻的生理条件下也是如此。

4.2.3　抗体的制备技术

抗体是获得性免疫系统防御外来病原体和物质入侵的主要手段之一。免疫原进入机体后，首先被专职性抗原提呈细胞（professional antigen presenting cell，pAPC）捕获和吞噬，这些抗原提呈细胞包括巨噬细胞（macrophage）、树突状细胞（dendritic cell）和激活的 B 细胞。吞噬形成的内吞小泡和溶酶体融合形成吞噬溶酶体，抗原在其中被分解处理为短肽段，随后被 MHC Ⅱ 类分子结合，形成复合物，被转运到 pAPC 细胞表面展示。这个过程称为抗原处理和提呈（antigen processing and presentation）。

表面携带抗原肽的 pAPC 细胞被 T 细胞表面的 T 细胞受体（T cell receptor，TCR）识别，并产生共刺激信号和细胞因子信号。这个过程称为 T 细胞活化（T cell activation）。活化的 T 细胞增殖分化成辅助性 T 细胞（T helper cell，Th）。B 细胞表面的 BCR 可以识别游离的抗原，并通过 BCR 介导的内吞作用将抗原吞噬、处理和呈递。当 B 细胞呈递的抗原肽和激活的 Th 细胞识别后，激活的 Th 细胞可以进一步激活 B 细胞。这个过程称为 T 细胞依赖的 B 细胞激活。活化的 B 细胞增殖分化，部分细胞分化成浆细胞（plasma cell），可以分泌抗体。

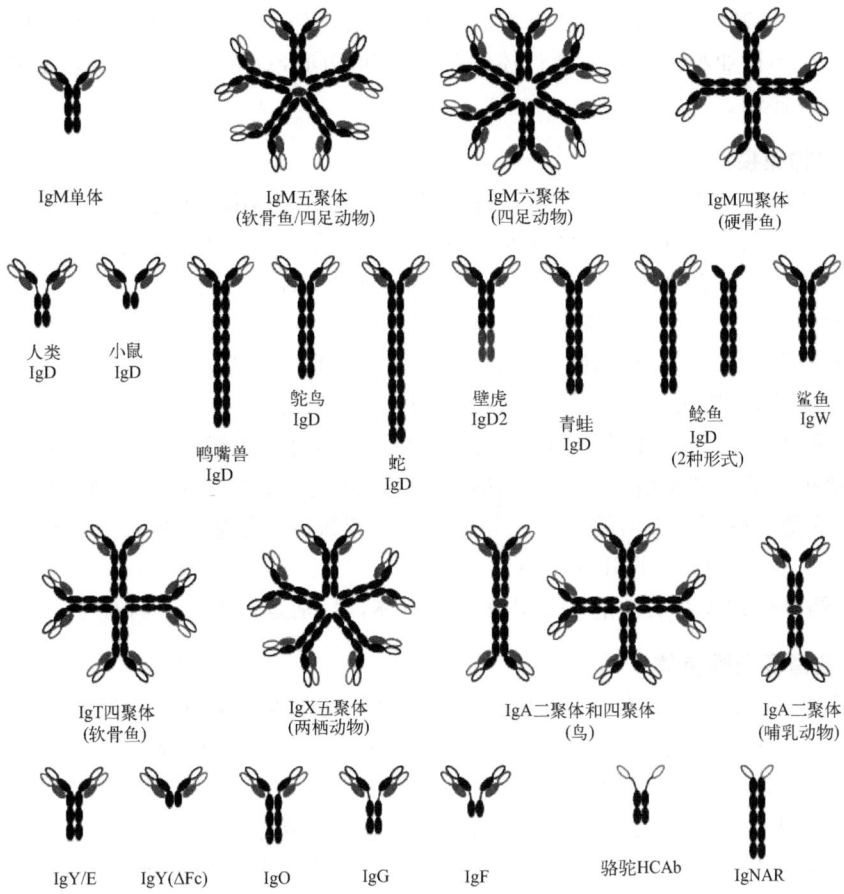

图 4-6　有颌类脊椎动物的抗体类型和结构[5]

　　对于 B 细胞如何产生足够数量不同的抗体分子，以识别几乎所有病原菌的解释主要包括两个方面：第一是克隆选择原则，第二是组合设计原则。克隆选择学说（clonal selection theory）最早由 Burnet 在 1958 年提出，这个理论可以解释很多重要的免疫现象，如抗体产生多样性、免疫耐受和免疫记忆等，其基本假设是：动物体内天然存在能产生各种抗体的 B 细胞克隆（$10^7 \sim 10^9$），每一个克隆都可以表达一种抗原识别受体，特异性地识别一种抗原表位。识别了抗原表位后的 B 细胞即被选择增殖以形成一个 B 细胞的克隆群，这个细胞群所具有的 BCR 均能识别相同的抗原，这就是克隆选择原则。它已经被认为是免疫学的主要概念之一。组合设计原则在 1977 年由 Susumu Tonegawa 提出。每个 B 细胞仅仅制造一种抗体，但仍然面临着如何产生 1 亿个不同的 B 细胞的问题。Tonegawa 提出的组合设计原则完美解决了这一问题，这一理论也在之后的研究中得到证实。Tonegawa 获得了 1987 年的诺贝尔生理学或医学奖。

　　在机体 B 细胞发育过程中，B 细胞基因组发生随机重排。最初 B 细胞基因组 DNA 有 4 种类型的基因片段，称为 V、D、J、C。编码重链可变区的基因包括 V（可变）、D（多样性）和 J（连接）片段。在生殖系 DNA 中，大约 100 个 V 片段中的 1 个将与大约 50 个 D 片段中的 1 个和 4 个 J 片段中的 1 个结合，产生一个有功能的 VDJ 基因。类似地，轻链可变基因由大约 200 个 V 片段和 4 个 κJ 片段或 2 个 λJ 片段组成，以产生一个功能性的 VJ 基因。恒定区基因排列在 VDJ 或 VJ 区域的下游，任何 C 基因都可以与 VDJ 或 VJ 基因重组，产生不同亚型的抗体。通过体细胞突变和不同轻链和重链的组合，最终抗体产品具有额外的多样性。

4.2.3.1 动物免疫

除了复杂的合成重组抗体生产方法外，几乎所有的抗体都来自于用免疫原对实验动物的主动免疫。常见用于制备抗体的实验动物有小鼠、兔、羊、牛、马等，也有近些年使用的羊驼、鲨鱼等等。在许多国家，都制定了将动物用于研究目的的法律法规。例如中国发布的《实验动物 福利伦理审查指南》。

为了延长免疫原在体内的暴露时间，缓慢释放，通常需要给免疫原添加佐剂（大颗粒或细胞物质除外）。按照不同的功用性，佐剂主要有三类：

（1）**缓慢释放抗原类佐剂** 主要功能是从给药的角度缓慢释放抗原，同时促进巨噬细胞和其他免疫活性细胞活化。主要包括弗氏完全佐剂、弗氏不完全佐剂和氢氧化铝。

（2）**细菌类佐剂** 细菌的一些成分可以直接刺激巨噬细胞活化，主要包括百日咳杆菌和胞壁酰二肽，本质是 Toll 样受体。

（3）**两亲性的表面活性剂** 如皂苷、脂质体，特别是当需要给药有毒化合物时。

4.2.3.2 制备多克隆抗体

多克隆抗体（polyclonal antibody）一般是用免疫原直接免疫实验动物后获得的含有抗体的血清，这种血清内含有多种 B 细胞来源的抗体，因此也称为多抗血清（polyclonal antisera）。多克隆抗体是一种异质抗体混合物，具有不同的结合亲和性和特异性，既能识别免疫原上的表位，也能识别注入其中的任何其他杂质成分。

多抗血清的制备相对快速和廉价，但其特异性取决于免疫原的纯度和抗血清的纯化。抗体是针对免疫原的任何免疫原性表位而产生的，其中包括制备过程中的任何杂质以及连接它们的任何载体蛋白或其他连接物。因此，建议尽量增加免疫原纯度。在某些情况下，可能无法获得足够数量的纯免疫原，或者抗原的确切性质未知，在这种情况下，制备单克隆抗体可能会产生更好的选择。

注射部位也可影响免疫原缓慢释放，或至少减少免疫原的体内清除速度。通常在淋巴结附近的多个部位进行皮下注射是一种首选的方法，这种方法对动物的不适最小。其他不常用的部位有皮内、肌肉内、腹膜内等。常见免疫原的免疫剂量见表 4-1。

表 4-1 常见免疫原的免疫剂量[6]

免疫原	注射剂量
可溶蛋白或膜蛋白	10～100pg(小鼠)
	50～250pg(兔子)
	250pg～10mg(绵羊)
半抗原/多肽-载体偶联物	100pg(小鼠)
	100～500pg(兔子)
核酸	200pg
真核细胞	$2 \times 10^6 \sim 20 \times 10^6$
细菌	50pg 蛋白
病毒	10^7 particles(3 周间隔)
真菌抗原	20～100μg

根据抗体在血清中循环时间选择注射时间。在第一次注射后，主要产生 IgM 型抗体。如果在 3～4 周后再次免疫，血清中较高亲和力的 IgG 抗体水平更高，14 天后达到峰值，然后逐渐下降。因此，标准的免疫方案是间隔 4 周注射 2 次，10 天后进行采血测试。如果在测试中，抗血清的效价或亲和力不够高，每月重复免疫可以改善这种情况。

4.2.3.3 杂交瘤法制备单克隆抗体

多克隆抗血清由数千种不同的 B 淋巴细胞分泌的产物组成，每一种 B 淋巴细胞产生一种能识别单一抗原表位的特异性抗体。如果一个 B 淋巴细胞可以在体外分离和繁殖，那么就可以获得均质的抗体产物，这就是单克隆抗体（monoclonal antibody，mAb）。但是，实际上这是不可能的，因为淋巴细胞通常不能在这种条件下存活并持续分泌抗体。

1975 年，Köhler 和 Milstein 证明了 B 淋巴细胞与骨髓瘤细胞的融合产生的混合细胞既继承了分泌特异性抗体的能力，又继承了在组织培养中无限增殖的能力，因此创立了单克隆抗体制备的杂交瘤融合技术。二人也因此获得了 1984 年的诺贝尔生理学或医学奖。通过本节所述的一系列选择程序，单个分泌抗体的杂交瘤细胞可以从单个组织培养中分离出来，通过有丝分裂形成大的菌落（单克隆），每个细胞分泌相同的抗体。这种技术已经产生了特异性极高的试剂，能够区分分子、细胞或微生物之间的细微差别。由于杂交瘤细胞几乎可以无限期地在组织培养中生长并达到工业规模，因此这些单克隆抗体可以得到无限量的供应。还有一个优点是，细胞可以冷冻储存，并在需要时恢复，而不需要像多克隆抗体血清一样对每一批次进行重新鉴定。

单克隆抗体制备过程：

（1）**动物免疫**　一般免疫 Balb/c 近交纯系小鼠，因为来自此类小鼠用于进行细胞融合的 B 细胞和骨髓瘤细胞系（myeloma cells）来源相同，适合细胞融合。免疫程序和多克隆抗体制备程序相同，在融合前 3～4 天，需要进行一次加强免疫。

（2）**骨髓瘤细胞系**　时至今日，大量的骨髓瘤细胞株可作为融合对象用于产生杂交瘤。所有这些细胞株都必须携带一种基因标记，以便在它们没有和 B 细胞融合时被杀死。这种基因标记通常是次黄嘌呤-鸟嘌呤磷酸核糖转移酶的缺乏表达（HGPRT 阴性），通常情况下这种酶在所有正常细胞中都存在，是重要的核苷酸合成途径。由于 HGPRT 酶是嘌呤和嘧啶合成的挽救途径的一部分，HGPRT 阴性细胞必须依赖于嘌呤的从头合成途径。如果嘌呤的从头合成被一种叫作氨基蝶呤的物质抑制，HGPRT 阴性细胞就不能存活。因此将瘤细胞带上 HGPRT 阴性标签有利于后续的细胞筛选过程。HGPRT 阴性骨髓瘤细胞与正常的 HGPRT 阳性脾细胞融合后，就会形成 HGPRT 阳性杂交瘤细胞，即使在有氨基蝶呤存在的情况下，该细胞也能在外源次黄嘌呤的作用下生长得非常好。未融合的脾细胞在培养过程中不具有分裂能力，因此在没有任何选择措施的情况下很快被清除。这种融合后杂交瘤细胞的筛选策略是由 John W. Littlefield 在 1964 年发展起来的[7]，并以选择培养基的名称 HAT 命名，其中 H 代表次黄嘌呤，A 代表氨基蝶呤，T 代表胸腺嘧啶。

（3）**细胞融合**　细胞融合是杂交瘤细胞制备的核心，但是融合原理和过程并不复杂。使用化学试剂聚乙二醇（PEG）作为促融合剂就可以很方便地进行细胞融合。取对数生长期骨髓瘤细胞和来自免疫小鼠脾脏或淋巴结的单细胞悬液在一个无菌离心管中混合（脾细胞：骨髓瘤＝5：1～10：1）。混匀后通过温和离心制成细胞沉淀，缓慢加入 40%～50%聚乙二醇（PEG1500～4000），然后缓慢稀释于培养基中，离心重悬于新鲜培养基中。

为避免聚乙二醇的潜在毒性作用，时机至关重要。

PEG 融合对细胞类型或抗体分泌细胞没有选择性，因此融合后出现不同细胞的混合物：未融合骨髓瘤细胞和脾脏细胞，骨髓瘤/骨髓瘤的杂交细胞，脾脏细胞/脾脏细胞，骨髓瘤细胞/脾脏细胞，以及两个以上细胞的杂交细胞。由于在组织培养中不能分裂增殖，未融合的脾脏细胞和脾脏/脾脏融合细胞将在约一周内死亡。未融合骨髓瘤细胞和骨髓瘤/骨髓瘤杂交瘤必须处理，以便仅剩骨髓瘤/脾脏杂交瘤细胞。这是通过在选择培养基（如HAT）中培养细胞来实现的。

（4）阳性筛选和细胞克隆　杂交瘤细胞的阳性筛选工作具有通量大和时效性强的特点，理想的筛选方法是 ELISA。ELISA 方法可以同时对数百个样品进行分析，数小时即可完成，标签试剂是简易和廉价的商业产品，相对浓度可以可视化确定，而不需要昂贵的设备。使用 ELISA 方法筛选细胞培养基上清，确定阳性细胞孔后需要进行亚克隆，以保证单克隆性和克隆细胞系稳定性，一般使用有限稀释法进行。近些年，也有通过半固体培养基的方法进行细胞培养和亚克隆。经过 3～4 轮亚克隆后，即可获得稳定的单克隆细胞系，之后进行细胞扩增和冻存（液氮中），备用。

（5）单克隆抗体的生产　获得稳定的杂交瘤细胞系后，可通过小鼠腹腔诱生法和体外细胞培养法进行抗体的大量制备。

杂交瘤技术还可以制备其他物种的单克隆抗体。与啮齿类动物相比，兔的表位识别更加多样化，对小表位有更好的免疫反应，具有更强的特异性和敏感性。由于兔体内天然浆细胞瘤的缺乏和兔鼠异种杂交瘤的不稳定性，试图产生兔单抗最初是不成功的。这些困难已经通过在转基因兔体内产生兔浆细胞瘤细胞系而被克服[8]，并且这些细胞系已成功用于产生稳定的兔杂交瘤。

4.2.3.4　基因工程方法制备单克隆抗体

使用杂交瘤技术制备其他物种的单克隆抗体受限于融合所需的骨髓瘤细胞，因此研究者开发了不基于杂交瘤技术的基因工程方法制备单克隆抗体。

第一种方法是通过单细胞技术分离和鉴定 B 细胞，通过测序技术获得抗体序列，然后通过体外重组的方法获得单克隆抗体。

第二种方法是将抗体体外展示系统用于抗体的筛选和鉴定。体外展示系统可分为细胞和非细胞途径。细胞方法，例如噬菌体展示、酵母展示、哺乳动物细胞展示等等，抗体文库需要进行细胞克隆和表达。非细胞方法，如 cDNA 展示，表达和展示不需要转化或转染。经过筛选确定的克隆可以通过测序和重组表达的方式获得抗体。

4.2.4　抗体的纯化与鉴定

4.2.4.1　抗体的纯化

对于许多分析方法，抗血清、细胞培养液或腹水可以直接稀释使用而不需要纯化。当抗体要用检测试剂标记时，必须先进行纯化，以避免其他标记的污染蛋白引起的高非特异性结合，造成假阳性。目前有关抗体纯化的方法主要有四种。

第一种方法是简单的物理分离，通常用铵盐或硫酸钠进行盐析，然后通过透析或凝胶过滤的方式去除盐分。使用这种方法可从抗血清中获得纯度约为 $80\%\sim90\%$ 的 IgG，已足够用于多种用途。该方法的原理是 IgG 溶解度随离子强度的增加而降低，从而沉淀下来。然而，还有一些免疫球蛋白将始终保持在溶液中，因此其产量严重依赖于 IgG 的起始浓度。起始浓度越高，产量越高。一般的抗血清 IgG 浓度为 25mg/mL 左右，回收率可达 90% 左右。需要注意的是要小心去除所有的硫酸铵，因为在抗体标记过程中，铵离子可能可逆地与许多氨基反应偶联试剂发生竞争，影响标记反应。

第二种方法是梯度离子交换法，这种方法可以获得比盐析更高的纯度，即使抗体浓度相对较低，其产率通常也很好。但该方法耗时较长，纯化规模受限。

第三种方法是亲和色谱法，利用 Fc 区域与凝集素（如蛋白 A 和蛋白 G）的特异性和可逆性结合。洗涤柱后，用低 pH 缓冲液洗脱 IgG 以解离复合物。该技术可以获得高产量和高纯度的抗体，但价格昂贵，因此在大规模纯化时用途有限。

以上方法均非特异性分离出总 IgG。第四种方法是免疫亲和纯化法。该方法依赖于抗体的免疫特异性，因此只分离那些与相关抗原反应的 IgG 抗体。抗原共价偶联到惰性载体上，粗抗体以相对较低的流速通过柱。在广泛清洗固相（去除所有不与抗原结合的物质）后，特异性抗体被洗脱，其途径是通过低 pH 值或高浓度的变性剂（如氯化胍）破坏免疫结合。

4.2.4.2　抗体的鉴定

抗体的鉴定主要从抗体效价、亲和力和选择性三方面进行评价。

（1）效价　效价又称滴度（titer），是在给定条件下有效抗体浓度的量度，一般以最大稀释倍数表示。抗体效价这个概念中包含两个因素：其一是有效抗体浓度，有效抗体浓度越高，抗体效价越高；其二是抗体的亲和力，抗体与抗原的亲和力越高，抗体效价越高。

抗体效价可以通过抗体稀释曲线的方法进行确定。不同的免疫测定方法均可以用来绘制抗体稀释曲线，下面以间接 ELISA 方法为例介绍。构建一个间接 ELISA 方法体系：抗原包被酶标板，加入抗体的系列梯度稀释溶液，孵育后洗涤，加入酶标二抗，孵育后洗涤，显色后测定，绘制曲线。完整的抗体稀释曲线呈"S"形。在实际检测中，抗体检测限指的就是抗体的最低检测效价，一般以 2 倍阴性血清对照测定值或阴性血清对照加上 2 倍标准差对应的抗体稀释倍数为准。

（2）亲和力　抗体的亲和力（affinity）是指抗体单个结合位点与抗原和表位结合强度的热力学参数，而亲合力（avidity）是指抗体（包括多价或混合抗体）与整个抗原分子（可包含多个表位）之间结合强度参数。显然，亲合力除了和亲和力相关，还和抗体或抗原的价数有关，以及与空间位阻有关。

在实际亲和力试验测定中，本质上多是测定抗体亲合力，一般也用来代表抗体亲和力。亲和力一般用抗原抗体结合反应的热力学平衡常数（K_a）或解离常数（K_d）来表示，这个反应是可逆的，根据质量作用定律

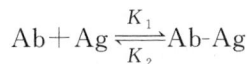

$$Ab + Ag \underset{K_2}{\overset{K_1}{\rightleftharpoons}} Ab\text{-}Ag$$

$$K_a = K_1/K_2 = [Ab\text{-}Ag]/[Ab][Ag]$$

式中，[Ab]、[Ag] 和 [Ab-Ag] 分别为抗体结合位点、抗原结合位点和抗原-抗体复合物的平衡浓度；K_a 为平衡常数，又称亲和常数、结合常数，单位 L/mol；K_d 为解离常数，$K_d = K_2/K_1$，单位 mol/L。K_a 值越高，结合能力越强，一般抗体的 K_a 值为

$10^6 \sim 10^{12}$ L/mol，免疫测定中需要的抗体要求亲和力较高，一般高于 10^9 L/mol；用于免疫净化或免疫亲和柱的抗体 K_a 值在 $10^6 \sim 10^8$ L/mol 比较适合。

平衡透析法（equilibrium dialysis）可测定抗体亲和力。平衡透析使用的腔室包含由半透膜隔开的两个腔室。抗体放置在一个腔室（A），放射性（或其他）标记的配体放置在另一个腔室（B），配体小到足以穿过半透膜。在抗体缺失的情况下，加入到 B 室的配体会在膜的两侧达到平衡。然而，在抗体存在的情况下，一些标记的配体分子会在平衡状态下与抗体结合，将配体困在抗体侧的血管上，而未结合的配体将平均分布在两个腔室中。因此，在含有抗体的腔室中，配体的总浓度将大于没有抗体的腔室。两室配体浓度的差异代表了与抗体结合的配体浓度（即 Ag-Ab 复合物的浓度）。抗体的亲和力越高，结合的配体就越多。由于放置在 A 室的抗体浓度已知，结合抗原和游离抗原的浓度可以分别从抗体室和非抗体室的放射性量推导出来，解离常数可以计算出来。

表面等离子体共振法（surface plasmon resonance，SPR）是一种测定抗体亲和力常数的多维生物膜干涉方法。自 20 世纪 90 年代中期，平衡透析法逐渐被 SPR 取代，成为一种更快速、更灵敏的测定方法。SPR 的工作原理是：当抗原包覆的金属传感器与抗体结合时，检测其表面反射特性的变化，并导致电磁波的发生，这种电磁波被称为表面等离子体波，在金属和溶剂的界面上传播。这种电磁波的性质对这一边界表面的任何变化都很敏感，因此测定的灵敏度很高。尽管 SPR 的物理原理相当复杂，但实际的实验测量却相当简单。一束偏振光通过棱镜照射到芯片上，芯片的一面涂有一层薄薄的金箔，另一面涂有抗原。然后光线被金色薄膜反射到传感器上。在一个独特的角度下，一些入射光被金层吸收，其能量转化为表面等离子体波。反射光强度的急剧下降可以在这个角度测量，被称为共振角。共振角的大小取决于光的颜色、金属薄膜的厚度和导电性，以及接近金层表面的材料的光学性质。当其他条件都确定时，这个共振角仅和金属膜厚度有关。因此可以使用这个信号测定抗体的亲和力。

在兽药小分子的免疫分析方法中，常用半抑制浓度（50% inhibiting concentration，IC_{50}）来描述抗体的亲和力特征。各种免疫分析的模式都可以很方便地测定靶标对抗体的 IC_{50}，还是以间接竞争 ELISA 方法为例：首先建立抗原包被酶标板，加入分析物标准品的系列梯度稀释溶液，并同时加入固定稀释度的抗体，孵育后洗涤，加入酶标二抗，孵育后洗涤，显色后测定。以分析物标准品的对数作为横坐标，以检测信号值作为纵坐标，通过四参数方程拟合标准曲线，计算检测限、线性范围和 IC_{50}。

$$Y = \frac{A-D}{1+(X/C)^B} + D$$

式中，A 和 D 分别为标准曲线的上渐近线响应值和下渐近线响应值；C 是响应值为最高值 50% 时，对应的抗体稀释度；B 是 S 形曲线拐点处的斜率；X 是校准浓度。

（3）**选择性**　抗体的选择性又称为特异性（specificity），是指抗体对靶标物的分辨能力，强调抗体与靶标物反应的专一性，具体表现为对靶标类似物的区分能力，即对类似物亲和力的大小。抗体的选择性是相对的，在免疫测定中如果抗体对靶标物的亲和常数与交叉类似物的亲和常数比值在 1000 倍以上，则可以认为抗体对靶标物有高选择性；如果比值低于 10，则认为选择性不好。在实际免疫测定中，常用交叉反应率（cross‐reactivity，CR）表示，具体的公式为：

$$CR = IC_{50}（分析物）/IC_{50}（类似物）$$

4.3

生物识别材料

除基于抗体、抗原之间特异结合特性的免疫分析技术对兽药实现了高灵敏、高选择性分析外，随着体外筛选技术及蛋白重组技术的发展，又涌现出一些与抗体识别性能类似的新型生物识别材料，如核酸抗体-适配体、受体蛋白-青霉素结合蛋白等。基于新型生物识别材料搭建的一系列高灵敏度、高特异性、低成本的兽药痕量精准分析技术，对免疫分析方法形成了有效补充。

4.3.1 核酸适配体

核酸适配体作为一种靶标物质结合分子，为解决兽药残留检测问题开辟了一条新的途径，特别是在小分子化合物的分析中具有独特的应用优势。

4.3.1.1 核酸适配体简介

核酸适配体的概念最早在 1990 年，由 Ellington 等和 Tuerk 等提出，是指能特异性识别某种靶物质且具有高度亲和力的一段寡核苷酸序列（DNA 或 RNA），通常含有 15～40 个碱基，分子质量大致为 5～25kDa。

核酸适配体在整个检测系统中作为信号识别单元，在结构设计上灵活多变。当适配体与靶标物质同时存在时，其结构会发生改变或重构，并通过碱基对的堆积作用、静电作用、氢键作用等与靶标特异性结合，实现信号转导，可用于检测多种目标物。

4.3.1.2 核酸适配体性质

适配体是一种类似蛋白抗体的核酸型抗体。适配体与靶标识别的机制和方式与抗体-抗原免疫结合作用类似，但又有不同于抗体的特点，是一种特殊的"化学抗体"。它不仅具有类似反义寡核苷酸的功能，能与目的基因进行亲和识别，还可对小分子物质（ATP、氨基酸、核苷酸、金属离子、毒素等）进行高特异性亲和识别，是一种理想的生物识别工具。总结下来，与传统抗体相比，适配体具有以下几种优势：

① 筛选周期短。制备适配体无须进行动物免疫等程序，可以在体外进行筛选并快速地进行大量制备。

② 适用范围大。由于适配体包含 15～40 个随机碱基序列，用于筛选适配体的文库容量极大，因此几乎所有的靶标物质都能从文库中找到与其特异性结合的适配体序列。

③ 对检测环境要求低。作为核酸类物质，适配体耐高温、耐酸碱性且易于储存。保存时间长，可以在室温下进行运输。

④ 高亲和性和高特异性。适配体是在容量为 10^{13}～10^{15} 的核酸文库中进行 5～13 轮的阳性筛选。当最终得到的适配体与靶物质共同孵育时，其解离常数可达 nmol 甚至 pmol 水平。由此可见，适配体与靶物质的结合能力极强。同时，适配体也具有高特异性。以抗生素为例，研究者选择被检抗生素作为靶标进行适配体筛选，从根本上保证筛选出的适配

体具有特异性。继阳性筛选以后，研究者会选择3~5种与该抗生素结构类似的其他化合物进行阴性筛选，使筛选出的适配体具有极高的特异性。

核酸适配体为检测农产品、食品和环境中的兽药残留提供了一种新型、高效、快速的检测平台。

4.3.1.3 适配体筛选制备技术

与抗体不同，筛选适配体不需要进行动物实验，在体外即可获得目标序列。适配体的筛选是通过指数富集的配基系统进化技术（systematic evolution of ligands by exponential en-richment，SELEX）完成的，通常在8~15轮的筛选后得到与靶物质结合亲和性和特异性良好的适配体序列，整个周期为1~2个月。该技术综合运用了组合化学和分子生物化学，通过构建单链核酸随机文库与靶物质孵育，经过洗脱分离、扩增富集等 n 轮循环，在体外筛选出目标序列，从而避免依赖体内免疫反应带来的困难。经典的 SELEX 筛选如图4-7所示，新发现的 Non-SELEX 技术筛选周期更短，与毛细管电泳仪共同使用时可将筛选周期控制在1天左右，极大地推动了核酸适配体在兽药残留检测方面的应用和发展。

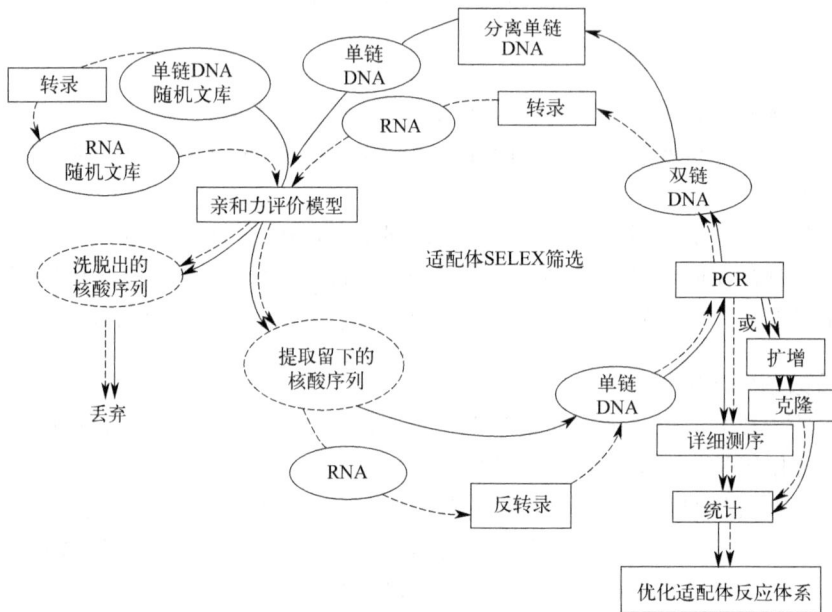

图4-7 适配体的筛选制备流程

4.3.1.4 基于适配体的生物传感器在兽药残留检测中的应用

基于核酸适配体的生物传感器由两部分组成，一部分为分子识别元件，即核酸适配体，用于识别待检测靶标物质；另一部分是电信号或者光信号转换装置，如金属纳米粒子（MNPs）、氧化石墨烯（GO）、碳纳米管、二硫化钼纳米片等纳米材料以及纳米复合材料等等，它们将化学、生物、物理反应的信号转化成易于传输和可见的电信号或光信号。其原理是根据适配体与靶标结合引起构象变化从而激活生物传感器信号。与抗体相比，适配体作为识别元件具有合成成本低、灵敏度高、亲和力高和信号转导灵活等优点。根据不同的传感策略，大致可以将生物传感器分为荧光、比色、电化学这三类。

（1）荧光传感器 荧光传感器主要是基于体系荧光性能与适配体结合的靶标浓度之间的变化来检测兽药残留的一种检测方法，具有灵敏度高、选择性好等优点。荧光变化的主要手段包括引入通用荧光猝灭剂、荧光共振能量转移（FRET）、荧光内滤效应（IEE）等。

氯霉素（CAP）是一种广谱抗生素，广泛应用于兽药。兽药中残留的氯霉素会影响人体健康，如导致再生障碍性贫血、白血病和骨髓抑制等。基于此，Xu团队[9]利用适配体结构转换诱导信号改变设计了一种快速检测氯霉素的方法（图4-8）。适配体通过与标有荧光基团（FAM）和猝灭剂（BHQ1）的互补链结合，实现了BHQ1对FAM荧光的有效猝灭。当存在氯霉素时，适配体识别CAP导致构象改变，破坏杂交，FAM与BHQ1远离，体系中荧光恢复。该方法简单、灵敏、成本低，检测限为0.7ng/mL，线性范围：1~100ng/mL。

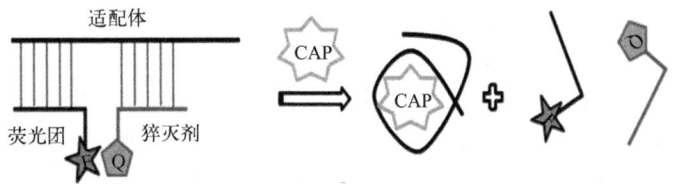

图4-8 适配体结构开关控制信号检测CAP

Qin等[10]构建了一种由金纳米粒子聚集诱导碳点荧光变化检测啶虫脒的平台（图4-9）。研究发现，不同浓度及聚集态的金纳米粒子对碳点的荧光有不同的猝灭作用，包裹较多DNA适配体的金纳米粒子由于处于单分散状态能更有效地猝灭碳点荧光。当啶虫脒存在时，适配体优先与靶标结合，金纳米粒子受到DNA适配体的保护减少，聚集成团导致碳点荧光恢复。该方法对啶虫脒的检测具有高灵敏度。

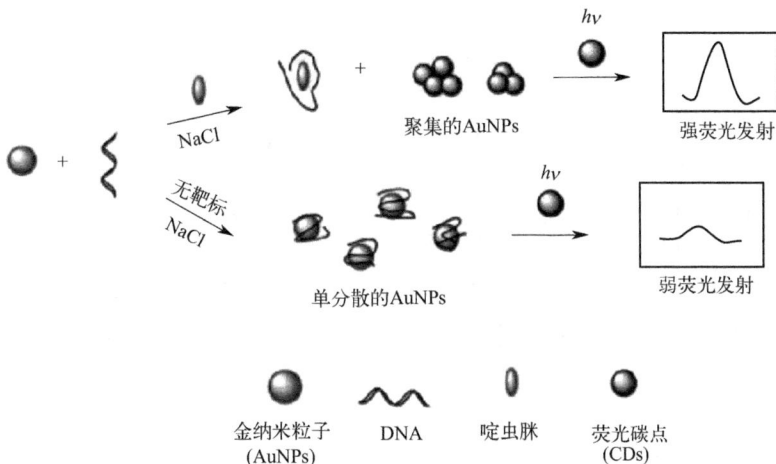

图4-9 金纳米粒子聚集诱导碳点荧光变化检测啶虫脒的平台原理图

Yi等[11]采用荧光法测定氧氟沙星（ofloxacin，OFL）的含量，OFL适配体具有结合 SYBR Green Ⅰ染料（SG-Ⅰ）产生强烈荧光的特性。当 OFL 存在时，OFL 会与适配体结合形成稳定配合物，SG-Ⅰ被释放到溶液中，荧光强度下降。荧光强度在 1.1～200nmol/L 范围内呈现线性下降，检测限为 0.34nmol/L（图 4-10）。

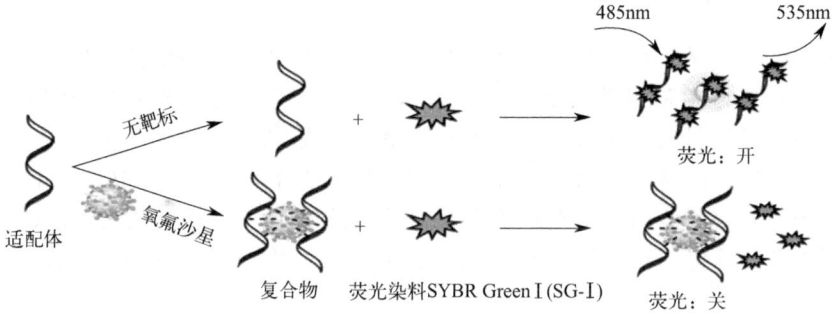

图 4-10　荧光法测定氧氟沙星

　　Chen 等[12] 通过三螺旋分子开关（triple-helix molecular switch，THMS）和 G-四链体开发了无标记荧光平台，发展了一种快速、可视化检测四环素（tetracycline，TC）的新方法（图 4-11）。THMS 由两条功能核苷酸链通过 Watson-Crick 氢键和 Hoogsteen 氢键组装而成，其中一条核苷酸链的中间部分是对四环素具有高度亲和力的适配体序列，其两侧臂端锁定另一条作为信号转导探针（signal transduction probe，STP）的富 G 碱基核苷酸链。四环素不存在时，THMS 保持结构稳定和完整，STP 被锁定，无法与四氢噻吩（ThT）结合，荧光信号背景值很低；而当四环素存在时，由于适配体识别并结合四环素，引起 THMS 的结构被解开，释放出的 STP 会形成 G-四链体与 ThT 结合，发出强荧光信号，实现对四环素的荧光响应信号的输出。该方法的检测限低至 970.0pmol/L，线性范围为 0.2～20nmol/L。

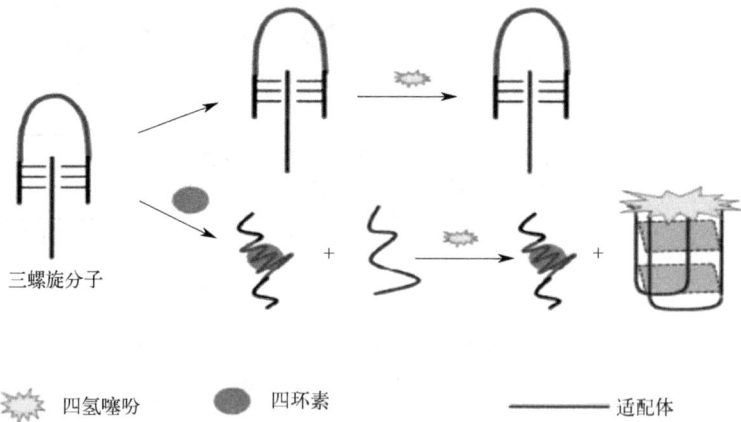

图 4-11　基于 DNA G-四链体和三螺旋结构快速检测四环素

　　（2）比色传感器　比色传感器是以产生有色化合物反应为基础的，通过比较或测量颜色深度或溶液组成的变化来确定分析物的含量。与其他方法相比，比色传感器的最大优点就是检测结果可由肉眼直接观察，不需要任何复杂的仪器，操作简单。

Lavaee 等[13] 开发了一种基于适配体比色法检测环丙沙星（ciprofloxacin，CIP）的方法（图 4-12）。AuNPs 修饰两条单链 DNA，并通过两条单链 DNA 的部分序列互补连接 CIP 适配体，形成花状的包覆层。未加入 CIP 时，AuNPs 上的花状包覆层可以防止其还原 4-硝基苯酚，使溶液保持黄色。当加入 CIP 时，适配体与环丙沙星特异性结合后会游离到溶液中，AuNPs 发挥其催化活性，使溶液从黄色变为无色，由此通过颜色的改变来检测目标物质。该方法的检测限为 $0.5\mu g/L$，成功应用于水、血清和牛奶中 CIP 含量的检测。该方法优势是可以直接通过肉眼观察到颜色变化而无须采用仪器检测，更有利于实现野外样品的原位和实时检测。

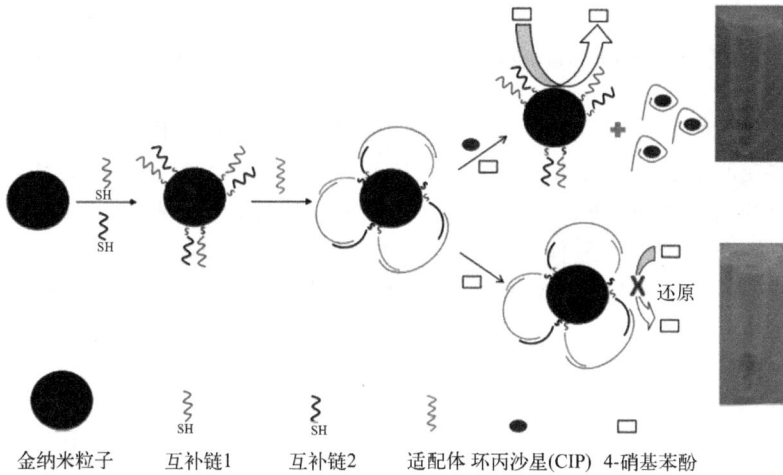

金纳米粒子　互补链1　互补链2　适配体 环丙沙星(CIP) 4-硝基苯酚

图 4-12　通过触发金纳米粒子的还原催化活性测定环丙沙星的比色传感器

还有专家团队设计了一款免标记、响应快速的新型适配体比色传感器用于检测氯霉素（CAP）[14]（图 4-13）。该传感器工作原理是利用金属镧离子（La^{3+}）有效地诱导单链脱氧核酸链（ssDNA）修饰的 AuNPs 聚集。在传感过程中 La^{3+} 作为桥联剂，与 Apt-AuNPs 探针表面的磷酸基团牢固结合从而诱导 AuNPs 聚集，使 AuNPs 溶液的颜色从红色转变为蓝色。当氯霉素加入到检测系统中后，适配体（Apt）能特异性地与 CAP 结合形成刚性的 Apt-CAP 复合物，致使 Apt 无法与 AuNPs 结合，La^{3+} 的桥联作用随着 Apt 的解离而失效，AuNPs 保持分散状态，颜色呈现紫红色。另外，该比色传感器还表现出较强的选择性和抗干扰能力，可成功地运用到牛奶和鸡肉样品中的 CAP 的检测，有效促进了即时检测的发展。

（3）电化学传感器　根据电化学原理的不同，电化学传感方法可分为循环伏安法（CV）、交流伏安法（ACV）、电化学阻抗谱（EIS）、方波伏安法（SWV）、分差脉冲伏安法（DPV）、光电化学法（PEC）和电化学发光法（ECL）。当分析物存在时，适配体与分析物结合产生相应的电化学信号。电化学传感的优点是检测可以在几分钟内进行，具有相当高的灵敏度，甚至在某些食品样品没有预处理的情况下也能进行检测。

朱俊亚等[15] 为满足牛奶中氨苄西林（AMP）高效检测的需要，以纳米磁珠为载体，

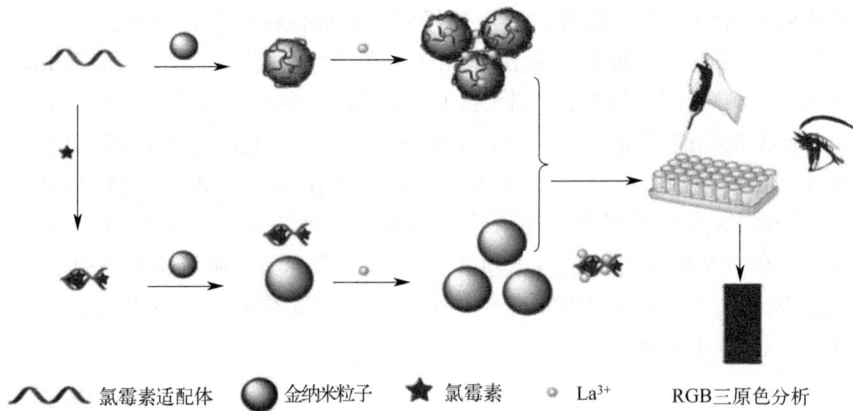

图 4-13　基于 La^{3+} 辅助 AuNPs 聚集和智能手机成像的无标记比色传感器用于氯霉素检测的示意图

适配体与氨苄西林特异性结合为基础，构建了氨苄西林适配体电化学传感器（图 4-14）。采用碳二亚胺交联法制备修饰有氨苄西林的磁珠，该磁珠可与待测样中的氨苄西林共同竞争反应体系中的适配体和辣根过氧化物酶，随后利用磁性玻碳电极将上述磁珠吸附于电极检测表面进行电化学测定。最佳条件下，该传感器在 $1.0 \times 10^{-12} \sim 1.0 \times 10^{-8}$ mol/L 浓度范围内传感器响应电流与氨苄西林浓度呈现良好的反比例线性关系，检测限可达 1.0×10^{-12} mol/L。

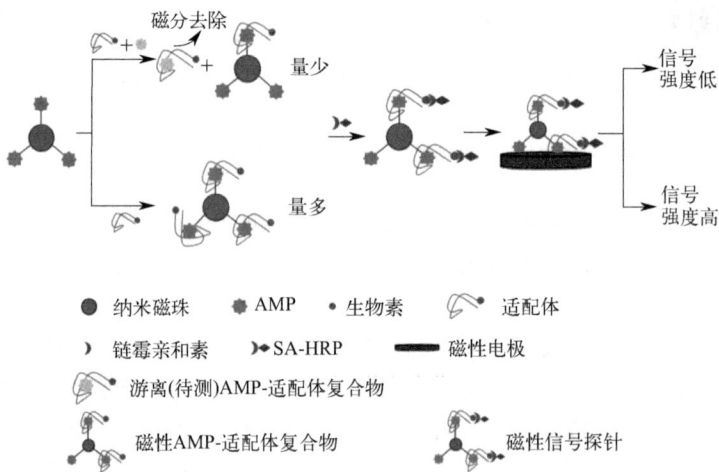

图 4-14　电化学传感器检测氨苄西林原理图

Liu 等[16] 制备了一种新型的三明治式电化学传感器并将其应用于抗生素-土霉素的检测（图 4-15）。传感器是基于石墨烯三维纳米结构和金纳米复合材料（GR-3DAu）与适配体-金纳米粒-辣根过氧化物酶（aptamer-AuNPs-HRP）的纳米探针进行信号放大，其灵敏度高，特异性好，在合成样品中回收率高。

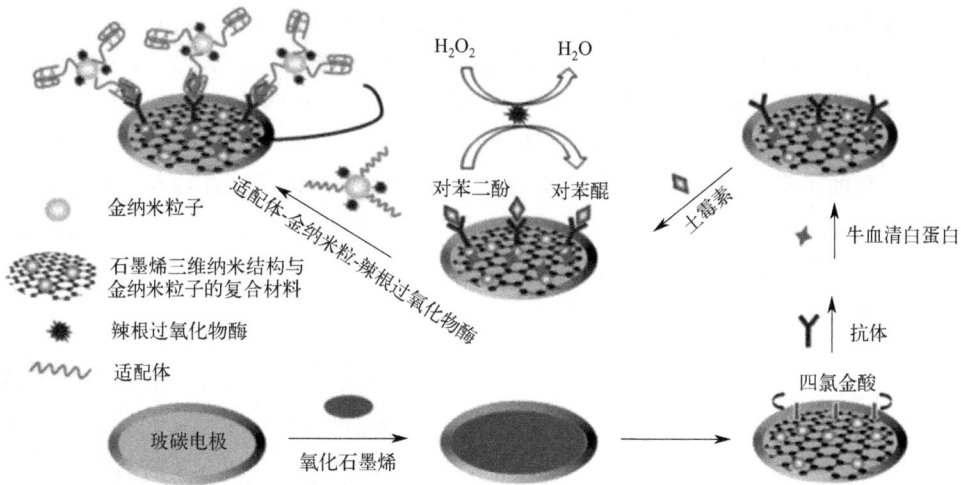

图 4-15　三明治式电化学传感器在土霉素检测中的应用

4.3.2　受体蛋白

在养殖生产中使用兽用抗菌药物，可防治畜禽疾病，改善营养，促进生长，增加经济效益。根据其作用机制大体可分为以下几类：干扰细菌细胞壁合成的β-内酰胺类；影响细菌蛋白质合成的氨基糖苷类、四环素类、氯霉素类、大环内酯类、林可霉素类；影响核酸代谢的喹诺酮类；损伤细菌细胞膜的多黏菌素类；干扰叶酸代谢的磺胺类和甲氧苄啶。这些抗菌物质的广泛应用虽大大降低了动物细菌感染性疾病的发病率和死亡率，但其不规范使用，也会造成动物源细菌耐药性菌株大量产生，并诱发"超级细菌"的出现。兽药在动物体内残留，污染生态环境，给动物性食品安全和人类健康带来重大隐患。目前，动物养殖中出现的细菌耐药性与兽药残留已成为一个十分严峻的公共卫生安全问题，已引起世界各国的高度关注。

研究表明，细菌菌体内有许多抗生素的结合位点，通过改变抗生素结合部位的靶蛋白即受体蛋白的结构或数量或与抗生素的亲和力将会影响细胞的形态和对抗生素的敏感性。受体蛋白是指位于细胞膜表面能够与信号分子相结合从而引起下游生化反应的一类蛋白质。受体蛋白与小分子配体间的相互作用主要包括共价作用和非共价作用，其中非共价作用在蛋白与小分子特异性结合、酶与底物相互作用以及蛋白质折叠等生物过程中具有极其重要的意义，主要包括范德华力、氢键相互作用、疏水作用、静电相互作用等。

基于以上受体蛋白能够与抗生素配体特异性结合的原理，可利用纯化受体蛋白代替抗体，与待检兽药残留物质结合，通过传感器、酶促显色等方式，实现对靶标物质的快速检测。

4.3.2.1　用于兽药检测的受体蛋白

常见的用于兽药残留检测的受体蛋白为青霉素结合蛋白（penicillin binding protein，PBP），它是一类位于细菌细胞膜上的膜蛋白，是β-内酰胺类抗生素的主要作用靶位。最初发现时因其能与青霉素共价结合而得名。1972 年 Suginaka 等用放射性同位素标记的青霉素对细菌表面进行定位，这是对青霉素结合蛋白的首次报道（图 4-16）。

青霉素结合蛋白是一类在细菌肽聚糖生物合成中起重要作用的酶类，它一般具有糖基转移酶、肽基转移酶和羧肽酶（D-丙氨酰-D-丙氨酸羧肽酶）活性，能够催化肽聚糖聚合和交联，根据 PBP 的分子量大小及催化活性不同，可以将 PBP 分为 PBP1、PBP2、PBP3等三大类。它的正常存在是细菌保持正常形态及功能的必需条件，青霉素等抗生素正是通过与 PBP 结合抑制细菌细胞壁的生物合成引起细菌细胞死亡从而发挥杀菌作用。细菌青霉素结合蛋白改变引起的细菌对抗生素的耐药性目前仍是研究的热点之，其研究对于抗生素的改造、新抗生素的设计均有指导意义。

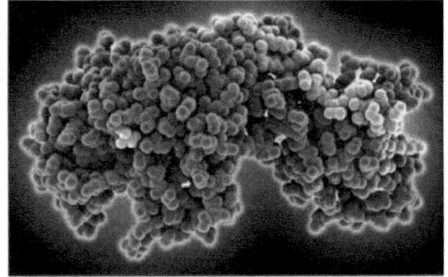

图 4-16 青霉素结合蛋白的电镜图

4.3.2.2 受体蛋白在兽药残留检测中的应用

有学者团队以地衣芽孢杆菌 749/I 的 BlaR-CTD 蛋白的晶体结构为模板，采用同源建模的方法构建了地衣芽孢杆菌 ATCC4580BlaR-CTD 蛋白的三维结构，通过分子对接获得了该蛋白与 40 种 β-内酰胺类物质的结合位点。为提高蛋白质的稳定性和对药物的亲和力，基于分子对接和同源比对结果设计插入二硫键和盐桥，并利用 SIFT 和 POLYPHEN2 软件对突变体进行合理性评价，共构建了 23 个突变蛋白。对异源表达和纯化的突变蛋白进行活性和稳定性分析。以识别药物种类最多、亲和力最高且热稳定性最高的突变体蛋白为受体，建立了 13 种动物组织中 β-内酰胺类抗生素残留的检测方法。

鞠守勇等[17] 从苏云金芽孢杆菌（*Bacillus thuringiensis*，Bt）中克隆并表达了一种新型青霉素结合蛋白 Bt-PBP3，并证实其与多种青霉素类抗生素有特异性相互作用，利用直接竞争性酶联免疫方法证实该蛋白可以检测牛奶中多种青霉素类抗生素残留，为下一步研发具有自主知识产权的牛奶中青霉素类抗生素快速检测试剂盒提供了宝贵的基因及蛋白质资源。还有学者通过利用 PBP3* 受体蛋白能够与 β-内酰胺类抗生素配体特异性结合的原理，参考 ELISA 的方法，将纯化的受体蛋白 PBP3* 代替抗体，固定在 96 孔聚乙烯板上，让辣根过氧化物酶（HRP）标记的 PBP3* 单克隆抗体溶液与游离的多种 β-内酰胺类抗生素竞争性地与受体结合，通过 HRP 标记物的酶促显色反应，建立了 β-内酰胺类抗生素竞争结合受体的标准曲线，实现了对 β-内酰胺类抗生素的快速检测。

4.3.3 其他

分子印迹聚合物（molecular imprinting polymer，MIP）是通过分子印迹技术（molecular imprinting technique，MIT）合成的对特定目标分子（模板分子）及其结构类似物具有特异性识别和选择性吸附能力的聚合物。分子印迹聚合物因其选择性强、内在稳定性好、成本低、制备工艺简单等特点，已被公认为是一种稳定的受体或酶模拟物，可替代天然抗体作为仿生抗体用于检测或作为传感器。

仿生酶联免疫分析方法是近几年国内外研究的热点，该方法以仿生抗体为基础，结合了酶的催化放大作用，实现了简单、快速检测。但由于天然酶的分子量大且稳定性差，制约了其在仿生免疫分析中的应用。近年来，纳米材料模拟酶由于具有天然酶的催化活性，且性质稳定，在免疫分析检测中代替天然酶作为标记物，具有较好的应用前景。

（1）分子印迹聚合物在检测磺胺类药物中的应用　磺胺类药物是一种抗菌效果好且价格低廉的广谱类抗生素，在畜牧养殖中应用十分广泛。由于磺胺药物的滥用以及在人体、动物和环境中的残留，对人体健康造成了严重的威胁。为了防止药物残留给人类带来危害，相关学者团队以分子印迹聚合物作为识别的仿生抗体，用 $Au@SiO_2$ 纳米模拟酶代替传统的天然酶作为标记物，通过直接竞争反应，建立了磺胺嘧啶残留检测的仿生免疫分析方法。该研究以磺胺嘧啶为模板分子，甲基丙烯酸为功能单体，采用本体聚合法在 96 孔酶标板上制备了分子印迹膜作为仿生抗体。对牛肉样品进行添加回收实验，回收率为 78.00%～90.96%。该方法用于检测猪肉和鸡肉样品中磺胺嘧啶的残留，检测结果与国标液相色谱法无显著性差异。

（2）分子印迹聚合物在检测莱克多巴胺中的应用　随着克伦特罗被禁止作为饲料添加剂添加到动物饲料中，莱克多巴胺作为其替代品，开始被广泛应用于动物饲料中以促进动物的瘦肉生长率，抑制肥肉生长，且只要严格控制莱克多巴胺停药期，一般不会被查出药物残留。但由于其也会为散养户使用，很难严格控制它的用量和停药期，因此莱克多巴胺在动物源性食品中的残留问题不容忽视。当人体累积摄入莱克多巴胺超过一定标准时，便会出现一系列不适症状，严重者可危及生命。莱克多巴胺在世界大多数国家已禁止使用，我国也于 2002 年明确将其列入《禁止在饲料和动物饮用水中使用的药物品种目录》。因此，对莱克多巴胺进行监控是非常必要的。分子印迹聚合物制备简单，性质稳定，对外界环境要求低，可以多次重复使用。有关学者团队将免疫分析理论和方法用于模板分子与分子印迹聚合物的特异性识别反应，采用有机无机杂化法，以莱克多巴胺为模板分子，甲基丙烯酸为功能单体，甲基丙烯酰氧丙基三甲氧基硅烷为交联剂，合成了对莱克多巴胺具有特异吸附功能的分子印迹膜，弥补了生物抗体的缺陷，建立以莱克多巴胺印迹聚合物特异性识别反应为基础的分子印迹免疫吸附检测技术，具有较大的发展和应用空间。

4.4

免疫分析方法分类

免疫分析起始于 20 世纪 50 年代，是基于抗原与抗体的特异性、可逆性结合反应，以抗原和抗体作为生化反应物对化合物、酶或蛋白质等物质进行定性和定量分析的一门技术，具有灵敏、快速和操作简单等优点。根据反应载体和标记技术的不同，免疫分析可分为酶联免疫吸附试验、侧流免疫色谱、荧光免疫分析、荧光偏振免疫分析、化学发光免疫分析以及其他的一些免疫分析方法，包括放射免疫分析、时间分辨荧光免疫分析、免疫印迹等。

4.4.1 酶联免疫吸附试验

酶联免疫吸附试验（enzyme-linked immunosorbent assay，ELISA）是应用最广泛的免疫分析技术之一，其结合了酶催化的高效率以及免疫反应的高特异性，具有灵敏度高和适应性强的特点。20世纪70年代Engvall和Perlmann最早建立了ELISA技术[18]。首先将抗原或抗体包被在固相材料表面，加入样品反应后，再通过适当方法分离结合和未结合组分，使得ELISA可用于检测复杂样品中的待测物。现代的生物分析方法大多是基于传统的ELISA方法建立的。ELISA不仅是理论和应用研究中最基本的研究工具，而且被开发成用于食品安全和临床检测的产品，在兽药残留与分析中更是快速检测的金标准。ELISA由两部分组成：免疫反应系统和检测系统。免疫系统是抗原与抗体特异性反应形成抗原-抗体复合物。检测系统为酶催化反应，主要基于辣根过氧化物酶对底物的特异性催化，从而产生颜色反应或改变紫外吸光度。酶的活性与底物的颜色反应成正比，颜色越深，表示酶催化的底物量越大，检测到的酶标抗体（抗原）对应的抗原（抗体）量也越大，从而可定量分析物的浓度。

根据ELISA反应过程中是否需要酶标记的二抗来进行信号放大可将ELISA分为直接和间接ELISA。此外，根据检测分析物的类型，ELISA可分为竞争型和夹心型ELISA。目前，在检测分析物时，竞争型和夹心型ELISA通常需要利用酶标二抗进行信号放大。

（1）直接ELISA　ELISA中最简单的形式为直接ELISA，即在孵育抗原后，加入酶标记的抗体，酶催化产生的信号直接与抗原的浓度相关，无须加入酶标记的二抗进行信号放大。具体的检测过程为（图4-17）：在96孔板或者其他反应载体上通过孵育特定持续时间（从几小时到过夜）包被抗原，强烈洗涤以去除未结合的过量抗原后，加入非特异性蛋白质，例如牛血清白蛋白（BSA）封闭反应载体上的结合位点，然后加入与抗原特异性结合的酶标记抗体来检测抗原分子。在通过重复洗涤将未结合的抗体洗掉后，为标记到抗体的酶提供特定的底物溶液。酶催化底物分子转化为比色产物，一定时间后加入终止液终止酶底物反应。在特定波长下测量所得比色产物溶液的吸光度。吸光度的值与包被抗原的浓度成正比，从而可对包被抗原进行定量检测。

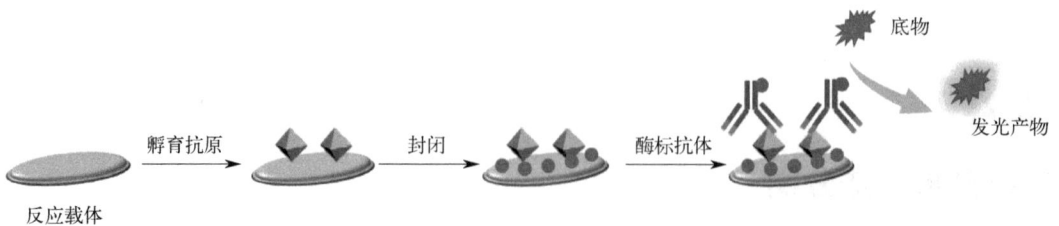

图4-17　直接ELISA检测示意图

（2）**间接 ELISA** 间接 ELISA 与直接 ELISA 反应原理类似，只是在加入抗体时加入的是没有酶标记的抗体，在形成抗原-抗体特异性复合物后，再加入酶标记的与抗体特异性结合的二抗，根据酶标二抗对底物的催化来对抗原进行检测，起到信号放大的作用。间接 ELISA 的初始步骤与直接 ELISA 非常相似，在反应载体上标记抗原后，利用非特异性蛋白质封闭反应载体上的其余结合位点。之后，在间接 ELISA 中，未标记的检测抗体用于与包被抗原特异性结合（图 4-18）。然后通过一个额外的步骤来检测抗体，该步骤涉及与酶标记的抗物种抗体孵育，以对抗产生检测抗体的物种的免疫球蛋白。例如，如果检测抗体是在山羊身上产生的，那么酶标二抗必须是抗山羊免疫球蛋白。其余酶底物反应、停止反应、读出比色信号等步骤与直接 ELISA 相同。间接 ELISA 已被兽药残留分析领域广泛使用，以对兽药残留进行灵敏检测。

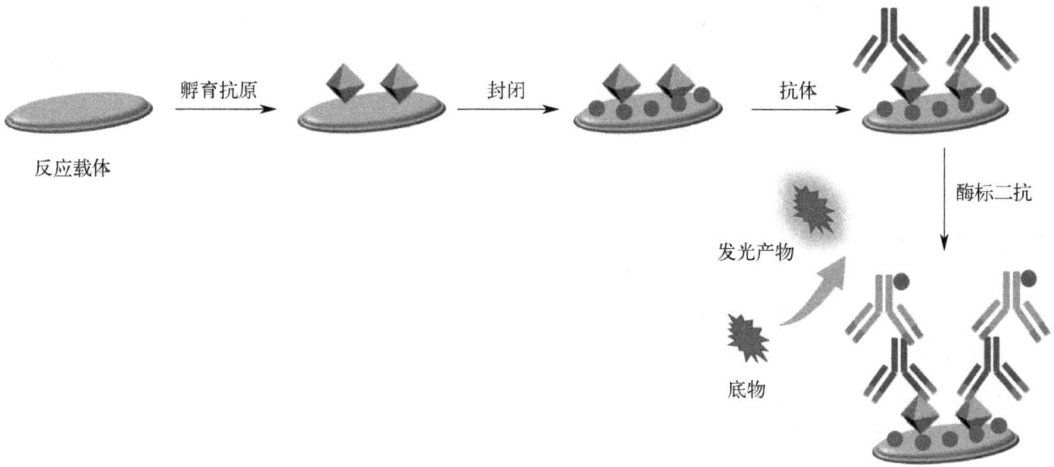

图 4-18 间接 ELISA 检测示意图

（3）**竞争型 ELISA** 在对分析物进行定量检测时，当检测目标物为小分子（兽药、毒素等）时，其分子量小，只含有一个抗原决定簇，因此只能被一种抗体识别，在检测时采用的是竞争型 ELISA。在竞争型 ELISA 中，抗原或抗体和标准抗原或血清竞争与相应的免疫反应物结合。通常，包被抗原和目标分析物竞争与抗体结合。该方法的竞争力主要表现为待测抗原或抗体与酶标抗原（抗体）竞争，使最终体系中的酶含量相对降低。最终检测到的酶活性与目标分析物浓度呈负相关。典型的检测示意图如图 4-19 所示，在反应载体上包被抗原，封闭后，同时加入检测样本和抗体，当检测样本中不含检测小分子时，抗体全部被包被抗原捕获，再加入酶标二抗时，酶标二抗与抗体结合，催化底物产生明显的颜色变化。含有检测小分子时，包被抗原与小分子之间竞争性地结合抗体，小分子浓度足够高时，抗体均被小分子捕获，在随后的洗板过程中洗掉，此时加入酶标二抗，由于体系中只有很少的抗体被包被抗原捕获或没有抗体，则体系中存在的酶标二抗也很少，加入底物后只能发生微弱的显色反应或者没有显色反应。由于所用兽药均为小分子药物，在对其进行残留分析时，使用的方法都是竞争型 ELISA。

（4）**夹心型 ELISA** 当检测目标物为大分子（如蛋白质、酶以及病原菌）时，其表面含有多个抗原决定簇，可与多个抗体结合，对其进行检测时采用的是夹心型 ELISA。抗原与包被抗体和检测抗体结合，形成包被抗体-抗原-检测抗体的夹心型免疫复合物。该

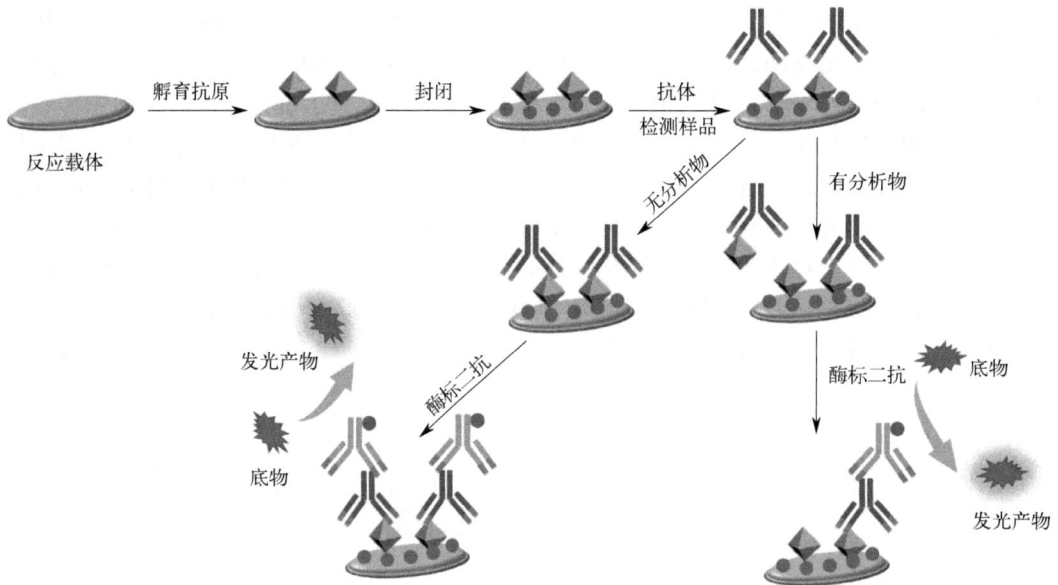

图 4-19 竞争型 ELISA 检测示意图

体系最终检测到的酶活性与目标分析物浓度呈正相关。典型的检测示意图如图 4-20 所示，在 96 孔板上包被抗体，封闭后，加入检测样本，样本中不含检测目标物时，其后加入的检测抗体不能被捕获，则不能结合之后的酶标二抗，加入底物后也不能产生显色反应，反之，样本中含有检测目标物时，则会形成包被抗体-抗原-检测抗体的夹心型免疫复合物，随后加入酶标二抗和底物，则会形成明显的显色反应，因此，夹心型 ELISA 中，检测目标物的浓度与体系最终的吸光度值变化呈正相关。

4.4.2　侧流免疫色谱

侧流免疫色谱（lateral flow immunoassay，LFIA）是迄今为止执行目标物质现场检测最成功的分析平台之一。LFIA 是以抗原抗体特异性识别为原理，以硝酸纤维素膜为载体，结合纳米材料标记技术用于检测有害分析物的快速检测方法。只需将待检溶液滴加于免疫色谱试纸条的样品垫上，反应通过层析就可以完成，不需要任何其他试剂，操作简便，一次试验只需 5～15min；成本低廉，试验可以在任何地方进行，无需专业操作人员；可用于单样或批量检测，结果肉眼可见，无需任何复杂仪器，直观易读。这些优势是其他利用仪器检测或读数的分析方法所不具备的。这些特性使其从检测分子、生物体和（生物）标志物到用于临床，并迅速扩展到其他领域，包括食品和饲料安全、环境控制等。因此自 20 世纪 80 年代以来，侧流免疫色谱技术得到了广泛认可，其商业化也获得了巨大成功，2019 年全球 LFIA 市场约为 59.8 亿美元，预计到 2027 年将达到 103.6 亿美元，从 2020 年到 2027 年以 7.7％的复合年增长率增长[19]。

4.4.2.1　LFIA 的结构

侧流免疫色谱的装置一般由多个部分组成，每一部分承担一个或多个功能。LFIA 检测时所用的装置为试纸条，如图 4-21 所示，试纸条通常由 5 部分组成：衬板、样品垫、

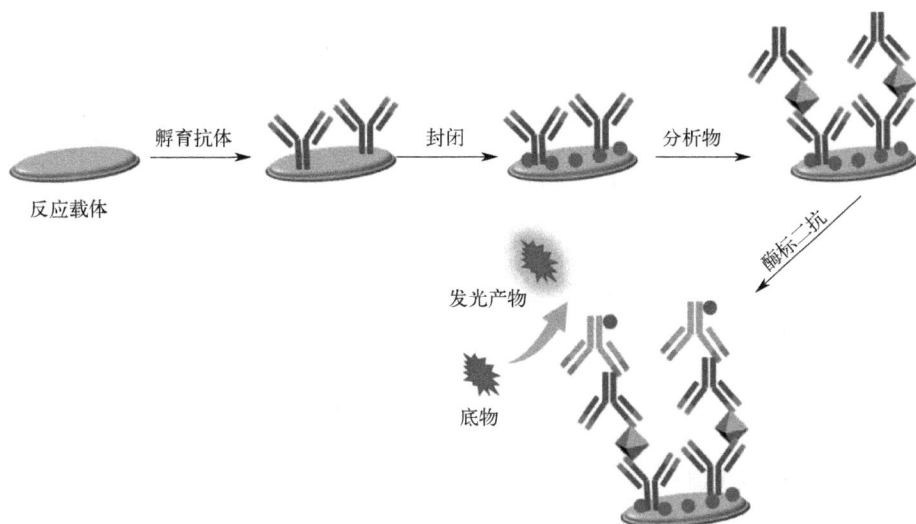

图 4-20 夹心型 ELISA 检测示意图

结合垫、硝酸纤维素膜和吸水垫。样品垫用来滴加检测样品，结合垫可固定检测探针，最经典的检测探针以纳米金为标记物，硝酸纤维素用来包被检测线（抗原/抗体，T 线）和质控线（二抗，C 线），吸水垫则用来吸引检测样品往这个方向移动。在衬板上分别粘贴另外 4 个部分，即可制成免疫色谱的装置。

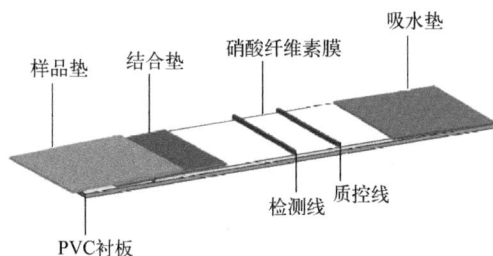

图 4-21 侧流免疫色谱试纸条
结构

4.4.2.2 分类及检测原理

同 ELISA 类似，LFIA 也可根据检测目标物类型的不同而分为竞争型（图 4-22）和夹心型（图 4-23）两种，以经典的纳米金 LFIA 来说，当检测目标物为小分子时，检测线上包被抗原。当样本中不含检测目标物时，滴加在样品垫上，层析至结合垫时，可溶解固定在此的金标抗体，形成的混合物继续层析至硝酸纤维素膜，金标抗体被固定在检测线上的抗原捕获，形成抗原-金标抗体复合物，检测线上呈现明亮的红色，多余的金标抗体继续层析至质控线，与固定的二抗结合，形成二抗-金标抗体复合物，呈现明亮的红色，因此检测样品为阴性时，检测线和质控线都呈现明亮的红色；当样品中含有检测目标物时，样品溶解金标抗体后，目标物会和抗原竞争结合抗体，目标物浓度足够大时，可结合全部的金标抗体，因此没有金标抗体与检测线上的抗原结合，检测线上不会出现颜色变化，但是金标抗体-目标物的复合物还是会被质控线上的二抗捕获，因此样品为阳性时，只有质控线会出现颜色变化。

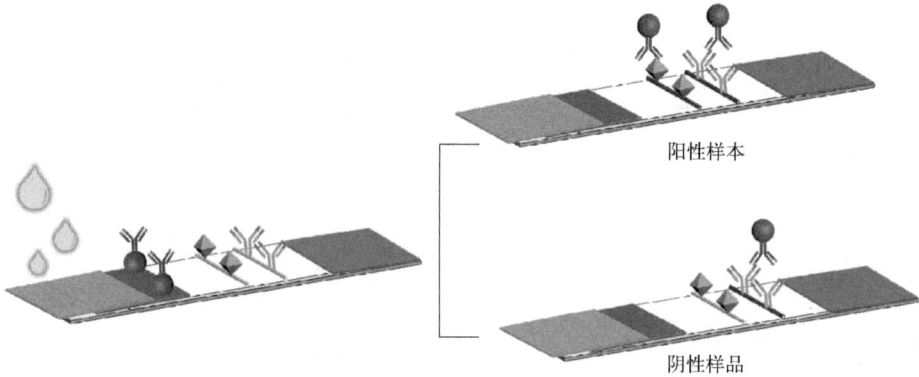

图 4-22　竞争型 LFIA 检测示意图

　　但当检测目标物为大分子时，检测线上包被抗体，纳米金标记检测抗体作为探针。当样本中含有检测目标物时，滴加在样品垫上，层析至结合垫时，可溶解固定在此的金标抗体，形成的金标抗体-抗原混合物继续层析至硝酸纤维素膜，被固定在检测线上的抗体捕获，形成金标抗体-抗原-抗体的夹心复合物，检测线上呈现明亮的红色，多余的金标抗体继续层析至质控线，与固定的二抗结合，形成二抗-金标抗体复合物，呈现明亮的红色，因此检测样品为阳性时，检测线和质控线都呈现明亮的红色；反之，当样品中不含检测目标物时，金标抗体不结合抗原，则不会被检测线上的抗体捕获，因此检测线上不会出现颜色变化，但是金标抗体还是会被质控线上的二抗捕获，因此样品为阴性时，只有质控线会出现颜色变化（图 4-23）。

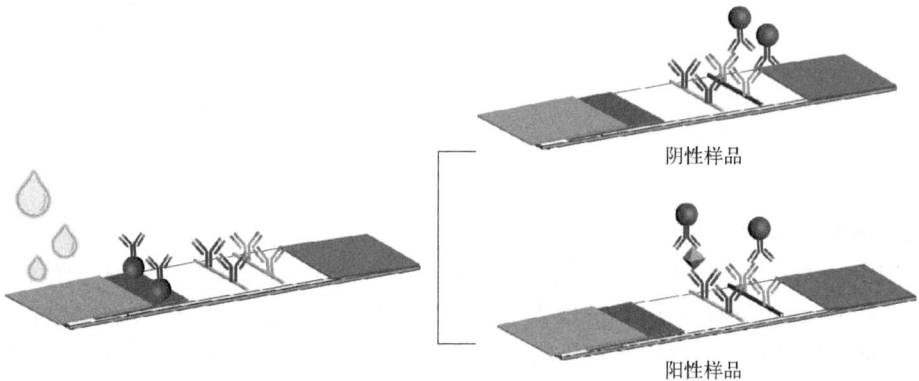

图 4-23　夹心型 LFIA 检测示意图

4.4.2.3　标记物

　　虽然纳米金是免疫色谱试纸条中应用最广泛的标记材料，然而传统 20nm 左右的纳米金作为标记物时通常检测灵敏度达不到限量标准，这也限制了其在灵敏度要求较高条件下的使用。因此近年来，国内外研究者开发了众多增强灵敏度的方法，例如寻找新的标记材料、增大纳米金的粒径、利用酶催化等。在新的标记材料方面，胶体碳、磁性纳米粒子、量子点、荧光微球以及复合纳米材料等都用来标记抗体，构建检测探针以提高检测灵敏度。

4.4.3 荧光免疫分析

将荧光的敏感可测性与抗原抗体免疫反应的高特异性有机结合，在抗体上标记荧光素/荧光纳米材料作为示踪剂标记抗原、抗体或半抗原分子，合成性能优异的荧光探针。当此免疫荧光探针复合物被蓝光或紫外光照射时，荧光材料会吸收光照转化为激发态。激发态不稳定，又会重回基态，从而以电磁辐射形式释放出能被吸收的光能，发出荧光信号。

常见的荧光标记物的类型有：①香豆素类标记物。其在底物标记荧光免疫分析及荧光酶联免疫分析方面有非常广泛的应用，伞形酮（7-羟基香豆素）是典型的香豆素类标记物。②荧光素类标记物。该类标记物具有较高的荧光量子产率和摩尔吸光系数，属于常见荧光标记物，但荧光素的荧光发射光谱会与胆红素重叠，会对均相免疫分析产生严重干扰。③罗丹明类标记物。此类标记物与荧光素类结构基本相同，与荧光素类相比，其荧光量子产率偏低，但发射波长较长，其中四甲基罗丹明异硫氰酸酯是这类化合物中应用最广泛的物质。④藻胆蛋白类标记物。藻青苷、藻红蛋白和别藻青蛋白较易溶于水，因结构中含有几个线性四吡咯辅基，吸光能力很好，常被用作微粒浓缩荧光免疫分析的荧光探针。⑤异硫氰酸荧光素。此类标记物为黄色、橙黄色或褐黄色结晶粉末，最大激发波长为 $490 \sim 495nm$，分子量 389.4，最大发射波长是 $520 \sim 530nm$，能溶于乙醇和水，在低温干燥的环境中性质最稳定，可保存多年。⑥镧系金属螯合物。某些三价镧系元素，如铽（Tb^{3+}）、铕（Eu^{3+}）和铈（Ce^{3+}）等金属的螯合物经激发后可以发出特征荧光信号，其中 Eu^{3+} 在分辨荧光免疫测定中应用最为成功。除此之外，近年来发展迅速的纳米技术为荧光标记物提供了更多选择，利用各种方法合成的碳点、量子点、荧光微球以及新兴的聚集诱导发光材料等都作为荧光标记物与抗体/抗体结合形成荧光探针，构建荧光免疫分析方法。

根据结合和游离的标记物是否需要分离，荧光免疫分析可分为均相法和非均相法。现将发展比较成熟的荧光免疫分析技术介绍如下。

（1）均相荧光免疫分析　在均相荧光免疫分析中，抗体抗原反应结束后，已结合和未结合的标记物无需分离，便可直接测定，如荧光的吸收、激发、吸收和猝灭等特性在均相法中常被用来进行试验设计。较典型的均相荧光免疫分析法如下：①荧光猝灭免疫分析。荧光材料标记的抗原用作示踪剂标样，特异性抗体与被分析物和示踪剂结合时并不会对示踪剂的荧光造成影响。免疫反应结束后加入抗荧光素抗体，游离态示踪剂与该抗体结合后使其荧光猝灭。空间阻碍导致抗体结合的示踪剂不能结合抗荧光素抗体。因此，体系的荧光随样品浓度的增加而减弱。但是，不考虑荧光猝灭的效率，总荧光信号一直受到实际样品中固有荧光的干扰，因而对背景的监测和校准很有必要。②荧光共振能量转移免疫分析。该方法需要用到 2 种标记物，一种为能量受体，另一种为能量供体。一般受体与特异性抗体连接，而供体与被分析对象的标准品连接。当免疫反应发生时，2 种标记物互相靠近，能量从供体的电子激发态转移到受体分子，根据供体和受体前后的荧光变化对分析物进行定量检测。③底物标记荧光免疫分析。用荧光底物标记抗原标样，如底物 4-甲基伞形酮 β-D-吡喃半乳糖苷，与抗原的结合物是非荧光的，其在 β-D-半乳糖苷酶的环境中被水解为半抗原与伞形酮的结合物和乳糖，后者荧光很强。该方法的核心是当标记抗原与抗体反应发生时酶接近荧光底物受阻。因此，只有游离态的荧光底物标记的抗原才能与被酶所水解释放出强荧光的伞形酮相结合。

（2）非均相荧光免疫分析　与均相荧光免疫分析法相比，非均相荧光免疫分析在抗原抗体作用后，需将未结合和已结合的标记物进行分离，然后才能测定。常见的有以下 2 种：①竞争性固相荧光免疫分析。该体系通常用于检测小分子反应体系中同时加入未标记的检测小分子和荧光材料标记的抗原，让二者与定量的特异性固相抗体竞争结合。反应结束后进行分离，分离后检测结合物的荧光强度，以推断待测样品中分析物的含量，检测物的浓度与荧光信号成反比。②非竞争性固相荧光免疫分析。先将待测样品与固相抗体混合反应，一定时间后，再加入荧光材料标记的抗体。再次反应后，将游离成分与结合物分离，再进行测定。在此体系中，检测物的浓度与荧光信号成正比。

4.4.4　荧光偏振免疫分析

荧光偏振免疫分析（fluorescence polarization immunoassay，FPIA）是一种定量免疫分析技术，其基本原理是荧光物质经单一平面的蓝偏振光（485nm）照射后，吸收光能跃入激发态，随后恢复至基态，并发出单一平面的偏振荧光（525nm）。偏振荧光的强度与荧光物质受激发时分子转动的速度成反比。大分子物质旋转慢，发出的偏振荧光强；小分子物质旋转快，发出的偏振荧光弱。利用这一现象建立荧光偏振免疫分析方法用于小分子物质特别是药物的测定。FPIA 是 20 世纪 60 年代 Dandliker 首次提出的[20]，作为一种均相免疫分析技术，其在检测分析过程中不需要进行烦琐的物理分离，因此可缩短检测时间，同时有利于实现自动化。近年来，随着相关技术和仪器设备的不断发展成熟，该方法也被广泛用于临床血药浓度监测、食品安全检测、环境监测等。

目前，依据检测体系中是否存在竞争性分析物，FPIA 可分为竞争 FPIA 和非竞争 FPIA。其中竞争 FPIA 依据加样顺序又可分为直接竞争 FPIA、单试剂 FPIA 和置换 FPIA。

直接竞争 FPIA 是目前应用最广的竞争 FPIA 方法，该方法首先将示踪剂和待测物进行预混合，而后将抗体加入到反应体系中。示踪剂和待测物之间直接竞争与抗体结合，二者与抗体的结合概率一致，检测体系的荧光偏振（FP）值与样品中待测物浓度呈负相关。而单试剂 FPIA 则是先将一定量的示踪剂和抗体进行预混合，而后将示踪剂-抗体的预平衡结合物作为 FPIA 中的单一试剂，而后再引入待测物进行检测分析。示踪剂和抗体预先充分孵育结合，导致了对待测物的不公平竞争，与示踪剂-抗体的预平衡结合检测体系 FP 值相比，体系 FP 值变化同样与样品中待测物浓度呈负相关。最后一种竞争 FPIA 是置换 FPIA，在置换 FPIA 检测体系中，其待测物和抗体首先进行预混合，与单试剂 FPIA 一样，待测物和示踪剂对抗体是不公平竞争结合的，因此，这种 FPIA 同样应考虑适当的孵育时间，以确保该反应系统的平衡状态。

非竞争 FPIA 则常被用于研究抗体对示踪剂的亲和力，其通过将不同浓度的抗体与一定量的示踪剂混合，可以获得抗体的结合曲线。这条曲线上识别元素能与 50％的示踪剂结合的浓度即为滴度，它代表抗体对于示踪剂的亲和力。

除了竞争 FPIA 和非竞争 FPIA，停流 FPIA 同样也是一种广泛应用的 FPIA，其通过自动的停流仪器测定待测物、示踪剂和抗体的结合反应最初始阶段 4～5s 内的 FP 值变化，这样测定的信号完全来自于示踪剂和抗体的结合，显著降低检测体系中的背景值干扰。此外，停流 FPIA 也显著缩短了检测时间，易于实现自动化分析，有利于对大批量样品进行快速检测。近年来，随着技术的不断发展成熟，结合微芯片和微流控技术的其他 FPIA 也开始出现并被用于分析检测。

4.4.5　化学发光免疫分析

化学发光免疫分析（chemiluminescence immunoassay，CLIA）是一种将化学发光系统与免疫反应相结合的测定法。其主要包含两个部分，即免疫反应系统和化学发光分析系统。免疫反应系统是抗原抗体的特异性结合反应。化学发光分析系统是将发光物质直接标记在抗原或抗体上，利用化学发光物质经催化剂的催化和氧化剂的氧化，形成激发态的中间体，当激发态中间体回到稳定的基态时，同时发射出光子，利用发光信号测量仪器测量光量子产率，从而对分析物进行定量检测[21]。1977 年，化学发光免疫分析法被首次提出，至今已发展了 40 余年，CLIA 取得了长足的进步，检测体系趋于成熟，并以其分析灵敏度高、线性范围宽、无散射光干扰、无放射性污染物、设备简单等优点被广泛应用于生命科学、临床诊断、环境监测、食品安全和药物分析等领域。传统的化学发光免疫分析根据标记方法的不同可分为：化学发光标记免疫分析和化学发光酶免疫分析。

4.4.5.1　化学发光标记免疫分析

化学发光标记免疫分析是用化学发光剂直接标记抗原或抗体的免疫分析方法。常用于标记的化学发光物质有吖啶酯类化合物，吖啶酯被过氧化氢氧化时，会产生具有化学发光信号的芳香族吖啶酯，强烈的直接发光在一秒钟内完成，为快速的闪烁发光。吖啶酯作为标记物用于免疫分析，其化学反应简单、快速、无需催化剂。

4.4.5.2　化学发光酶免疫分析

从标记免疫分析角度，化学发光酶免疫分析应属酶免疫分析，只是酶反应的底物是发光剂，操作步骤与酶免分析完全相同。以酶标记抗原或抗体进行免疫反应，免疫反应复合物上的酶再作用于发光底物，在信号试剂作用下发光，用发光信号测定仪进行发光测定。目前常用的标记酶为辣根过氧化物酶和碱性磷酸酶，它们有各自的发光底物。

（1）辣根过氧化物酶标记的化学发光免疫分析　在此反应体系中，常用的发光底物为鲁米诺（3-氨基邻苯二甲酰肼，luminol），或其衍生物如异鲁米诺（4-氨基邻苯二甲酰肼）。鲁米诺是最著名和最有效的化学发光试剂之一。鲁米诺的氧化反应在碱性缓冲液中进行，在过氧化物酶及活性氧［超氧阴离子（O_2^-）、单线态氧（$^1O_2$）、羟基自由基（OH·）、过氧化氢（H_2O_2）］存在下，生成激发态中间体，当其回到基态时发光，其波长为 425nm。

早期研究中用鲁米诺直接标记抗原或抗体，但标记后由于发光强度的降低而使灵敏度受到影响。近来用过氧化物酶标记抗体，进行免疫反应后利用鲁米诺作为发光底物，在过氧化物酶和发光试剂作用下，鲁米诺发光，发光强度依赖于酶免疫反应物中酶的浓度。

（2）**碱性磷酸酶标记的化学发光免疫分析**　在碱性磷酸酶标记的化学发光反应体系中所用的发光底物为环 1,2-二氧乙烷衍生物，这是一类很有前途的发光底物，其分子结构中包含起稳定作用的基团——金刚烷基，其分子中发光基团为芳香基团和酶作用的基团，在酶及启动发光试剂作用下引起化学发光。最常使用的底物是 3-（2-螺旋金刚烷）-4-甲氧基-4-（3-磷氧酰）-苯基-1,2-二氧环乙烷二钠盐（AMPPD）。在碱性磷酸酶作用下，磷酸酯基发生水解而脱去一个磷酸基，得到一个中等稳定的中间体 AMPD（半衰期为 2~30 min），此中间体经分子内电子转移裂解为一分子的金刚烷酮和一分子处于激发态的间氧苯甲酸甲酯阴离子，当其回到基态时产生 470nm 的光，可持续几十分钟。

4.4.5.3　增强型化学发光免疫分析

常规化学发光体系存在信号弱、强度低、发光时间短等缺陷。为了增强发光信号和延长发光时间，系统中可引入化学发光增强剂。增强剂通过促进电子活化在化学发光反应中发挥介体作用，从而导致分析灵敏度显著提高。目前，关于增强型化学发光免疫分析的研究仍在继续并取得了一定进展。

（1）**基于酚类化合物的增强型化学发光免疫分析**　一般来说，辣根过氧化物酶-鲁米诺化学发光系统是化学发光免疫分析中的热门应用。然而，辣根过氧化物酶-鲁米诺系统是一种瞬时闪光型发光，其强度相对较低。如何提高其发光强度，延长其发光时间是一个研究热点。由于在辣根过氧化物酶-鲁米诺化学发光反应中发现了碘酚的增强作用，碘酚已成为最流行的化学发光反应增强剂之一。但由于碘酚气味难闻，近年来已被其他酚类化合物，即萘酚和对碘苯酚等取代[22-24]。此外，已报道了某些化学指示剂如溴酚蓝和酚酞可增强化学发光信号[25-28]。溴酚红作为光敏剂或 pH 指示剂，可大大增强辣根过氧化物酶-鲁米诺的化学发光信号。在这种情况下，溴酚红与氧反应并形成单线态氧（$^1O_2$）。$^1O_2$ 在化学发光反应中起重要作用。形成的 $^1O_2$ 与鲁米诺分子反应发光，成为比碘酚更有潜力的化学发光增强剂。此外，作为催化剂的 1,10-菲咯啉及其衍生物可以增强高碘酸盐-过氧化物系统中的化学发光信号。这些新的基础研究鼓励进一步考虑其他化学物质以增强化学发光反应，并为化学催化剂的应用开辟了新的可能性。

此外，金属卟啉，尤其是铁卟啉（hemin），可以帮助脱氧核糖核酸酶刺激化学发光的产生。铁卟啉/G-四链体脱氧核糖核酸酶由富含鸟嘌呤的核酸序列和嵌在其构象中的血红素组成，在鲁米诺-H_2O_2 反应中表现出很强的催化能力[29]。与均相脱氧核糖核酸-鲁米诺-H_2O_2 化学发光反应相比，铁卟啉/G-四链体脱氧核糖核酸酶对 H_2O_2 的氧化还原反应具有极大的催化作用，进而促进了强的化学发光强度和较慢的化学发光反应动力学。由于铁卟啉/G-四链体脱氧核糖核酸酶的存在，鲁米诺-H_2O_2 的化学发光反应信号可显著放大，已广泛应用于化学发光免疫分析检测[30,31]。

化学发光增强剂在化学发光系统中具有多种形式，例如单一增强剂和共增强剂。然而，化学增强剂在实际应用中表现出一些不稳定性和背景干扰。因此，开发具有更好性能和更少干扰的新型增强剂是未来研究的目标。因此，不同化学成分的纳米材料在增强化学发光作为催化剂或化学载体方面受到了极大的关注。

（2）**基于金属纳米粒子的增强型化学发光免疫分析**　除了作为增强剂的有机酚及其衍生物外，金属纳米粒子，例如银（Ag）、金（Au）和铂（Pt），由于表面积和表面电子密度的增加，对化学发光反应具有很强的催化性能。此外，使用纳米粒子，特别是金属纳米粒子作为生物标记物催化底物发光的方法引起了研究者相当大的兴趣。作为生物标记物，纳米粒子具有许多优势：首先，在纳米尺度上具有独特性质的各种纳米结构很容易制备，因此在生物技术系统中的应用引起了广泛的兴趣；其次，纳米粒子更适合与生物系统结合，因为它们具有良好的生物相容性，并且与许多大分子的大小范围相似。近年来，有许多化学发光免疫分析使用不同的纳米粒子作为检测分析物的标记物[32-34]。其中铂纳米粒子（PtNPs）是典型的化学发光反应中的催化剂之一，其可代替辣根过氧化物酶用于辣根过氧化物酶-鲁米诺反应。PtNPs 的催化机制是加速电子转移过程并促进水溶液中 PtNPs 表面的化学发光自由基产生[35]。PtNPs 不仅在鲁米诺化学发光反应中的催化活性略高于辣根过氧化物酶，而且其稳定性明显优于辣根过氧化物酶。因此，PtNPs 是化学发光反应中较好的选择之一。

（3）基于其他纳米材料的增强型化学发光免疫分析　除了上述描述的金属纳米粒子外，量子点以及碳纳米材料也可以作为化学发光反应催化剂。将纳米材料引入化学发光反应是放大化学发光信号和开发各种分析方法的重要策略。尽管不同的纳米材料在化学发光反应中大多仅作为催化剂，但纳米材料的化学发光增强机制（如尺寸效应和电子转移过程）尚不清楚，在某些情况下甚至相互矛盾，需要进一步深入研究。尽管如此，纳米材料辅助的化学发光在化学发光免疫分析领域应该有广阔的应用前景。

4.4.6　其他免疫分析法

4.4.6.1　放射免疫分析

放射免疫分析（radioimmunoassay，RIA）是早期建立的一种高灵敏度和特异性的检测方法。自从 Yalow 和 Berson 于 1960 年首次提出以来[36]，RIA 已迅速成为评估大量生物分子浓度的最广泛适用和最敏感的技术之一。其主要原理为利用放射性标记物和未标记物竞争抗体（或其他识别分子）来测定未标记物的浓度。RIA 的核心概念是以极小浓度的高放射性示踪抗原与低浓度的高亲和力特异性抗体对未标记的分析物竞争结合[37]。因此，未知样品中分析物的浓度可以通过它们与示踪剂竞争结合抗体的能力来确定。该方法可用于测定非常低浓度的分析物，即使在生物体液中存在许多杂质的情况下也是如此。实现这一点需要适当的高亲和力抗体和放射性标记抗原，优化抗体和示踪标记抗原的浓度以最大限度地提高灵敏度，并通过使用已知的未标记抗原的浓度，从中读取未知样品中的浓度。使用放射性标记示踪剂需要专业实验设备和安全措施，因此可作为一种基于实验室的快速检测技术。

4.4.6.2　时间分辨荧光免疫分析

时间分辨荧光免疫分析（time-resolved fluoroimmunoassay，TRFIA）始于 20 世纪 80 年代初，是一种非放射性免疫检测技术[38]。其主要特点是以稀土元素为示踪剂，使用时间分辨荧光测量法排除非特异性荧光的干扰，最大限度地提高灵敏度，检测限达 1.0×10^{-17} mol/L。该技术具有标记物无放射性污染、有效期长、应用范围广、容易制备、适合大量样品检测及标准曲线量程宽等优点。该技术的研究及应用发展迅猛。与传统的荧光素标记方法相比，TRFIA 是一种非同位素免疫分析技术，它用镧系元素标记抗原或抗体，而镧系元素及其螯合物的荧光光谱具有如下特征：

（1）荧光寿命较长　镧系元素的荧光寿命可达 $60\sim900\mu s$，基于该特性可适当将检测时间延迟，等其他物质荧光衰变之后，再进行荧光信号的测定。这样可以十分有效地避免其他非特异性荧光物质的干扰，提高检测的信噪比，进而提高时间分辨技术灵敏度。

（2）Stoke's 位移较大　镧系元素激发光波长可长达 340nm，发射光波长可长达 613nm，Stoke's 位移可达 273nm，而普通荧光物质的 Stoke's 位移一般为几到几十纳米，该特性避免了激发光谱和发射光谱出现重叠，同时也能够区别背景荧光。

（3）激发光谱较宽　镧系元素的最大激发波长一般在 $300\sim500nm$ 之间，但镧系元素的发射光谱非常窄，有的不足 10nm。基于此现象，可以通过滤光片保留强特异性的荧光，去除掉非特异性荧光，检测中来自背景光的各种因素干扰能够最大程度地降低。

因此，根据镧系元素螯合物的发光特点，用时间分辨技术测量荧光，同时检测波长和时间两个参数进行信号分辨，可有效地排除非特异荧光的干扰，极大地提高了分析灵敏度。

4.4.6.3　免疫印迹

免疫印迹（immunoblotting，又称蛋白质印迹）是根据抗原抗体的特异性结合检测复杂样品中的某种蛋白质的方法[39]。该法是在凝胶电泳和固相免疫测定技术基础上发展起来的一种新的免疫生化技术。由于免疫印迹具有 SDS-PAGE 的高分辨率和固相免疫测定的高特异性和敏感性，现已成为蛋白质分析的一种常规技术。其检测原理为：将混合蛋白质样品在凝胶板上进行单向或双向电泳分离，然后取固定化基质膜与凝胶相贴。在印迹纸的自然吸附力、电场力或其他外力作用下，使凝胶中的单一抗原组分转移到印迹纸上，并且固相化。最后应用免疫覆盖液技术如免疫同位素探针或免疫酶探针等，对抗原固定化基质膜进行检测和分析。基本步骤包括：蛋白质样品通常用十二烷基硫酸钠等还原剂溶解，溶解后，材料通过 SDS-PAGE 分离。然后将抗原电泳转移到印迹装置中的硝酸纤维素膜上，通过用丽春红染色可以定性或定量地监测蛋白质向膜的转移。转移的蛋白质与膜表面结合，提供与免疫检测试剂反应的途径。通过将膜浸入含有蛋白质或封闭剂的溶液中来封闭所有剩余的非特异性结合位点。用抗体结合后，洗涤膜并用与辣根过氧化物酶或碱性磷酸酶偶联的二抗鉴定抗体-抗原复合物。然后使用显色或发光底物来对结果进行可视化。免疫印迹法具有所需试剂少，易于操作，孵育、洗涤的时间短，结果以图谱形式可长期保存等优点。

4.5

免疫亲和色谱法

4.5.1　原理

免疫亲和色谱（immunoafinity chromatography，IAC）是以抗体、抗原特异性的分

子识别为基础的色谱技术。由于抗体、抗原具有高度的亲和力和选择性，并且能够可逆性结合，对分析复杂生物样品中残留的痕量目标物（抗原）较传统的液-液萃取（LLE）、固相萃取（SPE）具有无可比拟的优势。其基本原理是将特异性抗体与惰性基质偶联，制成免疫吸附剂（immunoadsorbent，IS），然后装柱；当待测组分流经 IAC 柱时，抗体与目标待测组分选择性结合；经适当洗涤，其余杂质不被保留而流出 IAC 柱，再利用适宜的洗脱剂将抗原-抗体复合物解离，使样品中的待测组分得到有效分离、净化和浓缩。

IAC 技术之所以被广泛应用，是因为其有以下许多显而易见的优点：

① IAC 柱对待测目标物有极高的选择性，通过一步层析就可使样品得到高度净化，改善了样品的分析质量。

② IAC 柱对待测物的选择性富集使分析方法的检测限主要取决于样品量，这是常规净化手段难以达到的。

③ IAC 柱对待测物有着极高的保留能力，只要上柱的待测物不超过柱容量，那么 IAC 柱对组分的保留能力与净化能力不受样本体积与浓度的影响。

④ IAC 具有多残留分析能力。固定有多种抗体或广谱识别抗体的 IAC 柱可以同时对多种待测物进行提取净化。

⑤ IAC 法对待测物进行净化的同时也提供了待测物的定性信息。

⑥ IAC 柱一般都在水相中操作，且可重复使用，节省有机溶剂与耗材。

4.5.2　基质

关于基质的最早报道出现在 1951 年，即将卵清蛋白共价偶联在对氨基苄基纤维素基质上，用来分离抗白蛋白抗体。随后，IAC 不断发展，载体也从纤维素逐渐发展成更为高效和高容量的 Sepharose、葡聚糖和聚丙烯酰胺等。目前，Sepharose 由于具有抗体偶联量大、生物兼容性好和流速快等优点，应用最为广泛。

4.5.3　间隔臂

间隔臂可以降低固定抗体和待测抗原的空间位阻，并且可以避免刚性的载体骨架及局部微环境对抗体的影响，一般来说，间隔臂至少应为 $1\sim2nm$，约 $10\sim20$ 个 C 原子长度。虽然间隔臂变长可以有效降低空间位阻，但是过长会增加非特异性吸附。亲水性配基如抗体宜选择疏水间隔臂，$H_2N—(CH_2)_n—COOH$ 使用较多；疏水性配基则选用亲水性间隔臂，以降低间隔分子对配基结构的影响。目前趋向于使用中性、不带电荷、亲水性间隔臂，这类间隔臂的非特异性吸附较低，但是在基质上建造亲水性间隔臂较疏水性间隔臂要困难得多。

4.5.4　免疫吸附剂的制备

一旦选定了抗体、基质和间隔臂，即可用适当的方法将抗体固定在基质上合成免疫吸附剂。对免疫吸附剂的制备方法有两个基本要求：保持固定抗体活性；减少非特异性吸附。活化和偶联反应条件要求温和、简单，尽可能降低对抗体的活性和基质的结构破坏；活化及偶联方法和间隔臂的选择对 IAC 性能，特别是对减少非特异性吸附十分重要，严重的非特异性吸附可能会抵消 IAC 对待测物的选择性。

4.5.5 免疫亲和色谱方法的建立

免疫亲和色谱过程包括平衡、吸附、洗涤、洗脱和再生，可采用柱色谱方式或分批方式。前者主要用于样品净化或富集，后者主要用于优化 IAC 操作条件。

（1）**柱体积** 免疫吸附剂具有高效保留能力，所以 IAC 柱均采用较小的柱体积节约吸附剂和减少非特异性吸附，通常为 0.2~2mL，外观形式和操作方式与常规的 SPE 柱相似。

（2）**流速** 半抗原和抗体的初级结合反应可以在瞬间完成，所以 IAC 对加样速度要求不严格，一般为 0.5~3.0mL/min，但过高流速形成的剪切力会加速固定抗体的流失，在 HPIAC 中还可能出现分裂峰（split peak）。必要时可对流速进行优化。

（3）**平衡** 用 5~10 倍柱体积的平衡溶液（pH 7.2~7.4 PBS 或生理盐水）和样品载液冲洗 IAC 柱，除去保护剂。

（4）**吸附条件** 采用分批法优化吸附条件，如样品载液的 pH、离子强度、有机溶剂等，原则是保持吸附剂良好的吸附活性、溶解样品和减少非特异性吸附。制备 IAC 之前一般均已建立了 ELISA 或 RIA，其反应条件也可直接用于 IAC 吸附步骤。样品载液中必须保持适当的离子强度（如 0.15~0.5mol/L NaCl）以降低非特异性吸附。为增强组分在水相中溶解性，载液中通常含有 5%~20% 的水溶性有机溶剂，如甲醇、乙腈。

（5）**洗涤条件** 通常采用 10~15 倍以上柱体积的样品液，除去柱床内滞留和非特异吸附的样品基以提高洗涤效果，洗涤步骤可以当作分离过程进行设计，如控制离子的强度和有机溶剂含量。

（6）**洗脱条件** 用解离条件减弱抗体与待测物间的相互作用或使抗体发生可逆变性，K_a 降低，复合物解离，待测物被洗脱，这种洗脱方法称为非特异性洗脱（non-specific elution）。特异性洗脱即在流动相中加入竞争物将待测物从免疫吸附剂上竞争洗脱。

4.6

免疫分析质量控制

免疫分析技术在本质上属于生化试剂的理化分析技术，其质量控制原则应与常规分析方法一致，包括准确度、精密度、灵敏度、选择性（交叉反应性）等。

4.6.1 准确度

准确度可通过添加回收率进行评价，添加回收率指分析过程最后阶段的分析物测定含量除以原始样品中分析物的添加量，以百分比表示，一般应为 $60\%\sim120\%$。

4.6.2 精密度

精密度是指在规定条件下获得的独立测试结果之间的一致性的密切程度，并表示为测试结果的标准差或变异系数；在实验室内重复性条件下，重复分析的变异系数不应超过霍维茨方程计算的水平。即：

$CV=2^{1-0.5\lg C}$，其中 C 是质量分数，CV 是变异系数。分析方法允许的最大变异系数不应大于表 4-2 所示的值。

表 4-2　不同检测浓度下分析方法允许的最大变异系数

质量分数	CV/%
>1000μg/kg	16
120～1000μg/kg	22
10～120μg/kg	25
<10μg/kg	30

4.6.3 灵敏度

免疫分析的灵敏度取决于曲线的斜率和空白对照组测定值的变异。曲线斜率的绝对值越大，空白组测定值的变异越小，则灵敏度越高。免疫分析的灵敏度通常用检测限表示，指能使标记物与抗体的结合水平发生统计学意义上的显著改变所需的最小待测物浓度，一般以空白组的 10 次测定结果平均值加上其 3 倍标准差所对应的待测物浓度为检测限。

4.6.4 选择性

免疫分析的选择性取决于分析物与其结构类似物之间的交叉反应。应确定同系物、同分异构体、降解产物、内源性物质、类似物、相关残留物的代谢产物、基质化合物或任何其他可能干扰物质的干扰，如有必要，应修改方法以避免识别出的干扰。通常用交叉反应率评价方法的选择性，计算公式如下：

$$交叉反应率＝IC_{50}（分析物）/IC_{50}（交叉反应物）$$

式中，IC_{50} 为竞争抑制反应中产生 50% 最大抑制率的分析物或交叉反应物的浓度。针对某一特定组分的测定方法对其他物质的交叉反应率不得高于 2%；针对多个组分的测定方法，其残留组分总量测定结果的校正值不得超过实际含量的 $\pm20\%$。

4.6.5　样品基质效应

样品基质效应指溶解在溶剂中的标准物与使用内部标准物进行校正的基质匹配标准物之间的分析响应差异。样品基质效应可能抑制免疫结合反应，使竞争效率下降，从而影响分析检测灵敏度。一般通过比较缓冲液介质和样品基质的标准曲线评价方法的抗基质干扰能力来评价基质效应。在所有情况下都应评价方法的抗基质干扰能力。这既可以作为验证的一部分，也可以在单独的实验中完成。相对基质效应的计算应根据方法的范围，至少需要对 20 个不同的空白基质进行，同时要覆盖不同物种。空白基质经前处理后与分析物的缓冲液进行比较分析。基质干扰严重时，应对待测样品进行适当稀释或者处理以消除基质效应。

4.6.6　比较分析

免疫分析作为快速检测方法，其检测结果需要与高效液相色谱或气相色谱等仪器分析方法进行比较，分析结果相关性。

4.7

应用与发展前景

自 20 世纪 50 年代建立以来，免疫分析在对灵敏、特异、快速和强大的检测系统的需求驱动下取得了巨大的进步。免疫分析可大幅降低检测成本并避免了对高技能操作人员的需求。目前免疫分析已成为市场最重要的快速检测技术之一，其灵敏度可达到 ng/g～pg/g 级别，分析效率也是传统仪器分析的几十倍以上。目前，免疫分析已经应用于绝大多数兽用抗生素和激素类药物的检测，如磺胺类、β-内酰胺类、呋喃类等。虽然得到了广泛应用，但是，免疫分析在测定结果等方面仍存在一些缺陷，例如：①无法提供分析物的组成或结构信息；②一般不具备多残留分析能力；③易出现检测假阳性等结果，且方法的标准化程度较低；④免疫分析方法的建立周期较长，过程复杂烦琐，在半抗原合成和抗体制备方面存在偶然性。在目前阶段，免疫分析仍难以取代色谱或光谱等仪器分析方法，其结果通常需要仪器分析方法进行验证。

未来免疫分析技术的发展将主要集中在以下几个方面：

（1）**半抗原设计**　计算机辅助半抗原的理性设计将成为未来半抗原设计的重要方向，不依赖于当前的"试错"法或者"经验"论，使半抗原设计成功率大幅提升。

（2）**抗体类型的转换**　目前鼠单克隆抗体已经无法满足对复杂基质样品检测的需求，稳定性更高、对基质耐受性更强的纳米抗体成为抗体类型的主流。

（3）**标准化抗体的生产与供应**　抗体制备的批次不均一问题一直限制着免疫分析方

法的进一步推广，基因重组抗体是解决这一问题的有效途径。

（4）多残留免疫分析方法的构建　单一的分析物检测已不能满足当前对多残留分析的需求，进行多残留检测是未来免疫分析发展的重点。

（5）发展灵敏、抗干扰性强的标记物或检测方法　新型纳米材料，如磁性纳米材料、荧光纳米材料等可提供更强、更稳定的信号，可作为标记材料的选择；另外，与抗干扰性强的其他信号读出方式联用也是重要的方向，如近红外读出信号、光热读出信号等。

（6）双/多信号读出检测平台的构建　当前阻碍免疫分析进一步应用的其中一个原因是检测结果的准确性，构建多信号读出检测平台，信号之间可相互验证，显著提高检测结果的准确性。

参考文献

[1] Seong S Y, Matzinger P. Hydrophobicity: an ancient damage-associated molecular pattern that initiates innate immune responses [J]. Nature Reviews Immunology, 2004, 4（6）: 469-478.

[2] Köhler G, Milstein C. Continuous cultures of fused cells secreting antibody of predefined specificity[J]. Nature, 1975, 256（5517）: 495-497.

[3] Grilo A L, Mantalaris A. The increasingly human and profitable monoclonal antibody market [J]. Trends in Biotechnology, 2019, 37（1）: 9-16.

[4] Runte F, Renner I V P, Hoppe M. Kuby immunology[M]. 2019.

[5] Sun Y, Huang T, Hammarström L, et al. The immunoglobulins: new insights, implications, and applications[J]. Annual Review of Animal Biosciences, 2020, 8（1）: 145-169.

[6] Wild D. The immunoassay handbook: theory and applications of ligand binding, ELISA and related techniques[M]. Newnes, 2013.

[7] Littlefield J W. Selection of hybrids from matings of fibroblasts in vitro and their presumed recombinants[J]. Science, 1964, 145（3633）: 709-710.

[8] Spieker-Polet H, Sethupathi P, Yam P C, et al. Rabbit monoclonal antibodies: generating a fusion partner to produce rabbit-rabbit hybridomas[J]. Proceedings of the National Academy of Sciences of the United States of America, 1995, 92（20）: 9348-9352.

[9] Ma X, H Li, Qiao S, et al. A simple and rapid sensing strategy based on structure-switching signaling aptamers for the sensitive detection of chloramphenicol[J]. Food Chemistry, 2020, 302: 125359.

[10] Qin X, Lu Y, Bian M, et al. Influence of gold nanoparticles in different aggregation states on the fluorescence of carbon dots and its application[J]. Analytica Chimica Acta, 2019, 1091: 119-126.

[11] Yi H, Yan Z, Wang L, et al. Fluorometric determination for ofloxacin by using an aptamer and SYBR Green I[J]. Microchimica Acta, 2019, 186: 1-9.

[12] Chen T X, Ning F, Liu H S, et al. Label-free fluorescent strategy for sensitive detection of tetracycline based on triple-helix molecular switch and G-quadruplex[J]. Chinese Chemical Letters, 2017, 28（7）: 1380-1384.

[13] Lavaee P，Danesh N M，Ramezani M，et al. Colorimetric aptamer based assay for the determination of fluoroquinolones by triggering the reduction-catalyzing activity of gold nanoparticles[J]. Microchimica Acta，2017，184（7）：2039-2045.

[14] Wu Y Y，Liu B W，Huang P，et al. A novel colorimetric aptasensor for detection of chloramphenicol based on lanthanum ion-assisted gold nanoparticle aggregation and smartphone imaging[J]. Analytical and Bioanalytical Chemistry，2019，411（28）：7511-7518.

[15] 朱俊亚，李芳，赵兰馨，等. 纳米磁珠-电化学适配体传感技术检测牛奶中氨苄青霉素[J]. 食品科学，2019，40（24）：6.

[16] Liu S，Wang Yu，Xu W，et al. A novel sandwich-type electrochemical aptasensor based on GR-3D Au and aptamer-AuNPs-HRP for sensitive detection of oxytetracycline[J]. Biosensors and Bioelectronics，2017，88：181-187.

[17] 鞠守勇，陈其国，李莉. 利用青霉素结合蛋白检测青霉素类抗生素残留[J]. 食品研究与开发，2018，39（15）：5.

[18] Engvall E，Perlmann P. Enzyme-linked immunosorbent assay，ELISA：Ⅲ. Quantitation of specific antibodies by enzyme-labeled anti-immunoglobulin in antigen-coated tubes[J]. The Journal of Immunology，1972，109（1）：129-135.

[19] Di Nardo F，Chiarello M，Cavalera S，et al. Ten years of lateral flow immunoassay technique applications：trends，challenges and future perspectives [J]. Sensors，2021，21（15）：5185.

[20] Dandliker W B，Feigen G A. Quantification of the antigen-antibody reaction by the polarization of fluorescence[J]. Biochemical and Biophysical Research Communications，1961，5（4）：299-304.

[21] Xiao Q，Xu C. Research progress on chemiluminescence immunoassay combined with novel technologies[J]. TrAC Trends in Analytical Chemistry，2020，124：115780.

[22] Sakharov I Y，Demiyanova A S，Gribas A V，et al. 3-（10'-Phenothiazinyl）propionic acid is a potent primary enhancer of peroxidase-induced chemiluminescence and its application in sensitive ELISA of methylglyoxal-modified low density lipoprotein [J]. Talanta，2013，115：414-417.

[23] Ichibangase T，Ohba Y，Kishikawa N. Evaluation of lophine derivatives as L012（luminal analog）-dependent chemiluminescence enhancers for measuring horseradish peroxidase and H_2O_2[J]. Luminescence，2014，29：118-121.

[24] Wu Y J，Zhang H L，Yu S C. Study on the reaction mechanism and the static injection chemiluminescence method for detection of acetaminophen [J]. Luminescence，2013，28：905-909.

[25] Yu X Q，Sheng Y Y，Zhao Y J，et al. Employment of bromophenol red and bovine serum albumin as luminol signal co-enhancer in chemiluminescent detection of sequence-specific DNA [J]. Talanta，2016，148：264-271.

[26] Yang L H，Jin M J，Du P F，et al. Study on enhancement principle and stabilization for the luminol-H_2O_2-HRP chemiluminescence system[J]. PLOS ONE，2015，10（7）：e0131193.

[27] Kim J，Kim J，Rho T H D，et al. Rapid chemiluminescent sandwich enzyme immunoassay capable of consecutively quantifying multiple tumor markers in a sample[J]. Talanta，2014，129：106-112.

[28] Feng Z M，Cai J，Li X H，et al. Application of phenolphthalin in HRP luminescence-monitored assays[J]. Chemical Analysis and Meterage，2014，23：11-14.

[29] Gao Y，Li B. G-quadruplex DNAzyme-based chemiluminescence biosensing strategy for ultrasensitive DNA detection：combination of exonuclease Ⅲ assisted signal amplification and carbon nanotubes-assisted background reducing [J]. Analytical Chemistry，2013，85：11494-11500.

[30] Chu Z，Zhang L，Huang Y，et al. A G-quadruplex DNAzyme chemiluminescence aptasen-

sor based on the target triggered DNA recycling for sensitive detection of adenosine [J]. Analytical Methods, 2014, 6: 3700-3705.

[31] He Y, Sun J, Wang X, et al. Detection of human leptin in serum using chemiluminescence immunosensor: signal amplification by hemin/Gquadruplex DNAzymes and protein carriers by Fe$_3$O$_4$/polydopamine/Au nanocomposites[J]. Sensors and Actuators B: Chemical, 2015, 221: 792-798.

[32] He Y, Xu B, Li W, et al. Silver nanoparticle-based chemiluminescent sensor array for pesticide discrimination[J]. Journal of Agricultural and Food Chemistry, 2015, 63: 2930-2934.

[33] Biparva P, Abedirad S M, Kazemi S Y. Silver nanoparticles enhanced a novel TCPO-H$_2$O$_2$-safranin O chemiluminescence system for determination of 6-mercaptopurine[J]. Spectrochimica Acta Part A: Molecular and Biomolecular Spectroscopy, 2015, 145: 454-460.

[34] Qi Y, Li B, Xiu F. Effect of aggregated silver nanoparticles on luminol chemiluminescence system and its analytical application[J]. Spectrochimica Acta Part A: Molecular and Biomolecular Spectroscopy, 2014, 128: 76-81.

[35] Li Q, Zhang L, Li J, et al. Nanomaterial-amplified chemiluminescence systems and their applications in bioassays[J]. Trac Trends in Analytical Chemistry, 2011, 30: 401-413.

[36] Yalow R S, Berson S A. Immunoassay of endogenous plasma insulin in man[J]. The Journal of Clinical Investigation, 1960, 39 (7): 1157-1175.

[37] Yalow R S. Radioimmunoassay [J]. Annual Review of Biophysics and Bioengineering, 1980, 9 (1): 327-345.

[38] Soini E, Kojola H. Time-resolved fluorometer for lanthanide chelates-a new generation of nonisotopic immunoassays[J]. Clinical Chemistry, 1983, 29 (1): 65-68.

[39] Ni D, Xu P, Gallagher S. Immunoblotting and immunodetection[M]. Current Protocols in Molecular Biology, 2016.

第 5 章
微生物分析方法

微生物分析方法是以微生物（通常为细菌）与抗生素之间特定的反应来定性或半定量检测抗生素残留的方法，是目前常用的抗生素残留筛选方法之一，也是最早用于抗生素残留检测的方法。该法具有操作简便、快速、价格低廉等优点，且不需要特殊设备，可以检测具有抗菌活性的任何抗菌药或代谢物，在欧美等国家作为官方残留监控的重要手段，广泛用于肉、蛋、奶、蜂蜜、水产品等动物源性食品中抗菌药残留的快速筛选，为后期的定量确证分析节约大量成本。

1941 年，Abraham 等[1] 以金黄色葡萄球菌为指示菌，建立了牛津杯法，用于青霉素 G 的检测。1944 年，Foster 和 Woodruff 对牛津杯法进行了改进，并建议采用枯草芽孢杆菌代替金黄色葡萄球菌[2]。为了简化实验操作和提高准确度，Vincent 等在牛津杯法的基础上提出了纸片扩散法[3]。由于单平皿法检测抗生素的种类范围窄，研究者采用多种培养基和指示菌建立了多平皿法，如德国三平皿法（three-plate test，TPT）、欧盟四平皿法（four-plate test，FPT）、五平皿法、七平皿法等。但是多平皿法的检测成本高、孵育时间长（18～24h），且对实验操作者的技术熟练程度要求高。

1955 年，Neal 和 Calbert 首次建立了以嗜热脂肪芽孢杆菌为指示菌，以氯化三苯基四氮唑（triphenyl tetrazolium chloride，TTC）为指示剂，用于检测牛奶中残留抗菌药的 TTC 法[4]。该方法依据有无颜色的变化（无色-红色）判断牛奶中是否有抗菌药残留，检测时间为 2.5h，被多个国家作为检测牛奶中抗生素残留的法定方法。

然而，微生物抑制法缺乏特异性，需要较长的孵育时间。在 20 世纪 70 年代初，Lefkowitz 等最先采用放射受体法定量测定血浆中的多肽类激素[5]。1979 年，美国波士顿大学 Charm 教授建立了检测牛奶中抗生素残留的放射受体法，该方法可在 15min 内检出青霉素残留[6]。基于放射受体法的微生物分析法的诞生，显著缩短了检测时间，提高了方法的特异性。

二十世纪七八十年代，各类生物大分子和生物材料被选为生物传感器的分子识别元件，包括酶、抗体、核酸、细胞、组织片、微生物等，多种环境化学物质得以被快速检测。随着生物传感器在食品污染物快速检测中的应用，基于固定化微生物的微生物传感器在抗生素残留检测中显示出巨大优势和发展潜力。微生物传感器的设计灵感源于完整的细胞个体可作为复杂的识别元件，并通过胞内信号级联放大作用增加装置的灵敏度[7]。由于细菌易培养、生长快、易改造，更适合构建微生物传感器。微生物传感器中应用的敏感菌株主要有两种，一种是对毒性物质敏感的天然发光菌，如明亮发光杆菌、费氏弧菌和青海弧菌；另一种是利用基因重组技术导入报告基因而构建的工程菌。1998 年，Korpela 等构建了具有生物发光特性的大肠杆菌 K-12 菌株，可快速并特异性地检测四环素的存在[8]。基于微生物传感器的抗生素残留检测方法具有快速、微型、便捷、高通量、高特异性、灵敏度好、专一性强等优点。

本章主要介绍各种微生物分析方法的原理及其在兽药残留检测中的应用和研究进展。

5.1

微生物抑制法

微生物抑制法是利用抗生素对微生物的生理机能、代谢的抑制作用，定性或定量检测样品中的抗菌药残留。其优点是可靠，价格低，可以一法检测多类抗菌药物。该法包括两种形式：试管法和单（多）平皿法。

5.1.1 试管法

试管法比较简单，包括接种了细菌的生长培养基和 pH 或氧化还原指示剂。该法包括试管/安瓿法和微孔板法两种主要形式，主要用于牛奶中抗生素残留的快速筛选。

5.1.1.1 原理

试管法是依据指示菌的生长产酸或氧化还原作用使检测培养基中的酸碱指示剂或氧化还原指示剂变色的原理，对动物源性食品中残留的抗生素、磺胺类抗菌药和其他类微生物抑制剂进行检测的一种方法。在没有抗菌残留物的情况下，指示菌将开始生长，使培养基酸化或将氧化还原指示剂氧化或还原，并引起颜色的变化。若有抗菌残留物存在，则会抑制指示菌的生长，培养基的颜色不发生改变。试管法（溴甲酚紫）结果判定示意图见图5-1。

图 5-1　试管法结果判定示意图 [9]　　　　　　　　　　阴性　　　检测限　　　阳性

5.1.1.2 商业化试剂盒

目前，国外已有相应的快速检测试剂盒问世，如美国 Charm 公司系列产品［Charm Blue Yellow Ⅱ Test、Charm Cowside Ⅱ Test 和 Charm Kidney Inhibition Swab Test (KIS) 等］、荷兰 DSM 公司的 Delvotest 系列（Delvotest P、Delvotest SP、Delvotest Cow Test、Delvotest MCS 等）、德国的亮黑褐色试验（Brilliant Black Reduction Test，BRT）、西班牙 Eclipse 系列等，主要用来检测牛奶中抗菌药物残留。这些试剂盒的检测菌种均为嗜热脂肪芽孢杆菌，检测时间 2.5～4h。除德国的 BRT 外，其他所有的试剂盒均采用溴甲酚紫作为指示剂。

（1）Charm Blue Yellow Ⅱ Test　Charm Blue Yellow Ⅱ Test 是美国 Charm 公司推出的一款基于微生物抑制法的抗菌药检测产品。Charm Blue Yellow Ⅱ 采用嗜热脂肪芽孢杆菌作为指示菌，溴甲酚紫作为指示剂，可检测牛奶、绵羊奶和山羊奶中 β-内酰胺类、磺胺类、四环素类、大环内酯类和氨基糖苷类等 29 种抗菌药的残留量，检测限等于或低于欧盟最大残留限量（MRL），检测时间一般为 3h，非常适合于大量样品的筛查。该产品经比利时农业和渔业研究所验证，被波兰兽医研究所和首席兽医监察所批准用于牛奶及巴氏奶中抗生素残留的快速筛选。但是该产品不能用于喹诺酮类的快速筛选。

（2）Charm Cowside Ⅱ Test　Charm Cowside Ⅱ Test 是 Charm 公司推出的一款用于养殖场生鲜乳及巴氏奶中 β-内酰胺类、磺胺类、四环素类、大环内酯类和氨基糖苷类等抗菌药的残留量检测的试剂盒，11 种抗菌药的检测限等于或低于美国法定安全浓度，

30 种抗菌药的检测限等于或低于欧盟最大残留限量。该产品包括指示菌、培养基和 pH 指示剂（溴甲酚紫）。检测时间为 3h。该试剂盒已被新西兰食品安全局（NZFSA）批准使用。

（3）Charm Kidney Inhibition Swab Test（KIS） Charm Kidney Inhibition Swab Test 是美国 Charm 公司推出的一款用于新鲜或解冻肾组织中抗菌药残留检测试剂盒。该试剂盒均采用嗜热脂肪芽孢杆菌作为指示菌，溴甲酚紫作为指示剂。2011 年以前，KIS 试剂盒已被美国农业部食品安全检验局（FSIS）用于屠宰场牛肉和猪肾中抗菌药的残留检测，也用于养殖场水、饲料（提取物）、血清、尿液中抗菌药的检测。该试剂盒操作简便，切开肾脏或肌肉，用 KIS 拭子收集组织液，转动拭子，将样品与试剂混合并孵育约 3h 就可以观察结果。对 β-内酰胺类、磺胺类、四环素类、大环内酯类和氨基糖苷类五类抗菌药的检测限接近美国和欧盟 MRL。

（4）Brilliant Black Reduction Test（BRT） Brilliant Black Reduction Test 由德国 Kraack 和 Tolle 在 1967 年首次提出，采用嗜热脂肪芽孢杆菌作为指示菌，亮黑作为氧化还原指示剂，用于牛奶中 β-内酰胺类和氨基糖苷类抗生素的检测[10,11]。1982 年，BRT 在德国被批准作为检测罐装牛奶中抗菌药的官方检验方法。为了提高 BRT 对目标抗菌药的灵敏度、简化操作程序或缩短检测时间，BRT 经过多次改进。目前，基于 BRT 的试剂盒有 BRT Inhibitor Test、BRT MRL Screening Test 和 BRT hi-sense，主要有微孔板和安瓿两种形式。

BRT Inhibitor Test 是专门为检测牛奶中抗菌药而开发的，其特点是对 β-内酰胺类抗生素残留具有特别高的敏感性，检测限满足德国牛奶质量法规的要求。BRT MRL Screening Test 是一种改良的 BRT，提高了试剂盒对磺胺类、大环内酯类和氨基糖苷类等的敏感性，其灵敏度高于 BRT Inhibitor Test，主要用于乳品中抗菌药残留的快速筛选。

（5）Premi® Test Premi® Test 是由荷兰 DSM 公司研发的第一个可以检测肌肉中的抗菌药残留的商业化试剂盒，也同样适用于牛奶、肝脏、鸡蛋、蜂蜜和饲料中抗菌药的残留检测[12]。Premi® Test 适用于 MRL 水平甚至浓度更低的 β-内酰胺和磺胺类药物的检测。Premi® Test 以溴甲酚紫为指示剂，培养基中含有嗜热脂肪芽孢杆菌孢子和特定营养成分。将安瓿在 64℃ 下孵育约 4h，基于颜色变化判断结果。若没有抗菌药，孢子出芽并发育，培养基酸化并由紫色变为黄色。相反，若有抗菌药存在，细菌生长受到抑制，培养基保持紫色[13]。

（6）Delvotest Delvotest 是由荷兰 DSM 公司生产并得到 AOAC 认证的产品，该系列产品包括 Delvotest P、Delvotest SP、Delvotest SP-NT、Delvotest Cow Test 和 Delvotest MCS。这些试剂盒对多种抗生素具有敏感性，适用于检测牛奶中 β-酰胺类、氨基糖苷类、四环素类、大环内酯类抗生素和磺胺类抗菌剂残留，对 β-内酰胺类抗生素具有较好敏感性[14]。市售产品中，该试剂盒有两种包装形式，即安瓿式和微孔板式。Delvotest 试剂盒是基于嗜热脂肪芽孢杆菌生长过程产酸，使酸碱指示剂溴甲酚紫由紫色变为黄色的原理。当不含抗菌物质或抗菌物质含量低于规定水平的牛奶样品添加到检测体系中并在 64℃ 下培养时，嗜热脂肪芽孢杆菌出芽、生长和产酸，这将导致培养基的颜色从紫色变为黄色。当牛奶样品中含有的抗菌物质达到或超过检测限时，细菌生长受到抑制，培养基的颜色保持为紫色[15]。

（7）Eclipse100® Test　Eclipse100® Test 是西班牙研发的一种用于检测母羊奶中抗生素残留的特定微生物学方法[16]。Eclipse100® Test 同样以嗜热脂肪芽孢杆菌为指示菌，溴甲酚紫作为 pH 指示剂。检测样品时，先在室温下静置 1h 后，再于（64±1）℃下孵育2.5h。本法适用于检测 β-内酰胺类抗生素、磺胺地索辛和磺胺噻唑的残留（检测限与欧盟的最高残留限量相近），但是对羊奶中氨基糖苷类、大环内酯类、四环素类和喹诺酮类药物残留的限值高于欧盟的最大残留限量[16]。

（8）Explorer® Test　Explorer® Test 亦是以嗜热脂肪芽孢杆菌为指示菌，测试原理与 Premi® Test 相似。检测温度为 65℃，检测时间通常需 3～3.5h。Explorer® Test 主要用于检测生肉（猪、鸡、牛、羊）、饲料和鸡蛋中的抑菌药[17]。

5.1.1.3　试管法在抗菌药残留检测中的应用

（1）乳中抗菌药物残留的试管检测方法　1994 年，TTC 法被列为我国检测鲜乳中抗生素残留的第一法（GB 4789.27—1994）。在 TTC 法的基础上，其他敏感菌被引入测试体系，并研发出各种商品化试剂盒，其中，国内外应用较好的试剂盒是 Charm Blue Yellow Ⅱ，它能够很好地检测出牛奶中的 β-内酰胺类、大环内酯类、氨基糖苷类、四环素类、磺胺类抗菌药，但是对喹诺酮类极不敏感[18]。伍金娥建立了牛奶中青霉素类药物残留的快速筛选方法，该方法对 7 种青霉素类药物（青霉素、氨苄西林、阿莫西林、青霉素 V、萘夫西林、苯唑西林、双氯西林）的检测限在国际规定的残留限量以下[19]。朱强在伍金娥的基础上，通过筛选菌种和优化培养基，建立了牛奶和尿液中主要抗菌药物残留的微生物学分析法，能够有效地检测 β-内酰胺类、氨基糖苷类、四环素类、大环内酯类和磺胺类残留，但是对部分氨基糖苷类、四环素类和大环内酯类敏感性不强，对喹诺酮类极不敏感[20]。为解决嗜热脂肪芽孢杆菌对喹诺酮类抗菌药极不敏感的问题，Nagel 同时采用枯草芽孢杆菌和嗜热脂肪芽孢杆菌为指示菌，建立一种能够检测牛奶中喹诺酮类抗菌药残留的双试管法[21]。Nagel 在双试管法研究基础上，又增加蜡样芽孢杆菌作为指示菌，建立一种能够检测牛奶中 β-内酰胺类、四环素类、磺胺类和喹诺酮类抗菌药残留的四试管法，该方法既能进行抗菌药广谱筛选又能分类鉴定抗菌药[22]。吴芹基于嗜热脂肪芽孢杆菌先后建立了三种可快速检测牛奶中抗生素残留的方法，对牛奶中各种抗生素的检测限均低于或接近中国或欧盟确定的最高残留限量，并通过使用 β-内酰胺酶和对氨基苯甲酸分别来抑制和鉴定 β-内酰胺类和磺胺类，调整 pH、添加金属离子和半胱氨酸以实现对氨基糖苷类、大环内酯类、四环素类和喹诺酮类抗菌药的分类鉴定[23-25]。

（2）动物组织中抗菌药物残留的试管检测方法　试管法用于动物组织中抗菌药物残留的检测研究报道较少。Gaudin 根据法国官方方法对 Premi® Test 的检测能力、灵敏度及准确度进行了评估，结果显示该方法对 β-内酰胺类、四环素类、大环内酯类和磺胺类抗菌药敏感，且对 β-内酰胺类和磺胺类的灵敏度优于四平皿法[13]。Explorer® Test 试剂盒也常用于动物组织中抗菌药残留检测[17]，能够在最大残留限量浓度下检出猪、牛、禽的肌肉中的羟氨苄西林、泰乐菌素、多西环素、磺胺噻唑和头孢菌素的残留。Explorer® Test 试剂盒结合扫描仪，对组织中残留抗菌药的检测能力提高[26]。刘兴泉等分别采用嗜热脂肪芽孢杆菌、蜡样芽孢杆菌蕈状变种和枯草芽孢杆菌为指示菌，以溴甲酚紫为指示剂，建立了三种检测鸡蛋中土霉素、四霉素、金霉素和新霉素的 96 孔微板法，用枯草芽孢杆菌、蜡样芽孢杆菌蕈状变种检测时在 39℃下孵育 5h，用嗜热脂肪芽孢杆菌进行检测时需在 55℃孵育 3h。使用枯草芽孢杆菌、蜡样芽孢杆菌蕈状变种和嗜热脂肪芽孢杆菌的

96 微孔板法的检测限分别为 $320\sim640\mu g/kg$、$640\sim1280\mu g/kg$ 和 $80\sim160\mu g/kg$ [27]。吴芹采用嗜热脂肪芽孢杆菌建立了两种可同时检测鸡蛋和蜂蜜中抗菌药残留的快速筛选方法，可检测抗生素范围广，对六大类抗生素的检测限均在最大残留限量以下或接近[24,25]。

（3）尿液和血浆中抗菌药物残留的试管检测方法　Schneider 和 Lehotay 比较了 KIS™ Test 和 Premi® Test 检测牛尿液和血浆中 6 种抗菌药的能力，结果显示两种试剂盒的灵敏度良好，均可以满足实际检测的需求[28]。后来，Schneider 使用了 KIS™ Test 和 Premi® Test 试剂盒检测牛肾和血清中吡利霉素、青霉素 G 和土霉素残留，灵敏度和准确性好，可用于养殖场的快速筛选[29]。KIS™ Test 和 Premi® Test 的性能优越，但是其价格昂贵，国内对相关试剂盒的开发较晚。朱强建立了猪尿液中青霉素类、头孢菌素类、氨基糖苷类、四环素类、大环内酯类和磺胺类六类抗菌药残留的微生物学快速筛选方法，本方法对尿液中残留的六类主要抗菌药物的检测限均低于或接近国内和欧盟规定的残留限量[20]。吴芹采用嗜热脂肪芽孢杆菌 ATCC 12980 作为指示菌，建立了猪尿液中 6 类抗菌药（β-内酰胺类、氨基糖苷类、四环素类、磺胺类、大环内酯类和林可胺类）残留检测的试管法，65℃孵育 5h，该法的检测限小于或等于欧盟和中国确定的抗菌药在肾脏中的最大残留限量[30]。

5.1.2　平皿法

平皿法是微生物抑制法的一种，根据使用平皿的数量分为单平皿法和多平皿法。单平皿法通常使用一种指示菌和培养基，特异性检测一种或几种抗生素，如比利时一平皿法、新荷兰肾法（NDKT）、在场拭子法（STOP）、犊牛抗生素和磺胺类药物检测法（CAST）、抗菌药物快速筛选法（FAST）等。多平皿法由多个平皿组成，通过选用不同的培养基、指示菌、pH 值来扩大检测谱，实现对多类抗生素的检测[31]。常见的多平皿法有新二平皿法、德国三平皿法（TPT）、欧洲四平皿法（FPT）、五平皿法（STAR）、七平皿法、十八平皿法等。平皿法常用的指示菌主要包括枯草芽孢杆菌、蜡样芽孢杆菌、巨大芽孢杆菌、嗜热脂肪芽孢杆菌、大肠杆菌、藤黄微球菌、金黄色葡萄球菌、表皮葡萄球菌等，广泛应用于畜禽可食性组织（肌肉、肾脏、肝脏）、鸡蛋、奶、鱼肉等食品中 β-内酰胺类、四环素类、氨基糖苷类、林可胺类、磺胺类、大环内酯类和喹诺酮类等抗菌药物的残留检测。

5.1.2.1　基本原理

平皿法的基本原理是抗生素对细菌的生长具有抑制作用，将敏感的指示菌接种于相应培养基中，再将牛奶、蜂蜜、鸡蛋等样品加入培养基中共同孵育一定时间后，观察培养基中指示菌的生长状况。若样品中存在一定量的抗菌药，在孵育的过程中，样品中的抗菌药就会扩散进入培养基，抑制指示菌的生长，在样品的周围形成透明抑菌圈；若样品中没有抗菌药残留或抗菌药的浓度低于检测限，则不会抑制细菌生长，在样品周围不会形成抑菌圈。抑菌圈直径的大小与抗菌药的浓度呈正相关，因此可以根据抑菌圈的有无和大小定性或半定量检测样品中抗菌药残留（图 5-2）。检测样品时，可直接将检测样品如肌肉、肾脏或肝脏组织切片及牛奶等液体样品直接加至平皿中，或用无菌的牛津杯、纸片、棉拭子等介质取组织液或样品提取液进行测定。

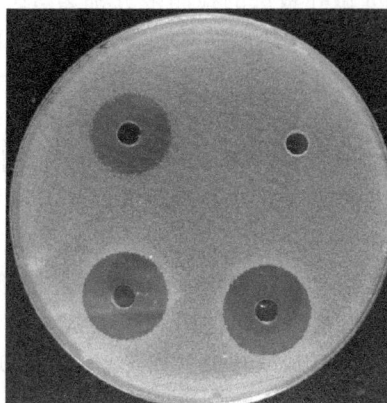

图 5-2　平皿法结果判定示意图

5.1.2.2　单平皿法

（1）比利时一平皿法　以枯草芽孢杆菌为指示菌，标准Ⅱ号营养琼脂（含 0.4% 葡萄糖，pH 7.0）作为检测培养基，30℃孵育 18～24h，通过观察样品周围是否产生抑菌圈判断抗生素的有无。该方法通过培养基中添加 $0.2\mu g/mL$ 甲氧苄啶（TMP）提高对磺胺类药物的检测能力，在样品纸片中滴加 $5\mu L$ β-葡萄糖醛酸酶提高对氯霉素的检测能力。该方法主要用于屠宰动物肾盂液中 β-内酰胺类、氨基糖苷类、四环素类抗生素的残留检测[32]。

（2）新荷兰肾法（NDKT）　新荷兰肾法是 1988 年荷兰建立的官方检测方法，很快取代了当时使用的荷兰肾法，以枯草芽孢杆菌为指示菌，检测培养基是 pH 7.0 的标准Ⅱ号营养琼脂，37℃孵育 13～18h，用于检测屠宰动物肾脏中的残留抗生素。该方法可检测β-内酰胺类、四环素类和大环内酯类药物，与欧洲四平皿法相比，NDKT 对磺胺类药物更敏感[33,34]。

（3）在场拭子法（STOP）　STOP 法首先用棉拭子采取动物组织液，接种于以枯草芽孢杆菌为指示菌的培养基上，27～29℃培养 16～24h，观察是否有抑菌圈的产生。该方法操作简单、性价比高，是一种高通量的检测方法，可用于肌肉、肝、肾中 β-内酰胺类、氨基糖苷类、四环素类抗生素的残留检测[35]。

（4）犊牛抗生素和磺胺类药物检测法（CAST）　CAST 是拭子法的一种，用巨大芽孢杆菌为指示菌，Mueller Hinton 琼脂为检测培养基，44～45℃培养 16～24h 后观察是否出现抑菌圈。该方法用于筛查小牛胴体的抗生素和磺胺类药物的残留，与 STOP 相比，CAST 具有更高的灵敏度，能够检测更广泛的残留抗生素，如 β-内酰胺类、氨基糖苷类、四环素类、大环内酯类，尤其是较低浓度的磺胺类药物[36]。

（5）抗菌药物快速筛选法（FAST）　FAST 是在 CAST 基础上改进的一种拭子法，二者指示菌和培养温度相同，FAST 的检测培养基是加入了溴甲酚紫和葡萄糖的 Mueller Hinton 琼脂，检测时间缩短为 6h。FAST 可用于屠宰动物的快速检测，对抗生素的敏感性和特异性与 CAST 没有显著差异，都能够检测肌肉、肝、肾中 β-内酰胺类、氨基糖苷类、四环素类抗生素、大环内酯类的残留，但 FAST 对磺胺类药物的检测限是 CAST 的 $1/4^{[37]}$。

（6）印度一平皿法　该方法是一种检测水产品的改进方法，从鱿鱼中分离出来的对氯霉素敏感的鳗发光杆菌 L-2 菌株为指示菌，使用乙酸乙酯和氢氧化铵提取虾肌肉组织中残留抗生素，（30±2）℃有氧条件孵育 18h。该方法对虾肉中的氯霉素最低检出限为 $1\mu g/$

kg，与色谱法相当，而且其价格低廉、灵敏度较高，可用于快速筛选虾组织中的氯霉素[38]。

5.1.2.3 多平皿法

（1）新二平皿法（NTPT） NTPT是一种用于筛选鉴定动物养殖中常见抗生素的微生物方法，在比利时一平皿法的基础上改善，以枯草芽孢杆菌为指示菌，检测培养基为pH 6的Test Agar和pH 7.5的标准Ⅱ号营养琼脂，30℃下孵育18h后观察抑菌圈的有无。该方法可用于检测猪肉和鸡肉中四环素类、喹诺酮类、青霉素类、大环内酯类、氨基糖苷类、磺胺类中的大部分抗生素以及氟苯尼考的残留，其检测限接近欧盟的最大残留限量；在虾的抗生素残留检测中，四环素类和喹诺酮类药物的检测限低于最大残留限量，而对磺胺类药物的检测能力在最大残留限量附近[39,40]。

（2）德国三平皿法（TPT） TPT只有一种指示菌，即枯草芽孢杆菌，通过调整检测培养基Test Agar的pH（6.0、8.0、7.2）来改变检测范围，pH 7.2的Test Agar中加入甲氧苄啶提高指示菌对磺胺类药物的敏感性。该方法可以用来检测肌肉、肾脏等组织中抗生素残留，对β-内酰胺类、氨基糖苷类、喹诺酮类、四环素类中的大部分抗生素有较好的检测效果，对大环内酯类和甲氧苄啶/磺胺复合物的检测限远高于MRL，相比于NDKT，TPT检测时间更久、操作烦琐、成本高[19]。

（3）欧洲四平皿法（FPT） FPT在欧洲国家广泛应用，是在TPT基础上发展改良的一种方法。FPT除了TPT所用的指示菌和培养基外，还增加了一组接种藤黄微球菌的pH 8.0的平皿，提高了对大环内酯类药物的敏感性，30℃孵育18h。该方法主要用于冷冻的肌肉组织，对大环内酯类、氨基糖苷类、β-内酰胺类、林可胺类、喹诺酮类、四环素类、氟苯尼考、氯霉素和部分磺胺类的检测限低于MRL，对部分磺胺类药物（对氨基苯磺酰胺、磺胺二甲嘧啶、磺胺甲嘧啶、磺胺脒）、甲砜霉素不敏感。FPT对大环内酯的敏感性要高于TPT[41]。

（4）Nouws抗菌药筛选法（NAT） NAT是一种五平皿法，利用蜡样芽孢杆菌、枯草芽孢杆菌、鲁克氏耶尔森菌、变异库克菌、短小芽孢杆菌作为指示菌，30℃或37℃孵育16~18h。该方法能够有效检测大多数抗生素在肾脏中的残留，检测限低于其最大残留限量。与NDKT相比，NAT提高了对四环素、喹诺酮类、大环内酯类、氨基糖苷类和磺胺类药物的敏感性[42]。

（5）五平皿法（STAR） STAR是以蜡样芽孢杆菌、大肠杆菌、枯草芽孢杆菌、嗜热脂肪芽孢杆菌、变异库克菌为指示菌的一种筛选鉴定抗生素残留的方法。STAR方法可以用于检测牛奶中四环素类、喹诺酮类、氨基糖苷类、大环内酯类、β-内酰胺类和磺胺类中的部分抗生素的残留。此外，其对大环内酯类、喹诺酮类和四环素类药物的敏感性至少是常规方法的两倍，对其他抗生素的检测限在MRL的4~150倍之间[43]。除上述的指示菌外，也可以用嗜热脂肪芽孢杆菌、变异库克菌、表皮葡萄球菌替代。

（6）六平皿法 六平皿法以蜡样芽孢杆菌、枯草芽孢杆菌、藤黄微球菌、大肠杆菌作为指示菌，检测时间一般小于24h。该方法用于筛选鉴定肾脏和肌肉样本中的β-内酰胺类、四环素类、磺胺类、喹诺酮类、氨基糖苷类等常见抗生素的残留[44]，青霉素、土霉素、恩诺沙星和环丙沙星均低于最大残留限量[45]。此外在上述六平皿基础上用嗜热脂肪芽孢杆菌、变异库克菌代替大肠杆菌建立的检测方法可用于羊奶中常见抗生素的检测[46]。

（7）七平皿法 七平皿法的检测指示菌为藤黄微球菌、表皮葡萄球菌、枯草芽孢杆菌和蜡样芽孢杆菌，29℃或37℃孵育16～18h。该方法检测目的与六平皿法相似，不同细菌检测不同类型的药物，藤黄微球菌平皿用于检测青霉素和红霉素，对链霉素耐药；表皮葡萄球菌对新霉素敏感，对链霉素耐药；枯草芽孢杆菌对链霉素检测效果好；蜡样芽孢杆菌可以检测四环素类[47]。在此基础上增加嗜热脂肪芽孢杆菌、大肠杆菌作为指示菌可用于牛奶中常见抗生素的检测[48]。

（8）十八平皿法　十八平皿法包含18个平板、7种指示菌（藤黄微球菌、大肠杆菌、枯草芽孢杆菌、蜡样芽孢杆菌、表皮葡萄球菌、金黄色葡萄球菌、葡萄球菌属），30℃孵育18～24h。该方法用于肌肉、肾脏中β-内酰胺类、氨基糖苷类、四环素类、大环内酯类、喹诺酮类、磺胺类抗生素的筛选鉴定，但该方法平皿较多，操作复杂，对实验技术的要求较高[49]。

5.1.2.4　平皿法在抗菌药残留检测中的应用

平皿法是一种基于敏感细菌与样品中存在的抗生素之间的特定反应形成抑菌圈的检测抗生素残留的方法，该方法具有成本低、操作简单、可靠性、可大量检测等优点，与其他方法相比，平皿法可以检测任何具有抗菌活性的抗生素或代谢物。肌肉、肾脏、肝等动物组织可以通过比利时一平皿法、NDKT、STOP、CAST、FAST、二平皿法、TPT、FPT、六平皿法、七平皿法、十八平皿法等检测残留的抗生素，牛奶中的抗生素残留主要通过STAR进行检测。单平皿法通常检测的抗生素种类较少，如比利时一平皿法只能检测β-内酰胺类、氨基糖苷类、四环素类抗生素的残留[50]。多平皿法通过增加平皿数增加检测范围，NAT可以检测大多数抗生素在肾脏的残留，对四环素、喹诺酮类、大环内酯类、氨基糖苷类和磺胺类药物更为敏感[42]，但平皿数量的增加会提高操作难度和成本。平皿法还可以用于水产品的检测，印度一平皿法、新二平皿法可用于虾肌肉组织中氯霉素、四环素类、磺胺类、喹诺酮类药物的检测[38,51]。此外平皿法也可以检测血清、尿液、蜂蜜、饲料中的残留抗生素。

5.2

放射受体分析法

5.2.1　基本原理

放射受体分析法（radioreceptor assay，RRA）的基本原理是药物的功能团与微生物受体的特异性结合反应[52]。其竞争结合原理与放射免疫分析相似，通常先将药物配体与一定量的微生物受体反应，然后加入一定量的 ^{3}H 或 ^{14}C 标记的药物配体，反应平衡后，分离去除未结合的部分，最后加入闪烁液，用液体闪烁计数仪测定结合部分的放射强度即CPM（count per minute）值，根据标准曲线从结合率计算样品中待测药物的量。若被检测样品中含有待测药物，就会与细菌的特殊受体位点相结合，从而阻碍放射性标记物与这些位点的结合而使检测到的放射强度降低，测得的 CPM 值与样品中的药物残留量成反比（图 5-3）。

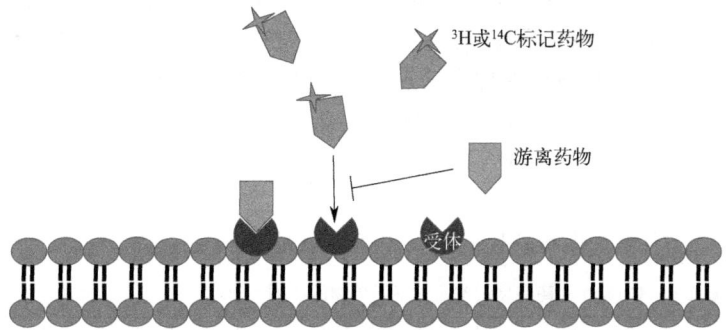

图 5-3　放射受体分析法原理图

5.2.2　放射受体分析法应用

Lefkowitz 等[53] 最早用放射受体分析法定量测定血浆中的多肽激素。该法一般与免疫方法结合，故也称作放射受体免疫分析法。现在的放射受体分析法已经发展成为一种对微生物受体进行标记，将放射免疫测定、ELISA、生物发光技术和化学发光技术相结合进行检测的新型检测技术。1978 年，美国波士顿大学 Charm 博士首次发明了放射受体分析法用于检测牛奶中抗生素残留，该方法可在 30 分钟内检测出青霉素。1981 年，美国分析化学家协会（Association of Official Analytical Chemists，AOAC）认可了 RRA 对 β-内酰胺类药物残留的检测，1989 年又认可了其对于磺胺类、四环素类、氨基糖苷类、大环内酯类、氯霉素和新生霉素的检测[54]。目前，RRA 法已经被美国、韩国等批准为国家标准，日本也有很多检测中心使用该方法进行药物残留检测。

目前美国 Charm 公司已有多种商品化试剂盒，如 Charm Ⅱ Aminoglycosides、Charm Ⅱ Amphenicols、Charm Ⅱ Beta-lactams、Charm Ⅱ Macrolides、Charm Ⅱ Sulfonamides 和 Charm Ⅱ Tetracyclines（表 5-1），主要用于氨基糖苷类、氯霉素、β-内酰胺类、大环内酯类、磺胺类和四环素类药物的残留检测，检测时间短[55]。Charm Ⅱ 产品起初是用于检测牛奶中的抗菌药，后经改进后可用于检测动物血浆、尿液，以及蛋、奶、肉中抗菌药残留[56]。

2006 年，我国国家质量监督检验检疫总局批准了检测动物源性食品中大环内酯类抗生素残留的放射受体分析法（Charm Ⅱ 法），其中采用的放射性标记物为 ^{14}C 标记的红霉素[57]。2007 年，我国相继批准了检测水产品中氯霉素残留[58]、动物源性食品中磺胺类药物残留[59] 和动物源性食品中 β-内酰胺类药物残留[60] 的放射受体分析法（Charm Ⅱ 法），分别以 ^3H 标记的氯霉素、^3H 标记的磺胺二甲嘧啶、^{14}C 标记的青霉素 G 作为放射性标记物进行检测，其中水产品中氯霉素残留放射受体分析法标准现已废止。2009 年，我国批准了检测进出口乳及乳制品中四环素类[61]、β-内酰胺类[62]、大环内酯类[63]、磺胺类[64] 药物残留以及进出口动物源性食品中氨基糖苷类药物残留[65] 的放射受体分析法（Charm Ⅱ 法），分别以 ^3H 标记的四环素、^{14}C 标记的青霉素 G、^{14}C 标记的红霉素、^3H 标记的磺胺二甲嘧啶、^{3}H 标记的氨基糖苷类药物作为放射性标记物进行检测，但现均已废止。2010 年，我国批准了检测蜂王浆中四环素类抗生素残留的放射受体分析法（Charm Ⅱ 法），以 ^{3}H 标记的金霉素作为放射性标记物，适用于蜂王浆中四环素、金霉素、土霉素、多西环素抗生素残留总量的测定[66]。2011 年，我国批准了以 ^{3}H 标记的磺胺类药物作为放射性标记物检测进出口蜂王浆中磺胺类药物残留的放射受体分析法[67]，但现已废止。2017 年，我国相继批准了进出口食用动物大环内酯类[68]、β-内酰胺类[69]、四环素类[70]，以及进出口食用动物、饲料中磺胺类药物[71] 测定的放射受体分析法，分别以 ^{14}C 标记的红霉素、^{14}C 标记的青霉素 G、^{3}H 标记的四环素、^{3}H 标记的磺胺二甲嘧啶作为放射性标记物进行检测。

Charm Ⅱ 商品化试剂盒对不同药物的检测见表 5-1。

表 5-1　Charm Ⅱ 商品化试剂盒对不同药物的检测

产品名称	检测样品类型	分析时间/min	可检测到的抗生素
Charm Ⅱ Aminoglycosides	牛奶、尿液、谷物、血清、组织和水	18	庆大霉素、链霉素、双氢链霉素
Charm Ⅱ Amphenicols	牛奶、组织、谷物、蜂蜜	12	氯霉素、氟苯尼考、甲砜霉素、氯霉素葡糖苷酸
Charm Ⅱ Beta-lactams	牛奶、组织和其他食品	12	阿莫西林、氨苄西林、头孢噻呋、头孢匹林、青霉素、头孢唑林、头孢喹肟、氯唑西林、双氯西林、萘夫西林、苯唑西林、喷沙西林
Charm Ⅱ Macrolides	牛奶、蜂蜜、鸡蛋、谷物、组织、尿液、水	10～15	红霉素、林可霉素、吡利霉素、螺旋霉素、替米考星、泰乐菌素
Charm Ⅱ Sulfonamides	牛奶、蜂蜜、谷物、组织	12	磺胺嘧啶、磺胺二甲嘧啶、磺胺二甲氧嘧啶、磺胺噻唑、氨苯砜、对氨基苯甲酸、磺胺醋酰、磺胺氯哒嗪、磺胺多辛、磺胺甲基嘧啶、磺胺甲噻二唑、磺胺甲噁唑、磺胺甲氧嗪、磺胺吡啶、磺胺喹噁啉、磺胺异噁唑
Charm Ⅱ Tetracyclines	牛奶、蜂蜜、鸡蛋、鱼、谷物、猪肉、血清、组织、尿液、水	12	金霉素、土霉素、四环素

5.3

微生物传感器法

生物传感器是基于生物反应进行检测的一类传感器，主要由分子识别元件和换能器组成。其中微生物传感器法是一种以活的微生物作为分子识别元件，利用其体内的各种酶系及代谢系统来测定和识别相应底物，把产生的信号由信号换能器转变为可测定的信号从而实现对待测物质的定量测定方法[72]。微生物传感器主要包括发光型微生物传感器、硝化细菌传感器、全细胞微生物传感器等，这些传感器具有灵敏、简便快速、成本低、特异性好等特点，已在兽药残留检测、环境监测、毒性分析等领域广泛应用[73-75]。

5.3.1　微生物传感器基本结构及原理

微生物传感器一般由三个主要部分组成：分子识别层、换能器和信号发生器（图 5-4）[76]。分子识别层是传感器的信息捕捉功能元件，是影响传感器性能的核心部件[72]。通常，分子识别层是通过将生物受体固定在换能器表面上产生，从而实现待测分析物的特异性结合[77]。生物受体结合待测分析物后，换能器可以通过化学反应改变分子的厚度、重量、折射率或结构而产生可测量的信号[76]。据报道，最早应用的换能器是电化学换能器，随后出现了燃料电池、光敏二极管、场效应晶体管等其他类型的换能器[72]。微生物传感器可以代谢多种化学物质，其利用整个细胞作为细胞内酶的来源，该酶在细胞的自然环境中可以保持稳定性和活性。微生物的代谢是非特异性的，但通过阻断不理想的代谢途径或诱导所需的代谢途径，利用选择性培养条件使微生物适应感兴趣的目标底物，由此可以构建出具有高选择性的微生物传感器[78]。

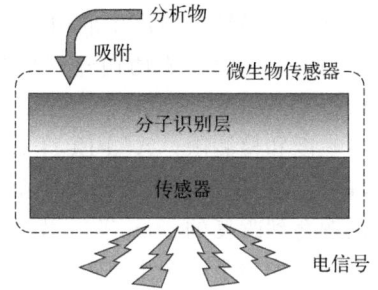

图 5-4　微生物传感器的基本结构[76]

从工作原理上对微生物传感器进行分类可以将其分为：发光微生物传感器、呼吸机能型微生物传感器、代谢机能型微生物传感器和基因工程微生物传感器[78]。其中发光微生物传感器由于比传统的微生物学方法灵敏度更高，且可以检测一类甚至多类物质而被广泛应用[7]。该方法的检测原理主要是利用发光微生物的发光强度作为检测指标对待测分析物进行检测，其生物识别元件为自然界存在、细胞内具有生物发光代谢系统的原核和真核微生物，或者是导入发光基因而使原本不发光的微生物具备发光特征的基因工程发光微生物[79]。发光细菌在自然环境下可以以还原型黄素单核苷酸、长链脂肪醛为底物，在氧的参与下，经细菌萤光素酶催化而发光，而在毒性环境下，细胞的呼吸或者细菌荧光素酶受到抑制，细菌的发光强度降低[80]。

5.3.2　发光微生物传感器的构建

使用基因重组技术来设计发光微生物传感器是目前使用相对广泛的一种技术。该技术主要是根据不同待测物的检测要求选择合适的宿主菌株、响应元件和报告基因，然后把响应元件和报告基因构建成一个检测质粒并把该质粒转入宿主菌株中以得到所需要的生物传感器[81]。报告基因（reporter gene）是一种编码可被检测的蛋白质或酶的基因，将其与目的基因融合表达后，可通过报告基因产物的表达来"报告"目的基因的表达调控[82]。最常用的报告基因有细菌萤光素酶基因 *lux*、萤火虫萤光素酶基因 *luc* 和绿色荧光蛋白（green fluorescent protein，GFP）基因 *gfp*[83]。将可诱导的启动子（PrecA、PumuDC、

PsulA 和 Pcda 等）和报告基因转录融合后导入宿主菌（大肠杆菌、明亮发光杆菌、鼠伤寒沙门菌等），具有结构致密、灵活性好、抗噪强等优点[79]。

Korpela 等[84] 构建一个传感器质粒，其中包含来自 Photorhabdus Iuminescens 的细菌荧光素操纵子的五个基因，插入到转座子 Tn10 的四环素响应元件下，成功构建生物发光大肠杆菌 K-12 菌株，用来检测四环素类残留。Kim 等[85] 把从费氏弧菌提取的萤光素酶基因 luc 导入大肠杆菌体内，得到重组发光大肠杆菌，制成了检测苯酚、2-氯酚、2,4-二氯酚等毒性物质的微生物传感器。Taylor 等[86] 将质粒 pPNARGFP（含启动子和调控硝酸盐还原酶区域的操纵子 Pnar 与 GFP 的 gfp 基因融合）转化入大肠杆菌，成功构建了一种基于全细胞荧光的硝酸盐生物传感器。Bahl 等[87] 在含有四环素调节启动子和 gfp 基因的质粒 pTGFP2 中插入四环素抗性基因（tetM），成功构建了全细胞四环素生物传感器菌株（E. coli MC4100/pTGM）。左妍和杨克迁[88] 将来源于水母的绿色荧光蛋白基因（gfp）和来源于大肠杆菌转座子 Tn10 的四环素阻遏蛋白基因（tetR）共同构建到大肠杆菌表达载体 pET30a＋上，获得 TetR C 端与 GFP N 端融合蛋白，利用 TetR 与四环素的特异结合所产生的构象变化，使与之融合表达的 GFP 的荧光产生变化，以检测环境中的四环素，成功构建四环素绿色荧光蛋白生物传感器。Norman 等[89] 构建了基于 Pcda、PrecA、PsulA、PumuDC 四种启动子的细菌发光传感器，对毒性物质具有较好的灵敏度和检测限。Abd-El-Haleem 等[90] 将含有硝酸盐/亚硝酸盐激活的 nasR 样启动子（调节克雷伯菌属中编码亚硝酸盐还原酶的基因的表达）的约 500bp 长度大小的 DNA 片段融合到改良的 mini-Tn5 载体中的费氏弧菌的 luxCDABE 基因盒的上游并对该菌株进行表征，构建了一个生物发光传感器，可用于评估废水中硝酸盐/亚硝酸盐的生物利用度。Zappi 等[74] 构建了一种基于细菌生物发光（luxAB）和绿色荧光蛋白（GFP）报告基因的微生物传感器，可快速检测大肠杆菌 pMosaico-P amo-gfp 和 pMosaico-P amo-lux AB 对废水中硝化过程的抑制作用。此外，研究表明基于细菌细胞的传感系统的多路复用、高通量和小型化，可以将其结合到便携式设备中，使其制成依赖于不同光学探测器的发光微生物传感器（表 5-2）。

表 5-2　不同光学探测器的发光微生物传感器

细菌名称	检测物质	检测限	报告蛋白	便携式光学探测器	参考文献
大肠杆菌 TV1061	有毒物质	10^{-8}mol/L	luxCDABE	CMOS 光电探测器	[91]
磁螺菌 MSR-1	有毒物质	NA	甲虫萤光素酶	CCD 传感器	[92]
大肠杆菌 RFM	环丙沙星	$10\mu g/L$	luxCDABE	CCD 传感器	[93]
大肠杆菌 K-12 MG1655	气态的 2,4-二硝基甲苯	$50\mu g/L$	luxCDABE	光电二极管（Luna）	[94]
大肠杆菌	环丙沙星	7.2ng/mL	luxCDABE	iPhone SE 智能手机	[95]
明亮发光杆菌 IFO13896	生化需氧量	16mg/L	luxCDABE	Fujifilm FinePix S602 相机	[96]
酿酒酵母	雌激素	0.08nmol/L（17β-雌二醇）	酵母密码子优化的 NanoLuc 萤光素酶	便携式摄像机（GoPro HERO 5）	[97]

5.3.3　发光微生物传感器在兽药残留检测中的应用

微生物传感器法以其高特异性和选择性被广泛开发应用[98]，如公共卫生和环境监测，以及食品安全检测[7]。其在兽药残留中的检测也得到了广泛的关注和应用。

Korpela 等[99] 描述了一种用于特异性检测四环素类抗生素的生物发光大肠杆菌 K-12 菌株。在转座子 Tn10 的四环素反应元件的控制下，构建了一个传感器质粒 pTetLuxl，该质粒是在转座子 Tn10 的 tetA 启动子的控制下，将五个 lux 基因（分别为 luxC、luxD、luxA、luxB、luxE 基因）作为 EcoRI 片段从发冷光杆菌的萤光素酶操纵子转移到载体 pASK7510 中构建的。该传感器最佳诱导发光所需的时间为 90 分钟，最佳温度为 42℃，在不添加 Mg^{2+} 的情况下，药物浓度为 20ng/mL 时能诱导产生最大的荧光强度，对七种四环素类药物的灵敏度达到皮摩尔水平，非四环素抗生素不会引起发光诱导。Kurittu 等[100] 比较了两株生物发光大肠杆菌 K-12 菌株（分别由发冷光杆菌萤光素酶和萤火虫萤光素酶构建）特异性检测四环素类抗菌药物的性能。两种传感器菌株均在 37℃ 下，90～120min 时间内检测出四环素，但细菌萤光素酶操纵子的传感器菌株对不同四环素的反应更为敏感，并且在冷冻干燥过程中，细菌的检测灵敏度保持稳定。Kurittu 等[101] 利用生物发光大肠杆菌 K-12 菌株特异性检测牛乳中四环素的残留，在添加螯合剂 CDTA 25mmol/L 时，在 120 分钟内检出抗生素，四环素、土霉素、金霉素、多西环素、美他环素、去甲环素和米诺环素的检测限在 2～35ng/mL 之间，非四环素抗生素对四环素的检测没有显著干扰。此外，Kurittu 等[102] 还将 Tet-Lux 的方法灵敏度与市售四环素免疫分析法（Snap，Idexx Laboratories Inc.）、微生物抑制试验（Delvotest SP，Gist Brocades）进行了比较。其中，Tet-Lux 试验明显比 Delvotest SP 对所有受试四环素（土霉素、四环素、金霉素、多西环素、地美环素、美他环素、米诺环素）更敏感，七种四环素中有五种比 Snap 更敏感。该试验为牛奶中四环素残留的定性检测提供了一种快速、简单、可靠的微生物方法。

Pellinen 等[103] 对 Korpela 等[99] 检测四环素类的残留方法进行了优化，以用于鱼类组织中四环素类抗生素特异性检测。通过优化虹鳟组织中土霉素的提取工艺，在 2 小时内，检测出鱼类组织中四环素和土霉素的最低检测限分别为 20μg/kg 和 50μg/kg。该方法能够检测到低于欧盟最大残留限量值的土霉素残留，结果与常规 HPLC 获得的结果具有良好的相关性。这种方法还被用来高通量检测禽肉中四环素的残留[104]，如 Virolainen 等[105] 通过膜通透性和螯合剂多黏菌素 B 和 EDTA 进行敏化，增强检测结果灵敏度，对多西环素、金霉素、四环素、土霉素的最低检测限分别为 5ng/g、7.5ng/g、25ng/g、25ng/g，以满足欧盟对家禽肌肉组织中四环素类残留的最大残留限量值（100μg/kg）。Pellinen 等[106] 基于蛋白质-DNA 相互作用（海肾萤光素酶-TetR 融合蛋白）同时对八种四环素类检测，呈良好线性关系，检测限低至 0.05ng/mL。

此外 Valtonen 等[107] 也成功建立一种特异性检测 β-内酰胺类抗生素的生物发光大肠杆菌菌株，该菌株在弗氏柠檬酸杆菌的 β-内酰胺响应元件 ampR/ampC 的控制下插入了来自发冷光杆菌的萤光素酶基因，构建了一个传感器质粒 pBlaLuxl，从而能够高通量分析 β-内酰胺类抗生素的含量水平。董小冰[82] 构建了三株用于不同动物可食性组织中氟喹诺酮类药物敏感性检测的大肠杆菌工程菌株，将含有 recA 启动子和萤光素酶报告基因 lux-CDABE 成功导入大肠杆菌 DH5α、ATCC8739、K-12 中构建质粒 pRecAlux3，菌株在传代过程中保持稳定的荧光本体，应用于动物可食性组织检测中发现，该方法对不同组织中的恩诺沙星、环丙沙星、达氟沙星的最低检测限为 12.5μg/kg，对二氟沙星、马波沙星、氧氟沙星、诺氟沙星、培氟沙星、沙拉沙星、奥比沙星、洛美沙星最低检测限为 18.75～50μg/kg，基本符合农业农村部相关规定[82]。

5.4

其他方法

5.4.1 ATP 生物发光法

ATP 生物发光法是在 20 世纪 70 年代后期建立起来的一种快速检测血清中抗生素水平的微生物测定方法[108]。该法以简单、快速、敏感性高、可定量等特点，受到人们普遍关注。

5.4.1.1 基本原理

ATP 存在于所有活的生物体中，是基本的能量代谢来源[109]。ATP 在每个细菌细胞中的含量是一定的，细胞死亡后 ATP 在自身 ATP 酶的作用下迅速分解，因此内源性 ATP 的含量可作为细菌生长的敏感指标，通过测量细胞 ATP 水平，可以准确地量化抗菌药物对体外细菌生长的抑制作用[110]。ATP 生物发光法[111] 是将 ATP 与过量的萤光素-萤光素酶复合物反应而发出荧光，ATP 的含量反映出荧光强度的大小，进而表现出样本中 ATP 的含量，计算出活细胞数。通过抗菌药物抑制细菌 ATP 荧光强度的大小反应抗菌药物的含量。该方法的显著优点是灵敏度非常高，快速，操作简单[112-114]。

ATP 生物发光法包括以下步骤[115]：取样、加入检测培养基中培养、样品 ATP 的萃取、添加萤光素和萤光素酶混合物、测定生物发光量、判断结果。通常，细菌表层有细胞膜和细胞壁包裹，故样品未经处理是不能测定 ATP 的[116]。在测定样本中的抗菌药物含量时，需先将样品与细菌专用的 ATP 提取试剂充分混匀，松弛细菌的细胞膜和细胞壁，释放出内源性 ATP（ATP 提取试剂是以表面活性剂为基质的专用试剂），再将其与萤光素-萤光素酶生物发光剂作用，用发光检测仪测定 ATP 与发光剂反应的生物发光量，通过预先测定的 ATP 标准曲线，得出活菌的总 ATP 量，即可得出细菌总数[117]。

5.4.1.2 应用现状

ATP 生物发光法的应用范围十分广泛，在抗生素残留方面的检测也有较多应用。Harber 等[108] 首次采用 ATP 生物发光法检测血清中抗生素的水平。该法以金黄色葡萄球菌为试验菌对血清中的头孢类药物水平进行了检测，用 EDTA 溶液在硫酸中提取细菌 ATP，并使用萤火虫生物发光系统进行测量。用于血清庆大霉素测定的方法与平板扩散法（$R^2 = 0.986$）相关性良好，在庆大霉素的治疗浓度范围内，95% 置信区间的变异系数小于 20%。

Nilsson[118] 通过检测细胞外 ATP 含量来检测庆大霉素在血清中的含量。该法所用的敏感菌为大肠杆菌 LU14，其在 10^8 CFU/mL 时最低抑菌浓度为 $0.04\mu g/mL$，需用毛细管采集 $10\mu L$ 样品，检测限为 $1\mu g/mL$，检测时间仅需 2h。在培养基中加 1g/L 葡萄糖来解决血样中高含量的葡萄糖对检测结果的影响。1984 年，Nilsson[119] 继续对庆大霉素在血清中的残留检测进行研究，大肠杆菌 LU14 在 5×10^5 CFU/mL 时最低抑菌浓度为 $0.04\mu g/mL$，样品体积仅需 $1\mu L$，检测时间为 75min。两次研究比较发现，所用仪器不同，检测试剂不同，后者所用的 ATP 提取剂是直接购买的试剂盒。以上所做的研究较传统的 ATP 法有些改进，它是根据庆大霉素对细菌的损伤，导致细菌 ATP 外漏至培养基中，培养基中 ATP 的积累随着检测菌中的 ATP 酶活性的变化而改变，样品中庆大霉素的含量的增加与培养基中细胞外 ATP 含量成正比。

Stekelenburg[120] 开发出一种 ATP 生物发光法检测屠宰动物的抗生素残留。这种方法采用 10^7CFU/mL 的枯草芽孢杆菌作为指示菌，在 Standard II 培养基中添加一定量的葡萄糖和三甲氧苄啶，提高此法对磺胺类药物的灵敏度，此法对于许多样品的测试结果与新荷兰琼脂扩散试验所得的抑制带的结果非常一致。ATP/抗菌试验的检测时间为 3.5～4h。该检测水平与现有的琼脂扩散试验差不多。

Hanberger 等[121] 用生物发光法检测类酰胺类药物对大肠杆菌的抗生素后效应，其样品前处理用 Apyrase 消除细胞外 ATP，50μL 样品加 0.04% Apyrase，37℃ 培养 10min，然后取 50μL 样品注入 50μL 煮沸的 pH 为 7.75 的 0.1mol/L Tris 缓冲液，含 2mmol/L EDTA，加热 90s 冷却后测 ATP，此过程使 Apyrase 失活，并使细菌裂解。

Hawronskyj 等[122] 通过优化 ATP 生物发光法的检测程序检测生乳中的抗生素残留。以嗜热链球菌为指示菌，将细菌的过夜培养物 2mL 与生乳混合孵育 1.5h 后，检测出各抗生素的最低浓度，分别为青霉素 0.0048IU/mL、链霉素 0.5μg/mL、氯霉素 0.001μg/mL、新霉素 0.01μg/mL，从而实现了低成本、简易化的生乳中抗生素残留检测。

5.4.2　微生物分析法-电泳联用法

鉴定抗生素残留也可用高压电泳试验[123]。具体操作方法是准备琼脂和琼脂糖两种凝胶，每种凝胶上均放一片畜禽肉样，使抗生素能扩散进培养基中。高压在 2.5h 内通过培养基，然后将含有与四平板敏感性相似的细菌的琼脂平板倒置培养过夜，抗生素抑制浓度区内细菌不生长。抗生素从原位移动的距离和方向可以广谱地鉴定生长抑制物质，以便进一步进行化学鉴定，这可以减少检测残留物的费用。高压电泳法适用于对肉类、牛奶及动物饲料中的抗生素残留检测[124]。前处理方法分别为：肉制品经冻干、粉状后，用乙腈-水（9:1）提取，室温蒸发浓缩可得；牛奶直接检测或乙腈-水萃取后检测；饲料用乙腈-水萃取。Lott 等[124] 以藤黄微球菌、蜡样芽孢杆菌、枯草芽孢杆菌为指示菌接种在琼脂板上，30℃ 下孵育 18～24 小时后，选择产生清晰抑制区的琼脂板进行后续电泳生物自显影，即将提取物加入到电泳板上，在 15℃ 下施加 1500V 电势 1.5h，电泳后，通过用抗生素培养基覆盖，并接种细菌孢子悬浮液，从而观察到迁移的抗生素。最后基于初步筛选的结果以及与标准相比的电泳迁移距离和抑制区外观来鉴定抗生素。

Grynne[125] 采用琼脂凝胶电泳和生物自影术鉴定了 12 种不同的抗生素，选择对各抗生素具有高敏感性的微生物作为指示菌进行检测，抗生素通过琼脂电泳分离后，接种相应的测试微生物，过夜培养后，在琼脂板上进行自显影，即抗生素的位置是明显的抑制区，记录了区域的性质（即形式、区域边缘、大致大小），并确定了每种抗生素的迁移距离（即开始地点和斑点中心之间的距离）。各种抗生素的检出限均在 0.25～50μg/mL 之间。

Kondo 等[126] 采用琼脂凝胶电泳和生物自影术对 7 种氨基糖苷类抗生素（链霉素、双氢链霉素、卡那霉素、贝那霉素、庆大霉素、弗拉霉素和帕罗霉素）进行了鉴定。以枯草芽孢杆菌 ATCC 6633 为供试菌，Tris 缓冲液 pH 8.0，Bacto-Agar 为各组分的支撑培养基，对抗生素进行高灵敏度检测。其检出限为 $0.078 \sim 0.313 \mu g/mL$，标准偏差为 $0.05 \sim 0.34$。含每种药物的牛肾组织提取物的回收率为 $59.0\% \sim 90.2\%$。该方法的灵敏度可通过微小的修改进行调整，可用于生物样品中氨基糖苷类物质的常规残留分析。

参考文献

[1] Abraham E P, Gardner A D, Chain E, et al. Further observation on penicillin[J]. Lancet, 1941, 2: 177-189.

[2] Foster J W, Woodruff H B. Microbiological aspects of penicillin：Ⅵ. Procedure for the cup assay for penicillin[J]. Journal of Bacteriology, 1944, 47（1）: 43-58.

[3] Vincent J G, Vincent H W. Filter paper disc modification of the Oxford cup penicillin determination[J]. Proceedings of Society for Experimental Biology and Medicine, 1944, 55（3）: 162-164.

[4] Neal C E, Calbert H E. The Use of 2,3,5-triphenyltetrazolium chloride as a test for antibiotic substances in milk[J]. Journal of Dairy Science, 1955, 38（6）: 629-733.

[5] Lefkowitz R J, Roth J, Pastan I. Radioreceptor assay of adrenocorticotropic hormone：new approach to assay of polypeptide hormones in plasma[J]. Science, 1970, 170（3958）: 633.

[6] Charm S E. A 15-minute assay for penicillin and other antibiotics[J]. Cultured Dairy Products Journal, 1979, 14（2）: 24-27.

[7] Su L, Jia W, Hou C, et al. Microbial biosensors：a review[J]. Biosens Bioelectron, 2011, 26（5）: 1788-1799.

[8] Korpela M T, Kurittu J S, Karvinen J T, et al. A recombinant Escherichia coli sensor strain for the detection of tetracyclines[J]. Analytical Chemistry, 1998, 70（21）: 4457-4460.

[9] 高小燕. 动物可食性组织中抗菌药物残留检测微生物学快速筛选方法的研究[D]. 武汉：华中农业大学, 2013.

[10] Althaus R L, Torres A, Montero A, et al. Detection limits of antimicrobials in ewe milk by delvotest photometric measurements[J]. Journal of Dairy Science, 2003, 86（2）: 457-463.

[11] Althaus R, Torres A, Peris C, et al. Accuracy of BRT and Delvotest microbial inhibition tests as affected by composition of ewe's milk[J]. Journal of Food Protection, 2003, 66（3）: 473-478.

[12] Gaudin V, De Courville A, Hedou C, et al. Evaluation and validation of two microbiological tests for screening antibiotic residues in honey according to the European guideline for the validation of screening methods[J]. Food Additives & Contaminants Part A, 2013, 30（2）: 234-243.

[13] Gaudin V, Juhel-Gaugain M, Morétain J P, et al. AFNOR validation of Premi® Test, a microbiological-based screening tube-test for the detection of antimicrobial residues in animal muscle tissue[J]. Food Additives & Contaminants：Part A, 2008, 25（12）: 1451-1464.

[14] Cháfer-Pericás C, Maquieira Á, Puchades R. Fast screening methods to detect antibiotic residues in food samples[J]. Trends in Analytical Chemistry, 2010, 29（9）: 1038-1049.

[15] Le Breton M, Savoy-Perroud M, Diserens J. Validation and comparison of the Copan Milk Test and Delvotest SP-NT for the detection of antimicrobials in milk[J]. Analytica Chimica Acta, 2007, 586（1/2）: 280-283.

[16] Montero A, Althaus R L, Molina A, et al. Detection of antimicrobial agents by a specific microbiological method（Eclipse100®）for ewe milk[J]. Small Ruminant Research, 2005, 57（2/3）: 229-237.

[17] Gaudin V, Hedou C, Verdon E. Validation of a wide-spectrum microbiological tube test, the EXPLORER® test, for the detection of antimicrobials in muscle from different animal species[J]. Food Additives & Contaminants: Part A, 2009, 26（8）: 1162-1171.

[18] Linage B, Gonzalo C, Carriedo J A, et al. Performance of Blue-Yellow screening test for antimicrobial detection in ovine milk[J]. Journal of Dairy Science, 2007, 90（12）: 5374-5379.

[19] 伍金娥. 抗菌药物残留微生物学快速筛选方法及其试剂盒研究[D]. 武汉: 华中农业大学, 2007.

[20] 朱强. 牛奶、尿液中主要抗菌药残留微生物学筛选方法及其试剂盒研究[D]. 武汉: 华中农业大学, 2008.

[21] Nagel O G, Beltrán M C, Molina M P, et al. Novel microbiological system for antibiotic detection in ovine milk[J]. Small Ruminant Research, 2012, 102（1）: 26-31.

[22] Nagel O, Molina M P, Althaus R. Microbiological system in microtitre plates for detection and classification of antibiotic residues in milk[J]. International Dairy Journal, 2013, 32（2）: 150-155.

[23] Wu Q, Zhu Q, Liu Y N, et al. A microbiological inhibition method for the rapid, broad-spectrum, and high-throughput screening of 34 antibiotic residues in milk[J]. Journal of Dairy Science, 2019, 102（12）: 10825-10837.

[24] Wu Q, Peng D P, Liu Q, et al. A novel microbiological method in microtiter plates for screening seven kinds of widely used antibiotics residues in milk, chicken egg and honey[J]. Frontiers in Microbiology, 2019, 10: 436.

[25] Wu Q, Shabbir M A B, Peng D, et al. Microbiological inhibition-based method for screening and identifying of antibiotic residues in milk, chicken egg and honey[J]. Food Chemistry, 2021, 363: 130074.

[26] Mata L, Sanz D, Razquin P. Validation of the Explorer® 2.0 test coupled to eReader® for the screening of antimicrobials in muscle from different animal species[J]. Food Additives & Contaminants. Part A, 2014, 31（9）: 1496-1505.

[27] 刘兴泉, 冯震, 姚蕾, 等. 采用高通量微生物法检测四种抗生素在鸡蛋中的残留[J]. 现代食品科技, 2011, 27(04): 465-467.

[28] Schneider M J, Lehotay S J. A comparison of the FAST, Premi® and KIS™ tests for screening antibiotic residues in beef kidney juice and serum[J]. Analytical and Bioanalytical Chemistry, 2008, 390（7）: 1775-1779.

[29] Schneider M J, Mastovska K, Lehotay S J, et al. Comparison of screening methods for antibiotics in beef kidney juice and serum[J]. Analytica Chimica Acta, 2009, 637（1/2）: 290-297.

[30] Wu Q, Zhu Q, Shabbir M A B, et al. The search for a microbiological inhibition method for the rapid, broad-spectrum and high-throughput screening of six kinds of antibiotic residues in swine urine[J]. Food Chemistry, 2021, 339: 127580.

[31] 吴芹, 王玉莲, 袁宗辉. 动物源性食品中抗菌药残留的微生物学检测技术研究进展[J]. 中国畜牧兽医, 2017, 44(11): 3340-3350.

[32] Koenen-Dierick K, Okerman L, De Zutter L, et al. A one-plate microbiological screening test for antibiotic residue testing in kidney tissue and meat: an alternative to the EEC four-plate method? [J] Food Additives and Contaminants, 1995, 12（1）: 77.

[33] Nouws J F M, Broex N J G, Denhartog J M P. The New Netherlands Kidney Test. 1. Description of the method[J]. Tijdschrift Voor Diergeneeskunde, 1988, 113（5）:

243-246.

[34] Nouws J F M, Broex N J G, Denhartog J M P. The New Netherlands Kidney Test. 2. Sensitivity of the test system[J]. Tijdschrift Voor Diergeneeskunde, 1988, 113 (5): 247-253.

[35] Dey B P, Thaler A, Gwozdz F. Analysis of microbiological screen test data for antimicrobial residues in food animals[J]. Journal of Environmental Science and Health, Part B, 2003, 38 (3): 391-404.

[36] Dey B P, Reamer R P, Thaker N H, et al. Calf antibiotic and sulfonamide test (CAST) for screening antibiotic and sulfonamide residues in calf carcasses[J]. Journal of AOAC International, 2005, 88 (2): 440-446.

[37] Dey B P, Thaker N H, Bright S A, et al. Fast antimicrobial screen test (FAST): Improved screen test for detecting antimicrobial residues in meat tissue[J]. Journal of AOAC International, 2005, 88 (2): 447-454.

[38] Shakila R J, Saravanakumar R, Vyla S A P, et al. An improved microbial assay for the detection of chloramphenicol residues in shrimp tissues[J]. Innovative Food Science & Emerging Technologies, 2007, 8 (4): 515-518.

[39] Dang P K, Degand G, Danyi S, et al. Validation of a two-plate microbiological method for screening antibiotic residues in shrimp tissue[J]. Analytica Chimica Acta, 2010, 672 (1/2): 30-39.

[40] Dang P K, Degand G, Douny C, et al. Optimisation of a new two-plate screening method for the detection of antibiotic residues in meat[J]. International Journal of Food Science & Technology, 2011, 46 (10): 2070.

[41] Currie D, Lynas L, Kennedy D G, et al. Evaluation of a modified EC Four Plate Method to detect antimicrobial drugs[J]. Food Additives and Contaminants, 1998, 15 (6): 651-660.

[42] Pikkemaat M G, Dijk S O, Schouten J, et al. A new microbial screening method for the detection of antimicrobial residues in slaughter animals: The Nouws antibiotic test (NAT-screening)[J]. Food Control, 2008, 19 (8): 781-789.

[43] Gaudin V, Maris P, Fuselier R, et al. Validation of a microbiological method: the STAR protocol, a five-plate test, for the screening of antibiotic residues in milk[J]. Food Additives and Contaminants, 2004, 21 (5): 422-433.

[44] Ferrini A M, Mannoni V, Aureli P. Combined Plate Microbial Assay (CPMA): a 6-plate-method for simultaneous first and second level screening of antibacterial residues in meat[J]. Food Additives and Contaminants, 2006, 23 (1): 16-24.

[45] Myllyniemi A, Nuotio L, Lindfors E, et al. A microbiological six-plate method for the identification of certain antibiotic groups in incurred kidney and muscle samples[J]. The Analyst, 2001, 126 (5): 641-646.

[46] Althaus R, Berruga M I, Montero A, et al. Evaluation of a microbiological multi-residue system on the detection of antibacterial substances in ewe milk[J]. Analytica Chimica Acta, 2009, 632 (1): 156-162.

[47] Moats W A, Romanowski R D, Medina M B. Identification of beta-lactam antibiotics in tissue samples containing unknown microbial inhibitors[J]. Journal of AOAC International, 1998, 81 (6): 1135-1140.

[48] Nouws J F M, van Egmond H, Loeffen G, et al. Suitability of the charm HVS and a microbiological multiplate system for detection of residues in raw milk at EU maximum residue levels[J]. Veterinary Quarterly, 1999, 21 (1): 21-27.

[49] Myllyniemi A L, Rintala R, Backman C, et al. Microbiological and chemical identification of antimicrobial drugs in kidney and muscle samples of bovine cattle and pigs[J]. Food Additives and Contaminants, 1999, 16 (8): 339-351.

[50] Koenen-Dierick K, Okerman L, De Zutter L, et al. A one-plate microbiological screening

test for antibiotic residue testing in kidney tissue and meat: an alternative to the EEC four-plate method? [J] Food Additives and Contaminants, 1995, 12（1）: 82.

[51] Dang P K, Degand G, Douny C, et al. Optimisation of a new two-plate screening method for the detection of antibiotic residues in meat[J]. International Journal of Food Science & Technology, 2011, 46（10）: 2076.

[52] Lynas L, Currie D, Elliott C T, et al. Screening for chloramphenicol residues in the tissues and fluids of treated cattle by the four plate test, Charm Ⅱ radioimmunoassay and Ridascreen CAP-Glucuronid enzyme immunoassay[J]. Analyst, 1998, 123（12）: 2773-2777.

[53] Lefkowitz R J, Roth J, Pastan I, et al. Radioreceptor assay of adrenocorticotropic hormone: new approach to assay of polypeptide hormones in plasma[J]. Science, 1970, 170（3958）: 635.

[54] Korsrud G O, Papich M G, Fesser A C E, et al. Laboratory testing of the charm test Ⅱ receptor assays and the charm farm test with tissues and fluids from hogs fed sulfamethazine, chlortetracycline, and penicillin G[J]. Journal of Food Protection, 1996, 59（2）: 161-166.

[55] Korsrud G O, Boison J O, Nouws J F M, et al. Bacterial inhibition tests used to screen for antimicrobial veterinary drug residues in slaughtered animals[J]. Journal of AOAC International, 1998, 81（1）: 21-24.

[56] 罗道栩, 邓国东, 肖田安. Charm Ⅱ检测在兽药残留分析中的应用[J]. 中国兽药杂志, 2002（10）: 21-24.

[57] 动物源性食品中大环内酯类抗生素残留测定方法 第1部分: 放射受体分析法 SN/T 1777. 1—2006[S]. 北京: 中国标准出版社, 2006.

[58] 中华人民共和国国家质量监督检验检疫总局. 水产品中氯霉素残留检测方法 放射受体分析法 SN/T1966—2007[S]. 2007.

[59] 中华人民共和国国家质量监督检验检疫总局. 动物源性食品中磺胺类药物残留测定方法 放射受体分析法 GB/T21173—2007[S]. 2007.

[60] 中华人民共和国国家质量监督检验检疫总局. 动物源性食品中β-内酰胺类药物残留测定方法 放射受体分析法 GB/T21174—2007[S]. 2007.

[61] 中华人民共和国国家质量监督检验检疫总局. 进出口乳及乳制品中四环素类药物残留检测方法 放射受体分析法 SN/T 2309—2009[S]. 2009.

[62] 中华人民共和国国家质量监督检验检疫总局. 进出口乳及乳制品中β-内酰胺类药物残留检测方法 放射受体分析法 SN/T 2310—2009[S]. 2009.

[63] 中华人民共和国国家质量监督检验检疫总局. 进出口乳及乳制品中大环内酯类药物残留检测方法 放射受体分析法 SN/T 2311—2009[S]. 2009.

[64] 中华人民共和国国家质量监督检验检疫总局. 进出口乳及乳制品中磺胺类药物残留检测方法 放射受体分析法 SN/T 2312—2009[S]. 2009.

[65] 中华人民共和国国家质量监督检验检疫总局. 进出口动物源性食品中氨基糖苷类药物残留测定方法 放射受体分析法 SN/T 2315—2009[S]. 2009.

[66] 中华人民共和国国家质量监督检验检疫总局. 蜂王浆中四环素类抗生素残留量测定方法 放射受体分析法 SN/T 2664—2010[S]. 2010.

[67] 中华人民共和国国家质量监督检验检疫总局. 进出口蜂王浆中磺胺类药物残留量测定方法 放射受体分析法 SN/T 2799—2011[S]. 2011.

[68] 中华人民共和国国家质量监督检验检疫总局. 进出口食用动物大环内酯类药物残留量的测定 放射受体分析法 SN/T 4747. 1—2017[S]. 2017.

[69] 中华人民共和国国家质量监督检验检疫总局. 进出口食用动物β-内酰胺类药物残留量的测定 放射受体分析法 SN/T 4810—2017[S]. 2017.

[70] 中华人民共和国国家质量监督检验检疫总局. 进出口食用动物中四环素类药物残留量的测定 放射受体分析法 SN/T 4924—2017[S]. 2017.

[71] 中华人民共和国国家质量监督检验检疫总局. 进出口食用动物、饲料中磺胺类药物的测定 放射受体分析法 SN/T 4922—2017[S]. 2017.

[72] 马莉，崔建升，王晓辉，等．微生物传感器研究进展[J]．河北工业科技，2004(06)：50-52.

[73] Kurittu J，Lönnberg S，Virta M，et al. A group-specific microbiological test for the detection of tetracycline residues in raw milk[J]. Journal of Agricultural and Food Chemistry, 2000, 48（8）: 3377.

[74] Zappi D，Coronado E，Soljan V，et al. A microbial sensor platform based on bacterial bioluminescence（luxAB）and green fluorescent protein（gfp）reporters for in situ monitoring of toxicity of wastewater nitrification process dynamics[J]. Talanta, 2021, 221: 121438.

[75] 钱俊，李久铭，只金芳，等．基于大肠杆菌的全细胞微生物传感器的构建及其在急性生物毒性检测中的应用[J]．分析化学，2013，41(05)：738-743.

[76] Park M. Surface display technology for biosensor applications: a review[J]. Sensors, 2020, 20（20）: 2775.

[77] Park M. Orientation control of the molecular recognition layer for improved sensitivity: a review[J]. BioChip Journal, 2019, 13（1）: 82-94.

[78] 张静，吕雪飞，邓玉林．基因工程微生物传感器及其应用研究进展[J]．生命科学仪器，2019，17(01)：11-16.

[79] 蒋雍君．发光微生物传感器的构建及其在遗传毒性检测中的应用[D]．南昌：江西农业大学，2012.

[80] Esimbekova E，Kratasyuk V，Shimomura O. Application of enzyme bioluminescence in ecology[J]. Advances in Biochemical Engineering Biotechnology, 2014, 144: 67-109.

[81] 王永强．细菌荧光素酶标记的蓝细菌磷酸盐生物传感器的构建[D]．武汉：华中农业大学，2008.

[82] 董小冰．荧光标记工程菌技术检测动物源食品中氟喹诺酮类药物残留的方法研究[D]．武汉：华中农业大学，2013.

[83] Eran S，Navit H，Rachel R，et al. Fluorescence and bioluminescence reporter functions in genetically modified bacterial sensor strains[J]. Sensors & Actuators: B. Chemical, 2003, 90(1/3): 2-8.

[84] Korpela M T，Kurittu J S，Karvinen J T，et al. A recombinant Escherichia coli sensor strain for the detection of tetracyclines[J]. Analytical Chemistry, 1998, 70（21）: 4461.

[85] Kim B C，Park K S，Kim S D，et al. Evaluation of a high throughput toxicity biosensor and comparison with a Daphnia magna bioassay[J]. Biosens Bioelectron, 2003, 18(5/6): 821-826.

[86] Taylor C J，Bain L A，Richardson D J. Construction of a whole-cell gene reporter for the fluorescent bioassay of nitrate[J]. Analytical Biochemistry, 2004, 328（1）: 60-66.

[87] Bahl M I，Hansen L H，Sorensen S J. Construction of an extended range whole-cell tetracycline biosensor by use of the tet(M) resistance gene[J]. Fems Microbiology Letters, 2005, 253（2）: 201-205.

[88] 左妍，杨克迁．四环素-绿色荧光蛋白融合蛋白的构建及其活性测定[J]．生物工程学报，2005，21(1)：97-101.

[89] Norman A，Hestbjerg H L，Sorensen S J. Construction of a ColD cda promoter-based SOS-green fluorescent protein whole-cell biosensor with higher sensitivity toward genotoxic compounds than constructs based on recA, umuDC, or sulA promoters[J]. Applied and Environmental Microbiology, 2005, 71（5）: 2338-2346.

[90] Abd-El-Haleem D，Ripp S，Zaki S，et al. Detection of nitrate/nitrite bioavailability in wastewater using a luxCDABE-based Klebsiella oxytoca bioluminescent bioreporter[J]. Journal of Microbiology and Biotechnology, 2007, 17（8）: 1254-1261.

[91] Axelrod T，Eltzov E，Marks R S，et al. Bioluminescent bioreporter pad biosensor for monitoring water toxicity[J]. Talanta, 2016, 149: 290-297.

[92] Roda A，Cevenini L，Borg S. Bioengineered bioluminescent magnetotactic bacteria as a powerful tool for chip-based whole-cell biosensors[J]. Lab on a Chip, 2013, 13（24）: 4881-4889.

[93] Kao W C，Belkin S，Cheng J Y. Microbial biosensing of ciprofloxacin residues in food by a

portable lens-free CCD-based analyzer[J]. Analytical and Bioanalytical Chemistry, 2018, 410 (4): 1257-1263.

[94] Prante M, Ude C, Grosse M, et al. A Portable Biosensor for 2, 4-Dinitrotoluene Vapors[J]. Sensors, 2018, 18 (12): 4247.

[95] Lu M Y, Kao W C, Belkin S, et al. A smartphone-based whole-cell array sensor for detection of antibiotics in milk[J]. Sensors, 2019, 19 (18): 3882.

[96] Sakaguchi T, Morioka Y, Yamasaki M, et al. Rapid and onsite BOD sensing system using luminous bacterial cells-immobilized chip[J]. Biosens Bioelectron, 2007, 22 (7): 1345-1350.

[97] Cevenini L, Lopreside A, Calabretta M M, et al. A novel bioluminescent NanoLuc yeast-estrogen screen biosensor (nanoYES) with a compact wireless camera for effect-based detection of endocrine-disrupting chemicals[J]. Analytical and Bioanalytical Chemistry, 2018, 410 (4): 1237-1246.

[98] Belkin S. Microbial whole-cell sensing systems of environmental pollutants[J]. Current Opinion in Microbiology, 2003, 6: 206-212.

[99] Korpela M T, Kurittu J S, Karvinen J T, et al. A recombinant *Escherichia coli* sensor strain for the detection of tetracyclines[J]. Analytical Chemistry, 1998, 70 (21): 4462.

[100] Kurittu J, Karp M, Korpela M. Detection of tetracyclines with luminescent bacterial strains [J]. Luminescence, 2000, 15 (5): 291-297.

[101] Kurittu J, Lönnberg S, Virta M, et al. A group-Specific microbiological test for the detection of tetracycline residues in raw milk[J]. Journal of Agricultural and Food Chemistry, 2000, 48 (8): 3372.

[102] Kurittu J, Lönnberg S, Virta M. Qualitative detection of tetracycline residues in milk with a luminescence-based microbial method: the effect of milk composition and assay performance in relation to an immunoassay and a microbial inhibition assay[J]. Journal Food Protection, 2000, 63 (7): 953.

[103] Pellinen T, Bylund G, Virta M, et al. Detection of traces of tetracyclines from fish with a bioluminescent sensor strain incorporating bacterial luciferase reporter genes[J]. Journal of Agricultural and Food Chemistry, 2002, 50 (17): 4812-4815.

[104] Pikkemaat M G, Rapallini M L, Karp M T, et al. Application of a luminescent bacterial biosensor for the detection of tetracyclines in routine analysis of poultry muscle samples[J]. Food Additives and Contaminants, 2010, 27 (8): 1112-1117.

[105] Virolainen N E, Pikkemaat M G, Elferink J W A, et al. Rapid detection of tetracyclines and their 4-Epimer derivatives from poultry meat with bioluminescent biosensor bacteria[J]. Journal of Agricultural and Food Chemistry, 2008, 56 (23): 11065-11070.

[106] Pellinen T, Rytkonen K, Ristiniemi N, et al. Protein-DNA interaction-based detection of small molecules by employing Renilla luciferase fusion protein: quantitative and generic measurement of tetracyclines with a Renilla luciferase-tagged Tet repressor protein[J]. Analytical Biochemistry, 2006, 358 (2): 301-303.

[107] Valtonen S J, Kurittu J S, Karp M T. A luminescent escherichia coli biosensor for the high throughput detection of β-Lactams [J]. Journal of Biomolecular Screening, 2002, 7 (2): 127-134.

[108] Harber M J, Asscher A W. A new method for antibiotic assay based on measurement of bacterial adenosine triphosphate using the firefly bioluminescence system[J]. Journal of Antimicrobial Chemotherapy, 1977, 3 (1): 35-41.

[109] Tatsumi T, Shiraishi J, Keira N, et al. Intracellular ATP is required for mitochondrial apoptotic pathways in isolated hypoxic rat cardiac myocytes[J]. Cardiovascular Research, 2003, 59 (2): 428-440.

[110] D' Eustach A J, Johnson D R. Adenosine triphosphate content of bacteria[J]. Federation Proceedings, 1968 (27): 761.

[111] 陈历排，周旻，李志阳．用微量板 ATP 生物发光法检测肿瘤细胞对化疗药物的敏感性[J]．肿瘤，2000，20(2)：103-105．

[112] Frundzhian V G, Brovko L I, Karabasova M A, et al. A bioluminescent method of determining antibiotic sensitivity of microbial cells in septic blood[J]. Prikladnaja Biohimija i Mikrobiologija, 1997, 33（4）：455.

[113] Girotti S, Zanetti F, Ferri E, et al. Wastewater and sludge: the rapid determination of microbial content by ATP bioluminescence[J]. Annali di Chimica, 1998, 88（3/4）：291-298.

[114] Romanova N A, Brovko L I, Ugarova N N. Comparative evaluation of methods of intracellular ATP extraction from different types of microorganisms for bioluminescent determinationof microbial cells[J]. Prikladnaja Biohimija i Mikrobiologija, 1997, 33（3）：344-349.

[115] 刘炳智，朱蓓，王涛．微生物快速检验最新进展[J]．食品研究与开发，2003，2：89-92．

[116] 刘炳智，朱蓓．ATP 生物发光法在微生物检验上的应用[J]．预防医学情报杂志，1999，15（1）：29-30．

[117] 唐倩倩，叶尊忠，王剑平，等．ATP 生物发光法在微生物检验中的应用[J]．食品科学，2008，29(6)：460-465．

[118] Nilsson L. New rapid bioassay of gentamicin based on luciferase assay of extracellular ATP in bacterial cultures[J]. Antimicrobial Agents Chemotherapy, 1978, 14（6）：812-816.

[119] Sörén L, Nilsson L. Regrowth of aminoglycoside-resistant variants and its possible implication for determination of MICs[J]. Antimicrobial Agents Chemotherapy, 1984, 26（4）：501-506.

[120] Stekelenburg F. Snelle aantoning van antimicrobiele residuen in slachtdieren door middel van ATP-bepaling[J]. Tijdschr Diergeneeskd, 1993, 9（118）：293-297.

[121] Hanberger H, Nilsson L E, Kihlström E, et al. Postantibiotic effect of beta-lactam antibiotics on Escherichia coli evaluated by bioluminescence assay of bacterial ATP[J].Antimicrobial Agents Chemotherapy, 1990, 34（1）：102-106.

[122] Hawronskyj J, Adams M R, Kyriakides A L. Rapid detection of antibiotics in raw milk by ATP bioluminescence[J]. International Journal of Dairy Technology, 1993, 46（1）：31-33.

[123] 王继光，张翠红．屠宰畜禽抗微生物残留及检验[J]．肉品卫生，2003，12：9-11．

[124] Lott A F, Smither R, Vaughan D R. Antibiotic identification by high voltage electrophoresis bioautography[J]. Journal of the Association of Official Analytical Chemists, 1985, 68（5）：1018-1020.

[125] Grynne B. Identification of small amounts of antibiotics by electrophoresis and bio-autography[J]. Acta Pathologica Microbiologica Scandinavica Section B Microbiology and Immunology, 1973, B81（5）：583-588.

[126] Kondo F, Hayashi S. Improved method for the determination of residual aminoglycoside antibiotics in animal tissues by electrophoresis and bioautography[J]. Journal of Food Protection, 1989, 52（2）：96-99.

第6章
磺胺及磺胺
增效剂类
药物残留
分析

6.1

磺胺类药物残留分析

磺胺类药物（sulfonamides，SAs）一般是指具有对氨基苯磺酰胺结构的一类化合物的总称。自 20 世纪 30 年代发现含有磺酰氨基的偶氮染料——百浪多息并证实了其抗链球菌功能后，到目前为止先后合成了约 8500 种此类药物，其中，疗效好且毒副作用小的 SAs 就有几十种。在人体内代谢时 SAs 苯环上的氨基 N 位置乙酰化，通常使其溶解度降低，尤其当尿液酸度增大时，难溶解的乙酰化物结晶损伤泌尿系统，导致结晶尿、血尿或蛋白尿的出现。SAs 可引起过敏反应，有研究指出，约 5% 接受 SAs 治疗的病人出现了副反应[1,2]。此外，已经有 SAs 经过国际癌症研究机构（International Agency for Research on Cancer，IARC）评估，被分至 3 类（Group 3），即尚不能确定其是否对人体致癌[3]。

由于 SAs 的不合理使用、误用及滥用，除导致其在动物源性食品中残留外，还可通过动物的排泄物进入外界环境中，导致土壤和水源被 SAs 污染，长此以往大大增加了细菌耐药的风险。我国 GB 31650—2019 明确规定了 SAs 的最大残留限量（maximum residue limit，MRL）。

本部分系统阐述了 SAs 的结构与性质、药学机制（抗菌机制）、毒理学、国内外残留限量要求、样品处理方法、残留分析技术，以期为 SAs 的合理使用与残留监控提供参考。

6.1.1 结构与性质

SAs 母核为对氨基苯磺酰胺（图 6-1），一般为白色或微黄色结晶粉末，长期处于光照下颜色会逐渐变黄。SAs 结构中多具有芳伯氨基，且因为含有伯氨基和磺酰氨基而使药物呈现酸碱两性，既可溶于酸性溶液中又可溶于碱性溶液中。其分子量在 170～300 之间。SAs 微溶于水，易溶于乙醇和丙酮，在氯仿和乙醚中几乎不溶解。因其结构中带有苯环，各种 SAs 均具有紫外吸收。

图 6-1 磺胺类药物基本化学结构（对氨基苯磺酰胺）

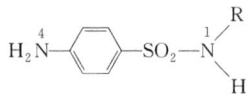

6.1.2 药学机制（抗菌机制）

SAs 是通过干扰敏感菌体内的叶酸代谢从而抑制其生长繁殖的。敏感菌不能直接利用环境中的外源叶酸，而是利用对氨基苯甲酸和二氢蝶啶焦磷酸，在二氢蝶酸合成酶的作用下，合成二氢蝶酸；与谷氨酸在二氢叶酸合成酶的作用下，合成二氢叶酸；再经过二氢叶酸还原酶还原为四氢叶酸，四氢叶酸是一碳基团转移酶的辅酶，参与了嘌呤、嘧啶、氨基酸的合成。SAs 的化学结构与对氨基苯甲酸（PABA）类似，因此可与 PABA 竞争，抑制细菌体内二氢蝶酸合成酶发挥作用，从而抑制二氢蝶酸的合成，形成以磺胺代替 PABA

的伪叶酸，最终使核酸合成受阻，结果细菌生长繁殖被抑制[4]。

6.1.3 毒理学

动物源性食品中残留的 SAs 可能对人们健康造成潜在危害。在体内 SAs 主要以原型或乙酰化形式经肾脏代谢为无抗菌活力的乙酰化磺胺，后者具有毒性作用，且乙酰化代谢物很难溶解，可在泌尿道析出结晶，损害肾脏，出现结晶尿、血尿、尿痛及闭尿等症状[5,6]。SAs 可破坏人的造血系统，造成溶血性贫血、粒细胞缺乏症、血小板减少症等。有的 SAs 可能引起过敏反应，即进入人体后所产生的抗体与体内的蛋白质结合，严重时会危及生命[6]。试验发现某些 SAs 可引起"三致"效应，如连续给予 SAs 如磺胺嘧啶（SDZ）等，可诱发有致瘤性倾向的啮齿动物甲状腺增生[7]。此外，对 SAs 敏感的细菌在长期接触低剂量的 SAs 后都可能会产生耐药性。SAs 结构非常相似，一旦细菌对某一种 SAs 耐药则对其他 SAs 很容易产生交叉耐药，这意味着一旦一种 SAs 失效，其他 SAs 也会失去作用。耐药菌株能够在动物体内大量繁殖，如果人类长期食用含有耐药菌株的食品，则会对人体产生严重影响。

6.1.4 国内外残留限量要求

SAs 在畜牧业使用非常广泛，相应产品中残留的 SAs 会损害人类健康。中国、欧盟、美国等均制定了其在动物源性食品中的 MRL[8-10]。

中国 GB 31650—2019 规定指出，选择 SAs 原型之和作为残留标志物，在所有可食用动物的肌肉、脂肪、肝、肾中残留限量为 $100\mu g/kg$；在牛和羊奶中为 $100\mu g/kg$；在鱼皮和肉中为 $100\mu g/kg$，在蛋类中不得检出。此外，对磺胺二甲嘧啶（SMZ）做出了单独规定，药物本身作为残留标志物，在所有可食用动物的肌肉、脂肪、肝、肾中残留限量为 $100\mu g/kg$；在牛奶中为 $25\mu g/kg$；在蛋类中不得检出。

欧盟选择 SAs 原型之和作为残留标志物，规定在所有食品动物的肌肉、脂肪、肝、肾中残留限量为 $100\mu g/kg$；在牛、绵羊、山羊奶中的限量为 $100\mu g/kg$。在供使用的蛋类中不得检出。

美国重点对 SAs 中几种重点药物做了明确规定，如磺胺溴二甲嘧啶（SBM）在牛可食用组织中的限量为 $100\mu g/kg$，在奶中为 $10\mu g/kg$。磺胺氯达嗪（SCP）在小牛和猪可食用组织中的限量为 $100\mu g/kg$。磺胺氯吡嗪（SCY）在鸡可食用组织中不得检出。磺胺间二甲氧嘧啶（SDM）在鸡、火鸡、牛、鸭、鲑科鱼类、鲇鱼、山鹑的可食用组织中限量为 $100\mu g/kg$；在奶中为 $10\mu g/kg$。磺胺乙氧达嗪（SEP）在猪可食用组织中不得检出；在奶中也不得检出；在牛可食用组织中，限量为 $100\mu g/kg$。磺胺甲基嘧啶（SMR）在鳟鱼可食用组织中不得检出。SMZ 在鸡、火鸡、牛和猪可食用组织中的限量为 $100\mu g/kg$。磺胺喹噁啉（SQX）在鸡、火鸡、小牛和牛可食用组织中的限量为 $100\mu g/kg$。

6.1.5　样品处理方法

6.1.5.1　样品类型

可食用动物的肌肉、脂肪、肝、肾，牛奶、羊奶，鱼皮、鱼肉，蛋类，饲料，蜂王浆，饲料。

6.1.5.2　样品制备与提取

乙腈、甲醇、乙酸乙酯、二氯甲烷等有机溶剂，以及乙腈/氯仿、乙腈/水、乙腈/磷酸、甲醇/二甲基亚砜、甲醇/水、癸酸/四氢呋喃/盐酸等混合溶剂是常用的提取试剂[11]。GB/T 21316—2007 中对肌肉、内脏、鱼、虾、肠衣样品，采用与 C_{18} 填料研磨，加入乙腈/水溶液（100∶3，体积比），涡旋振荡后，经微波辐照，离心分离乙腈层，再次对样品使用乙腈进行微波辅助提取；对牛奶样品，采用与硅藻土、C_{18} 填料研磨，加入乙腈/水溶液（100∶3，体积比），涡旋振荡后，经微波辐照，离心分离乙腈层，再次对样品使用乙腈进行微波辅助提取，可实现对磺胺醋酰（SAM）、磺胺脒（SG）、磺胺索嘧啶（SIM）等 22 种 SAs 和甲氧苄啶（TMP）的有效提取。GB 31658.17—2021 中对肌肉、肝脏、肾脏样品，采用加入 McIlvaine-Na_2EDTA 缓冲液，经涡旋、超声、离心，收集上清液，再次在样品中加入磷酸盐缓冲液进行提取，可实现对 SAM、SDZ、磺胺吡啶（SPY）等 19 种 SAs 的有效提取。Dasenaki 等[12] 使用乙腈/甲醇/甲酸（50∶50∶0.05，体积比）混合溶剂，通过涡旋、超声来提取鱼肉、猪肉、鸡肉样品中的 SCP、SDZ、SG 等 17 种 SAs 残留。

除了采用常规的振荡、超声、微波提取以外，加压溶剂萃取、基质固相分散萃取、QuEChERS 萃取、分散液液微萃取、超低温-液萃取等方法也被用于 SAs 的提取。Jiménez 等[13] 将均质的鸡蛋样品与硅藻土混合，在 70℃、1500psi❶ 下加入乙腈/10mmol/L 琥珀酸（pH 6.0）（1∶1，体积比）混合液，进行加速溶剂萃取，后重复该萃取过程一次，收集提取液，实现对 SDZ、SMR、SPY 等 14 种 SAs 的提取。Lu 等[14] 将鱼肉与 C_{18} 填料混合，室温干燥后装柱，使用乙腈/水（1∶1，体积比）进行 SDZ、SMZ、SQX 等 13 种 SAs 的提取。Arroyo-Manzanares 等[15] 通过将牛奶样品与水混合，涡旋后，加入含 5% 乙酸的乙腈，振荡后，加入 Agilent SampliQ EN QuEChERS 提取试剂，振荡后实现对 SDZ、SMZ、SPY 等 9 种 SAs 的提取；另外，通过将牛奶样品先与 20% 三氯乙酸混合，涡旋、离心、滤膜过滤后，调整上清液的 pH 为 4～4.5，迅速加入氯仿/乙腈（10∶19，体积比）振荡，离心后收集下层氯仿层，两种方法的回收率介于 83.6%～104.8%，提取效率较高。Lopes 等[16] 将猪肉样品与乙腈混合，离心后，将离心管浸入液氮之中，收集液态的有机相，实现对 SAM、SDZ、SMZ 等 16 种 SAs 的提取。GB/T 19542—2007 中对配合饲料、浓缩饲料、添加剂预混合饲料样品，加入乙腈，振荡进行 SDZ、SMZ、SQX 等 5 种 SAs 残留的提取。GB/T 22947—2008 中对蜂王浆样品，加入水，振荡提取后，再加入三氯乙酸，振荡、离心后，移取上清液，再重复上述步骤一次，合并提取液，实现对 SDZ、SPY、SMZ 等 18 种 SAs 残留的提取。

---

❶　$1psi=6.895×10^3 Pa$。

6.1.5.3　样品净化方法

通常采用液-液分配、固相萃取等方法进行样品的净化，然后测定样品中 SAs 残留量。GB/T 21316—2007 中对肌肉、内脏、鱼、虾、肠衣、牛奶样品的提取液，加入乙腈饱和正己烷溶液，振荡后，移取下层乙腈层，加入正丙醇，依次经旋转蒸发和氮气吹干，后加入乙腈/水（1:1，体积比）复溶，再加入乙腈饱和正己烷溶液，振荡后取乙腈/水层，滤膜过滤，进样。GB 31658.17—2021 中将提取液加入亲水亲脂平衡型固相萃取小柱中，依次用水、20%甲醇洗涤，抽干后，用甲醇/乙酸乙酯/浓氨水（25:25:1，体积比）混合液洗脱，氮气吹干后，用水/甲醇/乙腈/甲酸（80:10:10:0.1，体积比）进行复溶，高速离心后，滤膜过滤，进样。Dasenaki 等[12] 将提取液用氮气吹干，0.2%甲酸复溶，涡旋、超声、滤膜过滤，进样。Jiménez 等[13] 将提取液与乙腈/10mmol/L 琥珀酸（pH 6.0）（1:1，体积比）混合，离心后，取提取液用氮气吹至近干，用水复溶，涡旋、滤膜过滤，进样。Lu 等[14] 所采用的样品前处理方法为在线基质固相分散萃取，提取液无须额外处理，直接进样。Arroyo-Manzanares 等[15] 将提取液用氮气吹至近干，加入 Tris 缓冲液（pH 7）复溶，滤膜过滤后，衍生化处理，进样。Lopes 等[16] 将提取液在空气氛围下吹干，使用 0.1%甲酸复溶，振荡、超声后，经滤膜过滤进样。GB/T 19542—2007 中将提取液加入碱性氧化铝小柱中，吹干后，使用水/乙腈/醋酸（75:25:0.3，体积比）洗脱，洗脱液经滤膜过滤，进样。GB/T 22947—2008 中将提取液加入 Oasis MCX 小柱中，依次用 2%甲酸、甲醇洗涤，用氨水/甲醇（1:19，体积比）洗脱，洗脱液用氮气吹干，复溶于乙腈/10mmol/L 乙酸铵（3:22，体积比）中，滤膜过滤，进样。

6.1.6　残留分析技术

6.1.6.1　仪器测定方法

（1）**色谱法**　GB 29694—2013 对猪和鸡的肌肉和肝脏组织中的 SAs 残留，使用乙酸乙酯提取两次，0.1mol/L 盐酸溶液转换溶剂，正己烷进行除脂，提取液经 MCX 小柱净化，基于磺胺类药物的紫外吸收特性，建立了外标法定量 13 种 SAs 残留的高效液相色谱法，方法的检测限为 5～12μg/kg，定量限为 10～25μg/kg，平均回收率为 60%～120%，变异系数小于 20%。GB/T 19542—2007 中使用紫外检测器或二极管阵列检测器，在 270nm 波长处测定吸光度，建立了可检测配合饲料、浓缩饲料、添加剂预混合饲料中 5 种 SAs 残留的高效液相色谱法，该方法的检测限为 2～5mg/kg。Arroyo-Manzanares 等[15] 使用荧光胺为衍生化试剂，在激发波长为 405nm 和发射波长为 495nm 处读取荧光值，建立了 9 种 SAs 残留的高效液相色谱检测方法，方法的检测限为 0.6～2.73μg/L，定量限为 2.01～9.09μg/L。

（2）**色谱质谱联用法**　为了实现更多个 SAs 残留的同时检测，液相色谱-质谱联用、液相色谱-串联质谱联用法不断被建立。GB/T 21316—2007 中使用正离子扫描、多反应监测、外标法定量，建立了动物肝、肾、肌肉组织、牛奶、水产品中 23 种 SAs 残留的检测方法，定量限为 10～50μg/kg。GB 31658.17—2021 中使用正离子扫描、多反应监测、外标法和基质匹配标准曲线，建立了牛、羊、猪、鸡的肌肉、肝脏、肾脏中 19 种 SAs 残留的检测方法，检测限为 $2\mu g/kg$，定量限为 $10\mu g/kg$，回收率为 60%～110%，变异系数小于 20%。Dasenaki 等[12] 使用正离子扫描、多反应监测、外标法定量，建立了检测鱼肉、猪肉、鸡肉中 17 种 SAs 残留的检测方法，检测限为 5.65～$24\mu g/kg$，定量限为 17.1～$72.7\mu g/kg$，变异系数小于 21%。Lu 等[14] 使用正离子扫描、多反应监测、外标法，建立了在鱼肉中检测 13 种 SAs 残留的方法，回收率为 69%～96.3%，变异系数低于 13.2%，检测限为 0.75～$3\mu g/kg$，定量限为 2.45～$9.80\mu g/kg$。Lopes 等[16] 使用正离子扫描、多反应监测、外标法定量，建立了可检测猪肉中 16 种 SAs 残留的方法，方法的检测限为 0.3～$6.29\mu g/kg$。

除了外标法定量以外，Jiménez 等[13] 使用 SMZ（Phenyl-^{13}C6）为同位素内标物，在正离子扫描模式下，建立了内标法测定 14 种 SAs 在鸡蛋中残留的方法，检测限为 0.5～$2.1\mu g/kg$，回收率在 58%～78% 之间，变异系数小于 22%。GB/T 22947—2008 中使用磺胺甲基异噁唑-D4（SMX-D4）、SDZ-D4、磺胺噻唑-D4（STZ-D4）为内标物，基于电喷雾电离、正离子扫描模式、多反应监测和内标法，建立了蜂王浆中 18 种 SAs 残留的检测方法，检测限为 $5.0\mu g/kg$。

（3）其他方法 除液相色谱法、色谱-质谱联用法以外，毛细管电泳法[17] 以其样品量消耗少、分离效能高，电化学方法[18] 以其检测限低、成本低，被用于 SAs 残留的检测。Fuh 等[19] 使用乙腈提取肌肉样品，依次通过 Sep-Pak 氧化铝 N 固相萃取柱、Oasis HLB 固相萃取柱进行净化，氮气吹干后加入乙腈/水（1:1，体积比）复溶，基于 SAs 的紫外吸收特性，使用 1-萘氧乙酸为内标物，建立了可检测 8 种 SAs 残留的毛细管电泳法，检测限为 5～$10\mu g/kg$，回收率介于 80%～97%。Yari 等[20] 基于多壁碳纳米管和甲基三辛基氯化铵构建的电极，建立了片剂、尿液中可检测 SMX 含量的伏安测量法，检测限为 $0.01\mu mol/L$。

6.1.6.2 免疫测定方法

（1）半抗原设计 分子量小于 5000 的化合物通常不具有固有免疫原性，要产生针对这些化合物的抗体，就需要将其以共价形式偶联到一个本身能够刺激免疫系统的高分子量载体上（如蛋白质）。长期以来，人们认识到半抗原与载体蛋白的连接方式是决定抗体反应性质的关键；根据 Pratt 和 Erlanger 的报道[21,22]，抗体通常对离偶联位点最远的药物结构特异性最强，对相邻位点特异性最低。因此，药物结构的选择决定了获得的抗体是对一类化合物具有选择性还是对特定的磺酰胺具有选择性。这一目标通常可以通过理性合成免疫原来最大限度地暴露给免疫系统的共同特征来实现。如图 6-1 所示，SAs 的基本骨架上含有芳伯氨基，可以直接将 N4 氨基通过重氮偶合法或戊二醛法或琥珀酰化-碳二亚胺法和载体蛋白进行偶联，来制备免疫原或包被原。如 Haasnoot 等[23] 将 SAs 作为半抗原来制备免疫原、包被原和酶标半抗原等。Cliquet 等[24] 以 SN 作免疫半抗原，Pastor-Navarro 等[25,26] 以酞磺胺噻唑（PST）作免疫半抗原，Wang 等[27] 将 SG 和 SMX 分别用作免疫半抗原。虽然使用 SAs 作为半抗原来制备免疫原或包被原简单、易得，但其诱导产生的抗体都集中于针对单一化合物，其广谱识别性很难达到。

为了获得 SAs 广谱识别性抗体，大部分研究者选择保留对氨基苯磺酰胺部分，通过磺胺类药物的 N1 端与载体偶联。然而，磺酰胺的 N1 侧不具有适合偶联的氨基或羧基等化学官能团，因此，必须首先合成一种具有磺胺类化合物共同结构特征和化学官能团的合适的反应性类似物，通过引入间隔臂和羧基官能团，以此作为磺胺类半抗原。和 SAs 相比，该半抗原需要化学合成，但可以通过其羧基和载体蛋白进行偶联，这样就保留了 SAs 的基本骨架，并使该部分位于载体蛋白远端，使其可以更好地暴露给免疫系统。半抗原的设计是小分子的关键步骤，因为半抗原主要决定抗体识别特性。一个好的半抗原设计原则是在半抗原中尽可能地保留目标分子原有的空间和电子特性[21]。半抗原的电子参数、物理化学参数、构象特性以及免疫程序和动物年龄都可能影响抗原和抗体的结合[28]。因为虽然已经得到了可以在 MRL 以下检测多种 SAs 的抗体，但是考察这些抗体对各种 SAs 的交叉反应率依然相差较大。在以往的研究中，半抗原的结构被认为是产生抗体选择性的最重要因素[24,29]。所以通过精心设计半抗原和大规模的抗体筛选，理论上可以得到识别多种 SAs 的抗体。表 6-1 总结了文献中常用的磺胺类半抗原名称及结构。

表 6-1　常用的磺胺类半抗原名称及结构

名称	结构	文献
TS/S3		[25],[30]
CS/H1/S/S2/H3-Z/SUL		[24],[25],[28],[30],[31],[33]
NS		[30]
H2/SSS		[31],[32]
H3/HS		[31],[32]
PS		[23]
S4/H2-Z		[25],[28]
SA10		[32]

名称	结构	文献
BS		[27]
H1-Z		[28]
SA10-X		[34]

（2）**抗体制备** 抗体是免疫分析方法的核心试剂，其决定了方法的灵敏度和特异性。抗体制备研究主要经历了三个重要的发展阶段，按照每一阶段产生的抗体类型可分为：多克隆抗体、单克隆抗体以及基因工程抗体。

① 多克隆抗体。多克隆抗体是磺胺类免疫分析中最常用的抗体类型[35]。其是由不同类型的浆细胞产生的针对不同抗原决定簇的抗体混合物。通常从免疫后的兔、羊、马等脊椎动物血清中纯化提取多克隆抗体。多克隆抗体能够识别不同的抗原决定簇，对结构相似的抗原具有较高的交叉反应率，因此可以利用该特性制备识别某一类有特定基团化合物的广谱性多克隆抗体，并建立多组分残留分析方法[34,36]。多克隆抗体制备周期短，所需成本低，被广泛应用于生物研究和医疗诊断。

Sheth 和 Sporns 首次报道了以 STZ 的衍生物 N1-[4-(羧甲基)-2-噻唑基]-磺胺（TS）为半抗原制备多克隆抗体，该抗体可以识别 9 种 SAs[半数抑制浓度（IC_{50}）＜5μg/mL][37]。Assil 等设计了一种侧链较长的磺胺衍生物 N1-[4-甲基-5-[2-(4-羧乙基-1-羟基苯基)]-偶氮基-2-吡啶基]磺胺（PS，见表 6-1），以此半抗原制备的免疫原免疫后，获得的抗血清对 7 种 SAs 的 IC_{50}＜10μg/mL[38]。1993 年，Jackman 等利用琥珀酰化将 12 种不同的磺胺类药物与卵清蛋白（OVA）偶联，并利用这些免疫原对绵羊进行免疫，制备多克隆抗体。虽然没有描述抗血清滴度，但 ELISA 结果显示对 SAs 的 IC_{50} 为 0.2～5ng/mL。对于检测 SAs 的抗体研究一直在不断发展，2000 年之后，Haasnoot、Pastor-Navarro、Franek 和 Adrian 等报道了由新的或已报道的半抗原制备具有不同识别能力的抗体的发展[23,26,29,39,40]。2013 年，Wang 等以 3 种磺胺半抗原 HS、SSS 和 SA10 与牛血清白蛋白（BSA）偶联作为免疫原，获得广谱性识别 SAs 的多克隆抗体，在缓冲液中对 22 种 SAs 的 IC_{50} 值＜100ng/mL。这为发展 SAs 残留检测产品的开发奠定了坚实的基础[32]。

② 单克隆抗体。单克隆抗体是由单个 B 细胞分化为浆细胞后产生的可特异性识别一种抗原决定簇的抗体。1975 年，Köhler 和 Milstein 等开发了杂交瘤技术，即利用 B 淋巴细胞杂交瘤技术将小鼠脾脏中的 B 淋巴细胞和小鼠骨髓瘤细胞在体外融合，形成既能无限增殖培养，又能分泌特异性抗体的杂交瘤细胞[41]。杂交瘤技术是抗体制备技术发展过程中的一个重要里程碑，在很大程度上促进了抗体的广泛应用。

与多克隆抗体相比，单克隆抗体虽然制备较为复杂，但具有高度的特异性和均一性，并且可通过细胞培养和生产腹水的方式进行大量制备，这使得单克隆抗体得到了快速发展和广泛应用[42]。但是，与能够识别抗原多表位的多克隆抗体不同，单克隆抗体只能以非常明确和具体的方式识别单个表位；因此，真正的广谱识别性单克隆抗体的生成是一个巨大的挑战。Muldoon 等首次报道了广谱 SAs 的单克隆抗体，经 N-对氨基苯磺酰基-4-氨基苯甲酸与蛋白质偶联后，免疫小鼠，获得一株对 8 种 SAs 的 IC_{50} ＜10000ng/mL 的抗体[43]。Haasnoot 等应用 TS 和 PS 两种半抗原制备单克隆抗体，获得最好的抗体对 18 种 SAs 的 IC_{50} 值＜10000ng/mL，对 8 种 SAs 的 IC_{50} 值＜1000ng/mL，但是对几种常用的 SAs 如 SMZ 和 SCP 在 100ng/mL 时不能检测[40]。Cliquet 等比较了各种不同半抗原制备广谱抗体的效果，得到的最好的单克隆抗体（3B5B10E3），可以在 100ng/mL 以下检测 SDZ、SDM、STZ、SPY 和磺胺甲噻二唑（sulfamethizole，SMT）5 种 SAs[24]。制备能够广谱均一识别 SAs 的单克隆抗体，一直是研究人员不断努力探索的方向。Wang 等将 5 种半抗原 HS、BS、CS、SA10、TS 和两种磺胺药物 SG 和 SMX 分别与 BSA 和 OVA 偶联制备免疫半抗原和包被半抗原，免疫小鼠后获得了 8 株单克隆抗体，分别为来自 SMX-BSA-1 的 1D10，来自 TS-BSA-4 的 4C7、5E10、3A10 和 2G5，来自 SA10-BSA-3 的 4D11、3B12 和 3E1，通过使用 SAs、相关衍生物和 5 种半抗原测定抗体的特异性，发现这 8 株单克隆抗体不能或者只能弱识别磺胺类药物 SAM、5-磺胺尿嘧啶（SAU）、SG、SN 和 TMP。其中来自 SA10-BSA-3 的 4D11 抗体能够识别 12 种 SAs，且 IC_{50} 为 1.2～12.4μg/L，抗体的 IC_{50} 较低且与之前产生的抗体相比具有很好的广谱识别性和均一性。由此也揭示了免疫半抗原的精心设计对所产生抗体的特异性有重要影响[27]。Zhou 等设计了 3 种半抗原 H1-Z、H2-Z 和 H3-Z，并用其免疫小鼠制备单克隆抗体，其中用 H1-BSA 免疫原免疫小鼠获得的单克隆抗体 4E5 在包被原为 H3-OVA 时对 16 种 SAs 表现出比较好的识别性能，其 IC_{50} 范围为 0.52～51μg/L[28]。半抗原的设计对于免疫获得的抗体识别特性具有重要影响，为了获得广谱、灵敏的抗体，研究者一直在进行不断的尝试。李成龙利用 3D-QSAR、分子对接和量子化学计算等，分析了磺胺嘧啶和磺胺吡啶的静电场、立体场及分子取向，并以此为依据，在杂环 N^1 的 α-C 的对位引入戊酸或 4-戊炔酸，或在 N^1 的 α-C 的间位引入 1 个或 2 个甲基，设计了 SAPM、SADMPM、SAPY 和 SAMPY 等 4 种半抗原。将半抗原与载体蛋白偶联得到了免疫原免疫小鼠，最终获得了 5 种单克隆抗体，分别为 10E6、7C3、4F5、5F7 和 B2，其中 10E6 对 29 种 SAs 的 IC_{50} 介于 0.23～20.43ng/mL，该单克隆抗体的广谱性和识别均一性普遍优于其他已报道的抗体[44]。

③ 基因工程抗体。基因工程或重组抗体因其可能改变抗体的亲和力或特异性以满足特定的分析需要而受到越来越多的关注。1984 年，Morrison 等首次在骨髓瘤细胞中成功制备了人-鼠嵌合抗体，这标志着基因工程抗体的诞生[45]。基因工程抗体又称重组抗体，是指通过重组 DNA 及蛋白质工程技术对编码抗体的基因进行加工改造和重新组装而获得的抗体分子[46]。进入 20 世纪 80 年代后，随着抗体基因结构及功能的逐渐明确以及分子生物学技术的快速发展，人们可以利用基因工程手段对抗体进行切割、拼接或修饰，去除无关或有副作用的结构并赋予其新的生物学活性。这类抗体为很多研究和技术带来了新突破，开启了抗体研究的新篇章，被称为第三代抗体。与传统的多克隆抗体和单克隆抗体相比，基因工程抗体的分子量小、制备周期短、序列已知方便改造、可工业化大批量生产，且实现了真正意义上的抗体永生化。

基因工程抗体的种类很多，主要包括单链抗体、双特异性抗体、二硫键抗体、抗体

Fab 片段、单域抗体等。这些抗体以表达抗体轻重链为主，含或不含外源肽链的分子较小的抗体片段，其特点是分子量小、体内半衰期短、免疫原性低、可在原核系统表达和易于基因工程操作等。基因工程抗体中研究最广泛的为单链抗体（single chain variable fragment，ScFv）。ScFv 是用基因工程方法将抗体重链和轻链可变区通过一段连接链（linker）连接而成的重组蛋白，是保持了亲本抗体的抗原性和特异性的功能抗体片段，由于其只保留了抗体的可变区部分，去除了不与抗原结合的 Fc，因此其大小相当于完整 IgG 的 1/6。1988 年，Bird 等、Huston 等和 Skerra 等先后成功研制出 Fab 片段和 Fv 片段并在大肠杆菌中成功进行装配和表达，这也为 ScFv 的制备奠定了基础[47-49]。作为单克隆抗体的替代物，ScFv 在保持了结合特性的基础上还具有可塑性强（突变进化等）及可持续再生等特点，在免疫检测领域特别是小分子检测方面，展示出了较强的优势。已有研究报道了用于 SAs 检测的重组抗体的制备。李永翰采用基因工程技术制备了 ScFv 4C7 和 4D11，采用 ELISA 方法测定了 ScFv 对 SAs 的识别特性，结果显示，ScFv 4C7 和 4D11 分别能够识别 10 种和 21 种 SAs，虽然相对其亲本单克隆抗体来说其对 SAs 的 IC_{50} 值有所提高，但是其交叉反应特性与亲本单克隆抗体保持高度一致[50]。陈敏利用基因工程抗体制备技术首次制备了针对磺胺和喹诺酮两类抗菌药物的重组双特异性抗体，该抗体能够识别 14 种 SAs[51]。

伴随第三代抗体产生的还有使抗体的制备技术发生质的飞跃的抗体库技术。抗体库技术是通过基因工程技术将全套抗体可变区基因克隆至质粒或噬菌体中表达，用抗原筛选出携带特异性抗体基因的克隆，从而获得相应抗体的技术。根据抗体展示平台的不同可将抗体库技术分为噬菌体展示技术（phage display technique）、核糖体展示技术（ribosome display technology）、酵母展示技术（yeast display technology）等，其中最为成熟且应用最广泛的是 1985 年由 Smith 等开发的噬菌体展示技术。与血清制备技术和杂交瘤技术相比，噬菌体展示技术具备众多优势。杂交瘤技术是通过检测分泌到培养基中的抗体来进行筛选，而抗体一旦分泌到细胞外就与细胞失去了联系，为了保持抗体与杂交瘤细胞之间的对应关系，需要对杂交瘤细胞进行不断的稀释、培养和检测，直至出现单个克隆的阳性孔，这种有限稀释法的筛选能力一般为上千个克隆以内。而相比之下，噬菌体展示技术中基因与展示出来的抗体本身就是一个整体，将抗体的基因型和表型连接起来，筛选容量大且效率高，可在一个孔中同时对数以亿计的克隆进行淘选，筛选效率及获得抗体的成功率得到了极大的提升。1990 年，McCafferty 等应用抗体基因体外扩增和噬菌体展示技术首次构建了抗体库并从中筛选获得了具有免疫活性的完整抗体可变区片段[52]。Korpimäki 等以单克隆抗体为基础，利用噬菌体展示技术获得了 ScFv，同时结合随机突变、DNA Shuffling 和定点突变等技术对其进行体外定向进化，最终获得了能够同时识别 18 种 SAs 的 ScFv 突变体，基于该抗体建立的时间分辨检测技术对 18 种 SAs 的 IC_{50} 值范围为 0.019～13ng/mL[53-56]。2012 年，温凯以分泌相应特异性单克隆抗体的杂交瘤细胞为基础，利用噬菌体展示技术构建了 SMX 的噬菌体展示 ScFv 抗体库，采用"固相化半抗原富集方法"从抗体库中筛选获得了特异性的 ScFv，间接竞争 ELISA 结果显示该 ScFv 能够识别 14 种 SAs 且 IC_{50} 和交叉反应率与其亲本单克隆抗体一致性较高[57]。

随着基因工程技术和噬菌体展示技术的不断发展与完善，分子量更小的抗体——单域抗体以其独特的优势成为目前研究的热点领域。1993 年，比利时布鲁塞尔自由大学的研究人员在骆驼科动物的血清中发现除了存在常规的异型四聚体抗体 IgG$_1$ 外，还存在另一种天然缺失轻链和重链 CH1 区的同型二聚体抗体，即重链抗体[58]。其产生的机制是由于 CH1 区的基因发生了突变，导致功能性 CH1 翻译受阻以及拼接共识信号的缺失[59]。与常规抗体相比，重链抗体仅由重链可变区（variable domain of the HCAb，VHH）、铰链区和恒定区的 CH2 和 CH3 组成。通过基因工程技术可以获得保留完整抗原结合活性的 VHH[60]。VHH 的分子质量仅 12～15kDa，不足传统 IgG 分子质量的十分之一，是目前发现的可稳定结合目标抗原的最小抗体片段。VHH 晶体结构为椭球形，直径约为 2.5nm，长约 4nm，因其大小处于纳米级别，故又称为纳米抗体[61]。与常规抗体的重链可变区 VH 相比，纳米抗体具有很多特殊结构，如较多的亲水性氨基酸、额外的二硫键、较长的 CDR3 区、简单的结构、微小的体积等。而这些结构也赋予其诸多优越的理化与生物学特性，其中包括良好的水溶性和构象稳定性、较高的有机溶剂耐受性及亲和力、强大的表位识别能力及组织穿透能力、较低的免疫原性、易制备、好表达、便于进化改造、适合融合与多聚等。杨慧娟以广泛使用的 SDM 为模式分子，开展了纳米抗体的制备、应用及识别机制研究，经过同源竞争及正反交叉等淘选策略，成功获得了特异性最高的抗 SDM 纳米抗体 H1-17。该抗体能耐受 100℃ 的高温、pH 为 4～8 的检测环境、NaCl 饱和溶液（浓度 6mol/L）以及 50% 的甲醇。其特异性、亲和力及稳定性均高于同一免疫原制备的鼠单克隆抗体及兔多克隆抗体。基于 H1-17 建立的间接竞争 ELISA 检测方法，对全脂乳中 SDM 的检测限为 0.76μg/L，能够满足 MRL 的要求，为下一代免疫分析检测技术及产品的开发奠定了基础[62]。

此外，受体蛋白、核酸适配体和分子印迹聚合物（MIP）等也可以结合所对应的配体，同样能作为一类药物的广谱识别元件。梁晓通过扩增肺炎链球菌 R6 和大肠杆菌 ATCC25922 的 *flop* 基因，分别构建了表达载体并获得了 DHPS 蛋白，将来源于肺炎链球菌的 DHPS 蛋白与 CS-HRP 组合建立微孔板法检测 SAs 多残留，结果表明对 29 种磺胺类药物的 IC$_{50}$ 为 2.95～56.22ng/mL，均低于 MRL。核酸适配体具有不需要使用实验动物、能够进行体外分离制备且易于修饰等特点，已被用于 SAs 的检测[63]。倪姮佳将 SMZ 和 SMR 与磁珠偶联，并以 SMR-MBs 作为反筛工具，建立了用于 SMZ 核酸适配体筛选的 Mag-SELEX 体系。结果显示获得的两条核酸适配体均能特异性识别 SMZ[64]。Li 等以磺胺苯为模板合成了一种能够识别 15 种 SAs 的 MIP。以上识别元件已经成为解决残留分析技术瓶颈问题的突破口之一[65]。

（3）免疫分析技术　免疫分析技术是基于抗原抗体之间特异性结合反应的分析技术，最初主要应用于医学和生物学领域，大多用于肿瘤标记物筛查和激素类物质的检测[66,67]。与常规理化分析技术相比，其选择性强、灵敏度高，操作简便、快速，仪器化程度和分析成本低，能同时测定大批量样品。因此，其特别适用于实际生产中现场监控以及大规模筛选检测。SAs 常用的免疫分析技术主要包括：酶联免疫吸附技术、荧光免疫分析技术、免疫色谱技术和化学发光免疫分析技术。

① 酶联免疫吸附技术。酶联免疫吸附（ELISA）是经典的免疫分析技术，也是用于小分子有害化合物残留检测的最主要免疫分析手段之一。ELISA 主要在聚苯乙烯微孔板上进行抗原抗体的特异性结合，具有通量高、检测便捷及灵敏度高等优点，在兽药残留分析方面应用广泛。Li 等制备了一种抗 SAs 的多克隆抗体，该抗体对 19 种 SAs 的 IC$_{50}$< 100μg/L，对脱脂牛奶样品中磺胺间甲氧嘧啶（SMM）、SMX、SQX、SDM 和 SMZ 进行

检测，其检测限分别为 $1.00\mu g/L$、$1.25\mu g/L$、$2.95\mu g/L$、$3.35\mu g/L$ 和 $6.10\mu g/L$，5 种 SAs 平均回收率为 $72.0\%\sim107.5\%$，该方法以具有广泛特异性和均一亲和力的多克隆抗体为基础，为牛奶样品中多种 SAs 的检测提供了一种简便、灵敏、高通量的筛选工具[34]。梁晓以肺炎链球菌 R6 制备的 DHPS 建立了 ELISA 检测 SAs 多残留，对 29 种 SAs 的 IC_{50} 值为 $2.95\sim56.22ng/mL$，纯牛奶中 SMM、SQX、SMZ、SMX 和 SDM 的添加回收率为 $83.3\%\sim108.8\%$，变异系数为 $1.1\%\sim15.8\%$；脱脂奶中的添加回收率为 $72.7\%\sim129.3\%$，变异系数为 $3.0\%\sim16.0\%$[63]。

② 荧光免疫分析技术。荧光免疫分析（FIA）技术是将不同的荧光素作为标记物修饰在抗原、抗体上进行分析检测。常用的荧光免疫分析技术主要包括荧光偏振免疫分析（FPIA）和时间分辨荧光免疫分析（TRFIA）。

FPIA 是一种在均相反应体系进行的免疫分析方法，该技术将荧光偏振原理与免疫分析结合，根据荧光标记的抗原与抗体结合前后偏振值发生的变化进行残留分析。其具有简单、可靠、快速和高效的特点，可满足未来残留筛选检测方法对高通量、高速度、多残留和自动化的发展趋势。He 等制备了金黄色葡萄球菌 DHPS，用其建立了鸡肌肉中 31 种 SAs 的荧光偏振检测方法，检测限为 $2.0\sim38.5ng/g$，一次测定可在几分钟内完成，可用于肉类样品中 SAs 残留的多重筛查[68]。Wang 等制备了 SMR 单克隆抗体，建立并优化了一种 FPIA 方法，该方法对 SMR、SMZ 和 SDZ 的检测限分别为 $0.9ng/g$、$2ng/g$ 和 $3.1ng/g$，对鸡肉和蜂蜜样品中 SMR、SMZ 进行 FPIA 分析，平均回收率为 $86\%\sim131\%$，本研究证实了荧光免疫分析技术在鸡肉和蜂蜜样品 SAs 残留筛查中的实际应用[69]。

TRFIA 是将荧光寿命较长的三价稀土离子及其螯合物作为抗原或抗体的标记物，通过检测时间延迟后的荧光信号而开发的一种免疫分析方法。该方法具有荧光寿命长、Stoke's 位移大、弛豫时间长且能够克服背景吸收的优势，灵敏度和准确性较其他荧光免疫法更高。

③ 免疫色谱技术。免疫色谱技术（ICA）是一种将抗原与抗体的特异性与色谱技术相结合的检测技术。以待测物溶液为流动相，反应后标记物在显色带聚集显色，通过显色情况进行定性定量分析。标记物的灵敏度对免疫色谱技术十分重要。ICA 具有操作简单、成本低、易携带等特点，是一种有极具优势的快速检测技术。根据使用的标记物不同可将免疫色谱技术分为胶体金免疫技术、荧光免疫色谱技术、量子点色谱技术、荧光微球色谱技术、时间分辨荧光免疫色谱技术、磁珠免疫色谱技术等。Chen 等研制了对 27 种 SAs 具有广谱识别性的单克隆抗体，该抗体对 27 种 SAs 的 IC_{50} 值为 $0.15\sim15.38\mu g/L$，在此基础上，建立了一种快速筛选蜂蜜中 SAs 的胶体金侧流免疫色谱分析方法。蜂蜜样品中 SAs 的视觉检测限均在 $10\mu g/kg$ 以下，符合要求。对阳性蜂蜜和猪肝样品进行了检测，验证了该方法检测的可靠性[70]。Zeng 等以滤纸代替硝酸纤维素膜，建立了一种胶体金免疫色谱方法检测牛奶中 SAs 残留，使用智能手机和 Photoshop 软件来完成定量检测，该方法对 13 种 SAs 的检测限在 $0.42\sim8.64g/L$ 之间，牛奶中的添加回收率在 $88.2\%\sim116.9\%$ 之间。该新方法与传统的以硝酸纤维素膜为传输介质的方法相似，但滤纸价格低廉，易于获得，成本更低，实用性更好[71]。汪泽祥采用时间分辨荧光微球为信号标记物，建立了检测鸡蛋、蜂蜜和猪肉中 SMZ 残留的 ICA，在最优实验条件下，TRFN-ICA 检测鸡蛋、蜂蜜和猪肉中 SMZ 的检测限分别为 $0.016ng/mL$、$0.049ng/mL$ 和 $0.029ng/mL$；线性范围分别为 $0.05\sim1ng/mL$、$0.05\sim5ng/mL$ 和 $0.05\sim1ng/mL$。此外，利用 ICA 和

仪器法同时对 45 个实际样品进行分析时发现二者的检测结果一致，从而证明了所建立的时间分辨荧光免疫色谱方法具有良好的准确性[72]。

④ 化学发光免疫分析技术。化学发光免疫分析（CLISA）是将免疫分析的特异性与化学发光的高灵敏性相结合的一项技术。该技术采用发光剂或催化剂等化学发光试剂标记抗原或抗体，在进行免疫分析时，通过测定化学发光强度来进行待测物的定量分析。根据标记对象的不同，CLISA 可分为化学发光免疫分析、化学发光酶免疫分析和电化学发光免疫分析。CLISA 方法特异性强，检测速度相对较快，操作简单，可实现自动化，且费用较低，但需要寻找合适的发光标记物。所用发光剂的种类主要分为鲁米诺类、二氧杂环丁烷类、吖啶酯类和过氧化草酸酯类等。Li 等首次以磺胺苯为模板合成了一种能够识别 15 种 SAs 的 MIP，将该聚合物作为识别试剂在常规 96 孔微孔板上制备了化学发光传感器，15 种分析物的检测限在 1.0～12pg/mL 范围内，添加回收率在 72.7%～99% 之间。此外，一次检测可在 30min 内完成且传感器可重复使用 4 次。因此，该传感器可作为肉类样品中磺胺类药物残留的常规检测工具[65]。Li 等以一种能同时识别 32 种 SAs 的单克隆抗体为基础，建立了一种直接竞争化学发光酶联免疫吸附测定法用于检测鸡肉样品中的 32 种 SAs，其 IC_{50} 值在 0.038～11.2ng/g 之间，交叉反应率在 7.3%～1778% 之间，在鸡肉样品中检测限为 0.03～26ng/g，该方法可作为肉类中 SAs 残留的常规检测手段[73]。

6.1.6.3 其他分析技术

（1）电化学免疫分析技术　电化学免疫分析技术是将免疫分析与电化学分析技术相结合的一种免疫分析新技术。由于其灵敏度高、仪器成本低、响应时间相对较快以及消除了烦琐的提取步骤已被广泛应用于病原菌、生物毒素、农药和兽药残留分析领域。Wang 等提出了一种使用无标记电化学免疫传感器对 SDM 进行高灵敏度检测的方法。其中银-氧化石墨烯（Ag-GO）纳米复合材料具有良好的生物相容性和化学稳定性，GO 也为具有氧化还原活性的 AgNPs 组装提供了较大的表面积，为电化学免疫传感器的制备提供了先决条件。在最佳条件下，检测限为 4pg/mL[74]。Hamnca 等使用静电纺丝法生产了聚酰胺酸（PAA）纳米纤维，并在形态和光谱学方面进行了充分表征。将 PAA 纳米纤维改性的丝网印刷碳电极用于检测磺胺类药物，结果显示 SDZ 和 SMZ 检测限符合对痕量水平监测的要求[75]。

（2）生物传感器免疫分析技术　生物传感器免疫分析技术是将高特异性的免疫分析技术与高灵敏性的传感器技术相结合的一种免疫分析技术。该技术以抗原抗体作为识别系统，传感器作为信号放大系统，提高了免疫分析的灵敏度，实现了免疫分析技术的定量分析和自动化操作，同时免疫分析传感器正不断向着更加快速、简单、方便的方向发展。Bienenmann-Ploum 等以 SAs 特异性单克隆抗体为起始点制备了广谱性 ScFv，构建了高灵敏度的快速免疫检测传感器检测鸡血清中 17 种 SAs 残留，其检测限为 0.2～36.8ng/mL，该方法具有快速、准确、灵敏度高以及可进行实时检测等优点[76]。Kou 等采用改进的 GO-SELEX 技术，获得了对 SMZ 具有最高亲和力的适配体，以此为基础研制了一种基于荧光适配体/氧化石墨烯的生物传感器，用于检测动物源性食品中 SMZ 残留，在最优条件下，其检测限为 0.35ng/mL，添加回收率在 93.9%～108.8% 之间，结果显示新型适配体传感器可用于食品中 SMZ 的残留检测[77]。

6.2

磺胺增效剂类药物残留分析

磺胺增效剂是一类能够增强抗菌药物的抗菌活性并具有特定作用机制的药物。因为其增强了对磺胺类药物的抗菌作用，因此被命名为磺胺增效剂。然而，研究人员后来发现该类药物也增强了其他抗菌药物的抗菌活性，因此，磺胺增效剂也被称为抗菌增效剂。该类药物本身具有一定的抗菌活性，但细菌对本类药物易产生抗药性，因此本类药物极少单独使用，当其与抗生素合理配伍使用时，能够通过抑制酶的作用等不同机制提高血药浓度，降低抗生素的毒副反应，减少细菌耐药性，增强抗菌作用，提高治疗效应，对治疗疾病起到事半功倍的效果[78]。二甲氧苄啶（DVD）、奥美普林（OMP），特别是甲氧苄啶（TMP）是畜牧业中治疗细菌和原虫病最常用的药物，如 TMP/SDZ 用于治疗尿路、胃肠道和呼吸道感染，DVD/SQX 作为食品动物的抗原虫药物。

随着抗菌药物在畜牧业中的广泛应用，磺胺增效剂的使用量大大增加，过量摄入磺胺增效剂会导致它们在动物体内积累。此外，细菌对这些化合物的耐药性正在增加，这最终危及人类的健康和生存。因此，许多国家和组织已经设定了食用动物组织中磺胺增效剂的 MRL。本部分详细论述了关于磺胺增效剂的结构与性质、抗菌机制、毒理学、国内外残留限量要求、样品处理方法、残留分析技术等内容，以期为该类药物的合理使用和残留监控提供参考。

6.2.1 结构与性质

磺胺增效剂的结构均含有 5-苄基-2,4-二氨基嘧啶（图 6-2），迄今为止，该系列药物主要有 TMP、DVD、溴莫普林（BOP）、OMP、巴喹普林（BQP）、四氧普林（TXP）、美替普林（MTP）、阿地普林（ADP）和埃拉普林（ICL）（图 6-3）。在这些磺胺增效剂中，ADP 和 DVD 只用于动物，而 ICL 用于人类，其余的都是人和动物共用药物。本类药物为淡黄色或类白色结晶性粉末，无臭，味微苦，在氯仿中略溶，在乙醇或丙酮中微溶，在水中几乎不溶，但可溶于酸及有机溶剂。本品的熔点为 199～203℃。

图 6-2　磺胺增效剂母核结构

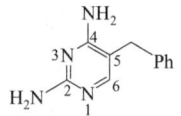

6.2.2 药学机制（抗菌机制）

本类药物主要是干扰细菌的叶酸代谢，选择性抑制二氢叶酸还原酶，使二氢叶酸不能还原为四氢叶酸，因而阻碍了敏感菌的叶酸代谢和利用，从而阻止了细菌核酸的合成。TMP 或 DVD 与磺胺类联合应用时，可同时阻断叶酸的代谢，从而抗菌作用增强几倍甚

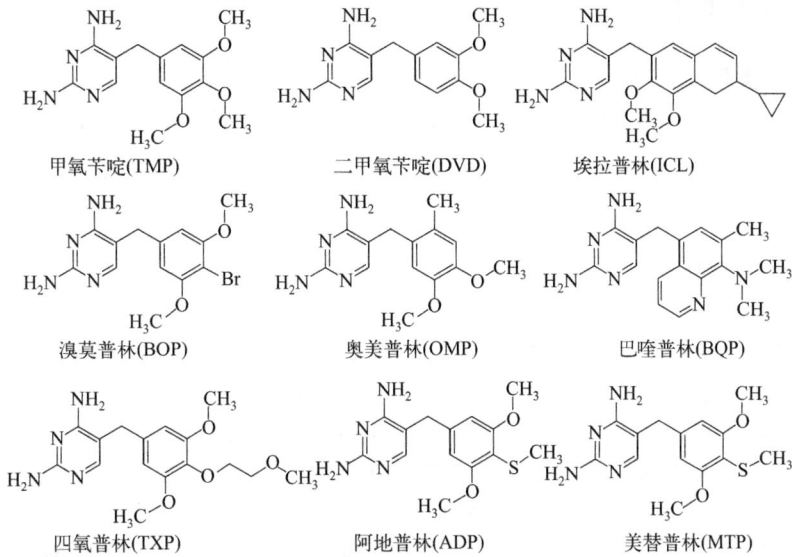

图 6-3 磺胺增效剂药物结构

至几十倍。该类药物除能与磺胺类药物联用外，也可与其他抗菌剂（如氟喹诺酮类、β-内酰胺类和氨基糖苷类）联合使用，对抑制革兰氏阳性菌和革兰氏阴性菌均有效。

6.2.3　毒理学

本类药物的毒副作用主要包括：第一，因干扰叶酸代谢产生的血液系统不良反应，可出现白细胞减少和血小板减少[79,80]；第二，常见的过敏反应有瘙痒和皮疹等。但孕畜和出生仔畜应用易引起叶酸摄取障碍。此外，已有研究证明磺胺增效剂 TMP 在人体内蓄积，能产生骨髓微核抑制效应，而且易导致白细胞、血小板减少等症状产生[81]；DVD 具有遗传毒性也已经被证实[82]；BQP 具有肝毒性；而 OMP 可能会导致怀孕的马肌肉震颤、出汗和胎儿甲状腺增生[83]。

6.2.4　国内外残留限量要求

磺胺增效剂在一些食品基质中的 MRL 已经确定。大多数国家规定肌肉、肝脏、肾脏、脂肪、牛奶等可食用组织中 TMP 的 MRL 为 $50\mu g/kg$，日本规定鸡肉中 DVD 的 MRL 为 $50\mu g/kg$。欧盟已将 BQP 的 MRL 分别定为 $30\mu g/kg$（牛奶）和 $50\mu g/kg$（猪肝）。根据我国农业农村部对 TMP 的规定，除牛、猪、家禽、鱼可食用组织 MRL 为 $50\mu g/kg$ 外，马属动物肌肉、脂肪、肝和肾的 MRL 为 $100\mu g/kg$，且规定家禽产蛋期禁用。

6.2.5 样品处理方法

6.2.5.1 样品类型

可食用动物的肌肉、脂肪、肝、肾，牛奶，鱼皮、鱼肉，蛋类，蜂王浆、蜂蜜，饲料。

6.2.5.2 样品制备与提取

常用的样品提取方法包括液-液萃取法、固相萃取法、QuEChERS 快速提取法等。GB 29702—2013 中对于鱼、虾、蟹、龟鳖等水产品的可食用组织采用三氯甲烷/甲醇/0.1mol/L 硫酸（15∶14∶6，体积比）涡旋提取，离心后，再加入甲醇/0.1mol/L 硫酸（7∶3，体积比）提取一次。GB/T 21316—2007 中通过乙腈/水溶液（100∶3，体积比）在微波辐照下，实现了对 SAs 和 TMP 的同时提取。GB/T 22948—2008 中对于蜂王浆样品，采用加入水振荡提取，后加入三氯乙酸沉淀蛋白质，并重复上述步骤一次来进行提取操作。GB/T 22943—2008 中对于蜂蜜样品，加入 0.2mol/L 磷酸盐缓冲液（pH 9.0）振荡提取。SN/T 2538—2010 中对于肌肉、内脏和鱼等样品，加入无水硫酸钠混匀，后加入三乙胺/乙腈（1∶99，体积比）提取，均质、离心后，再次使用三乙胺/乙腈（1∶99，体积比）提取；对于牛奶、蜂蜜等样品，加入 10％三氯乙酸/乙腈（7∶3，体积比），经振荡、超声提取，滤纸过滤；对于蜂王浆等样品，加入 10％三氯乙酸，经振荡、超声提取，滤纸过滤。2015 年发布的农业部 2349 号公告-8-2015 中，对于饲料样品，加入乙酸钠涡旋混合，后加入二氯甲烷涡旋混合，超声、离心来进行 DVD、OMP、TMP 的提取。

李文辉等[84] 对鸡脂肪样品，采用加入两次乙腈，涡旋后离心，取上清液的方法进行 TMP 的提取。Jang 等[85] 对于牛肉、猪肉、牛奶、鸡蛋、鸡肉、鱼肉、虾样品，采用加入乙腈，均质、超声提取后离心，上清液经滤膜过滤，氮气吹干，使用 20％甲醇复溶的方式来提取 TMP。Peeters 等[86] 对于饲料样品，采用加入甲醇振荡，进行 SDZ 和 TMP 的同时提取。Choi 等[87] 对鱼肉、虾肉样品，加入乙腈、硫酸镁、乙酸钠进行振荡提取。宋梓豪等[88] 对于蜂蜜样本，其一，采用 QuEChERS 提取，蜂蜜样品加水稀释后，加入乙腈涡旋，进行提取；其二，采用固相萃取，蜂蜜样品加水、50％三氯乙酸，振摇、离心后，移取上清液，再使用 1％三氯乙酸提取一次，合并上清液。

6.2.5.3 样品净化方法

常用液-液分配、固相萃取等方法来进行样品净化。GB 29702—2013 通过在提取液中加入 2mol/L 氢氧化钠/二氯甲烷（1∶15，体积比）振摇，转移下层二氯甲烷层，再加入二氯甲烷重复提取一次，合并下层，后旋转蒸发至近干，使用 5％乙酸溶液复溶，复溶液加入 MCX 阳离子交换柱中，依次使用 5％乙酸、甲醇洗涤，使用含 5％氨水的甲醇洗脱，洗脱液旋转蒸发至近干，甲醇/0.5％高氯酸（3∶7，体积比）复溶，滤膜过滤，进样测定。GB/T 21316—2007 通过在提取液中加入乙腈饱和的正己烷，液-液分配实现了净化。GB/T 22948—2008 中提取液加入 Oasis MCX 小柱中，依次使用甲酸、甲醇洗涤，使用氨水/甲醇（1∶19，体积比）洗脱，洗脱液经氮气吹干后用乙腈/0.1％甲酸（7∶13，体积比）复溶，经滤膜过滤，进样。GB/T 22943—2008 中将提取液加入 Oasis MCX 小柱中，依次使用水、40％甲醇洗涤，使用甲醇洗脱，洗脱液经氮气吹干后用乙腈/0.1％甲酸（7∶13，体积比）复溶，经滤膜过滤，进样。SN/T 2538—2010 对于肌肉、内脏和鱼等提取液，浓缩至干，加入 80％乙腈复溶，正己烷除脂，下层滤膜过滤，进样；对于牛奶、蜂蜜、王浆等提取液，加入 PCX 阳离子固相萃取柱中，依次使用水、甲醇洗涤，使用含5％氨水的甲醇洗脱，洗脱液浓缩至干，加入 80％乙腈复溶，滤膜过滤，进样。农业部2349 号公告-8-2015 中将提取液离心，氮气吹至近干，加入甲醇/0.2％甲酸（1∶4，体积比）复溶，后加入正己烷，涡旋混合，离心弃正己烷层，再用正己烷洗涤水相，滤膜过滤，进样。

李文辉等[84] 将上清液用氮气吹干，使用 0.1％甲酸复溶，加入正己烷两次除脂，滤膜过滤，进样。Jang 等[85] 将提取液加入 Oasis HLB 小柱中，使用含 5％氨水的 10％甲醇溶液洗涤，干燥后，使用含 2％甲酸的 80％甲醇洗脱，经稀释、滤膜过滤，进样。Peeters 等[86] 取上清液经氮气吹干，使用乙腈/水（1∶1，体积比）进行复溶，稀释后进样测定。Choi 等[87] 将样品提取液与 C$_{18}$ 填料混合，振荡、离心后，取上清液经氮气吹干，加入 50％甲醇复溶，经滤膜过滤，进样测定。宋梓豪等[88] 对于蜂蜜样本，其一，采用 QuEChERS 进行提取与净化，具体为提取液中加入硫酸钠、氯化钠涡旋，离心分离后，上清液加入 PSA、C$_{18}$、硫酸钠，涡旋、离心后，上清液经氮吹至近干，使用乙腈/水（1∶9，体积比）复溶，滤膜过滤，进样；其二，采用固相萃取，将提取液加入 PCX或 MCX 固相萃取小柱中，依次使用 0.1mol/L 盐酸、甲醇洗涤，使用氨水/甲醇（1∶19，体积比）洗脱，洗脱液经氮气吹至近干，使用乙腈/水（1∶9，体积比）复溶，滤膜过滤，进样。

6.2.6 残留分析技术

6.2.6.1 仪器测定方法

（1）色谱法 GB 29702—2013 在测定水产品中 TMP 残留量时，使用三氯甲烷、酸性甲醇溶液提取，二氯甲烷反萃取，MCX 固相萃取柱净化，基于 TMP 的紫外吸收特性，使用外标法，建立了 TMP 的高效液相色谱检测法，定量限为 20μg/kg，平均回收率为70％～110％，变异系数小于 15％。GB/T 21037—2007 中，通过二氯甲烷-乙酸钠溶液提取饲料中的 TMP，经离心，取有机相，氮气吹干后用 1％冰醋酸复溶，正己烷除脂净化，基于 TMP 的紫外吸收特性，通过外标法，建立了检测 TMP 残留的高效液相色谱法，检测限为 1mg/kg，定量限为 2mg/kg。

（2）质谱法 随着检测样品的种类越来越多，样品基质愈来愈复杂，液相色谱-串联质谱联用法检测 TMP 残留的报道占绝大多数。GB/T 22948—2008 对蜂王浆样品使用水提取，三氯乙酸沉淀蛋白质，固相萃取柱净化，通过电喷雾离子源的正离子扫描、多反应监测模式，采用外标法建立了检测 TMP 残留的液相色谱-串联质谱联用法，检测限为2.0μg/kg，平均回收率为 97.5％～104.3％。GB/T 22943—2008 对蜂蜜样品使用磷酸盐缓冲液提取，固相萃取柱净化，通过电喷雾离子源的正离子扫描、多反应监测模式，采用外标法建立了检测 TMP 残留的液相色谱-串联质谱联用法，检测限为 2.0μg/kg，平均回收率为 99％～104.3％。GB/T 21316—2007 对肝、肾、肌肉、水产品、牛奶等样品，采用加入 C$_{18}$ 填料研磨，微波辐照下乙腈/水提取，液-液分配进行净化，使用正离子扫描、多反应监测、外标法定量，建立了测定 TMP 残留的检测方法，定量限为 10～50μg/kg，平均回收率为 74％～95％，变异系数小于 11.2％。SN/T 2538—2010 对于猪肉、鸡肉、猪肝、牛肾、鸡肝、牛脂肪、鸡蛋、鱼肉、牛奶、蜂蜜、王浆样品，用三乙胺/乙腈或三氯乙酸/乙腈溶液提取，经固相萃取柱净化、浓缩、脱脂后，使用电喷雾离子源的正离子扫描、多反应监测模式，采用外标法建立了检测 DVD、OMP、TMP 残留的液相色谱-串联质谱联用法，检测限为 5.0μg/kg，平均回收率为 60.2％～107.5％。农业部 2349 号公告-8-2015 中对于饲料样品，采用二氯甲烷/乙酸钠提取，离心除去固体物和杂质，正己烷除脂净化，使用电喷雾离子源的正离子扫描、多反应监测模式，采用外标法建立了检测 DVD、OMP、TMP 残留的液相色谱-串联质谱联用法，检测限为 20.0μg/kg。

李文辉等[84] 使用电喷雾离子源的正离子扫描、多反应监测模式，采用外标法建立了检测鸡脂肪中 TMP 残留的液相色谱-串联质谱联用法，定量限为 1.0μg/kg，平均回收率为 66.3％～97.5％，变异系数小于 20％。Jang 等[85] 使用电喷雾离子源的正离子扫描、多反应监测模式，采用外标法建立了检测牛肉、猪肉、牛奶、鸡蛋、鸡肉、鱼肉、虾样品中 TMP 残留的液相色谱-串联质谱联用法，检测限为 0.15～0.3μg/kg，定量限为 0.5～1.0μg/kg，平均回收率为 70.1％～95.6％，变异系数小于 9.6％。Choi 等[87] 使用电喷雾离子源的正离子扫描、多反应监测模式，采用外标法建立了检测鱼肉、虾肉中 OMP 和 TMP 残留的液相色谱-串联质谱联用法，定量限为 1.67～2.57μg/kg，平均回收率为 92.5％～104％，变异系数小于 4.7％。宋梓豪等[88] 对于蜂蜜样本，使用电喷雾离子源的正离子扫描、多反应监测模式，采用外标法建立了检测蜂蜜中 DVD、OMP、TMP 残留的液相色谱-串联质谱联用法，检测限为 0.08～0.11μg/kg，定量限为 0.26～0.38μg/kg，平均回收率为 84.0％～109.5％，变异系数小于 8.32％。

（3）**其他方法** Fontanals 等[89] 通过将在线的固相萃取、亲水相互作用色谱、质谱分析器联用，建立了检测水样中 TMP 残留的方法，检测限为 2ng/L。Uchiyama 等[90] 对于蜂蜜样品，采用反相固相萃取小柱净化样品，亲水相互作用色谱柱用于色谱分离，对二极管阵列检测器所得三维数据（波长、吸光度、保留时间）进行过滤处理来降低噪声信号，然后使用二阶导数来消除样品基质干扰，并建立回归方程，方法的检测限为 5μg/kg，定量限为 10μg/kg，平均回收率为 60.3％～103％，变异系数小于 18％，成功替代了质谱检测器。

6.2.6.2 免疫测定方法

（1）**半抗原设计** 免疫分析方法具有简单、快速、经济及能对样品进行大批量的筛选试验等特点，已成为最有应用价值和发展潜力的痕量分析技术之一，其已成功应用于多种兽药、农药及环境有害物等小分子化合物的残留分析，充分显示了其在残留分析上的巨大潜力。免疫分析的核心试剂是抗体，而对半抗原结构进行合理设计是获得性能优良抗体的关键，也是建立灵敏、特异的免疫分析方法的基础。半抗原设计通常是在化合物的活性基团上通过一定的化学方法连接一个具有一定碳链长度的间隔臂，间隔臂的另一端具有氨基、羧基、巯基等活性基团，以便与载体蛋白质上游离的羧基、氨基以共价键相偶联，偶联物希望能够突出目标分析物的结构或空间构型，即突出抗原决定簇。为了获得广谱识别性抗体，很多研究学者以 TMP 为基础进行了半抗原的设计改造，半抗原的改造方式主要分为三种：第一种是直接以 TMP 为半抗原，与载体蛋白偶联后制备抗体；第二种是对半抗原上嘧啶环进行改造从而制备抗体；第三种改造方式是半抗原嘧啶环一侧不改造，而对另一侧苯环的三甲氧基处进行改造，如增加碳链或引入苯环等。改造后的半抗原最大程度地暴露基本骨架并将该部分通过其羧基或氨基与载体蛋白进行偶联，将基本骨架置于远离载体蛋白一端。表 6-2 总结了文献中常用的磺胺增效剂类半抗原名称和结构。

表 6-2　常用的磺胺增效剂类半抗原名称和结构

名称	分子结构	参考文献
Hapten1		[91]
Hapten2		[92]
Hapten3		[93]
Hapten4		[94]
Hapten5		[83]
HaptenA		[95]
HaptenB		
HaptenC		

（2）**抗体制备**　抗体作为免疫分析方法的核心识别元件，在提升方法监测性能方面发挥非常重要的作用。目前关于磺胺增效剂类药物的检测，传统的多克隆抗体和单克隆抗体占据主要地位。Märtlbauer 等[96] 以 TMP 为半抗原，以戊二醛为偶联剂将 TMP 与

BSA 偶联后合成免疫抗原免疫兔子从而获得了多克隆抗体，该抗体对 TMP 的 IC_{50} 为 $6.0\mu g/L$。多克隆抗体存在不可再生及性能不均一等缺点，为克服这一问题许多研究学者通过各种化学合成手段对半抗原进行改造制备了多种单克隆抗体。Han 等对 TMP 嘧啶环上两个 N 原子之间的氨基进行改造获得一端含羧基的半抗原，利用碳二亚胺法与载体蛋白偶联后制得单克隆抗体，该抗体对 TMP 的 IC_{50} 为 $4.8\mu g/L$，对 DVD 的交叉反应率＜ 1%。Chen 等[97] 以 TMP 为半抗原，采用戊二醛法将 TMP 与载体蛋白（BSA 或 OVA）偶联制备的单克隆抗体对 TMP 的 IC_{50} 为 $4.14\mu g/L$，对 DVD 的 IC_{50}＞$50\mu g/L$（交叉反应率＜10%）。

磺胺增效剂类药物除主要使用的 TMP 外，其他磺胺增效剂类药物如 DVD 通常与 SQX 或 SMM 联合使用可作为抗原虫药，OMP 与 SDM 联合用于水产养殖业中细菌病原体的治疗等，所以对于磺胺增效剂这一类药物的检测成为人们关注的重点。对半抗原结构进行合理设计是开发一类具有广泛特异性抗体的关键。Li 等[95] 以 TMP 为起始分子，提出了三种新的磺胺增效剂半抗原设计，这三种半抗原都是在三甲氧基苯环上进行改造，增加了碳链长度或引入苯环增大了半抗原结构使其二氨基嘧啶一侧充分暴露，改造后的半抗原带有羧基并将其与载体蛋白偶联进行动物免疫，结果显示带有短间隔臂的半抗原 HaptenA 免疫动物后制备的单克隆抗体 5C4 不仅具有一致的广谱特异性，而且对 5 种磺胺增效剂类药物都有较高的亲和力，其对 TMP、DVD、BOP、OMP 和 BQP 的 IC_{50} 分别为 $0.067\mu g/L$、$0.076\mu g/L$、$0.016\mu g/L$、$0.112\mu g/L$ 和 $0.139\mu g/L$。Han 等[83] 利用分子建模技术设计了一种半抗原 TMPCOOH，以此半抗原为基础制备的单克隆抗体 2G1 对 TMP、DVD、ADP、BQP、OMP 和 BOP 均有识别，其 IC_{50} 分别为 $0.232\mu g/L$、$0.527\mu g/L$、$1.479\mu g/L$、$4.354\mu g/L$、$0.965\mu g/L$ 和 $0.119\mu g/L$。

（3）免疫分析技术　免疫分析技术种类繁多，而针对磺胺增效剂类药物检测的免疫分析技术最常用的主要包括酶联免疫分析技术（ELISA）和侧流免疫色谱分析技术（LFIA）。Erwin Märtlbauer 等[96] 以制备的多克隆抗体为识别元件，采用 ELISA 方法实现了对 TMP 的检测，其 IC_{50} 为 $6.0\mu g/L$。Han 等[91] 利用改造后的半抗原制得的单克隆抗体建立了 ELISA 试剂盒，该试剂盒对 TMP 的检测限为 $2.34\mu g/kg$，IC_{50} 为 $4.8\mu g/L$。Li 等[95] 利用单克隆抗体 5C4 建立了 ELISA 方法，该方法对 TMP、DVD、BOP、OMP 和 BQP 的 IC_{50} 分别为 $0.067\mu g/L$、$0.076\mu g/L$、$0.016\mu g/L$、$0.112\mu g/L$ 和 $0.139\mu g/L$。LFIA 由于具有检测速度快、不需要洗涤、易操作等优点，已被广泛用于现场检测。Chen 等[97] 利用单克隆抗体建立了 LFIA 检测方法，该方法对牛奶和蜂蜜中 TMP 的检测限分别为 $10\mu g/L$ 和 $15\mu g/L$。Wan 等建立了一种快速检测食品中 TMP 的 LFIA 方法，该方法对 TMP 的灵敏度为 $50\mu g/L$，与 ELISA 试剂盒方法和 LC-MS/MS 方法保持高度一致，适合进行现场的 TMP 快速检测。除了生物大分子如抗体作为识别元件进行磺胺增效剂类药物残留检测外，通过一些化学方法合成的分子印迹聚合物（MIP）也被用于进行该类药物的残留检测。He 等[98] 以 TMP 印迹聚合物为分子识别材料，以 TMP 与高锰酸钾在酸性介质中的化学发光反应为检测体系，建立了测定 TMP 的分子印迹-化学发光法。该方法能够对低浓度的 TMP 进行检测（$5.0\times10^{-8}\sim5.0\times10^{-6}g/mL$），其检测限为 $2\times10^{-8}g/mL$。

6.2.6.3　其他分析技术

徐健君等[99] 建立了测定药物和尿液中 TMP 含量的毛细管电泳法，以含有 10%甲醇的 $4.0mmol/L$ 乙酸（pH 4.0）为电泳介质，分离电压为 $20.0kV$，重力虹吸进样，该方法的线性范围为 1.5~120.0mg/L，检测限为 500μg/L。Soto-Chinchilla 等[100] 建立了毛细管电泳-质谱联用和毛细管电泳-串联质谱联用法来检测牛肉、水样中的 TMP 残留，其中毛细管电泳-质谱联用法的检测限为 19.2μg/L，定量限为 73.0μg/L，毛细管电泳-串联质谱联用法的检测限为 80.2μg/L，定量限为 150.2μg/L，两种方法的回收率为 73.0%~101.8%，变异系数小于 10.4%。

除了上述毛细管电泳法以外，Javadi 等[101] 在 Muller Hinton 琼脂接种 *B. subtilis*（PTCC1365）菌株，在放置样品后，通过将抑菌区域的直径与 2mm 相比，来判定是否含有 SDZ 和 TMP 残留。Gaudin 等[102] 使用 15 阵列的生物芯片，来同时测定蜂蜜样品中的 14 种磺胺类药物和磺胺增效剂 TMP 的残留，其中每个阵列点固定一种针对靶标分子的特异性抗体，其 TMP 的检测限为 8μg/kg，假阳性率为 2.8%，检测结果与液相色谱-串联质谱联用法结果一致性较好。

参考文献

[1] Hagren V，Peippo P，Lovgren T. Detecting and controlling veterinary drug residues in poultry [R]. In Food Safety Control in the Poultry Industry, 2005：44-82.

[2] Dibbern D A，Montanaro A. Allergies to sulfonamide antibiotics and sulfur-containing drugs[J]. Annals of Allergy, Asthma & Immunology, 2008, 100（2）：91-101.

[3] The international agency for research on cancer，some thyrotropic agents[R]. In IARC Monographs on the Evaluation of Carcinogenic Risks to Humans. 2001.

[4] Capasso C，Supuran C T. Sulfa and trimethoprim-like drugs - antimetabolites acting as carbonic anhydrase, dihydropteroate synthase and dihydrofolate reductase inhibitors [J]. Journal of Enzyme Inhibition and Medicinal Chemistry, 2014, 29（3）：379-387.

[5] He J h. Environmental behavior and related control technologies of sulfonamides[J]. Guangxi Agricultural Sciences, 2012, 7：225-229.

[6] 陈吉之. 磺胺类药物残留检测的研究[D]. 上海：上海交通大学，2015.

[7] Sengeløv G，Agersø Y，Halling-Sørensen B. Bacterial antibiotic resistance levels in Danish farmland as a result of treatment with pig manure slurry[J]. Environmental International 2003, 28（7）：587-595.

[8] 食品安全国家标准 食品中兽药最大残留限量 GB 31650—2019[S]. 2019.

[9] The European Union，Pharmacologically active substances and their classification regarding maximum residue limits in foodstuffs of animal origin[S]. 2009.

[10] The Food and Drug Administration，Tolerances for residues of new animal drugs in food[S]. 2019.

[11] Dmitrienko S G，Kochuk E V，Apyari W，et al. Recent advances in sample preparation techniques and methods of sulfonamides detection：a review[J]. Analytica Chimica Acta, 2014, 850：6-25.

[12] Dasenaki M E，Thomaidis N S. Multi-residue determination of seventeen sulfonamides and five tetracyclines in fish tissue using a multi-stage LC-ESI-MS/MS approach based on advanced

mass spectrometric techniques[J]. Analytica Chimica Acta, 2010. 672: 93-102.

[13] Jiménez V, Rubies A, Centrich F, et al. Development and validation of a multiclass method for the analysis of antibiotic residues in eggs by liquid chromatography-tandem mass spectrometry[J]. Journal of Chromatography A, 2011, 1218 (11): 1443-1451.

[14] Lu Y, Shen Q, Dai Z, et al. Development of an on-line matrix solid-phase dispersion/fast liquid chromatography/tandem mass spectrometry system for the rapid and simultaneous determination of 13 sulfonamides in grass carp tissues[J]. Journal of Chromatography A, 2011, 1218 (7): 929-937.

[15] Arroyo-Manzanares N, Gámiz-Gracia L, García-Campaña A M. Alternative sample treatments for the determination of sulfonamides in milk by HPLC with fluorescence detection[J].Food Chemistry, 2014, 143: 459-464.

[16] Lopes R P, Augusti D V, Oliveira A G M, et al. Development and validation of a methodology to qualitatively screening veterinary drugs in porcine muscle via an innovative extraction/ clean-up procedure and LC-MS/MS analysis [J]. Food Additives & Contaminants, 2011, 28 (12): 1667-1676.

[17] Domínguez-Vega E, Montealegre C, Marina M L. Analysis of antibiotics by CE and their use as chiral selectors: an update[J]. Electrophoresis, 2016, 37, 189-211.

[18] Fu L, Zhang X, Ding S, et al. Recent developments in the electrochemical determination of sulfonamides[J]. Current Pharmaceutical Analysis, 2022, 18: 4-13.

[19] Fuh M R S, Chu S Y. Quantitative determination of sulfonamide in meat by solid-phase extraction and capillary electrophoresis[J]. Analytica Chimica Acta, 2003, 499 (1/2): 215-221.

[20] Yari A, Shams A. Silver-filled MWCNT nanocomposite as a sensing element for voltammetric determination of sulfamethoxazole[J]. Analytica Chimica Acta, 2018, 1039: 51-58.

[21] Pratt J J. Steroid immunoassay in clinical chemistry[J]. Clinical Chemistry, 1978, 24 (11): 1869-1890.

[22] Erlanger B F. The preparation of antigenic hapten-carrier conjugates: a survey[M]. Methods in Enzymology, 1980: 70.

[23] Haasnoot W, Cazemier G, Pre J D, et al. Sulphonamide antibodies: from specific polyclonals to generic monoclonals[J]. Food and Agricultural Immunology, 2000, 12 (1): 15-30.

[24] Cliquet P, Cox E, Haasnoot W, et al. Generation of group-specific antibodies against sulfonamides[J]. Journal of Agricultural and Food Chemistry, 2003, 51: 5835-5842.

[25] Pastor-Navarro N, Garcia-Bover C, Maquieira A, et al. Specific polyclonal-based immunoassays for sulfathiazole[J]. Analytical and Bioanalytical Chemistry, 2004, 379 (7/8): 1088-1099.

[26] Pastor-Navarro N, Gallego-Iglesias E, Maquieira A, et al. Development of a group-specific immunoassay for sulfonamides: application to bee honey analysis[J]. Talanta, 2007, 71 (2): 923-933.

[27] Wang Z H, Beier R C, Sheng Y J, et al. Monoclonal antibodies with group specificity toward sulfonamides: selection of hapten and antibody selectivity[J]. Analytical and Bioanalytical Chemistry, 2013, 405 (12): 4027-4037.

[28] Zhou Q, Peng D P, Wang Y L, et al. A novel hapten and monoclonal-based enzymelinked immunosorbent assay for sulfonamides in edible animal tissues [J]. Food Chemistry, 2014, 154: 52-62.

[29] Franek M, Diblikova I, Cernoch I, et al. Broad-specificity immunoassays for sulfonamide detection: immunochemical strategy for generic antibodies and competitors[J]. Analytical Chemistry, 2006, 78 (5): 1559-1567.

[30] Sheth H B, Sporns P. Development of a single ELISA for detection of sulfonamides[J].Journal of Agricultural and Food Chemistry, 1991, 39 (9): 1696.

[31] Li J S, Li X W, Yuan J X, et al. Determination of sulfonamides in swine meat by immunoaffinity chromatography[J]. Journal of AOAC International, 2000, 83 (4): 830-836.

[32] Wang Z H, Li Y H, Liang X, et al. Forcing immunoassay for sulfonamides to higher sensitivity and broader detection spectrum by site heterologous hapten inducing affinity improvement[J]. Analytical Methods, 2013, 5（24）: 6990-7000.

[33] Muldoon M T, Font I A, Beier R C, et al. Development of a cross-reactive monoclonal antibody to sulfonamide antibiotics: evidence for structural conformation-selective hapten recognition[J]. Food and Agricultural Immunology, 1999, 11（2）: 117.

[34] Li C L, Luo X S, Li Y H, et al. A class-selective immunoassay for sulfonamides residue detection in milk using a superior polyclonal antibody with broad specificity and highly uniform affinity[J]. Molecules, 2019, 24（3）: 443.

[35] Zhang H Y, Wang S. Review on enzyme-linked immunosorbent assays for sulfonamide residues in edible animal products[J]. Journal of Immunological Methods, 2009, 350（1/2）: 1-13.

[36] Wang S T, Gui W J, Guo Y R, et al. Preparation of a multi-hapten antigen and broad specificity polyclonal antibodies for a multiple pesticide immunoassay[J]. Analytica Chimica Acta, 2007, 587（2）: 287-292.

[37] Sheth H B, Sporns P. Development of a single ELISA for detection of sulfonamides[J]. Journal of Agricultural and Food Chemistry, 1991, 39: 1700.

[38] Assil H I, Sheth H, Sporns P. An ELISA for sulfonamide detection using affinity-purified polyclonal antibodies[J]. Food Research International, 1992, 25: 343-353.

[39] Adrian J, Font H, Diserens J M, et al. Generation of broad specificity antibodies for sulfonamide antibiotics and development of an enzyme-linked immunosorbent assay（ELISA）for the analysis of milk samples [J]. Journal of Agricultural and Food Chemistry, 2009, 57（2）: 385-394.

[40] Haasnoot W, Pre J D, Cazemier G, et al. Monoclonal antibodies against a sulfathiazole derivative for the immunochemical detection of sulfonamides[J]. Food and Agricultural Immunology, 2000, 12（2）: 127-138.

[41] Köhler G, Milstein C. Continuous cultures of fused cells secreting antibody of predefined specificity[J]. Nature, 1975, 256（5517）: 495-497.

[42] Lipman N S, Jackson L R, Trudel L J, et al. Monoclonal versus polyclonal antibodies: distinguishing characteristics, applications, and information resources[J]. ILAR Journal, 2005, 46（3）: 258-268.

[43] Muldoon M T, Font I A, Beier R C, et al. Development of a cross-reactive monoclonal antibody to sulfonamide antibiotics: evidence for structural conformation-selective hapten recognition[J]. Food and Agricultural Immunology, 1999, 11: 134.

[44] 李成龙. 磺胺类药物半抗原设计、广谱识别性抗体制备及体外进化研究[D]. 北京: 中国农业大学, 2019.

[45] Morrison S L, Johnson M J, Herzenberg L A, et al. Chimeric human antibody molecules: mouse antigen-binding domains with human constant region domains[J]. Proceedings of the National Academy of Sciences, 1984, 81（21）: 6851-6855.

[46] Hoogenboom H R. Selecting and screening recombinant antibody libraries[J]. Nature Biotechnology, 2005, 23（9）: 1105-1116.

[47] Bird R E, Hardman K D, Jacobson J W, et al. Single-chain antigen-binding proteins[J]. Science, 1988, 242（4877）: 423-426.

[48] Huston J S, Levinson D, Mudgett-Hunter M, et al. Protein engineering of antibody binding sites: recovery of specific activity in an anti-digoxin single-chain Fv analogue produced in Escherichia Coli[J]. Proceedings of the National Academy of Sciences, 1988, 85（16）: 5879-5883.

[49] Skerra A, Pluckthun A. Assembly of a functional immunoglobulin Fv fragment in Escherichia coli[J]. Science, 1988, 240（4855）: 1038-1041.

[50] 李永翰. 广谱性磺胺类药物抗体识别特性的初步研究[D]. 北京: 中国农业大学, 2015.

[51] 陈敏. 同时识别氟喹诺酮类和磺胺类的重组双特异抗体制备及其应用[D]. 北京: 中国农业大

学，2015.

[52] McCafferty J，Griffiths A D，Winter G，et al. Phage antibodies: filamentous phage displaying antibody variable domains[J]. Nature，1990，348（6301）: 552-554.

[53] Korpimäki T，Brockmann E C，Kuronen O，et al. Engineering of a broad specificity antibody for simultaneous detection of 13 sulfonamides at the maximum residue level[J]. Journal of Agricultural and Food Chemistry，2004，52: 40-47.

[54] Korpimäki T，Hagren V，Brockmann E C，et al. Generic lanthanide fluoroimmunoassay for the simultaneous screening of 18 sulfonamides using an engineered antibody[J]. Analytical Chemistry，2004，76: 3091-3098.

[55] Korpimäki T，Rosenberg J，Virtanen P，et al. Further improvement of broad specificity hapten recognition with protein engineering[J]. Protein Engineering，2003，16（1）: 37-46.

[56] Korpimäki T，Rosenberg J，Virtanen P，et al. Improving broad specificity hapten recognition with protein engineering[J]. Journal of Agricultural and Food Chemistry，2002，50: 4194-4201.

[57] 温凯. 喹诺酮类、磺胺类和黄曲霉毒素类小分子化合物特异性单链抗体的研制及体外进化[D]. 北京: 中国农业大学，2012.

[58] Hamers-Casterman C，Atarhouch T，Muyldermans S，et al. Narurally occurring antibodies deviod of light chains[J]. Nature，1993，363: 446-448.

[59] Woolven B P，Frenken L G，Logt P v d，et al. The structure of the llama heavy chain constant genes reveals a mechanism for heavy-chain antibody formation[J]. Immunogenetics，1999，50（1/2）: 98-101.

[60] Wang Y Z，Fan Z，Shao L，et al. Nanobody-derived nanobiotechnology tool kits for diverse biomedical and biotechnology applications[J]. International Journal of Nanomedicine，2016，11: 3287-3303.

[61] Muyldermans S，Baral T N，Retamozzo V C，et al. Camelid immunoglobulins and nanobody technology[J]. Veterinary Immunology and Immunopathology，2009，128（1/3）: 178-183.

[62] 杨慧娟. 磺胺间二甲氧嘧啶高特异性纳米抗体的制备、应用及分子识别机制研究[D]. 北京: 中国农业大学，2020.

[63] 梁晓. 基于二氢叶酸合成酶的磺胺类药物多残留快速检测分析研究[D]. 北京: 中国农业大学，2014.

[64] 倪姮佳. 恩诺沙星和磺胺二甲嘧啶核酸适体的筛选及化学发光检测方法的研究[D]. 北京: 中国农业大学，2014.

[65] Li Z B，Liu J，Liu J X，et al. Determination of sulfonamides in meat with dummy-template molecularly imprinted polymer-based chemiluminescence sensor[J]. Analytical and Bioanalytical Chemistry，2019，411（14）: 3179-3189.

[66] Bidlingmaier M，Freda P U. Measurement of human growth hormone by immunoassays: current status, unsolved problems and clinical consequences[J]. Growth Hormone & IGF Research，2010，20（1）: 19-25.

[67] Sharma S，Raghav R，O'Kennedy R，et al. Advances in ovarian cancer diagnosis: a journey from immunoassays to immunosensors[J]. Enzyme and Microbial Technology，2016，89: 15-30.

[68] He T，Liu J，Wang J P. Development of a dihydropteroate synthase-based fluorescence polarization assay for detection of sulfonamides and studying its recognition mechanism[J]. Journal of Agricultural and Food Chemistry，2021，69（46）: 13953-13963.

[69] Wang Z H，Zhang S X，Ding S Y，et al. Simultaneous determination of sulphamerazine, sulphamethazine and sulphadiazine in honey and chicken muscle by a new monoclonal antibody-based fluorescence polarisation immunoassay[J]. Food Additives and Contaminants，2008，25（5）: 574-582.

[70] Chen Y N，Guo L L，Liu L Q，et al. Ultrasensitive immunochromatographic strip for fast screening of 27 sulfonamides in honey and pork liver samples based on a monoclonal antibody

[J]. Journal of Agricultural and Food Chemistry, 2017, 65（37）：8248-8255.

[71] Zeng Y Y, Liang D M, Zheng P M, et al. A simple and rapid immunochromatography test based on readily available filter paper modified with chitosan to screen for 13 sulfonamides in milk[J]. Journal of Dairy Science, 2021, 104（1）：126-133.

[72] 汪泽祥．磺胺二甲基嘧啶免疫层析法的建立及应用[D]．南昌：南昌大学，2021.

[73] Li Z B, Cui P L, Liu J, et al. Production of generic monoclonal antibody and development of chemiluminescence immunoassay for determination of 32 sulfonamides in chicken muscle[J]. Food Chemistry, 2020, 311：125966.

[74] Wang A P, Ma K K, You X J, et al. A sensitive analysis of sulfadimethoxine using an AuNPs/Ag-GO-Nf-based electrochemical immunosensor[J]. Journal of Solid State Electrochemistry, 2022, 26（2）：515-525.

[75] Hamnca S, Chamier J, Grant S, et al. Spectroscopy, morphology, and electrochemistry of electrospun polyamic acid nanofibers[J]. Frontiers in Chemistry, 2021, 9：782813.

[76] Bienenmann-Ploum M, Korpimäki T, Haasnoot W, et al. Comparison of multi-sulfonamide biosensor immunoassays[J]. Analytica Chimica Acta, 2005, 529（1-2）：115-122.

[77] Kou Q M, Wu P, Sun Q, et al. Selection and truncation of aptamers for ultrasensitive detection of sulfamethazine using a fluorescent biosensor based on graphene oxide[J]. Analytical and Bioanalytical Chemistry, 2021, 413（3）：901-909.

[78] 郭京超，孙亚奇，刘振利，等．兽用二氨基嘧啶类抗菌增效剂毒理学研究进展[J]．中国兽药杂志，2019, 53（1）：77-84.

[79] Joanne M W Ho, David N J. Considerations when prescribing trimethoprim-sulfamethoxazole[J]. CMAJ, 2011, 183（16）：1851-1858.

[80] Wang J Z, Sun F F, Tang S S, et al. Acute, mutagenicity, teratogenicity and subchronic oral toxicity studies of diaveridine in rodents[J]. Toxicology and Pharmacology, 2015, 40：660-770.

[81] Haller M Y, Müller S R, McArdell C S, et al. Quantification of veterinary antibiotics（sulfonamides and trimethoprim）in animal manure by liquid chromatography-mass spectrometry[J]. Journal of Chromatography A, 2002, 952（1/2）：111-120.

[82] Ono T, Sekiya T, Takahashi Y, et al. The genotoxicity of diaveridine and trimethoprim[J]. Environmental Toxicology and Pharmacology, 1991, 3：297-306.

[83] Han X Y, Sheng F, Kong D X, et al. Broad-spectrum monoclonal antibody and a sensitive multi-residue indirect competitive enzyme-linked immunosorbent assay for the antibacterial synergists in samples of animal origin[J]. Food Chemistry, 2019, 280：20-26.

[84] 李文辉，李建，孙志文．高效液相色谱-串联质谱法同时测定鸡脂肪中磺胺嘧啶、甲氧苄啶的残留量[J]．食品安全质量检测学报，2020, 11（2）：562-566.

[85] Jang J W, Lee K S, Kim W S. Monitoring of trimethoprim antibiotic residue in livestock and marine products commercialized in Korea[J]. Food Sci Biotechnol, 2015, 24（6）：1927-1931.

[86] Peeters L E J, Daeseleire E, Devreese M, et al. Residues of chlortetracycline, doxycycline and sulfadiazine-trimethoprim in intestinal content and feces of pigs due to crosscontamination of feed[J]. BMC Veterinary Research, 2016, 12（1）：1-9.

[87] Choi S Y, Kang H S. Multi-residue determination of sulfonamides, dapsone, ormethoprim, and trimethoprimin fish and shrimp using dispersive solid phase extraction with LC-MS/MS[J]. Food Analytical Methods, 2021, 14：1256-1268.

[88] 宋梓豪，石会娟，王鹏，等．蜂蜜中 26 种磺胺及其增效剂类药物残留检测方法研究[J]．农产品质量与安全，2021, 1：60-66.

[89] Fontanals N, Marcé R M, Borrull F. On-line solid-phase extraction coupled to hydrophilic interaction chromatography-mass spectrometry for the determination of polar drugs[J]. Journal of Chromatography A, 2011, 1218（35），5975-5980.

[90] Uchiyama K, Kondo M, Yokochi R, et al. Derivative spectrum chromatographic method for

the determination of trimethoprim in honey samples using an on-line solid-phase extraction technique[J]. Journal of Separation Science, 2011, 34（13）, 1525-1530.

[91] Han S, Wu X S, Jia F F, et al. Preparation of monoclonal antibodies to trimethoprim and ELISA kit for rapid detection[J]. Agricultural Science & Technology, 2016, 17（10）: 2267-2270, 2372.

[92] Kuang H, Xu N F, Xu C L, et al. Method for preparing complete antigen from trimethoprim hapten T1 and application of complete antigen: CN 104370829 A[P]. 2015.

[93] Kuang H, Xu N, Xu C, et al. Method for preparing complete antigen from trimethoprim hapten T2 and application of complete antigen: CN 104341357 A[P]. 2015.

[94] Yan Y, Zhu H, Fu H, et al. A hapten for trimethoprim and a colloidal gold detection device: CN 105652004 A[P]. 2015.

[95] Li H F, Ma S Q, Zhang X Y, et al. Generic hapten synthesis, broad-specificity monoclonal antibodies preparation, and ultrasensitive ELISA for five antibacterial synergists in chicken and milk[J]. Journal of Agricultural and Food Chemistry, 2018, 66（42）: 11170-11179.

[96] Märtlbauer E, Meier R, Usleber E, et al. Enzyme immunoassays for the detection of sulfamethazine, sulfadiazine, sulfamethoxypyridazine and trimethoprim in milk[J]. Food and Agricultural Immunology, 1992, 4（4）: 219-228.

[97] Chen Y N, Liu L Q, Xie Z J, et al. Gold immunochromatographic assay for trimethoprim in milk and honey samples based on a heterogenous monoclonal antibody[J]. Food and Agricultural Immunology, 2017, 28（6）: 1046-1057.

[98] He Y H, Lu J R, Liu M, et al. Molecular imprinting-chemiluminescence determination of trimethoprim using trimethoprim-imprinted polymer as recognition material[J]. Analyst, 2005, 130（7）: 1032-1037.

[99] 徐健君，翟海云，陈缵光，等．甲氧苄啶的毛细管电泳快速检测新方法[J]．分析试验室，2005, 24（10）: 30-33.

[100] Soto-Chinchilla J J, García-Campaña A M, Gámiz-Gracia L. Analytical methods for multi-residue determination of sulfonamides and trimethoprim in meat and ground water samples by CE-MS and CE-MS/MS[J]. Electrophoresis, 2007, 28, 4164-4172.

[101] Javadi A, Mirzaie H, Khatibi S A. Effect of roasting, boiling and microwaving cooking method on sulfadiazine + trimethoprim residues in edible tissues of broiler by microbial inhibition method[J]. African Journal of Microbiology Research, 2011, 5（2）: 96-99.

[102] Gaudin V, Hedou C, Soumet C, et al. Evaluation and validation of a biochip multi-array technology for the screening of 14 sulphonamide and trimethoprim residues in honey according to the European guideline for the validation of screening methods for veterinary medicines[J]. Food and Agricultural Immunology, 2015, 26（4）: 477-495.

第 7 章
喹诺酮类
药物残留
分析

喹诺酮类药物（quinolones，QNs）自 20 世纪 60 年代初被发现以来，因其抗菌谱广、价格低廉和口服吸收效果好，被认为是最成功的人工合成的抗菌药物，在水产养殖、畜牧业和人类疾病的治疗中取得了广泛的应用。

于 1962 年报道的萘啶酸是合成抗疟剂药物奎宁化合物时得到的副产物，被认为是第一代喹诺酮药物的代表。随后又出现了吡咯酸和奥啉酸等，但由于抗菌谱窄、半衰期短、毒性和副作用高等原因，现已很少使用。第二代 QNs 的代表药物是 1974 年合成的吡哌酸，在第一代药物的基础上引入了哌嗪环，使其抗菌谱扩大，对大部分的革兰氏阴性菌有良好的抗菌活性。20 世纪 80 年代，QNs 取得了突破性进展。通过在喹诺酮主环 C6 位引入氟原子，得到了一系列具有更强抗菌能力、更宽抗菌谱和更好的药代动力学的氟喹诺酮类药（fluoroquinolones，FQs），大大扩大了喹诺酮类药物的应用范围[1]。代表性药物有环丙沙星（ciprofloxacin，CIP）、诺氟沙星（norfloxacin，NOR）和氧氟沙星（ofloxacin，OFL）等。第三代喹诺酮药物对葡萄球菌等革兰氏阳性菌具有抗菌作用，并且对革兰氏阴性菌的作用也进一步加强（包括铜绿假单胞菌），甚至对分枝杆菌也具有杀灭作用，广泛应用于临床的消化道、呼吸道、泌尿生殖道和创伤性细菌感染治疗。随后，自 1997 年，第四代喹诺酮药物包括莫西沙星（moxifloxacin，MOX）和司帕沙星（sparfloxacin，SPA）等陆续上市，在第三代的基础上抗菌谱进一步扩大到衣原体、支原体等病原体，且对革兰氏阳性菌和厌氧菌的活性作用显著强于 NOR 和 CIP 等，光敏反应和中枢神经毒性作用也显著降低[2]。

目前，我国已批准 7 种喹诺酮类药物应用于食品动物中，包括氟甲喹（flumequine，Flu）、噁喹酸（oxilinic acid，OA）、二氟沙星（difloxacin，DIF）、达氟沙星（danofloxacin，DAN）、沙拉沙星（sarafloxacin，SAR）、恩诺沙星（enrofloxacin，ENR）和 CIP。QNs 已成为我国畜牧业和水产养殖中使用量最大、使用品种最多的抗菌药物之一。近年来，喹诺酮类药物成为我国动物源性食品安全问题中残留量频繁超标的兽药之一。经常食用含有 QNs 残留的动物源性食品可引起 QNs 在体内的蓄积，造成的主要不良反应包括胃肠道反应、中枢神经系统反应、皮肤过敏反应、肝脏毒性和软骨毒性[3]。此外，随着 QNs 的应用越来越广泛，QNs 耐药性已经成为许多新出现的耐药病原体中的一个严重问题，目前几乎所有常见致病菌均可见到对喹诺酮类药物耐药的菌株。这些不良反应和潜在危害已被报道并引起世界各地的广泛关注，许多国家的政府制定了食品中的最大残留限量。

本节综述了 QNs 的理化性质、药理与毒理、耐药性、国内外残留限量标准、残留检测样品前处理、仪器和免疫测定方法等。

7.1

结构与性质

QNs 是以 1,4-二氢-4-氧吡啶-3-羧酸为基本母环结构的化合物，按照母环"X"的位置差异可以将其分为两种主要类型：喹啉类（X 位置为碳原子）和萘啶类（X 位置为氮原子）。其中喹啉类发展最快，品种最多，包括常用的诺氟沙星、环丙沙星等。通过在喹诺酮母环的不同位置引入不同的基团，形成了本类各种药物（表7-1）。其中，A环是抗菌药物所必需的基本结构，变化小；而B环的结构变化较大，可以是苯环、吡啶环和嘧啶环等。在不同部位对喹诺酮进行结构修饰会产生不同的药理活性。4-氧代-3-羧酸结构单元与DNA的促旋酶和DNA的拓扑异构酶结合，是保持抗菌活性不可缺少和不能修改的部分，故对此位点的修饰相对较少[4]。2位因为非常靠近结合位点，因此对此位置的修饰也是有限的。由于5位取代基的引入需要综合考虑空间位阻、电子效应和毒性反应等因素，成功的案例较少，目前绝大多数上市的喹诺酮药物在C5位均为无取代的氢。因此，本部分主要讨论对喹诺酮的N1、C6、C7位和X8位的结构修饰。

表 7-1　常见喹诺酮类药物化学结构式

药物	X	R^8	R^1	R^5	R^6	R^7
培氟沙星（pefloxacin，PEF）	C	H	CH_2CH_3	H	F	4-甲基哌嗪基
诺氟沙星（norfloxacin，NOR）	C	H	CH_2CH_3	H	F	哌嗪基
环丙沙星（ciprofloxacin，CIP）	C	H	环丙基	H	F	哌嗪基
恩诺沙星（enrofloxacin，ENR）	C	H	环丙基	H	F	4-乙基哌嗪基
达氟沙星（danofloxacin，DAN）	C	H	环丙基	H	F	甲基双环二胺基
奥比沙星（orbifloxacin，ORB）	C	F	环丙基	F	F	二甲基哌嗪基
司帕沙星（sparfloxacin，SPA）	C	F	环丙基	NH_2	F	二甲基哌嗪基
洛美沙星（lomefloxacin，LOM）	C	F	CH_2CH_3	H	F	甲基哌嗪基
二氟沙星（difloxacin，DIF）	C	H	4-氟苯基	H	F	4-甲基哌嗪基

药物	X	R8	R1	R5	R6	R7
沙拉沙星(sarafloxacin, SAR)	C	H	4-氟苯基	H	F	哌嗪基(NH)
马波沙星(marbofloxacin, MAR)	C		O—N(CH3)	H	F	哌嗪基(NH)
氧氟沙星(ofloxacin, OFL)	C		O—CH(CH3)	H	F	哌嗪基(N—CH3)
噁喹酸(oxolinic acid, OXO)	C	H	CH2CH3	H		亚甲二氧基(O—O)
氟甲喹(flumequine, FLU)	C	H	CH(CH3)	H	F	H
依诺沙星(enoxacin, ENO)	N	H	CH2CH3	H	F	哌嗪基(N—CH3)
萘啶酸(nalidixic acid, NAL)	N	H	CH2CH3	H	F	CH3

在 N1 位引入供电子基团对喹诺酮的烯酮结构是有利的，常见的取代基包括乙基、环丙基、取代苯基等。目前环丙基是该位点公认的最佳取代基，CIP 是目前应用于临床中抗铜绿假单胞菌最有效的药物。但环丙基团较强的脂溶性可能造成中枢神经系统毒性，可通过在环丙基上引入手性氟原子降低毒性。或者通过 N1 和 C8 引入稠环形成三环并合的母核结构单元可以成为环丙基的一个成功替代基团，如那氟沙星、左旋氧氟沙星等，抗菌活性大大增强[5]。

C6 位的结构修饰表明，引入 F 原子后使得抗菌活性较 H 原子取代增强了 30 倍，并扩大了对抗革兰氏阳性和阴性菌的抗菌谱，药代动力学性质也明显改善，因此 FQs 类药物占据了市场中的半壁江山，也成了科学家近 30 年来的研究热点。近年来，曲伐沙星等多个 6-去氟喹诺酮药物的问世和对敏感型耐药致病菌的良好活性和低毒性，引起了药物化学家们的极大关注[6]。

C7 位的结构修饰主要影响药物的抗菌谱、生物利用度和不良反应等。研究表明，在 C7 位引入五元或六元碱性氮杂环有利于提高抗菌活性，如哌嗪基、哌啶基或吡咯烷基，目前使用的绝大多数喹诺酮属于此类。其中最常见的为哌嗪环取代，可以增强对 DNA 促旋酶的作用，进而增强抗菌活性。此外，还可以通过杂合策略向 C7 位引入其他大取代基，如利福霉素-喹诺酮杂合体[7]、喹诺酮-内酯杂合体[8] 等，在增强抗菌活性、降低耐药性方面发挥出巨大的潜力，但此类杂合药物还处在研究和临床评价阶段，需要进一步开发。

X8 位取代基主要影响药物的药代动力学性质、光毒性和抗菌谱。在此位置中常引入氟原子、氯原子、甲基和甲氧基等，其中以甲氧基和氟原子优先。氟原子取代可以使抗菌活性增强，甲氧基取代可以降低光毒性，代表药物有已经上市的加替沙星等。

7.2

药学机制（抗菌机制）

在细菌的生命活动中，DNA 促旋酶和 DNA 拓扑异构酶Ⅳ负责引入或者去除 DNA 分子上的超螺旋高级拓扑结构，是 DNA 复制、转录、重组等不可缺少的步骤，而喹诺酮类药物则通过抑制这些酶发挥作用，干扰细菌 DNA 的合成并抑制其复制途径从而发挥作用。

大肠杆菌 DNA 促旋酶和拓扑异构酶Ⅳ都是由两个亚单位组成的 A_2B_2 异源四聚体，包括两对相同的 GyrA/GyrB 和 ParC/ParE（革兰氏阴性菌）或 GlrA/GlrB（革兰氏阳性菌）亚基。DNA 促旋酶是利用 ATP 水解过程中的能量将负超螺旋引入 DNA，导致染色体凝聚。在缺乏 ATP 的情况下，它会导致 DNA 的松弛，从而缓解在复制分叉之前积累的拓扑应力，从而介导复制过程。相反，拓扑异构酶Ⅳ不能引入负超螺旋，它主要在 DNA 复制后期姐妹染色体的分离过程中起重要作用。在复制过程中，促旋酶和拓扑异构酶Ⅳ使双链 DNA 打开，使 DNA 解螺旋，酶和单链 DNA 结合形成酶-DNA 复合物。随后，喹诺酮类药物在切割-连接活性位点与酶-DNA 复合物以非共价方式结合，形成喹诺酮-酶-DNA 的三联复合体[9]。这种结合产生稳定浓度的复合体，导致 DNA 复制系统（复制叉、转录复合物和跟踪系统）与其发生碰撞，抑制 DNA 的复制，并引发一系列次级反应，如 DNA 片段化，导致不可逆转的致命损伤和细胞死亡[10]。之前有研究提出拓扑异构酶Ⅳ是革兰氏阳性菌株中喹诺酮类药物的主要靶点，而 DNA 促旋酶是革兰氏阴性细菌的主要靶点。然而近期的研究表明，这在许多情况下是不正确的，例如在诺氟沙星治疗中，促旋酶是金黄色葡萄球菌的主要靶点。不同的喹诺酮类药物对特定菌株有不同的主要靶点，因此应在逐个物种和逐个药物的基础上进行调查，以进行详细评估。此外，虽然人类拓扑异构酶的序列与细菌酶的序列相似，但人类的拓扑异构酶的 A 亚基和 B 亚基在进化过程中已经融合并起着同源二聚体的作用，因此喹诺酮类药物不能很强地抑制细胞的复制，对哺乳动物细胞的毒性相对较弱。

7.3

毒理学

通常喹诺酮类药物在治疗剂量下是比较安全的，不良反应较少。尽管不同 QNs 的不良反应发生率和类型有差异，总体来说 QNs 的不良反应是相似的，主要有几个方面[1,11,12]：①消化系统反应，是最常见的不良反应之一，发生率为 2%～20%，主要表现为胃肠道功能紊乱，如恶心、呕吐、腹泻等；②中枢神经系统反应，主要表现为癫痫、眩晕、失眠、疲倦等；③心脏毒性，主要表现为室性心动过速及心室颤动等，这种毒性反应与 QNs 的结构密切相关，呈剂量依赖性；④皮肤、光毒性反应，研究表明几乎所有喹诺酮类抗菌药物都有光毒性，临床表现为光敏性皮炎者最多，表现为急发病症，类似晒斑，在日照部位出现红斑、丘疹和小水泡，严重者可形成大疱疹；⑤肝脏毒性，长期服用易引起肝脏损伤，临床表现为各项肝脏功能生化指标（丙氨酸氨基转移酶、天冬氨酸氨基转移酶等）异常；⑥其他不良反应，如关节反应（关节痛、肌痛等）、肌腱损伤、泌尿系统不良反应（结晶尿、血尿、肾结石等）。

人类长期食用含较低浓度喹诺酮类药物的动物源性食品，容易诱导耐药性的传递，而这一问题也是 QNs 在畜牧业使用的最大争论焦点。即使有多种兽医专用的 QNs 上市，但由于其与人临床使用的喹诺酮类药物作用机制方面几乎无差别，因此 QNs 的广泛持续应用及不当使用，造成致病菌的广泛交叉耐药（如大肠杆菌、肺炎克雷伯菌等），耐药率普遍达到 10%～30%，甚至达到 70%，这将在人类面临严重细菌感染时威胁到它们的临床用途。QNs 的耐药性机制最常见的是 DNA 促旋酶和拓扑异构酶Ⅳ基因的变异，还有主动外排作用、膜通透性降低以及质粒介导的耐药性等，这些耐药机制可单独或者同时存在于一个细菌内，进而可以导致更高水平的耐药性。

7.4

国内外残留限量要求

喹诺酮类药物的广泛使用，尤其在工厂养殖中的滥用和过度使用，增加了动物食品中 QNs 残留的情况。一旦这些残留物的含量超过人类食用的安全水平，就会产生严重的食品安全问题，并且增加耐药性菌株通过食物链传播的风险。因此，有必要定期监测动物源性食品中的喹诺酮类药物含量，以保护消费者的健康与安全。目前，世界各地的监管机构和政府已经针对动物源性食品中不同类型组织制定了 QNs 的最大残留限量（maximum residue limit，MRL）[13-15]，如表 7-2 所示。

表 7-2　喹诺酮在各动物组织中的 MRL

药物名称（残留标志物）	动物种类	靶组织	最大残留限量/(μg/kg)或(μg/L)		
			中国	欧盟	美国
达氟沙星（残留标志物：达氟沙星）	猪	肌肉	100	100	—
		脂肪	100	50	—
		肝	50	200	—
		肾	200	200	—
	鱼	皮+肉	100	100(鳍鱼)	—
	牛/羊	肌肉	200	200	200
		脂肪	100	100	—
		肝	400	400	200
		肾	400	400	—
		奶	30	30	—

药物名称 (残留标志物)	动物种类	靶组织	最大残留限量/(μg/kg)或(μg/L)		
			中国	欧盟	美国
达氟沙星 (残留标志物: 达氟沙星)	家禽 (产蛋期禁用)	肌肉	200	200	—
		脂肪	100	100	—
		肝	400	400	—
		肾	400	400	—
	其他动物	肌肉	—	100	—
		脂肪	—	50	—
		肝	—	200	—
		肾	—	200	—
二氟沙星 (残留标志物: 二氟沙星)	猪	肌肉	400	400	—
		脂肪	100	100	—
		肝	800	1400	—
		肾	800	800	—
	鱼	皮＋肉	300	300(鳍鱼)	—
	牛/羊 (泌乳期禁用)	肌肉	400	400	—
		脂肪	100	100	—
		肝	1400	1400	—
		肾	800	800	—
	家禽 (产蛋期禁用)	肌肉	300	300	—
		脂肪	400	400	—
		肝	1900	1900	—
		肾	600	600	—
	其他动物	肌肉	300	300	—
		脂肪	100	100	—
		肝	800	800	—
		肾	600	600	—
恩诺沙星 (残留标志物: 恩诺沙星与 环丙沙星之和)	猪/兔	肌肉	100	100	—
		脂肪	100	100	—
		肝	200	200	—
		肾	300	300	—
	鱼	皮＋肉	100	100(鳍鱼)	—
	牛/羊	肌肉	100	100	—
		脂肪	100	100	—
		肝	300	300	—
		肾	200	200	—
		奶	100	100	—
	家禽 (产蛋期禁用)	肌肉	100	100	300
		皮＋脂	100	100	—
		肝	200	200	—
		肾	300	300	—
	其他动物	肌肉	100	100	—
		脂肪	100	100	—
		肝	20	200	—
		肾	200	200	—
氟甲喹 (残留标志物:氟甲喹)	牛/羊/猪	肌肉	500	200	—
		脂肪	1000	300	—
		肝	500	500	—
		肾	3000	1500	—
	牛/羊	奶	50	50	—

药物名称 （残留标志物）	动物种类	靶组织	最大残留限量/(μg/kg)或(μg/L)		
			中国	欧盟	美国
氟甲喹 （残留标志物：氟甲喹）	鱼	皮+肉	500	600(鳍鱼)	—
	鸡（产蛋期禁用）	肌肉	500	400	—
		皮+脂	1000	250	—
		肝	500	800	—
		肾	3000	1000	—
	其他动物	肌肉	—	200	—
		脂肪	—	250	—
		肝	—	500	—
		肾	—	1000	—
噁喹酸 （残留标志物：噁喹酸）	牛/猪/鸡	肌肉	100	100	—
		脂肪	50	50	—
		肝	150	150	—
		肾	150	150	—
	鱼	皮+肉	100	100(鳍鱼)	—
沙拉沙星 （残留标志物： 沙拉沙星）	鸡/火鸡 （产蛋期禁用）	肌肉	10		—
		脂肪	20	10(皮和脂肪)	—
		肝	80	100	—
		肾	80	—	—
	鱼	皮+肉	30	30(鲑鱼)	—
马波沙星 （残留标志物： 马波沙星）	牛/猪	肌肉	—	150	—
		脂肪	—	50	—
		肝	—	150	—
		肾	—	150	—
	牛	奶	—	75	—

7.5

样品处理方法

由于喹诺酮类药物具有优良的抗菌活性和抗菌谱广等特点，其在兽医临床上的应用越来越广泛。喹诺酮类药物的残留分析方法也受到了较大的关注，有关分析方法的报道也日益增多。

喹诺酮类药物残留分析通常包括：选用适当的溶剂提取，进一步利用液-液萃取、固相萃取、固相微萃取、基质分散固相萃取、QuEChERS等进行净化、浓缩，最后用高效液相色谱法（HPLC）、毛细管电泳法（CE）、液相色谱-质谱联用技术（LC-MS）等方法进行检测，有时还使用气相色谱法（GC）、高效薄层色谱法（HPTLC）、微生物法（MA）、免疫分析法（IA）等进行测定。

7.5.1　样品类型

在 GB 31650—2019《食品安全国家标准　食品中兽药最大残留限量》中兽药残留所

涵盖的食品种类包括畜禽及初级制品、水产品及初级制品和蜂产品，涉及 12 种动物（牛、猪、马、羊、鹿、兔、鸡、鸭、鱼、虾、火鸡和蜜蜂）和 9 种靶组织（肌肉、脂肪、肝、肾、皮、奶、蛋、副产品和蜂蜜）。喹诺酮类药物残留的检测样本主要集中于牛奶、鸡蛋、肉类（猪、牛、羊、鸡）、鱼等。由于食品样品具有高度复杂的基质，因此通常需要样品预处理，涉及均质化、过滤、纯化、提取和预浓缩等步骤，以去除任何不需要的基质成分，并将分析物富集至适合后续分析的浓度。然后，可以使用一系列分析仪器或技术对制备样品中的喹诺酮类药物进行定性或定量检测。

7.5.2 样品制备与提取

氟喹诺酮类药物属于酸碱两性化合物，在 3 位都有羧基而具有酸性，在 7 位有哌嗪基的喹诺酮含有氨基而具有碱性，因此在水溶液中，哌嗪基喹诺酮有 3 种离子形态（阴离子、两性离子、阳离子），而其他喹诺酮药物则只有两种形式（阴离子或中性分子），见图 7-1。

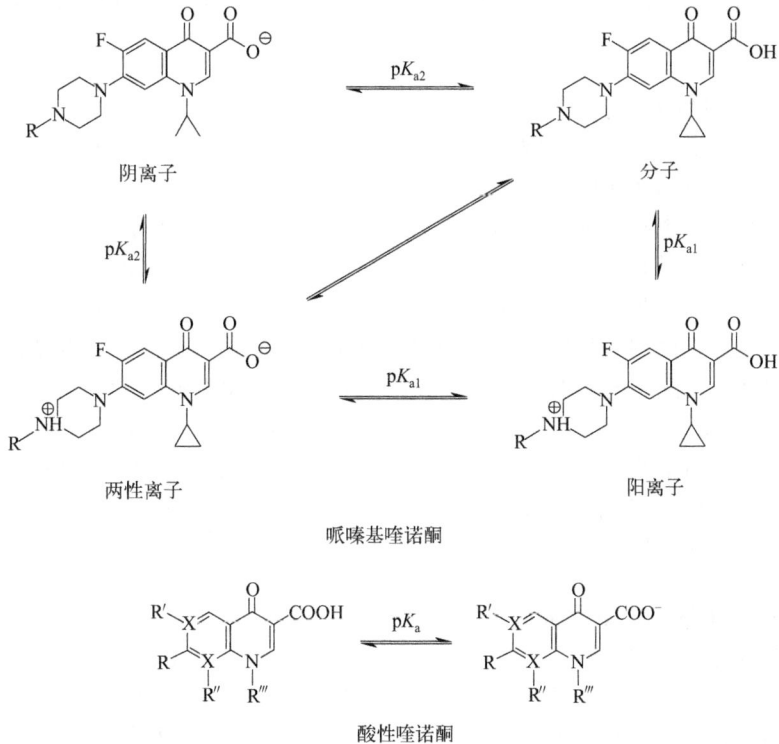

图 7-1　哌嗪基喹诺酮药物与酸性喹诺酮药物质子化形式

喹诺酮类药物的结构决定了其可溶于极性有机溶剂、水不溶性有机溶剂或酸性、碱性水溶液中。因此，可以通过多种途径从生物基质中提取喹诺酮类药物，主要的方法包括：①用非极性或弱极性有机溶剂提取，如乙酸乙酯、三氯甲烷或二氯甲烷；②用水溶性有机溶剂提取，如丙酮、乙腈（ACN）、乙醇（EtOH）或甲醇（MeOH）；③用酸性水溶性有机溶剂或碱性水溶性有机溶剂提取，如磷酸-乙腈、乙酸-乙腈、三氯乙酸-乙腈、氨水-乙腈、乙酸-甲醇、三氯乙酸-甲醇、乙腈-水溶液、$HClO_4$-H_3PO_4-甲醇、三氯乙酸溶液；④用水溶液提取，如磷酸水溶液、HCl溶液、磷酸缓冲溶液、NaOH溶液等。

7.5.2.1 非极性或弱极性有机溶剂提取

进行喹诺酮类药物残留分析时可用乙酸乙酯、氯仿、二氯甲烷等有机溶剂进行提取。乙酸乙酯适用于噁喹酸、氟甲喹等疏水性较强的酸性喹诺酮药物的提取。喹诺酮类药物可以用乙酸乙酯、三氯甲烷、二氯甲烷等溶液从组织样品中提取，也可同时加入一定缓冲液进行提取。在提取过程中，加入无水硫酸钠可提高乙酸乙酯的提取效率，实验表明，无水硫酸钠对待测物回收率有重要影响，5mL样品中加入4g无水硫酸钠时，乙酸乙酯的提取效率最高。利用该方法进行提取通常是将样品与乙酸乙酯混合或振荡来完成的，而且在多数情况下，需要使用20～50mL的乙酸乙酯，有时达100mL。

用氯仿和二氯甲烷来提取生物样品基质中的喹诺酮类药物残留时，可以直接浸提或进行液-液萃取。还有报道用二氯甲烷-甲醇进行索氏提取。用二氯甲烷索氏提取法可获得较高的回收率，但处理过程复杂、费时，并需要大量的有机溶剂。与之相比，用pH 7.4缓冲液和二氯甲烷更加简便和快速，虽然这种方法的回收率较低，但较适用于大批样品的常规检测。

7.5.2.2 水溶性有机溶剂提取

丙酮、乙腈、甲醇、三氯乙酸、高氯酸、乙腈-四氢呋喃混合物等水溶性有机溶剂也常被用来作为提取组织样品中喹诺酮类药物的溶剂。与乙酸乙酯相似，丙酮主要用来提取萘啶酸、噁喹酸、氟甲喹等酸性喹诺酮类药物，乙腈、甲醇及酸化乙腈-甲醇、碱化乙腈-甲醇等已被广泛用于诺氟沙星、恩诺沙星、环丙沙星、沙拉沙星等两性喹诺酮类药物或哌嗪基喹诺酮类药物的提取。研究者还发现，使用酸化或碱化的乙腈-甲醇提取恩诺沙星、环丙沙星等哌嗪基喹诺酮药物时，较使用单纯有机溶剂的效果要强，提取杂质少，回收率高。在分析酸性喹诺酮类药物时，使用丙酮提取，其回收率要比使用乙腈高。

此外，乙腈-水的等量混合溶剂对沙拉沙星具有显著的"潜溶"效应，溶解度增至4mg/mL以上，可有效提高方法的回收率。Bauer、Meinertz等研究发现，使用乙腈-水（1:1）提取鱼饲料和鲇鱼组织中的沙拉沙星及其他哌嗪基喹诺酮药物时，乙腈-水不但可以有效溶解和提取沙拉沙星，而且提取杂质较少。

7.5.2.3 酸性或碱性有机溶剂提取

由于喹诺酮类药物在甲醇、乙醚、氯仿等有机溶剂的溶解度较低，而易溶于稀酸或稀碱中，所以酸性或碱性的溶液更适合作为组织样品中喹诺酮类药物的提取溶液。最常用的提取液包括HCl、三氯乙酸（TCA）、$HClO_4$-H_3PO_4的水溶液及其与甲醇、乙腈的混合溶液。三氯乙酸-乙腈、乙腈-NaOH溶液、乙腈-氨水溶液、乙酸-甲醇等酸化或碱化的有机溶剂对喹诺酮类药物，尤其是氟喹诺酮类药物具有较高的提取效率，因为这些溶剂对喹诺酮类药物具有较高的溶解性，并兼有良好的组织渗透性、脱蛋白质和释放药物的作用。Volmer、Tyczkowska等研究发现，使用碱化溶剂处理奶样品时，有助于药物的释放，可提高提取效率。

Roybal等专门比较了甲醇、乙醇、丙酮、二氯甲烷等对组织样品中沙拉沙星、达氟沙星、恩诺沙星、环丙沙星等氟喹诺酮类药物的提取效率，结果表明，使用酸化的甲醇或酸化的丙酮（pH 3.0）较单一或混合纯有机溶剂，能有效改善提取效率，回收率可达 70%~90%，可能是在酸性条件下，质子化的氟喹诺酮药物与样品基质的吸附作用减弱的缘故，利于药物的释放。喹诺酮药物为酸碱两性物质，介质中水分含量约 1% 时，对喹诺酮药物的解离状态具有调节作用；此外还考察了无水硫酸钠的加入量对提取效率的影响，结果表明无水硫酸钠对待测物回收率有重要影响，5mL 样品中加入 4g 无水硫酸钠时提取效率最高。

在组织样品提取过程中，通常采用振荡、涡动等操作来完成，有时也使用超声、均质等方法。且多数的提取需重复两次进行，使用的提取溶剂 5~100mL 不等。

7.5.2.4　缓冲溶液提取

在分析喹诺酮类药物时，还经常使用中性磷酸盐缓冲液或 HPO_3、H_3PO_4、HCl、NaOH 等酸碱水溶液作为提取溶剂。大多数的碱性溶液几乎仅可用于噁喹酸、氟甲喹、萘啶酸等酸性喹诺酮药物的提取，然而哌嗪基喹诺酮药物却最好用 pH 接近于 7 的溶液来提取。某些情况下，可在提取的同时用正己烷或乙二醚/正己烷的混合物进一步脱脂。

涡动、振荡通常可达到提取需求，不过也有报道用超声、微波辅助提取进行处理。所需样品的量从 0.5g 到 10g 不等，所需提取液体积的范围为 1~50mL。

7.5.3　样品净化方法

由于样品基质性质复杂，样品提取过程中会有一些与待测组分性质类似的共萃取物一起被提取出来，这些杂质常常干扰光谱检测、增加基线噪声、降低柱效、阻塞色谱管路、污染色谱柱和检测器等，因此在色谱等检测之前进行净化操作是必不可少的。净化处理方法主要包括液-液萃取（LLE）、固相萃取（SPE）、固相微萃取（SPME）、QuEChERS、分子印迹-固相萃取（MI-SPE）等新技术、新方法。

7.5.3.1　液-液萃取方法

液-液萃取是净化喹诺酮类药物的基本方法。这种方法是通过调节水相的 pH 值来使得待测物由其中一相转移到另一相，从而实现样品净化。氯仿、二氯甲烷、乙酸乙酯等常用作液-液分配的溶剂，有时还可加入 NaCl 等以增强溶剂的离子强度，进一步提高喹诺酮类药物在有机相中的转移效率。另外，从样品基质提取后，通常会用正己烷、乙醚等非极性溶剂进行脱脂。由于液-液萃取过程中需要使用大量的有机溶剂，尤其是二氯甲烷、氯仿等氯制剂，而且操作步骤烦琐，现在液-液萃取方法已逐步被 SPE 所代替。

7.5.3.2　固相萃取方法

固相萃取法是分析物被转移吸附到固相基质上，并使用适宜的液体进行淋洗、洗脱，将待测物质与基质干扰物尽可能分开，以达到净化的目的。SPE 净化方法主要用于溶剂提取组织样品中喹诺酮类药物之后。在 SPE 净化前，还根据基质的成分使用正己烷进行脱脂或在净化中增加去脂步骤。固相萃取通常采用硅胶基 C_{18} 填料、Discovery DSC C_{18} 填料、聚乙烯-苯乙烯-二乙烯基苯填料（PSDVB、ENV^+、SBD-RPS、HLB、Strata X 等），以及离子交换型填料（SCX、PRS、MPC）等，这些填料都被用于喹诺酮类药物的净化。由于喹诺酮类药物为酸碱两性物质，故 SPE 固相基质对喹诺酮类药物的保留主要依靠样品载液的 pH 值。Golet 等将样品溶液调节 pH 为 3.0，用 MPC 固相萃取柱净化，回收率达 80% 以上。Ferdig 等专门比较了 3 种不同的聚合固相萃取柱 Oasis HLB、Isolute ENV$^+$、Lichrolut EN$^+$ 和 3 种硅胶基反相柱 Chromabond C$_8$、Chromabond Tetracycline、Bakerbond Phenyl 的保留、净化效果，结果发现，以上 6 种固相萃取柱对两性喹诺酮类药物均能有很好的回收率，而对酸性喹诺酮药物 OXO、FLU 的回收率较差。

7.5.3.3　QuEChERS 方法

2003 年美国农业部的 Anastassiades 等开发了 QuEChERS 方法。该方法将均质后的样品经乙腈提取，盐析分层，利用基质分散萃取机制除去基质中大部分干扰物，然后直接用于仪器分析，是一种快速、简单、廉价、有效、安全的萃取方法。最初，QuEChERS 法被用于植物源性食品中农药等多种药物残留分析，目前，该方法由于操作简便、快捷，被广泛应用于兽药残留的样品提取、净化过程。Lombardo-Agüí 等利用 QuEChERS-超高效液相色谱-串联质谱法测定 8 种兽用喹诺酮类药物，分别对蜂蜜、蜂王浆和蜂胶等蜂产品进行评估，结果表明，化合物的分离仅在 3min 内完成，对于同一批 6 个样品，整个测定过程（包括样品处理）不超过 40min。张中印等建立了蜂蜜、蜂王浆中氟甲喹等 14 种喹诺酮类药物的 QuEChERS 方法，样品经 1% 乙酸-乙腈提取，C$_{18}$ 和 N-丙基乙二胺吸附剂分散净化，LC-MS/MS 测定，该方法的回收率在 80.4%～110.2% 之间，检出限为 0.45～3.22ng/g。

王志昱等建立可以同时准确检测鸡胸和鸡肝中 11 种喹诺酮类和 4 种四环素类药物的分析方法，采用 QuEChERS 法进行样品前处理，经冰醋酸-乙腈-水溶液（1∶84∶15，体积比）提取，Discovery$^®$DSC-18 吸附剂净化，使用高效液相色谱-质谱联用仪进行检测，该前处理技术节省时间、重现性高、价格低廉。

7.5.3.4　免疫亲和色谱法

免疫亲和色谱法作为免疫净化法是以抗原抗体的特异性、可逆性免疫结合反应为原理的色谱技术，其纯化效率较高，特异性强。制备高质量抗体是 IAC 的关键。

Zhao 等用 IAC 净化技术建立了同时检测动物肝脏中 10 种 FQs 的 HPLC 荧光法，用诺氟沙星的单克隆抗体制备的免疫亲和色谱柱，可同时测定马波沙星、环丙沙星、洛美沙星等 10 种氟喹诺酮类药物，方法的 LOD 为 0.05～0.15μg/kg。Holtzapple 等用 HPIAC 同时检测牛血清中环丙沙星、恩诺沙星、沙拉沙星和二氟沙星，与抗沙拉沙星抗体共价结合的高效免疫亲和色谱柱用于捕获氟喹诺酮类药物，净化柱联有高选择性 IAC 柱，样本进柱前用 PBS 溶液 10 倍稀释并经 0.2μm 滤膜，荧光检测器检测，4 种药物回收率大于 95%，RSD<7.0%。利用了免疫亲和色谱柱结合抗体特异性吸附待测物的特点和固相萃取方法的简易、快速。

7.5.3.5　固相微萃取方法（SPME）

SPME 是在固相萃取技术上发展起来的一种微萃取分离技术，是一种集采样、萃取、浓缩和进样于一体的无溶剂样品微萃取新技术。与固相萃取技术相比，固相微萃取操作更简单，携带更方便，操作费用也更加低廉；另外克服了固相萃取回收率低、吸附剂孔道易堵塞的缺点。

Zhang 等利用固相微萃取方法建立了一种可同时测定含 8 种喹诺酮类药物的检测方法。

作者基于分子印迹聚合物制备原理合成了微萃取纤维膜作为净化材料，分别对萃取的溶液、微波的功率、温度、反应时间、盐浓度、搅拌速度等进行了比较，8 种 QNs 药物的定量限为 0.1～2.0μg/kg，添加回收率在 59.2%～103.4% 之间，相对标准偏差小于 13.3%。Junza 等建立了一种测定生鲜牛奶中 17 种喹诺酮和 14 种 β-内酰胺类药物的分散液-液微萃取方法，结果表明，测定 β-内酰胺类和酸性喹诺酮时，萃取溶液的 pH 为 3.0，测定两性喹诺酮药物时，萃取溶液 pH 为 8.0，此外，作者还对液-液微萃取条件、pH、离子强度、振荡时间、离心条件等进行了选择优化，利用基质标准曲线进行校正，方法的定量限为 0.3～6.6ng/g，相对标准偏差小于 15%。Zhang 等利用免疫亲和色谱-微萃取方法测定了牛奶中氧氟沙星等 8 种喹诺酮类药物，微萃取装置加入 0.2g 制备好的喹诺酮抗体玻璃微珠，牛奶样品提取液以 3.5mL/min 的流速上样，用 600μL 甲醇磷酸缓冲液（9∶1，体积比）洗脱，氮吹、复溶后测定，方法的回收率为 53.9%～90.6%，定量限可达 0.15～0.3ng/g。

7.5.3.6 分子印迹-固相萃取

分子印迹聚合物（molecularly imprinted polymer，MIP）作为一种新型材料，俗称"塑料抗体"，具有对目标分子及其结构类似物分子识别特点和特异性吸附功能，且稳定性好，并耐酸碱，非常适合分离富集复杂样品中痕量分析物。杨艳菲等利用分子印迹-固相萃取技术建立了同时净化了鸡肉组织中氧氟沙星等 9 种氟喹诺酮类药物的 LC-MS/MS 检测方法，方法的定量限为 0.25μg/kg，9 种药物的回收率为 65.8%～112.2%，相对标准偏差为 0.6%～13.5%，测定了 MI-SPE 的最大柱容量为 464.7～932.4μg/L。Urraca 等建立了分子印迹-固相萃取结合液相色谱-串联质谱测定鸡肉中恩诺沙星、环丙沙星、洛美沙星、单诺沙星、诺氟沙星、沙拉沙星等 6 种 FQs 的方法。邴乃慈等以聚偏氟乙烯中空纤维超滤膜为支持膜，以左氧氟沙星为模板分子，采用热聚合方法制备了分子印迹聚合物膜，可以固相萃取选择性分离氧氟沙星外消旋体，为分析氧氟沙星手性药物提供了理论和实验方法。彭涛等以沙拉沙星为模板分子、甲基丙烯酸为功能单体和乙二醇二甲基丙烯酸酯为交联剂合成了 MIP，并用平衡吸附实验研究了其吸附性能。结果表明，该聚合物对沙拉沙星有较高亲和性和选择性。分子印迹-固相萃取的关键是高选择性的分子聚合物的合成，使其具有特异性识别特性，对模板分子及其结构类似物具有较强的亲和力和特定选择性。

7.6

残留分析技术

7.6.1 仪器测定方法

国内外对喹诺酮类药物残留的仪器检测技术的文献报道很多。目前，用于喹诺酮类药物残留检测的仪器测定方法主要有高效液相色谱法（HPLC）、毛细管电泳测定法（CE）、液/质联用分析法（LC/MS）等，仅有少数报道用气相色谱法（GC）、高效薄层色谱法（HPTLC）等检测喹诺酮类药物的残留。

7.6.1.1 色谱法

（1）液相色谱法　分离通常使用硅质反相色谱柱，其中主要为 C_{18}/C_8 固定相，但有些情况下也引入苯基或氨基键合的固定相。色谱柱填料残留的硅醇基（硅羟基）和金属杂质导致普通的反相柱出现严重的色谱峰拖尾。因此，多数方法使用经端基封闭处理的色谱柱或高纯硅质柱，如 Inertsil、Kromasil、Puresil、Versapack、Wakosil、L-column、LUNAor ZorbaxRX 等，这些柱子几乎不含痕量金属离子。

使用 PSDVB 聚合物色谱柱对喹诺酮类药物进行分离是另一种避免拖尾峰的途径。然而，这些色谱柱的效率要低于硅质柱，由于 FQs 结构上的哌嗪基垂直连于喹诺酮环上，而固定相中的苯基易与哌嗪基之间形成空间位阻，因此哌嗪基喹诺酮药物几乎不能保留在这些色谱柱上，因此，PSDVB 聚合物色谱柱更适合于 FLU 和 OXO 等酸性喹诺酮药物的分离检测，在某些情况下也用于 ENR、CIP 和 SAR 的分析。离子交换色谱法也可用于 NAL 的测定。

分析喹诺酮类药物的流动相主要是乙腈-水二元溶剂体系，有时也使用乙腈-甲醇-水、乙腈-四氢呋喃-水或乙腈-二甲胺-水等三元溶剂体系。也有报道使用乙腈-甲醇-四氢呋喃-水四元溶剂体系。少数报道使用不含乙腈的流动相，这些流动相由甲醇-水构成，且甲醇所占的比例高于 30%。梯度洗脱方法常被用于极性差异较大的喹诺酮类药物多残留分析。

为了改善峰形可在这些流动相中加入一些扫尾剂，这样可以减少硅醇基的电离，另外将流动相 pH 值控制在 2～4，能尽可能降低其与喹诺酮阳离子之间的相互影响。磷酸盐缓冲液、柠檬酸盐缓冲液、草酸盐缓冲液等经常被用以调节流动相 pH，以获得较好的分离。在流动相中加入四氢呋喃，也可以减少拖尾峰的出现。

喹诺酮类药物在酸性流动相条件下，药物呈离子状态，故可在流动相中加入季铵盐、烷基硫酸钠或烷基磺酸钠等离子对试剂。如烷基硫酸钠或烷基磺酸钠，它们可与质子化的待测物以及三乙胺或季铵盐形成离子对，而三乙胺或季铵盐可与待测物竞争残留的活性硅醇基，能够获得更好的保留、洗脱和更大程度的分离效果。

喹诺酮类药物具有较强的紫外吸收和荧光性质，特别是氟喹诺酮类药物的光谱性质很相似，为设计多残留分析检测方法提供了条件。早期研究通常使用紫外检测器进行检测，由于荧光检测器较紫外检测器灵敏度可提高 2～3 个数量级，近年来已广泛使用检测更灵敏、选择性更强的荧光检测器测定喹诺酮类药物在生物样品中的残留。喹诺酮类药物有两个吸收波段：其中一个为宽波段（300～350nm），所有的喹诺酮类化合物（药物）的宽波段都是完全相同的，而第二个波段位于 245～290nm 之间，每种喹诺酮在此波段具有特异性。其在第二波段的吸光度要比第一波段大。因此通常选择第二波段来检测。然而，在某些情况下为了减少样品基质的干扰和基线噪声，可选用在 325～330nm 波长范围内进行检测。

哌嗪基喹诺酮药物与酸性喹诺酮药物的荧光光谱有较大差异。一般哌嗪基喹诺酮药物的激发光谱范围在 275～280nm，发射光谱范围是 365～450nm；而酸性喹诺酮药物的激发光谱为 325nm 左右，发射光谱范围是 350～400nm。与紫外检测器吸收不同，荧光性主要取决于其介质的 pH 值。喹诺酮类药物为阴离子状态时，一般没有天然荧光，而在低 pH 值（2.5～4.5）条件下可获得最强荧光。在这个 pH 范围内，酸性喹诺酮药物和哌嗪基喹诺酮药物的中性和阳离子类型占优势，而且在 pH 2～4 范围的流动相对喹诺酮类药物的分离也是最佳的。酸性喹诺酮药物的激发和发射波长分别设定在 325nm 左右和 360nm 左右，某些情况下激发波长也设定在光谱第一波段。对哌嗪基喹诺酮药物来说，其激发和发射波长分别设定在 275～280nm 和 440～450nm。吡哌酸和马波沙星的自身荧光较弱，多采用紫外检测器检测法来测定。

在使用荧光检测法进行喹诺酮类药物多残留检测时，采用程序波长检测法，可使每个分析物的检测波长处于其自身波长范围内（可检测出每个分析物的自身波长），以提高检测灵敏度和选择性。程序波长检测法也被用于某些基质中酸性喹诺酮药物或哌嗪基喹诺酮药物混合物的荧光测定。在色谱分析中将紫外检测器和荧光检测器串联使用可实现荧光性喹诺酮和非荧光性喹诺酮的同步检测。

（2）气相色谱法　由于喹诺酮类药物是强极性化合物，必须在 GC 分析之前生成挥发性的衍生物，因此仅有少数论文报道了喹诺酮类药物的 GC 方法，而且主要是在 20 世纪 80 年代所报道的。由于样品衍生化采用酯化反应时容易生成强极性化合物，所以喹诺酮类药物的衍生化方法通常使用 $NaBH_4$ 法。Takatsumki 建立了检测鱼组织中噁喹酸、萘啶酸、吡哌酸的 GC-MS 方法，该方法利用 DB-S 硅毛柱以 H_2 为载气，待测物经还原-脱羧衍生化方法（$NaBH_4$ 法）后进行检测。Wang 等利用衍生化气相色谱方法测定了西诺沙星。

7.6.1.2　质谱法

紫外吸收或荧光检测法进行检测，仅能得到样品的光学信息，无法对样品进行确证。目前主要采用质谱检测器作为确证方法。质谱检测器与 FLD 不同，属于通用型检测器，液相色谱-质谱联用检测方法包括单纯确证方法和确证同时定量的检测方法。

为了提供更高的选择性，首选涉及特殊官能团的裂解途径。有几种接口已被用于 LC-MS（或 LC-MS/MS）技术，而且总是在正离子模式下。热喷雾法最初是用于鱼肉中喹诺酮类药物的分析，由于它是一种较温和的电离技术，所以只能获得 $[M+H]^+$ 所对应的峰。在此方面没有发现更多的文献报道。

大气压化学电离（atmospheric pressure chemical ionization，APCI）已被用于具有源内碰撞诱导解离（collision-induced dissociation，CID）技术的 LC-MS 和 LC-MS/MS。对氟喹诺酮类药物来说，在低 CID 电压条件下只能观察到 $[M+H]^+$ 和 $[M+H-H_2O]^+$ 及它们的同位素所对应的峰。对喹诺酮类药物来说，在低锥体电压时获得的质谱图中包括 $[M+H]^+$、$[M+Na]^+$ 和 $[M+H-CO_2]^+$ 所对应的峰，在高锥体电压时还会显示出 $[M+H-H_2O]^+$ 所对应的峰。

在确证分析喹诺酮类药物时，更多采用的是电喷雾电离（electrospray ionization，ESI）介导的 LC-MS（MS/MS）方法。LC-ESI-MS 是近年来发展最快的 LC-MS 技术，ESI 既是接口，又是离子源，是一种大气压下的软电离技术，特别适用于喹诺酮类药物等极性分子的气化和离子化，主要得到待测物分子与质子的加合物离子峰，通过调节锥体电压，实现源内诱导碰撞解离或 MRM，可获得足够的待测物结构信息，如 2～3 个稳定的具有特征性的碎片离子。Schilling 等报道了鲇鱼组织中 SAR 的 LC-ESI-MS/MS 确证方法，详细讨论了作为一种联用或多维分析确证残留组分的原则和方法；并通过调节碰撞室电压优化 MS/MS 测定条件，利用源内 CID 进一步确定 SAR 的裂解途径，m/z 386 $[M+H]^+$ 为准分子离子峰，结合保留时间对确证 SAR 具有重要意义，$[M+H-H_2O]^+$、$[M+H-CO_2]^+$ 是与羧基有关的裂解产生的碎片，将上述三个离子峰作为监测离子，在

MRM 模式下进行确证分析。

Voimer 等报道了多种喹诺酮类药物的 LC-ESI-MS/MS 多残留检测方法，讨论了喹诺酮类药物的结构和理化性质，流动相 pH 对色谱分离、保留值和 ESI 的影响，以及喹诺酮类药物的裂解途径和各种 MS/MS 分析模式下在喹诺酮类药物残留分析和代谢中的应用。

7.6.1.3　其他方法

毛细管电泳法与高效液相色谱一样属于液相分离技术，已成为一种与高效液相色谱相互补充的分离分析方法。喹诺酮类药物由于结构上的相似而表现出相似的物理化学性质，采用毛细管电泳同时测定多种喹诺酮类药物具有一定的难度。Fierens 等采用区带电泳分离方法，以磷酸盐缓冲溶液为分离缓冲体系，检测了 OFL、PEF、NOR、CIP、ENR、OXO、NAL、吡哌酸、西诺沙星、氟罗沙星等 10 种喹诺酮类药物。

Hernández、Awadallah、Schmitt-Kopplin、Ferdig 等分别建立了检测喹诺酮类药物的毛细管电泳方法。Barbosa 等利用毛细管电泳法、高效液相色谱法、电位测定法和分光光度计法比较分析了氟喹诺酮类药物等两性药物在甲醇-水溶剂体系中的 pK_a 值。Barrón 用 SPE 净化，毛细管电泳法检测了鸡组织中噁喹酸和氟甲喹的残留、恩诺沙星与其代谢产物环丙沙星在生物样品中的残留。McCourt 等建立了氟喹诺酮类药物多残留的毛细管区带电泳-ESI-MS/MS 方法。Lara 等建立了检测牛奶中喹诺酮类药物多残留的毛细管电泳-ESI-MS/MS 方法。

7.6.2　免疫测定方法

仪器分析方法虽然具有准确度和灵敏度高等优点，但是需要复杂的前处理过程、昂贵的仪器和操作熟练的技术人员，不适合喹诺酮药物残留样本的大规模现场筛选。免疫分析方法以抗原抗体的特异性反应为基础，具有特异性高、灵敏度高、操作简单、经济实惠等优点，适合大量样本复杂基质中痕量组分的快速分析。

7.6.2.1　半抗原设计

低分子量（<5000）化合物，例如 QNs，不具有免疫原性，因此需要与载体蛋白（具有足够的大小并能刺激机体产生免疫反应）偶联，从而产生针对小分子半抗原的抗体。半抗原的设计是生产小分子抗体的关键步骤，在很大程度上影响着产生抗体的性质（选择性和亲和性）。在不同的基团上进行不同的半抗原修饰，从而达到"导向性"制备抗体的目的。

由于喹诺酮类药物具有直接能和载体反应的活性基团（C3 位的羧基），因此，通过 C3 羧基直接偶联抗体制备免疫原，操作简单，成本低廉，成了研究人员在制备喹诺酮类免疫原时最常采用的方法。Yuan 等通过同样的方法将 DAN 与 BSA 偶联作为免疫原制备了高特异性的单克隆抗体，建立的 ic-ELISA 方法可用于检测鸭肉中的 DAN，方法的检测限为 0.2ng/mL[16]。Cao 等通过两种方式（活泼酯法和混合酸酐法）将羧基基团与 cBSA 连接，并且设计了三个免疫项目，分别为用活泼酯法制备的免疫原免疫、混合酸酐法制备的免疫原免疫和两种免疫原交替免疫新西兰大白兔。最终制备的抗体表现出良好的亲和力和特异性，开发的 ELISA 试剂盒与市售 ELISA 试剂盒进行了比较，敏感性和特异性显著提高[17]。

一部分的喹诺酮药物在哌嗪环上具有反应活性的仲氨基（N1 位），因此可以在此位点处设计合成半抗原。这种方式可以很大程度暴露 QNs 的公共基团，多被用于广谱性 QNs 抗体的制备中。Tittlemier 等通过 6-溴己酸在 SAR 和 NOR 的哌嗪环上引入 6 个 C 原子间隔臂的羧酸基团，并将其通过混合酸酐法与阳离子化的载体蛋白质偶联制备免疫原。最终制备了兔多克隆抗体（pAb），对 5 种 FQs 的交叉反应率大于 10%[18]。此外，还有文献通过不同的合成路线合成了哌嗪环上含有新的氨基基团的半抗原。Li 等在哌嗪环引入一个含有两个原子间隔臂的半抗原，随后使用戊二醛法将氨基与蛋白质偶联免疫家兔，获得了氟喹诺酮类药物的广谱多克隆抗体，该半抗原保留了氟喹诺酮类药物的公共基团。利用该多克隆抗体建立的间接竞争酶联免疫吸附试验（ic-ELISA）可以同时检测 13 种氟喹诺酮类抗生素。建立的 ic-ELISA 可以检测诺氟沙星、环丙沙星、氧氟沙星等 13 种氟喹诺酮类药物，检测限（LOD）为 $0.01\sim10\text{ng/mL}$，回收率在 62%～95% 之间[19]。

Pinacho 等提出了一种新的合成免疫原的方法，即在喹诺酮类核的原始位置 1 添加反应性基团。所得的多克隆抗体对 QNs 中兽药残留中的某些相关 FQs 表现出高度和密切的敏感性，尤其是 SAR，它通常与其他类特异性抗体结合，效率较低[20]。然而，这种半抗原设计需要经过复杂的化学修饰，故而没有推广应用。

7.6.2.2 抗体及其他识别元件制备

（1）喹诺酮类药物的抗体制备　抗体是免疫分析中最关键的试剂，决定着免疫分析的灵敏度和特异性。多克隆抗体（pAbs）和单克隆抗体（mAbs）是最著名的亲和蛋白，它们结合能力强、特异性高，已有数百种被成功研究并投入使用。目前应用于 QNs 的免疫分析方法的抗体，一种是针对单个喹诺酮类的单一分析物高特异性抗体，另一种是对 QNs 具有尽可能高交叉反应率的广泛特异性抗体。随着分子生物学的发展，具有可操作特性的重组抗体（rAbs）正在逐步取代免疫测定中的常规 pAbs 和 mAbs。

通常将喹诺酮类药物分子的 3 位羧基与蛋白偶联免疫动物来制备高特异性的多抗血清或单克隆抗体。目前对 ENR 的抗体制备的研究最为普遍。Jiang 等通过活泼酯法制备了 ENR-BSA 的免疫原，并基于获得的多克隆抗体建立了检测鸡肉中恩诺沙星残留的 ic-ELISA 方法，检测限（LOD）和 IC_{50} 分别为 0.003ng/mL 和 0.45ng/mL。除了对环丙沙星的高交叉反应率（CR）外，对其他化合物的交叉反应率可以忽略不计[21]。由于 ENR 在动物体内的主要代谢物为 CIP，且各个国家设立的 MRL 均为 ENR 和 CIP 的总和，因此制备可以同时识别 CIP 的 ENR 抗体是有必要的。Wang 等以混合酸酐法偶联 ENR 和 BSA 制备免疫原，免疫小鼠获得了两株 ENR 单克隆抗体，一株单抗则仅特异性识别 ENR，对 CIP 的交叉反应率仅为 2%，另一株可同时识别 ENR 和 CIP，对 CIP 的交叉反应率为 82%[22]。沙拉沙星与二氟沙星在哌嗪基中只有一个甲基的差异，因此生产的抗体通常无法将二者区分。Burkin 等使用同一抗体成功开发了两种具有不同特异性的 ELISA，可以选择性地识别 SAR，或者同时识别 SAR 和 DIF。氟甲喹缺乏哌嗪环，在结构上与其他 FQs 非常不同，广泛用于水产养殖。制备的鸡卵黄抗体[23]、兔多克隆抗体[24] 和小鼠单克隆抗体[25] 均表现出较高的特异性，与其他的 QNs 未观察到 CR（<0.1%）。Liu 等制备了 DAN 的多克隆抗体，该抗体与 PEF 和 FLE 有明显的 CR（22% 和 21%），随后建立了间接竞争 ELISA 方法检测鸡肝中的 DAN，LOD 和 IC_{50} 分别为 0.8ng/mL 和 2.0ng/mL。Sheng 等制备了 MAR 的多克隆抗体，对 MAR 的检测限和 IC_{50} 分别为 0.6ng/mL 和 4.6ng/mL，仅对 OFL 有明显的交叉反应（CR 为 148%）[26]。此外，还有文献报道了

其他几种高特异性 QNs 药物抗体的制备，如 LOM[17]、NOR[27] 和 OFL[28] 等。

目前免疫分析趋向于同时检测多种药物，并且 QNs 化学结构的相似性，使得制备具有广谱性识别能力的抗体成了研究热点。Bucknall 等将 NOR 与 OVA 通过活泼酯法进行偶联，免疫兔子获得了至少可以识别 9 种 QNs 药物的多克隆抗体，对 NOR、ENR、OVA、OFL、NAL、CIP、ENR 和 FLU 的交叉反应率分别为 100%、143%、40%、17%、15%、9%、6% 和 6%。作者建立了牛奶和羊肾中的直接竞争 ELISA 方法，检测限分别小于 1μg/kg 和 6μg/kg[29]。Peng 等通过 6-溴己酸衍生 NOR 和 SAR，将混合物与钥孔血蓝蛋白（KLH）偶联，最终制备了可以识别 32 种喹诺酮类抗生素的广谱性单克隆抗体（mAb）。作者建立的胶体金试纸条方法的检测限为 0.1～10ng/mL，可以用于牛奶中喹诺酮药物的初步筛选[30]。Wang 等最先通过分子模型和比较分子力场分析（comparative molecular field analysis，CoMFA）的方法研究 QNs 分子与抗体亲和力之间的定量构效关系来探讨合理的半抗原设计以指导广谱性 QNs 的制备。作者认为在哌嗪环上不含取代基的 QNs 是产生广谱性抗体的最佳半抗原，并选取了 CIP 和 NOR 作为半抗原制备抗体，可以识别 14 种 QNs 中的 12 种[22]。在另一项研究中，Cao 等应用分子场叠加的方法比较了 27 种 QNs 的结构相似性，MAR 和 PEF 与其他类似物的平均构象相似性显著高于其他 QNs，因此 MAR 和 PEF 可以用来制备广谱性抗体[31]。随后他们获得了一种广泛的特异性抗 PEF 的 pAb，与 9 种 QNs 具有一致的亲和力，这与他们的分子模拟研究一致[32]。最近，研究人员在选择合适的 QNs 作为广泛特异性抗体制备的半抗原方面给出了更准确、更合理的解释。QNs 的分子结构分为四种类型，并通过 3D-QSAR 系统地预测了 QNs 抗体的特异性。一些 QNs 的形状类似于字母 "I" "P" 和 "Φ"，如 ENR、LOM、DIF，形成平坦的构象，易于诱导具有高度特异性的抗体。另一些 QNs 的形状类似于字母 "Y"，如 PAZ、SAR、NOR 和 CIP，导致抗体具有广泛的特异性。之前的实验证实了这一假设，即几乎所有的广谱性特异性抗体都是由 "Y" 字母形状的 QNs 产生的[33]。

为了攻克传统抗体制备的瓶颈，一些研究开始借助基因工程技术制备重组抗体。与传统抗体相比，重组抗体可以通过各种诱变技术和噬菌体展示文库筛选在体外快速进化，提高检测的灵敏度和广谱性。Leivo 等通过错误 PCR 对 SAR 的 Fab 抗体的重链抗体进行随机突变构建了抗体突变库，获得了对 QNs 更具广谱性的抗体，最终建立了能够在欧盟 MRL 标准下可以同时检测 8 种 FQs 的时间分辨免疫分析方法[34]。Wen 等以分泌广谱性 QNs 抗体的杂交瘤细胞为起点，结合理性和非理性策略，通过定点突变建立噬菌体展示文库，经过五轮淘洗，获得了一个最佳的突变单链抗体。此单链抗体保持了亲本单抗的灵敏度和广谱性，并且对 SAR 和 DIF 的亲和力提高了 10 倍[35]。

（2）喹诺酮类药物其他识别元件的制备　核酸适配体（Aptamer）是指可以折叠成二级或三级结构，与靶标分子特异性结合的单链寡核苷酸分子，如核糖核酸（RNA）和单链脱氧核糖核酸（ssDNA）。基于体外指数富集法（SELEX）配体系统进化技术，可从体外人工合成的随机组合寡核苷酸文库中筛选得到高亲和性的适配子。与抗体相比，核酸适配体在许多方面具有独特的优势，如性质稳定、动物友好、无批间变异、易于修饰、良好的可再生性和低成本效益生产，常被称为 "化学抗体"，已被广泛应用于毒素、抗生素、激素等小分子检测方面。目前已报道了一系列经筛选得到的与喹诺酮类药物特异性结合的核酸适配体，并建立了许多基于传感技术的检测方法，实现了实际样品中喹诺酮类药物的快速和灵敏检测。Dolati 等通过 SELEX 方法从富集的核苷酸文库中分离出恩诺沙星（ENR）的特异性单链 DNA 适体，具有高结合亲和力。七轮之后，选择并鉴定出了五种适体。利用具有最高亲和力和灵敏度（$K_d = 14.19\text{nmol/L}$）的 Apt58 开发了一种基于适体、氧化石墨烯（GO）和 ENR 天然荧光的无标记荧光生物传感方法，用于测定牛奶样品中的 ENR 残留。在优化的实验条件下，线性范围为 $5\sim250\text{nmol/L}$，LOD 计算为 3.7nmol/L，回收为 $94.1\%\sim108.5\%$[36]。高效的筛选方法是 Aptamer 研究的关键，目前 Aptamer 的筛选仍以 SELEX 技术为基础，其中磁珠结合的 SELEX 可以通过磁珠对靶标进行固定，筛选方式灵活、成本低并易于操作，是目前筛选小分子 Aptamer 的最主要方法。Ni 等通过磁珠 SELEX 系统筛选出 6 个与 ENR 结合的 ssDNA 适体，其解离常数为 $188\sim1324\text{nmol/L}$。17 号最高亲和力 ENR 核酸适配体的鸟嘌呤含量达到 35%，这对 Aptamer 对 ENR 的强亲和力和高特异性至关重要，最终构建了一种利用生物素-链霉亲和素的化学发光酶免疫分析法，检测限可达 2.26ng/mL[37]。

由于食品和环境样品中基质的复杂性，基于生物抗体的现有免疫分析方法的灵敏度和稳定性仍然不能满足高灵敏度检测的要求。这主要是因为，生物抗体（包括受体蛋白、适体和其他蛋白质支架）在发生免疫反应时，尤其是在酸、碱、高盐、高温和其他恶劣条件下，容易受到基质干扰，从而影响识别能力，导致灵敏度和稳定性较低。此外，生物抗体需要大量的制备时间、大量的实验动物且不适合长期保存。分子印迹聚合物（MIP）是一类人工合成的具有特定分子识别能力的材料，又被称为"仿生抗体"或"塑料抗体"。MIP 通过分子印迹技术（MIT）制备，在单体和模板分子聚合后，通过从聚合物中移除模板获得 MIP，从而在大小和形状上建立与模板分子互补的空腔，从而实现与模板的特定重组。目前，MIP 已广泛应用于喹诺酮类药物的检测，如样品预处理、高效液相色谱、传感器和仿生免疫分析（包括仿生酶联免疫吸附分析、仿生荧光偏振免疫分析、仿生荧光共振能量转移免疫分析、仿生电化学和光学传感器等）。目前有很多制备检测 QNs 的 MIP 的文章报道。Caro 等使用二氯甲烷作为致孔溶剂通过本体聚合制备检测 CIP[38] 和 ENR[39] 的 MIP，获得的 MIP 可以成功应用于两步固相萃取方法从尿液样品中提取 CIP 和 ENR。大多数合成的检测喹诺酮类的 MIP 使用单一模板，Zhang 等以氧氟沙星和 17β-雌二醇为模板合成了一种新型的多模板 MIP（MTMIP），对食品中的三种喹诺酮类药物和三种雌激素具有高选择性[40]。

7.6.2.3 免疫分析技术

（1）酶联免疫分析（ELISA）　酶联免疫分析是利用酶的高效催化和信号放大作用与抗原-抗体特异性反应相结合而建立的一种标记免疫分析技术，具有灵敏度高、特异性强、操作简便、耗时短等优点。近年来，虽然有许多新型的免疫技术应运而生，但酶联免疫分析仍是目前应用最广泛且商业化程度最高的喹诺酮类药物及其代谢物免疫分析方法。喹诺酮的酶联免疫分析包括间接竞争酶联免疫分析（ic-ELISA）和直接竞争酶联免疫分析（dc-ELISA），其中研究较多的为 ic-ELISA。先将抗原（包被原）结合到某种固相载体表面（如微孔板），再将样品和一抗同时加入，竞争反应完成后，依次加入酶标二抗和底物，根据有色产物的量来确定样品中待测物的含量。样品中存在的待测物越多，与固定在孔上的抗原结合的抗体就越少，致使酶标二抗催化底物显色越浅。Huet 等制备了 SAR 和 NOR 的多抗，并分别基于同源与异源的酶标抗原建立了 dc-ELISA 方法。其中 SAR 多抗和异源 NOR 酶标抗原的组合不仅可以获得最好的灵敏度（对 SAR 的 IC_{50} 为 0.21ng/mL），还可以显著提高抗体对其他 QNs 的交叉反应率，最终实现了鸡肉、猪肾、鱼、虾和鸡蛋五种样本中 15 种 QNs 的多残留检测[41]。Wang 等通过混合酸酐法将 ENR 与 BSA

偶联制备免疫原，并通过将 4-氨基丁酸衍生的 ENR 新型半抗原（ENR-AA）和 ENR 原药与 OVA 偶联制备包被原。基于制备得到的 ENR 抗体和异源包被原（ENR-AA-OVA）建立了 ic-ELISA 方法，较基于同源包被原（ENR-OVA）建立的 ic-ELISA 方法灵敏度提升了 18 倍，IC_{50} 由 1.3μg/L 降至 0.07μg/L。该方法可用于检测鸡肉样本中的 ENR 残留，LOD 为 0.02μg/kg，添加回收率在 81%～115% 范围内[42]。Jiang 等通过将 ALP 和 HRP 整合到一个 ELISA 反应中，建立了双比色 ELISA，可在一个微孔中同时检测多个低分子量的化学残留物。最终建立的双比色 ELISA 方法可以同时筛查牛奶中的 13 种 FQs 和 22 种 SAs，FQs 和 SAs 的 LOD 分别为 2.4ng/mL 和 5.8ng/mL[43]。

（2）化学发光酶免疫分析（chemiluminescence enzyme immunoassay, CLE-IA）　化学发光免疫分析法根据标记方法的不同可分为化学发光标记免疫分析法、化学发光酶免疫分析法等。化学发光酶免疫分析是一种新型免疫测定技术，它将具有高灵敏度的化学发光测定技术与高特异性的免疫反应相结合，具有操作简便、快速的特点，且灵敏度比 ELISA 方法更高，已被广泛用于药物残留检测。除酶反应的底物是发光剂外，化学发光酶免疫分析的操作步骤与 ELISA 基本相同。Yu 等提出了一种基于 HRP-鲁米诺-H_2O_2 化学发光体系的化学发光酶免疫分析法，用于恩诺沙星的高灵敏度检测。该方法的检测限为 0.03ng/mL，在牛奶、鸡蛋和蜂蜜中的添加回收率分别为 92.4%～104.2%、93.8%～103.2% 和 94.1%～105.0%。与 ELISA 和 HPLC 相比，CLEIA 在检测限和准确度方面具有更好的分析性能[44]。

（3）侧流免疫色谱（LFIA）　侧流免疫色谱是食品安全中另一种商业化程度较高的检测方法，与传统方法相比具有更经济、更易于使用和更快速的优势（与 ELISA 1～2h 的检测时间相比，检测时间约为 10～20min），被广泛应用于即时检测领域，在进行大规模样本筛查时发挥重要作用。侧流免疫色谱技术中标记材料的性能决定方法的信号读取模式，材料的信号强度和稳定性决定了方法的灵敏度。目前喹诺酮类药物 LFIA 按标记材料的不同可分为以下几类：

① 胶体金免疫色谱法。胶体金易于合成、制备成本低、性质稳定、生物相容性好且颜色鲜艳，是目前喹诺酮免疫色谱法中应用最为广泛的。Wu 等建立了牛奶中 DIF 的胶体金免疫色谱检测方法，该方法的视觉检测限为 2ng/mL，结合读数仪进行定量测定，其检测限为 0.5ng/mL，在牛奶中的回收率在 94%～107% 范围内，变异系数小于 9%。Hendrickson 等建立了牛奶中直接和间接测定环丙沙星的高灵敏度免疫色谱分析法，研究表明两种方案均允许在 15min 内检测 CIP，直接和间接方案的视觉检测限分别为 10ng/mL 和 2ng/mL[45]。实际应用中，传统免疫色谱技术的单一检测已无法满足检测需要和市场要求，高通量检测是发展的必然趋势。

② 乳胶微球免疫色谱法。乳胶微球（LB）是聚苯乙烯高分子包裹有色染料制成的一类标记材料，比胶体金更加均一、稳定、易于观察。制备时可通过在聚苯乙烯内部包埋不同染料而制成不同颜色的乳胶微球，在多组分检测中具有广阔的应用前景。Wang 等对这两种免疫色谱检测方法的灵敏度、抗体消耗、变异系数等进行了比较和评估，表明乳胶微球作为检测中的标记物比胶体金更具有优势。因此，基于乳胶微球的高通量免疫色谱检测在现场检测大量样本方面具有巨大的潜力[46]。

③ 量子点免疫色谱法。量子点又称半导体纳米粒子，是零维纳米材料，尺寸介于 1～10nm 之间，具备传统有机染料没有的特性，包括能有效区分不同标记物、光稳定性好和寿命长等。Taranova 等提供了一种"红绿灯"式的量子点免疫色谱方案，通过将抗体与

三种具有不同最大发射的三个量子点标记，作为定性（基于可见颜色）或定量（基于荧光强度）识别氧氟沙星、氯霉素和链霉素的简单工具，在牛奶中的检测限分别为 0.3ng/mL、0.12ng/mL、0.2ng/mL[47]。

（4）荧光免疫分析（FIA）　荧光免疫分析是在抗原抗体特异性结合的原理基础上使用荧光物质作为标记，通过检测不同荧光信号强度，可以定性、定量地进行样品中药物残留的分析的一种方法。常用的荧光标记物有荧光素、半导体量子点、稀土离子配合物、上转换纳米粒子等，具体可分为时间分辨荧光免疫分析（TRFIA）、荧光偏振免疫分析（FPIA）等。荧光免疫分析法相比于仪器分析和常规的酶免疫分析方法，灵敏度高、特异性强、操作简单、成本低，应用前景广阔。

① 时间分辨荧光免疫分析。时间分辨荧光免疫测定的基本原理是以稀土离子配合物作荧光标记物，利用这类荧光物质荧光寿命长的特点，延长荧光测量时间，从而可以消除非特异性本底荧光的干扰。Bin 等利用 ENR 卵清蛋白、抗 ENR 抗体和铕标记的山羊抗兔抗体建立了 ENR-TRFIA 的间接竞争方法，在鳗鱼、猪肉和鸡肉中的灵敏度为 $1\mu g/kg$，在蜂蜜中的灵敏度为 $1\mu g/L$[48]。研究表明，TRFIA 是一种简单、灵敏、经济的大批量样品筛选方法，不仅适用于食品样品，也适用于环境水样。Zhang 等制备了对 FQs 具有广泛交叉性的单克隆抗体，使用螯合后的稀土离子 Eu^{3+} 标记 FQs 单克隆抗体，建立了一种时间分辨荧光免疫分析法用于测定环境水中 12 种 FQs 的总浓度。在优化条件下，该方法对 FQs 的 LOD 为 $0.051 \sim 0.10\mu g/L$。开发的 TRFIA 方法对环境基质中各种干扰物质（腐殖酸、Ca^{2+}、Mg^{2+} 等）表现出良好的耐受性，4 种水样（包括稻田水、自来水、池塘水和河水）的添加回收率为 63%～120%。TRFIA 法测得的总 FQs 浓度与液相色谱-串联质谱法测得的总 FQs 浓度一致，可直接用于评估地表水中 FQs 的情况和环境风险[49]。

② 荧光偏振免疫分析。荧光偏振免疫分析具有高通量、速度快、操作简便、检测成本低和可定量检测等特点，适用于大量样本的快速筛选。荧光标记的半抗原分子量小，运动速度较快，荧光偏振值（FP 值）小。当样本不含代谢物时，荧光标记的半抗原与抗体结合，形成大体积的抗原抗体复合物，FP 值相应变大。如果样本中代谢物浓度增加，代谢物将与荧光标记的半抗原竞争抗体上的有限结合位点，抑制荧光标记半抗原与抗体的结合，荧光标记的半抗原以游离的形式存在于体系中，FP 值便会下降，利用这一原理可进行定量分析。Shen 等设计合成了三种具有不同间隔基的荧光素标记的 ENR 示踪剂（A、B 和 C）并进行了比较。在三种示踪剂中，臂最长的示踪剂 C 显示出最好的灵敏度。优化的 FPIA 方法的 IC_{50} 为 21.49ng/mL，线性范围（$IC_{20} \sim IC_{80}$）为 $4.30 \sim 107.46$ng/mL，LOD（IC_{10}）为 1.68ng/mL。对其他 5 种喹诺酮药物的交叉反应率（CR）小于 2%。加标猪肝和鸡肉样品的回收率 91.3%～112.9%。这表明所建立的方法具有较高的灵敏度、特异性和简便性，为快速检测猪肝和鸡肉中的 ENR 残留提供了一种有用的筛选方法[50]。Chen 等研究了一种同源和五种异源荧光标记物对荧光偏振免疫分析灵敏度的影响。使用最佳的异源荧光标记物（帕珠沙星-FITC）和克林沙星（CLI）抗体首次建立了羊乳中 CLI 残留的高灵敏 FPIA 方法，IC_{50} 值为 $29.3\mu g/L$，比同源荧光标记物和抗体的组合灵敏度提高了 6 倍。所得 FPIA 结果与 HPLC 方法具有良好的相关性，可以用于快速、高通量地监测山羊奶中克林沙星的残留[51]。Mi 等首次制备了奥比沙星（ORB）的单克隆抗体，合成了 6 种 ORB 荧光标记物，并用 ELISA 和 FPIA 方法分别进行了评估。基于文章提出的一种新的示踪剂和抗体浓度的优化策略（Z' 因子的评估），优化后的 FPIA 方法 LOD 值为 3.9ng/mL，IC_{50} 为 24.5ng/mL，在牛奶样品中的添加回收率为 74.3%～

112％。建立的 FPIA 方法仅需要 15min 即可完成试验，ELISA 则需 2h 以上[52]。

（5）**免疫传感器** 免疫传感器作为一种新兴的生物传感器，将特异性免疫反应和高灵敏度生物传感技术融为一体，具有速度快、灵敏度高、选择性强和易于自动化等优点。免疫传感器分为标记性和非标记性免疫传感器，其原理都是固相免疫分析，即通过固定在固相支持物表面的抗原或抗体来检测样品中的抗体或抗原。非标记性免疫传感器是通过换能器将免疫反应的变化转化为光电信号，而标记性免疫传感器则采用酶、荧光试剂等本身可使免疫反应产生信号的标记物来检测信号。Pan 等基于 SPR 信号分析和固定化 ENR-OVA 与样品中游离 ENR 之间的抑制免疫分析，构建了一种可重复、灵敏的 SPR 免疫传感器。在优化的参数下，该传感器的 IC_{15} 检测限为 1.2ng/mL，可接受的回收率为84.3％～96.6％，SPR 芯片可重复使用 100 次以上[53]。Liu 及其同事提出了一种基于直接竞争模式的灵敏电化学免疫传感器，用于动物源性食品中诺氟沙星的测定。玻碳电极（GCE）采用双功能纳米材料聚酰胺-胺树状大分子包裹金纳米粒子（PAMAM-Au）进行修饰，提高了电子转移过程的效率和抗体的结合。分析物与 HRP 标记的抗原竞争固定化抗体的捕获位点。随后，HRP 催化 H_2O_2 氢醌系统，得到可检测和放大的电极信号。该方法检测范围宽（1µg/L～10mg/L），检测限低（0.3837µg/L），回收率高（91.6％～106.1％），是测定 NOR 的一种灵敏、准确、高效的方法[54]。

7.6.3 其他分析技术

除上述常规检测方法外，还有一些各具优点的喹诺酮类残留检测方法。电化学分析法因具有检测速度快、灵敏度高、成本低、易于实现自动化等优点广泛应用于喹诺酮残留的测定。Kumar 等开发了一种电化学还原氧化石墨烯（AuNP-PdNP-ErGO）改性的玻璃碳传感器，可以对洛美沙星和阿莫西林进行分别和同时的测定，检测的灵敏度和检测限分别为 0.0759µA/(µmol/L) 和 81nmol/L、0.0376µA/(µmol/L) 和 9µmol/L。该方法已成功应用于测试尿液等复杂基质以及含有过量潜在干扰物质（如抗坏血酸、尿酸、次黄嘌呤等）的溶液中是否存在洛美沙星和阿莫西林[55]。此外，还可以通过比色法测定溶液颜色深浅来确定溶液喹诺酮药物残留的含量。Kalunke 等描述了一种检测牛奶样品中环丙沙星残留检测的比色方法。大肠杆菌 ATCC 11303 细胞增殖与其内源性的 β-gal 活性呈正相关，而环丙沙星的残留可抑制检测样品中大肠杆菌的细胞增殖，因此含有环丙沙星残留的β-gal 低于对照组。利用牛奶样本中的乳糖为 β-gal 诱导剂，以邻硝基苯-β-D-半乳糖苷为 β-gal 显色的人工底物，可在 1h 内完成对环丙沙星的检测[56]。

参考文献

[1] Pham T, Ziora Z M, Blaskovich M. Quinolone antibiotics [J]. Medicinal Chemistry Communi-

cation, 2019, 10（10）: 1719-1739.

[2] 夏蕊蕊，国宪虎，张玉臻，等．喹诺酮类药物及细菌对其耐药性机制研究进展 [J]. 中国抗生素杂志，2010，35（4）: 7.

[3] Mehhorn A J, Brown D A. Safety concerns with fluoroquinolones [J]. Annals of Pharmacotherapy, 2007, 41（11）: 1859-1866.

[4] Foroumadi A, Emami S, Hassanzadeh A, et al. Synthesis and antibacterial activity of N-（5-benzylthio-1, 3, 4-thiadiazol-2-yl）and N-（5-benzylsulfonyl-1, 3, 4-thiadiazol-2-yl）piperazinyl quinolone derivatives [J]. Bioorganic and Medicinal Chemistry Letters, 2005, 15（20）: 4488-4492.

[5] 曲志娜，赵书俊．动物源性食品安全危害及检测技术[M]. 北京: 中国农业大学出版社, 2021, 248-260.

[6] Fung-Tomc J. Antibacterial spectrum of a novel des-fluoro（6）quinolone, bms-284756 [J]. Antimicrobial Agents & Chemotherapy, 2000, 44（12）: 3351-3356.

[7] Robertson G T, Bonventre E J, Doyle T B, et al. In vitro evaluation of cbr-2092, a novel rifamycin-quinolone hybrid antibiotic: Studies of the mode of action in staphylococcus aureus [J]. Antimicrob Agents Chemother, 2008, 52（7）: 2313-2323.

[8] Hershberger P M, Switzer A G, Yelm K E, et al. Preparation and antimicrobial assessment of 2-thioether-linked quinolonyl-carbapenems [J]. The Journal of Antibiotics, 1998, 51（9）: 857-871.

[9] Fàbrega A, Madurga S, Giralt E, et al. Mechanism of action of and resistance to quinolones [J]. Microbial Biotechnology, 2009, 2（1）:40-61.

[10] Drlica K, Malik M, Zhao X, et al. Quinolone-mediated bacterial death [J]. Antimicrobial Agents & Chemotherapy, 2008, 52（2）: 385-392.

[11] 孙慧萍，蔡力力，阎赋琴，等．喹诺酮类药物的作用机制及不良反应 [J]. 中华医院感染学杂志，2008，18（7）: 3.

[12] 胡家明．喹诺酮类抗菌药物的不良反应 [J]. 内蒙古中医药，2013，32（22）: 71-72.

[13] 中华人民共和国农业农村部．食品安全国家标准　食品中兽药最大残留限量 GB 31650—2019 [S]. 2019.

[14] European Commission. Commission regulation on pharmacologically active substances and their classification regarding maximum residue limits in foodstuffs of animal origin [S]. [2022-05-01].

[15] The Food and Drug Administration. Tolerances for residues of new animal drugs in food [S]. [2022-05-01].

[16] Yuan M, Xiong Z, Fang B, et al. Preparation of an antidanofloxacin monoclonal antibody and development of immunoassays for detecting danofloxacin in meat [J]. Acs Omega, 2020, 5（1）: 667-673.

[17] Cao Z, Lu S, Liu J, et al. Preparation of anti-lomefloxacin antibody and development of an indirect competitive enzyme-linked immunosorbent assay for detection of lomefloxacin residue in milk [J]. Analytical Letters, 2011, 44（6）: 1100-1113.

[18] Tittlemier S A, Gelinas J M, Dufresne G, et al. Development of a direct competitive enzyme-linked immunosorbent assay for the detection of fluoroquinolone residues in shrimp [J]. Food Analytical Methods, 2008, 1（1）: 28-35.

[19] Li Y, Ji B, Chen W, et al. Production of new class-specific polyclonal antibody for determination of fluoroquinolones antibiotics by indirect competitive elisa [J]. Food and Agricultural Immunology, 2008, 19（4）: 251-264.

[20] Pinacho D G, Sanchez-Baeza F, Marco M P. Molecular modeling assisted hapten design to produce broad selectivity antibodies for fluoroquinolone antibiotics [J]. Analytical Chemistry, 2012, 84（10）: 4527-4534.

[21] Jiang J Q, Zhang H T, An Z X, et al. Development of an indirect competitive enzyme-linked immunosorbent assay for detection of enrofloxacin residue in chicken [C]. International Confer-

ence on Smart Materials and Nanotechnology in Engineering, 2011.

[22] Wang Z, Zhu Y, Ding S, et al. Development of a monoclonal antibody-based broad-specificity elisa for fluoroquinolone antibiotics in foods and molecular modeling studies of cross-reactive compounds [J]. Analytical Chemistry, 2007, 79（12）: 4471-4493.

[23] Van Coillie E, De Block J, Reybroeck W. Development of an indirect competitive elisa for flumequine residues in raw milk using chicken egg yolk antibodies [J]. Journal of Agricultural and Food Chemistry, 2004, 52（16）: 4975-4978.

[24] Haasnoot W, Gercek H, Cazemier G, et al. Biosensor immunoassay for flumequine in broiler serum and muscle [J]. Analytica Chimica Acta, 2007, 586（1/2）: 312-318.

[25] Wang Y, Shen Y D, Xu Z L, et al. Production and identification of monoclonal antibody against flumequine and development of indirect competitive enzyme-linked immunosorbent assay [J]. Chinese Journal of Analytical Chemistry, 2010, 38（3）: 313-317.

[26] Sheng W, Xia X, Wei K, et al. Determination of marbofloxacin residues in beef and pork with an enzyme-linked immunosorbent assay [J]. Journal of Agricultural and Food Chemistry, 2009, 57（13）: 5971-5975.

[27] Cui J, Zhang K, Huang Q, et al. An indirect competitive enzyme-linked immunosorbent assay for determination of norfloxacin in waters using a specific polyclonal antibody [J]. Analytica Chimica Acta, 2011, 688（1）: 84-89.

[28] Tochi B N, Peng J, Song S S, et al. Production and application of a monoclonal antibody（mab）against ofloxacin in milk, chicken and pork [J]. Food and Agricultural Immunology, 2016, 27（5）: 643-656.

[29] Bucknall S, Silverlight J, Coldham N, et al. Antibodies to the quinolones and fluoroquinolones for the development of generic and specific immunoassays for detection of these residues in animal products [J]. Food Additives and Contaminants, 2003, 20（3）: 221-228.

[30] Peng J, Liu L, Xu L, et al. Gold nanoparticle-based paper sensor for ultrasensitive and multiple detection of 32（fluoro）quinolones by one monoclonal antibody [J]. Nano Research, 2017, 10（1）: 108-120.

[31] Cao L, Kong D, Sui J, et al. Broad-specific antibodies for a generic immunoassay of quinolone: Development of a molecular model for selection of haptens based on molecular field-overlapping [J]. Analytical Chemistry, 2009, 81（9）: 3246-3251.

[32] Cao L, Sui J, Kong D, et al. Generic immunoassay of quinolones: Production and characterization of anti-pefloxacin antibodies as broad selective receptors [J]. Food Analytical Methods, 2011, 4（4）: 517-524.

[33] Chen J, Wang L, Lu L, et al. Four specific hapten conformations dominating antibody specificity: Quantitative structure-activity relationship analysis for quinolone immunoassay [J]. Analytical Chemistry, 2017, 89（12）: 6740-6748.

[34] Leivo J, Chappuis C, Lamminmaki U, et al. Engineering of a broad-specificity antibody: detection of eight fluoroquinolone antibiotics simultaneously [J]. Analytical Biochemistry, 2011, 409（1）: 14-21.

[35] Wen K, Nolke G, Schillberg S, et al. Improved fluoroquinolone detection in elisa through engineering of a broad-specific single-chain variable fragment binding simultaneously to 20 fluoroquinolones [J]. Analytical and Bioanalytical Chemistry, 2012, 403（9）: 2771-2783.

[36] Dolati S, Ramezani M, Nabavinia M S, et al. Selection of specific aptamer against enrofloxacin and fabrication of graphene oxide based label-free fluorescent assay [J]. Analytical Biochemistry, 2018, 549: 124-129.

[37] Ni H, Zhang S, Ding X, et al. Determination of enrofloxacin in bovine milk by a novel single-stranded DNA aptamer chemiluminescent enzyme immunoassay [J]. Analytical Letters, 2014, 47（17）: 2844-2856.

[38] Caro E, Marce R M, Cormack P A G, et al. Direct determination of ciprofloxacin by mass

spectrometry after a two-step solid-phase extraction using a molecularly imprinted polymer [J]. Journal of Separation Science, 2006, 29（9）: 1230-1236.

[39] Caro E, Marce R M, Cormack P A G, et al. Novel enrofloxacin imprinted polymer applied to the solid-phase extraction of fluorinated quinolones from urine and tissue samples [J]. Analytica Chimica Acta, 2006, 562（2）: 145-151.

[40] Zhang J, Ni Y L, Wang L L, et al. Selective solid-phase extraction of artificial chemicals from milk samples using multiple-template surface molecularly imprinted polymers [J]. Biomedical Chromatography, 2015, 29（8）: 1267-1273.

[41] Huet A C, Charlier C, Tittlemier S A, et al. Simultaneous determination of（fluoro）quinolone antibiotics in kidney, marine products, eggs, and muscle by enzyme-linked immunosorbent assay（elisa）[J]. Journal of Agricultural and Food Chemistry, 2006, 54（8）: 2822-2827.

[42] Wang Z, Zhang H, Ni H, et al. Development of a highly sensitive and specific immunoassay for enrofloxacin based on heterologous coating haptens [J]. Analytica Chimica Acta, 2014, 820: 152-158.

[43] Jiang W, Wang Z, Beier R C, et al. Simultaneous determination of 13 fluoroquinolone and 22 sulfonamide residues in milk by a dual-colorimetric enzyme-linked immunosorbent assay [J]. Analytical Chemistry, 2013, 85（4）: 1995-1999.

[44] Yu F, Yu S, Yu L, et al. Determination of residual enrofloxacin in food samples by a sensitive method of chemiluminescence enzyme immunoassay [J]. Food Chemistry, 2014, 149: 71-75.

[45] Hendrickson O D, Zvereva E A, Shanin I A, et al. Highly sensitive immunochromatographic detection of antibiotic ciprofloxacin in milk [J]. Applied Biochemistry and Microbiology, 2018, 54（6）: 670-676.

[46] Wang C, Li X, Peng T, et al. Latex bead and colloidal gold applied in a multiplex immunochromatographic assay for high-throughput detection of three classes of antibiotic residues in milk [J]. Food Control, 2017, 77: 1-7.

[47] Taranova N A, Berlina A N, Zherdev A V, et al. 'Traffic light' immunochromatographic test based on multicolor quantum dots for the simultaneous detection of several antibiotics in milk [J].Biosensors and Bioelectronics, 2015, 63: 255-261.

[48] Bin Z, Kai Z, Jue Z, et al. A novel and sensitive method for the detection of enrofloxacin in food using time-resolved fluoroimmunoassay [J]. Toxicology Mechanisms and Methods, 2013, 23（5）: 323-328.

[49] Zhang Z, Liu J F, Feng T T, et al. Time-resolved fluoroimmunoassay as an advantageous analytical method for assessing the total concentration and environmental risk of fluoroquinolones in surface waters [J]. Environmental Science & Technology, 2013, 47（1）: 454-462.

[50] Shen X, Chen J H, Lv S W, et al. Fluorescence polarization immunoassay for determination of enrofloxacin in pork liver and chicken [J]. Molecules, 2019, 24（24）: 4462.

[51] Chen J, Shanin I A, Lv S, et al. Heterologous strategy enhancing the sensitivity of the fluorescence polarization immunoassay of clinafloxacin in goat milk [J]. Journal of the Science of Food and Agriculture, 2016, 96（4）: 1341-1346.

[52] Mi T J, Liang X, Ding L, et al. Development and optimization of a fluorescence polarization immunoassay for orbifloxacin in milk [J]. Analytical Methods, 2014, 6（11）: 3849-3857.

[53] Pan M F, Li S J, Wang J P, et al. Development and validation of a reproducible and label-free surface plasmon resonance immunosensor for enrofloxacin detection in animal-derived foods [J]. Sensors, 2017, 17（9）: 1984.

[54] Liu B, Li M, Zhao Y, et al. A sensitive electrochemical immunosensor based on pamam dendrimer-encapsulated au for detection of norfloxacin in animal-derived foods [J]. Sensors, 2018, 18（6）: 1946.

[55] Kumar N, Goyal R N. Gold-palladium nanoparticles aided electrochemically reduced graphene oxide sensor for the simultaneous estimation of lomefloxacin and amoxicillin[J]. Sensors and Actuators B: Chemical, 2017, 243: 658-668.

[56] Kalunke R M, Grasso G, D'Ovidio R, et al. Detection of ciprofloxacin residues in cow milk: a novel and rapid optical β-galactosidase-based screening assay[J]. Microchemical Journal, 2018, 136: 128-132.

第 8 章

喹噁啉类
药物残留
分析

喹噁啉类药物（quinoxalines，QELs）是人工合成的具有抗菌和促生长双重作用的药物，是畜牧业大量使用的抗菌促生长添加剂。这一类化合物具有喹噁啉-1,4-二氧化物母核结构，主要包括卡巴氧、喹乙醇、喹烯酮、喹赛多和乙酰甲喹等[1]。作为广谱抗菌剂，其对革兰氏阳性菌、革兰氏阴性菌和猪的密螺旋体有效；还能改变动物肠道菌群，提高对能量物质和蛋白质的利用率，增加动物体内蛋白质的合成，且价格便宜，可提高饲料转化效率[2]，从而促进生长。20世纪70年代以来其在全世界养殖业范围内被广泛作为抗菌促生长饲料添加剂使用。这类化合物有着广泛的生物学活性，还在抗肿瘤、抗寄生虫等方面的应用中显示出良好的效果。此类药物在体内消除较快，进入动物体内后会快速代谢生成多种代谢产物，主要有脱一氧产物、脱二氧产物、喹噁啉-2-羧酸（QCA）及3-甲基喹噁啉-2-羧酸（MQCA）[3]。其中QCA和MQCA在动物体内较稳定，保留时间长，并且其残留含量能够反映出喹噁啉类药物的残留总量，世界卫生组织和联合国粮食及农业组织（简称联合国粮农组织）等已经确定喹乙醇和卡巴氧的残留标示物分别为MQCA和QCA，MQCA也被认为是乙酰甲喹和喹烯酮的重要代谢物[4]。

喹乙醇（olaquindox，OLA）又称喹酰胺醇，是德国拜耳公司于1965年以邻硝基苯胺为原料合成的抗菌促生长剂，具有良好的广谱抗菌效果，尤其对大肠杆菌、沙门菌和巴氏杆菌等所致的消化道疾病治疗效果明显，还有促进蛋白质同化，增加机体蛋白质合成，使更多的氮储存于体内呈现促生长和多产肉的作用，提高饲料转化效率从而提高动物生长速度。喹乙醇可促进动物生长，增强机体的抗病能力，因而曾经被广泛应用于饲料添加剂中[5]。欧盟在1998年底决定在动物生长过程中禁止使用OLA。2018年1月11日，农业部2638号公告明确禁止OLA用于食品动物，《中国兽药典》中也明确规定，禁止OLA用于家禽、水产动物以及35kg以上的猪[6]。

卡巴氧（carbadox，CBX），化学名称为N,N'-二氧化甲基（2-喹噁啉基亚甲基）肼羧酸酯，具有广谱抗菌作用，尤其是对猪密螺旋体敏感，主要用于提高猪的增重率、饲料转化效率以及治疗猪痢疾与细菌性肠炎[7]。卡巴氧在动物体内迅速代谢，饲喂72h后可在猪的血液、肌肉、肾脏等组织中检测出代谢物QCA及其与γ-氨基丁酸（ABA）的衍生物（QCA-ABA）[8]。2005年11月1日，农业部发布560号公告，禁用CBX及其盐、酯及制剂。欧盟于1998年禁止在食品动物饲料中添加CBX。美国仅允许CBX作为治疗药物使用。日本明确规定在所有食品中不得检出CBX和代谢物QCA[6,9]。

乙酰甲喹（mequindox，MEQ），又名痢菌净，化学名称为3-甲基-2-乙酰基-喹噁啉-1,4-二氧化物，为卡巴氧类似物，最早是由中国农业科学院兰州畜牧与兽药研究所合成的一种喹噁啉类药物，其主要作用机制为改变动物肠道菌群，提高蛋白质利用率，增加体内蛋白质合成量。乙酰甲喹对革兰氏阴性菌（如大肠杆菌、巴氏杆菌、猪霍乱沙门菌等）有较强的抑制作用，对某些革兰氏阳性菌（如金黄色葡萄球菌、链球菌等）也有一定效果[10]，它对仔猪黄痢、仔猪白痢、猪痢疾及鸭大肠杆菌病均具有较好的临床疗效。2010年12月15日农业部发布的1506号公告中，禁止MEQ擦剂、可溶性粉、粉剂、溶液剂等的使用。

喹烯酮（quinocetone，QCT），化学名称为3-甲基-2-肉桂酰基喹噁啉-1,4-二氧化物，是我国自主研发合成的一种新型喹噁啉类药物，具有与喹乙醇相当的抗菌促生长作用，适用于畜禽类及多种水产动物的防病促生长[11]，能提高饲料转化率，促进蛋白质同化，提高瘦肉率，使畜禽皮毛光亮，皮肤红润[12]。

喹赛多（cyadox，CYA），是由华中农业大学兽药研究所研制的一种新型喹噁啉类药物，又称氰多司、喹多司、西吖氧等，化学名称为 2-喹噁啉亚甲肼基氰基乙酸-1,4-二氧化物，在保留喹噁啉-1,4-二氧化物母环的基础上进行侧链改造而成，这种特殊的结构改造使喹赛多具备喹噁啉类药物抗菌促生长活性的同时，降低了毒副作用[13,14]。喹赛多对革兰氏阳性和阴性菌均有良好的抑制作用，对金色葡萄球菌、猪丹毒杆菌、猪巴氏杆菌、鸡大肠杆菌、鸡巴氏杆菌抑菌作用强，适用于畜禽类及水产动物的养殖生产，鸡饲料中添加适量的喹赛多可有效预防大肠杆菌病，同时起到显著的促进生长、提高饲料利用率的效果，而未出现任何毒副反应[15]。

8.1

结构与性质

8.1.1　喹噁啉类药物及代谢物结构

喹噁啉这一类化合物基本上都具有喹噁啉-1,4-二氧化物母核结构，这类药物及主要代谢物的化学结构式如图 8-1 所示。

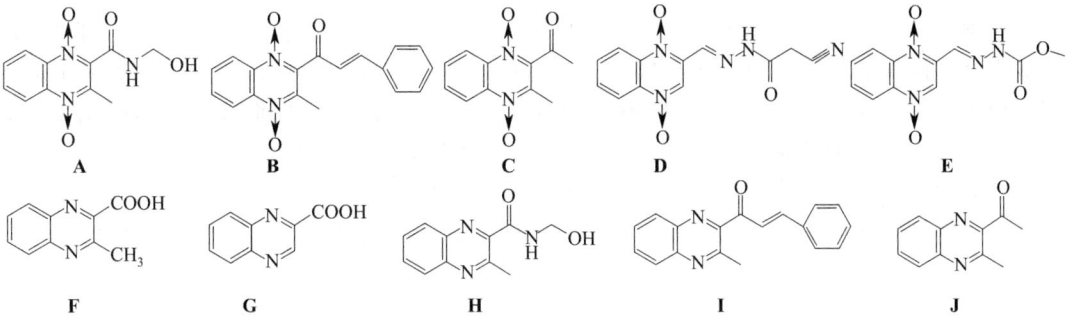

图 8-1　喹噁啉类药物及主要代谢物结构

A—喹乙醇；B—喹烯酮；C—乙酰甲喹；D—喹赛多；E—卡巴氧；F—3-甲基喹噁啉-2-羧酸；G—喹噁啉-2-羧酸；H—脱二氧喹乙醇；I—脱二氧喹烯酮；J—脱二氧乙酰甲喹

8.1.2　喹噁啉类药物性质

喹噁啉类化合物多呈黄色或淡黄色结晶，遇光不稳定；可与水混溶呈弱碱性，与酸形成盐；大多难溶于水，易溶于二甲亚砜、二甲基甲酰胺等有机溶剂，其理化性质如表 8-1 所示。

表 8-1 喹噁啉类药物理化性质

药名	化学名称	分子式	理化性质
喹乙醇	N-羟乙基-3-甲基-2-喹啉酰胺-1,4-二氧化物	$C_{12}H_{13}N_3O_4$	分子量263.25,呈浅黄色,结晶性粉末,味苦,无臭;溶解于热水中,微溶于冷水,几乎不溶于氯仿、乙醇和甲醇;熔点为207～213℃,熔融时同时分解;常温下非常稳定,但对强光比较敏感,遇光分解变为棕色或深棕色[16]
卡巴氧	2-甲酰喹噁啉-1,4-二氧化甲酯基腙	$C_{11}H_{10}N_4O_4$	分子量262.22,熔点239～240℃,黄色粉末,不溶于水和多种有机溶剂
乙酰甲喹	3-甲基-2-乙酰基喹噁啉-1,4-二氧化物	$C_{11}H_{10}N_2O_3$	分子量218.21,成品为鲜黄色结晶或黄色粉末,无臭、味微苦,遇光色渐变深;在丙酮、氯仿和苯中溶解,在水、甲醇、乙醚和石油醚中微溶;熔点为153～158℃,熔融时同时分解[17]
喹烯酮	3-甲基-2-肉桂酰基喹噁啉-1,4-二氧化物	$C_{18}H_{14}N_2O_3$	分子量306.3,淡黄色或黄绿色粉末,无臭,无味;不溶于水,溶于二甲亚砜、二氧六环及氯仿等有机溶剂;熔点为186.5～187.5℃;对光敏感,较易发生光化学反应,应避光保存[12,18]
喹赛多	2-喹噁啉亚甲肼基氰基乙酸-1,4-二氧化物	$C_{12}H_9N_5O_3$	分子量271.23,熔点255～260℃,在常温条件下呈黄色或淡黄色晶体,基本不溶于水,易溶于DMSO、DMF等有机溶剂。其结构中的N→O键不是很稳定,在日光或290～320nm紫外线照射下,易生成脱一氧或脱二氧化合物[19]

8.2

药学机制（抗菌机制）

该类药物主要通过抑制细菌DNA合成而发挥其广谱的抗菌活性,尤其对革兰氏阴性菌具有良好的抑制作用,对巴氏杆菌、大肠杆菌、沙门菌以及痢疾杆菌的抗菌效果显著。用同位素标记法证实2,3-二羟甲基-喹噁啉-1,4-二氧化物能特异性地抑制大肠杆菌DNA的合成。首要效应为抑制细菌DNA的合成,第二效应是降解其DNA[20]。

该类药物能改变动物肠道菌群,提高对能量物质和蛋白质的利用率,显著提高饲料转化率,增加动物体内蛋白质的合成使更多的氮储存于体内呈现促生长和多产肉的作用。

8.3

毒理学

8.3.1 毒理作用

喹噁啉类抗生素具有肝、脾、肾、肾上腺、生殖及遗传毒性等。该类药物可以在生物体内被转化，通过脱氧形成多种代谢产物，具有遗传毒性和致癌性。

（1）**喹乙醇**　喹乙醇及其代谢物 MQCA 会引起光过敏、免疫毒性、遗传毒性；损害肾上腺皮质；在动物体内蓄积到一定程度时会对动物或人产生致畸、致癌、致突变的"三致"作用；动物受刺激时，会应激出血发死亡。喹乙醇的急性毒性对不同种属的动物差异较大，其中畜禽类敏感度最高，鱼类敏感度相对较低。禽类对口服喹乙醇的敏感性最高[21]。

（2）**卡巴氧**　卡巴氧及其脱二氧代谢物具有遗传毒性和致癌性，通过毒理学研究表明，卡巴氧具有致癌、致畸和致突变作用[22]。

（3）**乙酰甲喹**　乙酰甲喹的慢性毒性试验表明对大鼠具有生殖毒性、遗传毒性和致癌性[23]，高剂量或长时间口服 MEQ 会引起肝脏和肾上腺毒性。肌注或内服均容易吸收，但大剂量或长期使用容易引发中毒。虽然联合国把喹乙醇的代谢产物暂定为 MQCA，但实验证明，MQCA 也是喹烯酮和乙酰甲喹的代谢产物[11]。

（4）**喹烯酮**　喹烯酮具有一定的遗传毒性和细胞毒性，甚至具有致癌、致畸、致突变作用。喹烯酮可引起遗传毒性和肾上腺皮质毒性[24]。

（5）**喹赛多**　喹赛多被认为比喹乙醇和卡巴氧更安全[25]，然而，最近的研究表明，喹赛多在高剂量口服给药时可能会产生致突变性以及肝脏和肾上腺毒性[26]。

8.3.2　毒理学作用机制

（1）**喹噁啉类药物引起的细胞周期阻滞和细胞凋亡作用**　喹乙醇能激活线粒体途径引起 HepG2 细胞凋亡，并使细胞阻滞在 S 期和 G2/M 期，使胞浆中细胞色素 C 的含量升高，$p53$、Bax 基因和蛋白的表达水平上调，Bax/Bcl-2 的比值增加，同时激活 Caspase-3、Caspase-9，从而促进细胞凋亡的发生[27]。

（2）**喹噁啉类药物对组织器官的作用**　肝脏是喹噁啉类的主要靶器官，喹乙醇和乙酰甲喹对肾脏和肾上腺也有明显的损害作用。对肾上腺毒性作用主要表现为抑制肾上腺醛固酮的合成。高剂量下，喹乙醇、乙酰甲喹、卡巴氧和喹烯酮对大鼠生长发育、生殖机能和胚胎发育有明显抑制作用，喹赛多无遗传毒性[28]。随着喹乙醇染毒剂量的增加，血清中丙氨酸转氨酶（ALT）、天冬氨酸转氨酶（AST）、碱性磷酸酶（ALP）和乳酸脱氢酶（LDH）含量逐渐升高；肝组织中肝脏总抗氧化能力（T-AOC）和超氧化物歧化酶（SOD）、谷胱甘肽过氧化物酶（GSH-Px）、过氧化氢酶（CAT）活性逐渐降低[29]。

（3）**喹噁啉类药物对 DNA 的致突变作用**　Ihsan 等[30,31]比较了喹乙醇、喹烯酮、喹赛多、卡巴氧和乙酰甲喹的遗传毒性，发现喹乙醇在 Ames 试验、V79 细胞 HGPRT 基因突变试验、人外周血淋巴细胞非程序 DNA 合成试验、染色体畸变试验和小鼠骨髓细胞微核试验中均呈阳性，喹乙醇诱导 DNA 突变，超过 70% 的碱基替换发生在 G：C 碱基对上，具有 G：C 到 T：A 或 G：C 到 A：T 的转换[21]；卡巴氧在 Ames 试验、染色体畸变试验、非程序 DNA 合成试验、HGPRT 基因突变试验、小鼠骨髓细胞微核试验中均呈阳性；乙酰甲喹在 Ames 试验、染色体畸变试验、非程序 DNA 合成试验、HGPRT 基因突变试验和体内微核试验中均为阳性，且呈剂量-反应关系，显示出很强的致突变性；喹烯酮在 $6.9\mu g$/板时对鼠伤寒沙门菌 TA97，在 $18.2\mu g$/板时对 TA100、TA1535、TA1537 和在 $50\mu g$/板对 TA98 产生组氨酸回复突变，当喹烯酮大于 10mg/L 时，HGPRT 基因突变试验和非程序 DNA 合成试验呈阳性，染色体畸变和微核试验呈阴性；喹赛多仅在

18.2μg/板时对 TA97、TA1535 及在 50μg/板时对 TA98、TA100、TA1537 产生组氨酸回复突变。以上结果表明，喹赛多的毒性最小。

（4）喹噁啉类药物对 DNA 的损伤作用　张可煜等通过 MTT 方法证明 3-甲基喹噁啉-2-羧酸对多种细胞的生长抑制作用较弱，但在一定剂量条件下能导致细胞 DNA 损伤[32]。喹烯酮能导致 HepG2 细胞生长抑制并使细胞发生 DNA 断裂损伤[33]。通过彗星试验分析 Vero 细胞上的总 DNA 链断裂表明，卡巴氧可导致 DNA 损伤[8]。

（5）喹噁啉类对 DNA 拓扑异构酶 Ⅱ 的作用　琼脂糖凝胶电泳显示喹烯酮和脱二氧喹烯酮均能够抑制 HepG2 细胞核提取物中拓扑异构酶 Ⅱ 去连环反应的活性，而对拓扑异构酶 Ⅰ 没有影响。体外试验也表明喹烯酮和脱二氧喹烯酮均能够抑制 DNA 断裂后拓扑异构酶 Ⅱ 的再连接作用。凝胶阻滞试验显示，喹烯酮能够诱导拓扑异构酶和 DNA 结合，使 HepG2 细胞产生稳定的 DNA-Topo Ⅱ 断裂复合物[13]。

（6）喹噁啉类对细胞抗氧化系统的影响　喹乙醇中毒时会引起机体自由基水平的升高和抗氧化系统的失衡。Zhang 等研究发现喹烯酮可通过降低抗氧化酶活性，减少谷胱甘肽水平、升高丙二醛浓度来破坏 HepG2 细胞的氧化防御能力[34]。

8.4

残留限量

20 世纪 90 年代开始美国和欧盟开始禁止使用喹乙醇；日本明确规定在所有食品中不得检出 CBX 和代谢物 QCA；我国农业部第 2638 号公告中明确规定，于 2019 年 5 月 1 日起全面停止在食用动物中使用喹乙醇兽药。国内外喹乙醇和卡巴氧最大残留限量如表 8-2 所示。

表 8-2　国内外最大残留限量
单位：μg/kg

① 联合国粮农组织和世界卫生组织下的食品添加剂联合专家委员会。
② 表示未提及。

兽药	标志残留物	动物种类	靶组织	中国	欧盟	JECFA①
喹乙醇	MQCA	猪	肌肉	4	10	—②
			肝脏	50	—	
卡巴氧	QCA	猪	肌肉	—	10	5
			肝脏	—	—	30

8.5

样品处理方法

样品前处理方法主要有提取技术和净化技术，包括对样品中的目标物进行提取分析，然后对提取液中的目标物进行分离净化和富集。

8.5.1　样品类型

饲料、水产品（鱼、虾）、乳制品（牛奶、奶粉、奶酪）、动物性组织（肌肉、肝脏、肾脏、脂肪和血液）等。

8.5.2　样品制备与提取

QELs原药利用溶剂萃取法即可得到较好的提取效果，而其代谢物MQCA和QCA的结构和性质与原药差别较大，是弱酸性化合物，极性强，进入动物体内后，会与蛋白质或氨基酸结合，大多采用先水解再提取的方法，水解方法有碱性水解、酸性水解、酶水解[6]。

8.5.2.1　水解方法

（1）**碱水解**　碱水解是根据MQCA和QCA是弱酸性化合物的特点设计的，在碱性状态下，MQCA和QCA为离子形态，易进入水相。

陈永平等用HPLC-MS/MS测定水产品（罗非鱼、南美白对虾和梭子蟹）中OLA代谢物MQCA，在样品中添加氢氧化钠溶液，置95～100℃水浴中水解，再加乙酸乙酯进行提取。回收率81.8%～91.7%[35]。

（2）**酸水解**　酸水解时，加入浓盐酸后，溶液的pH为2.5左右，为分子形态，易进入有机相。相比于碱水解，酸水解可减少提取液中的杂质成分，提高后续的净化效果和回收率。

何悦等建立QuEChERS-超高效液相色谱串联质谱测定动物肌肉组织中喹乙醇及卡巴氧代谢物的方法。样品经盐酸酸解，乙酸乙酯提取，无水硫酸镁和氯化钠盐析，正己烷除脂净化，回收率88.9%～109.2%[36]。程春霞等建立了猪肉中MQCA的UPLC-MS/MS的分析方法，猪肉样品经过2%偏磷酸：甲醇（4:1）初步提取，乙酸乙酯再次提取，通过正己烷除脂，平均回收率在71%～90%[37]。Zhang等建立LC-MS/MS方法，用于同时测定肌肉和肝脏组织中OLA和CBX的代谢残留物，偏磷酸与甲醇提取，用于脱蛋白以释放结合代谢物，回收率均高于79.1%[38]。贝亦江等建立高效液相色谱法测定水产品中喹乙醇代谢物MQCA，鱼虾蟹等样品用盐酸水解，固相萃取净化，回收率在71.0%～86.5%之间[39]。蓝棋浩等建立高效液相色谱-串联质谱法检测动物源性食品（猪肉、猪肝、禽肉）中喹乙醇代谢物MQCA。样品通过偏磷酸水解提取MQCA，MAX固相萃取柱净化，回收率为75.4%～105%[40]。应寒松建立了高效液相色谱法检测鲫鱼组织中喹乙醇代谢物MQCA和卡巴氧代谢物QCA。样品通过盐酸水解提取MQCA和QCA，MAX固相萃取柱净化，回收率为83.3%～90.2%[41]。

（3）**酶水解**　酶水解一般需要过夜，酶解后动物组织被破坏，目标化合物呈游离状态，与动物组织分离最为彻底。

张静余等建立LC-MS/MS测定水产品中喹乙醇代谢物MQCA和卡巴氧代谢物QCA的残留量的分析方法。样品蛋白酶47℃水浴振荡进行酶解，将与组织以结合态形式存在的MQCA和QCA转变为游离态，酶解液经盐酸酸化，乙酸乙酯提取，提取液吹干后加入 20％甲醇水溶解，过 PAX 固相萃取柱净化，平均回收率为 75.6％～92.4％[42]。徐艳清等建立鸡肉中 MQCA 的 UPLC-MS/MS 残留分析方法，样品用蛋白酶 47℃酶解，平均回收率在 73.72％～95.22％之间[43]。赵珊等建立鱼组织中卡巴氧代谢物 QCA 及喹乙醇代谢物 MQCA 的 UPLC-MS/MS 残留分析方法，样品用蛋白酶 47℃酶解，平均回收率在 93.1％～101.2％之间[44]。水解方法如表 8-3 所示。

表 8-3　水解方法

水解方法	检测方法	残留物质	样品	水解剂	回收率/％	参考文献
碱解法	HPLC-MS/MS	MQCA	水产品	NaOH	81.8～91.7	[35]
酸解法	UPLC-MS/MS	MQCA、QCA	肌肉	HCl	88.9～109.2	[36]
	HPLC	MQCA、QCA	鱼	HCl	83.3～90.2	[41]
	HPLC-MS/MS	MQCA	肌肉	偏磷酸	75.4～105	[40]
	LC-MS/MS	MQCA、QCA	肌肉、肝脏	偏磷酸	＞79.1	[38]
酶解法	LC-MS/MS	MQCA、QCA	水产品	蛋白酶	75.6～92.4	[42]
	UPLC-MS/MS	MQCA	鸡肉	蛋白酶	73.72～95.22	[43]
	UPLC-MS/MS	MQCA、QCA	鱼	蛋白酶	93.1～101.2	[44]

采用碱性水解，可有效断裂 QCA 或 MQCA 与氨基酸、蛋白质的结合键，可提高提取回收率，但也增加了内源性物质的干扰，净化过程烦琐；采用酶水解法，温度、pH 值对酶活性影响较大，试验过程较难控制，样品需在（47±3）℃振荡水浴中酶解 16～18h，耗时较长；采用酸解法，不仅可有效减少内源性物质的干扰，而且还可缩短样品前处理时间，酸对组织去蛋白作用不充分，导致 QCA 重新吸附，因此回收率低。因此，在 20％甲醇中使用不同浓度的偏磷酸的混合物，以诱导更大的组织去蛋白。在这些研究中实现了绝对回收率的显著改善。

8.5.2.2　提取方法

常用的提取技术为溶剂萃取，乙腈、甲醇、乙酸乙酯、乙醇、三氯甲烷、水等单一溶剂体系或二相、三相溶剂体系常作为喹噁啉类药物及其代谢物的提取剂[45]。溶剂萃取法的主要形式有振荡、超声、微波提取等，近年来，超声提取在喹噁啉类药物及其代谢物的提取中应用较为广泛[46]。乙腈以其沉淀蛋白质能力强、共萃取物较少和具有脱脂作用等特点成为首选溶剂。常用溶剂如表 8-4 所示。

表 8-4　喹噁啉类药物常用提取溶剂

检测方法	检测物质	样品	提取剂	回收率/％	参考文献
HPLC-MS/MS	OLA、CBX	组织、饲料	水/乙腈	95.07～104.62	[47]
HPLC-MS/MS	QELs 代谢物	鲍鱼	甲醇/乙酸乙酯	75.5～103.1	[48]
UPLC-MS/MS	OLA、CBX	饲料	甲醇/乙腈/水	74.1～111	[49]
UPLC-MS/MS	MEQ、QCA	牛奶	乙酸乙酯	50.5～117	[50]
UPLC-MS/MS	QCT、OLA	饲料	甲酸/乙腈	80.0～95.5	[51]

8.5.3　样品净化方法

8.5.3.1　液-液萃取

液-液萃取（LLE）是利用目标物在不同溶剂中有不同溶解度来分离混合物的。

Hutchinson 等应用 LLE 和 SPE 结合的方法对猪肉组织中的 QCA 和 MQCA 进行了净化，回收率在 93.0%～111.0%[52]。

8.5.3.2 固相萃取

固相萃取（SPE）利用目标物在不同介质中被吸附的能力差别，将目标物从复杂的干扰物中分离净化。

马晓年等建立了采用 PAX 固相萃取小柱净化-超高效液相色谱-串联质谱法测定牛奶中乙酰甲喹及其代谢物残留的方法。采用超高效液相色谱-串联质谱法检测牛奶中喹赛多，样品经乙酸乙酯提取，经 PEP 固相萃取柱净化、富集[50,53]。侯林丛等建立高效液相色谱法测定饲料中喹烯酮的分析方法，用 HLB 固相萃取柱进行净化[54]。张嘉慧等建立液相色谱-串联质谱法测定猪肝中喹乙醇残留标示物 MQCA 含量的分析方法。用 MAX 固相萃取柱净化[55]。郑玲等建立了动物源性食品猪肉、鸡肉和鱼肉中喹噁啉类兽药喹乙醇、卡巴氧的高效液相色谱-串联质谱测定方法，用 Oasis HLB 固相萃取柱净化[56]。江永远将待净化液体全部转移至 Oasis PRi ME HLB 固相萃取柱，过 $0.22\mu m$ 滤膜后进行检测[5]。史艳伟等比较了 HLB（60mg/3mL）、PAX-SPE（60mg/3mL）以及 C_{18}（100mg/1mL）3 种不同的固相萃取柱对净化效果的影响（$n=6$），结果表明，MQCA 在 3 种固相萃取柱中回收率的大小为：PAX-SPE＞HLB＞C_{18}。PAX-SPE 是以阴离子交换混合机理水可浸润型聚合物为基质的萃取小柱，更有利于 MQCA 的吸附，因此试验过程损失少，回收率高[57]。You 等建立 UPLC-MS/MS 方法测定食用动物组织中的乙酰甲喹及其主要代谢物，目标分析物可以通过乙酸乙酯萃取，无须任何酸解或酶解步骤。通过 BondElutC_{18} 小柱纯化后，通过 UPLC-MS/MS 使用正离子多反应监测（MRM）模式进行分析[58]。

8.5.3.3 分子印迹

分子印迹是模板分子与功能单体相互作用形成聚合物，该聚合物对目标物具有选择性识别和选择性吸附能力。

Xu 等利用表面分子印迹和溶胶凝胶法的结合合成了喹乙醇印迹聚合物这种新型亲水性材料，将其作为吸附剂建立了分子印迹固相萃取-高效液相色谱检测饲料中喹乙醇的方法，检测限达到 68.0ng/L，重复提取的相对标准偏差为 9.8%，回收率达到 90%～96%[59]。Zhang 等建立了分子印迹基质固相分散法萃取-高效液相色谱检测鸡肉中喹乙醇的方法，甲基丙烯酸作为官能单体，乙二酸二甲基丙烯酸酯作为交联剂，以分子印迹聚合物作为基质固相分散萃取的固相材料浓缩鸡肉中的喹乙醇，结合高效液相色谱法检测喹乙醇，在 $1.0\sim2.0\mu g/g$ 的添加范围内回收率达到 85.3%～93.2%[60]。

8.5.3.4 免疫亲和色谱

免疫亲和色谱（IAC）是以抗原与抗体之间的特异性、可逆性结合反应为基础的亲和色谱。固定在载体上的抗体，其选择性和灵敏度极高。Peng 等采用 IAC 选择性净化猪肉和猪肝中 MQCA，LOD 在 $1.0\sim3.0\mu g/kg$ 之间，LOQ 在 $4.0\sim10.0\mu g/kg$ 之间，回收率范围为 80.1%～87.7%，RSD≤8.5%[61]。

8.5.3.5 QuEChERS

采用多壁碳纳米管（MWCNT）作为吸附剂，结合高效液相色谱（HPLC），建立了一种快速、简便、廉价、有效、坚固、安全的改良方法——QuEChERS，用于同时测定动物饲料中的喹乙醇、卡巴氧、甲喹乙醇、喹乙醇酮、喹诺酮和喹赛多。

Zhao 等添加多壁碳纳米管作为吸附剂（30～50nm，100mg），将样品旋转 1min，然后以 12000g 离心 10min。将上清液转移到另一个试管中，并用提取液稀释至 20mL。混合 30s 后，将 2.0mL 上清液转移到样品瓶中进行 HPLC 分析[62]。尹怡等建立测定鱼血浆中喹烯酮残留的 HPLC-MS/MS 分析方法，血浆样品经乙腈萃取，采用乙二胺-N-丙基硅烷（PSA）与石墨化炭黑（GCB）为吸附剂进行固相分散净化，回收率 92.1%～93.5%[63]。应用于样品中 QELs 及其代谢物的净化方法如表 8-5 所示。

表 8-5　样品中 QELs 及其代谢物的净化方法

净化方法	检测方法	检测物质	检测样品	回收率/%	参考文献
液-液萃取	HPLC-MS/MS	MQCA、QCA	猪肝	93.0～111.0	[52]
固相萃取	UPLC-MS/MS	MEQ	组织	64.3～114.4	[58]
	UPLC-MS/MS	MEQ、QCT	肌肉	69.1～113.3	[64]
	UPLC-MS/MS	OLA、CBX、CYA	饲料	74.1～111.0	[49]
	HPLC	MQCA、QCA	鱼	83.3～90.2	[41]
分子印迹	HPLC	OLA	鸡肉	85.3～93.2	[60]
	HPLC	OLA	饲料	90.0～96.0	[59]
免疫亲和色谱	GICA	MQCA	猪肉猪肝	80.1～87.7	[61]
QuEChERS	HPLC	QELs	饲料	66.0～95.6	[62]
	HPLC-MS/MS	QCT	鱼血浆	92.1～93.5	[63]

液-液萃取方法易于操作，对极性较低的化合物选择性好，净化效果好，但对极性较强的物质，比如代谢物，分配系数不能满足要求，净化效果不佳，且消耗有机溶剂量大。固相萃取富集倍数高，大大增加了对痕量和超痕量物质的分析能力，但该方法的缺点是经常出现非特异性吸附。分子印迹方法也存在一定程度的非特异性吸附，且容易遇到解吸附困难的问题。免疫亲和色谱和传统 SPE 一样，操作烦琐耗时长，而且容易堵塞[6]。QuEChERS 前处理技术快速、简易、成本低且回收率高。

8.6

残留分析技术

8.6.1　仪器测定方法

8.6.1.1　色谱法

（1）液相色谱　目前水产品中 MQCA 和 QCA 常用的检测方法有液相色谱法、液相色谱-串联质谱法和气相色谱-质谱法。液质联用的方法由于仪器昂贵、检测成本高而不易推广；液相色谱法目前使用酶水解提取，前处理步骤较为复杂，回收率偏低。

① LC-MS/MS。Cronly 等采用 LC-MS/MS 测定饲料中的卡巴氧，乙腈和 Na_2SO_4 提取饲料中的药物添加剂，正己烷脱杂，氮气吹干，乙腈水溶液定容，LunaC$_{18}$（100mm×2mm，3μm）、0.2%乙酸水溶液和 0.2%乙酸乙腈梯度洗脱，基质加标 0~1.0mg/kg 范围内标准曲线相关系数大于 0.98，平均回收率为 99.9%（$n=6$）[65]。Zeng 等建立了一种快速 LC-MS/MS，用于同时测定猪肌肉、肝脏和肾脏中的乙酰甲喹及其五种代谢物（2-异乙醇乙酰甲喹、2-异乙醇 1-去氧乙酰甲喹、1-去氧乙酰甲喹、1,4-二去氧乙酰甲喹和 2-异乙醇二去氧乙酰甲喹）。样品处理方法包括酸水解、固相萃取纯化。猪组织中五种分析物的确定限（CCα）范围为 0.6~2.9μg/kg，检测容量（CCβ）范围为 1.2~5.7μg/kg，回收率在 75.3%~107.22%之间，每个分析物的相对标准偏差小于 12%[66]。Chen 等利用 LC-MS/MS 对猪、牛、羊、鸡的肌肉与肝脏以及鸡蛋和牛奶中包括喹噁啉类药物在内的 12 类共计 120 种药物进行定量筛查：使用乙腈-水作为提取剂，超声提取，HLB 固相萃取柱净化富集，C$_{18}$ 色谱柱分离，乙腈-0.1%甲酸水溶液为流动相，所有药物的 LOD 范围在 0.5~3.0μg/kg，LOQ 范围为 1.5~10.0μg/kg[67]。关于 LC-MS/MS 检测喹噁啉类药物及代谢物的研究如表 8-6 所示。

表 8-6　LC-MS/MS 检测喹噁啉类药物及代谢物

检测物质	样品	回收率/%	LOD /(μg/kg)	LOQ /(μg/kg)	CCα /(μg/kg)	CCβ /(μg/kg)	RSD/%	文献
CBX	饲料	99.9	100	—	—	—	<28	[65]
MEQ 及代谢物	猪组织	75.3~107.2	—	—	0.6~2.9	1.2~5.7	<12	[66]
脱氧卡巴氧（DCBX）、QCA、MQCA	猪肉	99.8~101.2	—	—	1.04~2.11	1.46~2.89	—	[68]
喹噁啉类	肌肉、肝脏、鸡蛋、牛奶	—	0.5~3.0	1.5~10.0	—	—	—	[67]
脱氧喹乙醇（DOLQ）、DCBX、QCA、MQCA	猪肉、猪肝	>79.1	0.01~0.25	0.02~0.5	0.02~0.3	0.08~1.33	<9.2	[38]
MQCA	猪肝	97.7~101.4	0.5	0.5	—	—	<3.54	[55]

② HPLC。HPLC 法检测喹乙醇一般使用反相柱 C$_{18}$，Zhao 等建立了 HPLC-UV 同时检测动物饲料中五种喹噁啉类药物的方法，样品使用甲醇-乙腈-水（50:25:25，体积比）为提取剂并超声提取，多壁碳纳米管作为吸附剂，C$_{18}$ 色谱柱分离，甲醇-水为流动相。该方法对五种药物的 LOD 和 LOQ 分别为 0.2~0.4mg/kg 和 1.0~1.5mg/kg，加标回收率为 66.0%~95.6%，RSD<14.1%[62]。史艳伟等建立了 HPLC 测定渔业用水中喹乙醇代谢物残留量的方法。用甲醇和 1.0%甲酸水溶液作为流动相，经 C$_{18}$ 柱分离，10min 内出峰。MQCA 的检出限为 0.01mg/L，定量限为 0.02mg/L，平均加标回收率为 79.0%~99.3%，相对标准偏差（RSD）为 7.38%~9.12%[57]。应寒松等建立 HPLC 方法检测鲫鱼组织中 OLA 代谢物 MQCA 和 CBX 代谢物 QCA。样品通过盐酸水解提取 MQCA 和 QCA，MAX 固相萃取柱净化，高效液相色谱定量。MQCA 和 QCA 在 0.05~2.00μg/mL 质量浓度范围内呈良好的线性关系，空白样品加标回收率 MQCA 达 85.6%~90.2%，QCA 达 83.3%~88.5%，相对标准偏差均小于 5%，检出限为 4.0μg/kg[41]。关于 HPLC 检测喹噁啉类药物及代谢物的研究如表 8-7 所示。

表 8-7　HPLC 检测喹噁啉类药物及代谢物

检测物质	样品	回收率/%	LOD/(μg/kg)	LOQ/(μg/kg)	RSD/%	文献
OLA、CBX、MEQ、QCT、CYA	饲料	66.0~95.6	200~400	1000~1500	1.95~14.07	[62]
OLA	鸡肉	85.3~93.2	0.1	—	3.23	[60]
QCA/MQCA	肌肉	60.0~119.4	0.1~0.3	—	<5	[69]
MQCA	渔业用水	79.0~99.3	10	20	7.38~9.12	[57]
QCT	饲料	87.5~96.4	100	—	1.39~4.03	[54]

③ HPLC-MS/MS。Souza 等建立优化并验证了一种通过 HPLC-MS/MS 测定家禽和猪饲料中 CBX 含量的定量和验证方法。使用水和乙腈的混合物（1∶1，体积比）进行分析物提取，并使用正己烷和 C_{18} 进行清理，该方法对于 CBX 的 LOD 为 9μg/kg，而该方法的 LOQ 为 12μg/kg[47]。Li 等采用 HPLC-MS/MS 检测鲍鱼中主要的喹噁啉代谢物。使用含有 0.1％甲酸的乙酸乙酯和甲醇萃取，检测限为 0.16~2.1μg/kg[48]。Yong 等首次建立 HPLC-MS/MS 同时测定鸡肉中 QCT 及其 4 种主要代谢产物：1,4-脱氧喹烯酮、2-脱氧喹烯酮、2-脱氧喹烯酮羧基还原代谢产物和 3-甲基喹噁啉-2-羧酸。肝脏、肾脏和脂肪样品用乙腈和氯仿萃取，五种目标分析物的回收率在 77.1％~95.2％之间，相对标准偏差小于 15％，鸡可食组织中五种分析物的确定限为 0.24~0.76μg/kg，检测容量低于 2.34μg/kg[70]。关于 HPLC-MS/MS 检测喹噁啉类药物及代谢物的研究如表 8-8 所示。

表 8-8　HPLC-MS/MS 检测喹噁啉类药物及代谢物

检测物质	样品	回收率/%	LOD/(μg/kg)	LOQ/(μg/kg)	CCα/(μg/kg)	CCβ/(μg/kg)	RSD/%	文献
喹噁啉代谢物	鲍鱼	75.5~103.1	0.16~2.1	0.53~7.0	0.24~0.76	0.80~2.34	1.7~18.2	[48]
CBX、OLA	饲料	99.4~104.6	9,80	12,110	0.265、0.363	0.280、0.476	10.35、26.52	[47]
QCT 及代谢物	鸡组织	77.1~95.2	—	—	0.24~0.76	0.8~2.34	<15	[70]
MQCA	肌肉	75.4~105	0.1	—	—	—	<7.96	[40]
OLA、CBX、MEQ、QCT、CYA	饲料	76.3~99.9	1~10	5~50	—	—	0.5~11.4	[1]
CBX/OLA	肌肉	70~93	—	0.2	—	—	1.9~16.7	[56]

④ UPLC-MS/MS。You 等建立了一种灵敏、快速的 UPLC-MS/MS 法测定鸡肉、鸡肝、猪肉和猪肝中乙酰甲喹及其 6 种主要代谢物。目标分析物可以用乙酸乙酯提取，不需要任何酸解或酶解步骤。平均回收率在 64.3％~114.4％之间，日内和日间变异分别小于 14.7％和 19.2％。方法检出限<1.0μg/kg，定量限<4.0μg/kg[58]。Li 等采用 UPLC-MS/MS 法同时测定鸡肉和猪肉中 MEQ、QCT 及其 11 种代谢物的残留量。经乙腈-乙酸乙酯萃取、酸化、乙酸乙酯反萃取后，用 C_{18} 固相萃取柱进一步纯化目标分析物。平均回收率为 69.1％~113.3％，日内相对标准偏差<14.7％，日间相对标准偏差<19.2％，检出限为 0.05~1.0μg/kg[64]。关于 UPLC-MS/MS 检测喹噁啉类药物及代谢物的研究如表 8-9 所示。

表 8-9　UPLC-MS/MS 检测喹噁啉类药物及代谢物

检测物质	样品	回收率/%	LOD/(μg/kg)	LOQ/(μg/kg)	RSD/%	文献
MEQ/QCT 及代谢物	鸡肉猪肉	69.1~113.3	0.05~5.2	0.2~16	1.7~17.4	[64]
MEQ 及代谢物	动物组织	64.3~114.4	<1.0	<4.0	2.8~19.1	[58]
OLA/CBX/CYA	饲料	74.1~111	7.5~30	25~100	<14.6	[49]
MEQ 代谢物	海参	82.5~93.5	0.21~0.48	0.79~1.59	<11.8	[71]

检测物质	样品	回收率/%	LOD/(μg/kg)	LOQ/(μg/kg)	RSD/%	文献
MEQ 及代谢物	牛奶	50.5～117	0.1	0.3～0.4	6.4～8.9	[50]
MQCA/QCA	肌肉	88.9～109.2	0.5	1.5	2.18～8.57	[36]
OLA/MQCA	奶酪	70.0～109.0	0.05/0.02	0.15/0.06	3.11～10.84	[72]

（2）气相色谱　Sin 等使用同位素稀释气相色谱-电子捕获负化学电离质谱（GC-EC-NI-MS）检测猪肝中的 QCA。将 2H4-QCA 加入肝样品中，经提取净化，用 N-甲基-N-叔丁基二甲基甲硅烷基三氟乙酰胺（MTBSTFA）衍生 QCA 后进行 GC-ECNI-MS 测定。为明确鉴定，对疑似阳性样品进行第二次 GC-ECNI-MS 试验，并对所述疑似阳性样品用另一种衍生化试剂三甲基甲硅烷基重氮甲烷独立衍生化，回收率 92%～102%，LOD 为 0.2μg/kg，LOQ 为 0.7μg/kg，RSD 为 1.7%～8.4%[73]。

8.6.1.2　质谱法

Gibson 等用质谱法分析鸡肌肉中的一系列抗生素生长促进剂，其中包括 QCA、DCBX 和 MQCA，在碱性缓冲溶液中用蛋白酶分解肌肉，平均回收率在 89%～102% 之间，CCα 0.1～0.23μg/kg，CCβ 0.16～0.38μg/kg[74]。

8.6.1.3　其他方法

（1）毛细管电泳技术（CE）　魏玉伟采用原位聚合的方法直接在毛细管柱中合成出具有大孔结构的整体式毛细管分子印迹柱，通透性和选择性可以达到分析要求，以甲基丙烯酸为单体，乙二醇二甲基丙烯酸酯为交联剂，偶氮二异丁腈为引发剂，十二醇和甲苯为溶剂，以原位聚合法制备了喹乙醇分子印迹毛细管电色谱整体柱，并优化了离子液体加入量、聚合时间、聚合温度等条件对分离的影响，建立了喹乙醇的毛细管电泳分析方法，喹乙醇可以在 20min 内出峰，回收率 87.43%～91.26%，RSD 为 1.59%，将标准溶液进行连续稀释，进样分析得出最低检测限为 0.1μg/mL。将印迹聚合物与非印迹聚合物对喹乙醇吸附容量进行比较，印迹聚合物对喹乙醇的吸附容量可达 41.64mg/g，而非印迹聚合物对喹乙醇的吸附容量最高达 10.50mg/g，印迹因子为 3.97；在选择性实验中，喹乙醇印迹聚合物对喹乙醇、喹烯酮和乙酰甲喹的分配系数分别为 559.32、123.29 和 128.96，相对选择系数分别 4.77、1.94 和 2.27，结果表明，喹乙醇印迹聚合物对模板分子喹乙醇有高度的选择性吸附和识别能力，聚合物形成了较好的印迹效应[75]。

（2）光谱法　刘同民等以甲醇为溶剂，采用一阶导数分光光度法，利用紫外-可见分光光度计测定多种组分的复方喹乙醇制剂中的喹乙醇含量，测定浓度在 5～30μg/mL 范围内线性关系良好（$R=0.9997$），平均回收率为 99.6%，RSD 为 1.28%[76]。在多种成分组成的复方喹乙醇制剂中，喹乙醇含量低的情况下，该法不失为控制喹乙醇的一种较普遍且易操作的方法。范伟军以氯仿为溶剂，把 MEQ 和 OLA 分离，再用分光光度法分别测定两者含量。MEQ 回收率 98.67%，变异系数 0.82%；OLA 回收率 99.04%，变异系数 1.16%，被测溶液在 6h 内稳定[77]。因 OLA 和 MEQ 的吸收峰相似，配成复方制剂后不能直接用分光光度法测定含量，而根据 MEQ 溶于氯仿，OLA 不溶于氯仿的特性，可用氯仿提取 MEQ，把两者分离，再分别测定含量，溶液的共组分不干扰 OLA 的测定，此方法分析设备简单，操作简便快捷。苗小楼等采用紫外分光光度法测定喹烯酮预混剂中喹烯酮含量，将喹烯酮溶解于 40% 二氧六环中，过滤分离得喹烯酮，在 312nm 波长处，

喹烯酮在 $2\sim12\mu g/mL$ 范围内与吸光度呈良好的线性关系。用喹烯酮对照品测得其预混剂的平均回收率为 100.10%，$CV=0.32\%$[78]。喹烯酮用紫外分光光度法测定，方法快速简便。光谱法是一类较早应用的检测方法，但灵敏度不高。

8.6.2　免疫测定方法

8.6.2.1　半抗原设计

喹噁啉类及其代谢物有的具有可用于将半抗原与蛋白质偶联的羧基，但应避免与目标分子的官能团和蛋白质的氨基直接缀合，因为重要的抗原决定簇消失了，可能导致更少特异性抗体。

（1）喹噁啉半抗原的设计　针对 OLA 结构上的羟基，采用琥珀酸酐法将羟基衍生化成羧基，OLA 结合牛血清白蛋白作为抗原免疫小鼠，得到的喹乙醇单克隆抗体与 MQ-CA、QCA 以及其他类抗生素没有显著的交叉反应[79,80]。Peng 等将 OLA-HS 作为半抗原进行免疫，HS 作为间隔臂的引入完全暴露了喹噁啉环；又设计了一种六碳间隔臂的半抗原连接 OVA 作为最佳的包被抗原，灵敏度随着间隔臂的引入而提高[81]。CBX 和 CYA 均无可以与载体蛋白直接偶联的常见活性基团，郭玲玲针对 CBX 和 CYA 的共有结构，合成了含有 CBX 和 CYA 共有结构且含有—NH_2 的半抗原，通过戊二醛法与载体蛋白偶联获得免疫原，经过小鼠免疫、细胞融合和筛选等步骤，得到了可同时识别 CBX 和 CYA 的单克隆抗体[82]。程林丽对喹乙醇进行结构改造合成半抗原，采用活化酯法与牛血清白蛋白偶联后免疫新西兰大白兔，获得喹噁啉类多克隆抗体。免疫半抗原由喹乙醇通过末端羟基与琥珀酸酐反应，生成长支链间隔臂的半抗原，支链末端的羧基有利于与蛋白结合形成偶联物，长间隔臂的空间效应以及末端的羧基结构使免疫半抗原具有较强的还原性，有利于蛋白偶联物在动物体内发生应激反应，产生高效价的抗体。包被半抗原由乙酰甲喹通过多步反应形成，其 2 位上有烯羧基结构的支链，支链末端的羧基结构使其具有较强的还原性，有利于与大分子蛋白形成偶联物[7]。

针对 OLA、CBX、CYA 设计的半抗原及效果如表 8-10 所示。

表 8-10　OLA、CBX、CYA 半抗原的设计

识别药物	半抗原	蛋白	抗原	IC_{50}/(ng/mL)	CR/%	抗体类型	文献
OLA		BSA	免疫原	13.69	<2.08	单抗	[79]
		OVA	包被原				
OLA、MEQ、QCT		KLH	免疫原	1.03、1.54、1.73	<0.9	单抗	[81]
		OVA	包被原				

识别药物	半抗原	蛋白	抗原	IC$_{50}$/(ng/mL)	CR/%	抗体类型	文献
喹噁啉类	（化学结构）	BSA	免疫原	0.1~2.5	<10.33	多抗	[7]
	（化学结构）	OVA	包被原				
CBX、CYA	（化学结构）	KLH	免疫原	1.84、1.85	<7.3	单抗	[82]
		OVA	包被原				

（2）喹噁啉代谢物半抗原的设计　Zhang 等根据 MQCA 的结构设计了一种含氨基的半抗原 MQCA-NH$_2$，MQCA 与 QCA 均具有喹噁啉、羧基和甲基结构，导致 MQCA 与 QCA 具有高交叉反应率（40%）[83]。针对 MQCA，为了得到具有强亲和力的抗体并避免与 QCA 发生交叉反应，Li 等设计了两种具有活性基团—OH 或—NH$_2$ 的半抗原，用于与 cBSA 和 OVA 偶联并远离羧基。cBSA 是用乙二胺修饰 BSA 的羧酸酯基团来制备的，这导致羧基的数量减少（带负电）和氨基数量增加（带正电）。与 BSA 相比，cBSA 作为半抗原偶联的载体蛋白可以导致对偶联半抗原的抗体反应显著提高。结果表明，与一些传统半抗原免疫产生的抗体相比，该研究的抗体对 MQCA 具有更高的特异性和敏感性[84]。白玉惠等设计的半抗原 AMQCA 与 MQCA 结构相似，唯一区别在于苯环上远离—COOH 的位置多一个—NH$_2$，便于和蛋白质载体进行偶联。AMQCA 完整保留 MQCA 分子特征性基团和结构（氮杂环、—COOH 等），特征性基团和结构远离偶联位置，不易受到蛋白质载体屏蔽，充分暴露而成为抗原表位，利于高灵敏度和特异性抗体的制备。设计的半抗原结构能大大提高抗体特异性，并且该方法解决了假阳性率高的问题[85]。

Cheng 等选择的半抗原引发的抗体对 MQCA 具有高度特异性，对 QCA 和其他测试化合物的 CR 可忽略不计。MQCA 还具有羧酸酯基团，可用作制备可能的免疫原的半抗原，由于 2-丙烯酸-1,4-双氮喹啉有比 MQCA 更长的间隔臂，2-丙烯酸-1,4-双氮喹啉-OVA 的灵敏度更好，因此被选为检测 MQCA 的包被抗原[86]。

MQCA 和 QCA 及其他代谢物的基本化学结构是一个喹噁啉环，其上连接有羧基和甲基。CYA 的主要代谢物是脱二氧喹赛多（BDCYA）。MEQ 的主要代谢物是脱二氧乙酰甲喹（BDMEQ），QCT 的主要代谢物是脱二氧喹烯（BDQCT）。也有极少量的 MQCA 和 QCA 由 CYA、MEQ 和 QCT 代谢产生。而由 CYA、MEQ 和 QCT 产生的少量 MQCA 和 QCA 不足以显著影响来自 OLA 和 CBX 的 MQCA 和 QCA 代谢物水平。生产的广泛特异性 mAb 与 BDCYA、BDMEQ 和 BDQCT 表现出良好的交叉反应性，因为这三种代谢物具有与 MQCA 和 QCA 相同的喹噁啉环部分。但是，如果样品中有这三种代谢物之一，则会导致假阳性。为避免这三种喹噁啉 1,4-二氧化物的假阳性，分析前应去除所有非目标代谢物[87]。

李前进等设计了与 Jiang 等设计的相同的半抗原。混合酸酐法多用于多肽的合成，虽具有反应快、产率高和操作简便等优点，但也有不少副反应，例如：氨基组分的烷氧羰基化，当混合酸酐同氨基组分反应时，除去所需的正常产物外，还可能有第二酰化产物的生成，此外，氯甲酸异丁酯形成混合酸酐的反应不完全时也会发生氯甲酸异丁酯同氨基组分的副反应。歧化反应是两分子的混合酸酐重排为两分子对称的酸酐，酸酐的分解反应是混合酸酐分解释放出 CO_2 并生成酰基氨基酸的烷基酯，由于这两个反应在 0℃ 以上才能发生，而在实际的肽合成操作中采用较低的温度，这种副反应是可以抑制的。因此，氯甲酸异丁酯和 4-氨基丁酸的添加量对半抗原的定向合成至关重要，当两者的添加量不当时就会生成副产物，甚至导致目标半抗原产率为 0[88]。

Le 和 Peng 等设计了 4-(喹噁啉-3-羧酰胺)丁酸(CBQCA)半抗原，获得了一种针对 N-丁基喹噁啉-2-羧酸(BQCA)的特异性 PcAb，高度特异性的多克隆抗体(PcAb)对 BQCA 非常敏感，PcAb 对 N-苯基喹噁啉-2-甲酰胺(PQCA)表现出 CR，PQCA 存在于被测样品中的可能性很低。因此，可以得出结论，为 BQCA 开发的间接竞争 ELISA 具有高度特异性。但对 BQCA 非常敏感，对 PQCA 的 CR 为 68.5%，但测试样品中不太可能存在 PQCA[89,90]。

傅坚英根据脱二氧喹赛多(Cy4)的结构，通过羧甲基羟胺的肟化作用引入羧基，得出能识别喹赛多代谢物的单克隆抗体[14]。

针对喹噁啉类代谢物设计的半抗原及效果如表 8-11 所示。

表 8-11 喹噁啉类代谢物半抗原设计

识别药物	半抗原	蛋白	抗原	IC_{50}/(ng/mL)	CR/%	抗体	文献
MQCA、QCA	（结构式）	BSA	免疫原	0.2	<1	单抗	[83]
		OVA	包被原				
MQCA	（结构式）	cBSA	免疫原	3.1	<12.85	单抗	[84]
		OVA	包被原				
MQCA	（结构式）	HSA	免疫原	1.94	<3.6	多抗	[85]
MQCA	（结构式）	BSA	免疫原	6.46	<1	单抗	[86]
		OVA	包被原				
MQCA、QCA	（结构式）	BSA	免疫原	4.8,9.6	1~2400	单抗	[87]
		OVA	包被原				

识别药物	半抗原	蛋白	抗原	IC_{50}/(ng/mL)	CR/%	抗体	文献
BQCA	结构式 —CONH(CH₂)₃COOH	BSA	免疫原 包被原	2.38	<65.3	多抗	[89]
Cy4	结构式 NOCH₂COOH	BSA OVA	免疫原 包被原	50	<7.24	单抗	[14]

在 MQCA 分子的—COOH 上接入间隔臂后偶联载体蛋白作为抗原,这种偶联情况下,MQCA 的部分特征性基团和结构(—COOH、氮杂环)很可能不能充分暴露作为 B 淋巴细胞的抗原表位,进而影响抗体灵敏度或特异性,制备的抗体对具有喹噁啉母环结构的多种药物均有反应。

8.6.2.2 抗体制备

(1)单克隆抗体 Le 等以 4-(3-甲基-喹噁啉-2-甲酰胺基)丁酸为半抗原,采用体内腹水诱生法制备单克隆抗体,该单抗对 MQCA 和 QCA 等 5 种喹噁啉类药物双脱氧代谢物的交叉反应率在 50%~2400% 之间,其中 MQCA 和 QCA 的 IC_{50} 值分别为 4.8ng/mL 和 9.6ng/mL。BQCA-BSA 皮下免疫三只雌性 Balb/c 小鼠。每隔 2 周加强三剂 BQCA-BSA 后,收集血清并通过非竞争性间接 ELISA 测定抗 BQCA 抗体[91]。Peng 等成功制备了针对 OLA、MEQ 和 QCT 的特异性 mAb,与 CBX 和 MEQ 的交叉反应率分别为 3.62%、4.16%,与 MQCA、QCA 和其他类药物无交叉反应,为 OLA 间接竞争 ELISA 方法的建立奠定了基础[81]。

傅坚英制备了脱二氧喹赛多的单克隆抗体和多克隆抗体,建立的脱二氧喹赛多单克隆抗体酶联免疫吸附检测法,其灵敏度比多克隆抗体提高了 200 倍[14]。曹娟用 DQCT-BSA 免疫小鼠后获得了高效价的多克隆脱二氧喹烯酮抗体,取脾细胞与鼠 SP2/0 骨髓瘤细胞融合,经四次筛选和克隆,得到了 2 株能稳定分泌抗 DQCT 抗体的单克隆细胞株,并制备单克隆抗体腹水,将腹水用辛酸-饱和硫酸铵法进行纯化。采用 Santa Cruz 公司的单抗亚型检测试剂盒对单克隆抗体的亚型进行鉴定,经检测,1A6、9E10 的抗体类型均为 IgG2a,其轻链为 K 链,腹水效价为 1:128000[18]。

经验证,单克隆抗体的交叉反应性远低于多克隆抗体。关于喹噁啉及代谢物的单克隆抗体效果如表 8-12 所示。

表 8-12 喹噁啉及代谢物单克隆抗体

识别药物	IC_{50}/(ng/mL)	CR/%	腹水效价	K_a/(L/mol)	文献
OLA	14.74	<4.16	1:1.6×10⁷	5.47×10⁹	[92]
	5.36	<3.6	1:10⁶	—	[93]
	22.013	<0.01	1:3200	—	[94]
OLA、MEQ、QCT	1.03、1.54、1.73	<0.9	—	—	[81]
CBX、CYA	1.84、1.85	<7.3	—	3.19×10⁹	[82]
Cy4(脱二氧喹赛多)	50	<7.24	1:512000	—	[14]
DQCT	38020	<17.6	1:64000	3.33×10⁹	[18]
MQCA	8.35	<0.1	—	—	[7]
MQCA	17.7	<0.7	1:3.2×10⁴	—	[95]
MQCA、QCA	0.2	<1	—	—	[83]

（2）多克隆抗体　Peng 等用免疫复合物对九只雌性新西兰白兔进行免疫以产生多克隆抗体（PcAb）。选择对 N-丁基喹噁啉-2-甲酰胺非常敏感、IC$_{50}$ 值为 7.75μg/L 的高特异性抗体开发 ic-ELISA[90]。Le 等制备的高度特异性多克隆抗体对 N-丁基喹噁啉-2-羧酸（BQCA）非常敏感，IC$_{50}$ 值为 2.38ng/mL，PcAb 对 PQCA 表现出较高的交叉反应率，PQCA 存在于被测样品中的可能性很低，且针对 BQCA 开发的间接竞争 ELISA 具有高度特异性[89]。傅坚英首次制备了脱二氧乙酰甲喹多克隆抗体，并首次采用免疫学检测方法对脱二氧乙酰甲喹进行检测[14]。

多克隆抗体靶标特异性有限，交叉反应率高于单克隆抗体。关于喹噁啉及代谢物的多克隆抗体效果如表 8-13 所示。

表 8-13　喹噁啉及代谢物多克隆抗体

识别药物	IC$_{50}$/(ng/mL)	CR/%	文献
QCA	7.75	<68.5	[90]
BQCA	2.38	<65.3	[89]
喹噁啉类及代谢物	0.1～2.5	<10.33	[7]
M4(脱二氧乙酰甲喹)	320～12380	<75.68	[14]
MQCA	1.94	<3.6	[85]

8.6.2.3　免疫分析技术

（1）酶联免疫法（ELISA）

① 间接竞争酶联免疫法（ic-ELISA）。Cheng 等建立并优化了具有特异性包被抗原和单克隆抗体的间接竞争酶联免疫吸附试验，用于检测猪肝脏中的 MQCA。样品用 2mol/L 盐酸酸化，用乙酸乙酯-己烷-异丙醇（8∶1∶1，体积比）萃取，然后通过 ic-ELISA 检测，IC$_{50}$ 为 6.46μg/L。回收率范围为 85.44%～100.02%，批内变异系数（CV）为 6.64%～10.57%，批间 CV 为 7.29%～10.88%。MQCA 在猪肝中的检测限为 1.0μg/kg[86]。

Wang 等基于单克隆抗体的间接竞争酶联免疫吸附试验测定动物饲料中的喹乙醇，用超纯水提取饲料中的目标物，在最优条件下，IC$_{50}$ 是（9.66±1.81）μg/L，变异系数在 3.8%～14.1% 之间，交叉反应率小于 2.08%。Li 等基于最佳条件的 ic-ELISA 显示 MQCA 的 IC$_{50}$ 为 3.1ng/mL，线性范围为 0.46～10.5ng/mL。猪肌肉、猪肝和鸡中 MQCA 的检测限（LOD）分别为 0.32μg/kg、0.54μg/kg 和 0.28μg/kg[84]。

蒋文晓建立了检测动物组织（鱼肉、虾肉、猪肉和鸡肉）中 MQCA 和 QCA 残留的 ic-ELISA 方法。该方法检测动物组织中 MQCA 和 QCA 残留的检测限（LOD）为 1.54μg/kg，当 MQCA 和 QCA 在动物组织中添加浓度分别为 2～20μg/kg 时，该方法的添加回收率在 76%～108% 之间，变异系数在 4.2%～13.3% 之间，符合兽药残留检测的相关要求。为了提高免疫分析方法的灵敏度，建立了检测 MQCA 和 QCA 残留生物素亲和素信号放大酶联免疫分析（BA-ELISA），BA-ELISA 方法对 MQCA 和 QCA 的 IC$_{50}$ 值分别为 1.6ng/mL 和 3.6ng/mL；检测动物组织的 LOD 值 1.04μg/kg；MQCA 在动物组织中的添加浓度 2～8μg/kg 时，添加回收率在 72%～106%，变异系数在 6.7%～12.6% 之间[9]。

Peng 等对新西兰大白兔物进行免疫，获得对 BQCA 具有高特异性的多克隆抗体，IC$_{50}$ 值为 7.75μg/L，基质添加标准曲线范围为 0.20～51.20μg/L。在此抗体基础上建立的方法测定动物可食组织中 QCA，CCα 和 CCβ 分别为：肝 0.60μg/kg 和 0.83μg/kg；猪

肉 $0.68\mu g/kg$ 和 $0.79\mu g/kg^{[90]}$。没有成功制备出针对目标分析物 QCA 的功能性抗体，但其对 BQCA 非常敏感，在本研究中，样品制备过程中避免了使用固相萃取，从而降低了分析成本，然而，衍生化过程需要 5 小时。

曹娟在制备多克隆抗体时分别用间接竞争 ELISA 法和直接竞争 ELISA 法测定灵敏度并进行比较，发现直接竞争法比间接竞争法灵敏度高，从而确定了用直接竞争 ELISA 法检测。建立了 DQCT 的直接竞争 ELISA 检测方法，该方法的 IC_{50} 为 $38.02\mu g/mL$，以 $IC_{20}\sim IC_{80}$ 作为检测范围，检测范围为 $1.9\sim776.2\mu g/mL^{[18]}$。

② 化学发光酶联免疫法（CL-ciELISA）。Zhang 等建立免疫磁珠分离、纯化和富集的灵敏化学发光间接竞争酶联免疫吸附试验（CL-ciELISA），用于同时测定食用动物组织中的 MQCA 和 QCA。鱼、虾、猪肉和鸡肉中 MQCA 的 LOD 分别为 $0.05\mu g/kg$、$0.043\mu g/kg$、$0.048\mu g/kg$ 和 $0.050\mu g/kg$，鱼、虾、猪肉和鸡肉中 QCA 的 LOD 分别为 $0.09\mu g/kg$、$0.10\mu g/kg$、$0.13\mu g/kg$ 和 $0.18\mu g/kg^{[83]}$。使用免疫磁珠分离和富集组织中的 MQCA 和 QCA，减少了样品预处理时间，提高了检测灵敏度并解决了复杂样品的干扰问题。关于检测喹噁啉及其代谢物残留的酶联免疫法如表 8-14 所示。

表 8-14 酶联免疫法检测喹噁啉及其代谢物

检测方法	检测物质	检测组织	IC_{50}/(ng/mL)	LOD/LOQ/(μg/kg)	回收率/%	CV/%	文献
CL-ciELISA	MQCA、QCA	虾肉、猪肉、鸡肉	0.02	0.043~0.18	76.6~117	<11.5	[83]
dc-ELISA	MQCA	猪肝、猪肉、鸡肉、鸡蛋	1.94	0.23~0.42	70~97	<11.3	[85]
ic-ELISA	MQCA	猪肉、猪肝、鸡肉	3.1	0.28~0.54	85~105	<10.2	[84]
BA-ELISA	MQCA、QCA	鱼、虾、猪肉、鸡肉	1.6,3.6	1.04	71~106	<12.6	[9]
ic-ELISA	QCA	猪肉、猪肝	1.62	0.17	92.6~97.2	<12.6	[91]
ic-ELISA	MQCA	猪肉、猪肝、鸡肉、鱼、虾	17.7	1.9~4.3	74.3~98.9	<17.3	[95]
ic-ELISA	OLA	饲料	13.69	0.28~0.48/1	77~107	<14.1	[79]
ic-ELISA	Cy4	鸡肉	50	2.98	71.36~83.1	<10	[14]
ic-ELISA	MQCA	猪肝	6.46	0.27	85.44~100.02	<10.88	[86]
ic-ELISA	QCA	猪肝、猪肉	7.75	0.6、0.68	57~108	<19	[90]

（2）双标记量子点免疫　Le 等开发了一种基于量子点（QD）的新型、可靠的双标记直接竞争荧光免疫吸附测定法（dc-FLISA），用于同时测定动物组织中卡巴氧和喹乙醇残留的主要代谢物，分别使用 QD520 和 QD635 标记抗 QCA 单克隆抗体和抗 MQCA 多克隆抗体。QCA 和 MQCA 的检测限分别为 $0.05ng/mL$ 和 $0.07ng/mL$。该方法用于分析强化样品，分析物回收率范围分别为 $81.5\%\sim98.2\%$（QCA）和 $84.2\%\sim95.7\%$（MQCA）[96]。为了在与 QD 的缀合过程之后保持抗体的识别效率，使用过量的抗体以确保与 QD 的完全缀合。用 QD 偶联物标记抗体可能会导致结合能力的显著丧失，但在与 QD 偶联后仍足以有效捕获目标。

（3）化学发光免疫分析（CLIA）　蒋文晓建立的化学发光免疫分析法对 MQCA 和 QCA 的 IC_{50} 值分别为 $0.42ng/mL$ 和 $1.05ng/mL$；检测动物组织的 LOD 值为 $0.76\mu g/kg$；MQCA 在动物组织中的添加浓度为 $1\sim4\mu g/kg$ 时添加回收率在 $71\%\sim108\%$ 之间；变异系数在 $7.0\%\sim14.4\%$ 之间[9]。郭建军建立化学发光免疫分析法，含 4%DMSO 的 Tris-HCl（0.02mol/L，pH 8.5）溶解的 4-溴苯酚为增强剂，其 IC_{50} 为 $14.6ng/mL$，饲料中

分别添加低、中、高浓度的 OLA 标准品，其回收率处于 90％～105％之间，精密度分析得其变异系数均低于 5％，经加标样本检测验证，CLIA 分析与仪器检测结果具有一致性[94]。

（4）免疫色谱法（ICA）

① 胶体金免疫色谱法（GICA）。霍如林等制备了胶体金试纸条，用 T/C 比值法定量检测猪肝中 OLA 的含量目标物浓度在 1～200ng/mL 线性范围内，检测限为 6.83ng/mL，由加标回收实验得回收率为 90.9％～105.0％[97]。该方法与 ELISA 法相比，可以在 15min 内完成单个样品的检测，时间缩短了 3～4h，且操作过程简单，同时其检测的稳定性和灵敏度与 ELISA 法基本相当，利用金标分析仪建立胶体金免疫色谱法定量检测的工作拟合曲线，在线性范围内可以进行定量检测，并且该方法的定量检测结果用 HPLC（GB/T 20797—2006）验证，结果基本一致，这表明该试纸条的定量检测较为准确。周彤等用胶体金标记喹乙醇单克隆抗体，制备的胶体金试纸条特异性好，与常用的几种抗生素无交叉反应，试纸条对鸡肝脏、鱼肉和饲料样品中喹乙醇的最低检测量分别为 1.5μg/g、1.5μg/g 和 2.0μg/g[98]。Le 等建立可食性动物组织中 QCA 的胶体金探针免疫色谱测定法。选择对 N-丁基喹噁啉-2-羧酸（BQCA）非常敏感的 IC_{50} 值为 2.38ng/mL 的高特异性多克隆抗体（PcAb）用于免疫色谱测定；测定方法的目测检测限为 25.00ng/g，分析结果与通过 HPLC 获得的结果一致。检测过程仅需要 5min，可用于快速和准确地筛选动物可食用组织中卡巴氧的残留[89]。首次报道了用于测定动物可食用组织中 CBX 的主要代谢物 QCA 的免疫色谱试纸条方法。

② 时间分辨荧光免疫分析（TRFIA）。Le 等建立了一种用于动物组织中喹乙醇标记物 3-甲基喹噁啉-2-羧酸的时间分辨荧光免疫分析方法。试验结果表明，其 IC_{50} 为（1.46±0.19)ng/mL，检测限为（0.16±0.03)ng/mL；对于添加 5ng/g、10ng/g 和 15ng/g 的猪肝和肌肉样品，回收范围分别为 95.7％～112.3％和 98.5％～116.2％，变异系数分别为 9.3％～11.5％和 8.9％～14.2％，使用 Eu^{3+} 示踪剂的时间分辨荧光免疫测定法具有显著提高的灵敏度。时间分辨荧光免疫法成功应用于猪组织中 MQCA 残留量的测定。该方法与 HPLC 的比较证明了它的可靠性[99]。Le 等同时建立 ic-ELISA 和 TRFIA 两种不同检测模式的免疫分析方法，可食用组织提取物对 ic-ELISA 和 TRFIA 检测的灵敏度分别为 1.62ng/mL、1.12ng/mL，得出结论，与 ic-ELISA 相比，TRFIA 可提供更高的灵敏度和选择性[91]。郭建军采用稀土离子 Eu^{3+} 标记的喹乙醇单克隆抗体进行示踪，建立间接竞争免疫色谱分析方法，免疫色谱检测时间和微孔板混合时间分别为 15min 和 6min。基于最优的工艺条件，裸眼检测限为 4ng/mL，仪器检测限为 2.5ng/mL，定量检测范围为 2.5～20ng/mL，其回收率处于 90％～110％之间，变异系数均低于 10％，经加标样本检测验证，荧光免疫色谱分析与传统仪器检测结果具有一致性，经 50℃加速试验证明其质量稳定，能够保存至少 1 年，对鱼类、鸡鸭类、猪类 3 种饲料进行化学发光酶免疫检测分析以及时间分辨免疫色谱分析，并经 HPLC 验证，通过时间分辨免疫色谱分析出现 2 份"弱假阳性"结果，原因可能是免疫色谱检测样本前处理粗糙，检测结果受样本基质影响较大[94]。

③ 背景荧光猝灭免疫色谱分析（bFQICA）。Wan 等建立了一种基于 bFQICA 的快速检测 MQCA 和 QCA 的新方法，首次提出了一种基于链霉亲和素-生物素的系统，实现了 MQCA 和 QCA 的同时定量检测，猪肉提取物用免疫磁珠富集 4 次，利用金纳米粒子有效猝灭荧光，并通过仪器测量背景荧光值，实现分析物的快速定量检测。开发的 bFQICA 的检测限分别为 0.03μg/kg、0.075μg/kg，bFQICA 对田间猪肉样品的分析与 LC-MS/MS 的分析结果一致，bFQICA 在方便和高效方面表现出极大的优势，检测 MQCA 和

QCA 仅需 30 分钟[100]。关于检测喹噁啉及其代谢物残留的免疫色谱法如表 8-15 所示。

表 8-15 免疫色谱法检测喹噁啉及其代谢物

检测方法	标记物	检测物质	检测组织	消线值 /(μg/kg)	IC$_{50}$ /(ng/mL)	LOD/LOQ /(μg/kg)	CV/%	文献
GICA	胶体金	OLA	鸡肝、鱼肉、饲料	1500~2000	—	—	—	[98]
GICA	胶体金	OLA	猪肝	50	22.4	6.83	<6.07	[97]
GICA	胶体金	CBX、CYA	鸡肉	20、40	1.84、1.85	2.92、2.96	<14.6	[82]
GICA	胶体金	OLA	猪尿、猪肉	8、16	1.58、1.70	0.27、0.31	<7.64	[80]
GICA	胶体金	QCA	猪肉、猪肝	25	2.38	0.58	<8.2	[89]
GICA	胶体金	五种喹噁啉	饲料	10~20	9.1~21.3	—	<10.7	[101]
GICA	胶体金	MQCA	猪肉、猪肝	10、50	—	1、3/4、10	—	[61]
TRFIA	Eu^{3+}	MQCA	猪肉、猪肝	—	1.46	0.16	<14.2	[99]
TRFIA	Eu^{3+}	QCA	猪肉、猪肝	—	1.12	0.23	<13.7	[91]
TRFIA	Eu^{3+}	OLA	饲料	—	—	2.5	<10	[94]
bFQICA	胶体金	MQCA、QCA	猪肉	—	—	0.03、0.075	<8.62	[100]

ELISA 法步骤烦琐，检测时间长，灵敏度低。TRFIA 是一种快速发展的技术，灵敏度高，背景干扰小，可有效排除非特异荧光的干扰，极大地提高了分析灵敏度，既提高了传统荧光免疫分析方法的抗干扰性和稳定性，同时能便捷、快速、准确地获取测量结果，该方法的发展受限于专用设备。GICA 简单快速，结果直观，成本低，无需熟练的技术人员或昂贵的设备，非常适合现场检测，但灵敏度低，该方法主要用于定性，而定量检测的范围较窄或只能进行合格测定。这些特点限制了该方法在高灵敏度定量检测中的应用。bFQICA 方法结合了 GICA 和 FLISA 的优点，快速、灵敏和可量化。

8.6.3 其他分析技术

8.6.3.1 金纳米粒子探针 SIA-rt-PCR

Chen 等采用不同的纳米颗粒检测小分子化学品残留，建立了基于实时 PCR（SIA-rt-PCR）的超灵敏快速顺序注射分析（SIA）。金纳米粒子与山羊抗兔 IgG 和双链 DNA（dsDNA）结合，在 SIA 系统中用作化学发光探针的替代物。通过 SIA 系统中的间接竞争性免疫反应，金纳米颗粒附着在抗原上，抗原由超顺磁性纳米颗粒（SMNP）固定。将金纳米粒子上的双链 DNA 去杂交，然后收集单链 DNA（ssDNA）并用 rt-PCR 定量，线性范围为 2.5amol/L~250fmol/L，LOD 为 1.4amol/L。该方法快速、自动化、高通量，用于实际样品中 MQCA 残留的检测。分析结果的变异系数小于 15%，回收率为 89%~108%。间接竞争 ELISA 原理在 SIA 系统中进行。随着分析物 MQCA 浓度的增加，从金纳米颗粒表面变性的探针 DNA 数量相应减少。探针 DNA 越少，rt-PCR 测定中需要的周期数越多。这意味着 MQCA 的数量与 rt-PCR 的循环数成正比。根据文中给出的结果，MQCA 浓度升高，SIA 系统捕获的 pAb 减少，导致 ssDNA 信号减少，因此，循环次数增加[102]。

8.6.3.2 传感器法

（1）电化学传感器 田景升等以纳米银溶胶和纳米石墨烯为电极修饰材料，制备以喹乙醇为模板分子，邻氨基苯酚和间苯二酚为复合功能单体的一种新型快速检测喹噁啉类药物的印迹传感器。运用紫外光谱法选择最优功能单体，并研究模板分子与功能单体之间的作用形式和作用强度，结合电化学分析法优化制备条件并测定该印迹传感器的分析性能。在乙醇-0.4mol/L NaOH 溶液（3∶1，体积比）中洗脱 20min，实现模板分子的高效洗脱。以 $K_3[Fe(CN)_6]$ 作为电活性探针，通过响应电流变化对 4 种喹噁啉类兽药含量进行间接测定。结果表明，该印迹传感器对喹乙醇具有较高的选择性和灵敏度，对其结构类似物也有特异吸附作用，样品平均加标回收率为 89.05%～100.86%，相对标准偏差在 1.03%～3.11% 之间（$n=5$）[103]。

白晓云开发了一种基于多巴胺@石墨烯复合物和聚吡咯修饰的简单、快速和灵敏的分子印迹电化学传感器，用于喹乙醇含量的检测。制备了一种基于分子印迹薄膜修饰石英晶体金电极的压电传感器，用于喹乙醇含量的测定。该方法采用分子印迹薄膜为识别元件，仅用一步电聚合的方式制备修饰电极，功能单体和目标物分别为邻苯二胺和喹乙醇。通过优化实验条件，构建的分子印迹压电传感器的频率响应变化与喹乙醇浓度（157.95～421.2μg/L）之间呈良好的线性关系，检出限为 110μg/L[104]。

Xu 等研制了一种以喹乙醇印迹聚合物为识别元件的在线氯离子传感器。MIP 的良好特性使所研制的传感器具有精度高、灵敏度高、操作简单、成本低等优点。以活性硅胶为载体，采用分子印迹技术结合溶胶-凝胶工艺制备了表面分子印迹聚合物。该印迹材料对喹乙醇具有良好的识别和选择能力，并具有快速的吸附-解吸动力学。以喹乙醇为识别元素，建立了在线分子印迹固相萃取-化学发光传感器测定喹乙醇的新方法。对影响分析物预富集的因素和方法灵敏度进行了研究。在最佳条件下，校准曲线的线性范围为 2×10^{-8}～1×10^{-6} g/mL，方法的检出限为 7×10^{-9} g/mL，空白鸡饲料样品中喹乙醇含量为 0.3μg/g、0.9μg/g 和 1.5μg/g，回收率在 87%～94% 之间[59]。

Xu 等依靠电化学新技术的发展，建立了简单而高灵敏性的喹乙醇检测电化学方法，基础是采用多壁碳纳米管修饰玻碳电极（MWCNT/GCE），MWCNT 显著增加了阴极峰电流，在标准曲线 0.3～180μg/mL 线性范围内检测限为 0.26μg/mL，相对标准偏差为 3.5%，重复性好，并具有良好的抗干扰性，这说明以很多经典技术作为基础，能够继续推动喹乙醇残留检测的新方法的发展。结果表明，MWCNT 显著增强了 OLA 的还原，从而显著提高了 OLA 的阴极峰值电流[105]。

Yang 等基于溶胶-凝胶技术和多壁碳纳米管-壳聚糖功能层形成的分子印迹聚合物膜建立电化学传感器，并将其用于检测肉类样品中的 QCA。该分子印迹电化学传感器由修饰玻碳电极（GCE）和微分脉冲伏安法（DPV）组合构建而成。检测限为 4.4×10^{-7} mol/L（$S/N=3$）。所建立的具有优异繁殖性和稳定性的传感器用于评估商业猪肉产品。在五个浓度水平下，回收率和标准偏差分别为 93.5%～98.6% 和 1.7%～3.3%，表明所建立的传感器有望准确量化肉类样品中痕量水平的 QCA[106]。

（2）生物传感器　Peng 等开发了一种基于单克隆抗体的表面等离子体共振（SPR）生物传感器方法，用于检测猪组织中喹乙醇的标记物 MQCA。猪肌肉中检测限 1.4μg/kg，猪肝中 2.7μg/kg，比欧盟推荐浓度（10μg/kg）低。回收率为 82%～104.6%，变异系数小于 12.2%[107]。

Yang 等用一个简单的电化学方法合成新颖的 PPY-GO-BiCoPc 复合物，并以此为基础制备高灵敏度、高选择性和稳定的生物传感器 POPD-MIP，检测猪和鸡肉样品中卡巴氧的残留标记物 QCA 的含量，检测限低至 2.1nmol/L，回收率 91.6%～98.2%，SD 为

$1.9\% \sim 3.5\%^{[108]}$。

参考文献

[1] 严明，唐建，严寒，等．高效液相色谱-串联质谱法同时测定饲料中 10 种喹噁啉类和四环素类抗生素[J]．化学分析计量，2021，30：55-60+9．

[2] Wu Y，Yu H，Wang Y，et al．Development of a high-performance liquid chromatography method for the simultaneous quantification of quinoxaline-2-carboxylic acid and methyl-3-quinoxaline-2-carboxylic acid in animal tissues [J]．J Chromatogr A，2007，1146（1）：1-7．

[3] 宋丽廷，张娜，乔俊杰，等．养殖业中喹噁啉类抗生素残留检测研究进展[J]．山东畜牧兽医，2019，40：78-81．

[4] Liu Z Y，Sun Z L．The metabolism of carbadox，olaquindox，mequindox，quinocetone and cyadox：an overview [J]．Med Chem，2013，9（8）：1017-1027．

[5] 江永远．喹噁啉类药物及其代谢物检测方法的建立与实际应用[D]．舟山：浙江海洋大学，2019．

[6] 谢洁，龚晓云，翟睿，等．动物源性食品中喹噁啉类药物及其代谢物残留检测技术研究进展[J]．食品安全质量检测学报，2018，9：3958-3963．

[7] 程林丽．动物组织中喹噁啉类药物残留检测方法研究[D]．北京：中国农业大学，2013．

[8] Chen Q，Tang S S，Jin X，et al．Investigation of the genotoxicity of quinocetone，carbadox and olaquindox in vitro using Vero cells [J]．Food and Chemical Toxicology，2009，47（2）：328-334．

[9] 蒋文晓．动物性食品中喹噁啉类药物代谢物和磺胺类—喹诺酮类药物多残留免疫分析方法研究[D]．北京：中国农业大学，2014．

[10] 李璐璐，骆延波，刘玉庆．乙酰甲喹和喹烯酮药动学研究进展[J]．中国抗生素杂志，2016，41：98-103．

[11] 黄玲利，李娟，王旭，等．喹烯酮的食品安全性研究进展[J]．中国兽药杂志，2013，47：56-59．

[12] 张伟．喹烯酮临床前毒理学研究[D]．武汉：华中农业大学，2007．

[13] 程古月，洪璇，郝海红，等．兽用喹噁啉类药物毒理学机制的研究进展[J]．中国兽医学报，2016，36：1071-1075+80．

[14] 傅坚英．脱二氧喹赛多、脱二氧乙酰甲喹抗体制备及酶联免疫吸附检测方法的建立[D]．武汉：华中农业大学，2013．

[15] 黄玲利，袁宗辉，范盛先，等．喹赛多对家禽常见病原菌的体外抗菌活性研究[J]．华南农业大学学报，2003，24（2）：81-83．

[16] 雷韵，吴民富，李莎，等．喹乙醇及其主要代谢物的检测技术研究进展[J]．现代食品，2018：13-16．

[17] 刘桂兰，夏雪林，仝玉慧，等．乙酰甲喹性质、毒性与替代药物[J]．中国兽药杂志，2011，45：46-49．

[18] 曹娟．DON 毒素和脱二氧喹烯酮抗体制备及免疫检测方法建立 [D]．武汉，华中农业大学，2012．

[19] 邵羊阳．喹赛多与其靶蛋白 hnRNP A2/B1 相互作用研究[D]．武汉，华中农业大学，2017．

[20] 张洁，张鹤营，瞿玮，等．喹噁啉类兽药的环境行为及其生态毒理学研究进展：中国环境科学学会 2021 年科学技术年会——环境工程技术创新与应用分会场论文集[C]．2021．

[21] Hao L, Chen Q, Xiao X. Molecular mechanism of mutagenesis induced by olaquindox using a shuttle vector pSP189/mammalian cell system [J]. Mutat Res, 2006, 599（1/2）: 21-25.

[22] 薛良辰. 喹乙醇在鲫鱼体内的消除规律及残留检测技术研究[D]. 广州: 华南理工大学, 2012.

[23] Liu Q, Lei Z, Gu C, et al. Mequindox induces apoptosis, DNA damage, and carcinogenicity in Wistar rats [J]. Food Chem Toxicol, 2019, 127: 270-279.

[24] Liu Q, Lei Z, Guo J, et al. Mequindox-induced kidney toxicity is associated with oxidative stress and apoptosis in the mouse [J]. Front Pharmacol, 2018, 9: 436.

[25] Wang X, Zhang H, Huang L, et al. Deoxidation rates play a critical role in DNA damage mediated by important synthetic drugs, quinoxaline 1, 4-dioxides [J]. Chem Res Toxicol, 2015, 28（3）: 470-481.

[26] Huang Q, Ihsan A, Guo P, et al. Evaluation of the safety of primary metabolites of cyadox: acute and sub-chronic toxicology studies and genotoxicity assessment [J]. Regul Toxicol Pharmacol, 2016, 74: 123-136.

[27] Caruso R, Warner N, Inohara N, et al. NOD1 and NOD2: signaling, host defense, and inflammatory disease [J]. Immunity, 2014, 41（6）: 898-908.

[28] 王旭, 程古月, 周秋格, 等. 兽用喹噁啉类毒理学研究进展[J]. 中国农学通报, 2015, 31: 16-21.

[29] 金丽丽, 薛玲, 曹福源, 等. 喹乙醇致大鼠肝脏损伤的实验研究[J]. 毒理学杂志, 2014, 28: 208-211.

[30] Ihsan A, Wang X, Tu H G, et al. Genotoxicity evaluation of Mequindox in different short-term tests [J]. Food Chem Toxicol, 2013, 51: 330-336.

[31] Ihsan A, Wang X, Zhang W, et al. Genotoxicity of quinocetone, cyadox and olaquindox in vitro and in vivo [J]. Food Chem Toxicol, 2013, 59: 207-214.

[32] 张可煜, 郑海红, 班曼曼, 等. 3-甲基喹噁啉-2-羧酸的制备及其细胞毒性[J]. 中国兽医学报, 2014, 34: 1118-1123.

[33] 杨盼盼. 喹噁啉类遗传毒性分子机制[D]. 武汉: 华中农业大学, 2013.

[34] Zhang K, Zheng W, Zheng H, et al. Identification of oxidative stress and responsive genes of HepG2 cells exposed to quinocetone, and compared with its metabolites [J]. Cell Biol Toxicol, 2014, 30（6）: 313-329.

[35] 陈永平, 张素青, 林黎明, 等. 高效液相色谱-串联质谱法测定水产品中喹乙醇及其代谢物[J]. 理化检验（化学分册）, 2011, 47: 1108-1110.

[36] 何悦, 严华, 崔凤云, 等. QuEChERS-超高效液相色谱串联质谱法测定动物肌肉组织中喹乙醇及卡巴氧代谢物[J]. 食品安全质量检测学报, 2020, 11: 4989-4994.

[37] 程春霞, 王成梅. 高效液相色谱-串联质谱法检测猪肉中喹乙醇代谢物[J]. 食品安全导刊, 2018, 30: 98-99.

[38] Zhang H, Qu W, Tao Y, et al. A convenient and sensitive LC-MS/MS method for simultaneous determination of carbadox- and olaquindox-related residues in swine muscle and liver tissues [J]. J Anal Methods Chem, 2018, 2018: 2834049.

[39] 贝亦江, 王扬, 何丰, 等. 高效液相色谱法测定水产品中喹乙醇代谢物残留量[J]. 食品科学, 2013, 34: 255-258.

[40] 蓝棋浩, 余军军, 宁军, 等. 畜禽产品中喹乙醇代谢物残留测定方法优化[J]. 畜禽业, 2021, 32: 8-10.

[41] 应寒松, 钟世欢, 裴钧陶, 等. 高效液相色谱测定鲫鱼组织中 3-甲基喹噁啉-2-羧酸和喹噁啉-2-羧酸的残留[J]. 农产品加工, 2018, 10: 53-54+9.

[42] 张静余, 杨卫军, 严敏鸣. 液相色谱-串联质谱法测定水产品中喹乙醇和卡巴氧的代谢物残留量[J]. 食品安全质量检测学报, 2018, 9: 3788-3793.

[43] 徐艳清, 施远国, 罗燕, 等. 喹乙醇代谢残留标识物 3-甲基喹噁啉-2-羧酸检测方法的优化[J]. 国外畜牧学（猪与禽）, 2015, 35: 74-76.

[44] 赵珊, 郭巧珍, 张晶, 等. 超高压液相色谱-串联质谱法测定鱼组织中卡巴氧及喹乙醇代谢物[J].

食品安全质量检测学报，2013，4：124-128.

[45] He L，Liu K，Su Y，et al. Simultaneous determination of cyadox and its metabolites in plasma by high-performance liquid chromatography tandem mass spectrometry [J]. J Sep Sci, 2011, 34（15）：1755-1762.

[46] 耿宁，卢剑. 高效液相色谱-串联质谱法测定肌肉组织中 4 种兽药残留[J]. 肉类研究，2017, 31：39-43.

[47] Souza Dibai W L，De Alkimin F J F，Da Silva O F A，et al. HPLC-MS/MS method validation for the detection of carbadox and olaquindox in poultry and swine feedingstuffs [J]. Talanta, 2015, 144: 740-744.

[48] Li Y，Sun M，Mao X，et al. Tracing major metabolites of quinoxaline-1,4-dioxides in abalone with high-performance liquid chromatography tandem positive-mode electrospray ionization mass spectrometry [J]. J Sci Food Agric, 2019, 99（12）：5550-5557.

[49] Miao X，Xu L，Li H，et al. Determination of olaquindox，carbadox and cyadox in animal feeds by ultra-performance liquid chromatography tandem mass spectrometry [J]. Food Addit Contam Part A Chem Anal Control Expo Risk Assess, 2018, 35（7）：1257-1265.

[50] 马晓年，陈俊秀，张秀清，等. 超高效液相-串联质谱法测定牛奶中乙酰甲喹及其代谢物[J]. 中国乳品工业，2020，48：50-53.

[51] 刘雪红，宋平，孙进健. 超高效液相色谱-串联质谱法检测饲料中喹烯酮和喹乙醇[J]. 中国饲料，2019，3：88-90.

[52] Hutchinson M J，Young P B，Kennedy D G. Confirmation of carbadox and olaquindox metabolites in porcine liver using liquid chromatography-electrospray，tandem mass spectrometry [J]. J Chromatogr B Analyt Technol Biomed Life Sci, 2005, 816（1/2）：15-20.

[53] 马晓年，张秀清，陈俊秀，等. 超高效液相色谱-串联质谱测定牛奶中喹赛多残留[J]. 湖北农业科学，2020，59：144-146.

[54] 侯林丛，陆静，梁辰，等. 高效液相色谱法测定饲料中喹烯酮[J]. 食品安全质量检测学报，2020，11：6672-6677.

[55] 张嘉慧，沈祥广，刘戎，等. 液相色谱-串联质谱法测定猪肝中喹乙醇残留标示物 3-甲基喹噁啉-2-羧酸[J]. 食品安全质量检测学报，2021，12：3764-3770.

[56] 郑玲，吴玉杰，赵永锋，等. 高效液相色谱-串联质谱法测定动物源食品中喹乙醇与卡巴氧残留量[J]. 分析测试学报，2014，33：21-26.

[57] 史艳伟，孟丽华，江桂英，等. 高效液相色谱法测定渔业用水中喹乙醇代谢物残留量[J]. 中国渔业质量与标准，2019，9：64-69.

[58] You Y，Song L，Li Y，et al. Simple and fast extraction-coupled UPLC-MS/MS method for the determination of mequindox and its major metabolites in food animal tissues [J]. J Agric Food Chem, 2016, 64（11）：2394-2404.

[59] Xu Z，Song J，Li L，et al. Development of an on-line molecularly imprinted chemiluminescence sensor for determination of trace olaquindox in chick feeds [J]. J Sci Food Agric, 2012, 92（13）：2696-2702.

[60] Zhang H Y，Wei Y W，Zhou J H，et al. Preparation and application of a molecular imprinting matrix solid phase dispersion extraction for the determination of olaquindox in chicken by high performance liquid chromatography [J]. Food Anal Method, 2013, 6（3）：915-921.

[61] Peng D，Zhang X，Wang Y，et al. An immunoaffinity column for the selective purification of 3-methyl-quinoxaline-2-carboxylic acid from swine tissues and its determination by high-performance liquid chromatography with ultraviolet detection and a colloidal gold-based immunochromatographic assay [J]. Food Chem, 2017, 237: 290-296.

[62] Zhao Y，Yue T T，Tao T F，et al. Simultaneous determination of quinoxalines in animal feeds by a modified QuEChERS method with MWCNTs as the sorbent followed by high-performance liquid chromatography [J]. Food Anal Method, 2017, 10（6）：2085-2091.

[63] 尹怡，李帆，刘书贵，等. QuEChERS-高效液相色谱串联质谱法测定鱼血浆中喹烯酮的残留[J].

分析试验室，2013，32：79-82.

[64] Li Y，Liu K，Beier R C，et al. Simultaneous determination of mequindox, quinocetone, and their major metabolites in chicken and pork by UPLC-MS/MS [J]. Food Chem, 2014, 160: 171-179.

[65] Cronly M，Behan P，Foley B，et al. Development and validation of a rapid multi-class method for the confirmation of fourteen prohibited medicinal additives in pig and poultry compound feed by liquid chromatography-tandem mass spectrometry [J]. J Pharm Biomed Anal, 2010, 53 （4）：929-938.

[66] Zeng D，Shen X，He L，et al. Liquid chromatography tandem mass spectrometry for the simultaneous determination of mequindox and its metabolites in porcine tissues [J]. J Sep Sci, 2012, 35 (10/11)：1327-1335.

[67] Chen D，Yu J，Tao Y，et al. Qualitative screening of veterinary anti-microbial agents in tissues, milk, and eggs of food-producing animals using liquid chromatography coupled with tandem mass spectrometry [J]. J Chromatogr B Analyt Technol Biomed Life Sci, 2016, 1017/1018: 82-88.

[68] Sniegocki T，Gbylik-Sikorska M，Posyniak A，et al. Determination of carbadox and olaquindox metabolites in swine muscle by liquid chromatography/mass spectrometry [J]. J Chromatogr B Analyt Technol Biomed Life Sci, 2014, 944: 25-29.

[69] Duan Z，Yi J，Fang G，et al. A sensitive and selective imprinted solid phase extraction coupled to HPLC for simultaneous detection of trace quinoxaline-2-carboxylic acid and methyl-3-quinoxaline-2-carboxylic acid in animal muscles [J]. Food Chem, 2013, 139 (1/4)：274-280.

[70] Yong Y，Liu Y，He L，et al. Simultaneous determination of quinocetone and its major metabolites in chicken tissues by high-performance liquid chromatography tandem mass spectrometry [J]. J Chromatogr B Analyt Technol Biomed Life Sci, 2013, 919/920: 30-37.

[71] Liu H，Ren C，Han D，et al. UPLC-MS/MS method for simultaneous determination of three major metabolites of mequindox in holothurian [J]. J Anal Methods Chem, 2018, 2018: 2768047.

[72] 陈俊秀，张秀清，李文廷，等. 超高效液相色谱-串联质谱法测定奶酪中喹乙醇及其代谢物[J]. 食品安全质量检测学报，2018, 9: 3171-3176.

[73] Sin D W M，Chung L P K，Lai M M C，et al. Determination of quinoxaline-2-carboxylic acid, the major metabolite of carbadox, in porcine liver by isotope dilution gas chromatography-electron capture negative ionization mass spectrometry [J]. Analytica Chimica Acta, 2004, 508 （2）：147-158.

[74] Gibson R，Cooper K M，Kennedy D G，et al. Mass spectrometric analysis of muscle samples to detect potential antibiotic growth promoter misuse in broiler chickens [J]. Food Addit Contam Part A Chem Anal Control Expo Risk Assess, 2012, 29（9）：1413-1424.

[75] 魏玉伟. 基于分子印迹的喹乙醇痕量残留的提取及检测方法研究[D]. 济南：山东师范大学，2011.

[76] 刘同民，权仁子. 一阶导数分光光度法测定促生长剂中喹乙醇的含量[J]. 中国兽药杂志，2000, 3: 30-31.

[77] 范伟军. 复方制剂中痢菌净和喹乙醇含量的测定[J]. 中国兽药杂志，2001, 5: 24-25.

[78] 苗小楼，徐忠赞，薛飞群，等. 紫外分光光度法测定喹烯酮预混剂中喹烯酮含量[J]. 中兽医医药杂志，2000, 3: 41.

[79] Wang L，Zhang J Y，Cui D A，et al. A monoclonal antibody-based indirect competitive enzyme-linked immunosorbent assay for the determination of olaquindox in animal feed [J]. Anal Lett, 2014, 47（6）：1015-1030.

[80] Song C，Liu Q，Zhi A，et al. Development of a lateral flow colloidal gold immunoassay strip for the rapid detection of olaquindox residues [J]. J Agric Food Chem, 2011, 59 (17)：9319-9326.

[81] Peng J，Kong D Z，Liu L Q，et al. Determination of quinoxaline antibiotics in fish feed by enzyme-linked immunosorbent assay using a monoclonal antibody [J]. Analytical Methods, 2015，7（12）：5204-5209.

[82] 郭玲玲．动物源食品中五类化学药物残留的免疫快速检测技术[D]. 无锡：江南大学，2019.

[83] Zhang Y，Zhou S，Chang X，et al. Development of a sensitive chemiluminescent immuno-assay for the determination of 3-methyl-quinoxaline-2-carboxylic acid and quinoxaline-2-carbox-ylic acid in edible animal tissues using immunomagnetic beads capturing [J]. Anal Sci，2019，35（12）：1291-1293.

[84] Li G，Zhao L，Zhou F，et al. Monoclonal antibody production and indirect competitive en-zyme-linked immunosorbent assay development of 3-methyl-quinoxaline-2-carboxylic acid based on novel haptens [J]. Food Chem，2016，209：279-285.

[85] 白玉惠，王鹤佳，刘智宏，等．新型喹乙醇残留标志物人工半抗原的设计及其在动物组织残留检测中的应用[J]. 中国兽药杂志，2016，50：22-28.

[86] Cheng L，Shen J，Wang Z，et al. A sensitive and specific ELISA for determining a residue marker of three quinoxaline antibiotics in swine liver [J]. Anal Bioanal Chem，2013，405（8）：2653-2659.

[87] Jiang W，Beier R C，Wang Z，et al. Simultaneous screening analysis of 3-methyl-quinoxa-line-2-carboxylic acid and quinoxaline-2-carboxylic acid residues in edible animal tissues by a competitive indirect immunoassay [J]. J Agric Food Chem，2013，61（42）：10018-10025.

[88] 李前进，周峰，祝美云，等．3-甲基-喹噁啉-2-羧酸半抗原的定向合成与鉴定[J]. 中国食品学报，2015，15：197-205.

[89] Le T，Xu J，Jia Y Y，et al. Development and validation of an immunochromatographic as-say for the rapid detection of quinoxaline-2-carboxylic acid，the major metabolite of carbadox in the edible tissues of pigs [J]. Food Addit Contam Part A Chem Anal Control Expo Risk Assess，2012，29（6）：925-934.

[90] Peng D，Zhang Z，Chen D，et al. Development and validation of an indirect competitive en-zyme-linked immunosorbent assay for monitoring quinoxaline-2-carboxylic acid in the edible tis-sues of animals [J]. Food Addit Contam Part A Chem Anal Control Expo Risk Assess，2011，28（11）：1524-1533.

[91] Le T，Yu H，Niu X. Detecting quinoxaline-2-carboxylic acid in animal tissues by using sensi-tive rapid enzyme-linked immunosorbent assay and time-resolved fluoroimmunoassay [J]. Food Chem，2015，175：85-91.

[92] 王磊．喹乙醇 ELISA 检测技术单克隆抗体制备与评价[D]. 北京：中国农业科学院，2012.

[93] 桑永玉．喹乙醇 mAb 的制备及其 dcTRFIA 分析方法的建立[D]. 杭州：浙江工商大学，2015.

[94] 郭建军．喹乙醇化学发光免疫技术及时间分辨荧光免疫层析技术研究[D]. 杭州：浙江工商大学，2020.

[95] Zhang X Y，Peng D P，Pan Y H，et al. A novel hapten and monoclonal-based enzyme-linked immunosorbent assay for 3-methyl-quinoxaline-2-carboxylic acid in edible animal tissues [J]. Analytical Methods，2015，7（16）：6588-6594.

[96] Le T，Zhu L，Yu H. Dual-label quantum dot-based immunoassay for simultaneous determi-nation of Carbadox and Olaquindox metabolites in animal tissues [J]. Food Chem，2016，199：70-74.

[97] 霍如林，朱爱荣，张林，等．胶体金免疫层析法快速定量检测猪肝中喹乙醇残留[J]. 食品工业科技，2014，35：299-302.

[98] 周彤，危丽俊，程祥磊．喹乙醇残留速测金标试纸条的研制[J]. 中国卫生检验杂志，2013，23：3322-3324.

[99] Le T，Wei S，Niu X D，et al. Development of a time-resolved fluoroimmunoassay for the rapid detection of methyl-3-quinoxaline-2-carboxylic acid in porcine tissues [J]. Anal Lett，2014，47（4）：606-615.

[100] Wan X, Wang X, Tao X. Determination of 3-methyl-quinoxaline-2-carboxylic acid and quinoxaline-2-carboxylic acid in pork based on a background fluorescence quenching immunochromatographic Assay [J]. Anal Sci, 2020, 36 (7): 783-785.

[101] Le T, Zhu L Q, Shu L H, et al. Simultaneous determination of five quinoxaline-1,4-dioxides in animal feeds using an immunochromatographic strip [J]. Food Addit Contam A, 2016, 33 (2): 244-251.

[102] Chen W, Jiang Y, Ji B Q, et al. Automated and ultrasensitive detection of methyl-3-quinoxaline-2-carboxylic acid by using gold nanoparticles probes SIA-rt-PCR [J]. Biosensors & Bioelectronics, 2009, 24 (9): 2858-2863.

[103] 田景升，李东东，赵玲钰，等．喹乙醇印迹传感器的制备及其在喹噁啉类药物残留快检中的应用[J]. 食品科学，2021，42: 316-324.

[104] 白晓云．分子印迹传感检测喹乙醇的研究[D]. 天津：天津科技大学，2019.

[105] Xu T C, Zhang L, Yang J C, et al. Development of electrochemical method for the determination of olaquindox using multi-walled carbon nanotubes modified glassy carbon electrode [J].Talanta, 2013, 109: 185-190.

[106] Yang Y, Fang G, Liu G, et al. Electrochemical sensor based on molecularly imprinted polymer film via sol-gel technology and multi-walled carbon nanotubes-chitosan functional layer for sensitive determination of quinoxaline-2-carboxylic acid [J]. Biosens Bioelectron, 2013, 47: 475-481.

[107] Peng D, Kavanagh O, Gao H, et al. Surface plasmon resonance biosensor for the determination of 3-methyl-quinoxaline-2-carboxylic acid, the marker residue of olaquindox, in swine tissues [J]. Food Chem, 2020, 302: 124623.

[108] Yang Y, Fang G, Wang X, et al. Sensitive and selective electrochemical determination of quinoxaline-2-carboxylic acid based on bilayer of novel poly (pyrrole) functional composite using one-step electro-polymerization and molecularly imprinted poly (o-phenylenediamine) [J]. Anal Chim Acta, 2014, 806: 136-143.

第 9 章
硝基呋喃类
药物残留
分析

硝基呋喃类药物（nitrofurans，NFs）是一种广谱抗生素，因价格较低且效果好，而广泛用于畜禽（如家禽、猪、牛）、水产养殖业（鱼和虾），以治疗由大肠杆菌或沙门菌所引起的肠炎、赤鳍病、溃疡病等，还可用于养蜂业的预防和治疗细菌和原虫感染[1,2]。此外，此类药物还作为饲料添加剂和生长促进剂应用于畜禽养殖和水产养殖[3]。因此硝基呋喃类药物残留受到了社会的广泛关注。硝基呋喃类药物为黄色粉末，极微溶于水，极易溶于 N,N-二甲基甲酰胺（N,N-dimethylformamide，DMF）[4]。常见的硝基呋喃类药物有呋喃唑酮（furazolidone，FZD）、呋喃它酮（furaltadone，FTD）、呋喃西林（nitrofurazone，NFZ）和呋喃妥因（nitrofurantoin，NFT）。硝基呋喃类原型药在生物体内代谢迅速，无法检测，但其代谢产物与蛋白质结合相当稳定，故利用代谢物的检测可反映硝基呋喃类药物的残留情况。FZD、FTD、NFZ 和 NFT 的标志性代谢物分别为 3-氨基-2-噁唑烷酮（3-amino-2-oxazolidinone，AOZ）、5-甲基吗啉-3-氨基-2-噁唑烷酮（5-morpholinomethyl-3-amino-2-oxazolidone，AMOZ）、氨基脲（semicarbazide，SEM）、1-氨基乙内酰脲（1-amino-hydantoin，AHD）[5]。本章主要介绍硝基呋喃类药物的性质结构、国内外限量及其样品处理方法和残留分析方法等内容。

9.1

结构与性质

硝基呋喃类药物结构比较相似，呋喃核的 5 位是一个硝基基团，2 位通常通过亚甲氨基与不同的基团相连，包括烷基、酰基、羟烷基、羧基等[6]。FZD 一般为黄色粉末或者结晶，无味或味苦，不溶于水，能溶于 DMF，对光敏感，一般在低温避光条件下保存。硝基呋喃类抗生素进入动物体内后，会在动物体内快速代谢，不易被检测到，但生成的代谢物与蛋白质结合较为稳定，可以在动物体内长期积累。因此硝基呋喃类抗生素的检测主要包括原药和代谢物的检测。

常见的硝基呋喃类药物及其理化性质如下：

FZD 又名痢特灵，化学名称为 3-(5-硝基糠醛缩氨基)-2-噁唑烷酮，分子式为 $C_8H_7N_3O_5$，CAS 号为 67-45-8，分子量为 225.16，结构式见图 9-1。FZD 为淡黄色结晶或粉末，无臭，味微苦，不溶于水、乙醇，微溶于氯仿，稍溶于 DMF。其 pK_a 为 -1.98 ± 0.20。FZD 遇碱分解，光照下颜色变暗。呋喃唑酮在机体内主要代谢产物为 AOZ。

FTD 又名呋吗唑酮，化学名称为 5-(4-吗啉基甲基)-3-(5-硝基-2-呋喃亚甲基氨基)-2-噁唑啉酮，分子式为 $C_{13}H_{16}N_4O_6$，CAS 号为 139-91-3，分子量为 324.29，结构式见图 9-2。FTD 为柠檬黄色细微晶体或黄色粉末，无臭，味苦，难溶于水和乙醇，微溶于氯仿，溶于 DMF 和硝基甲烷中。其 pK_a 为 6.19 ± 0.10。FTD 在机体内主要代谢产物为 AMOZ。

NFZ 又名硝呋醛、硝基呋喃腙、呋喃新、呋喃星，化学名称为 5-硝基-2-糠醛缩氨基脲，分子式为 $C_6H_6N_4O_4$，CAS 号为 59-87-0，分子量为 198.14，结构式见图 9-3。NFZ 为淡黄色晶体，无臭，味苦。极微溶于水，微溶于乙醇，溶于聚乙二醇，几乎不溶于氯仿和乙醚。其 pK_a 为 10.98 ± 0.46。NFZ 长期暴露于光线下颜色渐深，在碱性溶液中为深橙色，对热敏感，避光时固态下稳定，低浓度的 NFZ 溶液有较强的光敏性，因此 NFZ 应在酸性、密封、避光条件下储存。NFZ 在机体内主要代谢产物为 SEM。

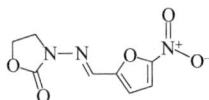

图 9-1 呋喃唑酮的结构式　　　图 9-2 呋喃它酮的结构式　　　图 9-3 呋喃西林的结构式

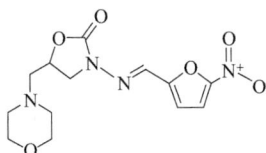

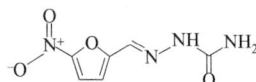

NFT，又名呋喃坦啶、呋喃咀啶、呋喃妥英，化学名称为 1-[[(5-硝基-2-呋喃基)亚甲基]氨基]-2,4-咪唑烷二酮，分子式为 $C_8H_6N_4O_5$，CAS 号为 67-20-9，分子量为 238.16，结构式见图 9-4。NFT 为柠檬黄色晶体或细黄色粉末，无臭，有苦味。NFT 几乎不溶于水和氯仿，极微溶于乙醇，微溶于丙酮，能溶于 DMF 和聚乙二醇。其 pK_a 为 7.55 ± 0.10。NFT 对热敏感，在光照或碱性条件下变色，遇不锈钢或铝以外的金属会分解。NFT 在机体内的主要代谢产物为 AHD。

硝呋柳肼（nifursol，NFS），又名硝呋索尔、尼呋索尔，化学名称为 2-羟基-3,5-二硝基-2′-(5-硝基呋喃甲叉)-苯酰肼，分子式为 $C_{12}H_7N_5O_9$，CAS 号为 16915-70-1，分子量为 365.21，结构式见图 9-5。NFS 为鲜黄色结晶或者黄色粉末，无味。pK_a 为 2.59 ± 0.38。NFS 在酸性条件下可以稳定存在，对光敏感。NFS 在机体内的主要代谢产物为 3,5-二硝基水杨酸肼（3,5-dintrosalicylic hydrazide，DNSAH）。

硝呋烯腙（nitrovin，NTV），又名乃托文，化学名称为 1,5-双(5-硝基-2-呋喃)-1,4-戊二烯-3-酮脒基腙，分子式为 $C_{14}H_{12}N_6O_6$，CAS 号为 804-36-4，分子量 360.28，结构式见图 9-6。NTV 为暗紫色结晶，pK_a 为 7.72 ± 0.70。NTV 在体内多以母体形式存在和积累，也有研究用氨基胍（AGN）作为 NTV 在体内的标志性代谢产物。

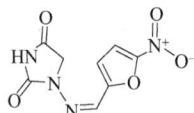

图 9-4 呋喃妥因的结构式　　　图 9-5 硝呋柳肼的结构式　　　图 9-6 硝呋烯腙的结构式

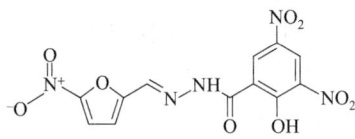

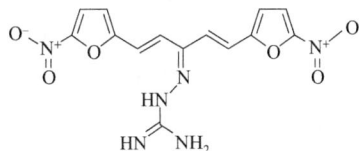

硝呋酚酰肼（nifuroxazide，NFX），又名硝呋齐特，化学名称为 5-硝基-2-糠基-4-羟基苯甲酰肼，分子式为 $C_{12}H_9N_3O_5$，CAS 号为 965-52-6，分子量 275.22，结构式见图 9-7。NFX 几乎不溶于水和二氯甲烷，微溶于乙醇。pK_a 为 8.36 ± 0.15。NFX 不稳定，光照 2 小时后会转变为同分异构体[7]；在水/DMF 中发生可逆反应，生成游离硝基，在水中发生不可逆反应生成羟胺[8]。目前常将 4-羟基苯甲酰肼（4-hydroxybenzhydrazide，HBH）作为 NFX 的标志性代谢产物[9]。

硝呋替莫（nifurtimox），又名硝呋莫司，化学名称为 (E)-3-甲基-4-{[(5-硝基-2-呋喃基)亚甲基]氨基}四氢-1,4-噻嗪-1,1-二氧化物，分子式为 $C_{10}H_{13}N_3O_5S$，CAS 号为 23256-30-6，分子量 287.29，结构式见图 9-8。硝呋替莫几乎不溶于水，微溶于二甲基亚砜，pK$_a$ 为－1.01±0.40。

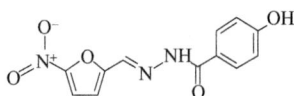

图 9-7　硝呋酚酰肼的结构式

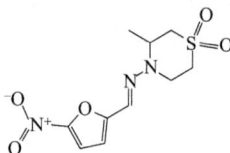

图 9-8　硝呋替莫的结构式

硝呋地腙（nifuraldezone），化学名称为 N-（5-硝基糠氨基）氧酰胺，分子式是 C$_7$H$_6$N$_4$O$_5$，CAS 号为 3270-71-1，分子量 226.15，结构式见图 9-9，pK$_a$ 为 9.62±0.46。硝呋地腙在机体内的主要代谢产物为奥肼（oxamic acid hydrazide，OAH）。

呋喃苯烯酸钠（sodium nifurstylenate，NSTY），化学名称为 4-[2-（5-硝基-2-呋喃)乙烯]苯甲酸钠，分子式为 C$_{13}$H$_8$NNaO$_5$，CAS 号为 54992-23-3，分子量 281.21，结构式见图 9-10。

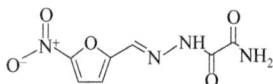

图 9-9　硝呋地腙的结构式

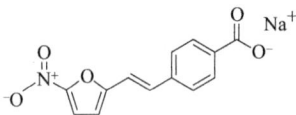

图 9-10　呋喃苯烯酸钠的结构式

9.2

药学机制（抗菌机制）

硝基呋喃类药物抗菌谱较广，对大肠杆菌、沙门菌、金黄色葡萄球菌、化脓性链球菌、霍乱弧菌等大多数革兰氏阴性菌和阳性菌都有抑制作用，一定浓度下，对某些原虫、真菌亦有一定作用。常用于治疗家畜和水产等养殖动物的肠炎、疖疮和溃疡等疾病。此外，硝基呋喃类药物还能作为饲料添加剂和促生长剂用于畜禽和水产养殖[10]。人医临床中，硝基呋喃类抗生素还可作为消毒防腐药用于治疗皮肤或黏膜感染[11,12]、霍乱[13]、细菌性腹泻[14]、尿路感染[15]、贾第虫病[16] 等。硝基呋喃类抗生素的抗菌效果不受血液、粪便、脓液和组织分解产物等的影响，外用较少刺激组织，并且细菌不容易对其产生耐药性。

硝基呋喃类药物是一类前体药物，主要通过硝基还原酶将母体药物活化产生细胞毒性。在细菌中，硝基还原酶以黄素单核苷酸（flavin mononucleotide，FMN）为辅基，NADP/NADPH 作为电子供体，通过将 5-硝基的双电子还原，生成亚硝基和羟胺，并进一步与微生物的 DNA、蛋白质或其他生物分子结合形成稳定的代谢产物[17]。能还原硝基呋喃类药物的酶包括对氧不敏感的硝基还原酶 NfsA 和 NfsB 以及对氧敏感的硝基还原酶（Type Ⅱ 型）、偶氮还原酶等[18,19]。微生物对硝基呋喃类药物产生耐药突变时所需的能量较高，因而不易产生抗药性[20]。

FZD 可以通过干扰细菌氧化还原酶活性，导致代谢紊乱和细菌死亡，有抗原虫和抗菌活性，因而可以用于治疗细菌或原虫引起的腹泻或肠炎[21]。FZD 在体内迅速代谢，其代谢产物能够抑制单胺氧化酶活性[22]。此外，FZD 减缓了辐射诱导的损伤，抑制了凋亡和自噬，从而提高了小鼠辐射后的存活率[23]。极低浓度下，FZD 还能抑制多种急性髓系白血病（acute myeloid leukemia，AML）细胞增殖，诱导骨髓细胞分化，具有抗白血病活性[24]。NF-κB 是一种黑色素瘤致病因子，与细胞存活相关基因转录有关，FZD 可以通过抑制 NF-κB 信号通路诱导小细胞肺癌细胞凋亡[25]。分子对接模拟实验发现 FZD 还有可能通过作用于鸟苷单磷酸还原酶（guanosine monophosphate reductase，GMPR）来治疗皮肤黑色素瘤[26]。

NFT 口服吸收效果良好，可经尿液迅速排出，多用于治疗尿路感染。在较高浓度下，对多数革兰氏阳性菌和革兰氏阴性菌具有杀灭作用，临床上对大肠杆菌和柠檬酸菌敏感。NFT 的作用机制复杂，一般认为，硝基呋喃被细菌细胞内的硝基还原酶还原后产生中间代谢物，中间代谢产物可以与细菌核糖体结合并抑制 DNA、RNA、细胞壁、蛋白质合成和其他代谢相关酶的合成，并影响细菌细胞内的代谢能量。当硝基还原酶活性受到抑制时，NFT 也显示出抗菌活性[27]。

FTD 通过抑制 Lyn/Syk 途径肥大细胞的活化，显著改善了抗原诱导的小鼠过敏反应。

硝基还原酶和偶氮还原酶都可以诱导 NFZ 在体内的还原[28]。

NFS 多用于兽药添加剂，可用于火鸡组织滴虫病（黑头病）的预防，治疗由大肠杆菌和沙门菌引起的牛、猪、家禽细菌性肠炎[29]。

NTV 常用作饲料添加剂，有促生长作用。不同于其他硝基呋喃类抗生素，NTV 以 C=C 键与硝基呋喃环相连，C=C 键键能高，不易裂开，故 NTV 多以母体形式排泄或在体内蓄积[30,31]。也有研究用氨基胍（aminoguanidine，AGN）作为 NTV 在体内的标志性代谢产物。

NFX 是一种口服硝基呋喃类抗生素，常用作止泻药。NFX 是 STAT3 的有效抑制剂，能抑制细胞内 STAT1/3/5 转录活性的激活，且具有抗癌和抗转移活性[32]。NFX 能抑制肺髓源性抑制细胞数目，且没有明显的细胞毒性，因此被视为潜在的腺癌生长转移抑制剂[33]。此外，它还能抑制结直肠癌和黑色素瘤细胞的增殖[34]，促进对肿瘤的免疫反应。NFX 可减少糖尿病肾组织中的肾巨噬细胞浸润和纤维化[35]，抑制和逆转肺纤维化[36,37]。

硝呋替莫于 2020 年 8 月被 FDA 批准上市，可用于美洲锥虫病、贾第虫病等的治疗。硝呋替莫在细胞内被还原成硝基阴离子自由基、过氧化氢和超氧化物自由基等活性氧（reactive oxygen species，ROS）[38]。

9.3

毒理学

随着研究日益深入，目前发现，长期或大量使用硝基呋喃类药物会对畜禽产生毒性作用，NFZ 毒性较强，FZD 毒性较弱。硝基呋喃类抗生素还有致突变性[39]、遗传毒性和潜在致癌性，FTD有强致癌性，FZD致癌强度为中等。此外，硝基呋喃类抗生素进入机体后会迅速代谢，代谢产物会与蛋白质紧密结合，形成稳定的蛋白质结合代谢物，在机体内长期存在。结合态的代谢物通过食物链进入人体后，在胃酸作用下被释放出来，生成的游离态代谢产物被人体吸收后可能会引起各种疾病。蛋白质结合态的代谢产物主要在动物体的主要药物代谢器官肝脏中积累。

硝基呋喃类药物进入细胞后，硝基基团在酶的作用下会引起单电子还原，并且通过氧化还原循环产生ROS，产生细胞毒性，这是硝基呋喃类药物细胞毒性的主要来源。但是也有研究表明，硝基以外的部分也具有一定的细胞毒性。一些不含硝基的硝基呋喃代谢物可以在氧化还原循环的途径产生胞内ROS。并且，细胞毒性的产生并不都与ROS产生相关，一些代谢产物虽然不产生ROS，但是仍然具有很强的细胞毒性；一些代谢物还能抑制胞浆谷胱甘肽-S-转移酶活性。硝基呋喃代谢物还会对酶的辅基造成不可逆的损伤，多肽链降解，胞内或游离DNA和RNA链断裂。细胞DNA被降解为2000Mb的小碎片，而rRNA被完全破坏[40]。

FZD的长期或大量使用可能会引起机体的明显毒副作用。雏鸡饲料中加入FZD，雏鸡会表现出厌食、体重下降、出现腹水、腿无力和神经紊乱（如抽搐和斜颈）、肝毒性、贫血和血浆蛋白减少等症状[41]。牛犊对FZD非常敏感，饲料中加入FZD，牛犊会出现生长迟缓、血小板减少和白细胞减少，甚至会出血[42]。FZD还会对生殖产生不利影响，导致日本鹌鹑的产蛋量、孵化率和繁殖力下降，大鼠体重和睾丸重量减少，以及睾丸间质细胞和生精小管的结构损伤等。婴幼儿或成年人接触或摄入FZD后，可能会诱发过敏性接触性皮炎和急性环状荨麻疹。FZD有基因毒性、潜在的致癌性和较强的潜在致突变性，回复突变性试验和SOS显色试验表明，FZD是强致突变剂[39,43]。有研究表明，FZD的致癌性和致突变性存在剂量依赖效应[44,45]。世界卫生组织将FZD列为三类致癌物。

肝脏是FZD的主要代谢器官，其代谢产物AOZ可能会在肝脏中累积。FZD进入机体后，会迅速代谢，其代谢过程可能会产生超氧阴离子和硝基阴离子，与氧反应并诱导蛋白质和DNA损伤[40]。FZD的硝基具有强电子亲和性，易与谷胱甘肽结合从而使体内谷胱甘肽含量下降，使机体出现严重的毒性反应[46]。

对细胞毒性的研究发现，FZD会诱导细胞凋亡，细胞周期调控的相关周期蛋白和信号通路也会发生相应变化。FZD通过ROS依赖性线粒体信号通路介导人肝癌细胞HepG2的凋亡，这一过程与PI3K/Akt信号通路相关且呈剂量依赖效应[47]。HepG2细胞中，FZD的添加还会导致S期细胞生长抑制和细胞周期停滞，DNA链断裂，细胞内ROS和8-羟基脱氧鸟苷水平增加，ROS的产生进而引起DNA损伤，线粒体DNA对此更为敏感[48]。p38丝裂原活化蛋白激酶（p38 mitogen-activated protein kinase，p38 MAPK）也参与了与FZD诱导的S期细胞周期阻滞和细胞死亡[49]。HepG2的细胞凋亡过程还可以被P21Waf1/Cip1蛋白通过诱导ROS产生和半胱天冬酶活化抑制，P21Waf1/Cip1是一种细胞周期蛋白依赖性激酶抑制剂，可以通过影响caspase-3活化和ROS生成，在FZD诱导的HepG2细胞凋亡中起关键作用[50]。转录组学的研究表明，FZD会导致铁摄取调节蛋白（ferric uptake regulator，Fur）失活，引起铁饥饿；中心碳代谢和呼吸相关基因下调，核糖体蛋白相关基因上调；外排泵基因（acrA，acrB）上调，孔蛋白基因（ompC，ompF）下调，并诱导应激反应[51]。

NFZ对人、贝类、哺乳动物和纤毛原生动物都有一定毒性，可能会诱发人过敏性接触皮炎，对小鼠有一定的生殖毒性。由于原生动物对NFZ较为敏感且具有反应容易观察的特点，原生动物可以作为生物标志物评估环境中 NFZ 的生态毒性[52]。NFZ 被硝基还原酶还原后产生细胞毒性，还原产物能靶向 DNA，诱导自由基损伤，导致 DNA 链断裂，具有致突变性和致癌性。NFZ 提高了大鼠乳腺肿瘤和雌性小鼠卵巢肿瘤的发病率，其机制可能是 NFZ 代谢物通过 DNA 损伤诱导肿瘤产生，NFZ 还能通过促进细胞增殖进一步促进癌症的发展[53]。

NFZ 在动物体内的半衰期短，代谢迅速，原药本身难以被检测，而其主要代谢物 SEM 能与蛋白质紧密结合，形成稳定的残留物质，可在体内存在几周。SEM 会造成大鼠子宫、卵巢、睾丸、胸腺、脾脏、甲状腺、肾上腺、胰脏以及骨端软骨等多个组织器官病变，通过抑制大鼠体内抑制性神经递质 γ-氨基丁酸（GABA）合成酶 GAD 导致大鼠自发行为活动增强，通过感染神经信号转导导致认知功能缺失等。体外试验和部分活体试验中，SEM 还表现出弱致突变性和弱遗传毒性。雌性大鼠中的实验表明 SEM 还有抗雌激素效应。

NFT 临床上的不良反应包括常见的头痛、嗜睡和周围神经炎，长期使用可能会引起肺纤维化，还可能会引起肝炎。NFT 的硝基还原代谢是其引起细胞毒性的主要原因，NFT 的硝基在酶的作用下，生成亚硝基和羟胺中间体，谷胱甘肽还原酶活性受抑制，谷胱甘肽含量降低，产生细胞毒性[54]。在还原过程中，产生的硝基阴离子自由基有氧条件下在大鼠肝线粒体参与氧化还原循环，并且这些硝基阴离子自由基能形成超氧化物并随后形成羟基自由基，这些自由基可能导致肝细胞损伤。介导硝基还原的酶多为 P450 还原酶和胞质黄嘌呤氧化酶。此外呋喃环也能够被活化，生成的亲电子环氧化物可以与生物大分子的亲核位点发生反应。NFT 的侧链也可能导致一定的细胞毒性。NFT 还原产生的 ROS 也能诱发细胞毒性。

硝呋替莫的毒副作用包括厌食、体重减轻、嗜睡，消化表现如恶心或呕吐，偶尔也会出现肠绞痛和腹泻等，分子机制是硝呋替莫还原产生的硝基阴离子自由基可能通过氧化还原循环过程干扰代谢[55]。

9.4

国内外残留限量要求

目前，世界各国对硝基呋喃类药物都进行了严格控制，对硝基呋喃类药物的检测主要针对其代谢物，将代谢物作为检测硝基呋喃类药物的依据。

我国农业部于 2002 年 12 月 24 日发布的公告第 235 号[56] 中规定将 FZD、FTD 列为禁止用于所有食品动物的兽药。农业农村部于 2019 年 12 月 27 日发布公告第 250 号[57]，将硝基呋喃类药物 NFZ、NFT、FTD、FZD、NSTY 列入食品动物中禁止使用的药品及其他化合物清单。自此，四类主要的硝基呋喃类药物及其代谢物在国内畜牧产业中的使用均被全面禁止。表 9-1 对国家标准中硝基呋喃类药物检测方法、基质、检测限（LOD 和 LOQ）进行了汇总。

1990 年起，欧盟 2337/90/EEC 条例中将硝基呋喃类药物及其代谢物列为 A 类禁用药物[58]，不得在动物源性食品中的使用。1995年欧盟发布EC/1442/95条例，将FZD列为不得检出药物。2003/181/EC把畜禽、水产中的四种硝基呋喃药物的最大残留限量明确规定为1μg/kg。美国食品药品管理局（FDA）于1991年取消了NFZ、FZD的兽药申请书，并将此产品列入11种动物源性食品中禁止使用的药物名单。日本在2006年起实施了食品中农业化学品残留的"肯定列表制度"，对硝基呋喃类代谢物残留的检测限规定为0.5μg/kg[59]。2005年起，FDA和欧洲药品管理局（EMA）全面禁止硝基呋喃类药物在人类和动物中使用。

表9-1 我国国家标准中检测方法及相应限量

名称	基质	LOD	LOQ	检测方法	国家标准
AOZ,AMOZ,AHD,SEM	饲料	0.3mg/kg	1.0mg/kg	HPLC	农业部1486号公告-8-2010
AOZ,AMOZ,AHD,SEM	肌肉,内脏,鱼,虾,蛋,奶,蜂蜜,肠衣	—	0.5μg/kg	HPLC-MS/MS	GB/T 21311—2007
AOZ,AMOZ,AHD,SEM	水产品	0.25μg/kg	0.5μg/kg	LC-MS/MS	农业部783号公告-1-2006
AOZ,AMOZ,AHD,SEM	猪肉,牛肉,鸡肉,猪肝,水产品（鱼类、虾蟹类和贝类）	0.5μg/kg	—	LC-MS/MS	GB/T 20752—2006
AOZ,AMOZ,AHD,SEM	动物源性食品	0.25ng/g	0.5ng/g	HPLC-MS/MS	农业部781号公告-4-2006
AOZ,AMOZ,AHD,SEM	水产品	0.5μg/kg	1.0μg/kg	HPLC-MS/MS	农业部1077号公告-2-2008
AOZ,AMOZ,AHD,SEM	饲料	—	—	LC-MS/MS	农业部2349号公告-6-2015
AOZ,AMOZ,AHD,SEM	蜂王浆	0.5μg/kg	—	LC-MS/MS	GB/T 21167—2007
AOZ,AMOZ,AHD,SEM	肠衣	0.5μg/kg	—	LC-MS/MS	GB/T 21166—2007
AOZ,AMOZ,AHD,SEM	宠物饲料	0.25μg/kg	0.5μg/kg	LC-MS/MS	GB/T 39670—2020
AOZ,AMOZ,AHD,SEM	进口蜂王浆	0.5μg/kg	—	HPLC-MS/MS	SN/T 2061—2008
AOZ,AMOZ,AHD,SEM	水产品（鱼肉、虾肉、蟹肉）	0.5μg/kg	—	胶体金免疫色谱法	KJ201705
AOZ,AMOZ,AHD,SEM	水和沉积物	0.1μg/L	0.2μg/L	LC-MS/MS	DB12/T 865—2019
AOZ,AMOZ,AHD,SEM	水产品（鱼、甲鱼、龟肌肉组织、蟹去壳、肠腺的可食用组织）	1.0μg/kg	—	胶体金免疫色谱法	DB34/T 2253—2014
AOZ,AMOZ,AHD,SEM	水产品	0.5μg/kg	—	HPLC-荧光法	DB34/T 1839—2013
AOZ,AMOZ,AHD,SEM	虾组织	1.0μg/kg	—	胶体金免疫色谱法	SN/T 4541.1—2016

9.5

样品处理方法

9.5.1 样品类型

硝基呋喃类药物的残留分析，主要针对以下样品类型：液体样品如奶和蜂蜜；组织样品如肌肉、内脏；水产样品如鱼类、虾蟹类和贝类；饲料样品如宠物饲料；鸡蛋样品；等等。

9.5.2 样品制备与提取

样品前处理过程是后续检测过程中分析物正确识别、确证以及定量的关键一环。在处理过程中不仅要对不同基质中的目标待测物进行分离和预浓缩，还要使分析物变得更适合于后续的分离和检测。样品制备过程需要占据大量时间，通常占全部分析时间的70%以上。液体样品的制备可以使用氯化钠进行稀释[60]，冷冻脱水[61]，或使用均质等方法进行处理。液体样品在提取前先通过稀释、搅拌或均质等方法进行样品预处理。肌肉、内脏等组织样品需通过加入水、氯化钠溶液或稀盐酸溶液进行均质处理后再进行提取和净化操作。

提取过程一般采用乙腈、乙酸乙酯、二氯甲烷和二氯乙烷等有机溶剂，混合离心后，将样品中的待测物质提取至有机相中。若样品中蛋白质杂质干扰较大，可以使用三氯乙酸、甲醇-乙醇-乙醚溶液、偏磷酸-甲醇溶液、柠檬酸-磷酸氢二钠溶液或氯仿-乙酸乙酯-二甲亚砜溶液等沉淀样品中的蛋白质杂质，排除干扰。

9.5.2.1 液体样品的制备与提取

牛奶样品的制备：可取适量新鲜或冷藏样品，使用均质方法进行样品制备，制备好的样品于−20℃以下保存。对于蜂蜜样品来说，无结晶样品可直接将其搅拌均匀，有结晶样品需在密闭情况下，置于不超过60℃的水浴中温热并振荡，待样品全部融化后搅拌均匀并冷却至室温后使用。制备完成的样品可保存于室温[62]。

根据GB/T 21311—2007[62]，液体样品如奶和蜂蜜中的水解和衍生化可按照如下方法进行操作。称取适量样品于塑料离心管中，加入10~20mL 0.2mol/L盐酸水解后，使用均质机以10000r/min均质1min，再依次加入0.01mol/L混合内标标准溶液100μL、0.1mol/L邻硝基苯甲醛溶液100μL，涡旋混合30s，振荡30min后，置于37℃恒温箱中过夜16h反应。GB/T 21167—2007中[63]也规定了蜂蜜样品中的水解和衍生化，准确称取2g样品，置于50mL具塞离心管中，准确加入0.1mL 50ng/mL四种标准内标混合溶液、2mL 25%三氯乙酸溶液和3mL水于液体混匀器中快速混合1min，室温下振荡60min。2500r/min离心5min后，转移上层清液于干净50mL玻璃离心管中，加入150μL

邻硝基苯甲醛溶液，37℃水浴振荡过夜（16h）。

GB/T 21167—2007 中[63] 也规定了蜂蜜样品中待测物的提取净化步骤。将样品冷却至室温后，加入 4mL 磷酸氢二钾缓冲液（1mol/L），调节样品溶液 pH 至 7～7.5 范围内。加入 10mL 乙酸乙酯，混合 30s，2500r/min 离心 5min，取上层乙酸乙酯溶液至 50mL 玻璃试管中，再加入 8mL 乙酸乙酯，重复上述提取步骤。合并提取液，40℃水浴旋转蒸发至干。用甲醇-水溶液（4∶6，体积比）1mL 定容后，过 0.45μm 滤膜后待测。

9.5.2.2　组织样品的制备与提取

肌肉、内脏等组织样品可取适量样品用组织捣碎机充分捣碎混匀后密封，处理后的样品置于－18℃冷冻避光保存。肠衣需切割成不超过 5mm 的块状，装入洁净容器密封。处理后的样品置于－18℃冷冻避光保存。

根据 GB/T 21311—2007[62]，组织样品如肌肉和内脏中的水解和衍生化，称取约适量样品于塑料离心管中，加入 10mL 甲醇-水溶液（1∶1，体积比），振荡 10min 后，4000r/min 离心 5min，弃去液体。残留物中加入 10mL 0.2mol/L 盐酸水解后，用均质机以 10000r/min 均质 1min，再依次加入 0.01mol/L 混合内标标准溶液 100μL、0.1mol/L 邻硝基苯甲醛溶液 100μL，涡旋混合 30s 后，再振荡 30min，置 37℃ 恒温箱中过夜（16h）。

GB/T 21311—2007[62] 规定了组织样品（如肌肉、内脏和肠衣）中待测物的提取净化步骤，将样品冷却至室温后，加入 1～2mL 0.3mol/L 磷酸钾（1mL 盐酸溶液中加入 0.1mL 磷酸钾溶液），使用 2mol/L 氢氧化钠将 pH 值调至 7.4±0.2 后，再加入 10～20mL 乙酸乙酯（体积与盐酸溶液体积保持一致），振荡提取 10min 后，以 10000r/min 离心 10min，收集乙酸乙酯层。残留物用 10～20mL 乙酸乙酯再提取一次，合并乙酸乙酯层。收集液在 40℃下用氮气吹干，残渣用 1mL 0.1％甲酸水溶液（含 0.0005mol/L 乙酸铵）溶解，再用 3mL 乙腈饱和的正己烷分两次进行液-液分配，去除脂肪。将下层水相过 0.2μm 微孔滤膜后待测。

9.5.2.3　水产样品的制备与提取

水产样品的制备需取可食用部分，切割成小块状并充分匀浆备用。

根据农业部发布的 783 号公告-1-2006[64] 中水产样品的水解和衍生化操作，称取适量样品于离心管中，加入混合内标标准溶液 0.05mL（100μg/mL 同位素内标溶液 AOZ-D$_4$、AMOZ-^{13}C$_3$、AHD-^{13}C$_3$、SEM·HCl-^{13}C-^{15}N$_2$ 用水逐级稀释至 100ng/mL）后涡旋混合，加入 5mL 盐酸（0.2mol/L）和 0.15mL 2-硝基苯甲醛（2-nitrobenzaldehyde，2-NBA）溶液（0.05mol/L），涡旋混合后，置于恒温水浴振荡器中 37℃避光振荡 16h。

农业部 783 号公告-1-2006[64] 中规定了水产样品中待测物的提取净化步骤，将样品冷却至室温，加入 3～5mL 磷酸氢二钾溶液（1mol/L），调节 pH 至 7.0～7.5，加入 4mL 乙酸乙酯，涡旋振荡 50s，4000r/min 离心 5min，取上层清液转移至 10mL 玻璃离心管中；再加入 4mL 乙酸乙酯重复上述操作，合并上清液，使用氮气吹干。准确加入 1mL 甲醇-水溶液（5∶95，体积比）涡旋振荡溶解残留物，过 0.45μm 滤膜，待测。

9.5.2.4　饲料样品的制备与提取

采样后取 1kg 样品通过四分法缩减取约 200g，经粉碎后过 200 目孔筛，混匀装入磨口瓶中备用。

根据农业部 2349 号公告-6-2015 中[65] 规定的样品提取净化步骤。提取步骤：称取
2g 样品（精确至 0.01g）于 50mL 离心管中，准确加入甲醇-乙腈-水混合提取液（3：3：
4，体积比）20mL，涡旋混合后经水浴超声提取 10min，振荡 15min，8000r/min 离心
5min，取 1mL 上清液于 40℃下氮气吹至近干，残余物用 0.1mol/L 磷酸二氢钠溶液 5mL
溶解，超声 10min 备用。净化步骤：HLB 固相萃取柱依次用甲醇和水各 3mL 活化，将备
用液全部过柱。依次用水、10%甲醇溶液各 3mL 淋洗，抽干。乙酸乙酯 3mL 洗脱，收集
洗脱液，40℃下氮气吹干。准确加入 60%乙腈溶液 1mL 溶解残余物，涡旋混匀，超声
10min，过 0.22μm 滤膜后待测。农业部 1486 号公告-8-2010 中[66] 同样规定了饲料样品
中待测物检测的提取净化步骤。样品提取：称取样品（2±0.02)g 于 100mL 离心管中，
加入 50mL 乙腈涡旋 1min 后，在 65℃条件下超声提取 15min，每隔 5min 手动摇晃一次。
随后，在 3800r/min 下离心 15min。移取上清液 5mL 于 100mL 鸡心瓶中，50℃旋转蒸发
至干。净化步骤：在鸡心瓶中加入 5mL 2%甲酸后，超声 2min，涡旋 1min 使其充分溶
解。将混合型阳离子交换柱安装于固相萃取装置上，依次用甲醇 3mL、2%甲酸溶液 3mL
活化。将样品液通过固相萃取柱，用水 3mL 淋洗，抽真空 1min。3mL 固相萃取柱洗脱液
[1%氨水-甲醇（3：7，体积比）] 洗脱。上样溶液、淋洗液和洗脱液的流速均控制在不
超过 1mL/min。50℃氮气吹干，加 2%甲酸 1mL 使残余物充分溶解，过 0.2μm 滤膜后
待测。

9.5.2.5 鸡蛋样品的制备与提取

鸡蛋样品的制备需首先去除蛋壳，后取适量样品用组织捣碎机搅拌充分混匀并装入洁
净容器密封。处理后的样品置于−4℃冷藏避光保存。

根据 GB/T 21311—2007[62]，鸡蛋样品中的水解和衍生化同 9.5.2.1 中液体样品的水
解和衍生化操作。

GB/T 21311—2007[62] 同样规定了鸡蛋样品中待测物的提取净化方法，同 9.5.2.2
中组织样品的提取净化方法。

9.5.3 样品净化方法

为了减少共萃取物对测定的干扰，初提取液还需要进行净化处理。净化方法包括固相
萃取净化方法、液-液分配净化方法、基质固相分离净化方法和超声提取技术等。同时，
为了达到更好的净化效果，上述净化方法可相互结合应用，以提高净化效率和检测的灵
敏度。

液-液分配净化方法是利用待测物质在有机相和水相间的不同分配系数，选择性地
进行相转移，除去干扰杂质，从而达到净化的效果。在酸性条件下，水性提取液中的
硝基呋喃类药物可被二氯甲烷提取，其提取效果较其他有机溶剂好。加入氯化钠溶液，
可以进一步提高二氯甲烷的萃取效率。但二氯甲烷萃取振摇时易产生乳化现象，因此
有人采用硅藻土小柱来代替二氯甲烷的液-液分配。二氯甲烷萃取液中加入正己烷可以
去除脂质。

固相萃取净化技术是一种色谱净化技术，是一种低浓度待测物的富集技术。其原理是
将待测物质从水相转移至相邻固相的活性位点[67]，随后经洗涤除去杂质，再选用适当的

溶剂洗脱并收集待测物质。为了更高效地净化动物源性食品中硝基呋喃类代谢物，常采用固相萃取柱净化样品，利用 pH 为 7 时分子间 π-π 作用力保留硝基芳香化合物。固相萃取净化技术应用十分广泛，通常使用非极性填料如 C_{18}、XAD-2 等对样品进行净化处理。C_{18} 固相萃取柱对食品中硝基呋喃类药物的提取效果较好，具有较高的回收率，但对某些共萃取物并不能完全去除。极性填料如 SiO_2 和 Al_2O_3 填料的固相萃取柱也经常应用，可作为 C_{18} 柱净化的一种补充。固相萃取净化技术优势是可消除乳化，同时减少溶剂的使用，结果稳定，重现性好，回收率高，适用范围较大，可用于不同基质的净化工作。

基质固相分离是一种简单的样品制备策略，可快速应用于固体样品的提取。基质固相分离技术可同时对固体和半固体样品进行破碎和提取，具有简化分析程序和减少溶剂消耗的优势。C_{18} 吸附剂作为常用填料，已经实现鸡蛋样品和部分组织样品中 FZD 的提取。

超声提取即超声萃取，是从固体物料中提取有用成分。在食品检测中，超声提取技术常用于提取食品中的有害成分。超声波技术通过空化过程工作，导致温度和压力升高，从而促进溶质分子的扩散、溶解和运输[68]。因此，可以产生多种效应：热学效应（如媒质吸收热引起的整体加热、边界处的局部高温高压等），力学效应（可应用于除气、凝聚、定向、搅拌、分散、破碎），化学效应（如加速化学反应，产生新的化学反应物）。在线透析和痕量富集技术亦应用于动物肌肉、奶和蛋中硝基呋喃类药物的测定，该技术主要利用在线透析膜的选择性，使待测物质透过并进入预富集柱中，再通过淋洗去除预富集柱中的共萃取物，随后通过柱切换，用洗脱剂将预富集柱中浓缩待测物洗脱，进入分析柱而分离。

9.6

残留分析技术

9.6.1　仪器测定方法

硝基呋喃类抗生素在动物体内代谢速度快，半衰期短，难以检测，其代谢产物以蛋白结合态的形式在机体内长期稳定存在，一般通过测定禽肉、蛋、奶、肝脏等动物组织中硝基呋喃类药物的代谢产物来反映原药的残留情况。硝基呋喃类抗生素原药在甲醇中的溶解度较差，一般用乙腈溶解标准品。硝基呋喃类代谢物一般是在酸性条件下水解，2-NBA 衍生，再用乙酸乙酯提取。硝基呋喃类抗生素原药的提取则不需要衍生化。在提取和净化后，硝基呋喃类抗生素及代谢物残留物含量可以通过液相色谱（LC）、紫外检测器（ultra-violet detector，UVD）、质谱（MS）或串联质谱（MS/MS）联用进行检测。目前，多用 FZD、FTD、NFZ 和 NFT 的代谢物 AOZ、AMOZ、SEM 和 AHD 作为检测对象，监测硝基呋喃类药物的使用情况。NFS、NFX、NTV、硝呋地腙常见标志性代谢产物分别为 DNSAH、HBH、AGN 和 OAH。虽然硝呋吡醇（nifurpirinol，NPIR）和 NSTY 的代谢速度也相对较快，但不会在体内产生与其他硝基呋喃代谢物类似的氨基代谢物，因此，对 NPIR 和 NSTY 的检测常基于其原始结构。

由于硝基呋喃类代谢物的极性相对较强，不含发色基团，且分子量较小，在紫外光谱下和质谱中的响应值都比较低。因此，对硝基呋喃代谢物的测定一般要先进行衍生化，衍生化后的代谢物可产生较强的紫外吸收，分子量也比较大，方便检测。目前常用的衍生化试剂主要为 2-NBA。其他衍生化试剂如 2-萘甲醛（2-naphthaldehyde）、2,4-二硝基苯肼（2,4-dinitrophenylhydrazine）、对二甲氨基苯甲醛（p-dimethylaminobenzaldehyde）、2-羟基-1-萘甲醛（2-hydroxy-1-naphthaldehyde）、2-(11H-苯并[a]咔唑-11-基)-氯甲酸乙酯[2-(11H-benzo[a]carbazol-11-yl)-ethylchloroformate]、氯甲酸-9-芴基甲酯（fluorenylmethyloxycarbonylchloride，Fmoc-Cl）、4-(咔唑-9-基)-氯甲酸苄酯[4-(carbazole-9-yl)-benzyl chloroformate]、7-(二乙氨基)香豆素-3-甲醛[7-(diethylamino)-2-oxochromene-3-carbaldehyde]和 4-(吖啶酮-10-基)苯甲醛[4-(acridone-10-yl)-benzaldehyde]的使用频率较低。pH 会影响衍生化效率，加上硝基呋喃类代谢物的提取首先要在酸性条件下水解，衍生化多在 37℃ 与酸性水解同时过夜进行。另外由于硝基呋喃类药物容易光解，分析过程一般在黑暗中进行。

酸性环境下，硝基呋喃代谢物的亲核基团 R—NH$_2$ 游离出来与邻硝基苯甲醛发生化学反应，生成硝基苯衍生物。其中 AOZ 代谢物衍生化产物为 3-(2-硝基苯甲醛)氨基-2-唑烷基酮[3-(2-nitrophenyl)methylene-amino-2-oxazolidinone，NPAOZ]；AMOZ 代谢物衍生化产物为 5-甲基吗啉-3-((2-硝基苯基)亚甲基)-3-氨基-2-唑烷基酮[5-methylmorfolino-3-((2-nitrophenyl)methylene)-3-amino-2-oxazolidinone，NPAMOZ]；SEM 代谢物衍生化产物为 2-硝基苯甲醛缩氨基脲[(2-nitrophenyl)methylene-semicarbazide，NPSEM]；AHD 代谢物衍生化产物为 1-(2-硝基苯甲醛)-氨基-2-乙内酰脲[1-((2-nitrophenyl)methylene)-amino-2-hydantoin，NPAIID]；DNSAH 代谢物衍生化产物为 3,5-二硝基水杨酸-2-硝基苯甲醛衍生物[3,5-(2-nitrophenyl)-dinitrosalicylic acid hydrazide，NPDNSAH]；HBH 代谢物衍生化产物为 4-(2-硝基苯基)羟基苯甲酰肼[4-(2-nitrophenyl)hydrozybenzhydrazide，NPHBH]；AGN 代谢物衍生化产物为(2-硝基苯基)氨基胍[(2-nitrophenyl)aminoguanidine，NPAGN]；OAH 代谢物衍生化产物为 2-硝基苯基-奥肼(2-nitrophenyl-oxamic acid hydrazide，NPOAH)（见图 9-11）。另外，研究表明，邻硝基苯甲醛溶解在二甲基亚砜时，比在甲醇中溶解衍生后的物质响应值更高，噪声更低。

动物体内的 SEM 有多种来源，养殖过程非法使用 NFZ 会导致动物体内 SEM 的残留，面粉处理剂——偶氮二甲酰胺加热处理时也会分解产生 SEM[69]。次氯酸盐消毒处理后，也有可能会产生 SEM 残留[70]。另外，水生生物可以摄入养殖水体或自然环境中存在的 SEM，藻类作为天然食物被水生生物摄入后也会在体内产生 SEM 残留[71]。SEM 也天然存在于虾壳中，且检出率很高[72]。但是由于目前 SEM 仍是检测 NFZ 唯一可行的标记代谢物，因此在对动物源性食品中的 SEM 进行检测时，应考虑到天然来源的 SEM。研究发现，NFZ 代谢产生的 SEM 一般以蛋白结合态形式存在，游离的 SEM 则一般不是 NFZ 代谢产生的[73]，故可以通过冰乙醇预淋洗除去游离态的 SEM。欧盟在 2002 年的报告中指出，在测试复合食品中的 SEM 时，仅分析其中动物来源的部分；动物来源部分的 SEM 水平超出监管规定水平时，应先提取/冲洗出游离的 SEM，再对剩余的结合态 SEM 残留进行重新测定。另外要注意的是，甲壳类生物，壳可能是内源性 SEM 的主要来源，在测定甲壳类动物或者类似含有外骨骼的动物样品时，应将壳肉分离，仅测试可食用的肉的部分。

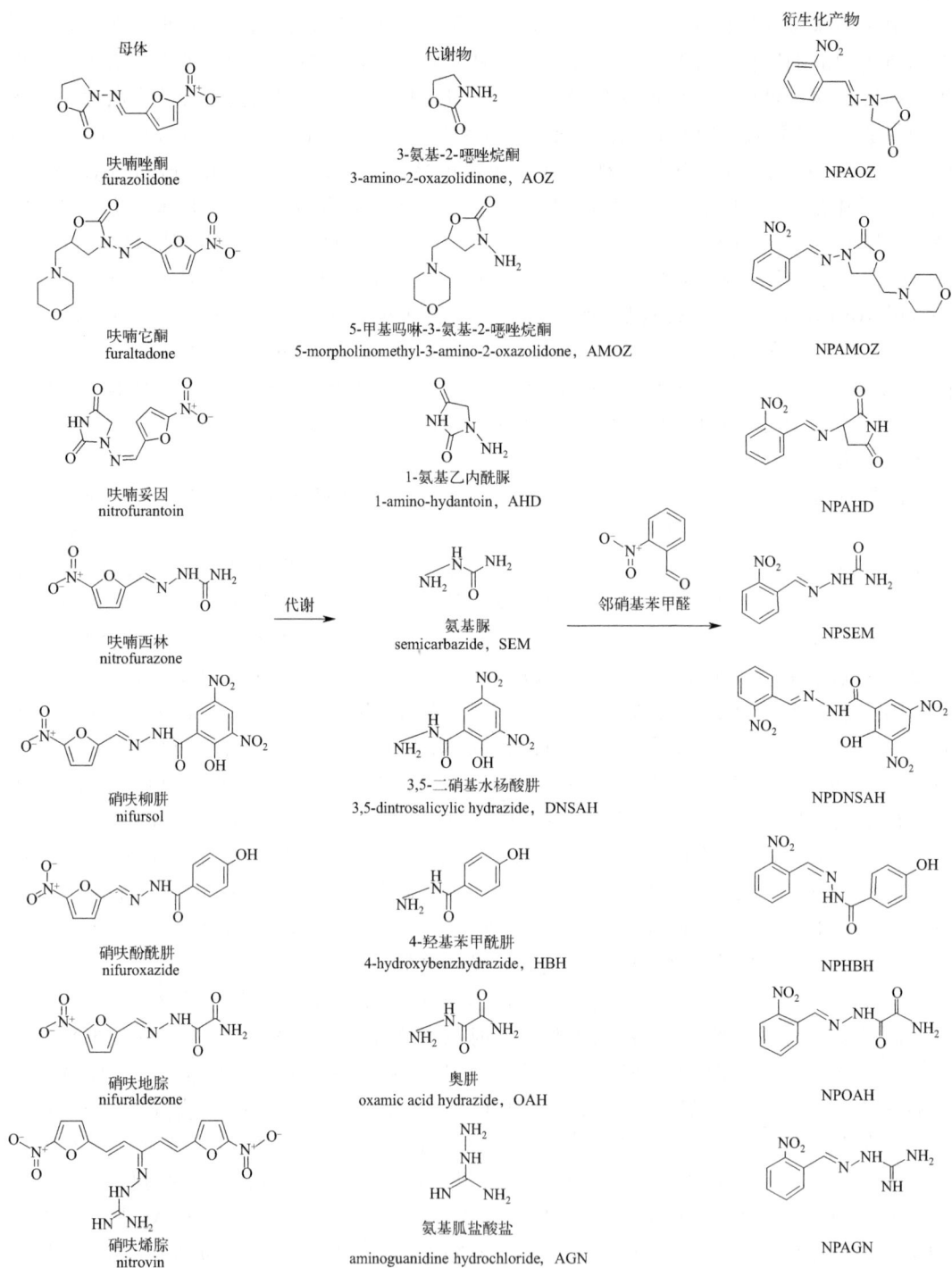

图 9-11　硝基呋喃类药物在体内的代谢产物及代谢产物衍生化产物

　　AHD 检测时也可能会出现假阳性，MRM 模式下，会出现与 AHD 相同的定性和定量离子，但是出峰时间略有差异。可以通过添加同位素内标，根据出峰时间对假阳性进行判别。

硝基呋喃类药物常用的仪器分析方法包括分光光度法、拉曼光谱法、高效液相色谱（HPLC）、LC-MS、超高效液相色谱-串联质谱（UHPLC-MS/MS）等。

9.6.1.1　色谱法

HPLC 作为一种重要的分析方法，可以对大多数的有机物进行分析，也可以同时进行不同化合物的分析，特点是分辨率高、分析速度快、精确度高和重复性好。常用的检测仪器有 UVD 和二极管阵列检测器（DAD），荧光检测器（FLD）的使用相对较少。由于硝基呋喃类代谢物在紫外光谱下吸收不明显，因此，其衍生物在测定前要先进行衍生化，经衍生化后的代谢物可产生较强的紫外吸收，衍生化后在 320～380nm 范围内都有吸收值，其中 365nm、370nm 和 375nm 是常用的吸收波长。

分离硝基呋喃类代谢物常用的色谱柱包括 C_{18} 柱、ODS 柱等。流动相常用有机溶剂（甲醇、乙腈）、弱酸（甲酸、乙酸）与缓冲盐（甲酸铵、乙酸铵）的混合液，调整 pH 值或者加入乙酸铵可以改善峰形并调整保留时间，提高分离度。

我国农业部 2008 年公布的 1077 号公告[74] 中规定了水产品中硝基呋喃代谢物的检测方法为 HPLC。该方法使用 UVD，检测波长 280nm，使用 SB-CN 柱（250mm×4.6mm），流动相为乙腈-异丙醇-乙酸乙酯-冰醋酸-0.05％庚烷磺酸钠水溶液（5∶10∶5∶0.1∶80，体积比），等度洗脱。该方法检出限为 $0.5\mu g/kg$，定量限为 $1.0\mu g/kg$，线性范围为 0.5～50ng/mL，回收率为 70％～110％，批内和批间相对标准偏差≤15％。农业部 2010 年公布的 1486 号公告[66] 中，采用 HPLC 检测饲料中的四种硝基呋喃类母体药物。该方法配备 DAD 或 UVD，检测波长为 365nm，使用 Inertsil ODS-3 250mm×4.6mm，$5\mu m$ 色谱柱，流动相为 0.05％乙酸铵和乙腈梯度洗脱。该方法检出限为 $0.3mg/kg$，定量限为 $1.0mg/kg$。

Barbosa 等[75] 等开发了一种以 NFX 为内标，用 HPLC-紫外光电 DAD 检测动物饲料中的 FZD、FTD、NFT 和 NFZ 的方法。样品在弱碱性条件下用乙酸乙酯提取，氨基柱净化，经 HPLC-紫外光电 DAD 在波长 375nm 处检测。FZD 的 CCα 为 $51\mu g/kg$，CCβ 为 $150\mu g/kg$；FTD 的 CCα 为 $47\mu g/kg$，CCβ 为 $150\mu g/kg$；NFT 的 CCα 为 $50\mu g/kg$，CCβ 为 $300\mu g/kg$；NFZ 的 CCα 为 $76\mu g/kg$，CCβ 为 $200\mu g/kg$，灵敏度较低。

Wang 等[76] 建立了鱼肉组织中硝基呋喃代谢物 AHD、SEM、AMOZ 和 AOZ 的 HPLC-DAD 法。使用 Syncronis C_{18} 色谱柱（100mm×2.1mm），梯度洗脱，检测波长为 275nm。该方法采用超声波辅助的方法缩短了衍生化时间。AMOZ 的检出限为 $0.29\mu g/kg$，定量限为 $0.97\mu g/kg$；SEM 的检出限为 $0.33\mu g/kg$，定量限为 $1.1\mu g/kg$；AHD 的检出限为 $0.25\mu g/kg$，定量限为 $0.8\mu g/kg$；AOZ 的检出限为 $0.27\mu g/kg$，定量限为 $0.9\mu g/kg$。

Luo 等[77] 采用 HPLC-FLD 联合微波辅助衍生化的方法对虾中的硝基呋喃代谢物 AHD、SEM、AMOZ 和 AOZ 进行了定量分析。将虾在冷水中解冻，去除虾壳、头部和胃部，虾肉与干冰（1∶1，体积比）匀浆，匀浆后的样品用 0.9％生理盐水和乙酸乙酯洗涤后进行测定。由于硝基呋喃类代谢物不具备荧光性，Luo 等还开发了一种新型衍生化试剂 4-(吖啶酮-10-基)苯甲醛[4-(acridone-10-yl)benzaldehyde]。该方法的荧光激发波长（excitation wavelength）和发射波长（emission wavelength）分别为 $\lambda_{ex}=300nm$ 和 $\lambda_{em}=425nm$。AMOZ 的检出限为 $0.56\mu g/L$，定量限为 $1.9\mu g/L$；SEM 的检出限为 $0.4\mu g/L$，定量限为 1.24μg/L；AHD 的检出限为 0.44μg/L，定量限为 1.51μg/L；AOZ 的检出限为 0.52μg/L，定量限为 1.76μg/L。

Wang 等[78] 利用 HPLC-FLD，对鱼和面包中的 SEM 进行了测定。该方法以 Fmoc-Cl 为柱前衍生化试剂，结合自动进样器进行在线自动衍生化处理，最终鱼肉中 SEM 的检出限和定量限分别为 0.15μg/kg 和 0.5μg/kg。

目前关于硝基呋喃及其代谢物的液相方法研究主要集中于 FZD、FTD、NFT 和 NFZ，关于 NFS、NTV、NFX 和硝呋替莫的报道相对较少。Gao 等[9] 提出，HBH 可以作为硝基酚酰肼的标志性代谢产物。他使用 UVD 在波长 374nm 对硝基酚酰肼和 HBH 进行了检测，硝基酚酰肼的检出限为 0.1~0.3ng/mL，HBH 的检出限为 0.02~0.03ng/mL。

LC 的发展虽然比较成熟，但是在检测过程中对前处理要求比较严格，容易出现假阳性，常需要通过 LC-MS 进行确证。

9.6.1.2 质谱法

LC-MS 同时利用了 LC 对复杂样品的高分辨能力和质谱的高选择性、高灵敏度以及能够对分子量和结构进行分析的优势，可以对目标化合物进行高准确度和高灵敏度的定性定量分析。LC-MS、LC-MS/MS、液相色谱-离子阱质谱均可用于硝基呋喃类药物的测定。其中，LC-MS/MS 的选择性更高，重现性更好，在生产实际中的应用最为广泛。

2021 年，欧盟官方公报发布委员会在执行条例（EU）2021/808 号《动物源性食品等产品中药物残留分析方法规范》[79] 中指出，在禁用物质的检验中，每个分析物至少要有 5 个识别点。LC-MS/MS 色谱分离得到一个识别点，分析物的母离子为一个识别点，两个子离子中每个子离子为 1.5 个识别点，共计五个识别点。欧盟《执行关于分析方法运行和结果解释的欧盟委员会指令》[80]（2002/657/EC）指出 CCα 是指大于等于此浓度限，将以 α 误差概率得出阳性结论；CCβ 是指样品中物质以 β 误差概率能被检测、鉴别和/或定量的最小含量。

目前国际上对硝基呋喃类化合物的确证分析通常使用 LC-MS/MS 进行。LC-MS/MS 分析中，正离子模式下，FZD 母离子分子量为 226，子离子分子量为 122/139；FTD 母离子分子量为 324.9，子离子分子量为 281.1/252；NFZ 母离子分子量为 199，子离子分子量为 182/107.9；NFT 母离子分子量为 239，子离子分子量为 122/222；NFS 母离子分子量为 362.2，子离子分子量为 223.2/58.1。

硝基呋喃类化合物代谢物的分子量较小，不易产生典型的特征离子水平，检测灵敏度不高。因此，在液相色谱-串联质谱测定中，经常通过对代谢物进行衍生化反应来增加代谢物的分子量，增加特征碎片离子的选择性，提高质谱响应。硝基呋喃代谢物经过邻硝基苯甲醛衍生化后的产物 NPAOZ、NPAMOZ、NPAHD、NPSEM、NPHBH、NPOAH 和 NPAGN 含有氨基，电离时易带正电荷，选择正离子模式进行扫描。正离子模式下，NPAHD 母离子分子量为 249.0，子离子分子量为 134.1/104.0；NPAOZ 母离子分子量为 236.1，子离子分子量为 134.1/104.2；NPSEM 母离子分子量为 209.1，子离子分子量为 192.1/166.2；NPAMOZ 母离子分子量为 335.1，子离子分子量为 291.1/262.2；NPHBH 母离子分子量为 286.0，子离子分子量为 121.1/93.0；NPOAH 母离子分子量为 237.1，子离子分子量为 192.1/166.4；NPAGN 母离子分子量为 208.1，子离子分子量为 191.0/119.2。DNSAH 除具有氨基外，还具有羟基，电离时既可以带正电荷，也可以带负电荷。研究发现负离子模式下，NPDNSAH 响应值更高且噪声更低，因此对 DNSAH

的分析多采用负离子模式。负离子模式下，NPDNSAH 母离子分子量为 374.0，子离子分子量为 226.0/182.1。

硝基呋喃类抗生素母体和代谢物一般使用同位素稀释质谱法进行定量。与 ^{2}H 标记相比，化合物经 ^{13}C 和 ^{15}N 标记后，与原药本身出峰时间更为相似。

LC-MS 测定硝基呋喃类化合物时，常用的色谱柱为 C_{18} 或 ZORBAX 柱。分离硝基呋喃类药物时，流动相中常用的有机溶剂为甲醇或乙腈，较于乙腈，甲醇能够增加硝基呋喃类药物的保留效果并提高分离度。流动相中加入甲酸、乙酸、甲酸铵或乙酸铵可以促进分析物离子化，增强响应值并改善峰形。由于高浓度甲酸铵容易导致色谱柱堵塞，Regan 等[81] 在建立 AOZ、AMOZ、AHD、SEM、DNSAH、HBH、OAH 和 AGN 的分析方法时，向流动相 A 相和 B 相中同时添加低浓度的甲酸铵，最终使用的流动相为 A [5mmol/L 甲酸铵（甲醇-水：10∶90，体积比）] 和 B [5mmol/L 甲酸铵（甲醇-水：90∶10，体积比）]。该方法在满足分析需求的同时，提高了色谱柱的寿命。

2015 年，农业部发布的 2349 号公告[65] 给出了饲料中 FZD、FTD、NFT 和 NFZ 的 LC-MS/MS 测定方法。该方法用甲醇-乙腈-水（3∶3∶4，体积比）提取饲料中的硝基呋喃，并通过 HLB 净化，外标法定量；使用的色谱柱为 C_{18} 柱，流动相为甲醇和水；NFT 和 NFZ 用负离子模式扫描，FZD 和 FTD 用正离子模式扫描。该方法的检出限为 0.05mg/kg，定量限为 0.10mg/kg。

GB 31656.13—2021[82] 中给出了水产品中硝基呋喃类代谢物（AOZ、AMOZ、SEM 和 AHD）的 LC-MS/MS 测定方法。样品经过酸性水解，2-NBA 衍生化，乙酸乙酯提取，内标定量。该方法 AOZ、AMOZ、SEM 和 AHD 的检出限为 0.5mg/kg，定量限为 1.0mg/kg。

GB/T 39670—2020[83] 给出了宠物饲料中硝基呋喃类代谢物（AOZ、AMOZ、SEM 和 AHD）LC-MS/MS 测定方法。该方法用三氯乙酸沉淀蛋白质，游离出硝基呋喃类代谢物，避光条件下用邻硝基苯甲醛衍生化、乙酸乙酯提取，同位素内标法定量，在饲料中的检出限为 0.25mg/kg，定量限为 0.5mg/kg。

Ryu 等[84] 建立了一种水生物中硝基呋喃类药物 NFZ、NFT、FZD、FTD、NTV 及四种代谢物 AOZ、AMOZ、SEM、AHD 的 HPLC-MS/MS 分析方法。分析物均质后，黑暗条件下用邻硝基苯甲醛和 pH 1.5 的磷酸氢二钠-柠檬酸缓冲液振荡 3h 以完成水解和衍生化，乙酸乙酯-乙腈（1∶1，体积比）混合液提取。该方法用 C_{18} 色谱柱在 10min 内完成了分析，在正离子模式下对所有分析物进行扫描，内标法定量。SEM 的检出限为 0.01μg/kg，定量限为 0.02μg/kg；AOZ 的检出限为 0.01μg/kg，定量限为 0.02μg/kg；AHD 的检出限为 0.01μg/kg，定量限为 0.05μg/kg；AMOZ 的检出限为 0.02μg/kg，定量限为 0.05μg/kg；FZD 的检出限为 0.05μg/kg，定量限为 0.17μg/kg；FTD 的检出限为 0.04μg/kg，定量限为 0.14μg/kg；NFZ 的检出限为 0.09μg/kg，定量限为 0.29μg/kg；NFT 的检出限为 0.07μg/kg，定量限为 0.23μg/kg；NTV 的检出限为 0.05μg/kg，定量限为 0.17μg/kg。

Gnoth 等[85] 报道了一种分析血浆中硝呋替莫的 LC-MS/MS 方法。该方法用乙腈沉淀血浆蛋白，用到的色谱柱为 C_8 柱，流动相为甲醇和 2mmol/L 的乙酸铵（用甲酸把 pH 调至 3），在三重四极杆质谱上分析样品，使用 API 离子源，母离子分子量为 288.3，子离子分子量为 148.0。该方法用内标法定量，定量限为 10μg/L，线性范围为 10.0～5000μg/L。

Yuan 等[86] 开发了一种测定水产品中 FZD、FTD、NFZ、NFT、NFS 和 NFX 代谢物（AOZ、AMOZ、SEM、AHD、DNSAH 和 HBH）以及 NPIR 和 NSTY 的 LC-MS/MS 方法。样品用盐酸水解，邻硝基苯甲醛衍生化，pH 调至 7.2 后用乙酸乙酯提取。衍生化的 AOZ、AMOZ、SEM、AHD、HBH 和未衍生化的 NPIR 在 ESI+ 模式下分析，NSTY 和衍生化的 DNSAH 在 ESI- 模式下分析。ESI+ 模式下，NPIR 产生 [M+H]+ 准分子离子峰；ESI- 模式下，NSTY 产生 [M-Na]- 准分子离子峰。该方法使用 C_{18} 色谱柱，通过向流动相中加入乙酸铵以改善峰形，并额外加入 $NH_3 \cdot H_2O$ 以提高灵敏度，最终的流动相为 A 相（乙腈）和 B 相 [800mL 10mmol/L 乙酸铵，200mL 乙腈和 0.37mL $NH_3 \cdot H_2O$（体积分数为 25%）]，最终在 9min 内完成了对 8 种物质的分析。该方法使用内标法定量。在水产品中 DNSAH 的检出限为 0.01～0.03μg/kg，定量限为 0.04～0.1μg/kg；AOZ 的检出限为 0.03～0.06μg/kg，定量限为 0.1～0.2μg/kg；AHD 的检出限为 0.1μg/kg，定量限为 0.2μg/kg；AMOZ 的检出限为 0.1μg/kg，定量限为 0.2μg/kg；SEM 的检出限为 0.1μg/kg，定量限为 0.2μg/kg；HBH 的检出限为 0.1μg/kg，定量限为 0.2～0.25μg/kg；NPIR 的检出限为 0.2μg/kg，定量限为 0.5μg/kg；NSTY 的检出限为 2μg/kg，定量限为 5μg/kg。

Regan 等[81] 报道了一种用 UHPLC-MS/MS 同时分析肉中八种硝基呋喃类代谢物（AOZ、AMOZ、AHD、SEM、DNSAH、HBH、OAH 和 AGN）的方法。分析物均质后，用水和冰甲醇、冰乙醇和乙醚洗涤，然后在 60℃ 条件下盐酸水解、邻硝基苯甲醛衍生化 2h，pH 调至 6.5～7.5 后用乙腈提取，提取时加入 1g 氯化钠、4g 硫酸镁。样品用配备 TurboV 离子源的 AB Sciex 5500 QTRAP 质谱仪进行检测，使用的色谱柱为 Agilent ZORBAX Eclipse Plus Phenyl-Hexyl 色谱柱，流动相为 A 相 [5mmol/L 甲酸铵甲醇-水溶液（甲醇-水：10:90，体积比）] 和 B 相 [5mmol/L 甲酸铵甲醇-水溶液（甲醇-水：90:10，体积比）]，流速 0.6mL/min，梯度为①0.0～1.0min：95%A；②1.0～5.0min：线性降低至 60%A；③5.0～6.7min：60%A；④6.7～6.8min：线性降低至 50%A；⑤6.8～8.0min：50%A；⑥8.0～8.1min：线性降低至 0%A；⑦8.1～9.5min：0%A；⑧9.5～9.6min：线性增长至 95%A；⑨9.6～11.0min：95%A。用该梯度，可以实现八种分析物的最佳色谱分离。该方法采用内标法定量，NPAHD 的 CCα 是 0.03μg/kg；NPAOZ 的 CCα 是 0.019μg/kg；NPAMOZ 的 CCα 是 0.013μg/kg；NPSEM 的 CCα 是 0.2μg/kg；NPHBH 的 CCα 是 0.07μg/kg；NPAGN 的 CCα 是 0.017μg/kg；NPOAH 的 CCα 是 0.2μg/kg；NPDNSAH 的 CCα 是 0.058μg/kg。

Melekhin 等[87] 提出了使用新型衍生化试剂，通过磁性固相萃取、LC-MS/MS 测定蜂蜜中硝基呋喃代谢物的方法。样品在磁性固相萃取之后进行衍生化，该方法使用了一种新型硝基呋喃代谢物衍生化试剂 5-硝基糠醛（5-nitro-2-furaldehyde，5-NFA），并用内标法定量。5-NFA 与硝基呋喃代谢物 AHD、AOZ、SEM 和 AMOZ 分别发生反应，产物是硝基呋喃母体化合物 NFT、FZD、NFZ 和 FTD。该方法对 AMOZ 和 AOZ 的检出限为 0.1μg/kg，定量限为 0.3μg/kg；AHD 的检出限为 0.2μg/kg，定量限为 0.5μg/kg；SEM 的检出限为 0.3μg/kg，定量限为 1.0μg/kg。

Johnston 等[88] 开发了一种对虾中 FZD 和硝基呋喃酮代谢物的高准确度和高灵敏度同位素稀释质谱法。针对虾料中 AOZ 和 SEM 的分析，建立了高准确度和高灵敏度的同位素稀释质谱法。该方法通过酸解和 2-NBA 衍生化提取残留物，经过乙酸乙酯提取和固相萃取纯化，在 UHPLC-ESI-MS/MS 上进行仪器分析。

Oye 等[89] 报道了一例 AHD 假阳性，该假阳性可能是由结构类似的化合物引起的。由于该假阳性物质与 AHD 出峰时间存在细小差别，因此可以通过同位素内标校正的方法对 AHD 和假阳性样品进行区分。

Ardsoongnearn 等[90] 通过采用 LC、离子阱质谱与电喷雾离子源相结合，对水中硝基呋喃（FZD、FTD、NFT、NFZ）、硝基咪唑和氯霉素进行了测定。FZD 和 FTD 的电离以正离子模式进行，而 NFZ 和 NFT 的电离以负离子模式进行。该方法中 NFZ 的检出限为 $0.06\mu g/L$，定量限为 $0.25\mu g/L$；NFT 的检出限为 $0.04\mu g/L$，定量限为 $0.2\mu g/L$；FZD 的检出限为 $0.002\mu g/L$，定量限为 $0.005\mu g/L$；FTD 的检出限为 $0.002\mu g/L$，定量限为 $0.01\mu g/L$。

9.6.1.3　其他方法

毛细管电泳法（CE）能减少试剂消耗、提高分离速度，目前在分析领域应用广泛。陈宗保等[91] 建立了以巯基丁二酸改性纳米金新型富集技术-毛细管电泳法，实现了呋喃唑酮、呋喃它酮、呋喃妥因和呋喃西林的有效富集和分离。

9.6.2　免疫测定方法

9.6.2.1　半抗原设计

免疫检测方法作为一种简单而经济的检测方式，在硝基呋喃类抗生素的检测中已广泛应用。但由于硝基呋喃类抗生素在体内代谢迅速，且其代谢产物可与蛋白质稳定结合并在生物组织中长期存在，以及硝基呋喃代谢物分子量低造成的抗体制备困难等原因，在硝基呋喃的免疫学测定中，分析物往往是代谢物的衍生物，而不是代谢物本身[68,92]。同时由于半抗原的结构和性质被认为是产生理想抗体的亲和力和特异性的重要因素，以及抗体在免疫分析技术中的重要性，更有效的半抗原设计策略始终是进一步提高硝基呋喃类抗生素检测性能的必要策略。因此硝基呋喃类抗生素的半抗原设计通常是通过其代谢物或衍生物进行的。已被报道的硝基呋喃类抗生素主要包括 FZD、FTD、NFT 和 NFZ，其主要代谢物分别为 AOZ、AMOZ、AHD 和 SEM。此外由于 AOZ 与其他硝基呋喃代谢物具有一定的结构共性，特别是其可利用的官能团，导致在制备 AMOZ、AHD 和 SEM 半抗原时会采用类似的方法。

早期对于 FZD 代谢物 AOZ 的检测困难在于难以通过半抗原的氨基将 AOZ 直接偶联到载体蛋白上以获得免疫原性，Cooper 等[93] 通过在吡啶中回流 3-羧基苯甲醛（3-formylbenzoic acid，3-CBA）以制备羧基苯基衍生物（3-CPAOZ）解决了这一问题。同时通过 LC-MS 分析证明了 99% 的 3-CBA 用于衍生化过程，这表明在免疫原偶联之前从半抗原衍生物中去除残留的衍生化试剂似乎并不是必要的预防措施。此外通过 3-CBA 衍生产生的半抗原具有增强的免疫原性和羧基官能团，有助于载体蛋白的偶联。后续的研究在考虑上述问题的基础上在室温下使用 4-羧基苯甲醛（4-formylbenzoic acid，4-CBA）作为衍生化试剂，在水/DMF 混合物中进行反应，获得了 AOZ 的衍生物 4-CPAOZ，并通过红外光谱和 LC-MS/MS 证实了其半抗原结构[94]。不同之处在于这种半抗原制备方法可能通过增加半抗原与载体之间的距离，减少了蛋白质偶联后的空间位阻，从而为免疫系统提供了更清晰的 AOZ 表位。除此之外，Cheng 等[95] 使用 AOZ 的硝基苯基己酸衍生物（2-NPHXA-AOZ）作为半抗原产生能结合 NPAOZ 的多克隆抗血清，且 IC$_{50}$ 值为 0.14μg/kg。Shen 等[96] 采用 LiCl-N(Et)$_3$ 作为新的催化体系，为设计高效的 AOZ 半抗原提供了一种良好的策略，半抗原的合成步骤为：在含有 0.01mol AOZ、0.01mol 氯化锂和 0.013mol 三乙胺的 THF 溶液（−20℃）中加入 0.012mol 顺丁烯二酸酐，随后加热到 10℃并持续搅拌 6h；反应终止后用真空去除 THF 溶剂，并将残渣用乙酸乙酯和 1mol/L NaHCO$_3$ 水溶液分层；随后用浓盐酸将水层酸化至 pH＜2，并用乙酸乙酯萃取；乙酸乙酯层用饱和盐水洗涤，然后用硫酸钠干燥并过滤；真空去除乙酸乙酯后用硅胶柱色谱纯化得到白色固体状的目标半抗原，且产率大于 70%。

由于硝基呋喃代谢物具有的一定程度上的结构共性，相似的原理被用于制备 AMOZ 半抗原，即通过在吡啶中回流 3-CBA 制备 AMOZ 并使其具备偶联载体蛋白的能力[97]。此外也有研究者利用 4-CBA 和甲酰苯氧乙酸（formylphenoxyacetic acid，FPA）作为衍生化试剂与 AMOZ 反应获得半抗原[98,99]。基于此，Xu 等[100] 分别以 3-CBA、4-CBA、3-FPA 和 4-FPA 为衍生化试剂，在甲醇中与 AMOZ 反应 3h 后得到四种不同的半抗原，通过质谱和核磁共振鉴定结构后将半抗原偶联于牛血清白蛋白上制备免疫原，并发现 3-FPA 衍生化 AMOZ 可产生对 NPAMOZ 最敏感的多克隆抗体，其 IC$_{50}$ 值为 2.1μg/L。对于 AHD 半抗原和 SEM 半抗原，衍生化试剂的选择再次依赖于 3-CBA 和 4-CBA，其中 Chadseesuwan 等[101] 利用 3-CBA 在吡啶中衍生 AHD，而 Gao 等[102] 选择 4-CBA 作为衍生化试剂在吡啶中衍生化 SEM。

此外为了解决硝基呋喃代谢物缺乏免疫原性和难以与载体蛋白偶联的问题，相关研究使用 3-CBA、4-CBA、3-FPA、4-FPA 和 2-NPHXA 等含有醛基的衍生化试剂与硝基呋喃类似物上的胺反应，通过衍生化制备半抗原并使用羧酸官能团来促进蛋白质偶联，同时衍生化试剂还提供了表位和载体蛋白之间的间隔分子。在此基础上，表 9-2 总结了各种硝基呋喃目标物常见的衍生化试剂和载体蛋白，并总结了结合方式以及所检测的分析物[103]。

表 9-2 硝基呋喃类药物常见的衍生化试剂、载体蛋白、结合方式及分析物

衍生化试剂	半抗原/前体	载体蛋白	结合方式	分析物
3-CBA	AOZ	HSA	酸酐	NPAOZ
	AMOZ	BSA	活泼酯	AMOZ
	AHD	BSA	活泼酯	NPAHD，NET
	SEM	BTG，BSA	酸酐	CPSEM
4-CBA	AOZ	BSA，KLH	活泼酯	PAOZ，NPAOZ，CPAOZ
	AMOZ	BSA	活泼酯	CPAMOZ
	AHD	BSA	活泼酯	NPAHD
	SEM	BSA	活泼酯	CPSEM
3-FPA	AMOZ	BSA	活泼酯	NPAMOZ，FTD
4-FPA	AOZ	BSA	活泼酯	FZD
	AMOZ	BSA	活泼酯	NPAMOZ

衍生化试剂	半抗原/前体	载体蛋白	结合方式	分析物
2-NBA-hex acid O_2N —（结构式） $(CH_2)_5$ OH	AOZ AMOZ	OVA PTG	活泼酯 活泼酯	NPAOZ NPAMOZ
maleic anhydride（结构式）	AOZ	BSA	活泼酯	AOZ
glyoxylic acid（结构式） OH	AMOZ DNSH	聚赖氨酸 BSA	活泼酯	AMOZ DNSH
diamine sulphate $[H_2N—NH_2]SO_4$	5-NFA	BSA	戊二醛	硝基呋喃母体
无	FZD	BSA	NO_2 还原成 NH_2 然后重氮化	硝基呋喃母体
	FZD	BSA & OVA	NO_2 还原成 NH_2 然后重氮化	AOZ
	FTD	BSA	NO_2 还原成 NH_2 然后使用戊二醛	AMOZ
	5-硝基呋喃-2-丙烯酸	OVA	活泼酯	硝基呋喃母体

9.6.2.2 抗体制备

抗体作为硝基呋喃类抗生素免疫分析发展的关键试剂，直接决定后续检测的敏感性、特异性和稳定性。而在进行抗体的制备之前，所设计的半抗原分子必须偶联载体蛋白以产生特定的免疫反应。由于纳入兽药残留免疫分析的抗体必须满足当前的监测标准，因此对于硝基呋喃类抗生素的抗体制备，一般通过免疫小鼠后结合单克隆杂交瘤细胞技术获得单克隆抗体或通过免疫兔子以获得多克隆抗体。但是由于多克隆抗体其免疫球蛋白类别及亚类不均一、特异性较差、抗体不均一等而较难实现稳定的大批量生产；单克隆抗体虽然组分单一且具有敏感度高和特异性高等明显优势，但相比于多克隆抗体的制备，其制备技术较复杂且费时费工。因此，进一步开发制备硝基呋喃类抗体并用于免疫学检测具有十分重要的意义[104]。面对传统抗体固定的亲和性和局限的生物活性对其应用范围的限制，陈荫楠[105] 成功构建了抗 FZD 的单链抗体库，并应用核糖体展示技术筛选抗硝基呋喃类化合物的单链抗体，通过将筛选得到的单链抗体文库与表达载体连接并导入大肠杆菌，实现了特异性好、操作简便、利于大批量生产的单链抗体。除了制备特异性的抗体用于灵敏地检测硝基呋喃类抗生素，李军等[106] 以 5-NFA 为分子模板合成了硝基呋喃类药物的共有半抗原，并获得了能够同时识别 8 种硝基呋喃药物（FZD、FTD、NFZ、NFT、NFS、NTV、呋喃那斯和 NSTY）的广谱特异性多克隆抗体。尽管单克隆抗体具备一些显著的优势，但在以 AMOZ 为目标物的 ELISA 分析中，基于多克隆抗体的直接竞争 ELISA 分析方法相比于基于单克隆抗体的直接竞争 ELISA 方法，其灵敏度（以 IC_{50} 计）提高了近 4 倍；但对于间接竞争 ELISA 方法，单克隆抗体却具备更高的灵敏度[98]。在这一方法中，多克隆抗体的制备源自完全抗原（4-CP-AMOZ-BSA）与等体积弗氏完全佐剂免疫家兔，随后使用弗氏不完全佐剂乳化的相同剂量的抗原加强免疫，最后经过十次免疫后获得血清并分离纯化；而单克隆抗体的制备主要依赖于杂交瘤细胞的筛选和培养，在免疫 6 周龄 Balb/c 小鼠后取脾细胞与 SP2/0 骨髓瘤细胞融合以产生杂交瘤细胞，随后通过培养基筛选和亚克隆获得最优细胞并取细胞上清液纯化抗体。

9.6.2.3 免疫分析技术

（1） ELISA　ELISA 作为典型的结合酶高效催化和抗原-抗体特异性的免疫分析方法，在硝基呋喃类的检测中主要通过直接免疫分析或间接免疫分析的方法进行分析检测。本章主要对 FZD、FTD、NFT 以及 NFZ 的 ELISA 方法进行简述。

对于 FZD 的检测，Cooper 等[107] 早在 2004 年就使用 3-CBA 将 FZD 代谢物 AOZ 衍生为 3-CPAOZ 半抗原，随后通过相应的多克隆抗体构建了虾组织中 FZD 的 ELISA 检测方法，并获得了 0.1μg/kg 的检测灵敏度。在随后的研究中，Chang 等[94] 使用毒性较小的 4-CBA 作为传统衍生化试剂 2-NBA 的替代物用于 FZD 的检测，并由此建立了猪肉、鸡肉和鱼类等动物源性食品中 FZD 代谢物 AOZ 的定量间接竞争 ELISA 方法。面对单克隆抗体和多克隆抗体各自的优缺点，陈倩等[108] 建立了基于抗 FZD 单链抗体的间接竞争 ELISA 检测法，并将其与基于单克隆抗体的相关方法进行了比较，结果表明虽然在交叉反应方面单克隆抗体检测效果较好，但 IC_{50} 值、检出限与检测稳定性等方面基于单链抗体的 ELISA 方法更具优势。

不同于 FZD 检测中基本以代谢物的衍生物作为目标物进行检测的 ELISA 方法，对于 FTD 的 ELISA 检测除了衍生化后检测之外，也开发出来一些无须衍生化的直接检测 AMOZ 的 ELISA 方法。Song 等[99] 基于抗体对 AMOZ 较高的亲和力提出了一种无须衍生化即可直接检测 AMOZ 的间接竞争 ELISA 方法，并在食品样品中获得了 72.6%～121.2% 的回收率且变异系数为 6.1%～17.7%，并且相关检测结果与 HPLC 具有良好的相关性。此外，Yan 等[109] 在制备多克隆抗体的基础上建立了可以同时检测 AMOZ 及其母药 FTD 的间接竞争 ELISA 方法，并在猪肉和鱼肉中获得了 0.4μg/kg 的检测限，与前述方法相同的是，这一无须衍生即可直接检测代谢物或母药的原因均为抗体对于各自检测物的良好亲和力。

对于 NFT 的 ELISA 检测主要依赖于通过衍生化试剂对其代谢物 AHD 进行衍生，随后通过特异性抗体进行检测。其中，Jiang 等[110] 使用 4-CBA 衍生 AHD 首先获得 4-CPAHD 半抗原，随后以此为基础制备单克隆抗体，并建立了猪、鱼、虾、鸡四种动物组织中的 NFT 代谢物 AHD 的间接竞争 ELISA 方法。此外，由于 NFT 代谢物 AHD 与其母药 NFT 在结构上的一定类似性，Liu 等[111] 以 AHD 为基础制备的多克隆抗体对母药 NFT 表现出良好的特异性和敏感性，并在此基础上提出了可用于动物饮用水中 NFT 残留直接检测的免疫分析方法。

早期针对 NFZ 的 ELISA 检测方法其原理与上述检测物基本类似，不同之处在于近年来涌现出了一些基于信号放大的高灵敏度 ELISA 检测方法，其中 Fang 等[112] 首先利用生物素化的 4-CBA 衍生化样品，在检测中利用生物素-链霉亲和素系统的扩增效应，从而建立了一种更灵敏、更简便的 NFZ 代谢物 SEM 的直接 ELISA 检测方法，其检出限达 0.07ng/mL。此外，黄登宇等[113] 采用生物素化的二抗取代传统 ELISA 中的酶标二抗，随后通过与链霉亲和素酶结合实现信号扩增，并在鸡肉样品中获得了 IC_{50} 值为 0.601ng/mL 的检测效果，且回收率为 88.8%～98.5%。

（2）化学发光免疫分析　化学发光免疫分析由于其标记技术的不同，可分为标记化学发光免疫分析和化学发光酶免疫分析。其中化学发光酶免疫分析因其结合了免疫分析的高特异性以及化学发光的高灵敏度，在各种药物残留分析中具备极大的优势[114]。安静等[115]将 FZD 代谢物 AOZ 的衍生产物 CPAOZ 采用碳二亚胺法与辣根过氧化物酶（horseradish peroxidase，HRP）偶联形成酶标化合物 CPAOZ-HRP，建立了用于 FZD 检测的直接竞争化学发光检测方法，并结合 HPLC 进行了验证，获得了 $0.0509\mu g/kg$ 的样品检出限与 $87.2\%\sim95.0\%$ 的加标回收率。此外，梁高道等[116]通过结合全自动化学发光仪，建立了以磁微粒作为固相载体、化学发光作为检测信号的磁微粒化学发光酶联免疫法，实现了对硝基呋喃类药物 NFZ 代谢物 SEM、FTD 代谢物 AMOZ、FZD 代谢物 AOZ 和 NFT 代谢物 AHD 的定量检测方法，且在猪肉、鸡肉、鱼肉和贝类样品中获得了与国家标准方法高达 98% 以上的检测结果符合率，进一步拓宽了硝基呋喃类药物免疫检测方法的选择范围。

（3）荧光免疫分析　荧光免疫分析采用荧光分子作为标记物，结合抗原-抗体之间的特异性反应对目标物进行分析检测，常见的荧光标记物主要包括量子点、稀土离子配合物、荧光素和上转换纳米颗粒，本部分主要对硝基呋喃类药物的时间分辨荧光免疫分析（TRFIA）和荧光偏振免疫分析（FPIA）进行简述。相比于 ELISA 方法易受基质干扰的影响及化学发光酶联免疫分析发光信号易衰减，镧系金属离子螯合标记物具备荧光信号强度大、信号持续稳定性好、Stoke's 位移宽、较长的荧光寿命延长了荧光测量时间从而消除了非特异性背景荧光的干扰等优势[117]，基于 TRFIA 的免疫学检测方法提高了检测的稳定性、特异性和灵敏度。赵义良等[118]使用稀土离子配合物铕荧光微球作为荧光标记物，应用 TRFIA 检测技术构建了 FZD 代谢物 AOZ 的检测试剂卡，获得了 $0.5\mu g/kg$ 的检出限且检测结果与 LC-MS/MS 的检测结果 100% 符合，同时所制备的检测卡具备室温下保存一年的稳定性。邓丽华等[119]建立了用于检测 FTD 代谢物 AMOZ 的铕标记的间接竞争 TRFIA 法，获得了 $0.01ng/mL$ 的检出限，且检测结果与 HPLC-MS/MS 具有良好的相关性。

FPIA 技术是一种定量同源免疫分析方法，通过将荧光偏振原理和小分子竞争免疫原理相结合从而检测荧光标记小分子抗原与抗体结合前后荧光偏振值的变化来间接反映样本中目标分析物的含量，具备高通量性能、检测速度快、操作简单等明显优势，被认为是一种适合大量样品快速筛选的技术[120]。Zhang 等[121]制备了 7 种新型的 FZD 荧光示踪剂，设计了一种用于制备单克隆抗体的免疫半抗原，并建立了用于饲料中 FZD 残留的检测方法，获得了 $0.5\sim0.9ng/mL$ 的饲料样品检出限且变异系数小于 12%。Xu 等[122]研究了多种合成示踪剂对 FPIA 敏感性的影响，获得对 FTD 和其代谢衍生物 NPAMOZ 具有高交叉反应性的单克隆抗体，并在此基础上实现了对 FTD $0.6ng/mL$ 和对 NPAMOZ $0.3ng/mL$ 的检测限，且检测结果与标准分析方法具有良好的相关性。

（4）免疫色谱（ICA）　ICA 是以硝酸纤维素（nitrate cellulose，NC）膜为载体，通过抗原-抗体特异性反应导致的信号变化所建立的快速检测方法。因其操作简单便捷、检测成本低和检测时间短等优点[123]，在硝基呋喃类药物的即时检测中具备极大的应用价值。其中胶体金因其色彩鲜艳和生物相容性好等优势，作为信号标签所构建的胶体金免疫色谱法被广泛应用。Li 等[124]基于针对 FTD 代谢物 AMOZ 的单克隆抗体使用胶体金作为信号标签构建了竞争型免疫色谱，在无须衍生的前提下，实现了 10min 即可对肉和饲料样品中的 AMOZ 快速检测，其目视检测限约为 10ng/mL。此外，考虑到硝基呋喃类药物的免疫色谱检测依赖于竞争型反应且单独胶体金标记对免疫分析的灵敏度的限制，Dou 等[125] 通过胶体金与单克隆抗体（一抗）和羊抗鼠免疫球蛋白（二抗）分别偶联从而制备一对配对探针，由于检测过程中两个探针自组装成胶体金网络复合物，从而有效地放大了检测信号。同时这一创新的胶体金信号放大系统的设计节省了一抗的使用量，从而提高了检测灵敏度，并获得了 0.13ng/mL 的检测限。

随着纳米技术的不断进步，纳米材料替代胶体金作为免疫分析中的信号标签在各个方面展现出了独特的优势。对于硝基呋喃类药物的免疫色谱检测，一方面由磁性金属氧化物和大分子有机聚合物外壳组成的磁珠因其表面特定的官能团偶联抗体，获得检测特异性后通过磁珠对样品进行预处理，从而获得了较好的检测优势。Lu 等[126] 开发了一种基于免疫功能化磁珠的多重免疫色谱分析方法，实现了对 SEM、AHD、AMOZ 和 AOZ 的多重检测；Yan 等[127] 将磁性颗粒与一抗二抗特异性结合的信号放大相结合，建立了用于 FZD 代谢物 AOZ 的免疫色谱方法，其检测截断值仅为 0.88ng/mL。另一方面，量子点等荧光纳米材料因其独特的优势也被应用于硝基呋喃类药物的免疫色谱检测中。Xie 等[128] 建立了一种基于量子点的免疫色谱试纸条用于快速检测 FTD 代谢物 AMOZ，其检测限仅为 0.07ng/mL，且检测结果与 LC-MS/MS 相关性良好。郭会灿等[129] 建立了基于量子点微球的荧光免疫色谱技术用于 NFZ 代谢物的快速检测，在鱼肉组织中的检测限为 0.247μg/L，且所制备的免疫色谱试纸条可在 2～8℃ 条件下稳定保存 6 个月以上。此外，基于乳胶微球[130]、生物染料[131] 以及纳米材料[132] 的免疫色谱方法也在硝基呋喃类药物的检测中展现了各自的优势。

（5）其他免疫分析技术　除上述 ELISA、化学发光免疫分析、荧光免疫分析和 ICA 之外，电化学阻抗免疫分析等技术同样被用于硝基呋喃类药物的检测。Jin 等[133] 将抗 AMOZ 单克隆抗体固定在金电极，通过 AMOZ 与抗体之间的免疫反应触发信号，检测过程中阻抗的相对变化与 FTD 代谢物 AMOZ 的对数值成正比，并由此获得了 1.0ng/mL 的检出限。

9.6.3　其他分析技术

不同于上述需要特异性识别抗体以实现免疫分析检测硝基呋喃类抗生素的分析技术。包括拉曼检测与电化学检测在内的多项技术被开发用于硝基呋喃类抗生素残留的检测。

Jeber[134] 发现两种比色试剂（亚铁氰化钾和磷钼酸）与 SEM 反应，可以生成不同颜色的化合物。根据这一特点，可以通过视觉观察来判断面粉中是否有 SEM 的存在，也可以用紫外-可见分光光度计对 SEM 的含量进行准确定量。亚铁氰化钾和磷钼酸与 SEM 反应的检出限分别为 2.36mg/kg 和 0.36mg/kg，定量限分别为 7.87mg/kg 和 1.22mg/kg。

拉曼光谱是基于拉曼散射效应的一种分子振动与转动光谱，可以提供分子结构信息。表面增强拉曼散射（surface-enhanced Raman scattering，SERS）效应可以在纳米材料表面数十纳米范围内获得灵敏度和精确度极高的分子指纹信息，一些原本没有拉曼活性的分子振动，在 SERS 中也表现出拉曼信号。Fan[135] 报道了一种基底材料 Ag-BrNPs 的制备方法，并用该基底材料进行 NFT 及其代谢物 AHD 的 SERS 检测。使用该方法，海参和鱼饲料中 NFT 的检出限分别为 1ng/g 和 50ng/g；2-NBA 衍生化后，海参中 AHD 的检出限为 5ng/g。Liu 等[136] 制备了一种可以同时检测恩诺沙星、孔雀石绿、NFZ、苏丹的复合基底材料，对 NFZ 的检出限达到了 0.57ng/L。Bian 等[137] 将 SERS 技术应用于 NFZ 和 SEM 的检测。Zhang 等[138] 用 SERS 技术对鱼肉中的 FZD 进行了分析。郭红青等[139] 以纳米金溶胶和氯化钠溶液为活性增强基底，应用 SERS 技术，确定 801cm^{-1} 作为禽肉中 AMOZ 残留量检测的 SERS 特征峰，606cm^{-1} 和 1213cm^{-1} 作为禽肉中 AHD 残留量检测的 SERS 特征峰。对采集到的光谱数据依次采用 air-PLS 消除背景干扰，标准归一化后结合主成分-线性判别方法建立模型获得了高达 95.71% 的判别正确率。

此外，于浩[140] 采用电化学方法和现场紫外光谱电化学方法探究聚邻氨基酚薄膜修饰电极对 FZD 的电催化作用，并在电催化机理的基础上，建立 FZD 和 FTD 的电化学检测方法，在模拟尿样和海鲜养殖水样的加标回收实验中获得了较好的效果。

参考文献

[1] 苏荣茂. 硝基呋喃类药物残留的危害及管理对策[J]. 福建农业，2006（12）：24.

[2] Draisci R，Giannetti L，Lucentini L，et al. Determination of nitrofuran residues in avian eggs by liquid chromatography-UV photodiode array detection and confirmation by liquid chromatography-ionspray mass spectrometry[J]. Journal of Chromatography A，1997，777（1）：201-211.

[3] HongMei T，Fang Z，ChengHong L. Progress on the detection of nitrofurans drugs residues and their metabolites in food. [J]. Journal of Food Safety and Quality，2016，7（10）：3952-3959.

[4] 王民燕. 硝基呋喃类四种药物残留快速检测方法的研究[D]. 北京：中国农业科学院，2016.

[5] Verdon E，Couedor P，Sanders P. Multi-residue monitoring for the simultaneous determination of five nitrofurans（furazolidone，furaltadone，nitrofurazone，nitrofurantoine，nifursol）in poultry muscle tissue through the detection of their five major metabolites（AOZ，AMOZ，SEM，AHD，DNSAH）by liquid chromatography coupled to electrospray tandem mass spectrometry — in-house validation in line with Commission Decision 657/2002/EC[J]. Analytica Chimica Acta，2007，586（1/2）：336-347.

[6] Radovnikovic A，Moloney M，Byrne P，et al. Detection of banned nitrofuran metabolites in animal plasma samples using UHPLC-MS/MS[J]. Journal of Chromatography B，2011，879（2）：159-166.

[7] Boussac N，Galmier M J，Dauphin G，et al. Nifuroxazide photodecomposition：identification of the（Z）-isomer by ^{1}H-NMR study[J]. Microchimica Acta，2003，141（3）：179-181.

[8] Squella J A，Letelier M E，Lindermeyer L，et al. Redox behaviour of nifuroxazide：generation of the one-electron reduction product[J]. Chemico-Biological Interactions，1996，99（1）：227-238.

[9] Gao F，Zhang Q D，Zhang Z H，et al. Residue depletion of nifuroxazide in broiler chicken[J]. Journal of the Science of Food and Agriculture，2013，93（9）：2172-2178.

[10] Wang M M，Na X U，Tang Y，et al. Advances on detection methods for residues of nitrofurans in food[J]. China Animal Husbandry & Veterinary Medicine，2016，8：2202-2207.

[11] Guay D R. An update on the role of nitrofurans in the management of urinary tract infections [J]. Drugs, 2001, 61（3）: 353-364.

[12] Vasheghani M M, Bayat M, Rezaei F, et al. Effect of low-level laser therapy on mast cells in second-degree burns in rats[J]. Photomedicine and Laser Surgery, 2008, 26（1）: 1-5.

[13] Parvin I, Shahunja K M, Khan S H, et al. Changing susceptibility pattern of vibrio cholerae O1 isolates to commonly used antibiotics in the largest diarrheal disease hospital in bangladesh during 2000—2018[J]. The American Journal of Tropical Medicine and Hygiene, 2020, 103（2）: 652-658.

[14] Gardner T B, Hill D R. Treatment of giardiasis[J]. Clinical Microbiology Reviews, 2001, 14（1）: 114-128.

[15] Johnson J R, Berggren T, Conway A J. Activity of a nitrofurazone matrix urinary catheter against catheter-associated uropathogens[J]. Antimicrobial Agents and Chemotherapy, 1993, 37（9）: 2033-2036.

[16] Hastings R C, Long G W. Goodman and Gilman's the pharmacological basis of therapeutics[M]. JAMA: The Journal of the American Medical Association, American Medical Association, 1996, 276（12）: 999.

[17] Hall B S, Bot C, Wilkinson S R. Nifurtimox activation by trypanosomal type Ⅰ nitroreductases generates cytotoxic nitrile metabolites˚[J]. Journal of Biological Chemistry, 2011, 286（15）: 13088-13095.

[18] Ryan A. Azoreductases in drug metabolism. [J]. British Journal of Pharmacology, 2017, 174（14）: 2161-2173.

[19] Toogood H S, Scrutton N S. Flavin oxidation state impacts on nitrofuran antibiotic binding orientation in nitroreductases. [J]. The Biochemical Journal, 2021, 478（18）: 3423-3428.

[20] Sandegren L, Lindqvist A, Kahlmeter G, et al. Nitrofurantoin resistance mechanism and fitness cost in Escherichia coli [J]. Journal of Antimicrobial Chemotherapy, 2008, 62（3）: 495-503.

[21] Xie Y, Zhu Y, Zhou H, et al. Furazolidone-based triple and quadruple eradication therapy for Helicobacter pylori infection[J]. World Journal of Gastroenterology, 2014, 20（32）: 11415-11421.

[22] Ali B H. Pharmacological, Therapeutic and toxicological properties of furazolidone: some recent research[J]. Veterinary Research Communications, 1999, 23（6）: 343-360.

[23] Ma S, Jin Z, Liu Y, et al. Furazolidone increases survival of mice exposed to lethal total body irradiation through the antiapoptosis and antiautophagy mechanism[J]. Oxidative Medicine and Cellular Longevity, 2021, 2021: 6610726.

[24] Jiang X, Sun L, Qiu J J, et al. A novel application of furazolidone: anti-leukemic activity in acute myeloid leukemia[J]. Plos One, 2013, 8（8）: e72335.

[25] Yu J G, Ji C H, Shi M H. The anti-infection drug furazolidone inhibits NF-κB signaling and induces cell apoptosis in small cell lung cancer[J]. The Kaohsiung Journal of Medical Sciences, 2020, 36（12）: 998-1003.

[26] Liu Y, Sun J, Han D, et al. Identification of potential biomarkers and small molecule drugs for cutaneous melanoma using integrated bioinformatic analysis[J]. Frontiers in Cell and Developmental Biology, 2022, 10: 858633.

[27] Calderaro A, Maugeri A, Magazù S, et al. Molecular basis of interactions between the antibiotic nitrofurantoin and human serum albumin: a mechanism for the rapid drug blood transportation[J]. International Journal of Molecular Sciences, 2021, 22（16）: 8740.

[28] Ryan A, Kaplan E, Laurieri N, et al. Activation of nitrofurazone by azoreductases: multiple activities in one enzyme[J]. Scientific Reports, 2011, 1: 63.

[29] Wang C, Qu L, Liu X, et al. Determination of a metabolite of nifursol in foodstuffs of animal origin by liquid-liquid extraction and liquid chromatography with tandem mass spectrometry[J].

Journal of Separation Science, 2017, 40（3）：671-676.

[30] Yan X D, Zhang L J, Wang J P. Residue depletion of nitrovin in chicken after oral administration[J]. Journal of Agricultural and Food Chemistry, 2011, 59（7）：3414-3419.

[31] 闫晓东. 硝呋烯腙和硝呋酚酰肼在肉鸡体内的残留消除[D]. 保定：河北农业大学，2012.

[32] Zhang Y, Jing Z, Cao X, et al. SOCS1, the feedback regulator of STAT1/3, inhibits the osteogenic differentiation of rat bone marrow mesenchymal stem cells [J]. Gene, 2022, 821：146190.

[33] Yang F, Hu M, Lei Q, et al. Nifuroxazide induces apoptosis and impairs pulmonary metastasis in breast cancer model[J]. Cell Death & Disease, 2015, 6：e1701.

[34] Zhu Y, Ye T, Yu X, et al. Nifuroxazide exerts potent anti-tumor and anti-metastasis activity in melanoma[J]. Scientific Reports, 2016, 6：20253.

[35] Elsherbiny N M, Zaitone S A, Mohammad H M F, et al. Renoprotective effect of nifuroxazide in diabetes-induced nephropathy: impact on NFκB, oxidative stress, and apoptosis[J]. Toxicology Mechanisms and Methods, 2018, 28（6）：467-473.

[36] Gan C, Zhang Q, Liu H, et al. Nifuroxazide ameliorates pulmonary fibrosis by blocking myofibroblast genesis: a drug repurposing study[J]. Respiratory Research, 2022, 23：32.

[37] Saber S, Nasr M, Kaddah M M Y, et al. Nifuroxazide-loaded cubosomes exhibit an advancement in pulmonary delivery and attenuate bleomycin-induced lung fibrosis by regulating the STAT3 and NF-κB signaling: a new challenge for unmet therapeutic needs[J]. Biomedicine & Pharmacotherapy, 2022, 148：112731.

[38] Bern C. Antitrypanosomal therapy for chronic Chagas' disease[J]. The New England Journal of Medicine, 2011, 364（26）：2527-2534.

[39] Yi-Chang N, Heflich R H, Kadlubar F F, et al. Mutagenicity of nitrofurans in Salmonella typhimurium TA98, TA98NR and TA98/1, 8-DNP6[J]. Mutation Research Letters, 1987, 192（1）：15-22.

[40] Zolla L, Timperio A M. Involvement of active oxygen species in protein and oligonucleotide degradation induced by nitrofurans[J]. Biochemistry and Cell Biology, 2005, 83（2）：166-175.

[41] Khan M Z, Zaman Q, Islam N, et al. Furazolidone toxicosis in young broiler chicks: morphometric and pathological observations on heart and testes[J]. Veterinary and Human Toxicology, 1995, 37（4）：314-318.

[42] Postema H J. Nitrofuran poisoning in veal calves[J]. Tijdschrift Voor Diergeneeskunde, 1983, 108（6）：238-240.

[43] Raipulis J, Toma M M, Semjonovs P. The effect of probiotics on the genotoxicity of furazolidone[J]. International Journal of Food Microbiology, 2005, 102（3）：343-347.

[44] Madrigal-Bujaidar E, Ibañez J C, Cassani M, et al. Effect of furazolidone on sister-chromatid exchanges, cell proliferation kinetics, and mitotic index in vivo and in vitro[J]. Journal of Toxicology and Environmental Health, 1997, 51（1）：89-96.

[45] Borroto J I G, Machado G P, Creus A, et al. Comparative genotoxic evaluation of 2-furylethylenes and 5-nitrofurans by using the comet assay in TK6 cells. [J]. Mutagenesis, 2005, 20（3）：193-197.

[46] De Angelis I, Rossi L, Pedersen J Z, et al. Metabolism of furazolidone: alternative pathways and modes of toxicity in different cell lines[J]. Xenobiotica: the Fate of Foreign Compounds in Biological Systems, 1999, 29（11）：1157-1169.

[47] Deng S, Tang S, Zhang S, et al. Furazolidone induces apoptosis through activating reactive oxygen species-dependent mitochondrial signaling pathway and suppressing PI3K/Akt signaling pathway in HepG2 cells[J]. Food and Chemical Toxicology, 2015, 75：173-186.

[48] Jin X, Tang S, Chen Q, et al. Furazolidone induced oxidative DNA damage via up-regulating ROS that caused cell cycle arrest in human hepatoma G2 cells[J]. Toxicology Letters, 2011, 201（3）：205-212.

[49] Dai C, Lei L, Li B, et al. Involvement of the activation of Nrf2/HO-1, p38 MAPK signaling pathways and endoplasmic reticulum stress in furazolidone induced cytotoxicity and S phase arrest in human hepatocyte L02 cells: modulation of curcumin[J]. Toxicology Mechanisms and Methods, 2017, 27（3）: 165-172.

[50] Deng S, Tang S, Dai C, et al. P21Waf1/Cip1 plays a critical role in furazolidone-induced apoptosis in HepG2 cells through influencing the caspase-3 activation and ROS generation[J]. Food and Chemical Toxicology, 2016, 88: 1-12.

[51] Olivera C, Cox M P, Rowlands G J, et al. Correlated transcriptional responses provide insights into the synergy mechanisms of the furazolidone, vancomycin, and sodium deoxycholate triple combination in escherichia coli[J]. mSphere, 2021, 6（5）: e00627.

[52] Kazmi S S U H, Uroosa H, Xu H, et al. An approach to determining the nitrofurazone-induced toxic dynamics for ecotoxicity assessment using protozoan periphytons in marine ecosystems[J]. Marine Pollution Bulletin, 2022, 175: 113329.

[53] Hiraku Y, Sekine A, Nabeshi H, et al. Mechanism of carcinogenesis induced by a veterinary antimicrobial drug, nitrofurazone, via oxidative DNA damage and cell proliferation[J].Cancer Letters, 2004, 215（2）: 141-150.

[54] Li H, Zhang Z, Yang X, et al. Electron deficiency of nitro group determines hepatic cytotoxicity of nitrofurantoin[J]. Chemical Research in Toxicology, 2019, 32（4）: 681-690.

[55] Bartel L C, Montalto de Mecca M, Castro J A. Nitroreductive metabolic activation of some carcinogenic nitro heterocyclic food contaminants in rat mammary tissue cellular fractions[J]. Food and Chemical Toxicology, 2009, 47（1）: 140-144.

[56] 中华人民共和国农业部. 动物性食品中兽药最高残留限量[S]. 2002.

[57] 中华人民共和国农业农村部公告 第 250 号[S]. 2019.

[58] 徐伟, 耿士伟, 刘路, 等. 硝基呋喃类药物及其代谢物检测方法的研究进展[J]. 天津农业科学, 2018, 24（08）: 16-20.

[59] 庞国芳, 张进杰, 曹彦忠, 等. 高效液相色谱-串联质谱法测定家禽组织中硝基呋喃类抗生素代谢物残留的研究[J]. 食品科学, 2005（10）: 160-165.

[60] Aerts M M L, Beek W M J, Brinkman U A T. On-line combination of dialysis and column-switching liquid chromatography as a fully automated sample preparation technique for biological samples[J]. Journal of Chromatography A, 1990, 500: 453-468.

[61] Díaz T G, Martínez L L, Galera M M, et al. Rapid determination of nitrofurantoin, furazolidone and furaltadone in formulations, feed and milk by high performance liquid chromatography [J]. Journal of Liquid Chromatography, 1994, 17（2）: 457-475.

[62] 中华人民共和国质量监督检验检疫总局. 动物源性食品中硝基呋喃类药物代谢物残留量检测方法 高效液相色谱/串联质谱法: GB/T 21311—2007 [S]. 北京: 中国标准出版社, 2007.

[63] 中华人民共和国质量监督检验检疫总局. 蜂王浆中硝基呋喃类代谢物残留量的测定 液相色谱-串联质谱法: GB/T 21167—2007[S]. 北京: 中国标准出版社, 2007.

[64] 中华人民共和国农业部公告 第 783 号[S]. 2006.

[65] 中华人民共和国农业部公告 第 2349 号[S]. 2015.

[66] 中华人民共和国农业部公告 第 1486 号[S]. 2010.

[67] Rao T, Metilda P, Gladis J. Preconcentration techniques for uranium（Ⅵ）and thorium（Ⅳ）prior to analytical determination — an overview[J]. Talanta, 2006, 68（4）: 1047-1064.

[68] Hu X, Xu F, Li J, et al. Ultrasonic-assisted extraction of polysaccharides from coix seeds: optimization, purification, and in vitro digestibility [J]. Food Chemistry, 2022, 374: 131636.

[69] Becalski A, Lau B P Y, Lewis D, et al. Semicarbazide formation in azodicarbonamide-treated flour: a model study[J]. Journal of Agricultural and Food Chemistry, 2004, 52（18）: 5730-5734.

[70] Hoenicke K, Gatermann R, Hartig L, et al. Formation of semicarbazide（SEM）in food

by hypochlorite treatment: is SEM a specific marker for nitrofurazone abuse? [J]. Food Additives and Contaminants, 2004, 21（6）: 526-537.

[71] 张祎，余海霞，陈霞霞，等．甲壳类氨基脲的来源及检测方法研究进展[J]．食品安全质量检测学报，2021，12（16）: 6301-6309.

[72] Bendall J G. Semicarbazide is non-specific as a marker metabolite to reveal nitrofurazone abuse as it can form under Hofmann conditions[J]. Food Additives & Contaminants: Part A, 2009, 26（1）: 47-56.

[73] Points J, Burris D T, Walker M J. Forensic issues in the analysis of trace nitrofuran veterinary residues in food of animal origin[J]. Food Control, 2015, 50: 92-103.

[74] 中华人民共和国农业部公告 第 1077 号[S]. 2008.

[75] Barbosa J, Moura S, Barbosa R, et al. Determination of nitrofurans in animal feeds by liquid chromatography-UV photodiode array detection and liquid chromatography-ionspray tandem mass spectrometry[J]. Analytica Chimica Acta, 2007, 586（1）: 359-365.

[76] Wang K, Kou Y, Wang M, et al. Determination of nitrofuran metabolites in fish by ultraperformance liquid chromatography-photodiode array detection with thermostatic ultrasound-assisted derivatization[J]. Acs Omega, 2020, 5（30）: 18887-18893.

[77] Luo X, Yu Y, Kong X, et al. Rapid microwave assisted derivatization of nitrofuran metabolites for analysis in shrimp by high performance liquid chromatography-fluorescence detector[J]. Microchemical Journal, 2019, 150: 104189.

[78] Wang Y, Chan W. Automated in-injector derivatization combined with high-performance liquid chromatography-fluorescence detection for the determination of semicarbazide in fish and bread samples[J]. Journal of Agricultural and Food Chemistry, 2016, 64（13）: 2802-2808.

[79] Regulation C. Commission Regulation （EU） No 2019/1871 of 7 November 2019 on reference points for action for non-allowed pharmacologically active substances present in food of animal origin and repealing Decision 2005/34/EC[S]. Official Journal of the European Union, 2019, 289: 41-46.

[80] 2002/657/EC: Commission Decision of 12 August 2002 implementing Council Directive 96/23/EC concerning the performance of analytical methods and the interpretation of results （Text with EEA relevance）（notified under document number C（2002）3044）[S]. 2002: 36.

[81] Regan G, Moloney M, Di Rocco M, et al. Development and validation of a rapid LC-MS/MS method for the confirmatory analysis of the bound residues of eight nitrofuran drugs in meat using microwave reaction[J]. Analytical and Bioanalytical Chemistry, 2022, 414（3, SI）: 1375-1388.

[82] 中华人民共和国质量监督检验检疫总局．食品安全国家标准　水产品中硝基呋喃类代谢物多残留的测定 液相色谱-串联质谱法: GB 31656.13—2021[S]. 北京: 中国标准出版社, 2021.

[83] 中华人民共和国质量监督检验检疫总局．宠物饲料中硝基呋喃类代谢物残留量的测定　液相色谱-串联质谱法: GB/T 39670—2020[S]. 北京: 中国标准出版社, 2021.

[84] Ryu E, Park J S, Giri S S, et al. A simplified modification to rapidly determine the residues of nitrofurans and their metabolites in aquatic animals by HPLC triple quadrupole mass spectrometry[J]. Environmental Science and Pollution Research, 2021, 28（6）: 7551-7563.

[85] Gnoth M J, Hopfe P M, Thuss U. Determination of nifurtimox in dog plasma by stable-isotope dilution LC-MS/MS[J]. Bioanalysis, 2015, 7（21）: 2777-2787.

[86] Yuan G, Zhu Z, Yang P, et al. Simultaneous determination of eight nitrofuran residues in shellfish and fish using ultra-high performance liquid chromatography-tandem mass spectrometry[J]. Journal of Food Composition and Analysis, 2020, 92: 103540.

[87] Melekhin A O, Tolmacheva V V, Shubina E G, et al. Determination of nitrofuran metabolites in honey using a new derivatization reagent, magnetic solid-phase extraction and LC-MS/MS[J]. Talanta, 2021, 230: 122310.

[88] Johnston L, Croft M, Murby J, et al. Preparation and characterisation of certified refer-

ence materials for furazolidone and nitrofurazone metabolites in prawn[J]. Accreditation and Quality Assurance, 2015, 20（5）: 401-410.

[89] Oye B E, Couillard F D, Valdersnes S. Complete validation according to current international criteria of a confirmatory quantitative method for the determination of nitrofuran metabolites in seafood by liquid chromatography isotope dilution tandem mass spectrometry[J]. Food Chemistry, 2019, 300: 125175.

[90] Ardsoongnearn C, Boonbanlu O, Kittijaruwattana S, et al. Liquid chromatography and ion trap mass spectrometry for simultaneous and multiclass analysis of antimicrobial residues in feed water[J]. Journal of Chromatography B-Analytical Technologies in the Biomedical and Life Sciences, 2014, 945: 31-38.

[91] 陈宗保，刘林海，尹月春，等．改性纳米金富集-毛细管电泳法测定水产品中硝基呋喃类药物残留[J]. 分析试验室, 2018, 37（07）: 760-764.

[92] Xu C, Kuang H, Xu L. Food immunoassay[M]. Springer, 2019.

[93] Cooper K M, Caddell A, Elliott C T, et al. Production and characterisation of polyclonal antibodies to a derivative of 3-amino-2-oxazolidinone, a metabolite of the nitrofuran furazolidone[J]. Analytica Chimica Acta, 2004, 520（1/2）: 79-86.

[94] Chang C, Peng D, Wu J, et al. Development of an indirect competitive ELISA for the detection of furazolidone marker residue in animal edible tissues[J]. Journal of Agricultural and Food Chemistry, 2008, 56（5）: 1525-1531.

[95] Cheng C C, Hsieh K H, Lei Y C, et al. Development and residue screening of the furazolidone metabolite, 3-amino-2-oxazolidinone（AOZ）, in cultured fish by an enzyme-linked immunosorbent assay[J]. Journal of Agricultural and Food Chemistry, 2009, 57（13）: 5687-5692.

[96] Shen Y D, Wang Y, Zhang S W, et al. Design and efficient synthesis of novel haptens and complete antigens for the AOZ, a toxic metabolite of furazolidone[J]. Chinese Chemical Letters, 2007, 18（12）: 1490-1492.

[97] Pimpitak U, Putong S, Komolpis K, et al. Development of a monoclonal antibody-based enzyme-linked immunosorbent assay for detection of the furaltadone metabolite, AMOZ, in fortified shrimp samples[J]. Food Chemistry, 2009, 116（3）: 785-791.

[98] Luo P J, Jiang W X, Beier R C, et al. Development of an enzyme-linked immunosorbent assay for determination of the furaltadone etabolite, 3-amino-5-morpholinomethyl-2-oxazolidinone（AMOZ）in animal tissues[J]. Biomedical and Environmental Sciences, 2012, 25（4）: 449-457.

[99] Song J, Yang H, Wang Y, et al. Direct detection of 3-amino-5-methylmorpholino-2-oxazolidinone（AMOZ）in food samples without derivatisation step by a sensitive and specific monoclonal antibody based ELISA[J]. Food Chemistry, 2012, 135（3）: 1330-1336.

[100] Xu Z L, Shen Y D, Sun Y M, et al. Novel hapten synthesis for antibody production and development of an enzyme-linked immunosorbent assay for determination of furaltadone metabolite 3-amino-5-morpholinomethyl-2-oxazolidinone（AMOZ）[J]. Talanta, 2013, 103: 306-313.

[101] Chadseesuwan U, Puthong S, Gajanandana O, et al. Development of an enzyme-linked immunosorbent assay for 1-aminohydantoin detection[J]. Journal of AOAC International, 2013, 96（3）: 680-686.

[102] Gao A, Chen Q, Cheng Y, et al. Preparation of monoclonal antibodies against a derivative of semicarbazide as a metabolic target of nitrofurazone[J]. Analytica Chimica Acta, 2007, 592（1）: 58-63.

[103] Cooper K M, Fodey T L, Campbell K, et al. Development of antibodies and immunoassays for monitoring of nitrofuran antibiotics in the food chain[J]. Current Organic Chemistry, 2018, 21（26）: 2675-2689.

[104] 王海彬，李培武，张奇，等．粮油产品真菌毒素抗体制备研究进展[J]. 中国油料作物学报, 2012, 34（3）: 336-342.

[105] 陈荫楠. 基于展示技术筛选抗硝基呋喃类化合物单链抗体[D]. 福州: 福州大学, 2015.

[106] 李军, 刘静, 张会彩, 等. 硝基呋喃类药物广谱特异性多克隆抗体的制备与鉴定[J]. 畜牧与兽医, 2010, 42（08）: 27-31.

[107] Cooper K M, Elliott C T, Kennedy D G. Detection of 3-amino-2-oxazolidinone（AOZ）, a tissue-bound metabolite of the nitrofuran furazolidone, in prawn tissue by enzyme immunoassay [J]. Food Additives and Contaminants, 2004, 21（9）: 841-848.

[108] 陈倩, 陈荫楠, 陈东海, 等. 基于单链抗体的呋喃唑酮酶联免疫检测方法的建立[J]. 食品科学, 2017, 38（20）: 242-247.

[109] Yan X D, Hu X Z, Zhang H C, et al. Direct determination of furaltadone metabolite, 3-amino-5-morpholinomethyl-2-oxazolidinone, in meats by a simple immunoassay[J]. Food and Agricultural Immunology, 2012, 23（3）: 203-215.

[110] Jiang W, Luo P, Wang X, et al. Development of an enzyme-linked immunosorbent assay for the detection of nitrofurantoin metabolite, 1-amino-hydantoin, in animal tissues[J]. Food Control, 2012, 23（1）: 20-25.

[111] Liu W, Zhao C, Zhang Y, et al. Preparation of polyclonal antibodies to a derivative of 1-aminohydantoin（AHD）and development of an indirect competitive ELISA for the detection of nitrofurantoin residue in water[J]. Journal of Agricultural and Food Chemistry, 2007, 55（17）: 6829-6834.

[112] Fang Z, Jiang B, Wu W, et al. ELISA detection of semicarbazide based on a fast sample pretreatment method[J]. Chemical Communications, 2013, 49（55）: 6164.

[113] 黄登宇, 冯敏, 李亚楠, 等. 生物素-亲和素放大酶联免疫吸附法测定呋喃西林代谢物[J]. 食品安全质量检测学报, 2017, 8（02）: 394-401.

[114] Fang Q, Wang L, Hua X, et al. An enzyme-linked chemiluminescent immunoassay developed for detection of Butocarboxim from agricultural products based on monoclonal antibody [J]. Food Chemistry, 2015, 166: 372-379.

[115] 安静, 古丽斯坦, 宋斌, 等. 呋喃唑酮代谢物直接竞争化学发光检测方法的建立[J]. 分析仪器, 2019（05）: 65-70.

[116] 梁高道, 毛翔, 黄常刚, 等. 全自动磁微粒化学发光法快速筛查呋喃类药物残留[J]. 环境科学与技术, 2019, 42（01）: 178-183.

[117] Shi H, Sheng E, Feng L, et al. Simultaneous detection of imidacloprid and parathion by the dual-labeled time-resolved fluoroimmunoassay[J]. Environmental Science and Pollution Research, 2015, 22（19）: 14882-14890.

[118] 赵义良, 李云, 桑丽雅, 等. 呋喃唑酮代谢物时间分辨荧光免疫快速检测试剂卡的研制及应用[J]. 食品安全质量检测学报, 2018, 9（19）: 5187-5194.

[119] 邓丽华, 戴尽波, 徐振林, 等. 呋喃它酮代谢物时间分辨荧光免疫分析法的建立与应用[J]. 分析化学, 2016, 44（8）: 1286-1290.

[120] 柳颖, 郭逸蓉, 朱国念. 荧光偏振免疫分析在农药残留检测中的研究进展[J]. 分析仪器, 2016（S1）: 64-68.

[121] Zhang S, Shen Y, Sun Y. Monoclonal antibody-based fluorescence polarization immunoassay for furazolidone in feed[J]. Analytical Letters, 2010, 43（17）: 2716-2729.

[122] Xu Z L, Zhang S W, Sun Y M, et al. Monoclonal antibody-based fluorescence polarization immunoassay for high throughput screening of furaltadone and its metabolite AMOZ in animal feeds and tissues[J]. Combinatorial Chemistry & High Throughput Screening, 2013, 16（6）: 494-502.

[123] 刘思杰. 磁性普鲁士蓝催化信号放大介导的盐酸克伦特罗和莱克多巴胺双读数免疫层析检测方法研究[D]. 咸阳: 西北农林科技大学, 2021.

[124] Li S, Song J, Yang H, et al. An immunochromatographic assay for rapid and direct detection of 3-amino-5-morpholino-2-oxazolidone（AMOZ）in meat and feed samples[J]. Journal of the Science of Food and Agriculture, 2014, 94（4）: 760-767.

[125] Dou L, Zhao B, Bu T, et al. Highly sensitive detection of a small molecule by a paired labels recognition system based lateral flow assay[J]. Analytical and Bioanalytical Chemistry, 2018, 410（13）: 3161-3170.

[126] Lu X, Liang X, Dong J, et al. Lateral flow biosensor for multiplex detection of nitrofuran metabolites based on functionalized magnetic beads[J]. Analytical and Bioanalytical Chemistry, 2016, 408（24）: 6703-6709.

[127] Yan L, Dou L, Bu T, et al. Highly sensitive furazolidone monitoring in milk by a signal amplified lateral flow assay based on magnetite nanoparticles labeled dual-probe[J]. Food Chemistry, 2018, 261: 131-138.

[128] Xie Y, Wu J, Shi H, et al. A fluorescent immunochromatographic strip using quantum dots for 3-amino-5-methylmorpholino-2-oxazolidinone（AMOZ）detection in edible animal tissues[J]. Food and Agricultural Immunology, 2019, 30（1）: 208-221.

[129] 郭会灿, 崔海波, 徐冬梅. 呋喃西林代谢物单克隆抗体及荧光免疫层析试纸条的制备[J]. 肉类研究, 2019, 33（03）: 46-51.

[130] Li G, Tang C, Wang Y, et al. A rapid and sensitive method for semicarbazide screening in foodstuffs by HPLC with fluorescence detection[J]. Food Analytical Methods, 2015, 8（7）: 1804-1811.

[131] Dou L, Bu T, Zhang W, et al. Chemical-staining based lateral flow immunoassay: a nanomaterials-free and ultra-simple tool for a small molecule detection[J]. Sensors and Actuators B: Chemical, 2019, 279: 427-432.

[132] Liu S, Dou L, Yao X, et al. Polydopamine nanospheres as high-affinity signal tag towards lateral flow immunoassay for sensitive furazolidone detection[J]. Food Chemistry, 2020, 315: 126310.

[133] Jin W, Yang G, Wu L, et al. Detecting 5-morpholino-3-amino-2-oxazolidone residue in food with label-free electrochemical impedimetric immunosensor[J]. Food Control, 2011, 22（10）: 1609-1616.

[134] Jeber J N, Hassan R F, Hammood M K, et al. Sensitive and simple colorimetric methods for visual detection and quantitative determination of semicarbazide in flour products using colorimetric reagents[J]. Sensors and Actuators B: Chemical, 2021, 341.

[135] Fan W, Gao W, Jiao J, et al. Highly sensitive SERS detection of residual nitrofurantoin and 1-amino-hydantoin in aquatic products and feeds[J]. Luminescence, 2022, 37（1）: 82-88.

[136] Liu E, Fan X, Yang Z, et al. Rapid and simultaneous detection of multiple illegal additives in feed and food by SERS with reusable Cu_2O-Ag/AF-C_3N_4 substrate[J]. Spectrochimica Acta Part A: Molecular and Biomolecular Spectroscopy, 2022, 276: 121229.

[137] Bian W, Liu Z, Lian G, et al. High reliable and robust ultrathin-layer gold coating porous silver substrate via galvanic-free deposition for solid phase microextraction coupled with surface enhanced Raman spectroscopy[J]. Analytica Chimica Acta, 2017, 994: 56-64.

[138] Zhang Y, Huang Y, Zhai F, et al. Analyses of enrofloxacin, furazolidone and malachite green in fish products with surface-enhanced Raman spectroscopy[J]. Food Chemistry, 2012, 135（2）: 845-850.

[139] 郭红青. 基于表面增强拉曼光谱的禽肉中硝基呋喃类代谢物残留的快速检测研究[D]. 南昌: 江西农业大学, 2018.

[140] 于浩. 硝基呋喃药物电化学传感器的研究与应用[D]. 大连: 辽宁师范大学, 2017.

第 10 章
硝基咪唑类
药物残留
分析

硝基咪唑类药物（nitroimidazoles）主要是一系列具有 5-硝基咪唑环状结构的杂环化合物。咪唑环上带 N-1-甲基和 5-硝基取代基，C2 位上的取代基有所不同，继而获得多种硝基咪唑类药物及其代谢产物，这是硝基咪唑类抗菌药物所具有的共同结构特点。在兽医临床和饲料添加剂中经常使用的硝基咪唑类药物有甲硝唑（metronidazole，MNZ）、地美硝唑（dimetridazole，DMZ）、洛硝哒唑（ronidazole，RNZ）、替硝唑（tini-dazole，TNZ）、奥硝唑（ornidazole，ORZ）和塞克硝唑（secnidazole，SNZ）等[1]。20世纪 50 年代成功合成了 MNZ，用于滴虫、阿米巴病以及兰氏贾第虫病的治疗，并于1962 年发现 MNZ 对于厌氧性细菌可以发挥强大的抗菌作用。经过硝基咪唑类药物的发现、合成与应用，此类药物的研究得到了深入发展，并且开发了硝基咪唑类一系列药物。自二十世纪五十年代以来，人工合成的硝基咪唑类药物在抗菌和抗原虫方面得到广泛应用，尤其是在作用于厌氧菌方面具有强大的抗菌作用，是治疗厌氧菌感染的首选药物之一[2]。

硝基咪唑类药物进入对此类药物较为敏感的微生物的细胞后，处于无氧或者氧含量比较低和偏低的氧化还原电位下，此类药物的硝基容易被电子传递蛋白还原成氨基，并具有细胞毒作用，可以抑制目标微生物细胞 DNA 的合成，还可致已合成的 DNA 降解，从而破坏 DNA 的双螺旋结构，阻断 DNA 的转录和复制，实现细胞死亡，发挥硝基咪唑类药物的杀菌以及有效控制感染的作用。硝基咪唑类药物不仅抗菌效果显著，其在抗病毒、抗肿瘤、抗结核和抗原虫方面也多有临床应用。本章从药物的结构与理化性质、药理学与毒理学机制、残留检测限定与方法等方面对硝基咪唑类药物进行介绍，供相关药物研发人员参考。

食品安全是重大的民生问题，关系到人民的健康、经济的发展和社会的稳定。随着我国畜禽养殖业的规模不断扩大，许多企业为追求经济利益，在畜禽养殖过程中存在滥用抗菌药物和不合理使用兽药的现象，兽药残留问题成为严重危害我国动物源性食品安全的重要因素之一。世界卫生组织和联合国粮农组织已经报道硝基咪唑类药物及其代谢产物具有潜在的致突变性、致癌性和遗传毒性等生物学毒性。为了保护消费者的健康，包括中国在内的大多数国家均禁止了硝基咪唑类药物在食品动物养殖过程中作为治疗药物或者饲料添加剂使用，在动物源性食品中硝基咪唑类药物及其代谢产物，例如 MNZ 以及 MNZ 的代谢产物羟基甲硝唑（hydroxymetronidazole，MNZOH），均不得检出。

10.1

结构与性质

硝基咪唑类药物为白色或者微黄色的结晶或者结晶性粉末，可以不同的比例溶解于水、丙酮、甲醇、乙醇、氯仿和乙酸乙酯等试剂。此类药物一般呈现碱性，可以与酸结合成盐，在碱性溶液中不稳定。在生产过程中经常使用的硝基咪唑类药物及其代谢物的理化性质见表 10-1。

表 10-1　硝基咪唑类药物及其代谢产物的结构与理化性质

化合物	CAS 号	分子式	分子量	结构式	理化性质
MNZ	443-48-1	$C_6H_9N_3O_3$	171.2		白色至略黄色结晶粉末;有微臭,味苦而略咸;略溶于乙醇,微溶于水和氯仿,极微溶于乙醚,熔点为 $159\sim161℃$;沸点为 $405.4℃$;$pK_{a1}=2.62$,$pK_{a2}=14.4$,为含氮杂环化合物,呈现碱性;将 MNZ 制成磷酸酯钾盐,可增大水溶性,可用作注射液;代谢物为 MNZOH
MNZOH	4812-40-2	$C_6H_9N_3O_4$	187.2		为 MNZ 的代谢物;类白色固体;熔点 $118\sim121℃$;沸点 $475.2℃$;$pK_{a1}=1.98$,$pK_{a2}=13.28$;药物原型为 MNZ
DMZ	551-92-8	$C_5H_7N_3O_2$	141.1		类白色或微黄色粉末;遇光渐变黑;基本无臭,味苦而略咸;溶于氯仿、乙醇、稀碱和稀酸,不溶于水和乙醚;甲硝咪唑盐酸盐溶于水、乙醇,微溶于丙酮;熔点为 $177\sim182℃$;沸点为 $313.7℃$;$pK_a=2.81$;代谢物为羟甲基甲硝咪唑(2-hydroxymethyl-1-methyl-5-nitro-1H-imidazole,HMMNI)
RNZ	7681-76-7	$C_6H_8N_4O_4$	200.2		白色结晶;无特殊气味;在水中的溶解度为 0.25%,微溶于甲醇和乙酸乙酯,不溶于苯、四氯化碳等;熔点为 $167\sim169℃$;沸点为 $502.3℃$;$pK_{a1}=1.32$,$pK_{a2}=12.99$;代谢物为 HMMNI
TNZ	19387-91-8	$C_8H_{13}N_3O_4S$	247.3		近乎白色或者淡黄色结晶或结晶性粉末;味微苦;溶解于丙酮或者氯仿中,在水或者乙醇中微溶;熔点为 $117\sim121℃$;沸点为 $528.4℃$;$pK_{a1}=2.72$,$pK_{a2}=14.9$
ORZ	16773-42-5	$C_7H_{10}ClN_3O_3$	219.6		淡黄色结晶性粉末;熔点为 $85\sim90℃$;沸点为 $443.2℃$;于水中可以溶解;$pK_{a1}=2.72$,$pK_{a2}=13.3$
SNZ	3366-95-8	$C_7H_{11}N_3O_3$	185.2		常温下为白色至类白色或者微黄色结晶性粉末;无臭,味苦;可以在 0.1mol/L HCl 和 0.1mol/L 氢氧化钠溶液中溶解,在甲醇、乙醇、氯仿和乙酸中可溶,微溶于水;熔点为 $76℃$;沸点为 $396.1℃$
异丙硝唑(ipronidazole,IPZ)	14885-29-1	$C_7H_{11}N_3O_2$	169.2		熔点为 60℃;沸点为 309.3℃;密度为 1.3g/cm³;闪点为 140.9℃;$pK_a=2.57$;代谢物为羟基异丙硝唑(hydroxy ipronidazole,IPZOH)

10.2

药学机制

10.2.1 抗菌作用

MNZ 于 1978 年经 WHO 认定为首选的抗厌氧菌干扰的基本药物。目前临床上已经发展出分别以 MNZ、TNZ 和 ORZ 为代表的第一、二、三代抗厌氧菌药物，其中 MNZ 于 1959 年用于阴道滴虫感染的治疗，1963 年美国食品药品管理局（FDA）批准其上市；TNZ 于 1982 年在瑞士上市；我国自 2001 年开始广泛使用 ORZ 进行抗厌氧菌感染。目前人医临床上将硝基咪唑类药物广泛用于预防和治疗胃肠消化道的厌氧菌感染，如胃幽门螺杆菌感染，以及各类由厌氧菌引发的盆腔感染、肺脓肿、胸膜感染、败血症、骨髓炎、脓毒性关节炎等。此外还可用于防治阑尾、结肠和妇科的手术感染[3]。

作为药物前体的硝基咪唑类化合物需进入细胞内激活而产生药效。目前已知的抗菌机制主要为细菌胞质中的硝基还原酶通过被动扩散与药物结合，在低电位的条件下通过氧化还原反应将硝基还原成羟胺类衍生物并与 DNA 产生相互作用，使 DNA 的螺旋链断裂、解旋等损伤致使细菌死亡。硝基咪唑类药物进入细胞以后发生还原反应产生一系列不稳定的中间物，包括具有抗菌活性的产物。还原反应发生于厌氧条件下，不受酶的控制。需氧菌内还原反应系统活性低，以至于硝基咪唑类不能发生还原反应。但似乎厌氧菌产生的硝基咪唑类的代谢物在厌氧条件下对需氧菌有抗菌活性[4]。硝基咪唑类可引起 DNA 链的广泛断裂并抑制 DNA 修复酶 DNAase1[5]。

MNZ 作为临床使用最为广泛的硝基咪唑药物多用于治疗革兰氏阴性厌氧菌——幽门螺杆菌（helicobacter pylori）和原生动物——梨形虫（giardia）、鞭毛虫（lamblia）以及痢疾阿米巴原虫（entamoeba histolytica）的感染。在硝基还原酶作用下，以质子供体和受体、配位系统配体和电荷转移过程为基础。多以药物中吡咯结构为质子供体，吡啶为质子受体。其中 1H-咪唑具有质子供体和受体的双重特性。而咪唑官能团不仅是核酸合成的关键碱基，也是多种氨基酸（如组氨酸）的重要组成，其可通过与羧酸等物质反应，产生液晶产物。干扰细菌 DNA 的解旋及断裂，达到抗菌的目的[6]。

其他临床使用的硝基咪唑类药物如 DMZ 的抗菌活性相似（见表 10-2）。它们对大多数

表 10-2　DMZ 对部分厌氧菌的体外抗菌活性

细菌	MIC_{90}/$(\mu g/mL)$	细菌	MIC_{90}/$(\mu g/mL)$
革兰氏阳性厌氧菌		消化球菌属	1
梭菌属	4	革兰氏阴性厌氧菌	
产气荚膜梭菌	2	所有厌氧菌	2
梭状芽孢杆菌	0.5	脆弱拟杆菌	2
坏疽梭菌	2	拟杆菌属	2
放线菌属	≥128	不解糖卟啉单胞菌属	2
优化菌属	4	梭杆菌属	0.5
消化链球菌属	≥64	猪痢疾密螺旋体	0.5

革兰氏阴性厌氧菌和许多革兰氏阳性厌氧菌具有杀菌活性。对猪痢疾密螺旋体及多种原虫（胚胎毛滴虫、贾第鞭毛虫、禽组织滴虫）高度敏感，对弯曲杆菌属中度敏感，人源的幽门螺杆菌通常敏感，但动物源螺杆菌是否敏感没有得到充分的研究，用硝基咪唑类治疗不能清除犬、猫体内螺杆菌感染[7]。

10.2.2　抗病毒作用

硝基咪唑类药物对抗反转录病毒有较好的效果，艾滋病病原体——HIV-1 型病毒主要以攻击辅助 T 细胞（CD4）免疫系统、巨噬细胞和单核细胞系统为靶标。目前尚未有可彻底清除并治愈 HIV-1 感染的药物，且 HIV-1 极易变异的特征而产生的耐药特性阻碍了依法韦仑、奈韦拉平、地拉呋定等抗病毒药物的使用[8]。为对抗反转录病毒产生的耐药性，研究人员尝试对硝基咪唑类药物进行结构修改，2000 年 Silvestri 课题组设计并合成出非核苷类逆转录酶抑制剂（NNRTIs）新一族硝基咪唑类非核苷类抗逆转录药 DAM-NIs ｛1-[2-(二乙基甲氧基)乙基]-2-甲基-5-硝基咪唑｝等化合物[9]。该类化合物的构型主要为蝴蝶形分子结构，核心结构是 2-甲基-5-硝基咪唑母环上的 1 号位以—CH_2CH_2O—所连接的疏水性的两个蝴蝶形的 π-π 体系芳香环衍生物，可看作是传统非核苷类抗逆转录药物（奈韦拉平，四氢咪唑苯并二氮杂硫酮，1-[(2-羟基乙氧基)甲基]-6-(苯硫基)胸腺嘧啶，苯乙基噻唑硫脲衍生物，二氢烷氧基苄基氧代嘧啶）和二杂芳基哌嗪（bisheteroaryl piperazine，BHAP）衍生物的特征结合体，且该类衍生药物具有较低的细胞毒性，未来开发潜力良好。

10.2.3　抗肿瘤作用

2-硝基咪唑类药物主要用于抗肿瘤治疗时的放射增敏剂，其中米索硝唑是第一个用于临床上的放射增敏剂，但该药存在较大的神经毒性，现已较少应用[10]。依他硝唑结构中含有酰胺基团，其神经毒性仅为米索硝唑的 1/4～1/3，依他硝唑较低的生物利用度使其在Ⅲ期临床试验阶段被淘汰。目前在硝基咪唑类化合物的 1 位 N 原子上引入酰氨基是降低其神经毒性的主要手段。且含酰氨基的放射增敏剂在阻止肿瘤转移、诱导细胞分化及提高机体免疫应答方面都有较好的活性。含氮丙啶基团的硝基咪唑类化合物能直接与肿瘤细胞的 DNA 发生相互作用并致其凋亡，但该药临床副作用较大，限制了其应用范围。对硝基咪唑类药物的末端进行烷基化的聚胺衍生物，可通过肿瘤细胞的多胺递送系统而被吸收，因此具备放射性增敏和选择性杀伤的双重作用。目前，带有卤乙酰氨甲酰基团的 2-硝基咪唑类药物在放射性增敏活性基础上具有良好的血管生成抑制活性，改造前景良好。

10.2.4　抗结核作用

结核病由结核分枝杆菌（*Mycobacterium tuberculosis*）感染所引发。全球结核病形势严峻，目前是世界上导致成人死亡的主要传染病[11]。4-硝基咪唑类药物对结核分枝杆菌的体内外均有良好的抗菌效果。例如 CGI-17341 对多种耐药结核菌（MDR-TB）具有很好的疗效。CGI-17341 会产生较高的基因突变，研究人员通过对其药物分子结构改造后得到 PA-824 和 OPC-67683 两种改良药物。目前 PA-824 是硝基咪唑并吡喃类药物中抗菌活性最好的化合物，研究发现其对结核分枝杆菌、多重耐药结核杆菌、敏感结核分枝杆菌，以及耐利福平的结核分枝杆菌菌株具有良好的体外抗菌活性，且与当前使用的抗结核病药物无交叉耐药性。PA-824 不仅对结核分枝杆菌活性显著，其对复制期与非复制期的结核分枝杆菌也具有良好的抗菌活性，故可作为潜伏性结核感染的治疗药物。由于 PA-824 药物仍存在一定的突变性，其进一步改造开发的进展较为缓慢[12]。由日本公司研发的 OPC-67683 药物属于硝基二氢咪唑并噁唑类衍生物，其对抗堪萨斯分枝杆菌和抗体外结核分枝杆菌都有较高的活性，该药物与目前广泛使用的其他结核病药物尚未出现交叉耐药性，且突变性也较低，未来应用和改造前景良好[12]。

10.2.5　抗原虫作用

20 世纪 50 年代开发出 5-硝基咪唑类药物，其抗菌活性和抗原虫活性被同时发现。其中，MNZ 为第一种用于临床抗原虫——溶组织内阿米巴虫、兰氏贾第鞭毛虫和阴道滴虫的药物。硝基咪唑类药物在兽医临床上主要用于由阿米巴原虫引发的禽黑头病，以及由蛇形螺旋体感染引发的猪痢疾。硝基咪唑类药物抗原虫机制主要为硝基在厌氧条件下被还原成具有毒性的氨基自由基而达到抗原虫活性，因此其对需氧型细菌或兼性需氧细菌无抗菌活性。但其对阴道滴虫和阿米巴滋养体具有直接杀灭的效果[13]。体外试验证明 $1 \sim 2 \mu g/mL$ 的 MNZ 6～20h 可使溶组织内阿米巴虫形态改变，72h 可将其完全杀灭。硝基咪唑类药物可通过干扰原虫体内 DNA 合成时的氧化还原反应，破坏原虫 DNA 氮链形成，致使虫体死亡[14]。目前除 MNZ 和 TNZ 以外，班硝唑和米索硝唑也有较好的临床抗滴虫效果。

我国开发的 5-硝基咪唑类药物——SNZ 对厌氧菌及阿米巴原虫和滴虫均有很好的杀灭活性，且与 MNZ、TNZ 等硝基咪唑类药物相比，该药的副作用低，半衰期长，药效持久[15]。目前新上市的硝基咪唑类药物如苯磺酰基和 4-硝基咪唑合成的磺酰氮杂环化合物经体外测试表明，其抗原虫活性优于苄硝唑，部分药物抗阴道毛滴虫的活性是参考药物的 9 倍。此外，多种含苯磺酰亚甲基的 5-硝基咪唑化合物对滴虫的抑制活性均优于 MNZ。

10.2.6　其他药学特性

10.2.6.1　药代动力学特性

目前对 MNZ 的药代动力学研究主要关注其口服和阴道给药途径。MNZ 很容易被肠黏膜吸收，其口服生物利用度高于 90%，口服 500mg 剂量后的最大血药浓度（C_{max}）约为 $45 \sim 75 \mu mol/L$，甚至有报道称浓度高达 $240 \mu mol/L$（此种情况需要进行更高剂量的连续给药）；阴道给药 500mg 后可产生的 C_{max} 值约为 $7 \sim 12 \mu mol/L$。MNZ 可广泛分布于人体内，稳态分布容积为 $0.55 \sim 0.76L/kg$。且该药物可穿过血脑屏障，并在胎盘组织和母乳中存在。MNZ 的消除半衰期约为 8 小时，其主要通过肾脏排泄。MNZ 的脂肪族侧链在人体中的氧化是其主要的代谢途径。母体化合物及其氧化产物也可以与葡萄糖醛酸结合。MNZ 由人体肝脏通过细胞色素 P450（CYP）酶家族代谢。关于 MNZ 的肝脏生物转化的报道很少。在这些研究中，可观察到 MNZ 的生物转化产生两种主要代谢物：一种是羟基化代谢物（HM），它占 MNZ 在尿液排泄物中的 40%，另一种是乙酰化代谢物（AAM），占比为 15%。而形成的代谢物的数量存在 14% 左右的个体差异。研究还发现乙醇的摄入与 MNZ 的较高羟基化相关，这一结果可能证明 CYP2E1 是 MNZ 可能的代谢物，因为这种 CYP 由乙醇诱导产生。此外，在给健康受试者施用苯巴比妥（2B、2C 和 3A 家族的 CYP 诱导剂）后，观察到 MNZ 的代谢水平也有所升高。该研究团队还发现 MNZ 作为 CYP1A1 的体外底物，由于其生物转化的双相动力学，MNZ 可被至少两种不同的 CYP 羟基化，并提出 CYP1A1 和 CYP2E1 作为可能的候选酶[16]。

其他的硝基咪唑类药物中 DMZ 是一种弱碱性、中度亲脂性、低分子量的化合物，故易于渗透进细胞膜，并几乎全部被机体吸收。DMZ 口服给药后吸收快速但吸收程度不一，口服生物利用度在马为 75%～85%、犬为 59%～100%、猫为 28%～90%。患肠梗阻的马，DMZ 可直肠给药，给药后快速吸收，但是生物利用度仅为 30%。DMZ 是亲脂性的，广泛分布于组织中，能够穿透进入骨骼、脓疱和中枢神经系统。分布容积在母马为 0.7～1.7L/kg，犬为 0.95L/kg，猫为 0.6L/kg。DMZ 能够穿过胎盘屏障，并能分布到乳汁中，并且在乳汁中的浓度与血浆中浓度差不多。DMZ 主要是在肝脏中通过氧化和结合反应进行代谢，代谢产物和原型药在尿和粪便中消除。血浆中药物消除半衰期在马为 3～4h，犬为 8h，猫为 5h。猫口服 RNZ 后吸收迅速并且完全，分布容积为 0.7L/kg，消除半衰期较长，为 10h。因此，RNZ 用于猫会产生神经毒性的原因或许为每日 2 次给药导致药物蓄积[17]。

10.2.6.2 药物相互作用

在体外试验中，DMZ 与其他抗厌氧菌的药物如克林霉素、红霉素、青霉素 G、阿莫西林-克拉维酸、头孢西丁和利福平联合应用，未见联合用药影响厌氧菌对药物的敏感性。DMZ 常与 β-内酰胺类、庆大霉素、恩诺沙星联合应用治疗马细菌性胸膜肺炎。当与西咪替丁同时使用时，DMZ 的肝脏代谢可能会减少，这会导致 DMZ 消除延迟和血清中药物浓度增高。苯巴比妥可诱导微粒体肝酶，从而增强 DMZ 的代谢和降低其在血清中的浓度。

10.3

毒理学

10.3.1 遗传毒性

10.3.1.1 致突变性

大多数硝基咪唑类药物在使用碱基置换的突变株 TA100 进行的沙门菌回变试验中表

现出诱变活性。硝基咪唑的衍生物与鸟嘌呤和胞嘧啶共价结合后可在包括人类在内多种动物体内引发单链和双链 DNA 断裂。目前已发现 MNZ 可诱导 DNA 修复机制，例如细菌细胞中的 SOS 及人肝细胞中的计划外 DNA 合成（UDS），MNZ 自身及其代谢物已在细菌中显示出诱变活性。然而，在 MNZ 暴露后的 V79 哺乳动物细胞中尚没有发现突变诱导。

硝基咪唑类药物也是用于根除幽门螺杆菌的联合疗法的关键组成成分。幽门螺杆菌是一种微需氧细菌，全世界估计有一半以上的人群的胃肠道受其感染，也是消化性溃疡病的主要原因和胃癌的早期危险性因素。在厌氧菌中，铁氧还蛋白通过丙酮酸氧化获得电子，进而将电子传递给氢化酶等发生一系列反应，可将 5-硝基咪唑类药物还原为致突变产物，这些产物也会导致 DNA 螺旋不稳定及单链和双链 DNA 断裂。目前高水平的 MNZ 的耐药性在厌氧菌中还很少见，可能的原因是激活酶作为细胞核心代谢途径的重要组成部分，在厌氧微生物所具有的低氧化还原电位与细胞质结合后可自发激活药物。相比之下，对硝基咪唑药物有中度甚至高度耐药性的幽门螺杆菌临床分离株中很常见，其筛出概率约为 10%～90%。

目前已在不同的体内和体外试验中研究了 MNZ 的基因毒性活性。研究发现 MNZ 及其羟基化代谢产物在细菌系统中具有诱变作用，主要诱导碱基对之间发生替换。在用鼠伤寒沙门菌 TA1535 进行的 Ames 试验中，羟基代谢物的效力已被证明是 MNZ 的 10 倍。在微粒体激活后可观察到致突变性增加。从患者尿液中分离出的 MNZ 及其代谢物增加了细菌中的基因突变的情况。目前，尽管 MNZ 不会在 V79 哺乳动物细胞中诱导突变，但 Ostrosky 团队通过测定 HPRT 基因发现，MNZ 在哺乳动物体内也具有致突变性。对 9 只绵羊进行 MNZ 人类治疗剂量（1g/d，持续 10 天）的研究，并没有发现给药组有显著的诱导突变发生，而是稳态血药浓度与出现突变淋巴细胞的频率呈指数关系。因此，对 MNZ 消除率最慢的动物是突变率最高的动物。

野生型幽门螺杆菌对 MNZ 的正常高敏感性很大程度上取决于 *rdxA* 基因（HP0954），此基因是一种编码新型硝基还原酶的基因，可催化 MNZ 从无害的前体药物转化为杀菌剂。进一步研究发现正常抑制幽门螺杆菌生长水平的 MNZ 在 *rdxA*/*H. pylori* 菌株中可产生对利福平抗性的正向突变，并且 *rdxA* 在大肠杆菌中表达可诱导 MNZ 产生突变。使用 lac 测试仪对携带 *rdxA*＋的大肠杆菌测试发现 CG-to-GC 的碱基转换和 AT-to-GC 的碱基转换比其他碱基的取代更容易被诱导。而碱性凝胶电泳测试表明，MNZ 的浓度接近或高于细菌的 MIC 浓度也会导致 *H. pylori* 和携带 *rdxA*＋的大肠杆菌中的 DNA 断裂，表明此种损伤可能是 MNZ 杀菌作用的主要机制。在存在 MNZ 的情况下，MNZ 与大肠杆菌 *H. pylori*（对 MNZ 高度抗性）的共培养不会刺激大肠杆菌中的正向突变，表明 MNZ 代谢的诱变和杀菌产物不会显著扩散到邻近（对照）细胞。因此在慢性感染幽门螺杆菌的人群中广泛使用 MNZ 可能会刺激其他病原体产生 *H. pylori* 抗性基因的突变和重组，从而加速细菌的特异性适应、毒力进化以及对其他临床使用的抗菌药物产生抗性。

10.3.1.2 致癌性

自从 Rustia 和 Shubik 报道硝基咪唑类化合物在小鼠体内诱发肿瘤以来，MNZ 诱发癌症的能力一直是一个争论的问题。研究发现 MNZ 用于瑞士小鼠可观察到肺肿瘤数量显著增加（雄性甚至比雌性更多），并出现雌性恶性淋巴瘤。随后 Roe 对这项研究提出了质疑，因为食物摄入不受控制，而且由于 MNZ 会影响肠道菌群，营养状况可能会改变，从而改变肿瘤的发病率。几年后，Rustia 和 Shubik 报道了 MNZ 在大鼠中的肿瘤诱导试验。试验中雌性发展为肝癌和乳腺肿瘤，而雄性垂体和睾丸肿瘤的数量增加。后来，Cavaliere 等使用 Balb/c 小鼠发现 MNZ 诱导雄性肺肿瘤和雌性淋巴瘤的发生，也观察到 MNZ 可在 Sprague-Dawley 大鼠中诱导乳腺肿瘤，进一步确定了 MNZ 在动物中的致癌性。目前已有足够的证据将 MNZ 视为动物致癌物[18]。在这方面，国际癌症研究机构（International Agency for Research on Cancer，IARC）已将其归类为动物致癌物。德国已经禁止 MNZ 用于动物。

硝基咪唑类药物在实验动物中已被证明是致癌的，并且在体外试验中也会致突变。其中，MNZ［1-(2-羟乙基)-2-甲基-5-硝基咪唑］作为一种广泛使用的抗寄生虫和抗菌化合物，是世界上使用最多的药物之一。其对人类具有潜在的致癌性：其已被证明在细菌系统中是诱变剂，对人体细胞具有遗传毒性。目前，由于流行病学调查的证据不足，MNZ 尚未被认定为人类癌症的危险因素。MNZ 在美国、加拿大和欧盟禁止用于食品动物。DMZ 在人体中的不良反应包括惊厥、共济失调、外周神经病变和血尿。马口服 DMZ 后会导致厌食症。

10.3.1.3 致畸性

目前 MNZ 的致畸（致染色体断裂）作用已在啮齿动物体内和体外进行了研究[19]。Mudry 等在 CHO 细胞系中使用后期-末期试验寻找异常后期；在 CFW 小鼠身上，他们测试了骨髓中微核的诱导。在这两项测试中，都发现了显著的遗传毒性作用[6]。Martelli 等采用不同的方法发现在大鼠和人肝细胞的原代培养物中，MNZ 可额外复制 DNA 片段及非编码的 DNA 合成。在类似的实验条件下，人肝细胞比大鼠的肝细胞更能抵抗基因毒性。关于 MNZ 在人的遗传毒性的研究很少。为验证 MNZ 对诱导体内 DNA 链断裂的效应，Reitz 等开展研究，阴道毛滴虫感染的女性患者每天接受 3×400mg 的 MNZ 治疗，持续用药 4 天，并使用 DNA 解旋法（FADU）的荧光分析分析其淋巴细胞的 DNA 单链断裂（ssb），试验发现 MNZ 诱导 DNA ssb 和治疗前存在显著差异。Menéndez 课题组采用类似的方法使用碱性版本的单细胞凝胶电泳测定法，评估了 10 名每天接受 3×500mg MNZ 治疗的患者，持续 10 天。结果显示，治疗结束后 1 天，10 个人中有 9 人的 DNA 损伤显著增加，这种损伤在 14 天后采集的血液样本中趋于恢复。此外经研究发现 MNZ 的给药浓度与 DNA 损伤的量有直接关系，药物浓度越高，DNA 损伤越显著[19]。

10.3.2 神经毒性

DMZ 在犬和猫中的不良反应已有报道，包括呕吐、肝毒性、中性粒细胞减少症和神经症状如癫痫、头部歪斜、摔倒、轻度瘫痪、共济失调、垂直性眼球震颤、颤抖、僵直。已有报道称当犬按 60mg/(kg·d) 的剂量，平均给药 3~14 天，会出现 DMZ 的神经毒性，但也有更低剂量产生毒性的报道。DMZ 的神经毒性机制被认为是脉管炎性神经病变。最初，对于 DMZ 中毒的推荐疗法是停止使用该药并采取支持疗法。对于因 DMZ 中毒出现神经症状的犬，有报道采取支持疗法后的恢复时间是 1~2 周。可以通过给予地西泮显著缩短恢复时间，方法是先按 0.5mg/kg 的剂量静脉推注，之后每隔 8h 口服给药，连续 3 天。其恢复时间是 40h，比未使用地西泮的犬（11 天）明显要短。虽然这种效应的机制未知，但可能是治疗浓度的地西泮会竞争性地逆转 DMZ 与 GABA（γ-氨基丁酸）受体上的苯二氮䓬位点结合。在犬和猫中使用 RNZ 会产生神经毒性，特别是在剂量大于 60mg/（kg·d）的情况下。临床症状包括精神状态改变、颤抖、无力、共济失调和感觉过敏。在猫中 RNZ 迅速吸收和缓慢消除，会增加高剂量给药或频繁给药时产生神经毒性的风险。

10.3.3 耐药性

DMZ 敏感的细菌极少会产生耐药性。耐药性产生与细胞内的药物活化减弱有关。硝基咪唑类药物之间具有完全交叉耐药性。已经有报道从马和犬中分离出耐 DMZ 的梭状芽孢杆菌和产气荚膜梭菌，所以梭菌性腹泻的患者用药前应进行药敏试验。有报道在患有胸膜肺炎的马中分离出对 DMZ 耐药的脆弱拟杆菌。对于住院治疗期间直肠携带多重耐药大肠杆菌的犬，给予 DMZ 已被确定为一个危险因素。从猫中分离出来的胚胎滴虫在需氧条件下培养，显示出对 DMZ 和 RNZ 耐药。这些耐药菌株可以通过降低自身用氧路径的活性，利用环境中的氧，从而在硝基咪唑类竞争铁氧化还原蛋白结合电子中占据优势。

Mitov 课题组研究了 12 年内幽门螺杆菌对 6 种抗菌药物耐药的流行和演变规律，及其与抗菌药物敏感性之间的相关性。通过评估 2005—2007 年幽门螺杆菌的耐药性，以及 1996—1999 年以来的耐药性演变，对比幽门螺杆菌与克拉霉素、MNZ、阿莫西林、四环素和环丙沙星的折点药敏试验（BST），发现在 613 名未经治疗的成年人、91 名接受治疗的成年人，以及 75 名未经治疗的儿童中，各实验组对 MNZ 的耐药率分别为 25%、48.4% 和 16%；克拉霉素分别为 17.8%、45.1% 和 18.7%；四环素为 4.4%、13.3% 和 2.7%；环丙沙星分别为 7.7%、18.2% 和 6.8%。实验中有三株菌株（0.4%）对阿莫西林、MNZ 和克拉霉素表现出三重耐药性，成人和儿童的初级耐药率相当。与其他人相比，患有胃溃疡的成年人中的 MNZ 的耐药性发生率较低。原发性克拉霉素耐药率从 1996—1999 年的 10% 显著增加至 2005—2007 年间的 17.9%。来自接受治疗的成人人群中的许多菌株（26.4%）对 MNZ 和克拉霉素表现出耐药性。此外耐盐性的 BST 试验、E-test 测试，以及 ADM 测试结果之间的一致性良好（93.3%~100%）[20]。

10.4

国内外残留限量要求

通过对硝基咪唑类药物的结构性质等的研究，发现此类药物所携带的硝基杂环结构可以对细胞产生诱变作用，从而对于使用此类药物的生命体产生致癌作用及致畸作用。通过上述研究，硝基咪唑类药物在临床使用方面引发了各个国家的高度重视，与此同时，动物源性食品中硝基咪唑类药物的残留问题也受到了世界各国的高度关注。就目前针对硝基咪唑类药物残留危害的研究情况和硝基咪唑类药物残留检测技术的发展，大多数国家对硝基咪唑类药物的使用要求制定了相关的标准。随着世界各国对动物源性食品中药物残留检测的要求越来越严格，食品安全意识日益加强，硝基咪唑类药物成为世界各国明确规定禁止使用或者需要重点监控的一类兽用药物。大部分国家要求禁止使用硝基咪唑类药物，部分国家允许硝基咪唑类药物的使用，但在残留检测过程中不得检出。

中华人民共和国国家标准 GB 31650—2019《食品安全国家标准　食品中兽药最大残留限量》[21]　中指出 DMZ 和 MNZ 的残留标志物均为药物原型，靶组织为所有可食组织。DMZ 和 MNZ 在畜禽养殖过程中允许用于疾病的治疗，但是在后续的兽药残留检测过程中不得在动物源性食品中检出。欧盟也已经禁止了 RNZ、MNZ、IPZ、DMZ 在兽药以及饲料添加剂等方面的应用。美国食品药品管理局制定的相关规定中也提及硝基咪唑类药物的使用要求，例如禁止 DMZ 等硝基咪唑类药物的使用。而且在 2003 年，根据当时的研究现状，由于硝基咪唑类药物残留物的毒性等信息尚未明确，所以加拿大出台的新条例中提及所有硝基咪唑类药物不可以作为兽药在食品动物中使用。日本也有相关制度表明在动物源性食品兽药残留检测过程中，硝基咪唑类药物是不允许检出的。

10.5

样品处理方法

10.5.1　样品类型

在兽药残留检测领域，样品类型主要包括高水分、高蛋白、高脂肪和高糖样品等，例如尿液、血浆、胆汁、奶、蛋以及动物组织等。经研究发现硝基咪唑类药物残留于多种组织中，经过对近几年所发表的学术论文和文献进行学习和研究，目前硝基咪唑类药物的残留检测研究的样品主要涉及到蜂蜜、牛奶、牛乳、牛肉、鸡肉、鸡蛋、猪肉、培根、猪肝、猪肾、火鸡肌肉等动物源性食品，鲑鱼、鳟鱼、鳕鱼、虾和鱼卵等水产品，以及婴儿奶粉、尿液、鸡粪便、猪粪便、血液、动物血浆（猪血浆、兔血浆等）、饲料、环境中的水样、自来水和土壤等多种基质。硝基咪唑类药物代谢很快，在硝基咪唑类药物的残留检测过程中，需要根据不同药物的性质等确定其残留检测标志物。有些药物的残留控制不仅需要考虑药物原型，还需要考虑到其代谢产物。例如在检测 MNZ 时，残留检测标志物应该是 MNZ 和 MNZOH 之和；检测 DMZ 时，应该以 DMZ 和 HMMNI 之和为残留检测标志物；检测 IPZ 时，应该以 IPZ 和 IPZOH 之和为残留检测标志物。

10.5.2　样品制备与提取

样品的制备通常由多个步骤组成，使待测物易于分离，并且适合于后续检测。通过对常见的硝基咪唑类药物及其代谢物的化学结构和药物性质的研究以及硝基咪唑类药物残留检测方法的研究，此类药物样品的制备逐渐成为目标药物分析的主要组成部分，而且所需样品的制备时间达到目标药物一次完整分析过程所需时间的 80%[2]。硝基咪唑类药物残留检测样品制备方法，即样品前处理方法一般包括称取样品、提取、净化、浓缩、过滤膜后通过仪器完成目标药物的分析。此外，需要注意的是样品制备过程的质量是影响目标药物分析的安全性以及准确性、精密度等的关键性因素。考虑到这些影响因素，样品制备过程中方法的优化需要格外重视。硝基咪唑类药物的前处理方法中往往会涉及到浓缩，一般通过氮气吹干实现。硝基咪唑类药物蒸气压比较高，容易被溶剂或者气体流携带出来而产生损失。因此在浓缩过程中，有机试剂蒸发温度不适合过高，有机试剂的吹蒸速度不适合过快，应该以缓慢的速度吹入氮气或者其他气体。样品制备的目的是将待测组分从样品基质中分离出来，并达到分析仪器能够检测的状态，其作用是：①将药物从样品中释放出来；②除去样品中的干扰杂质；③将待测组分转换为可检测的形式，例如气相色谱需要气化，紫外检测需要待测组分携带发色团；④达到可检测的浓度范围；⑤溶于可进行分析的介质。兽药残留检测领域常用的提取溶剂包括：①高极性溶剂，如水、甲醇、乙腈、丙酮等；②中等极性溶剂，如氯仿、二氯甲烷、乙酸乙酯等；③非极性溶剂，如正己烷、石油醚等；④混合溶剂，如乙腈-水等。

样品提取步骤的目的是将所制备的生物样品中所残留的目标药物通过使用较为合适的试剂将其转移出来，在这个过程中应该尽可能地减少样品中基质的共同提取。所制备的样品基质中的硝基咪唑类药物和其羟基代谢产物在常温条件下降解速度很快，不同组织中样品的稳定性不同，因此合理的提取方法不仅应该保证目标药物的提取效率，也应该保证目标分析物不会过快降解，即确保其稳定性。硝基咪唑类药物及其羟基代谢产物常见的提取方法为液-液萃取、超声波辅助萃取。

（1）液-液萃取（LLE） 硝基咪唑类药物具有碱性性质，此类药物在酸性条件下可以溶于水，在碱性条件下可以在有机溶剂中溶解，所制备样品的提取物用复溶液复溶后可以采用二氯甲烷或者正己烷除掉脂肪，常用的脱脂溶液为正己烷。硝基咪唑类药物及其羟基代谢物的提取溶剂常用的有乙腈、乙酸乙酯等，不同的提取溶剂极性不相同，共同提取出来的杂质也不相同，因此后续采取的净化方法也不同。若所制备的样品为禽蛋类基质，则提取溶剂选用乙腈的提取效果比乙酸乙酯好，乙腈可以避免乳化现象[22]。硝基咪唑类药物及其代谢产物的提取溶剂中可以加入一定量的盐，其中氯化钠最为常用，可以减少和沉淀的共同提取物[22]。在浓缩步骤，提取液或者洗脱液经常采用水浴加热，氮气吹至近干。但是此步骤需要格外注意，因为在氮吹过程中，温度过高或者样品吹至过于干燥会导致目标药物被氮气吹走或者挥发，从而引起目标药物的部分损失。

① 乙腈提取。乙腈作为提取试剂，可以发挥沉淀蛋白的作用，且效果比较好。乙腈是用于不同组织中硝基咪唑类药物及其羟基代谢产物提取的常用试剂之一。并且乙腈用于提取步骤，水性基质样品可以溶于乙腈提取液中，便于牛奶、尿液以及环境水、自来水等水性基质中硝基咪唑类药物及其羟基代谢产物的提取。Wang 等[23] 采用乙腈作为提取试剂，提取鸡肉组织中所残留的 MNZ、RNZ、SNZ、DMZ、TNZ 和 ORZ 六种硝基咪唑类药物。在此研究过程中，6 种硝基咪唑类药物的检测限在 0.5～0.8ng/g 范围内，定量限处于 1.5～2.5ng/g 范围内，回收率在 80.2%～118% 之间，变异系数不超过 12%。Xu 等[24] 采用乙腈完成鸡肉组织中 MNZ、RNZ、DMZ 和 ORZ 四种硝基咪唑类药物的残留检测。本研究中使用高效液相色谱-紫外检测器测定，MNZ、RNZ、DMZ 和 ORZ 在

2.0～100.0ng/g 的线性范围内，线性相关系数良好，满足要求。上述四种硝基咪唑类药物的检测限为 0.6～1.2ng/g，样品添加回收率在 84.0%～114.5% 范围内，变异系数不超过 10%。Hernández-Mesa 等[25] 采用超高效液相色谱串联质谱测定了鱼卵样品，即新鲜的鳕鱼鱼子和包装好的鱼子产品中 MNZ、RNZ、DMZ、SNZ、ORZ、IPZ、TNZ、卡硝唑、特硝唑以及所对应的羟基代谢产物。将鱼子样品研磨并均质。称取 1g 鱼子，并加入 1mL 水涡旋均质，加入 5mL 乙腈进行液-液萃取，并加入 0.1g 氯化钠和 0.5g 硫酸镁，发挥盐析辅助萃取的作用。机械搅拌，离心取上清液后 40℃ 水浴条件下氮气吹干并采用复溶液重新溶解，过滤膜后上机经质谱检测器进行分析。上述硝基咪唑类药物及其羟基代谢产物在一定浓度范围内线性关系良好，线性相关系数大于 0.999。鱼卵样品的回收率均大于 81%，批内变异系数不超过 9.8%，批间变异系数不超过 13.9%。鱼卵样品的检测限和定量限分别为 0.03～0.84μg/kg 和 0.11～2.79μg/kg，鱼卵样品的 CCα 和 CCβ 分别为 0.09～1.01μg/kg 和 0.16～1.72μg/kg。Gadaj 等[26] 也采用了超高效液相色谱串联质谱完成了水产养殖组织中的 DMZ、IPZ、MNZ、ORZ、RNZ 及其相对应的羟基代谢产物的残留检测。称取 2g 样本，加入 12mL 乙腈并均质，随后加入 8mL 水并涡旋。在提取过程中也加入一定量的氯化钠和硫酸镁，用力摇动至少 60 秒。随后离心并加入乙腈饱和正己烷进行脱脂，弃去上层废液，于 40℃ 水浴条件下氮气吹至近干。5% 甲醇溶液复溶后过滤膜经检测器分析。水产养殖组织的回收率在 83%～105% 范围之间，变异系数在 2.3%～14.0% 之间，样本的 CCα 为 0.07～1.00μg/kg。

② 乙酸乙酯提取。乙酸乙酯作为提取试剂，经常用于中等极性药物的提取，有很多研究将乙酸乙酯用于不同组织中残留的硝基咪唑类药物以及所对应的羟基代谢产物的提取。Sun 等[27] 将乙酸乙酯作为提取试剂用于猪肉、鸡肉和培根中 MNZ、RNZ、DMZ、TNZ、ORZ、SNZ 以及 RNZ 和 DMZ 的共同代谢产物 HMMNI 的提取。实验过程中采用 20mL 乙酸乙酯两次萃取 5g 肉组织中硝基咪唑类药物。上述硝基咪唑类药物残留检测的检测限和定量限分别为 0.2μg/kg 和 0.7μg/kg，猪肉、鸡肉和培根的添加回收率为 71.4%～99.5%，变异系数均不超过 13.9%。Guo 等[28] 称取 2g 蜂蜜后于样品中加入 6mL 乙酸锌溶液（220g/L）和 0.1g 硅藻土，随后超声 10 分钟，涡动并离心，取上清液。于上清液中直接加入 10mL 乙酸乙酯并涡动离心，将有机相在 40℃ 水浴、氮气流条件下蒸发至干燥，量取 5mL 蒸馏水进行溶解，随后进行净化步骤并经过高效液相色谱串联质谱分析。采用上述前处理方法，硝基咪唑类药物以及其羟基代谢产物在 1～500μg/kg 浓度范围内线性关系良好，线性相关系数 ≥0.994。目标分析物在上述前处理条件下，方法的检测限为 0.1～0.5μg/kg，定量限为 1.0μg/kg。在不同的添加浓度条件下，回收率在 79.7%～110% 范围内，批内变异系数 ≤11.4%。批间变异系数 ≤15.2%。Hernández-Mesa 等[29] 基于超高效液相色谱建立了一种用于检测牛奶中 8 种硝基咪唑类药物及其羟基代谢产物的方法。量取 4mL 巴氏杀菌牛奶或者山羊奶样品，离心并弃去乳脂。将剩余液体转移并加入乙酸乙酯，涡动离心。蛋白质发生沉淀但不去除，于样品中加入 1.0g 硫酸钠，盐析辅助萃取，后续取上清液浓缩，过滤膜并经过紫外检测器检测，得出如下结果。不同药物在不同浓度范围内线性关系良好，线性相关系数均 ≥0.996，硝基咪唑类药物的检测限为 2.0～4.0μg/L，回收率均大于 62.8%，变异系数小于 12.8%。

③ 其他溶剂提取。Zhang 等[30] 采用超高效液相色谱串联质谱法建立了一种用于鸡肉和鸡蛋中部分硝基咪唑类药物、硝基呋喃类药物以及氯霉素的残留含量检测的方法。本研究中硝基咪唑类药物主要针对的是 DMZ、HMMNI、IPZ、MNZ、IPZOH、MNZOH

以及 RNZ 等药物，采用上述药物的氘代化合物作为内标添加于样品中，以矫正前处理操作以及仪器状态等引入的误差，提高检测方法的准确度和精密度等。称取 2g 鸡肉或者鸡蛋样品，加入一定体积的内标工作液后加入 10mL 0.2mol/L 的盐酸溶液并涡动将目标分析物从可食性动物组织中提取出来。随后加入 4g C_{18} 填料粉末和 4g 硅藻土于样品中，将目标分析物进行转移，并加入 10mL 正己烷进行脱脂。采用乙酸乙酯进行两次萃取，收集上清液，40℃水浴条件下氮气吹干，但不可过于干燥，否则容易导致硝基咪唑类药物的额外损失。硝基咪唑类药物在 0～10μg/L 浓度范围内可以得到线性关系良好的基质匹配标准曲线，线性相关系数大于 0.99。上述方法的检测限和定量限分别为 0.02～0.2μg/kg 和 0.1～0.5μg/kg。在三个添加浓度 0.2μg/kg、0.5μg/kg 和 1.0μg/kg 下，目标药物的回收率处于 86.4%～116.7% 范围内，批内变异系数不超过 12%，批间变异系数不超过 18%，上述参数均满足要求。也有实验室采用二氯甲烷提取不同组织中的硝基咪唑类药物，因为二氯甲烷的化学性质与乙酸乙酯相近。但是二氯甲烷试剂的密度比较大，在完成提取后基质可能会位于其上层，因此在后续的操作步骤中应该注意二次污染[2]。Cannavan 等[31]测定了肌肉、肝脏和禽蛋中的硝基咪唑类药物的残留。Cannavan 等根据不同基质的特点采用了不同的提取试剂，选用二氯甲烷完成肌肉组织中 DMZ 的提取，选用甲苯试剂提取肝脏和禽蛋中的 DMZ 的残留，以氘代 DMZ 为内标矫正。回收率为 93%～102%，变异系数不超过 7.7%。

（2）超声波辅助萃取　超声波辅助萃取是指利用超声波辐射压强产生的强烈的空化效应、机械振动、扰动效应、高的加速度、乳化、扩散、击碎和搅拌作用等多级效应，增大物质分子运动频率和速度，增加溶剂穿透力，从而加速目标成分进入溶剂，促进提取进行的成熟萃取技术[2]。超声波萃取技术适用萃取剂范围广，水、甲醇、乙醇等都是常用的萃取剂。超声波辅助萃取的特点主要包括以下几点：①同常规萃取方法相比，超声波萃取技术萃取效率高、萃取时间短；②超声波萃取不容易受使用溶剂的限制，允许添加共萃取剂，以进一步增大液相的极性，提高萃取效率；③与超临界 CO_2 萃取和超高压萃取相比，超声波萃取设备简单，萃取成本低；④大多数情况下超声波萃取操作步骤少，萃取过程简单，不易对萃取物造成污染，萃取温度较低，适合热敏目标成分的萃取。超声波辅助萃取适用于已经匀浆的组织以及结构松散的基质（如蜂蜜、牛奶等）。Zhong 等[32] 基于高效液相色谱测定猪肝和环境水（鱼塘水、东湖水、长江水）样本中 MNZ、RNZ 和 DMZ 三种硝基咪唑类药物的残留。将环境水样品过 0.45μm 的过滤器过滤。称取样品 2.0g，加入 10mL 乙腈-水混合提取试剂（90∶10，体积比），并用超声波辅助提取 20 分钟。其在 0.5～500μg/L 的浓度范围内线性关系良好，R 均大于 0.999。MNZ、RNZ 和 DMZ 的检测限为 0.11～0.14μg/L，且在 1μg/L、5μg/L、10μg/L 的添加浓度下，变异系数处于 4.3%～9.4% 之间。

10.5.3　样品净化方法

（1）液-液分配（liquid liquid partition，LLP）　液-液分配净化法的原理是利用样品中各组成成分在两种同时共存又不相溶的溶剂中分配系数的差异，使某种溶质在分液漏斗中从一种溶剂进入另一种溶剂相。借此原理达到分离纯化的目的。液-液分配可以分等体积的一次分配或者多次分配与不等体积的一次分配或者多次分配。目标分析物与杂质之间如果存在比较大的极性差异或者随着溶液系统 pH 的调整，其极性有明显的改变时经常选用液-液分配方法实现净化。液-液分配基于相似相溶的原则，选择合适的两相溶剂，充分利用水相 pH 的调整使得目标分析物呈现游离的离子态或者结合成中性的有机分子，以期达到提高提取效率的目的。在中性或者碱性条件下，硝基咪唑类药物呈现分子状态，容易由水相转移至有机相中，以达到清除水溶性杂质的目的。在酸性条件下，硝基咪唑类药物呈现离子状态，容易由有机相转移至水相中，以达到清除脂溶性杂质的目的。因此，硝基咪唑类药物液-液分配净化过程中经常通过调整试剂的酸碱性来实现目标分析物的分子或者离子状态的转换，使其在水相和有机相之间转移，清除水溶性杂质和脂溶性杂质。液-液分配净化方法操作简单，无需特殊装置，但是净化过程中需要大量有机溶剂多次萃取才可有效去除杂质，导致高成本和对环境的污染，水相、有机相容易发生乳化（极性和非极性的中间状态，乳化层既有杂质，也有分析物），对回收率有所影响，而且特异性也比较差，难以从水中提取高水溶性物质。

Gadaj 等[26] 用乙腈和水提取水产养殖组织中的 DMZ、IPZ、MNZ、ORZ、RNZ 及其相对应的羟基代谢产物，收集提取液并加入乙腈饱和正己烷去除脂溶性物质，采用超高效液相色谱串联质谱进行检测。水产养殖组织的平均回收率为 83%～105%，变异系数在 2.3%～14.0% 之间。Cronly 等[33] 测定了动物血浆中 10 种硝基咪唑类药物的残留含量，分别为 DMZ、MNZ、RNZ、IPZ、HMMNI、MNZOH、IPZOH、ORZ、特硝唑和卡硝唑。用乙腈提取，并且加入氯化钠帮助去除基质污染物，在 60℃，氮气流的作用下，将提取液浓缩至 6mL。随后加入 5mL 正己烷进行液-液分配脱脂，去除脂溶性杂质。动物血浆中硝基咪唑类药物及其羟基代谢物的 CCα 和 CCβ 分别为 0.5～1.6ng/L 和 0.8～2.6ng/L，平均回收率在 101%～108% 范围内，在 3.0ng/L、4.5ng/L、6.0ng/L 三个不同的添加浓度下，变异系数处于 4.9%～15.2% 之间。该团队还建立了一种用于鸡蛋组织中 11 种硝基咪唑类药物残留检测的方法[34]。与上述 10 种硝基咪唑类药物相比较，增加了 TNZ。用乙腈提取，随后加入正己烷去除脂溶性物质，在 60℃，氮气流的作用下，将提取液蒸发至干燥。使用乙腈与水的混合物复溶目标分析物，经液相色谱完成目标分析物的分离，经质谱检测器完成分析。CCα 和 CCβ 分别为 0.33～1.26μg/kg 和 0.56～2.15μg/kg，平均回收率在 87.2%～106.2% 范围内，在 3.0μg/kg、4.5μg/kg、6.0μg/kg 三个不同的添加浓度下，变异系数处于 3.7%～11.3% 之间。Susakate 等[35] 通过乙腈和乙二胺四乙酸的混合液萃取，再采用正己烷去除脂溶性杂质，采用上述前处理方法检测虾肉中 MNZ、RNZ 等多种兽药残留。在 3～15ng/g 浓度范围内线性关系良好，线性相关系数均大于 0.99。MNZ、RNZ 等的检测限和定量限分别为 1ng/g 和 3ng/g。添加回收率处于 86.3%～110.3% 之间，变异系数处于 4.8%～20.2% 之间。

（2）固相萃取（SPE） 固相萃取是从 20 世纪 80 年代中期开始发展起来的一项样品前处理技术。由液-固萃取和液相色谱技术相结合发展而来。主要用于样品的分离、纯化和富集。主要目的在于降低样品基质干扰，提高检测灵敏度。固相萃取技术基于液-固相色谱理论，采用选择性吸附、选择性洗脱的方式对样品进行富集、分离、净化，是一种包括液相和固相的物理萃取过程；也可以将其近似地看作一种简单的色谱过程。固相萃取是利用选择性吸附与选择性洗脱的液相色谱法分离原理。较常用的方法是使液体样品溶液通过吸附剂，保留其中被测物质，再选用适当强度溶剂淋洗除去杂质，然后用少量溶剂迅速洗脱目标分析物，从而达到快速分离净化与浓缩的目的。也可选择性吸附干扰杂质，而让目标分析物流出；或同时吸附杂质和目标分析物，再使用合适的溶剂选择性洗脱被测物质。

固相萃取法的萃取剂是固体，其工作原理是样品中待测组分以及与其共存的干扰组分在固相萃取剂上具有强弱不同的作用力，使上述两种成分彼此分离。固相萃取技术的优点是可以同时完成样品的富集与净化，大大提高了检测灵敏度，而且比液-液萃取更快，节省溶剂，可以自动化批量处理，重现性较好。但是在实验过程中使用进口固相萃取小柱成本较高，且需要专业人员协助进行方法的开发与优化。

固相萃取柱的一般使用过程包括以下几步：①活化，也称为溶剂化，加入合适的溶剂使吸附剂上的官能团展开，并除去吸附剂上可能存在的干扰物，对于反相吸附剂经常使用中等极性溶剂（例如甲醇），正相吸附剂常常使用弱极性或者非极性溶剂（例如己烷）；②平衡，除去活化溶剂为上样创造适宜的溶剂环境，所用溶剂通常与样品溶液的溶剂一致，对于离子交换柱，如果样品是碱性化合物，平衡液中往往需要加入酸，如果样品为酸性化合物，平衡液中往往需要加入碱；③保留，当样品溶液通过吸附剂，吸附剂与某些化合物的作用力超过化合物与溶剂的作用力时，化合物就会被吸附剂固定，此过程称为保留；④淋洗，上样完成后，部分干扰物与目标化合物同时被保留，需要加入合适的溶液，以期最大可能地除去干扰物而不影响目标化合物的保留，通常情况下采用上样时的样品溶剂淋洗不会影响回收率，但洗脱强度较大的溶剂能最大程度地去除干扰物，选择淋洗液时需要在回收率和净化效果之间找到平衡点；⑤洗脱，通过让洗脱能力较强的溶剂穿过吸附剂，断开吸附剂与被保留化合物之间的作用力，使得化合物随溶剂从吸附剂中流出，一般情况下，能恰好洗脱目标化合物的洗脱溶剂为最佳的选择，此溶剂洗掉的干扰物最少，因此洗脱液的选择也需要找到一个平衡点。

硝基咪唑类药物呈现中等极性，属于碱性化合物，提取液中往往除目标分析物还存在很多共提取物，需要进一步固相萃取净化，在净化过程中常用的固相萃取柱包括 C_{18}、HLB、硅胶、SCX、MCX、Extrelut NT20 和 XTR 等。离子交换固定相上组分的保留和洗脱与流动相中的离子强度、反离子强度和 pH 有关。

① 阳离子交换柱。阳离子交换柱是硝基咪唑类药物净化常用的固相萃取柱，主要包括 SCX 和 MCX 柱。SCX 柱是以硅胶为基质键合对丙基苯磺酸官能团的吸附剂，磺酸基团极易解离而呈现阴离子状态，具有较强的阳离子交换功能。并且由于苯环的存在，吸附剂还具有非极性，能与化合物发生非极性相互作用，适合碱性化合物的分离。药物分子通过与 SCX 柱上的苯磺酸基团的作用力而被保留。SCX 柱对硝基咪唑类药物离子的相互作用力比非极性相互作用力要大很多，因此允许强洗涤溶剂完成净化[36]。Lin 等[37] 基于毛细管电泳法（CE）对猪肌肉中的苯酰甲硝唑、MNZ、RNZ、DMZ、SNZ 五种硝基咪唑类药物的残留进行了测定，净化步骤采用 SCX 固相萃取柱。乙酸乙酯提取并蒸干后用乙酸-乙酸乙酯（1∶19，体积比）复溶后上样进行净化，淋洗液依次为丙酮、甲醇、乙腈，洗脱液为氨水-乙腈（1∶19，体积比）。上述方法的检测限≤1.0μg/kg；定量限≤3.2μg/kg；批内回收率在 85.4%～96.0%之间，变异系数为 1.3%～3.9%；批间回收率在 83.5%～92.5%之间，变异系数为 1.1%～4.2%。Sun 等[27] 采用高效液相色谱对待测组分进行分离，紫外检测器对目标组分进行分析。采用乙酸乙酯提取鸡肉、猪肉和培根中 MNZ、RNZ、DMZ、TNZ、ORZ、SNZ 及其相关羟基代谢物，净化步骤采用 SCX 固相萃取柱，依次用丙酮、甲醇和乙腈淋洗，洗脱液选用氨水-乙腈（5∶95，体积比）。上述硝基咪唑类药物的检测限和定量限分别为 0.2μg/kg 和 0.7μg/kg，在 0.7～60μg/kg 浓度范围内，线性相关系数大于 0.998，回收率为 71.4%～99.5%，变异系数均不超过 13.9%。

Mitrowska 等[38] 建立了一种用于测定家禽肌肉、血浆以及鸡蛋中 MNZ、MNZOH、DMZ、RNZ、HMMNI、IPZ 和 IPZOH 残留含量的方法。该方法是采用乙腈提取，SCX 固相萃取柱净化。固相萃取柱的活化和平衡采用乙酸-乙腈（5：95，体积比），依次采用丙酮、甲醇和乙腈洗涤 SCX 柱，真空除去残留的乙腈，随后用氢氧化铵-乙腈（5：95，体积比）洗脱目标分析物。平均回收率在 93％～103％ 范围内，变异系数≤14％。

MCX 柱，即混合型阳离子交换固相萃取小柱，是反相和强阳离子交换复合模式"水可浸润型"聚合物吸附剂，具有阳离子交换和反相两种吸附模式。MCX 柱对于碱性化合物具有较高的选择性和灵敏度，而且保留作用发生在一种洁净、稳定、高表面积、在 pH 0～14 范围内稳定的有机共聚物上。有多项研究采用 MCX 固相萃取柱进行猪肝脏、猪肾脏以及猪肌肉等组织中的硝基咪唑类药物以及其羟基代谢产物的残留检测过程中的净化步骤[39-41]。Hernández-Mesa 等[42] 利用 CE 检测了牛奶中的 MNZOH、HMMNI、MNZ、RNZ、DMZ、特硝唑、ORZ、IPZ 以及 IPZOH 的残留。先于牛奶样品中加入三氯乙酸，振荡并离心，之后过滤膜备用。采用 MCX 柱进行净化，在上样前采用甲醇和 0.1g/mL 三氯乙酸依次对固相萃取小柱进行预处理，随后将备用的样品以 1mL/min 的流速加于固相萃取柱中上样。依次加入甲酸、甲醇、5％甲醇和 2％氨水淋洗。为确保无洗涤液残留于固相萃取柱中，真空数秒，待 MCX 柱中无液滴滴落后加入含 2％氢氧化铵的甲醇溶液进行洗脱，随后进行浓缩并上机分析。在 0.94～100μg/L 范围之间线性关系良好，相关系数大于 0.99，上述药物在此方法的处理下，检测限和定量限分别小于 1.8μg/L 和 6.0μg/L。平均回收率在 53.0％～97.7％ 之间，变异系数均不大于 14.3％。Wang 等[43] 建立了一种同时测定牛乳中的多种硝基咪唑类、苯并咪唑类和氯霉素类兽药残留含量的方法。乙腈和氯化钠完成提取，氢氧化铵-乙腈（2：98，体积比）二次提取。预先用甲醇和 0.1mol/L 盐酸活化平衡 MCX 柱，提取液上样，依次用 0.1mol/L 盐酸、水、15％甲醇淋洗柱子，洗脱液选用乙腈-甲基叔丁基甲醚（2：1，体积比）（含有 10％氨水）。按照上述前处理方法处理的样品的检测限、定量限以及回收率等参数均是满足要求的。

② 阴离子交换柱。阴离子交换固相萃取技术也有相关的报道或者文献中提及用于硝基咪唑类药物的净化步骤。Tölgyesi 等[44] 基于液相色谱串联质谱用于检测尿液、血液以及食品基质中的硝基咪唑类药物以及类固醇的残留。将 Strata-XL-A 混合模式高分子强阴离子交换固相萃取柱用于残留检测的净化。GB/T 20744—2006[45] 中描述了对蜂蜜中 MNZ、DMZ 和 RNZ 残留的检测。乙酸乙酯提取后，将提取液过 Carboxylic acid 固相萃取柱净化，洗涤液依次为乙酸乙酯和乙腈，选用甲醇-乙腈-0.1％甲酸（40：18：42，体积比）溶液洗脱。MNZ 的检测限为 0.1μg/kg，剩余两种药物检测限为 0.2μg/kg。

③ 正相柱。硝基咪唑类药物的净化采用正相固相萃取柱也可以起到良好的效果。正相柱常用的填料有硅胶、氨基和硅藻土等极性填料。Sakamoto 等[46] 建立了一种用于测定鱼肉组织和蜂蜜中的 DMZ、MNZ 和 RNZ 残留的方法。乙酸乙酯提取液蒸干后使用乙酸乙酯：正己烷（3：7，体积比）复溶，经硅胶柱净化，乙酸乙酯洗脱。

氨基柱与硅胶柱对样品的净化作用原理是相似的，是通过目标分析物的极性基团与氨基或者硅醇基的相互作用力使其保留于固相萃取柱上。有部分研究[47,48] 建立了肌肉、肝脏、肾脏以及蜂蜜等组织中部分硝基咪唑类药物的残留检测方法，提取液加入氨基固相萃取柱中完成净化。经研究发现，上样溶液中加入非极性溶剂-正己烷，可以增强药物与极性固定相之间的相互作用。

Extrelut NT20 和 XTR 的填料是硅藻土，属于正相固相萃取柱，也有研究将其用于硝基咪唑类药物的净化。Fraselle 等[49] 应用 XTR 固相萃取柱净化猪血浆提取液中的 4 种硝基咪唑类药物及其羟基代谢产物。在 $0 \sim 5\mu g/L$ 浓度范围内线性关系良好。Polzer 等[50] 应用 Extrelut NT20 柱净化了火鸡和猪肌肉提取液中的 DMZ、RNZ、MNZ、IPZ、HMMNI、MNZOH 和 IPZOH。洗脱液选择乙酸乙酯和叔丁基甲醚等体积混合液。此净化方法的特点为，脂溶性化合物从水溶液中转移至有机相，水相保留在固定相中，流出液不会乳化，直接可以浓缩用于下一步骤的分析。

④ 反相柱。常用于硝基咪唑类药物净化步骤的反相固相萃取柱有 HLB 和 C_{18} 柱，填料为非极性填料。部分研究[51,52] 测定了猪肉、水等基质中的硝基咪唑类药物及其羟基代谢产物的残留，用不同有机试剂完成提取后，经 HLB 固相萃取柱净化。Hernández-Mesa 等[53] 测定牛奶中的硝基咪唑类药物，经过盐析辅助液-液萃取后蒸干用水复溶，经 HLB 柱完成净化。HLB 柱的活化和平衡采用甲醇和水预处理，杂质的洗涤采用水完成，用甲醇洗脱目标分析物。不同药物基质匹配标准曲线制备的浓度不同，整体大约在 $11 \sim 1000\mu g/L$ 范围内，线性相关系数不小于 0.993，药物的检测限和定量限分别小于 $29\mu g/L$ 和 $96\mu g/L$。平均回收率在 $68\% \sim 107\%$ 之间，批内变异系数不超过 12.2%，批间变异系数不超过 14.5%。Airado-Rodríguez 等[54] 建立了可用于测定鸡蛋中 IPZ、ORZ、SNZ、TNZ、特硝唑和 MNZ 残留的胶束电动毛细管色谱方法。鸡蛋匀浆后，有机提取物在氮气流下蒸发，利用超纯水将其溶解后加入 HLB 固相萃取柱中进行净化。HLB 柱的活化和平衡同样是采用甲醇和水，利用水-甲醇（95:5，体积比）洗涤杂质，用纯甲醇进行洗脱。硝基咪唑类药物的检测限和定量限分别为 $2.10 \sim 5.02ng/g$ 和 $6.99 \sim 16.80ng/g$。

（3）固相微萃取（SPME） SPME 是在固相萃取的基础上发展而来的，具有固相萃取的优点。SPME 操作更简单，携带方便，费用较低，也解决了固相萃取吸附剂孔道容易堵塞的缺点。SPME 的工作原理以待测物在固定相和水相之间达成的平衡分配为基础，以熔融石英光导纤维或者其他材料为基体支持物，基于"相似相溶"原理，在其表面涂渍不同性质的高分子固定相薄层，以直接或者顶空的方式，对目标分析物进行提取、富集，将富集了目标分析物的纤维直接转移至仪器，以某种特定的方式解吸附后进行分离分析。SPME 方法是通过萃取头上的固定相涂层对样品中的待测物进行萃取和预富集，操作主要包括三个步骤：①将涂有固定相的萃取头插在样品中或放在样品上方，推出石英纤维对样品中的待分析组分进行萃取；②待测物在涂层和样品之间分配直至平衡；③将萃取头插入色谱进样器的进样口，推出石英纤维，完成解析后进行分析分离。SPME 集取样、萃取、浓缩和进样于一体，操作方便。在测定过程中不需要其他有机溶剂，可避免对环境的二次污染。仪器简单，容易操作，适合用于现场分析。但是定量检测精确度不太高，可重复性不高。Huang 等[55] 建立了一种用于蜂蜜中硝基咪唑类药物残留检测，基于固相微萃取-高效液相色谱的方法。SPME 萃取头上的涂层选用的是丙基甲基丙烯酸-3-磺酸钾-二乙烯基苯，蜂蜜用水稀释后直接用涂层棒吸附，搅拌棒涡旋 1h 完成吸附萃取后采用甲醇-水（9:1，体积比）（pH 2.0）解吸附 1h。硝基咪唑类药物的检测限为 $0.47 \sim 1.52\mu g/kg$，定量限为 $1.54 \sim 5.00\mu g/kg$，添加回收率为 $71.1\% \sim 114\%$。

（4）液相微萃取（LPME） LPME 是以液相萃取和固相微萃取为基础发展而来的一种样品前处理技术。此技术克服了传统液-液萃取技术的不足，使用微升级或者纳升级的有机溶剂萃取，属于绿色分析技术。LPME 的特点为有机溶剂使用量少，污染少；将萃取、纯化、浓缩集于一步，操作简单；不需要其他特殊设备，成本低；可以通过调节所用试剂的极性或酸碱性实现选择性萃取，降低基质干扰；灵敏度高，富集效率高，可用于微量或者痕量分析物的富集。LPME 主要有以下几种模式：直接浸入式、液相微萃取/后萃取、中空纤维载体转运 LPME、顶空 LPME、分散 LPME。LPME 的影响因素包括以下几个方面：萃取溶剂的选择、萃取液滴的大小、萃取时间、萃取温度、中空纤维的选择、盐效应和 pH 值。LPME 将微量萃取溶剂悬挂于微量进样器针端，对样品中的待测物进行萃取富集，待测物通过扩散作用分配进入萃取溶剂中。王春等[56] 建立了一种基于超分子溶剂分散液-液微萃取技术测定鱼血中 13 种硝基咪唑类药物的超高效液相色谱-串联质谱方法，并对烷基醇的种类与用量、四氢呋喃用量、涡旋时间和超分子溶剂用量等因素进行了优化。超分子溶剂萃取是一种以超分子溶剂作为萃取剂的新型萃取技术，样品用正辛醇、四氢呋喃和超纯水形成的超分子溶剂萃取。结果表明，13 种硝基咪唑类药物在不同浓度范围内线性关系良好，线性相关系数大于 0.998，检出限为 0.05～0.2μg/L，定量下限为 0.1～0.5μg/L。在 3 个浓度水平下，13 种硝基咪唑类药物的平均回收率为 88.4%～105%，相对标准偏差（$n=6$）为 4.3%～11%。

（5）分子印迹技术（MIT）　MIT 即利用分子印迹聚合物（MIP）模拟酶-底物或抗体-抗原之间的相互作用，对模板分子进行专一识别的技术[57]。通俗地讲，即定制具有特异性识别"钥匙（模板）"能力的"人工锁"的技术[58]。该技术预定性、识别性和实用性的特点，使其在许多领域（如色谱分离、固相萃取、仿生传感、模拟酶催化、临床药物分析等）得到广泛应用[59]。分子印迹技术主要包括以下三个阶段[59]：①在功能单体和模板分子之间制备出共价的配合物或形成非共价的加成产物，功能单体和模板分子之间可通过共价连接或通过处于相近位置的非共价连接而相互结合。②对这种单体-模板配合物进行聚合，配合物被冻结在高分子的三维网格内，而由功能单体所衍生的功能残基则以与模板互补方式而拓扑地布置于其中。③将模板分子从聚合物中除去，于是在高聚物内，原来由模板分子所占有的空间形成了一个遗留的空腔。在合适的条件下，这一空腔可以满意地"记住"模板的结构、尺寸以及其他物化性质，并能有效而有选择性地去键合模板（或类似物）的分子。部分研究[60,61] 利用 MIP 制备的 SPE 柱对尿液、牛奶等基质中硝基咪唑类药物及其羟基代谢产物进行净化，净化效果均是满足要求的。Guo 等[28] 建立了一种同时萃取蜂蜜样品中 7 种硝基咪唑的净化方法，用以检测蜂蜜样品中硝基咪唑类药物的残留。以 2-甲基-5-硝基咪唑为模板分子，甲基丙烯酸为功能单体，乙二醇二甲基丙烯酸酯为交联剂，通过本体聚合法制备纳米粒的分子印迹聚合物。结果表明，在 1～500μg/kg 浓度范围内线性相关系数不小于 0.994，检测限和定量限分别为 0.1～0.5μg/kg 和 1.0μg/kg。平均回收率为 79.7%～110.0%，批内变异系数≤11.4%，批间变异系数≤15.2%。Ali 等[62] 基于分子印迹聚合物的高效电化学传感器建立了一种用于鸡蛋、牛奶、蜂蜜中 DMZ 残留检测的方法。以 DMZ 为模板分子，将多精氨酸电聚合而成。平均回收率在 94.2%～101.8%之间。

（6）磁性固相萃取（magnetic-solid phase extraction，M-SPE）　M-SPE 是以磁性或可磁化的材料作为吸附剂基质的一种分散固相萃取技术。相较常规固相萃取（SPE）填料相比，纳米颗粒的比表面积大，扩散距离短，只需要使用少量的吸附剂和较短的平衡时间就能实现低浓度的微量萃取，具有非常高的萃取能力和萃取效率。在 M-SPE 过程中，磁性吸附剂不直接填充到吸附柱中，而是被添加到样品的溶液或者悬浮液中，将目标分析物吸附到分散的磁性吸附剂表面，在外部磁场作用下，目标分析物随吸附剂一起迁移，最终通过合适的溶剂洗脱被测物质，从而与样品的基质分离开来。Xu 等[63] 利用一种新型复合材料作 M-SPE 的吸附剂，完成蜂蜜样品中 MNZ、DMZ、IPZ、RNZ 以及对应的羟基代谢物等的净化。以二苯基二羧酸锆金属有机骨架、氧化石墨和氧化铁为原料，制备了一种新型复合材料作为吸附剂。目标分析物的定量限为 $0.2 \sim 0.6 \mu g/kg$，平均回收率处于 $70.5\% \sim 103.4\%$ 之间，变异系数不超过 12.9%。Wang 等[64] 通过一步燃烧法制备了铁/镍双金属氮掺杂多孔石墨烯纳米材料作为 M-SPE 吸附剂用于环境水中硝基咪唑类药物的净化，该材料孔隙丰富、磁性强、可重复利用性好，氮的引入提高了材料的分散性和活性位点。DMZ 为 $0.6 \sim 500 \mu g/L$，ORZ 和 TNZ 在 $0.7 \sim 500 \mu g/L$ 范围内，线性相关系数均大于 0.999，检测限为 $0.18 \sim 0.20 \mu g/L$，定量限为 $0.6 \sim 0.7 \mu g/L$。Wang 等[23] 设计了磁性多孔有机骨架作为磁性固相萃取剂，对鸡肉中硝基咪唑类药物进行检测。待测物在 $1.5 \sim 100 ng/g$ 浓度范围内，线性关系良好，检测限和定量限分别为 $0.5 \sim 0.8 ng/g$ 和 $1.5 \sim 2.5 ng/g$。有研究[65] 采用 M-SPE 测定环境水（包括自来水、养鱼用水、黄河水以及绿化灌溉用水）中的部分硝基咪唑类药物的残留，方法的检测效率均可以接受。

10.6

残留分析技术

硝基咪唑类药物的致突变和致癌特性使其在动物源性食品中不得检出，因此开发高效灵敏的快速检测方法对动物源性食品的安全性意义重大。

10.6.1　仪器测定方法

10.6.1.1　色谱法

色谱法包括薄层色谱法（TLC）、气相色谱法（GC）、高效液相色谱法（HPLC）等。

TLC 是将被分离的样品溶液点于薄层板的一端，再用溶剂将试样展开，从而达到试样组分分离的目的。TLC 常用的固定相为氧化铝或硅胶，硅胶略带酸性，适合用于酸性或中性物质的分离，碱性物质会和硅胶发生作用致使不易分离，因此碱性物质使用氧化铝进行分离。TLC 的分离原理为利用混合物中各组分在某一物质中的吸附或者溶解性能不同，或者亲和性的差异，使得混合物的溶液流经该种物质进行反复吸附或分配作用，从而使得各组分实现分离。Meshram 等[66] 采用 TLC 测定了 MNZ 和咪康唑硝酸盐，硅胶作为固定相，展开剂为甲苯-氯仿-甲醇（3.0：2.0：0.6，体积比），在 240nm 波长显像光密度计检测。MNZ 和咪康唑硝酸盐的平均回收率分别是 100.13%（点高度）、98.92%（点面积）和 99.49%（点高度）、99.63%（点面积）。但本研究并未测定组织中的药物。

GC 检测要求对极性、非挥发性、热不稳定的待检化合物进行衍生化，但是，并非所有不符合 GC 检测条件的化合物都能进行衍生化反应，且衍生化反应的重复性及衍生产物的稳定性不一定好[67]。GC 具有分离效率高、分析速度快等特点，但不可用于确证分析。在硝基咪唑类药物还允许使用时，有方法研究基于 GC，但现在此类药物禁止使用，因此对检测的特异性和灵敏度要求较高，GC方法的研究也逐渐减少。Newkirk等[68]使用GC检测猪组织中DMZ残留，Wang[69]使用气相色谱-氮磷检测器（GC-NPD）检测了DMZ、RNZ和MNZ在禽肉中的残留。

HPLC与GC相比，方法建立过程总限制比较少，例如待测物的极性、热稳定性、挥发性等，可以同时检测更多种类的基质以及药物。HPLC主要配备的检测器有紫外检测器、二极管阵列检测器，硝基咪唑类药物最大的吸收波长在301～312nm。波长越大，干扰的杂质越少，因此一般将紫外检测器波长设置为320nm。主要使用反相色谱柱进行分离，流动相常选择乙腈、甲醇等作为有机相，且将流动相调为弱酸性。硝基咪唑类药物属于两性或者碱性化合物，pH较高会明显增加待测物的分离效果和保留时间。

Wang等[64]采用C_{18}反相色谱柱实现待测组分的分离，0.2%乙酸溶液作为流动相中的水相，乙腈作为有机相，水相和有机相以85：15的体积比洗脱，流速为1mL/min。在320nm波长下检测环境水样中的DMZ、TNZ和ORZ。方法的检测限和定量限分别为0.18～0.20μg/L和0.60～0.70μg/L，批内变异系数不超过4.66%，批间变异系数不超过9.69%。Wang等[23]应用HPLC-二极管阵列检测器同时测定鸡肉中的MNZ、RNZ、SNZ、DMZ、TNZ、ORZ。选择C_{18}反相色谱柱（5μm，250mm×4.6mm）进行待测组分的分离。流动相为水和乙腈，比例为80：20（体积比）。检测波长为320nm，流速为1mL/min，进样体积为20μL。方法的平均回收率80.2%～118.0%，变异系数不超过12%。Xu等[70]也是采用HPLC测定环境水、蜂蜜和鱼等基质中的硝基咪唑类药物的残留，且方法学验证满足要求，不同组织的检测限均不超过1.0ng/g，平均回收率在84%～118%之间，变异系数≤8.9%。

Duo等[65]应用HPLC-紫外检测器测定环境水中3种硝基咪唑类药物。色谱柱为C_{18}反相色谱柱（5μm，250mm×4.6mm），流动相为含有0.6mg/mL乙酸的水和乙腈，检测波长为320nm。方法的检测限为0.025～0.05μg/L，回收率为74.33%～105.71%。Xu等[24]建立了HPLC测定鸡肉中4种硝基咪唑类药物的方法。使用C_{18}色谱柱（5μm，250mm×4.6mm）实现药物分离，紫外检测器在320nm波长下进行分析。流动相为乙腈-水（20：80，体积比），检测限为0.6～1.2ng/g，回收率在84.0%～114.5%之间，变异系数≤10%。有研究[32,71,72]利用HPLC完成蜂蜜、环境水、猪肝和鸡肉等基质中硝基咪唑类药物残留的检测，均选用C_{18}色谱柱（5μm，250mm×4.6mm）进行分离。流动相选用乙腈和水以不同的比例进行洗脱，320nm波长下检测。

10.6.1.2 质谱法

质谱仪包括真空系统、进样系统、离子源、质量分析器、检测器以及数据处理系统。质谱法主要包括气相色谱-质谱法（GC-MS）和液相色谱-质谱法（LC-MS）。随着质谱的推广以及质谱方法的建立，LC-MS和GC-MS方法成为研究的主流。

与GC相比，GC-MS可进行确证，硝基咪唑类药物可以采用BSTFA和BSA等进行硅烷化衍生后测定。前者衍生时产生的含氟副产物会增加负化学电离源（negative ion chemical ionization，NCI）质谱检测器的背景噪声，且使用电子轰击电离源（electron ionization ion source，EI）时重复性不好，因此常使用BSA进行衍生化。需要注意的是，HMMNI和RNZ经BSA衍生化的产物相同，无法区分。Polzer等[50]建立了火鸡和猪肌肉组织中4种硝基咪唑和3种相关羟基代谢物的GC-NCI-MS检测方法。样品用BSA在50℃下衍生化60min后经仪器测定。色谱柱为ZB 5柱（0.25μm 95%甲基-5%苯基柱），

进样体积 $1\mu L$，不分流进样，进样口温度 285℃，升温程序为初始温度 85℃，10℃/min 升至 100℃，5℃/min 升至 140℃，10℃/min 升至 190℃，30℃/min 升至 290℃，保持 5min。质谱条件：EI 源，70eV，NCI 电离，电离气为甲烷，源温 160℃，SIM 模式检测。不同药物检测限不同，整体在 0.65～5.20μg/kg 范围内，方法的回收率在 95%～120% 之间。

接口是色谱质谱联用技术中的关键装置，因此随着接口瓶颈解决，LC-MS 技术用于硝基咪唑类药物残留检测的研究逐渐增加。LC-MS 的电离源主要有热喷雾电离源（thermospray ionization，TSI）、大气压化学电离源（atmospheric pressure chemical ionzation，APCI）和电喷雾电离源（electrospray ionization，ESI）。LC-MS 可以分析强极性、难挥发以及热不稳定性的化合物，相比 GC-MS 应用范围更广泛，但是在检测过程中样品的内源性基质会引起基质效应，通过优化色谱和质谱条件降低基质效应。TSI 是最早应用于 LC-MS 接口的，但是存在重复性差、定量效果差等不足，因此现在很少使用。

APCI 喷嘴下游放置一个针状放电电极，进行高压放电，使空气中某些中性分子电离，溶剂分子也会被电离，这些离子与样品分子进行离子-分子反应，可以使样品分子离子化。APCI 属于软电离方式，适用于弱极性小分子化合物，形成单电荷的准分子离子。Fraselle 等[49] 研究了 HPLC-APCI-MS 方法检测猪血浆中 MNZ、RNZ、DMZ、IPZ 以及对应的羟基代谢物。色谱柱为反相 C_{18} Genesis 柱（$4\mu m$；250mm×3mm i. d.），流动相为 0.1%乙酸溶液和乙腈，初始比例为 93：7（体积比），流速为 0.6mL/min，电晕放电电压设置为 3.5kV，氮气为脱溶剂气体，流量为 75L/h（高温气体）和 350L/h（干燥气体）。氩气为碰撞气体，气压为 $3×10^{-3}$ mbar❶。源温度为 150℃，APCI 探头温度为 300℃，停留时间为 0.1s，通道间延迟时间为 0.03s。在 0～5μg/L 范围内，线性关系良好，CCβ 为 0.25～1.00μg/L，除 MNZOH（58%～63%）外，其他药物的回收率处于 93%～123% 之间，批内变异系数为 2.49%～13.39%，批间变异系数为 2.49%～16.38%。

ESI 的工作原理为流出液在高电场下形成带电喷雾，在电场力的作用下穿过气帘，从而雾化、蒸发溶剂、阻止中性溶剂分子进入后端检测。ESI 也是一种软电离方式，适合用于极性强的有机化合物的分析，容易形成多电荷离子，可以测量大分子量的蛋白质，也是目前硝基咪唑类药物 LC-MS 检测最常用的电离技术。多项研究[28,30,43,73-75] 采用 LC-ESI-MS 测定了蜂蜜、鸡肉、鸡蛋、牛乳和牛奶等样品中硝基咪唑类药物和其他类药物的残留。Bustamante-Rangel 等[60] 建立了牛奶和犬的尿液样本中多种硝基咪唑类和苯并咪唑类药物的 LC-ESI-MS 分析方法。色谱柱为 Kinetex® 2.6μm EVO C_{18} Polar 100 A 柱（100mm×2.1mm），流动相为乙腈和 0.1%甲酸水溶液（初始比例：10：90，体积比），进行梯度洗脱，流速为 0.3mL/min，进样体积为 20μL，ESI 正离子，多反应监测（multiple reaction monitoring，MRM）模式。毛细管电压为 +4000V，干燥气流量为 12L/min，离子源温度为 350℃，雾化气压为 35psi❷。方法的检测限为 0.028～1.6μg/L，定量限为 0.092～5.3μg/L，回收率在 91%～111% 之间，批内变异系数≤9.5%，批间变异系数≤12%。Xu 等[63] 采用 UPLC-ESI-MS/MS 测定蜂蜜中 7 种硝基咪唑类和 5 种苯并咪唑类药物。用 BEH C_{18} 色谱柱（1.7μm；100mm×2.1mm i. d.）分离，以甲醇和 2mmol/L 甲酸铵溶液（含 0.1%甲酸）为流动相梯度洗脱，流速为 0.4mL/min。ESI 正离子模式电离，

---

❶ $1bar=10^5Pa$。

❷ $1psi=6.89×10^3Pa$。

MRM 检测。离子源喷雾电压为 4000V，离子源温度 350℃，气帘气压力为 40psi，辅助气 1 为 55psi，辅助气 2 为 50psi。高纯氮气作为碰撞气。方法的回收率在 70.5%～103.4% 之间，变异系数≤12.9%，定量限为 0.2～0.6μg/kg。Chen 等[76] 采用乙酸乙酯和乙腈 提取，基于 LC-ESI-MS 测定鲑鱼、鳟鱼和虾中的部分硝基咪唑类药物的残留，色谱柱为 Symmetry C$_{18}$（5μm；100mm×2.1mm i. d.），流动相为 20mmol/L 甲酸铵溶液（含有 0.02%甲酸）和甲醇，梯度洗脱，流速为 1.0mL/min。离子源参数如下：喷雾电压 3000V，气化温度 300℃，鞘气压力 30psi，辅助气压 30psi，毛细管温度 300℃，周期时间 0.5s，SRM 检测。方法的 CCα 为 0.067～1.655μg/kg，平均回收率在 77.2%～125.6% 之间。

Tölgyesi 等[44] 研究了基于 LC-ESI-MS 测定尿液、血液中硝基咪唑和类固醇等的残 留。采用 Kinetex XB C$_{18}$ 柱实现分离，流动相为 0.1%甲酸水溶液（pH=2.3）和乙腈梯 度洗脱，流速为 0.3mL/min，柱温箱设置为 30℃。使用 ESI 正负两种电离模式电离， MRM 检测，干燥气体温度为 350℃，干燥气体流量为 8L/min，雾化压力为 30psi，毛细 管电压为 3000V 和－2500V。该方法测定尿液的 CCα 为 0.25～1.00μg/kg，回收率在 67%～131%之间，实验室内的变异系数为 2.8%～34.1%；血浆的 CCα 为 0.25～ 2.00μg/kg，回收率在 52%～116%之间，实验室内的变异系数为 3.1%～43.0%。Hern ández-Mesa 等[77] 采用 UHPLC-ESI-MS/MS 测定了婴儿奶粉中 MNZ、RNZ、DMZ、特 硝唑、TNZ、SNZ、ORZ、IPZ 以及对应的羟基代谢物的残留。色谱柱为 Zorbax Eclipse Plus C$_{18}$ RRHD（1.8μm；50mm×2.1mm i. d.），以 0.025%甲酸水溶液和纯甲醇为流动 相梯度洗脱，流速为 0.5mL/min，柱温设置为 25℃，进样体积为 17.5μL。在 ESI 正离子 模式，MRM 检测下进行分析，方法建立的离子源参数如下：离子喷雾电压 5250V，干燥 气温度 600℃，气帘气（氮气）压力 45psi，碰撞气（氮气）压力 10psi，雾化气和干燥气 （氮气）压力 50psi。方法的 CCα 和 CCβ 为 0.05～1.69μg/L，回收率大于 70.2%，变异系 数小于 10.3%。Silva 等[78] 在 UHPLC-ESI-MS/MS 的基础上检测了牛肌肉组织中的阿 维菌素、苯并咪唑和硝基咪唑类药物的残留。采用乙腈提取，色谱柱为 Waters Acquity UPLC® BEH C$_{18}$ 柱（50mm×2.1mm，1.7μm），柱温为 35℃，流动相 A 为 5mmol/L 甲酸铵水溶液（含 0.1%甲酸），流动相 B 为 95%乙腈溶液（含 0.1%甲酸），流速为 0.4mL/min，进样体积为 10μL。针对不同药物采用了两种梯度洗脱方法，检测时间分别 为 4min 和 5min。在 ESI⁺ 模式下进行硝基咪唑类药物的分析，氮气作为喷雾气和反溶剂 气体，流速分别为 50L/h 和 900L/h，毛细管电压为 3.5kV。离子源温度和去溶剂温度分 别为 80℃和 500℃，碰撞气体（氩气）流速为 0.16mL/min。在 50～200μg/kg 浓度范围内硝 基咪唑线性关系良好，检测限为 0.007～66.715μg/kg，定量限为 0.011～113.674μg/kg， 硝基咪唑的回收率为 89.3%～109.0%，变异系数为 1.7%～30.9%。

10.6.1.3 其他方法

CE 具有操作简便、柱效高、分离速度快等特点。CE 利用样品在电场作用下形成带 电粒子，在电泳和电渗流的共同作用下，带电粒子的迁移速度不同，阳离子在负极最先流 出，中性粒子随后，最后流出的是阴离子的特点，从而实现对化合物的分离[79]。CE 可 分为毛细管区带电泳、毛细管凝胶电泳、胶束电动毛细管色谱、毛细管等电聚焦、毛细管 等速电泳、毛细管电动色谱、毛细管微乳电动色谱等不同类型[79]。但 CE 的重现性、进 样准确性和检测灵敏度方面不及 HPLC，因此在残留检测中的应用有一定的限制。

Lin 等[37] 利用 CE 技术建立了测定硝基咪唑类药物的方法。样品经过 SCX 固相萃取柱净化后进入 CE-紫外检测器检测。此类药物的检测限和定量限分别为 1.0μg/kg 和 3.2μg/kg；批内回收率为 85.4%～96.0%，变异系数为 1.3%～3.9%；批间回收率为 83.5%～92.5%，变异系数为 1.1%～4.2%。Yang 等[80] 利用毛细管区带电泳技术建立了同时测定兔血浆中 DMZ、MNZ、SNZ 三种硝基咪唑类药物残留的方法。新鲜血浆离心取上清液，采用脱蛋白法对血浆进行预处理。该方法的检测限为 2.3～3.0ng/mL，在一定添加浓度范围内，平均回收率为 92.0%～101.1%，变异系数≤3.4%。Hernández-Mesa 等[61] 在 CE-MS 的基础上建立了一种用于尿液中 11 种硝基咪唑类药物残留检测的方法。采用分子印迹固相萃取技术完成净化。方法的检测限为 9.6～130.2μg/L，回收率大于 79.2%，变异系数小于 16.1%。有研究[54,81] 利用胶束电动毛细管色谱法测定了鸡蛋和环境水等基质中 6 种硝基咪唑类药物的残留。上述方法的检测限和定量限均可以达到 ng/g 或 ng/mL 级别，平均回收率大于 70%，变异系数不超过 18%。

10.6.2 免疫测定方法

10.6.2.1 半抗原设计

硝基咪唑类药物的特征结构为 5-硝基咪唑环，因此半抗原设计时需要将特征结构部位暴露，通常选择甲硝唑、罗硝唑、奥硝唑三种硝基咪唑药物原药和羟基化地美硝唑一种硝基咪唑类药物代谢物作为半抗原小分子。例如，Fodey 等[81] 通过对硝基咪唑基团的二维和三维结构的比较研究，选择可提供与载体蛋白缀合位点的羟基二甲硝唑和甲硝唑作为半抗原；Huet 等[82] 同样以甲硝唑作为半抗原合成广谱硝基咪唑类药物单克隆抗体；何方洋等[83] 以洛硝哒唑为半抗原进行抗体制备；王亚宾[84] 以洛硝哒唑为母体化合物经过水解、与戊二酸酐缩合形成含有 5 个碳链长度的羧基衍生物，以此作为半抗原。从以上的研究可知甲硝唑是制备广谱性抗体的最佳半抗原。目前针对硝基咪唑类单一药物的抗体研究较少，可能是因为这类药物的抗体识别位点就是 5-硝基咪唑环母环结构。

10.6.2.2 抗体制备

Fodey 等[81] 以甲硝唑 1 位的羟基、羟基异丙硝唑的羟基及羟基地美硝唑 2 位的羟基作为连接位点分别与载体蛋白偶联，对得到的抗体进行效价及特异性测定，结果显示以甲硝唑作为半抗原得到的抗体可以识别多种药物，以羟基异丙硝唑作为半抗原得到的抗体特异性很强，而以羟基二甲硝咪唑作为半抗原得到的抗体则没有任何识别能力。比较 3 种半抗原的结构，推测该类药物 2 位甲基的存在对于抗体的识别能力有很大的影响。Huet 等[82] 以甲硝唑作为半抗原得到的抗体可以识别甲硝唑、地美硝唑、洛硝哒唑、羟基地美硝唑、异丙硝唑 5 种药物，且定量限均小于 40μg/kg。何方洋等[83] 制备的抗体可识别甲硝唑、替硝唑、地美硝唑、洛硝哒唑 4 种药物，其中对洛硝哒唑的检测限低至 0.04μg/kg。王亚宾[84] 得到的抗体可识别甲硝唑、地美硝唑、洛硝哒唑 3 种药物，且检测限为 0.1ng/mL。

10.6.2.3 免疫分析技术

目前，酶联免疫吸附和免疫色谱等免疫学检测技术在硝基咪唑类药物的检测中已有广泛应用。

（1）ELISA/免疫色谱检测方法 ELISA 是一种双抗免疫反应生物筛选法，依靠抗硝基咪唑的特异性抗体，加入酶标记物，通过竞争性酶免疫分析，达到高灵敏快速定量的目的。目前尚没有商品化的硝基咪唑检测试剂盒，但在对其抗体的研究方面，Stanker 等于 1993 年及 Fodey 等于 2003 年已发表相关研究文章。Huet 等又报道了用 ELISA 法筛选蛋和肌肉组织中的 4 种硝基咪唑的最新研究方法。样品经乙腈提取，正己烷脱脂后，竞争酶标免疫反应测定样品中的硝基咪唑及其代谢物，对蛋中 DMZ、MNZ、RNZ、HMMNI 和 IPZ 的检测能力可分别达到 $1\mu g/kg$、$10\mu g/kg$、$20\mu g/kg$、$20\mu g/kg$ 和 $40\mu g/kg$。由于 ELISA 法操作简便、快捷，且灵敏度高，可对硝基咪唑类药物进行快速筛选，是一种很有发展前途的多残留筛选法。由于同类药物的交叉反应及 ELISA 法易出现假阳性结果，故对阳性结果需要用其他确证技术进一步验证。

目前开发可针对多种硝基咪唑类药物的光谱型单克隆抗体用于多种硝基咪唑药物的同时检测已成为免疫学检测技术的研究热点。Han 等[85] 开发了针对多种硝基咪唑药物的广谱单克隆抗体，其识别靶标包括 DMZ、IPZ、RNZ、MNZOH 和 IPZOH。基于该广谱抗体建立了高灵敏的 ic-ELISA 检测方法及简单的样品前处理方法。该方法减少了样品预处理所需的时间，确保了对饲料中硝基咪唑类药物的快速高通量的高灵敏检测。对 DMZ、IPZ、RNZ、MNZOH 和 IPZOH 的检测限（IC_{50}）分别为：$4.79\mu g/kg$、$0.47\mu g/kg$、$5.97\mu g/kg$、$23.48\mu g/kg$ 和 $15.03\mu g/kg$。

除 ELISA 检测方法外，基于抗原抗体的免疫色谱技术也成为硝基咪唑类药物快速检测方法的开发重点，胶体金作为一种高抗体亲和性、肉眼可见的纳米微球，将其作为免疫探针用于多种小分子化合物的检测已有多年应用。目前国内已有研究团队开发了基于胶体金为免疫检测探针的 MNZ 的高灵敏检测试纸条，该试纸条对蜂蜜样品中的 MNZ 可疑物，经过稀释、氮吹、复溶等前处理后其检出限为 $1\mu g/kg$[86]。

（2）免疫荧光检测方法 以高效荧光纳米粒子结合免疫材料的检测方法可进一步提升检测的灵敏度。Xu 等设计开发了一种基于 BSA 保护的金纳米簇（AuNCs@BSA）的新型近红外荧光探针，用于检测人唾液中的 MNZ 及其他硝基咪唑衍生物。与荧光探针的其他波长相比，用于 MNZ 检测的近红外光具有许多优点，包括有效的组织深度穿透、成像灵敏度高、非侵入性以及良好的信背景噪声比。水溶性的 AuNCs@BSA 是通过将 BSA 和 $HAuCl_4$ 水溶液简单搅拌后合成的，并使该荧光探针具有良好的溶液抗干扰能力，对多种阴离子和阳离子、葡萄糖、氨基酸的抵抗力强，荧光强度不受背景基质影响，只有检测靶标-MNZ 能显著猝灭荧光。还进一步发现了电子从 N-C 转移到 MNZ 中的硝基的作用机制，表明该探针具有特异性识别其他硝基咪唑衍生物潜力，包括 DMZ、RNZ、TNZ 和 ORZ。其对 MNZ 的检测限低至 $0.01\mu mol/L$，检测范围为 $0.1\sim10000\mu mol/L$[87]。

目前荧光内滤效应也作为一种提高检测灵敏度的手段。Lian 等开发了碳量子点（CD）作为荧光团用于药物制剂中 MNZ 的内滤效应（inner filter effect，IFE）检测。其以鱼腥草为碳源，通过一步水热法获得光致发光 CD。MNZ 的吸收带（最大吸收波长在 319nm）可以很好地与 CD 的激发带（最大激发波长在 320nm）重叠。并基于荧光基团的 IFE 建立了 MNZ 的荧光定量方法，其中制备的 CD 充当 IFE 荧光团，MNZ 充当 IFE 吸收剂。通过研究 CD 荧光猝灭的机制，发现 IFE 导致 CD 荧光强度随着 MNZ 浓度的增加呈指数衰减，但与 $\ln(F)$ 之间表现出良好的线性关系（$R^2=0.9930$），MNZ 的检测浓度范围为 $3.3\times10^{-6}\sim2.4\times10^{-4}mol/L$。由于没有对 CD 进行表面修饰或在吸收剂（MNZ）和荧光基团（CD）之间建立任何共价连接，所开发的方法简单、快速、成本低且耗时少的同时具有更高的灵敏度、更宽的线性范围和较高的选择性。

（3）免疫电化学检测方法 随着纳米科学的发展，多种纳米材料和微型电极被越来越多地用于多种小分子化合物的检测。免疫电化学基于抗原抗体的特异性免疫反应，将待测物浓度信号转化为电信号，此方法兼具免疫方法的高特异性和电化学方法的高灵敏性，现已成为多种兽药残留检测技术开发的热门领域。Subash 等基于石墨烯改性的玻碳电极实现了对水、牛奶和鸡蛋中 DMZ 的超灵敏检测，其检测限低至 2.0nmol/L[88]。

不依赖单克隆/单克隆抗体、核酸适配体、基因工程抗体生物识别材料，开发基于分子印迹技术的硝基咪唑类识别材料的检测方法也有相关研究。分子印迹是一种可根据目标物的结构进行功能设计的智能有机材料，可通过模拟天然受体的分子结构实现对其的有效识别，Xiao 等开发了一种以 MNZ 为模板分子的分子印迹识别材料，并通过溶胶沉积法，将该材料刻蚀在检测芯片表面实现了对血清和尿液中 MNZ 的定量，检测限可低至 $\mu mol/mL$ 级[89]。

10.6.3 其他分析技术

近年来随着纳米材料学和检测技术的学科深度融合，金属有机聚合物探针、电化学分析和毛细管电泳等技术得到快速发展。

（1）金属有机聚合物探针 镉（Cd）金属聚合物对硝基咪唑类药物具有良好的选择性结合能力，利用这一特性 Zhu 等以 Cd^{2+} 为金属中心，对苯二甲酸类似物 [2,5-二(4-羧基苯基)氨基对苯二甲酸] 为配体，开发了对奥硝唑（ODZ）、二甲硝唑（DTZ）和甲硝唑（MDZ）具有选择性吸附作用的 Cd 荧光探针，该荧光探针与 ODZ、DTZ 和 MDZ 药物结合后可发生显著的荧光猝灭效应，基于此原理建立的荧光定量方法对水中 ODZ、DTZ 和 MDZ 的检测限可分别低至 0.46nmol/L、0.73nmol/L 和 0.46nmol/L[90]。

（2）电化学分析 以伏安法、阻抗法为代表的电化学分析技术，因具有快速的信号响应性和高灵敏性而成为硝基咪唑类检测的新兴方法。电极材料的导电性直接影响电化学检测的性能，其中氮化钼（MoN）凭借非凡的导电性和耐腐蚀性，可作为电极传感区的理想导电材料。由于 MoN 表面活性催化位点较少，可引入导电性良好的金属材料用于提升其导电性能。Ma 等基于导电性良好的镍基（Ni）介孔碳（MC）为电极载体，制备了基于玻碳电极（GCE）的 MoN-Ni/MC 电化学传感器。其中，MoN 与 Ni/MC 可产生协同催化作用，而甲硝唑（MNZ）、替硝唑（TNZ）和奥硝唑（ODZ）中的—NO_2 可与电极表面的 MoN-Ni/MC 发生电化学还原反应（R—OH $\longrightarrow$ R—NHOH），并产生还原峰。基于此原理开发的电化学伏安法对水中的 TNZ 检测限可低至 8nmol/L[91]。

（3）毛细管电泳 毛细管电泳技术具有分辨率高、低样品消耗的特性，是质谱检测和免疫学检测硝基咪唑类的良好补充。Huo 等使用 UiO-66 材料作为 5 种硝基咪唑类药物——甲硝唑（MNZ）、地美硝唑（DMZ）、奥硝唑（ODZ）、塞克硝唑（SNZ）、替硝唑（TNZ）的吸附剂开发了可适用于 CE 检测的分散固相萃取技术（DSPE）。以熔融石英毛细管为进样端，二极管阵列为 CE 检测器，该方法对五种硝基咪唑类药物的检测限为 16～97ng/mL[92]。

参考文献

[1] 杜乐，喻世静，殷智鑫，等．硝基咪唑类药物的研究进展[J]．化学世界，2020，61（02）：92-98.

[2] 庞国芳．兽药多组分残留分析技术[M]．北京：科学出版社，2016.

[3] Roe F J C. Metronidazole: review of uses and toxicity[J]. Journal of Antimicrobial Chemotherapy, 1977, 3（3）: 205-212.

[4] Lancet T. Metronidazole in the prevention and treatment of bacteroides infections in gynaecological patients[J]. Viruses, 2010, 2（12）: 2740.

[5] Edwards D I. The action of metronidazole on DNA[J]. Journal of Antimicrobial Chemotherapy, 1977, 3（1）: 43-48.

[6] Mudry M D, Carballo M, Venuesa M, et al. Mutagenic bioassay of certain pharmacological drugs: Ⅲ. Metronidazole（MTZ）[J]. Mutation Research, 1994, 305（2）: 127-132.

[7] Freeman C D, Klutman N E, Lamp K C. Metronidazole. A therapeutic review and update[J]. Drugs, 1997, 54（5）: 679-708.

[8] Suryana K. Efficacy of metronidazole to prevent active pulmonary tuberculosis in people living with HIV/AIDS on highly active anti-retroviral therapy: a prospective cohort study[J]. International Journal of Research in Medical Sciences, 2020, 8（11）: 3826.

[9] Silvestri R, Artico M, Massa S, et al. 1-[2-（Diphenylmethoxy）ethyl]-2-methyl-5-nitroimidazole: a potent lead for the design of novel NNRTIs[J]. Cheminform, 2000, 10（20）: 253-256.

[10] Riabchenko N I, Smoryzanova O A, Proskuriakov S I, et al. Enhancement by metronidazole of the antitumor effect of cyclophosphane[J]. Radiobiologiia, 1986, 26（5）: 661-663.

[11] Furin J, Cox H, Pai M. Tuberculosis[J]. Lancet, 2019, 393（10181）: 1642-1656.

[12] Manjunatha U H. The Mechanism of action of 4-nitroimidazoles against *Mycobacterium tuberculosis*[J]. FASEB Journal, 2007, 21（5）: A207.

[13] Peyghan R, Powell M D, Zadkarami M R. *In vitro* effect of garlic extract and metronidazole against neoparamoeba pemaquidensis, page 1987 and isolated amoebae from atlantic salmon [J]. Pakistan Journal of Biological Sciences: PJBS, 2008, 11（1）: 41.

[14] Tazreiter M, Leitsch D, Hatzenbichler E, et al. Entamoeba histolytica: response of the parasite to metronidazole challenge on the levels of mRNA and protein expression[J]. Experimental Parasitology, 2008, 120（4）: 403-410.

[15] Rastegar-Lari A, Salek-Moghaddam A. Single-dose secnidazole versus 10-day metronidazole therapy of giardiasis in Iranian children[J]. Journal of Tropical Pediatrics, 1996, （3）: 184-185.

[16] Amon I, Amon K, Franke G, et al. Pharmacokinetics of metronidazole in pregnant women [J]. Chemotherapy, 1981, 27（2）: 73-79.

[17] Lamp D, Freeman C D, Klutman N E, et al. Pharmacokinetics and pharmacodynamics of the nitroimidazole antimicrobials[J]. Clinical Pharmacokinetics, 1999, 36（5）: 353-373.

[18] Bendesky A, Menéndez D, Ostrosky-Wegman P. Is metronidazole carcinogenic? [J]. Mutation Research, 2002, 511（2）: 133-144.

[19] Martelli A, Allavena A, Robbiano L, et al. Comparison of the sensitivity of human and rat hepatocytes to the genotoxic effects of metronidazole[J]. Basic & Clinical Pharmacology & Toxicology, 2010, 66（5）: 329-334.

[20] Boyanova L, Gergova G, Nikolov R, et al. Prevalence and evolution of Helicobacter pylori resistance to 6 antibacterial agents over 12 years and correlation between susceptibility testing methods[J]. Diagnostic Microbiology and Infectious Disease, 2008, 60（4）: 409-415.

[21] 国家卫生健康委员会，农业农村部，国家市场监督管理总局. GB 31650—2019 食品安全国家标准 食品中兽药最大残留限量[S]. 北京: 中国标准出版社，2019.

[22] Mottier P, Huré I, Gremaud E, et al. Analysis of four 5-nitroimidazoles and their corresponding hydroxylated metabolites in egg, processed egg, and chicken meat by isotope dilution liquid chromatography tandem mass spectrometry[J]. Journal of Agricultural and Food Chemistry, 2006, 54（6）: 2018-2026.

[23] Wang Q, Liu W, Hao L, et al. Fabrication of magnetic porous organic framework for effective enrichment and assay of nitroimidazoles in chicken meat[J]. Food Chemistry, 2020, 332: 127427.

[24] Xu M, Guo L, Wang Y, et al. Heterocyclic frameworks as efficient sorbents for solid phase extraction-high performance liquid chromatography analysis of nitroimidazoles in chicken meat [J].Microchemical Journal, 2021, 165.

[25] Hernández-Mesa M, Cruces-Blanco C, García-Campaña A M. Simple and rapid determination of 5-nitroimidazoles and metabolites in fish roe samples by salting-out assisted liquid-liquid extraction and UHPLC-MS/MS[J]. Food Chemistry, 2018, 252: 294-302.

[26] Gadaj A, di Lullo V, Cantwell H, et al. Determination of nitroimidazole residues in aquaculture tissue using ultra high performance liquid chromatography coupled to tandem mass spectrometry[J]. Journal of Chromatography B-Analytical Technologies in the Biomedical and Life Sciences, 2014, 960: 105-115.

[27] Sun H W, Wang F C, Ai L F. Simultaneous determination of seven nitroimidazole residues in meat by using HPLC-UV detection with solid-phase extraction[J]. Journal of Chromatography B-Analytical Technologies in the Biomedical and Life Sciences, 2007, 857（2）: 296.

[28] Guo X C, Xia Z Y, Wang H H, et al. Molecularly imprinted solid phase extraction method for simultaneous determination of seven nitroimidazoles from honey by HPLC-MS/MS[J].Talanta, 2017, 166: 101-108.

[29] Hernández-Mesa M, Carbonell-Rozas L, Cruces-Blanco C, et al. A high-throughput UHPLC method for the analysis of 5-nitroimidazole residues in milk based on salting-out assisted liquid-liquid extraction[J]. Journal of Chromatography B-Analytical Technologies in the Biomedical and Life Sciences, 2017, 1068/1069: 125-130.

[30] Zhang Z, Wu Y, Li X, et al. Multi-class method for the determination of nitroimidazoles, nitrofurans, and chloramphenicol in chicken muscle and egg by dispersive-solid phase extraction and ultra-high performance liquid chromatography-tandem mass spectrometry[J]. Food Chemistry, 2017, 217: 182-190.

[31] Cannavan A, Kennedy D G. Determination of dimetridazole in poultry tissues and eggs using liquid chromatography-thermospray mass spectrometry[J]. Analyst, 1997, 122（9）: 963-966.

[32] Zhong C, Chen B, He M, et al. Covalent triazine framework-1 as adsorbent for inline solid phase extraction-high performance liquid chromatographic analysis of trace nitroimidazoles in porcine liver and environmental waters[J]. Journal of Chromatography A, 2017, 1483: 40-47.

[33] Cronly M, Behan P, Foley B, et al. Development and validation of a rapid method for the determination and confirmation of 10 nitroimidazoles in animal plasma using liquid chromatography tandem mass spectrometry[J]. Journal of Chromatography B-Analytical Technologies in the Biomedical and Life Sciences, 2009, 877（14/15）: 1494-500.

[34] Cronly M, Behan P, Foley B, et al. Rapid confirmatory method for the determination of 11 nitroimidazoles in egg using liquid chromatography tandem mass spectrometry[J]. Journal of Chromatography A, 2009, 1216（46）: 8101-8109.

[35] Susakate S, Poapolathep S, Chokejaroenrat C, et al. Multiclass analysis of antimicrobial drugs in shrimp muscle by ultra high performance liquid chromatography-tandem mass spectrometry[J]. Journal of Food and Drug Analysis, 2019, 27（1）: 118-134.

[36] Sun H W, Wang F C, Ai L F. Simultaneous determination of seven nitroimidazole residues in meat by using HPLC-UV detection with solid-phase extraction[J]. Journal of Chromatography B-Analytical Technologies in the Biomedical and Life Sciences, 2007, 857（2）: 300.

[37] Lin Y, Su Y, Liao X, et al. Determination of five nitroimidazole residues in artificial porcine muscle tissue samples by capillary electrophoresis[J]. Talanta, 2012, 88: 646-652.

[38] Mitrowska K, Posyniak A, Zmudzki J. Multiresidue method for the determination of nitroimidazoles and their hydroxy-metabolites in poultry muscle, plasma and egg by isotope dilution liquid chromatography-mass spectrometry[J]. Talanta, 2010, 81（4/5）: 1273-1280.

[39] Xia X, Li X, Zhang S, et al. Confirmation of four nitroimidazoles in porcine liver by liquid chromatography-tandem mass spectrometry[J]. Analytica Chimica Acta, 2007, 586（1/2）: 394-398.

[40] Xia X, Li X, Ding S, et al. Determination of 5-nitroimidazoles and corresponding hydroxy metabolites in swine kidney by ultra-performance liquid chromatography coupled to electrospray tandem mass spectrometry[J]. Analytica Chimica Acta, 2009, 637（1/2）: 79-86.

[41] Xia X, Wang Y, Wang X, et al. Validation of a method for simultaneous determination of nitroimidazoles, benzimidazoles and chloramphenicols in swine tissues by ultra-high performance liquid chromatography-tandem mass spectrometry［J］. Journal of Chromatography A, 2013, 1292: 96-103.

[42] Hernández-Mesa M, García-Campaña A M, Cruces-Blanco C. Novel solid phase extraction method for the analysis of 5-nitroimidazoles and metabolites in milk samples by capillary electrophoresis[J]. Food Chemistry, 2014, 145: 161-167.

[43] Wang Y, Li X, Zhang Z, et al. Simultaneous determination of nitroimidazoles, benzimidazoles, and chloramphenicol components in bovine milk by ultra-high performance liquid chromatography-tandem mass spectrometry[J]. Food Chemistry, 2016, 192: 280-287.

[44] Tölgyesi Á, Barta E, Simon A, et al. Screening and confirmation of steroids and nitroimidazoles in urine, blood, and food matrices: sample preparation methods and liquid chromatography tandem mass spectrometric separations[J]. Journal of Pharmaceutical and Biomedical Analysis, 2017, 145: 805-813.

[45] 国家卫生健康委员会，农业农村部，国家市场监督管理总局. GB/T 20744—2006 蜂蜜中甲硝唑、罗硝唑和地美硝唑测定[S]. 北京: 中国标准出版社，2006.

[46] Sakamoto M, Takeba K, Sasamoto T, et al. Determination of dimetridazole, metronidazole and ronidazole in salmon and honey by liquid chromatography coupled with tandem mass spectrometry[J]. Shokuhin eiseigaku zasshi. Journal of the Food Hygienic Society of Japan, 2011, 52（1）: 51-58.

[47] Ho C, Sin D W M, Wong K M, et al. Determination of dimetridazole and metronidazole in poultry and porcine tissues by gas chromatography- electron capture negative ionization mass spectrometry[J]. Analytica Chimica Acta, 2005, 530: 23-31.

[48] Zhou J, Shen J, Xue X, et al. Simultaneous determination of nitroimidazole residues in honey samples by high-performance liquid chromatography with ultraviolet detection[J]. Journal of Aoac International, 2007, 90（3）: 872-878.

[49] Fraselle S, Derop V, Degroodt J M, et al. Validation of a method for the detection and confirmation of nitroimidazoles and the corresponding hydroxy metabolites in pig plasma by high performance liquid chromatography-tandem mass spectrometry［J］. Analytica Chimica Acta, 2007, 586（1/2）: 383-393.

[50] Polzer J, Gowik P. Validation of a method for the detection and confirmation of nitroimidazoles and corresponding hydroxy metabolites in turkey and swine muscle by means of gas

chromatography-negative ion chemical ionization mass spectrometry[J]. Journal of Chromatography B-Biomedical Applications, 2001, 761（1）: 47-60.

[51] Xia X, Li X, Zhang S, et al. Simultaneous determination of 5-nitroimidazoles and nitrofurans in pork by high-performance liquid chromatography-tandem mass spectrometry[J]. Journal of Chromatography A, 2008, 1208（1/2）: 101-108.

[52] Capitan-Vallvey L F, Ariza A, Checa R, et al. Determination of five nitroimidazoles in water by liquid chromatography-mass spectrometry[J]. Journal of Chromatography A, 2002, 978（1/2）: 243-248.

[53] Hernández-Mesa M, Lara FJ, Cruces-Blanco C, et al. Determination of 5-nitroimidazole residues in milk by capillary electrochromatography with packed C18 silica beds[J]. Talanta, 2015, 144: 542-550.

[54] Airado-Rodríguez D, Hernández-Mesa M, García-Campaña A M, et al. Evaluation of the combination of micellar electrokinetic capillary chromatography with sweeping and cation selective exhaustive injection for the determination of 5-nitroimidazoles in egg samples[J]. Food Chemistry, 2016, 213: 215-222.

[55] Huang X, Lin J, Yuan D. Simple and sensitive determination of nitroimidazole residues in honey using stir bar sorptive extraction with mixed mode monolith followed by liquid chromatography[J]. Journal of Separation Science, 2011, 34（16/17）: 2138-2144.

[56] 王春, 顾传坤, 马强, 等. 超分子溶剂分散液液微萃取/超高效液相色谱-串联质谱法测定鱼血中13种硝基咪唑类药物残留[J]. 分析测试学报, 2019, 38（03）: 263-269.

[57] 王颖, 李楠. 分子印迹技术及其应用[J]. 化工进展, 2010, 29（12）: 2315-2323.

[58] Chen L, Wang X, Lu W, et al. Molecular imprinting: perspectives and applications[J]. Chemical Society Reviews, 2016, 45（8）: 2137-2211.

[59] 贺燕庭, 白璟, 林子俺. 基于分子印迹的蛋白质识别及应用研究进展[J]. 科学通报, 2019, 64（13）: 1392-1406.

[60] Bustamante-Rangel M, E Rodríguez-Gonzalo, Delgado-Zamareo M M. Evaluation of the selectivity of molecularly imprinted polymer cartridges for nitroimidazoles. Application to the simultaneous extraction of nitroimidazoles and benzimidazoles from samples of animal origin[J]. Microchemical Journal, 2022, 172: 107000.

[61] Hernández-Mesa M, Cruces-Blanco C, García-Campaña A M. Capillary electrophoresis-tandem mass spectrometry combined with molecularly imprinted solid phase extraction as useful tool for the monitoring of 5-nitroimidazoles and their metabolites in urine samples[J]. Talanta, 2017, 163: 111-120.

[62] Ali M R, Bacchu M S, Daizy M, et al. A highly sensitive poly-arginine based MIP as an electrochemical sensor for selective detection of dimetridazole[J]. Analytica Chimica Acta, 2020, 1121: 11-16.

[63] Xu Y, Li Z, Yang H, et al. A magnetic solid phase extraction based on UiO-67@GO@Fe_3O_4 coupled with UPLC-MS/MS for the determination of nitroimidazoles and benzimidazoles in honey[J]. Food Chemistry, 2022, 373（Pt B）: 131512.

[64] Wang Y, Wang J, Guan M, et al. Bimetallic nitrogen-doped porous graphene for highly efficient magnetic solid phase extraction of 5-nitroimidazoles in environmental water[J]. Analytica Chimica Acta, 2022, 1203: 339698.

[65] Duo H, Wang S, Lu X, et al. Magnetic mesoporous carbon nanosheets derived from two-dimensional bimetallic metal-organic frameworks for magnetic solid-phase extraction of nitroimidazole antibiotics[J]. Journal of Chromatography A, 2021, 1645: 462074.

[66] Meshram D B, Bagade S B, Tajne M R. Simultaneous determination of metronidazole and miconazole nitrate in gel by HPTLC[J]. Pakistan Journal of Pharmaceutical Sciences, 2009, 22（3）: 323-328.

[67] 尚彬如, 张丽英. 硝基咪唑类药物检测技术研究进展[J]. 中国畜牧杂志, 2010, 46（01）:

61-64.

[68] Newkirk D R, Righter H F, Schenck F J, et al. Gas chromatographic determination of incurred dimetridazole residues in swine tissues[J]. Journal of the Association of Official Agricultural Chemists, 1990, 73（5）: 702-704.

[69] Wang J H. Determination of three nitroimidazole residues in poultry meat by gas chromatography with nitrogen-phosphorus detection[J]. Journal of Chromatography A, 2001, 918（2）: 435-438.

[70] Xu M, Wang J, Zhang L, et al. Construction of hydrophilic hypercrosslinked polymer based on natural kaempferol for highly effective extraction of 5-nitroimidazoles in environmental water, honey and fish samples[J]. Journal of Hazardous Materials Letters, 2022, 429: 128288.

[71] Guo Y, Wang J, Hao L, et al. Triazine-triphenylphosphine based porous organic polymer as sorbent for solid phase extraction of nitroimidazoles from honey and water[J]. Journal of Chromatography A, 2021, 1649: 462238.

[72] An Y, Meng X, Li S, et al. Facile fabrication of tyrosine-functionalized hypercrosslinked polymer for sensitive determination of nitroimidazole antibiotics in honey and chicken muscle[J]. Food Chemistry, 2022 , 389: 133121.

[73] Melekhin A O, Tolmacheva V V, Goncharov N O, et al. Multi-class, multi-residue determination of 132 veterinary drugs in milk by magnetic solid-phase extraction based on magnetic hypercrosslinked polystyrene prior to their determination by high-performance liquid chromatography-tandem mass spectrometry[J]. Food Chemistry, 2022, 387: 132866.

[74] Yang Y, Lin G, Liu L, et al. Rapid determination of multi-antibiotic residues in honey based on modified QuEChERS method coupled with UPLC-MS/MS［J］. Food Chemistry, 2022, 374: 131733.

[75] Xu X, Zhao W, Ji B, et al. Application of silanized melamine sponges in matrix purification for rapid multi-residue analysis of veterinary drugs in eggs by UPLC-MS/MS[J]. Food Chemistry, 2022, 369: 130894.

[76] Chen D, Delmas J M, Hurtaud-Pessel D, et al. Development of a multi-class method to determine nitroimidazoles, nitrofurans, pharmacologically active dyes and chloramphenicol in aquaculture products by liquid chromatography-tandem mass spectrometry[J]. Food Chemistry, 2020, 311: 125924.

[77] Hernández-Mesa M, García-Campaña A M, Cruces-Blanco C. Development and validation of a QuEChERS method for the analysis of 5-nitroimidazole traces in infant milk-based samples by ultra-high performance liquid chromatography-tandem mass spectrometry[J]. Journal of Chromatography A, 2018, 1562: 36-46.

[78] Silva G R D, Lima J A, Souza L F, et al. Multiresidue method for identification and quantification of avermectins, benzimidazoles and nitroimidazoles residues in bovine muscle tissue by ultra-high performance liquid chromatography tandem mass spectrometry（UHPLC-MS/MS）using a QuEChERS approach[J]. Talanta, 2017, 171: 307-320.

[79] 张璐, 孔祥虹, 何强, 等. 蜂蜜中兽药残留检测方法的研究进展[J]. 食品安全质量检测学报, 2015, 6（11）: 4368-4372.

[80] Yang X, Cheng X, Lin Y, et al. Determination of three nitroimidazoles in rabbit plasma by two-step stacking in capillary zone electrophoresis featuring sweeping and micelle to solvent stacking[J]. Journal of Chromatography A, 2014, 1325: 227-233.

[81] Fodey T L, Connolly L, Crooks S R H, et al. Production and characterisation of polyclonal antibodies to a range of nitroimidazoles[J]. Analytica Chimica Acta, 2003, 483（1/2）: 193-200.

[82] Huet A C, Mortier L, Daeseleire E, et al. Developmentof an ELISA screening test for nitroimidazoles in eggsand chicken muscle[J]. Analytical Chimica Acta , 2005, 534（1）: 157-162.

[83] 何方洋, 万宇平, 祝旋, 等. 鸡肉中硝基咪唑类药物残留 ELISA 检测试剂盒的研制[J]. 中国家禽, 2011, 33（07）: 31-34.

[84]王亚宾．检测硝基咪唑类药物、莱克多巴胺和安定残留的酶联免疫法的建立[D]．济南：山东大学，2011．

[85] Han W, Pan Y, Wang Y, et al. Development of a monoclonal antibody-based indirect competitive enzyme-linked immunosorbent assay for nitroimidazoles in edible animal tissues and feeds[J]. Journal of Pharmaceutical & Biomedical Analysis, 2016, 120: 84-91.

[86] 呼秀智，陈笑笑，胡叶军，等．甲硝唑残留的胶体金试纸条的研制[J]．中国兽药杂志，2017, 51（03）：32-38．

[87] Meng L, Yin J H, Yuan Y, et al. Near-infrared fluorescence probe: BSA-protected gold nanoclusters for the detection of metronidazole and related nitroimidazole derivatives[J].Analytical Methods, 2017, 9（5）: 768-773.

[88] Selvi S V, Rajaji U, Chen S, et al. Floret-like manganese doped tin oxide anchored reduced graphene oxide for electrochemical detection of dimetridazole in milk and egg samples[J]. Colloids and Surfaces A: Physicochemical and Engineering Aspects, 2021, 631: 127733.

[89] Xiao N, Deng J, Cheng J, et al. Carbon paste electrode modified with duplex molecularly imprinted polymer hybrid film for metronidazole detection[J]. Biosensors and Bioelectronics, 2016, 81: 54-60.

[90] Ji X, Wu S, Song D, et al. A water-stable luminescent sensor based on Cd^{2+} coordination polymer for detecting nitroimidazole antibiotics in water[J]. Applied Organometallic Chemistry, 2021, 35（10）: e6359.

[91] Niu X, Yang J, Ma J. Ni/MoN nanoparticles embedded with mesoporous carbon as a high-efficiency electrocatalyst for detection of nitroimidazole antibiotics[J]. Sensors and Actuators B: Chemical, 2023, 387: 133819.

[92] Yang J, Chen L, Wang Q, et al. Determination of nitroimidazole antibiotics based on dispersive solid-phase extraction combined with capillary electrophoresis [J]. Electrophoresis, 2023, 44（7/8）: 634-645.

第 11 章

β-内酰胺类
药物残留
分析

以青霉素类和头孢菌素类为代表的 β-内酰胺类抗生素（β-lactam antibiotics）是历史悠久的抗微生物药物，同时也是非常重要的一类抗生素。其作用特点是抑制细菌酶的活性，阻止细胞壁的形成，从而呈现很强的杀菌活性。由于哺乳动物的细胞没有细胞壁，故这类药物的毒副作用很小。尽管在长期使用中已发现它们存在抗菌谱窄、耐药性、引起过敏和稳定性差等问题，但由于人们的不懈努力，近 30 年来已经推出了效能更强、副作用小的各种半合成药物，如广谱、耐酶、耐酸、长效的半合成青霉素和第三代、第四代头孢菌素类抗生素。无论在过去、现在或将来，β-内酰胺类抗生素在抗生素的发展中都具有战略意义。

11.1

结构与性质

β-内酰胺类抗生素是指化学结构中含有 β-内酰胺环母核的一大类抗生素。根据 β-内酰胺环是否连接杂环及连接杂环的结构差异（图 11-1），β-内酰胺类抗生素又可分青霉素类（penicillin，PEN）、头孢菌素类（cephalosporin，CEP）和非典型 β-内酰胺抗生素类。非典型 β-内酰胺抗生素类包括头霉素类、单环 β-内酰胺类和碳青霉烯类（carbapenems，CPM）等。其中，PEN 和 CEP 发展迅速，品种最多，应用最广。CPM 是非典型 β-内酰胺抗生素中抗菌谱最广、抗菌活性最强的药物，因其具有对 β-内酰胺酶稳定以及毒性低等特点，成为治疗严重细菌感染最主要的药物之一。

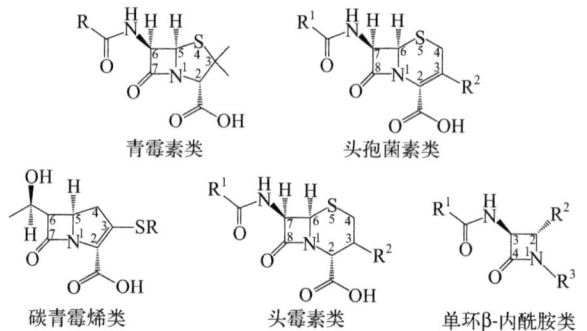

青霉素类　　　　　头孢菌素类

碳青霉烯类　　　　头霉素类　　　　单环β-内酰胺类

图 11-1　β-内酰胺类抗生素化学结构

β-内酰胺类抗生素水溶性差，但临床常用其无机钠盐或钾盐形式，水溶性较好。PEN β-内酰胺环上的碳基不能与 N 原子的未共用电子对共轭，易受亲核试剂和亲电试剂攻击，因此稳定性较差。CEP 和 CPM β-内酰胺环上的碳基能与 N 原子的未共用电子对和杂环上的双键共轭，形成 O＝C—N＝C＝C 共轭体系，使 β-内酰胺环趋于稳定。此外，CEP 的四元-六元稠环张力较 PEN 和 CPM 的四元-五元稠环小。因此 PEN、CEP 和 CPM 的稳定性从大到小依次为 CEP、CPM、PEN。此外，侧链不同，各药物的稳定性也存在差异[1]。

β-内酰胺类抗生素中的 β-内酰胺环很不稳定，在中性或生理条件下即可发生水解开环或分子重排而失去药效，酸、碱、某些金属离子及青霉素酶会加速其降解。如青霉素 G 在水溶液中易降解为无活性的青霉酸和青霉噻唑酸。氯唑西林在甲醇中降解较快，在

25％乙腈水溶液和25％乙醇水溶液中降解较慢。

11.2

药学机制（抗菌机制）

古代人们就发现某些微生物对另外一些微生物的生长繁殖有抑制作用，并把这种现象称为抗生。1929年，英国细菌学家弗莱明在培养皿中培养细菌时，发现从空气中偶然落在培养基上的青霉菌长出的菌落周围没有细菌生长，他认为是青霉菌产生了某种化学物质，分泌到培养基里抑制了细菌的生长。这种化学物质便是最先发现的抗生素——青霉素。而为了研究抗生素的抗菌机制，首先要了解细菌细胞的基本结构。

细菌是生物中的主要群类之一，也是所有生物中数量种类最多的一类。依据革兰氏染色法，细菌被分为革兰氏阳性菌和革兰氏阴性菌。革兰氏阳性菌由细胞质膜组成，包围细胞质膜的细胞壁由肽聚糖、多糖、磷壁酸和蛋白质组成。它很容易吸收外来物质。其中肽聚糖层约有15~50层。相比之下，革兰氏阴性菌细胞壁较薄，细胞壁被称为外膜（outer membrane，OM）的第二层脂质膜所包围，OM与细胞质膜之间的空间称为周质[2]。

OM是革兰氏阴性菌的一个额外保护层，防止许多物质进入细菌。然而，这种膜含有一种叫作孔蛋白的通道，它允许各种分子（如药物）进入细胞壁。正是这层坚硬的细胞壁给了细菌一个独特的形状，并阻止离子进出细胞，使得细菌细胞质成分和细菌成分维持在一个确定的空间内，并维持细胞正常的渗透压[3]。

细菌细胞被肽聚糖组成的细胞壁所包围，而肽聚糖是由 N-乙酰葡萄糖胺（NAG）和 N-乙酰胞壁酸（NAMA）交替连接的杂多糖与不同组成的肽交叉连接形成的大分子。肽聚糖在转糖苷酶的作用下与糖链交联，肽链从聚合物中的糖延伸到另一个肽，形成交联。肽链的肽聚糖前体 D-丙酰胺-D-丙氨酸末端的结构在青霉素结合蛋白（penicillin-binding protein，PBP）存在的情况下由甘氨酸残基交联，这种交联增强了细胞壁[4]。

PBP具有转糖酶、转肽酶和羧肽酶活性。由于β-内酰胺类抗生素与PBP转肽底物肽聚糖前体 D-丙酰胺-D-丙氨酸末端的结构和构象相似，会竞争性结合 PBP 的活性位点，抑制 PBP 转肽酶活性，从而阻止肽聚糖合成，最终导致细菌死亡。PEN 主要抑制革兰氏阳性菌，CPM 主要抑制革兰氏阴性菌，CEP 抑菌谱较广[5]。

11.3

毒理学

青霉素类药物过量使用可能导致的不良反应包括：①过敏反应；大剂量快速注入，对脑皮质直接作用发生不良反应，出现幻觉、反射亢进、肌肉痉挛、癫痫、昏迷等严重不良反应，称为青霉素脑病；②肾脏毒性，大多数抗生素主要经肾脏排泄，尤其在肾小管中药物浓度较血中高，严重者可引起肾小管坏死，表现为免疫反应性间质性肾炎；③肝脏毒性，青霉素类药物可引起肝损害致转氨酶升高，可能是直接毒性刺激和过敏反应所致；④损伤血液系统，使血细胞减少，并造成使凝血酶原减少，血小板凝集功能异常而发生鼻出血、消化道出血[6]。

而头孢菌素可能造成的危害与青霉素类药物相似，主要包括：过敏反应，严重者会因过敏反应出现休克；泌尿系统的损害，主要是肾脏的损害；皮肤及黏膜损害，出现皮疹；血液系统损害，血细胞异常；心血管系统损害，心律失常；消化系统损害，菌群失调；神经系统损害，头痛等；呼吸系统损害，呼吸困难；二重感染，真菌感染。头孢噻呋被机体吸收以后能维持较长时间的有效血药浓度，对大肠菌属引起的牛乳腺炎有良好的治疗效果，尤其对泌乳期奶牛的乳腺炎有很好的治疗作用。硫酸头孢喹肟的作用机制是它能够与细菌细胞膜上的青霉素结合蛋白结合，从而使细菌无法合成细胞膜，造成细菌细胞膜合成不完全，于是细胞膜的通透性增加，大量细胞外液体进入细菌内致使细菌体膨胀、破裂，最终死亡。由于它没有"三致"作用和良好的疗效，已被欧盟正式批准在牛、猪呼吸道疾病治疗以及奶牛乳腺炎的控制方面使用，除此之外还用于猪、牛呼吸系统由敏感菌引起的感染，也用于母猪乳腺炎、败血症、子宫炎和无乳综合征的治疗。

11.4

国内外残留限量要求

早在 2001 年欧盟就将 β-内酰胺类抗生素列入动物源性食品残留监控计划中。2019年，美国修订 *Code of Federal Regulations*，规定碳青霉烯类抗生素不得用于家禽。2002年我国农业部 235 号公告，规定了部分 β-内酰胺类抗生素在动物源性食品中的最大残留限量（MRL）。2019 年，我国 GB 31650—2019 标准规定青霉素、普鲁卡因青霉素、阿莫西林、氨苄西林、氯唑西林禁用于产蛋期。表 11-1 列出了欧盟、中国及美国对部分 β-内酰胺类抗生素在牛奶和肌肉中的 MRL[7]。其中普鲁卡因青霉素的残留标志物为青霉素 G。除了表中列出的药物外，其余 β-内酰胺类抗生素目前还没有限量要求。

表 11-1　β-内酰胺类抗生素在牛奶和肌肉中的最大残留限量

药物	欧盟		中国		美国	
	牛奶 /(μg/kg)	肌肉 /(μg/kg)	牛奶 /(μg/kg)	肌肉 /(μg/kg)	牛奶 /(μg/kg)	肌肉 /(μg/kg)
青霉素 G	4	50	4	50	5	—
阿莫西林	4	50	10	50	10	—
氨苄西林	4	50	4	50	10	—
苯唑西林	30	300	30	300	—	—
氯唑西林	30	300	30	300	—	—

药物	欧盟		中国		美国	
	牛奶 /(μg/kg)	肌肉 /(μg/kg)	牛奶 /(μg/kg)	肌肉 /(μg/kg)	牛奶 /(μg/kg)	肌肉 /(μg/kg)
双氯西林	30	300	—	—	—	—
萘夫西林	30	300	30	—	—	—
普鲁卡因青霉素	—	—	4	50	—	—
头孢氨苄	100	—	100	200	—	—
头孢匹林	60	50	20	—	20	—
头孢喹肟	20	50	20	50	—	—
头孢哌酮	50	—	—	—	—	—
头孢唑林	50	—	—	20	—	—
头孢噻呋	100	1000	100	1000	100	—
头孢洛宁	20	—	—	—	—	—
头孢乙腈	125	—	—	—	—	—

11.5

样品处理方法

11.5.1 样品提取与净化

由于动物组织或奶制品的基质条件过于复杂，因此在上机检测前必须对样品进行前处理，步骤一般包括提取、净化、浓缩等。

在提取步骤中一般选用水和酸化有机溶剂，如甲醇、乙腈、乙酸乙酯等，可以同时达到脱蛋白和提取抗生素的目的。提取后为了防止 β-内酰胺类抗生素与样品中其他大分子形成共价键，常使用甲醇、乙腈、2-丙醇、无机酸，以及硫酸和钨酸钠等盐类物质对样品进行蛋白沉淀，以防止 β-内酰胺类抗生素在大分子中形成共价键。将样品与去蛋白试剂充分混匀，经过振荡使蛋白进一步凝集沉淀，离心弃去沉淀。Moats 等[8] 使用两倍体积的乙腈去提取牛奶中的 β-内酰胺类抗生素以及去蛋白，再用 1∶1 的二氯甲烷和正己烷净化、脱脂和去除非极性干扰物。Boison 等[9] 使用钨酸钠、硫酸和水从组织中提取青霉素并脱掉蛋白质，这种方法对提取牛奶中的青霉素效果非常好，回收率在 72%～79% 之间。

11.5.2 样品净化方法

通常得到的水提取液或有机提取液中目标分析物浓度较低，并含有多种共萃物，不仅会损害分析仪器，也会增加检测的噪声，无法测定痕量浓度的目标分析物。为了降低共萃化合物的干扰，通常采用不同的净化方法去除杂质，同时对靶分析物进行净化与浓缩。

（1）液-液萃取（LLE）　液-液萃取是利用待测物在两种互不相溶（或微溶）的溶剂中分配系数的不同而达到分离纯化的目的，是兽药残留分析中一种常用的前处理技术。LLE技术通过向样品溶液中加入与其互不相溶的溶剂，利用待测组分与干扰基质在溶剂中溶解度的不同，达到分离和净化的目的，已较广泛地应用于动物源性食品的基质净化前处理。虽然LLE技术对实验条件和仪器要求不高，简单易行，但该技术通常需要消耗大量的有机溶剂，基质净化能力和净化选择性均相对较弱，特别是基质组成较复杂的动物源性食品，其净化前处理过程中需要反复进行溶剂萃取，易造成环境污染及出现危害实验人员身体健康等问题[10]。

（2）固相萃取（SPE）　固相萃取由液-固萃取和液相色谱技术相结合发展而来，主要用于样品分离、纯化与浓缩，与传统的液-液萃取法相比可以更有效地将分析物与干扰组分分离，减少样品预处理过程，具有有机溶剂用量少、便捷、高效等特点，易与其他仪器联用，实现自动化在线分析。SPE大多数用来处理液体样品，萃取、浓缩和净化其中的半挥发性和不挥发性化合物。Niu等[11]利用多壁碳纳米管作为固相萃取吸附剂对头孢菌素类抗生素进行了富集，以醋酸铵为洗脱液，研究了溶液pH值对抗生素回收率的影响，比较了碳纳米管和石墨化炭黑及C_{18}的吸附性能，结果表明，对极性较高的头孢菌素类抗生素，碳纳米管的吸附效率远优于石墨化炭黑和C_{18}吸附剂，当pH＞8时，分析物的回收率开始降低。故作者认为多壁碳纳米管是富集极性较高的抗生素的理想固相萃取剂。

（3）基质固相分散技术（MSPD）　MSPD基本操作是将试样直接与适量反相填料（C_{14}或C_{15}）研磨、混匀得到半干状态的混合物并将其作为填料装柱，然后用不同的溶剂淋洗，将各种待测物洗脱下来。MSPD包括了传统的样品前处理中所需的样品均化、组织细胞裂解、提取、净化等过程。Bogialli等[12]依据基质固相分散技术和HPLC-MS建立了一种简单快速检测牛奶中阿莫西林和氨苄西林的方法。奶样倒入研钵中，加入混标用玻璃棒搅拌，混匀后将奶样倒入装有细沙的研钵中，搅拌直到样品干燥。将样品装入萃取管中压实，防止颗粒间有较大的空隙，将不锈钢和聚乙烯釉料分别固定在萃取管中。将萃取管放入烘箱中在65℃下加热5min后取出，以热水为萃取剂将目标物洗脱，洗脱液过膜进样。奶样中两种抗生素的回收率在74%～95%之间，检出限均小于1ng/mL。

（4）固相微萃取技术（SPME）　固相微萃取技术无需有机溶剂，操作简便，几乎可以用于气体、液体、生物、固体等样品中各类挥发性或半挥发性物质的分析。它克服了SPE高空白值和柱阻塞的缺点，可直接从样品中采集目标化合物，并可以直接在HPLC或GC上分析。最低检测限可达ng甚至pg水平。SPME方法包括吸附和解吸两步。吸附过程是依据待测物在样品及石英纤维萃取头涂渍的固定相液膜中分配平衡。解吸过程随SPME后续分离手段的不同而异。气相色谱（GC）是将萃取纤维插入进样口后进行热解吸，液相色谱（LC）则是通过溶剂进行洗脱。SPME对样品数量多、操作周期短的常规分析极为重要，有利于提高方法的准确度和重现性，可同时完成取样、萃取和富集，对液体样品中痕量有机污染物萃取优势明显。利用SPME分析样品中的β-内酰胺类抗生素残留目前在国内外还未见有报道，Lin等[13]曾利用在线SPME-HPLC-DAD对鱼肉中四环素类抗生素残留进行检测，以生物相容聚合整体毛细管柱为吸附媒介，EDTA-McIlvaine缓冲液-乙腈提取，线性关系良好，检出限为16～30ng/g。整体毛细管由于增大了与样品溶液的接触面积，使目标物的提取率更高，样品前处理简便快捷。

（5）**免疫亲和色谱法（IAC）**　IAC 是将免疫反应与色谱分析方法相结合的分析方法，基于免疫反应原理，结合色谱差速迁移理论，实现样品分离与净化。IAC 是把抗体固定在适当的担体上，样品中待测组分与吸附剂上的抗体发生抗原-抗体结合反应而被保留在柱上，再选用适当溶剂洗脱，达到净化和富集的目的。Zhi 等[14] 建立了自动流动电流免疫分析系统定量测定牛奶中的头孢氨苄残留。检出限为 $1\mu g/L$，定量限为 $3\mu g/L$，均低于欧盟规定的牛奶中残留头孢氨苄最低残留量。方法对头孢氨苄具有很高的选择性，且其他头孢菌素类和青霉素类抗生素对其测定干扰很小，适用于牛奶中头孢氨苄残留的定性和定量检测。

11.6

残留分析技术

11.6.1　仪器测定方法

11.6.1.1　色谱法

是一种利用物质的溶解性、吸附性等特性的物理化学分离方法。按照流动相和固定相的状态色谱法分为气相色谱、液相色谱、薄层色谱、凝胶色谱、超临界流体色谱等。高效液相色谱法（HPLC），是用液体作为流动相的色谱法，其利用了经典液相柱色谱法原理，引入了气相色谱的理论，并采用高压输液泵、高效分离柱、高灵敏度检测器与计算机控制系统等装置，因而具备分离效能高、分析速度快、检测灵敏度高（最低可达 $10g/mL$）、流动相选择范围宽、从流出组分中制取纯品方便和应用广泛等特点，成为现今药物残留检测中最常用的仪器。由于大部分 β-内酰胺类抗生素在结构上都含有羧酸基团，故早期采用离子交换色谱（一般选用阴离子交换柱）来测定这类抗菌药物，但因所用流动相的 pH 值往往低于稳定的最佳 pH 值而不甚理想。近几年来大都改用反相（RP）色谱法，最常用的分析柱填料为 ODS-C$_{18}$[15]。张尹等[16] 利用金属铜离子和青霉素 G、氨苄西林可在一定条件下形成稳定络合物，建立了一种高效液相色谱快速测定牛奶中 2 种青霉素残留的方法。将样品在酸化乙腈沉淀蛋白后，离心处理。色谱柱为 Agilent TC C$_{18}$（$150mm \times 4.6mm$ i.d.，$5\mu m$），甲醇水为流动相，流速 $1.5mL/min$，检测波长 $320nm$，样品在 $5min$ 内完成分离检测。青霉素 G 和氨苄西林的质量浓度分别在 $0.05\sim1.0mg/L$、$0.08\sim 2.0mg/L$ 范围内呈良好的线性关系，检出限分别为 $0.015mg/L$ 和 $0.024mg/L$。蔡玉娥等[17] 使用新型的亲水性较强的 C$_{16}$ 硅胶反相色谱柱，以水/磷酸缓冲液/乙腈为流动相，在 $17min$ 内分离了头孢羟氨苄、头孢克洛、头孢氨苄、头孢拉定和头孢噻吩等 5 种头孢类抗生素。分离后的化合物在紫外检测器上检测，线性范围在 $0.1\sim4.0mg/L$，检测限在 $4.9\sim9.7\mu g/L$。该方法成功地应用于牛奶中头孢类抗生素的检测，$2mg/L$ 浓度水平的加标回收率在 96.5％～105％之间。Schermerhorn 等[18] 用紫外检测 HPLC 法检测牛奶中的头孢匹林和头孢噻吩残留。将生牛奶样品用乙腈脱蛋白，收集上清液，然后在 40～50℃的水浴中加热去除乙腈。分离柱使用离子对 RP SupelcosiLC-C_{18} 固相提取柱。用 33mmol/L H_3PO_4、9mmol/L SDS-乙腈（90：10，体积比）、甲醇梯度洗脱，然后在 290nm 检测。头孢匹林强化乳样品的平均回收率为 79％～87％，头孢噻呋为 76％～86％，头孢匹林的检测限为 20ng/mL，头孢噻吩的检测限为 50ng/mL。

11.6.1.2　质谱法

近年来，由于抗生素类药物残留的种类越来越多，单纯的色谱检测方法已经不能满足药物残留实际检测中的要求，涉及高效液相色谱-质谱联用（HPLC-MS）的应用越来越多，液相色谱的高分离效能与质谱的高选择性、高灵敏度及丰富的结构信息相结合成为强有力的分析工具，几乎应用于残留检测的各个领域。范莹莹等[19] 采用 Agilent HC-C_{18} 色谱柱（250mm×4.6mm i.d.，5μm），以体积分数 0.1％$NH_3 \cdot H_2O$ 和乙腈为流动相进行梯度洗脱。在添加水平为 0.1mg/kg、0.2mg/kg、0.5mg/kg 时，回收率在 102％～136％之间，方法的检出限为 0.001～0.005mg/kg。该方法适合于猪肉组织中青霉素类药物残留量的检测。李晓东等[20] 使用 LCQ Deca XP Plus 液相色谱-离子阱质谱联用仪和 Surveyor3 高效液相色谱仪，搭配 Merck LiChroCART³ 125-2 Purospher³ STAR RP-18e（5μm）色谱柱，甲醇-水-乙酸（体积比 25：75：0.01）体系溶液为流动相，对青霉素 G 的检测线性范围为 20～1000ng/mL，检出限为 1ng/mL；对头孢拉定的检测线性范围为 20～1000ng/mL，检出限为 5ng/mL。Becker 等[21] 基于 HPLC-MS/MS 开发了一种牛肉和肾脏等组织中 15 种 β-内酰胺类抗生素残留检测的方法。该方法用水/乙腈提取，在 SPE 柱净化后，使用阳离子电喷雾离子化检测器检测阿莫西林、氨苄西林、头孢氨苄、头孢匹林、去乙酰头孢匹林和头孢唑林，使用阴离子电喷雾离子质谱检测头孢哌酮、青霉素 G、青霉素 V、苯唑西林、氯唑西林、双氯唑西林和萘夫西林，与氩气的碰撞诱导解离（CID）用于假分子离子的碎裂，以达到所需的特异性。研究了共流脱基质组分对电喷雾电离过程可能产生的不利基质效应。不同药物的回收率在 57％～114％之间，肌肉的准确度为 81％～111％，肾脏的准确度为 71％～114％。这是头孢匹林的主要代谢物去乙酰头孢匹林首次在牛奶、肌肉和肾脏中以 MRL 浓度得到检测的方法。Mastovska 等[22] 进一步发展了 HPLC-MS 法测定牛肾脏中的 11 种 β-内酰胺类抗生素，该方法在提取步骤前向均质样品中添加内标 [$^{13}C_6$]磺胺二甲嘧啶，提高了回收率，从而能够正确控制样品制备过程中的体积变化。减少了有机试剂的用量，提高了检测灵敏度，所有 β-内酰胺类强化样品的平均回收率为 87％～103％，并且研究了抗生素在动物组织中的稳定性。

11.6.1.3　其他方法

（1）高效毛细管电泳法（HPCE）　高效毛细管电泳法是近年来发展最快的分析方法之一，是以高压电场为驱动力，以毛细管为分离通道，依据样品中各组分之间淌度和分配行为上的差异而实现分离分析的液相分离方法。因此其具有高柱效（理论塔板数可高达 10^6 个/m）、分析时间短、样品分析范围宽、检出限低、易自动化等特点。毛细管胶束电泳的出现，又使得其分离范围扩大到中性粒子。目前可根据分子的电荷差异及分子形状的差别进行分离。田春秋等[23] 建立了 HPCE 同时检测牛奶中青霉素类抗生素中间体 6-氨基青霉烷酸以及 3 种青霉素类药物青霉素钾、氨苄青霉素和阿莫西林的方法。其采用

40mmol/L 磷酸二氢钾-20mmol/L 硼砂缓冲体系（pH 7.8）、分离电压为 28kV、分离温度为 30℃的电泳条件下，4.5min 内可以实现上述 4 种青霉素类药物的快速分离检测。各组分在 1.56～100mg/L 范围内线性关系良好，加标回收率为 84.91%～96.72%，可以简便、快速地检测市售牛奶中 4 种青霉素类药物的残留。Santos 等[24] 用毛细管电泳法同时检测牛奶中氨苄西林、阿莫西林、青霉素 G 等 6 种抗生素，并且与 HPLC 法测定的结果进行了对比。毛细管电泳法检测出的各抗生素的平均回收率大于 72%。解决了 HPLC 法不能检测出阿莫西林的问题。

（2）圆二色谱法 圆二色谱法可用于直接测定光学活性药物。其对绝对构型和构象特征极为敏感，可用来研究含量极低的样品。Rahman 等[25] 就使用此方法测定氨苄西林含量。氨苄西林对 200～280nm 圆二色谱的影响表现出负性和正性，因此作者在 233nm 处测定氨苄西林的椭圆度，线性浓度范围为 5～40μg/mL，检出限为 0.43μg/mL，定量限为 1.31μg/mL。

（3）表面增强拉曼光谱法（surface-enhanced Raman spectroscopy, SERS） 表面增强拉曼光谱是一种通过吸附在粗糙金属表面上的分子或等离子体磁性二氧化硅纳米管等纳米结构增强拉曼散射的表面敏感技术，具有原位取样、无损检测、灵敏度高和操作简便等优点，故广泛应用于多种青霉素类抗生素的检测和鉴别。李轩等[26] 以氨苄西林为模板分子，3-(异丁烯酰氧)丙基三甲氧基硅烷（MPS）为硅烷化试剂，甲基丙烯酸（MAA）为功能单体，在 Ag 微球表面制备了 AMP 分子印迹聚合物（Ag@MIP）。采用不同方法对所制备的 Ag@MIP 进行了表征。以 Ag@MIP 作为基底，采用激光共聚焦拉曼光谱仪（激发波长为 638nm）对氨苄西林进行检测，结果显示 Ag@MIP 基底具有较强的表面增强拉曼光谱效果，对氨苄西林检测的线性范围在 1～10nmol/L 之间，检测限为 10nmol/L。竞争吸附试验结果表明 Ag@MIP 对氨苄西林具有较高的选择性。该方法可用于氨苄西林的快速、灵敏和选择性检测。Andreou 等[27] 介绍了一种基于微流体系统 10min 内就能检测出牛奶中痕量氨苄西林的 SERS 技术。

11.6.2　免疫测定方法

11.6.2.1　半抗原设计

（1）青霉素类 青霉素（benzylpenicillin/penicillin）又称青霉素 G、盘尼西林，是从青霉菌培养液中提取的分子中含青霉烷、能破坏细菌的细胞壁并在细菌细胞的繁殖期起杀菌作用的抗生素，是第一种能够治疗人类疾病的抗生素。由于其分子中含有一个由 4 个原子构成的 β-内酰胺环，故称为 β-内酰胺抗生素。青霉素类药物的分子中均含有一个由氢化噻唑环与 β-内酰胺环并合而成的结构，这一结构是青霉素类药物的母核 6-氨基青霉烷酸[28]，这使得该类药物自身带有羧基，可以直接作为半抗原与载体蛋白偶联（图 11-2）。但该方法制得的抗体只能识别某种青霉素，检测范围较窄，实用性不强。而从青霉素类药物的母核结构（6-氨基青霉烷酸）出发，通过合成反应制成通用半抗原（图 11-3 中虚线框内），以此为基础制备得到的抗体识别的是青霉素的母核结构，可同时识别多种青霉素，具有广谱性，实用性强。

（2）头孢菌素类 头孢菌素（cephalosporin）是由青霉真菌近缘的头孢真菌所产生

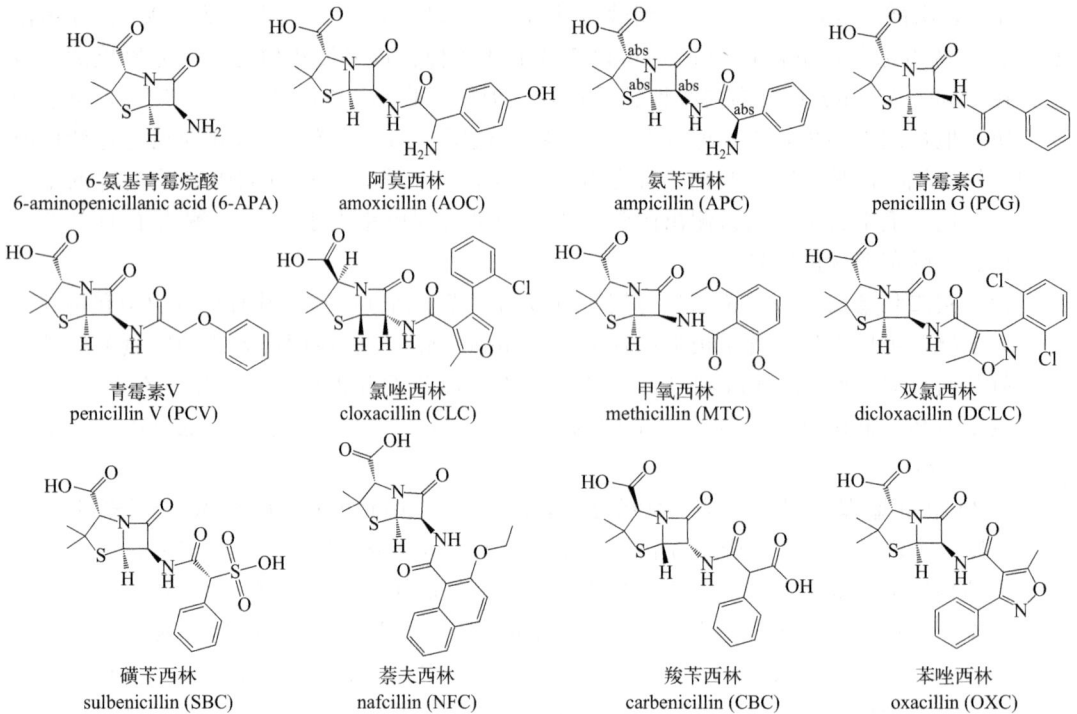

图 11-2　青霉素类抗生素

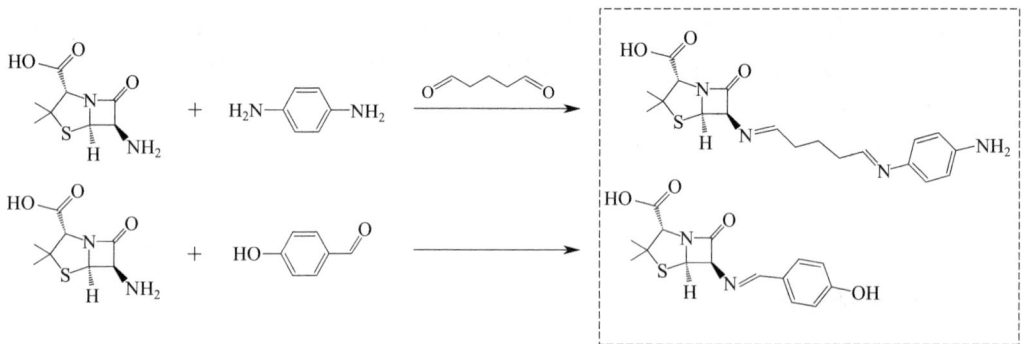

图 11-3　青霉素类药物通用半抗原的合成

的，天然的头孢菌素有 C、N 和 P 三种，但抗菌活性较差，未在临床上得到使用。半合成头孢菌素类药物是目前发展最快的一种抗生素，20 世纪 60 年代初头孢菌素类药物被首次应用于临床，到目前为止头孢菌素类药物已经从第一代发展到了第四代[29]。与青霉素类药物的构成类似，头孢菌素的抗菌活性的母核为 7-氨基头孢烷酸（7-aminocephalosporan-icacid，7-ACA），是由四元 β-内酰胺环与六元氢化噻嗪环并合的，是属于四元-六元环稠合系统。而青霉素是四元-五元环稠合系统，相对于青霉素，头孢菌素的 β-内酰胺环张力较小，此外，头孢菌素 β-内酰胺环中的氮原子上未共用电子与氢化噻嗪环 C3 和 C4 位的双键形成共轭。这使得头孢菌素相对于青霉素更加稳定[30]。而与青霉素类药物类似，带羧酸的母核结构也使得该类药物自身带有羧基，可以直接作为半抗原与载体蛋白偶联（图11-4）。但与青霉素药物不同的是头孢类药物稳定的六元环具有更多的衍生位点，使得该

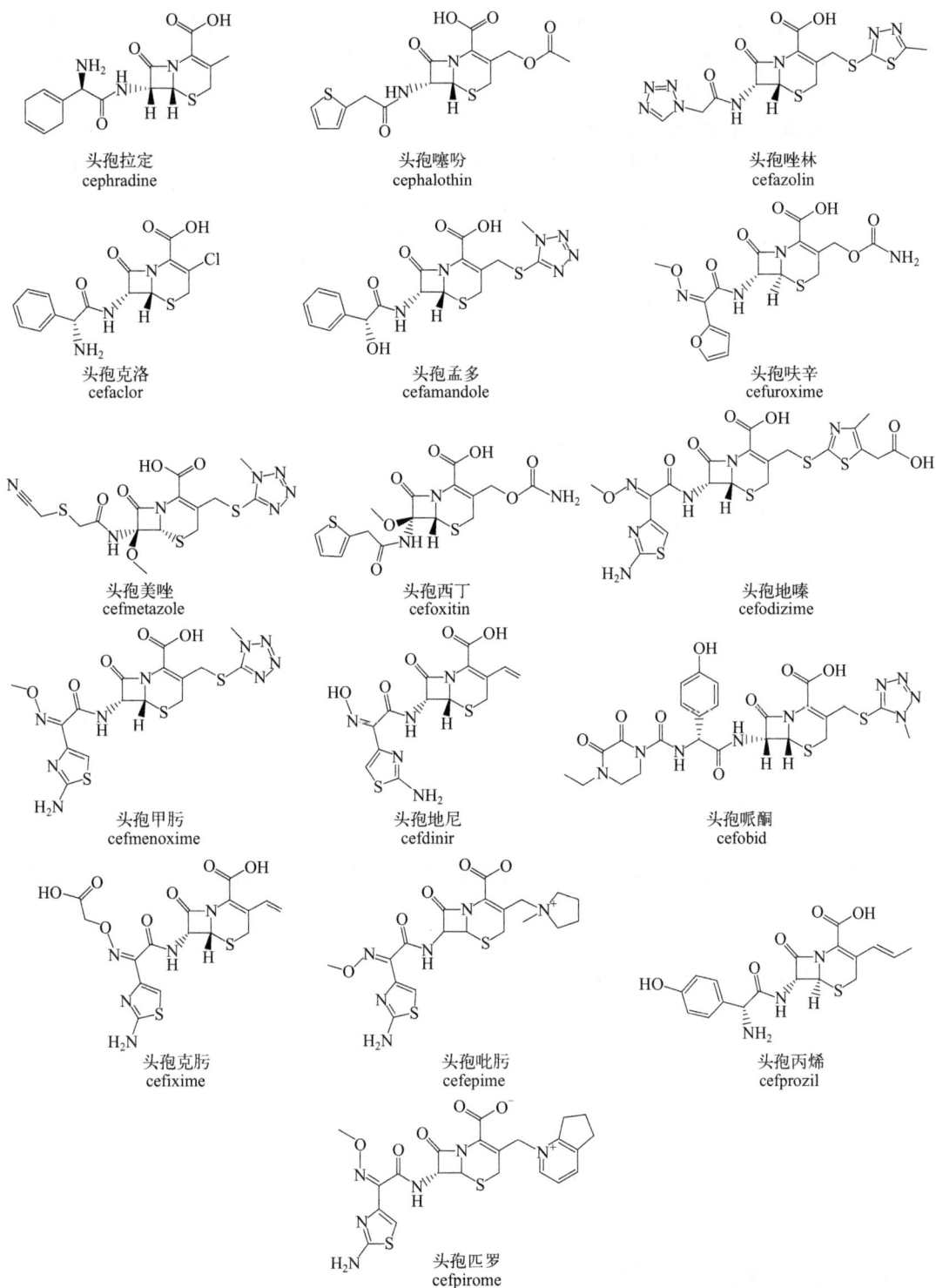

头孢拉定
cephradine

头孢噻吩
cephalothin

头孢唑林
cefazolin

头孢克洛
cefaclor

头孢孟多
cefamandole

头孢呋辛
cefuroxime

头孢美唑
cefmetazole

头孢西丁
cefoxitin

头孢地嗪
cefodizime

头孢甲肟
cefmenoxime

头孢地尼
cefdinir

头孢哌酮
cefobid

头孢克肟
cefixime

头孢吡肟
cefepime

头孢丙烯
cefprozil

头孢匹罗
cefpirome

图 11-4 头孢菌素类抗生素

类药物的空间结构更加复杂。而为了得到可以识别多种头孢菌素类药物的抗体，半抗原在设计衍生时可以采用与青霉素类药物半抗原设计时的思路，从头孢菌素类药物的母核出发，通过合成反应制成通用半抗原，以此为基础制备得到的抗体识别的是头孢菌素的母核结构，因此可以识别更多的头孢菌素类药物。

（3）非典型 β-内酰胺抗生素类

① 头霉素类抗生素。头霉素类抗生素是指一类从链霉素获得的性质与头孢菌素类似的抗生素，有 A、B、C 三种类型。目前广泛应用的为头孢西丁，抗菌谱与抗菌活性与第二代头孢菌素相同，对厌氧菌包括脆弱拟杆菌有良好作用，适用于盆腔感染、妇科感染及腹腔等需氧与厌氧菌混合感染。其与头孢菌素类药物的区别是头霉素类药物在母环 7-ACA 上存在 7-甲氧基（图 11-5）。因此该类药物在半抗原设计时与头孢菌素类药物半抗原结构类似。

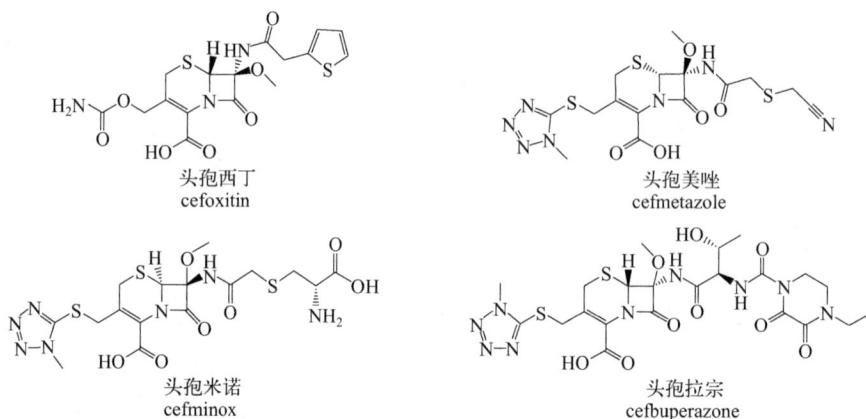

图 11-5　头霉素类抗生素

② 单环 β-内酰胺类抗生素。单环 β-内酰胺类抗生素是指只含有 β-内酰胺环的一类抗生素药物。氨曲南是第一个成功用于临床的单环 β-内酰胺类抗生素，可用于青霉素过敏患者并常作为氨基苷类的替代品使用。该类药物虽然具有相同的母环结构，但空间差异较大，本身具有可与蛋白偶联的活性基团（图 11-6），因此可以直接以原药作为半抗原制备抗体。

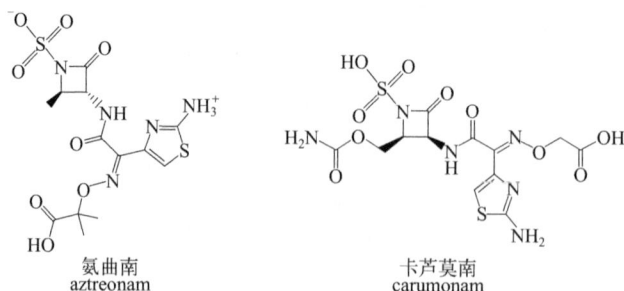

图 11-6　单环 β-内酰胺类抗生素

③ 碳青霉烯类抗生素。碳青霉烯类抗生素是一类抗菌谱广、抗菌活性强的新型结构的内酰胺类抗生素，其在 20 世纪 70 年代被发现。第一种被发现的该类抗生素是硫霉素，

存在于链霉菌中。它的结构与青霉素类和头孢菌素类都有所不同，与青霉素的五元环相比较，原来 1 位上的硫原子被碳原子替代了，在该五元结构的 2,3 位之间用双键结合[28]。尽管硫霉素表现出较强的抗菌作用，但是由于其水溶液与固体状态下均不稳定，因此不能应用于临床。随后，对其结构进行了化学修饰，进而合成了一系列新型的碳青霉烯类抗生素（图 11-7）。该类抗生素结构与青霉素类抗生素结构极度类似，因此半抗原在设计衍生时可以采用与青霉素类药物半抗原设计时的思路，从母核出发，通过合成反应制成通用半抗原，以此为基础制备得到的抗体识别的是母核结构，因此可以识别更多的头孢菌素类药物。

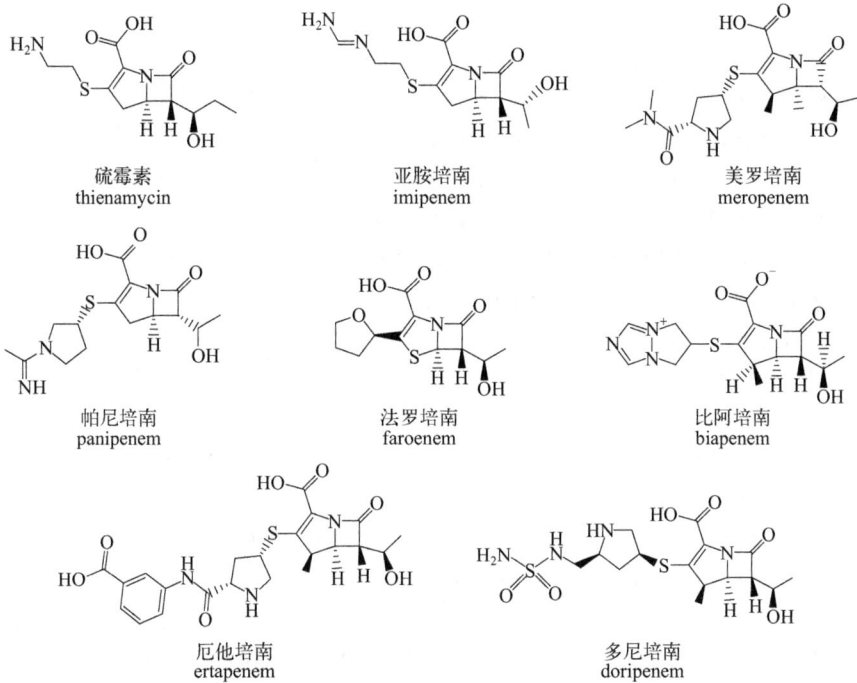

图 11-7　碳青霉烯类抗生素

11.6.2.2　抗体制备

抗体是抗原刺激 B 淋巴细胞分化为浆细胞，由浆细胞产生的一种能与抗原特异性结合的免疫球蛋白。诊断所用抗体主要通过抗原免疫动物制备。抗原依其性质分为小分子半抗原和大分子完全抗原。小分子半抗原本身不具有免疫原性，不能刺激机体产生抗体，需与大分子载体蛋白，如匙孔血蓝蛋白（keyhole limpet hemocyanin，KLH，分子量 4000000）、牛血清白蛋白（bovine serum albumin，BSA，分子量 67000）或鸡卵清蛋白（ovalbumin，OVA，分子量 45000）等偶联形成具有免疫原性的完全抗原。以完全抗原刺激机体时，由于抗原分子上有许多抗原决定簇，均可激活不同 B 细胞增殖分化，产生抗体，因此动物抗血清是含有多种抗体的混合物，通过纯化抗血清可获得多克隆抗体（polyclonal antibody，pAb）[31]。采用杂交瘤技术制备筛选只识别一种抗原决定簇的单克隆细胞，由该细胞分泌的抗体称为单克隆抗体（monoclonal antibody，mAb）。与 pAb 相比，mAb 灵敏度更高，特异性更好，更适合免疫分析检测[32]。现将已报道的完全抗原的合成方法以及一些抗体的性能介绍如下。

对青霉素类的抗生素检测分为两个方向，一是在完全抗原制备时突出母核结构，这样得到的抗体可以识别多种抗生素药物。例如：何丹[33] 研究制备了氨苄西林的多克隆抗体，建立了氨苄西林免疫检测技术。通过比较两种合成方法偶联的氨苄西林和 BSA 免疫抗原刺激机体产生抗体的亲和性和效价，比较了两种合成方法的优劣。同时，对 ELISA 检测条件进行了优化，建立氨苄西林检测技术。通过物理直接偶联和以戊二醛（GA）为连接物合成了氨苄西林和大分子蛋白质的免疫抗原和包被抗原，并用紫外光谱扫描和红外吸收光谱扫描的方法对合成物质进行了鉴定。将合成的氨苄西林免疫抗原与等量佐剂混合后多途径多次免疫兔子，第七次免疫后心脏采血。纯化获得兔源多克隆抗体，通过竞争性 ELISA 法检测后发现该抗体对氨苄西林的检测极限为 4.17ng/mL。因为阿莫西林与氨苄西林的结构只差一个羟基，因此该抗体与阿莫西林的交叉反应率高达 78%，能达到对动物性食品中氨苄西林残留检测的要求。Strasser 等[34] 也采用同样的方法将氨苄西林与 BSA 偶联，免疫获得兔源多克隆抗体，并建立直接竞争 ELISA 方法，但与何丹的抗体相比拥有更低的灵敏度和更广的检测谱，其抗体的检测极限为 0.5～1ng/mL，并且可同时检测阿莫西林、苯唑西林、氯唑西林、双氯西林和萘夫西林这 5 种 PEN，可以准确检测牛奶样品中几种药物的残留量。杨扬[35] 则通过选用半抗原氨苄西林、青霉素 G 与 BSA 通过生理学法和 GA 法合成 3 种免疫原免疫新西兰大白兔。其中生理学法合成的免疫抗原免疫效果优于戊二醛法，因此采用该方法合成的抗原免疫 Balb/c 小鼠获得单克隆抗体。建立 ELISA 检测方法，得到青霉素类药物最低检测限，其中氨苄西林为 1.58g/mL，青霉素 G 为 0.38ng/mL，阿莫西林为 1.90ng/mL，氯唑西林为 0.13ng/mL，苯唑西林为 0.44ng/mL，可用于检测尿样与牛奶中的药物残留量。

二是在抗原制备时突出药物分子的侧链结构，由此制得的抗体仅可识别单类的抗生素药物。陆彦[36] 利用碳化二亚胺（EDC）法将氨苄西林与 KLH 偶联制备免疫原，免疫 Balb/c 小鼠，同时采用戊二醛法连接 BSA 作为包被原，利用 ELISA 方法对免疫小鼠产生的抗体进行检测，并建立了对氨苄西林的检测方法，应用杂交瘤技术将免疫鼠脾细胞与小鼠骨髓瘤细胞（SP2/0）融合，建立分泌氨苄西林单克隆抗体的杂交瘤细胞株。该抗体对氨苄西林的检测限为 0.3ng/mL，并且对其他 PEN 药物无交叉，可用于检测市售消毒纯牛奶中的氨苄西林残留量。

张智勇[37] 也使用 EDC 法和生理学法两种偶联方法将青霉素 G 与 BSA 和 OVA 偶联，合成两种免疫抗原与两种检测抗原。同时应用辛酸-硫酸铵法提纯抗体 IgG，可以快速检测牛奶中抗生素残留，检测限为 10ng/mL。

药物与载体蛋白偶联的反应过程见图 11-8。

而针对头孢菌素类药物的检测，其在抗原的制备过程与青霉素类药物的制备过程类似。郝志慧[38] 以人工合成的头孢噻呋免疫原免疫 Balb/c 小鼠，采用杂交技术制备了 5 株能稳定分泌抗头孢噻呋单克隆抗体的杂交瘤细胞株。对单抗进行初步纯化鉴定并建立了检测头孢噻呋的竞争 ELISA 方法。首先采用直接交联法、GA 法和 EDC 法等合成了头孢噻呋免疫原。用合成的免疫原与等量的弗氏完全佐剂或弗氏不完全佐剂乳化后，按 $100\mu g$/只的剂量免疫 Balb/c 小鼠。采用间接 ELISA 方法检测小鼠血清，以对头孢噻呋抑制最好的小鼠的脾脏制备单克隆抗体。利用细胞融合技术，用 50% PEG 将小鼠的脾细胞与小鼠骨髓瘤细胞进行融合，采用间接竞争 ELISA 法和有限稀释法克隆技术，经过 4 次克隆和筛选，共筛选到 5 株能稳定分泌目的抗体的杂交瘤细胞株。得到的抗体通过

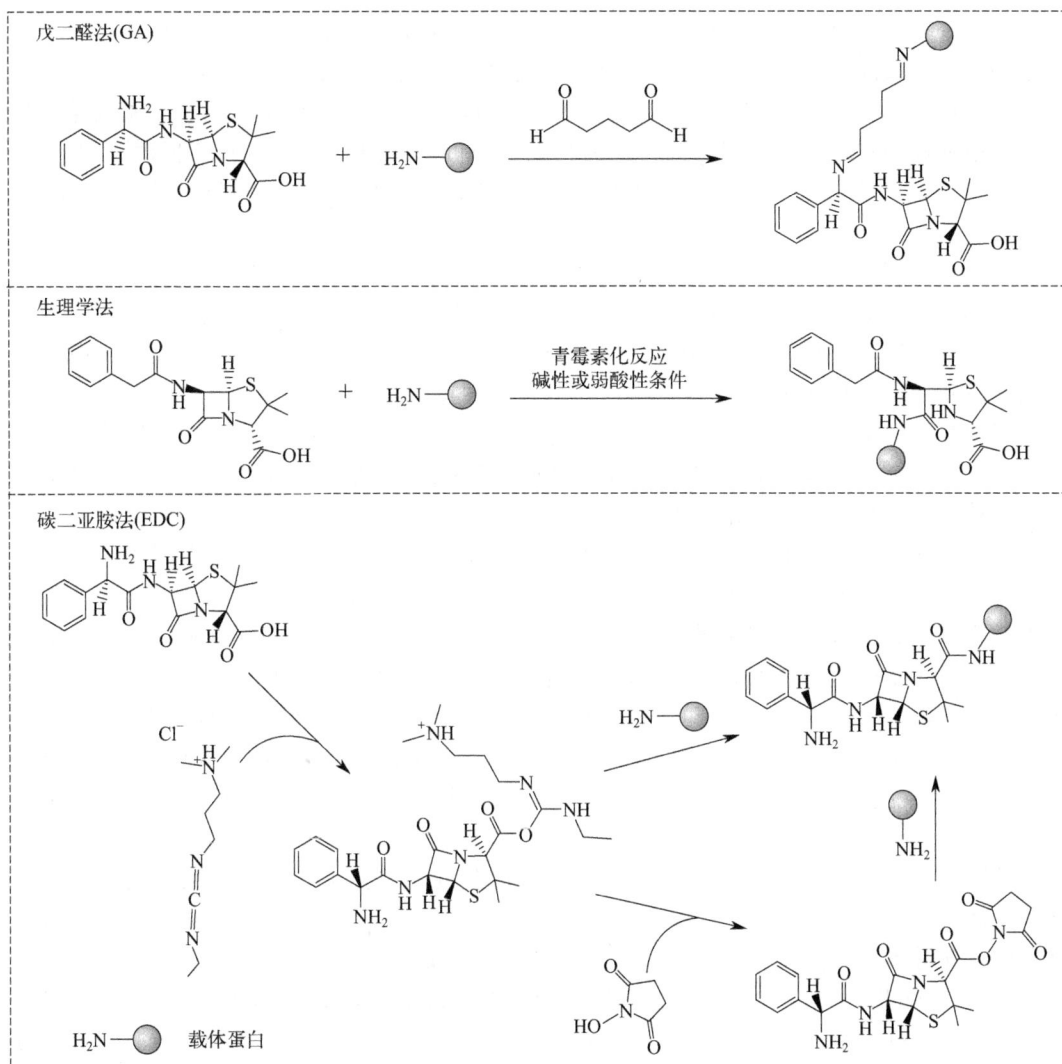

戊二醛法(GA)

生理学法

碳二亚胺法(EDC)

图 11-8　药物与载体蛋白偶联的反应过程

ELISA 检测，对头孢噻呋的 IC_{50} 值为 $36\sim105ng/mL$，对参与测试的 7 种同类药物青霉素、氨苄西林、阿莫西林、头孢唑林、头孢氨苄、氯唑西林、头孢噻肟的最高交叉反应率为 20.842%。对单抗进一步做交叉反应试验，结果表明，该单抗有很高的簇特异性，与头孢噻肟的交叉反应率是 6.13%。而对青霉素、氨苄西林、阿莫西林、头孢唑林、头孢氨苄、氯唑西林无交叉反应。

　　谢会玲[39] 分别以头孢氨苄、7-ACA、头孢羟氨苄、头孢噻肟、头孢噻吩为半抗原用不同的方法与 BSA 偶联得到 5 种免疫原，并以头孢噻呋与 KLH 偶联，共得到六种免疫原并免疫新西兰大白兔，得到相应的多克隆抗体。其中以头孢氨苄-BSA 为免疫原得到的抗体对头孢氨苄、头孢羟氨苄的 IC_{50} 分别为 $1.5ng/mL$、$2.6ng/mL$。另外，以头孢噻呋-KLH 为免疫原的抗体具有较强的特异性，对其他头孢类抗生素交叉反应率小于 10%，IC_{50} 值为 $10ng/mL$。

11.6.2.3　免疫分析技术

免疫分析法是以抗体与靶标分子特异性识别与结合为基础，通过测定抗体或抗原上的标记物来直接或间接检测目标分子。免疫分析法具有很高的灵敏度和特异性，非常适合用于现场大批量样品的定性或半定量快速筛查。目前，用于检测β-内酰胺类抗生素的免疫分析法，根据标记物种类的不同可分为：荧光免疫分析法（FIA）、免疫传感器法[40,41]、酶联免疫吸附法[42,43]（ELISA）、侧流免疫色谱技术（LFIA）和受体分析法（receptor-based assay）。

（1）荧光免疫分析法　荧光免疫分析法是根据抗原抗体反应的原理，先将已知的抗原或抗体标记上荧光基团，再用这种荧光抗体（或抗原）作为探针检查细胞或组织内的相应抗原（或抗体）。利用荧光显微镜可以看见荧光所在的细胞或组织，从而确定抗原或抗体的性质和定位，以及利用定量技术（比如流式细胞仪）测定含量。Benito-Peña 等[41]选用青霉素类的母核小分子 6-APA 与血蓝蛋白偶联制备免疫原，制备兔源多克隆抗体，同时制备了一个具有青霉素类共同结构的荧光物 PAAP 作为示踪剂，建立了能同时检测水中多种青霉素类的自动荧光分析法。

（2）ELISA　ELISA 是将抗原抗体的特异性反应与酶的高效催化作用相结合，利用酶促反应来放大抗原抗体的免疫反应。该方法可以检测抗原，也可以检测抗体。其检测原理是将抗原或抗体结合到聚苯乙烯表面，用酶标记的抗体或抗原与固相抗原或抗体结合，加入酶底物后，底物被酶催化显色，显色物的量与受检抗原或抗体的量成比例，故可用作定量分析。Strasser 等[34]通过戊二醛将氨苄西林与 BSA 偶联，免疫获得兔源抗体，并建立直接竞争 ELISA，检测牛奶中 6 种 PEN。ELISA 具有灵敏度高、操作简单、成本低等优点，但受基质干扰较大，重现性较差，且需要多步孵育洗涤过程，耗时较长（1h 左右）。

（3）免疫传感器法　免疫传感器是将传统的免疫测试技术和传感技术相结合的一种新型生物检测技术。2015 年，Li 等[44]开发了一种检测微量青霉素 G 的电化学免疫传感器，该方法对青霉素 G 的 LOD 为 2.7×10^{-4} ng/L，远远低于欧盟限量要求（4×10^3 ng/L）。2020 年，Chaudhari 等[45]将氨苄西林抗体固定在光纤表面，利用 GNP 标记的氨苄西林与样品中游离抗生素残留物竞争结合抗体，建立了检测氨苄西林的光学免疫传感器，通过检测光纤等离子共振信号，可实现氨苄西林的高灵敏检测。免疫传感器技术具有灵敏度高、特异性强、检测时间短等优点，但检测需要换能器、信号采集器和数据处理器等设备，限制了其在快速检测领域的推广。

（4）侧流免疫色谱技术　侧流免疫色谱法又称免疫色谱试纸条法，是结合抗原-抗体反应的高亲和力，纳米材料标记的信号放大和色谱的卓越分离能力来定性或定量检测样本中残留物的一种分析方法[46]。根据抗体标记所用材料不同，免疫色谱技术可分为胶体金免疫色谱法（colloidal gold immunochromatographic assay，GICA）和荧光免疫色谱法（fluorescent immunochromatographic assay，FICA），前者标记材料为金纳米粒子（gold nanoparticle，GNP），后者标记材料为荧光微球（fluorescent microsphere，FM）或量子点。

Guo 等[47]利用头孢氨苄偶联 KLH 免疫小鼠，制备 mAb，用 GNP 标记该抗体建立了头孢氨苄的快速免疫检测试纸条，检测牛奶样本，LOD 为 1.3ng/mL，回收率为 87%～120%，检测时间在 10min 以内。Xie 等[42]采用 GNP 标记头孢菌素类药物特异性抗体建立 GICA，可对牛奶中多种头孢菌素类药物进行半定量检测，检测时间只需 5min。刘敏轩等[48]采用 GNP 标记头孢氨苄兔源 pAb，建立 GICA，该方法在缓冲体系中对头孢氨苄、头孢拉定和头孢羟氨苄的 LOD 分别为 $20\mu g/L$、$25\mu g/L$、$25\mu g/L$。

免疫分析方法具有操作简单、灵敏度高、特异性好等优势。但 β-内酰胺类药物结构多样性使制备的抗体特异性较强，因此该方法一次试验只能检测一种或一类药物（PEN 或 CEP 或 CPM），限制了其应用。如 Bremus 等[41]用头孢菌素与蛋白的偶联物免疫小鼠制备头孢噻呋、头孢喹肟、头孢氨苄、头孢哌酮和头孢匹林的抗体，并发现这些抗体主要识别侧链，具有高特异性。Broto 等[49]利用青霉素酶使 PEN 开环，制备识别 β-内酰胺开环结构的 pAb，该 pAb 可识别青霉素 G、阿莫西林和氨苄西林，但对 CEP 和 CPM 亲和力差，且不能检测活性药物。

（5）**受体分析法**　近年来，受体分析法已成为食品中抗生素残留检测的热点。许多抗生素都有各自的靶蛋白，即受体蛋白，如 β-内酰胺类的青霉素受体蛋白（PBP）、磺胺类的二氢叶酸合成酶、四环素类的 Tet R 蛋白及 Ttg R 蛋白、喹诺酮类的回旋酶及拓扑异构酶Ⅳ等[50]。抗生素是受体蛋白的配体小分子，通过与受体之间的特异性识别与结合而产生抑菌作用，而受体蛋白只与具有活性的抗生素小分子结合。基于此原理，受体分析法建立在检测抗生素残留时具有更高的准确性。同基于抗体的免疫分析法一样，受体也可以与多种技术结合，建立多种形式的受体分析法，如放射受体分析法[51]、酶标记受体检测法[52-54]、金标受体分析法[55]和受体生物传感器[56]等。

放射受体分析法是将表达 β-内酰胺类靶蛋白的整个细菌细胞作为受体，以放射性同位素为示踪物，将受体和示踪物放入牛奶样品之后，示踪物与样品中待测抗生素直接竞争结合细菌受体，通过测定同位素的量来测定样品中抗生素的含量。酶标记受体检测法是利用受体取代抗体，与待测小分子结合，是受体分析法中应用最广泛的一种。根据包被物质、酶的种类和竞争方法的不同，用于检测 β-内酰胺类的酶标记受体检测法可分直接竞争、间接竞争和夹心竞争三种检测模式。基于受体的侧流色谱法也是受体分析法的另一种展示形式。使用胶体金标记受体蛋白，建立竞争模式的侧流色谱法，是一种新型的用于检测食品中 β-内酰胺类抗生素的受体分析法。Chen 等[55]建立的基于 β-内酰胺类的受体蛋白的新型胶体金侧流色谱法可以在 $5\sim10min$ 内同时检测牛奶中 15 种抗生素，检出限均满足欧盟标准。

受体蛋白也可与生物传感器结合，用于检测食品中 β-内酰胺类抗生素的残留。目前 β-内酰胺类的受体蛋白最常结合的生物传感器分为两种，即表面等离子体共振和电化学传感器。Cacciatore 等[56]将定量的肺炎链球菌加入牛奶中，若样品中含有 β-内酰胺类抗生素则会与肺炎链球菌结合，然后再加入地高辛标记的氨苄西林与未被结合的肺炎链球菌结合，而地高辛则紧接着被固定于表面等离子体共振表面的抗地高辛抗体捕获，从而定量检测牛奶中 β-内酰胺类抗生素的含量，此法对青霉素 G 的检测限是 $4\mu g/kg$。受体生物传感器具有操作简易、响应快、灵敏度高、稳定性和重现性好等优点，但目前的研究表明这种方法易受牛奶基质影响，假阳性结果较多且检测限较高。

11.6.3　其他分析技术

（1）**荧光法**　Yang 等[57]利用荧光技术，对氨基青霉烷酸、头孢拉定、头孢氨苄及头孢唑林等进行了含量测定。先使四价 Ce 与 β-内酰胺类抗生素进行氧化还原反应，得到可发射荧光的三价 Ce 后，在波长为 355nm 处测定荧光强度。检测限为 $2\sim8\mu g/L$。Gutiérez 等[58] 用荧光技术分析了带有 α-氨基的 β-内酰胺类抗生素的降解产物。氨苄西林、阿莫西林和头孢噻吩的甲醇溶液放置久了会被二价离子（Cd^{2+}、Co^{2+}、Zn^{2+}）催化，生成具有荧光的降解产物，通过检测其荧光强度来监测其降解产物的形成情况。

（2）电化学方法 赫春香等[59] 利用单扫描示波极谱法测定了头孢噻肟及头孢他啶的极谱伏安行为。试验证明，将电化学法用于模拟尿液中头孢他啶的测定，结果令人满意。另外，Ferreira 等[60]、Rodrigues 等[61] 利用阴极伏安法分别分析了头孢他啶、头孢克洛；Yilmaz 等[62] 则用阳极伏安法分析了头孢噻肟。

（3）高效薄层色谱法（HPTLC） Ramírez 等[63] 报道了用高效薄层色谱法结合生物自显影法测定牛奶中的氨苄西林、双氯西林、氯霉素等抗生素。用乙腈提取奶样，石油醚脱脂，二氯甲烷离析抗生素，40℃下旋转蒸发至干，残留物用甲醇回收。选择二氯甲烷-乙腈-甲烷-丙三醇作为展开剂。抗生素回收率较高，但样品处理较复杂，灵敏度不高，重现性较差。

（4）微流化学发光检测法 Liu 等[64] 引入微流化学发光检测系统测定了牛奶中β-内酰胺类抗生素残留。微流系统是由两个聚甲基丙烯酸甲酯极板组成，微流通道中填充 C_{18} 修饰的硅凝胶作为在线 SPE 装置。分析物的提取和预处理通过在线 SPE 微流系统进行，可以提高 CL 检测的选择性。检出限为 $0.04\sim0.5\mu g/mL$。测定结果与 HPLC 方法所得结果没有显著性差异。微流化学发光系统连接在线 SPE 装置，简单快速，可以显著地提高选择性和灵敏度，并且减少了有机试剂的用量。

（5）光学生物传感器法 Cacciatore 等[65] 报道了用光学生物传感器法测定牛奶中的青霉素类抗生素残留，第一次使用 PBP 蛋白结合抗生素的方法检测抗生素残留，检测灵敏度高。这两种方法在检测抗生素残留中具有很大的应用前景。

参考文献

[1] 李月．β-内酰胺类抗生素受体和多肽类抗生素抗体的制备及快速检测方法研究[D]. 无锡：江南大学，2020.

[2] Kahne D, Leimkuhler C, Lu W, et al. Glycopeptide and lipoglycopeptide antibiotics [J]. Chemical Reviews, 2005, 105（2）: 425-448.

[3] Kapoor G, Saigal S, Elongavan A. Action and resistance mechanisms of antibiotics: a guide for clinicians [J]. Journal of Anaesthesiology, Clinical Pharmacology, 2017, 33（3）: 300-305.

[4] Reynolds P E. Structure, biochemistry and mechanism of action of glycopeptide antibiotics [J]. European Journal of Clinical Microbiology and Infectious Diseases, 1989, 8（11）, 943-950.

[5] Džidić S, Šušković J, Kos B. Antibiotic resistance mechanisms in bacteria: biochemical and

genetic aspects[J]. Food Technology and Biotechnology, 2008, 46（1）: 11-21.

[6] 张颖. 抗生素的不良反应[J]. 中国误诊学杂志, 2009, 9（30）: 7549.

[7] 毛智琼，金永才，刘璇，等. 我国与欧盟、美国、国际食品法典委员会的禽蛋抗生素类兽药残留限量标准对比分析[J]. 食品安全质量检测学报, 2020, 11（12）: 4034-4040.

[8] Moats W A. Determination of penicillin G in milk by high-performance liquid chromatography with automated liquid chromatographic cleanup[J]. Journal of Chromatography A, 1990. 507: 177-185.

[9] Boison J O, Salisbury C D, Chan W, et al. Determination of penicillin G residues in edible animal tissues by liquid chromatography[J]. Journal of the Association of Offical Analytical Chemists, 1991, 74（3）: 497-501.

[10] Karrar E, Ahmed I A M, Manzoor M F, et al. Lipid-soluble vitamins from dairy products: extraction, purification, and analytical techniques[J]. Food Chemistry, 2022, 373（Pt B）: 131436.

[11] Niu H, Cai Y, Shi Y, et al. Evaluation of carbon nanotubes as a solid-phase extraction adsorbent for the extraction of cephalosporins antibiotics, sulfonamides and phenolic compounds from aqueous solution[J]. Analytica Chimica Acta, 2007, 594（1）: 81-92.

[12] Bogialli S, Capitolino V, Curini R, Di Corcia A, et al. Simple and rapid liquid chromatography-tandem mass spectrometry confirmatory assay for determining amoxicillin and ampicillin in bovine tissues and milk[J]. Journal of Agricultural and Food Chemistry, 2004, 52（11）: 3286-3291.

[13] Lin L, Yang C L, Liu L L, et al. Determination of tetracyclines residues in fish meat by RP-HPLC[J]. Guangdong Agricultural Sciences, 2009, 11: 172-173.

[14] Zhi Z L, Meyer U J, Bedem J W V D, et al. Evaluation of an automated and integrated flow-through immunoanalysis system for the rapid determination of cephalexin in raw milk[J]. Analytica Chimica Acta, 2001, 442（2）: 207-219.

[15] Chen J, Ying G G, Deng W J. Antibiotic residues in food: extraction, analysis, and human health concerns[J]. Journal of Agricultural and Food Chemistry, 2019, 67（27）: 7569-7586.

[16] 张尹，杨亚玲，张丹扬，等. 牛奶中 2 种青霉素残留的高效液相色谱柱前衍生法检测[J]. 分析测试学报, 2010, 29（04）: 403-406.

[17] 蔡玉娥，蔡亚岐，牟世芬，等. 高效液相色谱-紫外光度法检测尿液和牛奶中多种头孢类抗生素[J]. 分析化学, 2006, 34（6）: 4.

[18] Schermerhorn P G, Chu P S, Ngoh M A. Determination of cephapirin and ceftiofur residues in bovine milk by liquid chromatography with ultraviolet detection[J]. Journal of AOAC International, 2020, 81（5）: 973-977.

[19] 范莹莹，其鲁，杨树民. 高效液相色谱-质谱联用法检测猪肉中 5 种青霉素的残留量[J]. 分析试验室, 2007, 26（12）: 4.

[20] 李晓东，尹利辉，冯玉飞. 高效液相色谱-离子阱质谱法测定人血浆中的头孢拉定和青霉素 G[J]. 分析测试学报, 2004, 4: 8-11.

[21] Becker M, Zittlau E, Petz M. Residue analysis of 15 penicillins and cephalosporins in bovine muscle, kidney and milk by liquid chromatography-tandem mass spectrometry[J]. Analytica Chimica Acta, 2004, 520（1）: 19-32.

[22] Mastovska K, Lightfield A R. Streamlining methodology for the multiresidue analysis of beta-lactam antibiotics in bovine kidney using liquid chromatography-tandem mass spectrometry[J]. Journal of Chromatography A, 2008, 1202（2）: 118-123.

[23] 田春秋，檀华蓉，高丽萍，等. 高效毛细管电泳法检测牛奶中的青霉素中间体以及 3 种青霉素类药物[J]. 色谱, 2011, 29（11）: 5.

[24] Santos S M, Henriques M, Duarte A C, et al. Development and application of a capillary electrophoresis based method for the simultaneous screening of six antibiotics in spiked milk

samples[J]. Talanta, 2007, 71（2）：731-737.

[25] Rahman N. Khan S. Circular dichroism spectroscopy: an efficient approach for the quantita-
tion of ampicillin in presence of cloxacillin[J]. Spectrochimica Acta Part A: Molecular and Biomo-
lecular Spectroscopy, 2016, 160: 26-33.

[26] 李轩，李利军，程昊，等. 核壳式 Ag@MIPs 的制备及对氨苄西林的表面增强拉曼光谱检测[J].
分析科学学报, 2019（3）: 6.

[27] Andreou C R, Moskovits M M, Meinhart C D. Detection of low concentrations of ampicillin in
milk[J]. Analyst, 2015, 140（15）: 5003-5005.

[28] 周军荣. 碳青霉烯类抗生素关键中间体母核 MAP 与 MPP 的合成 [D]. 兰州：兰州理工大
学, 2014.

[29] 黄玮，甄丹宁，徐松林，等. 新型头孢类抗生素药物研究进展[J]. 中国抗生素杂志, 2023: 1-6.

[30] 徐雨. 基于二维色谱-质谱平台的头孢菌素类药物中杂质分析系统建立及机理研究[D]. 杭州：浙
江工业大学, 2020.

[31] 马雪璟，李润涵，侯百东. 单克隆抗体的出现与发展 [J]. 科学通报, 2020, 65（Z2）:
3078-3084.

[32] 任建委，小扎桑. 单克隆抗体技术的基本原理、改进及应用[J]. 高原科学研究, 2018, 2
（04）: 110-115.

[33] 何丹. 氨苄青霉素残留 ELISA 检测方法的建立及检测条件优化[D]. 杭州：浙江大学, 2004.

[34] Strasser A, Usleber E, Schneider E, et al. Improved enzyme immunoassay for group-spe-
cific determination of penicillins in milk[J]. Food and Agricultural Immunology, 2010, 15（2）:
135-143.

[35] 杨扬. 青霉素类药物残留 ELISA 检测方法研究[D]. 杭州：浙江大学, 2006.

[36] 陆彦，吴国娟，王金洛，等. 氨苄青霉素单抗鉴定与酶联免疫检测方法的初步研究[J]. 畜牧与兽
医, 2005（10）: 1-4.

[37] 张智勇. 青霉素 G 多克隆抗体的制备及其快速检测方法的初步研究[D]. 呼和浩特：内蒙古农业
大学, 2007.

[38] 郝志慧. 头孢噻呋单克隆抗体的制备及其 ELISA、HPLC 检测方法的初步研究[D]. 重庆：西南
大学, 2005.

[39] 谢会玲. 牛奶中头孢类抗生素的免疫层析试纸条和 ELISA 试剂盒检测方法研究[D]. 无锡：江南
大学, 2009.

[40] Bacigalupo M A, Meroni G, Secundo F, et al. Time-resolved fluoroimmunoassay for quan-
titative determination of ampicillin in cow milk samples with different fat contents[J]. Talanta,
2008, 77（1）: 126-130.

[41] Benito-Peña E, Moreno-Bondi M C, Aparicio S, et al. Molecular engineering of fluorescent
penicillins for molecularly imprinted polymer assays[J]. Anal Chem, 2006, 78（6）: 2019-2027.

[42] Xie H L, Ma W, Liu L Q, et al. Development and validation of an immunochromatographic
assay for rapid multi-residues detection of cephems in milk[J]. Analytica Chimica Acta, 2009,
634（1）: 129-133.

[43] Thal J, Steffen M, Meier B, et al. Development of an enzyme immunoassay for the antibi-
otic cefquinome and its application for residue determination in cow's milk after therapeutical
mastitis treatment[J]. Analytical and Bioanalytical Chemistry, 2011, 399（3）: 1051-1059.

[44] Li H, Xu B, Wang D Q, et al. Immunosensor for trace penicillin G detection in milk based
on supported bilayer lipid membrane modified with gold nanoparticles[J]. Journal of Biotechnolo-
gy, 2015, 203: 97-103.

[45] Chaudhari P P, Chau L K, Tseng Y T, et al. A fiber optic nanoplasmonic biosensor for the
sensitive detection of ampicillin and its analogs[J]. Mikrochim Acta, 2020, 187（7）: 396.

[46] 刘佳佳. 动物源性食品中磺胺类和多肽类抗生素残留检测方法学研究[D]. 北京：中国农业科学
院, 2011.

[47] Guo J N, Liu L Q, Xue F, et al. Development of a monoclonal antibody-based immuno-

chromatographic strip for cephalexin[J]. Food and Agricultural Immunology, 2014, 26（2）：282-292.

[48] 刘敏轩, 赵兴然, 于璐, 等. 胶体金试纸条快速检测动物源性食品中头孢氨苄残留[J]. 食品研究与开发, 2020, 41（15）：150-155.

[49] Broto M, Matas S, Babington R, et al. Immunochemical detection of penicillins by using biohybrid magnetic particles[J]. Food Control, 2015, 51：381-389.

[50] Ahmed S, Ning J, Cheng G, et al. Receptor-based screening assays for the detection of antibiotics residues—A review[J]. Talanta, 2017, 166：176-186.

[51] Beltrán M C, Romero T, Althaus R L, et al. Evaluation of the Charm maximum residue limit beta-lactam and tetracycline test for the detection of antibiotics in ewe and goat milk[J]. Journal of Dairy Science, 2013, 96（5）：2737-2745.

[52] Kun Z, Zhang J, Yang W, et al. Development of a rapid multi-residue assay for detecting beta-lactams using penicillin binding protein 2x[J]. Biomedical and Environmental Sciences, 2013, 26（2）：100-109.

[53] Lamar J, Petz M. Development of a receptor-based microplate assay for the detection of beta-lactam antibiotics in different food matrices[J]. Analytica Chimica Acta, 2007, 586（1）：296-303.

[54] 李铁柱. 青霉素结合蛋白克隆表达及在牛乳青霉素残留检测中的应用[D]. 长春：吉林大学, 2008.

[55] Chen Y, Wang Y, Liu L, et al. A gold immunochromatographic assay for the rapid and simultaneous detection of fifteen β-lactams[J]. Nanoscale, 2015. 7（39）：16381-16388.

[56] Cacciatore G, Petz M, Rachid S, et al. Development of an optical biosensor assay for detection of β-lactam antibiotics in milk using the penicillin-binding protein 2x[J]. Analytica Chimica Acta, 2004, 520（1）：105-115.

[57] Yang J, Ma Q, Wu X, et al. A new luminescence spectrometry for the determination of some β-Lactamic antibiotics[J]. Analytical Letters, 1999, 32（3）：471-480.

[58] Gutiérez N, El Bekkouri P A, Reinoso E R, Spectrofluorimetric study of the degradation of alpha-amino beta-lactam antibiotics catalysed by metal ions in methanol[J]. Analyst, 1998, 123（11）：2263.

[59] 赫春香, 张淑玢, 张淑敏, 等. 头孢噻肟钠的极谱伏安行为及其单扫描示波极谱法测定[J]. 分析试验室, 1999（2）：15-19.

[60] Ferreira V S, Zanoni M V B, Fogg A G. Cathodic stripping voltammetric determination of ceftazidime with reactive accumulation at a poly-l-lysine modified hanging mercury drop electrode[J]. Analytica Chimica Acta, 1999, 384（2）：159-166.

[61] Rodrigues L N C, Zanoni M V B, Fogg A G. Cathodic stripping voltammetric determination of cefaclor in pharmaceutical formulations[J]. Analytical Letters, 1999, 32（1）：97-109.

[62] Yilmaz N, Biryol I. Anodic voltammetry of cefotaxime[J]. Journal of Pharmaceutical & Biomedical Analysis, 1998, 17（8）：1335-1344.

[63] Ramírez A, Gutiérrez R, Diaz G, et al. High-performance thin-layer chromatography-bioautography for multiple antibiotic residues in cow's milk[J]. Journal of Chromatography B, 2003, 784（2）：315-322.

[64] Liu W, Zhang Z, Liu Z. Determination of β-lactam antibiotics in milk using micro-flow chemiluminescence system with on-line solid phase extraction[J]. Analytica Chimica Acta, 2007. 592（2）：187-192.

[65] Cacciatore G, Petz M, Rachid S, et al. Development of an optical biosensor assay for detection of beta-lactam antibiotics in milk using the penicillin-binding protein 2x[J]. Analytica Chimica Acta, 2004, 520（1/2）：105-115.

第 12 章
氨基糖苷类
药物残留
分析

氨基糖苷类药物（aminoglycosides，AGs）是一类分子结构中含有一个氨基环己醇和两个或多个氨基糖分子以糖苷键相连物质的总称，也称为氨基环醇类化合物。AGs 包括天然氨基糖苷类和半人工合成氨基糖苷类，链霉素是于 1940 年从链霉菌分泌物中分离获得的第一个天然 AGs，随即研发出卡那霉素、庆大霉素、妥布霉素、西索米星、新霉素、小诺米星、大观霉素[1]。半人工合成 AGs 包括阿米卡星和奈替米星。由于 AGs 抗菌谱广及具有强大的杀菌活性，该类药物在畜禽养殖过程中使用较为普遍，发挥了不可替代的作用。但 AGs 的药残毒性也是非常大的，不仅对动物健康产生危害，影响畜牧业的发展，而且对人类健康也有一定危害[2]。其危害性主要表现为肾毒性、耳毒性、对神经肌肉阻滞作用以及损害肠道的吸收功能等。本章综述了 AGs 的理化性质、药理作用、毒理与危害、国内外限量要求以及残留检测的样品前处理、仪器测定方法等内容，以期为该类药物的全面了解和残留检测提供参考。

12.1

结构与性质

按照氨基环醇结构的不同，AGs 可分为链霉胺和 2-脱氧链霉胺类。除了链霉素含有链霉胺（2 个氨基取代的环己六醇）外，其他 AGs 都具有 2-脱氧链霉胺的环己六醇结构。根据环己醇上的取代基位置的不同，又可将 2-脱氧链霉胺类细分为 4,5-二取代脱氧链霉胺、4,6-二取代脱氧链霉胺及其他 AGs。4,5-二取代脱氧链霉胺类有新霉素、巴龙霉素，而 4,6-二取代脱氧链霉胺中则有庆大霉素、卡那霉素、妥布霉素，其他 AGs 有链霉素、双氢链霉素、安普霉素等[3]。大观霉素不含氨基糖或糖苷结构，但含有氨基环醇结构。常见的 AGs 结构式如表 12-1。

表 12-1　氨基糖苷类药物的结构和性质

名称	分子式	结构式	理化性质
阿米卡星[4]	$C_{22}H_{43}N_5O_{13}$		其硫酸盐为白色或类白色的结晶粉末；无臭，易溶于水，难溶于甲醇，1% 的水溶液的 pH 为 6.0～7.5
安普霉素[5,6]	$C_{21}H_{41}N_5O_{11}$		其硫酸盐为微黄色或褐黄色粉末，易溶于甲醇、丙酮

名称	分子式	结构式	理化性质
双氢链霉素[7]	$C_{21}H_{41}N_7O_{12}$		常用其硫酸盐,为白色或类白色粉末,有引湿性,易溶于水,水溶液较稳定
庆大霉素[8]	$C_{21}H_{43}N_5O_7$		其硫酸盐为白色或类白色粉末,具有引湿性
卡那霉素 A[9]	$C_{18}H_{36}N_4O_{11}$		白色或类白色结晶性粉末,无臭,有引湿性。在水中易溶,在氯仿或乙醚中几乎不溶。水溶液稳定,于100℃、30min灭菌效价不减
新霉素 B[10]	$C_{23}H_{46}N_6O_{13}$		常用其硫酸盐。为白色或类白色粉末,无臭,有引湿性,极易溶于水
巴龙霉素[11]	$C_{23}H_{45}N_5O_{14}$		白色或微黄色的粉末;无臭;引湿性极强,遇光易变色。本品在水中易溶,在甲醇、乙醇、丙酮、氯仿或乙醚中不溶
链霉素 A[12]	$C_{21}H_{39}N_7O_{12}$		常用其硫酸盐,为白色或类白色粉末,有引湿性,易溶于水,水溶液较稳定
妥布霉素[13]	$C_{18}H_{37}N_5O_9$		白色至灰白色吸湿性粉末。易溶于水,极微溶于乙醇,几乎不溶于氯仿和乙醚,10%水溶液的 pH值为9.0~11.0
大观霉素[14]	$C_{14}H_{24}N_2O_7$		常用其盐酸盐,为白色或类白色结晶性粉末,易溶于水,1%溶液的 pH 为3.8~5.6

12.2

药学机制

氨基糖苷类药物是一类广谱抗生素，常用于治疗由革兰氏阴性菌引起的感染。其抗菌机制主要包括以下几个方面[15]：

（1）**抑制蛋白质合成**　氨基糖苷类药物通过结合细菌的 30S 核糖体亚单位，阻止蛋白质的合成。这种结合会导致核糖体的错误读码，从而产生错误的蛋白质。这些错误的蛋白质会干扰细菌的正常生理功能，最终导致细菌死亡。

（2）**破坏细胞膜**　氨基糖苷类药物可以干扰细菌细胞膜的完整性，破坏细胞膜，导致细胞内物质的泄漏，细胞无法正常运作，最终导致细菌死亡。

（3）**产生氧化应激反应**　氨基糖苷类药物可以通过增加细菌内的氧化应激反应，导致细菌内部的氧化还原平衡被打破，细菌内部的氧自由基增加，进而损伤细菌的 DNA、蛋白质和脂质等重要分子，最终导致细菌死亡。

12.3

毒理学

氨基糖苷类药物是一类广谱抗生素，常用于治疗严重的细菌感染。然而，氨基糖苷类药物也具有一定的毒理学特性，包括：肾毒性、耳毒性、神经毒性、肝毒性四个方面[16]。

（1）**肾毒性**　氨基糖苷类药物可引起肾脏损伤，主要表现为肾小管损伤和肾小球损伤。这可能导致肾功能障碍，如尿量减少、尿液中出现蛋白质和红细胞等。肾毒性是氨基糖苷类药物使用过程中最常见的不良反应之一。

（2）**耳毒性**　氨基糖苷类药物可导致耳蜗和前庭神经损伤，引起听力损失和平衡障碍。这种毒性作用通常是永久性的，且与剂量和治疗时间有关。高龄患者、肾功能不全患者和同时使用其他耳毒性药物的患者更容易发生耳毒性反应。

（3）**神经毒性**　氨基糖苷类药物可引起神经系统损伤，包括肌无力、肌肉震颤和周围神经炎等。这种毒性作用通常发生在治疗时间较长的患者中，尤其是肾功能不全患者。

（4）**肝毒性**　尽管相对较少见，但氨基糖苷类药物也可能导致肝脏损伤。可能表现为肝功能异常，如肝酶升高和黄疸等。

12.4

国内外残留限量要求

AGs 在畜牧业使用非常广泛，相应产品中残留的药物会损害人类健康。欧盟明确规定，禁止使用 AGs 作为家畜的生长促进剂。许多国家和地区对 AGs 残留制定了严格的限量标准，如表 12-2 所示。

表 12-2　氨基糖苷类药物的 MRL

药物	动物种类	靶组织	中国/(μg/kg)	美国/(μg/kg)	欧盟/(μg/kg)	日本/(μg/kg)	CAC/(μg/kg)
新霉素（neomycin）	猪	肝	500	3600	500	500	500
		肾	10000	7200	5000	10000	10000
		肌肉	500	1200	500	500	500
	牛	肝	500	3600	500	500	500
		肾	10000	7200	50000	10000	10000
		肌肉	500	1200	500	500	500
		奶	500	150	1500	500	500
	鸡	肌肉	500		500	500	500
		蛋	500		500	500	500
	水产品					500	
庆大霉素（gentamycin）	猪	肝	2000	300	200	2000	2000
		肾	5000	400	750	5000	5000
		肌肉	100	100	50	100	100
		皮＋脂肪		400	50	100	
	牛	肝	2000		200	2000	2000
		肾	5000		750	5000	5000
		肌肉	100		50	100	100
		奶	200		100	200	200
		脂肪			50	100	
	鸡	肌肉	100	100		100	
		蛋	100	100			
链霉素（streptomycin）、双氢链霉素（dihydrostreptomycin）	猪	肝	600		500	600	500
		肾	1000	2000	1000	1000	1000
		肌肉	600	500	500	600	500
		皮＋脂肪			500		
	牛	肝	600	500	500	600	500
		肾	1000	2000	1000	1000	1000
		肌肉	600	500	500	600	500
		奶	200		200	200	200
		脂肪	600		500		
	鸡	肌肉	600			600	500
大观霉素（spectinomycin）	猪	肝	2000		1000	2000	2000
		肾	5000		5000	5000	5000
		肌肉	500		300	300	500
		皮＋脂肪			500		
	牛	肝	2000		1000	2000	2000
		肾	5000	2000	5000	5000	5000
		肌肉	500	500	300	300	500
		奶	200		200	200	200
		脂肪	2000		500		
	鸡(蛋鸡禁用)	肌肉	500	160	300	500	500
	水产品					300	

药物	动物种类	靶组织	中国 /(μg/kg)	美国 /(μg/kg)	欧盟 /(μg/kg)	日本 /(μg/kg)	CAC /(μg/kg)
安普霉素 (apramycin)	牛	肝	10000		10000	10000	10000
		肾	20000	2000	20000	20000	20000
		肌肉	1000	500	1000	1000	1000
		脂肪	1000		1000	1000	1000
巴龙霉素 (paromomycin)	所有食品 动物	肝			1500		
		肾			1500		
		肌肉			500		

12.5

样品处理方法

12.5.1 样品类型

氨基糖苷类药物的样品类型包括动物组织、动物体液、食物样品、水样、土壤样品。其中动物组织包括肌肉、肝脏、肾脏等；动物体液包括血液、尿液、乳汁等；食物样品包括肉类、奶制品、蛋类等；水样包括饮用水、养殖水等；土壤样品包括农田土壤、养殖场土壤等[17]。

12.5.2 样品制备与提取

AGs 为水溶性、难挥发、热稳定和高极性的化合物，通常含有一个或多个氨基糖苷基团，易于与玻璃器皿表面键合，因此，在进行样品前处理时需要采用聚丙烯塑料器皿，标准样品的配制和储存也应在聚丙烯塑料瓶中进行。

样品的前处理主要包括脱脂、蛋白质沉淀、固相萃取或液相色谱净化。牛奶、奶粉、动物组织含有大量的脂肪，常常影响固相萃取、色谱分离和检测等步骤，造成仪器噪声升高和分离困难，因此在进行固相萃取前应该尽量去除大部分的脂肪。对于牛奶样品常采用离心或正己烷液-液萃取。对于固体样品，在进行组织匀浆、蛋白质沉淀后，可以采用正己烷、二氯甲烷萃取去除部分的脂肪等非极性组分。蛋白质沉淀通常将液体样品与蛋白质沉淀剂一起涡旋或固体样品与蛋白质沉淀剂一起匀浆，常用的蛋白质沉淀剂有三氯乙酸、高氯酸、三氯乙酸/柠檬酸缓冲溶液、申醇/盐酸、甲醇/氨水、氢氧化钠溶液。Edder 等用高氯酸提取动物源性食品中的链霉素，即取 5g 均质的组织样品，加入 20mL 0.01mol/L 高氯酸，均质 5min，离心，取上清液过滤纸，滤液再经磺酸型阳离子柱和 C_{18} 固相萃取柱净化[17]。Viñas 等检测食品中的链霉素和双氢链霉素时，在 2g 样品中加入 0.5mol/L 高氯酸溶液 2mL 沉淀样品中的蛋白质，经磁力搅拌器搅拌 10min 后，再离心 10min，取上清液用饱和氢氧化钠溶液将 pH 调至中性，进行液相色谱分析，得到较好的回收率[18]。Kijak 等将牛奶样品于 4℃ 离心去脂肪，加入 1mL 30% 三氯乙酸沉淀蛋白质，离心后取上清液过 C$_{18}$ 柱净化，测定了牛奶中庆大霉素等 4 种成分[19]。Kaufmann 等利用三氯乙酸沉淀肉类和肝脏样品中的蛋白质后，采用弱阴离子交换柱和阳离子交换柱净化和提取样品中 11 种 AGs 残留[20]。刘莉治等参照日本肯定列表测定方法，以 1% 偏磷酸提取动物源性食品中大观霉素、链霉素、双氢链霉素和新霉素[21]。Pandey 等利用 0.2mol/L（pH=8）磷酸缓冲溶液对动物组织中的 AGs 进行提取，加热对蛋白质进行有效的沉淀净化，酸化后直接进行液相色谱测定。以上文献研究表明，高、低或中等 pH 条件都可以用来沉淀动物源性食品中的蛋白质并将 AGs 成功地提取出来[22]。Erzsébet 系统地比较了猪肌肉、肝脏和肾脏中庆大霉素和新霉素的样品前处理方法，结果表明，样品用 50% 的三氯乙酸和 2mol/L 氢氧化钠处理时的回收率均能达到 80% 以上[23]。

提取 AGs 也可采用有机溶液提取并沉淀蛋白质，即在样品溶液中加入乙腈、甲醇/盐酸溶液沉淀蛋白质。Kowalski 等用毛细管电泳检测蛋黄中的链霉素，用乙腈作提取溶剂兼蛋白质沉淀剂，回收率可达 71.8%[24]。邹月利用高效液相色谱测定蜂蜜中链霉素含量时，用酸性甲醇提取，回收率为 89.0%～110%。Agarwal 等报道了组织样品用磷酸盐缓冲液提取，离心后取上清液在弱碱性或中性条件下加热脱蛋白质的净化方法[25]。

12.5.3 样品净化方法

经过脱脂、蛋白质沉淀提取后的样品，含有大量的酸、碱、盐，以及少量的蛋白质、脂肪、其他小分子物质，需要进行进一步的净化，以尽可能多地去除杂质的干扰，从而提高检测的灵敏度和对仪器及色谱柱的污染。AGs 残留检测中净化的主要方法有液-液萃取（LLE）、固相萃取（SPE）、基质固相分散（MSPD）、QuEChERS 方法及在线痕量富集技术等。在样品前处理过程中，为了达到较好的净化效果，常常将几种方法结合使用。

（1）液-液萃取（LLE）　LLE 是基于分析物在有机相和水相间的分配系数不同，来实现杂质与待测药物的分离，从而达到净化的目的。由于 AGs 的高极性，在酸性 pH 范围内不能被提取到有机相中，仍留在水相中。LLE 可以将有机干扰成分从水相中直接转入有机相中，减少杂质对色谱峰的影响[26]。Schermerhorn 等用 30% 三氯乙酸沉淀牛奶中的蛋白质后，再分别用二氯甲烷、正己烷、乙酸乙酯与水相混合，进行液-液分配，去除水相中的杂质[27]。

（2）固相萃取（SPE）　SPE 是以液相色谱分离机制为基础建立起来的分离和纯化方法，利用固体吸附剂将液体样品中的目标化合物吸附，使其与样品的基体及干扰物分离，再通过洗脱液洗脱或加热解吸附等方法，得到被净化和富集的目标化合物。AGs 的浓缩与净化采用阳离子交换吸附剂较为理想，如苯磺酸基阳离子交换柱、羧基阳离子交换柱。AGs 在 C$_{18}$ 固相萃取小柱上不保留，但经离子交换后可保留在固相萃取柱上，故采用 C$_{18}$ 柱进行净化时，提取液中应预先加入适当离子对试剂，以提高 AGs 的保留能力[28]。Agarwal 等用磷酸盐缓冲液提取动物组织中的庆大霉素，加热除去蛋白质，用硫酸将提取液 pH 调至 6.4～6.5，用 CM-Sephadex 离子交换柱净化，用碱性缓冲液洗脱后用 Sep-Pak 硅胶柱进一步纯化[29]。Shaikh 建立了牛肾中新霉素 B 残留的离子交换柱净化方法[30]。

（3）基质固相分散（MSPD） MSPD 是一种特殊的 SPE 净化技术，不需要提取、溶剂转换等步骤。常用于固体和半固体样品的净化，它是将样品直接与适量固相萃取填料一起混合、研磨，使样品均匀分散于固体相颗粒表面，基于固相填料与样品中的目标化合物产生各种作用力，将目标物与样品基质分离，再用洗脱液洗脱，达到分离和富集目标化合物的目的[31]。Bogialli 采用 MSPD 提取牛奶中的 AGs 残留，3mL 牛奶装入柱中，基于加热水作为萃取剂的固相分散，温度为 70℃。在酸化和过滤后，注入 0.2mL 水提取物到 LC 柱中[32]。

（4）QuEChERS 方法 QuEChERS 方法基本流程为：用乙腈萃取样品中的残留药物，用氯化钠和无水硫酸镁盐析分层，萃取液经无水硫酸镁和硅胶基伯胺仲胺键合相吸附剂分散固相萃取净化后，用 GC 或 GC-MS 进行多残留分析[33]。Wang 等使用 QuEChERS 方法建立了牛奶和蜂蜜中 AGs 多残留净化方法。样品以含 1% 乙酸的乙腈作为萃取剂，用醋酸钠、乙二胺四乙酸钠和无水硫酸镁盐析分层，不用净化，过滤后滤液用超高效液相色谱-飞行时间质谱进行检测分析，获得了较好的效果[34]。

（5）在线痕量富集技术 Gerhart 等采用在线痕量富集技术对初提取液进行净化，在含离子对试剂的流动相中，采用 C_{18} 固相萃取小柱对鲜奶中的链霉素和双氢链霉素进行富集，干扰组分被淋洗除去，待测物被洗脱进入分析柱中[35]。Babin 等报道利用在线反相固相萃取柱对牛肝、肾及肌肉组织中的双氢链霉素、庆大霉素和新霉素进行净化，加入离子对试剂后，目标物经 C_{18} 固相萃取柱分离，采用 LC-MS/MS 进行检测，双氢链霉素、庆大霉素和新霉素在肾脏样品中的回收率良好[36]。

12.6

残留分析技术

用于 AGs 的分析方法主要有微生物分析法、色谱分析法（气相色谱、高效液相色谱、薄层色谱法、毛细管电泳色谱法）、液相色谱-质谱法、气相色谱-质谱法、免疫分析法（放射免疫法、酶免疫法、荧光免疫法、化学发光免疫法）。

12.6.1 仪器测定方法

12.6.1.1 色谱法

色谱分析法包括气相色谱（GC）、高效液相色谱（HPLC）、薄层色谱法（TLC）和毛细管电泳（CE）色谱法。

（1）**气相色谱（GC）** GC分离能力强、分离效率高，适合于易挥发、热稳定的物质分析。由于AGs的亲水性和难挥发性，不能直接用GC进行分析，需要用硅烷化试剂对氨基和羟基衍生化后才能进行分析。Mineo等将肉样匀浆后，用10%三氯乙酸提取蛋白质。粗提取液经AmberliteXAD-2柱和活性炭柱净化，用N,O-双（三甲基硅烷基）乙酰胺（BSA）-三甲基硅烷咪唑（TMSI）-三甲基氯硅烷（TMCS）（1∶1∶1）等量混合物衍生、氢火焰离子化检测器检测，肉中AGs回收率为82%～94%，检测限为25～50μg/kg[37]。Preu等用三甲基硅烷咪唑（TMSI）和N-七氟丁酰咪唑（HFBI）为衍生化试剂，通过两步衍生化测定庆大霉素和卡那霉素，用气相色谱-电子捕获检测器（GC-ECD）检测、质谱法确证。结果发现庆大霉素可分离出C1、C1a、C2 3种成分，可测定30～200μg庆大霉素和10～200μg卡那霉素。Preu又采用GC-MS测定了样品中的双氢链霉素，该方法的灵敏度高，可达到残留检测分析的要求[38]。陶燕飞等用提取液提取后，过OasisHLB柱净化，用甲醇洗脱并吹干，用N,O-双（三甲基硅烷基）三氟乙酰胺（BSTFA）衍生，吹干后用正己烷溶解定容、氮磷检测器检测，组织中添加大观霉素定量限为40μg/kg。在组织中添加40～10000μg/kg大观霉素，回收率为73.2%～85.7%。

（2）**高效液相色谱（HPLC）** HPLC常用于难挥发、强极性物质的分离检测，具有专一性强和灵敏度高等特点。AGs由氨基糖与碱性1,3-二氨基肌醇以苷键结合而成，1,3-二氨基肌醇为碱性多元环己醇结构，因此AGs均具有水溶性好、碱性强、极性大且分子量高等特点，特别适合于HPLC检测。由于AGs没有特征的紫外吸收和荧光发光基团，常根据其分子中的活泼基团（如氨基和羧基）与衍生化试剂反应生成有紫外吸收或有荧光的物质，进行紫外检测或荧光检测。AGs中的氨基虽然亦可和固定相表面的硅羟基相互作用，但由于其分子极性相对较强，在一般C_{18}柱上不易保留，故多选用离子对试剂（庚烷磺酸钠、三氟醋酸、七氟丁酸酐），离子对试剂和氨基的相互作用抑制了氨基和固定相表面的硅羟基的作用，在试验中也很少观察到色谱峰拖尾或前延的现象，所以不用特别选用钝化硅羟基活性的色谱柱。检测AGs大多采用反相色谱或离子对色谱系统。由于AGs缺乏紫外吸收和荧光发光基团，因此直接利用紫外或荧光检测器检测效果不理想。根据衍生反应在分离前、后的不同，可分为柱前衍生和柱后衍生两种方法。柱前衍生化法的特点是较简单、不受流动相限制、反应不受分离时间控制，且不需要特殊的设备。常用的柱前衍生化试剂有邻苯二甲醛（OPA）、β-萘醌-4-磺酸、β-萘醌-4-磺酸盐（NQS）、1-氟-2,4-二硝基苯、2,4,6-三硝基苯磺酸、3,5-二硝基苯甲酰氯以及氯甲酸芴甲酯（FMOC-Cl）。NQS衍生链霉素和双氢链霉素的胍基，OPA或FMOC-Cl衍生AGs的氨基。柱后衍生化法是试样经分离柱后，衍生化试剂在线加到流动相中，经过反应池反应后用检测器检测的方法。相对柱前衍生化，柱后衍生化则采用在线技术，便于实现自动化，且具有重现性好、试样前处理时间减少等特点。农业部公告1025号公布了《牛奶中氨基苷类多残留检测——柱后衍生高效液相色谱法》，采用C_{18}固相萃取，梯度洗脱和以阳离子交换柱为液相分析柱，并用OPA进行柱后衍生。部分动物源性食品中AGs残留的液相色谱分析方法见表12-3。

（3）**薄层色谱法（TLC）** TLC是将支持物均匀涂布于板上形成薄层，然后用相应的溶剂展开，通过在吸附剂和展开剂之间的多次吸附-溶解作用，将混合物中各组分分离成孤立的样点，从而实现分离混合物目的的一种定性检测方法。TLC 具有操作简单、适用性广、灵敏度高、快捷、成本低等特点，在 AGs 的鉴别及有关物质检查中占有主要地位，已成为重要的抗生素类药物残留筛选方法之一。正相和反相 TLC 均能用来检测链霉素、卡那霉素、庆大霉素和妥布霉素等，检测限可达 0.4～0.6μg/kg[39]。AGs 为极性较强的碱性化合物，在使用硅胶作薄层色谱的固定相时，展开剂中需要加入氨水调节 pH 以减少拖尾现象。由于其结构中具有伯氨基，显色剂中常用含有与伯氨基发生显色反应的茚三酮。

（4）毛细管电泳色谱法 毛细管电泳色谱法是一类以毛细管为分离通道、以高压直流电场为驱动力，根据样品中各组分之间迁移速率和分配行为上的差异而进行分离的一类检测技术。其常见的分离模式是毛细管区带电泳（CZE）和胶束电动毛细管电泳色谱（MEKC），具有高效、快速、消耗溶剂量小、样品用量少、易于自动化等优点。利用此法处理痕量级的残留样品时，由于取样量少，可能会存在灵敏度不够高的缺点。由于 AGs 具有极好的水溶性，并带正电荷，故较适宜用此法进行分析。但其分子结构中不具有合适的生色团，故选择适当的检测手段十分重要。Flurer 采用硼酸盐缓冲系统在 UV 195nm 波长下直接检测，12 种 AGs（丁胺卡那霉素、贝卡那霉素、布替罗星、地贝卡星、双氢链霉素、庆大霉素、卡那霉素、巴龙霉素、核糖霉素、西索米星、链霉素、妥布霉素）可被分离。采用 CE 检测 AGs 时，检测器的选择对物质的分离有着重要影响，其中激发荧光检测器（LIF）的灵敏度最高[40]。Serrano 和 Silva 采用 CE-LIF 法检测牛奶中卡那霉素 B、阿米卡星、新霉素 B、巴龙霉素 I，经过硫代靛青琥珀酰亚胺酯（Cy5NS）衍生化，用 MEKC 分离、LIF 检测，方法检测限为 0.5～1.5μg/kg[41]。

12.6.1.2 质谱法

色谱-质谱联用法是对复杂样品进行定性、定量分析的最佳方法。串联质谱（MS/MS）在单极质谱给出化合物分子量的信息后，对准分子离子进行多极裂解，获得丰富的化合物碎片信息，更加精确地确认和定量目标化合物，可应用于复杂背景下目标化合物的准确鉴定。在兽药残留检测应用中，由于目标物浓度低、样品基质复杂，液相色谱-串联质谱（LC-MS/MS）技术已成为残留分析的主要发展方向，如表 12-3 所示。

采用 LC-MS 接口或电离技术有热喷雾（TSI）、传送带、离子喷雾（ISI）、电喷雾电离（ESI）、大气压化学电离（APCI）等。热喷雾法适于溶液中呈离子态的 AGs，但要求流动相的离子强度尽可能小，而有机溶剂的比例要尽可能大，这不利于采用离子对色谱分离分析 AGs。因此在实际操作时，离子对试剂的浓度必须仔细优化以免对质谱造成影响。同时因 AGs 结构中含有多个伯胺或仲胺基团而呈弱碱性，在质谱上有较强的正离子响应，采用正离子检测方法能比采用负离子检测方法得到更高的灵敏度。对于复杂样品，选择离子检测方法不一定有效，而 MS/MS 可提高选择性和灵敏度。McLaughlin 等报道了牛肾组织中 AGs 多残留的 HPLC-MS/MS 分析方法[42]。取 0.5g 组织样品，加入 2g 氰丙基填料（40μm），混匀，装入小柱中，用正己烷、乙酸乙酯、甲醇和甲醇-水（1∶1）淋洗，再用 0.1mol/L 甲酸或 0.05mol/L 硫酸洗脱，洗脱液过滤、浓缩后用氨水溶液中和，加入戊磺酸离子对试剂，进样。色谱柱为 Spherisorb ODS2（10cm，5μm），流动相由水-乙腈（40∶60）（含 20mmol/L 戊磺酸）和水-乙腈（95∶5）（含 20mmol/L 戊磺酸）组成，梯

表12-3 动物源性食品中部分氨基糖苷类药物的分析条件

抗生素		样品	样品前处理	固定相	流动相	测定/鉴定	检测限/回收率
薄层层析法	4种氨基糖苷类	动物组织	甲醇净化、甲醇/盐酸提取	硅胶或纤维素	正丁醇/甲醇/乙酸/水，或丙酮-氯仿/丙二醇，0.01mol/L邻苯二甲酸盐缓冲液/丙三醇	生物自检法	30～200mg/kg，回收率未报道
液相色谱法	安普霉素	猪肾	氨水水解、甲醇提取、离子对提取、液-液分配、邻苯二甲醛柱前衍生化	Nova-Pak C_{18}柱（5μm）	水/乙腈/乙酸（60：38：2）含0.5mmol/L辛烷磺酸	荧光检测（λ_{ex} 230nm，λ_{em} 389nm），改变流动相，用离子喷雾质谱检测	500μg/kg，回收率76%～86%
	双氢链霉素	肾、肉	三氟乙酸提取、液-液分配、SPE净化、加入庚烷磺酸、液-液分配	分析柱和预柱：Supelcosil LC-ABZ(5μm)	0.04mol/L辛烷磺酸溶于0.4mmol/L β-萘醌-4-磺酸钠（pH 3.24）/乙腈（68：32），31℃	β-萘醌-4-磺酸钠柱后衍生，荧光检测（λ_{ex} 305nm，λ_{em} 420nm）	40μg/kg，回收率73%～83%
	双氢链霉素	牛奶	三氟乙酸提取、液-液分配、SPE净化、加入庚烷磺酸、液-液分配	分析柱和预柱：Supelcosil LC-ABZ(5μm)	溶剂A:0.04mol/L辛烷磺酸、0.02mol/L乙磺酸，pH 3.2;溶剂B:0.3%萘三磺酸的乙腈溶液;溶剂C:甲醇。比例63：19：18	茚三酮柱后衍生，荧光检测（λ_{ex} 305nm,λ_{em} 500nm）	25μg/kg，回收率（83±1.2）%
	庆大霉素	牛组织	磷酸盐缓冲液（pH 8.8）提取、加热脱蛋白质/葡聚糖凝胶柱净化、SPE净化、邻苯二甲醛柱前衍生化	Ultrmex C_{18}柱（5μm）	溶剂A:甲醇/水/乙酸（70：29：1）含0.5%庚烷磺酸;溶剂B:甲醇，梯度从（80：20）到（40：60）	荧光检测（λ_{ex} 340nm，λ_{em} 未报道）	200μg/kg，回收率69%～107%
	庆大霉素	牛组织	三氯乙酸/EDTA溶液提取、葡聚糖凝胶净化、添加樟脑磺酸盐	分析柱和预柱：Li-Chrospher 100 RP-18柱（5μm）	0.05mol/L樟脑磺酸钠溶于0.1mmol/L乙二胺四乙酸（pH 2.2）/甲醇（45：55），45℃	邻苯二甲醛柱后衍生，荧光检测（λ_{ex} 340nm,λ_{em} 440nm）	50～100μg/kg，回收率68%～98%
	庆大霉素	牛奶	离心、三氯乙酸提取、固相苯取净化、添加戊酸盐	Spherisorb ODS-2柱（5μm）	水/甲醇（82：18）含5.6mmol/L庚烷磺酸、11mmol/L戊烷磺酸	邻苯二甲醛柱后衍生，荧光检测（λ_{ex} 340nm，λ_{em} 430nm）	15μg/kg，回收率72%～88%
	庆大霉素	牛奶	三氯乙酸提取	RP C_{18}柱（10μm）	0.4mol/L三氟乙酸（pH 5.5）/甲醇（80：20）	激光示差检测	未报道，回收率>90%
	庆大霉素	牛奶	pH 6.5磷酸盐缓冲液分配、SPE净化、邻苯二甲醛柱前衍生化	Novapak C_{18}柱（4μm）	溶剂A:15mmol/L庚烷磺酸钠（pH 3.7）/甲醇（35：65）;溶剂B:15mmol/L庚烷磺酸钠（pH 3.7）/甲醇（25：75），梯度从（100：0）到（0：100）	荧光检测（λ_{ex} 365nm；λ_{em} 415nm）	20μg/kg，回收率64%
	新霉素	动物组织	pH 8.0缓冲液提取、加热脱蛋白质、酸化、离心	Supelcosil LC-8-DB柱或LC-18-DB柱，或Supherisorb ODS-2柱（5μm）;预柱 Supelguard LC-8-DB柱（5μm）或 LiChrosorb RP-18柱（10μm）	水/甲醇（98.5：1.5，或97：3）含0.056mol/L硫酸钠、0.007mol/L乙酸和10mmol/L戊烷磺酸	邻苯二甲醛柱后衍生，荧光检测（λ_{ex} 340nm,λ_{em} 455nm）	1mg/kg，回收率60%～110%

抗生素	样品	样品前处理	固定相	流动相	测定/鉴定	检测限/回收率
新霉素	牛奶	离心、三氟乙酸提取、加戊烷磺酸	Supelcosil LC-8-DB柱(5μm)和Supelguard LC-8-DB预柱(5μm)	水/甲醇(98.5:1.5)含0.056mol/L硫酸钠、0.007mol/L乙酸和10mmol/L戊烷磺酸,32.5℃	邻苯二甲醛柱后衍生,荧光检测(λ_{ex}340nm,λ_{em}455nm)	150μg/kg,回收率76%~110%
新霉素	牛奶	CG-50 Amberlite色谱柱净化,邻苯二甲醛柱前衍生化	Hisep柱(5μm)	溶剂A:甲醇/0.2%乙酸(70:30);溶剂B:甲醇,梯度从(100:0)到(40:60)	荧光检测	50μg/kg,回收率87%~109%
新霉素	牛肾	pH 8.0缓冲液提取、加热脱蛋白、离心、加邻苯二甲醛柱前衍生化	分析柱和预柱:Spherisorb 5 ODS-2柱	水/甲醇/乙酸(88.4:11.5:0.1)含0.01mol/L硫酸钠和10mmol/L戊烷磺酸,35℃	邻苯二甲醛柱后衍生,荧光检测(λ_{ex}340nm,λ_{em}440nm)	500μg/kg,回收率80%~115%
大观霉素	动物组织和蛋	柠檬酸盐/三氟乙酸提取、SPE净化、痕量富集、净化;蛋样用Spherisorb SCX柱(5μm);组织样用Ionosphere C柱(5μm)	Spherisorb SCX柱(5μm)	0.15mol/L磷酸盐缓冲液(pH 3.5)/乙腈(80:20)	邻苯二甲醛柱后衍生,荧光检测(λ_{ex}340nm,λ_{em}460nm)	50μg/kg,回收率74%~97%
大观霉素	牛组织	柠檬酸盐/三氟乙酸提取、SPE净化	Chrompack Ionosphere C柱	硫酸钠/乙腈(80:20),硫酸钠浓度梯度从80% 0.05mol/L→55% 0.05mol/L	邻苯二甲醛柱后衍生,荧光检测(λ_{ex}340nm,λ_{em}455nm)	100μg/kg,回收率81%~94%
大观霉素	牛奶	离心、三氟乙酸提取、加癸烷磺酸、液-液分配	分析柱和预柱:Ultracarb ODS-2柱(5μm)	0.02mol/L柠檬酸和2mmol/L癸烷磺酸(pH 6.1)/乙腈(84:16),30℃	电化学检测	50μg/kg,回收率76%~80%
链霉素、双氢链霉素	动物组织	高氯酸提取、SPE净化、柱切换技术,用Inertsil C8柱(5μm)痕量富集、净化	Supelcosil LC-8-DB柱(5μm)	水/乙腈(83:17)含10mmol/L己烷磺酸和0.4mmol/L β-萘醌磺酸盐,pH 3.3	β-萘醌磺酸盐柱后衍生,荧光检测(λ_{ex}347nm,λ_{em}418nm)	10~20μg/kg,回收率46%~72%
链霉素、双氢链霉素	牛奶	高氯酸提取、柱切换技术,用Inertsil C8柱(5μm)痕量富集、净化	Supelcosil LC-8-DB柱(5μm)	水/乙腈(83:17)含10mmol/L己烷磺酸和0.4mmol/L β-萘醌磺酸盐,pH 3.3	β-萘醌磺酸盐柱后衍生,荧光检测(λ_{ex}365nm,λ_{em}418nm)	10~20μg/kg,回收率33%~65%
链霉素、双氢链霉素、大观霉素、潮霉素B	牛组织	基质固相分散法提取、净化	Spherisorb ODS-2柱(3μm或5μm)	水/乙腈92:8含20mmol/L五氟丙酸,pH 1.9	电化学检测或MS检测	2.5mg/kg,回收率未报道
6种氨基糖苷类	牛肾	加五氟丙酸、基质固相分散法提取、净化	Spherisorb ODS 2柱(5μm)、预柱(3μm)	溶剂A:水/乙腈(40:60)含20mmol/L五氟丙酸;溶剂B:水/乙腈(95:5)含20mmol/L五氟丙酸,梯度从(0:100)到(100:0)	MS/MS检测	30~520μg/kg,回收率46%~75%

度洗脱，大气压化学电离源（APCI）串联质谱检测，母离子分别为：大观霉素 [M＋ H_2O＋H]$^+$ $m/z351$、潮霉素 B [M－2H]$^{2+}$ $m/z265$、链霉素 [M＋H_2O＋2H]$^{2+}$ $m/z301$、双氢链霉素 [M＋2H]$^{2+}$ $m/z293$。经 CID 碰撞后，链霉素、双氢链霉素、新霉素 B 和庆大霉素 C 得到三个丰度较强的碎片离子峰，而大观霉素不易破碎，两个子离子峰 $m/z333$ 和 207 的丰度分别为 4％和 2％。潮霉素需要较高的去簇电压。回收率为 25％（大观霉素）～87％（潮霉素）。可检出组织中残留量：新霉素 60pg/kg、庆大霉素 30pg/kg、双氢链霉素 100pg/kg、链霉素 130μg/kg、潮霉素 340pg/kg、大观霉素 520g/kg。某些 AGs，如卡那霉素、妥布霉素等，也可用反相柱或氨基键合柱直接分离。用乙腈-醋酸铵缓冲液作为流动相，HPLC-MS 测定。Jospe-Kaufman 等建立了动物肌肉和肝脏中 11 种氨基糖苷类抗生素的 LC-MS/MS 测定方法，样品用三氯醋酸提取，经阴离子交换柱和阳离子交换柱净化，方法检测限为 15～40μg/kg[43]。van Bruijnsvoort 等报道了 LC-MS/MS 法测定牛奶和蜂蜜中链霉素和双氢链霉素残留量[44]。在欧盟，链霉素和双氢链霉素可用作兽药，奶中规定 MRL 为 200μg/kg，但在蜂蜜中不得检出。方法的灵敏度和验证按照欧盟 2002/657 指令进行，定量限：链霉素为 2μg/kg（牛奶）和 10μg/kg（蜂蜜），双氢链霉素为 1g/kg（牛奶）和 5μg/kg（蜂蜜）。

12.6.1.3　其他方法

由于 AGs 的氨基具有电活性，因此电化学检测器可用于这类化合物的检测。常用的电化学方法是脉冲电化学法。脉冲电化学法是一种无须衍生化过程，可直接检测的方法，即在高 pH 溶液中，含脂肪氨基和羟基的化合物在金电极上发生氧化。脉冲电化学法的色谱分离阶段需要在酸性环境中进行，而检测阶段需要在高 pH 环境中，所以一般在柱后需要加入氢氧化钠等强碱性物质，将流动相 pH 调至碱性。蔡玉娥等用离子交换柱分离妥布霉素、新霉素 B 和西索米星，并用脉冲积分安培电化学检测器进行检测。该方法对妥布霉素、新霉素 B 和西索米星的检出限分别为 8ng/mL、5ng/mL 和 47ng/mL。该方法应用于市售鲜奶的检测，3 种 AGs 的回收率为 85％～98.5％[45]。

12.6.2　免疫测定方法

12.6.2.1　半抗原设计

AGs 为小分子半抗原物质，只具有反应原性，并不能刺激机体产生相应的抗体，因而不具有免疫原性。如果要制备抗卡那霉素单克隆抗体，首先需要制备卡那霉素完全抗原，这种完全抗原需满足既含有卡那霉素的抗原表位又具有免疫原性。AGs 由于具有多氨基和羟基，通常 AGs 全抗原的制备是通过琥珀酰化－碳二亚胺法将 AGs 与大分子和载体蛋白进行偶联。Galvidis 等以核糖霉素（RS）为半抗原，制备 RS-BSA 和 RS-C6-BSA 全抗原，制备的单克隆抗体可以识别 AGs 的公共部分 2-脱氧链霉胺，可以广谱识别新霉素、巴龙霉素、庆大霉素、西索米星、卡那霉素、妥布霉素和安普霉素[46]。Loomans 等以 neamin 为半抗原，制备 neamin-KLH 完全抗原，制备多克隆抗体，可以同时识别 GEN、KAN、NEO 等 AGs[47]。AGs 的半抗原结构见表 12-4。

表 12-4　AGs 的半抗原结构

名称	结构式	文献
阿米卡星（AMK）		[48]
安普霉素（APR）		[49]
双氢霉素（DHSTR）		[50]
链霉素（STR）		[51]
卡那霉素（KAN）		[52]
新霉素（NEO）		[53]
巴龙霉素（PR）		[54]

名称	结构式	文献
庆大霉素(GEN)		[55]
妥布霉素(TOB)		[56]
大观霉素(SPC)		[57]
核糖霉素(RS)		[58]
新霉胺		[59]

12.6.2.2 抗体制备

抗体是免疫分析方法的核心试剂,其决定了方法的灵敏度和特异性。抗体制备研究主要经历了三个重要的发展阶段,按照每一阶段产生的抗体类型可分为:多克隆抗体、单克隆抗体以及基因工程抗体。

(1)多克隆抗体 多克隆抗体是由不同的 B 细胞克隆产生的,这些 B 细胞针对同一抗原的不同表位产生抗体。与单克隆抗体相比,多克隆抗体是混合物,能够识别和结合到同一抗原的不同部位,这使得它们在某些应用中非常有用,比如在免疫检测、疾病诊断,以及某些治疗方法中。

奚茜等通过碳二亚胺法制备 SM-BSA 全抗原,制备多克隆抗体,采用间接竞争 ELISA 测定 IC_{50} 为 3.32ng/mL,与双氢链霉素的交义反应率为 105.21%,与同类的其他药物均无交叉反应[60]。商艳红等通过碳二亚胺法和戊二醛法将 NEO 与 BSA 偶联,免疫新西兰大白兔,制备多克隆抗体,IC_{50} 为 0.3ng/mL,且与其他 AGs 没有交叉反应[61]。Su 等制备了 KAN 兔源特异性多克隆抗体,基于该抗体建立 ic-ELISA 方法,检测限为 0.07ng/mL,IC_{50} 为 6.48ng/mL,与其他 AGs 没有交叉反应[62]。Wang 等制备了 NEO 多克隆抗体,基于多克隆抗体建立 ic-ELISA 方法,与其他 AGs 没有交叉反应,在动物源性食品中的检测限为 0.1μg/mL[63]。Chen 等以 NEO 为半抗原，制备多克隆抗体，IC$_{50}$为 0.098ng/mL[64]。Burkin 等以 NEO 为半抗原制备 NEO 特异性多克隆抗体，回收率为84%～125.2%[65]。

（2）单克隆抗体　单克隆抗体是一种由单一克隆细胞系合成的抗体，其与特定抗原相结合。单克隆抗体具有高度的特异性和单一性，因为它们来源于单一的免疫细胞克隆，通常是从小鼠、大鼠或人类等动物的 B 细胞中获得。单克隆抗体在医学领域具有广泛的应用，包括治疗、诊断和研究等方面。它们被用于治疗癌症、自身免疫性疾病、传染病等疾病，也被用于检测和诊断特定的生物标志物或病原体。

Galvidis 等以 KAN-BSA 为全抗原，制备单克隆抗体可以同时识别 KAN、TOB 和AMK，在这些条件下，与 TOB 的交叉反应率在 7%～54% 之间变化，和 AMK 的交叉反应率为 7%～8%，与其他 AGs 没有交叉反应[66]。李翠通过戊二醛法制备 GM 全抗原，并制备出特异性禽源单链抗体，与其他 AGs 没有交叉反应[67]。王丹等制备了 GM 多克隆抗体，建立了庆大霉素的间接竞争酶联免疫检测方法（ic-ELISA），制备出的 GM 多克隆抗体具有较高的灵敏度，效价达到 $5.12×10^5$，IC$_{50}$ 为 10ng/mL[68]。职爱民等通过 EDC法合成 GM-BSA，制备出 GM 单克隆抗体，IC$_{50}$ 为 17.28ng/mL，与其他 AGs 没有交叉反应[69]。Watanabe 等制备了两株抗 KAN 单克隆抗体细胞株，用 ELISA 法测定 IC$_{50}$ 分别为2ng/mL 和 5ng/mL[70]。Loomans 等使用新霉胺作为半抗原制备出通用型的多克隆抗体，可以同时识别庆大霉素、新霉素和 KAN，在未稀释的牛奶中检测三种物质的 IC$_{50}$ 分别为 9ng/mL、113ng/mL 和 21ng/mL[59]。Wang 等制备了针对 KAN 的特异性 mAb，并建立 ic-ELISA检测动物血清和牛奶中 KAN 的残留，IC$_{50}$ 为 52.5ng/mL，检测限为 3.2ng/mL[71]。张晓剑制备的 NEO 单克隆抗体的 IC$_{50}$ 为 1.645ng/mL，基于该株抗体建立竞争 ELISA方法，检测牛奶样本中 NEO 残留，确定检测限和定量限分别是 7.12ng/mL 和 29.2ng/mL，回收率为（80.51±12.38)%[72]。王方雨等制备 NEO 单链抗体的 IC$_{50}$ 为 26.23ng/mL，经突变之后，IC$_{50}$ 提高了 2.26 倍，IC$_{50}$ 为 11.58ng/mL[73]。Isanga 等制备了 Amikacin 特异性的抗体，IC$_{50}$ 为 0.65ng/mL，与其他 AGs 没有交叉反应，基于该抗体建立的 ELISA方法，在牛奶中的回收率为 73.70%～105.75%，检测限是 5ng/mL[54]。Chen 等以KAN-BSA 为抗原，制备出 KAN 特异性抗体，与 TOB 有交叉反应，与其他 AGs 没有交叉反应，基于该抗体建立的 ELISA 方法，IC$_{50}$ 为 0.83ng/mL，在猪肉中的回收率为52%～96%，检测范围为 25～200μg/kg[74]。Galvidis 等通过 KAN、TOB 和庆大霉素的混合免疫，制备出 KAN 特异性单克隆抗体，基于该抗体建立的 ELISA 方法在水中的检测限为 1.2ng/mL，与 TOB 的交叉反应率为 7%～54%，与阿米卡星的交叉反应率为7%～8%[75]。Isanga 等制备了 APR 特异性单克隆抗体，基于该抗体建立 ELISA 方法，IC$_{50}$ 为 0.41ng/mL，LOD 为 0.15ng/mL。添加回收率为 79.02%～105.49%[54]。Burkin等以 APR-BSA 为免疫原，制备了 APR 特异性单克隆抗体，建立了竞争 ELISA 方法，在猪肾和牛肌肉中的检测范围为 0.15～9μg/kg，与其他 AGs 没有交叉反应[76]。Jin 等基于NEO 单克隆抗体，该抗体与其他 AGs 没有交叉反应，建立了竞争 ELISA 和侧流免疫色谱方法，检测限分别为 6.85ng/mL 和 10ng/mL[53]。Xu 等基于 APR-BSA 制备了单克隆抗体，IC$_{50}$ 为 0.35ng/mL，与其他 AGs 没有交叉反应。基于该抗体建立的直接竞争ELISA 方法在牛奶、肌肉和肝脏中的检测限分别为 3ng/mL、3μg/kg、10μg/kg[77]。Burkin 等制备 RS 单克隆抗体，建立了竞争 ELISA 方法可以同时检测新霉素、核糖霉素、帕罗霉素、庆大霉素、氨苄霉素、卡那霉素、曲马霉素和阿普拉霉素，检测限为 0.02～0.20ng/mL[78]。Li 等以 GEN 为半抗原，合成 GEN-BSA 全抗原，基于制备的单克隆抗体，建立 ic-ELISA 方法，可以识别西索米星，交叉反应率为 3.2%，与其他 AGs 没有交叉反应，在牛奶中的检测限为 0.06ng/mL，回收率为 85.6%～97.9%[79]。

（3）其他抗体　除传统的鼠单克隆抗体和多克隆抗体之外，IgY 抗体和基因工程抗体也广泛应用。IgY 是蛋黄免疫球蛋白（egg yolk immunoglobulin）的英文简称，是用特定抗原对产蛋鸡进行多次免疫，诱导蛋鸡法氏囊 B 细胞分化成浆细胞，分泌特异性 IgY 进入血液，血液流经卵巢时转移进入卵黄中的特异性免疫球蛋白。基因工程抗体是指利用基因工程技术将抗体基因重组和克隆到表达载体中，并在合适的宿主中表达和折叠成功能性抗体分子。基因工程抗体具有分子小、免疫原性低、可塑性强、成本低等优点。该技术的基本原理是从杂交细胞、免疫脾细胞和外周血淋巴细胞中提取 mRNA，反转录成 cDNA，然后将扩增的重链和轻链基因抗体分别进行 PCR，以某种方式保留原始文本抗体的亲和力和特异性。基因工程抗体主要通过修饰这些区域获得。

He 等以 GEN 为半抗原，制备 GEN-BSA 全抗原，制备 IgY 单克隆抗体，基于该抗体建立 ic-ELISA 方法，IC_{50} 为 2.69ng/mL，LOD 为 0.01ng/mL[80]，Guliy 等基于噬菌体展示技术，从山羊的 ScFv 库中筛选到 KAN 特异性 ScFv，并建立量子点免疫分析方法，检测限为 1μg/mL[81]。Li 等制备了 GEN 特异性鸡 ScFv S1 和 S4，与其他 AGs 没有交叉反应，IC_{50} 分别为 12.418ng/mL 和 14.674ng/mL[82]。

12.6.2.3　免疫分析技术

（1）放射免疫法　放射免疫是基于测定的药物和放射性同位素标记示踪化合物与抗体之间的竞争性反应。当抗原遇到相应的抗体便形成抗原抗体复合物，当用放射性同位素标记抗原再与相应的抗体结合便形成标记抗原和抗体复合物。当标记抗原和未标记抗原一起加入相应的抗体时则两种抗原产生相互竞争，生成标记抗原-抗体复合物以及非标记抗原-抗体复合物。生成标记抗原-抗体复合物与非标记抗原的含量在一定的限度内是成反比的，所以利用这个原理去测定未知抗原或抗体。

氨基糖苷类化合物的测定，是氨基糖苷类化合物（标记抗原）与样品中的药物残留物对有限的抗体位点之间的竞争反应。当标记的抗原与未标记的抗原和抗体结合后，均形成抗原-抗体复合物。由于其浓度低，不能自动沉淀。而放射免疫测定的终点决定于标记抗原与竞争者的结合比，因此将抗原-抗体复合物与游离的标记抗原分离的完全与否是放射免疫测定的关键。通常是向上述混合物中加入第二种抗体［第一种抗体动物提纯的免疫球蛋白去注射另一种动物，获得第二抗体（即抗抗体）］。当第一抗体与标记抗原形成复合物时再遇上第二抗体即形成更大的复合物而沉淀下来，再通过离心，去除上清液（游离抗原），达到与游离的抗原分离的目的，沉淀中的放射性可通过 γ 计数器进行测定。目前，绝大多数的放射免疫技术都可以通过将抗体键合到聚苯乙烯测试管或磁性颗粒上而自动分离游离和结合的抗原，通过测定固体材料上放射性标记抗原的减少就可以得到样品中药物的多少。放射免疫技术的优点是灵敏度高、准确性好，缺点是仪器价格昂贵，放射性物质的处理比较困难。同时不同氨基糖苷类化合物之间可能还存在交叉反应，交叉反应的可能性很大程度取决于是否可以得到适合的抗体、示踪标记物。目前，放射免疫法已经成功地应用于测定生物液体中的氨基糖苷类化合物，其中异帕米星检测灵敏度可以达到 1pg/L，线性范围可以达到 2 个数量级，与庆大霉素交叉反应率小于 0.4%。

（2）**酶联免疫法**　酶联免疫包括非均相酶联免疫（在标记抗原或抗体从抗原-抗体复合物分离后对酶活性进行测定）和均相酶联免疫（标记的抗原的酶活性在抗原抗体复合物存在的情况下测定）。

酶联免疫通常在96孔板上进行定性定量测定，通常还有快速的测试管、试纸条等。酶联免疫测试可以是竞争性的也可以是非竞争性的。竞争性的测试可以是抗体捕捉也可以是抗原捕捉的，这取决于固相包被的是抗体还是抗原。如果包被的是抗体，竞争就在样品中的抗体和酶标记的抗原示踪物质对有限的固定的抗体位点之间进行。如果是包被的抗原，样品中可溶的抗原和包被的固定抗原与第一抗体键合，而第二抗体为与第一抗体对应酶标记的示踪物质，与抗原发生特异性免疫反应的示踪物质的量通过加入发色酶底物来测定。所有的竞争性免疫测定最后形成的色的强度与样品中抗原的浓度成反比。抗体包埋技术比抗原包埋技术的优点在于不需要成对的特异性抗体。非竞争性酶联免疫法通常利用样品中的抗原与包埋的过量固定的抗体反应，反应的程度通过第二抗体（酶标记）来确定，测定的信号与样品中抗原的浓度成正比。由于我们要检测的小分子物质的抗体通常只有一个抗体键合位点，因此使用最多的还是竞争性酶联免疫法。Chen等基于亲和素-链霉素系统，建立检测 KAN 的免疫传感器，检测限为 0.1ng/mL，添加回收率为 80.2%～85.6%[83]。Sun等建立了胶体金免疫色谱技术，该方法同时包被 GM-BSA、NEO-BSA 和 KN-BSA 三种抗原，可以实现 GM、NEO 和 KN 的同时检测。检测限分别为 10ng/mL、10ng/mL 和 100ng/mL，IC_{50} 分别为 0.737ng/mL、8.971ng/mL 和 11.110ng/mL[84]。Xia等通过表达 AGs 的识别受体，实现 10 种 AGs 的同时检测，10 种药物的检出限范围为 5.25～30.25ng/g[85]。Alhammadi等基于 STR 单克隆抗体建立了可以现场同时定性和定量的荧光测流免疫分析技术，在血液和尿液中的可视检测限为 5ng/mL，消线值分别为 20ng/mL 和 22ng/mL[86]。Wu等基于 STR 特异性抗体建立了 ic-ELISA 方法和胶体金免疫色谱方法，在牛奶中的检测限分别为 2.0ng/mL 和 20ng/mL[87]。Wei等基于 STR 单克隆抗体，建立了视觉双点免疫分析法，实现了 STR 和 KAN 的同时检测，在牛奶样品中的 KAN 和 STR 的检测限分别为 2.7ng/mL 和 12.5ng/mL[88]。Sun等建立了分辨荧光免疫分析法，检测牛奶中的 STR 残留，该方法的检测限为 1.8μg/kg，检测范围为 0.32～5.0ng/mL[89]。Jin等基于 KAN 单克隆抗体，建立了 ELISA 方法检测血浆和牛奶中的 KAN，检测限分别为 1.4ng/mL 和 1.0ng/mL，与其他的 AGs 没有交叉反应[90]。Zhao等建立了无标记的电化学免疫传感器，可以实现 KAN 的灵敏检测，线性范围为 0.02～14ng/mL，检测限为 6.31pg/mL[91]。Wei等同样建立了无标记的电化学传感器，检测动物源性食品中的 KAN 残留，检测限为 5.74pg/mL，检测范围为 0.01～12.0ng/mL[92]。Yu等基于 $Ag@Fe_3O_4$ 和硫堇混合石墨烯片的无标记免疫传感器检测 KAN，检测限为 15pg/mL，检测范围为 0.05～16ng/mL[93]。Liu等基于 KAN 特异性适配体，建立免疫传感器，线性检测范围为 1～30nmol/L，检测限为 0.0778nmol/L[94]。Xu等基于 NEO 单克隆抗体，建立了一步法 ic-ELISA，可以在 55min 完成整个检测过程，IC_{50} 为 (0.74±0.05)ng/mL[95]。Qin等制备了 NEO 特异性单克隆抗体，建立了 ic-ELISA 方法，IC_{50} 为 0.15ng/mL，与其他 AGs 没有交叉反应[96]。Hendrickson等基于 NEO 单克隆抗体，建立胶体金免疫色谱技术，检测限为 0.1ng/mL，消线值为 10ng/mL，与其他 AGs 没有交叉反应[97]。Barshevskaya等提出了分析物独立测试条和可变特异性免疫反应物的模块化竞争免疫色谱方案，可以精准检测食品中的 NEO 残留，检测限为 0.3ng/mL[98]。Zhu等基于 NEO 单克隆抗体建立了新型电流免疫传感器，可以增强 NEO 的检测灵敏度。检测限为 (6.76 ± 0.17)ng/mL。检测范围为 $10\sim250$ng/mL[99]。Dai 等制备了 GEN 特异性单克隆抗体，基于该抗体建立 ic-ELISA 方法，IC_{50} 为 0.067ng/mL，与其他 AGs 没有交叉反应[100]。Beloglazova 等基于 GEN 单克隆抗体，建立量子点标记的免疫色谱技术，检测限是 5μg/kg[101]，Bojescu 等建立了荧光偏振技术，检测血液中的 TOB 含量，回收率为 $80\%\sim105\%$[102]。

Schnappinger 等利用不同氨基糖苷类化合物之间对抗体的交叉反应制备了双抗体固相材料（DASP）来测定牛奶中的链霉素和筛选蜂蜜中的链霉素，该技术明显地减少了特异性抗体血清的消耗量。这种技术只是对链霉素和双氢链霉素具有较高的特异性，牛奶中这两种物质的回收率大于 80%，蜂蜜的测定过程中增加了样品的净化步骤，从而降低了样品基质的干扰，提高了方法的灵敏度[103]。利用类似的技术，Haasnoot 等建立了牛奶和肾脏中庆大霉素、新霉素和链霉素的 ELISA 方法，方法的检测限远远低于欧盟规定的最大残留限量要求。除了庆大霉素和西索米星之间、链霉素与双氢链霉素之间分别有 25% 和 150% 的交叉反应率外，其他的氨基糖苷类化合物之间没有交叉反应出现。但是该方法由于准确度较差（牛奶中回收率 $47\%\sim78\%$、肾脏中回收率 $70\%\sim96\%$）以及重现性差（牛奶中相对标准偏差 $23\%\sim60\%$、肾脏中相对标准偏差 $10\%\sim38\%$），因此只能适用于筛选[104]。Schnappinger 等将双抗体键合到尼龙膜上建立了免疫过滤法，用于测定链霉素，其检测限可以达到 5pg/L，在高浓度的氨基糖苷类化合物间没有发现交叉反应，该方法操作简单，快速，可以在 10min 完成一次测定。Armstrong 等通过修改乙烯表面性质而建立了一种内 ISA 技术，该技术增加了聚苯乙烯表面对极性基团的亲和性，因而允许使用小分子的链霉素直接作为吸附剂。该方法用于筛选牛奶中的链霉素和双氯链霉素，与其他氨基糖苷类化合物的交叉反应率小于 2%，而且重现性很好[105]。

12.6.3 其他分析技术

（1）微生物分析法 微生物分析法是一种传统的测定氨基糖苷类化合物和其他抗生素的分析方法。相对于其他的分析方法，微生物分析法成本低、不需要烦琐的样品前处理过程和尖端的精密仪器，因而适合于大量样品的筛选。微生物分析法是英国、欧洲、美国、中国等国家和地区药典规定的测定药品中氨基糖苷类化合物的方法，主要是用于生物效价测定。

微生物分析法与适当的提取技术结合起来可用于测定动物源性食品和饲料中的氨基糖苷类化合物。微生物四碟法被欧盟推荐为官方的肉类食品的筛选方法，Okerman 等利用该方法筛选了近 5000 件肉样品[106]。Ueno 等运用电泳-生物自显影法测定了 7 种氨基糖苷类抗生素，其检测限为 $0.08\sim0.3$mg/L，并且用该方法测定了牛肾中的氨基糖苷化合物的残留量。但微生物分析法的准确度、特异性、重现性很差，特别在检测限附近的浓度范围，可能会过高地估计样品中的浓度[107]。

（2）放射化学法 Charm 测试法是一种广泛用于快速筛选定性测定牛奶中 β-内酰胺、磺胺、四环素、大环内酯、氨基糖苷类化合物、氯霉素等抗生素的测试方法。该方法是基于样品中的待测物质与示踪放射标记物在特定受体位点的竞争性反应。受体存在于微生物细胞的表面并被添加进入样品中，与受体结合的放射性标记示踪物的量通过专用的分析器或液体闪烁计数器测定，Charm 法能够测定庆大霉素、链霉素和新霉素，具有较高的灵敏度，其中牛奶和肌肉中的庆大霉素的检测限分别可以达到 $0.2\mu g/mL$ 和 $0.4pg/g$，链霉素在肌肉、鱼肉和鸡蛋中的检测限可以达到 $0.15\mu g/kg$。相对于薄层色谱和生物自显影技术，该方法简单、方便、灵敏度高[108]。

参考文献

[1] Dagur P, Ghosh M, Patra A. Aminoglycoside antibiotics[M] Medicinal Chemistry of Chemotherapeutic Agents. Academic Press, 2023: 135-155.

[2] Jiang M, Karasawa T, Steyger P S. Aminoglycoside-induced cochleotoxicity: a review[J]. Frontiers in Cellular Neuroscience, 2017, 11: 308.

[3] Takahashi Y, Igarashi M. Destination of aminoglycoside antibiotics in the 'post-antibiotic era' [J]. The Journal of Antibiotics, 2018, 71 (1): 4-14.

[4] Ramirez M S, Tolmasky M E. Amikacin: uses, resistance, and prospects for inhibition[J]. Molecules, 2017, 22 (12): 2267.

[5] O' Connor S, Lam L K T, Jones N D, et al. Apramycin, a unique aminocyclitol antibiotic[J]. The Journal of Organic Chemistry, 1976, 41 (12): 2087-2092.

[6] Maier S, Matern U, Grisebach H. On the role of dihydrostreptomycin in streptomycin biosynthesis[J]. FEBS Lett, 1975, 49: 317-319.

[7] Hahn F E, Sarre S G. Mechanism of action of gentamicin[J]. The Journal of Infectious Diseases, 1969, 119 (4/5): 364-369.

[8] Umezawa H, Ueda M, Maeda K, et al. Production and isolation of a new antibiotic, kanamycin[J]. The Journal of Antibiotics, Series A, 1957, 10 (5): 181-188.

[9] Ford J H, Bergy M E, Brooks A A, et al. Further characterization of neomycin B and neomycin C[J]. Journal of the American Chemical Society, 1955, 77 (20): 5311-5314.

[10] Davidson R N, den Boer M, Ritmeijer K. Paromomycin[J]. Transactions of the Royal Society of Tropical Medicine and Hygiene, 2009, 103 (7): 653-660.

[11] Waksman S A. Streptomycin: background, isolation, properties, and utilization[J]. Science, 1953, 118 (3062): 259-266.

[12] Neu H C. Tobramycin: an overview[J]. The Journal of Infectious Diseases, 1976: S3-S19.

[13] Holloway W J. Spectinomycin[J]. The Medical Clinics of North America, 1982, 66 (1): 169-173.

[14] Garneau-Tsodikova S, Labby K J. Mechanisms of resistance to aminoglycoside antibiotics: overview and perspectives[J]. Medchemcomm, 2016, 7 (1): 11-27.

[15] Forge A, Schacht J. Aminoglycoside antibiotics[J]. Audiology and Neurotology, 2000, 5 (1): 3-22.

[16] Farouk F, Azzazy H M E, Niessen W M A. Challenges in the determination of aminoglycoside antibiotics, a review[J]. Analytica Chimica Acta, 2015, 890: 21-43.

[17] Edder P, Cominoli A, Corvi C. Determination of streptomycin residues in food by solid-phase extraction and liquid chromatography with post-column derivatization and fluorometric detection[J]. Journal of Chromatography A, 1999, 830（2）: 345-351.

[18] Viñas P, Balsalobre N, Hernández-Córdoba M. Liquid chromatography on an amide stationary phase with post-column derivatization and fluorimetric detection for the determination of streptomycin and dihydrostreptomycin in foods[J]. Talanta, 2007, 72（2）: 808-812.

[19] Kijak P J, Jackson J, Shaikh B. Determination of gentamicin in bovine milk using liquid chromatography with post-column derivatization and fluorescence detection[J]. Journal of Chromatography B: Biomedical Sciences and Applications, 1997, 691（2）: 377-382.

[20] Kaufmann A, Maden K. Determination of 11 aminoglycosides in meat and liver by liquid chromatography with tandem mass spectrometry[J]. Journal of AOAC International, 2005, 88（4）: 1118-1125.

[21] 刘莉治, 黄聪, 于桂兰, 等. 挥发性离子对试剂应用于固相萃取超高效液相串联质谱法检测动物性食品中的壮观霉素, 链霉素, 二氢链霉素和新霉素[J]. 中国卫生检验杂志, 2012, 22（10）: 3.

[22] Pandey S S, Shaikh F I, Gupta A R, et al. Mannosylated solid lipid nanocarriers of chrysin to target gastric cancer: optimization and cell line study[J]. Current Drug Delivery, 2021, 18（10）: 1574-1584.

[23] Erzsébet P D G. Strategies for protecting enterocytes from oxidative stressinduced inflammation[J]. 2013.

[24] Kowalski P, Oledzka I, Okoniewski P, et al. Determination of streptomycin in eggs yolk by capillary electrophoresis[J]. Chromatographia, 1999, 50: 101-104.

[25] Agarwal D P, Benkmann H G, Goedde H W. Joint meeting 1974[J]. Amer J Med, 1972, 51: 340-345.

[26] Mazzola P G, Lopes A M, Hasmann F A, et al. Liquid-liquid extraction of biomolecules: an overview and update of the main techniques[J]. Journal of Chemical Technology & Biotechnology: International Research in Process, Environmental & Clean Technology, 2008, 83（2）: 143-157.

[27] Schermerhorn P G, Chu P S, Kijak P J. Determination of spectinomycin residues in bovine milk using liquid chromatography with electrochemical detection[J]. Journal of Agricultural and Food Chemistry, 1995, 43（8）: 2122-2125.

[28] Poole C F. New trends in solid-phase extraction[J]. TrAC Trends in Analytical Chemistry, 2003, 22（6）: 362-373.

[29] Agarwal A, Balla J, Alam J, et al. Induction of heme oxygenase in toxic renal injury: a protective role in cisplatin nephrotoxicity in the rat[J]. Kidney International, 1995, 48（4）: 1298-1307.

[30] Shaikh B, Allen E H, Gridley J C. Determination of neomycin in animal tissues, using ion-pair liquid chromatography with fluorometric detection[J]. Journal of the Association of Official Analytical Chemists, 1985, 68（1）: 29-36.

[31] Barker S A. Matrix solid phase dispersion （MSPD）[J]. Journal of Biochemical and Biophysical Methods, 2007, 70（2）: 151-162.

[32] Bogialli S, Curini R, Di Corcia A, et al. Simple confirmatory assay for analyzing residues of aminoglycoside antibiotics in bovine milk: hot water extraction followed by liquid chromatography-tandem mass spectrometry[J]. Journal of Chromatography A, 2005, 1067（1/2）: 93-100.

[33] Anastassiades M, Scherbaum E, Taşdelen B, et al. Recent developments in QuEChERS methodology for pesticide multiresidue analysis[J]. Pesticide chemistry: Crop Protection, Public Health, Environmental Safety, 2007: 439-458.

[34] Wang B, Xie K, Lee K. Veterinary drug residues in animal-derived foods: Sample preparation and analytical methods[J]. Foods, 2021, 10（3）: 555.

[35] Gerhart L M, McLauchlan K K. Reconstructing terrestrial nutrient cycling using stable nitro-

gen isotopes in wood[J]. Biogeochemistry, 2014, 120 (1): 1-21.

[36] Babin Y, Fortier S. A high-throughput analytical method for determination of aminoglycosides in veal tissues by liquid chromatography/tandem mass spectrometry with automated cleanup[J]. Journal of AOAC International, 2007, 90 (5): 1418-1426.

[37] Silva D A O, Silva N M, Mineo T W P, et al. Heterologous antibodies to evaluate the kinetics of the humoral immune response in dogs experimentally infected with Toxoplasma gondii RH strain[J]. Veterinary Parasitology, 2002, 107 (3): 181-195.

[38] Preu M, Guyot D, Petz M. Development of a gas chromatography-mass spectrometry method for the analysis of aminoglycoside antibiotics using experimental design for the optimisation of the derivatisation reactions[J]. Journal of Chromatography A, 1998, 818 (1): 95-108.

[39] McGlinchey T A, Rafter P A, Regan F, et al. A review of analytical methods for the determination of aminoglycoside and macrolide residues in food matrices[J]. Analytica Chimica Acta, 2008, 624 (1): 1-15.

[40] Flurer C L. The analysis of aminoglycoside antibiotics by capillary electrophoresis[J]. Journal of Pharmaceutical and Biomedical Analysis, 1995, 13 (7): 809-816.

[41] Serrano J M, Silva M. Trace analysis of aminoglycoside antibiotics in bovine milk by MEKC with LIF detection[J]. Electrophoresis, 2006, 27 (23): 4703-4710.

[42] McLaughlin L G, Henion J D. Multi-residue confirmation of aminoglycoside antibiotics and bovine kidney by ion spray high-performance liquid chromatography/tandem mass spectrometry [J]. Biological Mass Spectrometry, 1994, 23 (7): 417-429.

[43] Jospe-Kaufman M, Siomin L, Fridman M. The relationship between the structure and toxicity of aminoglycoside antibiotics [J]. Bioorganic & Medicinal Chemistry Letters, 2020, 30 (13): 127218.

[44] van Bruijnsvoort M, Ottink S J M, Jonker K M, et al. Determination of streptomycin and dihydrostreptomycin in milk and honey by liquid chromatography with tandem mass spectrometry [J]. Journal of Chromatography A, 2004, 1058 (1/2): 137-142.

[45] 蔡玉娥，蔡亚岐，牟世芬，等. 离子交换-脉冲积分安培法分离检测氨基糖苷类抗生素[J]. 分析试验室，2006（8）：7-9.

[46] Galvidis I A, Burkin K M, Eremin S A, et al. Group-specific detection of 2-deoxystreptamine aminoglycosides in honey based on antibodies against ribostamycin [J]. Analytical Methods, 2019, 11 (36): 4620-4628.

[47] Loomans E E M G, Van Wiltenburg J, Koets M, et al. Neamin as an immunogen for the development of a generic ELISA detecting gentamicin, kanamycin, and neomycin in milk [J]. Journal of Agricultural and Food Chemistry, 2003, 51 (3): 587-593.

[48] Isanga J, Mukunzi D, Chen Y, et al. Development of a monoclonal antibody assay and immunochromatographic test strip for the detection of amikacin residues in milk and eggs [J]. Food and Agricultural Immunology, 2017, 28 (4): 668-684.

[49] Mathew A, Saxton A, Chattin S, et al. Effects of in-feed anti-salmonella egg yolk antibodies on growth performance and health status in weaned pigs challenged with Salmonella Typhimurium[J]. Journal of Animal Science, 2006, 84.

[50] Watanabe H, Satake A, Kido Y, et al. Monoclonal-based enzyme-linked immunosorbent assay and immunochromatographic rapid assay for dihydrostreptomycin in milk [J]. Analytica Chimica Acta, 2002, 472 (1/2): 45-53.

[51] Baxter G A, Ferguson J P, O' Conno M C, et al. Detection of streptomycin residues in whole milk using an optical immunobiosensor[J]. Journal of Agricultural and Food Chemistry, 2001, 49 (7): 3204-3207.

[52] Watanabe H, Satake A, Kido Y, et al. Production of monoclonal antibody and development of enzyme-linked immunosorbent assay for kanamycin in biological matrices[J]. Analyst, 1999, 124 (11): 1611-1615.

[53] Jin Y, Jang J W, Lee M H, et al. Development of ELISA and immunochromatographic assay for the detection of neomycin[J]. Clinica Chimica Acta, 2006, 364（1/2）: 260-266.

[54] Isanga J, Mukunzi D, Chen Y, et al. Development of a monoclonal antibody assay and a lateral flow strip test for the detection of paromomycin residues in food matrices[J]. Food and Agricultural Immunology, 2017, 28（3）: 355-373.

[55] Jin Y, Jang J W, Han C H, et al. Development of ELISA and immunochromatographic assay for the detection of gentamicin[J]. Journal of Agricultural and Food Chemistry, 2005, 53（20）: 7639-7643.

[56] Karnes H T, Gudat J C, O'Donnell C M, et al. Double-antibody fluorescence immunoassay of tobramycin[J]. Clinical Chemistry, 1981, 27（2）: 249-252.

[57] Medina M B. Development of a fluorescent latex immunoassay for detection of a spectinomycin antibiotic[J]. Journal of Agricultural and Food Chemistry, 2004, 52（11）: 3231-3236.

[58] Zheng T, Sip Y Y L, Leong M B, et al. Linear self-assembly formation between gold nanoparticles and aminoglycoside antibiotics[J]. Colloids and Surfaces B: Biointerfaces, 2018, 164: 185-191.

[59] Loomans E E M G, Van Wiltenburg J, Koets M, et al. Neamin as an immunogen for the development of a generic ELISA detecting gentamicin, kanamycin, and neomycin in milk[J]. Journal of Agricultural and Food Chemistry, 2003, 51（3）: 587-593.

[60] 奚茜, 李沐洁, 龚云飞, 等. 链霉素人工抗原及多克隆抗体的制备与鉴定[J]. 食品科学, 2013, 34（5）: 5.

[61] 商艳红, 陈义强, 李向梅, 等. 新霉素多克隆抗体的制备和检测: 中国畜牧兽医学会兽医药理毒理学分会第九次学术讨论会[J]. 2024.

[62] Su P, Chen X, He Z, et al. Preparation of polyclonal antibody and development of a biotin-streptavidin-based ELISA method for detecting kanamycin in milk and honey[J]. Chemical Research in Chinese Universities, 2017, 33（6）: 876-881.

[63] Wang S, Xu B, Zhang Y, et al. Development of enzyme-linked immunosorbent assay（ELISA）for the detection of neomycin residues in pig muscle, chicken muscle, egg, fish, milk and kidney[J]. Meat Science, 2009, 82（1）: 53-58.

[64] Chen Y Q, Shang Y H, Wu X P, et al. Enzyme-linked immunosorbent assay for the detection of neomycin in milk: effect of hapten heterology on assay sensitivity[J]. Food and Agricultural Immunology, 2007, 18（2）: 117-128.

[65] Burkin M A, Galvidis I A. Development and application of indirect competitive enzyme immunoassay for detection of neomycin in milk[J]. Applied Biochemistry and Microbiology, 2011, 47: 321-326.

[66] Galvidis I A, Eremin S A, Burkin M A. Development of indirect competitive enzyme-linked immunoassay of colistin for milk and egg analysis[J]. Food and Agricultural Immunology, 2020, 31（1）: 424-434.

[67] 李翠. 抗庆大霉素禽源单链抗体的筛选及间接竞争 ELISA 检测方法的建立[D]. 咸阳: 西北农林科技大学, 2017.

[68] 王丹, 何庆华, 黄志兵, 等. 庆大霉素多克隆抗体的制备与鉴定: 中国食品科学技术学会第六届年会暨第五届东西方食品业高层论坛论文摘要集[C]. 2009.

[69] 职爱民, 李青梅, 刘庆堂, 等. 抗庆大霉素单克隆抗体的制备及其初步应用[J]. 中国农业科学, 2010, 43（12）: 2584-2589.

[70] Watanabe H, Miyamoto A, Fukui Y. A competitive enzyme immunoassay for follicle-stimulating hormone in ovine plasma using biotin-streptavidin amplification[J]. Reproduction, Fertility and Development, 1997, 9（6）: 597-602.

[71] Wang Y, Zou M, Han Y, et al. Analysis of the kanamycin in raw milk using the suspension array[J]. Journal of Chemistry, 2013.

[72] 张晓剑. 新霉素单克隆抗体的制备及初步应用[D]. 扬州: 扬州大学, 2010.

[73] 王方雨, 张运尚, 胡曼, 等. 基于分子对接技术的抗新霉素单链抗体制备和进化[J]. 安徽农业科学, 2020, 48（20）: 6.

[74] Chen Y, Wang Z, Wang Z, et al. Rapid enzyme-linked immunosorbent assay and colloidal gold immunoassay for kanamycin and tobramycin in swine tissues[J]. Journal of Agricultural and Food Chemistry, 2008, 56（9）: 2944-2952.

[75] Galvidis I A, Burkin M A. Monoclonal antibody-based enzyme-linked immunosorbent assay for the aminoglycoside antibiotic kanamycin in foodstuffs[J]. Russian Journal of Bioorganic Chemistry, 2010, 36: 722-729.

[76] Burkin M, Galvidis I. Immunochemical detection of apramycin as a contaminant in tissues of edible animals[J]. Food Control, 2013, 34（2）: 408-413.

[77] Xu F, Jiang W, Zhou J, et al. Production of monoclonal antibody and development of a new immunoassay for apramycin in food[J]. Journal of Agricultural and Food Chemistry, 2014, 62（14）: 3108-3113.

[78] Burkin, K, Galvidis, I, Burkin, M. Group detection of aminoglycosides using ELISA for control of food contamination: 16th International Students Conference "Modern Analytical Chemistry" [C]. 2020: 116.

[79] Li Y, Zhang Y, Cao X, et al. Development of a chemiluminescent competitive indirect ELISA method procedure for the determination of gentamicin in milk[J]. Analytical Methods, 2012, 4（7）: 2151-2155.

[80] He J, Hu J, Thirumalai D, et al. Development of indirect competitive ELISA using egg yolk-derived immunoglobulin（IgY）for the detection of Gentamicin residues[J]. Journal of Environmental Science and Health, Part B, 2016, 51（1）: 8-13.

[81] Guliy O I, Evstigneeva S S, Staroverov S A, et al. Phage Antibodies for Kanamycin Detection[J]. Applied Biochemistry and Microbiology, 2023, 59（5）: 716-722.

[82] Li C, He J, Ren H, et al. Preparation of a chicken ScFv to analyze gentamicin residue in animal derived food products[J]. Analytical Chemistry, 2016, 88（7）: 4092-4098.

[83] Chen Y P, qiang Zou M, Qi C, et al. Immunosensor based on magnetic relaxation switch and biotin-streptavidin system for the detection of kanamycin in milk[J]. Biosensors and Bioelectronics, 2013, 39（1）: 112-117.

[84] Sun Y, Yang J, Yang S, et al. Development of an immunochromatographic lateral flow strip for the simultaneous detection of aminoglycoside residues in milk[J]. RSC Advances, 2018, 8（17）: 9580-9586.

[85] Xia W, Zhang L, Wang J. Development of a fluorescence polarization assay for multi-determination of 10 aminoglycosides in pork muscle sample based on ribosomal protein S12 and studying its recognition mechanism[J]. Foods, 2022, 11（20）: 3196.

[86] Alhammadi M, Aliya S, Umapathi R, et al. A simultaneous qualitative and quantitative lateral flow immunoassay for on-site and rapid detection of streptomycin in pig blood serum and urine[J]. Microchemical Journal, 2023, 195: 109427.

[87] Wu J X, Zhang S, Zhou X. Monoclonal antibody-based ELISA and colloidal gold-based immunochromatographic assay for streptomycin residue detection in milk and swine urine[J]. Journal of Zhejiang University Science B, 2010, 11: 52-60.

[88] Wei D, Meng H, Zeng K, et al. Visual dual dot immunoassay for the simultaneous detection of kanamycin and streptomycin in milk[J]. Analytical Methods, 2019, 11（1）: 70-77.

[89] Sun Y, Xie J, Peng T, et al. A new method based on time-resolved fluoroimmunoassay for the detection of streptomycin in milk[J]. Food Analytical Methods, 2017, 10: 2262-2269.

[90] Jin Y, Jang J W, Han C H, et al. Development of immunoassays for the detection of kanamycin in veterinary fields[J]. Journal of Veterinary Science, 2006, 7（2）: 111.

[91] Zhao Y, Wei Q, Xu C, et al. Label-free electrochemical immunosensor for sensitive detection of kanamycin[J]. Sensors and Actuators B: Chemical, 2011, 155（2）: 618-625.

[92] Wei Q, Zhao Y, Du B, et al. Ultrasensitive detection of kanamycin in animal derived foods by label-free electrochemical immunosensor[J]. Food Chemistry, 2012, 134 (3): 1601-1606.

[93] Yu S, Wei Q, Du B, et al. Label-free immunosensor for the detection of kanamycin using Ag@ Fe_3O_4 nanoparticles and thionine mixed graphene sheet[J]. Biosensors and Bioelectronics, 2013, 48: 224-229.

[94] Liu J, Zeng J, Tian Y, et al. An aptamer and functionalized nanoparticle-based strip biosensor for on-site detection of kanamycin in food samples [J]. Analyst, 2018, 143 (1): 182-189.

[95] Xu N, Qu C, Ma W, et al. Development and application of one-step ELISA for the detection of neomycin in milk[J]. Food and Agricultural Immunology, 2011, 22 (3): 259-269.

[96] Qin K, Ding M, Zhang C, et al. Development of a sensitive monoclonal antibody-based immunochromatographic strip for neomycin detection in milk[J]. Food and Agricultural Immunology, 2022, 33 (1): 315-327.

[97] Hendrickson O D, Byzova N A, Zvereva E A, et al. Sensitive lateral flow immunoassay of an antibiotic neomycin in foodstuffs[J]. Journal of Food Science and Technology, 2021, 58: 292-301.

[98] Barshevskaya L V, Sotnikov D V, Zherdev A V, et al. Modular Set of Reagents in Lateral Flow Immunoassay: Application for Antibiotic Neomycin Detection in Honey [J]. Biosensors, 2023, 13 (5): 498.

[99] Zhu Y, Son J I, Shim Y B. Amplification strategy based on gold nanoparticle-decorated carbon nanotubes for neomycin immunosensors[J]. Biosensors and Bioelectronics, 2010, 26 (3): 1002-1008.

[100] Dai P, Zhang Y, Hong Y, et al. Production of high affinity monoclonal antibody and development of indirect competitive chemiluminescence enzyme immunoassay for gentamicin residue in animal tissues[J]. Food Chemistry, 2023, 400: 134067.

[101] Beloglazova N V, Shmelin P S, Eremin S A. Sensitive immunochemical approaches for quantitative (FPIA) and qualitative (lateral flow tests) determination of gentamicin in milk[J]. Talanta, 2016, 149: 217-224.

[102] Bojescu E D, Prim D, Pfeifer M E, et al. Fluorescence-polarization immunoassays within glass fiber micro-chambers enable tobramycin quantification in whole blood for therapeutic drug monitoring at the point of care[J]. Analytica Chimica Acta, 2022, 1225: 340240.

[103] Schnappinger P, Usleber E, Märtlbauer E, et al. Enzyme immunoassay for the detection of streptomycin and dihydrostreptomycin in milk[J]. Food and Agricultural immunology, 1993, 5 (2): 67-73.

[104] Haasnoot W, Stouten P, Cazemier G, et al. Immunochemical detection of aminoglycosides in milk and kidney[J]. Analyst, 1999, 124 (3): 301-305.

[105] Armstrong D W, Liu Y S, He L, et al. Potent enantioselective auxin: indole-3-succinic acid[J]. Journal of Agricultural and Food Chemistry, 2002, 50 (3): 473-476.

[106] Okerman L, Van Hende J, De Zutter L. Stability of frozen stock solutions of beta-lactam antibiotics, cephalosporins, tetracyclines and quinolones used in antibiotic residue screening and antibiotic susceptibility testing[J]. Analytica Chimica Acta, 2007, 586 (1-2): 284-288.

[107] Ueno M, Masutani H, Arai R J, et al. Thioredoxin-dependent redox regulation of p53-mediated p21 activation[J]. Journal of Biological Chemistry, 1999, 274 (50): 35809-35815.

[108] Beltrán M C, Romero T, Althaus R L, et al. Evaluation of the Charm maximum residue limit β-lactam and tetracycline test for the detection of antibiotics in ewe and goat milk[J]. Journal of Dairy Science, 2013, 96 (5): 2737-2745.

第 13 章
四环素类
药物残留
分析

四环素类药物是一类较早应用于临床的抗生素，因其分子结构中含有并四苯环而得名。此类药物属广谱抗生素，对革兰氏阴性菌、革兰氏阳性菌、螺旋体、衣原体、立克次体、支原体、放线菌及阿米巴原虫都有较强的抑制作用。因其价格低廉，抗菌效果显著，被广泛用于畜牧养殖业。目前，已有四环素类药物可分为天然和人工半合成两种类型，天然四环素有四环素（tetracycline）、金霉素（chlortetracycline）、土霉素（oxytetracycline）和地美环素（demeclocycline），人工半合成品包括多西环素（doxycycline）、美他环素（metacycline）、赖氨四环素（lymecycline）、米诺环素（minocycline）、山环素（sancycline）、氢吡四环素（rolitetracycline）、替加环素（tetracycline）、甲氯环素（meclocycline）等。

　　1948 年，Benjamin Duggar 从金霉素链霉菌（*Streptomyces aureofaciens*）菌株中发现了第一个四环素类药物金霉素，同年年底，该药物被 FDA 批准用于临床。1950 年，Finlay 等在龟裂链霉菌中发现了土霉素并在同年被 FDA 批准。1952 年，Woodward 测定了金霉素与土霉素的结构，为合成新的四环素类药物奠定了基础。1954 年，Conover 等对金霉素进行结构改造，合成了一种溶解度更好、效力更高的化合物，被命名为四环素，同年被 FDA 批准。因此，金霉素、土霉素及四环素被称为第一代四环素类药物。在随后几年中，Blackwood 合成了美他环素，Stephens 合成了多西环素，Lederle 合成了地美环素，Church 合成了米诺环素，它们被称为第二代四环素类药物。2005 年，替加环素被研制成功，用于治疗对其他四环素类药物耐药的细菌感染，标志着第三代四环素类药物的诞生。在之后的十几年中，没有新的四环素类药物出现，直至 2018 年依拉环素（eravacycline）、萨瑞环素（sarecycline）和奥玛环素（omadacycline）三种新药上市，用于治疗不同类型的细菌感染，标志着四环素类药物的“复苏”[1]。

13.1

结构与性质

　　四环素类药物是含两个酮基和烯醇烃基的共轭体系，包含烯醇烃基、酚烃基、酰氨基、二甲氨基等取代基，其基本化学结构由 4 个环组成，为四环素核心结构。A 环中 C1-C4 位及 C10-C12a 位的取代基是抗菌活性的基本药效团，6-脱氧-6-去甲基四环素是保持抗菌活性的最基本分子，被认为是该类结构的最小药效团。C5-C9 位的上下位区域可连接各种官能团从而产生不同活性的衍生物[2]，也就是说改变四环素亲水性部分 C1-C4 位及 C10-C12a 位会改变甚至丧失抗菌活性，而修饰四环素疏水性 C5-C9 部分可以保持甚至提高抗菌活性[1]。因二甲氨基显碱性、酚羟基和烯醇基显酸性，所以四环素类药物属于酸碱两性化合物。此类药物在干燥避光的情况下比较稳定，但遇光易变色。在酸、碱条件下均易发生变性反应，相对来说在酸性条件下更稳定，碱性条件和高温会促进其分解，因此，常用的药品为其盐酸盐[3]。

13.2

抗菌机制

四环素类药物的抗菌机制是与细菌的核糖体结合从而干扰细菌蛋白质合成，通过此种方式来抑制细菌的生长。细菌的核糖体上及 tRNA 上均有四环素的结合位点，其中 tRNA 上为主要干扰位点。此类药物以被动扩散的方式通过细菌的细胞膜进入细菌体内，与细菌 70S 核糖体中的 30S 亚基结合，阻断氨基酰-tRNA 进入其作用位点，从而阻断了细菌蛋白质的合成。这种机制虽不能杀死细菌，但能有效抑制细菌增长[4]。动物核糖体是 80S，由 40S 和 60S 亚基组成，四环素类药物不能结合 40S 亚基，因此它们对动物及人的细胞没有作用。

13.3

毒理学

四环素类药物抗菌效果虽好，但大量滥用或不遵守休药期也会带来巨大危害。持续使用大量四环素，会使动物体内菌群分布发生改变，即敏感菌受到抑制，耐药菌大量繁殖，从而造成不同程度感染。此类药物代谢需经肝脏浓缩随胆汁进入肠道后再吸收，排出时又经肾小球滤过，因此对肝、肾的毒性较大。此外部分畜禽用药后会出现过敏反应，轻度患畜皮肤出现红斑及荨麻疹，重度造成肝肾功能损伤，食欲废绝，个别患畜会突然死亡。四环素类药物的残留可通过动物源性食品进入人体中，引发人体肠道菌群紊乱、肝肾毒性、过敏反应及抗药性等不良反应。

13.4

国内外残留限量要求

为了保证食品的安全，国际食品法典委员会、欧盟、中国、美国、加拿大等对动物源性食品中四环素类药物最大残留限量（MRL）做了严格规定，如表 13-1[5-9]。GB 31650—2019《食品安全国家标准　食品中兽药最大残留限量》中将四环素、土霉素、金霉素和多西环素界定为动物源性食品允许使用但需制定最大限量的药物，猪肝中四环素、土霉素、金霉素单个或组合限量为 $600\mu g/kg$，多西环素的限量为 $300\mu g/kg$；国际食品法典、加拿大以及欧盟对猪肝中四环素限量分别为 $600\mu g/kg$、$600\mu g/kg$ 和 $300\mu g/kg$。美国规定肌肉中四环素残留总量≤0.2mg/kg，牛奶中≤0.4mg/kg。欧盟和我国规定在动物肌肉组织和奶中四环素的残留量≤100μg/kg。

表 13-1　各地对畜产品中的四环素类物质的限量规定

国家/地区/国际组织	四环素类药物	产品种类	部位	限量标准/(μg/kg)
中国(GB 31650—2019)	多西环素	牛(泌乳牛禁用)	肌肉	100
			脂肪	300
			肝	300
			肾	600
		猪	肌肉	100
			皮+脂	300
			肝	300
			肾	600
		禽(产蛋禽禁用)	肌肉	100
			皮+脂	300
			肝	300
			肾	600
		鱼	皮+肉	100
	四环素、金霉素、土霉素	牛、羊、猪、家禽	肌肉	200
			肝	600
			肾	1200
		牛、羊	奶	100
		家禽	蛋	400
		鱼	皮+肉	200
		虾	肌肉	200
欧盟	四环素、土霉素、金霉素	所有食品生产用	蛋	200
			肝脏	300
			肌肉	100
			奶	100
			肾脏	600
	多西环素	牛	肝脏	300
		牛	肌肉	100
		牛	肾脏	600
		猪	肝脏	300
		猪	肌肉	100
		猪	肾脏	600
		猪	脂肪	300
		禽	肝脏	300
		禽	肌肉	100
		禽	肾脏	600
		禽	脂肪	300
美国	四环素	动物	肌肉	200
			肝脏	600
			肾脏	1200
		牛	奶	400
食品法典委员会	四环素类	牛	奶	100
		牛、猪	肉	200
		牛、猪	肝脏	600
		禽类	蛋	400
			肉	200
			肝脏	600

国家/地区/国际组织	四环素类药物	产品种类	部位	限量标准/(μg/kg)
加拿大	四环素类	禽类	蛋	400
			肌肉	200
			肝脏	600
		牛	奶	100
		牛和猪	肌肉	200
		牛和猪	肝脏	600

13.5

样品处理方法

13.5.1 样品类型

四环素类在食品中的残留多见于蛋类（鸡蛋、鸭蛋）、动物肝脏、肾脏（猪肝、鸡肝）、乳及乳制品（牛奶）以及以此为基础制成的婴幼儿辅食、肉类、蜂蜜[9,10]、小麦、黑麦、谷物[9,10]、水[11]、加工食品等。其中乳及乳制品包括液态奶、调味奶和乳饮料、雪糕、冰激凌、酸奶和乳粉等。肉类制品包括新鲜猪肉、鱼肉、鸡肉的肌肉、皮和脂肪组织，以及以此为基础的加工卤肉制品。

13.5.2 样品制备与提取

目前，HPLC 及 LC-MS 法是四环素类检测方法研究与应用的主要技术，将仪器检测方法和样品前处理方法有机融合可实现目标残留物的高效检测。常用的四环素类药物提取方法包括液-液萃取法、固相萃取法、分散固相萃取法等。随着自动化技术和新材料的快速发展，传统方法不断得到改进，开发了液-液微萃取、固相微萃取、分散固相微萃取等微萃取方法。

13.5.2.1 液-液萃取法

液-液萃取法（LLE）是指利用分析物在两种互不相溶（或微溶）的溶剂中溶解度或分配系数的不同，在分离的液体混合物中加入一种与其不相溶（或微溶）的液体，从而达到将目标分析物分离提取的方法。Mookantsa 等[12] 建立了检测牛肉样品中四环素类药物的分散液-液微萃取方法。具体提取方法为：在 1g 牛肉中加入 6mL 提取液（水：乙腈＝8：1，体积比）、300mg 硫酸镁、150mg 氯化钠和 50mg 柠檬酸钠涡旋均匀，离心后收集上清液，进行进一步净化。该方法的检测限为 2.2～3.6μg/kg，定量限为 7.4～11.5μg/kg，

回收率为 $80\% \sim 105\%$。Cherkashina 等[13] 开发自动盐析辅助液-液萃取法提取尿液中的四环素，并用 HPLC-UV 系统检测该方法的有效性。结果显示在 $0.5 \sim 20mg/L$ 的浓度范围内呈线性，检测限为 $0.15mg/L$。

13.5.2.2　固相萃取法

固相萃取法（SPE）是最常采用的样品前处理方法，因为溶剂消耗少、经济实惠，成为液-液萃取法的替代方法。其基于萃取介质对目标分析物的吸附作用，选择性洗脱的液相色谱分离原理，样品被吸附后，不同强度溶剂分别除去杂质，洗脱、收集待测物。根据吸附材料的材质和适用范围，目前的 SPE 柱可分为键合硅胶 C_{18}、C_8 SPE 柱，多孔苯乙烯-二乙烯基苯共聚物 SPE 柱，石墨碳 SPE 柱，离子交换树脂 SPE 柱，以及金属配合物吸附剂 SPE 柱等。由于该方法专属性较好，抗干扰作用强，新型吸附介质的开发应用成为其重要的发展方向之一。聚多巴胺（PDA）[14] 与目标分析物之间的各种相互作用，如π-π 堆积、静电作用、疏水作用和氢键而具有良好的亲水性和生物相容性。研制了 PDA 功能化的聚苯乙烯（PS）纳米纤维膜（PDA-PSNFsM），建立 PDA-PSNFsM 的新型 SPE 方法，结合 UPLC-MS/MS，测定淡水鱼中四环素类残留，具有良好的灵敏度、准确度和精密度。

13.5.2.3　分散固相萃取法

分散固相萃取法（dispersive solid-phase extraction，DSPE）是美国农业部于 2003 年起提出使用的一种样品前处理技术。该方法的核心是乙腈为基础提取剂，将净化吸附剂直接分散于待净化的提取液中，吸附基质中的干扰成分，具有前处理时间短、溶剂用量少、操作简单、回收率高的特点。其中 QuEChERS 技术由于具有快速、简单、经济、高效、耐用、安全等诸多优点迅速在四环素类药物的残留检测中得到推广应用。此法所用的提取液多为有机试剂与氯化钠等相关盐类的组合。乙腈和 EDTA 组合用于鸡蛋中的四环素类药物的提取，EDTA-McIlvaine、乙酸乙腈、氯化钠、硫酸钠组合提取猪肉中的四环素等[15]。Wang 等[16] 通过 QuEChERS 技术从牛奶中提取四环素（土霉素、四环素、金霉素、多西环素），然后建立了高效液相色谱检测方法，在 $100 \sim 200\mu g/kg$ 范围内的回收率为 $83.07\% \sim 106.3\%$，相对标准偏差为 15.5%。基质固相分散萃取法（matrix solid-phase dispersion，MSPD）是将涂有 C_{18} 等多种聚合物的萃取材料与待测样品研磨到半干状态的混合物装柱，然后进行不同溶剂洗脱。其优点在于集样品匀化、萃取、净化等过程于一体，样品处理简便快捷，避免了被测物的损失[17]。

13.5.2.4　超声波辅助萃取法

超声波辅助萃取法（ultrasonic-assisted extraction，UAE）是基于超声波特殊的物理性质，利用快速机械振动而产生的频率介于 $20kHz \sim 1MHz$ 的超声波作用于样品物质，通过强烈空化效应、快速的质点振动、扰动效应、高的加速度等作用而实现的固-液萃取分离的过程。加速溶剂萃取法（accelerated solvent extraction，ASE）也叫加压液体萃取法，是指通过提高的温度（$50 \sim 200℃$）和压力（$10.3 \sim 20.6MPa$），使分析物从固体或半固体样品中萃取到溶剂中的一种新颖的样品前处理方法。加速溶剂萃取法具有有机溶剂用量少、环保、快速、便捷、基质影响小、回收率高和重现性好等优点。由于四环素自身的强极性，常用的提取试剂包括水、乙腈、甲醇、盐酸；又因此类药物易与金属离子螯合，乙二胺四乙酸（EDTA）溶液、三氯乙酸溶液、柠檬酸盐缓冲液、磷酸盐缓冲液以及较常用的 EDTA-McIlvaine 缓冲液（pH 4.0）用于螯合金属离子防止其在提取过程中与四环素形成螯合物。实际检测应用中，上述提取液可通常组合提取试剂并优化配比以获得最优效果，如水、乙腈、硫酸镁、氯化钠和柠檬酸钠组合提取牛肉中的四环素[18]。若单独使用，通常需要优化提取条件并辅助超声处理提高样品的回收率。如优化萘甲酸的离子液体作为"非有机溶剂"提取液测定牛奶和鸡蛋中四环素类药物[19]，检测限为 $0.08\sim0.46\mu g/kg$，定量限为 $0.25\sim3.69\mu g/kg$，回收率为 $94.1\%\sim102.1\%$。也有研究者采用 5% 高氯酸溶液作为提取液，超声 20min 辅助提取鸡蛋中的四环素类药物，该法获得的提取液经滤膜过滤后直接就可以进样，无须复杂净化过程[20]。需注意的是，对于脂肪含量较高的样品，直接使用 EDTA-McIlvaine 缓冲液（pH 4.0）通常效果不佳。可先用极性较小的有机溶剂将脂肪组织溶解，正己烷、叔丁基甲醚、二氯甲烷、丙酮、乙腈等有机溶剂进行液-液反萃取，待充分溶解后，再用 EDTA-McIlvaine 缓冲液（pH 4.0）进行萃取[21]。由于动物组织中蛋白质和脂肪含量丰富，用缓冲盐提取后需进一步采用乙腈、三氯乙酸溶液、高氯酸溶液或硫酸和钨酸钠来沉淀组织中的蛋白质和脂肪再进行净化操作。

13.5.3　样品净化方法

四环素药物提取完成之后，需对提取液进行进一步的净化以用于后期检测。常见的净化方法有固相萃取柱净化法、磁性材料净化法、分子印迹净化法、二氧化硅-石墨烯净化法等。

13.5.3.1　固相萃取柱净化法

固相萃取过程所用到的萃取柱，兼具萃取和净化两个功能。用于四环素净化的固相萃取柱包括 C_{18}、HLB、BRP、MAX、HLB-PRS、HLB-COOH，以及快速除脂净化的 PRiME-HLB、EMR-Lipid。BRP 萃取柱吸附容量约为 C_{18} 键合硅胶固定相的 $3\sim10$ 倍，净化效果等同于 Oasis® HLB 固相萃取柱。HLB 柱应用最为广泛。Zhao 等[22] 合成了一种新型的亲水-亲脂平衡（HLB）固相萃取吸附剂——微孔共价三嗪-三苯基聚合物（CTP CC-TP），并将其用于动物源性食品样品中四环素类药物的净化和萃取，结合高效液相色谱-紫外光谱进行检测，方法检测限在 $8.0\sim16.8\mu g/kg$ 范围内。目前沃特世公司已实现 SPE 柱 PRiME-HLB 的商业化生产，安捷伦公司的 EMR-Lipid SPE 柱、d-SPE EMR-Lipid 等 QuEChERS 试剂也已应用于实际净化实验中。C_{18} 与 PSA、乙酸钠净化剂组合也可用于四环素的净化。净化样品时需根据样品性质选择合适的吸附剂，以免待测物的损失。Rashid 等[23] 使用 5mL MeOH 和 MeCN（1∶3，体积比）对被 Na-EDTA-McIlvaine 缓冲液溶解的冻干沉积物样品进行萃取后，使用 100mg C_{18} 和 PSA（1∶2，质量比）的混合物以及 50mg $MgSO_4$ 进行净化，结合 LC-MS/MS 进行检测，结果显示该提取净化方法的基质干扰较小。正己烷也可用于四环素提取液的净化，过程需控制用量及比例。Saxena 等[24] 采用超高效液相色谱-串联质谱技术，开发了可检测水产养殖虾中氟喹诺酮类、磺胺类和四环素类药物的方法。该方法使用含有 0.1% 甲酸的乙腈萃取，然后用正己烷和 0.1% 甲醇进行净化。该方法根据欧盟委员会第 2002/657 号决定进行了验证，在 $5\sim200\mu g/kg$ 浓度范围内呈线性，定量限为 $5\sim10\mu g/kg$，回收率为 $83\%\sim100\%$，重现性好。

13.5.3.2 磁性材料净化法

1996年，Towler等首次使用二氧化锰包裹磁球（Fe_3O_4）作为吸附剂回收水样中的镭、铅、钋之后，磁性材料逐步应用到样品前处理过程中。磁性材料净化法是先将磁性材料直接加入到样品溶液中快速吸附目标分析物，然后通过施加外部磁场将吸附目标分析物的磁性材料与样品分离，之后用适当的洗脱溶液洗脱目标分析物。该技术能够降低样品基质干扰，且磁性材料比表面积大、分散性能好、吸附效率高，有效减少了有机试剂的使用，是一种操作简单、环境友好型净化方法。在磁性材料的开发和应用方面，铕和铽包被的磁性纳米材料、乳酸-纳米磁铁复合物、β-环糊精官能化的磁性石墨烯材料、新型磁性石墨烯管等均可作为磁性材料用于动物肌肉、牛奶中四环素类药物的净化。Castillo-García等[25]使用铕和铽包被的磁性纳米材料作为吸附剂建立了检测动物肌肉中四环素类的分散固相微萃取法，该方法的回收率为61.5%～102.6%。Yu等[26]以乳酸-纳米磁铁复合物为净化材料，建立牛奶中四环素类药物检测方法，回收率为95.2%～106.2%。Nour等[27]使用β-环糊精官能化的磁性石墨烯开发了用于检测牛奶中四环素类药物的前处理方法，该方法的回收率为70.6%～121.5%。Wang等[28]以新型磁性石墨烯管作为高效、可回收吸附剂开发了样品前处理方法，用于测定牛奶样品中的四环素类药物残留，回收率为91.6%～109.7%。张利萍等[29]根据限进材料特性，发展了限进介质-磁性微球（RAM-MM）的制备新方法，实现了牛奶样品中四环素的选择性富集和有效净化。

13.5.3.3 分子印迹净化法

分子印迹净化法是以特定的目标分子为模板，制备具有特异选择性的聚合物，该聚合物可以选择性结合样本中的目标分析物。在四环素类药物的检测分析中，以四环素为模板分子合成了分子印迹聚合物，对功能单体、交联剂、致孔剂、引发剂等参数进行优化，光、热、引发剂等特定条件下引发合成。以磁性分子印迹聚合物为例，通常以Fe_3O_4作为磁性无机材料置于高分子骨架材料中。可通过表面印迹聚合法、沉淀聚合法、乳液聚合法、悬浮聚合法、本体聚合法、原子转移自由基聚合法等方法合成。合成的印迹分子通过傅里叶红外光谱、扫描电镜以及热重分析进行结构表征。吸附动力学实验、平衡结合实验以及选择性实验对其进行吸附性能表征。在实际应用中，通常将分子印迹聚合物作为吸附剂，与固相萃取柱结合用于样品净化。随后通过筛选处理样品过程的上样液、洗涤液、洗脱液等[30]，获得待测物中的四环素分子，在奶粉、牛奶、猪肉的四环素药物残留检测中均有报道。

Niu等[31]将改性二氧化硅表面的四环素（TC）分子印迹聚合物［MPS/SiO_2采用四环素为模板分子，乙二醇二缩水甘油醚（EGDE）为交联剂］作为分子印迹固相萃取（MISPE）的选择性吸附剂用于牛奶中四环素药物的吸附，加标回收率为81.1%，检出限（LOD）为25μg/L。冯梦晓[30]以金霉素为模板分子，甲基丙烯酸为功能单体，模板∶单体为1∶4合成分子印迹聚合物，并制备固相萃取柱。可实现四种四环素的高效捕获，在此基础上结合高效液相色谱法进行检测，检出限为20～40ng/g。梁金玲[32]通过本体聚合法和回流沉淀聚合法制备了对四环素类抗生素具有高选择性吸附的磁性分子印迹聚合物，并以此聚合物为固相吸附剂，与液相色谱联用检测鸡肉、鱼肉、牛奶样品中的四环素类抗生素残留，检出限为1.1～2.9μg/L，加标回收率为76%～93%。

为解决常规悬浮聚合方法模板分子、亲水性单体、磁性颗粒泄漏，高黏度交联剂分散和微球粘连等问题，赵晨曦[33]建立了反相乳液-悬浮聚合制备磁性分子印迹聚合物微球的新方法，并开发限进介质-磁性微球、限进介质-分子印迹磁性微球，具备内层疏水外表面亲水的优越性能，同时具备选择性强、净化效果好、对蛋白质有效排除的特点。磁性微球实现了选择性磁分散萃取-液相色谱测定牛奶中的四环素残留，回收率为 $72.8\%\sim 93.4\%$，检出限为 $4.62\mu g/kg$。限进介质-磁性分子印迹复合微球应用于牛奶样品中四环素抗生素残留的分离分析，其回收率为 $\geqslant 80.2\%$，检出限为 $\leqslant 5.82\mu g/kg$。徐媛结合表面分子印迹技术和磁性分离技术的优势，以氨基修饰的磁性纳米粒子为载体，多巴胺和牛血清蛋白为双功能单体，与牛奶样品中的酪蛋白发生静电相互排斥避免吸附作用，更有利于与聚合物中的选择性位点结合。

分子印迹聚合物具有良好的稳定性以及较强特异性识别能力，在电化学传感器的制备方面得到广泛的应用。高林等[34] 制备了检测四环素及其结构类似物的分子印迹电化学传感器，并优化制备与检测条件。结果表明，该传感器可用于食品中四环素及其类似物的检测，且传感器选择性及稳定性良好，抗干扰能力强。虽然分子印迹净化法具有预定性强、使用寿命长、稳定性好、选择性高、可重复利用等优点，但是成本较高，自动化程度略差，制备时耗费大量有害试剂，后期需要朝着高效、绿色、可持续的方向发展，并与在线 SPE 装置、传感装置联用，实现自动化检测。

13.6

残留分析技术

13.6.1 仪器测定方法

13.6.1.1 色谱法

高效液相色谱技术（HPLC）是四环素检测过程中最常用的一种技术，在乳及乳制品、猪肝、鸡肝、猪肉、鸡肉、鸡蛋、鱼肉、虾肉中的四环素类药物残留检测中应用广泛[35,36]。农业部 958 号公告-2-2007 中制定了猪、鸡可食性组织中四环素类的高效液相色谱检测法，其中猪、鸡肝脏组织中检测限为 $25\mu g/kg$，定量限为 $50\mu g/kg$；猪、鸡肌肉组织中检测限为 $10\mu g/kg$，定量限为 $20\mu g/kg$；猪肉肾脏中检测限为 $30\mu g/kg$，定量限为 $50\mu g/kg$。李慧素等[37] 优化并建立了 10 种不同动物源性食品中四环素类药物多残留的高效液相色谱检测方法，对四环素类药物在猪、牛、羊、鸡的肝脏、肾脏，猪和鸡的皮＋脂肪中的检测限为 $50\mu g/kg$，定量限为 $100\mu g/kg$；在 $100\sim1200\mu g/kg$ 添加范围内，土霉素、四环素、金霉素和多西环素的回收率为 $61\%\sim118.5\%$，批间变异系数为 $0.4\%\sim 14.5\%$。GB 31658.6—2021 中规定了高效液相色谱法检测动物性食品中的四环素类药物残留量，在猪、牛、羊、鸡的肌肉，鸡蛋，牛奶，鱼皮＋肉，虾肌肉中检测限为 $20\mu g/kg$，定量限为 $50\mu g/kg$；在猪、牛、羊、鸡的肝脏、肾脏，猪、鸡的皮＋脂肪中的检测限为 $50\mu g/kg$，定量限为 $100\mu g/kg$。传统 HPLC 在等度洗脱过程中只能检测四环素、土霉素、金霉素、多西环素。由于四环素分子中含酚羟基和烯醇型羟基，正相键合相色谱柱极性很大，存在洗脱困难、保留时间过长的问题。因酚羟基和烯醇型羟基显弱酸性，二甲氨基显碱性，四环素类药物多为两性化合物，在反相键合相的条件下，调节 pH 值至合适范围可充分分离目标分析物。佘永新等[38] 使用反相高效液相色谱法对牛奶中 7 种四环素类药物的残留水平进行了快速检测。为了改善传统高效液相色谱法的检测速度和范围，张萍等[39] 将二极管阵列检测器（DAD）与液相色谱系统结合（HPLC-DAD），该法可同时检测鸡蛋中 8 种四环素类，根据所得的 HPLC-DAD 色谱图信息，建立起一个包含各对照品的相对保留时间比值和多波长检测峰面积比值的数据库，搭建一个检索平台，用于基层检验部门和快检车载系统的实际样品快速筛查。四环素类药物如土霉素可与 Ca^{2+}、Mg^{2+} 等络合生成具有荧光的络合物。针对这一特性，在流动相中直接加入 $CaCl_2$ 产生荧光，可建立 HPLC-荧光法用于牛奶中土霉素、四环素残留的测定[40]。

高效液相色谱的色谱柱如十八烷基硅胶键合柱的粒径通常为 $5\mu m$，相比之下，超高效液相色谱柱所用粒径为 $1.7\sim3.5\mu m$，加之其中超高压输液泵的使用，更有利于物质的分离。可检测到比高效液相色谱多 1 倍的色谱峰，分析速度、灵敏度、分离度分别是高效液相色谱法的 9 倍、3 倍、1.7 倍。可减少溶剂用量，缩短分析时间，降低分析成本。在药物分析、食品分析、生化分析、环境分析等领域均有应用[41]。李桂琴[42] 采用超高效液相色谱法对牛奶及奶制品中四环素类药物残留进行同时检测，回收率在 89.75%～92.26%，实际样品检出率为 100%。与高效液相色谱-荧光法过程类似，Guo 等[43] 建立一种灵敏、快速、高效的超高效液相色谱-荧光检测（UPLC-FLD）方法，用于检测家禽蛋中四环素、土霉素、多西环素等，其检测限和定量限分别为 $0.1\sim13.4\mu g/kg$ 和 $0.3\sim40.1\mu g/kg$。

13.6.1.2 质谱法

相比于高效液相色谱法，液相色谱串联质谱法（LC-MS/MS）具有前处理简单、定性定量准确、检测灵敏度高等优点，在畜禽产品、饲料[44]、鱼虾产品[45] 中四环素类药物的检测过程中均有应用。农业部 1025 号公告-12-2008 公布了猪肉、鸡肉中的四环素类高效液相色谱-串联质谱检测法，检测限为 5ng/g，定量限为 10ng/g。在此基础上，王艳阳[46] 通过优化 LC-MS/MS 的检测条件，实现了畜禽肉中 4 种四环素类的分离与检测。该方法的检出限为 $0.1\mu g/kg$，加标回收率大于 80%，RSD<1%，仪器的重现性好。黄英[47] 优化条件后对鸡肉中四环素、土霉素、金霉素和多西环素残留量进行测定，检出限和定量限分别为 $5\mu g/kg$、$10\mu g/kg$，方法准确度高。GB 31658.17—2021 采用液相色谱-串联质谱法测定牛、羊、猪和鸡的肌肉、肝脏和肾脏组织中四环素类（四环素、金霉素、土霉素、多西环素），检测限为 $2\mu g/kg$，定量限为 $10\mu g/kg$。

超高效液相色谱-串联质谱技术（UPLC-MS/MS）同传统的 LC-MS/MS 相比，具有更好的检测灵敏度、准确度和重复性，且大大缩短检测时间，能更好地满足多残留高通量、高精度的检测需求。石春红等[48] 建立了 UPLC-MS/MS 检测动物源性食品鱼肉、牛奶中四环素类药物残留量的方法，四环素、土霉素、金霉素、多西环素的检出限均为 $2.5\mu g/kg$。张鑫等[49] 通过优化此法检测 7 种动物源性食品中四环素、土霉素、金霉素、多西环素的残留量，猪肉、鸡肉、鸡蛋、鱼肉、牛奶中四环素类药物残留的最低定量限为 $10\mu g/kg$，猪肾、猪肝最低定量限为 $20\mu g/kg$。陈艳等[50] 建立了对市售卤肉制品中的四环素、金霉素、多西环素、土霉素等四环素类药物残留检测的 UPLC-MS/MS 方法。在

$0.1\sim10\mu g/mL$ 范围内，该方法呈现良好的线性关系，线性相关系数大于 0.99。皮璟渔等[51] 采用此法分别对鸭蛋中的四环素类药物残留进行检测分析。其检出限为 $0.2\sim1.0\mu g/kg$，线性关系良好，线性相关系数均大于 0.99。上述检测方法多使用外标法定量，在快速处理复杂样品的基质效应定量准确性方面存在一些不足。基质加标法与同位素加标均可一定程度上克服上述缺点。前者需要找到合适的空白样本，制备工作曲线；后者无须担心待测物损失，可很好地降低基质效应的影响，保证测定结果准确可靠。刘善菁[52] 采用 UPLC-MS/MS 同时测定猪肝中 4 种四环素类药物，用 2 种同位素内标对猪肝中 4 种四环素类药物进行定量，有效克服了基质干扰与操作损耗对定量结果的影响。结果准确，回收率超 90%，适合大批量猪肝样品的快速定量分析。刘柏林等[53] 采用同位素内标-超高效液相色谱-串联质谱法测定鸡肉、鸡蛋中四环素残留量，在 $0.1\sim50.0\mu g/L$ 的浓度范围内线性关系良好，线性相关系数大于 0.9927，检出限为 $0.1\sim0.20\mu g/kg$，平均回收率为 $60.6\%\sim117.9\%$。在水产品的四环素类残留检测方面，林荆等[54] 采用此法建立适用于鳗鱼、虾等水产品中的四环素类药物残留的超高效液相色谱-串联质谱法检测法，检出限达 $2.5\mu g/kg$。

13.6.2 免疫测定方法

13.6.2.1 半抗原与免疫抗原

（1）半抗原的合成与鉴定　四环素类药物半抗原的合成方法主要有霍夫曼降解法、重氮偶合法。此类药物分子中的酰胺与次氯酸钠或次溴酸钠的碱溶液作用时，脱去羰基生成伯胺，在反应中使碳链减少一个碳原子但生成一个游离氨基的方法即为霍夫曼降解法。芳香伯胺与亚硝酸在低温下作用生成重氮盐，再与含有苯环的化合物偶联的反应为重氮偶合法。合成的半抗原可通过溶液颜色、红外扫描以及液质联用（LC-MS）的方法进行鉴定。尤其是 LC-MS 法，它通过分析产物的阴阳离子，计算出半抗原的分子量与理论值是否一致，并可通过质谱图中杂峰的多少来判断所得半抗原的纯度。

2010 年，王硕等[55] 在亚硝酸钠的作用下将对氨基苯甲酸重氮化后与四环素进行偶联合成了四环素半抗原，通过分析质谱图及计算理论分子质量发现，重氮化的对氨基苯甲酸，以及与四环素偶联后合成的半抗原的分子量与理论值基本一致且杂峰较少，表明半抗原合成成功且纯度较高。2012 年，Adrian[56] 设计了一种特性良好的免疫半抗原，将美他环素与 3-疏基丙酸和偶氮二异丁腈混合，通氮反应 12h 后加入 BBr_3 生成美他环素半抗原。经红外光谱扫描法确证，证明 B 环连接了硫代羧基，成功制备了美他环素半抗原。2013 年，高峰[57] 用重氮法将多西环素、金霉素与对氨基苯乙酸连接，引入羧基，制备成半抗原。在重氮偶合过程中溶液由黄色变成红色，表明生成新的化合物。同时红外扫描结果显示合成的新化合物增加了偶氮键和羧基，证明多西环素与金霉素的半抗原合成成功。

（2）免疫抗原的合成与鉴定　免疫抗原合成方法主要取决于半抗原的结构，半抗原结构中如含有羧基，可使载体蛋白上的氨基与其结合形成酰胺键，常用方法有混合酸酐法、碳二亚胺法、活化酯法等。如半抗原结构中含的氨基，可采用戊二醛法、重氮化法、卤代硝基本法等。如半抗原中同时含有羧基和氨基，为减少自身偶联，可先将氨基保护起来，待羧基偶联结束后再恢复氨基，也可以先对羧基进行保护，然后与载体蛋白偶联[58]。

免疫抗原的鉴定主要有紫外光谱扫描法、红外光谱扫描法和十二烷基硫酸钠-聚丙烯酰胺凝胶电泳（SDS-PAGE）法。

2007 年，Zhang 等[59] 利用重氮法与甲苯胺法合成了四环素-邻联甲苯胺-卵清蛋白偶联物（TC-tolidine-OVA）和四环素-邻联甲苯胺-牛血清白蛋白偶联物（TC-tolidine-BSA），然后分别检测了四环素、邻联苯甲胺、卵清蛋白、牛血清白蛋白、TC-tolidine-OVA 和 TC-tolidine-BSA 在 250～600nm 的紫外光谱。结果表明，在两种偶联物的紫外光谱扫描图中，四环素的最大吸收峰发生偏移且拥有半抗原的特征峰，证明偶联物合成成功。2016 年，张桂贤[60] 利用霍夫曼降解法先将盐酸四环素减少一个碳原子生成伯胺盐，通过重氮化反应使伯胺盐生成重氮盐，再与四环素偶联合成半抗原，最后与蛋白质偶联生成免疫原和包被原。对偶联产物采用三氯化铁及紫外扫描法进行鉴定后证明偶联成功，且免疫原和包被原的摩尔结合比分别约为 3.4∶1 和 4.2∶1。2020 年，曹金博[58] 用甲醛法和重氮法合成了四环素的免疫抗原，配制了浓度与免疫原相同的四环素标准品溶液和 BSA 溶液，在 220～350nm 波长范围内利用紫外分光光度计扫描，发现合成的免疫原包含半抗原的特征峰位置发生偏移，表明偶联成功。除此之外，曹金博还利用 SDS-PAGE 法进行了二次确证，发现免疫原分子量大于 BSA 且有拖尾现象，也证明免疫原合成成功。

13.6.2.2 抗体制备

（1）多克隆抗体　多克隆抗体是由多个抗原决定簇刺激机体产生的，相当于多个抗原表位的抗体的混合物。2014 年，Wang 等[61] 制备了两种四环素半抗原，采用曼尼希反应合成了完全抗原，用于制备针对四环素的多克隆抗体。结果显示血清滴度小于 1∶4000，可对八种四环素类药物进行检测，其中对 4-epitoracycline 与 roliteracycline 两种类似物的交叉反应率分别高达 55% 与 77.8%。2019 年，赵丽花等[62] 采用碳二亚胺法制备四环素完全抗原，将制备好的免疫抗原对鼠进行免疫，免疫结束后进行眼眶取血，获得的四环素多克隆抗体可以识别四环素，抗体效价达到 1∶32000 以上，与氯霉素、特布他林和沙拉沙星均无交叉反应，与金霉素有较高的交叉反应率（70%）。2007 年，Pastor-Navarro 等[63] 利用重氮法合成了四环素、土霉素与金霉素的半抗原，分别连接了载体蛋白 BSA 或 OVA，合成了人工免疫原并免疫新西兰白兔。免疫后十天进行耳缘静脉采血，分离血清进行检测，从非竞争性试验中可以得出结论，与直接偶联法（曼尼希反应）获得的血清相比，Pastor-Navarro 制备的免疫原获得的血清滴度更高。该抗体能识别四环素，对罗利环素（91%）、土霉素（30%）、美他环素（14%）和金霉素（10%）有交叉反应。2007 年，Zhang 等[59] 合成了三种新的免疫原 TC-邻联甲苯胺-BSA、TC4-氨基苯甲酸阳离子化-BSA 和 TC-羰基二咪唑-BSA，分别免疫动物，采血纯化制备了多种抗四环素多克隆抗体。该抗体可识别四环素，对金霉素的交叉反应率高达 112%，但对土霉素交叉反应率小于 2%。2012 年，Jiao 等[64] 利用戊二醛法分别将金霉素和青霉素与 BSA 偶联，制备了一种双半抗原免疫抗原，对新西兰白兔进行八次免疫后获得了一种双特异性多克隆抗体，可同时识别 4 种四环素类药物和 6 种青霉素类药物。

（2）单克隆抗体　与多克隆抗体相比，单克隆抗体具有纯度高、专一性强等优点。2015 年，Chen 等[65] 利用曼尼希法合成了盐酸四环素与 BSA 的偶联物，对小鼠进行多点皮下注射，三次注射后提取小鼠血清，用间接 ELISA 法测定其效价和 IC_{50} 值。选择滴度最高、IC_{50} 值最低的小鼠脾脏细胞与 SP2/0 细胞进行融合，融合后的杂交瘤细胞注射至小鼠腹腔，七天后抽取腹水，纯化后获得了四环素的单克隆抗体。所得抗体能识别四环素，对土霉素、地美环素、美他环素的交叉反应率分别为 21.9％、22.6％、14％，对其他三种四环素类药物的交叉反应率均小于 10.9％。2019 年 Moumita 等[66] 将载体蛋白 BSA 用乙二胺法阳离子化，再用重氮法和曼尼希法连接四环素制备成人工免疫原，并免疫小鼠。三次免疫后，用间接 ELISA 法测定血清效价并筛选出超免小鼠。将其脾脏细胞与 SP2/0 细胞进行融合，通过获得的杂交瘤细胞制备出了四环素的单克隆抗体。该抗体可识别四环素和土霉素，因 4-差向土霉素结构与土霉素相似度高，交叉反应率为 49.2％，对其他四环素类药物的交叉反应率均小于 0.05％。2020 年，曹金博[58] 合成四环素的人工抗原，通过免疫小鼠挑选出敏感性较高的血清，并在此基础上通过细胞融合技术和单克隆抗体筛选技术获得了可稳定产生群特异性单克隆抗体的细胞株。将此细胞株注射到小鼠腹腔内，分泌产生大量单克隆抗体，腹水效价可达到 1:256000 以上。该抗体可识别四环素，对土霉素、金霉素及多西环素有较高的交叉反应率（33％～54％），对其他抗生素（氯霉素、红霉素及庆大霉素）无交叉反应。

（3）**基因重组抗体**　基因重组抗体主要包括嵌合抗体、人源化抗体、全人源化抗体、小分子抗体、双特异性抗体。其中小分子抗体又分为 Fab（由完整的轻链和重链 Fd 构成）、Fv（由 VH 和 VL 构成）、单链抗体（VH 和 VL 之间由一连接肽连接）、双链抗体、三链抗体、单域抗体（仅由 VH 组成）、微抗体、纳米抗体等。但目前针对四环素类药物基因重组抗体的报道较少。2013 年，左伟勇等[67] 以抗四环素单克隆抗体杂交瘤细胞株的总 RNA 为模板，用 RT-PCR 法扩增，经重叠延伸，将轻链和重链基因通过 Linker 连接为完整的单链抗体基因，并插入 PGEM-TEasy 载体，成功表达出四环素单链抗体。2018 年，孟婷等[68] 利用基因重组方法，将现有的四环素单链抗体全长基因克隆到 pET-24 载体中，转化至大肠杆菌 BL21。经 IPTG 诱导后，采用 SDS-PAGE 检测目的蛋白的表达，最后用间接 ELISA 检测表达产物的活性。结果表明，表达的单链抗体能与四环素偶联物 TC-OVA（$P/N > 2$）结合，具有免疫活性。

13.6.2.3　新型识别材料

（1）**受体**　受体（receptor）是指一类介导细胞信号转导的功能蛋白，其能识别并结合环境中的微量配体，通过信号放大系统触发后续的生理反应。因此，受体与配体的结合具有抗原与抗体结合类似的高特异性、高亲和力和可逆性。细菌对四环素类药物产生耐药的主要机制，是通过外排泵将进入细菌的四环素类药物转移出菌体外。在此机制中，四环素阻遏蛋白（TetR）通过与四环素类药物结合来调控外排泵的表达，因此，TetR 可视作此类药物的受体。

2018 年，Wang 等[69] 从 NCBI 数据库中获得 TetR B 族的基因序列，将基因插入载体 pET-32a，经双酶切后确证 TetR B 基因插入成功。重组质粒转化到大肠杆菌感受态细胞 BL21（DE3）中，通过蓝白斑筛选出阳性菌株。经 IPTG 诱导，成功制备了一种四环素受体，结果表明，该 TetR 蛋白可识别 5 种四环素类药物。2021 年，Xia 等[70] 首次合成了一种四环素药物的光亲和标记-活性蛋白谱探针，探针分为报告基团、活性基团、连接部位与光亲和标记基团，其中活性基团具有特异性识别四环素受体的功能。利用该探针，成功从大肠杆菌中捕获了一种天然的 TetR 蛋白，并进行了蛋白身份鉴定。结果表明，该 TetR 蛋白可同时识别 10 种四环素类药物。

（2）**核酸适配体**　核酸适配体是一段短小寡核苷酸序列（DNA、RNA、XNA 或者肽），可形成单链环或螺旋，其常见的构象包括内环、茎、发夹结构、三重体及 G-四链体等，与目标分子具有很高的特异性。它通过静电作用、氢键、范德华力、形状效应或者碱基配对与其靶标进行结合，类似于抗原抗体之间的相互作用[71]。基于这种特性，适配体可以作为识别原件建立生物传感器。

2008 年，Niazi 等[72] 设计合成了 20 种四环素类药物的单链 DNA 适体。单链 DNA 适配体通过改良的 SELEX 方法进行鉴定，分别使用涂有 OTC、TET 和 DOX 的活化磁珠（TMB）作为靶和反靶，选出了七种高亲和力（$K_d=63\sim483nmol/L$）适配体，最终筛选出了能同时识别四环素、土霉素及多西环素的适配体。2008 年，Niazi 等[73] 从 1015 个分子的寡核苷酸文库中选择鉴定出了与土霉素具有高亲和力和特异性结合的单链 DNA 适体。鉴定出三个适配体具有强亲和力，并具有结合 OTC 的选择性（72%～76%），与四环素和多西环素等类似物相比，具有高分子区分性。随后，2009 年 Kim 等[74] 利用同样方法筛选了 DNA 单链适配体，并固定在金叉指阵列上，建立了土霉素电化学传感检测系统。该适配体对土霉素具有高特异性，对多西环素与四环素的电流变化区间仅在 32%～40% 之间，特异性较低。2021 年，刘宁宁[71] 对四环素适配体序列进行了优化，在 3′端插入了不同的嘧啶，开发了 G-四链体双价四环素适配体与 G-三重体四环素适配体，并对三重体适配体进行了突变，结果证明突变的适配体明显提高了检测性能。该适配体只特异性识别四环素，而对其他类抗生素（氨苄西林、林可霉素、氯霉素、庆大霉素、土霉素）没有识别性。2021 年，张小霞[75] 利用三条生物素修饰的 DNA 链和一条含有四环素核酸适配体序列的 DNA 链，通过碱基互补配对合成了 DNA 四面体（TETapt-tet）。同时设计了一条 6-羧基-X-罗丹明标记的核酸适配体互补 DNA 链（ROX-cDNAs）作为荧光信号探针，构建了两种可检测四环素药物残留的磁性探针。该适配体探针可特异性识别四环素，对其他四环素类药物（金霉素、土霉素、多西环素）产生的荧光信号低于四环素，显示出其高特异性识别能力。

（3）分子印迹聚合物　分子印迹聚合物（MIP）是一种在空间结构和结合位点上与模板分子完全匹配的高分子聚合物。该聚合物留有模板分子的"印迹"，因此对模板分子具有专一的选择性结合能力。2019 年，Jiang 等[76] 以米诺环素为模板分子，以甲基丙烯酸为功能单体，以乙二醇二甲基丙烯酸酯为交联剂，合成了一种分子印迹聚合物，并以此为识别元件建立了一种简单的直接化学发光法。结果表明，该聚合物可以识别 5 种四环素类药物。2020 年，Han[77] 以聚苯乙烯二维光子晶体为模板，四环素为模板分子，丙烯酰胺为功能单体，乙二醇二甲基丙烯酸酯为交联剂，采用热聚合法制备了一种二维分子印迹光子晶体（MIPC）。并以其为识别元件制备了一种传感器，用于食品中四环素的检测。当四环素浓度增加到一定程度时，MIPC 的颜色由红变蓝，响应时间小于 10min。经验证，该传感器对多西环素和金霉素的应答率远低于四环素，对四环素表现出高特异性。2021 年，Nawaz[78] 通过双官能团的协同作用，在可见光下制备了一种新型四环素印迹聚合物，用于尿液和牛奶样品中四环素的检测。乙二醇二甲基丙烯酸酯作为交联剂，采用表面等离子体共振和可逆加成断裂链转移机制与 4-氰基-4-[（十二烷基磺基硫代羰基）磺基]戊酸联用，合成了四环素传感器芯片，芯片可重复使用七次以上。设定四环素反射率值为 1，对土霉素、金霉素及氯霉素进行检测，反射率值分别为 0.273、0.033 和 0.072，远低于四环素，对四环素表现出高特异性。

13.6.2.4　免疫分析技术

（1）酶联免疫吸附法　酶联免疫吸附试验（ELISA）是基于抗原抗体的特异性结合

反应，利用酶的放大作用建立的免疫分析技术。ELISA 的基本原理是：将抗体（抗原）包被在固相载体上，然后加入待检样品与酶标抗原（抗体）进行竞争反应，洗涤去掉多余试剂后，加入酶的底物进行显色，根据 OD 值的变化进行定性或定量分析[79]。2007 年，Zhang 等[59] 合成了三种人工免疫原，制备了四环素多克隆抗体，并进行了抗体效价测定。以最佳抗体为基础建立了一种简便的异源间接竞争 ELISA 法对牛奶中的四环素类药物进行检测。该方法对四环素的检测限为 10ng/mL。2008 年，Zhao[80] 制备了金霉素特异性多克隆抗体，并应用于酶联免疫吸附试验。ELISA 对金霉素在六种样品中的检测限为 1.18～1.72ng/g，回收率为 85.5%～96.3%，相对标准偏差为 4%～12%。2009 年，Burkin 等[81] 利用戊二醛法与活化酯法合成了四环素的结合抗原并制备抗体，建立了一种间接竞争 ELISA，可以对 7 种四环素类药物进行检测。该方法对四环素的检测限为 0.1ng/mL，交叉反应率为：四环素（100%）、金霉素（105%）、土霉素（19.8%）、美他霉素（23.6%）、米诺环素（70%）、多西环素（25%）和赖甲环素（50%）。

（2）侧流免疫色谱法　侧流免疫色谱（LFIA）技术是免疫色谱法的一种，可以通过肉眼观察显色情况获得直观的定性结果，也可通过特定检测仪读取标记物的信号强度获得定量结果[82]。2011 年，Le 等[83] 利用胶体金标单克隆抗体建立了一步横向侧流免疫色谱技术，用于快速检测猪组织中多西环素的残留。此方法对多西环素的 LOD 值为 7ng/mL，IC_{50} 值为（22±2）ng/mL，肉眼直接观测时的检测限为 20ng/mL，在肌肉样品的回收率为 81%～95%，肝脏样品的回收率为 81%～92%。2015 年，Taranova 等[84] 以合成的 TC-BSA 为免疫原制备多克隆抗体，建立了一种针对四环素的快速免疫色谱检测方法。该方法的工作浓度范围在 0.06～10ng/mL 之间，检测时间为 10min，视觉检测阈值为 10ng/mL，回收率在 90%～112% 之间。

（3）免疫荧光分析法　1941 年，Coons 等合成了异硫氯酸盐（一种荧光染料），用其对抗体进行标记，首次建立了一种免疫荧光技术。其工作原理是：当荧光素标记的抗体与待测物中的抗原发生结合时，在荧光显微镜或流式细胞仪下呈现特异性荧光反应。目前，免疫荧光技术也被用到了四环素类药物的残留检测。2017 年，李研东等[85] 制备了量子点标记的多克隆抗体，建立了量子点荧光免疫分析方法对肉样中的四环素类药物残留进行检测。对猪肉样品四环素、金霉素、土霉素的 LOD 值分别为 3.0ng/g、2.0ng/g 和 6.0ng/g，交叉反应率分别为 100.0%、154.0% 和 46.4%，添加回收率在 78.7%～97.0%，批间、批内的变异系数均小于 15%。2019 年，贾涛等[86] 制备了荧光抗体，采用免疫荧光抗体色谱法对四环素进行残留检测。结果显示，该方法对四环素的 LOD 为 4.93ng/mL，样品添加回收率为 84.60%～113.94%，批间、批内的变异系数均小于 15.00%。且该免疫荧光抗体检测法与仪器法检测的检测结果完全相同。2019 年，Wang 等[87] 将 TetR 蛋白进行了定点突变，获得了一种突变体，以其为识别元件，结合异硫氰荧光素标记的半抗原，在酶标板上建立了一种直接竞争荧光法，该方法可同时检测 9 种四环素类药物，LOD 在 0.3～5.8ng/mL 之间，灵敏度比母源 TetR 蛋白提高了 1.5～13.3 倍。

（4）化学发光免疫分析法　化学发光免疫分析法（CLIA）是将高特异性的免疫反应与高灵敏度的化学发光反应相结合，相对于传统比色法和荧光法，其灵敏度更高。2019 年，Wang 等[69] 基于 TetR 受体建立了直接竞争化学发光免疫分析法。该方法用于测定牛奶中五种四环素药物的残留。牛奶中五种四环素药物的 LOD 值为 0.5×10^{-2}～1.6×10^{-2}ng/mL，回收率为 71.7%～95.8%。2020 年，Meyer 等[88] 利用 TetR 在四环素不存在的情况下可与 TetO 结合的特性，建立了一种可再生的四环素化学发光受体检测方法。该方法对自来水中四环素的 LOD 为 0.1ng/mL，回收率为（77±16）%。由于固定化 DNA 寡核苷酸的稳定性很高，因此该方法可重复使用。2020 年，栾军等[89] 通过选择适宜的偶联载体蛋白，建立了一种测定四环素的竞争化学发光酶免疫测定法。该方法的检测范围为 0.0259～95.9478ng/mL，LOD 值为 1.33×10^{-2}ng/mL，IC_{50} 值为 0.7305ng/mL，R^2 为 0.9998，变异系数小于 10%，对氯霉素、青霉素无交叉反应性。2021 年，Xia 等[70] 首次合成了一种四环素类药物的光亲和标记的活性蛋白质谱探针，从大肠杆菌中捕获了天然的 TetR 蛋白。将 TetR 用作识别试剂，建立了直接竞争化学发光免疫分析法，用于检测牛奶中的 10 种四环素类药物。此方法对 10 种药物的 LOD 值为 2×10^{-3}～9×10^{-3}ng/mL，IC_{50} 值为 0.084～0.32ng/mL。在空白牛奶样品中的回收率为 68.4%～91.3%。

（5）荧光共振能量转移法　荧光共振能量转移（fluorescence resonance energy transfer，FRET）法指两个荧光分子的激发光谱有一定重叠时，一个荧光分子（供体分子）与另一个荧光分子（受体分子）的距离小于100Å时，供体分子的激发可诱导受体分子发出荧光，同时供体分子自身的荧光强度减弱。荧光共振能量转移的强弱与供受体之间的距离紧密相关，距离增大，FRET 减弱。2015 年，Abolhasani 等[90] 基于四环素药物分子可对荧光共振能量转移造成干扰的原理，建立了一种测定四环素类药物的方法。罗丹明 B（rhodamine B，RhB）与金纳米粒子（Au NP）通过共振能量转移机制导致 RhB 的荧光被猝灭，而四环素的存在可引起 RhB 分子的释放并恢复其荧光，为四环素的含量测定奠定了基础。在最佳条件下，对四环素、土霉素和米诺环素的检测范围分别为 0.92～0.46×10^3ng/mL、0.92～0.46×10^3ng/mL 和 0.92～0.45×10^3ng/mL，LOD 值分别为 0.27ng/mL、0.14ng/mL 和 0.29ng/mL。该方法成功地应用于饮用水、人尿、牛乳和母乳样品中四环素类药物的测定。2015 年，Zhang 等[91] 以 UCNPs 为能量供体，以 SYBR Green-I 为能量受体，开发了一种基于荧光共振能量转移的生物传感器。结果表明，在最佳条件下，SYBR Green-I 与 UCNPs 的光比值与土霉素药物浓度呈线性关系，该方法的检测范围为 0.1～10ng/mL，检出限为 0.054ng/mL。

（6）生物传感器　生物传感器是指能将生物浓度转换为电化学信号进行检测的仪器。生物传感器由三部分组成：识别元件（抗原、抗体、细胞、微生物、核酸等）、转换器（氧电极、光敏管等）及信号放大装置。2010 年，Kim 等[92] 利用对四环素具有高度选择性的单链 DNA 适体作为识别元件，研制了一种用于四环素检测的电化学适体传感器。将生物素修饰的单链 DNA 适体固定在链霉亲和素修饰的丝网印刷金电极上，用循环伏安法和方波伏安法分析四环素与适体的结合。结果表明，该传感器对其他四环素类药物没有反应性，对四环素的最低检测限为 4.44ng/mL。2012 年，Zhou 等[93] 提出了一种简单的多壁碳纳米管修饰的电化学四环素适体传感器。将多壁碳纳米管滴在玻碳电极上以固定适体并构建适体传感器。在最佳条件下，在 4.44～2.22×10^4ng/mL 范围内，微分脉冲伏安法获得的峰值电流随四环素浓度的增加而增大，线性相关系数为 0.995，该传感器对奶样中四环素的 LOD 值为 2.22ng/mL。

13.6.3　其他分析技术

13.6.3.1　微生物法

微生物法是指选用适当微生物测定某物质含量的方法。被测定的物质可以是这些微生物生长所消耗的物质（如氨基酸、维生素等）或是抑制这些微生物生长的抗生素。2007年，Kirbis[94] 建立了一种微生物法检测大环内酯类、氨基糖苷类、β-内酰胺类、喹诺酮类及四环素类药物的残留，采用固体平板扩散法挑选出合适的菌株测定了以上五种抗生素的检测限。其中芽孢杆菌 ATCC 11778 菌株被选定为检测四环素类药物的最优菌株。在最优条件下，对四环素类药物的检测范围为 $50\sim150\text{ng/g}$，在肉样中的 LOD 值为 50ng/g。

13.6.3.2　荧光探针

荧光性质（如激发波长、偏振、强度等）可随所处环境的改变而改变的一类荧光性分子，被称为荧光探针。荧光探针按材料属性可分为有机与无机探针；按探针大小可分为分子探针与纳米探针；按激发光源可分为单光子、双光子及多光子荧光探针；按待测物分类可分为金属离子荧光探针和生物分子荧光探针等。2019—2020 年，Yu 等[95,96] 报道了两种荧光探针用于检测四环素类药物残留。第一种是锌基金属-有机骨架邻苯二甲酸（Zn-BTEC）探针，它能显著增强金霉素的聚集诱导发光（AIE）。基于 AIE 的荧光强度，金霉素在 Zn-BTEC 上的独特发射响应可用于金霉素的含量测定，对金霉素 LOD 值为 12.42ng/mL。第二种是邻苯四甲酸-铕新型功能金属有机骨架探针。这种探针最初不发荧光，但随着金霉素的加入，体系在 526nm 和 617nm 处出现了显著的荧光，这两种荧光强度都与金霉素浓度呈良好的线性关系，对金霉素 LOD 值为 20.9ng/mL。2021 年，陈宏霞[97] 报道了两种荧光探针用于四环素类药物的检测。第一种探针使用 Eu 修饰的沸石咪唑盐骨架（ZIF-Eu），通过多西环素与骨架表面上 Eu 的化学配位进行探测，可与不同浓度的多西环素呈现荧光变化，增加了 615nm 处的荧光发射，保留了 420nm 处的荧光发射，使可见的荧光颜色从绿色过渡到红色，LOD 值为 21.8ng/mL。第二种探针是金属有机骨架探针（Zn/H2aip），探针自身不显示强荧光，但四环素类药物能够使探针在 403nm 处猝灭荧光。同时分别在 517nm 处添加四环素，525nm 处添加土霉素，513nm 处添加多西环素，520nm 处添加金霉素会产生强发射峰。因此，该探针可对 4 种药物进行特定峰位识别。

13.6.3.3　拉曼光谱法

拉曼光谱是一种散射光谱，是对与入射光频率不同的散射光谱进行分析以得到分子振动、转动方面信息，并可应用于化合物的定性分析和定量分析。四环素的拉曼特征峰主要位于 1278cm^{-1}、1311cm^{-1}、1450cm^{-1}、1617cm^{-1}，可根据这四种主要拉曼特征峰，对样品中四环素类药物进行检测。2015 年，Jin 等[98] 建立了盐酸四环素的拉曼光谱分析方法。用光纤纳米探针包覆纳米颗粒，测量其表面增强拉曼光谱（SERS）。采用直接检测模式和远程检测模式对盐酸四环素进行分析。结果表明，表面增强拉曼光谱能提供化学信息，用于区分正常药物和过期药物，采用光纤纳米探针可实现对药物的快速分析。2020年，Fan 等[99] 建立了一种基于双表面增强拉曼散射的侧流免疫传感器，用于同时检测牛奶中四环素和青霉素的残留。Au@Ag 纳米颗粒用不同的化合物［例如 5,5-二硫双（2-硝基苯甲酸）或 4-巯基苯甲酸］标记，结合四环素单克隆抗体和青霉素受体，形成两种 SERS 纳米探针，对四环素和青霉素的检测限分别为 0.015ng/mL 和 0.010ng/mL，回收率为 $88.8\%\sim111.3\%$，相对标准偏差低于 16%。

参考文献

[1] 李振，殷瑜，陈代杰. 四环素类抗生素的复苏[J]. 中国抗生素杂志. 2021, 46（12）: 1084-1089.

[2] Zhanel G G, Homenuik K, Nichol K, et al. The glycylcyclines: a comparative review with the tetracyclines [J]. Drugs, 2004, 64（1）: 63-88.

[3] 张雪峥，白雪原，李书至，等. 结构修饰性四环素类抗生素研究进展[J]. 中国抗生素杂志. 2016, 41（6）: 411-416.

[4] 陈阳，杨涵超，刘生，等. 四环素类抗生素耐药机制研究进展[J]. 广东化工. 2018, 45（3）: 89-90.

[5] 中华人民共和国农业农村部，国家卫生健康委员会，国家市场监督管理总局. GB 31650—2019, 食品安全国家标准食品中兽药最大残留限量[S]. 2019.

[6] European Union. Pharmatologically active substances and their classification regarding maximun residue limits in foodstuffs of animal origin[S] Commission Regulation （EU） No 37/2010 of 22 December 2009.

[7] 秦立得，孙晓亮，周微微，等. 畜禽产品中四环素类药物残留色谱质谱检测技术及前处理方法研究进展[J]. 中国动物检疫, 2021, 38（03）: 80-86.

[8] Michael P, Roberto G P, Leonardo P, et al. An overview of the main foodstuff sample preparation technologies for tetracycline residue determination [J]. Talanta: The International Journal of Pure and Applied Analytical Chemistry, 2018: 1821.

[9] Gustavo T P, Susanne R, Felix G R R. A HPLC with fluorescence detection method for the determination of tetracyclines residues and evaluation of their stability in honey [J]. Food Control, 2010, 21（5）: 620-625.

[10] Schwake-Anduschus C, Langenk M G. Chlortetracycline and related tetracyclines: detection in wheat and rye grain [J]. Journal of the Science of Food and Agriculture, 2018, 98（12）: 4542-4549.

[11] Dongri L, Xiaoyi P, Wei M U, et al. Detection of tetracycline in water using glutathione-protected fluorescent gold nanoclusters [J]. Analytical Sciences: The International Journal of The Japan Society for Analytical Chemistry, 2019, 35（4）: 367-370.

[12] Mookantsa S O, Dube S, Nindi M M. Development and application of a dispersive liquid-liquid microextraction method for the determination of tetracyclines in beef by liquid chromatography mass spectrometry[J]. Talanta, 2016, 148: 321.

[13] Cherkashina K, Vakh C, Lebedinets S, et al. An automated salting-out assisted liquid-liquid microextraction approach using 1-octylamine: on-line separation of tetracycline in urine samples followed by HPLC-UV determination[J]. Talanta, 2018, 184: 122-127.

[14] 梁思慧，戴海蓉，张铧尹，等. 聚多巴胺纳米纤维膜固相萃取-超高效液相色谱-串联质谱检测淡水鱼中四环素类和氟喹诺酮类药物残留[J]. 色谱, 2021, 39（06）: 624-632.

[15] 张科明，梁飞燕，邓鸣，等. QuEChERS 结合液相色谱-串联质谱法快速测定猪肉中多类兽药残留[J]. 色谱, 2016, 34（09）: 860-867.

[16] Wang Q, Zhang L. Fabricated ultrathin magnetic nitrogen doped graphene tube as efficient and recyclable adsorbent for highly sensitive simultaneous determination of three tetracyclines residues in milk samples[J]. Journal of chromatography. A, 2018, 1568: 1-7.

[17] 宋欢，林勤保，连庚寅，等. 基质固相分散-高效液相色谱法测定兔肉中四环素类药物多残留[J]. 食品科学, 2008, （01）: 250-253.

[18] Mookantsa S O, Dube S, Nindi M M. Development and application of a dispersive liquid-

liquid microextraction method for the determination of tetracyclines in beef by liquid chromatography mass spectrometry[J]. Talanta, 2016, 148: 328.

[19] Gao J, Wang H, Qu J, et al. Development and optimization of a naphthoic acid-based ionic liquid as a "non-organic solvent microextraction" for the determination of tetracycline antibiotics in milk and chicken eggs[J]. Food Chemistry, 2017, 215: 138-148.

[20] 张萍, 汤慧, 吴敏, 等. 基于 HPLC-DAD 方法建立的数字对照品库检索平台用于鸡蛋中四环素类药物残留的快速筛查[J]. 安徽医药, 2015 (2): 252-255, 256.

[21] 李慧素, 吴宁鹏, 彭丽, 等. 动物源食品中四环素类药物多残留测定的高效液相色谱研究: 中国畜牧兽医学会动物药品学分会第五届全国会员代表大会暨 2016 年学术年会论文集[C]. 2016: 223-232.

[22] Zhao W, Zuo H, Guo Y, et al. Porous covalent triazine-terphenyl polymer as hydrophilic-lipophilic balanced sorbent for solid phase extraction of tetracyclines in animal derived foods[J]. Talanta, 2019, 201: 426-432.

[23] Rashid A, Mazhar H S, Zeng Q, et al. Simultaneous analysis of multiclass antibiotic residues in complex environmental matrices by liquid chromatography with tandem quadrupole mass spectrometry[J]. Journal of Chromatography B, 2020, 1145: 122103.

[24] Saxena S K, Rangasamy R, Krishnan A A, et al. Simultaneous determination of multi-residue and multi-class antibiotics in aquaculture shrimps by UPLC-MS/MS[J]. Food Chemistry, 2018, 260 (15): 336-343.

[25] Castillo-García M L, Aguilar-Caballos M P, Gómez-Hens A. A europium- and terbium-coated magnetic nanocomposite as sorbent in dispersive solid phase extraction coupled with ultra-high performance liquid chromatography for antibiotic determination in meat samples[J]. Journal of Chromatography A, 2015, 1425: 73-80.

[26] Yu Y, Fan Z. Determination of tetracyclines in bovine milk using laccaic acid-loaded magnetite nanocomposite for magnetic solid-phase extraction[J]. Journal of Chromatographic Science, 2017, 55 (4): 484-490.

[27] Nour A A, Hassan S, Akram H, et al. Determination of three tetracyclines in bovine milk using magnetic solid phase extraction in tandem with dispersive liquid-liquid microextraction coupled with HPLC[J]. Journal of Chromatography B, 2018, 1092: 480-488.

[28] Wang Q, Zhang L. Fabricated ultrathin magnetic nitrogen doped graphene tube as efficient and recyclable adsorbent for highly sensitive simultaneous determination of three tetracyclines residues in milk samples[J]. Journal of Chromatographic Science, 2018, 1568: 1-7.

[29] 张利萍, 吕运开, 王晓虎. 基于限进介质-磁性微球的磁分散萃取-液相色谱法同时检测牛奶中四环素类药物残留[J]. 食品安全质量检测学报, 2014, 5 (02): 377-383.

[30] 冯梦晓. MIP-HPLC 法在牛奶中四环素类和喹诺酮类药物残留检测中的应用[D]. 保定: 河北农业大学, 2016.

[31] Niu Y, Liu C, Yang J, et al. Preparation of tetracycline surface molecularly imprinted material for the selective recognition of tetracycline in milk [J]. Food Analytical Methods, 2016, 9 (8): 2342-2351.

[32] 梁金玲. 动物源性食品中四环素类抗生素痕量残留高选择性吸附材料的制备与应用[D]. 济南: 齐鲁工业大学, 2018: 83.

[33] 赵晨曦. 功能化磁性高分子复合微球的制备及磁分散萃取牛奶中四环素类药物[D]. 保定: 河北大学, 2013: 66.

[34] 高林, 高文惠. 四环素分子印迹电化学传感器的制备及快速检测牛奶和猪肉中四环素类药物残留[J]. 食品工业科技, 2016, 37 (11): 299-304.

[35] 宋戈, 郑伟. 高效液相色谱法测定乳及乳制品中多种四环素类药物残留[J]. 中国乳品工业, 2012, 40 (08): 40-42.

[36] 顾慧丹, 李榕, 乔玲. SPE-HPLC 法测定猪肉中四环素类药物残留[J]. 食品安全导刊, 2015, (30): 116-117.

[37] 李慧素, 吴宁鹏, 彭丽, 等. 动物源食品中四环素类药物多残留测定的高效液相色谱法研究:

中国畜牧兽医学会动物药品分会第五届全国会员代表大会暨 2016 年学术年会论文集[C]. 2016: 10.

[38] 佘永新, 柳江英, 吕晓玲, 等. RP-HPLC 法快速检测牛奶中 7 种四环素类药物残留量[J]. 食品科学, 2009, 30 (12): 157-161.

[39] 张萍, 汤慧, 吴敏, 等. HPLC-DAD 方法快速检测鸡蛋中 8 种四环素类药物的残留: 2014 年中国药学大会暨第十四届中国药师周论文集[C]. 2014.

[40] 胡凤祖, 董琦. HPLC-荧光法测定牦牛肉中土霉素、四环素残留方法研究: 西北地区第五届色谱学术报告会暨甘肃省第十届色谱年会论文集[C]. 2008.

[41] 李翠萍. 超高效液相色谱法在食品四环素类药物残留检测中的应用[J]. 食品安全导刊, 2021, (26): 183-184.

[42] 李桂琴. 超高效液相色谱法测定牛奶及奶制品中四环素类药物残留[J]. 食品研究与开发, 2019, 40 (07): 167-171.

[43] Guo Y, He Z, Chen J, et al. Simultaneous determination of tetracyclines and fluoroquinolones in poultry eggs by UPLC integrated with dual-channel-fluorescence detection method [J]. Molecules, 2021, 26 (18): 5684.

[44] 林欣, 孙良娟, 王浪, 等. 液相色谱-质谱/质谱法检测饲料中四环素类药物残留[J]. 粮食与饲料工业, 2016, (09): 61-63.

[45] 苏晶, 汤立忠, 陈长毅, 等. 高效液相色谱串联质谱法同时测定 9 种龙虾中氨基糖苷类和四环素类抗生素残留[J]. 食品工业科技, 2016, 37 (02): 60-63+67.

[46] 王艳阳. 液质联用仪检测畜禽肉中四环素类药物残留的条件优化[D]. 哈尔滨: 东北农业大学, 2018: 46.

[47] 黄英. 液相色谱-串联质谱法测定鸡肉中四环素类药物残留量方法优化[J]. 现代食品, 2021, (17): 200-202.

[48] 石春红, 曹向英, 曹美萍. 超高效液相色谱-串联质谱法分析动物源性食品中 4 种四环素类药物残留 [J]. 食品安全质量检测学报, 2019, 10 (10): 3126-3131.

[49] 张鑫, 吴剑平, 李丹妮, 等. UPLC-MS/MS 检测七种动物源食品中四环素类药物残留量的研究[J]. 中国兽药杂志, 2015, 49 (12): 36-42.

[50] 陈艳, 黄代文. 超高效液相色谱-质谱法测定卤肉制品中四环素类药物残留及分析[J]. 肉类工业, 2020 (08): 37-42+45.

[51] 皮璟渔, 吴迪, 周临, 等. 超高效液相色谱-串联质谱法测定鸭蛋中 7 种四环素类药物残留[J]. 分析试验室, 2020, 39 (09): 1062-1065.

[52] 刘善菁, 陆桂萍, 刘雨昕, 等. 超高效液相色谱-串联质谱法测定猪肝中 4 种四环素类药物残留 [J]. 食品安全质量检测学报, 2021, 12 (11): 4379-4387.

[53] 刘柏林, 谢继安, 赵紫微, 等. 同位素内标-超高效液相色谱串联质谱法测定禽类食品中喹诺酮与四环素残留量[J]. 食品安全质量检测学报, 2020, 11 (20): 7329-7339.

[54] 林荆, 张金虎, 郑宇, 等. 水产品中四环素类药物残留的超高效液相色谱-串联质谱法测定[J]. 食品科学, 2010, 31 (20): 286-289.

[55] 王硕, 房立, 于姣, 等. 四环素人工抗原的制备与鉴定[J]. 天津科技大学学报, 2010, 25 (03): 1-4.

[56] Adrian J, Fernández F, Sánchez-Baeza F, et al. Preparation of antibodies and development of an enzyme-linked immunosorbent assay (ELISA) for the determination of doxycycline antibiotic in milk samples [J]. Journal of Agricultural and Food Chemistry, 2012, 60 (15): 3837-3846.

[5/] 高峰. 强力霉素广谱单克隆抗体的制备及应用[D]. 保定: 河北农业大学, 2013.

[58] 曹金博. 四环素类抗生素免疫学快速检测方法的研究[D]. 洛阳: 河南科技大学, 2020.

[59] Zhang Y, Lu S, Liu W, et al. Preparation of anti-tetracycline antibodies and development of an indirect heterologous competitive enzyme-linked immunosorbent assay to detect residues of tetracycline in milk [J]. Journal of Agricultural and Food Chemistry, 2007, 55 (2): 211-218.

[60] 张桂贤. 盐酸四环素人工抗原的合成及鉴定[J]. 中国畜牧兽医, 2010, 37 (03): 171-174.

[61] Wang Z H, Sheng Y J, Duan H X, et al. New haptens synthesis, antibody production and comparative molecular field analysis for tetracyclines [J]. RSC Advances, 2014, 4 (96):

53788-53794.

[62] 赵丽花，栗慧，魏东．四环素多克隆抗体的制备及鉴定[J]．黑龙江畜牧兽医，2019，3：114-117.

[63] Pastor-Navarro N, Morais S, Maquieira A, et al. Synthesis of haptens and development of a sensitive immunoassay for tetracycline residues. Application to honey samples[J]. Analytica Chimica Acta, 2007, 594（2）：211-218.

[64] Jiao S N，Liu J, Zhang Y F, et al. Preparation of a bi-hapten antigen and the broad-specific antibody for simultaneous immunoassay of penicillins and tetracyclines in milk [J]. Food and Agricultural Immunology, 2012, 23（3）：273-287.

[65] Chen Y N, Kong D Z, Liu L Q, et al. Development of an ELISA and immunochromatographic assay for tetracycline, oxytetracycline, and chlortetracycline residues in milk and honey based on the class-specific monoclonal antibody [J]. Food Analytical Methods, 2015, 9（4）：905-914.

[66] Moumita M, Shankar K M, Abhiman P B, et al. Development of a sandwich vertical flow immunogold assay for rapid detection of oxytetracycline residue in fish tissues[J]. Food Chemistry, 2019, 270：585-592.

[67] 左伟勇，王永娟，陆辉，等．抗四环素单链抗体基因的构建与序列测定[J]．生物技术通讯，2013，24（06）：836-839.

[68] 孟婷，郑志明，王永娟，等．抗四环素单链抗体基因表达及免疫学活性检测[J]．畜牧与兽医，2018，50（07）：57-59.

[69] Wang G, Zhang H C, Liu J, et al. A receptor-based chemiluminescence enzyme linked immunosorbent assay for determination of tetracyclines in milk [J]. Analytical Biochemistry, 2019, 564/565：40-46.

[70] Xia W Q, Cui P L, Wang J P，et al. Synthesis of photoaffinity labeled activity-based protein profiling probe and production of natural TetR protein for immunoassay of tetracyclines in milk[J]. Microchemical Journal, 2021, 170（4）：106779.

[71] 刘宁宁．无标记核酸适配体荧光传感器的构建及牛奶中四环素检测应用研究[D]．邯郸：河北工程大学，2021.

[72] Niazi J H, Lee S J, Gu M B. Single-stranded DNA aptamers specific for antibiotics tetracyclines[J]. Bioorganic & Medicinal Chemistry, 2008, 16（15）：7245-7253.

[73] Niazi J H, Lee S J, Kim Y S, et al. ssDNA aptamers that selectively bind oxytetracycline [J]. Bioorganic & Medicinal Chemistry, 2008, 16（3）：1254-1261.

[74] Kim Y S, Niazi J H, Gu M B. Specific detection of oxytetracycline using DNA aptamer-immobilized interdigitated array electrode chip [J]. Analytica Chimica Acta, 2009, 634（2）：250-254.

[75] 张小霞．基于核酸适配体和DNA四面体构建的磁性微球荧光检测食品中的四环素[D]．厦门：集美大学，2021.

[76] Jiang Z Q, Zhang H C, Zhang X Y, et al. Determination of tetracyclines in milk with molecularly imprinted polymer based microtiter chemiluminescence sensor [J]. Analytical Letters, 2019, 52：1315-1327.

[77] Han S, Jin Y，Su L，et al. A two-dimensional molecularly imprinted photonic crystal sensor for highly efficient tetracycline detection[J]. Analytical Methods, 2020, 12（10）：1374-1379.

[78] Nawaz T，Ahmad M，Yu J，et al. A recyclable tetracycline imprinted polymeric SPR sensor: in synergy with itaconic acid and methacrylic acid[J]. New Journal of Chemistry, 2021, 45：3102-3111.

[79] 刘津涛．四环素酶联免疫检测方法的研究[D]．天津：天津科技大学，2013.

[80] Zhao C B, Peng D P, Wang Y L, et al. Preparation and validation of the polyclonal antibodies for detection of chlortetracycline residues[J]. Food and Agricultural Immunology, 2008, 19（2）：163-174.

[81] Burkin M A, Galvidis I A. Improved group determination of tetracycline antibiotics in competitive enzyme-linked immunosorbent assay [J]. Food and Agricultural Immunology, 2009, 20

（3）：245-252.

[82] 吴玉晗．牛奶中四环素和青霉素残留物免疫侧向层析检测方法研究[D]．合肥：合肥工业大学，2020.

[83] Le T，Yu H，Wang X L，et al．Development and validation of an immunochromatographic test strip for rapid detection of doxycycline residues in swine muscle and liver[J]．Food and Agricultural Immunology，2011，22（3）：235-246.

[84] Taranova N A，Kruhlik A S，Zvereva E A，et al．Highly sensitive immunochromatographic identification of tetracycline antibiotics in milk[J]．International Journal of Analytical Chemistry，2015：347621.

[85] 李研东，韩雪，吴雨洋，等．动物性食品中四环素类药物残留量子点荧光免疫技术研究[J]．农产品质量与安全，2017，5：83-86＋91.

[86] 贾涛，方芳，郑君杰，等．荧光定量技术检测牛奶中四环素类药物残留准确性的研究与探讨[J]．中国乳业，2019，10：61-63.

[87] Wang G，Xia W Q，Liu J X，et al．Directional evolution of TetR protein and development of a fluoroimmunoassay for screening of tetracyclines in egg[J]．Microchemical Journal，2019，150：104184.

[88] Meyer V K，Chatelle C V，Weber W，et al．Flow-based regenerable chemiluminescence receptor assay for the detection of tetracyclines[J]．Analytical Bioanalytical Chemistry，2020，412（14）：3467-3476.

[89] 栾军，王毅谦，龙云凤，等．竞争化学发光酶免疫检测动物源性食品中四环素残留[J]．食品工业科技，2020，41（04）：179-183.

[90] Abolhasani J，Farajzadeh N．A new spectrofluorimetric method for the determination of some tetracyclines based on their interfering effect on resonance fluorescence energy transfer [J]．Luminescence，2015，30（3）：257-262.

[91] Zhang H，Fang C，Wu S，et al．Upconversion luminescence resonance energy transfer-based aptasensor for the sensitive detection of oxytetracycline [J]．Analytical Biochemistry，2015，10（12）：2390-2397.

[92] Kim Y J，Kim Y S，Niazi J H，et al．Electrochemical aptasensor for tetracycline detection [J]．Bioprocess and Biosystems Engeering，2010，33（1）：31-37.

[93]Zhou L，Li D J，Gai L，et al．Electrochemical aptasensor for the detection of tetracycline with multi-walled carbon nanotubes amplification [J]．Sensors and Actuators B：Chemical，2012，162（1）：201-208.

[94] Kirbis A．Microbiological screening method for detection of aminoglycosides，β-lactames，macrolides，tetracyclines and quinolones in meat samples [J]．Slovenian Veterinary Research，2007，144（1/2）：11.

[95] Yu L，Chen H，Yue J，et al．Europium metal-organic framework for selective and sensitive detection of doxycycline based on fluorescence enhancement [J]．Talanta，2020，207：120297.

[96] Yu L，Chen H，Yue J，et al．Metal-organic framework enhances aggregation-induced fluorescence of chlortetracycline and the application for detection [J]．Analytical Chemistry，2019，91（9）：5913-5921.

[97] 陈宏霞．基于 MOF 荧光探针对四环素类抗生素特异识别[D]．北京：华北电力大学（北京），2021.

[98] Jin D，Bai Y X，Chen H G，et al．SERS detection of expired tetracycline hydrochloride with an optical fiber nano-probe [J]．Analytical Methods，2015，7：1307-1312.

[99] Fan R，Tang S，Luo S，et al．Duplex surface enhanced raman scattering-based lateral flow immunosensor for the low-level detection of antibiotic residues in milk [J]．Molecules，2020，25（22）：5249.

第 14 章
酰胺醇类
药物残留
分析

酰胺醇类药物是一类广谱抗菌药，主要包括氯霉素（chloramphenicol，CAP）、甲砜霉素（thiamphenicol，TAP）和氟苯尼考（florfenicol，FF）（图 14-1）。氯霉素是第一个被发现的酰胺醇类药物，最早从委内瑞拉链霉菌中分离而来，之后开始利用化学合成的方式生产[1,2]。氯霉素对革兰氏阴性菌和革兰氏阳性菌均有抑制作用，对立克次体和衣原体也有一定的作用。然而后来的研究和临床实践表明 CAP 存在严重不良反应，尤其是对人类造血系统产生不可逆的损害。于是氯霉素的衍生物甲砜霉素和氟苯尼考应运而生。

甲砜霉素与氯霉素的抗菌谱相似，与氯霉素有完全的交叉耐药性，抗菌活性虽不如氯霉素，但不良反应较少，于是甲砜霉素在许多国家已作为一种动物专用药物被广泛用于治疗猪、牛、鱼类和家禽的细菌性疾病[2]。氟苯尼考是在二十世纪八十年代后期研制成功的一种动物专用抗菌药。它除了具有广谱抗菌性和比甲砜霉素更低的副作用外，还不会产生类似氯霉素、甲砜霉素的质粒介导的耐药性，对许多氯霉素耐药菌株仍然敏感。

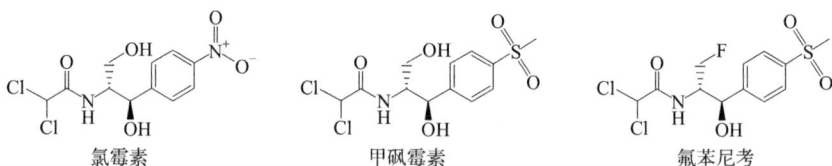

图 14-1 酰胺醇类药物的分子结构　　氯霉素　　甲砜霉素　　氟苯尼考

14.1

结构与性质

氯霉素多呈现白色片状结晶，味苦，化学式为 $C_{11}H_{12}Cl_2N_2O_5$，分子结构中含有硝基苯结构，具有旋光活性，易溶于乙醇、乙腈中，不溶于苯、植物油，在高真空下可以升华。性质极为稳定，常温干燥状态下可长时间保持其抑菌活性，饱和水溶液抗菌活性可保持数月，耐热，不耐碱。

甲砜霉素为氯霉素的甲砜衍生物，由甲基磺酰基取代氯霉素苯环上的—NO_2 而合成，化学式为 $C_{12}H_{15}Cl_2NO_5S$。呈白色或灰白色结晶性粉末或晶体。易溶于 N,N-二甲基甲酰胺，微溶于水。氟苯尼考为甲砜霉素的人工合成单氟衍生物，在结构上以 F 原子取代了氯霉素、甲砜霉素中丙烷链 C3 位置上的—OH，化学式为 $C_{12}H_{14}Cl_2FNO_4S$。性状与甲砜霉素相似，无臭，味苦，易溶于 N,N-二甲基甲酰胺，能溶于甲醇、乙醇，微溶于冰醋酸，极微溶于水和氯仿。

14.2

抗菌机制

酰胺醇类药物的广谱抗菌作用与其独特的作用机制有关。此类药物进入细菌后作用于细菌 70S 核蛋白体的 50S 亚基，阻碍肽酰基转移酶的转肽反应，使肽链不能延伸，从而抑制细菌蛋白质的合成。

氯霉素抗菌谱较广，对多数需氧菌、厌氧菌、革兰氏阴性细菌和革兰氏阳性细菌都有抑制作用[3]。敏感菌有肠杆菌科细菌（如大肠杆菌、产气肠杆菌、克雷伯菌、沙门菌等）及炭疽杆菌、肺炎球菌、链球菌、李斯特菌、葡萄球菌等。衣原体、钩端螺旋体、立克次体也对本品敏感。其对厌氧菌如破伤风梭菌、产气荚膜杆菌、放线菌、乳酸杆菌、梭杆菌等也有相当作用，但对铜绿假单胞菌、结核杆菌、病毒、真菌等无效。除了作用于细菌70S 核蛋白体，氯霉素还可与人体线粒体的 70S 核糖体结合，因而也可抑制人体线粒体的蛋白质合成，对人体产生毒性。因为氯霉素与 70S 核糖体的结合是可逆的，故被认为是抑菌性抗生素，但在高药物浓度时对某些细菌亦可产生杀菌作用。

甲砜霉素的抗菌活性除对酿脓链球菌、肺炎球菌、百日咳杆菌和宋氏痢疾杆菌外，都不及氯霉素。甲砜霉素对革兰氏阳性菌如肺炎球菌、溶血性链球菌作用强，但对多数肠杆菌科细菌、金黄色葡萄球菌、肠球菌、肺炎杆菌等作用较氯霉素稍弱[3]，对厌氧菌、螺旋体、立克次体、阿米巴原虫等也有一定的作用。甲砜霉素不易透过细菌细胞壁，这使得在体外的抗菌作用较氯霉素略弱。相反，本品在肝内不与葡萄糖醛酸结合失活，血中游离的活性型甲砜霉素含量较高，因而有较强的抗菌活力，细菌对其耐药性发生较慢，并与氯霉素有完全的交叉耐药性。

氟苯尼考的敏感菌包括牛、猪的嗜血杆菌，痢疾志贺菌，沙门菌，大肠杆菌，肺炎球菌，流感杆菌，链球菌，金黄色葡萄球菌，衣原体，钩端螺旋体，立克次体等。其口服吸收迅速，分布广泛，半衰期长，血药浓度高，血药维持时间长。氟苯尼考尤其对治疗由支原体、胸膜肺炎放线菌、副猪嗜血杆菌和多杀性巴氏杆菌引起的猪呼吸道疾病，以及由大肠杆菌和沙门菌引起的消化系统疾病有良好的效果[4,5]。

14.3

毒理学

氯霉素虽然有良好的抗菌活性，却也存在严重的毒副作用，包括引起再生障碍性贫血、骨髓抑制、新生儿灰婴综合征等[4,5]。因此，2002 年，中华人民共和国农业部就发布了《食品动物禁用的兽药及其它化合物清单》，将其列为禁止使用的抗菌药物。与氯霉素相比，甲砜霉素与氟苯尼考既有酰胺醇类药物的抗菌活性，又有效避免了氯霉素的危害[6,7]。研究表明甲砜霉素不易引起再生障碍性贫血，但可抑制红细胞、白细胞和血小板的生成，还会引起免疫抑制[8]。氟苯尼考为氯霉素和甲砜霉素的替代药物。有明确证据表明，氯霉素分子中的硝基是引起再生障碍性贫血的主要基团，氟苯尼考在结构上以甲基磺酰基取代了—NO_2，在保留较强的抗菌活性的同时，又不会造成再生障碍性贫血，还克服了易产生耐药性的缺陷。但繁殖性毒性试验表明氟苯尼考有一定的胚胎毒性，还有研究表明其在一定程度上会诱导仔猪造血和淋巴器官的暂时性毒性，影响造血和免疫功能[9,10]。氟苯尼考在动物体内的主要代谢产物是氟苯尼考胺（florfenicol amine，FFA）。

为进一步规范养殖用药行为，保障动物源性食品安全，2019 年 12 月 27 日，中华人民共和国农业农村部第 250 号公告将氯霉素及其盐、酯列入《食品动物中禁止使用的药物及其他化合物清单》。同时，农业农村部、国家卫生健康委员会和国家市场监督管理总局联合发布的《食品安全国家标准 食品中兽药最大残留限量》（GB 31650—2019）中规定，甲砜霉素在动物靶组织中的最大残留限量为 $50\mu g/kg$，在家禽产蛋期禁用。氟苯尼考的残留标志物为氟苯尼考和氟苯尼考胺之和，在动物靶组织中的最大残留限量为 $100\sim 3000\mu g/kg$，在牛、羊泌乳期和家禽的产蛋期禁用。

14.4

国内外残留限量要求

在动物的饲养中，CAP 和 TAP 在兽医的临床抗感染治疗中发挥着非常重要的作用。但是由于 CAP 存在严重造血系统和消化系统毒副作用，近些年，许多国家禁止 CAP 在兽医临床中使用。TAP 的毒性虽然不及 CAP，但是它的免疫抑制作用强，许多国家逐渐禁止 TAP 用于食品动物。取而代之的是第三代酰胺醇类抗生素——FF。该药物自 20 世纪 90 年代以来，在全球范围逐渐得到广泛使用。目前主要国家和地区规定的最大残留限量（MRL）见表 14-1。

表 14-1 酰胺醇类药物在动物源性食品中的 MRL

药物名	残留标志物	动物	组织	MRL/（μg/kg）		
				中国	欧盟	美国
氟苯尼考(FF)	中国、欧洲：FF+FFA；美国：FF	牛	肌肉	200	200	300
			肝	3000	3000	3700
			肾	300	300	
		羊	肌肉	200	200	
			肝	3000	3000	
			肾	300	300	
		猪	肌肉	300	300	200
			肝	2000	2000	2500
			肾	500	500	
			皮＋脂	500	500	
		家禽	肌肉	100	100	
			肝	2500	2500	
			肾	750	750	
			皮＋脂	200	200	
		鱼	肌肉＋皮	1000	1000	1000
		其他动物	肌肉	100	100	
			肝	2000	2000	
			肾	300	300	
			脂肪	200	200	

药物名	残留标志物	动物	组织	MRL/(μg/kg)		
				中国	欧盟	美国
甲砜霉素（TAP）	TAP	牛/羊/猪	肌肉	50	50	
			肝	50	50	
			肾	50	50	
			脂肪	50	50	
		牛	奶	50	50	
		羊	奶		50	
		家禽	肌肉	50	50	
			肝	50	50	
			肾	50	50	
			皮+脂	50	50	
		鱼	皮+肉	50		
氯霉素（CAP）	CAP	所有食品动物	所有可食性组织	不得检出	禁用	0

14.5

样品处理方法

14.5.1 样品类型

目前，酰胺醇类药物分析涉及的样品基质主要包括肝、肾、肌肉、脂肪、蜂蜜、牛奶、奶粉、鸡蛋等，涉及动物种类主要包括猪、牛、羊、禽、水产品等。

14.5.2 样品的制备与提取

由于样品的基质复杂、干扰组分多，待测样品需要通过预处理、提取、净化、富集、浓缩等前处理过程后，才能进行分析。根据不同的检测技术及基质类型，选择不同的前处理方法。目前，常用的前处理方法有液-液萃取法（LLE）、加速溶剂萃取法（ASE）、固相萃取法（SPE）、超声辅助萃取法、固相微萃取、液相微萃取等。

14.5.2.1 水解方法

CAP 在动物的肝、肾中以轭合物的形式存在。因此，需要采用水解方法，将 CAP 从其轭合物状态释放出来，以游离状态进行测定。水解的方法主要有酶解方法和酸解方法。

Kikuchi 等[11] 采用 β-葡萄糖醛酸苷酶水解畜产品、海鲜、蜂蜜和蜂王浆等食品中葡萄糖醛酸轭合的 CAP（CAPG），在 37℃磷酸盐缓冲液中孵育 60min，将 CAPG 完全转化为 CAP 后，经 HLB 柱净化，LC-MS/MS 检测。方法的回收率为 79%～109%，RSD<

15%，LOQ 为 0.5μg/kg。Sniegocki 等[12] 采用 QuEChERS 和 LC-MS/MS 方法测定 22 种不同基质中的 CAP。CAP 在肝和肾中主要以 CAPG 的形式存在，因此采用 β-葡萄糖醛酸苷酶 HP-2 水解葡萄糖轭合的 CAP，在 pH 5.2 的乙酸钠缓冲液中，50℃孵育 1h，再采用 QuEChERS 提取净化，LC-MS/MS 检测。CCα 为 0.10～0.15μg/kg，CCβ 为 0.12～0.18μg/kg。

Imran 等[13] 采用 6mol/L 盐酸在 95～100℃水浴 4h，水解鸡肌肉中 FF 残留，将其全部转化为 FFA，再通过乙酸乙酯提取，DSPE 净化，LC-MS/MS 检测。回收率为 84%～101.4%，LOD 和 LOQ 分别为 0.98μg/kg 和 3.2μg/kg。Saito-Shida 等[14] 建立了 LC-MS/MS 方法测定牛组织和鳗鲡中 FF 总残留量。样品中加入 6mol/L 盐酸，100℃水浴加热 1h 进行水解，正己烷除脂，MCX 柱净化。方法回收率为 93%～104%，RSD<6%，LOQ 和 LOD 分别为 0.01mg/kg 和 0.0005mg/kg。

14.5.2.2 液-液萃取（LLE）

动物基质中酰胺醇类药物（CAP、TAP、FF、FFA 等）的提取溶剂主要包括有机溶剂和水溶液两类。

（1）有机溶剂提取 酰胺醇类药物在乙酸乙酯和乙腈中有较高的溶解度，因此，乙酸乙酯和乙腈是应用最多的提取溶剂。此外，二氯甲烷和甲醇也可用于酰胺醇类药物提取。也有方法采用不同试剂以不同比例混合后进行提取。提取溶剂中通常会加入氯化钠、无水硫酸钠等，除去样品中的水分和蛋白质，以提高提取效率。

Taka 等[15] 用乙酸乙酯提取蜂蜜中的 CAP，LC-MS/MS 测定。回收率为 97.0%～101.9%，RSD 小于 10%，CCα 为 0.08μg/kg，CCβ 为 0.12μg/kg。Rodziewicz 等[16] 采用乙酸乙酯提取奶粉中的 CAP，正己烷除脂，LC-MS/MS 检测。CCα 和 CCβ 分别为 0.09μg/kg 和 0.11μg/kg。Nicolich 等[17] 采用乙酸乙酯和甲酸萃取牛奶中的 CAP，LC-MS/MS 测定。回收率为 95.0%～98.8%，CCα 为 0.05μg/L，CCβ 为 0.09μg/L。Douny 等[18] 用乙酸乙酯萃取蜂蜜、虾和禽肉中的 CAP，LC-MS/MS 测定。蜂蜜、虾和禽肉的 CCα 分别为 0.04μg/kg、0.03μg/kg 和 0.07μg/kg，CCβ 分别为 0.05μg/kg、0.04μg/kg 和 0.08μg/kg。Barreto 等[19] 用 LC-MS/MS 测定蜂蜜、鱼和虾中的 CAP。用乙酸乙酯提取蜂蜜中的 CAP，用乙腈和氯仿提取鱼和虾中的 CAP。方法平均回收率为 85.5%～115.6%，日内 RSD 和日间 RSD 均为 1.0%～22.5%；虾和鱼的 CCα 和 CCβ 分别为 0.04μg/kg 和 0.06μg/kg，蜂蜜 CCα 和 CCβ 分别为 0.05μg/kg 和 0.09μg/kg。

Yang 等[20] 用乙酸乙酯提取猪、鸡和鱼饲料中的 FF，用乙腈饱和的正己烷进行脱脂，薄层色谱（TLC）净化，HPLC-UV 测定。FF 回收率为 80.6%～105.3%，日内 RSD 和日间 RSD 均小于 9.3%。

林丽容[21] 建立了鸭蛋中 CAP、TAP 和 FF 残留分析方法。样品用乙腈提取，正己烷除脂，UPLC-MS/MS 测定，CAP 采用内标法定量，TAP 和 FF 采用外标法定量。CAP、TAP 和 FF 的 LOD 分别为 0.1μg/kg、1.0μg/kg 和 1.0μg/kg，平均回收率为 89.6%～101.1%，RSD 为 3.5%～13.4%。

FFA 中含有碱性的氨基，通常在碱性条件下提取。崔悦等[22] 用氨化乙酸乙酯和氯化钠溶液提取蜂蜜中的 FF 及 FFA，DPC-2 柱净化，LC-MS/MS 测定。FF 的 LOD 为 0.05μg/kg，回收率为 85.5%～116.3%，RSD 小于 10%；FFA 的 LOD 为 0.3μg/kg，回收率为 85.6%～113.5%，RSD 小于 10%。袁潇等[23] 用碱性乙酸乙酯提取畜禽副产品中 CAP 和 FF，正己烷除脂，UPLC-MS/MS 检测。方法的 LOD 均为 0.04μg/kg；CAP 的回收率为 89.6%～112.0%，RSD 为 5.4%～8.1%；FF 的回收率为 90.3%～110.0%，RSD 为 5.1%～8.0%。陈蓄等[24] 建立了动物源性食品中 CAP、TAP、FF 和 FFA 残留检测方法。样品用氨化乙酸乙酯提取，正己烷除脂，氨化乙酸乙酯反萃取，UPLC-MS/MS 检测。CAP 的 LOD 为 0.1μg/kg，LOQ 为 0.2μg/kg；TAP、FF 和 FFA 的 LOD 为 0.5μg/kg，LOQ 为 1.0μg/kg。在 0.2～5μg/kg 添加浓度范围内，平均回收率为 80%～120%，变异系数均小于 15%。奚照寿等[25] 建立了鹌鹑蛋和鸽蛋中 CAP、TAP、FF 和 FFA 的多残留检测方法。样品用乙酸乙酯、乙腈和氨水溶液（49∶49∶2，体积比）提取，饱和正己烷除脂，LC-MS/MS 分析。平均回收率为 89.30%～105.41%，RSD 均低于 3.87%；LOD 和 LOQ 分别为 0.04～0.50μg/kg 和 0.1～1.5μg/kg。王丽英等[26] 建立鸡肉和鸡蛋中 FF 和 FFA 残留的分析方法。样品用氨化乙酸乙酯超声提取，C_{18} 柱净化，UPLC-MS/MS 分析。FF 回收率为 88.0%～108.0%，RSD 为 4.7%～6.4%；FFA 回收率为 76.0%～93.1%，RSD 为 4.1%～7.2%。

（2）水溶液提取　磷酸缓冲液是应用较多的水溶液提取试剂。Tajik 等[27] 用磷酸盐缓冲液（pH 7.2）和三氯乙酸（15%）提取鸡肝、肾和肌肉中的 CAP，C_{18} 柱净化，甲醇洗脱，HPLC-UVD 测定。LOD 为 2.5μg/kg，肝脏、肾脏和肌肉中的回收率分别为（87.5±9.3）%、（79.3±6.8）% 和（63.2±6.4）%。Siqueira 等[28] 用磷酸盐溶液提取牛、猪和禽肌肉组织、蛋、海产品（虾和鱼）中 CAP，再用乙酸乙酯反萃取，LC-MS/MS 测定。方法回收率为 85%～120%，RSD 低于 20%，LOQ 为 0.1μg/kg。

Sichilongo 等[29] 用 THF-水溶液提取牛肌肉组织中的 CAP、TAP 和 FF。THF-水溶液具有比乙腈-水溶液和甲醇-水溶液更高的提取效率。CAP、TAP 和 FF 的 LOD 值分别为 0.047μg/kg、2.1μg/kg 和 4.3μg/kg；LOQ 值分别为 0.141μg/kg、6.3μg/kg 和 12.9μg/kg；方法的平均回收率分别为 99%、90% 和 112%。

双水相萃取技术又称为水溶液两相分配技术，是当两种聚合物或一种聚合物与一种亲液盐或是两种盐（一种是离散盐且另一种是亲液盐）在适当的浓度或是在特定的温度下混合在一起时形成了双水相系统。离子液体-盐双水相体系（ILATPS）通常是由一种有机盐（亲水性离子液体）、一种无机盐（如磷酸盐、碳酸盐、氢氧化物等）和水相组成，它综合了离子液体和双水相体系的优点。Han 等[30] 报道了采用 ILATPS 萃取牛奶和蜂蜜样品中的 CAP 的 HPLC-UV 方法。采用咪唑离子液体（1-丁基-3-甲基咪唑氯盐，[C_4mim] Cl）和无机盐 K_2HPO_4 提取样品中的 CAP。LOD 为 0.3μg/L，LOQ 为 1.0μg/L，牛奶和蜂蜜样品回收率为 97.1%～101.9%。Yao 等[31] 报道了用聚氧乙烯月桂基醚-盐双水相萃取系统（ATPES）提取鸡蛋、牛奶和蜂蜜中的 TAP，HPLC 测定。TAP 的回收率为 99.59%，TAP 在鸡蛋、牛奶、蜂蜜中的 LOD 值和 LOQ 值分别为 0.5μg/kg 和 1.5μg/kg。

14.5.2.3　加速溶剂萃取（ASE）

加速溶剂萃取是采用常规溶剂，在较高温度下用溶剂对固体或半固体样品进行萃取的样品前处理技术。ASE 的基本原理是利用升高温度和压力，以增加物质溶解度和溶质扩散效率，提高萃取效率。与传统的提取方式相比，ASE 具有萃取快速、萃取溶剂用量少、样品回收率高、提取过程自动化等特点。

祝子铜等[32] 建立了用 ASE 萃取蜂花粉中 CAP 的 UPLC-MS/MS 分析方法。样品与硅藻土混合均匀，将混合好的样品转移至底部铺有石英砂的萃取池中，上部再铺一层石英砂，加盖拧紧，将萃取池放入快速溶剂萃取仪中进行萃取。萃取条件：乙酸乙酯为萃取溶剂，萃取温度为100℃，萃取压力为100bar，循环次数为2次。方法回收率在88.3%～110.0%之间，RSD在5.3%～8.9%之间，LOD为0.1μg/kg。

王波等[33]建立了鹌鹑蛋和鸽蛋中CAP、TAP和FF的ASE萃取方法。样品与硅藻土研磨后，装入萃取池，萃取溶剂为甲醇-氨水-水溶液（97:2:1，体积比），萃取温度为80℃，压力为1.034×10^4kPa，静态萃取时间5min。方法LOD为0.04～0.5μg/kg，LOQ为0.1～1.5μg/kg，平均回收率为90.26%～105.73%，RSD均低于3.29%。王波等[34]还建立了同时检测鸽蛋中CAP、TAP、FF和FFA多残留的ASE提取方法，利用UPLC-MS/MS测定。萃取溶剂为甲醇-氨水-水（97:2:1，体积比），萃取温度为80℃，压力为1500psi。平均回收率为91.55%～105.47%，LOD为0.03～0.4μg/kg，LOQ为0.08～1.2μg/kg。Wang等[35]用ASE法提取禽蛋中的TAP、FF和FFA，用乙腈-氨水（98:2，体积比）萃取样品，用乙腈饱和正己烷去脂。LOD和LOQ分别为1.8～4.9μg/kg和4.3～11.7μg/kg，回收率均在80.1%以上。王旭堂等[36]用ASE技术提取鹌鹑蛋和鸽蛋中的TAP，用UPLC-FLD测定。萃取剂为2%的氨水乙腈，萃取压力为1500psi，萃取温度为80℃，以乙腈饱和正己烷去脂。鹌鹑蛋和鸽蛋中的回收率分别为83.23%～95.72%和84.37%～97.12%，LOD分别为3.4μg/kg和3.3μg/kg，LOQ分别为9.9μg/kg和9.7μg/kg。

14.5.2.4 亚临界水萃取（SWE）

亚临界水萃取是一种环保的萃取技术，也称为加压热水萃取（PHWE）。SWE是一种从固体和半固体样品中定量萃取极性和非极性化学物质的方法。SWE基于在100～374℃（水的临界点：374℃和22MPa）之间使用水作为萃取溶剂，并且在足够高的压力下使其保持液态。

Xiao等[37]建立了一种新型的萃取技术，利用亚临界水萃取家禽组织中的CAP、TAP、FF和FFA。将样品加入硅藻土混合研磨后，装入不锈钢萃取池中。萃取流程如下：0.2%氢氧化铵水溶液作为萃取溶剂，萃取温度为150℃，压力为100bar，萃取时间为3min，两个静态循环。萃取完成后，用UPLC-MS/MS检测。平均回收率为86.8%～101.5%，RSD低于7.7%，LOD为0.03～0.5μg/kg，LOQ为0.1～2.0μg/kg。徐万帮等[38]基于SWE，开发了一种用于测定动物源性食品中CAP、土霉素和四环素的快速分析方法。方法的回收率在92.1%～104.8%之间，RSD值在0.3%～0.5%之间。

14.5.2.5 超临界流体萃取（SFE）

SFE是以超临界状态下的流体为萃取溶剂，利用该状态下的流体所具有的高渗透能力分离混合物的过程。最常用的超临界流体是CO_2，可用于萃取非极性和中等极性的物质，如加入适量极性调节剂还可萃取极性物质。

Liu等[39]研究了原位衍生SFE测定虾中痕量的CAP、FF和TAP，利用GC-MS检测。使用600μL乙酸乙酯作为改性剂，在25kPa和60℃下，用超临界CO_2静态萃取5min，动态萃取10min。方法LOD为8.7～17.4pg/g，RSD小于15.3%。

14.5.2.6 分散液-液微萃取（DLLME）

DLLME是基于样本溶液、萃取剂（与水互不相溶）和分散剂（与水相和萃取剂混溶）组成的三重溶液系统开发的一种新型液相微萃取技术。DLLME 方法具有操作简便、快速、富集效率高、萃取剂使用量少等优点。

Chen 等[40] 报道了用 DLLME 方法提取蜂蜜中的 CAP 和 TAP。乙腈为分散剂，1，1，2，2-四氯乙烷为萃取剂，HPLC 测定。CAP 和 TAP 的富集因子分别为 68.2 和 87.9，LOD 分别为 $0.6\mu g/kg$ 和 $0.1\mu g/kg$，RSD 分别为 4.3％和 6.2％。

DLLME 还可以与其他提取净化方法结合，用于样品中 CAP 的提取。Campone 等[41] 建立了超声辅助 DLLME（UAE-DLLME）提取蜂蜜中 CAP 的方法，用 UPLC-MS/MS 测定。三氯甲烷为萃取剂，乙腈为分散剂，用 10％NaCl 提高离子强度。回收率为 54％～60％，RSD 小于 5％，CCα 和 CCβ 分别为 $0.0115\mu g/kg$ 和 $0.0364\mu g/kg$。Rezaee 等[42] 建立一种新型的将超声辅助萃取、SPE 和 DLLME 结合的简单有效的萃取方法——UAE-SPE-DLLME，用于鸡肉中 CAP 的萃取。样品用乙腈和 EDTA-McIlvaine 缓冲液超声萃取，SPE 和 DLLME 净化。甲醇用作 DLLME 萃取的分散剂，氯仿用作萃取剂。方法 LOD 为 $0.1\mu g/kg$，LOQ 为 $0.4\mu g/kg$。Amelin 等[43] 结合 DLLME 和 QuEChERS 方法同时提取食品中的 CAP 和 TAP。样品用乙腈-甲酸提取，加入无水 $MgSO_4$ 和 NaCl 等无机盐，离心后移取上清液，用 PSA 和 C_{18} 净化，二氯甲烷为萃取剂进行 DLLME 萃取。方法回收率为 64％～87％，RSD 小于 9％。

14.5.3 样品净化方法

目前，用于动物源性食品中酰胺醇类药物的净化方法主要有固相萃取（SPE）、基质固相分散萃取（MSPD）、分散固相萃取（DSPE）、分子印迹技术（MIT）和免疫亲和色谱（IAC）等。

14.5.3.1 固相萃取（SPE）

与液-液萃取相比，SPE 具有不需要使用大量有机溶剂、处理过程中不会出现乳化现象、样品处理简便、耗时短等特点。SPE 中关键步骤是固相萃取吸附剂的选择，吸附剂可以影响选择性、亲和性、容量。目前，用于酰胺醇类药物残留分析的 SPE 柱填料种类较多，主要有 C_{18}、HLB、MCX、Chem Elut、Florisil 和硅胶等。

（1）C_{18} 柱 反相 C_{18}SPE 柱是许多中等或低极性药物常用的净化方法。Tian[44] 分析了牛奶中包括 CAP 在内 29 种药物残留。用乙腈提取牛奶中的多种化合物，C_{18}SPE 柱净化，LC-MS/MS 测定。回收率为 71％～107％，RSD 小于 13.7％。王丽英等[26] 用氨化乙酸乙酯提取鸡肉和鸡蛋中的 FF 和 FFA，提取液过 C_{18} 柱净化，用甲醇和水活化 C_{18} 柱，用水淋洗杂质，甲醇洗脱分析物，UPLC-MS/MS 测定。FF 和 FFA 回收率分别为 88.0％～108.0％和 76.0％～93.1％。

（2）HLB 柱 雷美康等[45] 建立蜂蜡中 CAP 残留方法。样品用正己烷预溶解，用水提取后，HLB 柱净化。LOD 为 $0.05\mu g/kg$，LOQ 为 $0.3\mu g/kg$；在 $0.3\mu g/kg$、$1.0\mu g/kg$ 和 $2.0\mu g/kg$ 三个添加水平的回收率为 80.2％～105.2％，RSD 小于 8％。刘伟等[46] 建立测定蜂蜜中 CAP 的 LC-MS/MS 方法。蜂蜜样品加水溶解后，过 HLB 柱净化，5％甲醇水溶液淋洗 HLB 柱，70％甲醇水溶液洗脱目标化合物。方法回收率为 91.0％～107.1％，RSD 小于 11.9％，LOQ 为 $0.20\mu g/kg$。庄姜云等[47] 用乙酸乙酯提取蜂蜜中的 CAP、

TAP 和 FF，经 HLB 柱净化，正己烷脱色脱脂，PSA 粉末吸附净化，LC-MS/MS 测定。方法回收率为 93.7%～109.7%，RSD 为 0.7%～11.4%，LOD 为 0.03～0.09μg/kg，LOQ 为 0.1～0.3μg/kg。Shen 等[48] 用乙酸乙酯提取家禽肌肉、肝脏中的 CAP、TAP、FF 和 FFA，经 HLB 柱净化，GC-NCI/MS 测定。回收率为 78.5%～105.5%，RSD＜17%。Azzouz 等[49] 报道了连续固相萃取结合 GC-MS 同时测定牛奶中包括酰胺醇类药物在内的 20 种药理活性物质。样品用乙酸乙酯提取，HLB 柱富集净化。方法 LOD 为 0.2～1.2ng/kg，日间 RSD 为 4.8%～7.8%。

PRiME-HLB 是一种新型的反相 SPE 柱，省去传统的活化和平衡等步骤，样品经提取后直接过柱，节约时间的同时更加绿色环保。李成等[50] 用 UPLC-MS/MS 测定鸡肉和鸡蛋中包括 CAP、TAP 和 FF 在内的 9 种兽药残留。样品用含 0.2% 甲酸的 80% 乙腈水溶液提取，PRiME-HLB 柱净化。方法 LOD 为 0.05μg/kg，LOQ 为 0.5μg/kg；在添加浓度为 1μg/kg、5μg/kg 和 10μg/kg 时，平均回收率为 74.6%～119.1%，RSD 为 0.9%～7.6%。金晓峰等[51] 建立了通过式固相萃取方法，UPLC-MS/MS 测定鸡蛋中包括 CAP 的 8 种兽药残留。样品用 80% 乙腈（0.1% 甲酸）提取，PRiME-HLB 柱净化，UPLC-MS/MS 测定。LOD 为 0.3～5.0μg/kg，LOQ 为 1.0～10.0μg/kg，回收率为 64.5%～109.3%，RSD 为 2.1%～13.5%。高敏等[52] 利用 80% 乙腈（含 0.1% 甲酸）提取鸡蛋及其制品中包括 CAP、TAP 和 FF 在内的 8 种药物，样品经 PRiME-HLB 柱净化后，LC-MS/MS 检测。LOD 范围为 0.3～5.0μg/kg，LOQ 范围为 1.0～10.0μg/kg，回收率在 82.1%～96.2% 之间，RSD 为 2.13%～5.97%。

（3）MCX 柱　肖国军等[53] 建立了蜂蜜中 CAP、TAP 和 FF 残留分析方法。样品经乙酸乙酯提取，MCX 柱净化，乙酸乙酯洗脱。方法回收率为 90.6%～110.3%，RSD 为 1.5%～6.1%，LOD 为 0.005～0.02μg/kg，LOQ 为 0.015～0.06μg/kg。雷美康等[54] 建立了一种同时测定蜂蜡中 CAP、TAP、FF 和 FFA 残留的 SPE-HPLC-MS/MS 方法。根据蜂蜡脂溶性的特点，试样采用正己烷溶剂预溶解，用水提取 2 次后经 MCX 柱净化。方法定量限为 0.1μg/kg，平均回收率在 65.0%～113.2% 之间，RSD 小于 20%。

Zhang 等[55] 建立了同时测定鸡肌肉中的 CAP、TAP、FF 和 FFA 的 LC-MS/MS 方法。样品经碱性乙酸乙酯萃取，正己烷除脂，MCX 柱净化。鸡肌肉中 CAP 的 LOD 为 0.1μg/kg，FF 的 LOD 为 0.2μg/kg，TAP 和 FFA 的 LOD 为 1μg/kg。平均回收率为 95.1%～107.3%，日内和日间 RSD 分别小于 10.9% 和 10.6%。Sin 等[56] 用乙腈提取鲑鱼和罗非鱼中的 FFA，MCX 柱净化，用 0.1% 乙酸溶液淋洗，甲醇-33% 氢氧化铵（95∶5，体积比）洗脱，LC-MS/MS 分析。鲑鱼和罗非鱼的 LOD 分别为 0.13μg/kg 和 1.64μg/kg，LOQ 分别为 0.29μg/kg 和 4.13μg/kg，回收率为 89%～106%。马晓年等[57] 建立了乳饼中 CAP 的残留分析方法。样品用乙酸乙酯提取，MCX 柱净化，UPLC-MS/MS 分析。方法 LOD 为 0.004μg/kg，LOQ 为 0.01μg/kg，平均回收率为 61.1%～101%。

（4）Chem Elut 柱　Zawadzka 等[58] 测定奶粉中的 CAP。样品除脂后，用 Chem Elut 萃取柱净化，LC-MS/MS 检测。全脂奶粉中 CAP 的平均回收率为 95%～103%，RSD 均小于 14%，CCα 和 CCβ 均低于 0.1mg/kg。

（5）Florisil 柱　Li 等[59] 采用 GC-MS 同时测定动物组织中 CAP、TAP 和 FF 残留。样品用乙酸乙酯萃取，正己烷除脂，Florisil 柱净化，甲醇-乙醚（3∶7，体积比）和二乙基醚活化，乙醚淋洗，甲醇-乙醚（3∶7，体积比）洗脱。回收率为 80.0%～111.5%，RSD 为 1.2%～15.4%。

（6）SCX 柱　高何刚[60] 建立了蜂蜜样品中 CAP 残留分析方法。样品经 40mmol/L 盐酸溶液提取，SCX 柱净化，乙酸乙酯洗脱，UPLC-MS/MS 测定，方法 LOD 为 $0.01\mu g/kg$，回收率大于 88.0%。

（7）硅胶柱　祝子铜等[32] 用 ASE 萃取蜂花粉中的 CAP，用硅胶柱净化。将萃取后的提取溶液，旋转蒸发至近干，用乙酸乙酯-正己烷（2:8，体积比）溶解残渣。硅胶柱用乙酸乙酯-正己烷（2:8，体积比）进行活化，乙酸乙酯洗脱，UPLC-MS/MS 测定。方法回收率为 $88.3\%\sim110.0\%$。

陈涛等[61] 采用 UPLC-MS/MS 检测鸡蛋、鸡肉和猪肉中的 CAP、TAP、FF 和 FFA。样品经乙腈-氨水（98:2，体积比）和乙酸乙酯提取，CNWBOND Si 柱净化，丙酮-正己烷（1:9，体积比）溶液活化，丙酮-正己烷（6:4，体积比）溶液洗脱。方法 LOD 为 $0.1\mu g/kg$，LOQ 为 $0.5\mu g/kg$，在 $0.5\sim2.0\mu g/kg$ 添加水平的回收率为 $70.6\%\sim112.3\%$，批内 RSD 为 $1.5\%\sim12.7\%$，批间 RSD 为 $3.2\%\sim14.5\%$。Wu 等[62] 用 SPE 与 UHPLC-MS/MS 相结合，同时测定猪肉、牛肉、羊肉和鸡肉及其产品中的 CAP、TAP 和 FF。用乙酸乙酯-氨水（98:2，体积比）萃取，CNW Si SPE 柱净化，乙腈-正己烷（6:4，体积比）洗脱，乙腈饱和的正己烷除脂。LOD 为 $0.03\sim1.50\mu g/kg$，LOQ 为 $0.05\sim5.00\mu g/kg$。回收率在 $72\%\sim120\%$ 之间。

（8）联合用柱　多种萃取柱联用具有提高净化效果、增强检测灵敏度等特点。已有文献报道将多种固相萃取柱联合应用于酰胺醇类药物残留分析。杨黎等[63] 建立了蜂胶和蜂胶原料保健食品中 CAP、TAP 和 FF 残留量分析方法。样品用 0.1mol/L 盐酸溶解，超声提取，用 HLB 柱和 NH_2 柱净化。蜂胶原胶、片剂和软胶囊剂型中 CAP、TAP 和 FF 的 LOD 为 $0.037\sim0.083\mu g/kg$，LOQ 为 $0.12\sim0.28\mu g/kg$；硬胶囊剂型中的 LOD 为 $0.39\sim0.47\mu g/kg$，LOQ 为 $1.28\sim1.57\mu g/kg$；回收率为 $66.6\%\sim120\%$，RSD 为 $0.80\%\sim11\%$。

Minatani 等[64] 建立了测定香鱼中 CAP、TAP 和 FF 残留量的分析方法。样品用 90% 乙腈萃提取，Florisil 柱净化，用正己烷脱脂，再用羟基化苯乙烯-二乙烯基苯共聚物萃取柱净化。方法的回收率为 $85\%\sim103\%$，RSD 为 $5\%\sim13\%$。

（9）其他　Monteiro 等[65] 用 Captiva 柱和 LC-MS/MS 结合快速检测鱼肌肉中 CAP 和 FF 等 12 种抗生素。样品用 Na_2EDTA 和乙腈-0.1% 甲酸水溶液（70:30，体积比）提取，Captiva ND 柱净化。方法 LOQ 小于 $4.3\mu g/kg$，回收率为 $83.8\%\sim110.1\%$。

王东鹏等[66] 建立了同时测定猪肉中 CAP、TAP 和 FF 残留量的分析方法。用乙腈提取样品，经 Captiva EMR-Lipid 柱净化。方法 LOD 和 LOQ 分别为 $0.10\sim0.14\mu g/kg$ 和 $0.25\sim0.47\mu g/kg$；平均回收率为 $97.50\%\sim117.00\%$，RSD 为 $5.55\%\sim8.93\%$。

作为一种新型功能性碳素材料，膨胀石墨（expanded graphite，EG）是由天然石墨鳞片经插层、水洗、干燥、高温膨化得到的一种疏松多孔的蠕虫状物质。膨胀石墨具有疏松多孔结构，对有机化合物具有强大的吸附能力。Zhou 等[67] 开发了一种快速、简便的硼酸改性膨胀石墨（B-EG）合成方法。合成过程一步完成，H_2SO_4 和 H_3BO_3 用作插层剂，$KMnO_4$ 用作氧化剂，得到的 B-EG 呈蠕虫状和层状结构，具有大量小分散颗粒。B-EG 被用作 SPE 的吸附剂，用于净化禽蛋中的 CAP。B-EG 装填成 SPE 柱，用乙酸-甲醇（1:9，体积比）洗脱。方法的检测限为 $0.27\mu g/kg$，在 $50\mu g/kg$ 的添加浓度下，回收率为 $87\%\sim94\%$。

14.5.3.2 基质固相分散萃取（MSPD）

MSPD 是将涂渍有 C_{18} 等多种聚合物的担体固相萃取材料与样品一起研磨，制得半干状态的混合物并将其作为填料装柱，然后采用类似 SPE 的方法，用不同的溶剂淋洗萃取柱，将各种待测物洗脱。MSPD 是在 SPE 基础上改进后的处理方法，与 SPE 比较，其优点在于：浓缩了传统样品前处理过程中的提取和净化过程，操作简单。MSPD 已被用于 CAP 残留分析，常用的 MSPD 吸附剂为 C_{18}。

Pan 等[68] 建立了基于 MSPD 的 UPLC-MS/MS 方法测定鱼肉中的 CAP、TAP 和 FF 残留。肌肉组织与 C_{18} 分散剂混合研磨，制成固相萃取柱，用乙腈-水（50：50，体积比）洗脱。CAP、TAP 和 FF 的 CCα 和 CCβ 范围分别为 $0.02\sim0.06\mu g/kg$ 和 $0.11\sim0.16\mu g/kg$，平均回收率为 $84.2\%\sim99.8\%$，RSD 低于 16.6%。Tao 等[69] 建立了测定虾和鱼中 CAP、TAP、FF 和 FFA 的 LC-MS/MS 方法。样品采用 MSPD 萃取净化，将样品与 C_{18} 填料混合装入 MSPD 柱。方法的 CCα 和 CCβ 分别为 $0.01\sim0.09\mu g/kg$ 和 $0.04\sim0.25\mu g/kg$，回收率为 $83.8\%\sim98.8\%$，RSD 低于 13.7%。

14.5.3.3 分散固相萃取（DSPE）

DSPE 操作原理与 SPE 相似，都是利用吸附剂填料与基质中的杂质相互作用，除去杂质达到净化的目的。与 SPE 相比，DSPE 更加简便、快速。

Imran 等[70] 建立了测定鸡肌肉中酰胺醇类药物（CAP、TAP、FF 和 FFA）的检测方法。样品用乙腈和氨水提取，乙酸乙酯进行二次萃取，正己烷除脂，C_{18} 作为 DSPE 的吸附剂净化提取物。方法回收率为 $86.4\%\sim108.1\%$，RSD 为 $4.4\%\sim16.3\%$。Rezende 等[71] 用 DSPE 方法提取牛肌肉、牛奶和奶粉中的 CAP 和 FF，用 LC-MS/MS 检测。样品用乙酸乙酯提取，C_{18} 吸附剂净化提取液中基质。CAP 和 FF 回收率为 $89.27\%\sim106.15\%$，RSD 为 $4\%\sim15\%$，LOQ 为 $0.22\sim5.485\mu g/kg$。

QuEChERS 具有快速、简便、价廉、高效、耐用和安全等优点。Mou 等[72] 建立了 UHPLC-MS/MS 分析方法测定禽肉和牛肉中的 CAP。采用 QuEChERS 方法提取 CAP。样品用水-乙腈（1：1，体积比）提取，$MgSO_4$、PSA 和 C_{18} 吸附剂净化。LOD 和 LOQ 分别为 $0.16\mu g/kg$ 和 $0.50\mu g/kg$，回收率为 $99\%\sim111\%$，RSD 为 $0.48\%\sim12.48\%$。赵浩军等[73] 采用 QuEChERS 方法提取猪肌肉中的 CAP 和 FF。以乙腈为提取溶剂，正己烷除脂，C_{18} 吸附剂净化，LC-MS/MS 测定。方法 LOD 为 $0.1\mu g/kg$，回收率为 $81.1\%\sim115.8\%$，RSD 为 $4.2\%\sim11.8\%$。Jung 等[74] 利用 LC-MS/MS 同时检测牛肉、猪肉、鸡肉、虾、鳗鱼和比目鱼中的 CAP、TAP、FF 和 FFA。通过 QuEChERS 萃取方法进行萃取，利用 PSA 和 $MgSO_4$ 进行样品净化。回收率为 $64.26\%\sim116.51\%$，LOQ 为 $0.02\sim10.4\mu g/kg$。

磁性固相萃取（MSPE），是以磁性或可磁化的材料作为吸附剂的一种分散固相萃取技术。在 MSPE 过程中，磁性吸附剂不直接填充到吸附柱中，而是被添加到样品的溶液或者悬浮液中，将目标分析物吸附到分散的磁性吸附剂表面，在外部磁场作用下，目标分析物随吸附剂一起迁移，最终通过合适的溶剂洗脱被测物质，从而与样品的基质分离开来。与常规 DSPE 填料相比，纳米颗粒的比表面积大，扩散距离短，具有非常强的萃取能力和较高萃取效率。Huang 等[75] 合成了一种新型核酸适配体功能化磁性吸附剂，用于选择性富集食品中的 CAP、TAP 和 FF。首先采用溶胶-凝胶法合成磁性二氧化硅包覆的 Fe_3O_4 微球（$Fe_3O_4@SiO_2$），然后加入 3-氨基丙基三乙氧基硅烷（3-APTES）试剂形成 $Fe_3O_4@SiO_2-NH_2$，再与琥珀酸酐反应形成 $Fe_3O_4@SiO_2-COOH$，最后加入 EDC/磺基-

NHS 偶联剂，合成了一种非常稳定的吸附剂，用于检测 CAP、TAP 和 FF。该吸附剂基于适配体对分析物的高亲和力，可以特异性地同时识别并富集一些复杂食品基质中的 CAP、TAP 和 FF。吸附剂对 CAP、TAP 和 FF 的吸附量分别为 $2.82\mu g/g$、$2.56\mu g/g$ 和 $2.72\mu g/g$，富集倍数超过 100 倍。该吸附剂还具有良好的萃取重现性，可重复使用至少 60 个循环，回收率超过 80%。Vuran 等[76] 建立了一种 MSPE 方法用于提取净化牛奶样品中的 CAP，用 HPLC-DAD 检测。作者首先合成了磁性碳纳米纤维，将其作为吸附剂用于吸附 CAP。样品用缓冲液提取，离心后，提取液中加入制备好的磁性碳纳米纤维吸附 CAP，用 ACN-MeOH（1∶1，体积比）洗脱。方法的 LOD 为 $3.02\mu g/L$，回收率为 94.6%～105.4%，RSD 低于 4.0%。Zhang 等[77] 制备了一种新型的适配体修饰的磁性介孔碳，用于 MSPE 方法净化鱼和鸡肉样品中的 CAP。方法 LOD 为 0.94pmol/L，回收率为 87.0%～107%，RSD 为 3.1%～9.7%。

14.5.3.4 分子印迹技术（MIT）

MIT 是将要分离的目标分子与功能单体通过共价或非共价作用进行预组装，与交联剂共聚物制备得到聚合物。分子印迹聚合物（MIP）制备简单，能够反复使用，机械强度高，稳定性好，因此非常适合用于 SPE 的填充剂或 SPME 的涂层填料和 DSPE 的吸附剂来分离复杂样品中的分析物。

Samanidou 等[78] 以 CAP 为模板分子，3-氨基丙基三乙氧基硅烷（3-APTES）和苯基三乙氧基硅烷（TEPS）为功能前体，原硅酸四甲酯（TMOS）为交联剂，异丙醇为溶剂/致孔剂，HCl 作为溶胶-凝胶催化剂，合成印迹溶胶-凝胶二氧化硅基无机聚合物吸附剂（溶胶-凝胶 MIP）。合成的 MIP 作为萃取牛奶中 CAP 分子印迹固相萃取（MISPE）的吸附剂，利用 LC-MS 检测。方法 CCα 为 $53.5\mu g/kg$，CCβ 为 $56.7\mu g/kg$，日内 RSD 和日间 RSD 分别低于 11% 和 13%，回收率为 85%～106%。王晓虎[79] 以甲砜霉素为模板，丙烯酰胺为功能单体，乙二醇二甲基丙烯酸酯为交联剂，偶氮二异丁腈为引发剂，使用悬浮聚合法制备了甲砜霉素的分子印迹微球。实验证明所制备的微球对酰胺醇类药物均具有较高的识别性能。在优化了固相萃取条件后，结合高效液相色谱法，对牛奶中的此类药物残留进行了检测。同时，该作者还以氟苯尼考为模板分子，采用乳液-悬浮耦合聚合法制备了一种分子印迹微球。与传统悬浮聚合法比较，该方法明显改善了微球的粒径和均一性（$1.5\sim2.0\mu m$）。然后以此微球为固相萃取吸附剂用于牛奶中酰胺醇类药物的提取和净化。

Schirmer 等[80] 以 2-乙烯基吡啶、甲基丙烯酸二乙氨基乙酯或甲基丙烯酸单体为原料，合成了多种用于 CAP 选择性分离的 MIP，作为吸附剂用于蜂蜜中 CAP 的净化。Guo 等[81] 研究了 MIP 的合成和评价，用于鱼组织中 CAP 的净化，用 HPLC 法测定。以 CAP 为模板分子，乙烯基吡啶为功能单体，乙二醇二甲基丙烯酸酯为交联单体，十二烷基硫酸钠为表面活性剂，以水为溶剂，通过细乳液聚合制得用于 CAP 选择性分离的 MIP，作为 MSPD 的吸附剂。CAP 的回收率均为 89.8%～101.43%，LOD 为 $1.2\mu g/kg$，LOQ 为 $3.9\mu g/kg$。

Wei 等[82] 将 CAP 和 FF 用作双模板分子，α-甲基丙烯酸和 $Fe_3O_4@mSiO_2@—CH=CH_2$ 作为双功能单体，乙二醇二甲基丙烯酸酯作为交联剂，制备的 $Fe_3O_4@mSiO_2@DMIP$ 用作磁性固相萃取吸附剂。采用磁性分子印迹固相萃取（M-MISPE）结合 HPLC-UV 的方法检测鸡蛋中的 CAP、FF 和 TAP，平均回收率为 2.7%～7.9%，RSD 小于 8%。

Chen 等[83] 成功开发了一种使用磁性分子印迹聚合物（MMIP）作为吸附剂从蜂蜜样品中净化 CAP 的方法。通过混合搅拌样品、萃取溶剂和聚合物，一步完成萃取过程。

萃取完成后，通过外部磁铁将 MMIP 从样品基质中分离，在超声辅助下用甲醇从 MMIP 中洗脱分析物，用 LC-MS/MS 分析。CAP 的 LOD 为 0.047μg/kg，回收率为 84.3%～90.9%。Li 等[84] 建立了一种以 MMIP 为 SPE 吸附剂，选择性地吸附食品中 CAP 的分析方法。由修饰的 Fe_3O_4 磁性纳米颗粒为支撑材料，CAP 为模板分子，甲基丙烯酸和/或丙烯酰胺为功能单体，乙二醇二甲基丙烯酸酯（EGDMA）为交联剂，偶氮二异丁腈（AIBN）为引发剂，采用悬浮聚合法制备出 MMIP。实验表明所得 MMIP 的直径为 400～700nm，具有良好的单分散性，最大表观吸附容量高达 42.60mg/g，且具有良好的特异性识别能力。方法 LOD 为 10μg/L，回收率为 95.31%～106.89%。

14.5.3.5　免疫亲和色谱（IAC）

IAC 是一种利用抗原抗体特异性和可逆结合特性的 SPE 技术，根据抗原抗体的特异亲和作用，从复杂的待测样品中提取目标物质。

Luo 等[85] 建立了 LC-MS/MS 方法测定猪肌肉中的 TAP、FF 和 FFA。用纯化的多克隆抗体和蛋白 A-琼脂糖凝胶 CL-4B 制备 IAC 柱进行样品净化。平均回收率为 85.2%～98.9%，LOQ 为 0.4～4.0μg/kg。Zhang 等[86] 利用 CAP 单克隆抗体与溴化氰活化的琼脂糖凝胶 4B 偶联制备 IAC 柱，用于净化和提取鸡组织中的 CAP。洗脱液蒸发至干，将残余物衍生化并通过 GC-ECD 测定。鸡肌肉和肝脏中的平均回收率分别为 86.6%～96.9% 和 74.3%～96.1%，LOQ 分别为 0.05μg/kg 和 0.1μg/kg。

14.5.3.6　其他

织物相吸附萃取（FPSE）是一种新一代绿色微萃取技术，通过溶胶-凝胶法将吸附剂化学键合在具有大量活性基团的织物基材表面，可显著提高涂层的热稳定性、化学稳定性和溶剂稳定性。FPSE 是一种高效、简单、快速、绿色的微萃取技术。Samanidou 等[87] 利用 FPSE 提取净化原料奶中的 TAP、FF 和 CAP。使用短链聚乙二醇（PEG）创建了一种高极性聚合物涂层 FPSE 介质。TAP、FF 和 CAP 回收率分别为 44%、66.4% 和 81.4%。Chu 等[88] 开发出一种基于填充纳米纤维固相萃取（PFSPE）方法，用于测定牛奶中的 CAP 残留。采用静电纺丝法制备了聚苯乙烯-聚乙烯吡咯烷酮（PS-PVP）复合纳米纤维。方法回收率为 97.5%～104.0%，LOD 为 0.2μg/L。

14.6

残留分析技术

14.6.1　仪器测定方法

14.6.1.1　色谱法

（1）高效液相色谱法（HPLC）　HPLC 适用于难挥发、强极性物质的分离检测。

因其专一性强、灵敏度高，广泛用于兽药残留检测中。酰胺醇类药物为中等极性化合物，通常采用反相液相色谱法（RP-LC）测定，测定的方法主要有紫外检测法和荧光检测法。通常使用 C_{18} 色谱柱进行 HPLC 分离，少数使用 C_8 色谱柱和苯基柱分离。

Rezaee 等[42] 建立了鸡肌肉中的 CAP 的 HPLC-UVD 测定方法。采用 C_{18} 色谱柱分离，检测波长为 278nm。LOD 为 $0.1\mu g/kg$，LOQ 为 $0.4\mu g/kg$。

谢恺舟等[89] 报道了 HPLC-FLD 测定鸡蛋中的 TAP 残留。样品经碱性乙酸乙酯提取，饱和正己烷脱脂，HPLC-FLD 检测。以乙腈-NaH_2PO_4（0.01mol/L，含 0.005mol/L 的十二烷基硫酸钠和 0.1% 三乙胺）（35∶65，体积比）为流动相，激发波长为 224nm，发射波长为 290nm。TAP 添加浓度为 $15\sim500\mu g/kg$ 时，方法平均回收率为 $86.35\%\sim$ 93.76%，LOD 为 $1.5\mu g/kg$，LOQ 为 $5\mu g/kg$。王旭堂等[36] 采用 UPLC-FLD 测定鹌鹑蛋和鸽蛋中的 TAP 残留。色谱柱采用 C_{18} 柱，流动相为水溶液（含 0.005mol/L 的 NaH_2PO_4 溶液、0.003mol/L 十二烷基硫酸钠和 0.05% 的三乙胺，pH 5.3 ± 0.1）和乙腈，荧光检测器激发波长为 233nm，发射波长为 284nm。鹌鹑蛋和鸽蛋 LOD 分别为 $3.4\mu g/kg$ 和 $3.3\mu g/kg$，LOQ 分别为 $9.9\mu g/kg$ 和 $9.7\mu g/kg$。Xie 等[90] 建立了 HPLC-FLD 检测方法，用于同时测定鸡蛋中的 TAP、FF 和 FFA。样品用乙酸乙酯-乙腈-氢氧化铵（49∶49∶2，体积比）萃取，正己烷脱脂，HPLC-FLD 测定，激发波长为 224nm，发射波长为 290nm。鸡蛋中 TAP 和 FF 的 LOD 为 $1.5\mu g/kg$，FFA 为 $0.5\mu g/kg$；鸡蛋中 TAP 和 FF 的 LOQ 为 $5\mu g/kg$，FFA 的 LOQ 为 $2\mu g/kg$；TAP、FF 和 FFA 的回收率分别为 $86.4\%\sim93\%$、$87.4\%\sim92.3\%$ 和 $89.0\sim95.2\%$，日内 RSD 和日间 RSD 分别小于 6.7% 和 10.8%。

（2）气相色谱法（GC）　GC 具有高选择性、高灵敏度和分析速度快等特点，适用于药物残留分析。由于酰胺醇类分子中含有羟基、氯基和亚氨基，分子极性较大。因此，在采用 GC 测定时，通常需要进行衍生化生成热稳定和易挥发的衍生物后测定。酰胺醇类药物含有电子亲和性强的化学基团，可以采用电子捕获检测器（ECD）测定。但是由于 GC 测定方法操作复杂，在酰胺醇类药物的残留分析应用中受到限制。

Ding 等[91] 建立了 GC-μECD 方法测定鱼和虾组织中的 CAP 残留量。组织样品用乙酸乙酯萃取，正己烷脱脂，Sylon BFT［N,O-双(三甲基硅烷基)三氟乙酰胺(BSTFA)-三甲基氯硅烷(TMCS)(99∶1)］衍生化。鱼和虾组织中的平均回收率分别为 $70.8\%\sim$ 90.8% 和 $69.9\%\sim86.3\%$，LOD 为 $0.04\mu g/kg$，LOQ 为 $0.1\mu g/kg$。

14.6.1.2　质谱法

（1）气相色谱-质谱联用方法（GC-MS）　GC-MS 具有 GC 极强的分离能力和 MS 对未知化合物的鉴定能力，且灵敏度极高等特点，广泛应用药物残留分析。酰胺醇类药物经衍生化后，可以进行 GC-MS 分析，采用电子轰击电离源（EI）和负离子化学电离源（NCI）两种电离方式。

Shen 等[48] 用 GC-NCI/MS 测定家禽肌肉和肝脏中的 CAP、TAP、FF 和 FFA 残留，CAP-d5 作为内标。样品用乙酸乙酯提取，Oasis HLB 净化，经 BSTFA＋1% TMCS 衍生化后，采用 SIM 模式，GC-NCI/MS 测定。CAP 的 LOD 为 $0.1\mu g/kg$，TAP、FF 和 FFA 的 LOD 为 $0.5\mu g/kg$。张丽萍等[92] 建立了鸡和猪组织中 TAP、FF 和 FFA 残留的 GC-MS 检测方法。样品经 2% 氨化乙酸乙酯溶液提取，PEP-2 固相萃取柱净化，BSTFA 衍生化，GC-MS 选用 NCI 模式测定，内标法定量。方法的 LOD 均为 $5\mu g/kg$，LOQ 均为

$10\mu g/kg$，平均回收率为 $88.1\%\sim106.4\%$，RSD 为 $1.5\%\sim10.8\%$。Li 等[59] 用 GC-MS 测定动物组织中 CAP、TAP 和 FF 残留量。甲苯为反应介质，用 Sylon BFT 衍生化，m-CAP 作为内标，GC-NCI/MS 测定。m-CAP 选择离子为：m/z 432、466、468 和 470；CAP 选择离子为：m/z 376、378、466 和 468；TAP 选择离子为：m/z 409、411、499 和 501；FF 选择离子为：m/z 339、341、429 和 431。CAP 的 LOD 为 $0.03\mu g/kg$，FF 和 TAP 的 LOD 均为 $0.2\mu g/kg$。

Yikilmaz 等[93] 建立了鱼样品中 FF 和 FFA 的 GC-MS 检测方法。样品用乙酸乙酯提取，正己烷去脂，BSTFA-TMCS（99：1）衍生化，GC-MS 采用 EI 电离和 SIM 模式测定。FF 的 LOD 和 LOQ 分别为 $534\mu g/kg$ 和 $585\mu g/kg$，FFA 的 LOD 和 LOQ 分别为 $541\mu g/kg$ 和 $602\mu g/kg$，平均回收率在 $84.09\%\sim100.9\%$ 之间。

Sniegocki 等[94] 建立了用于测定牛奶中 CAP 的 GC-MS/MS 和 LC-MS/MS 分析方法。GC-MS/MS 选用 NCI 模式，监测离子对分别为 m/z 466→304 和 m/z 466→322。LC-MS/MS 选用电喷雾离子模式，监测离子对分别为 m/z 321→152 和 m/z 321→257。GC-MS/MS 测定 CAP 的 CCα 和 CCβ 分别为 $0.083\mu g/kg$ 和 $0.14\mu g/kg$，LC-MS/MS 测定 CAP 的 CCα 和 CCβ 分别为 $0.11\mu g/kg$ 和 $0.15\mu g/kg$。

部分动物源性食品中酰胺醇类药物残留检测的 GC 和 GC-MS 方法见表 14-2。

表 14-2 部分动物源性食品中酰胺醇类药物残留检测的 GC 和 GC-MS 方法

基质	化合物	样品前处理	参数	检测方法	参考文献
家禽肌肉、肝脏	CAP、TAP、FF、FFA	提取：乙酸乙酯； 净化：HLB 柱； 衍生：BSTFA+1% TMCS	LOD：$0.1\sim0.5\mu g/kg$； 回收率：$8.5\%\sim105.5\%$； RSD：$<17\%$	GC-MS	[48]
牛奶	酰胺醇类药物	提取：乙酸乙酯； 净化：HLB 柱	LOD：$0.2\sim1.2ng/kg$； RSD：$4.8\%\sim7.8\%$	GC-MS	[49]
动物组织	CAP、TAP、FF	提取：乙酸乙酯； 净化：正己烷除脂，Florisil 柱； 衍生：Sylon BFT	LOQ：$0.2\mu g/kg$； 回收率：$80.0\%\sim111.5\%$； RSD：$1.2\%\sim15.4\%$	GC-MS	[59]
鸡组织	CAP	净化：IAC 柱； 衍生：BSTFA+1% TMCS	LOQ：$0.05\sim0.1\mu g/kg$； 回收率：$74.3\%\sim96.9\%$	GC-ECD	[86]
鱼肉、虾肉	CAP	提取：乙酸乙酯； 净化：正己烷除脂； 衍生：Sylon BFT	LOD：$0.04\mu g/kg$； LOQ：$0.1\mu g/kg$	GC-μECD	[91]
鸡和猪组织	TAP、FF、FFA	提取：2% 氨化乙酸乙酯； 净化：EP-2 柱； 衍生：BSTFA	LOD：$5\mu g/kg$； LOQ：$10\mu g/kg$； 回收率：$88.1\%\sim106.4\%$； RSD：$1.5\%\sim10.8\%$	GC-MS	[92]
牛奶	CAP	提取：乙腈； 净化：C_{18} 柱； 衍生：BSTFA+1% TMCS	CCα：$0.083\mu g/kg$； CCβ：$0.14\mu g/kg$	GC-MS/MS	[94]

（2）液相色谱-质谱联用方法（LC-MS） 随着 LC-MS 技术的发展，越来越多的研究将这一技术应用到酰胺醇类药物残留分析中。与 GC-MS 技术相比，LC-MS 技术操作简便，测定酰胺醇类药物时不需要衍生。LC-MS 技术采用的质量分析器主要包括四极杆、离子阱和飞行时间；采用的电离源一般为电喷雾电离源（ESI）、大气压化学电离源（AP-CI）和大气压光电电离源（APPI）。

① 液相色谱-三重四极杆串联质谱（LC-MS/MS）。Sniegocki 等[95] 建立了测定动物

源性食品中 CAP 残留的 LC-MS/MS 方法。样品用乙腈-乙酸乙酯提取，SPE 净化。方法的平均回收率在 92.1%～107.1%之间。Barreto 等[96] 用 LC-ESI-MS/MS 测定家禽、猪、牛和鱼肌肉中的 CAP。样品用乙酸乙酯-氢氧化铵（98∶2，体积比）提取，正己烷除脂。色谱分离采用 XTerra C_{18} 柱，2mmol/L 乙酸铵水溶液和乙腈（含 2mmol/L 乙酸铵）进行梯度洗脱。质谱采用 ESI 电离，正或负离子扫描，SRM 模式检测。牛肉和鱼肉中 CAP 的回收率分别为 82%～108% 和 84%～111%，牛肉的 CCα 和 CCβ 分别为 0.06μg/kg 和 0.11μg/kg。

Rodziewicz 等[16] 建立了奶粉中 CAP 的 LC-ESI-MS/MS 的检测方法。色谱柱为 Phenomenex Luna C_{18} 柱，乙腈-水为流动相。质谱采用 ESI^- 电离，MRM 模式检测。日内 RSD 小于 12%，日间 RSD 小于 15%，CCα 为 0.09μg/kg，CCβ 为 0.11μg/kg。

Saito-Shida 等[14] 建立了 LC-MS/MS 法测定牛组织和鳗鲡中 FF 总残留。将 FF 及其代谢物用盐酸水解后，再进行脱脂，Oasis MCX 柱净化。方法的回收率为 93%～104%，RSD＜6%，LOQ 和 LOD 分别为 0.01mg/kg 和 0.0005mg/kg。Shiroma 等[97] 建立了 LC-MS/MS 方法同时测定罗非鱼肉中的 FF 和 FFA。FF 和 FFA 的回收率分别为 70%～79% 和 62%～69%，LOD 分别为 0.0625μg/g 和 0.125μg/g，LOQ 分别为 0.125μg/g 和 0.25μg/g，日内和日间 RSD≤20%。

Xie 等[98] 建立 LC-ESI-MS/MS 方法同时测定鸡蛋中的 CAP、TAP、FF 和 FFA 残留。样品用乙酸乙酯-乙腈-氢氧化铵（49∶49∶2，体积比）萃取，乙腈饱和的正己烷除脂。CAP-d5 作为内标，质谱采用 ESI 电离，正、负离子扫描，MRM 模式检测。鸡蛋中酰胺醇类药物的 LOD 为 0.04～0.5μg/kg，LOQ 为 0.1～1.5μg/kg，平均回收率为 90.84%～108.23%。Wang 等[99] 用 LC-ESI-MS/MS 法测定禽蛋中的 CAP、TAP、FF 和 FFA。用甲醇-氨水-超纯水（97∶2∶1，体积比）在 80℃和 1500psi 下用 ASE 方法提取样品，并用乙腈饱和的正己烷除脂。采用 ESI^+ 和 ESI^- 扫描，MRM 模式检测，内标定量分析。平均回收率均高于 88.3%，RSD 不超过 3.9%；LOD 和 LOQ 分别为 0.04～0.5μg/kg 和 0.1～1.5μg/kg；CCα 和 CCβ 分别为 0.37～102μg/kg 和 0.44～103μg/kg。

Gavilán 等[100] 建立了 LC-MS/MS 方法同时检测动物饲料中 CAP、TAP 和 FF。样品经乙酸乙酯提取。CAP、TAP 和 FF 的 CCα 分别为 108μg/kg、140μg/kg 和 110μg/kg，CAP、TAP、FF 的 CCβ 分别为 116μg/kg、180μg/kg 和 122μg/kg。

Sichilongo 等[29] 研究了 TAP 和 FF 的氯化物加成离子 $[M+Cl]^-$ 的 LC-MS/MS 分析性能特征。采用 THF（含 2%二氯甲烷）-水溶液为流动相，在 ESI 电离下生成氯离子 (Cl^-)。与传统上用于测定两种分析物的 $[M-H]^-$ 离子相比，使用 $[M+Cl]^-$ 作为母离子时的选择性和信噪比（S/N）更好。在 50μg/kg 和 100μg/kg 添加水平，$[M+Cl]^-$ 的 TAP 和 FF 的 S/N 分别为 577 和 3062，$[M-H]^-$ 的 S/N 分别为 167 和 452。在 $[M+Cl]^-$ 的 TAP 和 FF 的 LOD 分别为 4.0μg/kg 和 3.7μg/kg，$[M-H]^-$ 的 TAP 和 FF 的 LOD 分别为 2.1μg/kg 和 4.3μg/kg。

② 液相色谱-离子阱串联质谱（LC-IT-MS/MS）。Imran 等[70] 采用 LC-IT-MS/MS 方法测定禽肉中的 CAP、TAP 和 FF 以及代谢产物 FFA。液相色谱用 BEH C_{18} XP 色谱柱分离，乙腈和水为流动相。使用线性离子阱质量分析器，加热电喷雾电离接口（H-ESI），CAP、TAP 和 FF 采用 ESI 负电离模式，FFA 采用 ESI 正电离模式进行分析。所有分析物的回收率为 86.4%～108.1%，日内 RSD 为 2.7%～11%，日间 RSD 为 4.4%～16.3%。王浩等[101] 以乳制品为研究对象，建立 LC-ESI-IT-MS/MS 联用测定氯霉素、

甲砜霉素和氟苯尼考残留的方法。样品经乙酸乙酯提取，旋转蒸发和水定容。采用 C_{18} 反相色谱柱，乙腈-5mmol/L 乙酸铵溶液为流动相。方法检出限为 $0.2\sim1.0\mu g/L$。曹丽丽等[102]采用超高效液相色谱-三重四极杆/复合线性离子阱质谱（QTrap UPLC-MS/MS）分析鸡蛋中的 CAP、FF 和 TAP。样品经乙腈提取，正己烷去脂净化。以乙腈-水为流动相，Phenomenex Kinetex F5 色谱柱分离，QTrap UPLC-MS/MS 进行 MRM 监测、信息依赖性扫描（IDA）、增强子离子扫描（EPI）和谱库检索分析。CAP 用内标法定量，FF 和 TAP 用外标法定量。CAP、FF 和 TAP 平均回收率为 $90.1\%\sim120.0\%$，RSD 为 $4.2\%\sim11.9\%$，LOD 为 $0.05\sim0.10\mu g/kg$。Moragues 等[103] 报道了液相色谱-离子阱质谱法测定动物饲料中 CAP 残留。方法 CCα 和 CCβ 分别为 $6\mu g/kg$ 和 $8\mu g/kg$。

③ 液相色谱-飞行时间质谱（LC-TOF-MS）。Dasenaki 等[104] 建立了测定牛奶和鱼肉中 143 种兽药（包括 FF 和 TAP）和药物的 UPLC-Q-TOF-MS 筛查方法。鱼肉样品采用 0.1％甲酸、0.1％EDTA、甲醇和乙腈提取。牛奶样品采用 5％三氯乙酸-乙腈（3：1，体积比）提取，HLB 柱净化。0.01％甲酸水溶液-0.01％甲酸甲醇为流动相，C_{18} 色谱柱分离。

Turnipseed 等[105] 建立了利用 LC-Q-TOF-MS 分析牛奶中 150 种兽药（包括 CAP、FF、FFA 和 TAP）的筛查方法。样品采用乙腈提取，C_{18} 色谱柱分离，0.1％甲酸水溶液-乙腈梯度洗脱。

部分动物源性食品中酰胺醇类药物残留检测的 HPLC 和 LC-MS 方法见表 14-3。

（3）毛细管电泳法（CE） CE 是一种高效的分离技术，样品用量少，分析时间短。Kowalski 等[106] 建立了分析家禽组织中 CAP、TAP 和 FFA 的 CE 方法。样品用乙腈提取和除蛋白，C_{18} 柱净化，甲醇洗脱。CE 分离的缓冲液为四硼酸钠十水合物和十二烷基硫酸钠缓冲溶液。日内 RSD 小于 9.8％，日间 RSD 小于 14.8％，回收率均高于 82.2％。Kowalski 等[107] 开发了胶束电动毛细管色谱法（MEKC）测定动物组织中 CAP、TAP 和 FF。用乙腈沉淀样品中的蛋白质，C_{18} 柱净化。方法的 LOD 和 LOQ 分别为 $1.3\sim7.8\mu g/kg$ 和 $4.5\sim26.1\mu g/kg$；日内和日间 RSD 分别低于 8.4％ 和 14.9％，回收率为 $86.4\%\sim109.4\%$。

14.6.2 免疫测定方法

14.6.2.1 半抗原与免疫抗原

酰胺醇类药物的半抗原应是具有此类药物共同结构特征且适合与载体蛋白偶联的化合物。最早的氯霉素半抗原由 Hamburger（1966 年）制备完成，他将氯霉素上的硝基还原为氨基，然后通过重氮化反应偶联到载体蛋白上。但有研究者发现该方法存在一定的缺陷。有研究者利用该方法合成了氯霉素的免疫抗原，但后续免疫过程中发现该免疫原的免疫原性较弱，认为其原因可能是在重氮化过程中，以还原后的硝基为偶联位点，缩短了氯霉素与蛋白质之间的间隔臂。另一方面，硝基可能是免疫系统识别的关键位点，而其在重氮化过程中已被还原为氨基。因此，近些年少有研究者沿用此方法。

目前最常见的氯霉素半抗原为含有游离羧基的琥珀酸氯霉素（CAP-SA），由氯霉素与琥珀酸酐反应而成。CAP-SA 的硝基苯和二氯乙酰氨基为生成抗体的主要基团。CAP-

表14-3 部分动物源性食品中酰胺醇类药物残留检测的HPLC和LC-MS方法

基质	化合物	样品前处理	色谱条件	参数	检测方法	参考文献
动物源性食品	CAP	提取:磷酸缓冲液; 净化:HLB柱	色谱柱:C_{18}; 流动相:10mmol/L乙酸铵溶液-乙腈	LOQ:0.5μg/kg; 回收率:79%~109%; RSD:<15%	LC-MS/MS	[11]
22种基质	CAP	提取:QuEChERS(乙腈提取,PSA和C_{18}为吸附剂)	色谱柱:Kinetex C_8; 流动相:0.1%醋酸溶液(含0.5%异丙醇)-甲醇	CCα:0.10~0.15μg/kg; CCβ:0.12~0.18μg/kg	LC-MS/MS	[12]
鸡肉	FF	水解:6mol/L盐酸; 提取:乙酸乙酯; 净化:DSPE(C_{18}为吸附剂)	色谱柱:BEH C_{18} XP; 流动相:乙腈-水	LOD:0.98μg/kg; LOQ:3.2μg/kg; 回收率:84%~101.4%	LC-MS/MS	[13]
蜂蜜	CAP	提取:乙酸乙酯	色谱柱:Phenomenex ODS C_{18}; 流动相:2mmol/L乙酸铵溶液-甲醇	回收率:97.0%~101.9%; RSD:<10%	LC-MS/MS	[15]
奶粉	CAP	提取:乙酸乙酯; 净化:正己烷去脂	色谱柱:Phenomenex Luna C_{18}; 流动相:乙腈-水	CCα:0.09μg/kg; CCβ:0.11μg/kg; RSD:<15%	LC-MS/MS	[16]
牛奶	CAP	提取:乙酸乙酯-甲酸	色谱柱:VarianPursuit柱; 流动相:0.1%甲酸水-乙腈	CCα:0.05μg/kg; CCβ:0.09μg/kg	LC-MS/MS	[17]
蜂蜜、虾和禽肉	CAP,FF	提取:乙酸乙酯	色谱柱:Shim-pack GIST C_{18}; 流动相:乙腈-水	CCα:0.03~0.07μg/kg; CCβ:0.04~0.08μg/kg	LC-MS/MS	[18]
蜂蜜、鱼和虾	CAP	提取:乙酸乙酯(蜂蜜),乙腈和氯仿(鱼和虾)	色谱柱:C_{18}; 流动相:水-乙腈	CCα:0.04~0.05μg/kg; CCβ:0.06~0.09μg/kg; 回收率:85.5%~115.6%; RSD:1.0%~22.5%	LC-MS/MS	[19]
鸭蛋	CAP,TAP,FF	提取:乙腈; 净化:正己烷除脂	色谱柱:ZORBAX Eclipse Plus; 流动相:水-乙腈	回收率:89.6%~101.1%; RSD:3.5%~13.4%	UPLC-MS/MS	[21]
蜂蜜	FF,FFA	提取:氨化乙酸乙酯; 净化:DPC-2柱	色谱柱:Poroshell 120 EC C_{18}; 流动相:10mmol/L乙酸铵溶液-乙腈	LOD:0.05~0.3μg/kg; 回收率:85.5%~116.3%; RSD:<10%	LC-MS/MS	[22]
畜禽副产品	CAP,FF	提取:碱性乙酸乙酯; 净化:正己烷除脂	色谱柱:Shim-pack GIST C_{18}; 流动相:乙腈-水	回收率:89.6%~112.0%; RSD:5.1%~8.1%	UPLC-MS/MS	[23]
动物源性食品	CAP、TAP、FF、FFA	提取:氨化乙酸乙酯; 净化:正己烷除脂-氨化乙酸乙酯LLP	色谱柱:Acquity UPLC BEH C_{18}; 流动相:乙腈-5mmol/L甲酸铵溶液	回收率:80%~120%; RSD:<15%	UPLC-MS/MS	[24]

基质	化合物	样品前处理	色谱条件	参数	检测方法	参考文献
鹌鹑蛋和鸽蛋	CAP、TAP、FF、FFA	提取：乙酸乙酯-乙腈-氨水溶液（49：49：2，体积比）	色谱柱：C$_{18}$；流动相：2mmol/L乙酸铵溶液-乙腈	LOD:0.04~0.5μg/kg；LOQ:0.1~1.5μg/kg；回收率:89.30%~105.41%；RSD:<3.87%	LC-MS/MS	[25]
鸡肉、鸡蛋	FF、FFA	提取：氨化乙酸乙酯；净化：C$_{18}$ SPE柱	色谱柱：BEH C$_{18}$；流动相：0.01%氨水-乙腈	回收率:76%~108.0%；RSD:4.1%~7.2%	UPLC-MS/MS	[26]
鸡肝、肾和肌肉	CAP	提取：磷酸盐缓冲液和15%三氯乙酸；净化：C$_{18}$ SPE柱	色谱柱：ODS C$_{18}$柱；流动相：水-甲醇	LOD:2.5μg/kg；回收率:63.2%~87.5%	HPLC-UVD	[27]
牛、猪和禽肉组织、蛋、海产品	CAP	提取：磷酸盐溶液；净化：乙酸乙酯	色谱柱：C$_{18}$；流动相：甲醇-水	LOQ:0.1μg/kg；回收率:85%~120%；RSD:<20%	LC-MS/MS	[28]
蜂花粉	CAP	提取：乙酸乙酯	色谱柱：Zorbax SB-C$_{18}$；流动相：甲醇-水	LOD:0.1μg/kg；回收率:88.3%~110.0%；RSD:5.3%~8.9%	UPLC-MS/MS	[32]
鸽蛋	CAP、TAP、FF、FFA	提取：ASE[甲醇-氨水（97：2：1，体积比）为溶剂]；净化：乙酸乙酯	色谱柱：BEH C$_{18}$柱；流动相：2mmol/L乙酸水溶液-乙腈；2mmol/L乙酸铵乙腈	LOD:0.03~0.4μg/kg；LOQ:0.08~1.2μg/kg；回收率:91.55%~105.47%	UPLC-MS/MS	[34]
禽蛋	TAP、FF、FFA	提取：ASE[乙腈-氨水（98：2，体积比）为提取溶剂]；净化：乙腈饱和正己烷	色谱柱：Acquity UPLC BEH C$_{18}$；流动相：磷酸溶液-乙腈	LOD:1.8~4.9μg/kg；LOQ:4.3~11.7μg/kg；回收率:>80.1%	UPLC-FLD	[35]
鹌鹑蛋和鸽蛋	TAP	提取：ASE(2%的氨水乙腈为提取溶剂)；净化：饱和乙腈	色谱柱：Acquity UPLC BEH C$_{18}$；流动相：磷酸盐溶液-乙腈	LOD:3.3~3.4μg/kg；LOQ:9.7~9.9μg/kg；回收率:83.23%~97.12%	UPLC-FLD	[36]
家禽组织	CAP、TAP、FFA	提取：亚临界水萃取（0.2%氢氧化铵水溶液为提取溶剂）；净化：HLB柱	色谱柱：BEH C$_{18}$；流动相：甲醇-水	LOD:0.03~0.5μg/kg；LOQ:0.1~2.0μg/kg；回收率:86.8%~101.5%；RSD:7.7%	UPLC-MS/MS	[37]
鸡肉	CAP	提取：乙腈和EDTA-McIlvaine缓冲液	色谱柱：Zorbax Eclipse XDB C$_{18}$柱；流动相：乙酸水溶液-乙腈	LOD:0.1μg/kg；LOQ:0.4μg/kg	HPLC-UVD	[42]
牛奶	CAP	提取：乙腈；净化：C$_{18}$ SPE柱	色谱柱：SB-C$_{18}$；流动相：0.2%甲酸水溶液-甲醇	回收率:71%~107%；RSD:13.7%	LC-MS/MS	[44]

基质	化合物	样品前处理	色谱条件	参数	检测方法	参考文献
蜂蜜	CAP	提取:水溶液; 净化:HLB柱	色谱柱:Shim-pack GIST C_{18}柱; 流动相:0.1%甲酸水溶液-乙腈	LOQ:0.20μg/kg; 回收率:91.0%~107.1%; RSD:<11.9%	LC-MS/MS	[46]
蜂蜜	CAP,TAP,FF	提取:乙酸乙酯; 净化:HLB柱,PSA吸附剂	色谱柱:Agilent Eclipse XDB C_{18}; 流动相:甲醇-水	LOD:0.03~0.09μg/kg; LOQ:0.1~0.3μg/kg; 回收率:93.7%~109.7%; RSD:0.7%~11.4%	LC-MS/MS	[47]
鸡肉,鸡蛋	CAP,TAP,FF	提取:80%乙腈(0.2%甲酸); 净化:PRiME HLB柱	色谱柱:BEH C_{18}; 流动相:0.1%甲酸水溶液-乙腈	LOQ:0.05μg/kg; 回收率:74.6%~119.1%; RSD:0.9%~7.6%	UPLC-MS/MS	[50]
鸡蛋	CAP	提取:80%乙腈(0.1%甲酸); 净化:PRiME HLB柱	色谱柱:HSS T3柱; 流动相:0.05%甲酸水溶液-0.05%甲酸乙腈	LOD:0.3~5.0μg/kg; LOQ:1.0~10μg/kg; 回收率:64.5%~109.3%; RSD:2.1%~13.5%	UPLC-MS/MS	[51]
鸡蛋及其制品	CAP,TAP,FF	提取:80%乙腈(0.1%甲酸); 净化:PRiME HLB柱	色谱柱:SST3; 流动相:乙腈-0.05%甲酸	LOD:0.3~5.0μg/kg; LOQ:1.0~10.0μg/kg; 回收率:82.1%~96.2%; RSD:2.13%~5.97%	LC-MS/MS	[52]
蜂蜜	CAP,TAP,FF	提取:乙酸乙酯; 净化:MCX柱	色谱柱:C_{18}; 流动相:0.1%甲酸水溶液-甲醇	LOD:0.005~0.02μg/kg; LOQ:0.015~0.06μg/kg; 回收率:90.6%~110.3%; RSD:1.5%~6.1%	LC-MS/MS	[53]
蜂蜡	CAP, TAP, FF, FFA	提取:采用正己烷溶剂预溶解,用水提取; 净化:MCX柱	色谱柱:InertSustain Swift C_{18}; 流动相:0.1%甲酸水溶液-甲醇	LOQ:0.1μg/kg; 回收率:65.0%~113.2%; RSD:<20%	LC-MS/MS	[54]
鸡肉	CAP, TAP, FF, FFA	提取:2%氨水-乙酸乙酯; 净化:正己烷除脂,MCX柱	色谱柱:XTerra C_{18}; 流动相:水-乙腈	LOD:0.1~1μg/kg; 回收率:95.1%~107.3%; RSD:<10.9%	LC-MS/MS	[55]
乳饼	CAP	提取:乙酸乙酯; 净化:MCX柱	色谱柱:C_{18}柱; 流动相:0.05%氨水-乙腈	LOD:0.004μg/kg; LOQ:0.01μg/kg; 回收率:61.1%~101%	UPLC-MS/MS	[57]
蜂蜜	CAP	提取:乙酸乙酯; 净化:SCX柱	色谱柱:Eclipse Plus C_{18}; 流动相:0.05%氨水溶液-乙腈	LOD:0.01μg/kg; 回收率:>88.0%	UPLC-MS/MS	[60]

基质	化合物	样品前处理	色谱条件	参数	检测方法	参考文献
鸡蛋、鸡肉和猪肉	CAP、TAP、FF、FFA	提取:乙腈-氨水(98:2,体积比)和乙酸乙酯; 净化:CNWBOND Si柱	色谱柱:Acquity UPLC CSH C_{18}; 流动相:2mmol/L乙酸铵水溶液-2mmol/L乙酸铵乙腈	LOD:0.1μg/kg; LOQ:0.5μg/kg; 回收率:70.6%~112.3%; RSD:3.2%~14.5%	UPLC-MS/MS	[61]
鱼肉	CAP,FF	提取:Na_2EDTA和乙腈-0.1%甲酸水溶液(70:30,体积比); 净化:Captiva ND柱	色谱柱:Zorbax Eclipse Plus C_{18}; 流动相:0.1%甲酸水溶液-0.1甲酸铵乙腈	回收率:83.8%~110.1%; LOQ:<4.3μg/kg	LC-MS/MS	[65]
猪肉	CAP,TAP,FF	提取:乙腈; 净化:Captiva EMR-Lipid柱	色谱柱:CNW Athena C_{18}; 流动相:甲醇-水	LOD:0.10~0.14μg/kg; LOQ:0.25~0.47μg/kg; 回收率:97.50%~117.00%; RSD:5.55%~8.93%	HPLC-MS/MS	[66]
鱼肉	CAP,TAP,FF	提取:MSPD(C_{18}为分散剂)	色谱柱:BEH C_{18}; 流动相:甲醇-水	CCα:0.02~0.06μg/kg; CCβ:0.11~0.16μg/kg; 回收率:84.2%~99.8%; RSD:<16.6%	UPLC-MS/MS	[68]
虾、鱼	CAP、TAP、FF、FFA	提取:MSPD(C_{18}为分散剂)	色谱柱:Hypersil ODS C_{18}; 流动相:0.1%甲酸甲醇	CCα:0.01~0.09μg/kg; CCβ:0.04~0.25μg/kg; 回收率:83.8%~98.8%; RSD:<13.7%	LC-MS/MS	[69]
肌肉、牛奶和奶粉	CAP,FF	提取:乙酸乙酯; 净化:DSPE(C_{18}为吸附剂)	色谱柱:Phenomenex C_{18}; 流动相:5mmol/L醋酸铵溶液-甲醇	LOQ:0.22~5.485μg/kg; 回收率:89.27%~106.15%; RSD:4%~15%	LC-MS/MS	[71]
禽肉、牛肉	CAP	提取:水-乙腈(1:1,体积比); 净化:DSPE(PSA和C_{18}为吸附剂)	色谱柱:C_{18}; 流动相:0.1%甲酸甲醇	LOD:0.16μg/kg; LOQ:0.50μg/kg; 回收率:99%~111%; RSD:0.48%~12.48%	UHPLC-MS/MS	[72]
猪肉	CAP,FF	提取:乙腈; 净化:DSPE(C_{18}为吸附剂)	色谱柱:Shim-pack FCODS; 流动相:水-甲醇	LOD:0.1μg/kg; 回收率:81.1%~115.8%; RSD:4.2%~11.8%	LC-MS/MS	[73]
牛奶	CAP	净化:DSPE(碳纳米纤维包覆的磁性纳米粒子为吸附剂)	色谱柱:苯基己基柱; 流动相:磷酸盐溶液-甲醇-乙腈(60:10:30,体积比)	LOQ:3.02μg/L; LOQ:9.63μg/L; 回收率:94.6%~105.4%; RSD:3.2%	HPLC-DAD	[76]

基质	化合物	样品前处理	色谱条件	参数	检测方法	参考文献
蜂蜜	CAP	提取:甲醇和水; 净化:DSPE(MMIP为吸附剂)	色谱柱:Hypersil ODS; 流动相:0.3%乙酸乙腈	LOD:0.047μg/kg; 回收率:84.3%~90.9%; 日间RSD:2.9%~7.1%	LC-MS/MS	[83]
猪肉	TAP,FF,FFA	净化:IAC	色谱柱:C$_{18}$; 流动相:乙腈-水	LOQ:0.4~4.0μg/kg; 回收率:85.2%~98.9%	LC-MS/MS	[85]
鸡蛋	TAP	提取:碱性乙酸乙酯; 净化:饱和正己烷除脂	色谱柱:Lichrospher C$_{18}$; 流动相:乙腈-磷酸盐溶液	LOD:1.5μg/kg; LOQ:5μg/kg; 回收率:86.35%~93.76%	HPLC-FLD	[89]
禽、猪、牛和鱼肉	CAP	提取:乙酸乙酯氢氧化铵(98:2,体积比)	色谱柱:XTerra C$_{18}$; 流动相:2mmol/L乙酸铵水溶液和乙腈(含2mmol/L乙酸铵)	CCα:0.06μg/kg; CCβ:0.11μg/kg; 回收率:82%~111%	LC-MS/MS	[96]
罗非鱼肉	FF,FFA	提取:QuEChERS,1%乙酸乙腈; 提取:C$_{18}$为吸附剂	色谱柱:Purospher Star C$_{18}$; 流动相:0.1%甲酸水-乙腈	LOQ:0.125μg/kg(FF),0.25μg/kg(FFA); 回收率:62%~79%; RSD:≤20%	LC-MS/MS	[97]
鸡蛋	CAP、TAP、FF、FFA	提取:乙酸乙酯-乙腈-氢氧化铵(49:49:2,体积比); 净化:乙腈饱和的正己烷除脂	色谱柱:Eclipse Plus C$_{18}$; 流动相:水-乙腈	LOD:0.04~0.5μg/kg; LOQ:0.1~1.5μg/kg; 回收率:90.84%~108.23%	LC-MS/MS	[98]
禽蛋	CAP、TAP、FF、FFA	提取:甲醇-氢水-超纯水(97:2:1,体积比)	色谱柱:C$_{18}$; 流动相:乙腈-2mmol/L乙酸铵溶液	LOD:0.04~0.5μg/kg; LOQ:0.1~1.5μg/kg; 回收率:>88.3%; RSD:<3.9%	LC-MS/MS	[99]
饲料	CAP、TAP、FF	提取:乙酸乙酯	色谱柱:Sunfire C$_{18}$; 流动相:甲酸铵溶液-乙腈	CCα:108~140μg/kg; CCβ:116~180μg/kg	LC-MS/MS	[100]
鸡蛋	CAP,FF,TAP	提取:乙腈	色谱柱:Phenomenex Kinetex F5; 流动相:乙腈-水	LOD:0.05~0.10μg/kg; 回收率:90.1%~120.0%; RSD:4.2%~11.9%	QTrap UPLC-MS/MS	[102]
饲料	CAP	提取:乙酸乙酯; 净化:C$_{18}$ SPE柱	色谱柱:Bond Elut C$_{18}$; 流动相:水-乙腈	CCα:6μg/kg; CCβ:8μg/kg	LC-MS	[103]
牛奶和鱼肉	FF,FFA	提取:甲醇和乙腈(鱼肉),0.1%ED-TA,甲醇和乙腈(鱼肉),5%TCA-乙腈(3:1,体积比)(牛奶); 净化:HLB柱	色谱柱:C$_{18}$柱; 流动相:0.01%甲酸水溶液-0.01%甲酸乙腈	回收率大于60%	UPLC-Q-TOF-MS	[104]
牛奶	CAP、FF、FFA、TAP	提取:乙腈	色谱柱:C$_{18}$; 流动相:0.1%甲酸水溶液-乙腈	回收率:72%	LC-Q-TOF-MS	[105]

SA 上的羧基很容易通过混合酸酐法、活化酯法或碳二亚胺法与载体蛋白上的氨基结合制备免疫原或包被抗原，常用的载体蛋白有牛血清白蛋白（BSA）、牛甲状腺球蛋白（BTG）、人血清白蛋白（HAS）、钥孔血蓝蛋白（KLH）、卵清蛋白（OVA）等。有研究者将氯霉素琥珀酸钠固体溶于蒸馏水，酸化后冻干，得到白色粉末即为半抗原 CAP-SA。然后通过活化酯法与 KLH 偶联制备免疫原，半抗原与载体的摩尔比为 13 ：1。Xu 等[108]以琥珀酸氯霉素为半抗原，使用混合酸酐法将其分别偶联在载体蛋白 KLH 和 BSA 上，药物与载体蛋白的摩尔比分别为 250 ：1 和 100 ：1，并通过紫外扫描鉴定。Chughtai等[109] 则是采用碳二酰亚胺法，以 CAP-SA 为半抗原，制备了两种免疫原 CAP-HAS 和CAP-BTG。Samsonova 等[110] 使用不含二氯乙酰氨基的氯霉素碱（CAP-Base）与蛋白质上的羧基反应作为免疫原制备单克隆抗体，产生的抗体对氯霉素有非常高的特异性。并且通过实验证明以免疫原性更强的 KLH 作为载体蛋白，比以 BSA 为载体蛋白的免疫原可产生具有更高滴度和更高特异性的抗体。

甲砜霉素和氟苯尼考也采用相同的思路设计半抗原。甲砜霉素常与 N，N-二琥珀酰亚胺碳酸酯（DSC）或酸酐反应制备 TAP-DSC、琥珀酸 TAP、甘氨酸 TAP 等半抗原，然后与载体蛋白结合制备免疫原。氟苯尼考的半抗原有琥珀酸衍生物（FF-SA）、马来酸衍生物（FF-MH）和戊二酸衍生物等，均是通过氟苯尼考上的羟基与酸酐反应而成，然后与载体蛋白偶联作为免疫原。还有研究者使用氟苯尼考的代谢物氟苯尼考胺通过戊二醛偶联法或甲醛偶联法直接与大分子蛋白结合。Fodey 等[111] 采用多种化学偶联方法分别将甲砜霉素、氟苯尼考和氟苯尼考胺与载体蛋白偶联制备免疫原。甲砜霉素上的羟基通过两种不同的交联剂 DSC 和 1,1-羰基二咪唑（CDI）与载体蛋白结合；氟苯尼考是通过交联剂利用羟基与蛋白质发生反应；氟苯尼考胺则是通过氨基用戊二醛交联法与载体蛋白上的氨基反应，还使用碳二亚胺法与活化酯法与载体蛋白偶联，并且在进行活化酯反应之前使用 N-琥珀酰亚胺己二酸将蛋白的氨基转化为羧基，使偶联的氟苯尼考胺的数量增加。Luo 等[112] 用甲醛偶联法将氟苯尼考胺偶联到牛血清白蛋白上制备 FF-F-BSA，作为免疫原免疫家兔。同时，还使用活化酯法和混合酸酐法分别将甘氨酸 TAP 和戊二酸 FF 与OVA 偶联制备包被抗原。Sheu 等[113] 将琥珀酸酐与氟苯尼考的末端羟基连接制备了半抗原，然后使用活化酯法将半抗原分别与 BSA、OVA 反应，制备两种免疫原 FF-SA-BSA 和 FF-SA-OVA，半抗原和载体蛋白摩尔比为 10 ：1。Tao 等[114] 将氟苯尼考分别与琥珀酸酐和马来酸酐偶联合成了两种半抗原 FF-HS（粉红色固体）和 FF-MH（白色固体），又采用活化酯法将半抗原 FF-HS 与 HSA 偶联，制备免疫原，采用混合酸酐法将FF-MH 与 OVA 偶联，作为后续化学发光 ELISA 的包被抗原。

14.6.2.2 抗体制备

（1）多克隆抗体 目前已有通过免疫新西兰白兔、绵羊、骆驼、驴、山羊来制备氯霉素多克隆抗体的报道。Chughtai 等[109] 分别以 CAP-HAS 和 CAP-BTG 为免疫原免疫家兔制备多克隆抗体，竞争 ELISA 检测结果表明该抗体对甲砜霉素、氟苯尼考和氟苯尼考胺的交叉反应性可忽略不计。Samsonova 等[110] 利用 CAP-Base 的羟基与蛋白的羧基偶联后作为免疫原，制备的多克隆抗体对氯霉素有很高的识别能力，对其类似物的交叉反应率较低，表明以此免疫原产生的抗体不能识别缺乏硝基（如甲砜霉素、氟苯尼考）或二氯乙酰氨基（如 CAP-Base）的化合物。

甲砜霉素的多克隆抗体多以琥珀酸 TAP 与 BSA 的偶联物作为免疫原，其对氯霉素的交叉反应可以忽略不计。制备氟苯尼考的多克隆抗体多使用琥珀酸 FF 与载体蛋白偶联。当使用氟苯尼考胺制备多克隆抗体时，抗体对氟苯尼考的交叉反应率较高而对氯霉素和甲砜霉素交叉反应率极低。Sheu 等[113] 分别用 FF-SA-BSA 和 FF-SA-OVA 免疫家兔制备多克隆抗体。通过延长免疫周期，增加了抗体对氟苯尼考的敏感性。同时，该研究表明偶联物不同的结构，对抗体的灵敏度和特异性有一定的影响。Wu 等[115] 以 FFA-BSA 为免疫原制备多克隆抗体，采用 ELISA 方法证明所制备的抗体对氟苯尼考胺具有特异性和敏感性（IC_{50} 为 3.53ng/mL），而对氟苯尼考的特异性较差（IC_{50} 为 32.44ng/mL），与其他药物的交叉反应性可忽略不计（<0.01％）。Luo 等[112] 以 FFA-BSA 为免疫原制备多克隆抗体，该抗体与氟苯尼考胺、氟苯尼考和甲砜霉素的交叉反应率分别为 100％、97％ 和 6％，与氯霉素的交叉反应可以忽略不计，说明甲基磺酰苯和氟原子是重要的抗原决定因素。后续实验发现，使用异源性包被抗原 TAP-G-OVA 和 FF-G-OVA 时的 IC_{50} 分别为 6.0ng/mL 和 2.8ng/mL，使用同源包被抗原 FFA-F-OVA 时的 IC_{50} 为 7.2ng/mL，表明包被半抗原结构的异质性可以提高 ELISA 法的灵敏度和特异性。

（2）单克隆抗体　针对酰胺醇类药物的单克隆抗体大多是通过免疫 Balb/c 小鼠来制备。Luo 等[116] 以 FF-HAS 为免疫原免疫小鼠，制备的单克隆抗体只识别氟苯尼考，与酰胺醇类其他药物的交叉反应率可以忽略不计。Xu 等[108] 合成了多种不同载体蛋白和不同偶联摩尔比的免疫原免疫小鼠，制备的高特异性抗氯霉素单克隆抗体，与其他酰胺醇类药物（甲砜霉素、氟苯尼考和氟苯尼考胺）交叉反应可以忽略不计。Xu 等认为其原因是在甲砜霉素和氟苯尼考的分子中甲磺酰基取代了苯环上的硝基，而氟苯尼考胺的分子中则是缺失了二氯乙酰氨基。Guo 等[117] 选用含有苯氨基的甲砜霉素衍生物作为半抗原，免疫小鼠制备单克隆抗体。ELISA 试验表明该单抗对甲砜霉素和氟苯尼考有较高的亲和力，交叉反应率分别为 300％ 和 15.6％，但与甲砜霉素胺无交叉反应性，这可能是因为甲砜霉素胺分子中的氨基不能被抗体识别。有研究者以重氮化法合成 CAP-BSA 为免疫原制备兔源单克隆抗体，由于使用的免疫原的免疫原性较低，所以作者通过增加免疫次数来提高抗体亲和力。相较于之前的鼠源单抗（IC_{50} 为 50.8ng/mL），兔源单抗具有更简单的结构、更优秀的增殖性能且对氯霉素的灵敏度提高约 50 倍（IC_{50} 为 1.06ng/mL），对氟苯尼考和甲砜霉素的交叉反应率分别为 12.45％ 和 18.10％，说明兔免疫系统对抗原的识别能力优于小鼠。

（3）基因重组抗体　与多克隆抗体和单克隆抗体相比，基因重组抗体制备过程更为简单且生产成本更低。Du 等[118] 制备了能分泌氯霉素单克隆抗体的杂交瘤细胞系，使用基因工程技术合成了该单抗的重链可变区基因和轻链可变区基因（VH 和 VL），构建了单链可变区基因片段（ScFv），在大肠杆菌中进行了表达。然后分别以基因重组 ScFv 抗体和亲本单抗为识别试剂建立了两种 ELISA 方法，结果显示 ScFv 抗体对氯霉素的敏感性约是亲本单抗的 1/9（ScFv IC_{50} 6.92ng/mL，单抗 IC_{50} 0.74ng/mL）。该 ScFv 抗体对琥珀酸氯霉素的交叉反应率为 42.34％，对其他类似物的交叉反应率可忽略不计（<1％），表明该 ScFv 抗体具有较高的特异性。Wang 等[119] 将氯霉素、环丙沙星和磺胺二甲嘧啶三种药物的单链抗体基因片段通过 Linker 连接在一起，再与 pGEX-6p-1 载体连接后导入大肠杆菌中进行表达，成功制备了能同时识别三种药物的融合抗体。

（4）新型识别材料

① 核酸适配体。核酸适配体稳定性好且易合成，是一种优良的抗体替代识别元件，利用核酸适配体对氯霉素进行残留检测的研究近些年取得了一定的进展。Yan 等[120] 报

道了一种基于核酸适配体的比色法用于动物源性食品中氯霉素的残留检测。该方法设计合成了针对氯霉素的特异性适配体，用辣根过氧化物酶（HRP）标记后建立了一种经典的竞争 ELISA 检测法，并使用生物素-链霉亲和素信号放大系统，使方法的灵敏度比传统的免疫检测法更高。既可通过目测颜色变化确定样品中是否存在氯霉素残留，还能在 0.001～1000ng/mL 范围内实现定量测定，检测限为 3.1pg/mL。通过检测两种不同食品（蜂蜜和鱼）中氯霉素的回收率，进一步验证了该方法。除了比色法，由于其优秀的识别能力，核酸适配体常常与荧光法、化学发光法、表面增强拉曼散射法和生物传感器等检测方法联用，实现对氯霉素的残留检测，这些方法将在后续部分中分别阐述。

② 分子印迹聚合物。MIP 可用作识别元件对酰胺醇类药物进行检测[121]。Jia 等[122] 针对氯霉素的硝基苯结构，以 4-硝基甲苯（NT）为假模板，合成了一种对氯霉素具有高度特异性的 MIP。扫描电镜结果显示，NT-MIP 表面含有大量的孔隙，而未添加模板分子合成的对照聚合物（NIP）表面光滑，孔隙较少。在后续的实验中，将 NT-MIP、CAP-MIP 和 NIP 分别固定于微孔板中，分别加入氯霉素、甲砜霉素和氟苯尼考进行竞争性试验。结果发现基于 NIP 的微孔板对所有测试药物的抑制率均可以忽略不计（<3.4%）。使用 CAP-MIP 的微孔板对氯霉素、甲砜霉素和氟苯尼考均有较高的抑制率，而基于 NT-MIP 的微孔板仅对氯霉素的抑制率较高，对其他药物抑制率均较低（<1.0%），表明 CAP-MIP 除了能识别氯霉素外，还能识别这两种类似物。而 NT-MIP 对氯霉素具有较高的特异性。后续的实验中证明所制备的 NT-MIP 可以重复使用 4 次。Amiripour 等[123] 将 CAP-MIP 涂覆在锆金属有机骨架上，从而引入 CAP 特异性识别位点，然后制备了一种荧光传感器 MIP/Zr-LMOF，并研究了其测定牛奶和蜂蜜样品中 CAP 残留的性能。检测范围在 0.16～161.56ng/mL 之间，检测限为 0.013ng/mL。MIP 具有抗体不具备的优越性，如制备简单、成本低、稳定性高、可重复使用等，MIP 还作为识别元件与其他检测方法联合用于氯霉素的残留检测，这些方法将在后续部分进行阐述。

14.6.2.3 免疫分析技术

（1）酶联免疫吸附检测法　酶联免疫吸附检测法（ELISA）是目前酰胺醇类药物最常用的快速检测方法。ELISA 主要包括直接竞争和间接竞争两种形式，针对酰胺醇类药物大多数研究者采用的是间接 ELISA。有研究者使用兔源氯霉素单抗建立间接竞争 ELISA 法，在优化吐温 20 的比例、pH 值和离子强度等一些关键理化因素后，该免疫分析法在 0.18～6.37ng/mL 的范围内表现出良好的性能，IC_{50} 为 1.06ng/mL，检测限为 0.1ng/mL，可以对猪尿、牛奶和蜂蜜样品中的氯霉素残留进行检测，回收率为 71.03%～109.62%。Xu 等[108] 基于高特异性的氯霉素单抗建立间接竞争 ELISA，在优化一系列实验条件后用于牛奶样品氯霉素的残留检测，IC_{50} 为 0.01ng/mL，回收率为 98.9%～106.8%，显示出较高的稳定性。

目前，针对甲砜霉素和氟苯尼考的 ELISA 检测法也有一些报道。Hao 等[124] 基于甲砜霉素多抗建立了间接 ELISA 用于鳗鱼中甲砜霉素的残留检测，在优化了孵育时间、离子强度、洗涤剂浓度、pH 值等理化参数后，确定了检测范围为 0.45～8.35ng/mL，IC_{50} 为 2.5ng/mL，且该检测法的结果与色谱法有较好的相关性。Sheu 等[113] 基于多克隆抗体建立了一种针对氟苯尼考的间接竞争 ELISA 法。实验表明，该方法对肉组织中（猪肉、鸡肉和鱼肉）氟苯尼考的检测范围在 0.3～24.3ng/mL 之间，IC_{50} 为 1.9ng/mL，检测限为 0.3ng/mL，在不同样本中的回收率在 87%～115% 之间，且对氟苯尼考胺、甲砜霉素和氯霉素的交叉反应率较低，分别为 16.2%、9.5% 和 9.4%。另外，药物代谢动力学研究表明，氟苯尼考在动物组织内主要以氟苯尼考胺的形式存在，于是有些研究者通过检测氟苯尼考胺来显示氟苯尼考的残留量。Wu 等[115] 基于氟苯尼考胺多抗建立了一种间接竞争 ELISA，用于检测猪肉、鸡肉和鱼肉中氟苯尼考胺的残留。在提取样品时，对氟苯尼考及其代谢物进行酸水解后，用乙酸乙酯/氢氧化铵溶液提取，并在检测前进行 10 倍稀释以消除基质效应。结果表明，该方法对三种样品中氟苯尼考胺的检测限分别为 3.08ng/mL、3.3ng/mL、3.86ng/mL，回收率在 64.6%～124.7% 之间，且与气相色谱法的检测结果一致。

ELISA 法发展至今，降低检测成本、提高灵敏度、实现多种药物同时检测一直是研究者追求的目标。有研究者建立了一种基于生物素-链霉亲和素的信号放大型间接竞争 ELISA 法用于氯霉素的检测，检测限为 0.042ng/mL，是传统 ELISA 的 8 倍。并且该方法与 HPLC 的检测结果相关性良好，因此在检测极低浓度的氯霉素残留时具有较高的优越性。Chughtai 等[109] 建立了一种低成本的间接竞争 ELISA 法用于检测牛奶中的氯霉素。该方法制备了氯霉素抗体和酶标物，通过棋盘法对工作浓度、孵育时间等参数进行优化后对牛奶进行检测，IC_{50} 为 0.44ng/mL，回收率为 73%～100%。并用 LC-MS/MS 和商品化 ELISA 试剂盒进行了验证。结果表明其检测结果与商品化 ELISA 试剂盒相同，同时克服了有效期短的弊端，且检测成本约是商品化 ELISA 试剂盒的 1/4。Luo 等设计和制备了多种酰胺醇类药物免疫原，并建立了多种 ELISA 方法检测猪肉组织中氟苯尼考和氟苯尼考胺[112]、猪饲料中甲砜霉素和氟苯尼考[125] 和鱼饲料中氟苯尼考的残留[116]，IC_{50}、检测限、回收率和精确度均在可接受的范围内。Guo 等[117] 基于可识别氯霉素、甲砜霉素和氟苯尼考的单克隆抗体，在优化包被抗原浓度、pH、氯化钠含量和甲醇含量等参数后建立了一种间接竞争 ELISA，可同时检测三种药物，IC_{50} 分别为 0.13ng/mL、0.39ng/mL、2.5ng/mL，三种药物在牛奶和蜂蜜样品中的添加回收率在 81.2%～112.9% 之间。

（2）侧流免疫色谱分析法　侧流免疫色谱分析法作为一种可现场操作、实时检测的方法受到了越来越多的关注。Guo 等[117] 开发了一种检测速度快、灵敏度高的免疫色谱试纸条，可以同时检测牛奶或蜂蜜样品中氯霉素、甲砜霉素和氟苯尼考的残留。检测结果可以通过单抗上标记的纳米金颜色变化来可视化确定，检测限为 1ng/mL，整个检测过程可以在 10min 内完成。Berlina 等[126] 开发了一种基于量子点标记抗体的荧光免疫色谱法，用于检测牛奶中的氯霉素。检测结果可以在紫外灯照射下用肉眼进行判断，视觉检测限为 1ng/mL，也可以使用便携式光度计进行测定，检测限为 0.2ng/mL，定量限为 0.3ng/mL。在牛奶样品中的添加回收率为 97.6%～110%，一次检测过程可以在 20min 内完成。

（3）荧光免疫分析法　荧光免疫分析法最大的优势是不需要底物系统，所采用的荧光标记物本身就是信号源。Gasilova 等[127] 建立了一种荧光偏振免疫分析法（FPIA），用于氯霉素的检测。该方法中氯霉素和异硫氰酸荧光素标记的氯霉素（CAP-FITC）对有限数量的多克隆抗体进行竞争性结合。当氯霉素浓度较低时，CAP-FITC 与抗体结合，荧光偏振值较高，随着溶液中氯霉素浓度的增加，CAP-FITC/抗体复合物浓度降低，荧光偏振值也相应降低，据此计算出样品中待测物的含量。在实际样品的测定过程中，使用饱和硫酸铵溶液大大消除了基质效应，在水中和牛奶中的检测限分别为 10ng/mL 和 20ng/mL。该方法操作简单，检测时间短，对牛奶中样品进行检测时，样品前处理和测定的总时间不超过 10min。Jia 等[128] 以硝基苯为假模板的氯霉素特异性分子印迹微球作为识别元件，以 4-硝基苯胺与 3 种荧光物（异硫氰酸荧光素、5-羧基四甲基罗丹明、丹磺酰氯）的偶联物作为荧光标记物，在 96 孔板上建立了一种直接竞争荧光法，用于检测鸡肉和猪肉样品中氯霉素的残留。单次检测可以在 30min 内完成，IC_{50} 为 1.8ng/mL，检测限为 0.06ng/g，在空白样品中的添加回收率为 67.5%～96.2%。

（4）化学发光免疫分析法　传统 ELISA 法一个重要的缺点就是灵敏度偏低，因此，引入化学发光信号系统可以大大提高方法的灵敏度。Du 等[121] 将氯霉素的特异性 MIP 固定在聚苯乙烯 96 孔板上作为识别元件，以氯霉素与 HRP 的偶联物作为酶标物，建立了一种直接竞争化学发光分析方法。通过优化一系列实验参数，检测限达到了 0.9ng/mL，使用该方法对海参中的氯霉素进行检测，回收率在 89%～98.7%之间，检测结果与商品化试剂盒的结果一致。Tao 等[129] 基于多克隆抗体建立了一种间接竞争化学发光免疫检测法，用于动物组织中氟苯尼考及氟苯尼考胺的检测，交叉反应率分别为 100.0%和 81.2%，IC_{50} 分别为 0.24ng/mL 和 0.195ng/mL，在动物肉样中的检测限分别为 0.98ng/mL 和 0.80ng/mL，回收率分别为 81.8%～92.0%和 77.2%～100%。之后 Tao 等[114] 又建立了一种间接竞争化学发光免疫检测法，用于检测猪肉中甲砜霉素和氟苯尼考的残留，对甲砜霉素和氟苯尼考的 IC_{50} 分别为 0.31ng/mL 和 0.15ng/mL，检测限分别为 0.03ng/mL 和 0.015ng/mL，回收率分别为 80.0%～88.3%和 80.0%～93.3%。Jia 等[122] 建立了一种基于 MIP 的直接竞争化学发光法用于氯霉素的特异性检测。该方法将 MIP 固定在 96 孔微孔板中作为识别元件，以 HRP 标记的 4-硝基苯甲酸为酶标物，以鲁米诺-H_2O_2-4-（1-咪唑基）苯酚为信号系统。在对各项参数进行优化后，对肉类（鸡肉、猪肉、鱼）中氯霉素的检测限为 5.0pg/g，回收率在 71.5%～94.4%范围内，一次实验可在 20min 内完成。Luo 等[130] 建立基于金纳米颗粒标记酶的竞争性化学发光免疫分析方法，用于虾和蜂蜜中氯霉素的残留检测。该方法中使用羧基树脂珠作为固相载体，使用金纳米颗粒标记的抗体和 HRP 为催化剂起放大信号的作用。该方法对氯霉素的线性检测范围为 0.001～10ng/mL，检测限为 0.33pg/mL。

（5）生物传感器　近年来，基于不同信号产生原理的生物传感器已经用于酰胺醇类药物的检测。武会娟等[131] 根据 pH 敏感的荧光指示剂 F1300 可以量化 ATP 酶活性的特点，开发了一种针对氯霉素的灵敏、快速的生物传感器。首先将荧光物质 F1300 标记到色素体的内表面，然后将 β亚基抗体-生物素-链霉亲和素-生物素-氯霉素抗体系统连接到色素体上 F_0F_1-ATPase 的 β亚基上，采用微弱发光测量仪检测荧光值，根据荧光值确定的氯霉素浓度。该方法的检测限为 $1×10^{-5}$ng/mL，一次检测可在 35min 内完成。卢静荷等[132] 基于氧化石墨烯（GO）和荧光 G-四聚体探针（FGP）开发了一种生物传感器用于检测氯霉素。FGP 由氯霉素核酸适配体和富含 G 碱基的核酸序列组成。核酸适配体用于识别氯霉素，并且由富含 G 碱基的核酸序列在 K^+ 和 Na^+ 的作用下形成 G-四聚体，然后与硫黄素 T（ThT）结合后作为信号源。在体系中没有氯霉素时，FGP 通过 π-π 堆积作用被吸附到 GO 表面，阻碍了 G-四聚体的形成，使溶液荧光强度低。在加入氯霉素后，FGP 的核酸适配体部分与氯霉素形成复合物，导致其从 GO 解离，富含 G 的碱基序列可以形成 G-四聚体并与 ThT 结合，使溶液的荧光强度增加。该方法检测限为 0.47ng/mL，在检测牛奶中的氯霉素样品时，回收率在 93.2%～103.3%之间。Thompson 等[133] 基于氟苯尼考胺的多克隆抗体建立了一种光学传感器，可用于牛奶样品中 TAP、FF 及其代谢物 FFA 的多残留筛选，对三种目标物的检测限为 0.25～0.5ng/mL。

除此之外，Yuan 等[134] 还报道了一种表面等离子体共振（SPR）生物传感器用于氯霉素的残留检测。该方法将直径较大的纳米金颗粒（40nm）应用在混合自组装单层（mSAM）传感器表面，使信号增强。将氯霉素通过聚乙二醇与 OVA 偶联，然后固定在 mSAM 表面，将氯霉素抗体和 IgG/纳米金（40nm）依次与传感器表面结合。该传感器对水中氯霉素的检测限低至 0.74fg/mL，线性工作范围在 1~1000fg/mL 之间。对蜂蜜中氯霉素的检测限为 17.5fg/mL，检测工作范围为 80~5000fg/mL。该方法检测快速（<10min），且该传感器可在 400 次再生循环里保持稳定。但 SPR 传感器的价格高昂，难以成为主流的筛查工具。

（6）化学发光共振能量转移法　化学发光共振能量转移法（chemiluminescence resonance energy transfer，CRET）以其检测速度快、灵敏度高、动态浓度响应范围宽、稳定性好的优点，已经被应用于酰胺醇类药物的残留分析。Jia 等[135] 建立了一种以磁性石墨烯/分子印迹微球复合物为核心的化学发光共振能量转移法，用于肉组织中氯霉素的残留检测。该方法以磁性石墨烯/分子印迹微球为识别材料和能量受体，以 HRP 标记的 4-硝基苯乙酸为催化剂，以鲁米诺-H_2O_2-4-（1-咪唑基）苯酚为信号系统。当体系中不含氯霉素时，酶标物与磁性复合物结合，催化底物产生的能量被石墨烯吸收，导致没有光信号发出。当氯霉素浓度升高时，游离的酶标物催化底物发出光信号，且光信号强度与氯霉素浓度成正比。该方法对肉组织中氯霉素的检测限为 2.0pg/g，回收率在 69.5%~97.3%之间。此外，该方法不需要包被、封闭、洗涤等步骤，一次检测可在 10min 内完成，磁性复合物可重复使用 30 次。Dong 等[136] 基于半抗原标记的碳量子点（CD）和抗体修饰的 WS_2 纳米片之间的荧光共振能量转移（FRET）原理，提出了一种荧光免疫分析法，检测鸡肉中 CAP 的残留。该方法中合成聚乙烯亚胺功能化的蓝绿色发光 CD，并与 CAP 半抗原耦合作为能量供体。将抗体修饰在 WS_2 纳米片表面，构建具有较高猝灭效率的能量受体。特异性免疫反应可触发供体与受体之间的高效 FRET，导致 CD 的荧光猝灭。该方法对氯霉素的检测限为 0.06ng/mL。

14.6.3　其他分析技术

14.6.3.1　微生物法

酰胺醇类药物的微生物检测法主要是根据酰胺醇类药物对敏感菌的抑制作用进行筛选。但由于该方法的灵敏度低、检测时间长、易产生假阳性结果，关于酰胺醇类药物的微生物检测法报道较少。王亚群等[137] 从青岛近海分离的多株发光细菌中筛选出 1 株对氯霉素敏感的鲹发光杆菌（*Photobacterium leiognathi*）。该菌在正常生理条件下可发射荧光，荧光在黑暗处肉眼可见。当氯霉素与发光细菌接触后，会影响细菌代谢，在短时间内发光强度明显降低。将该菌快速培养后研究氯霉素浓度与细菌发光强度之间的关系，建立了一种检测水产品中氯霉素的方法。实验结果表明，当菌体的起始发光强度控制在 $(2.0~4.0)×10^5$、菌液与氯霉素的作用时间为 30min 时，氯霉素浓度与细菌发光强度抑制率呈良好的线性关系，线性范围为 0.1~1.0ng/mL，灵敏度为 0.1ng/mL，在水产品中的添加回收率在 40.34%~114.26%之间。但该方法无法对氯霉素进行定量检测，且待测样品中含有其他抗生素时也会对检测结果造成影响。

14.6.3.2　电化学传感器

电化学传感器法具有灵敏度高和便携性的优点,近些年在酰胺醇类药物的残留检测中引起了越来越多的关注。Feng 等[138]建立了一种"双电势"电化学发光适配体传感器,可同时检测孔雀石绿和氯霉素的残留。该传感器由参比电极(Ag/AgCl 修饰的丝网印刷碳电极)、碳对电极和两个碳工作电极(WE1 和 WE2)组成,硫化镉量子点连接在 WE1 上作为阴极信号发射器,鲁米诺/金纳米粒子固定在 WE2 上作为阳极信号发射器,然后将孔雀石绿的适配体互补链和氯霉素适配体互补链分别连接在硫化镉量子点和鲁米诺/金纳米粒上,可对不同浓度的目标物产生出不同强度的电化学发光信号。该电化学传感器对氯霉素的检测限为 0.023ng/mL,回收率为 94.7%~101.5%。Cardoso 等[139]用分子印迹聚合物对商品化碳丝印刷电极进行修饰,制备了一种电化学发光传感器。通过循环伏安法、电化学阻抗谱和方波伏安法来评价标准氧化还原探针[Fe(CN)$_6$]$^{3-}$/[Fe(CN)$_6$]$^{4-}$ 电子转移性质的变化,进而评估传感器的检测性能。实验结果表明,该传感器的检测浓度范围在 0.32ng/mL~32.31μg/mL 之间,且不需要对样品进行前处理,可用于氯霉素在水产养殖中的现场快速检测。Pakapongpan 等[140]合成磁性氧化铁-含氮石墨烯纳米复合物 (MIO@NG),然后将其修饰在磁性丝网印刷电极上,制备一种电化学传感器。该传感器对 CAP 的检测限为 3.23ng/mL,可以对牛奶中的 CAP 残留进行现场检测。电化学传感器检测时间短,精确度和重现性好,可实现对多个药物的同时检测,但制备过程中电极的修饰难度较大,对实验条件有较高的要求。

14.6.3.3　荧光探针

荧光探针法在检测过程中不需要特定的酶标物或荧光标记物,因此,在氯霉素的残留检测中成为一个研究热点。张慧洁等[141]以柠檬酸和半胱氨酸为前驱体,采用微波法合成了一种氮硫共掺杂碳量子点。然后以氯霉素为模板分子,丙烯酰胺为功能单体,偶氮二异丁腈为引发剂,掺杂碳量子点,采用沉淀法合成了一种荧光分子印迹聚合物。以其为探针,对鸡蛋、蜂蜜、牛奶等样品进行检测。结果表明该方法检测限为 0.19ng/mL,添加回收率为 90.0%~99.6%。顾天勋等[142]利用静电纺丝技术合成了一种 CdTe 量子点/聚乳酸纳米纤维荧光探针,基于氯霉素对 CdTe 量子点的猝灭作用,建立了一种测定氯霉素的新方法。该研究中将碲化镉量子点和聚乳酸以一定的比例在特定的条件下进行静电纺丝,可将量子点固着在聚乳酸纤维上。此荧光探针既解决了水溶液状态下 CdTe 量子点不稳定易团聚的缺陷,又在氯霉素的检测中具有良好的效果。在最佳实验条件下,体系的荧光猝灭强度与氯霉素浓度在 10~80μg/mL 范围内呈良好线性关系,检测限为 0.814μg/mL。

14.6.3.4　拉曼光谱法

表面增强拉曼散射 (surface-enhanced Raman scattering,SERS) 作为检测复杂基质中特定分析物的有效技术之一,目前已应用于酰胺醇类药物的残留检测中。Yan 等[143]合成了一种金核银壳结构的纳米材料 (Au@Ag NSs),建立了一种 SERS 法用于氯霉素的残留检测。该方法将荧光染料 Cy5 标记的氯霉素核酸适配体连接在核-壳结构之间,作为目标识别元件并发出识别信号。当氯霉素存在时与 Cy5-核酸适配体发生强特异性结合,使 Cy5-核酸适配体与 Au@Ag NSs 分离,SERS 信号强度显著降低。该方法的检测限低至 0.19pg/mL,在牛奶样品中的回收率为 96.6%~110.2%。Yang 等[144]开发出一种基于竞争性 SERS 免疫分析和磁分离的氯霉素传感器，该传感器用 4,4′-二吡啶标记的功能化纳米金颗粒（AuNPs）作为拉曼识别分子，用抗体偶联的磁珠作为支持材料和分离工具。当氯霉素存在时，与抗体修饰的磁珠结合，通过外加磁场从反应体系中分离，从而使上清液中 SERS 信号强度发生变化。该方法操作简单，检测时间短且抗体修饰的磁珠可重复使用，检测限可达 1.0pg/mL。总体来说，拉曼光谱法检测时间短、灵敏度高，但制备传感器的过程复杂、检测仪器昂贵，限制了其推广应用。

参考文献

[1] Chater K F. Streptomyces inside-out: a new perspective on the bacteria that provide us with antibiotics [J]. Philosophical Transactions of the Royal Society B Biological Sciences, 2006, 361（1469）: 761-768.

[2] Guidi L R, Tette P A, Fernandes C, et al. Advances on the chromatographic determination of amphenicols in food [J]. Talanta, 2017, 162: 324-338.

[3] 赵莉云. 兽药中氯霉素类抗生素的药理作用及用法用量[J]. 养殖技术顾问, 2013, 10: 175.

[4] Shin S J, Kang S G, Nabin R, et al. Evaluation of the antimicrobial activity of florfenicol against bacteria isolated from bovine and porcine respiratory disease [J]. Veterinary Microbiology, 2005, 106（1/2）: 73-77.

[5] Priebe S, Schwarz S. In vitro activities of florfenicol against bovine and porcine respiratory tract pathogens [J]. Antimicrobial Agents and Chemotherapy, 2003, 47（8）: 2703-2705.

[6] Hanekamp J C, Bast A. Antibiotics exposure and health risks: Chloramphenicol [J]. Environmental Toxicology and Pharmacology, 2015, 39（1）: 213-220.

[7] Kowalski P, Plenis A, Oledzka I. Optimization and validation of capillary electrophoretic method for the analysis of amphenicols in poultry tissues [J]. Acta Poloniae Pharmaceutica, 2008, 65（1）: 45-50.

[8] 曾勇，董文婷，周青，等. 液相色谱-串联质谱法测定禽蛋和禽肉中酰胺醇类药物残留[J]. 农产品质量与安全, 2019, 3: 35-38.

[9] Hu D F, Zhang T X, Zhang Z D, et al. Toxicity to the hematopoietic and lymphoid organs of piglets treated with a therapeutic dose of florfenicol [J]. Veterinary Immunology and Immunopathology, 2014, 162（3/4）: 122-131.

[10] Hassanin O, Abdallah F, Awad A. Effects of florfenicol on the immune responses and the interferon-inducible genes in broiler chickens under the impact of E. coli infection [J]. Veterinary Research Communications, 2014, 38（1）: 51-58.

[11] Kikuchi H, Sakai T, Teshima R, et al. Total determination of chloramphenicol residues in foods by liquid chromatography-tandem mass spectrometry[J]. Food Chemistry, 2017, 230: 589-593.

[12] Sniegocki T, Sell B, Giergiel M, et al. QuEChERS and HPLC-MS/MS combination for the determination of chloramphenicol in twenty two different matrices[J]. Molecules, 2019, 24（3）: 384.

[13] Imran M, HabibF E, Tawab A, et al. LC-MS/MS based method development for the analy-

sis of florfenicol and its application to estimate relative distribution in various tissues of broiler chicken[J]. Journal of Chromatography B: Analytical Technologies in the Biomedical and Life Sciences, 2017, 1063: 163-173.

[14] Saito-Shida S, Shiono K, Narushima J, et al. Determination of total florfenicol residues as florfenicol amine in bovine tissues and eel by liquid chromatography-tandem mass spectrometry using external calibration[J]. Journal of Chromatography B: Analytical Technologies in the Biomedical and Life Sciences, 2019, 1109: 37-44.

[15] Taka T, Baras M C, Chaudhry Bet Z F. Validation of a rapid and sensitive routine method for determination of chloramphenicol in honey by LC-MS/MS[J]. Food Additives & Contaminants Part A, 2012, 29（4）: 596-601.

[16] Rodziewicz L, Zawadzka I. Rapid determination of chloramphenicol residues in milk powder by liquid chromatography-elektrospray ionization tandem mass spectrometry[J]. Talanta, 2008, 75（3）: 846-850.

[17] Nicolich R S, Werneck-Barroso E, Marques M A S. Food safety evaluation: detection and confirmation of chloramphenicol in milk by high performance liquid chromatography-tandem mass spectrometry[J]. Analytica Chimica Acta, 2006, 565（1）: 97-102.

[18] Douny C, Widart J, de Pauw E, et al. Determination of chloramphenicol in honey, shrimp, and poultry meat with liquid chromatography-mass spectrometry: validation of the method according to commission decision 2002/657/EC[J]. Food Analytical Methods, 2013, 6（5）: 1458-1465.

[19] Barreto F, Ribeiro C, Hoff R B, et al. Determination and confirmation of chloramphenicol in honey, fish and prawns by liquid chromatography-tandem mass spectrometry with minimum sample preparation: validation according to 2002/657/EC directive[J]. Food Additives & Contaminants Part A, 2012, 29（4）: 550-558.

[20] Yang J J, Sun G Z, Qian M R, et al. Development of a high-performance liquid chromatography method for the determination of florfenicol in animal feedstuffs[J]. Journal of Chromatography B, 2017, 1068-1069: 9-14.

[21] 林丽容. 液液萃取-超高效液相色谱-串联质谱法测定鸭蛋中氯霉素类药物残留量[J]. 化学工程与装备, 2020, （12）: 277-279.

[22] 崔悦, 刘墨一, 曹冬, 等. 液相色谱-串联质谱法检测蜂蜜中氟苯尼考及其代谢物残留量[J]. 食品安全质量检测学报, 2021, 12（7）: 2695-2700.

[23] 袁潇, 王淼, 叶一, 等. 超高效液相色谱-串联质谱法测定畜禽副产品中氯霉素和氟甲砜霉素残留量[J]. 分析试验室, 2020, 39（9）: 1094-1098.

[24] 陈蔷, 宋志超, 张崇威, 等. 动物源食品中酰胺醇类药物及其代谢物残留检测超高效液相色谱-串联质谱法研究[J]. 中国兽药杂志, 2015, 49（8）: 28-34.

[25] 奚照寿, 陈长宽, 袁华根, 等. 高效液相色谱-串联质谱法检测鹌鹑蛋及鸽蛋中氯霉素类药物残留[J]. 扬州大学学报（农业与生命科学版）, 2019, 40（6）: 86-92.

[26] 王丽英, 任贝贝, 路杨, 等. 超高效液相色谱-串联质谱法测定鸡肉、鸡蛋中氟苯尼考和氟苯尼考胺残留[J]. 食品安全质量检测学报, 2020, 11（15）: 5056-5061.

[27] Tajik H, Malekinejad H, Razavi-Rouhani S M, et al. Chloramphenicol residues in chicken liver, kidney and muscle: a comparison among the antibacterial residues monitoring methods of four plate test, ELISA and HPLC[J]. Food and Chemical Toxicology, 2010, 48（8/9）: 2464-2468.

[28] Siqueira S R R, Donato J L, De Nucci G, et al. A high-throughput method for determining chloramphenicol residues in poultry, egg, shrimp, fish, swine and bovine using LC-ESI-MS/MS[J]. Journal of Separation Science, 2009, 32（23-24）: 4012-4019.

[29] Sichilongo K, Kolanyane P. Chloride adduct tandem mass spectrometry for the quantification of thiamphenicol and florfenicol in bovine muscle[J]. Journal of Food Composition and Analysis, 2020, 87: 103428.

[30] Han J, Wang Y, Yu C L, et al. Separation, concentration and determination of chloramphenicol in environment and food using an ionic liquid/salt aqueous two-phase flotation system coupled with high-performance liquid chromatography[J]. Analytica Chimica Acta, 2011, 685 （2）: 138-145.

[31] Yao H, Lu Y, Han J, et al. Separation, concentration and determination of trace thiamphenicol in egg, milk and honey using polyoxyethylene lauryl ether-salt aqueous two-phase system coupled with high performance liquid chromatography[J]. Journal of the Brazilian Chemical Society, 2015, 26（6）: 1098-1110.

[32] 祝子铜, 雷美康, 彭芳, 等. 快速溶剂萃取-超高效液相色谱-串联质谱法测定蜂花粉中氯霉素[J]. 食品工业科技, 2015, 36（20）: 68-71.

[33] 王波, 赵霞, 谢恺舟, 等. 加速溶剂萃取／液相色谱-串联质谱法测定鹌鹑蛋和鸽蛋中氯霉素类药物残留[J]. 分析科学学报, 2019, 35（4）: 443-448.

[34] 王波, 赵霞, 谢恺舟, 等. 鸽蛋中氯霉素甲砜霉素氟苯尼考及其代谢物氟苯尼考胺同时检测的超高效液相色谱-串联质谱法的建立[J]. 中国兽医科学, 2019, 49（3）: 393-402.

[35] Wang B, Xie X, Zhao X, et al. Development of an accelerated solvent extraction-ultra-performance liquid chromatography-fluorescence detection method for quantitative analysis of thiamphenicol, florfenicol and florfenicol amine in poultry eggs[J]. Molecules, 2019, 24（9）: 1830.

[36] 王旭堂, 刁志祥, 张培杨, 等. 超高液相色谱荧光检测法测定鹌鹑蛋和鸽蛋中甲砜霉素残留量[J]. 江苏农业学报, 2020, 36（1）: 206-211.

[37] Xiao Z M, Song R, Rao Z H, et al. Development of a subcritical water extraction approach for trace analysis of chloramphenicol, thiamphenicol, florfenicol, and florfenicol amine in poultry tissues[J]. Journal of Chromatography A, 2015, 1418: 29-35.

[38] 徐万帮, 胡音, 洪建文, 等. 亚临界水萃取-HPLC 法测定动物源食品中土霉素、四环素和氯霉素残留量[J]. 中国药房, 2013, 24（25）: 2356-2358.

[39] Liu W L, Lee R J, Lee M R. Supercritical fluid extraction in situ derivatization for simultaneous determination of chloramphenicol, florfenicol and thiamphenicol in shrimp[J]. Food Chemistry, 2010, 121（3）: 797-802.

[40] Chen H X, Ying J, Chen H, et al. LC determination of chloramphenicol in honey using dispersive liquid-liquid microextraction[J]. Chromatographia, 2008, 68（7/8）: 629-634.

[41] Campone L, Celano R, Piccinelli A L, et al. Ultrasound assisted dispersive liquid-liquid microextraction for fast and accurate analysis of chloramphenicol in honey[J]. Food Research International, 2019, 115: 572-579.

[42] Rezaee M, Khalilian F. Application of ultrasound-assisted extraction followed by solid-phase extraction followed by dispersive liquid-liquid microextraction for the determination of chloramphenicol in chicken meat[J]. Food Analytical Methods, 2018, 11（3）: 759-767.

[43] Amelin V G, Volkova N M, Repin N A, et al. Simultaneous determination of residual amounts of amphenicols in food by HPLC with UV-detection[J]. Journal of Analytical Chemistry, 2015, 70（10）: 1282-1287.

[44] Tian H Z. Determination of chloramphenicol, enrofloxacin and 29 pesticides residues in bovine milk by liquid chromatography-tandem mass spectrometry[J]. Chemosphere, 2011, 83 （3）: 349-355.

[45] 雷美康, 候建波, 祝子铜, 等. 高效液相色谱-串联质谱法测定蜂蜡中痕量氯霉素残留[J]. 食品安全质量检测学报, 2021, 12（3）: 1088-1092.

[46] 刘伟, 李丽萍, 张楠, 等. 液相色谱-串联质谱法同时测定蜂蜜中的林可霉素、甲硝唑和氯霉素[J]. 食品安全质量检测学报, 2019, 10（12）: 3765-3771.

[47] 庄姜云, 刘建芳, 李红权, 等. 内标液相色谱-串联质谱法测定蜂蜜中氯霉素、甲砜霉素和氟苯尼考残留[J]. 食品安全质量检测学报, 2021, 12（5）: 1966-1971.

[48] Shen J Z, Xia X, Jiang H Y, et al. Determination of chloramphenicol, thiamphenicol, florfenicol, and florfenicol amine in poultry and porcine muscle and liver by gas chromatography-

negative chemical ionization mass spectrometry[J]. Journal of Chromatography B, 2009, 877（14/15）: 1523-1529.

[49] Azzouz A, Jurado-Sánchez B, Souhail B, et al. Simultaneous determination of 20 pharmacologically active substances in cow's milk, goat's milk, and human breast milk by gas chromatography-mass spectrometry[J]. Journal of Agricultural and Food Chemistry, 2011, 59（9）: 5125-5132.

[50] 李成, 王锡兰, 姚东校, 等. 超高效液相色谱-串联质谱法同时测定鸡肉、鸡蛋中9种兽药残留[J]. 热带农业科学, 2021, 41（9）: 86-92.

[51] 金晓峰, 焦仁刚, 赵贵, 等. 通过式固相萃取／超高效液相色谱-串联质谱法快速测定鸡蛋中的8种兽药残留[J]. 分析科学学报, 2020, 36（6）: 906-909.

[52] 高敏, 孔兰芬. 固相萃取-高效液相色谱-串联质谱法同时检测鸡蛋及其制品中8种兽药残留[J]. 食品安全质量检测学报, 2021, 12（16）: 6377-6383.

[53] 肖国军, 蔡超海, 王生, 等. 固相萃取高效液相色谱串联质谱法同时测定蜂蜜中甲硝唑、氯霉素、甲砜霉素和氟甲砜霉素残留[J]. 中国卫生检验杂志, 2018, 28（1）: 22-25.

[54] 雷美康, 候建波, 彭芳, 等. 固相萃取-高效液相色谱-串联质谱法同时测定蜂蜡中氯霉素、甲砜氯霉素、氟苯尼考和其代谢产物氟苯尼考胺残留[J]. 食品工业科技, 2021, 42（17）: 241-246.

[55] Zhang S, Liu Z, Guo X, et al. Simultaneous determination and confirmation of chloramphenicol, thiamphenicol, florfenicol and florfenicol amine in chicken muscle by liquid chromatography-tandem mass spectrometry[J]. Journal of Chromatography B, 2008, 875（2）: 399-404.

[56] Sin D W, Ho C, Wong Y. Phenylboronic acid solid phase extraction cleanup and Isotope dilution liquid chromatography-tandem mass spectrometry for the determination of florfenicol amine in fish muscles[J]. Journal of AOAC International, 2015, 98（3）: 566-574.

[57] 马晓年, 梁志坚, 李怡. 超高效液相色谱-串联质谱法测定乳饼中的氯霉素[J]. 食品安全质量检测学报, 2020, 11（2）: 539-543.

[58] Zawadzka I, Rodziewicz L. Determination of chloramphenicol in milk powder using liquid-liquid cartridge extraction（Chem Elut）and liquid chromatography-tandem mass spectrometry[J]. Rocz Panstw Zakl Hig, 2014, 65（3）: 185-191.

[59] Li P, Qiu Y M, Cai H X, et al. Simultaneous determination of chloramphenicol, thiamphenicol, and florfenicol residues in animal tissues by gas chromatography/mass spectrometry[J]. Chinese Journal of Chromatography, 2006, 24（1）: 14-18.

[60] 高何刚. 超高效液相色谱-串联质谱法测定蜂蜜中氯霉素和甲硝唑残留[J]. 广东化工, 2017, 44（15）: 255-256.

[61] 陈涛, 倪建秀, 陈桂芳, 等. 超高效液相色谱-串联质谱检测鸡蛋、鸡肉和猪肉中酰胺醇类药物残留[J]. 畜牧与兽医, 2020, 52（6）: 66-75.

[62] Wu X Y, Shen X X, Cao X Y, et al. Simultaneous determination of amphenicols and metabolites in animal-derived foods using ultrahigh-performance liquid chromatography-tandem mass spectrometry[J]. International Journal of Analytical Chemistry, 2021, 2021: 3613670.

[63] 杨黎, 刘星, 廖夏云, 等. 高效液相色谱-串联质谱法同时测定蜂胶、蜂胶原料保健食品中的氯霉素、甲砜霉素与氟甲砜霉素[J]. 分析测试学报, 2020, 39（7）: 887-893.

[64] Minatani T, Sakamoto Y, Nagai H, et al. Determination of residues of phenicol drugs in plecoglossus altivelis by LC-MS/MS[J]. Journal of the Food Hygienic Society of Japan, 2017, 58（3）: 143-148.

[65] Monteiro S H, Francisco J G, Campion T F, et al. Multiresidue antimicrobial determination in nile tilapia（oreochromis niloticus）cage farming by liquid chromatography tandem mass spectrometry[J]. Aquaculture, 2015, 447: 37-43.

[66] 王东鹏, 叶诚, 李小莎. Captiva EMR-Lipid固相萃取结合高效液相色谱-串联质谱法同时测定猪肉中氯霉素类药物残留量[J]. 食品安全质量检测学报, 2021, 12（19）: 7660-7666.

[67] Zhou T Y, Zhang F S, Liu H C, et al. Microwave-assisted preparation of boron acid modified expanded graphite for the determination of chloramphenicol in egg samples[J]. Journal of

Chromatography A, 2018, 1565: 29-35.

[68] Pan X D, Wu P G, Jiang W, et al. Determination of chloramphenicol, thiamphenicol, and florfenicol in fish muscle by matrix solid-phase dispersion extraction (MSPD) and ultra-high pressure liquid chromatography tandem mass spectrometry[J]. Food Control, 2015, 52: 34-38.

[69] Tao Y F, Zhu F W, Chen D M, et al. Evaluation of matrix solid-phase dispersion (MSPD) extraction for multi-fenicols determination in shrimp and fish by liquid chromatography-electrospray ionisation tandem mass spectrometry[J]. Food Chemistry, 2014, 150: 500-506.

[70] Imran M, Habib F E, Majeed S, et al. LC-MS/MS-based determination of chloramphenicol, thiamphenicol, florfenicol and florfenicol amine in poultry meat from the punjab-pakistan[J]. Food Additives & Contaminants Part A, 2018, 35(8): 1530-1542.

[71] Rezende D R, Filho N F, Rocha G L. Simultaneous determination of chloramphenicol and florfenicol in liquid milk, milk powder and bovine muscle by LC-MS/MS[J]. Food Additives & Contaminants Part A, 2012, 29(4): 559-570.

[72] Mou S A, Islam R, Shoeb M, et al. Determination of chloramphenicol in meat samples using liquid chromatography-tandem mass spectrometry[J]. Food Science & Nutrition, 2021, 9 (10): 5670-5675.

[73] 赵浩军, 杨青梅岭, 张燕, 等. QuEChERS-高效液相色谱-串联质谱法同时测定猪肉中氯霉素、氟苯尼考和五氯酚的残留量[J]. 食品安全质量检测学报, 2020, 11(12): 4121-4126.

[74] Jung H N, Park D H, Choi Y J, et al. Simultaneous quantification of chloramphenicol, thiamphenicol, florfenicol, and florfenicol amine in animal and aquaculture products using liquid chromatography-tandem mass spectrometry[J]. Frontiers in Nutrition, 2022, 8: 812803.

[75] Huang S F, Gan N, Liu H B, et al. Simultaneous and specific enrichment of several amphenicol antibiotics residues in food based on novel aptamer functionalized magnetic adsorbents using HPLC-DAD[J]. Journal of Chromatography B, 2017, 1060: 247-254.

[76] Vuran B, Ulusoy H I, Sarp G, et al. Determination of chloramphenicol and tetracycline residues in milk samples by means of nanofiber coated magnetic particles prior to high-performance liquid chromatography-diode array detection[J]. Talanta, 2021, 230: 122307.

[77] Zhang Q C, Zhou Q Q, Yang L, et al. Covalently bonded aptamer-functionalised magnetic mesoporous carbon for high-efficiency chloramphenicol detection[J]. Journal of Separation Science, 2020, 43(13): 2610-2618.

[78] Samanidou V, Kehagia M, Kabir A, et al. Matrix molecularly imprinted mesoporous sol-gel sorbent for efficient solid-phase extraction of chloramphenicol from milk[J]. Analytica Chimica Acta, 2016, 914: 62-74.

[79] 王晓虎. 分子印迹聚合物微球的制备及固相萃取-HPLC测定牛奶中氯霉素类抗生素残留[D]. 保定: 河北大学, 2013.

[80] Schirmer C, Meisel H. Molecularly imprinted polymers for the selective solid-phase extraction of chloramphenicol[J]. Analytical and Bioanalytical Chemistry, 2008, 392(1/2): 223-229.

[81] Guo L Y, Guan M, Zhao C D, et al. Molecularly imprinted matrix solid-phase dispersion for extraction of chloramphenicol in fish tissues coupled with high-performance liquid chromatography determination[J]. Analytical and Bioanalytical Chemistry, 2008, 392(7/8): 1431-1438.

[82] Wei S L, Li J W, Liu Y, et al. Development of magnetic molecularly imprinted polymers with double templates for the rapid and selective determination of amphenicol antibiotics in water, blood, and egg samples[J]. Journal of Chromatography A, 2016, 1473: 19-27.

[83] Chen L G, Li B. Magnetic molecularly imprinted polymer extraction of chloramphenicol from honey[J]. Food Chemistry, 2013, 141(1): 23-28.

[84] Li Z W, Chan L, Na W, et al. Preparation of magnetic molecularly imprinted polymers with double functional monomers for the extraction and detection of chloramphenicol in food[J]. Journal of Chromatography B: Analytical Technologies in the Biomedical and Life Sciences, 2018, 1100/1101: 113-121.

[85] Luo P J, Chen X, Liang C L, et al. Simultaneous determination of thiamphenicol, florfenicol and florfenicol amine in swine muscle by liquid chromatography-tandem mass spectrometry with immunoaffinity chromatography clean-up[J]. Journal of Chromatography B: Analytical Technologies in the Biomedical and Life Sciences, 2010, 878 (2): 207-212.

[86] Zhang S X, Zhou J H, Shen J Z, et al. Determination of chloramphenicol residue in chicken tissues by immunoaffinity chromatography cleanup and gas chromatography with amicrocell electron capture detector[J]. Journal of AOAC International, 2006, 89 (2): 369-373.

[87] Samanidou V, Galanopoulos L D, Kabir A, et al. Fast extraction of amphenicols residues from raw milk using novel fabric phase sorptive extraction followed by high-performance liquid chromatography-diode array detection[J]. Analytica Chimica Acta, 2015, 855: 41-50.

[88] Chu L L, Deng J J, Kang X J. Packed-nanofiber solid phase extraction coupled with HPLC for the determination of chloramphenicol in milk [J]. Analytical Methods, 2017, 9 (46): 6499-6506.

[89] 谢恺舟, 徐东, 姚宜林, 等. 高效液相色谱荧光检测法检测鸡蛋中甲砜霉素残留[J]. 中国兽医学报, 2011, 31 (9): 1322-1326.

[90] Xie K Z, Jia L F, Yao Y I, et al. Simultaneous determination of thiamphenicol, florfenicol and florfenicol amine in eggs by reversed-phase high-performance liquid chromatography with fluorescence detection[J]. Journal of Chromatography B, 2011, 879 (23): 2351-2354.

[91] Ding S Y, Shen J Z, Zhang S X, et al. Determination of chloramphenicol residue in fish and shrimp tissues by gas chromatography with a microcell electron capture detector[J]. Journal of AOAC International, 2005, 88 (1): 57-60.

[92] 张丽萍, 孟蕾, 张盼盼, 等. 鸡、猪组织中甲砜霉素、氟苯尼考、氟苯尼考胺残留量测定的 GC-MS 法建立[J]. 中国兽药杂志, 2020, 54 (9): 33-40.

[93] Yikilmaz Y, Filazi A. Detection of florfenicol residues in salmon trout via GC-MS[J]. Food Analytical Methods, 2015, 8 (4): 1027-1033.

[94] Sniegocki T, Posyniak A, Zmudzki J. Determination of chloramphenicol residues in milk by gas and liquid chromatography mass spectrometry methods[J]. Bulletin of the Veterinary Institute in Pulawy, 2007, 51 (1): 59-64.

[95] Sniegocki T, Gbylik-Sikorska M, Posyniak A. Analytical strategy for determination of chloramphenicol in different biological matrices by liquid chromatography - mass spectrometry [J]. Journal of Veterinary Research, 2017, 61 (3): 321-327.

[96] Barreto F, Ribeiro C, Barcellos Hoff R, et al. Determination of chloramphenicol, thiamphenicol, florfenicol and florfenicol amine in poultry, swine, bovine and fish by liquid chromatography-tandem mass spectrometry[J]. Journal of Chromatography A, 2016, 1449: 48-53.

[97] Shiroma L S, Queiroz S C N, Jonsson C M, et al. Extraction strategies for simultaneous determination of florfenicol and florfenicol amine in tilapia (oreochromis niloticus) muscle: quantification by LC-MS/MS[J]. Food Analytical Methods, 2020, 13: 291-362.

[98] Xie X, Wang B, Pang M D, et al. Quantitative analysis of chloramphenicol, thiamphenicol, florfenicol and florfenicol amine in eggs via liquid chromatography-electrospray ionization tandem mass spectrometry[J]. Food Chemistry, 2018, 269: 542-548.

[99] Wang B, Zhao X, Xie X, et al. Development of an accelerated solvent extraction approach for quantitative analysis of chloramphenicol, thiamphenicol, florfenicol, and florfenicol amine in poultry eggs[J]. Food Analytical Methods, 2019, 12 (8): 1705-1714.

[100] Gavilán R E, Nebot C, Patyra E, et al. Determination of florfenicol, thiamfenicol and chloramfenicol at trace levels in animal feed by HPLC-MS/MS[J]. Antibiotics, 2019, 8 (2): 59.

[101] 王浩, 刘艳琴, 殷晓燕, 等. 高效液相色谱-电喷雾离子阱质谱法测定乳品中的氯霉素、甲砜霉素、氟甲砜霉素残留[J]. 中国食品学报, 2008, 8 (5): 138-141.

[102] 曹丽丽, 张书芬, 邢家溧, 等. 超高效液相色谱-串联质谱结合谱库检索快速测定鸡蛋中氯霉素、氟苯尼考和甲砜霉素残留[J]. 食品工业科技, 2020, 41 (14): 197-203.

[103] Moragues F, Igualada C, León N. Validation of the determination of chloramphenicol residues in animal feed by liquid chromatography with an Ion trap detector based on european decision 2002/657/EC[J]. Food Analytical Methods, 2012, 5（3）: 416-421.

[104] Dasenaki M E, Bletsou A A, Koulis G A, et al. Qualitative multiresidue screening method for 143 veterinary drugs and pharmaceuticals in milk and fish tissue using liquid chromatography quadrupole-tme-of-flight mass spectrometry[J]. Journal of Agricultural and Food Chemistry, 2015, 63（18）: 4493-4508.

[105] Turnipseed S B, Lohne J J, Storey J M, et al. Challenges in implementing a screening method for veterinary drugs in milk using liquid chromatography quadrupole time-of-flight mass spectrometry[J]. Journal of Agricultural and Food Chemistry, 2014, 62（17）: 3660-3674.

[106] Kowalski P, Plenis A, Oledzka I. Optimization and validation of capillary electrophoretic method for the analysis of amphenicols in poultry tissues[J]. Acta Poloniae Pharmaceutica, 2008, 65（1）: 45-50.

[107] Kowalski P, Plenis A, Oledzka I, et al. Optimization and validation of the micellar electrokinetic capillary chromatographic method for simultaneous determination of sulfonamide and amphenicol-type drugs in poultry tissue[J]. Journal of Pharmaceutical & Biomedical Analysis, 2011, 54（1）: 160-167.

[108] Xu N F, Xu L G, Ma W, et al. Development and characterisation of an ultrasensitive monoclonal antibody for chloramphenicol [J]. Food and Agricultural Immunology, 2015, 26（3）: 440-450.

[109] Chughtai M I, Maqbool U, Iqbal M, et al. Development of in-house ELISA for detection of chloramphenicol in bovine milk with subsequent confirmatory analysis by LC-MS/MS [J]. Journal of Environmental Science and Health, Part B, 2017, 52（12）: 871-879.

[110] Samsonova J V, Fedorova M D, Andreeva I P, et al. Characterization of anti-chloramphenicol antibodies by enzyme-linked immunosorbent assay [J]. Analytical Letters, 2010, 43（1）: 133-141.

[111] Fodey T L, George S E, Traynor I M, et al. Approaches for the simultaneous detection of thiamphenicol, florfenicol and florfenicol amine using immunochemical techniques [J]. Journal of Immunological Methods, 2013, 393（1/2）: 30-37.

[112] Luo P J, Jiang H Y, Wang Z H, et al. Simultaneous determination of florfenicol and its metabolite florfenicol amine in swine muscle tissue by a heterologous enzyme-linked immunosorbent assay [J]. Journal of AOAC International, 2009, 92（3）: 981-988.

[113] Sheu S Y, Wang Y K, Tai Y T, et al. Establishment of a competitive ELISA for detection of florfenicol antibiotic in food of animal origin [J]. Journal of Immunoassay and Immunochemistry, 2013, 34（4）: 438-452.

[114] Tao X Q, He Z F, Cao X Y, et al. Approaches for the determination of florfenicol and thiamphenicol in pork using a chemiluminescent ELISA [J]. Analytical Methods, 2015, 7（19）: 8386-8392.

[115] Wu J E, Chang C, Ding W P, et al. Determination of florfenicol amine residues in animal edible tissues by an indirect competitive ELISA [J]. Journal of Agricultural and Food Chemistry, 2008, 56（18）: 8261-8267.

[116] Luo P J, Cao X Y, Wang Z H, et al. Development of an enzyme-linked immunosorbent assay for the detection of florfenicol in fish feed [J]. Food and Agricultural Immunology, 2009, 20（1）: 57-65.

[117] Guo L L, Song S S, Liu L Q, et al. Comparsion of an immunochromatographic strip with ELISA for simultaneous detection of thiamphenicol, florfenicol and chloramphenicol in food samples [J]. Biomedical Chromatography, 2015, 29（9）: 1432-1439.

[118] Du X J, Zhou X N, Li P, et al. Development of an immunoassay for chloramphenicol based on the preparation of a specific single-chain variable fragment antibody [J]. Journal of Ag-

ricultural and Food Chemistry, 2016, 64（14）: 2971-2979.

[119] Wang Y, An Y, Liu Z S, et al. An exploratory study on the simultaneous screening for residues of chloramphenicol, ciprofloxacin and sulphadimidine using recombinant antibodies [J]. Food Additives & Contaminants Part A, 2020, 37（5）: 763-769.

[120] Yan C, Zhang J, Yao L, et al. Aptamer-mediated colorimetric method for rapid and sensitive detection of chloramphenicol in food [J]. Food Chemistry, 2018, 260（15）: 208-212.

[121] Du X J, Zhang F, Zhang H X, et al. Substitution of antibody with molecularly imprinted 96-well plate in chemiluminescence enzyme immunoassay for the determination of chloramphenicol residues [J]. Food and Agricultural Immunology, 2014, 25（3）: 411-422.

[122] Jia B J, Huang J, Liu J X, et al. Detection of chloramphenicol in chicken, pork and fish with a molecularly imprinted polymer-based microtiter chemiluminescence method [J]. Food Additives &Contaminants Part A, 2019, 36（1）: 74-83.

[123] Amiripour F, Ghasemi S, Azizi S N. Design of turn-on luminescent sensor based on nano-structured molecularly imprinted polymer-coated zirconium metal-organic framework for selective detection of chloramphenicol residues in milk and honey[J]. Food Chemistry, 2021, 347（15）: 129034.

[124] Hao K, Guo S, Xu C, et al. Development and optimization of an indirect enzyme-linked immunosorbent assay for thiamphenicol [J]. Analytical Letters, 2006, 39（4/6）: 1087-1100.

[125] Luo P J, Jiang W X, Chen X, et al. Technical note: development of an enzyme-linked immunosorbent assay for the determination of florfenicol and thiamphenicol in swine feed [J]. Journal of Animal Science, 2011, 89（11）: 3612-3616.

[126] Berlina A N, Taranova N A, Zherdev A V, et al. Quantum dot-based lateral flow immunoassay for detection of chloramphenicol in milk [J]. Analytical and Bioanalytical Chemistry, 2013, 405（14）: 4997-5000.

[127] Gasilova N V, Eremin S A. Determination of chloramphenicol in milk by a fluorescence polarization immunoassay [J]. Journal of Analytical Chemistry, 2010, 65（3）: 255-259.

[128] Jia B J, Lin M, Wang J P, et al. Synthesis of molecularly imprinted microspheres and development of a fluorescence method for detection of chloramphenicol in meat [J]. Luminescence, 2021, 36（7）: 1767-1774.

[129] Tao X Q, Yu X Z, Zhang D D, et al. Development of a rapid chemiluminescent ciELISA for simultaneous determination of florfenicol and its metabolite florfenicol amine in animal meat products [J]. Journal of the Science of Food and Agriculture, 2014, 94（2）: 301-307.

[130] Luo L G, Zhou X C, Pan Y T, et al. A simple and sensitive flow injection chemiluminescence immunoassay for chloramphenicol based on gold nanoparticle-loaded enzyme [J]. Luminescence, 2020, 35（6）: 877-884.

[131] 武会娟, 魏玲, 刘清珺, 等. 纳米生物传感器在氯霉素检测中的应用[J]. 食品科学, 2010, 31（08）: 167-170.

[132] 卢静荷, 谭淑珍, 朱雨清, 等. 荧光核酸适配体功能化氧化石墨烯生物传感器用于快速检测氯霉素[J]. 化学学报, 2019, 77（03）: 253-256.

[133] Thompson C S, Traynor I M, Fodey T L, et al. Screening method for the detection of residues of amphenicol antibiotics in bovine milk by optical biosensor [J]. Food Additives & Contaminants: Part A, 2020, 37（11）: 1854-1864.

[134] Yuan J, OliverR, Aguilar M I, et al. Surface plasmon resonance assay for chloramphenicol [J]. Analytical Chemistry, 2008, 80（21）: 8329-8333.

[135] Jia B J, He X, Cui P L, et al. Detection of chloramphenicol in meat with a chemiluminescence resonance energy transfer platform based on molecularly imprinted graphene [J]. Analytica Chimica Acta, 2019, 1063: 136-143.

[136] Dong B L, Li H F, Sun J F, et al. Homogeneous fluorescent immunoassay for the simultaneous detection of chloramphenicol and amantadine via the duplex FRET between carbon

dots and WS2 nanosheets [J]. Food Chemistry, 2020, 327（15）: 127107.

[137] 王亚群，王静雪，林洪，等. 发光细菌法检测水产品中氯霉素体系的建立[J]. 中国海洋大学学报（自然科学版），2009, 39（01）: 66-70.

[138] Feng X B, Gan N, Zhang H R, et al. A novel "dual-potential" electrochemiluminescence aptasensor array using CdS quantum dots and luminol-gold nanoparticles as labels for simultaneous detection of malachite green and chloramphenicol [J]. Biosensors and Bioelectronics, 2015, 74: 587-593.

[139] Cardoso A R, Tavares A P M, Sales M G F. In-situ generated molecularly imprinted material for chloramphenicol electrochemical sensing in waters down to the nanomolar level [J]. Sensors & Actuators: B, 2018, 256: 420-428.

[140] Pakapongpan S, Poo-Arporn Y, Tuantranont A, et al. A facile one-pot synthesis of magnetic iron oxide nanoparticles embed N-doped graphene modified magnetic screen printed electrode for electrochemical sensing of chloramphenicol and diethylstilbestrol [J]. Talanta, 2022, 241（1）: 123184.

[141] 张慧洁，苏立强，李国武，等. 分子印迹碳量子点荧光探针的合成及其在氯霉素检测中的应用研究[J]. 分析试验室，2019, 38（5）: 596-600.

[142] 顾天勋，邱华，李晓强. CdTe 量子点/聚乳酸纳米纤维荧光探针的制备及其对氯霉素的检测[J]. 应用化工，2015, 44（12）: 2329-2332.

[143] Yan W J, Yang L P, Zhuang H, et al. Engineered "hot" core-shell nanostructures for patterned detection of chloramphenicol [J]. Biosensors and Bioelectronics, 2016, 78: 67-72.

[144] Yang K, Hu Y J, Dong N. A novel biosensor based on competitive SERS immunoassay and magnetic separation for accurate and sensitive detection of chloramphenicol [J]. Biosensors and Bioelectronics, 2016, 80: 373-377.

第 15 章

大环内酯类
和林可胺类
药物残留
分析

大环内酯类药物（macrolides，MALs）是一类广泛用于食品生产动物的抗菌剂，在低剂量下 MALs 具有良好的促生长作用，因此亦是重要的药物添加剂。这类药物的残留物可能存在于人类食用的可食用组织、牛奶和鸡蛋中。这类药物是一个庞大和重要的抗生素类群，其共有特征是抗革兰氏阳性菌活性、抗支原体活性和低毒性；结构中含有十二元、十四元或十六元内酯环母核，并通过苷键连接有 1～3 个中性或碱性糖链。十四元环代表药物有红霉素、罗红霉素、克拉霉素、地红霉素等，十五元环代表药物有阿奇霉素等，十六元环代表药物有螺旋霉素、替米考星、泰乐菌素、吉他霉素、麦迪霉素、交沙霉素等。1957 年，Woodward 首次使用"大环内酯"这一名称来描述这类化合物。红霉素是本类化合物中第一个在临床上取得广泛应用的药物，目前已发现的大环内酯类抗生素达 100 多种。

林可胺类（lincosamides）是从链霉菌发酵液中提取的一类强效、窄谱的抑菌性抗革兰氏阳性菌抗生素，由美国于 1962 年首次报道，主要包括林可霉素（lincomycin）和克林霉素（clindymycin），常用于牛、猪等食品动物饲料中以防治感染[1]。它们都是高脂溶性的碱性化合物，能经肠道吸收，在畜禽体内分布广泛，对细胞屏障穿透力强，药动学特征相似，作用机制与大环内酯类相似。

本章综述了大环内酯类和林可胺类药物的结构与性质、药学机制与毒理学、国内外限量要求，以及残留检测的样品前处理、仪器测定方法等内容，以期为这两类药物的全面了解和残留检测提供参考。

15.1

结构与性质

15.1.1 大环内酯类

MALs 的结构特征是含有一个被高度取代的十二元、十四元或十六元内酯环配糖体，内酯环通过苷键与 1～3 个糖链（二甲氨基糖或中性糖）连接。除内酯结构外，配糖体结构中含有烷基、羟基、氧烷基、环氧基、酮基或醛基，多数还含有共轭二烯或 α,β-不饱和酮。所以根据构成内酯环骨架原子数目或紫外吸收特征可对 MALs 进行分类（表 15-1）。大环内酯类药物及其半抗原结构见图 15-1。

表 15-1 大环内酯类药物的分类

n	药物	分子式	分子量	熔点/℃	pK_a	λ_{max}/nm
14	红霉素（erythromycin，ERM）	$C_{37}H_{67}O_{13}N$	733.4613	135～140	8.8	280（弱）
	竹桃霉素（oleandomycin，OLD）	$C_{35}H_{61}O_{12}N$	687.4194	177	8.6	287（弱）
	罗红霉素（roxithromycin，ROM）	$C_{41}H_{76}N_2O_{15}$	837.03	—	9.2	
	克拉霉素（clarithromycin，CLA）	$C_{38}H_{69}NO_{13}$	747.96	217～220		

n	药物	分子式	分子量	熔点/℃	pK_a	λ_{max}/nm
15	阿奇霉素（azithromycin，AZM）	$C_{38}H_{72}N_2O_{12}$	749.00	113～115		
	泰拉菌素（tulathromycin，TUL）	$C_{41}H_{79}N_3O_{12}$	806.08	—		
16	螺旋霉素（spiramycin，SPM）	$C_{43}H_{74}N_2O_{14}$	843.053	134～137		232（强）
	泰乐菌素（tylosin，TYL）	$C_{46}H_{77}O_{17}N$	915.5192	128～132		282（强）
	替米考星（tilmicosin，TIL）	$C_{46}H_{80}O_{13}N_2$	869.13	—	7.4	283（强）
	吉他霉素（kitasamycin，KIT）	$C_{40}H_{67}O_{14}N$	785.4652	—	8.5	232（强）
	交沙霉素（josamycin，JOS）	$C_{42}H_{69}O_{15}N$	827.99	120～121	6.7	218（中等）
	米罗米星（mirosamicin，MIS）	$C_{37}H_{61}O_{13}N$	727.4143	102～106	7.1	226（强）
17	西地霉素（sedecamycin，SED）	$C_{27}H_{35}O_8N$	501.569	—		
38	制霉菌素（nystatin，NYS）	$C_{47}H_{75}NO_{17}$	926.09	—		
	两性霉素 B（amphotericinB，AMPB）	$C_{47}H_{73}NO_{17}$	924.08	＞170		

注：　n 为大环骨架的原子数目。

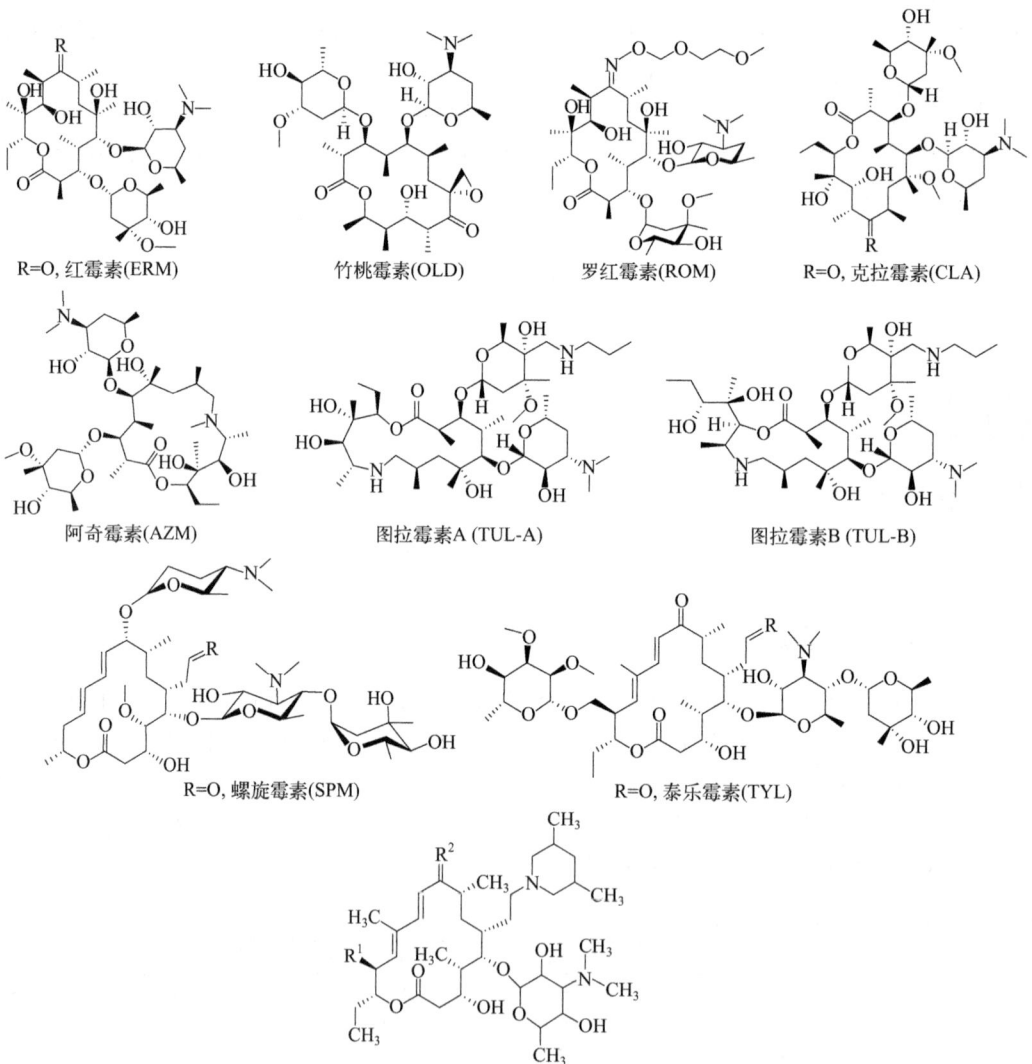

R=O, 红霉素(ERM)　竹桃霉素(OLD)　罗红霉素(ROM)　R=O, 克拉霉素(CLA)

阿奇霉素(AZM)　图拉霉素A (TUL-A)　图拉霉素B (TUL-B)

R=O, 螺旋霉素(SPM)　R=O, 泰乐霉素(TYL)

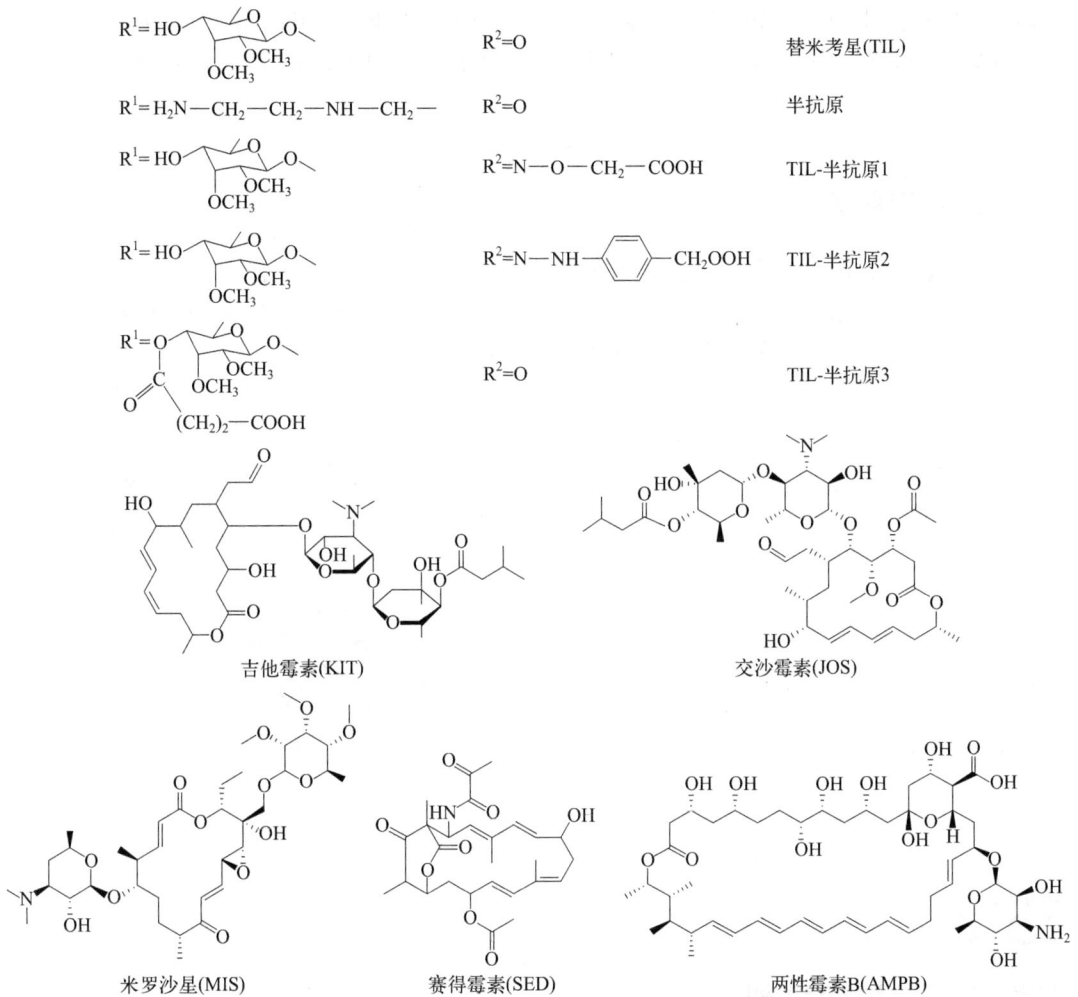

图 15-1 大环内酯类药物及其半抗原结构

除主成分外,微生物还产生一些相关的次要组分,控制这些次要组分的含量是药品质量监控的重要方面,但残留分析中一般仅选择主成分和(或)其代谢物作为残留标志物。EU 已禁止将 MALs 作为促生长剂使用。

MALs 为无色弱碱性化合物(赛地卡霉素呈中性),分子量较高(500~900),多呈负旋光性,易溶于酸性水溶液(成盐)和极性溶剂,如甲醇、乙腈、乙酸乙酯、氯仿、乙醚等。在酸性条件下(pH<4)不稳定,苷键易水解,即使很稀的醋酸溶液也能导致 ERM 酸解,温度升高水解速率大大加快。碱性条件(pH>9)能使内酯环开裂。在 pH 6.0~8.0 水浴液中相对稳定,抗菌活性最高。大多数 MALs 在 200~300nm 处存在吸收峰,含有共轭碳碳双键或 α,β-不饱和酮结构的药物在此范围内呈现强的紫外吸收,ERM 和 OLD 仅在 280~290nm 处呈弱吸收。MALs 的叔氨基团可与酸形成盐,其盐溶于水,羟基可被酰化成酯,酮基或醛基能与羰基试剂反应。MALs 的盐或酯较游离形式稳定。

MALs 结构中含有苷羟基、醛基、氨基等还原性基团，可与斐林试剂、茴香醛-硫酸试剂、9-羟基咕吨-盐酸-醋酸试剂发生显色反应，也可用于建立电化学检测方法。MALs 主要为脂溶性分子，易溶于甲醇，在酸性条件下不稳定。MALs pK_a 为 7.4～9.2。

15.1.2 林可胺类

林可霉素的盐酸盐为白色结晶性粉末，微臭或有特殊臭味，味苦，易溶于水或甲醇，略溶于乙醇。20％水溶液的 pH 为 3.0～5.5；性质较稳定，pK_a 为 7.6。克林霉素的盐酸盐为白色或类白色晶粉，易溶于水。林可胺类药物及半抗原结构见图 15-2。

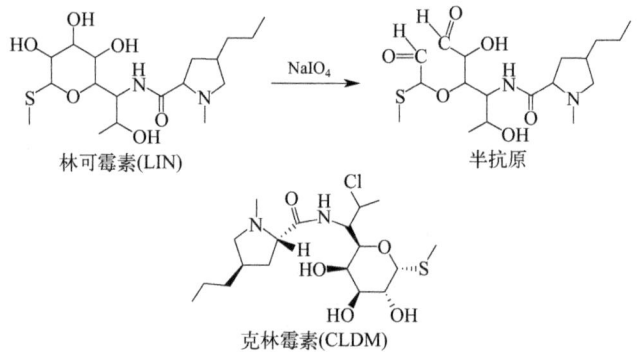

图 15-2 林可胺类药物及半抗原结构

15.2

药学机制（抗菌机制）

MALs 的抗菌作用机制在于干扰菌体蛋白的合成[2]，MALs 可透过细胞膜直接进入菌体内与细菌 70S 核糖体和 50S 亚基结合，结合的部位在核蛋白体的供位（P 位），此位点是蛋白质合成过程中肽链延长阶段所必需的位点。肽链延长过程中，与肽链相连接的转移核糖核酸（tRNA）每连接一个新的氨基酸都是在受位（A 位）接受后移至 P 位。由于 MALs 能竞争性与 P 位结合，阻断 tRNA 结合在 P 位上，同时也阻断了肽链自 A 位移至 P 位，从而阻断肽链延长，抑制菌体蛋白的合成，从而发挥抗菌作用。由于 MALs 不易通过革兰氏阴性菌的细胞膜，因而对革兰氏阴性菌抑菌效果不好。MALs 的代表药物 ERM 抗菌谱与青霉素相似，对革兰氏阳性菌如金黄色葡萄球菌、李氏杆菌、炭疽杆菌、肺炎球菌等有较强的抗菌作用，SPM、交沙霉素、麦迪霉素等与 ERM 的抗菌谱和抗菌活性相似。新型 MALs 抗菌谱比传统 MALs 更广，抗菌活性更强，如罗红霉素对立克次体及斑疹立克次体有较强的体外活性，阿奇霉素对流感嗜血杆菌及麻风分枝杆菌有杀灭作用等。兽医专用品种泰乐菌素对支原体属特别有效，替米考星对猪的传染性胸膜肺炎放线杆菌、畜禽巴氏杆菌及各种支原体具有更强的抗菌活性[3]。

林可胺类抗菌机制与大环内酯类药物相似，因此这两类药物的耐药性也经常联系在一起，大环内酯类和林可胺（ML）类抗菌剂在一般浓度下主要具有抑菌作用，抑菌作用主要是时间依赖性的，高浓度时则呈现杀菌作用。

MALs 属中谱抗生素，对革兰氏阳性菌和支原体具有突出的抗菌活性，对螺旋体、立克次体和支原体亦有效。其中 ERM 对革兰氏阳性菌作用最强，TYL 对支原体作用最强。临床上 MALs 主要用于治疗敏感菌引起的呼吸道、消化道和泌尿生殖系统感染，如肺炎、细菌性肠炎、产后感染、乳腺炎等，肌内注射剂量一般为 2～50mg/kg。MALs 毒性较低，如小鼠静脉注射 LD$_{50}$ 为 150～650mg/kg，经口 LD$_{50}$ 为 1500～8000mg/kg。林可胺类药物属窄谱抗生素，对革兰氏阳性菌及厌氧菌具良好抗菌活性，但对革兰氏阴性菌作用弱。其中，林可霉素与大观霉素合用，对鸡支原体病或大肠杆菌病的效力超过单一药物。其盐酸盐、棕榈酸酯盐酸盐用于内服，磷酸酯用于注射。动物源性食品中林可胺类药物残留可引起肾功能障碍和革兰氏阳性菌耐药性增加；而 MALs 药物残留的主要问题是引起过敏反应和耐药菌株的扩散。TIL 和 TYL 作为畜禽专用药，在兽医临床被广泛使用，这两种药物在奶牛、奶山羊、绵羊、猪、鸡等动物体内的药动学研究已有报道。

林可霉素内服吸收不完全，猪内服的生物利用度仅为 20%～50%，约 1h 血药浓度达到峰值；肌注吸收良好，0.5～2h 血药浓度可达到峰值。药物广泛分布于各种体液和组织中，包括骨骼，还能扩散进入胎盘。肝、肾中药物浓度最高，但脑脊液中的药物即使在炎症时也达不到有效浓度。内服给药时，约 50% 的林可霉素在肝脏代谢，代谢产物仍具活性。原药及代谢物通过胆汁、尿与乳汁排出，在粪便中可持续排出数日，使敏感微生物受到抑制。肌注给药的半衰期为：马 8.1h、黄牛 4.1h、水牛 9.3h、猪 6.8h。

克林霉素内服吸收比林可霉素好，血药浓度达到峰值时间比林可霉素快。犬静注的半衰期为 3.2h；肌注的生物利用度为 87%，半衰期为 3.6h。克林霉素代谢特征与林可霉素相似，但血浆蛋白结合率高，可达 90%。

林可胺类药物最大的特点是能渗透到骨组织和胆汁中，且骨髓中的药物浓度与血液中的药物浓度基本相同，而胆汁中的药物浓度比血液中的药物浓度高 3～5 倍。在临床上，林可胺类药物是治疗急、慢性骨髓炎和肝脓肿的首选药物。另外，林可胺类药物也可用于治疗腹膜炎和吸入性肺炎等疾病。

15.3

毒理学

15.3.1 大环内酯类

ERM 口服或静注均可引起胃肠道反应，引起腹痛、腹胀、恶心、呕吐及腹泻等，总发生率约为 28.5%。新大环内酯类因很少或不会诱使胃动素的释放，胃肠道反应发生率较 ERM 低，亦能耐受。罗红霉素、阿奇霉素、克拉霉素等药物的胃肠道副反应发生率均 ≤5%[4]。

大环内酯类正常剂量时，对肝脏的毒副作用较小。长期大量应用，以胆汁淤积为主，亦可致肝实质损害，可见阻塞性黄疸、转氨酶升高等。临床表现为全身乏力、食欲不振、皮肤巩膜黄染、尿色加深等。产生 ERM 酯化物的概率高达 40%，肝功能不全者禁用 ERM[4]。肝胆系统是阿奇霉素代谢和排泄的主要途径，口服、注射均可导致肝损害。首次使用阿奇霉素前须详细询问病史，出现纳差、黄疸等情况及时联系医生，发现肝功能损害立即停药。长期使用需定期检查肝功能，儿童、老年患者须严格按照推荐剂量用药[5]。本类其他药物如克拉霉素和罗红霉素的肝毒性发生率很低，地红霉素和罗他霉素几乎无肝脏毒性。

耳毒性和神经毒性主要表现为耳聋，先是听力下降，前庭功能受损。剂量高于每日 4g 时容易发生，用药两周时出现，老年肾功能不全者发生多。有报道称长期大剂量使用 ERM 可引起一过性耳聋，症状表现为低音调耳鸣和感音神经性听力下降。也有报道称在引起耳毒性的剂量下，ERM 可引起头痛、头晕等神经系统不良反应。同时有报道静脉滴注阿奇霉素 30min 出现耳鸣，停止用药后逐渐好转。第二天静注出现同样的症状。因此，有听力障碍的患者慎用，同时避免同对听力有损害的药物如氨基糖苷类药物合用[6]。

心脏毒性为一特殊不良反应，表现为心电图复极异常，即 Q-T 间期延长、恶性心律失常、尖端扭转型室性心动过速，可出现昏厥或猝死。静脉滴注速度过快时易发生。有报道称奶牛静注 TIL 后出现急性心脏毒性，表现为共济失调、心动过速、颈动脉搏动、呼吸过度及虚脱，但 30min 内临床表现正常。也有 TIL 应用于犬出现上述心血管反应的报道。但据有关报道认为，TIL 对心血管的损伤及毒性作用主要是由于使用剂量大大高于治疗量，或心血管或肾功能本身已损伤，或给药方式是静脉注射而不是规定的皮下注射。因 TIL 主要经消化道排泄，加之用量少，用药次数少，毒副作用一般不明显，动物完全可以耐受。动物皮下注射 TIL 8h 后，除血中肌酸磷酸激酶活性暂时性比用药前高 13 倍外，药物并未引起血中任何酶的活性异常[7]。

MALs 引起过敏反应罕见。有研究显示：使用 ERM 的 20525 例病人中，皮疹和其他过敏反应的发生率为 0.5%，而罗红霉素和阿奇霉素则为 0.6%，使用其他药物如地红霉素、克拉霉素、罗他霉素时，过敏反应发生率同样很低。临床主要表现为：胸闷、胸痛、干咳、呼吸困难、口唇发绀、面色苍白、四肢冰冷、血压骤降等。亦有同时伴有面部或四肢皮肤出现丘疹，皮肤瘙痒，以及以恶心、呕吐、腹痛腹泻为先兆的过敏性休克，皮疹多数为荨麻疹、血管性水肿等。其导致过敏反应的最可能原因是 IgE 引起的速发型过敏反应[6]。

15.3.2　林可胺类

林可霉素临床不良反应主要有：①胃肠道反应，口服或注射给药均可发生，表现为恶心、呕吐、胃部不适、舌尖或肛门瘙痒和腹泻，症状多于用药后 3～10 天内发生，严重者可引起伪膜性肠炎；②肝脏损害，大剂量可致转氨酶升高、胆红素升高和肝脏病理改变；③过敏反应，药疹、皮炎黏膜溃疡、血管神经性水肿、血清病及日光过敏等，有时致哮喘、嗜酸性粒细胞增多、血小板减少性紫癜等；④心血管反应，大剂量快速静脉注射可致血压下降、心电图改变、潮红及发热感等，甚至可致心脏骤停，不可直接静脉推注，宜稀释后静脉滴注，滴速要慢。另外还有些罕见的不良反应，如过敏性休克、血尿、急性发疹性脓疱病等[8,9]。

林可霉素禁用于家兔、马、乳牛或其他反刍动物、豚鼠和仓鼠，因可发生严重的肠胃反应或代谢紊乱甚至死亡，可致乳牛发生酮病；可能引起马出现严重甚至是致死性的结肠炎。用于犬和猫可出现胃肠炎（犬的症状是呕吐、稀便，偶见血痢）等不良反应，肌注时在注射局部引发疼痛，快速静脉注射可能引发血压升高和心肺功能停顿。猪用林可霉素治疗一段时间后也可能出现胃肠炎，大剂量使多数给药猪出现皮肤红斑及肛门或阴道水肿。林可霉素可排入乳汁中，有使吮乳幼畜发生腹泻的可能。由于幼畜代谢药物的能力有限，该药不适用于幼畜。肌注给药有疼痛刺激或吸收不良；静脉推注可引起静脉炎，应用时应特别注意；大剂量可能出现骨骼肌麻痹。休药期：肌注猪 2 日，内服猪 5 日；泌乳期奶牛、产蛋期鸡禁用。未见与克林霉素毒性反应相关的报道。

15.4

国内外残留限量要求

中国、欧盟和美国制定的林可胺类和 MALs 的 MRL 见表 15-2。

表 15-2　中国、欧盟和美国制定的林可胺类和大环内酯类的 MRL

药物	中国			欧盟			美国			残留标志物
	动物种类	靶组织	MRL /(μg/kg)	动物种类	靶组织	MRL /(μg/kg)	动物种类	靶组织	MRL /(μg/kg)	
泰乐菌素	牛/猪/鸡/火鸡	肌肉	100	猪	肌肉	50				泰乐菌素 A
		脂肪	100		脂肪	50				
		肝	100		肝	50				
		肾	100		肾	50				
	牛	奶	100	家禽	皮肤、脂肪	50				
	鸡	蛋	300		肝	50				
ERM	鸡/火鸡	肌肉	100	所有食品源性动物	肌肉	200	肉牛/猪	生食组织	100	欧盟：ERMA
		脂肪	100					牛奶	0	
		肝	100		脂肪	200				
		肾	100							
	鸡	蛋	50		肝	200		鸡蛋	25	
	其他动物	肌肉	200							
		脂肪	200		肾	200	鸡/火鸡	所有可食用组织	125	
		肝	200							
		肾	200		牛奶	40				
		奶	40							
		蛋	150		鸡蛋	150				
	鱼	皮+肉	200							

药物	中国			欧盟			美国			残留标志物
	动物种类	靶组织	MRL /(μg/kg)	动物种类	靶组织	MRL /(μg/kg)	动物种类	靶组织	MRL /(μg/kg)	
OLD							鸡/火鸡/猪	所有可食用组织	150	
TIL	牛/羊	肌肉	100	除家禽外其他动物	肌肉	50	牛	肌肉	100	
		脂肪	100		脂肪	50				
		肝	1000		肝	1000		肝	1200	
		肾	300		肾	1000				
		奶	50							
	猪	肌肉	100				猪	肌肉	100	
		脂肪	100							
		肝	1500					肝	7500	
		肾	1000							
	鸡	肌肉	150				羊	肌肉	100	
		皮肤、脂肪	250							
		肝	2400					肝	1200	
		肾	600							
	火鸡	肌肉	100							
		皮肤、脂肪	250							
		肝	1400							
		肾	1200							
TYL	鸡/火鸡/猪/牛	肌肉	100	所有食品源性动物	肌肉	100	鸡/火鸡/猪/牛	肌肉/肝/肾/脂肪	200	欧盟：TYLA
		脂肪	100		脂肪	100				
		肝	100		肝	100		奶	50	
		肾	100		肾	100				
	牛	奶	100		奶	50		蛋	200	
	鸡	蛋	300		蛋	200				
泰拉菌素				牛	脂肪	100	牛	肝	5500	欧盟：同分异构体 A
					肝	3000				
					肾	3000				
				猪	皮肤、脂肪	100	猪	肾	15000	
					肝	3000				
					肾	3000				
SPM	牛/猪	肌肉	200	牛	肌肉	200				
		脂肪	300		脂肪	300				
		肝	600		肝	300				
		肾	300		肾	300				
	牛	奶	200		奶	200				
	鸡	肌肉	200	鸡	肌肉	200				
		脂肪	300		皮肤、脂肪	300				
		肝	600		肝	400				
				猪	肌肉	250				
		肾	800		肝	2000				
					肾	1000				

药物	中国			欧盟			美国			残留标志物
	动物种类	靶组织	MRL /(μg/kg)	动物种类	靶组织	MRL /(μg/kg)	动物种类	靶组织	MRL /(μg/kg)	
林可霉素	牛/羊	肌肉	100	所有食品源性动物	肌肉	100	猪	肌肉	100	
		脂肪	50							
		肝	500		脂肪	50				
		肾	1500							
		奶	150		肝	500				
	猪	肌肉	200							
		脂肪	100					肝	600	
		肝	500		肾	1500				
		肾	1500							
	家禽	肌肉	200							
		脂肪	100		奶	150				
		肝	500							
		肾	500							
	鸡	蛋	50		蛋	50				
	鱼	皮、肉	100							

15.5

样品处理方法

对于复杂的样品，前处理是一个非常重要的环节。样品基质中 MALs 和林可胺类处理方法包括提取、净化、浓缩。固相萃取（SPE）、液-液萃取（LLE）是最为常用的方法，而加压液体萃取（PLE）、固相微萃取（SPME）、基质固相分散（MSPD）也有使用，提取方法主要视所研究的单个 MALs 和（或）样品基质而定。

15.5.1 样品类型

在食用哺乳动物当中，因为 MALs 在肝脏中代谢最慢，积蓄最多，所以残留监控中最常见的靶组织是肝脏，以原型药物为残留标志物，肾脏、肌肉和脂肪次之。此外，奶制品、蛋以及鱼类等水产品的皮等组织也是重要的残留检测样品类型。

15.5.2 样品制备与提取

首先需要制备均匀样品，称重后通过酸水解、酶水解、溶剂水解等方式进行结合物水解；添加甲醇、乙腈、高氯酸、亚铁氰化钾＋乙酸锌、正己烷等去除蛋白质、脂肪；最后通过液-液萃取、加压液体萃取、固相萃取等方法进行提取。乙腈和甲醇是组织中 MALs

和林可胺类药物最常用的提取溶剂。乙腈不但对多数药物具有相当高的溶解性，并且具有很强的除蛋白质、组织渗透能力和一定的脱脂作用。

MALs 呈弱碱性，微溶于水，酸性条件下尤其不稳定，可用乙腈、甲醇-缓冲液从碱性基质中提取。常用的提取溶剂有 Tris 缓冲溶液、偏磷酸-甲醇、EDTA-McIlvaine 缓冲液、磷酸盐缓冲液等。样品用乙腈或甲醇提取，样品液经正己烷洗涤脱脂，再进行 LLE 或 SPE 净化，已成为包括 MALs 和林可胺类药物在内的大多数兽药残留的基本提取和净化方法。

15.5.3 样品净化方法

目前动物样品基质的净化方法主要包括液-液萃取、固相萃取、基质固相分散萃取、液-液萃取结合固相萃取。对于动物组织样本，主要的机制干扰来源于脂肪、蛋白质等杂质，有效去除脂肪不仅能提高检测方法的灵敏度，还能一定程度上延长仪器寿命。

15.5.3.1 液-液萃取法

液-液萃取是分离均相液体混合物的单元操作之一，利用液体混合物中各组分在某溶剂中溶解度的差异，而达到混合物分离的目的。支撑液膜（supported liquid membrane，SLM）也可用来提取和（或）富集药物。液膜支撑体主要采用惰性多孔膜，液膜溶液借助微孔的毛细管力浸于孔内。有机液体渗入聚合物支持层的小孔内，依靠毛细管力产生作用。如果有机溶剂与水溶性饲料混溶，可用来分离双水相。鼠血浆中 MALs 及其衍生物的分析检测，样品用有机溶剂涡旋，乙酸乙酯-异丙醇提取，LC-MS 检测，回收率为 58%～76%。

15.5.3.2 加压液体萃取法

加压液体萃取（PLE）采用溶剂作流体，在高温（50～200℃）、高压（10342～13790kPa）下提取样品。PLE 的优点是溶剂用量少，萃取时间短，回收率、精度与索式提取相当，在天然植物药活性成分提取中的应用始于 1999 年，后来，相继被应用于各种药物的提取。Aurore Boscher 等用甲醇-乙腈-pH 4.6 McIlvaine 缓冲液（37.5∶37.5∶25，体积比），含有 0.3% EDTA-Na_2（0.5mol/L）混匀后，用 PLE 提取饲料中 SPM、TIL、TYL，方法检出限可达 4.9～6.5μg/kg。

15.5.3.3 固相萃取法

固相萃取（SPE）是近年发展起来一种样品预处理技术，由液固萃取柱和液相色谱技术相结合发展而来，主要用于样品的分离、纯化和浓缩，与传统的液-液萃取法相比较可以提高分析物的回收率，更有效地将分析物与干扰组分分离，减少样品预处理过程，操作简单、省时、省力。广泛应用在医药、食品、环境、商检、化工等领域。固相萃取可进一步除去样品中的杂质干扰，减少基质效应，同时可以对分析物进行浓缩，提高灵敏度。从样品基质中提取的 MALs 常用的 SAE 柱有 HLB、Strata-X、Bond Elut C_{18}、Bond Elut Diol 等。用乙腈或 pH 8.0 磷酸盐缓冲液提取鸡蛋、蜂蜜和牛奶中 6 种 MALs，SPE 净化，各 MALs 在其稀释浓度水平回收率都超过 88%。根据 MALs 弱碱性和脂溶性，可利用 SCX 柱净化动物组织中的 MALs，例如泰乐菌素，方法检测限可达到 MRL。

15.6

残留分析技术

各种基质中 MALs 残留检测的分析方法包括液相色谱-紫外检测（LC-UV）、液相色谱-荧光检测（LC-FLD）、电化学检测、LC-MS、LC-MS/MS、TLC 和毛细管电泳（CE）等。

免疫分析法是以抗原和抗体反应为基础的分析技术。Yalow 和 Berson[10] 1959 年将放射性同位素示踪与免疫反应相结合，首先测定了糖尿病患者血浆中胰岛素的含量，从而开创了免疫分析这一新领域。免疫分析具有高特异性、高灵敏性、操作简单、快速、成本低廉、适用于现场大批量样本的筛选等优势。基于这些特点，免疫分析法已被广泛应用于 MALs 和林可胺类药物的残留检测分析。

15.6.1 仪器测定方法

15.6.1.1 色谱法

色谱学（chromatography）是现代分析科学的一个重要分支，是最重要和应用最广泛的分离分析方法。现代色谱的操作是在仪器上完成。MALs 和林可胺类药物难以气化，且多数具有强的 UV 吸收，高效液相色谱分析法是 MALs 和林可胺类药物残留的主要测定方法。在多残留分析中，通常可以将 MALs 和林可胺类同时分析。MALs 含有碱性基团，在硅胶固定相中易发生峰拖尾影响分离。故绝大多数 MALs 测定中使用高纯硅胶为基体，将经端基封闭处理的 C_{18} 或 C_8 填料作为固定相。MALs 的色谱分离主要使用反相色谱柱。近年来，分析化学领域利用 $2\mu m$ 颗粒填料的 C_{18} 色谱柱的 UPLC 或其他快速色谱分离系统作为新的分离技术。

流动相的组成成分、浓度及 pH 是 MALs 最佳离子化和色谱分离的关键。甲醇和乙腈是色谱法最常用的有机溶剂。0.1% 甲酸、10～20mmol/L 乙酸铵常作为流动相修饰剂。常将低浓度的七氟丁酸、三氯乙酸、九氟戊酸作为疏水性的离子对试剂，用来改善色谱峰形，增加 MALs 和林可胺类药物的保留。

15.6.1.2 色质联用分析法

MALs 和林可胺类药物的色质联用分析法包括气相色谱和质谱联用（GC-MS）以及液相色谱和质谱联用（LC-MS）。MALs 分子量大且含有氨基、羟基、羰基等极性基团，需要衍生化后才能进行 GC-MS 分析。衍生化过程的目的在于降低待测物的分子量和极性，使其可以进行 GC 分离。但因为衍生化过程非常烦琐，所以在残留分析中的应用受到限制。MALs 是一类含有氮原子的分子，在电喷雾离子源正离子（ESI$^+$）模式下，易于质子化形成单电荷、双电荷、三电荷的分子离子。两性霉素 B、ERM、TYL、CLA 都含有一个氮原子，形成 [M+H]$^+$ 峰。AZM、SPM、新螺旋霉素、TIL、ROM 含有两个氮原子，形成 [M+H]$^+$、[M+2H]$^{2+}$ 峰等。电荷多少与氮原子数相关。LC-MS 接口最常用的两种离子化技术是 ESI 和 APCI。目前 ESI 适用范围较广，已成为 LC-MS 接口的"金标"。但是 ESI 作为接口技术时，基质效应是一个巨大挑战。基质会不同程度地增强或者抑制分析物的离子化，从而影响 LC-MS 分析过程。

2001 年 Draisci 等[11] 报道了一种 micro-LC-MS/MS 方法检测牛组织中 3 种 MALs。方法使用 APCI 作为离子源，TIL 分子离子峰为 [M+2H]$^{2+}$ m/z 435，ERM [M+H]$^+$ m/z 734，TYL [M+H]$^+$ m/z 918。每种化合物选择 2 个离子达到确证分析要求。

15.6.2 免疫测定方法

15.6.2.1 半抗原设计

低分子量化合物（分子量<5000），例如大环内酯，不具有免疫原性，因此当引入宿主动物的免疫系统时，不会诱导产生抗体[12]。为了克服这个问题，半抗原必须与载体蛋白结合，载体蛋白能够引起机体产生免疫反应，从而产生抗体。半抗原的设计是生产小分子抗体最关键的第一步。半抗原是目标分析物的衍生物或模拟物，含有适当的活性基团以附着到载体蛋白上。活性基团需要位于远离半抗原靶向结合位点的方便位置。半抗原设计通常涉及目标分析物的修饰；然而，半抗原设计的基本原则之一应该是在能够使用可行的化学物质和分析物的最小改变之间达成妥协。与合成兽药或杀虫剂（如磺胺类和有机磷农药[13]）不同，天然或半合成抗生素（如大环内酯）通常具有复杂的化学结构。为了制备大环内酯和林可胺类药物的半抗原，可能需要对目标分析物上的活性基团进行简单修饰，从而使目标分析物上的羧基或氨基可与载体蛋白结合。由于大环内酯通常含有酮、醛和羟基，因此可通过使用羧甲氧基胺、氨基酸和丁二酸酐作为交联试剂直接衍生获得半抗原。大环内酯类半抗原结构见图 15-1，林可霉素半抗原结构见图 15-2。

15.6.2.2 抗体制备

MALs 和林可胺类抗体的制备，可为免疫分析技术提供有效的核心试剂。Beier 等[13,14] 研究了 TIL 单克隆抗体的制备。采用不同的方法合成偶联物。KLH 和 BSA 分别作为免疫原和包被原。分离与 TIL 竞争而产生单克隆抗体的 6 株杂交瘤细胞，TIL-1、TIL-5 单克隆抗体 IC$_{50}$ 分别为 9.6ng/孔、6.4ng/孔。这种单克隆抗体证实对含有 C20 位具有 3,5-二甲基哌啶和 C5 位氨基糖的 MALs 交叉反应性较高。对于不含 3,5-二甲基哌啶的 TYL 和其他 MALs 则不具有交叉反应性。Draisci 等[15] 制备了 ERM、TYL 的单克隆抗体，用于监测牛肉中 MALs 的残留。

15.6.2.3 免疫分析技术

对于大型监测项目，ELISA 可能是最常用的免疫分析方法。ELISA 可以在成本、工作量、有机溶剂等方面节省大量成本。在过去的二十年中，许多 ELISA 方法已被开发用于分析食品样品中 MALs 和林可胺类残留。原则上，这些方法基于竞争性结合形式，并以两种方式执行：分析物和酶标记的分析物竞争限制性抗体（dc-ELISA）或分析物和包被抗原竞争限制性抗体（ic-ELISA）。最早用于分析血清或培养物中大环内酯类药物的免疫分析是放射免疫分析[16]。然而，放射免疫分析法的主要缺点是需要使用放射性同位素和闪烁液。1995 年之前，仅有对饲料中 TYL 的快速竞争性颗粒浓度荧光免疫分析方法[17]。接着，用鸡 pAb 对原料奶中的 SPM 进行 ic-ELISA 检测，检测限为 5.6μg/kg[18]。同一课题组还开发了一种 ic-ELISA 方法检测原料奶中的 ERY；然而无法获得 ic-ELISA 的性能细节[19]。2000 年之后，分析大环内酯类药物的 ELISA 方法数量增加，尤其在牛奶中，大多数 ELISA 用于检测多种分析物[20-26]。Beier 等[14] 开发了一种 ic-ELISA 方法，用两种不同的单克隆抗体 TIL-1 和 TIL-5 检测 TIL，IC$_{50}$ 值分别为 48ng/mL 和 32ng/mL。然而，这些抗体最初是为 TIL 的免疫定位研究而制备的，ELISA 方法也并没有用于分析真实样本。Wang 的团队开发了使用单克隆抗体检测 SPM 的 ELISA 方法[23]。经优化后，ic-ELISA 在分析缓冲液中的 IC$_{50}$ 为 0.97ng/mL，在牛奶中的 LOD 和 LOQ 分别为 2.51μg/L 和 4.40μg/L。加标样品的平均回收率在 81%～103% 之间，变异系数在 5.4%～9.6% 之间。通过 HPLC-MS/MS 对 ic-ELISA 进行了验证，所有结果都表明，它是检测牛奶中 SPM 残留的好方法，并且无需清洁步骤。

LFIA，是一种低成本的快速检测方法，具有良好的稳定性、特异性和灵敏度，可进行定性和定量检测。金纳米颗粒（AuNPs）是 LFIA 中使用最广泛的标记探针，另外还有多种其他物质可用于信号传递，例如碳纳米管、乳胶珠、量子点（QD）和上转换荧光粉[27,28]。第一篇致力于大环内酯类药物 LFIA 检测方法开发的论文出现在 2007 年，这篇文章描述了一种用于检测大环内酯类药物的非抗体试纸法[29]。2013 年，Le 等设计了检测 TIL 和 TYL 的 LFIA 方法，该方法使用新生产的单克隆抗体，可应用于肝脏、肌肉、卵子和鱼类样本，TYL 和 TIL 的临界值分别为 10ng/g 和 20ng/g，基于 TIL 和 TYL 的标准曲线范围为 0.1～100ng/mL，IC$_{50}$ 值分别为 2.9ng/mL 和 4.1ng/mL，当 TIL 和 TYL 以 10～100ng/g 的浓度添加到各种生物基质中时，回收率在 71.5%～103.2% 之间，CV 低于 14.1%[30]。2015 年，沈建忠院士团队开发了一种多重 LFIA 残留检测方法，用于 AuNPs 和荧光微球（FM）标签同时测定原料奶中的四种大环内酯类药物，三种抗原作为三条测试线固定在硝化纤维素膜上，这使得在单个测试条上能同时测定所有三种抗原，牛奶样品直接检测，无须预处理，整个检测过程使用基于 AuNP 的 LFIA 方法在 10 分钟内完成。ERM、SPI、TIL 和 TYL 的视觉检测限分别为 5ng/mL、5ng/mL、10ng/mL 和 20ng/mL[31,32]。采用 LFIA 和 HPLC-MS/MS 分析了 60 份盲法原料奶样品，结果表明两种方法之间具有良好的相关性。FM 由聚苯乙烯材料制成，这些材料在珠子内部和表面都含有染料，提供了稳定的结构、高荧光强度和良好的光稳定性，它们还表现出窄的球体尺寸分布；因此，它们可能比目前使用的 AuNPs 更加准确和多样[33,34]。原料奶中 ERM、SPI 和 TIL 的基于 FM 的 LFIA 方法 cut off 水平为 2.5ng/mL。尽管基于 FM 的 LFIA 方法 cut off 值仅比基于 AuNPs 的 LFIA 方法提高了两倍，但基于 FM 的大环内酯类药物 LFIA 的 LOD 与使用相同抗体和抗原的 ELISA 的 LOD 相当，四种大环内酯类药物的 LOD 为 0.13ng/mL。添加原料奶中 ERM、SPI、TIL 和 TYL 的回收率在 84.8%～114.4% 之间，CV 为 3.2%～14.9%。Song 等用 mAb2B3 设计了用于定性、半定量和斑点检测的基于 AuNPs 的 LFIA 方法，其 cut off 值为 10ng/mL 和 20ng/mL，蜂蜜中 TYL 和 TIL 的 CR 分别为 100% 和 27.6%[35]。

2010 年，Burkin 等[36] 通过高碘酸钠法制备 LIN 的免疫原，得到了针对 LIN 的多克隆抗体，同时对多种方法偶联的包被原进行了测试。对克林霉素的交叉反应系数为111%。并且建立检测牛奶、鸡蛋和蜂蜜中林可霉素残留的间接竞争 ELISA 方法，其牛奶中检测限是 $0.43\mu g/L$，鸡蛋中检测限是 $0.65\mu g/L$，蜂蜜中检测限是 $1.9\mu g/L$。同年，Wang 等[37] 通过琥珀酸酐法制备 LIN 的免疫原，得到了针对 LIN 的多克隆抗体并建立 ELISA 方法，对克林霉素的交叉反应系数为 18.9%。并对牛奶、猪肝、鸡肉进行了 LIN 的添加回收试验，其 IC_{50} 范围是 $23.7\sim29.3\mu g/L$，检测限 $0.15\sim0.98\mu g/L$，回收率和为 $76.6\%\sim117.6\%$。何方洋等[38] 通过琥珀酸酐法制备 LIN 的免疫原，得到了针对 LIN 的单克隆抗体，并且建立了检测鸡肉组织中 LIN 残留的 ELISA 方法，其灵敏度是 $0.2\mu g/L$，方法对鸡肉的检测限是 $9.9\mu g/kg$，以 $20\mu g/kg$、$40\mu g/kg$ 添加水平的鸡肉样本回收率为 $83.5\%\sim96.5\%$。

2015 年，聂雯莹等[39] 将林可霉素单克隆抗体与磁珠偶联得到磁标抗体，配合全自动磁免疫化学发光仪建立了化学发光免疫检测方法，该方法对牛奶中林可霉素的检测限为 $5.88\mu g/L$，具有较高的特异性，对与林可霉素结构或者功能相似的 9 种药物均无交叉反应，回收率为 $85.8\%\sim113.3\%$，批内变异系数均小于 10%，批间变异系数小于 15%。

2014 年，贾芳芳等[40] 利用胶体金免疫色谱技术研制了一种快速检测牛奶中林可霉素的试纸条，经过测试，该试纸条的检测限为 $20\mu g/L$，检测时间为 $10min$，假阳性率和假阴性率均为 0。该方法准确，可靠，使用简便，适合大量样品的现场检测。2019 年，马雪红等[41] 采用背景荧光猝灭-免疫色谱法现场快速检测牛奶中林可霉素，并且将标准曲线信息制成二维码，使检测变得方便、快捷，检测牛奶中林可霉素仅需 $10min$；检测仪器内置 Wi-Fi，数据可立即发送；检测牛奶样品，结果与资质单位的检测结果用 t 检验分析，无明显差异，可实现牛奶中林可霉素的现场快速定量检测。

15.6.3 其他分析技术

（1）电化学分析法 电化学分析法是近年来研发的抗生素检测技术，由于其具有操作简便、成本较低、稳定性好、灵敏度高的优点，从而在医疗、环境等领域中广泛应用。电化学分析法的检测原理是通过电化学传感器对样品中抗生素进行检测，即通过样品与传感器形成电池，通过对电极发生的氧化还原反应产物及电流、电势等物理量进行分析，确定抗生素的种类及含量。2001 年，Draisci 等[15] 开发了一种用于检测牛肌肉中两种大环内酯类化合物的电化学方法，用抗 ERM 和抗 TYL 单克隆抗体、辣根过氧化物酶（HRP）作为酶标记，并使用电化学流动注射分析系统进行信号检测。使用含 20%（体积分数）甲醇的磷酸盐缓冲溶液（PBS）从组织中提取大环内酯类药物，离心和过滤后，部分滤液用于检测 TYL，而另一等份在 PBS（1∶9，体积比）中稀释以检测 ERM。ERM 和 TYL 的检测限分别为 $0.4\mu g/L$ 和 $4.0\mu g/L$。

（2）毛细管电泳法（CE） 毛细管电泳法的原理是基于带电粒子在电场中形成的电泳现象，通过不同粒子在电场中的不同迁移速度对样品进行检测。杨玚[42] 通过毛细管电泳法和电化学法对鸡蛋、药片等多种基质中大环内酯类抗生素进行有效检测，该方法在 $7min$ 内完成对被测样品的分离，检测快速，灵敏度高。洪月琴[43] 通过分子印迹固相萃取进行样品前处理，采用场放大样品堆积胶束毛细管色谱法完成对牛奶中红霉素、罗红霉素等抗生素的检测，检出限为 0.004mg/L，回收率最低为 72.8%，能够满足我国抗生素最大允许残留量标准。

参考文献

[1] Pyörälä S, Baptiste K E, Catry B, et al. Macrolides and lincosamides in cattle and pigs: use and development of antimicrobial resistance[J]. Veterinary Journal, 2014, 200 (2): 230-239.

[2] 沈建忠, 谢联金. 兽医药理学[M]. 北京: 中国农业大学出版社, 2000.

[3] 李向梅. 牛奶中四种大环内酯类药物残留免疫检测技术研究[D]. 北京: 中国农业大学, 2016.

[4] 任涛. 大环内酯类抗生素的研究进展[J]. 上海医药, 2000, 12: 5-7.

[5] 华冬梅. 阿奇霉素的临床作用及不良反应分析[J]. 中国实用医药, 2011, 6 (4): 2.

[6] 吴靖. 大环内酯类抗生素的不良反应分析[J]. 中国社区医师, 2016, 32 (10): 2.

[7] 李建成. 替米考星饮水剂的稳定性及其在肉鸡体内的药代动力学研究[D]. 中国农业大学, 2003.

[8] 张慧, 焦志军, 毛朝明, 等. 林可霉素对树突状细胞系 DC2.4 免疫功能影响的初步研究[J]. 细胞与分子免疫学杂志, 2011, 27 (7): 4.

[9] 李锋, 刘宏杰. 林可霉素对人外周血源性单核巨噬细胞免疫功能影响的体外研究[J]. 中国当代医药, 2011, 18 (6): 3.

[10] Yalow R S, Berson S A. Assay of plasma insulin in human subjects by immunological methods[J]. Nature, 1959, 184: 1648-1649.

[11] Draisci R, Palleschi L, Ferretti E, et al. Confirmatory method for macrolide residues in bovine tissues by micro-liquid chromatography-tandem mass spectrometry[J]. Journal of Chromatography A, 2001, 926 (1): 97-104.

[12] Wang Z, Beier R C, Sheng Y, et al. Monoclonal antibodies with group specificity toward sulfonamides: selection of hapten and antibody selectivity[J]. Analytical&Bioanalytical Chemistry, 2013, 405: 4027-4037.

[13] Beier R C, Creemer L C, Ziprin R L, et al. Production and characterization of monoclonal antibodies against the antibiotic tilmicosin[J]. Journal of Agricultural and Food Chemistry, 2005, 53 (25): 9679-9688.

[14] Wang Z, Beier R C, Shen J. Immunoassays for the detection of macrocyclic lactones in food matrices-a review[J]. TrAC Trends in Analytical Chemistry, 2017, 92: 42-61.

[15] Draisci R, Delli Quadri F, Achene L, et al. A new electrochemical enzyme-linked immunosorbent assay for the screening of macrolide antibiotic residues in bovine meat[J]. Analyst, 2001, 126 (11): 1942-1946.

[16] Yao R C, Mahoney D F. Enzyme immunoassay for macrolide antibiotics: characterization of an antibody to 23-amino-O-mycaminosyltylonolide[J]. Appl Environ Microbiol, 1989, 55 (6): 1507-1511.

[17] Wicker A L, Mowrey D H, Sweeney D J, et al. Particle concentration fluorescence immunoassay for determination of tylosin in premix, feeds, and liquid feed supplement: comparison with turbidimetric assay[J]. Journal of Aoac International, 1994, 77 (5): 1083-1095.

[18] Albrecht U, Hammer P, Heeschen W. Chicken antibody based ELISA for the detection of spiramycin in raw milk[J]. 1996, 51 (4): 209-212.

[19] Albrecht U, Walte H G, Hammer P. Detection of erythromycin in raw milk by an antibody-capture-immunoassay[J]. 1998（2）：50.

[20] Albrecht U, Walte H G, Hammer P. Detection of erythromycin in raw milk by an antibody-capture-immunoassay[J]. Milchwissenschaft（Germany），1996，51（4）：209-212.

[21] Zhang J K, Qi Y H, Liu J X, et al. Heterologous immunoassay for screening macrolide antibiotics residues in milk based on the monoclonal antibody of tylosin[J]. Food & Agricultural Immunology, 2013, 24（4）：419-431.

[22] Galvidis I, Lapa G, Burkin M. Group determination of 14-membered macrolide antibiotics and azithromycin using antibodies against common epitopes[J]. Analytical Biochemistry, 2015, 468：75-82.

[23] Wang Z, Mi T, Beier R C, et al. Hapten synthesis, monoclonal antibody production and development of a competitive indirect enzyme-linked immunosorbent assay for erythromycin in milk[J]. Food Chemistry, 2015, 171（15）：98-107.

[24] Jiang W, Zhang H, Li X, et al. Monoclonal antibody production and the development of an indirect competitive enzyme-linked immunosorbent assay for screening spiramycin in milk[J]. Journal of Agricultural & Food Chemistry, 2013, 61（46）：10925-10931.

[25] Wei S, Tao L E, Chen Y, et al. Time-resolved fluoroimmunoassay for quantitative determination of tylosin and tilmicosin in edible animal tissues[J]. Chinese Science Bulletin, 2013, 58（015）：1838-1842.

[26] Burkin M, Galvidis I. Simultaneous separate and group determination of tylosin and tilmicosin in foodstuffs using single antibody-based immunoassay[J]. Food Chemistry, 2012, 132（2）：1080-1086.

[27] Mak W C, Beni V, Turner A. Lateral-flow technology: From visual to instrumental[J].Trends in Analytical Chemistry, 2016, 79：297-305.

[28] Xie Z, Kong D, Liu L, et al. Development of ic-ELISA and lateral-flow immunochromatographic assay strip for the simultaneous detection of avermectin and ivermectin[J]. Food & Agricultural Immunology, 2017, 28（3）：439-451.

[29] Link N, Weber W, Fussenegger M. A novel generic dipstick-based technology for rapid and precise detection of tetracycline, streptogramin and macrolide antibiotics in food samples - ScienceDirect[J]. Journal of Biotechnology, 2007, 128（3）：668-680.

[30] Le T, He H, Niu X, et al. Development of an immunochromatographic assay for detection of tylosin and tilmicosin in muscle, liver, fish and eggs[J]. Food & Agricultural Immunology, 2013, 24（4）：467-480.

[31] Li X, Shen J, Wang Q, et al. Multi-residue fluorescent microspheres immunochromatographic assay for simultaneous determination of macrolides in raw milk[J]. Analytical & Bioanalytical Chemistry, 2015, 407：9125-9133.

[32] Li X, Kai W, Chen Y, et al. Multiplex immunogold chromatographic assay for simultaneous determination of macrolide antibiotics in raw milk[J]. Food Analytical Methods, 2015, 8（9）：2368-2375.

[33] Langenhorst R J, Lawson S, Kittawornrat A, et al. Development of a fluorescent microsphere immunoassay for detection of antibodies against porcine reproductive and respiratory syndrome virus using oral fluid samples as an alternative to serum-based assays[J]. Clinical & Vaccine Immunology, 2012, 19（2）：180-189.

[34] Wang Z, Li H, Li C, et al. Development and application of a quantitative fluorescence-based immunochromatographic assay for fumonisin b1 in maize[J]. Journal of Agriculture and Food Chemistry, 2014, 62（27）：6294-6298.

[35] Song Y, Song S, Liu L, et al. Simultaneous detection of tylosin and tilmicosin in honey using a novel immunoassay and immunochromatographic strip based on an innovative hapten[J]. Food & Agricultural Immunology, 2015, 27（3）：1-15.

[36] Burkin M A, Galvidis I A. Development of a Competitive Indirect ELISA for the Determination of Lincomycin in Milk, Eggs, and Honey[J]. Journal of Agricultural and Food Chemistry, 2010, 58 (18): 9893-9898.

[37] Wang Y, Wang R, Wang J, et al. A sensitive and specific enzyme-linked immunosorbent assay for the detection of lincomycin in food samples[J]. Journal of the Science of Food and Agriculture, 2010, 90 (12): 2083-2089.

[38] 何方洋，万宇平，何丽霞，等. 酶联免疫吸附法检测鸡肉中林可霉素[J]. 湖北畜牧兽医，2010，3: 3.

[39] 聂雯莹，罗晓琴，杜美红，等. 牛奶中林可霉素磁免疫化学发光检测方法的建立[J]. 山东畜牧兽医，2015，11: 4.

[40] 贾芳芳，燕海平，王琳琛，等. 林可霉素胶体金快速检测试纸条的研制[J]. 山东畜牧兽医，2014，35 (12): 3.

[41] 马雪红，吴晓霞，肖文浚，等. 背景荧光猝灭免疫层析测定牛奶中林可霉素[J]. 药物分析杂志，2019，39 (12): 6.

[42] 杨玚. 毛细管电泳-电化学发光检测 β-受体阻断剂和大环内酯类药物[D]. 信阳: 信阳师范学院，2012.

[43] 洪月琴. 大环内酯类抗生素残留的分子印迹固相萃取和毛细管电泳检测研究[D]. 镇江: 江苏大学，2017.

第 16 章
多肽类药物
残留分析

多肽类抗生素（polypeptide antibiotics），是一类具有多肽结构特征、能在生物体内经诱导产生生物活性的抗生素[1,2]。多肽类抗生素广泛存在于自然界各种生物中，是一类理化性质比较稳定的窄谱抗生素，它们对革兰氏阳性菌和革兰氏阴性菌都有较好的抗菌作用，在肠道内几乎不被吸收，动物采食后在体内一般无残留。因此，多肽类药物被广泛用作兽药和饲料添加剂，用于预防和治疗动物疾病，促进饲料转化率和提高动物生长速度[1-4]。兽医临床上常见的多肽类抗生素包括多黏菌素（polymyxin）、杆菌肽（bacitracin）、维吉尼亚霉素（virginiamycin）、恩拉霉素（enramycin）、万古霉素（vancomycin）和去甲万古霉素（norvancomycin）等。随着多肽类抗生素作为饲料添加剂的广泛使用和动物生产过程中抗生素的滥用，致病菌耐药问题日益显著，带来食品安全隐患，严重影响人类健康并破坏生态环境。根据《兽药管理条例》《饲料和饲料添加剂管理条例》有关规定，为维护中国动物源性食品安全和公共卫生安全，农业农村部发布公告第194号，明确要求自2020年1月1日起，退出除中药外所有的促生长类药物饲料添加剂品种，其中就包括多种多肽类抗生素。因此，能够准确高效地检测动物产品和饲料中的多肽类抗生素至关重要。目前关于多肽类抗生素的检测方法主要有微生物法[5-8]、免疫分析法[9-12]、薄层色谱法[13,14]、毛细管电泳法[15-17]、毛细管电色谱[18]、高效液相色谱法[19-22]和液质联用法[23-29]等。

杆菌肽又称枯草菌素、枯草菌肽，是一种由枯草芽孢杆菌或地衣芽孢杆菌的一些菌株产生的抗菌肽。使用HPLC-Q-TOF-MS/MS对杆菌肽进行结构表征分析可分离得到33种同分异构体[30]，其中含量最高、最有效的是A组分。杆菌肽可与一些离子形成络合物，络合状态下，杆菌肽生物活性增强，且稳定性更好[31]。杆菌肽常见制剂为杆菌肽与二价金属锌离子构成的杆菌肽锌和与两分子亚甲基水杨酸构成的亚甲基水杨酸杆菌肽[32-34]。杆菌肽可作用于大部分革兰氏阳性菌及脑膜炎双球菌、放线菌等部分革兰氏阴性菌，尤其是对葡萄球菌属、沙门菌属、链球菌属、奈瑟球菌属、棒状杆菌属、梭状芽孢杆菌属等病原体极为敏感。作为一种天然来源的抗生素，杆菌肽不仅有不易产生耐药性的优良特性，还具有抗菌谱广、低残留、易降解、无明显毒副作用等特点，这使得杆菌肽在畜禽饲料添加剂、兽药和人医临床等多个领域广泛应用[35]。

多黏菌素是一组由环状肽和脂肪酸结合组成的阳离子多肽类抗生素，由多黏芽孢杆菌发酵产生[36]。根据脂肪酸链和氨基酸构成差异，多黏菌素可分为A、B、C、D、E 5种亚型。其中多黏菌素B（polymyxin B）和多黏菌素E（polymyxin E，Colistin，又称黏菌素、黏杆菌素）毒性最低，使用最广泛[37]。多黏菌素是少数对革兰氏阴性菌具有广谱抗菌活性的抗生素，不仅对沙门杆菌、大肠杆菌、肠杆菌属、克雷伯菌和志贺菌等有较强的杀菌效果，对那些氨基糖苷类、β-内酰胺类和氟喹诺酮类耐药的铜绿假单胞杆菌和鲍曼不动杆菌也很敏感[38,39]。被广泛用于治疗家禽、猪、牛等革兰氏阴性菌引起的胃肠道感染[40-42]，作为饲料添加剂同时对畜禽有明显的促进生长作用[43,44]。20世纪90年代末期，我国研发出硫酸多黏菌素，之后该药物被用作动物饲料添加剂，2016年7月，农业部禁止将其用作动物饲料添加剂。

维吉尼亚霉素又称维吉霉素、纯霉素、维及霉素、威里霉素、肥大霉素、速大肥等，是一种含有内酯环的多肽类抗生素，是由维吉尼亚链霉菌发酵产生的链阳性菌素。维吉尼亚霉素通过干扰细菌的核糖体，进而抑制其蛋白质的合成[45]，主要对八叠球菌、枯草杆菌、金黄色葡萄球菌等革兰氏阳性菌有抑制作用。维吉尼亚霉素在动物肠道内不易被吸收，毒性小，被广泛用于预防及治疗猪下痢和鸡坏死性肠炎等疾病[46-50]。同时该药具有明显的促生长作用，能提高饲料的利用率[51-56]，对鸡的产蛋性能也有所提高[57]。维吉尼亚霉素是一种动物专用的抗生素，是不被人医临床所使用的，因此不会与人用抗生素产生交叉耐药性。但维吉尼亚霉素可能降低某些药物的药效，如普那霉素[58]。另有研究发现维吉尼亚霉素的持续使用可能会通过粪便传播、机体残留蓄积等方式增加人类对链球菌耐药的屎肠球菌感染的可能性[59,60]。欧盟从 1999 年开始禁止包括维吉尼亚霉素在内的抗生素作为饲料添加剂[61]。

恩拉霉素，又称恩来霉素、安来霉素、持久霉素，是由土壤中分离出来的放线菌（*Streptomyces fungicidicus*）通过发酵合成的一种多肽类抗生素[62,63]。恩拉霉素在有氧和厌氧条件下主要对革兰氏阳性菌有强大的抗菌活性，特别对肠道有害菌梭菌的抑制作用较强，但是对革兰氏阴性菌几乎无抗菌作用。由于只需要添加微量恩拉霉素就可以呈现出优良的促生长和改善饲料利用率的作用，并且其具有很高的稳定性、低毒性、低药物残留、长期使用后不易产生耐药性等特点，恩拉霉素常用于猪、鸡饲料[64-70]。

万古霉素和去甲万古霉素属糖肽类抗生素，化学结构相近，作用相似，后者略强。万古霉素和去甲万古霉素是东方链霉菌的代谢产物，对绝大多数革兰氏阳性菌有很好的体外抗菌活性，在临床上通常被用于 β-内酰胺类抗生素或其他抗菌药物耐药菌感染的治疗，故常被认为是细菌感染"最后一道防线"[71-73]。研究表明，万古霉素具有一定的耳毒性和肾毒性，长期摄入低剂量万古霉素类药物残留的产品，会导致药物在人体内缓慢蓄积，从而引起器官功能紊乱，影响健康[74]。美国自 1997 年开始就明令禁止这两种抗生素被用于牲畜养殖。根据首批兽药地方标准废止目录（中华人民共和国农业部公告第 560 号），中国自 2005 年首次将万古霉素和去甲万古霉素列为禁用兽药。农业部 2011 年发布的《食品中可能违法添加的非食用物质和易滥用的食品添加剂名单（第四批）》中，将这两种抗生素作为违规使用物质列入"可能非法添加的非食用物质"名单中。

16.1
结构与性质

16.1.1　多肽类药物结构

多肽类药物分子量在 300～3000 左右，由 10～60 个氨基酸残基组成。兽用的多肽类抗生素均为环状肽，由氨基酸缩合、环化而成，不存在游离的 N-末端和 C-末端。结构中含有一些在动植物中罕见的氨基酸，如 α,β-氨基丁酸。多肽类抗生素的结构特征是含有D-氨基酸，甚至在同一分子中含有一种氨基酸的两种构型。一些氨基酸结构中含有硫原子、双键、杂环、β-或 γ-氨基等。除氨基酸外，多肽类抗生素结构还含有杂环（称为杂肽）或脂肪酸等独特结构。微生物一般产生的是一组相关的多肽，有的甚至多达数十个组分，并且仅在个别氨基酸残基或非氨基酸部分存在微小差异，分离困难。这类药物的结构如图 16-1 所示。

从结构来讲杆菌肽实际上是一组十二肽同分异构体的混合物，该十二肽由七肽环和一个含噻唑啉环的五肽组成，其中杆菌肽 A 是杆菌肽中含量最高的主要活性成分，杆菌肽 A 含有一个七肽环状结构，并且有一个位于酰基肽 N 基末端的噻唑啉环[75]（图 16-1A）。

黏菌素和多黏菌素 B 的结构如图 16-1B 所示，它们均由一个七肽环、一个三肽侧链和一个 N-末端酰化脂酸尾巴组成。二者仅在第 6 位氨基酸存在差异，黏菌素的第 6 位氨基酸为亮氨酸（D-Leu），多黏菌素 B 为苯丙氨酸（D-Phe）[76,77]。黏菌素和多黏菌素 B 都是含有 30 多种成分的混合物。其中黏菌素的主要成分是黏菌素 A（多黏菌素 E_1）和黏菌素 B（多黏菌素 E_2），共占 80％以上[78]；多黏菌素 B 的主要成分是多黏菌素 B_1 和多黏菌素 B_2，共占 80％以上[79]。黏菌素 A 和黏菌素 B 及多黏菌素 B_1 和多黏菌素 B_2 仅是脂肪酸链长短不同。兽医临床上，多黏菌素 B 和黏菌素药物大多以硫酸盐的形式使用。

维吉尼亚霉素是多组分的混合物，由 M 和 S 因子组成，其中 M_1 和 S_1 为主要成分[80]。M_1 为大环内酯，S_1 为环状多肽，结构见图 16-1C。其中 M_1：S_1 质量比约为（70％～80％）：（20％～30％），当 M_1 与 S_1 因子的比例构成达到 7：3 的时候，其抗菌活性最高[45,81]。

恩拉霉素是由 17 个氨基酸分子（13 个不同种类的氨基酸）组成的内酯环和脂肪酸分子侧链通过酰胺键连接而成的有机碱，多肽结构的末端是不饱和脂肪酸，根据末端不饱和脂肪酸种类的不同可以分为恩拉霉素 A、恩拉霉素 B，还有少量的恩拉霉素 C 和恩拉霉素 D。恩拉霉素 A 和恩拉霉素 B 不同之处是在脂肪酸链上相差一个亚甲基[82,83]（如图 16-1D 所示）。

万古霉素和去甲万古霉素分子结构中含有 1 个二氯三苯基醚结构单元、2 个糖基、多个氨基酸以及碱性的伯氨基团，带有弱碱性[73,84]，去甲万古霉素比万古霉素少一个甲基，结构见图 16-1E。

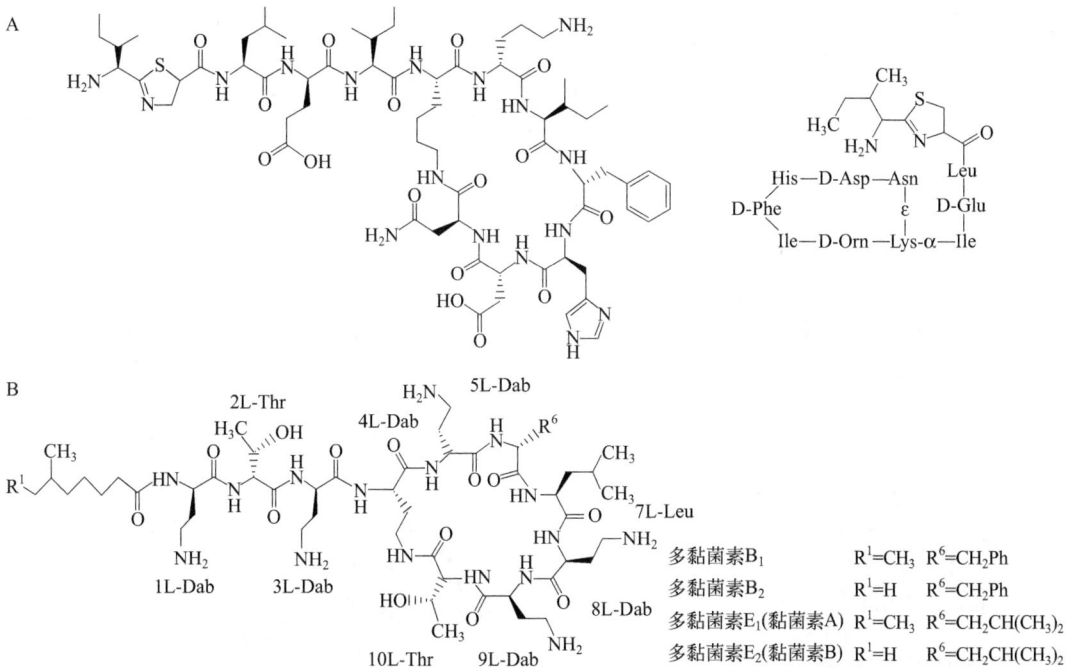

图 16-1

C

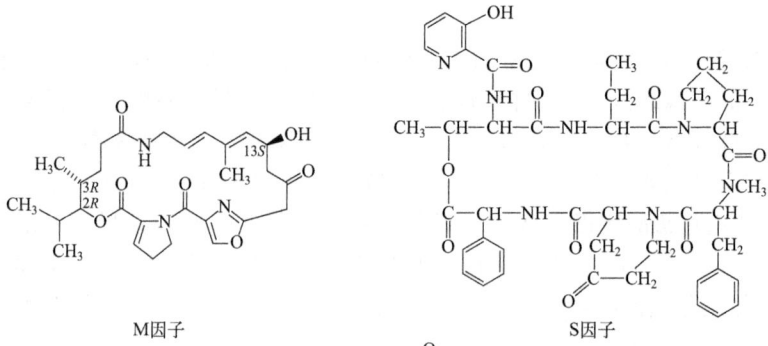

M因子   S因子

D

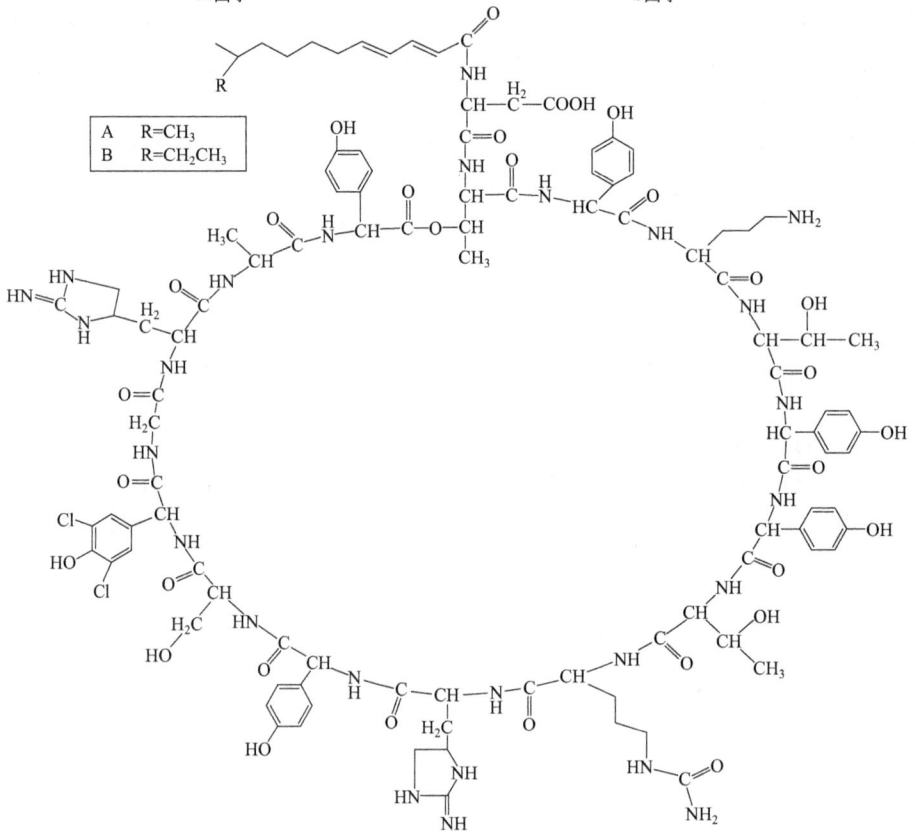

E

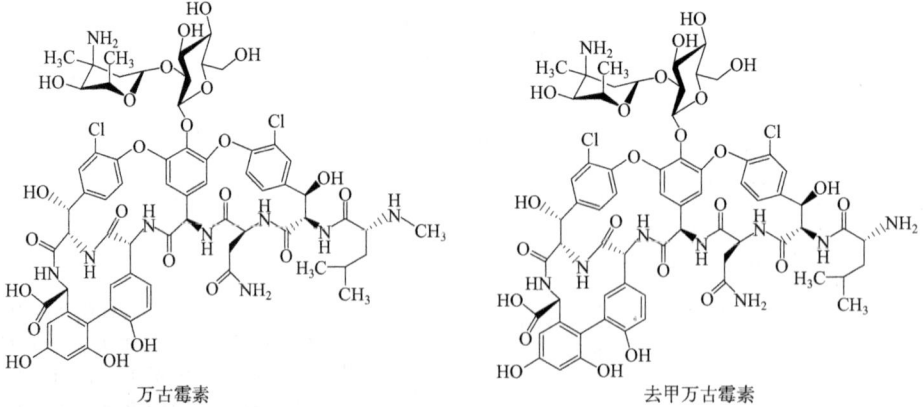

万古霉素   去甲万古霉素

图 16-1　多肽类药物结构图

A—杆菌肽（右：以氨基酸表示的结构）；　B—黏菌素和多黏菌素 B；　C—维吉尼亚霉素；　D—恩拉霉素；　E—万古霉素（左）和去甲万古霉素（右）

16.1.2 多肽类药物性质

多肽类药物理化性质如表 16-1 所示。

表 16-1 多肽类药物理化性质

药名	分子式	分子量	理化性质
杆菌肽	$C_{66}H_{103}N_{17}O_{16}S$	1422.69	类白色或淡黄色的粉末;无臭,味苦;有引湿性;易被氧化剂破坏,在溶液中能被多种重金属盐类沉淀。本品在水中易溶,在乙醇中溶解,在丙酮、氯仿或乙醚中不溶[85]
多黏菌素 B	$B_1:C_{56}H_{98}N_{16}O_{13}$ $B_2:C_{55}H_{96}N_{16}O_{13}$	$B_1:1203.47$ $B_2:1189.45$	硫酸多黏菌素 B 为白色或类白色粉末;几乎无臭;有引湿性。本品在水中易溶,在乙醇中微溶[85]
黏菌素	$A:C_{53}H_{100}N_{16}O_{13}$ $B:C_{52}H_{98}N_{16}O_{13}$	$A:1169.46$ $B:1155.43$	硫酸黏菌素为白色至微黄色粉末;无臭或几乎无臭;有引湿性。本品在水中易溶,在乙醇中微溶,在丙酮或乙醚中几乎不溶[85]
维吉尼亚霉素	$M_1:C_{28}H_{35}N_3O_7$ $S_1:C_{43}H_{49}N_7O_{10}$	$M_1:525.59$ $S_1:823.89$	非晶态褐黄色粉末,有特异性臭味。易溶于甲醇、乙醇、氯仿等有机溶剂,微溶于水和稀酸,不溶于乙醚和己烷,在碱性溶液中没有活性[86]。维吉尼亚霉素溶液对紫外光有很强的吸收作用,但强的紫外光辐照可引起其降解[87,88]
恩拉霉素	$A:C_{107}H_{138}Cl_2N_{26}O_{31}$ $B:C_{108}H_{140}Cl_2N_{26}O_{31}$	$A:2428.52$ $B:2442.55$	恩拉霉素的盐酸盐为白色结晶性粉末,易溶于二甲亚砜,可溶于甲醇、含水乙醇,难溶于丙酮,不溶于苯、氯仿[62]。恩拉霉素的盐酸盐对热、光照和潮湿有极好的稳定性[66]
万古霉素	$C_{66}H_{75}Cl_2N_9O_{24}$	1449.25	盐酸万古霉素为白色或类白色粉末;易吸湿。在水中易溶,在甲醇中极微溶解,在乙醇或丙酮中几乎不溶[85]
去甲万古霉素	$C_{65}H_{73}Cl_2N_9O_{24}$	1435.22	盐酸去甲万古霉素为白色至淡棕色粉末;无臭。在水中易溶,在甲醇中微溶,在丙酮、丁醇或乙醚中不溶;在溶液中能被多种重金属盐类沉淀[85]

16.2

药学机制(抗菌机制)

多肽类每种药物的抗菌机制不同,可以协同使用,增加药效。

杆菌肽可通过三种机制来发挥它的抑菌作用:①首先它可以抑制细菌细胞壁的合成,研究表明,杆菌肽可以通过抑制脂质载体的去磷酸化来阻碍脂质载体进入细胞,进而抑制细菌细胞壁肽聚糖的合成[89];②它还可以对细菌细胞膜造成损害,导致细菌细胞膜通透性改变,无法维持渗透压平衡进而使细菌破裂,细胞内物质外流死亡[90];③杆菌肽还能够诱导核酸的降解,例如杆菌肽可诱导鸟苷残基的 RNA 降解[91],从而干扰细菌蛋白的合成[92]。

多黏菌素类主要通过静电相互作用来发挥抗革兰氏阴性菌活性。多黏菌素分子带正电荷的 α、γ-氨基丁酸与细菌带负电的外膜类脂 A 的磷酸基团发生静电结合,破坏了脂多糖的稳定性,降低细菌膜表面张力。同时,由于疏水相互作用,多黏菌素的疏水性脂肪酰基链插入膜内,使细菌外膜扩张和通透性改变,导致细胞内容物(嘌呤和嘧啶等)渗漏和促使多黏菌素进入周质腔中,导致细菌死亡。与革兰氏阳性菌相比,革兰氏阴性菌多了一层外膜而不易被抗菌药物杀灭,因此具有独特抗菌机制的多黏菌素对革兰氏阴性菌抑制效果明显[76,93,94]。

维吉尼亚霉素的主要作用机制是 M 因子和 S 因子结合到革兰氏阳性菌的 50S 核糖体亚基的 23S RNA 上，形成稳定的 M 因子-核糖体-S 因子复合物，从而不可逆地阻止细菌蛋白质的合成而达到杀菌效果。两种组分单独存在时，仅有抑菌作用[95,96]。M 因子作用于蛋白质合成过程中肽链的延伸阶段，干扰肽基转移酶的功能，并引起核糖体构象的改变，增加其对 S 因子的亲和性[97]。S 因子则阻断多肽链的延长，并导致未完成的肽链与核糖体脱离[98]。

恩拉霉素主要作用于细菌细胞壁中的黏肽，阻止其合成，致使细胞壁合成受阻，渗透压升高，细菌变形肿大，最终细胞破裂，细菌死亡。恩拉霉素对细菌作用的最佳时期是裂殖阶段，不仅杀菌效果明显，而且具有较强的溶菌能力[69]。由于革兰氏阴性菌的细胞壁中黏肽总量较少，因此，恩拉霉素对大肠杆菌等革兰氏阴性菌几乎无抗菌作用。此外，构成恩拉霉素分子的氨基酸中大多数带正电荷，分子通过正电荷与细菌胞质磷脂分子上的负电荷形成静电吸附而结合在脂质膜上，然后恩拉霉素分子中的疏水端借助分子链的柔性插入到质膜中，进而牵引整个分子进入质膜，扰乱质膜上蛋白质和脂质原有的排列秩序，再通过恩拉霉素分子间的相互位移聚合形成跨膜离子通道[99]。

万古霉素主要是通过与细胞壁肽聚糖前体末端的氨基酰-D-丙氨酰-D-丙氨酰相结合，抑制细菌细胞壁生物合成中的两步酶促反应或其中之一［转糖基作用（肽聚糖的延伸）和转肽作用（胶联）］，从而抑制细胞壁的合成[100]。还有研究证明万古霉素能够在很大程度上影响细胞膜的通透性或者抑制细菌胞质中合成 RNA[74,101]。

16.3

毒理学

多肽类抗生素容易引起过敏反应、耳毒性、肾毒性、神经系统反应等不良和毒性反应。高剂量使用或者通过动物源性食品在人体富集都会对人体和动物体健康造成严重伤害。

杆菌肽经口服给药几乎不被吸收，因此残留量极低，即便在动物中大量使用，其内脏和血液中也检测不出杆菌肽。局部使用（如灌注入腹腔）仅用药量较大时才会有少量的吸收，可能引起过敏反应。杆菌肽（锌）毒性极低，对仔鸡使用剂量为 1000mg/kg，4 周龄仔猪为 250mg/kg，对发育也无不良影响。研究显示，大鼠口服 LD_{50} 为 10000mg/kg，为实际无毒级，小鼠 Ames 试验、骨髓嗜多染红细胞微核试验及睾丸染色体畸变试验结果均为阴性。大量使用或非口服途径滥用也会对肾功能造成损害[102]。

多黏菌素选择毒性不高，易与哺乳动物的细胞膜结合，例如脑、肾和肝等脏器细胞膜可与多黏菌素紧密结合。多黏菌素本身具有高极性和低脂溶性的特点，不会被肾脏重新吸入血液，故持续大剂量给药不会导致动物血清药物蓄积，却可导致药物在脑、肾和肝等器官中的蓄积，一旦药物与组织的结合达到或接近饱和，对动物就会产生毒性反应。多黏菌素的毒副作用表现多种，以肾毒性、神经毒性为主。肾毒性是该类药物与肾小管上的 PO_4^{3-} 结合后引起损伤造成的。多黏菌素的肾毒性是与剂量有关的，摄入低剂量时，多黏菌素 B 可能会影响及降低肾小球的过滤率，减少排尿量，此时肾脏已出现肾小管云雾状水肿；摄入量大时，就会出现肾中毒[103]。黏菌素是具有肾毒性的药物，摄入量大时，易损伤肾脏而引起尿道上皮细胞变性，尿中出现蛋白、红细胞和白细胞，严重者可产生氮质血症、肾功能减退等。神经毒性是该类药物降低了肌肉对递质 ACh 的敏感性引起的，多黏菌素是有效的组胺释放剂，过量时会出现肌肉软弱无力、轻瘫，甚至呼吸停顿及全瘫引起的死亡[103,104]。

维吉尼亚霉素口服后仅停留并作用于肠道，主要由粪便排出，残留量很小，毒性小[87]。对大鼠口服 LD_{50} 为 7500mg/kg，一次性口服，对小鼠的剂量达到 1550mg/kg 时，未发现有害反应，对猪最大安全量为 800mg/kg。以 500mg/kg 的剂量连续喂猪 3 个月，无不良反应[105]。

恩拉霉素因进入体内排泄缓慢，在组织中残留期较长，对肝、肾功能也有不良影响，加之能引起注射部位疼痛、红肿等炎症反应，因此临床采用内服给药而禁止注射用药[106]。恩拉霉素内服极不易被吸收，药物主要通过粪便排出体外，体内残留较少[107]。其毒性很低，急性毒性试验表明，恩拉霉素在口服、皮下或肌内注射给药时实际无毒。据报道，大鼠、小鼠口服 LD_{50} 均大于 10g/kg；而皮下或肌内注射 LD_{50} 均大于 5g/kg；腹腔注射，小鼠 LD_{50} 为 750～830mg/kg，大鼠为 830～910mg/kg；静脉注射，小鼠 LD_{50} 为 30～31.2mg/kg，大鼠为 66～77mg/kg。亚急性或慢性毒性试验显示，恩拉霉素以 10g/kg 的饲料浓度给大鼠连续饲喂 1 个月，未发现大鼠的增重、饲料转化率等参数有异常变化。无致突变和致畸变作用。靶动物安全性研究结果表明，恩拉霉素口服给药安全。据报道，雏鸡按 8g/kg 体重单剂量口服给药未发现毒性，以 12.5%（675mg/kg）的菌丝块连续饲喂 1 个月未观察到毒性反应。在用 22.2mg/kg 的饲料浓度长期饲喂蛋鸡试验中，恩拉霉素连续用药 300 天，未发现对蛋鸡的增重和产蛋性能产生不良影响[70]。

万古霉素和去甲万古霉素引起的毒性反应类型大致相同，主要为过敏反应、肾毒性和较轻的肝胆系统不良反应（机制尚不明确）[108,109]。在万古霉素的早期临床试验中，耳毒性和肾毒性发生率比较高，这可能是由万古霉素制备过程中的杂质成分、同时使用的药物等因素所引起[110]。目前，随着制药技术的进步和应用的合理化，发生率有所降低。尽管有许多病例报告表明急性肾衰竭是由万古霉素引起，但目前仅有有限的数据表明两者存在直接的因果关系。万古霉素引起肾毒性机制是因万古霉素对近端肾小管细胞具有氧化作用[111]，导致其功能损害，尿酶增加，重者出现急性肾功能衰竭，光镜下可见肾小管上皮细胞坏死，重者累及肾单位[112]。去甲万古霉素也有类似的肾损伤机制[113]。

16.4

国内外残留限量要求

我国于 2019 年发布《食品安全国家标准　食品中兽药残留最大限量》（GB 31650—2019），该标准规定了动物源性食品中阿苯达唑等 104 种（类）兽药的最大残留限量；规定了醋酸等 154 种允许用于食品动物，但不需要制定残留限量的兽药；规定了氯丙嗪等 9 种允许作治疗用，但不得在动物源性食品中检出的兽药[114]。我国或其他地区对多肽类抗生素最大残留限量的规定如表 16-2 所示。

表 16-2　国内外最大残留限量

兽药	残留标志物	最大残留限量（中国）	最大残留限量（欧盟）	最大残留限量（CAC[①]）
杆菌肽	杆菌肽 A、杆菌肽 B 和杆菌肽 C 之和	牛/猪/家禽可食性组织、牛奶、家禽蛋：500μg/kg[②]	食品动物肌肉：150μg/kg 牛奶：100μg/kg[④]	—
黏菌素	黏菌素 A 与黏菌素 B 之和	牛/羊/猪/兔肌肉、脂肪、肝：150μg/kg；肾：200μg/kg 鸡/火鸡肌肉、皮＋脂、肝：150μg/kg；肾：200μg/kg 鸡蛋：300μg/kg 牛/羊奶：50μg/kg[②]	除鳍鱼外所有食品动物肌肉、脂肪（猪和家禽为皮＋脂肪）、肝：150μg/kg；肾：200μg/kg 蛋：300μg/kg 奶：50μg/kg[④]	牛/羊/猪/兔肌肉、脂肪、肝：150μg/kg；肾：200μg/kg 鸡/火鸡肌肉、皮＋脂、肝：150μg/kg；肾：200μg/kg 鸡蛋：300μg/kg 牛/羊奶：50μg/kg[⑤]
维吉尼亚霉素	维吉尼亚霉素 M₁	猪/家禽肌肉：100μg/kg；肝：300μg/kg；皮＋脂、肾：400μg/kg[②]	家禽肌肉、肝脏：10μg/kg；皮＋脂：30μg/kg；肾脏：60μg/kg[④]	—
万古霉素	万古霉素	禁用[③]	—	—

① 国际食品法典委员会（Codex Alimentarius Commission，CAC）。
② GB 31650—2019《食品安全国家标准　食品中兽药残留最大限量》。
③ 中华人民共和国农业农村部公告第 250 号。
④ No 37/2010 pharmacologically active substances and their classification regarding maximum residue limits in foodstuffs of animal origin。
⑤ CX/MRL2-2018 Maximum residue limits（MRLs）and risk management recommendations（RMRs）for residues of veterinary drugs in foods。

16.5

样品处理方法

样品前处理方法主要有提取技术和净化技术，根据样品的类型和目标物的性质，通过物理和化学的手段对样品中的目标物进行提取，然后对提取液中的目标物进行分离净化，以达到最大化地去除杂质和富集目标化合物的目的。

16.5.1　样品类型

样品类型有饲料、动物可食性组织［肌肉、肝脏、肾脏、脂肪（＋皮）和血液］、乳制品（牛奶、奶粉）、禽类的蛋、蜂蜜、水产品（鱼、虾）等。

16.5.2　样品制备与提取

动物可食性组织、禽类的蛋（去壳）、水产品肉和饲料样品主要通过高速组织捣碎机捣碎的方法进行制备；牛奶、奶粉、蜂蜜和血液直接混匀后进行提取。

多肽类药物常用的提取技术为溶剂萃取，方法有匀浆（均质）提取法、振荡（涡旋）提取法、超声提取法等。根据多肽类抗生素的极性，一般采用混合提取液，如甲酸水溶液、乙酸铅和三氯乙酸水溶液、甲醇-水-甲酸等，混合提取液能够对多肽类抗生素进行很好保留[1]。现行公定标准和近年来的报道中常用的提取液溶剂如表 16-3 所示。

表 16-3　多肽类药物常用提取溶剂

提取溶剂	检测物质	样品	提取方法	检测方法	回收率/%	参考文献及资料
甲醇/乙腈	维吉尼亚霉素 M₁	原料乳、纯奶粉	振荡	液质联用	87.95～99.87	GB/T 22991—2008
	杆菌肽	牛奶、奶粉	涡旋	液质联用	88.0～103.0	GB/T 22981—2008
	维吉尼亚霉素 M₁	猪肝、肾、肌肉	匀浆	液质联用	76.4～100.0	GB/T 20765—2006
甲醇/乙腈/磷酸盐缓冲液/浓磷酸	杆菌肽 A	猪、鸡饲料	超声	高效液相色谱	—	NY/T 726—2003
磷酸盐缓冲液/乙腈	万古霉素	饲料	超声	液质联用	—	农业部 1862 号公告
4%三氯乙酸/4%乙酸铅	硫酸黏菌素	饲料	超声	液质联用	—	农业部 2086 号公告
	杆菌肽、多黏菌素 B、黏菌素	牛奶、饲料	超声	CEC-LIF①	72.9～112.4	[18]
0.1%甲酸水溶液/乙腈	万古霉素、去甲万古霉素	动物肌肉、肝脏、肾脏、水产品、蜂蜜、鸡蛋、乳及乳制品	匀浆	液质联用	63.8～109.0	SN/T 5360—2021
	万古霉素	猪肉	涡旋	液质联用	82.4～101.4	[115]
0.2%甲酸水溶液/乙腈	维吉尼亚霉素 M₁	饲料	超声	液质联用	82.6～102.7	DB35/T 1141—2011
10%三氯乙酸/乙腈	黏菌素 A 和黏菌素 B	鸡肉、鸡肝、猪肾、扇贝、鸡蛋、牛奶	匀浆、振荡	液质联用	80.2～109.6	SN/T 5142—2019
10%三氯乙酸/乙腈/0.5%三氟乙酸水溶液	杆菌肽	兔肌肉、脂肪、肝脏和肾脏	涡旋	液质联用	74.7～83.8	[116]
4%三氯乙酸/乙腈/0.1%甲酸水溶液	杆菌肽	猪、鸡和鸭的肌肉、肝脏、肾脏和脂肪，鸡蛋、鸭蛋	涡旋	液质联用	66.2～84.7	[117]
4%三氯乙酸/乙腈/0.1%甲酸水溶液/甲醇	杆菌肽、去甲万古霉素	小龙虾	涡旋	液质联用	80.8～114.0	[118]
4%三氯乙酸/EDTA 溶液＋0.1%甲酸水溶液/甲醇	杆菌肽 A	食用动物（猪、牛、羊、禽）血液和饲料	超声	液质联用	81.1～107.8	SN/T 4807—2017
0.1%甲酸水/甲醇	杆菌肽 A、黏菌素 A、黏菌素 B 和维吉尼亚霉素 M₁	猪肉、猪肝、猪肾和牛乳	匀浆、振荡	液质联用	62.5～98.5	SN/T 2748—2010
	8 种多肽类抗生素②	鸡肉、鸭肉、猪肉、牛肉、羊肉、猪肾、鸡肝、鸡肾、鱼	振荡	液质联用	61.0～99.6	[119]
	黏菌素	草鱼、斑节对虾、中华鳖、日本鳗鲡和蟹	超声	微生物法	70.23～97.45	[5]
	杆菌肽	草鱼、鳗鲡、对虾	超声	微生物法	70.45～93.44	[6]

提取溶剂	检测物质	样品	提取方法	检测方法	回收率/%	参考文献及资料
1%甲酸水溶液/甲醇	黏菌素B	鸡肉、鸡蛋	振荡	液质联用	70～107	[120]
2%甲酸水溶液/甲醇	8种环多肽类抗生素③	饲料	超声、振荡	高效液相色谱	72.0～105.4	[22]
0.1%甲酸水溶液/甲醇/乙腈	短杆菌肽S、杆菌肽、多黏菌素B和黏菌素	奶粉	振荡	液质联用	82.8～101.2	[121]
2mol/L盐酸/丙酮/水	恩拉霉素	饲料	超声	高效液相色谱	—	DB34/T 3476—2019
EDTA-McIlvaine缓冲液	杆菌肽A	鸡肉、鸭肉、鸡肝、鸭肝	匀浆	液质联用	63.6～109.5	DB34/T 2817—2017
0.1mol/L盐酸/甲醇	9种多肽类抗生素④	鸡肉、猪肉、猪肝、猪肾	振荡	液质联用	74.2～96.3	[24]
	恩拉霉素	鸡肉	涡旋	液质联用	72.4～84.5	[122]
	恩拉霉素	猪肉	涡旋	液质联用	75.4～89.0	[123]
0.1mol/L盐酸/乙腈	6种多肽类抗生素⑤	饲料	超声	液质联用	83.2～112.1	[23]
EDTA/甲酸铵/甲醇	黏菌素A和B、杆菌肽A	牛肉、鸡肉	匀浆、涡旋	液质联用	86.9～120.2	[25]
乙腈/水/25%氨溶液	杆菌肽A、黏菌素A与B、多黏菌素B₁与B₂	动物肌肉、牛奶和鸡蛋	振荡、超声	液质联用	70～99	[26]
70%甲醇	杆菌肽A	(猪、牛、羊、禽)血液和饲料	振荡	ELISA	＞80	SN/T 4807—2017
	恩拉霉素A	猪、鸡肌肉	振荡	ELISA	71.32～125.97	[11]
50%甲醇(PH3)	恩拉霉素	饲料	振荡	微生物法	—	GB/T 21542—2008

① CEC-LIF：毛细管电色谱-激光诱导荧光法。

② 万古霉素、去甲万古霉素、多黏菌素B、黏菌素、杆菌肽A和B、维吉尼亚霉素M₁和S₁。

③ 万古霉素、多黏菌素B、黏菌素A和B、杆菌肽A、替考拉宁、达托霉素和维吉尼亚霉素M₁。

④ 万古霉素、去甲万古霉素、恩拉霉素A和B、太古霉素、黏菌素A和B、杆菌肽A、维吉尼亚霉素M₁。

⑤ 恩拉霉素A和B、杆菌肽A和B、维吉尼亚霉素M₁和S₁。

16.5.3　样品净化方法

多肽类药物常用的净化和浓缩的方法主要是液-液萃取（LLE）和固相萃取（SPE）技术。

16.5.3.1　液-液萃取

液-液萃取（LLE）是基于萃取的目标物在不同溶剂间的分配系数的差异，将目标物和杂质分离的一种提取和净化的手段。在处理脂含量较高的样品时，也会在固相萃取前用液-液萃取方法除去脂类物质，提高固相萃取的效率。刘佳佳等[124]利用液相色谱-串联质谱（LC-MS/MS）技术对牛奶中五种多肽类抗生素（杆菌肽、黏菌素A、黏菌素B、维吉尼亚霉素和万古霉素）进行检测，样品用0.1%甲酸水溶液-甲醇进行提取，用4%三氯乙酸乙腈除去蛋白质，再经过正己烷液-液萃取后进行上机检测，结果五种多肽类抗生素在三个浓度的添加水平下的回收率为75.1%～120.1%。谢少冬等[25]采用LC-MS/MS技术对畜禽肉中 3 种多肽类抗生素（杆菌肽 A、黏菌素 A、黏菌素 B）进行检测。该方法利用 EDTA-甲酸铵-甲醇组合沉淀剂和正己烷双相溶剂进行提取净化，下层液体经浓缩和过滤后直接上机检测，在鸡肉中平均添加回收率在 86.9%～120.2%，牛肉中平均添加回收率在 89.3%～114.0%。张艳等[125] 建立了快速测定猪肝脏中恩拉霉素残留量的 LC-MS/MS 分析方法，样品用 0.1mol/L 盐酸-乙腈（3∶7）提取后，加入乙酸乙酯和正己烷液-液萃取净化提取液，离心后取下层测定。恩拉霉素 A 和恩拉霉素 B 的方法检出限分别为 3μg/kg 和 4μg/kg，定量限分别为 10μg/kg 和 12μg/kg，平均加标回收率为 80.8%～90.3%。

16.5.3.2　固相萃取

固相萃取（SPE）是近年来快速发展起来的样品前处理方法，就是利用固相吸附剂对样品中的目标物和杂质的吸附能力的差别，最终达到分离和富集目标物的效果。由于固相萃取技术在保证提取回收率的前提下，具有净化程度高、重复性好、节省溶剂和同时完成净化和富集等优点，已经成为近年来多肽类化合物残留检测中使用最多的净化方法。可根据分析的药物种类和性质选择不同类型的固相萃取小柱。表 16-4 列举了近年来固相萃取技术在多肽类药物检测样品净化中的应用。

表 16-4　固相萃取技术在多肽类药物检测样品净化中的应用

固相萃取小柱	检测方法	检测物质	检测样品	LOD	LOQ	回收率/%	参考文献
Waters Oasis HLB	UPLC-MS/MS	9 种多肽类抗生素①	鸡肉、猪肉、猪肝、猪肾	0.3～6μg/kg	1～20μg/kg	74.2～96.3	[24]
	UPLC-MS/MS	8 种多肽类抗生素②	鸡肉、鸭肉、猪肉、牛肉、羊肉、猪肝、猪肾、鸡肝、鸡肾、鱼	0.1～10μg/kg	1～40μg/kg	61.0～99.6	[119]
	UPLC-MS/MS	恩拉霉素	鸡肉	4μg/kg	10μg/kg	72.4～84.5	[122]
	UPLC-MS/MS	恩拉霉素	猪肉	4μg/kg	10μg/kg	75.4～89.0	[123]
	HPLC-MS/MS	短杆菌肽 S、杆菌肽、多黏菌素 B 和黏菌素	奶粉	5～15μg/kg	20～50μg/kg	82.8～101.2	[121]
	UPLC-ELSD⑤	8 种环多肽类抗生素③	饲料	2～5mg/kg	5～10mg/kg	72.0～105.4	[22]
	CEC-LIF⑥	杆菌肽、多黏菌素 B、黏菌素	牛奶、饲料	5～10ng/mL	—	72.9～112.4	[18]
	微生物法	黏菌素	草鱼、斑节对虾、中华鳖、日本鳗鲡和蟹	75～125μg/kg	—	70.23～97.45	[5]
Waters Oasis PRiME HLB	UPLC-MS/MS	6 种多肽类抗生素④	饲料	—	25～50μg/kg	83.2～112.1	[23]
	HPLC-MS/MS	杆菌肽	兔肌肉、脂肪、肝脏和肾脏	30μg/kg	50μg/kg	74.7～83.8	[116]
Agilent Bond Elut Plexa PCX	HPLC-MS/MS	杆菌肽	猪、鸡和鸭的肌肉、肝脏、肾脏和脂肪	30μg/kg	50μg/kg	71.3～84.7	[117]
Waters Oasis MCX	HPLC-MS/MS	杆菌肽	鸡蛋、鸭蛋	30μg/kg	50μg/kg	66.2～80.9	[117]
	HPLC-MS/MS	万古霉素	鸡肉、猪肉	2μg/kg	5μg/kg	60～120	[126]
	UPLC-MS/MS	万古霉素	猪肉	1μg/kg	3μg/kg	82.4～101.4	[115]

固相萃取小柱	检测方法	检测物质	检测样品	LOD	LOQ	回收率/%	参考文献
Phenomenex Strata-X-C	UPLC-MS/MS	万古霉素、去甲万古霉素	鸡蛋	$2\mu g/kg$	$5\mu g/kg$	85.6～96.3	[127]

① 万古霉素、去甲万古霉素、恩拉霉素 A 和 B、太古霉素、黏菌素 A 和 B、杆菌肽 A、维吉尼亚霉素 M_1。

② 万古霉素、去甲万古霉素、多黏菌素 B、黏菌素、杆菌肽 A 和 B、维吉尼亚霉素 M_1 和 S_1。

③ 万古霉素、多黏菌素 B、黏菌素 A 和 B、杆菌肽 A、替考拉宁、达托霉素和维吉尼亚霉素 M_1。

④ 恩拉霉素 A 和 B、杆菌肽 A 和 B、维吉尼亚霉素 M_1 和 S_1。

⑤ 高效液相色谱结合蒸发光散射检测器。

⑥ 毛细管电色谱-激光诱导荧光法。

16.5.3.3 基质固相分散

基质固相分散（MSPD）是 Barker 等于 1989 年提出并推广的一种前处理方法。其具体操作是把样品和适量的固相萃取填料混合进行研磨，使样品均匀地分散在固相萃取填料颗粒的表面，制作成半固态的混合物后进行装柱，然后选择合适的洗脱剂洗脱出各种目标物。该技术省略了传统的样品前处理过程中的组织匀浆、离心和样品转移等操作步骤，从而避免了样品的大量损失，相对于固相萃取操作比较简便、提取净化效率比较高、节省溶剂，适于处理大量样品。但样品进行研磨时的粒度大小易受到粉碎程度的影响从而造成填装柱时与填料的结合存在差异，可能会造成重复性差等问题。

Tao 等[128] 采用以 C_{18} 为分散吸附剂的基质分散固相萃取技术处理样品，建立了同时测定饲料中杆菌肽 A、杆菌肽 B、黏菌素 A、黏菌素 B 和维吉尼亚霉素残留的 LC-MS/MS 检测方法。该方法定量限为 $25\mu g/kg$，添加回收率为 75.9%～87.9%。Song 等[129] 开发了一种使用 LC-MS/MS 同时测定饲料中的 7 种多肽类抗生素（万古霉素、多黏菌素 B、黏菌素、替考拉宁 A_2、杆菌肽 A、达托霉素和维吉尼亚霉素 M_1）的方法，样品的萃取基于酸化的甲醇水溶液，然后以伯仲胺为吸附剂进行简单的分散固相萃取以进一步纯化。该方法检测限为 5～$20\mu g/kg$，定量限为 15～$50\mu g/kg$，平均回收率在 63.1%～107.5%范围内。

16.6

残留分析技术

目前，关于多肽类抗生素残留的分离分析技术主要有微生物法、免疫分析法、毛细管电泳法、高效液相色谱法（HPLC）和液相色谱串联质谱（液质联用法，LC-MS/MS）法等。其中，液质联用法可以同时发挥色谱和质谱的优势，具有较高的灵敏度和准确度，应用最为广泛。

16.6.1　仪器测定方法

16.6.1.1　色谱法

样品中多肽类化合物检测使用的色谱法主要为高效液相色谱法和液质联用法。多肽类药物属于分子量较高、弱碱性、中等极性和具有一定水溶性的物质，因此宜采用反向色谱进行分离。检测器主要包括紫外检测器（UVD）、荧光检测器（FD）、蒸发光散射检测器（ELSD）和质谱检测器（MSD）等。

Capitán-Vallvey 等[21] 建立 HPLC-紫外检测法对饲料中杆菌肽锌进行测定，样品使用固相萃取柱净化，以含 20mmol/L 十二烷基硫酸钠的 0.3mol/L 磷酸盐缓冲液和乙腈-甲醇（19∶1，体积比）为流动相，该方法的线性范围为 200～1000mg/L，回收率为 66%～85%。紫外检测灵敏度和选择性较差，难以满足微量和痕量分析要求。荧光检测灵敏度高、选择性好，但由于多数多肽类化合物无荧光发色基团，需用荧光衍生化试剂处理后才能检测。Morales-Munoz 等[19] 基于在线柱前衍生化，建立了饲料中黏菌素的 HPLC-荧光检测方法，该方法利用超声波辅助萃取提取样品，方法的检测限和定量限分别为 2.46μg/g 和 2.52μg/g，回收率达 93.1%～98.2%。Capitán-Vallvey 等[20] 建立了一种通过邻苯二甲醛柱后衍生，HPLC-荧光检测饲料中的杆菌肽锌的方法。方法的检测限和定量限分别为 2.5mg/L 和 7.5mg/L。Song 等[22] 开发了一种基于高效液相色谱结合蒸发光散射检测器（HPLC-ELSD）测定饲料中 8 种环多肽类抗生素（万古霉素、多黏菌素 B、黏菌素 A 和 B、杆菌肽 A、替考拉宁、达托霉素和维吉尼亚霉素 M₁）的方法，该方法通过甲醇-2%甲酸提取结合固相萃取，检测限为 2～5mg/kg，定量限为 5～10mg/kg，回收率为 72.0%～105.4%。

16.6.1.2　质谱法

质谱检测方法能够提供物质的结构信息，与其他检测方法相比具有更高的选择性和灵敏度，定性和定量分析结果可靠。大多数多肽类化合物都属于多组分混合物，质谱检测方法是准确测定各组分残留的有效手段，近几年来被广泛应用。目前，大多数国家标准、行业标准方法都使用 LC-MS/MS 技术对多肽类兽药进行检测。如谢少冬等[25] 建立了畜禽肉中 3 种多肽类抗生素药物（黏菌素 A 与 B、杆菌肽 A）残留的 UPLC-MS/MS 检测方法，以牛肉和鸡肉为基质，方法的定量限为 10～25μg/kg，检测限为 5～10μg/kg，在鸡肉和牛肉中各个化合物的平均加标回收率分别为 86.9%～120.2% 和 89.3%～114.0%。Bladek 等[26] 建立 UPLC-MS/MS 同时测定动物肌肉、牛奶和鸡蛋中杆菌肽 A、黏菌素 A 与 B、多黏菌素 B₁ 与 B₂ 的分析方法，该方法通过溶剂提取样品，定量限为 10μg/kg，回收率为 70%～99%。Kumar 等[120] 利用 UPLC-MS/MS 方法检测鸡肉和鸡蛋中的黏菌素 B，该方法用酸化的甲醇提取样品，不经过固相萃取柱净化，节约了成本和时间，研究结果显示鸡肉的定量限为 10μg/kg，鸡蛋为 5μg/kg，鸡肉的平均回收率为 70%～94%，鸡蛋为 88%～107%。Wang 等[130] 建立了 UPLC-MS/MS 检测鹅肌肉、肝脏、肾脏、皮脂组织中维吉尼亚霉素 M₁ 的残留检测方法，该方法使用乙腈提取样品、正己烷脱脂，经过滤后直接上机检测。结果显示，定量限分别为肌肉 10.0μg/kg、肝脏 50.0μg/kg、肾脏 50.0μg/kg、皮脂 50.0μg/kg，平均回收率分别为肌肉组织 91.33%～96.15%、肝脏组织 84.15%～92.07%、肾脏组织 96.60%～100.90%、皮脂组织 100.16%～104.64%。2021

年，高蕊等[81]用类似的方法提取样品，建立了 UPLC-MS/MS 检测鹅肌肉、肝脏、肾脏、皮脂组织中维吉尼亚霉素 M_1 的残留检测方法。结果显示，定量限分别为肌肉 10.0μg/kg、肝脏 50.0μg/kg、肾脏 50.0μg/kg、皮脂 50.0μg/kg，平均回收率分别为肌肉 93.09%～98.62%、肝脏 98.41%～103.8%、肾脏 101.5%～113.3%、皮脂 100.9%～114.3%。多肽类药物的残留分析中，利用固相萃取技术结合液质联用技术的相关研究见表 16-4。

16.6.1.3 其他方法

（1）毛细管电泳技术（CE）　CE 是一类以高压直流电场为驱动力，毛细管为分离通道，根据试样中各组分间分配行为和淌度的差异而实现分离的新型液相分离分析技术。Kang 等[17]建立了多黏菌素 B 的毛细管区带电泳-紫外检测法，方法的检测限为 1.2μg/mL，定量限为 2.3μg/mL。同年，该课题组利用毛细管区带电泳-紫外法检测了黏菌素 A 和 B，检测限为 1.0μg/mL[16]。Injac 等[15]应用毛细管胶束电泳结合紫外检测器检测了饲料中杆菌肽锌的含量，在波长 215nm 处检测到杆菌肽锌，方法的检测限为 4.72mg/L，定量限为 14.27mg/L，回收率为 99.4%～100.6%。CE 具有分离速度快、分离效率高、操作简便、溶剂用量少等优点。但 CE 本身具有毛细管管径窄、进样体积极小以及光程短等特点，导致使用紫外检测时存在较高的检测限，无法满足兽药残留的痕量检测需要。

（2）毛细管电色谱-激发诱导荧光法（capillary electrochromatography coupled with laser induced fluorescence，CEC-LIF）　毛细管电色谱兼具高效液相色谱和毛细管电泳的双重分离机制，对中性物质和带电物质均可分离，尤其是结合灵敏度与选择性极强的激光诱导荧光（LIF）检测技术，检出限极低，对于样品中痕量甚至是超痕量残留药物的分析具有很好的应用前景。雷霄云等[18]以 4-氟-7-硝基-2,1,3-苯并噁二唑（NBD-F）为荧光试剂，建立了 CEC-LIF 检测动物食品中痕量杆菌肽、多黏菌素 B 和黏菌素等环状多肽类抗生素的分析方法。方法的检出限为 0.5～10.0ng/mL，满足目标物最大残留限量的检测要求，方法应用于饲料和牛奶样品的分析，平均回收率为 72.9%～112.4%。

16.6.2　免疫测定方法

16.6.2.1　半抗原设计

杆菌肽和多黏菌素是不能引发特异性抗体产生的低分子量化合物，因此，需要共价连接到载体蛋白上，形成完整的抗原，用于制备特异性抗体。Na 等[131]选择牛血清白蛋白（BSA）和鸡卵清蛋白（OVA）为载体蛋白合成杆菌肽抗原，杆菌肽结构中包含有多个活性较强的游离氨基，采用活泼酯法（EDC/NHS）与蛋白游离的羧基相连，制备杆菌肽免疫原。杆菌肽-BSA 作为免疫原（合成路线见图 16-2），杆菌肽-OVA 作为包被抗原。Li 等[132]分别采用 GA（戊二醛）法和 GMBS［N-(γ-马来酰亚胺丁酰氧基)琥珀酰亚胺］法合成多黏菌素 B 的免疫原多黏菌素 B-BSA 和包被抗原多黏菌素 B-OVA（合成路线见图 16-3）。2021 年，该课题组[9]又用 GA 法和活泼酯法分别合成了黏菌素和杆菌肽的免疫原（黏菌素-BSA、杆菌肽-BSA）以及包被抗原（黏菌素-OVA、杆菌肽-OVA），合成路线见图 16-4。

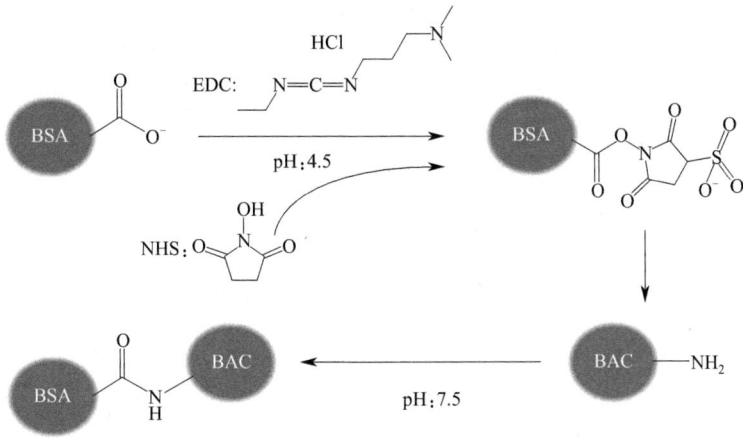

图 16-2　通过 EDC/NHS 方法合成杆菌肽-BSA

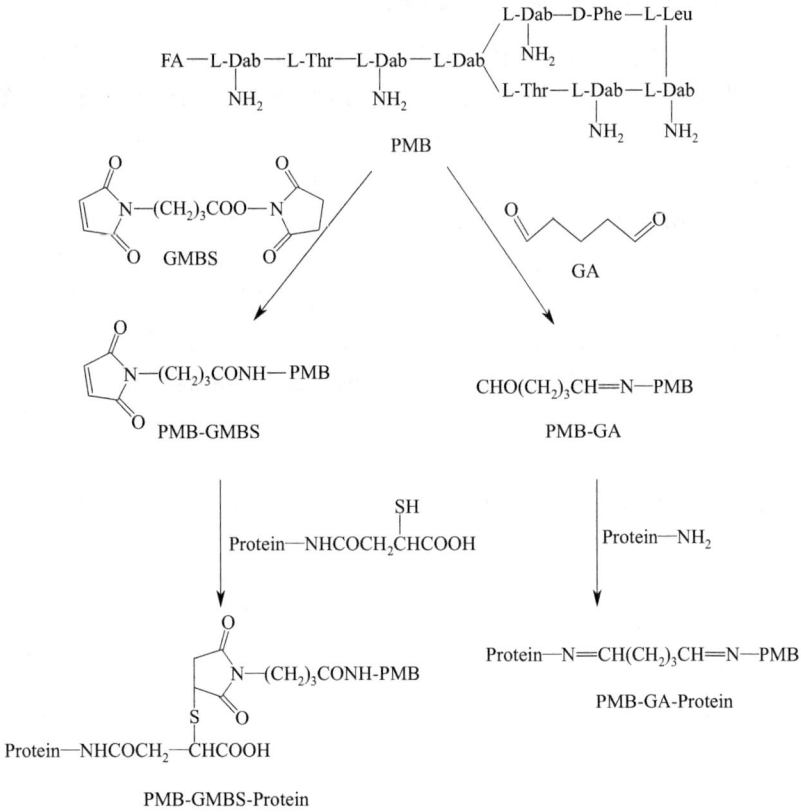

图 16-3　通过 GA 法和 GMBS 法合成多黏菌素 B-BSA

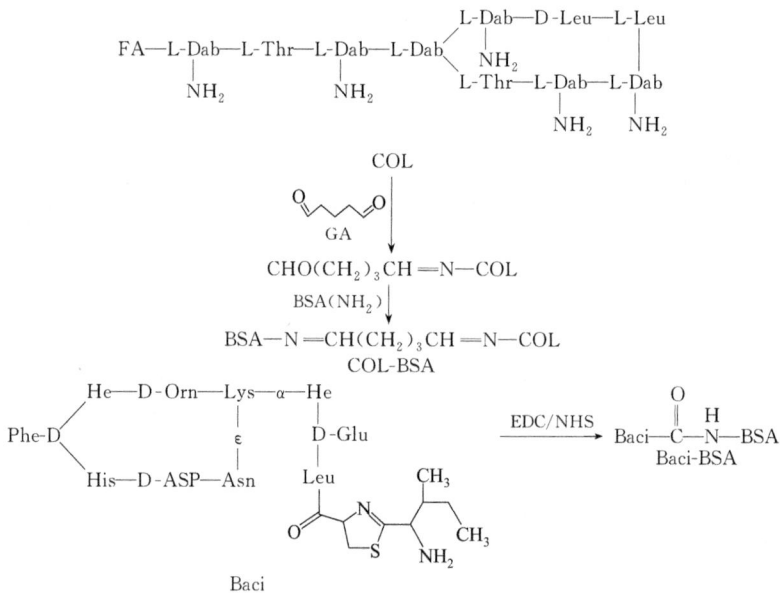

图 16-4　通过 GA 法合成黏菌素-BSA 及活泼酯法合成杆菌肽-BSA

　　Byzova 等[133] 以血蓝蛋白为载体，利用碳二亚胺法制备杆菌肽-血蓝蛋白偶联物。以甲状腺球蛋白作为载体蛋白合成包被抗原，根据 EDC/磺基-NHS 偶联方法制备杆菌肽-甲状腺球蛋白偶联物。Galvidis 等[10] 指出多黏菌素 B 和黏菌素都含有初级氨基，可以作为与蛋白质载体结合的功能基团。然而，它们的显著数量（$n=5$）使特定位置的化学键的形成复杂化。因此，用共轭双功能交联剂［如 GA、双（N-羟基琥珀酰亚胺酯）衍生物或双亚胺酯］是不切实际的。作者通过激活蛋白质的羧基，减少半抗原分子之间可能的交联，从而确保它们直接与多黏菌素 B 的空间有效氨基结合［图 16-5(a)］。类似地，又进行了多黏菌素 B 和黏菌素与高碘酸盐氧化糖蛋白凝胶的选择性结合［图 16-5(b)］。如图 16-5 所示，合成的偶联物是使用蛋白质和半抗原之间的零长度间隔臂形成的。

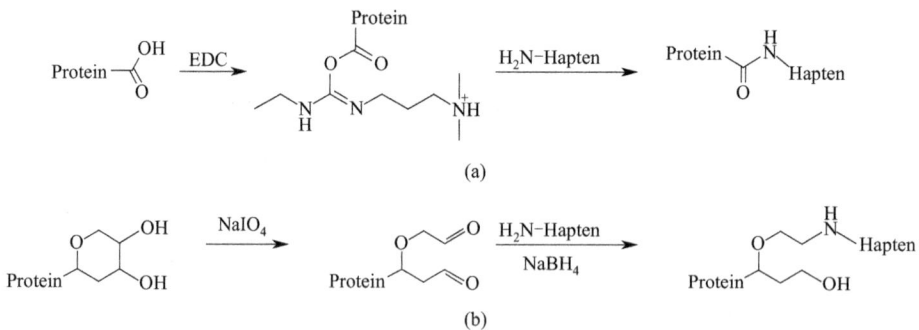

图 16-5　碳二亚胺缩合法（a）和高碘酸盐氧化糖蛋白还原胺化（b）合成共轭抗原

　　Lu 等[11] 通过戊二醛（GA）和羰基二咪唑（CDI）方法在两个不同位置的羟基和氨基上将恩拉霉素 A 偶联到载体蛋白（BSA/OVA）。在用于免疫原 1 的第一种 GA 方法中，蛋白质与空间臂结合，以减少蛋白质分子对恩拉霉素 A 的空间阻碍，使其更容易被淋巴循环系统识别。在用于免疫原 2 的第二种 CDI 方法中，为了避免间隔基产生抗体的影响，恩拉霉素 A 和蛋白质与较短的空间臂结合。以恩拉霉素 A-OVA$_{GA}$ 和恩拉霉素 A-OVA$_{CDI}$ 作为包被抗原。万古霉素含有不同的官能团：羟基、羧基和氨基。因此 Kong 等[134] 分别通过 N-羟基琥珀酰亚胺酯法和羰基二咪唑法制备了免疫原（万古霉素-BSA）和包被原（万古霉素-OVA）。

16.6.2.2　抗体制备

（1）**单克隆抗体**　Li 等[9] 利用免疫复合物免疫小鼠，使用 PEG 进行脾细胞融合试验，最后，通过纯化杂交瘤细胞产生的腹水获得抗黏菌素和杆菌肽的单克隆抗体，使用间接竞争酶联免疫法（ic-ELISA）进行抗血清检测、细胞系筛选和单抗鉴定。分别选择高灵敏度、高选择性抗体，抗黏菌素 IC$_{50}$＝2.7ng/mL，抗杆菌肽 IC$_{50}$＝2.7ng/mL，黏菌素抗体对多黏菌素 B 有微弱的交叉反应（交叉反应率 CR＝10.8%），对其他化合物 CR 均小于 2%，杆菌肽抗体对其他被测化合物 CR 均小于 1%。Na 等[131] 用免疫原免疫小鼠，取脾细胞与 SP2/0 鼠骨髓瘤细胞融合，经筛选和三次克隆，获得最佳单克隆细胞株，并制备单克隆抗体腹水，将腹水用辛酸-饱和硫酸铵法进行纯化。用于开发牛奶中杆菌肽锌的胶体金免疫色谱条检测法。抗体的 IC$_{50}$ 值为 0.59ng/mL，检测范围（IC$_{15}$～IC$_{85}$）为 0.10～3.54ng/mL，对相似化合物的 CR 均小于 0.05%。Wang 等[135] 同样免疫小鼠，经过细胞融合和克隆，获得了 4 个分泌抗黏菌素抗体的杂交瘤。选择可以分泌最低 IC$_{50}$ 值为 10.1ng/mL 的单克隆抗体杂交瘤进行抗体生产，抗体对其他被测化合物 CR 均小于 0.1%。Kong 等[134] 给小鼠注射不同抗原，并用 ic-ELISA 分析其血清，选择血清抗体滴度最高、IC$_{50}$ 最低的小鼠进行细胞融合和杂交瘤细胞筛选，对杂交瘤细胞进行了三次筛选和克隆，将所选细胞系注入小鼠腹腔进行腹水生成，通过辛酸-硫酸铵沉淀法从腹水中纯化单克隆抗体。抗体的 IC$_{50}$ 值为 0.59ng/mL，K_a 值为 $3.65×10^9$L/mol，对去甲万古霉素的 CR 值为 40%，对其他化合物的 CR 值均小于 0.1%。

（2）**多克隆抗体**　Byzova 等[133] 用杆菌肽-血蓝蛋白免疫灰色巨型兔制备杆菌肽的多克隆抗体，用于开发快速检测牛奶中杆菌肽的测流免疫方法，抗体特异性强（CR≤0.2%），IC$_{50}$ 为 10ng/mL。Galvidis 等[10] 用结合牛血清白蛋白的多黏菌素 B 免疫家兔，获得多克隆抗体。基于多黏菌素 B 与高碘化明胶的异源涂层结合物以及由此产生的抗体，建立了一种 ic-ELISA 方法，以检测牛奶和鸡蛋中多黏菌素 B 的结构类似物——黏菌素。所开发的分析方法具有对多黏菌素 B（100%）和黏菌素（88%）的紧密特异性、灵敏度（IC$_{50}$＝5.7ng/mL）。Xu 等[136] 用糖基化牛血清白蛋白（GBSA）偶联的多黏菌素 B 免疫新西兰白兔，获得抗多黏菌素 B 多克隆抗体。建立了 ic-ELISA 和间接竞争性化学发光酶联免疫分析（ic-CLEIA）。在最佳条件下，黏菌素 B 的 IC$_{50}$ 分别为 257.1ng/mL（ic-ELISA）和 250.8ng/mL（ic-CLEIA），抗体对黏菌素有较强的交叉反应（CR＝257.1%），对其他化合物的 CR 均小于 0.01%。

16.6.2.3　免疫分析技术

（1）**酶联免疫法（ELISA）**

① 间接竞争酶联免疫法（ic-ELISA）。Galvidis 等[10] 通过与 BSA 结合的多黏菌素 B 免疫家兔获得多克隆抗体，将多黏菌素 B 与高碘酸钠氧化的明胶结合制备异源包被，建立 ic-ELISA 法，检测牛奶和鸡蛋中黏菌素的残留量。在磷酸盐体系中黏菌素的 LOD 为

0.4ng/mL。检测牛奶和鸡蛋添加样，经过稀释处理后，测得黏菌素回收率达89％～104％。试剂盒具有高特异性，假阳性率为0％。Lu等[11]开发了一种新的基于单克隆抗体的ic-ELISA，用于检测动物可食性组织中的恩拉霉素。所开发的ic-ELISA具有较高的灵敏度（IC_{50}为108.5ng/mL）。加标实验表明，猪肉和鸡肉基质中的LOD分别为144.8μg/kg和98.0μg/kg，平均回收率为72.32％～125.97％。刘宏军等[12]利用杆菌肽单克隆抗体，用ic-ELISA制备检测猪肉、猪肝和牛奶中杆菌肽残留的ELISA试剂盒，试剂盒对猪肉、猪肝和牛奶中杆菌肽残留的LOD分别为20μg/kg、20μg/kg、26μg/kg，检测范围为1.0～81.0μg/L，平均添加回收率70.2％～99.3％。该ELISA试剂盒用于检测杆菌肽残留能够满足残留限量的相关要求，且有灵敏度高、检测快速等特点。

② 间接竞争化学发光酶联免疫法（ic-CLEIA）。Xu等[136]采用糖基化BSA偶联多黏菌素B免疫新西兰大白兔，获得多克隆抗体。基于该多抗建立了测定肉类食品中多黏菌素B残留的ic-ELISA和ic-CLEIA，LOD分别为17.4ng/mL和14.5ng/mL，回收率分别为77.4％～106.1％和84.1％～107.1％，实验结果表明化学发光反应比酶促反应灵敏度更高。

（2）侧流免疫色谱法（LFIA） Li等[9]开发了一种便携式荧光微球侧流免疫传感器同时检测牛奶中的黏菌素和杆菌肽的方法，用荧光微球（FMs）代替传统LFIA中使用的金纳米粒子标记单克隆抗体，可以在几分钟内进行定性和定量分析。基于条带阅读器的半定量检测系统可以检测杆菌肽和黏菌素的下限分别为7.85ng/mL和1.89ng/mL。当杆菌肽和黏菌素的添加浓度在各自的线性范围内时，平均回收率分别为92.5％和105.0％。Byzova等[133]开发了检测牛奶中杆菌肽的LFIA。采用金纳米粒子（GNPs）标记杆菌肽抗体，通过样品中残留物与色谱膜上固定抗原竞争结合金标抗体。仪器检测定量限为1ng/mL，检测时间仅需10min，回收率在75％～140％之间。Li等[137]建立了基于表面增强拉曼散射的侧流免疫传感器来检测牛奶中的黏菌素残留。用拉曼试剂5,5-二硫代-2-硝基苯甲酸修饰GNPs，再标记黏菌素单克隆抗体，制备纳米探针，建立侧流免疫色谱试纸条。通过测定拉曼信号，可实现牛奶样本中黏菌素的定量检测，LOD为0.1ng/mL，回收率为88.1％～112.7％。该方法准确度高，检测时间短，仅需不到20min。但该方法需要测定拉曼信号的大型仪器。Wang等[135]以黏菌素偶联BSA免疫制备单克隆抗体，并开发了检测黏菌素的ELISA和LFIA方法。ELISA法IC_{50}为9.7ng/mL，检测时间需60min。LFIA的LOD为0.87ng/mL，检测时间不到15min。饲料、牛奶和肉类样本的添加回收率为77.83％～113.38％。与ELISA相比，LFIA是一种更快速、更简单、更经济的方法，适用于野外环境中黏菌素的检测。Kong等[134]制备了抗万古霉素的高灵敏度单克隆抗体。在单克隆抗体的基础上发展了ic-ELISA和LFIA。ic-ELISA法对万古霉素的IC_{50}值和LOD值分别为0.59ng/mL和0.06ng/mL，对去甲万古霉素为1.51ng/mL和0.13ng/mL。在LFIA中，万古霉素的可视化检测限（vLOD）值和消线值分别为1ng/mL和2.5ng/mL，去甲万古霉素在优化条件下为5ng/mL和10ng/mL。在原料奶和动物饲料样品中，ic-ELISA的回收率为89.2％～121.6％，vLOD和消线值分别为5～10ng/g和100～200μg/kg。因此，这两种方法对于样品的现场检测和快速大规模筛选都是灵敏、快速和有效的。

（3）胶体金免疫色谱法（GICA） Na等[131]采用GNPs标记杆菌肽锌鼠源单克隆抗体，建立检测牛奶中杆菌肽锌残留的GICA。该方法检测限低，可视化消线值为25ng/mL，LOD为0.82ng/mL，平均回收率为84.3％～96.0％。Li等[132]基于多黏菌素B的单克隆抗体，开发了一种基于 GNPs 的免疫色谱检测试纸条，使用该试纸条检测牛奶和动物饲料样品，vLOD 分别为 25ng/mL 和 500μg/kg，消线值分别为 100ng/mL 与 1000μg/kg。试纸条在 15min 内提供结果，便于快速半定量分析牛奶和动物饲料中的多黏菌素 B 残留。何方洋等[138] 通过制备万古霉素的单克隆抗体，建立了一种快速、灵敏检测牛奶中万古霉素的 GICA，该方法的检测限为 50μg/L，方法操作简单，牛奶样品无须前处理，可直接用于检测，整个过程 10min 内就能得出结果，适合大批量样品的现场快速检测。

16.6.3　其他分析技术

微生物法检测肽类抗生素的原理是依据药物对特异微生物的抑制作用来对样品中抗生素的残留进行定性或定量分析。杯碟法是多肽类抗生素最常用的一种微生物检测方法。微生物检测法操作比较简便，不需要使用大型仪器，样品的用量比较少，成本较低，结果判断简单直观，适合大批量样品的分析。但易受到其他组分的影响，特异性比较差，灵敏度也较低，已经不能满足现代检测的要求。王正彬等[6] 以藤黄微球菌为检测菌种，样品经甲醇-0.1％甲酸水溶液超声提取，旋蒸浓缩，用杯碟法建立水产品可食性组织（草鱼、鳗鲡和对虾肌肉）中杆菌肽残留的测定方法。结果显示：杆菌肽在草鱼肌肉中最低检测限为 0.25μg/g，在对虾和鳗鲡肌肉中最低检测限为 0.50μg/g，均达到了我国农业农村部和欧盟规定的杆菌肽在肌肉组织中的最大残留限量检测要求，回收率为 70.45％～93.44％。2016 年，该课题组又建立了水产品中黏菌素残留的微生物检测法[5]，采用支气管炎鲍特菌为检测指示菌，通过杯碟法测定。样品经甲醇-0.1％甲酸水溶液超声提取，固相萃取柱净化。在草鱼和斑节对虾肌肉中黏菌素的检测限为 100μg/kg，中华鳖和日本鳗鲡中检测限为 75μg/kg，蟹肌肉中检测限为 125μg/kg，均能达到农业农村部规定的限量要求，平均回收率为 70.23％～97.45％。郭桂芳等[7] 建立了一种测定猪可食用组织（肌肉、肾脏、肝脏和皮脂）中杆菌肽残留的微生物学方法，以藤黄微球菌为检测指示菌，采用杯碟法测定。样本经甲醇提取，正己烷除脂，检测限达 410μg/kg，平均回收率为 80.79％～99.25％。顾欣等[8] 研究并建立了微生物学法测定饲料中恩拉霉素含量的方法。饲料样品经酸性甲醇溶液提取，大孔吸附树脂色谱柱吸附洗脱。本方法采用枯草芽孢杆菌为检验菌，杯碟法测定，饲料中恩拉霉素的最低定量限为 0.5mg/kg，平均回收率为 86.0％～97.2％。

参考文献

[1] 刘静, 魏书林, 蒋玲玉, 等. 饲料中多肽类抗生素检测技术的研究进展[J]. 现代畜牧兽医, 2019（02）: 52-57.

[2] 孙兴权, 李哲, 林维宣. 动物源性食品中多肽类抗生素残留检测技术研究进展[J]. 中国食品卫生

杂志, 2008, 20（3）: 263-266.

[3] 刘长顺. 几种多肽类抗生素临床应用的体会[J]. 当代畜牧, 2021（08）: 53-54.

[4] 张金灵, 李琰, 殷明郁, 等. 几种多肽类抗生素添加剂在饲料中的应用研究[J]. 四川畜牧兽医, 2014, 41（02）: 37-38+41.

[5] 王正彬, 刘永涛, 艾晓辉, 等. 微生物法检测水产品中粘杆菌素的残留[J]. 南方水产科学, 2016, 12（03）: 98-105.

[6] 王正彬, 刘永涛, 董靖, 等. 水产品中杆菌肽残留的微生物法检测[J]. 华中农业大学学报, 2015, 34（05）: 105-110.

[7] 郭桂芳, 贺文庆, 李维静, 等. 猪可食性组织中杆菌肽残留量测定的微生物学方法[J]. 中国兽医杂志, 2014, 50（02）: 76-78.

[8] 顾欣, 蔡金华, 刘雅妮, 等. 饲料中恩拉霉素的微生物学含量测定方法研究[J]. 中国兽药杂志, 2008（09）: 17-21.

[9] Li Y, Jin G, Liu L, et al. A portable fluorescent microsphere-based lateral flow immunosensor for the simultaneous detection of colistin and bacitracin in milk[J]. Analyst, 2021, 145（24）: 7884-7892.

[10] Galvidis I A, Eremin S A, Burkin M A. Development of indirect competitive enzyme-linked immunoassay of colistin for milk and egg analysis[J]. Food and Agricultural Immunology, 2020, 31（1）: 424-434.

[11] Lu X Y, Chen G F, Qian Y, et al. Development of a new monoclonal antibody by more active enramycin A and indirect competitive ELISA for the detection of enramycin in edible animal tissues[J]. Food Analytical Methods, 2019, 12（8）: 1895-1904.

[12] 刘宏军, 冯才伟, 王瑟如, 等. 杆菌肽 ELISA 检测试剂盒的研制[J]. 湖南畜牧兽医, 2013（05）: 3-6.

[13] 王小莺, 杨海翠. 薄层色谱法检测饲料中的恩拉霉素[J]. 黑龙江畜牧兽医, 2014（17）: 208-209.

[14] Bossuyt R, Van Renterghem R, Waes G. Identification of antibiotic residues in milk by thin-layer chromatography[J]. J Chromatogr, 1976, 124（1）: 37-42.

[15] Injac R, Kac J, Mlinaric A, et al. Micellar electrokinetic capillary chromatography determination of zinc bacitracin and nystatin in animal feed[J]. J Sep Sci, 2006, 29（9）: 1288-1293.

[16] Kang J, Vankeirsbilck T, Van Schepdael A, et al. Analysis of colistin sulfate by capillary zone electrophoresis with cyclodextrins as additive[J]. Electrophoresis, 2000, 21（15）: 3199-3204.

[17] Kang J W, Van Schepdael A, Orwa J A, et al. Analysis of polymyxin B sulfate by capillary zone electrophoresis with cyclodextrin as additive[J]. Method development and validation. J Chromatogr A, 2000, 879（2）: 211-218.

[18] 雷霄云, 宋云萍, 李茜诺, 等. 毛细管电色谱-激发诱导荧光检测动物性食品中多肽类抗生素[J]. 色谱, 2018, 36（03）: 309-316.

[19] Morales-Munoz S, de Castro M D. Dynamic ultrasound-assisted extraction of colistin from feeds with on-line pre-column derivatization and liquid chromatography-fluorimetric detection[J]. J Chromatogr A, 2005, 1066（1/2）: 1-7.

[20] Capitán-Vallvey L F, Titos A, Checa R, et al. High-performance liquid chromatography determination of Zn-bacitracin in animal feed by post-column derivatization and fluorescence detection[J]. J Chromatogr A, 2002, 943（2）: 227-234.

[21] Capitán-Vallvey L, Navas N, Titos A, et al. Determination of the antibiotic zinc bacitracin in animal food by high-performance liquid chromatography with ultraviolet detection[J]. Chromatographia, 2001, 54（1/2）: 15-20.

[22] Song X, Xie J, Zhang M, et al. Simultaneous determination of eight cyclopolypeptide antibiotics in feed by high performance liquid chromatography coupled with evaporation light scattering detection[J]. J Chromatogr B Analyt Technol Biomed Life Sci, 2018, 1076: 103-109.

[23] 乔颖，袁奎敬，韩凤丽，等．超高效液相色谱-串联质谱法同时测定饲料中6种多肽类抗生素[J]．中国饲料，2022（09）：81-86．

[24] 李莲微，杨晓聪，姚闽娜，等．超高效液相色谱-串联质谱法同时测定动物源性食品中9种多肽类抗生素残留[J]．食品工业科技，2022：1-12．

[25] 谢少冬，王园，范春蕾，等．液质联用法快速分析畜禽肉中多肽类抗生素[J]．中国口岸科学技术，2021，3（12）：79-84．

[26] Bladek T, Szymanek-Bany I, Posyniak A. Determination of polypeptide antibiotic residues in food of animal origin by ultra-high-performance liquid chromatography-tandem mass spectrometry[J]. Molecules, 2020, 25（14）: 3261.

[27] 李敏，王紫纹，刘佳，等．动物性食品样品中多肽类抗菌药物的超高效液相色谱-串联质谱快速测定法[J]．职业与健康，2019，35（24）：3341-3345．

[28] Boison J O, Lee S, Matus J. A multi-residue method for the determination of seven polypeptide drug residues in chicken muscle tissues by LC-MS/MS[J]. Anal Bioanal Chem, 2015, 407（14）: 4065-4078.

[29] Kaufmann A, Widmer M. Quantitative analysis of polypeptide antibiotic residues in a variety of food matrices by liquid chromatography coupled to tandem mass spectrometry[J]. Anal Chim Acta, 2013, 797: 81-88.

[30] Qin F, Zhang H, Liu H, et al. High performance liquid chromatography-quadrupole/time of flight-tandem mass spectrometry for the characterization of components in bacitracin[J]. Chromatographia, 2020, 83（5）: 647-662.

[31] Alvarez E A, Rivera T M. Evaluation of bacitracin and bacitracin methylene disalicylate with carbarsone in the treatment of amebiasis[J]. Antibiot Annu, 1957, 5: 992-995.

[32] 时云朵．杆菌肽锌的研究进展[J]．饲料博览，2018（02）：12-15．

[33] 杨汉博，王峰．新型肽类添加剂——亚甲基水杨酸杆菌肽[J]．饲料工业，2013，34（14）：3．

[34] Qi Z D, Lin Y, Zhou B, et al. Characterization of the mechanism of the Staphylococcus aureus cell envelope by bacitracin and bacitracin-metal ions[J]. J Membr Biol, 2008, 225（1/3）: 27-37.

[35] 周欣，李宝库．杆菌肽的研究进展及应用[J]．科技信息，2010（14）：92-93．

[36] Rabanal F, Cajal Y. Recent advances and perspectives in the design and development of polymyxins[J]. Nat Prod Rep, 2017, 34（7）: 886-908.

[37] 吕永铭，王淑亮，王弋嘉，等．多黏菌素的作用机制及临床应用研究进展[J]．中国老年保健医学，2019，17（06）：95-97．

[38] Cheah S E, Wang J, Nguyen V T, et al. New pharmacokinetic/pharmacodynamic studies of systemically administered colistin against Pseudomonas aeruginosa and Acinetobacter baumannii in mouse thigh and lung infection models: smaller response in lung infection[J]. J Antimicrob Chemother, 2015, 70（12）: 3291-3297.

[39] Li J, Nation R L, Turnidge J D, et al. Colistin: the re-emerging antibiotic for multidrug-resistant Gram-negative bacterial infections[J]. Lancet Infect Dis, 2006, 6（9）: 589-601.

[40] 牛志强，许宏伟．硫酸粘菌素预混剂对仔猪人工诱发大肠杆菌病的疗效试验[J]．国外畜牧学（猪与禽），2008（06）：69-70．

[41] 肖希龙，沈建忠，汤树生，等．硫酸多粘菌素颗粒剂对乳猪大肠杆菌感染的预防和治疗试验[J]．饲料工业，2002（06）：46-47．

[42] 蔡辉益，王俐，刘国华，等．金霉素、粘杆菌素对肉鸡肠道微生物的影响及其与肉鸡核黄素营养的关系研究[J]．动物科学与动物医学，2001（01）：46-49．

[43] 牛志强，马秋刚．硫酸粘菌素预混剂对肉猪前期（体重30～60kg）饲养效果的研究[J]．国外畜牧学（猪与禽），2009，29（05）：71-72．

[44] 姜礼胜，邝哲师，张玲华，等．国产多粘菌素对雏鸡人工感染大肠杆菌的保护[J]．动物科学与动物医学，2002（07）：30-31．

[45] Hansen J L, Moore P B, Steitz T A. Structures of five antibiotics bound at the peptidyl

transferase center of the large ribosomal subunit[J]. J Mol Biol, 2003, 330（5）: 1061-1075.

[46] 李凯年. 维吉尼霉素抗接种球虫疫苗肉鸡试验诱发坏死性肠炎的效果[J]. 中国动物保健, 2013, 15（09）: 85.

[47] Shojadoost B, Peighambari S M, Nikpiran H. Effects of virginiamycin against experimentally induced necrotic enteritis in broiler chickens vaccinated or not with an attenuated coccidial vaccine[J]. The Journal of Applied Poultry Research, 2013, 22（2）: 160-167.

[48] 赵秀花, 赵剑. 速大肥（维吉尼霉素）对断奶仔猪的应用效果[J]. 畜牧与兽医, 2002（12）: 18.

[49] Olson L D, Rodabaugh D E. Evaluation of virginiamycin in feed for treatment and retreatment of swine dysentery[J]. Am J Vet Res, 1977, 38（10）: 1485-1490.

[50] Miller C R, Philip J R, Free S M, et al. Virginiamycin for prevention of swine dysentery[J]. Vet Med Small Anim Clin, 1972, 67（11）: 1246-1248.

[51] Gadde U D, Oh S, Lillehoj H S, et al. Antibiotic growth promoters virginiamycin and bacitracin methylene disalicylate alter the chicken intestinal metabolome[J]. Sci Rep, 2018, 8（1）: 3592.

[52] 赵雅楠, 钱占宇, 苗树君, 等. 维吉尼亚霉素对于奶牛乳酸中毒及瘤胃发酵的调控综述[J]. 中国牛业科学, 2012, 38（03）: 55-59.

[53] Stewart L L, Kim B G, Gramm B R, et al. Effect of virginiamycin on the apparent ileal digestibility of amino acids by growing pigs[J]. J Anim Sci, 2010, 88（5）: 1718-1724.

[54] 万建美, 吕林, 李素芬, 等. 抗生素对肉鸡生长、屠宰性能和肉品质的影响[J]. 中国畜牧杂志, 2010, 46（01）: 48-52.

[55] 郭同军, 王加启, 卜登攀, 等. 日粮中添加维基尼亚霉素对肉牛瘤胃发酵参数及微生物数量的影响[J]. 中国畜牧兽医, 2009, 36（05）: 5-9.

[56] Ives S E, Titgemeyer E C, Nagaraja T G, et al. Effects of virginiamycin and monensin plus tylosin on ruminal protein metabolism in steers fed corn-based finishing diets with or without wet corn gluten feed[J]. J Anim Sci, 2002, 80（11）: 3005-3015.

[57] 陈燕军, 王权, 龚鹏飞. 维吉尼霉素用于提高蛋鸡的生产性能试验[J]. 中国禽业导刊, 2004（17）: 63-64.

[58] 张乐乐, 许激扬, 陈代杰. 链阳菌素的作用机制与细菌耐药性[J]. 世界临床药物, 2009, 30（11）: 684-689.

[59] Kieke A L, Borchardt M A, Kieke B A, et al. Use of streptogramin growth promoters in poultry and isolation of streptogramin-resistant Enterococcus faecium from humans[J]. J Infect Dis, 2006, 194（9）: 1200-1208.

[60] Hershberger E, Oprea S F, Donabedian S M, et al. Epidemiology of antimicrobial resistance in enterococci of animal origin[J]. J Antimicrob Chemother, 2005, 55（1）: 127-130.

[61] Acar J, Casewell M, Freeman J, et al. Avoparcin and virginiamycin as animal growth promoters: a plea for science in decision-making[J]. Clin Microbiol Infect, 2000, 6（9）: 477-482.

[62] Higashide E, Hatano K, Shibata M, et al. Enduracidin, a new antibiotic. I. *Streptomyces fungicidicus* No. B5477, an enduracidin producing organism[J]. The Journal of Antibiotics, 1968, 21（2）: 126-137.

[63] Asai M, Muroi M, Sugita N, et al. Enduracidin, a new antibiotic. II. Isolation and characterization[J]. J Antibiot（Tokyo）, 1968, 21（2）: 138-146.

[64] 李润普, 王焕芳, 于立伟. 恩拉霉素在肉鸡上的应用试验[J]. 北方牧业, 2017（09）: 28.

[65] 殷巧玲. 恩拉霉素在饲料中的应用[J]. 中国饲料添加剂, 2013（3）: 4.

[66] 杜建敏, 李丽, 杜进民. 恩拉霉素在动物生产中的应用[J]. 饲料研究, 2013（01）: 18-20.

[67] 陈洪, 余冰, 陈代文, 等. 日粮中添加恩拉霉素对仔猪生产性能和肠道菌群的影响[J]. 中国畜牧杂志, 2010, 46（19）: 42-47.

[68] 罗亚波, 邹成义, 陈洪, 等. 日粮中添加及停用恩拉霉素对断奶仔猪生长性能和消化吸收功能的影响[J]. 动物营养学报, 2010, 22（01）: 139-144.

[69] 高艳江, 张勇. 多肽类饲料添加剂——恩拉霉素[J]. 饲料博览, 2010（04）: 32-35.

[70] 卜仕金 . 多肽类抗生素饲料添加剂——安来霉素[J]. 中国兽医杂志, 2003 (04): 48-50.

[71] 张虹, 方昱, 李英, 等 . 反相高效液相色谱法测定临床联合用药时血浆中万古霉素浓度[J]. 药物分析杂志, 2008, 28 (04): 591-594.

[72] Moellering R C, Vancomycin: a 50-year reassessment[J]. Clin Infect Dis, 2006, 42: S3-S4.

[73] Barna J C, Williams D H. The structure and mode of action of glycopeptide antibiotics of the vancomycin group[J]. Annu Rev Microbiol, 1984, 38: 339-357.

[74] 王丽娜, 姜德平, 何为, 等 . 万古霉素在动物性食品中残留的风险评价[J]. 现代畜牧兽医, 2013 (09): 50-52.

[75] Ikai Y, Oka H, Hayakawa J, et al. Total structures and antimicrobial activity of bacitracin minor components[J]. J Antibiot (Tokyo), 1995, 48 (3): 233-242.

[76] Poirel L, Jayol A, Nordmann P. Polymyxins: antibacterial activity, susceptibility testing, and resistance mechanisms encoded by plasmids or chromosomes[J]. Clin Microbiol Rev, 2017, 30 (2): 557-596.

[77] Nation R L, Velkov T, Li J. Colistin and polymyxin B: peas in a pod, or chalk and cheese? [J]. Clin Infect Dis, 2014, 59 (1): 88-94.

[78] Orwa J A, Govaerts C, Busson R, et al. Isolation and structural characterization of colistin components[J]. J Antibiot (Tokyo), 2001, 54 (7): 595-599.

[79] Tam V H, Cao H, Ledesma K R, et al. In vitro potency of various polymyxin B components [J]. Antimicrob Agents Chemother, 2011, 55 (9): 4490-4491.

[80] Crooy P, De Neys R. Virginiamycin: nomenclature[J]. J Antibiot (Tokyo), 1972, 25 (6): 371-372.

[81] 高蕊, 王霄旸, 李继东, 等 . 超高效液相色谱-串联质谱法测定鹅可食用组织中维吉尼亚霉素 M_1 的残留量[J]. 中国动物传染病学报, 2021, 29 (5): 99-108.

[82] Iwasaki H, Horii S, Asai M, et al. Enduracidin, a new antibiotic. Ⅷ. Structures of enduracidins A and B[J]. Chemical & Pharmaceutical Bulletin, 2008, 21 (6): 1184-1191.

[83] Castiglione F, Marazzi A, Meli M, et al. Structure elucidation and 3D solution conformation of the antibiotic enduracidin determined by NMR spectroscopy and molecular dynamics[J]. Magn Reson Chem, 2005, 43 (8): 603-610.

[84] 韩峰, 杨光昕, 张璇, 等 . 万古霉素和去甲万古霉素检测方法研究进展[J]. 食品安全质量检测学报, 2017, 8 (09): 3414-3419.

[85] 国家药典委员会 . 中华人民共和国药典[M]. 2020 年版 . 北京: 中国医药科技出版社, 2020.

[86] Brisbin J T, Gong J, Lusty C A, et al. Influence of in-feed virginiamycin on the systemic and mucosal antibody response of chickens[J]. Poult Sci, 2008, 87 (10): 1995-1999.

[87] 仝倩倩, 李亚亮, 王顺昌, 等 . 禽畜抗生素维吉尼亚霉素研究进展[J]. 辽宁大学学报 (自然科学版), 2020, 47 (02): 188-192.

[88] 闫明 . 维吉尼亚霉素的研究进展[J]. 湖北畜牧兽医, 2014, 35 (09): 70-72.

[89] Siewert G, Strominger J L. Bacitracin: an inhibitor of the dephosphorylation of lipid pyrophosphate, an intermediate in the biosynthesis of the peptidoglycan of bacterial cell walls[J]. Proc Natl Acad Sci U S A, 1967, 57 (3): 767-773.

[90] Smith J L, Weinberg E D. Mechanisms of antibacterial action of bacitracin[J]. J Gen Microbiol, 1962, 28: 559-569.

[91] Ciesiolka J, Jezowska-Bojczuk M, Wrzesinski J, et al. Antibiotic bacitracin induces hydrolytic degradation of nucleic acids[J]. Biochim Biophys Acta, 2014, 1840 (6): 1782-1789.

[92] Dickerhof N, Kleffmann T, Jack R, et al. Bacitracin inhibits the reductive activity of protein disulfide isomerase by disulfide bond formation with free cysteines in the substrate-binding domain[J]. FEBS J, 2011, 278 (12): 2034-2043.

[93] Velkov T, Roberts K D, Nation R L, et al. Pharmacology of polymyxins: new insights into an' old' class of antibiotics[J]. Future Microbiol, 2013, 8 (6): 711-724.

[94] Sahalan A Z, Dixon R A. Role of the cell envelope in the antibacterial activities of polymyxin

B and polymyxin B nonapeptide against Escherichia coli[J]. Int J Antimicrob Agents, 2008, 31（3）: 224-227.

[95] Butaye P, Devriese L A, Haesebrouck F. Antimicrobial growth promoters used in animal feed: effects of less well known antibiotics on gram-positive bacteria[J]. Clin Microbiol Rev, 2003, 16（2）: 175-188.

[96] Cocito C. Antibiotics of the virginiamycin family, inhibitors which contain synergistic components[J]. Microbiol Rev, 1979, 43（2）: 145-192.

[97] Cocito C, Voorma H O, Bosch L. Interference of virginiamycin M with the initiation and the elongation of peptide chains in cell-free systems[J]. Biochim Biophys Acta, 1974, 340（3）: 285-298.

[98] Parfait R, de Bethune M P, Cocito C. A spectrofluorimetric study of the interaction between virginiamycin S and bacterial ribosomes[J]. Mol Gen Genet, 1978, 166（1）: 45-51.

[99] Fang X, Tiyanont K, Zhang Y, et al. The mechanism of action of ramoplanin and enduracidin[J]. Mol Biosyst, 2006, 2（1）: 69-76.

[100] 白玉国, 张爱琴. 万古霉素的作用机制及耐药机制: 2003年北京地区药学学术年会论文集[C]. 北京. 2003: 197-199.

[101] 陈丽华, 高志成. 万古霉素的药学和临床研究概述[J]. 河北医药, 2003（08）: 623-624.

[102] 陈吉红, 庞玉红, 郭荣富. 杆菌肽锌在畜禽中的应用及其安全性评价[J]. 中国饲料, 2004（09）: 28-29+33.

[103] 丘建华, 白峰. 多粘菌素（Polymyxins）研究现状及应用[J]. 福建畜牧兽医, 2000（02）: 20.

[104] 周艳, 方静, 李英伦. 粘杆菌素研究及其应用[J]. 中国饲料, 2006（16）: 15-17.

[105] 胥传来, 陈雨汐, 匡华, 等. 一株维吉尼亚霉素单克隆抗体杂交瘤细胞株 YSL 及其应用[J]. CN110616196A[P]. 2019-12-27.

[106] 周岷江, 严玉宝, 胡娟, 等. 恩拉霉素的研究进展[J]. 中国兽药杂志, 2007（12）: 42-44.

[107] 谢明权, 吴惠贤, 张健, 等. Enramycin 在鸡体内残留分析研究[J]. 畜牧兽医学报, 1995（02）: 181-185.

[108] 李彦博, 王玮, 贾立华, 等. 万古霉素与肝事件风险 Meta 分析[J]. 中国药物与临床, 2012, 12（3）: 325-330.

[109] 刘晓东, 原思佳. 万古霉素与去甲万古霉素不良反应文献分析[J]. 药物流行病学杂志, 2010, 19（9）: 531-533.

[110] Finch R G, Eliopoulos G M. Safety and efficacy of glycopeptide antibiotics[J]. J Antimicrob Chemother, 2005, 55: 5-13.

[111] Dieterich C, Puey A, Lin S, et al. Gene expression analysis reveals new possible mechanisms of vancomycin-induced nephrotoxicity and identifies gene markers candidates[J]. Toxicol Sci, 2009, 107（1）: 258-269.

[112] 鱼爱和, 聂昭华, 孙光. 万古霉素相关的致肾衰危险因素与预防[J]. 中国药师, 2008, 11（10）: 1253-1254.

[113] 徐立, 李春荣, 梁爱民. 去甲万古霉素致白血病患者急性肾损害[J]. 药物不良反应杂志, 2009, 11（2）: 129.

[114] 王聪, 赵晓宇, 张会亮, 等. 中国与国际食品法典委员会动物食品兽药残留标准的比对分析[J]. 食品安全质量检测学报, 2020, 11（19）: 7164-7169.

[115] 张明. UPLC/MS/MS 法测定猪肉中万古霉素残留量[J]. 现代畜牧兽医, 2019（03）: 7-11.

[116] 聂贞, 全家兴, 王美红, 等. 兔可食性组织中杆菌肽残留量 HPLC-MS/MS 测定方法[J]. 中国兽药杂志, 2021, 55（03）: 38-48.

[117] 高嫣珺, 聂贞, 聂雅, 等. 杆菌肽在动物可食性组织和禽蛋中残留的 HPLC-MS/MS 检测方法[J]. 中国兽药杂志, 2022, 56（03）: 20-34.

[118] 赵静, 郭自国, 李琛, 等. 高效液相色谱-串联质谱法快速测定小龙虾中去甲万古霉素和杆菌肽[J]. 农产品质量与安全, 2020（06）: 79-82.

[119] 杜业刚, 阳洪波, 古丽君, 等. UPLC-MS/MS 法同时测定动物源性食品中 8 种多肽类抗生素

[J].食品工业科技，2016，37（8）：7.

[120] Kumar H, Kumar D, Nepovimova E, et al. Determination of colistin B in chicken muscle and egg using ultra-high-performance liquid chromatography-tandem mass spectrometry[J]. Int J Environ Res Public Health, 2021, 18（5）: 2651.

[121] Liu T, Zhang C, Zhang F, et al. Sensitive determination of four polypeptide antibiotic residues in milk powder by high performance liquid chromatography-electrospray tandem mass spectrometry[J]. Chromatographia, 2019, 82（10）: 1479-1487.

[122] 杜鑫. 超高效液相色谱-串联质谱测定鸡肉中恩拉霉素残留量[J]. 云南师范大学学报（自然科学版），2019，39（01）：51-56.

[123] 杜鑫，苏旭，李国烈，等. 超高效液相色谱-串联质谱测定猪肉中恩拉霉素残留量[J]. 当代畜牧，2018（27）：35-36.

[124] 刘佳佳，金芬，佘永新，等. 液相色谱-串联质谱法测定牛奶中 5 种多肽类抗生素[J]. 分析化学，2011，39（05）：652-657.

[125] 张艳，付岩，吴银良. 液相色谱-串联质谱法快速测定猪肝脏中恩拉霉素残留量[J]. 分析测试学报，2020，39（04）：537-541.

[126] 陈竹. 高效液相色谱串联质谱测定鸡、猪肉中万古霉素[J]. 广州化工，2020，48（17）：77-79.

[127] 李欣，马宁宁，丁利营，等. SPE 结合超高效液相色谱-质谱/质谱仪测定鸡蛋中的万古霉素和去甲万古霉素残留量[J]. 食品工业科技，2019，40（19）：245-250.

[128] Tao Y, Xie S, Zhu Y, et al. Analysis of major components of bacitracin, colistin and virginiamycin in feed using matrix solid-phase dispersion extraction by liquid chromatography-electrospray ionization tandem mass spectrometry[J]. Journal of Chromatographic Science, 2018, 56（3）: 285-291.

[129] Song X, Huang Q, Zhang Y, et al. Rapid multiresidue analysis of authorized/banned cyclopolypeptide antibiotics in feed by liquid chromatography-tandem mass spectrometry based on dispersive solid-phase extraction[J]. J Pharm Biomed Anal, 2019, 170: 234-242.

[130] Wang X, Wang M, Zhang K, et al. Determination of virginiamycin M_1 residue in tissues of swine and chicken by ultra-performance liquid chromatography tandem mass spectrometry[J]. Food Chem, 2018, 250: 127-133.

[131] Na G, Hu X, Yang J, et al. Colloidal gold-based immunochromatographic strip assay for the rapid detection of bacitracin zinc in milk[J]. Food Chem, 2020, 327: 126879.

[132] Li Y, Liu L, Song S, et al. A rapid and semi-quantitative gold nanoparticles based strip sensor for polymyxin B sulfate residues[J]. Nanomaterials（Basel），2018, 8（3）: 144.

[133] Byzova N A, Serchenya T S, Vashkevich I I, et al. Lateral flow immunoassay for rapid qualitative and quantitative control of the veterinary drug bacitracin in milk[J]. Microchemical Journal, 2020, 156: 104884.

[134] Kong D, Xie Z, Liu L, et al. Development of ic-ELISA and lateral-flow immunochromatographic assay strip for the detection of vancomycin in raw milk and animal feed[J]. Food & Agricultural Immunology, 2017, 28（3）: 414-426.

[135] Wang J, Zhou J, Chen Y, et al. Rapid one-step enzyme immunoassay and lateral flow immunochromatographic assay for colistin in animal feed and food[J]. J Anim Sci Biotechnol, 2019, 10: 82.

[136] Xu L, Burkin M, Eremin S, et al. Development of competitive ELISA and CLEIA for quantitative analysis of polymyxin B[J]. Food Analytical Methods, 2019, 12（6）: 1412-1419.

[137] Li Y, Tang S, Zhang W, et al. A surface-enhanced Raman scattering-based lateral flow immunosensor for colistin in raw milk[J]. Sensors & Actuators B Chemical, 2019, 282: 703-711.

[138] 何方洋，罗晓琴，张禹，等. 牛奶中万古霉素残留的胶体金免疫层析法测定试验[J]. 黑龙江畜牧兽医，2013（15）：82-84+193.

第 17 章
抗病毒药物
金刚烷胺、
金刚乙胺、
利巴韦林残
留分析

17.1

金刚烷胺与金刚乙胺

金刚烷胺，是最早用于抑制流感病毒的抗病毒药。美国于1966年批准其作为预防药，并于1976年在预防药的基础上确认其为治疗药，该药对成年患者的疗效及安全性已得到广泛认同。但治疗剂量与产生副作用的剂量很接近，对高龄者及有慢性心肺疾病或肾脏疾病者的剂量和给药计划很难确定，因此尚未在临床上推广应用。在日本，金刚烷胺一直作为帕金森病的治疗药，直到1998年才被批准用于流感病毒A型感染性疾病的治疗。金刚乙胺（rimantadine）原料药被列为流感防治国家储备药品。金刚乙胺可抑制流感病毒株的复制，是预防流感和进行流感早期治疗的优势药物，2005年8月，中国卫生部颁发的《人禽流感诊疗方案（2005版）》中，金刚乙胺作为抗病毒治疗方案选用药物位列其中。

金刚烷胺是美国FDA所批准的抗病毒和抗帕金森病药。金刚乙胺与金刚烷胺有着相似的结构和性质。根据美国疾病控制与预防中心的数据，100%的季节性H3N2流感和2009年H1N1流感大流行的流感病毒样本对金刚烷胺有耐药性。在美国，金刚烷胺不再被推荐作为感冒药。另外，金刚烷胺抗帕金森病的效果仍不确定，2003年，Cochrane Review指出没有充分的证据证明金刚烷胺抗帕金森病的效果和安全性。

17.1.1 结构与性质

金刚烷胺，化学式为$C_{10}H_{17}N$，为环状四面体碳氢化合物，高度对称的多环笼状烃类化合物，化学性质稳定，光稳定性好，润滑力好，易升华，无毒、无味，不溶或微溶于水，溶于氯仿，极度亲油，天然存在于石油中。其属于烃类家族中的成员之一，结构中由十个碳原子构成环状的四面体结构，整个体系周正对称，且高度稳定，呈笼状，它的基本碳骨架类似于金刚石的一个晶格的结构，金刚烷胺分子中的碳碳键之间的夹角为109.5°，碳碳键的键长为0.154nm，键长与金刚石也比较接近。金刚烷胺在常温常压下是具有樟脑气味的无色无味无毒的晶状固体，其分子量为136.23，密度为$1.07g/cm^3$，体积热值为47.38MJ/L，燃烧热值高达50.7MJ/L。金刚烷的基本组成单元具有典型无畸变的椅式构型，其环状体系具有高度的刚性和对称性，且不存在任何形式的角张力和环张力。独特的结构使金刚烷胺具有以下特点：①分子应变能力较低，热稳定性良好，熔点高（2178℃）；②分子与分子间作用力较弱，润滑性良好，且易升华；③结构紧凑，密度大，燃烧热值高；④无毒性、无味，脂溶性良好；⑤具有亲油性，不溶于水，可溶解于大多数有机溶剂，且在非极性有机溶剂中的溶解度较大。金刚烷胺的化学性质稳定，一般情况下不与高锰酸钾及硝酸等强氧化性物质发生反应，但其分子结构中的氢原子会与其他基团发生亲核或亲电取代反应，其分子会发生骨架重排、氧化和烷基化等反应，生成金刚烷类衍生物。另外，在一定条件下，金刚烷胺分子也会发生异构化、烷基化、氧化等类型的化学反应，使得金刚烷胺及其衍生物在医药、农药、汽车尾气处理、感光材料、功能性高分子材料、润滑油、催化剂、表面活性剂等诸多领域得以广泛应用，目前最为主要的应用是在医药、汽车尾气处理、感光材料等领域，被誉为新一代精细化工原料。

金刚乙胺是用于研究的金刚烷胺类似物，其治病谱和作用机制与金刚烷胺相似。金刚乙胺为白色结晶性粉末，呈弱碱性，熔点大于 300℃；室温条件下易溶于盐酸盐（20℃时溶解度为 50mg/mL），在水中溶解度为 296mg/L。

17.1.2　药学机制

金刚烷胺属于离子通道 M2 阻滞剂类药物，它的主要作用是能够影响病毒早期阶段的复制。它的作用原理是通过阻断或者抑制宿主细胞内的 RNA 病毒，使其发生脱壳。具体的过程是病毒在复制的过程中，通过蛋白水解酶的作用，使得血凝素裂解开，再通过酸化过程打开血凝素，最后完成病毒的复制。而作为抗病毒药物的金刚烷胺能使酸化作用停止，最终抑制病毒的复制。金刚烷类化合物除了能够抵抗抗流感病毒外，对其他病毒也有较好的效果。

金刚烷胺治疗帕金森病的作用机制尚不清楚，可能与其促进纹状体内多巴胺能神经末梢释放多巴胺（DA），并加强中枢神经系统的多巴胺与儿茶酚胺的作用，增加神经元的多巴胺含量有关。动物实验亦证明，使用金刚烷胺后动物脑内的多巴胺释放增加。金刚烷胺还是抗 RNA 病毒的抗病毒药，其作用机制也不完全清楚。其可阻止 RNA 病毒穿透宿主细胞。如果病毒已穿透宿主细胞，还能阻止病毒的脱壳和释放核酸，干扰病毒的早期复制。此外，尚可封闭宿主细胞膜上的病毒通道，阻止病毒穿入人体细胞。在组织培养中，金刚烷胺能防止黏液病毒、副黏液病毒的感染，对体外弹状病毒也有效。然而在临床上仅对 A 型流感病毒有作用。虽然所有最新的天然流感 A 型病毒对金刚烷胺都敏感，但在组织培养中，可观察到接触金刚烷胺的病毒株有耐药突变的现象。其耐药机制是 RNA 突变。临床上金刚烷胺没有抗 B 型流感病毒和副流感病毒的作用。

金刚乙胺的作用机制尚不完全清楚。金刚乙胺似乎在病毒复制周期的早期发挥其抑制作用，可能抑制病毒的脱壳。甲型流感 M2 基因编码的蛋白质可能在金刚乙胺敏感性中起重要作用。金刚乙胺属离子通道 M2 阻滞剂，仅对 A 型流感病毒有效。适用于 A 型流感病毒所致的呼吸道感染。其可抑制病毒的增殖，预防和治疗作用兼有，可能是抑制病毒颗粒在宿主细胞中脱壳和在病毒复制早期发挥作用，对其他型流感仅有微弱作用。金刚乙胺是一种具有笼形结构的胺类广谱抗病毒药，口服吸收良好，能影响细胞及溶酶体膜，使病毒核酸不能脱壳。此外，还可以阻止病毒进入细胞，其特点是干扰病毒的早期复制。金刚乙胺为金刚烷胺的衍生物，作用与金刚烷胺类似。金刚乙胺抗甲型流感病毒的作用比金刚烷胺强 4~10 倍，且抗病毒谱广，毒性低，半衰期为 24~36h。当血浓度达 1mg/L 时，多数甲型流感病毒被抑制。其可用于成人甲型流感的防治以及儿童甲型流感的预防。常用量为 200mg/d，分 1~2 次口服，疗程同金刚烷胺。甲型流感病毒可对此药产生交叉耐药性。耐药病毒的传播主要为预防用药失败所造成。金刚乙胺似不抑制病毒吸附或穿入，但可能通过抑制病毒核糖核蛋白释放 M 蛋白而干扰病毒脱去外膜。金刚乙胺作用于具有高度保守性的病毒 M 通道，已经应用了三十多年。流行病学表明：不同地域病毒株敏感性存在较大差异，金刚烷胺类对来自柬埔寨、泰国和越南的菌株有抵抗，但来自中国、印度尼西亚、蒙古国、俄罗斯、土耳其等国家的 H5N1 样本病毒均显示对金刚烷胺仍然敏感。

17.1.3　毒理学

据报道，过量服用金刚烷胺会导致死亡。报告的最低急性致死剂量为 2g。药物过量可导致心脏、呼吸、肾脏或中枢神经系统毒性。心脏功能障碍包括心律失常、心动过速和高血压。已有肺水肿和呼吸窘迫（包括急性呼吸窘迫综合征）相关报告。已报道的中枢神经系统影响包括失眠、焦虑、攻击性行为、肌张力亢进、运动过度、震颤、精神错乱、定向障碍、人格解体、恐惧、谵妄、幻觉、精神病反应、嗜睡和昏迷。有癫痫病史的患者可能会加重癫痫发作。在发生药物过量的情况下也观察到过热。金刚烷胺是一种伯胺，具有抗病毒和多巴胺能活性。金刚烷胺与临床上明显的肝损伤无关。

金刚乙胺与临床上明显的肝损伤也无关。大鼠经口服用金刚乙胺后 LD_{50} 为 640mg/kg。猪流感（H1N1）病毒包含独特的基因片段组合，这些基因片段以前在美国或其他地方的猪或人流感病毒中未曾报道过。H1N1 病毒对金刚烷胺和金刚乙胺耐药，但对奥司他韦或扎那米韦没有耐药性。与金刚烷胺相比，通常剂量的金刚乙胺的中枢神经系统不良反应（如紧张、焦虑、注意力不集中、头晕）较少见，部分原因可能是药物的药代动力学差异。在一项为期 6 周的研究中，每天 200mg 预防性剂量的金刚乙胺盐酸盐或金刚烷胺盐酸盐在健康成人中进行，接受相应药物的患者中约有 6% 或 13% 的患者因中枢神经系统不良反应而停止治疗，而接受安慰剂的患者中这一比例约为 4%。虽然接受金刚烷胺的患者出现神经精神疾病（如谵妄、明显的行为改变）或精神运动功能障碍，但在接受金刚乙胺的患者中尚未报告这些影响。

17.1.4　国内外残留限量要求

中国、欧盟、美国全部禁用该类药物。

17.1.5　样品处理方法

17.1.5.1　样品类型

样品包括鸡组织、鸡蛋、牛奶、海带、海水、饲料、畜禽粪便、蜂蜜等。

17.1.5.2　样品制备与提取

Wang 等[1] 首次开发了一种有效的样品预处理方法，随后采用液相色谱串联质谱（LC-MS/MS）方法同时测定蜂蜜中的利巴韦林、吗啉胍、金刚烷胺、金刚乙胺和美金刚等五种抗病毒药物残留。为了吸附具有不同结合特性的分析物并克服糖和尿苷作为蜂蜜中内源性利巴韦林结构类似物的干扰，目标药物用 1% 甲酸萃取，然后使用苯硼酸固相萃取柱纯化，在 LC-MS/MS 分析之前进行分步捕获。该方法通过对杂花、柑橘、荆条、油菜、金合欢、向日葵、椴、荞麦、大枣等九种花源蜂蜜样品进行多级加标验证，回收率在 82.46%～116.34% 之间，相对标准偏差（RSD）小于 14.58%。吗啉胍、利巴韦林、金刚烷胺、金刚乙胺和美金刚的检测限和定量限分别为 0.1～2μg/kg 和 0.2～5μg/kg。蜂蜜中五种抗病毒药物在不同储存和加工温度下的消耗实验表明，吗啉胍可潜在地用作治疗蜜蜂中囊病的药物。

Chen 等[2] 展示了一种用于提取鸡肌肉中的金刚烷胺类药物（金刚烷胺、金刚乙胺和美金刚）的新型分散微固相萃取（DMSPE）方法。以 1％酸性乙腈为提取溶剂，从鸡肌肉中提取金刚烷胺类药物。使用磁性阳离子交换聚合物作为吸附剂，通过 DMSPE 技术从分析物中清除脂肪基质。该方法的检测限为 0.03μg/kg，金刚烷胺类药物的分析物回收率为 87.2％～109.3％。

Zhang 等[3] 进行了色谱柱比较和快速预处理开发。基于亲水相互作用超高效液相色谱和串联质谱的快速、简便、廉价、有效、耐用、安全的预处理方法，建立了鸡肌肉中五种抗病毒药物的高通量分析方法。研究了 HSS T3 色谱柱、BEH HILIC 色谱柱和 BEH Amide 色谱柱，比较了它们的化学功能和色谱分离效果。选择 BEH Amide 柱在亲水相互作用色谱模式下进行质谱分析。首先，考虑了在肌肉样品中不添加 $MgSO_4$ 和 NaCl 的不同策略。然后，比较乙腈中不同浓度的甲酸、乙酸和氨，以获得更好的提取效率。研究了九种吸附剂（C_{18}、PSA、NH_2、Florisil、Alumina-B、Alumina-N、PestiCarb、NANO 和 NANO-NH_2）。优化的程序包括使用含 10％乙酸的乙腈溶液作为萃取溶剂，使用 NANO-NH_2 进行净化。该方法灵敏，金刚烷胺、金刚乙胺、阿昔洛韦、利巴韦林和吗丁啉的检出限分别为 0.517μg/kg、0.50μg/kg、0.30μg/kg、2.22μg/kg 和 0.51μg/kg，成功应用于常规检测鸡样品中的抗病毒药物。

Wu 等[4] 使用多壁碳纳米管（MWCNT）作为反分散固相萃取材料与超高液相色谱串联质谱相结合的改进的 QuEChERS 方法同时测定鸡肌肉中的金刚烷胺、金刚乙胺和美金刚。在优化条件下，三种加标水平（0.5μg/kg、1.0μg/kg 和 1.5μg/kg）的三种药物在鸡肌肉中的回收率为 91.78％～104.17％，变异系数（CV）为 18％～17.4％，CCα 和 CCβ 分别为 0.15～0.20μg/kg 和 0.20～0.25μg/kg。

17.1.5.3　样品净化方法

Wu 等[5] 开发了一种细胞内净化加压液体提取物来分析畜禽粪便中禁用抗病毒药物的方法，提取和净化集成为一个步骤。使用甲醇-乙腈（1∶1，体积比）和 0.5％冰醋酸在 90℃下进行萃取，萃取过程中使用 0.75g PSA 作为吸附剂。在最佳条件下，11 种抗病毒药物在三个加标水平（20μg/kg、40μg/kg 和 100μg/kg）的平均回收率为 71.5％～112.5％。十一种抗病毒药物的分析方法的检测限和定量限分别为 0.17～1.4μg/kg 和 1.4～4.7μg/kg。最后以鸭口服两种抗病毒药物的实验为基础，应用该方法分析鸭粪中的金刚烷胺、奥司他韦及其代谢物奥司他韦酸。在口服金刚烷胺和奥司他韦后约 4 周内，可在粪便中检测到金刚烷胺、奥司他韦和奥司他韦酸。

Zhang 等[3] 使用 NANO-NH_2 进行净化。迄今为止，NANO-NH_2 尚未应用于其他基质和污染物分析中。所开发的方法提供了良好的准确度、精密度和可接受的基质效应。

含部分抗病毒药物样品的提取与净化见表 17-1。

表 17-1　含部分抗病毒药物样品的提取与净化

样品	提取药物	提取/萃取	净化/纯化	回收率	文献
蜂蜜	利巴韦林、吗啉胍、金刚烷胺、金刚乙胺和美金刚	1％甲酸	苯硼酸固相萃取柱	82.46％～116.34％	[1]

样品	提取药物	提取/萃取	净化/纯化	回收率	文献
鸡肌肉	金刚烷胺、金刚乙胺和美金刚	1%酸性乙腈	磁性阳离子交换聚合物	87.2%～109.3%	[2]
鸡肌肉	金刚烷胺、金刚乙胺、阿昔洛韦、利巴韦林和吗啉胍	10%乙酸乙酯	NANO-NH$_2$（纳米材料）	—	[3]
鸡肌肉	金刚烷胺、金刚乙胺和美金刚	多壁碳纳米管	—	91.78%～104.17%	[4]
畜禽粪便	金刚烷胺、奥司他韦及其代谢物奥司他韦酸	甲醇-乙腈（1∶1，体积比）和0.5%冰醋酸	0.75g N-丙基乙二胺	71.5%～112.5%	[5]
鸡蛋	金刚烷胺、金刚乙胺和美金刚	0.2%甲酸乙腈	PRiME HLB固相萃取柱	89.9%～109.5%	[48]
鸡蛋、鸡肉、牛肉、猪肉和猪肝	金刚烷胺和金刚乙胺	乙酸-乙腈溶液（1∶100）	75mg N-丙基乙二胺吸附剂和75mg反相硅胶键合吸附剂	76.5%～108.3%	[49]
海带和海水	金刚烷胺	含1%甲酸的乙腈	10.0g无水硫酸钠、0.50g C$_{18}$和0.50g N-丙基乙二胺粉末	海带:73.5%～95.8% 海水:75.8%～93.4%	[6]
蜂蜜	金刚烷胺和金刚乙胺	1%甲酸乙腈	—	80%～110%	[51]
饲料	金刚烷胺和金刚乙胺	—	混合阳离子交换（MCX）固相萃取柱	76.1%～112%	[7]
饲料	7种喹诺酮类、5种青霉素、8种大环内酯类、2种林可酰胺、4种四环素、13种磺胺类和3种金刚烷胺	乙腈和0.1%甲酸	PRiME HLB纯化和浓缩	65.8%～104.4%	[8]
炸鸡、煎鹌鹑蛋和烤鸡	金刚烷胺、金刚乙胺和美金刚	—	—	79.9%～91.5%	[9]
鸡肌肉	金刚烷胺和金刚乙胺	1%乙酸乙腈	C$_{18}$吸附剂	—	[10]

注："—"表示文章未提及。

17.1.6　残留分析技术

17.1.6.1　仪器测定方法

（1）色谱法　李占彬等[11]建立了同时测定鸡蛋中金刚烷胺、金刚乙胺和美金刚残留量的超高效液相色谱-串联质谱的检测方法。样品经0.2%甲酸乙腈水溶液提取，用PRiME HLB固相萃取柱净化，通过超高效液相色谱C$_{18}$反向色谱柱分离，正离子多反应监测模式下分析，内标法定量。结果显示，这几种药物在0.025～5.00μg/L的质量浓度范围内线性关系良好，线性相关系数（R^2）均大于0.9992，方法检测限（LOD）为0.05μg/kg。在0.05μg/kg，0.1μg/kg和0.5μg/kg 3个添加水平下的准确度均小于15%，平均回收率在89.9%～109.5%之间，日内（$n=6$）变异系数在1.7%～9.8%之间，日间（$n=3$）变异系数在2.7%～6.8%之间。该方法简单、快速，具有良好的回收率、准确度和精密度等优点，适用于鸡蛋中金刚烷胺类药物的大批量快速检测。

葛晓晓等[12]建立了检测动物源性食品中金刚烷胺和金刚乙胺残留的高效液相色谱-

串联质谱法。以乙酸-乙腈溶液（1∶100）作为提取溶剂，样品提取液用 75mg N-丙基乙二胺吸附剂和 75mg 反相硅胶键合吸附剂为净化剂进行净化。以 1g/L 甲酸溶液为流动相 A，甲醇为流动相 B，使用高效液相色谱-三重四极杆串联质谱联用仪，选择正离子多反应监测模式检测。金刚烷胺和金刚乙胺的质量浓度在 2～200μg/L 范围内与色谱峰面积的线性关系良好，线性相关系数（R^2）均大于 0.999，方法检出限分别为 1.0μg/L 和 0.5μg/L。样品的加标回收率为 76.5%～108.3%，相对标准偏差为 0.79%～3.2%（$n=6$）。该方法具有分析时间短、操作简单、灵敏度高等优点，能够满足动物源性食品中兽药残留检测的需要。

Xu 等[6] 使用超高效液相色谱和正电喷雾串联质（UHPLC-ESI-MS/MS）建立了一种灵敏且经过验证的测定海带和海水中金刚烷胺的方法。海带用含甲酸（1%）的乙腈提取，然后用 10.0g 无水硫酸钠、0.50g C_{18} 和 0.50g PSA 粉末纯化。加入含 10.0mL 0.20mol/L 盐酸的海水经 MCX 固相萃取（SPE）小柱纯化。提取纯化后，将海带上清液和海水洗脱液在 40℃和氮气流下蒸发至近干。将乙腈-0.1%甲酸水溶液（3∶7，体积比）调至 1.00mL 最终体积。将等量试样（10μL）注入 C_{18} 色谱柱，以 0.25mL/min 的流速用乙腈-0.1%甲酸水溶液的流动相进行分离。校准曲线呈线性，范围为 1.00～20.0ng/mL。海带中平均回收率为 73.5%～95.8%，检测限（LOD）和定量限（LOQ）分别为 0.50μg/kg 和 1.00μg/kg。海水中平均回收率为 75.8%～93.4%，LOD 和 LOQ 分别为 0.50ng/L 和 1.00ng/L。

龚波等[13] 建立了快速测定蜂蜜中金刚烷胺和金刚乙胺药物残留的超高效液相色谱-串联质谱分析方法。样品用 1%甲酸乙腈提取，浓缩后利用超高效液相色谱分离，以乙腈和 0.1%甲酸水溶液为流动相进行梯度洗脱，MRM 反应监测模式检测。结果表明，在 0.1～100μg/L 的系列浓度范围内均呈良好线性关系，线性相关系数大于 0.999。金刚烷胺检测限为 0.2μg/kg，定量限为 0.5μg/kg，金刚乙胺检测限为 0.5μg/kg，定量限为 1.0μg/kg。在 1～20μg/kg 浓度范围内平均回收率为 80%～110%，精密度小于 20%。该方法方便快捷、定性准确，适用于蜂蜜中金刚烷胺、金刚乙胺药物残留检测。

Jia 等[7] 使用超高效液相色谱-三重四极杆线性离子阱质谱（UHPLC-QTrap-MS）在多反应监测信息依赖的采集增强产品中开发了一种同时测定饲料中金刚烷胺和金刚乙胺的灵敏方法离子模式（MRM-IDA-EPI），并使用混合阳离子交换（MCX）固相萃取柱进行样品净化，分别使用金刚烷胺和金刚乙胺作为内标。优化样品制备后，金刚烷胺和金刚乙胺在 1～200μg/L 的浓度范围内获得了良好的线性（$R^2 > 0.9994$）。精密度经日内和日间验证，相对标准偏差均在 9.171% 以内。在 0.5～100μg/kg 的加标浓度下，三种饲料样品的平均回收率范围为 76.1%～112%，包括配方饲料、猪的复合浓缩饲料和鸡的预混饲料。两种药物的检测限（LOD）和定量限（LOQ）分别为 0.2μg/kg 和 0.5μg/kg。

Suo 等[8] 开发了一种通过超高性能同时测定动物源性饲料（ADF）中 7 种喹诺酮类、5 种青霉素类、8 种大环内酯类、2 种林可酰胺类、4 种四环素类、13 种磺胺类和 3 种金刚烷胺类药物的方法，使用新型除脂固相萃取柱 PRiME HLB 的液相色谱-串联质谱法。样品用 20mL 萃取液萃取，然后用 PRiME HLB 纯化和浓缩。将洗脱液在氮气下蒸发至干，并使用 LC-MS/MS 进行分析，使用乙腈和 0.1%甲酸作为流动相，通过梯度洗脱。在最佳条件下，在 5.0～100μg/kg 的加标水平下，回收率为 65.8%～104.4%，相对标准偏差小于 15%。检测限范围为 0.5～5μg/kg。

Tsuruoka 等[9] 建立了同时测定加工产品（炸鸡、炸鸡、煎鹌鹑蛋和烤鸡）中金刚烷胺、金刚乙胺和美金刚的液相色谱-串联质谱（LC-MS/MS）方法。这种新方法也适用于鸡组织（肌肉、肝脏和胗脏）和鸡蛋。这种新方法表现出良好的准确度，范围为79.9%～91.5%。重复性相对标准偏差（RSDR）范围为1.2%～3.17%，实验室内再现性相对标准偏差（RSDWR）范围为1.3%～17.0%。这些标准偏差满足日本验证指南的标准。所有样品的定量限（LOQ）为1.0μg/kg。

Mu等[14] 建立了同时测定鸡肌肉中14种抗病毒药物及相关代谢物的超高液相色谱-串联质谱（UPLC-MS/MS）快速方法。分析物包括抗流感药物（金刚烷胺、金刚乙胺、奥司他韦、奥司他韦羧酸盐、美金刚、阿比多尔和吗啉胍）、抗疱疹药物（阿昔洛韦、更昔洛韦、泛昔洛韦、喷昔洛韦、利巴韦林及其主要代谢物 $TCONH_2$）和免疫调节剂（咪喹莫特）。使用改进的QuEChERS方法。目标化合物的测定在11分钟内完成，采用多反应监测（MRM）采集模式确保了特异性。在0.1～100pg/L范围内得到良好的线性（$R^2>0.9928$），回收率为56.2%～113.4%，日内精密度为1.7%～10.3%，日间精密度为2.4%～8.8%。

王柯等[15] 建立同时测定动物源性食品中金刚烷胺、金刚乙胺、美金刚、奥司他韦和吗啉胍5种抗病毒类药物残留的液相色谱-四极杆飞行时间质谱（liquid chromatography-quadrupole-time-of-flight mass spectrometry，HPLC-Q-TOF-MS）分析方法。样品经醋酸铵缓冲溶液与乙腈提取，采用QuEChERS方法前处理，经 C_{18} 粉、无水硫酸镁净化。HPLC采用 Agilent Eclipse XDB-C_{18} 柱进行分离，采用电喷雾正离子模式（ESI$^+$）进行Q-TOF-MS检测，以分子离子精确质量数和提取的色谱峰面积进行定量。建立5种抗病毒药物的质谱数据库，并通过碎片离子的精确质量数推测碎片结构。结果猪肉、鸡肉、鱼肉、牛奶中吗啉胍的定量限为520μg/kg，金刚烷胺、金刚乙胺、美金刚、奥司他韦的定量限为0.51μg/kg，所有化合物线性相关系数 $R^2>0.99$。在低、中、高3个加标水平下，化合物回收率在72.5%～115.5%之间，相对标准偏差在1.2%～9.6%之间（$n=6$）。该方法操作简单、高效，可适用于动物源性食品中5种抗病毒药物残留的检测。

饶钦雄等[16] 采用液相色谱-串联质谱法（LC-MS/MS）测定了鸡肉中金刚烷胺的残留。试样用甲醇-水溶液（7:3，体积比）提取，经混合型阳离子固相萃取柱净化，由LC-MS/MS进行定性定分析。该法对所有检测药物的检出限均为1mg/kg，定量限为5μg/kg。添加水平为5μg/kg、10μg/kg和50μg/kg时，添加回收率为60.6%～109.0%，变异系数为2.1%～13.9%。

艾连峰等[17] 建立了在线净化液相色谱-串联质谱法测定动物源性食品中金刚烷胺的残留，样品用甲醇-1%三氯乙酸或乙腈提取，提取液用阳离子交换在线净化柱（CycloneMCX）净化，5%氨水-甲醇溶液将分析物洗脱转入至 CapcellPakMGC$_{18}$ 分析柱，经色谱分离后，用串联质谱检测。方法的定量限（LOQ）牛奶为0.25μg/kg，动物组织和鸡蛋为0.5μg/kg，在0.1～20μg/L浓度范围内呈良好线性，线性相关系数大于0.9995。在3个水平的添加回收率为83.3%～93.17%，相对标准偏差在3.5%～5.9%之间。

Yan等[10] 建立了定量测定鸡肌肉组织中金刚烷胺和金刚乙胺的超高效液相色谱-高分辨率LTQ Orbitrap质谱（UHPLC-LTQ Orbitrap MS）样品前处理方法。样品通过改进的QuEChERS方法进行预处理，使用1%乙酸乙腈作为萃取溶液，使用 C_{18} 吸附剂进行净化。使用乙腈和0.1%甲酸水溶液的流动相，在 Waters Acquity UPLC HSS T3 柱（150mm×2.1mm，1.8μm 颗粒）上进行分离。使用分辨率为60000的 LTQ Orbitrap MS对样品进行分析。金刚烷胺和金刚乙胺通过其精确质量（5mg/kg以内）和所获得的全扫描色谱图的保留时间进行鉴定，并通过其峰面积进行量化。分析物测定的线性范围为1～100μg/kg。金刚烷胺和金刚乙胺的检测限（LOD）分别为1.02μg/kg和0.67μg/kg。

金刚烷胺的日内和日间准确度分别为 87.5％～102.4％ 和 82.5％～105.8％，金刚乙胺的准确度分别为 95.3％～97.4％ 和 89.4％～93.2％。金刚烷胺的日内和日间精密度分别为 3.9％～6.3％ 和 5.95％～13.9％，金刚乙胺为 6.0％～7.45％ 和 7.8％～12.4％。最后将该方法应用于常规样品中这些抗病毒药物的测定，部分病例检出金刚烷胺残留。

刘正才等[18] 建立了鸡组织中抗病毒类药物多残留检测的液相色谱-电喷雾串联质谱法（LC-ESI-MS/MS）。采用三氯乙酸-乙腈溶液提取鸡组织中的金刚烷胺、金刚乙胺、美金刚、咪喹莫特和吗啉胍，离心过滤后经强阳离子交换柱（SCX）净化，色谱柱 Xamide（100mm×2.1mm，5μm）分离，多反应监测（MRM）正离子扫描方式进行质谱检测。结果表明，鸡组织中 5 种药物的检出限为 0.017～0.30μg/kg，定量限为 0.2～1.0μg/kg。当 5 种药物的添加水平为 0.2～10.0μg/kg 时，在鸡肉中的平均回收率为 72.3％～94.2％，相对标准偏差（RSD）（$n=17$）为 3.5％～11.3％；在鸡肝中的平均回收率为 70.8％～92.7％，RSD（$n=17$）为 5.3％～12.17％。

Zhang 等[19] 采用固相萃取柱（SPE）纯化，衍生化后，荧光检测（$\lambda_{ex}=470nm$，$\lambda_{em}=530nm$），建立了蜂蜜中金刚烷胺的荧光高效液相色谱（HPLC）分析方法。在最佳条件下，回收率均在 90％ 以上，日内、日间精密度（RSD）为 3.4％～5.1％，线性相关系数为 0.998，检出限为 0.0080μg/g。

Arndt 等[20] 采用液相色谱-串联质谱法测定血清金刚烷胺，检出限 20mg/L，线性范围 20～5000mg/L，分析内 CV＜17％，分析间 CV＜8％，回收率 99％～101％。

（2）质谱法 Tang 等[21] 在直接耦合到三重四极杆质谱（QQQ-MS）之前，开发了一种使用集成微流控芯片对氟喹诺酮类药物和金刚烷胺进行在线多残留定性和定量分析的方法。由样品过滤单元和微固相萃取（micro-SPE）柱组成的六个平行通道存在于专门设计的微流体装置中。首先，样品溶液中的杂质被过滤单元中的微柱捕获。溶液通过填充有亲水-亲油平衡（HLB）颗粒的 micro-SPE 单元，然后对两类药物进行富集。洗涤后，目标物被洗脱并立即电喷雾用于 MS 分析。这种方法无须在 SPE 之后引入额外的分离步骤即可实现有效的过滤、富集、洗脱和 MS 检测。多反应监测（MRM）模式下的直接电喷雾电离不仅可以保证定量分析的高灵敏度，而且可以利用 MRM 比率对目标进行准确的定性分析，减少假阳性的可能性。通过内标（IS）方法获得了良好的线性关系，线性范围为 1～200ng/mL（$R^2>0.992$）。八种目标分析物的平均回收率为 85.2％～122％，相对标准偏差（RSD）范围为 5.17％～20.3％。所有这些都表明，所开发的微流控装置可以成为食品安全领域快速检测的有用工具。

（3）其他方法 Farajzadeh 等[22] 采用一步衍生化-微萃取法测定人血浆和尿液中金刚烷胺的浓度。甲醇（分散溶剂）、1,2-二溴乙烷（萃取溶剂）和氯甲酸丁酯（衍生化试剂）的混合物迅速注入样品中。离心后，用气相色谱-火焰离子化检测器（GC-FID）分析沉积相。血浆和尿液中目标分析物的富集因子（EF）分别为 408 和 420，检测限（LOD）分别为 4.2ng/mL 和 2.7ng/mL。血浆和尿液的线性范围分别为 14～5000ng/mL 和 8.7～5000ng/mL（$R^2\geqslant0.990$）。血浆和尿液样品的相对回收率在 72％～93％ 之间。

17.1.6.2 免疫测定方法

（1）半抗原设计合成 Gao 等[23] 分别采用琥珀酸酐法和亲核反应法合成了两种半抗原，其合成过程如图 17-1。

Wang 等[24] 通过在金刚烷胺（AMA）的游离氨基上引入不同长度和结构的间隔臂

(a)

(b)

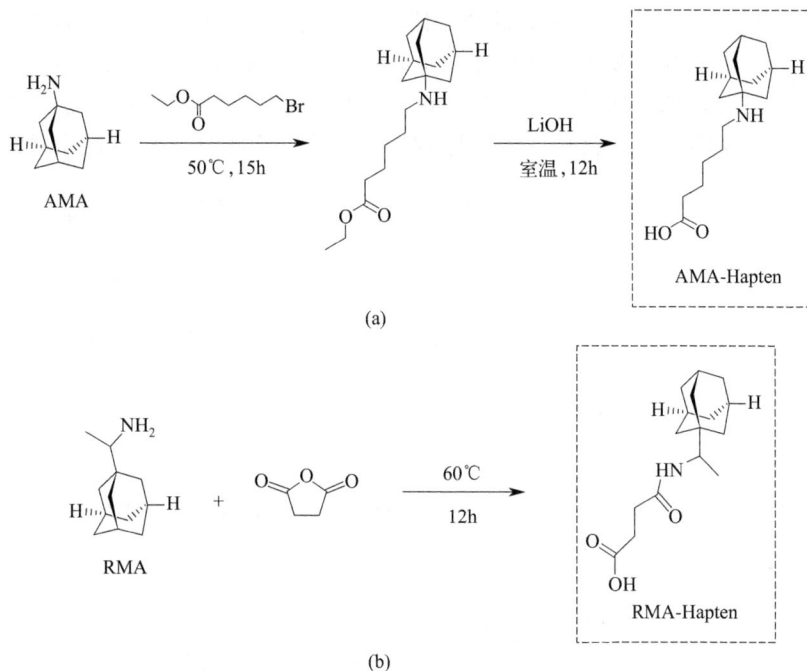

图 17-1　半抗原合成方案

（a）半抗原（AMA-Hapten）通过亲核取代反应合成；（b）半抗原（RMA-Hapten）通过琥珀酸酐法合成

合成了两种半抗原，如图 17-2 所示。4-（氯磺酰基）苯甲酸（CSBA）与 AMA 反应生成半抗原 AMA-CSBA，琥珀酸酐与 AMA 反应生成半抗原 AMA-HS。然后，制备与牛血清白蛋白（BSA）偶联的两种半抗原作为免疫原，用于生产单克隆抗体。

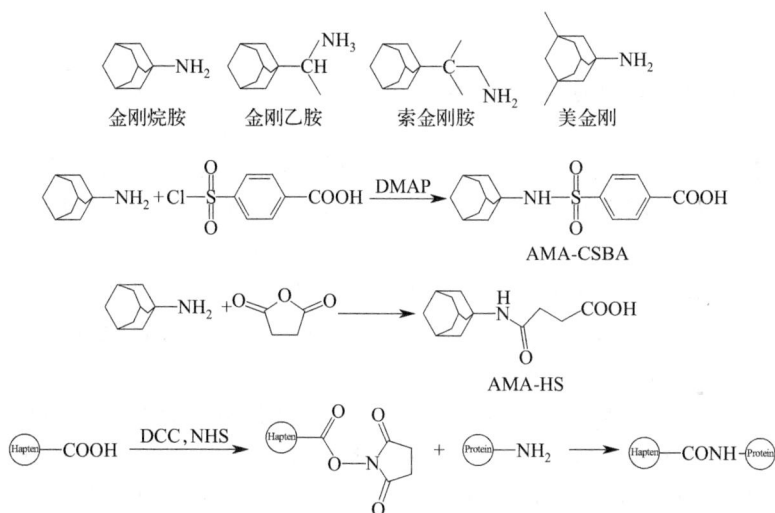

图 17-2　AMA 的化学结构以及半抗原和偶联物的合成方案

Peng 等[25] 合成了三种半抗原，如图 17-3 所示，即金刚烷胺琥珀酸酐（AMA-HS）、3-羧基-1-金刚烷酮（3-CAR-1-AMA）和 5-羧基-2-金刚烷酮（5-CAR-2-AMA）。使用与

HPLC 系统（LC/MS-ITTOF）耦合的离子阱和飞行时间质谱仪鉴定所有合成半抗原。

Xu 等[26] 合成了带有羧基的 AM 半抗原，可以更容易地与蛋白质偶联。AM 半抗原合成及半抗原与蛋白质的偶联如图 17-4 所示。AM 半抗原中的羧基可以通过 EDC 与蛋白质结合。选择 BSA 作为免疫载体，选择与 BSA 异源的 OVA 作为包被抗原载体。

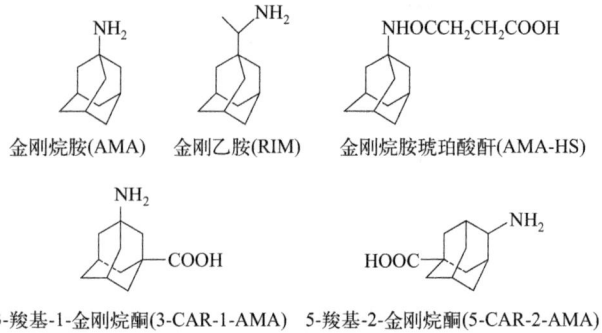

金刚烷胺(AMA)　金刚乙胺(RIM)　金刚烷胺琥珀酸酐(AMA-HS)

3-羧基-1-金刚烷酮(3-CAR-1-AMA)　5-羧基-2-金刚烷酮(5-CAR-2-AMA)

图 17-3　金刚烷胺和半抗原的化学结构

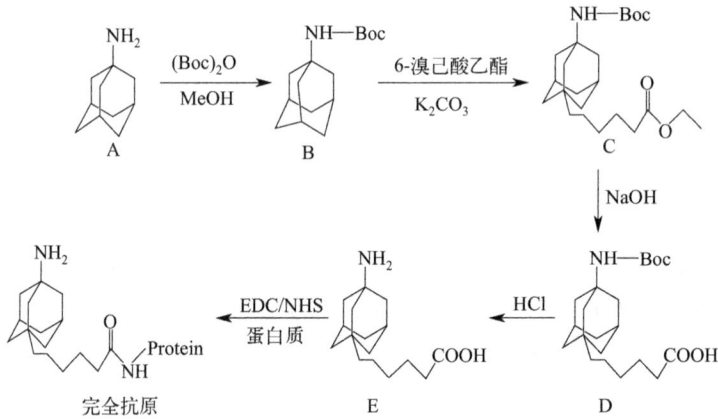

图 17-4　AM 半抗原的合成及半抗原与蛋白质的偶联

（2）抗体制备　Gao 等[27] 生产了一种广泛特异性的抗 ADA 单克隆抗体（mAb），其亚类为 IgG（2b），其亲和常数为 7.25×10^9 L/mol。由此，开发了一种基于抗体的侧向流动免疫分析法（LFIA），用于快速检测鸡样品中的五种金刚烷胺类药物（索金刚烷胺、金刚乙胺、金刚烷胺、1-金刚烷甲醇、1-金刚烷基甲基酮），用肉眼观察时，LFIA 的视觉检测限为 $0.1\mu g/kg$、$0.1\mu g/kg$、$1\mu g/kg$、$5\mu g/kg$ 和 $10\mu g/kg$，截止值为 $2.5\mu g/kg$、$2.5\mu g/kg$、$10\mu g/kg$、$100\mu g/kg$ 和 $100\mu g/kg$。

Wang 等[28] 制备了单克隆抗体（mAb），使用间接竞争性酶联免疫吸附试验（ic-ELISA）获得并表征了高灵敏度 mAb。最好的抗体是在异源 ic-ELISA 中获得的，AMA和金刚乙胺的 IC_{50} 值分别为 0.84ng/mL 和 0.41ng/mL，与美金刚和利巴韦林的交叉反应率（CR）可忽略不计。开发了 ic-ELISA 来检测鸡肌肉中的 AMA 残留。加标鸡肌肉的检测限（LOD）为 $1\mu g/kg$，回收率范围为 93.17%～1117.9%，变异系数（CV）低于 9.5%。

Peng 等[25] 所制备的单克隆抗体 2G3 对金刚烷胺的 IC_{50} 值为 $15.8\mu g/L$，并且对金刚烷胺（100%）和金刚乙胺（70.17%）均表现出交叉反应性。2G3 的标准曲线范围为 $5\sim80\mu g/L$。已开发的间接竞争性酶联免疫吸附试验（ic-ELISA）的检测限范围为 5.0～

5.4μg/kg，在鸡肌肉和肝脏中回收率为 81.3%～98.1%，变异系数小于 15.7%。

Xu 等[29] 开发了一种灵敏的间接竞争酶联免疫吸附试验（ic-ELISA）方法和金纳米粒子免疫色谱试纸条，用于检测食品中的金刚烷胺。制备了一种新型 AM 半抗原，并开发了一种灵敏的 AM 单克隆抗体。ic-ELISA 的半抑制浓度（IC_{50}）为 1.92ng/mL，检测限为 0.172ng/mL。免疫色谱试纸条法的目测临界值为 5g/kg。鸡样品中加入三种浓度的金刚烷胺（1μg/kg、2μg/kg 和 5μg/kg），并通过 ic-ELISA 进行分析。获得了良好的回收率（1μg/kg 金刚烷胺时为 92.3%，2μg/kg 金刚烷胺时为 1117.1%，5μg/kg 金刚烷胺时为 91.8%）。

现阶段已报道金刚烷胺类抗体的性能如表 17-2 所示。

表 17-2　金刚烷胺类抗体的性能

半抗原	IC_{50}/(μg/L)	交叉反应	参考文献
	0.88	RMA，IC_{50}=0.43 SMA，IC_{50}=0.39 AMK，IC_{50}=7.81 AMM，IC_{50}=7.42	[27]
	0.84	RMA，IC_{50}=0.41	[28]
	15.8	RMA，IC_{50}=20.79	[18]
	1.92	对乙酰氨基酚，IC_{50}>1000 氯苯那敏，IC_{50}>1000 利巴韦林，IC_{50}>1000	[29]

注：RMA，金刚乙胺；SMA，索金刚胺；AMK，1-金刚烷基甲基酮；AMM，1-金刚烷甲醇。

（3）免疫分析技术　许小炫等[30] 为快速检测禽肉中残留的金刚烷胺，建立检测金刚烷胺间接竞争化学发光酶联免疫分析方法，抗体 IC_{50} 为 0.33μg/L，线性范围为 0.017～1.77μg/L；金刚烷胺的加标回收率为 92.55%～105.14%，变异系数低于 10.48%。

崔乃元等[31] 建立一种检测鸡肉、鸭肉中金刚烷胺、金刚乙胺、索金刚胺的间接竞争酶联免疫吸附方法（ic-ELISA）。本研究基于间接竞争酶联免疫方法的原理，在酶标板微孔中预包被偶联抗原，样本中含有的金刚烷胺、金刚乙胺、索金刚胺与微孔中预包被的偶联抗原特异性地竞争酶标记抗体，催化底物显色，根据显色深浅来计算样本中金刚烷胺类药物的含量。结果：金刚烷胺、金刚乙胺、索金刚胺的检测限分别为 0.57μg/kg、0.42μg/kg、0.41μg/kg（鸡肉）和 0.59μg/kg、0.40μg/kg、0.38μg/kg（鸭肉）；定量限分别为 0.85μg/kg、0.63μg/kg、0.69μg/kg（鸡肉）和 0.94μg/kg、0.68μg/kg、0.52μg/kg（鸭肉）；添加回收率范围为 67.0%～117.9%；日内变异系数 6.3%～12.7%，日间变异系数 8.1%～14.5%，且实际样品检测结果与 HPLC-MS 一致性较高（R^2=0.9990）。表明该方法具有良好的准确度和精密度。结论：本研究建立的 ic-ELISA 方法适用于鸡、鸭肉样品中金刚烷胺类药物残留的检测，方法的灵敏度高、稳定性好，可应用于批量样本的快速筛查，具有良好的实际应用价值。

Huo 等[32] 建立了一种高灵敏度的胶体金免疫色谱法（CG-ICA），利用异源包被抗原和免疫原添加五碳接头制备的单克隆抗体进行金刚烷胺检测。在最佳条件下，肉眼观察的截止值为 2.5ng/mL。CG-ICA 在 0.1～2.5ng/mL 的浓度范围内对金刚烷胺表现出良好的信号响应，LOD 为 0.077ng/mL。这些结果表明带有碳接头的免疫原可以获得高亲和力抗体，而异源包被抗原可以提高 ICA 的敏感性。

Dong 等[33] 旨在基于内过滤效应（IFE）的原理，通过采用荧光碳点（CD）作为信号探针来提高常规 ELISA 的灵敏度。在该策略中，辣根过氧化物酶/碱性磷酸酶的酶促产物通过 IFE 有效地猝灭 CD。将常规 ELISA 的吸收信号转化为荧光信号。荧光免疫分析已成功开发并用于检测鸡中的金刚烷胺残留，实现了 0.02ng/mL 的检测限。

Yu 等[34] 开发了一种针对家禽中金刚烷胺残留的高度灵敏的免疫测定法。通过将一种新的信号生成策略引入间接竞争性免疫分析，实现了鸡中金刚烷胺残留的高灵敏度检测。通过结合传统的间接竞争性酶联免疫吸附测定、芬顿反应调节半胱氨酸的氧化和金纳米颗粒聚集，在设计的免疫测定中实现了信号放大。LOD 为 0.51nmol/L（0.095ng/mL）。加标鸡肉样品的回收率在 78%～84%之间，相对标准偏差小于 15%。

Xie 等[35] 开发了一种操作简单的灵敏竞争性免疫分析法来检测抗病毒药物金刚烷胺（AMD），抗金刚烷胺的单链可变片段（ScFv）经位点特异性生物素化后，在大肠杆菌 AVB101 中以分泌体的形式过表达。辣根过氧化物酶标记的链霉亲和素生物素化 ScFv 抗体（HRP-SA-BIO-ScFv）可与金刚烷胺功能化磁珠（MB）特异性结合，然后通过磁铁将免疫复合物与基质溶液分离。通过测量辣根过氧化物酶产生的信号，可以知道金刚烷胺的浓度。检测限和测定时间分别为 0.174ng/mL、8.4ng/mL 及 50min、150min。回收率范围为 77.8%～112%，变异系数小于 13%。免疫测定对金刚乙胺（84%）、1-(1-金刚烷基）乙胺（72%）和索金刚烷胺（173%）表现出明显的交叉反应性。

Wu 等[36] 建立了一种灵敏的胶体金免疫色谱法，用于快速半定量检测鸡肌肉中的金刚烷胺。在最佳条件下，检测结果可在 12 分钟内获得，检测限为 1.80ng/mL。该方法在 2.5～25ng/mL 之间呈现良好的线性关系，与金刚乙胺的交叉反应率仅为 11.5%。强化样品的回收率在 81%～120%之间。测定内和测定间的变异系数小于 15%。

Zhang 等[37] 首先合成了一种能够识别金刚烷胺和金刚乙胺的分子印迹微球，并合成了三种基于丹磺酰氯、荧光素异硫氰酸酯和 5-羧基四甲基罗丹明的荧光示踪剂。这些试剂用于开发和优化在传统 917 孔微孔板上检测两种分析物的直接竞争荧光方法。用于检测鸡肌肉样品中的金刚烷胺和金刚乙胺。检测限为 0.04～0.05ng/mL。在标准强化空白样品中的回收率为 62.3%～93.7%。

Zhang 等[38] 首次以金刚烷为虚拟模板合成了一种能够同时识别金刚烷胺和金刚乙胺的分子印迹聚合物（MIP）。以该聚合物为识别试剂，在常规 917 孔微量滴定板上制备化学发光传感器，用于鸡肉和猪肉样品中两种药物的测定。两种分析物的检测限为 1.0pg/mL。标准强化空白肉样品中两种分析物的回收率在 67.2%～93.5%的范围内。

17.1.6.3 其他分析技术

Guo 等[39] 描述了一种用于检测鸡肉中金刚烷胺的高灵敏度荧光偏振免疫分析法（FPIA）。为了实现高灵敏度，合成了九种采用不同荧光素、荧光素衍生物和半抗原的金刚烷胺化学示踪剂，并与四种先前生产的单克隆抗体（mAb）配对。研究和讨论了示踪剂结构对 FPIA 灵敏度的影响。在 FPIA 中实现了最低的 IC_{50} 值（1.0ng/mL）。将开发的

FPIA 应用于鸡以检测金刚烷胺残留，证明 LOD 为 0.9μg/kg，回收率为 67.5%～89.3%，变异系数（CV）低于 14.5%。

Pan 等[40]建立了两种灵敏的荧光定量免疫色谱法（FQICA），即背景荧光猝灭免疫色谱法（bFQICA）和时间分辨荧光免疫色谱法（TRFICA），在食品安全快速检测技术中发挥着越来越重要的作用。金刚烷胺广泛用于家畜和家禽的病毒感染，由于对人类健康的危害问题，已被禁止使用。因此，金刚烷胺被用作 FQICA 的模型分子，并基于相同的生物试剂进行比较。两种 FQICA 在技术参数上的突出表现表明，它们可以为大规模现场筛查金刚烷胺检测提供快速、精准、可靠的技术支持。更重要的是，对两种 FQICA 进行系统和全面的比较，将为科学家和用户监测有害化合物提供有益的建议。

Guo 等[41]建立了同时快速测定金刚烷胺和利巴韦林（RBV）的同源多波长荧光偏振免疫测定法（MWFPIA）。MWFPIA 可以在 1 分钟内同时量化金刚烷胺和 RBV 浓度。优化后，选择长波长示踪剂 AEDA-AF1747 与单克隆抗体（Mab）1A12 和 RVB-CP-EDF 与多克隆抗体（Pab）G412 开发 MWFPIA。AMD 和 RBV 的 LOD 在鸡中分别为 1.7μg/kg 和 1.0μg/kg，在人血清中分别为 17.6μg/L 和 10.4μg/L。鸡中 AMD 和 RBV 的回收率分别为 61.2%～94.9% 和 87.3%～90.2%，变异系数（CV）低于 16.7%。对于人血清，AMD 和 RBV 的回收率分别为 60.2%～84.3% 和 63.5%～74.2%，CV 低于 15.3%。结果表明，MWFPIA 可用于抗病毒药物的监测，分析时间短、准确度高、通量高。

Pan 等[42]开发了一种新型表面等离子体共振（SPR）免疫抑制芯片，用于动物源性食品中金刚烷胺的可重复和无标记检测。在最佳条件下，所提出的 SPR 免疫芯片在 0.05～25.0ng/mL 的浓度范围内对金刚烷胺表现出良好的信号响应，表现出高灵敏度（IC_{50} = 4.0ng/mL）、低检测限（IC_{15} = 1.3ng/mL）和交叉反应性（金刚乙胺 117%；其他 < 1%）。每颗芯片可重复使用 60 次，稳定性好。加标和回收率实验在所选基质样品中显示出可接受的回收率，为 80.2%～102.9%。

Yun 等[43]制作了一种无标记压电免疫传感器，并将其应用于动物源性食品中抗病毒药物金刚烷胺的检测。对与制造和测量过程相关的实验参数进行了优化，并在此详细讨论。所提出的压电传感器基于免疫抑制格式，并使用便携式石英晶体微量天平（QCM）芯片。发现它对金刚烷胺反应良好，灵敏度和 LOD 分别为 33.9ng/mL 和 1.3ng/mL，并且与金刚烷胺的交叉反应率低（CR<0.01%）。该免疫传感器进一步应用于对典型动物源性食品的加标样品中三个水平的金刚烷胺进行量化，并产生 83.2%～93.4% 的回收率和 2.4%～4.5% 的标准偏差（SD，$n=3$），与使用高效液相色谱-串联质谱（HPLC-MS/MS）方法获得的结果（回收率：82.17%～94.3%；SD：1.7%～4.2%）相当。此外，压电免疫传感芯片可以再生多次（至少 20 次），信号衰减低（约 10%）。一次样品分析可在 50 分钟内完成（样品预处理：约 40 分钟；QCM 测量：5 分钟）。

Ma 等[44]报告了一种基于花状金纳米粒子（AuNF）和磁珠分离的新型超灵敏表面增强拉曼散射（SERS）免疫传感器，只需一步即可均匀检测鸡肉中的金刚烷胺（AMD）。5,5'-二硫双（2-硝基苯甲酸）（DTNB）修饰的 AuNF 和 N-（1-金刚烷基）乙二胺（AEDA）共轭变性 BSA（AEDA-dBSA）被用作 SERS 纳米探针。捕获探针是抗金刚烷胺单克隆抗体（mAbs）功能化磁珠（MNBs-mAbs）。游离金刚烷胺和 SERS 纳米探针之间发生免疫反应，以竞争 MNB-mAb 的有限结合位点。这项工作将 SERS 的固有敏感性与抗体-抗原的高度特异性识别相结合，用于 AMD 检测。分析结果表明，基于 SERS 的免疫传感器灵敏、简单、可靠，对 AMD LOD 为 0.005ng/mL，比基于相同的酶联免疫吸附测定法好 2 个数量级。免疫试剂对掺入金刚烷胺的鸡样本的分析表明，开发的免疫传感器提供了可接受的回收率，范围为 74.76%～89.34%，变异系数小于 15.04%。

Yun 等[45] 成功制备了一种新型分子印迹电化学传感器，用于检测动物源性食品中的金刚烷胺残留。在最佳实验条件下，电流响应与金刚烷胺浓度之间具有良好的线性，范围为 $8.0×10^{-17}～4.0×10^{-7}$ mmol/L，检测限为 $3.06×10^{-9}$ mmol/L（$S/N=3$）。

17.2

利巴韦林

利巴韦林（ribavirin，RBV），化学名为 1-β-D-呋喃核糖基-1H-1,2,4-三氮唑-3-羧酰胺，为抗非逆转录病毒药。

17.2.1　结构与性质

利巴韦林为白色或类白色结晶性粉末，无味，分子式为 $C_8H_{12}N_4O_5$。在水中易溶，25℃时溶解度为 142mg/mL；在乙醇中微溶，在乙醚或二氯甲烷中不溶。当加热分解时，它会释放出有毒的氮氧化物烟雾。

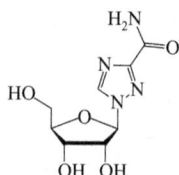

17.2.2　药学机制

利巴韦林通过增加几种 RNA 病毒基因组中的突变频率来介导针对多种 DNA 和 RNA 病毒的直接抗病毒活性。它是干扰病毒遗传物质复制的核苷抗代谢药物的成员。该药物抑制了依赖于 RNA 的 RNA 聚合酶的活性，因为它类似于 RNA 分子的组成部分。利巴韦林具有几种抑制病毒 RNA 和蛋白质合成的作用机制，在被腺苷激酶激活为利巴韦林单磷酸、二磷酸和三磷酸代谢物后，利巴韦林三磷酸（RTP）是主要代谢物，它通过与酶的核苷酸结合位点结合直接抑制病毒 mRNA 聚合酶。这会阻止正确核苷酸的结合，从而导致病毒复制减少或产生有缺陷的病毒粒子。RTP 还表现出对登革热病毒的病毒 mRNA 鸟苷酸转移酶和 mRNA 2′-O-甲基转移酶的抑制作用。抑制这些酶会破坏病毒 mRNA 5′-端的翻译后加帽，因为利巴韦林在 5′-端掺入代替脱氢酶（IMPDH）并随后消耗鸟苷三磷酸

（GTP）和防止帽甲基化。抑制宿主肌苷—磷酸池被认为是利巴韦林的另一种作用机制。IMPDH 催化在鸟苷—磷酸（GMP）合成过程中将 5'—磷酸肌苷转化为—磷酸黄嘌呤。GMP 后来转化为鸟苷三磷酸盐。利巴韦林单磷酸模拟肌苷 5'-单磷酸并作为 IMPDH 的竞争性抑制剂。抑制鸟嘌呤核苷酸的从头合成并降低细胞内 GTP 池导致病毒蛋白质合成下降并限制病毒基因组的复制。利巴韦林在目标病毒中充当诱变剂，由于病毒突变增加而导致"错误灾难"。RTP 与三磷酸胞苷或三磷酸尿苷配对具有相同的效率并阻止 HCV RNA 延伸。它会导致新生 HCV RNA 过早终止，并通过产生有缺陷的病毒粒子来增加诱变。利巴韦林还通过将 Th2 反应转变为有利于 Th1 表型来发挥宿主对病毒的免疫调节作用。Th2 反应和 2 型细胞因子（如 IL-4、IL-5 和 IL-10）的产生会刺激体液反应，从而增强对病毒的免疫力。利巴韦林增强干扰素相关基因的诱导，包括干扰素-α 受体，并下调参与干扰素抑制、细胞凋亡和体外肝星状细胞活化的基因。

利巴韦林的抗病毒活性似乎主要取决于药物在细胞内转化为利巴韦林-5'-三磷酸和利巴韦林-5'-单磷酸。与单磷酸或三磷酸相比，利巴韦林-5'-二磷酸表现出最小的抗病毒活性。利巴韦林很容易通过细胞质膜吸收，然后药物通过细胞酶转化为去核糖化利巴韦林（1,2,4-三唑-3-甲酰胺）并磷酸化为利巴韦林-5'-单磷酸、利巴韦林-5'-二磷酸和利巴韦林-5'-三磷酸。利巴韦林的磷酸化主要发生在病毒感染的细胞中，但也发生在未感染的细胞中。利巴韦林转化为利巴韦林-5'-单磷酸通过腺苷激酶；单磷酸盐通过其他细胞酶（包括腺苷激酶）磷酸化为二磷酸盐和三磷酸盐。酶脱氧腺苷激酶也可能参与利巴韦林的磷酸化。利巴韦林-5'-单磷酸的形成似乎是利巴韦林-5'-三磷酸形成的限速步骤。体外未感染和病毒感染细胞对利巴韦林的磷酸化程度与药物的细胞外（如在培养基中）浓度直接相关。利巴韦林-5'-三磷酸是药物的主要细胞内形式，只有大约 4% 和 12% 的磷酸化代谢物分别以利巴韦林-5'-二磷酸和利巴韦林-单磷酸的形式存在。药物从细胞中的转运似乎仅在通过磷酸酶去磷酸化后发生。

流感病毒的体外研究表明，利巴韦林-5'-三磷酸可作为病毒 RNA 聚合酶的优先抑制剂。利巴韦林-5'-三磷酸与 5'-三磷酸腺苷和 5'-三磷酸鸟苷竞争病毒 RNA 聚合酶。流感病毒的体外研究表明，利巴韦林-5'-三磷酸还通过抑制鸟苷基转移酶和甲基转移酶来抑制病毒复制，这些酶是将鸟苷三磷酸添加到病毒信使 RNA（mRNA）的 5'末端（"帽"）所必需的酶，用于掺入病毒 mRNA 的 5'末端。尽管 mRNA 的合成速率似乎没有受到影响，但 mRNA 病毒复制的翻译效率降低了约 80%。天然不存在 5' mRNA 末端的病毒（例如脊髓灰质炎病毒）通常基本上不会被利巴韦林抑制。

导致对利巴韦林治疗产生不同反应的病毒遗传决定因素尚未确定。

药效学：体外具抑制呼吸道合胞病毒、流感病毒、甲肝病毒、腺病毒等多种病毒生长的作用，其机制不完全清楚。利巴韦林并不改变病毒吸附、侵入和脱壳，也不诱导干扰素的产生。药物进入被病毒感染的细胞后迅速磷酸化，其产物作为病毒合成酶的竞争性抑制药，抑制肌苷单磷酸脱氢酶、流感病毒 RNA 多聚酶和 mRNA 鸟苷转移酶，从而引起细胞内三磷酸鸟苷的减少，损害病毒 RNA 和蛋白质合成，使病毒的复制与传播受到抑制。对呼吸道合胞病毒也可能具免疫作用及中和抗体作用。

17.2.3 毒理学

利巴韦林是一种核苷类似物和抗病毒剂，用于治疗慢性丙型肝炎和其他黄病毒感染。

利巴韦林与临床上明显的肝损伤无关。

单独使用利巴韦林口服治疗的情况很少见，而且与血清转氨酶升高无关。由于利巴韦林通常用于患有基础肝病（丙型肝炎）的患者，因此很难解释治疗期间血清胃泌素水平升高的原因，通常利巴韦林会降低丙型肝炎患者的血清胃泌素水平。溶血通常发生在治疗 2 周至 3 周后，可能表现为贫血症状和血细胞比容水平突然下降 5%～10%。溶血伴随间接胆红素的轻度升高，可能导致总胆红素浓度达到 1.5～2.5mg/dL。这种间接高胆红素血症通常是良性的，一旦停止治疗就会迅速缓解。Gilbert 综合征或晚期肝病患者可能会出现明显的黄疸。肌苷三磷酸酶活性缺乏症（ITPA 变异型）患者相对不受利巴韦林溶血的影响，这可能是因为细胞内 ITP 水平升高提供了细胞内鸟苷和三磷酸腺苷的替代来源，而红细胞中的鸟苷和三磷酸腺苷会被利巴韦林三磷酸腺苷耗尽。

在接受抗逆转录病毒疗法和利巴韦林与干扰素联合治疗的艾滋病病毒感染者中，曾有脂肪肝、乳酸酸中毒和肝功能异常的罕见病例报道。

17.2.4　国内外残留限量要求

中国、欧盟、美国全部禁用该类药物。

17.2.5　样品处理方法

Qie 等[46] 首次成功建立了 Zr 功能化 Fe_3O_4 磁性材料富集利巴韦林的磁性固相萃取高效液相色谱检测方法。本工作选择通过简单的一步水热法在 Fe_3O_4 纳米颗粒中修饰 Zr 组分，通过 Zr 组分与利巴韦林的顺式羟基之间的强化学键合来特异性捕获利巴韦林，为伪二级动力学模型。本工作选用 Fe_3O_4，操作简单。在最佳实验条件下，所提出的磁性固相萃取高效液相色谱检测方法与 Zr 功能化 Fe_3O_4 磁性材料在 10～200μg/L 的范围内具有较好的线性关系，线性相关系数为 0.9978，检测限为 2.68μg/L。9 次平行提取 100μg/L 利巴韦林获得的相对标准偏差为 4.41%，显示出良好的重复性。该方法成功应用于鸡肝、鸡蛋和虾等真实样品的检测，回收率为 74.13%～92.9%。

17.2.5.1　样品类型
样品有鸡组织、虾、动物饲料等。

17.2.5.2　样品制备与提取
使用 QuEChERS 方法进行样本的制备与提取[47]。

17.2.5.3　样品净化方法
样品用酸化甲醇（甲醇：乙酸，99:1，体积比）萃取。提取物通过 QuEChERS 方法使用伯仲胺（PSA）和 C_{18} 进一步纯化。最后，将提取物在 45℃下用氮气干燥并在水中复溶。在梯度洗脱下在 Hypercarb 分析柱上进行分离[47]。

17.2.6 残留分析技术

17.2.6.1 仪器测定方法

（1）**色谱法** Wu 等[47] 开发并验证了一种使用 QuEChERS 方法和液相色谱-串联质谱（LC-MS/MS）测定鸡肌肉中利巴韦林的新分析方法。样品用酸化甲醇（甲醇：乙酸，99：1，体积比）萃取。提取物通过 QuEChERS 方法使用伯仲胺（PSA）和 C_{18} 进一步纯化。最后，将提取物在 45℃ 下用氮气干燥并在水中复溶。梯度洗脱下在 Hypercarb 分析柱上进行分离。流动相由乙酸铵（2.0mmol/L）和乙腈缓冲的水组成。提议的方法根据欧盟委员会决议 2002/657/EC 进行了验证。CCα 和 CCβ 分别为 1.1μg/kg 和 1.5μg/kg。利巴韦林的平均回收率为 94.2%～99.2%。该方法的重复性（表示为变异系数，CV）范围为 4.5%～4.9%，该方法的重现性（CVR）范围为 4.8%～5.4%。经验证，该方法适用于鸡肌肉中利巴韦林的测定，符合欧盟现行标准要求。分析一个样品（包括样品制备）所需的总时间约为 45 分钟。

（2）**质谱法** Berendsen 等[48] 报道了一种液相色谱-串联质谱法分析家禽肌肉中扎那米韦、利巴韦林、奥司他韦、奥司他韦羧酸盐、金刚烷胺、吗啉胍和阿比朵尔等 7 种抗病毒药物。使用甲醇从均质化的家禽肌肉样品中提取抗病毒药物。采用阳离子交换柱和苯硼酸柱的串联固相萃取法对该萃取物进行了纯化。为了防止过度的基质效应，使用结合了反相和 Hypercarb 分析柱的柱切换液相色谱系统将分析物与基质成分分离。采用串联质谱法进行检测。该方法并被证明足以对扎那米韦和利巴韦林在 10×10^3 μg/kg，奥司他韦、奥司他韦羧酸盐、金刚烷胺和吗啉胍在低于 1.0×10^3 μg/kg 的水平上进行定量和确认，并对阿比朵尔在低于 1×10^3 μg/kg 的水平进行定性分析。

谢继安等[49] 建立了同位素稀释-超高效液相色谱-串联质谱法检测禽类食品中利巴韦林和金刚烷胺类化合物（金刚烷胺、金刚烷甲胺、金刚烷乙胺、3,5-二甲基金刚胺）的残留量。样品经酶解，三氯乙酸沉淀蛋白，低温高速离心，上清液调节 pH 值后经 PBA/PCX 复合固相萃取柱净化，Agilent ZORBAX SB-Aq 色谱柱（3.0mm×100mm，1.8μm）分析利巴韦林，Waters BEH C_{18} 色谱柱（2.1mm×100mm，1.7μm）分析金刚烷胺类化合物，串联质谱测定，同位素内标法定量。结果利巴韦林在 1.0～100ng/mL、金刚烷胺类化合物在 0.2～20ng/mL 范围内呈良好的线性关系，线性相关系数均为 0.999。利巴韦林的检出限和定量限分别为 0.5μg/kg 和 1.5μg/kg；金刚烷胺类化合物的检出限和定量限分别为 0.1μg/kg 和 0.3μg/kg。利巴韦林（1.5～15μg/kg）和金刚烷胺类化合物（0.3～3.0μg/kg）添加 3 个浓度的检测结果显示，利巴韦林的回收率为 91.4%～103.7%，金刚烷胺类化合物的回收率为 94.3%～108.2%，相对标准偏差（RSD）均小于 10%。

张艳等[50] 建立液相色谱-串联质谱法同时测定鸡蛋中 7 种抗病毒类药物和利巴韦林代谢物 $1H$-1,2,4-三氮唑-3-甲酰胺（$1H$-1,2,4-triazole-3-formamide，$TCONH_2$）残留量的分析方法。匀质后的鸡蛋样品用 1% 乙酸乙腈提取，提取液用 N-丙基乙二胺（primary secondary amine，PSA）和 C_{18} 填料进行净化，净化液吹干复溶后进行上机测定，选用 Agilent ZORBAX SB-Aq 色谱柱（3.0mm×100mm，1.8μm），以 0.1% 甲酸溶液和甲醇作为流动相进行梯度洗脱，对 8 种化合物在正离子模式下进行检测，内标法定量。结果 8 种化合物在各自浓度范围内呈良好线性关系，线性相关系数均高于 0.9970，方法检出限和定量限分别在 0.03～1.50μg/kg 和 0.10～5.00μg/kg 范围之间。8 种化合物在低、中和高 3 档添加浓度水平下平均添加回收率在 94.8％～108.0％之间，批内相对标准偏差为 1.8％～8.2％，批间相对标准偏差为 3.1％～5.6％。该方法简单、准确、灵敏度好，适用于鸡蛋样品中抗病毒类药物的同时分析。

徐俊等[51] 研究了利巴韦林及其主要代谢物 $1H$-1,2,4-三氮唑-3-甲酰胺（TCONH$_2$）在肉鸡组织中的残留消除规律。90 只矮脚黄鸡随机分为 9 组，根据 10mg/kg 体重剂量连续 7 天口服利巴韦林溶液。停药后采集胸肉、腿肉和肝脏样品，采用改进的 UPLC-MS/MS 方法进行检测。结果显示：该方法操作简单、耗时短、回收率高，可与内源性干扰物尿苷分开，能对低水平利巴韦林和 TCONH$_2$ 进行定量分析；胸肉、腿肉和肝脏中利巴韦林和 TCONH$_2$ 平均加标回收率分别为 102.2％～110.2％和 91.8％～112.6％，相对标准偏差范围为 2.4％～7.9％；当停药 0.25 天后，利巴韦林和 TCONH$_2$ 在胸肉、腿肉和肝脏中残留量最高，且在肝脏中消除速率较慢，停药 21 天后仍可在肝脏中检出 TCONH$_2$ 残留。研究提示肝脏是监测 TCONH$_2$ 残留的最佳靶组织，结果对于深入了解利巴韦林在肉鸡体内残留代谢规律和提供畜禽产品质量安全监管方法具有十分重要的参考价值。

（3）其他方法　张鑫等[52] 建立了双柱固相萃取-液相色谱-串联质谱法，可实现对鸡肉中金刚烷胺、金刚乙胺、美金刚、吗啉胍、利巴韦林、阿昔洛韦、更昔洛韦、奥司他韦等 8 种抗病毒药物的同时分析。采用三氯乙酸水溶液-乙腈对鸡肉中 8 种抗病毒药物残留同时提取，依次通过石墨化碳色谱柱和强阳离子交换柱以实现对目标药物的富集、净化，选用石墨化碳色谱柱进行分离，超高效液相色谱-串联质谱检测。本文通过研究不同提取溶液、固相萃取柱及色谱柱对检测结果的影响，最终建立优化的检测方法，采用外标法计算，检测限 1μg/kg，定量限 2μg/kg，回收率大于 80％，适用于鸡肉中 8 种抗病毒药物的同时分析。

欧阳少伦等[53] 将离子淌度差分质谱（DMS）技术应用于鸡肉中金刚烷胺和利巴韦林抗病毒药物的残留量分析。样品中的金刚烷胺和利巴韦林采用三氯乙酸提取，经磷酸酯酶酶解，PBA 固相萃取小柱净化后，选用亲水相互作用色谱柱以 5mmol/L 乙酸铵水溶液（含 0.1％甲酸）-乙腈为流动相梯度洗脱，DMS 结合 ESI 正离子模式进行定性定量分析。结果在 0.5～5.0μg/L 的浓度范围内线性关系良好，方法定量限为 1.0μg/L，标准添加水平在 1.0μg/L、2.0μg/L、10μg/L 时，回收率在 68.4％～112.8％之间，相对标准偏差（$n=6$）在 7.3％～11.2％之间。该技术的应用可以显著提高目标化合物的选择性，有效去除基质中的干扰物质，噪声明显降低。

17.2.6.2　免疫测定方法

（1）半抗原设计　Zhu 等[54] 通过比较基于计算化学的 RBV 和半抗原的构象和电子特性，设计了一种新的 RBV 免疫半抗原，命名为 Hapten 4。合成 Hapten 4 并与载体蛋白缀合以产生单克隆抗体（mAb），合成步骤如图 17-5。

Wang[55] 用不同的间隔物合成了新的 3 种不同的半抗原，在间接竞争酶联免疫吸附试验（ELISA）中获得了 IC$_{50}$ 低至 0.61ng/mL 的最佳抗体。合成步骤如图 17-6。

（2）抗体的制备　Zhu 等[54] 通过比较基于计算化学的 RBV 和半抗原的构象和电子特性，设计了一种新的 RBV 免疫半抗原，命名为 Hapten 4。合成 Hapten 4 并与载体蛋白缀合以产生单克隆抗体（mAb）。获得的 RBV 单克隆抗体 4C3 在间接竞争性酶联免疫吸附试验（ic-ELISA）中的 IC$_{50}$ 值为 6.24ng/mL，并且与包括金刚烷胺在内的其他五种抗病毒药物没有交叉反应。开发的 ic-ELISA 在鸡中的适用性得到了验证，计算出的检测限为 4.23μg/kg。加标回收率为 79.2％～107.3％，变异系数小于 15.9％。

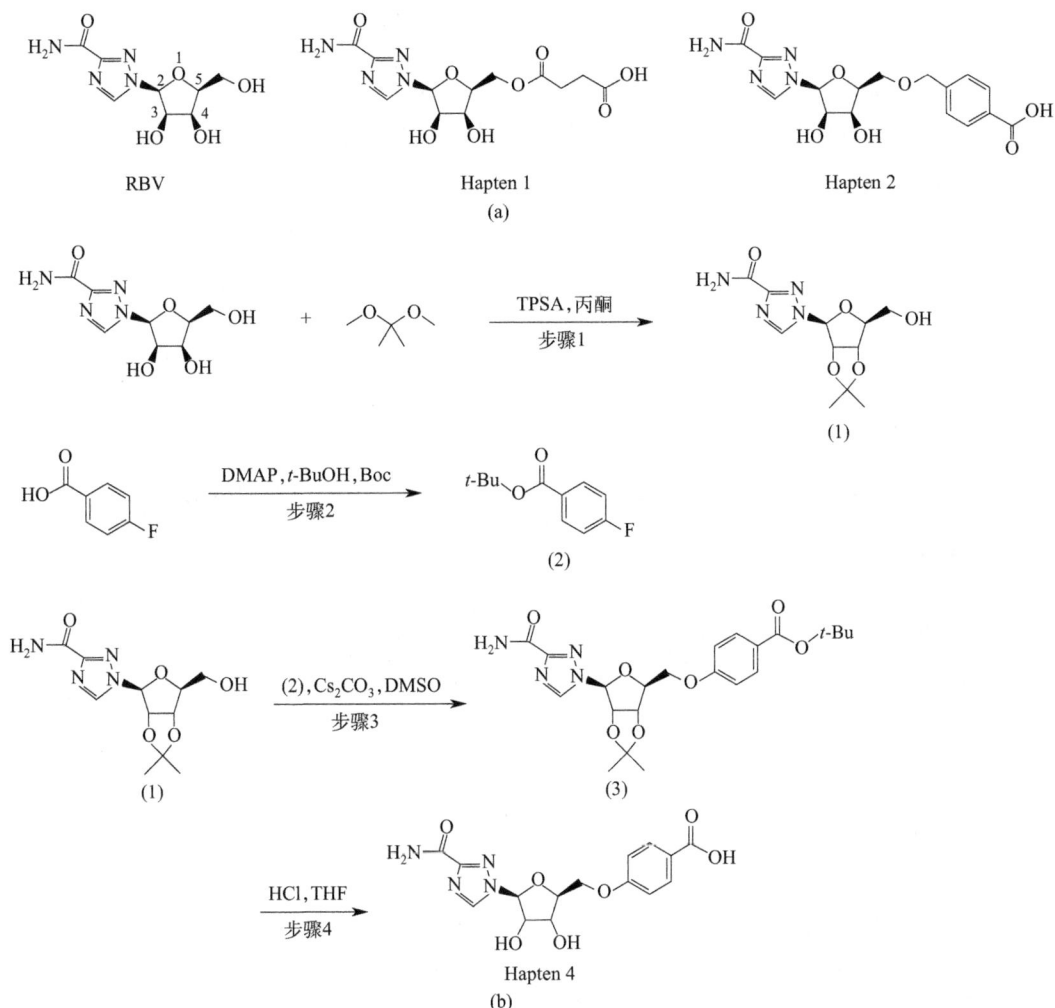

图 17-5 半抗原的合成步骤

（a）利巴韦林（RBV）、半抗原 1 和半抗原 2 的化学结构；（b） Hapten 4 的合成路线

Wang 等[55] 制备了来自新半抗原的利巴韦林（RBV）的高亲和力多克隆抗体，并用于分析鸡肌肉、鸡蛋和鸭肌肉中的 RBV 残留。用不同的间隔物合成了新的半抗原，在间接竞争酶联免疫吸附试验（ELISA）中获得了 IC_{50} 低至 0.61ng/mL 的最佳抗体。与金刚烷胺、金刚乙胺、吗啉胍、扎那米韦和奥司他韦等 5 种抗病毒药物的交叉反应率均小于 0.1%，表明该抗体具有良好的特异性。基于该抗体开发了一种 ELISA，并应用于检测多种食品基质中的 RBV。检测前的样品制备只需在三氯乙酸萃取后简单稀释即可。鸡肌肉、鸡蛋和鸭肌肉的检出限分别为 1.07μg/kg、1.18μg/kg 和 1.03μg/kg。回收率从 89.0% 到 112.7% 不等，变异系数低于 13.0%。采用 ELISA 和液相色谱-串联质谱法对 10 份鸡肌肉盲样同时进行分析，发现两种方法之间具有良好的相关性。结果表明，该高亲和力抗体可用于简单快速地检测多种食品基质中的 RBV。

（3）免疫分析技术 Song 等[56] 通过 Capture-SELEX 方法获得了能够与利巴韦林以高亲和力结合的适体。经过 15 轮富集后，对 ssDNA 文库进行富集，然后通过高通量测序进行分析。选择 7 个较丰富的序列作为亲和力和特异性表征的候选适体。在候选适体

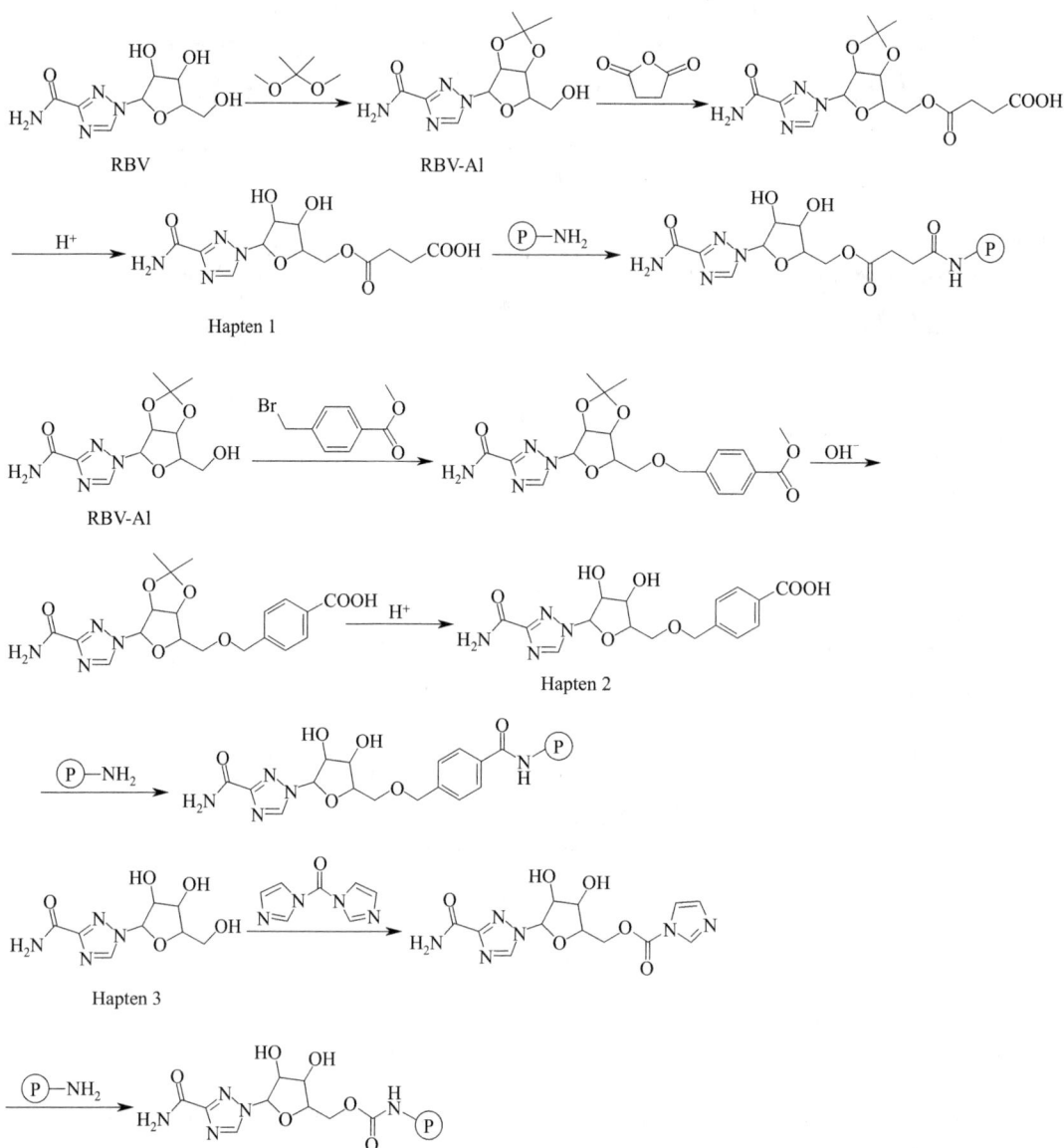

图 17-6　利巴韦林的化学结构以及半抗原和偶联物的合成方案

中，APT-1 被证明是最佳适体。比色法和荧光法两种方法得到的 APT-1 的解离常数（K_d）值分别为（34.34 ± 6.038）nmol/L、（61.19 ± 21.48）nmol/L。为了研究选择的适体的结合机制，进行了分子对接，结果表明氢键形成于位于 G37、T38、A40、T53 和 A54 的结合位点。此外，为了确认所选适配体的实用性，设计了一种荧光检测方法，其线性范围在 $1.0\sim50$ng/mL 范围内，检测限为 0.67ng/mL。此外，该适配体用于鸡肉样品中利巴韦林的检测，回收率在 $87.26\%\sim105.57\%$ 之间，在食品安全方面显示出巨大的应用潜力。

　　Fatima 等[57] 成功合成了一种新型磁性分子印迹聚合物吸附材料，用于检测动物饲料中的利巴韦林。以利巴韦林为模板分子，甲基丙烯酸甲酯和 γ-甲基丙烯酰氧基丙基三甲氧基硅烷功能化磁性介孔二氧化硅为双功能单体，乙烯二缩水甘油醚为交联剂，通过表面聚合制备分子印迹聚合物。通过扫描电子显微镜和红外光谱对制备的磁性分子印迹聚合物进行了表征。进行了静态和动态吸附实验和选择性吸附分析，以评估磁性分子印迹聚合物的吸附和选择性。进行了不同的实验以优化磁性固相萃取条件。在最佳实验条件下，成功开发了磁性分子印迹固相萃取结合高效液相色谱法检测利巴韦林。建立的方法实现了令人满意的线性范围 $0.20 \sim 50mg/L$（$R^2 > 0.99$）和低检测限（$0.081mg/kg$）。应用所开发的方法检测实际饲料样品中的利巴韦林，平均回收率为 $92\% \sim 105\%$，相对标准偏差 $< 6.5\%$。

17.2.6.3　其他分析技术

Hu 等[58] 开发高选择性和高灵敏度检测痕量利巴韦林（RBV）的方法对环境保护和食品安全具有重要意义。在此，我们提出了一种简单而有效的策略来构建基于硼酸功能化镧系金属有机骨架（BA-LMOF）和分子印迹聚合物的高选择性比率荧光传感平台（BA-LMOF@MIP）来分析 RBV。在该策略中，首先合成了具有双发射和 pH 响应行为的 BA-LMOF 作为支持体。得益于 BA-LMOF 的硼酸基团，RBV 很容易固定在其表面，利用基于模板固定化的表面印迹手段，首次制备了具有双识别位点的 BA-LMOF@MIP。共价硼酸盐亲和识别单元和非共价印迹位点的协同作用使 BA-LMOF@MIP 对 RBV 表现出优异的选择性和结合效率。BA-LMOF 作为信号标签赋予了 BA-LMOF@MIP 所需的灵敏度、光稳定性和亲水性。更重要的是，基于 BA-LMOF@MIP 的传感器对 RBV 的线性范围为 $25 \sim 1200ng/mL$，检测限低至 $7.62ng/mL$。该传感器最终应用于实际样品中的 RBV 测定，所获得的结果表明 BA-LMOF@MIP 将成为监测复杂系统中 RBV 的有希望的候选者。

参考文献

[1] Wang Z D, Wang X R, Wang Y H, et al. Simultaneous determination of five antiviral drug residues and stability studies in honey using a two-step fraction capture coupled to liquid chromatography tandem mass spectrometry[J]. J Chromatogr A, 2021: 1638: 461890.

[2] Chen D W, Miao H, Zhao Y F, et al. Dispersive micro solid phase extraction of amantadine, rimantadine and memantine in chicken muscle with magnetic cation exchange polymer[J]. J Chromatogr B, 2017, 1051: 92-96.

[3] Zhang Q Y, Xiao C G, Wang W, et al. Chromatography column comparison and rapid pretreatment for the simultaneous analysis of amantadine, rimantadine, acyclovir, ribavirin, and moroxydine in chicken muscle by ultra high performance liquid chromatography and tandem mass spectrometry[J]. J Sep Sci, 2016, 39（20）: 3998-4010.

[4] Wu Y L, Chen R X, Xue Y, et al. Simultaneous determination of amantadine, rimantadine and memantine in chicken muscle using multi-walled carbon nanotubes as a reversed-dispersive solid phase extraction sorbent[J]. J Chromatogr B, 2014, 965: 197-205.

[5] Wu H Z, Wang J M, Yang H, et al. Development and application of an in-cell cleanup pressurized liquid extraction with ultra-high-performance liquid chromatography-tandem mass spectrometry to detect prohibited antiviral agents sensitively in livestock and poultry feces[J]. J Chro-

matogr A, 2017, 1488: 10-16.

[6] Xu Y J, Ren C B, Han D F, et al. Analysis of amantadine in Laminaria Japonica and seawater of Daqin Island by ultra high performance liquid chromatography with positive electrospray ionization tandem mass spectrometry[J]. J Chromatogr B, 2019, 1126.

[7] Jia Q, Li D, Wang X L, et al. Simultaneous determination of amantadine and rimantadine in feed by liquid chromatography-Qtrap mass spectrometry with information-dependent acquisition [J]. Anal Bioanal Chem, 2018, 410 (22): 5555-5565.

[8] Suo D C, Wang P L, Li Y, et al. Simultaneous determination of antibiotics and amantadines in animal-derived feedstuffs by ultraperformance liquid chromatographic-tandem mass spectrometry[J]. J Chromatogr B, 2018, 1095: 183-190.

[9] Tsuruoka Y, Nakajima T, Kanda M, et al. Simultaneous determination of amantadine, rimantadine, and memantine in processed products, chicken tissues, and eggs by liquid chromatography with tandem mass spectrometry[J]. J Chromatogr B, 2017, 1044: 142-148.

[10] Yan H, Liu X, Cui F Y, et al. Determination of amantadine and rimantadine in chicken muscle by QuEChERS pretreatment method and UHPLC coupled with LTQ Orbitrap mass spectrometry[J]. J Chromatogr B, 2013, 938: 8-13.

[11] 李占彬, 王正强, 黄永桥, 等. PRiME 净化-UHPLC-MS/MS 法测定鸡蛋中金刚烷胺类药物残留 [J]. 食品工业, 2020, 41 (12): 305-309.

[12] 葛晓晓, 舒蕊华. 高效液相色谱-串联质谱法同时测定动物源性食品中金刚烷胺、金刚乙胺[J]. 化学分析计量, 2020, 29 (05): 95-99.

[13] 龚波, 金秀娥, 李菁菁, 等. UPLC-MS/MS 法对蜂蜜中金刚烷胺和金刚乙胺药物残留的测定[J]. 湖北农业科学. 2018, 57 (24): 136-138.

[14] Mu P Q, Xu N N, Chai T T, et al. Simultaneous determination of 14 antiviral drugs and relevant metabolites in chicken muscle by UPLC-MS/MS after QuEChERS preparation[J]. J Chromatogr B, 2016, 1023: 17-23.

[15] 王柯, 陈燕, 李晓雯, 等. 液相色谱-四极杆飞行时间质谱法同时测定动物源性食品中的 5 种抗病毒类药物[J]. 食品安全质量检测学报, 2016, 7 (07): 2720-2726.

[16] 饶钦雄, 郭黎明, 周苏, 等. 液相色谱串联质谱同时检测鸡肉中金刚烷胺、氟喹诺酮类和磺胺类药物的残留[J]. 上海农业学报, 2014, 30 (06): 102-106.

[17] 艾连峰, 马育松, 陈瑞春, 等. 在线净化液相色谱串联质谱法测定动物源食品中金刚烷胺的残留[J]. 分析化学, 2013, 41 (08): 1194-1198.

[18] 刘正才, 杨方, 余孔捷, 等. 液相色谱-电喷雾串联质谱法同时检测鸡组织中 5 种抗病毒类药物的残留量[J]. 色谱, 2012, 30 (12): 1253-1259.

[19] Zhang J Z, Zhao J, Zhou J H, et al. Determination of amantadine residue in honey by solid-phase extraction and high-performance liquid chromatography with pre-column derivatization and fluorometric detection[J]. Chinese J Chem, 2011, 29 (8): 1764-1768.

[20] Arndt T, Guessregen B, Hohl A, et al. Determination of serum amantadine by liquid chromatography-tandem mass spectrometry[J]. Clin Chim Acta, 2005, 359 (1/2): 125-131.

[21] Tang M M, Zhao Y J, Chen J, et al. On-line multi-residue analysis of fluoroquinolones and amantadine based on an integrated microfluidic chip coupled to triple quadrupole mass spectrometry[J]. Anal Methods-Uk, 2020, 12 (44): 5322-5331.

[22] Farajzadeh M A, Nouri N, Alizadeh Nabil A A. Determination of amantadine in biological fluids using simultaneous derivatization and dispersive liquid-liquid microextraction followed by gas chromatography-flame ionization detection[J]. J Chromatogr B Analyt Technol Biomed Life Sci, 2013, 940: 142-149.

[23] Gao Y F, Wu X L, Wang Z X, et al. A sensitive lateral flow immunoassay for the multiple residues of five adamantanes[J]. Food Agr Immunol, 2019, 30 (1): 647.

[24] Wang Z P, Wen K, Zhang X Y, et al. New hapten synthesis, antibody production, and indirect competitive enzyme-linked immnunosorbent assay for amantadine in chicken muscle[J].

Food Anal Method, 2017, 11（1）: 302.

[25] Peng D P, Wei W, Pan Y H, et al. Preparation of a monoclonal antibody against amantadine and rimantadine and development of an indirect competitive enzyme-linked immunosorbent assay for detecting the same in chicken muscle and liver[J]. J Pharmaceut Biomed, 2017, 133: 56-63.

[26] Xu L G, Peng S, Liu L Q, et al. Development of sensitive and fast immunoassays for amantadine detection[J]. Food Agr Immunol, 2016, 27（5）: 678.

[27] Gao Y F, Wu X L, Wang Z X, et al. A sensitive lateral flow immunoassay for the multiple residues of five adamantanes[J]. Food Agr Immunol, 2019, 30（1）: 661.

[28] Wang Z P, Wen K, Zhang X Y, et al. New hapten synthesis, antibody production, and indirect competitive enzyme-linked immnunosorbent assay for amantadine in chicken muscle[J]. Food Anal Method, 2017, 11（1）: 308.

[29] Xu L G, Peng S, Liu L Q, et al. Development of sensitive and fast immunoassays for amantadine detection[J]. Food Agr Immunol, 2016, 27（5）: 688.

[30] 许小炫, 苏晓娜, 谭庶, 等. 间接竞争化学发光酶联免疫分析方法检测禽肉中金刚烷胺和氯霉素残留[J]. 食品科学, 2021, 42（04）: 305-312.

[31] 崔乃元, 刘怡菲, 王萍, 等. 鸡、鸭肉中金刚烷胺、金刚乙胺、索金刚胺间接竞争 ELISA 检测方法研究[J]. 食品工业科技, 2021, 42（01）: 286-291.

[32] Huo X, Wang S H, Lai K Y, et al. Sensitive CG-ICA based on heterologous coating antigen and mAb prepared with carbons-linker immunogen[J]. Food Agr Immunol, 2021, 32（1）: 727-739.

[33] Dong B L, Li H F, Mari G M, et al. Fluorescence immunoassay based on the inner-filter effect of carbon dots for highly sensitive amantadine detection in foodstuffs[J]. Food Chem, 2019, 294: 347-354.

[34] Yu W B, Zhang T T, Ma M F, et al. Highly sensitive visual detection of amantadine residues in poultry at the ppb level: a colorimetric immunoassay based on a Fenton reaction and gold nanoparticles aggregation[J]. Analytica Chimica Acta, 2018, 1027: 130-136.

[35] Xie S L, Wen K, Xie J, et al. Magnetic-assisted biotinylated single-chain variable fragment antibody-based immunoassay for amantadine detection in chicken[J]. Anal Bioanal Chem, 2018, 410（24）: 6197-6205.

[36] Wu S S, Zhu F F, Hu L M, et al. Development of a competitive immunochromatographic assay for the sensitive detection of amantadine in chicken muscle[J]. Food Chem, 2017, 232: 770-776.

[37] Zhang T, Zhang L, Liu J X, et al. Development of a molecularly imprinted microspheres-based microplate fluorescence method for detection of amantadine and rimantadine in chicken [J]. Food Addit Contam A, 2021, 38（7）: 1136-1147.

[38] Zhang T, Liu J, Wang J P. Preparation of a molecularly imprinted polymer based chemiluminescence sensor for the determination of amantadine and rimantadine in meat[J]. Anal Methods-Uk, 2018, 10（41）: 5025-5031.

[39] Guo L C, Liu M X, Li Q, et al. Synthesis and characterization of tracers and development of a fluorescence polarization immunoassay for amantadine with high sensitivity in chicken[J]. J Food Sci, 2021, 86（10）: 4754-4767.

[40] Pan Y T, Wang Z P, Duan C F, et al. Comparison of two fluorescence quantitative immunochromatographic assays for the detection of amantadine in chicken muscle[J]. Food Chemistry, 2022, 377: 131931.

[41] Guo L C, Liu M X, Zhang S X, et al. Multi-wavelength fluorescence polarization immunoassays for simultaneous detection of amantadine and ribavirin in chicken and human serum[J]. Food Agr Immunol, 2021, 32（1）: 321-335.

[42] Pan M F, Yang J Y, Li S J, et al. A reproducible surface plasmon resonance immunochip

for the label-free detection of amantadine in animal-derived foods[J]. Food Anal Method, 2019, 12（4）：1007-1016.

[43] Yun Y G, Pan M F, Wang L L, et al. Fabrication and evaluation of a label-free piezoelectric immunosensor for sensitive and selective detection of amantadine in foods of animal origin[J]. Anal Bioanal Chem, 2019, 411（22）：5745-5753.

[44] Ma M F, Sun J F, Chen Y Q, et al. Highly sensitive SERS immunosensor for the detection of amantadine in chicken based on flower-like gold nanoparticles and magnetic bead separation [J]. Food Chem Toxicol, 2018, 118: 589-594.

[45] Yun Y G, Pan M F, Fang G Z, et al. Molecularly imprinted electrodeposition o-aminothio-phenol sensor for selective and sensitive determination of amantadine in animal-derived foods[J]. Sensor Actuat B-Chem, 2017, 238: 32-39.

[46] Qie M, Zheng S, Bai X Y, et al. Specific recognition of ribavirin in animal-derived foods by high performance liquid chromatography combined with magnetic solid-phase extraction based on highly selective Zr-Fe$_3$O$_4$[J]. J Sep Sci, 2019, 42（16）：2602-2611.

[47] Wu Y L, Chen R X, Zhu L, et al. Determination of ribavirin in chicken muscle by quick, easy, cheap, effective, rugged and safe method and liquid chromatography-tandem mass spectrometry[J]. J Chromatogr B, 2016, 1012: 55-60.

[48] Berendsen B J A, Wegh R S, Essers M L, et al. Quantitative trace analysis of a broad range of antiviral drugs in poultry muscle using column-switch liquid chromatography coupled to tandem mass spectrometry[J]. Anal Bioanal Chem, 2012, 402（4）：1611-1623.

[49] 谢继安, 刘柏林, 赵紫微, 等. 同位素稀释-超高效液相色谱-串联质谱法测定禽类食品中利巴韦林和金刚烷胺类化合物残留量[J]. 中国食品卫生杂志, 2020, 32（03）：261-266.

[50] 张艳, 王全胜, 吴银良. 分散固相萃取-液相色谱-串联质谱法同时测定鸡蛋中 7 种抗病毒类药物和利巴韦林代谢物残留量[J]. 食品安全质量检测学报, 2022, 13（06）：1872-1879.

[51] 徐俊, 邬磊, 赖艳, 等. UPLC-MS/MS 法测定利巴韦林及主要代谢物在肉鸡组织中的残留[J]. 中国家禽, 2020, 42（10）：73-80.

[52] 张鑫, 吴剑平, 严凤, 等. 基于双柱固相萃取-色质联用技术同时检测鸡肉中 8 种抗病毒药物残留[J]. 中国兽药杂志, 2015, 49（09）：45-50.

[53] 欧阳少伦, 邵琳智, 谢敏玲, 等. 离子淌度差分质谱技术测定鸡肉中金刚烷胺和利巴韦林[J]. 食品安全质量检测学报, 2015, 6（05）：1706-1712.

[54] Zhu J Y, Li Q, Yu X Z, et al. Synthesis of hapten, production of monoclonal antibody, and development of immunoassay for ribavirin detection in chicken[J]. J Food Sci, 2021, 86（7）：2851-2860.

[55] Wang Z P, Yu X Z, Ma L C, et al. Preparation of high affinity antibody for ribavirin with new haptens and residue analysis in chicken muscle, eggs and duck muscle[J]. Food Addit Contam A, 2018, 35（7）：1247-1256.

[56] Song M Y, Lyu C, Duan N, et al. The isolation of high-affinity ssDNA aptamer for the detection of ribavirin in chicken[J]. Anal Methods-Uk, 2021, 13（27）：3110-3117.

[57] Fatima S, Beg S, Samim M, et al. Rapid determination of antiviral medication ribavirin in different feedstuffs using a novel magnetic molecularly imprinted polymer coupled with high-performance liquid chromatography[J]. J Sep Sci, 2019, 42（21）：3293-3301.

[58] Hu X L, Guo Y, Wang T, et al. A selectivity-enhanced ratiometric fluorescence imprinted sensor based on synergistic effect of covalent and non-covalent recognition units for ultrasensitive detection of ribavirin[J]. J Hazard Mater, 2022: 421.

第18章
驱线虫类药物残留分析

长期以来，线虫病一直是危害人类和动物健康的一类严重疾病，给我国畜牧业发展造成严重危害。线虫为假体腔动物，是动物集中数量最丰富者之一，目前已有超过 28000 个被记录的物种，此外尚有大量物种未命名。线虫分布广泛，可营自生生活，自由生活于土壤、淡水和海水等环境；也可营寄生生活，寄生于动植物，宿主广泛，如猪、牛、羊、马等众多动物，少数可寄生于人体并导致疾病。流行的线虫有蛔虫、鞭虫、蛲虫、钩虫、旋毛虫和类粪圆线虫等。药物防治是预防和治疗线虫病的一个重要环节，对畜牧业健康发展有不可替代的作用。

　　目前我国已合成多种广谱、高效和安全的驱线虫药，根据其化学结构，大致可分为以下 6 类。

　　（1）**抗生素类**　如伊维菌素、阿维菌素、多拉菌素、埃普利诺菌素、美贝霉素肟、莫西菌素、越霉素 A 和潮霉素 B 等。

　　（2）**苯并咪唑类**　如噻苯达唑、阿苯达唑、甲苯咪唑、芬苯达唑、康苯咪唑、丁苯咪唑、苯双硫脲、氧苯咪唑和丙噻苯达唑等。

　　（3）**咪唑并噻唑类**　如左旋咪唑和四咪唑。

　　（4）**四氢嘧啶类**　如噻嘧啶、甲噻嘧啶和羟嘧啶。

　　（5）**有机磷化合物**　如敌百虫、敌敌畏等。

　　（6）**其他驱线虫药**　如乙胺嗪和硫胂胺钠。

18.1

抗生素类

　　针对线虫病目前常用的抗生素有阿维菌素、伊维菌素、多拉菌素、埃普利诺菌素和莫西菌素等。阿维菌素类药物（avermectins，AVMs）是由阿维链霉菌（*Streptomyces avermitilis*）产生的一组大环内酯类抗寄生虫药，与一般大环内酯类药物不同的是，其不具有抗菌作用而有很高的杀虫活性。AVMs 是一类新型广谱、高效、安全的抗内外寄生虫药，由于其驱虫活性优异、安全性良好，是目前应用最广泛、销量最大的理想驱线虫药之一。AVMs 使用剂量小，分子量大，而且缺乏显著的分析基团，其残留分析过程比较复杂，也限制了 AVMs 的基础研究和临床应用。近年来，从分离和检测两方面入手，对 AVMs 进行了深入探索，免疫分析、多残留分析和 LC-MS 确证技术逐渐成熟，阿维菌素类药物具体内容见第 20 章。

18.2

苯并咪唑类

　　早在 20 世纪 60 年代，Brown 等[1] 报道了苯并咪唑类（benzimidazoles，BZs）药物

的第一个驱虫药噻苯达唑，后来的几十年里，人们又相继合成了多种广谱、高效、低毒的药物，已报道的 BZs 化合物多达数千种，其中有 20 多种作为抗寄生虫药物被广泛用于动物生产中，主要包括甲苯咪唑、芬苯达唑、康苯咪唑、丁苯咪唑、阿苯达唑、奥芬达唑、三氯苯达唑、非班太尔等。BZs 毒性较低、安全范围大，主要对线虫的成虫和幼虫有较强的驱杀作用，部分还具有杀虫卵作用。但在动物实验中此类药物有一定的致畸作用和致突变作用，对人类有潜在危险。在体内，BZs 一般被转化为多种仍具有毒理学意义的代谢产物，某些代谢物可能成为唯一可测的靶物质。因此，建立 BZs 及其代谢物的残留检测技术仍是相当有必要的。

18.2.1　结构与性质

BZs 中均含有苯并咪唑结构母核，即苯环与咪唑的 C4 和 C5 稠合而成的双环体系，结构如图 18-1 所示。BZs 一般在 C2 和 C5 位含有取代基，C2 位的取代基主要影响 BZs 的溶解性和体内分布，C5 位的取代基与 BZs 的生物转化有关。BZs 除前体药物苯硫脲、硫苯脲酯外都具有相同的母核结构，根据 C2 位取代基的不同大致可以分为三类：第一种是 C2 位被氨基甲酸酯取代，包括阿苯达唑、芬苯达唑、奥苯达唑及其砜、亚砜等；第二种为 C2 位被噻唑取代，如坎苯达唑、噻苯达唑及 5-羟基噻苯达唑等；第三种为其他类，如三氯苯达唑等。常用的 BZs 见表 18-1。

图 18-1　苯并咪唑类化合物母环的结构式

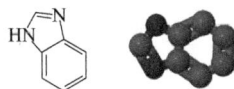

表 18-1　常用的苯并咪唑类药物

药物	分子式	分子量	结构
阿苯达唑（albendazole，ABZ）	$C_{12}H_{15}N_3O_2S$	265.34	
康苯咪唑（cambendazole，CAM）	$C_{14}H_{14}N_4O_2S$	302.08	
苯菌灵（benomyl，BEN）	$C_{14}N_{18}N_4O_3$	290.14	
多菌灵（carbendazim，CAR）	$C_9H_9N_3O_2$	191.07	

药物	分子式	分子量	结构
芬苯达唑 (fenbendazole，FBZ)	$C_{15}H_{13}N_3O_2S$	299.35	
氟苯达唑 (flubendazole，FLU)	$C_{16}H_{12}FN_3O_3$	313.09	
5-羟基噻苯达唑 (5-hydroxy-thiabendazole， 5-OH-TBZ)	$C_{10}H_7N_3OS$	217.25	
甲苯咪唑 (mebendazole，MBZ)	$C_{16}H_{13}N_3O_3$	295.30	
奥芬达唑 (oxfendazole，OFZ)	$C_{15}H_{13}N_3O_3S$	315.35	
奥苯达唑 (oxibendazole，OXI)	$C_{12}H_{15}N_3O_3$	249.27	
丁苯咪唑 (parbendazole，PAR)	$C_{13}H_{17}N_3O_2$	247.29	
噻苯达唑 (thiabendazole，TBZ)	$C_{10}H_7N_3S$	201.25	
三氯苯达唑 (triclabendazole，TCB)	$C_{14}H_9Cl_3N_2OS$	359.66	

BZs 咪唑部分含有对称的酸性（—NH—）和碱性（=N—）结构，但接受质子后可形成稳定的对称共轭酸，因此 BZs 主要呈现出较强的碱性。BZs 母核结构相当稳定。苯丙咪唑氨基甲酸酯类结构在强酸或强碱和加热条件下可发生水解，生成 2-氨基衍生物。含硫化合物易被氧化生成亚砜或砜。常用的生物碱显色剂有乳酸型碘铂酸钾试液、碘化铋钾试液。

BZs 多为白色或类白色粉末，多数熔点在 200～300℃之间，熔化常伴随分解。BZs 基本上属弱碱性物质，中等极性，在水中难溶，在甲醇、丙酮、氯仿等常规有机溶剂中微溶，可溶解于 N,N-二甲基甲酰胺（DMF）、二甲基亚砜（DMSO）以及酸性或强碱性溶液中。水溶液的 pH 对 BZs 在其中的溶解度有显著影响，一般在 pH 1～2 时溶解度最高，pH＞4～5 溶解度显著下降，pH 8～10 溶解度最低，pH＞12 溶解度升高。

BZs结构中含有苯丙咪唑共轭体系，在紫外区有很强的吸收。在偏酸性溶液中一般有2个吸收峰，225~252nm和285~315nm，并且随溶液pH的升高吸收峰发生一定红移，这是建立BZs检测方法的主要基础。BZs本身具有荧光性质，但强度一般较弱。

18.2.2 药学机制

BZs对动物体内的各种寄生线虫、绦虫（包括幼虫和虫卵）有较强的驱杀作用，部分对肝片吸虫也有效，属于广谱、高效、低毒抗寄生虫药。

关于BZs具体作用机制尚未有定论，有研究认为BZs主要通过抑制线虫的延胡索酸还原酶发挥作用。如高继国等[2]证明阿苯达唑和奥芬达唑对猪囊尾蚴组织匀浆延胡索酸还原酶活性的抑制作用，通过抑制延胡索酸还原酶活性，非竞争性抑制延胡索酸还原酶复合体，从而导致虫体因能量耗竭而死亡。Sharma等[3]报道甲苯咪唑能引起禽的鸡异刺线虫和鸡蛔虫的苹果酸脱氢酶活性降低，推测可能与甲苯咪唑抑制延胡索酸还原酶活性而引起苹果酸脱氢酶活性被反馈抑制有关。Wani等[4]研究了缩小膜壳绦虫的与苹果酸代谢有关的酶类（包括延胡索酸还原酶、NADH氧化酶、苹果酸酶、琥珀酸脱氢酶、延胡索酸酶和NADPH、NAD^+转氢酶）的活性，以及甲苯咪唑、芬苯达唑等苯并咪唑氨基甲酸酯类药物对这些酶活性的影响，结果发现这些药物可显著抑制上述酶的活性，由此结果推测甲苯咪唑、芬苯达唑等可能抑制延胡索酸还原酶复合体活性，引起复合体中有关酶活性下降。

另一种观点认为BZs的本质作用机制是抑制蠕虫线粒体的电子传递体系和与电子传递体系偶联的磷酸化反应，抑制与微管形成有关的葡萄糖转运系统从而使ATP的合成反应受到抑制。Lacey等[5]通过苯并咪唑氨基甲酸酯类药物对哺乳动物微管的抑制作用和对寄生蠕虫虫卵的杀灭作用，认为药物对哺乳动物微管的强抑制作用可能会抑制虫卵孵化，推测药物对寄生蠕虫虫卵作用的基本模式是通过与微管的主要蛋白质成分微管蛋白结合来发挥虫卵发育的抑制作用。Geary等[6]克隆了捻转血矛线虫β-微管蛋白cDNA，认为药物的抗性可能与β-微管蛋白基因的差异有关。Kwa等[7]也发现药物的抗性大小与β-微管蛋白基因的突变程度有关。此外也有观点认为药物同时作用于多种途径共同发挥作用，因而真正阐明此类药物的作用机制还需要更进一步研究才能证实。

18.2.3 毒理学

BZs一般毒性较低，安全范围大，在应用治疗剂量时，对幼龄、患病或体弱的动物也不会产生毒理效应。对过大剂量的耐受性，不同种属动物和不同药物有很大差异，如绵羊在服用比治疗量高1000倍的硫苯咪唑时并无临床不良反应，但牛服用3倍治疗量的康苯咪唑时就会出现食欲不振和精神沉郁；猪能耐受每1kg体重1000mg的丁苯咪唑，鸡能耐受每1kg体重2000mg的甲苯咪唑。

有研究表明当高剂量或较长时间使用时，苯并咪唑类药物在多种动物体内产生致畸和胚胎毒性,主要为各种骨骼畸形[8,9]。有报道对怀孕母羊饲喂康苯咪唑、奥芬达唑和阿苯达唑会引起胚胎畸形[10]。BZs在体外细菌诱变试验中显示致突变效应,但目前仅发现多菌灵对哺乳动物有致突变作用。

18.2.4 国内外残留限量要求

虽然BZs属于毒性较低的抗寄生虫药物,但如果过量使用或使用时间过长,也会引起严重的不良反应,长期使用有可能引起某些寄生虫耐药性,并能产生交叉耐药性。如阿苯达唑、噻苯达唑能使寄生线虫产生耐药性,而且有可能对其他苯并咪唑类驱虫药产生交叉耐药现象,对动物的不良反应亦较其他苯并咪唑类驱虫药严重。不合理的用药不仅导致耐药性的产生、增加畜牧养殖成本、加大防疫难度,而且会导致动物源性食品中残留累积。考虑到BZs具有胚胎毒性及致畸作用,为了保证消费者食用肉食类食品的安全,欧盟、美国和中国等都已经确定BZs及其代谢物的最大残留限量标准。中国农业部于2011年发布了中华人民共和国农业部公告第1624号,对阿苯达唑、芬苯达唑、非班太尔、奥芬达唑、甲苯咪唑、氟苯达唑、苯氧丙咪唑等苯丙咪唑类药物实验室药物残留检测范围进行了修订完善。《食品安全国家标准 食品中兽药最大残留限量》对阿苯达唑、芬苯达唑、奥芬达唑、三氯苯达唑及其代谢产物最大残留限量做出了严格规定,具体最大残留限量(MRL)见表18-2。

表18-2 中国动物源性食品中苯并咪唑类药物最大残留限量

药物	标志残留物	动物种类	靶组织	最大残留限量/(μg/kg)
阿苯达唑	阿苯达唑亚砜+ 阿苯达唑砜+ 阿苯达唑-2-氨基砜+ 阿苯达唑	所有食品动物	肌肉	100
			脂肪	100
			肝	5000
			肾	5000
			奶	100
非班太尔 芬苯达唑 奥芬达唑	芬苯达唑+ 奥芬达唑+ 奥芬达唑砜 (以奥芬达唑砜 等效物表示)	牛/羊/猪/马	肌肉	100
			脂肪	100
			肝	500
			肾	100
		牛/羊	奶	100
		家禽	肌肉	50(仅苯达唑)
			皮+脂	50(仅苯达唑)
			肝	500(仅芬苯达唑)
			肾	50(仅苯达唑)
			蛋	1300(仅芬苯达唑)
氟苯达唑	氟苯达唑	猪	肌肉	10
			肝	10
		家禽	肌肉	200
			肝	500
			蛋	400
甲苯咪唑	甲苯咪唑等效物总和	羊/马 (泌乳期禁用)	肌肉	60
			脂肪	60
			肝	400
			肾	60

药物	标志残留物	动物种类	靶组织	最大残留限量/(μg/kg)
奥苯达唑	奥苯达唑	猪	肌肉	100
			皮+脂	500
			肝	200
			肾	100
噻苯达唑	噻苯达唑+ 5-羟基噻苯达唑	牛/猪/羊	肌肉	100
			脂肪	100
			肝	100
			肾	100
		牛/羊	奶	100

18.2.5 样品处理方法

BZs 与设计前处理方法有关的性质包括弱碱性（pH 5～10）、极低的水溶性（不超过 1mg/L）、易溶于强酸性溶液和极性溶液。所以高极性溶剂提取和以调节 pH 为基础的净化是 BZs 样品前处理的基本方法。

18.2.5.1 样品类型

固态样品：猪、鸡、羊肌肉、肝脏等可食用组织，以及鱼肉、奶粉等。

液态样品：牛奶、羊奶等。

18.2.5.2 样品制备与提取

（1）样品制备　制样操作过程中应防止样品受到污染或残留物含量发生变化。

食用动物肌肉和肝脏：GB/T 21324—2007《食用动物肌肉和肝脏中苯并咪唑类药物残留量检测方法》[11] 和 GB/T 22955—2008《河豚鱼、鳗鱼和烤鳗中苯并咪唑类药物残留量的测定　液相色谱-串联质谱法》[12] 中，从所取全部样品中取出有代表性样品可食部分约 500g，用组织捣碎机充分捣碎均匀，装入洁净容器中，密封，并标明标记，于 −18℃以下冷冻存放。

牛奶和奶粉：GB/T 22972—2008《牛奶和奶粉中噻苯达唑、阿苯达唑、芬苯达唑、奥芬达唑、苯硫氨酯残留量的测定　液相色谱-串联质谱法》[13] 中，取代表性样品约 500g，混匀，装入洁净容器中，密封，做好标记。

（2）样品提取

① 食用动物肌肉和肝脏：称取 5g 样品（准确至 0.01g），于 50mL 离心管中，加入 20mL 乙酸乙酯，0.15mL 50％氢氧化钾溶液和 1mL 1％ BHT 溶液置超声波水浴中振荡 5min，加入 1g 无水硫酸钠，置均质器上以 14000r/min 速度均质提取 30s；4000r/min 离心 5min，清液转移至 100mL 梨形瓶中；另取一离心管，加入 20mL 乙酸乙酯、0.15mL 50％氢氧化钾溶液和 1mL 1％ BHT 溶液洗涤均质器刀头；用玻棒捣碎离心管中的沉淀，加入上述洗涤均质器刀头的碱性乙酸乙酯溶液，在涡旋振荡器上振荡 2min，置超声波水浴中振荡 5min，4000r/min 离心 5min，清液合并至 100mL 梨形瓶中，38℃减压旋转蒸发至干。

② 牛奶：称取 10g 牛奶试样，精确至 0.01g，置于 100mL 具塞离心管中。加入 30mL 乙腈，涡旋混匀 3min，超声 30min，以 4000r/min 离心 5min，取上清液加入 10mL 正丙醇，于 40℃水浴旋转蒸发除去有机溶剂，用碳酸盐缓冲溶液定容至 10mL。

③ 奶粉：称取 12.5g 奶粉试样于烧杯中，加适量 35～45℃水将其充分溶解，待冷却至室温后，加水至 100g，混匀，准确称取 10g 试样，精确至 0.01g，置于 100mL 具塞离心管中，其余步骤与牛奶样品提取相同。

18.2.5.3 样品净化方法

目前 BZs 残留量测定多采用液相色谱-串联质谱法，净化方法主要分为固相萃取和液-液萃取。

（1）SPE　MCX 固相萃取柱和 C_{18} 固相萃取柱是 SPE 技术中常用萃取柱。针对食用动物肌肉和肝脏等组织，取提取后残渣，立即用 1.5mL 乙腈溶解，涡旋混匀，超声 5min，加入 1.5mL 0.1mol/L 盐酸，涡旋混匀，转移至 15mL 离心管，加 5mL 正己烷洗涤梨形瓶，合并转移至离心管中，涡旋混匀，4000r/min 离心 5min，其上层正己烷层，加入 3mL 正己烷重复操作一次。脱脂后的样液加入 3mL 0.1mol/L 盐酸，涡旋混匀，注入已处理的 MCX 固相萃取柱，依次用 5mL 0.1mol/L 盐酸、5mL 甲醇淋洗。15mL 10% 氨乙腈溶液洗脱，洗脱液 38℃加压旋转蒸发至干，残渣加入 0.5mL 乙腈，置超声波水浴中振荡 5min，加入 1.5mL 0.025mol/L 乙酸铵，涡旋混匀，过 0.45μm 滤膜，供液相色谱测定。当采用液相色谱测定时，吸取 100μL 液相色谱测定用样液，加入 900μL 乙腈-水溶液（2∶8，体积比）混匀后过 0.2μm 滤膜，供液相色谱-串联质谱测定。

针对牛奶和奶粉等样品：移取 5mL 提取液，注入预处理过的 C_{18} 固相萃取柱，调节流速为 1.0mL/min，用 5mL 水淋洗，弃去全部流出液后抽干。用 6mL 乙腈洗脱被测物，流速 1.0mL/min，40℃水浴氮气吹干，再用甲醇溶液（1∶4）溶解并定容至 1.0mL，过 0.2μm 滤膜，供液相色谱-串联质谱测定。

此外，Long 等[14] 提出了一种液相色谱法测定牛肉肝组织中 5 种苯并咪唑驱虫药（噻菌灵、奥芬达唑、甲苯咪唑、阿苯达唑和芬苯达唑）。将空白肝脏样品与十八烷基衍生二氧化硅填充材料混合，先用正己烷洗涤柱，再用乙腈洗脱，将乙腈提取物通过活化的氧化铝柱。最终各苯并咪唑标准曲线线性关系较好，回收率为 62.0%～86.8%。Rizzetti 等[15] 开发了一种简单、快速的牛肝、肾和肌肉中多种兽药残留测定的方法，该方法采用乙腈进行萃取，然后经过 Oasis HLB 和 Strata-C_{18} 固相萃取柱净化，并通过超高效液相色谱-串联质谱法确证了分析物，成功在实际牛肉样品中检测出苯并咪唑等药物残留。

（2）LLE　陈思敏等[16] 使用水、乙腈、氯化钠作提取剂，提取了乳制品中 19 种苯并咪唑类药物及代谢产物，并用乙腈饱和的正己烷净化，采用同位素内标法定量，回收率高于 81.4%。Tejada-Casado 等[17] 使用分散液-液微萃取法作为样品处理方法，通过毛细管电色谱法完成水样中苯并咪唑类药物测定，使用乙腈和水为流动相，利用氯仿和乙醇作为萃取溶剂和分散剂，回收率为 87.7%，RSD 为 2.2%。Carmen 等[18] 开发了一种绿色简便的多残留检测方法，使用毛细管液相色谱和紫外二极管阵列检测技术来测定牛奶样品中的 16 种苯并咪唑类药物及其代谢产物，线性关系良好（所有药物 $R^2 > 0.9985$），该方法提取效率高，溶剂消耗少。Teglia 等[19] 通过液相色谱法对鸡蛋中的阿苯达唑、氯霉素等 8 种药物进行液-液提取方法的优化，建立了中央复合设计和混合物设计来优化液-液分散微萃取的最佳条件，最终所获得的回收率均高于 80%，且方法所需的溶剂量非常小，绿色环保。

18.2.6 残留分析技术

18.2.6.1 仪器测定方法

早期用于检测 BZs 残留的方法有生物鉴定法、光谱法、薄层色谱法，但因为方法或仪器本身的局限，特异性不强，灵敏度不高，从而被灵敏度、准确性更好的方法所取代，现在常用的检测方法主要有液相色谱、液质联用方法、免疫分析法等，也有 GC、GC-MS 相关的文献报道。下面对常用的检测方法进行介绍。

（1）**色谱法** BZs 结构中苯并咪唑共轭体系的存在使其在紫外区有很强的光吸收，在酸性溶液中有 $225\sim252$nm 和 $285\sim315$nm 两个吸收峰，并随着溶液 pH 的升高（结构中负电荷增加），吸收峰波长增加，发生红移。

目前尚未见有报道使用气相色谱直接对苯并咪唑类药物及其代谢物进行检测的方法，可能是因为苯并咪唑的碱性结构及其难挥发性使得气相色谱法在其残留检测中的应用受到限制。关于液相色谱法测定苯并咪唑类药物及其代谢物的方法，国内已有较多文献报道：主要是采用 HPLC 法来测定一种或几种苯并咪唑，或者是测定一种苯并咪唑及其主要代谢产物在动物组织或体液中的残留[20]，而很少有使用 HPLC 法进行多种苯并咪唑及其代谢物同时测定的报道。表 18-3 列举了通过色谱检测苯并咪唑类药物在动物源性食品中残留的方法。

表 18-3　苯并咪唑类药物残留的高效液相色谱分析法

药物	样品	样品处理	方法	LOD(LOQ)/(μg/kg)	参考文献
ABZ、MBZ、OFZ、FBZ、OXI、FLU、TBZ、TCB	肌肉 肝脏 肾脏	乙腈-水提取，C_{18} 固相萃取柱净化	HPLC-UV	$20\sim50$	[21]
ABZ、FBZ、OFZ、MBZ、TBZ	肝脏	乙酸乙酯提取	HPLC-UV	—	[22]
ABZ、ABZ-SO、ABZ-SO_2、MBZ、OXI、ABZ-NH_2-SO_2、FBZ、OFZ、TBZ、FBZ-SO_2、FLU-NH_2、FLU、MBZ-OH	肝脏	乙酸乙酯提取，C_{18} 固相萃取柱净化	HPLC-UV	$50\sim200$	[23]
ABZ、ABZ-SO、FBZ、ABZ-SO_2、OFZ、FBZ-SO_2、MBZ、MBZ-OH、FLU、OXI、TBZ	肝脏	甲醇＋水提取，强阳离子交换，固相萃取柱净化	HPLC-UV	50	[24]
MBZ、MBZ-OH、MBZ-NH_2	鳗鱼肌肉	乙酸乙酯提取，氨丙基固相萃取柱净化	HPLC-UV	5(10)	[25]
ABZ、ABZ-NH_2-SO_2、ABZ-SO、ABZ-SO_2	鲑鱼肌肉	乙酸乙酯提取，液-液萃取净化	HPLC-FLD	$25\sim100$	[26]
ABZ-SO、ABZ-SO_2、ABZ-NH_2-SO_2	肌肉 脂肪 肝脏 肾脏	乙腈提取，乙酸乙酯萃取	HPLC-UV	(0.5~20)	[27]
MBZ、TBZ、ABZ	肌肉	乙酸乙酯提取，C_{18} 固相萃取柱净化	HPLC	8(25)	[28]

药物	样品	样品处理	方法	LOD(LOQ)/(μg/kg)	参考文献
TBZ,5-OH-TBZ	牛奶	乙酸乙酯提取,阳离子交换固相萃取柱净化	HPLC-LFD	50	[29]
ABZ,ABZ-SO,ABZ-SO$_2$,OFZ,OXI,FBZ,MBZ,ABZ-NH$_2$-SO$_2$,FBZ-OH	牛奶	乙酸乙酯提取	HPLC-UV	5～200	[30]
ABZ-NH$_2$-SO$_2$	牛奶	磷酸-乙腈提取,固-液相净化	HPLC-UV	25	[31]
FBZ,OFZ,TBZ,5-OH-TBZ	牛奶	乙酸乙酯提取	HPLC-UV	10～30	[32]
ABZ-SO,ABZ-SO$_2$,FBZ,OFZ,FBZ-SO$_2$	肌肉肝脏奶	乙腈提取,C$_{18}$固相萃取柱净化	HPLC-UV HPLC-LFD	5～30 4～20	[33]
ABZ,FBZ,TBZ,OXI,左旋咪唑(LEV)	牛奶	乙腈-乙酸乙酯提取	HPLC-UV	1.3～1.8 (2.7～6.9)	[34]
BEN,CAR,TBZ,FBZ	环境水	聚乙二醇单烷基醚提取	HPLC-LFD	10～150	[35]
CAR,TBZ	水果	丙酮提取,二醇键合硅胶柱纯化	HPLC-UV	60	[36]
16种BZs	组织	乙酸乙酯提取	HPLC	10	[37]
ABZ,ABZ-SO,ABZ-SO$_2$,ABZ-NH$_2$-SO$_2$,FBZ,FBZ-SO,FBZ-SO$_2$,FBZ	血浆鸡蛋	乙腈-乙酸铵提取	HPLC	4～87 5～134	[38]
FBZ	牛奶	乙腈-磷酸提取	LC	9(21)	[39]

　　绝大多数 BZs 采用反相 HPLC 分析法进行检测。BZs 属有机碱化合物,水溶性极小。硅胶基键合相表面残余的酸性硅醇基能强烈吸附 BZs,导致保留时间过长,峰拖尾或变形。为降低游离硅醇基的二次吸附作用和增加 BZs 在流动相中的溶解性,需采用调节 pH (离子抑制或离子增强法)加入离子对试剂、掩蔽剂、盐和较高比例的有机改性剂等方法优化流动相。据此,可将 BZs 的反相 LC 分离体系分为 3 类:离子增强流动相体系,pH 2～3,一般使用乙腈-磷酸或磷酸盐缓冲液;离子抑制流动相体系,pH 5～7;离子对流动相体系,离子增强流动相中加入阴离子型离子对试剂。实践中主要根据具体待测物和色谱柱的性能选择或优化流动相。

　　(2)色质联用法　色质联用分析法主要包括气质联用分析法(GC-MS)和液质联用分析法(LC-MS)。BZs 极性较高,难以气化,热稳定差,直接用 GC 分析时灵敏度低,因此需衍生化后测定。LC-MS 既实现多种组分的同时测定,又可以大大缩短分析时间,提高分析测定的灵敏度和准确性,尤其是逐步发展起来的 UPLC-MS/MS 能在取得良好的分析效果的同时,进一步减少溶剂用量,缩短分析时间。苯并咪唑类药物的色质联用分析法见表 18-4。

表 18-4　苯并咪唑类药物残留的色质联用分析法

药物	样品	样品处理	方法	LOD(LOQ)/(μg/kg)	参考文献
8 种 BZs	肌肉 肝脏	乙酸乙酯提取， 正己烷脱脂后衍生化	GC/EIMS	50	[30]
8 种 BZs	肌肉 肝脏 肾脏	乙腈-水提取， C_{18} 固相萃取柱净化	HPLC-UV	20～50	[31]
THI, THI-OH	肌肉 肝脏	乙酸乙酯、盐酸萃取， 正己烷脱脂净化后衍生化	GC/EIMS/SIM	15 25	[40]
ABZ, ABZ-NH$_2$-SO$_2$	肝脏	水-甲醇提取， C_{18} 固相萃取柱净化后衍生化	GC/EIMS/SIM	100～400	[41]
15 种 BZs	肌肉 肝脏	乙酸乙酯萃取， 苯乙烯-二乙烯基苯柱固相萃取	LC-MS/MS	6(10)	[42]
FBZ,OFZ	肌肉 肝脏	甲醇-水提取， 乙醚-乙酸乙酯萃取	HPLC-MS	50～100	[43]
FLU,FLU-NH$_2$, FLU-RMET	肌肉 鸡蛋	乙酸乙酯提取， C_{18} 固相萃取柱净化	LC-MS/MS	0.14～1.14 (1～2)	[44]
TCB,TCB-SO, TCB-SO$_2$	牛奶	乙腈-水提取， C_{18} 固相萃取柱净化	LC-MS	4～6	[45]
TBZ,5-OH TBA	肌肉 肝脏 肾脏	乙酸乙酯提取， CN 固相萃取柱净化	LC-MS	10	[46]
5 种 BZs	牛奶	乙腈提取	SLM/LC-ES-MS	0.1～10)	[47]
11 种 BZs	牛奶	乙腈提取， 分散固相萃取净化	LC-MS/MS	2.7	[48]
19 种 BZs	牛奶	乙酸乙酯提取	LC-MS/MS	0.5	[49]
18 种 BZs	牛奶	乙腈提取	LC-MS/MS	5～10	[50]
9 种 BZs	牛奶 鸡蛋	乙腈提取	LC-MS/MS	8	[51]

18.2.6.2　免疫测定方法

（1）**半抗原设计**　BZs 半抗原的制备方法主要分 2 种：其一，在 C2 端（R^1）或 N1 端构建间隔臂和活性基团合成半抗原及人工抗原，主要突出苯环和 R^2 取代基。由于多数 BZs 的 R^2 基团不同，因此制备的抗体一般识别特定的 BZs。其二，在 C5 端（R^2）构建间隔臂和活性基团合成半抗原与人工抗原，则获得主要识别某一类 BZs 的簇特异性抗体，如噻苯咪唑类或氨基甲酸酯类。半抗原一般由 BZs 直接衍生化获得，一些特殊的间隔臂可借助一些合成 BZs 的方法制备。

（2）**抗体制备**　Brandon 等[52-54] 用半抗原 2-(2-琥珀酰胺基-4-噻唑基)苯并咪唑、5-琥珀酰胺基-2-(4-噻唑基)苯并咪唑、5(6)-[(羧基戊基)硫代]-2-苯并咪唑氨基甲酸甲酯免疫小鼠，通过筛选获得 3 种单克隆抗体（mAb 448、mAb 587 和 mAb 591）。三种单抗均为 IgG$_1$ 亚型，带有 κ 轻链，其中 mAb 448 优先结合含噻唑环的化合物，与 TBZ 结合较强；mAb 587 对苯并咪唑核亲和力强，可与苯并咪唑类驱虫药 FBZ、OFZ 和 ABZ-SO 结合；mAb 591 对 FBZ 有较强的特异性。Nerenberg 等[55,56] 使用半抗原 N-1(3)戊酸基硫氧苯唑（OXF）及其与多聚赖氨酸的结合物制备了抗 OXF 多克隆抗体，放射免疫分析（RIA）测定，标记物为 5-(4-氯代苯亚磺酰基)OXF。该抗体亦能结合氧氟苯达唑的相关代谢物和其他结构相似的化合物，但对砜衍生物亲和性低。Zikos 等[57] 以 2-(2-氨基乙基）苯并咪唑、2-苯并咪唑丙酸和2-巯基苯并咪唑为免疫半抗原，制备了一种识别 CAR 的多克隆抗体，该抗体能识别 CAR、苯菌灵（BEN）和 TBZ，也能识别完整的苯并咪唑分子。这种利用市售半抗原制备抗体的方法，大大加快了开发过程，并降低了总体成本，有比较好的应用前景。Guo 等[58] 以 2-（甲氧基羰基氨基）-3H-苯并咪唑-5-羧酸为半抗原，制备了能同时识别 11 种苯并咪唑类药物的单抗，并基于该单抗建立了同时检测牛奶样品中苯并咪唑及其代谢物残留的胶体金免疫色谱法。

（3）免疫分析技术　Brandon 等[53,54] 利用单抗（Mab 587、Mab 591）建立直接竞争 ELISA 方法检测牛肝组织中多种苯并咪唑类药物残留，结果显示，检测限低于 $20\mu g/kg$，回收率 $97\% \pm 17\%$。Bushway 等[59] 建立了马铃薯中噻苯达唑残留的 ELISA 分析方法，其检测限为 $3ng/g$，重现性和精确度良好。Peng 等[60] 建立了基于单克隆的间接竞争酶联免疫吸附法（ic-ELISA），用于检测在动物食用组织中阿苯达唑残留，半抗原阿苯达唑 2-氨基砜（$ABZSO_2NH_2$）作为免疫原偶联到载体蛋白上获得单克隆抗体 2A11，基于 $ABZSO_2NH_2$ 校准的标准曲线范围为 $20.0\sim320.0\mu g/L$，IC_{50} 值为 $(85.2 \pm 6.3)\mu g/L$，动物组织中 $ABZSO_2NH_2$ 的检出限为 $11.0\sim20.8\mu g/kg$，添加回收率为 $73.6\%\sim99.8\%$，变异系数小于 20%，与高效液相色谱法具有良好的相关性（$R^2=0.999$）。

张彩芹团队[61] 建立了一种基于单克隆抗体的胶体金法检测鲤鱼中苯并咪唑类药物残留，采用活化酯法将半抗原 2-甲氧基羰基氨基-3H-苯并咪唑-5-羧酸与蛋白质偶联后对小鼠进行免疫，细胞融合制备单克隆抗体，用胶体金标记并制备试纸条，对鲤鱼样本中阿苯达唑、甲苯咪唑、阿苯达唑亚砜、阿苯达唑砜、芬苯达唑、氟苯咪唑、奥芬达唑的检测限为 $1\sim100ng/g$。Guo 等[62] 建立了一种基于通用单克隆抗体的胶体金免疫色谱检测方法，用以检测乳样品中苯并咪唑及其残留，以 2-甲氧羰基氨基-3H-苯并咪唑-5-羧酸为半抗原制备单克隆抗体，可同时识别 11 种苯并咪唑，用胶体金纳米颗粒组装和标记免疫色谱条的检出限为 $0.78\sim12.5ng/mL$，使用手持扫描仪检测得到的检出限为 $0.59\sim7.67ng/mL$。

18.2.6.3　其他分析方法

目前兽药残留检测领域除了免疫学技术之外，还出现了生物传感器、生物芯片等新兴的现代生物技术。因其具有选择性好、灵敏度高、分析速度快、成本低、容易实现高度自动化、微型化与集成化的特点，在食品、制药、化工、临床检验、生物医学、环境监测等诸多领域都有着广阔的应用前景。

Keegan 等[63] 建立两种表面等离子体共振传感器筛选方法检测肝脏组织中 11 种苯并咪唑氨基甲酸酯和 4 种氨基苯并咪唑兽药残留，方法基于羊多克隆抗体，并用改进的 QuEChERS 方法处理样品，样品用乙腈提取，苯并咪唑氨基甲酸酯用 C_{18} 作为固相吸附剂纯化，氨基苯并咪唑用环己烷除脂净化，苯并咪唑氨基甲酸酯的检测限为 $32\mu g/kg$，线性范围内平均回收率为 $77\%\sim132\%$，氨基苯并咪唑检测限为 $41\mu g/kg$，线性范围内平均回收率为 $103\%\sim116\%$。Keegan 等[64] 构建了检测牛奶中 11 种苯并咪唑氨基甲酸酯类兽药残留的表面等离子体共振传感器方法，该方法基于针对 5(6)-[（羧基戊基）硫代]-2-苯并咪唑氨基甲酸甲酯蛋白偶联物的多克隆抗体建立，前处理方法采用改进的 QuEChERS 方法，该方法在分析了 20 个已知阴性样品的基础上计算得到检测限为 $2.7\mu g/kg$，11 种药物的平均回收率为 $81\%\sim116\%$。

18.3

咪唑并噻唑类

噻咪唑发现于1966年，为首个咪唑并噻唑类药物。噻咪唑是两个旋光异构体的消旋混合物，其中的左旋异构体具有驱虫活性，后来将活性左旋异构体发展为左旋咪唑。左旋咪唑（levomisole，LMS）是一种人工合成的广谱驱虫药，对多种线虫有驱除作用，对成虫和幼虫均有效，并有提高机体免疫力的作用。临床上主要用于驱除犬、猫蛔虫，钩虫，心丝虫，类圆线虫，食道口线虫，眼虫，等等。1966年首次发现左旋咪唑可通过干扰蠕虫体内无氧代谢过程导致虫体死亡，具有驱虫作用，因其广谱、高效、低毒，在兽医临床中常作为驱除线虫药物。左旋咪唑对多种线虫有驱除作用，如胃肠道线虫、肺线虫、肾虫、心丝虫、眼寄生虫等。其主要是通过拟胆碱样作用，兴奋虫体神经节，产生持续性肌收缩，继而麻痹，然后随寄主粪便排出体外。

18.3.1 结构与性质

左旋咪唑分子式为$C_{11}H_{12}N_2S$，结构式见图18-2，左旋咪唑的盐酸盐、磷酸盐均为白色或类白色针状结晶或结晶性粉末，无臭，味苦，在水中极易溶解，在乙醇中盐酸盐易溶，磷酸盐微溶；在碱性水溶液中，易分解失效，故本品应密封保存。

图 18-2　左旋咪唑结构式

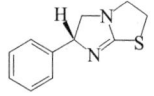

18.3.2 药学机制

咪唑并噻唑类药物具有烟碱激动剂活性，通过干扰神经肌肉系统导致虫体痉挛和麻痹。无脊椎动物寄生虫的烟碱型乙酰胆碱受体是神经功能活动的基础，但在哺乳动物体内该受体的生理功能和分布不同。咪唑并噻唑类药物也能干扰虫体延胡索酸还原体系，该体系在线粒体能量生成中发挥重要的作用，左旋咪唑通过抑制虫体肌肉延胡索酸还原酶的活性，使延胡索酸不能还原为琥珀酸，糖代谢发生障碍，能量产生不足，使虫体糖代谢终止，导致虫体肌肉麻痹。

18.3.3 毒理学

左旋咪唑可经口给药（如丸剂和灌服剂）或注射给药，用于牛、绵羊、猪的胃肠道线虫和肺线虫的防治。磷酸左旋咪唑液（13.6%或18.2%）是牛的皮下注射剂。左旋咪唑对大鼠、小鼠的口服LD_{50}分别为480mg/kg和210mg/kg。鸡能很好地耐受左旋咪唑，半数致死量为 2.75g/kg，有些绵羊按 80mg/kg 剂量口服四咪唑可导致死亡。该药的皮下注射比口服给药毒性更大。低剂量给药时可能出现胆碱能中毒的特征，如舐唇、流涎、流泪、摇头、共济失调、肌肉震颤。按推荐剂量用药时，动物偶尔会出现口鼻起沫、舐唇。按治疗剂量的 2 倍给药时，犊牛会表现出高度警觉、流涎、摇头、肌肉震颤。

牛：盐酸左旋咪唑有经口给药的灌服剂和丸剂，也有注射剂，该药对牛体内以下线虫具有很高的驱虫活性：捻转胃虫如普氏血矛线虫、棕色胃虫如奥氏奥斯特线虫、小型胃线虫如艾氏毛圆线虫和长刺毛圆线虫、小肠线虫中的肿孔古柏线虫和点状古柏线虫、肠道细颈线虫如钝刺细颈线虫、钩虫中的牛仰口线虫、结节虫中的辐射食道口线虫和肺线虫中的胎生网尾线虫。左旋咪唑对奥斯特线虫滞育型第四期幼虫疗效不佳。磷酸左旋咪唑在牛中的口服剂量为 5mg/kg，皮下注射剂量为 6mg/kg。需要注意的是，在磷酸左旋咪唑注射部位可能会发生轻微的一过性反应。牛在药物注射后 7 天内或口服给药后 2 天内禁止屠宰。为避免药物在乳中残留，左旋咪唑不能用于繁殖期奶牛。

绵羊：按 8mg/kg 的剂量经口给予左旋咪唑灌服剂或丸剂，可用于驱除捻转血矛线虫、艾氏毛圆线虫、普通奥斯特线虫、蛇形毛圆线虫、柯氏古柏线虫、钝刺细颈线虫、羊仰口线虫、哥伦比亚食道口线虫、绵羊夏伯特线虫和丝状网尾线虫。左旋咪唑也对血矛属、细颈属、仰口属、食道口属、夏伯特属和网尾属线虫的未成熟虫体有效。左旋咪唑虽有很好的安全范围，但即便按推荐剂量用药，绵羊偶尔也会出现副作用（如舐唇、流涎、高度警觉、肌肉震颤等），体况虚弱的绵羊对其毒性更加敏感。羊在屠宰前 72h 内禁止给药。

猪：左旋咪唑经饮水给药能驱除猪体内蛔虫、食道口线虫、兰氏类圆线虫、后圆属的肺线虫。需要注意的是，断奶仔猪到出栏猪应整夜禁食后服用左旋咪唑。繁殖期的猪给药前不必禁食。该药在屠宰前 3 天内禁用。用药后猪偶尔会发生流涎或口吐白沫。感染肺线虫成虫的猪，用药后由于麻痹的虫体需从支气管排出，可能会引起猪发生呕吐或咳嗽的症状[65]。

18.3.4　国内外残留限量要求

美国、加拿大、欧盟和日本等许多国家或国际组织制定了严格的限量标准，一般为 $10\sim100\mu g/kg$。为加强兽药残留监测工作，农业部于 2002 年 12 月 24 日发布第 235 号公告，公告中左旋咪唑为批准使用兽药，按照农业部颁发的质量标准和标签说明书规定，使用于食品动物，但要求有最高的残留限量。公告附表中规定左旋咪唑的日允许摄入量为 $0\sim6\mu g/kg$，牛、羊、猪、禽的肌肉、脂肪和肾脏的最大残留限量为 $10\mu g/kg$，在肝脏中的最大残留限量为 $100\mu g/kg$。盐酸左旋咪唑注射液按规定用法与用量使用，其休药期为牛 14 天，羊、猪、禽 28 天。

18.3.5　样品处理方法

18.3.5.1　样品类型

固态样品：猪、鸡、羊可食用组织，奶粉，饲料。

液态样品：牛奶。

18.3.5.2　样品制备与提取

固态样品：称取 2.00g 固态样品于 50mL 具塞离心管中，向离心管中加入 0.5mL 氢氧化钾溶液，再加入 8mL 乙腈、1g 无水硫酸钠，涡旋 5min，超声波振荡萃取 5min，在 4℃下以 12000r/min 离心 8min，将溶液转移至 50mL 具塞离心管中，重复提取一次，合并上清液；将上清液倒于 100mL 分液漏斗中，加入 8mL 正己烷，混匀后，静止，弃正己烷层，待净化[66]。

液态样品：取新鲜或回温（冷藏保存）的牛奶 5g，精密称定，置于 50mL 离心管中，缓慢滴入 50% 氢氧化钾溶液 1mL，在旋涡混合器上充分振荡，缓慢滴入乙酸乙酯 20mL，在旋涡混合器上振荡 10min，然后放入离心器中以 3000r/min 离心 5min。移取 16.0mL 上清液于另一支离心管中，在移取的上清液中缓慢加入 0.5mol/L 盐酸 5.0mL，在旋涡混合器上中速振荡 5min，3000r/min 离心 5min 后，移取盐酸相至 10mL 离心管中，再缓慢滴入 50% 氢氧化钾溶液 1mL，在旋涡混合器上振荡 2min，将 200μL 三氯甲烷加入离心管中，振摇 3min，静置 10min 左右，以 2000r/min 离心 2min 后，弃去上清液，将三氯甲烷层移至 200μL 的进样瓶中，置自动进样器中供气相色谱分析，进样量每次 1μL[67]。

18.3.5.3　样品净化方法

将待净化的样液经 MCX 固相萃取小柱净化。依次使用 3mL 甲醇、3mL 0.1mol/L 盐酸溶液活化平衡，加入样品溶液，待样品液全部流出后，依次用 3mL 水、3mL 甲醇淋洗，在 2.0kPa 下减压并抽干 3min。最后用 3mL 5% 氨化甲醇进行洗脱，洗脱液用 10mL 离心管收集。洗脱液经氮气吹干仪浓缩：启动氮气发生器，调节流量阀；将离心管上端固定在弹簧架，底部插入托盘铝珠中（温度设为 450℃），缓慢降低吹针，针头接近液面但不接触，确保气流使液面产生波纹但不飞溅，拧开针阀管，将离心管内液体经氮气吹至近干。复溶：将经氮气吹干后的样品加入 2mL 初始流动相复溶，涡旋振荡 2min，有机相针头式过滤器（13mm×0.45μm）过滤后，待上机进行检测。

18.3.6　残留分析技术

18.3.6.1　仪器测定方法

（1）色谱法　测定波长：214nm；色谱柱：C_{18}（250mm×4.6mm，5μm）；流速：1.0mL/min；进样量：20μL；柱温：30℃；流动相：A 为磷酸二氢钠二乙胺缓冲溶液，B 为甲醇，A：B 为 85：15[68]。

（2）质谱法　色谱柱：HP-5MS（30m×0.25mm×0.25μm）。进样口温度：250℃。柱温：初始温度 80℃，保持 1.0min；20℃/min 程序升温至 250℃，保持 2.0min；10℃/min 程序升温至 280℃，保持 1.0min。恒压，不分流进样，进样体积 1.0μL。载气为高纯氦气，流速为 1mL/min。离子源：EI。离子源温度：200℃。四极杆温度：160℃。选择离子检测：m/z 204、203、148、101[69]。

18.3.6.2　免疫测定方法

尚未见相关文献报道。

18.3.6.3　其他分析技术

拉曼分析：拉曼光谱分析法是基于印度科学家拉曼（Raman）所发现的拉曼散射效应，在可见光激发下，通过探测器得到分子振动、转动等方面信息，然后对分子结构进行对比分析，从而确定物质种类。施思倩等利用此方法快速检测试样中的左旋咪唑，该法操作简便、稳定性好，无须对样品进行复杂的预处理即可实现对猪肉中左旋咪唑残留的快速准确测定[69]。

电化学发光法：有研究根据联吡啶钌 $Ru(bpy)_3^{2+}$ 可在铂电极上与左旋咪唑中叔胺发生反应，从而使电化学信号强度增强的原理，建立方法测定血清中左旋咪唑，方法检出限为 $0.004\mu g/kg$，方法检测限很低，且灵敏度高，选择性较强，满足测定试样中左旋咪唑残留检测[70]。

18.4

四氢嘧啶类

四氢嘧啶类主要有噻嘧啶、甲噻嘧啶和允许在美国以外地区使用的多种酚嘧啶盐。这些药物都能作为烟碱激动剂干扰虫体神经肌肉系统，引起虫体肌肉收缩和痉挛麻痹。体外试验表明，噻嘧啶的作用比乙酰胆碱强 100 倍以上。无脊椎动物寄生虫的烟碱型乙酰胆碱受体是神经功能所必需的，但该受体在哺乳动物上的生理功能和分布似乎不同。在反刍动物体内，这些药物能迅速转化为无活性代谢物，因此，这类药物对反刍动物的用药量高于单胃动物。

18.4.1　结构与性质

噻嘧啶（pyrantel）是所有四氢嘧啶类药物中应用最广的，分子式为 $C_{11}H_{14}N_2S$，结构式见图 18-3。酒石酸噻嘧啶为白色粉末，可溶于水，供马和猪使用的有粉剂和丸剂。大鼠、犬和猪对酒石酸噻嘧啶的口服吸收好，血液峰值出现在用药后 2～3h 内。药物在体内代谢迅速，并通过尿液排出体外。双羟萘酸噻嘧啶于 1969 年合成，根据化学结构属于四氢嘧啶类，最初，它被应用于驱除羊身上的蠕虫，随后又逐渐应用于犬、牛等动物。噻嘧啶为黄色粉末，不溶于水，可制成即用型的混悬剂供犬和马使用，或犬用片剂。固体形式的噻嘧啶盐很稳定，但溶于水或悬浮在水中会发生光降解，使其药效降低。双羟萘酸噻嘧啶的肠道吸收很差。

图 18-3　噻嘧啶结构式

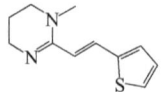

甲噻嘧啶（morantel）是噻嘧啶的 3-甲基衍生物，化学式为 $C_{16}H_{22}N_2O_6S$，结构式见图 18-4。酒石酸甲噻嘧啶可用于控制牛和山羊的胃肠道线虫。甲噻嘧啶是噻嘧啶的噻

份 3 位上甲基化衍生物，系淡黄色结晶，有酒石酸盐与双羟萘酸盐两个品种。药物为反式结构，长期光照下可转变为顺式结构，从而降低药的疗效。该药驱虫作用较噻嘧啶强。口服给药后 4～6 小时，血药浓度达到高峰，96 小时内可经尿和粪便排出。本品无致畸作用。药物驱虫谱和不良反应均与噻嘧啶相似[71]。

图 18-4　甲噻嘧啶结构式

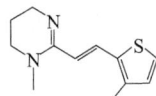

18.4.2　药学机制

噻嘧啶属广谱、高效驱肠虫药，是去极化神经肌肉阻滞剂，具有明显的烟碱样活性，也能抑制胆碱酯酶，使乙酰胆碱堆积导致虫体痉挛性麻痹而排出体外；另外，它可使虫体单个细胞去极化峰电位发放频率增加，肌张力亦增加，使虫体先显著收缩，之后麻痹不动。双羟萘酸噻嘧啶的作用机制较为明确，它选择性地与细胞膜上的烟碱型胆碱受体结合，造成虫体的肌肉收缩、痉挛，甚至麻痹。这种肌肉的收缩作用起效缓慢，但其作用强度大，是乙酰胆碱的百倍。这种显著的烟碱样作用由于作用强烈，因此禁止用于体质极为虚弱的动物[72]。

18.4.3　毒理学

噻嘧啶犬的口服 LD_{50} 高于 2g/kg，大鼠口服 170mg/kg，小鼠口服 175mg/kg。噻嘧啶是一种低毒、安全、有效的广谱抗虫药，其不良反应少，但研究表明，连续、大剂量服用噻嘧啶，会出现大汗、神经失调等不良反应，严重时可能会导致死亡[73]。由于噻嘧啶具有烟碱样的作用，因此其不能与其他胆碱能神经激动剂共同服用，以免发生不良反应。

甲噻嘧啶急性口服 LD_{50} 在雄性小鼠为 437mg/kg，雄性大鼠为 926mg/kg。

18.4.4　国内外残留限量要求

尚未见相关文献报道。

18.4.5　样品处理方法

18.4.5.1　样品类型

动物肌肉、肝脏和肾脏组织：从所取全部样品中取出有代表性样品可食部分约 500g，用组织捣碎机充分捣碎，均匀分成两份，分别装入洁净容器中，密封，并做好标记，于 −18℃以下冷冻存放。

牛奶样品：从所取全部样品中取出有代表性样品约 500g，充分混匀，均匀分成两份，分别装入洁净容器中，密封，并做好标记，于−18℃以下冷冻存放。

牛脂肪：从所取全部样品中取出有代表性样品约500g，于45～50℃水浴中，使样品完全融化，充分混匀，装入洁净容器中，密封，并做好标记，于−18℃以下冷冻存放[74]。

18.4.5.2　样品制备与提取

牛肝脏、牛肾脏、猪肝脏、猪肾脏、羊肝脏、羊肾脏试样：称取均质试样约2g。牛肉、牛脂肪、牛奶、猪肉、羊肉、鸡肉、鸡肝脏和鸡肾脏试样；称取均质试样约10g（精确至0.01g）。置于50mL具螺旋盖聚丙烯离心管中，加入10mL氢氧化钾，盖紧试管并振荡混合后放入110℃烘箱中过夜。将离心管取出并用冰水浴冷却，在离心管中加入10mL甲苯于涡旋振荡器上振荡5min，4000r/min离心5min，取上清液至50mL浓缩瓶中。重复上述提取步骤1次，合并两次提取液，在50℃水浴中减压蒸发浓缩至近干。准确加入2mL水溶解残渣并转移至10mL离心管中，加入3mL正己烷振荡1min，4000r/min离心5min，取下层清液过滤膜。

18.4.5.3　样品净化方法

所有样品去除皮肤、骨骼后搅碎为均质样品，称取2g均质样品于50mL离心管中。加入0.2mL工作标准溶液，平衡10min，然后加入0.5mL蒸馏水旋流3min，再加入10mL 1%醋酸乙腈（ACN）溶液，涡旋10min，然后4℃下以3390g离心10min。将获得的上清液转移到装有10mL饱和ACN的正己烷的50mL锥形管中。再次涡旋10min，在3390g下4℃离心10min。从底部向上，形成的层为颗粒、中层和上清液。仔细收集中间层以避免与底层颗粒层接触，并将其转移到干净的15mL锥形管中，然后使用TurboVap®RV设备在45℃氮气下干燥进行浓缩。将溶解于1mL MeOH（流动相B）中的残留物摇匀，在10840g、4℃下离心10min。液体部分转移到干净的15mL锥形管中，在45℃氮气下干燥。用0.5mL MeOH（流动相B）重组残留物（0.3mL），旋涡10min，在4℃下10840g离心10min。最后，浓缩溶液通过0.2μm PTFE注射器过滤器过滤，转移到自动进样器小瓶中进行分析[75]。

18.4.6　残留分析技术

18.4.6.1　仪器测定方法

（1）**色谱法**　Vertex^TM NH₂(4.6mm×250mm,5μm)液相色谱柱，使用紫外（UV）检测器，70%乙腈作为流动相，柱温30℃，检测波长210nm，流速0.8mL/min。使用该方法测定发酵液样品中四氢嘧啶和羟基四氢嘧啶的平均回收率在99.2%～102%，精密度偏差在1%～2%范围内，检出限为1.5μg/mL，定量限为5μg/mL，分离度为1.70[76]。

（2）**质谱法**　色谱柱：C_{18}，柱长150mm，内径2.0mm，膜厚5μm或相当者。流动相：乙腈：乙酸铵溶液（10∶90，体积比）；200μL/min。柱温：30℃。进样量：10μL。质谱条件离子化模式：电喷雾正离子扫描模式。质谱扫描方式：多反应监测（MRM）。定性离子对：89.0＞58.0，89.0＞44.0。定量离子对：89.0＞58.0。雾化气、气帘气、辅助加热气、碰撞气均为高纯氮气或其他合适气体。使用前应调节各气体流量以使质谱灵敏度达到检测要求。雾化气：0.31MPa；气帘气：0.17MPa；喷雾电压：4500V；去溶剂温度：600℃；去溶剂气流GS2：

0.26MPa；射入电压 EP：10V；去簇电压：40V。杨丽蓉等[77] 建立鉴别中成药和保健食品中的双羟萘酸噻嘧啶的高效液相色谱-串联四极杆质谱方法，双羟萘酸噻嘧啶响应值良好，各种剂型中的检出限均在 1.7μg/g 以下。

18.4.6.2　免疫测定方法

尚未见有相关文献报道。

18.4.6.3　其他分析技术

双羟萘酸噻嘧啶的检测方法收载在《中国药典》（2020 年版）二部中，主要为化学反应的理化鉴别法、高效液相色谱法、紫外分光光度法和红外光谱法等。

18.5

有机磷化合物

18.5.1　结构与性质

有机磷（OP）化合物驱虫药大多是酰胺类或酯类化合物，其化学结构通式见图 18-5。化学通式中的 X 为烷氧基、丙基或其他取代基团，R 与 R^1 可以为羟基、烷基、芳基或其他基团。代入的基团不同，可以产生多种化合物，各自药效不同，毒性也相差较大。大多数有机磷杀虫剂呈油状，色泽较深，呈棕色，具有挥发性，具有大蒜样臭味。该类化合物杀虫具有高效、广谱的特点，其在植物体内可代谢降解，但不同的化合物的残效期长短不同。此外有机磷杀虫剂在生物体内及环境中易降解，对环境比较安全。

图 18-5　有机磷化学结构通式

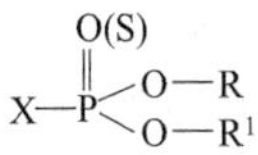

$$X-\overset{\overset{\displaystyle O(S)}{\|}}{P}\overset{\displaystyle O-R}{\underset{\displaystyle O-R^1}{<}}$$

18.5.2　药学机制

有机磷杀虫剂通过不可逆地抑制神经突触传递中的递质水解酶——乙酰胆碱酯酶，使释放到突触间隙的乙酰胆碱大量聚集，导致相关的神经持续兴奋，最终造成虫体死亡。

18.5.3　毒理学

由于 OP 杀虫剂产生毒性的关键是抑制动物的神经系统的胆碱能突触处的乙酰胆碱酯

酶（AChE），导致乙酰胆碱无法被分解，造成毒蕈碱和烟碱受体的过度刺激。动物中毒临床症状包括 M 样症状（瞳孔缩小、视物模糊、眼痛；流涎、过度出汗、呼吸道分泌增加、口吐白沫；恶心、腹痛、呼吸困难、尿失禁；心动过缓、血压下降）、N 样症状（骨骼肌震颤、无力、麻痹；血压上升、心率加快）和中枢神经系统症状（不安、头痛、头晕、昏迷等）。此外 OP 杀虫剂还可以抑制血浆酶丁酰胆碱酯酶。

近年来的研究还表明，活性有机磷杀虫剂中的毒死蜱能有效抑制脑单酰基甘油脂肪酶的活性，该酶活性被抑制会导致脑内大麻素激动剂 2-花生四烯酸甘油浓度升高，这很可能与毒死蜱中毒造成的昏迷有关。

有机磷杀虫剂对于某些特殊的害虫具有特殊的毒性，例如实验人员对嗜卷书虱（*Liposcelis bostrychophila*）和嗜虫书虱（*Liposcelis entomophila*）使用敌敌畏、毒死蜱等有机磷杀虫剂进行研究，发现有机磷杀虫剂可以抑制超氧化歧化酶（SOD）的活性，同时，他们发现谷胱甘肽巯基转移酶（GST）在两种书虱的药剂敏感性中具有重要作用。

18.5.4　国内外残留限量要求

毒死蜱在欧盟已被禁用。加拿大规定敌敌畏在猪肉中的最大残留限量是 0.05mg/kg；欧盟规定植物源食品中最大残留限量为 0.01～0.1mg/kg；美国规定最大残留限量为 0.1mg/kg。乐果在欧盟规定的最大残留限量为 0.01mg/kg。国际食品法典委员会规定敌百虫在牛奶中最大残留限量为 0.05mg/kg。国内毒死蜱、敌敌畏、乐果、敌百虫在肉类和鸡蛋、生乳中的最大残留限量要求见表 18-5 和表 18-6。

表 18-5　肉类中的最大残留限量要求

药物	最大残留限量/(mg/kg)			日允许摄入量（ADI）/(mg/kg)		
	猪肉	牛肉	羊肉	猪肉	牛肉	羊肉
毒死蜱	0.01	1	—	0.01	0.01	0.01
敌敌畏	0.01	0.01	0.01	0.004	0.004	0.004
乐果	0.05	0.05	0.05	0.002	0.002	0.002
敌百虫	—	0.05	—	—	—	0.002

注：数据来自于 GB 31650—2019《食品安全国家标准　食品中兽药最大残留限量》；GB 2763—2001《食品安全国家标准　食品中农药最大残留限量》。

表 18-6　鸡蛋、生乳中的最大残留限量要求

药物	最大残留限量/(mg/kg)		日允许摄入量（ADI）/(mg/kg)	
	生乳	鸡蛋	生乳	鸡蛋
毒死蜱	0.02	0.01	0.01	0.01
敌敌畏	0.01	0.01	0.004	0.004
乐果	0.05	0.05	0.002	0.002
敌百虫	0.05		0.002	

注：数据来自于 GB 31650—2019《食品安全国家标准　食品中兽药最大残留限量》；GB 2763—2001《食品安全国家标准　食品中农药最大残留限量》。

18.5.5　样品处理方法

18.5.5.1　样品类型

样品主要有畜、禽分割肉；畜、禽内脏；畜、禽脂肪；蛋类；生乳等。

18.5.5.2 样品制备与提取

（1）**畜、禽分割肉** 取样品中有代表性的约500g，用组织捣碎机捣碎，装入洁净容器作为试样，密封做好标识。将准备好的试样放于-18℃以下冰冻保存。

（2）**畜、禽内脏** 取样品中有代表性的约500g，用组织捣碎机捣碎，装入洁净容器作为试样，密封做好标识。将准备好的试样放于-18℃以下冰冻保存。

（3）**蛋类** 去除蛋壳，由于蛋黄属于疏水性环境，低极性药物残留较多。对蛋黄、蛋清分别测定时，对刚产出的蛋进行蛋黄和蛋清的分离，避免药物由蛋黄向蛋清扩散。

18.5.5.3 样品净化方法

① 分割肉：准确称取5g均匀试样（精确到0.01g）于50mL具塞离心管中，加入5g无水硫酸钠混匀，再加入15mL二氯甲烷，用均质器（10000r/min）均质2min，4000r/min离心3min，将有机相转移至100mL梨形蒸馏瓶中，残渣再用2×10mL二氯甲烷均质提取两次。离心合并有机相，于40℃旋转蒸发至2mL，将样液转移至5mL刻度试管中，并用少量二氯甲烷洗涤梨形蒸馏瓶，合并洗涤液到刻度试管中，室温通氮浓缩至干。定量加入1.0mL乙腈溶解残渣，加入2mL环己烷旋涡混匀2min后，2500r/min离心3min，将下层乙腈相过0.45μm微孔滤膜后，供液相色谱-串联质谱测定。

② 肠衣：准确称取5g均匀试样（精确到0.01g）于50mL具塞离心管中，加入2g无水硫酸钠混匀，再加入15mL二氯甲烷，盖上盖混匀，置于超声波清洗器中超声30min，冷却后将有机相过滤转移至100mL梨形蒸馏瓶中，残渣再用2×10mL二氯甲烷混匀超声提取两次，离心合并有机相，于40℃旋转蒸发至2mL，将样液转移至5mL刻度试管中，并用少量二氯甲烷洗涤梨形蒸馏瓶，合并洗涤液到刻度试管中，室温通氮浓缩至干。定量加入1.0mL乙腈溶解残渣，加入2mL环己烷旋涡混匀2min后，2500r/min离心3min，将下层乙腈相过0.45μm微孔滤膜后，供液相色谱-串联质谱测定。

18.5.6 残留分析技术

18.5.6.1 仪器测定方法

（1）**色谱法**

① 气相色谱法。气相色谱法是一种经典的检测方法，收录在国标检测方法中。其核心是利用有机磷农药在色谱柱中固定相与气相间分配系数和运行时间的不同，将目标物分离出来，以出峰保留时间定性、以峰面积定量进行分析检测。该方法可通过做混标标曲的方式同时对多种有机磷农药进行检测，具有灵敏度好、精确度高、重现性强等优势。陈德俊等[78]建立了测定水中毒死蜱气相色谱测定方法。该方法检测毒死蜱的线性范围为0.1~2.0mg/L，最低检出浓度为0.0012mg/L，线性相关系数≥0.999，浓度为2.75~285μg/L，加标水样的加标回收为78.8%~115%，RSD为7.6%~9.2%。对于预处理的水样，仅18min就完成了饮用水中毒死蜱的测定，操作简便，灵敏度高。付丽敏[79] 建立同时对大米粉中毒死蜱和杀螟硫磷残留量快速测定的气相色谱法（GC-FPD）。毒死蜱和杀螟硫磷在0.01~0.40mg/kg呈现出良好的线性关系，线性相关系数均可达0.999，检出限均为0.01mg/kg。在此范围内，毒死蜱加标回收率在89.5%~105.7%，相对标准偏差（RSD）为6.96%。张凤云等[80] 建立固相萃取-气相色谱法测定猪肉中敌敌畏残留量的方法。敌敌畏在11min内完全出峰，在

0.21μg/mL 范围内线性关系良好，线性相关系数为 0.9997，在 20μg/kg、50μg/kg、100μg/kg 加标水平下，回收率为 100%～120%，相对标准偏差为 2.60%。该方法准确、灵敏、快速，具有稳定性强、重现性好等优点，并且能有效消除基质效应，适合猪肉样品中敌敌畏残留量的测定。钟秋玉[81]用气相色谱法测定黄花鱼和罗氏沼虾中敌百虫和敌敌畏残留，敌百虫和敌敌畏标准曲线的浓度分别在 2.5～50μg/kg 和 4～80μg/kg 范围内，峰面积与浓度呈良好线性关系，线性相关系数均大于 0.99。魏文平等[82]建立毛细管色谱法检测纯牛奶中敌百虫残留的快速检测方法，敌百虫产生四种分解产物，定量分析呈现良好的线性关系，线性相关系数大于 0.99，在纯牛奶中添加 1、2、5 倍检测限浓度水平回收率在 80%～105% 之间，RSD 在 7%～10% 之间，最小检测浓度为 0.01mg/kg。

② 液相色谱法。周梦春等[83]以悬浮印迹聚合方法合成了毒死蜱分子印迹聚合物，结合液相色谱对土壤中毒死蜱及 3,5,6-TCP 进行残留测定，结果满足分析要求，方法在 0.01～5.0mg/kg 范围内线性关系良好，线性相关系数为 0.9985～0.9998；方法的检出限分别为 0.571μg/kg（毒死蜱）、0.826μg/kg（3,5,6-TCP）；相对标准偏差为 1.16%～6.37%；回收率为 82.0%～106.8%。鲍红荣[84]采用高效液相色谱法测定血清中的敌敌畏。使用 C_{18} 柱（250mm×4.6mm，5μm），流动相为乙腈-水（50：50），流速为 1.0mL/min，检测波长为 211nm，进样量为 10μL，柱温为 40℃。在 3～600μg/mL 质量浓度范围内与峰面积比值之间线性关系良好，R^2=0.9998（n=6），平均回收率为 97.65%，RSD 为 2.00%（n=6）。李若云等[85]采用高效液相色谱法优化了土壤中氧化乐果残留测定的条件，优化结果为：流动相为甲醇-水（10：90，体积比），溶剂为超纯水，检测波长 210nm，柱温 25℃，进样量为 20μL，总流速 1.0mL/min；氧化乐果在 0.110.0μg/mL 范围内，其质量浓度与峰面积呈良好的线性关系（R^2=0.9992），最低检测限 0.1μg/mL。

（2）质谱法

① 气相色谱-质谱联用法。气相色谱-质谱联用法（GC-MS），将色谱对复杂样品的高分离能力，与质谱高选择性、高灵敏度及能够提供分子量与结构信息的优点结合起来，简化了摸索条件的流程，增加了检测方法的灵敏度和准确性。其缺点同气相色谱法一样，对于不稳定、极性强的有机磷农药定量不准确。罗诗泳等[86]建立经固相萃取净化，以气相色谱-质谱法测定食品中毒死蜱的检测方法。样品经乙腈提取液提取，过 Carb/NH$_2$ 固相萃取柱净化。采用 GC-MS 对毒死蜱残留量进行定性和定量测定。结果表明，线性范围 50～1000μg/L，线性相关系数为 0.999，定量限为 0.01mg/kg，当添加浓度为 0.01～0.1mg/kg，毒死蜱回收率为 95.2%。朱鹏静等[87]采用 QuEChERS-气相色谱-质谱法检测火腿中的敌敌畏，在 0.01～1.00μg/kg 浓度范围内线性关系良好，线性相关系数为 0.9999，检出限为 0.7μg/kg，定量限为 2μg/kg，当添加浓度为 5～50μg/kg 时，加标回收率在 85.2%～105.4%，相对标准偏差为 2.68%～7.41%。殷帅等[88]采用气相色谱-质谱联用仪测定，外标峰面积法定量，子离子丰度比定性，干制鱼中敌百虫线性范围为 0.1～5.0μg/mL，线性相关系数为 0.9998，检测限为 0.02mg/kg。

② 液相色谱-质谱联用法。液相色谱-质谱联用法（LC-MS）是以液相色谱作为分离系统，再以质谱进行检测。黄冬梅等[89]建立了液相色谱-串联质谱仪测定南美白对虾中敌百虫、敌敌畏残留量的分析方法。平均回收率敌百虫为 81.6%～90.4%，敌敌畏为 97.0%～102.6%。相对标准偏差（RSD）敌百虫为 3.46%～10.2%，敌敌畏为 3.21%～6.43%。敌百虫、敌敌畏的最低检测限均为 2.5μg/kg。杨淑芳等[90]建立液相色谱-串联质谱法测定柞蚕及蚕蛹中乐果、敌敌畏残留量分析方法。乐果、敌敌畏在 0.05～50.0μg/L 范围内呈良好

的线性关系，线性相关系数均大于 0.998，加标回收率在 62.4％～109.7％之间，相对标准偏差均小于 15％，乐果的检出限 0.02μg/kg，敌敌畏的检出限 0.1μg/kg。

（3）**其他方法**　龚瑞昆等[91] 利用光声光谱法对生菜中的敌敌畏残留进行检测，线性范围在 0.014～0.885μg/mL 之间，线性相关系数为 0.9985，检出限为 0.012μg/mL，与气相色谱法相比无明显差异且测量结果较精确。覃重阳等[92] 基于花状银衬底的表面增强拉曼光谱（SERS）对不同茶类中的敌百虫进行定性与定量检测，检测限均可达到对应食品中敌百虫最大残留限量对检测方法的要求。李文等[93] 分别采集氧乐果和毒死蜱的比色反应后的吸收光谱，利用主成分分析法（PCA）和偏最小二乘法（PLS）建立预测模型。结果表明：①使用乙酸代替传统浓盐酸配制的氯化钯比色试剂效果更理想，氧乐果和毒死蜱的吸收光谱可以区分的检测下限分别是 0.05mg/L 和 0.50mg/L。②氧乐果和毒死蜱吸收光谱的敏感波长分别为 510nm 和 499nm，由此确定最优建模波段。PLS 模型在 2-折交叉验证下，氧乐果在 480～680nm 波段，建模集相关系数 $R_c=0.9770$，均方根误差 RMSEC=5.801；验证集相关系数 $R_p=0.9630$，均方根误差 RMSEP=7.904。毒死蜱在 460～850nm 波段，$R_c=0.9970$，RMSEC=2.281；$R_p=0.9847$，RMSEP=3.170。

18.5.6.2　免疫测定方法

（1）**半抗原设计**　刘冰等[94] 在 250mL 的三口烧瓶中加入 50mL 无水乙醇，再加入 1.5mL 3-巯基丙酸与 1g 氢氧化钠，放在有加热功能的磁力搅拌器上加热搅拌，直至溶解，再加入溶于 50mL 无水乙醇的 5g 毒死蜱原药，回流反应 3h，过滤反应混合物，得棕红色固体。用 50mL 5％碳酸氢钠溶液溶解该固体物质，然后用浓盐酸调水相 pH 至 2 左右，低温条件下使其结晶析出，过滤后得灰白色物质。真空干燥该物质，用少量 N,N-二甲基甲酰胺（DMF）溶解该物质，过硅胶柱，收集洗脱液（石油醚-乙酸乙酯，体积比为 1:3）的流相，减压浓缩近干。加入少量 DMF 溶解产物，重结晶后得白色晶体。取上述合成的白色晶体由显微熔点测定仪测定的熔程为 124～125℃。由液-质联用仪鉴定其分子结构可知，合成产物的 ESI 分子离子标准峰为 441.9（M＋23），分子离子标准峰为 419.9，284.3 为去羧基与乙氧基后的峰，由此可以确定合成物质为目标产物。

毒死蜱半抗原设计工艺流程见图 18-6。

图 18-6　毒死蜱半抗原设计工艺流程

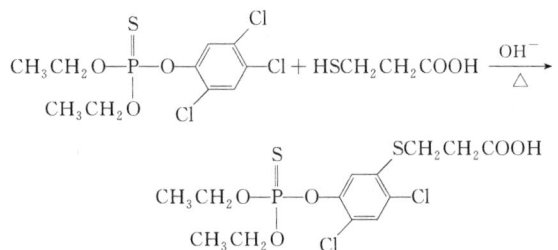

取 40mg 毒死蜱半抗原溶于 1mL N,N-二甲基甲酰胺中，然后加入 20mg 二环己基碳二亚胺，室温下磁力搅拌反应过夜。溶解 20mg BSA 于 8mL 0.2mol/L pH 9.0 的硼酸盐缓冲溶液中，加入反应液，磁力搅拌下反应 5h。待反应完成后，装入透析袋，用 pH 7.4 的磷酸缓冲溶液透析 6 次，每次 6h。冷冻干燥后即得免疫抗原，4℃保存。包被抗原合成方法与免疫抗原的合成方法相同。采用紫外分光光度计在 200～400nm 下分别扫描测定，得其扫描图像。毒死蜱半抗原与 BSA、OVA 的偶联物分别在 264nm 和 317nm 处出现最大吸收峰，与毒死蜱、BSA 和 OVA 分别在 340nm、278nm 和 289nm 处出现最大吸收峰相比，发生了明显的变化，表明成功地合成了人

工抗原。

连璐等[95] 以毒死蜱为原料，在弱碱性条件下与 3-巯基丙酸反应，合成半抗原 O,O-二乙基-O-［3,5-二氯-6-（2-羧乙基）硫代-2-吡啶基］硫代磷酸酯之后，分别与牛血清白蛋白（BSA）和卵清蛋白（OVA）通过 EDC 方法合成人工抗原，前者为免疫原，后者为包被原，并对其进行质谱鉴定。合成的半抗原分子量为 419.7，与理论值（420）一致。免疫原中毒死蜱半抗原与蛋白 BSA 的偶联比为 13∶1，包被原中毒死蜱半抗原与蛋白OVA 的偶联比为 5∶1。

张文元等[96] 利用乐果的中间体 O,O-二甲基-S-（甲氧基羰基甲基）二硫代磷酸酯（简称硫磷酯）与 1,4-二氨基丁烷在相转移固体催化剂作用下合成少量乐果半抗原。采用碳二亚胺将半抗原与牛血清白蛋白（BSA）及卵清蛋白（OVA）偶联，分别制备免疫原和包被原。偶联物中半抗原与 BSA 和 OVA 的结合比分别为13∶1 和 11∶1。

（2）抗体制备

① 单克隆抗体制备。将免疫原与 PBS 配成一定浓度的溶液，加等体积弗氏佐剂充分乳化，免疫 Balb/c 小鼠，两周免疫一次，第三次免疫一周后，从小鼠尾部取少量血，通过间接竞争 ELISA 法检测小鼠血清抗体效价；待效价至少达到 1∶51200，于融合前三天取同量免疫抗原不加佐剂对小鼠进行尾静脉注射以强化免疫。细胞融合当天从小鼠尾静脉采血测定抗血清效价，选择血清抗体呈阳性且效价较高者用于细胞融合，计算细胞融合率。融合后每 3～4 天换掉一半溶液；2～3 天，骨髓瘤细胞明显退化；5～7天，待骨髓瘤细胞全部死亡后用 HT 培养基取代 HAT 培养基。每 3～4 天换掉一半溶液，约 6～7 天出现杂交瘤细胞克隆，细胞大、圆且透亮，在培养板的盖板上作克隆生长的标记，记录有杂交瘤细胞生长的孔数。扩大培养筛选出的单克隆杂交瘤细胞株，使用 Balb/c 小鼠体内诱生腹水的方法大量制备单克隆抗体。应用免疫亲和色谱柱或者辛酸-硫酸铵沉淀法纯化抗体。采用间接竞争 ELISA 法，对经免疫获得的抗体的效价进行测定。采用间接竞争 ELISA 法，通过测定靶标与固相抗原结合的抑制作用大小来反映靶标与抗体的竞争性结合力，以标准靶标溶液浓度对数为横坐标，抑制率为纵坐标，即得其标准曲线。

王伟华等[97] 制备毒死蜱单克隆抗体，建立了 ic-ELISA 检测方法，优化得到最佳反应条件：PBST 为标准品稀释液，包被抗原最佳稀释倍数为 1∶1000，抗体最佳稀释倍数为 1∶1000，一抗反应最佳时间为 40min，二抗反应最佳时间为 30min，制得毒死蜱标准曲线，毒死蜱对抗体的 IC_{50} 为 73～25ng/mL，线性范围 IC_{20}～IC_{80} 为 32.52～260ng/mL，LOD 为 19.34ng/mL。本研究为毒死蜱快速检测技术奠定了理论基础，对保障人们的身体健康具有重要的意义。

② 多克隆抗体制备。将免疫原与 PBS 配成一定浓度的溶液，加等体积弗氏佐剂充分乳化，注射时采用颈背部皮下 6～8 点注射。之后换用弗氏不完全佐剂乳化免疫抗原，每隔 2 周加强免疫 1 次。从第 3 次加强免疫开始，免疫后第 8～10 天进行耳静脉取血，采用间接竞争 ELISA 法测定抗血清的效价。达到一定效价后兔心脏采血，分离抗血清，应用辛酸-硫酸铵沉淀法纯化抗体。采用间接竞争 ELISA 法，对经免疫获得的抗血清的效价进行测定。采用间接竞争 ELISA 法，通过测定靶标与固相抗原结合的抑制作用大小来反映靶标与抗体的竞争性结合力，以标准靶标溶液浓度对数为横坐标，抑制率为纵坐标，即得其标准曲线。

刘冰等用毒死蜱免疫抗原免疫兔子获得了高效价的多克隆抗体，抗血清效价达到了1：160000。通过试验确立了毒死蜱标准曲线，检测限为 $0.5\mu g/L$，IC_{50} 为 $18.2\mu g/L$，检测线性范围为 $1.8\sim1000\mu g/L$。李兴霞等[98] 用间接竞争 ELISA 测定制备的乐果多克隆抗体的效价为 1：256000，亲和常数为 3.84×10^{10}，酶标抗体的效价是 1：4000。

（3）免疫分析技术

① 直接竞争 ELISA。将抗体包被到酶反应板上，加入酶标记的待测样品，让其与抗体发生竞争性结合。加入底物，酶催化底物显色。样品中待测的有机磷杀虫剂含量与抗体上结合的酶标记农药量成反比。最终通过比色对待测样品中的杀虫剂含量进行定性定量分析。

② 间接竞争 ELISA。将人工抗原包被到酶反应板上，加入抗体和待测样品，竞争性结合反应后，洗涤多余的未结合的物质，留下和包被原结合的抗体。结合量与样品中待测有机磷杀虫剂量成反比。再加入酶标二抗与抗体结合后固定在反应板上，最后加入底物，酶催化底物显色。最终通过比色对待测样品中的杀虫剂含量进行定性定量分析。

③ 荧光偏振免疫技术。将荧光标记的抗原与待测样品中的有机磷杀虫剂竞争性地与特异性抗体结合，最终通过检测溶液中的荧光标记物含量即可对待测样品中的杀虫剂进行分析。

④ 化学发光与酶联免疫联用技术。利用某些原子在进行化学反应时，吸收化学反应过程中产生的化学能，使分子激发而发光的特性，和酶联免疫联合使用，能够使灵敏度提升 10 倍左右。

⑤ 流动注射免疫分析。将抗体固定在适当的载体膜上，制备成均匀的抗体膜带，将膜带的一部分安装于密封且有样品进出口的微型槽中，从进口处注入待测样品和酶标样品的混合液体，二者竞争性地与抗体结合，根据引起的特定化学、物理参数变化来建立检测系统。

18.5.6.3 其他分析技术

一定条件下，有机磷农药对胆碱酯酶的正常功能有抑制作用，其抑制率与农药的浓度呈正相关。正常情况下，酶催化神经传导代谢产物碘化乙酰硫代胆碱（ATCHI）水解，其水解产物与显色剂二硫代二硝基苯甲酸（DTNB）反应，产生黄色物质，用分光光度计在 412nm 处测定吸光度随时间的变化值，计算出抑制率，从而判断样品中是否存在高浓度的有机磷和氨基甲酸酯类农药残留。

18.6

其他驱线虫药

18.6.1 结构与性质

乙胺嗪（diethylcarbamazine）分子式为 $C_{10}H_{21}N_3O$，口服后易吸收，服单剂 $0.2\sim0.4g$ 后 $1\sim2$ 小时血药浓度达峰值，代谢快。除脂肪组织外，药物在体内分布均匀。多次反复给药后，很少出现蓄积现象。

硫胂胺钠（thiacetarsamide sodium）又称硫胂酰胺钠，商品名为氨酰苯砷二硫乙酸钠，易溶于水，且稳定。本品内服不吸收，且有较强刺激性，故用静脉注射给药。进入体内药物立即分布于各组织，以肾、肝、脾、骨髓为多；部分与红细胞、血浆蛋白结合，不易进入脑脊液中。经代谢的药物以五价砷的有机砷酸盐形式，从胆汁和肾排出。

18.6.2　药学机制

乙胺嗪对丝虫成虫（除盘尾丝虫外）及微丝蚴均有杀灭作用，对成虫的作用机制不详；对微丝蚴有两种作用：第一，抑制肌肉活动，使虫体固定不动，促进虫体由其寄居处脱开；第二，改变微丝蚴体表膜，使之更易遭受宿主防御功能的攻击和破坏，但对成虫杀灭作用的机制不详。乙胺嗪除了在世界各地被用于治疗淋巴丝虫病以外，近年来许多研究描述了乙胺嗪的其他药理活性。研究证实，乙胺嗪干扰环氧合酶和脂氧合酶途径，减少二十烷类化合物的产生，并可作为一种抗炎药物。此外，乙胺嗪抑制核因子-κB 的激活，抑制参与肺部炎症反应的靶基因。乙胺嗪还被证明对不同的肺部炎症模型有效，例如热带肺嗜酸性粒细胞增多症、肺动脉高压、嗜酸性肺炎症和哮喘。乙胺嗪通过 CD95L/CD95 信号通路抑制肺和骨髓嗜酸性粒细胞增多。由于 CD95L（FasL）是凋亡诱导受体 CD95（Fas）的配基，这些结果表明乙胺嗪可能是一种凋亡诱导剂[99]。

硫胂胺钠可杀灭犬心脏丝虫的成虫，对微丝蚴无影响，其作用机制可能是药物分子中的砷与丝虫的酶系统中巯基相结合，抑制虫体代谢而杀灭丝虫。

18.6.3　毒理学

相关数据显示[100]，乙胺嗪经腹腔注射，小鼠 LD_{50} 为 240mg/kg。硫胂胺钠对肝、肾毒性大。肾、肝功能不全时毒性反应加剧，严重导致死亡。一般还可引起犬呕吐，重度时可致肝功失常。本品中毒时可用二巯丙醇解毒。每次每千克体重剂量为 2mg，每天 4 次，可减轻其症状。

18.6.4　国内外残留限量要求

未发现相关数据。

18.6.5　样品处理方法

18.6.5.1　样品类型
样品有畜、禽分割肉；畜、禽内脏；畜、禽脂肪；蛋类；生乳；等等。

18.6.5.2　样品制备与提取

（1）畜、禽分割肉　取有代表性的样品约 500g，用组织捣碎机捣碎，装入洁净容器作为试样，密封做好标识。将准备好的试样放于 −18℃ 以下冰冻保存。

（2）畜、禽内脏　取有代表性的样品约 500g，用组织捣碎机捣碎，装入洁净容器作为试样，密封做好标识。将准备好的试样放于 −18℃ 以下冰冻保存。

（3）蛋类　去除蛋壳，由于蛋黄属于疏水性环境，低极性药物残留较多。对蛋黄、蛋清分别测定时，对刚产出的蛋进行蛋黄和蛋清的分离，避免药物由蛋黄向蛋清扩散。

18.6.5.3　样品净化方法

根据高金芳[101] 的研究，采用如下净化方法：

动物组织、牛奶、鸡蛋：准确称取 2.0g 样品置于 50mL 离心管中，分别加入 2mL 0.5％Na₂EDTA 溶液和 10mL 乙腈，涡旋 2min，超声 3min，加入 500mg 无水硫酸镁，涡旋 2min，12000r/min 离心 10min，提取上清液，在剩余残渣中加入 400μL 2mol/L NaOH、2mL 乙腈和 5mL 乙酸乙酯，涡旋 2min，超声 3min，12000r/min 离心 10min，合并两次上清液，向提取液中加入 450mg C₁₈ 和 50mg PSA，涡旋 3min，12000r/min 离心 10min，提取上清液，氮气吹干，初始流动相 1mL 定容。

蜂蜜：准确称取 2.0g 样品置于 50mL 离心管中，加入 2mL 水，涡旋混匀，分别加入 2mL 0.5％Na₂EDTA 溶液和 10mL 乙腈，涡旋 2min，超声 3min，加入 500mg 无水硫酸镁，涡旋 2min，12000r/min 离心 10min，提取上清液，在剩余残渣中加入 400μL 2mol/L NaOH、2mL 乙腈和 5mL 乙酸乙酯，涡旋 2min，超声 3min，12000r/min 离心 10min，合并两次上清液，向提取液中加入 450mg C₁₈ 和 50mg PSA，涡旋 3min，12000r/min 离心 10min，提取上清液，氮气吹干，初始流动相 1mL 定容。

18.6.6　残留分析技术

18.6.6.1　仪器测定方法

（1）色谱法　在进行药代动力学研究时，血浆中乙胺嗪的气相色谱分析可能会因为代谢物的存在而变得复杂，因为热不稳定的乙胺嗪氧化物在分析条件下被转化为与乙胺嗪相溶的物质。Lee[102] 建立了一种从等离子体乙胺嗪中分离乙胺嗪氧化物的方法，该方法使用固相萃取，随后使用氮特异性检测器进行气相色谱分析。乙胺嗪的标准曲线在 10～200ng/mL 范围内呈线性关系，$Y = 0.0350 + 0.0128X$，$R^2 = 0.999$。定量限为 4ng/mL。标准曲线在 10ng/mL、100ng/mL 和 200ng/mL 浓度点的重复性系数变化分别为 6.1％、7.8％ 和 1.6％。固相萃取法的回收率为 99.3％，内标回收率为 94.8％。该方法灵敏度高、特异性强，适用于乙胺嗪的药代动力学研究。

Miller 等[103] 建立了测定人血浆中乙胺嗪的灵敏、选择性好的气相色谱法。从人血浆中提取乙胺嗪，然后装入条件良好的 C₁₈ 固相萃取柱，用水冲洗，甲醇洗脱。氮气蒸发和甲醇重整后，注入 3mL 到气相色谱系统。采用毛细管柱（长 30m，内径 0.32mm）分离。气体流量为：氢气，35mL/min；载气（氦气）1.5mL/min，补充气体（氮气）25mL/min；空气 420mL/min。乙胺嗪和内标物的保留时间分别为 5.5min 和 7.28min。GC 运行时间为 22min。人血浆中乙胺嗪在 100～2000ng/mL 浓度范围内呈线性关系。对乙胺嗪（120ng/mL、1000ng/mL、2000ng/mL）具有良好的精密度，变异系数分别为 4.5%、1.3%和1.6%（$n=6$）。在所有质控样品浓度下，所有日内（$n=6$）和日间（$n=12$）平均浓度均在标称浓度4.3%以内，该方法准确无误。经3次冻融循环，在－20℃下保存12周，乙胺嗪是稳定的。

（2）**质谱法** Schmidt 等[104] 建立了一种灵敏、选择性好的液相色谱-质谱法测定人血浆中的乙胺嗪。采用固相萃取法从0.25mL人血浆中提取乙胺嗪及其稳定同位素内标 d_3-乙胺嗪。色谱采用梯度洗脱。保留时间约为4.8min。测定量在4～2200ng/mL之间呈线性关系。12ng/mL、300ng/mL和1700ng/mL质控样品的日内变异系数分别为8.4%、5.4%和6.2%（$n=15$）。日内偏差结果分别为－2.2%、6.0%和0.8%。血浆中乙胺嗪的回收率为84.2%～90.1%。

Chhonker 等[105] 采用反相色谱柱［UPLC（R）BEH C_{18} 柱］，以0.05%甲酸-甲醇-0.05%甲酸为流动相，梯度洗脱，固相萃取用于从基质中洗脱分析物。然后，以电喷雾电离源为正多反应监测模式，采用MS/MS联用技术对样品进行监测。结果表明，乙胺嗪在1～2000ng/mL范围内呈良好的线性关系，R^2 为0.998甚至更高。批内和批间精密度（相对标准偏差RSD）和准确度（偏差）均在FDA指南允许的范围内。

Zhang 等[106] 对动物源性食品中污染物残留量进行分析，建立了一种简便、灵敏的高效液相色谱-串联质谱法（LC-MS/MS）检测乙胺嗪。以牛奶、鸡蛋和猪肉为样本，用乙腈从牛奶、鸡蛋和猪肌肉中提取乙胺嗪，然后在－20℃下分离1h，不需要进行萃取物纯化。在 C_{18} 色谱柱上，用甲酸铵在水和甲醇中分离。在检测浓度范围内线性关系良好。日内和日间精密度均<20%，最低定量限分别为0.2ng/g和2ng/g。

18.6.6.2 免疫测定方法

未发现半抗原设计与抗体制备的相关报道。

常用的免疫分析技术与有机磷化合物的免疫分析相似，见18.5.6.2（3）。

18.6.6.3 其他分析技术

核磁共振波谱是一种简便的测定尿液中乙胺嗪的方法，可用于监测该药的用药情况[107]。尿样与10%的氧化氢混合作为光谱仪的场频锁定，这是唯一需要的样品前处理。用乙基的三重态进行乙胺嗪的定量，其 T_1 弛豫时间为1s，在水溶液中可以很容易地检测到乙胺嗪的量小于1μg/mL。对尿样的检测能力依赖于化学噪声水平，该方法的准确度和精密度均优于15%。对接受单次治疗剂量乙胺嗪（6mg/kg，口服）的志愿者的尿液分析表明，该药物在2天内以不变的形式被消除，与先前的结果一致。

参考文献

[1] Brown H D, Matzuk A R, Ilves I R, et al. Antiparasitic drugs. Ⅳ. 2-（4-thiazolyl）-benzimid-

azole, a new anthelmintic [J]. Journal of the American Chemical Society, 1961, 83（7）: 1764-1765.

[2] 高继国，高学军，郝艳红．阿苯达唑和奥芬达唑对猪囊尾蚴延胡索酸还原酶的抑制作用[J]. 黑龙江畜牧兽医，2002（08）:8-9.

[3] Sharma R K, Singh K, Saxena R, et al. Effect of some anthelmintics on malate dehydrogenase activity and mortality in two avian nematodes Ascaridiagalli and Heterakis gallinae [J]. Angewandte Parasitologie, 1986, 27（3）:175-180.

[4] Wani J H, Srivastava V M. Effect of cations and anthelmintics on enzymes of respiratory chains of the cestode Hymenolepis diminuta[J]. Biochemistry and Molecular Biology International, 1994, 34（2）:239-250.

[5] Lacey E, Gill J H. Biochemistry of benzimidazole resistance[J]. Acta Tropica, 1994, 56（2/3）:245-262.

[6] Geary T G, Nulf S C, Favreau M A, et al. Three β-tubulin cDNAs from the parasitic nematode Haemonchus contortus [J]. Molecular and Biochemical Parasitology, 1992, 50（2）: 295-306.

[7] Kwa M S G, Kooyman F N J, Boersema J H, et al. Effect of selection for benzimidazole resistance in Haemonchus contortus on β-tubulin isotype 1 and isotype 2 genes[J]. Biochemical and Biophysical Research Communications, 1993, 191（2）:413-419.

[8] Carr R A, Caillé G, Ngoc A H, et al. Stereospecific high-performance liquid chromatographic assay of ketoprofen in human plasma and urine[J]. Journal of Chromatography B:Biomedical Sciences and Applications, 1995, 668（1）:175-181.

[9] Zongde Z, Xingping L, Xiaomei W, et al. Analytical and semipreparative resolution of enatiomers of albendazole sulfoxide by HPLC on amylose tris（3,5-dimethylphenylcarbamate）chiral stationary phases[J]. Journal of biochemical and biophysical methods, 2005, 62（1）: 69-79.

[10] Delatour P, Debroye J, Lorgue G, et al. Embryotoxicité expérimentale de l'oxfendazole chez le Rat et le Mouton[J]. Recueil Médicine Vétérinaire, 1977, 153:639-645.

[11] 食用动物肌肉和肝脏中苯并咪唑类药物残留量检测方法 GB/T 21324—2007[S]. 2007.

[12] 河豚鱼、鳗鱼和烤鳗中苯并咪唑类药物残留量的测定液相色谱-串联质谱法 GB/T 22955—2008 [S]. 2008.

[13] 牛奶和奶粉中噻苯达唑、阿苯达唑、芬苯达唑、奥芬达唑、苯硫氨酯残留量的测定液相色谱-串联质谱法 GB/T 22972—2008[S]. 2008.

[14] Long A R, Malbrough M S, Hsieh L C, et al. Matrix solid phase dispersion isolation and liquid chromatographic determination of five benzimidazole anthelmintics in fortified beef liver [J]. Journal of the Association of OfficialAnalytical Chemists, 1990, 73（6）:860-863.

[15] Rizzetti T M, De Souza M P, Prestes O D, et al. Optimization of sample preparati on by central composite design for multi-class determination of veterinary drugs inbovine muscle, kidneyand liver byultra-high-performance liquidchromatographic-tandem mass spectrometry [J]. Food Chemistry, 2018, 246:404-413.

[16] 陈思敏，吴映璇，蓝瞭草，等．超高效液相色谱-串联质谱法测定乳制品中苯并咪唑类药物及其代谢物的残留量[J]. 理化检验-化学分册，2020, 56（5）:553-564.

[17] Tejada-Casado C, M Hernandez-Mesa, Olmo-Iruela M D, et al. Capillary electro-chromatography cupled with dispersive liquid-liquid microextraction for theanalysis of benzimidazole residues in water samples[J]. Talanta, 2016, 161:8-14.

[18] Carmen T, Del Olmo-Iruela M, Garcia-Campana A M, et al. Green and simple analytical method to determine benzimidazoles in milk samples by using saltinout assisted liquid-liquid extraction and capillary liquid chromatography[J]. Journal of Chromatography B-Analytical Technologies in the Biomedical and LifeSciences, 2018, 1091:46-52.

[19] Teglia C M, Gonzalo L, Culzoni M J, et al. Determination of six veterinar pharmaceuticals

in egg by liquid chromatography:chemometric optimization ofa novel air assisted-dispersive liquid-liquid microextraction by solid floatinorganic drop[J]. Food Chemistry, 2019, 273:194-202.

[20] Wilson R T, Groneck J M, Henry C A, et al. Multiresidue assay for benzimidazole anthelmintics by liquid chromatography and confirmation by gas chromatography/selected-ion monitoring electron impact mass spectrometry[J]. Journal of the Association of Official Analytical Chemists, 1991, 74（1）:56-67.

[21] Marti A M, Mooser A E, Koch H. Determination of benzimidazole anthelmintics in meat samples[J]. Journal of Chromatography A, 1990, 498:145-157.

[22] Barker S A, Mcdowell T, Charkhian B, et al. Methodology for the analysis of benzimidazole anthelmintics as drug residues in animal tissues[J]. Journal of the Association of Official Analytical Chemists, 1990, 73（1）:22-25.

[23] Dowling G, Cantwell H, O'Keeffe M, et al. Multi-residue method for the determination of benzimidazoles in bovine liver[J]. Analytica Chimica Acta, 2005, 529（1/2）:285-292.

[24] Danaher M, O'Keeffe M, Glennon J D. Development and optimisation of a method for the extraction of benzimidazoles from animal liver using supercritical carbon dioxide[J]. Analytica Chimica Acta, 2003, 483（1/2）:313-324.

[25] Hajee C A J, Haagsma N. Liquid chromatographic determination of mebendazole and its metabolites, aminomebendazole and hydroxymebendazole, in eel muscle tissue[J]. Journal of AOAC International, 1996, 79（3）:645-651.

[26] Shaikh B, Rummel N, Reimschuessel R. Determination of albendazole and its major metabolites in the muscle tissues of Atlantic salmon, tilapia, and rainbow trout by high performance liquid chromatography with fluorometric detection[J]. Journal of agricultural and food chemistry, 2003, 51（11）:3254-3259.

[27] Fletouris D J, Papapanagiotou E P, Nakos D S, et al. Highly sensitive ion pair liquid chromatographic determination of albendazole marker residue in animal tissues[J]. Journal of Agricultural and Food Chemistry, 2005, 53（4）:893-898.

[28] 张素霞, 沈建忠, 丁双阳, 等. 牛肝中苯并咪唑类药物残留的高效液相色谱检测方法[J]. 中国兽药杂志, 2005（06）:18-21.

[29] Arenas R V, Johnson N A. Liquid chromatographic fluorescence method for multiresidue determination of thiabendazole and 5-hydroxythiabendazole in milk[J]. Journal of AOAC International, 1995, 78（3）:642-646.

[30] Fletouris D, Botsoglou N, Psomas I, et al. Rapid quantitative screening assay of trace benzimidazole residues in milk by liquid chromatography[J]. Journal of AOAC International, 1996, 79（6）:1281-1287.

[31] Chu P S, Wang R Y, Brandt T A, et al. Determination of albendazole-2-aminosulfone in bovine milk using high-performance liquid chromatography with fluorometric detection[J]. Journal of Chromatography B:Biomedical Sciences and Applications, 1993, 620（1）:129-135.

[32] Tai S S C, Cargile N, Barnes C J. Determination of thiabendazole, 5-hydroxythiabendazole, fenbendazole, and oxfendazole in milk[J]. Journal of the Association of Official Analytical Chemists, 1990, 73（3）:368-373.

[33] Su S C, Chang C L, Chang P C, et al. Simultaneous determination of albendazole, thiabendazole, mebendazole and their metabolites in livestock by high performance liquid chromatography[J]. Journal of Food and Drug Analysis, 2003, 11（4）:307-319.

[34] De Ruyck H, Van Renterghem R, De Ridder H, et al. Determination of anthelmintic residues in milk by high performance liquid chromatography[J]. Food Control, 2000, 11（3）: 165-173.

[35] Halko R, Sanz C P, Ferrera Z S, et al. Determination of benzimidazole fungicides by HPLC with fluorescence detection after micellar extraction[J]. Chromatographia, 2004, 60（3）: 151-156.

[36] Tharsis N, Portillo J L, Broto-Puig F, et al. Simplified reversed-phase conditions for the determination of benzimidazole fungicides in fruits by high-performance liquid chromatography with UV detection[J]. Journal of Chromatography A, 1997, 778 (1/2) :95-101.

[37] Lin H D, Lin F, Zhang M J, et al. Simultaneous HPLC determination of 16 benzimidazoles residues in animal tissue[J]. Food Science, 2011, 32 (2) :231-236.

[38] Bistoletti M, Moreno L, Alvarez L, et al. Multiresidue HPLC method to measure benzimidazole anthelmintics in plasma and egg from laying hens. Evaluation of albendazole metabolites residue profiles[J]. Food Chemistry, 2011, 126 (2) :793-800.

[39] Vousdouka V I, Papapanagiotou E P, Angelidis A S, et al. Rapid ion-pair liquid chromatographic method for the determination of fenbendazole marker residue in fermented dairy products[J]. Food Chemistry, 2017, 221:884-890.

[40] Vanden H W J A, Wood J S, DiGiovanni M, et al. Gas-liquid chromatographic/mass spectrometric confirmatory assay for thiabendazole and 5-hydroxythiabendazole[J]. Journal of Agricultural and Food Chemistry, 1977, 25 (2) :386-389.

[41] Markus J, Sherma J. Method II. Gas chromatographic/mass spectrometric confirmatory method for albendazole residues in cattle liver[J]. Journal of AOAC International, 1992, 75 (6) : 1135-1137.

[42] Balizs G. Determination of benzimidazole residues using liquid chromatography and tandem mass spectrometry[J]. Journal of Chromatography B:Biomedical Sciences and Applications, 1999, 727 (1/2) :167-177.

[43] Blanchflower W J, Cannavan A, Kennedy D G. Determination of fenbendazole and oxfendazole in liver and muscle using liquid chromatography-mass spectrometry[J]. Analyst, 1994, 119 (6) :1325-1328.

[44] De Ruyck H, Daeseleire E, Grijspeerdt K, et al. Determination of flubendazole and its metabolites in eggs and poultry muscle with LC-MS/MS[J]. 2001, 49 (2) :610.

[45] Takeba K, Fujinuma K, Sakamoto M, et al. Simultaneous determination of triclabendazole and its sulphoxide and sulphone metabolites in bovine milk by high-performance liquid chromatography[J]. Journal of Chromatography A, 2000, 882 (1/2) :99-107.

[46] Cannavan A, Haggan S A, Kennedy D G. Simultaneous determination of thiabendazole and its major metabolite, 5-hydroxythiabendazole, in bovine tissues usinggradient liquid chromatography with thermospray and atmospheric pressure chemical ionisation mass spectrometry [J] . Journal of Chromatography B: Biomedical Sciences and Applications, 1998, 718 (1) : 103-113.

[47] Msagati T A M, Nindi M M. Comparative study of sample preparation methods; supported liquid membrane and solid phase extraction in the determination of benzimidazole anthelmintics in biological matrices by liquid chromatography-electrospray-mass spectrometry [J]. Talanta, 2006, 69 (1) :243-250.

[48] Keegan J, Whelan M, Danaher M, et al. Benzimidazole carbamate residues in milk:detection by surface plasmon resonance-biosensor, using a modified QuEChERS (Quick, Easy, Cheap, Effective, Rugged and Safe) method for extraction[J]. Analytica Chimica Acta, 2009, 654 (2) :111.

[49] Jedziniak P, Szprengier-Juszkiewicz T, Olejnik M. Determination of benzimidazoles and levamisole residues in milk by liquid chromatography-mass spectrometry:Screening method development and validation[J]. Journal of Chromatography A, 2009, 1216 (46) :8165-8172.

[50] Kinsella B, Lehotay S J, Mastovska K, et al. New method for the analysis of flukicide and other anthelmintic residues in bovine milk and liver using liquid chromatography-tandem mass spectrometry[J]. Analytica Chimica Acta, 2009, 637 (1/2) :196-207.

[51] Dasenaki M E, Thomaidis N S. Multi-residue determination of 115 veterinary drugs and pharmaceutical residues in milk powder, butter, fish tissue and eggs using liquid chromatography-

tandem mass spectrometry[J]. Analytica Chimica Acta, 2015, 880:103-121.

[52] Brandon D L, Binder R G, Bates A H, et al. A monoclonal antibody-based ELISA for thia-bendazole in liver[J]. Journal of Agricultural and Food Chemistry, 1992, 40（9）:1722-1726.

[53] Brandon D L, Binder R G, Bates A H, et al. Monoclonal antibody for multiresidue ELISA of benzimidazole anthelmintics in liver[J]. Journal of Agricultural and Food Chemistry, 1994, 42（7）:1588-1594.

[54] Brandon D L, Bates A H, Binder R G, et al. Analysis of fenbendazole residues in bovine milk by ELISA[J]. Journal of Agricultural and Food Chemistry, 2002, 50（21）:5791-5796.

[55] Nerenberg C, Runkel R A, Matin S B. Radioimmunoassay of oxfendazole in bovine, e-quine, or canine plasma or serum[J]. Journal of Pharmaceutical Sciences, 1978, 67（11）:1553-1557.

[56] Nerenberg C, Tsina I, Matin S. Radioimmunoassay of oxfendazole in sheep fat[J]. Journal of the Association of Official Analytical Chemists, 1982, 65（3）:635-639.

[57] Zikos C, Evangelou A, Karachaliou C E, et al. Commercially available chemicals as immu-nizing haptens for the development of a polyclonal antibody recognizing carbendazim and other benzimidazole-type fungicides[J]. Chemosphere, 2015, 119:S16-S20.

[58] Guo L, Wu X, Liu L, et al. Gold nanoparticle-based paper sensor for simultaneous detec-tion of 11 benzimidazoles by one monoclonal antibody[J]. Small, 2018, 14（6）:1701782.

[59] Bushway R J, Larkin K, Perkins B. Determination of thiabendazole in potatoes by ELISA [J]. Food and Agricultural Immunology, 1997, 9（4）:249-255.

[60] Peng D P, Jiang N H, Wang Y L, el al. Development and validation of an indirectcompeti-tive enzyme-linked immunosorbent assay for the detection of albendazole 2-aminosulfone resi-dues in animal tissues[J]. Food and Agricultural Mmunology, 2015, 27（2）:273-287.

[61] 张彩芹, 张勋, 李洁, 等. 胶体金试纸条同时检测鲤鱼中 7 种苯并咪唑类药物的残留[J]. 现代食品科技, 2020, 36（06）:291-296.

[62] Guo L L, Wu X L, Liu L Q, et al. Gold nanoparticle-based paper sensor for simultaneous detection of 11 benzimidazoles by one monoclonal antibody[J]. Small, 2018, 14（6）:1701782.

[63] Keegan J, O' Kennedy R, Crooks S, et al. Detection of benzimidazole carbamates and aminometabolites in liver by surface plasmon resonance-biosensor[J]. Analytica Chimica Acta, 2011, 700（1/2）:41-48.

[64] Keegan J, Whelan M, Danaher M, et al. Benzimidazole carbamate residues in milk:detec-tion by surface plasmon resonance-biosensor, using a modfied QuEChERS（Quick, Easy, Cheap, Effective, Rugged and Safe）methodfor extraction[J]. Analytica Chimica Acta, 2009, 654（2）:119.

[65] 刘莉. 咪唑并噻唑类和哌嗪抗寄生虫兽药及临床应用[J]. 畜牧兽医科技信息, 2019（06）:158.

[66] 张培杨. 禽肉和禽蛋中左旋咪唑、甲苯咪唑及其两种代谢物残留 HPLC-MS/MS 检测方法的研究 [D]. 扬州:扬州大学, 2021.

[67] 拜锦美. 气相色谱-质谱法检测牛奶中左旋咪唑残留的研究[J]. 福建分析测试, 2016, 25（04）:19-25.

[68] 赵贞, 吕海燕, 万鹏, 等. HPLC 法检测乳制品中左旋咪唑[J]. 饮料工业, 2015, 18（02）:36-38.

[69] 施思倩, 杨方威, 姚卫蓉, 等. 表面增强拉曼光谱法快速检测猪肉中左旋咪唑残留[J]. 光谱学与光谱分析, 2021, 41（12）:3759-3764.

[70] Xiao Y, Li J P, Fu C. A sensitive method for the determination of levamisole in serum by electrochemiluminescence[J]. Luminescence, 2014, 29（2）:183-187.

[71] 刘伟. 四氢嘧啶类抗寄生虫药在兽医临床上的应用[J]. 畜牧兽医科技信息, 2018（10）:158.

[72] 刘约翰. 寄生虫病化学治疗[M]. 重庆:西南师范大学出版社, 1988, 252.

[73] 张代华. "伊维菌素、吡喹酮、双羟萘酸噻嘧啶"咀嚼片的研制及其质量控制[D]. 雅安:四川农业大学, 2020.

[74] 进出口动物源性食品中甲噻嘧啶残留量的测定．液相色谱-质谱/质谱法 SN/T 2675—2010 [S]. 2010.

[75] Jung H N, Park D H, Yoo K H, et al. Simultaneous quantification of 12 veterinary drug residues in fishery products using liquid chromatography-tandem mass spectrometry [J]. Food Chemistry, 2021, 30:348.

[76] 刘紫寒，郭秋爽，周超，等．高效液相色谱法检测发酵液中四氢嘧啶及羟基四氢嘧啶[J]. 日用化学工业（中英文），2022, 52（11）:1236-1240.

[77] 杨丽蓉，张筱，聂晓华，等．HPLC-MS/MS 法鉴别中成药和保健食品中的双羟萘酸噻嘧啶[J]. 临床医药文献电子杂志，2020, 7（38）:171-172.

[78] 陈德俊，刘婷婷，宋媛．气相色谱法测定水中毒死蜱[J]. 供水技术，2021, 15（06）:59-60.

[79] 付丽敏．气相色谱法快速测定大米粉中毒死蜱和杀螟硫磷农药残留量[J]. 安徽农业科学，2019, 47（06）:197-199.

[80] 张凤云，高川，刘芹，等．固相萃取-气相色谱法测定猪肉中敌敌畏残留[J]. 食品安全质量检测学报，2018, 9（14）:3670-3674.

[81] 钟秋玉．气相色谱法测定水产品中敌百虫和敌敌畏残留方法研究[D]. 广州:华南农业大学，2019.

[82] 魏文平，扎木则仁，吴腾．纯牛奶中敌百虫的检测-气相色谱法[J]. 食品安全质量检测学报，2014, 5（06）:1787-1791.

[83] 周梦春，于福新，向茂英，等．分子印迹基质固相分散-液相色谱法测定土壤中毒死蜱及代谢物残留量[J]. 干旱环境监测，2017, 31（04）:149-153+167.

[84] 鲍红荣．高效液相色谱法测定血清中敌敌畏的质量浓度[J]. 中国药业，2010, 19（17）:14-15.

[85] 李若云，张娇．高效液相色谱法检测土壤中氧化乐果残留[J]. 福建农业学报，2016, 31（08）: 881-885.

[86] 罗诗泳，潘璐．GC-MS 测定食品中毒死蜱、联苯菊酯的残留量[J]. 现代食品，2021,（10）: 172-174.

[87] 朱鹏静，刘建辉，李彦生，等．QuEChERS-气相色谱-质谱法检测火腿中敌敌畏的残留量[J]. 职业与健康，2023, 39（09）:1197-1201.

[88] 殷帅，林海，蒋秋桃，等．气相色谱质谱联用法测定干制鱼中敌百虫残留[J]. 中国医药指南，2013, 11（12）:75-76.

[89] 黄冬梅，蔡友琼，于慧娟，等．液相色谱-串联质谱法测定南美白对虾中敌百虫、敌敌畏残留量[J]. 中国渔业质量与标准，2012, 2（03）:50-54.

[90] 杨淑芳，张海东，宫田娇，等．液相色谱-串联质谱法测定柞蚕及蚕蛹中乐果、敌敌畏的残留量[J]. 农药，2022, 61（09）:661-665+702.

[91] 龚瑞昆，郑学丽．光声光谱法检测生菜中的敌敌畏残留[J]. 湖北农业科学，2016, 55（07）: 1812-1814.

[92] 覃重阳，张媛媛，邓薪睿，等．表面增强拉曼光谱法快速检测茶叶中百草枯与敌百虫农药残留[J]. 食品安全质量检测学报，2022, 13（14）:4439-4446.

[93] 李文，孙明，孙红，等．基于比色光谱的氧乐果和毒死蜱农药残留快速检测[J]. 中国农业大学学报，2017, 22（04）:135-142.

[94] 刘冰，魏松红，李兴海，等．毒死蜱人工抗原的合成及多克隆抗体制备[J]. 现代农药，2008, 41（05）:29-31+35.

[95] 连璐，高志贤，柳明，等．毒死蜱人工抗原的合成与分析[J]. 解放军预防医学杂志，2011, 29（03）:173-176.

[96] 张文元，杨亚冬，房国坚．乐果单克隆抗体制备的初步研究[J]. 中国卫生检验杂志，2008（01）:40-41+124.

[97] 王伟华，田木星，韩占江．毒死蜱单克隆抗体制备及 icELISA 检测方法优化[J]. 食品安全质量检测学报，2014, 5（06）:1709-1717.

[98] 李兴霞．乐果酶联免疫试剂盒的研制[D]. 沈阳:沈阳农业大学，2006.

[99] Ribeiro E L, Fragoso I T, dos Santos Gomes F O, et al. Diethylcarbamazine: a potential treatment drug for pulmonary hypertension? [J]. Toxicology and Applied Pharmacology, 2017,

333:92-99.

[100] Saxena R，Iyer R N，Anand N，et al. 3-Ethyl-8-methyl-1,3,8-triazabicyclo（4,4,0）decan-2-one:a new antifilarial agent[J]. Journal of Pharmacy & Pharmacology, 2011, 22（4）:306-307.

[101] 高金芳. 动物源性食品和动物饲料中抗微生物药和抗寄生虫药的筛选法研究[D]. 武汉：华中农业大学，2017.

[102] Lee S. Analysis of diethylcarbamazine and diethylcarbamazine-N-oxide bygas chromatography[J]. Archives of Pharmacal Research, 1996, 19（6）:475-479.

[103] Miller Jr J R，Fleckenstein L. Gas chromatographic assay of diethylcarbamazine in human plasma for application to clinical harmacokinetic studies[J]. Journal of Pharmaceutical and Biomedical Analysis, 2001, 26（4）:665-674.

[104] Schmidt M S，King C L，Thomsen E K，et al. Liquid chromatography-mass spectrometry analysis of diethylcarbamazine in human plasma for clinical Pharmacokinetic studies[J]. Journal of Pharmaceutical and Biomedical Analysis, 2014, 98:307-310.

[105] Chhonker Y S，Edi C，Murry D J. LC-MS/MS method for simultaneous determination of diethylcarbamazine，albendazole and albendazole metabolites in human plasma:application to a clinical pharmacokinetic study[J]. Journal of Pharmaceutical and Biomedical Analysis, 2018, 151:84-90.

[106] Zhang D，Park J A，Kim D S，et al. A simple extraction method for the simultaneous detection of tetramisole and diethylcarbamazine in milk，eggs，and porcine muscle using gradient liquid chromatography-tandem mass spectrometry[J]. Food Chemistry, 2016, 192:299-305.

[107] Jaroszewski J W，Berenstein D，Sløk F A，et al. Determination of diethylcarbamazine，an antifilarial drug，in human urine by ^{1}H-NMR spectroscopy[J]. Journal of Pharmaceutical and Biomedical Analysis, 1996, 14（5）:543-549.

第 19 章
抗球虫类
药物残留
分析

由单细胞寄生虫艾美耳科原虫感染畜禽肠道或胆管上皮细胞引起的球虫病，会对宿主肠壁或胆管上皮造成广泛性损伤，其多表现为亚临床症状，往往导致动物食欲减退、贫血、腹泻和便血，料肉比降低，肉品质下降，等等。球虫感染以口粪传播为生命周期，无需中间宿主，根据暴露程度和环境因素，最终引起宿主广泛发病甚至死亡。在诸多宿主（禽类、兔、猪、马、牛、羊、犬和水貂）中，球虫病对鸡、兔、牛和羊的危害最大，其不仅流行范围广，而且病死率高。每年可导致全球高达 30 亿美元的经济损失，而鸡的球虫病更是极少数可以给畜牧业生产造成毁灭性影响的寄生虫病之一。

1939 年，Levine 首次提出在生产中使用氨苯磺胺控制球虫病。Grumbles 等用磺胺喹啉预防鸡球虫病后，化学药物开始被用于防治鸡球虫病。至今，药物预防仍是控制鸡球虫病的主要手段。用于预防鸡球虫病的药物多达 50 余种，一般为广谱抗球虫药，大致分为两类：聚醚类离子载体抗生素（包括莫能菌素、盐霉素、甲基盐霉素、拉沙洛菌素、马杜霉素、海南霉素等）及化学合成类抗球虫药（包括磺胺类、常山酮、氯羟吡啶、尼卡巴嗪、氯苯胍等）。这两类药物的作用机制不同，不会产生交叉耐药性，可交替使用或结合使用。但其中一些药物（如呋喃类、四环素类和大多数磺胺药）由于疗效不佳，毒性太大已逐渐被淘汰。目前，不同国家应用于生产的抗球虫药只有 20 余种，其中使用较多的是聚醚类、地克珠利、氨丙啉和尼卡巴嗪等。抗球虫药物通常被作为饲料添加剂使用，约占各种动物药物添加剂总量的 1/4[1]。据报道，一株球虫与抗球虫药接触十几代后便能产生稳定的耐药性，故畜牧生产中使用抗球虫药时有加大剂量的倾向，其在组织内蓄积，可能导致食物中的药物残留，食用抗球虫药物残留的动物源性食品后，虽然未观察到对人体产生急性毒性，但长期低浓度水平的药物摄入，存在潜在的慢性毒性。此外，需注意，多数抗球虫药具有较强的细胞毒性，安全范围小。因此，需要对该类药物的添加使用量以及其在动物源性食品中的残留情况进行严格监控。

19.1

聚醚类离子载体抗生素

聚醚类抗生素（polyether antibiotics，PEs）最早于 20 世纪 50 年代被发现，其具有促进功能离子通过细胞膜的能力，故也称离子载体抗生素。然而，直至 20 世纪 70 年代莫能菌素得以被成功分离，该类药物的抗球虫活性才最终被证实，开创了抗球虫药研制的新局面。此后，其他聚醚类离子载体抗生素很快在世界各地相继产生。目前市场上使用的聚醚类抗生素主要有海南霉素（halanmycin）、莫能菌素（monensin）、盐霉素（salinomycin）、甲基盐霉素（narasin）、马杜霉素（maduramycin）、拉沙洛菌素（lasalocid）等品种。其中，莫能菌素、拉沙洛菌素和盐霉素由于具有较广的抗虫谱，对多种艾美耳球虫均有优异的抗虫活性，且不存在严重的耐药性问题等优势，很快被广泛应用于畜禽养殖及生产（若无特别说明，本章讨论的聚醚类抗生素为莫能菌素、盐霉素、拉沙洛菌素和甲基盐霉素）。

19.1.1 结构与性质

PEs 的产生菌为链霉菌（streptomyces），因含较多环醚结构（多数为 4～5 个连环）而得名，主要分为饱和聚醚、不饱和聚醚和含芳环聚醚三个亚类，各亚类按分子内含氧杂环数目与排列方式又可分为若干组。这类抗生素在结构、理化性质和生物学效应方面都十分相似。一般地，PEs 以一定数目的含氧杂环（四氢呋喃和四氢吡喃）连接而成的开链结构为基本骨架，一端为羧基，另一端连接有仲羟基或叔羟基，骨架上则含有众多的甲基、乙基和若干羟基，个别 PEs 结构中还含有羰基、不饱和键、糖苷、半缩醛、螺旋缩酮或芳环。在溶液中或结晶状态下，其分子两端的羧基与羟基靠分子内氢链相互吸引形成特殊的环状构象，中心则因簇集骨架一侧的含氧基团而带负电，从而具有捕获阳离子的"磁阱"作用。此时，其外部主要由烃类组成，具中性和疏水性[2]，构成亲脂性外壳。该种构型的分子能与生理调节所需的 Na^+、K^+、Ca^{2+} 等阳离子发生相互作用，使之具有脂溶性，而这类结合形成的键并不牢固，相关阳离子在不同浓度梯度下被 PEs 分子螯合与释放，离子泵的主动转运作用被削弱，这些离子就更容易通过细胞膜。所以，PEs 既可以结合阳离子，又可以沿生物膜扩散，具有离子载体性质，这也是其发挥生物学作用的重要基础。不同 PEs 对金属离子的亲和力有所差异，但绝大多数的 PEs 仅选择性地结合单价离子（主要是碱金属离子），如 Na^+、K^+，拉沙洛菌素因倾向于形成二聚物，能够结合二价阳离子，如 Mg^{2+}、Ca^{2+}[3]。

PEs 呈酸性（pK_a 6～8），其酸根与碱金属离子形成的电中性络合物稳定性优于游离酸，故临床及生产实践中多使用其钠盐形式（本章讨论的拉沙洛菌素便是以钠盐形式应用于实际需要中的拉沙洛西钠）。虽然 PEs 在分子结构上含众多含氧基团，但由于烷基位于分子周边，其仍属于极性较低的一类化合物。此外，PEs 特殊的分子构象决定了其游离酸和相应的盐均难溶于水，而易溶于绝大多数有机溶剂，如氯仿、甲醇、苯、乙醚、丙酮或乙酸乙酯等等。该类抗生素呈白色结晶状，分子质量一般为 600～900Da，熔点则在 140～270℃之间。

PEs 分子结构内含羟基和羧基，可成盐或酯，或发生氧化反应，与茴香醛、香草醛、硫酸高铈等发生显色反应。除拉沙洛菌素外，其他 PEs 本身均无发色基团，可直接用紫外法或荧光法进行检测。此外，PEs 具有中等环境稳定性，在土壤、胃酸、瘤胃内容物与粪便中均相当稳定，但其分子内的环状半缩酮、缩酮和糖苷结构对酸性条件敏感，而 β-羟基酮结构对热及碱性条件敏感。

19.1.2 药学机制

PEs 对革兰氏阳性菌与多种厌氧菌表现出很强的抗菌活性，但不抗革兰氏阴性菌，且其对柔嫩美耳球虫（*Eimeria tenella*）具有较强的抑制作用。基于该类抗生素特殊结构所赋予的离子载体性质，PEs 都是通过阻碍阳离子的传递而发挥作用的，该类药物对球虫体内发挥重要生理作用的金属阳离子（如 Na^+、K^+、Ca^{2+}、Mg^{2+} 等）具有特殊选择性，由此与之结合形成脂溶性络合物。携带功能阳离子的络合物进入球虫子孢子或第一代裂殖体，干扰其细胞膜内 K^+ 和 Na^+ 正常的主动转运，破坏细胞生理所需的离子平衡（胞

内 K^+、Na^+ 水平急剧升高），形成细胞内外较大的渗透压差，使得大量水分子入胞而引起虫体细胞肿胀，甚至最终破裂。同时，胞内 K^+ 和 Na^+ 水平的异常升高还会严重损耗细胞离子泵的能量，耗尽球虫细胞的能量而致其死亡[4]。此外，该类药物还可通过影响虫体内一些酶的活性发挥抑制或杀灭作用。PEs 对柔嫩美耳球虫的子孢子和第 1 代裂殖生殖阶段的初期虫体具有杀灭作用，对裂殖生殖后期和配子生殖阶段虫体的作用则极小。这是因为起到杀灭球虫作用的药物作用峰期主要是在球虫入侵期，即对细胞外的子孢子和第 1 代裂殖体敏感（感染 1~2 天后）。因此，为了充分发挥其抗球虫作用，这类药物必须在感染时或感染早期给药，实际中常添加适量于饲料中起预防作用。

PEs 具有广且强的抗球虫活性，但不同药物对不同球虫的活性存在差异。莫能菌素为一价离子载体类抗生素，具有较理想的抗球虫性能，在世界各地应用广泛。其对鸡柔嫩艾美耳球虫、毒害艾美耳球虫、巨型艾美耳球虫、堆型艾美耳球虫、布氏艾美耳球虫及变位艾美耳球虫均可表现出高效的杀灭作用（其中，对变位艾美耳球虫和毒害艾美耳球虫效果较优），主要应用于球虫生活周期的早期（子孢子）阶段，作用峰期为感染后的第 2 天。盐霉素对堆型艾美耳球虫、变位艾美耳球虫、柔嫩艾美耳球虫和毒害艾美耳球虫效果好，而对巨型艾美耳球虫和布氏艾美耳球虫作用较弱，其主要对尚未进入肠细胞内的球虫子孢子具有高度杀灭作用，对无性生殖的裂殖体表现较强的抑制作用。拉沙洛菌素为二价聚醚类离子载体抗生素，与莫能菌素相似，也对 6 种虫体均有杀灭作用，但其对柔嫩艾美耳球虫效果最佳，对毒害艾美耳球虫、堆型艾美耳球虫的作用稍弱一些，其主要应用于子孢子、早期和晚期无性生殖阶段球虫的杀灭。甲基盐霉素又称那拉霉素，其离子载体活性及相应作用与盐霉素非常相似，也常用于实际生产中禽球虫病的预防，多与尼卡巴嗪配伍使用，效果强于单用的两种药物。马杜霉素则对柔嫩艾美球虫和毒害艾美球虫都有很强的杀灭作用。

19.1.3 毒理学

大部分 PEs 在毒理学上属高毒性或剧毒物质，如莫能菌素、盐霉素、拉沙洛菌素和马杜霉素的小鼠经口 LD_{50} 分别为 14mg/kg、50mg/kg、146mg/kg 和 35mg/kg。PEs 对哺乳动物的毒性较大，而对鸡的毒性相对较小，如莫能菌素的马经口 LD_{50} 为 2mg/kg，对鸡的内服 LD_{50} 则为 185mg/kg。但这类药物往往会导致鸡羽毛生长迟缓，有时还会引发鸡的过度兴奋。

离子转运的异常是 PEs 中毒时代谢异常、功能异常及组织器官病变的基础。莫能菌素等一价离子载体类抗生素作用时先引发宿主细胞内 Na^+ 水平的升高，进而引发 Ca^{2+} 升高，而拉沙洛菌素可直接引起 Ca^{2+} 水平的升高。胞内 Ca^{2+} 浓度过高可能是生物体组织细胞坏死的重要原因，因为 Ca^{2+} 升高可引起细胞的脂质过氧化增加。目前，已有研究报道 PEs 中毒时能引起肉鸡可食组织内高水平的脂质过氧化，可检测到其组织过氧化物含量增加，而抗氧化自由基酶类的活性下调[5]。

口服莫能菌素后，牛、羊吸收药物可高达 95%，单胃动物吸收 90% 以上的给药量，随后经肝脏代谢，99% 的代谢物均从胆汁分泌，由肠道排出，而从尿中排出代谢物不到 1%，最终在组织内残留较少[6]。当药物剂量过高，超过了机体的清除能力时，过高浓度的药物能影响机体细胞膜、亚细胞（如线粒体等）膜的离子转运过程，从而产生毒性作用。静脉注射小剂量的莫能菌素，可产生选择性的冠状血管扩张效应，剂量加大时能引起心收缩率加快及收缩强度加大[7]。这种效应部分是由内源性的儿茶酚胺的释放增加所致，因为利血平或肾上腺素能拮抗剂能阻断莫能菌素的这种心血管效应。PEs中毒时动物的超急性死亡可能是由这种心血管效应引起[8]。

高剂量的PEs主要是通过干扰动物细胞的离子平衡和能量代谢而产生细胞毒性作用，使得机体细胞发生变性或坏死，其中，一些对ATP依赖性强的组织最敏感，如心肌、膈肌等。除了毒性大以外，PEs的安全范围还较窄，其在饲料中的含量稍大便可使动物的增重减慢，饲料转化率降低，各种聚醚类抗生素对肉鸡的最适治疗剂量与最低毒性剂量见表19-1[9]。

表 19-1 聚醚类抗生素对肉鸡的最适治疗剂量及最低毒性剂量　　　　　单位：mg/kg

药物名称	最适治疗剂量	最低毒性剂量
莫能菌素	100～125	121～150
拉沙洛菌素	75～125	125～150
盐霉素	60～75	100
甲基盐霉素	60～80	100
马杜霉素	4～6	7.5～10

除不遵守休药期和超剂量给药外，不合理的饲料生产过程所导致的饲料交叉污染亦是造成药品残留的重要原因，如一些饲料中莫能菌素残留高达使用剂量（100～120mg/kg）的5%～10%甚至以上。残留监控中通常选择原型药作为标示残留物，肝或脂肪组织为靶组织。休药期为2～7天，各种PEs的最大残留限量（MRL）一般都不超过1.0mg/kg，如鸡组织中拉沙洛西的MRL为0.025mg/kg（相当于0.05mg/kg总残留物），牛组织中拉沙洛西的MRL为0.7mg/kg（相当于4.8mg/kg总残留物）。一般地，PEs残留分析方法的检测限应低于0.05mg/kg。

PEs是一类分子量较高的多官能团化合物，蒸气压低，除拉沙洛菌素外，其他PEs均缺乏发色团和电化学活性，用常规的GC或LC法难以直接测定，因此必须发展衍生化检测法。该类药物结构复杂，并且对酸性或碱性条件敏感，极大地限制了衍生化手段的选择和方法灵敏度。检测方法一直是PEs分析的发展瓶颈，这方面的工作最多，其研究进展实际上也反映了PEs残留分析的发展过程，近年来在PEs的LC-MS、免疫分析及多残留分析方面进展较快。

19.1.4　国内外残留限量要求

"饲喂"管理兽药和饲料添加剂是集约化养殖中基本的防治方法，PEs常作为饲料添加剂使用以抗球虫病的发生和发展，在这一过程中，饲料污染的情况时有发生[10]，这可能会对非目标动物造成毒性作用，并可能导致动物源性食物中含有相应的药物残留。在食用抗球虫药物残留的食品后，虽然尚未观察到其对人类的急性毒性，但由于长期暴露在低水平的药物残留环境中，人们对慢性毒性感到担忧[11]。因此，许多国家对动物使用该类药物以及其在动物源性食品中的残留情况进行了严格监控。包括中国（表19-2）[12]和欧盟[13]在内多个国家或地区制定出相关法规，规定了可食用动物组织中PEs的MRL。

表 19-2 中国规定可食用动物组织中 PEs 的 MRL

药物	物种	MRL/(μg/kg)							
		肌肉	脂肪	肝	肾	蛋	奶	其他可食组织	皮+肉
莫能菌素	C	10	100	100	10				
	S	10	100	20	10		2		
	CH/ T/ Q	10	100	10	10				
拉沙洛菌素	C			700					
	CH		1200	400					
	T		400	400					
	S			1000					
	R			700					
盐霉素 甲基盐霉素	CH	600	1200	1800					
	C/ SW	15	50	50	15				
	CH	15	50	50	15				

注: 数据来自《食品安全国家标准 食品中兽药最大残留限量》（GB 31650—2019）。 C—牛； CH—鸡； T—火鸡； S—羊； SW—猪； R—兔； Q—鹌鹑。

19.1.5 样品处理方法

样品原样介质大多不适于后续的分离和检测，所以需要进行一定的前处理，以达到调节待测组分浓度，避免某些样品的酸碱度、离子强度等造成系统污染和缩短仪器使用寿命，消除基体或共存物质的干扰等目的。一般来说，需选取靶动物样品，绞碎并均质化，分组标记后进行样品的提取（利用有机试剂性质进行提取），选定合适的方法进行样品的净化（固相萃取法、液-液萃取法及其他方法），得到经前处理的样品，以备后续采用兽药残留分析技术对样品内 PEs 进行测定。

19.1.5.1 样品类型

禽的肌肉、肝脏、肾脏、皮脂等可食组织均可作为样本进行莫能菌素、盐霉素和甲基盐霉素的测定；禽的肌肉与蛋可作为样本进行拉沙洛菌素的测定。

19.1.5.2 样品制备与提取

（1）样品的制备 《动物源产品中聚醚类残留量的测定》（GB/T 20364—2006）[14]中，从原始样品中取出部分有代表性样品（取适量新鲜或解冻的组织），经高速组织捣碎机均匀捣碎后，使其均质，用四分法缩分出适量试样，均分成两份，装入清洁容器，加封后作出标记，一份作为试样，一份作为留样。

（2）样品的提取 《动物源产品中聚醚类残留量的测定》（GB/T 20364—2006）[14]中，称取 5.0g 试样，置于 50mL 聚四氟乙烯离心管中，加入 15mL 异辛烷，均质 3min，另取 10mL 异辛烷冲洗刀头，合并于上述离心管中，涡流混匀，振荡 30s，于离心机上以 3500r/min 的速率离心 3min，转移上清液于 50mL 三角烧瓶中。离心残渣用 10mL 异辛烷再提取一次，将上清液合并于上述三角烧瓶中。

19.1.5.3 样品净化方法

目前 PEs 残留量测定多采用液相色谱-串联质谱法，净化方法也多种多样。

（1）固相萃取（SPE）法 SPE 法又称液-固提取法，广泛应用于农药、兽药残留检测的前处理中。固相萃取法是指液体样品中的分析物通过吸着（吸附和吸收）作用被保留在吸着剂上，然后用一定的溶剂洗脱的过程。

《动物源产品中聚醚类残留量的测定》（GB/T 20364—2006）[14] 中用硅胶萃取柱加入灼烧后的无水硫酸钠 1.0g，用 5mL 异辛烷润湿后将提取液过柱，用 15mL 二氯甲烷淋洗，再加入甲醇-二氯甲烷洗脱，收集洗脱液，于 40℃减压蒸发至尽干，氮气吹干，用 1mL 甲醇-水溶液溶解残渣，滤液经有机滤膜过滤后供液相色谱-串联质谱仪测定莫能菌素、盐霉素和甲基盐霉素。《牛奶和奶粉中六种聚醚类抗生素残留量的测定　液相色谱-串联质谱法》（GB/T 22983—2008）[15] 中将提取液加载到 HLB 固相萃取小柱中，用 2mL 甲醇-水溶液（体积比 1∶1）淋洗浓缩瓶，并入固相萃取柱。依次用 5mL 水和 3mL 甲醇-水溶液（体积比 1∶1）淋洗，4mL 甲醇洗脱，氮气吹干，用 1mL 甲醇溶解，过 0.2μm 有机滤膜，供液相色谱-串联质谱测定，六种聚醚类抗生素（拉沙洛菌素、莫能菌素、尼日利亚菌素、盐霉素、甲基盐霉素、马杜霉素铵）回收率均在 85.8% 以上。

目前 PEs 的残留检测中使用的净化方法主要以固相萃取法为主，净化效果良好，且固相萃取小柱和试剂便于实验室购买和使用。

（2）液-液萃取法　蓝丽丹等[16] 将样品用乙腈提取，分别比较硅胶柱、C_{18} 固相萃取柱、石墨化炭黑固相萃取柱、中性氧化铝柱，以及正己烷液-液萃取法对 6 种聚醚类抗生素（莫能菌素、盐霉素、甲基盐霉素、拉沙洛菌素、马杜霉素、尼日利亚菌素）的富集净化效果。结果表明：用乙腈饱和的正己烷对提取液进行液-液萃取净化，6 种聚醚类抗生素的回收率为 88.0%～108.7%，6 种聚醚类抗生素在 1.0～150ng/mL 范围内均呈线性，R^2 均大于 0.99，检出限为 0.05～0.2μg/kg。以乙腈饱和的正己烷净化，不仅可以满足要求，还具有处理简单、快速、经济实惠等优点。雒丽丽[17] 分别比较了 HLB 固相萃取柱、凝胶渗透色谱法和液-液萃取法，结果表明采用 HLB 固相萃取柱和凝胶渗透色谱法净化时，牛奶和奶粉样品中 6 种聚醚类抗生素回收率在 15.21%～65.40% 之间。而液-液萃取 6 种聚醚类抗生素的回收率均在 70%～120% 之间，效果良好。

（3）其他净化方法　臧国栋等[18] 利用增强型脂质去除 EMR-Lipid 技术，建立了以 QuEChERS dSPE EMR-Lipid 为前处理方法测定鸡蛋中 3 种聚醚类药物（莫能菌素、盐霉素、甲基盐霉素）残留的液相色谱-质谱联用（LC-MS/MS）方法。结果表明 3 种聚醚类药物残留在 2.0～100.0μg/L 范围内与峰面积呈良好的线性关系，回收率在 84.6%～107.0%。

Turbo Flow 是新兴的一种可以在线除去样品中大分子成分的净化方法，不需要传统的蛋白质沉淀、液-液萃取和固相萃取等步骤。一方面大大缩短了样品预处理时间，加快了分析速度；另一方面提高了数据的可靠性。曹亚青等[19] 将样品提取液经在线净化柱/液相色谱-串联质谱法快速同时测定牛奶、鸡肉和鸡蛋中拉沙洛菌素、盐霉素、莫能菌素、甲基盐霉素、马杜霉素残留，结果表明：在 1.0～100.0μg/L 范围内呈良好线性关系，定量限为 1.0μg/kg，在动物源性食品中 3 个加标水平下的回收率为 71.9%～109.0%，相对标准偏差为 1.5%～14.9%。

19.1.6　残留分析技术

兽药残留的分析方法一般有免疫分析法、气相色谱法、高效液相色谱法和毛细管电泳法等。应用于 PEs 残留检测的主要有分光光度法、微生物检测法、色谱法（薄层色谱法、高效液相色谱、液相色谱-串联质谱法）及免疫学方法。

19.1.6.1　仪器测定方法

（1）色谱法

① 薄层色谱法（TLC）。TLC是在一个平板表面将固定相均匀地涂成薄层，将被测样品点样展开后，与对照物按照相同方法所得的色谱图进行比较，适用于含量测定、杂质检查及药品鉴别。该方法使用方便，具有一定的灵敏性及特异性，无需大型仪器[20]，但该方法样品前处理较为复杂，且灵敏度不高。Owles[21]用薄层色谱同时检测饲料及添加剂预混料中莫能菌素、盐霉素、甲基盐霉素和拉沙洛菌素的含量，其最低检测限为3.0mg/kg。Landgraf等[22]利用薄层色谱法检测了饲料中莫能菌素的含量，最低检测限为10.0μg/mL。陈运勤等[23]检测了组织中马杜霉素的含量。

由于薄层色谱的检测能力较低，操作误差大，假阳性突出，检出限高，在试验过程中易喷雾不均匀，因此，薄层色谱检测几乎毫无进展。但由于PEs如莫能菌素、盐霉素等的比移值 R_f 相差较大，不会干扰测定，且原型药与代谢物也能分离，因此，仍有部分研究人员应用TLC进行PEs的检测。

② 高效液相色谱法（HPLC）。由于PEs不具有紫外吸收官能团，高效液相色谱法利用聚醚类物质经过衍生后有紫外吸收的特性，用高效液相色谱柱前或柱后衍生来测定聚醚类物质，其检测限低、方法准确、重现性好。目前高效液相色谱法可满足大多数基质中聚醚类物质的检测。马立农等[24]以pH 4.0的甲醇与1.5%醋酸水溶液（90∶10，体积比）为流动相，2,4-二硝基苯肼为衍生剂，应用高效液相色谱柱前衍生化法对饲料中的盐霉素进行了测定。此方法测定饲料中盐霉素的回收率较高。而李燕鹏等[25]用高效液相色谱柱前衍生化法检测牛奶中莫能菌素的残留。Gliddon等[26]和Markantonatos[27]均检测了饲料预混剂中马杜霉素的含量。陈明等[28]、张素霞等[29]采用高效液相色谱柱后衍生化法同时检测饲料中PEs含量，但前者能同时检测莫能菌素和盐霉素的含量，而后者只能检测盐霉素含量。陈明等[30]利用高效液相色谱串联荧光检测器和二极管阵列紫外-可见检测器检测了蜂蜜中4种PEs的残留。陈笑梅等[31]以香兰素衍生试剂在酸性和加热条件下进行高效液相色谱柱后衍生测定了鸡肉中莫能菌素残留量。吴银良等[32]、Ward等[33]建立了甲基盐霉素的高效液相色谱柱后衍生化分析方法，但后者建立的方法能同时检测鸡肉、鸡皮与脂肪组织、鸡肾脏和肝脏中甲基盐霉素的残留，前者建立的方法则只能检测鸡组织中的甲基盐霉素的残留。

高效液相色谱柱前衍生化法是通过衍生化反应使原来不能直接用于检测的聚醚类抗生素转化为能被高效液相色谱检测的物质。柱前衍生的优点是不用严格控制衍生化反应条件，能使用各种形式的反应器；其缺点是有可能会产生多种衍生化产物，给色谱分离带来困难，前处理步骤多，回收率偏低。高效液相色谱柱前衍生操作方法简单易行，色谱条件容易掌握，测试数据重复性好，精密度和准确度均能满足分析要求；所用衍生剂较为广泛，2,4-二硝基苯肼、丹磺酰肼等相对便宜，易于推广应用。但该方法只能检测单一的药物残留，且检测的基质也很单一。高效液相色谱柱后衍生化法具有特异性强、灵敏度高、简便快速、便于自动化及不改变被分离组分的色谱行为等优点；缺点是需要昂贵的仪器设备。液相色谱柱后衍生化法衍生剂多用香草醛，色谱条件易于掌握，测试数据重复性好，回收率较高，精密度和准确度均能达到分析要求，是一种可行的方法。相比柱前衍生化法，该方法不仅能同时检测两种药物，也能检测多种基质。

（2）**质谱法** LC-MS/MS 简便快捷且定性准确，可满足兽药残留分析的要求，但由于其仪器较大，受限于实验室检测的应用中。

2006 年，中国发布并实施了动物源性产品中 PEs 残留量的测定的国家标准 GB/T 20364—2006，采用超高效液相色谱-串联质谱法（UPLC-MS/MS）检测禽、兔等动物源性产品中莫能菌素、盐霉素和甲基盐霉素残留量[14]。刘素梅等[34] 建立了能同时测定饲料中 5 种聚醚类抗球虫药含量的超高效液相色谱-串联四极杆质谱法，该方法的检测限为 10.0μg/kg，定量限为 20.0μg/kg。李丹等[35] 建立了鸡肉和牛肉中 5 种常用 PEs 残留检测的 UPLC-MS/MS 法，该方法的检测限为 5.0μg/kg，定量限为 10.0μg/kg。Ha 等[36] 建立了 6 种 PEs 的液相色谱-串联质谱固相萃取方法。Dubois 等[37] 建立了肌肉和蛋中马杜霉素残留的液相色谱-串联质谱检测方法。Liu 等[38] 基于碳纳米管、臧国栋等[39] 利用增强型脂质去除 EMR-Lipid 技术分别建立了检测 PEs 的 LC-MS/MS 方法。李银生等[40] 建立了能同时检测鸡肉与鸡蛋中临床上常用抗球虫药的 LC-MS/MS 方法。薄海波等[41] 也建立了牛奶和奶粉中 6 种 PEs（拉沙洛菌素、莫能菌素、尼日利亚菌素、盐霉素、甲基盐霉素和马杜霉素）残留量的 UPLC-MS/MS 测定方法，对牛奶中 6 种 PEs 检测限均为 0.2μg/L；奶粉中 6 种 PEs 检测限均为 1.6μg/kg。曹亚青等[42] 建立了 Turbo Flow 在线净化/液相色谱-串联质谱法同时快速测定牛奶、鸡肉和鸡蛋中 6 种 PEs 残留。刘建宇[43] 检测了鸡蛋、鸡肉和牛肉中包括 PEs 在内的 8 种抗球虫药。Rokka 等[44] 检测了鸡肉、鸡蛋中的拉沙洛菌素、莫能菌素、盐霉素。LC-MS/MS 法不仅能满足单一 PEs 的残留检测要求，且能实现在复杂基质中对多种 PEs 的同时检测，其检测限在鸡肉和蛋中能达到 0.1μg/kg。该方法是现今国内外学者研究的热点。

（3）**其他方法** 分光光度法又称光谱法，是通过测定 PEs 在特定波长或一定波长范围内的吸光度或发光强度，从而对其进行定性和定量分析的方法。该方法具有操作简便、快速等优点，但由于 PEs 几乎无紫外吸收，需先进行显色处理才能进行检测[45]。

曾兆国等[46]、宋荣等[47] 均以无水甲醇为溶剂，分别以香草醛溶液和对二甲氨基苯甲醛为显色剂，利用分光光度法分别测定发酵液中莫能菌素和配合饲料、浓缩饲料和预混合饲料中盐霉素含量。宋秀娟[48] 利用此类方法测定了盐霉素的含量。徐恩民[49] 检测了预混剂中马杜霉素的含量。虽然吸光光度法较快速、易操作，但该方法需进行显色处理，PEs 与显色剂生成的络合物不稳定，易溶解，所以选择显色溶剂时较困难。据研究[46,47]，PEs 的显色剂一般选择香草醛，显色溶剂一般选择甲醇，它们对 PEs 的研究结果的影响不是很大，但以乙醇为溶剂，以香草醛为显色剂时回收率较高。

目前聚醚类吸光光度法应用并不广泛，国内也只利用吸光光度法对莫能菌素、马杜霉素和盐霉素等进行了检测。

19.1.6.2　免疫测定方法

免疫分析技术的原理是利用抗原抗体特异性结合反应对各种物质进行检测，其具有高选择性、高灵敏度等特点。

（1）**半抗原设计** 免疫半抗原设计的基本原则是免疫半抗原与载体连接后在结合抗原中能最大程度保持和突出待测物的特征结构，特别是立体结构。因此，在设计之前应该认真分析需要合成的抗原结构，找出起抗原活性的位置及其抗原决定簇的位置。以莫能菌素为例，生产中制备的莫能菌素以钠盐形式存在，其结构中不含有直接与选用的载体蛋白质偶联的基团，若将其直接与蛋白质交联，则修饰位点与半抗原分子的特征结构距离较近，不利于半抗原分子特征结构的暴露，使得动物免疫对其特征结构识别难度大，抗体的亲和力和特异性难以满足检测需求。在其设计中必须加以修饰形成含羧基的物质，以便后续偶联载体蛋白质。邢玮玮等[50]通过琥珀酸衍生化法对莫能霉素进行半抗原修饰，将150mg（0.22mmol）莫能霉素钠盐溶于15mL无水吡啶中，氮气保护下搅拌溶解，然后在0.22mmol的4-二甲氨吡啶（DMAP）的催化下，边搅拌边加入112.5mg（1.12mmol）琥珀酸酐，氮气保护下室温反应25h，反应过程可通过薄层色谱进行进程监测。反应结束后，加入几滴水终止反应，室温下真空旋干产物中的吡啶。残余物溶于15mL二氯甲烷中，分别用0.02mol/L HCl（5mL/次，4次）、纯化水（3mL/次，3次）洗涤上述溶液，无水硫酸钠干燥过夜。过滤，滤液40℃旋干，二氯甲烷-甲醇（25：1）作洗脱剂柱色谱分离，分离液40℃旋干，得到莫能霉素琥珀酸酐衍生物（MON-HS）白色晶体。此外，还需通过薄层色谱与红外光谱法进行鉴定并判定其纯度，即以二氯甲烷为溶剂将晶体溶解、点样，以二氯甲烷-甲醇（15：1）作展开剂进行点板作色谱分离，风干后碘缸中显色，观察产物的生成。经修饰物质为多克隆抗体的制备提供基础。

（2）抗体制备　半抗原的分子结构和整个分子的性质决定了动物机体对其产生的抗体的特异性，还与小分子人工抗原的载体蛋白偶联小分子的数目有关。小分子与载体蛋白的偶联比并不是越大越好，有研究表明小分子物质与载体蛋白的偶联比在（8：1）～（25：1）之间就能得到高敏感性的抗体[51]。但是也有文献和研究认为偶联比在（3：1）～（45：1）之间免疫原性比较强[52]。例如，Shen等[53,54]分别采用混合酸酐法和活泼酯法合成人工抗原，即用混合酸酐法在三丁胺存在条件下的马杜霉素的羧基端与氯甲酸异丁酯反应生成活泼的中间体混合酸酐，使其进而与载体蛋白上的伯氨基反应，形成酰胺交联键，从而制成人工抗原；用活泼酯法在二环乙基碳二亚胺存在下，与N-羟基琥珀酰亚胺反应，生成活泼酯衍生物，这种衍生物再与载体蛋白上的氨基反应，形成酰胺键连接的人工抗原。其偶联比分别为40：1和17.1：1，制备出了敏感性和特异性良好的抗马杜霉素小鼠血清，并用以构建ELISA方法，在鸡各组织样本中检测马杜霉素的添加回收率为77.7%～104.3%，变异系数为3.8%～18.0%，检测限为3.0～8.0μg/kg。魏瑞成[55]将经琥珀酸酐衍生化改造后的莫能菌素钠盐（MON-HS）与载体蛋白（牛血清白蛋白和卵清蛋白）偶联以合成莫能菌素结合抗原，经免疫得到的多克隆抗体对莫能菌素表现出高特异性，与盐霉素、海南霉素等其他PEs无识别反应，IC$_{50}$为32.4ng/mL，用于构建ELISA方法测定鸡蛋中的莫能菌素残留，其检测灵敏度为2.75ng/mL。Pauillac等[56]通过混合酸酐法转化半琥珀酸盐并将改造后的莫能菌素盐与牛血清白蛋白共价连接，免疫兔子和小鼠分别制备抗莫能菌素的多克隆抗体和单克隆抗体。通过使用几种结构类似物作为免疫原并在酶标板上进行直接结合和竞争性micro-ELISA测定来检查抗莫能菌素抗体的特异性。兔多克隆抗体对莫能菌素的解离常数（K_D）为$5.5×10^{-8}$ mol/L，并与尼日利亚菌素（一种结构上与莫能菌素相关的抗生素）发生反应。相比之下，小鼠单克隆抗体2H8仅与莫能菌素反应，并且莫能菌素的解离常数要低得多（$K_D=3×10^{-8}$ mol/L），其用于开发竞争性micro-ELISA，能够检测溶液中浓度低至5ng/mL的莫能菌素。肖娟等[57]采用活化酯法和混合酸酐法将马杜霉素分别与牛血清白蛋白（BSA）、卵清蛋白（OVA）偶联得到马杜霉素的免疫原和包被原，通过免疫Balb/c小鼠制备能稳定分泌单克隆抗体的细胞株206和384，其效价分别为$8.0×10^4$和$3.2×10^5$，且对莫能菌素、盐霉素、甲基盐霉素、拉沙洛菌素均无交叉反应。张小辉[58]选用混合酸酐法将马杜霉素与BSA、OVA偶联，合成人工免疫原MD-BSA和包被抗原MD-OVA，通过紫外分光光度法、凝胶电泳和免疫小鼠获得的单抗血清的 ELISA 鉴定，表明 MD-BSA 偶联成功，获得效价和敏感度良好的单克隆抗体，其对马杜霉素的 IC_{50} 为 $1.455\mu g/L$，与莫能菌素的交叉反应率为 6.19%，可用于动物源性食品中马杜霉素残留的 ELISA 检测试剂盒的研制，其最低检测限为 $0.186\mu g/L$，变异系数 $<15\%$，在鸡肝与鸡肉中的平均回收率分别为 71.225% 和 74.550%。其中，只有张小辉采用马杜霉素半抗原得到的抗体有可能识别莫能菌素，其余研究中得到的抗体均不能实现对聚醚类其他物质的识别。可能的原因是其选择的结合位点是与莫能菌素有共同结构的羧基，而魏瑞成和 Pauillac 等在莫能菌素与蛋白之间键入了一个连接臂，可能导致折叠，使莫能菌素不能完全暴露出来。此外，何方洋等[59] 和杨小康等[60] 分别以莫能菌素和 Lasa-HSA 为半抗原采用活化酯法制备人工抗原，前者得到的抗体最低检测限为 $1\mu g/kg$，特异性均较高。近年来，黄婧洁等[61] 采用杂交-杂交瘤技术制备抗马杜霉素和盐霉素的双特异性单克隆抗体（BsMAb），其结构与常规单克隆抗体相似，可以应用于多组分免疫分析，与单组分免疫分析方法和其他仪器方法相比表现出极大的优势。基于该抗体建立了一种多残留荧光偏振免疫分析方法，用以实现鸡肉产品中马杜霉素和盐霉素的同时检测，其检测限分别为 $4.43ng/mL$ 和 $4.17ng/mL$，IC_{50} 分别为 $0.38ng/mL$ 和 $0.24ng/mL$，变异系数均小于 15%，为 PEs 多残留检测提供了一种新方法、新思路。

国内外学者研究发现，由于 PEs 有一个一元有机酸基，几乎均是选择其原型作为半抗原。其蛋白偶联方法多采用混合酸酐法和碳二亚胺法。前者是在 PEs 与蛋白之间连接一个 4 个碳的琥珀酸，而碳二亚胺法则是使其直接与载体蛋白相连，没有键入连接臂。键入连接臂结构主要是可减小整个半抗原的空间位阻效应，使半抗原的分子结构更加暴露，从而使聚醚类-蛋白质复合物免疫动物时易被识别而产生免疫效应。所以，理论上来说偶联蛋白时键入连接臂免疫效果更好，但由于 PEs 分子质量较大，键入连接臂会产生折叠现象，所以不同的偶联方法对其检测能力并无明显差别。

（3）免疫分析技术　包括免疫亲和色谱法（IAC）、酶免疫分析法（EIA）、发光免疫分析法（LIA）、荧光免疫分析法（FIA）和生物传感器法。但由于 PEs 无紫外、荧光和电化学特性，LIA 及生物传感器法用于聚醚类药物的检测鲜有报道，目前普遍应用于聚醚类兽药残留分析的免疫分析法是酶联免疫吸附法（ELISA），它主要的过程包括人工抗原的合成、抗体的制备及检测方法的建立等。

① IAC。IAC 是兽药残留分析中最有效的净化方法之一。沈建忠等[62] 首次制备了具有马杜霉素特异性的高容量免疫亲和色谱柱，其能满足马杜霉素残留检测的要求。Shen 等[63] 报道了以免疫亲和色谱法为基础进行的酶联免疫吸附试验，其用于净化肉鸡组织中残留的马杜霉素，该方法回收率为 $76.4\%\sim107.5\%$，而检测限为 $1.0\sim2.8ng/g$。该类分析方法的灵敏性和可靠性均能达到残留检测的要求，且具有较高的特异性和亲和性。

② 时间分辨荧光免疫测定法（TRFIA）。TRFIA 是 20 世纪 80 年代中期发展起来的一种新的荧光标记技术，其灵敏度高达 10^{-19}，方法的稳定性优异，克服了酶和放射性荧光物质的不稳定性，且无放射性危害等，是目前公认的灵敏度最高的分析方法之一[64,65]。

Peippo 等[66] 建立了鸡肉和鸡蛋中甲基盐霉素和盐霉素残留的 TRFIA 方法，其中，只有甲基盐霉素经过确证试验，证明其在鸡肉和鸡蛋中的定量限分别为 $1.8\mu g/kg$ 和 $0.57\mu g/kg$。Hagren 等[67] 建立了鸡蛋中莫能菌素残留的 TRFIA 方法，该方法定量限低于 $2.0\mu g/kg$，平均回收率为 $88.0\%\sim102.1\%$。荧光分析克服了普通紫外-可见分光光度法中杂色光的影响，大幅度提高了光学分析的灵敏度。现阶段，较少利用分辨荧光免疫测定法检测 PEs 的残留。

③ ELISA。1966 年，Avrameas 等[68] 首先将酶偶联于抗原或抗体。1971 年，Engvall 等[69] 建立了 ELISA，该方法是指用酶标记抗原或抗体检测液体（血液、细胞液）中未知抗体或抗原，它的提出与发展是生物化学最伟大的成就之一。目前，兽药残留的 ELISA 检测方法已相当成熟，PEs 的残留检测除了液相色谱及联用技术外，间接竞争 ELISA 方法是最常用的。国内外部分学者建立了 PEs 的 ELISA 分析方法，分别用于测定莫能菌素、马杜霉素等 PEs 的残留情况。1986 年，Mount 等[70] 首次报道了用 ELISA 方法检测羧基离子型抗生素，该方法对莫能菌素检测限为 2ng/mL，在血液或尿中的回收率为 53%～81%。Godfrey 等[71] 将免疫亲和色谱分离与化学发光酶联免疫吸附技术（CELISA）相结合，对鸡肝组织和皮肤组织中的 PEs 进行分析，其检测限分别为 0.09ng/mL 和 1.99ng/mL。肖娟等[57] 制备了一种抗马杜霉素的单克隆抗体，利用该抗体与羧基磁珠偶联制备免疫磁珠，建立免疫磁珠净化-酶联免疫检测方法，实现了对鸡肉中马杜霉素药物残留的检测，其检测限为 0.5μg/kg，线性范围为 0.16～25.67ng/mL，鸡肉样品中的添加回收率为 85.3%～90.5%，变异系数在 7.1%～11.2% 之间。何方洋等[59] 以具有高特异性的单克隆抗体为基础，建立了 ELISA 检测莫能菌素残留，其检测限为 1μg/kg，在猪肉和猪肝脏组织中的添加回收率分别为 67.5%～87.4% 和 64.7%～86.7%，变异系数为 5.1%～14.2%，该类方法的建立为莫能菌素的残留检测提供了可靠的分析检测手段。Watanabe 等[72] 基于人工抗原免疫小鼠获得的单克隆抗体建立了检测鸡血浆中盐霉素残留的 ELISA 方法，其检测范围为 0.05～25.6μg/kg。此外，该团队还建立了 ELISA 方法用于鸡肝脏和鸡肉组织中拉沙洛菌素、赛杜霉素的残留检测，其定量限分别为 10μg/kg、5μg/kg。

目前，PEs 的 ELISA 方法存在的主要问题还包括几乎不能实现多残留检测且特异性不是很高。而兽药残留检测方向主要是实现多残留检测，因此，可在进行半抗原的改造时选取一个聚醚类结构类似物进行改造，以期实现 PEs 的 ELISA 方法的多残留检测。也可通过一系列的优化，如免疫条件的优化、样品前处理的优化等，提高其特异性。

19.1.6.3　其他分析技术

微生物检测法是指在规定条件下选用适当微生物测定某物质含量的方法，利用 PEs 可以抑制微生物的生长，根据对 PEs 敏感的微生物，如枯草芽孢杆菌和短小芽孢杆菌来测定其含量。

李娜[73] 直接选用对马杜霉素敏感性最强的枯草芽孢杆菌和短小芽孢杆菌，采用微生物检测法检测了鸡组织中马杜霉素的残留，其最低检测限为 1.5μg/mL，变异程度小，重复性好，马杜霉素的添加回收率为 61.8%～85.6%，变异系数为 3.1%～14.8%。而赵光华等[74] 从几种标准工作菌株（枯草芽孢杆菌、藤黄微球菌、地衣芽孢杆菌、嗜热脂肪芽孢杆菌）中筛选出对盐霉素敏感的菌株（地衣芽孢杆菌、嗜热脂肪芽孢杆菌），以敏感菌株嗜热脂肪芽孢杆菌为工作菌株，采用微生物抑制法测定了饲料中盐霉素含量，该方法的检测限为 0.25μg/mL，饲料中检测限为 1.0mg/kg。后者采用的微生物方法是从常用的工作菌株中选用对盐霉素敏感的菌株来进行试验，这种 PEs 微生物检测方法的检出浓度更低，效果更好。

微生物法检测 PEs 残留具有较强的生物学优势，试验过程简单，无需大型的仪器设备，能同时筛选大量的样品。但也因其生物学特性差异而导致影响因素较多，且微生物法的回收率较低，特异性的菌株很难筛选，样品前处理损失较大。所以目前除了一些小型工厂或仪器条件落后地区仍将其作为初步筛查方法外，其他地方已不再使用。

19.2

化学合成类抗球虫药物

除了聚醚类离子载体抗生素外，磺胺类、吡啶类、三嗪类、二硝基类等化学合成药物也具有抗球虫作用，并且由于价格低廉而被广泛使用。但其中一些药物（如呋喃类、四环素类和大多数磺胺药）由于疗效不佳、毒性太大已逐渐被淘汰，目前在不同国家，应用于生产的只有 20 余种。由于部分化学合成抗球虫药物与本书前述内容有重复，因此本章节重点介绍使用较多的氨丙啉、地克珠利和尼卡巴嗪。

19.2.1 氨丙啉

19.2.1.1 结构与性质

氨丙啉（amprolium），化学名 1-[（4-氨基-2-丙基-5-嘧啶基）甲基]-2-甲基吡啶氯化物。常用其盐酸盐，盐酸氨丙啉的分子式为 $C_{14}H_{20}Cl_2N_4$，分子量 315.241，多为无臭酸性白色粉末。在水中易溶，在乙醇中微溶，在乙醚中极微溶解，在氯仿中不溶，是一种类硫胺素。

19.2.1.2 药学机制

氨丙啉的化学结构与维生素 B_1 类似，是传统使用的抗球虫药，具有较好的抗球虫效应，对鸡柔嫩艾美耳球虫、堆型艾美耳球虫作用最强，但对毒害艾美耳球虫、布氏艾美耳球虫、巨型艾美耳球虫和缓艾美耳球虫作用稍差，多与乙氧酰胺苯甲酯和磺胺喹啉并用，以增强疗效。氨丙啉对犊牛艾美耳球虫、羔羊艾美耳球虫也有良好预防效果，仍广泛用于世界各国。氨丙啉可竞争性抑制球虫对维生素 B_1 的摄取，在细胞内，维生素 B_1 被合成为维生素 B_1 焦磷酸盐，参加糖代谢过程中 α-酮酸的氧化脱羧反应，是 α-酮酸脱氢酶系中的辅酶。由于氨丙啉缺乏维生素 B_1 的羟乙基基团，不能被焦磷酸化，使许多反应不能进行，妨碍虫体细胞内的糖代谢过程，而抑制了球虫的发育。氨丙啉对鸡球虫的作用峰期是阻止第 1 代裂殖体形成裂殖子，此外，对处于有性生殖周期内的球虫和孢子形成的卵囊也有抑杀作用。

19.2.1.3 毒理学

由于氨丙啉的结构与维生素 B_1 相似，能产生竞争性拮抗作用，如果氨丙啉用药浓度过高，有造成动物维生素 B_1 缺乏的风险，也易引起雏鸡维生素 B_1 缺乏而表现出多发性神经炎。

19.2.1.4　国内外残留限量要求

氨丙啉在牛肌肉、牛肝、牛肾中的最大残留限量（MRL）为 0.5mg/kg，在牛脂肪中为 2.0mg/kg。美国相关标准中规定，氨丙啉在鸡肉、牛肉、牛肝、牛肾中的 MRL 为 0.5mg/kg，在鸡肝、鸡肾中为 1.0mg/kg，在牛脂肪中为 2.0mg/kg，在鸡蛋中为 4mg/kg。日本的标准最为严格，氨丙啉在鸡肉、鸡肝、鸡肾中的 MRL 为 0.03mg/kg。

19.2.1.5　样品处理方法

（1）样品类型

① 肌肉、肝脏、肾脏、鸡蛋、脂肪：取样品中有代表性的可食部分约 500g，用粉碎机粉碎，装入洁净容器作为试样，密封并做好标识，于 -18℃冰箱内保存。

② 牛奶：从所取全部样品中取出有代表性样品 500mL，充分混匀，装入洁净容器中，密封，并做好标记，于 4℃以下冷藏存放。

（2）样品制备与提取　称取试样约 5g（精确到 0.01g）于 50mL 塑料离心管中，加入 20mL 1%三氯乙酸-乙腈溶液（3：7，体积比），15000r/min 均质提取 1min，5000r/min 离心 5min，上清液转移至 50mL 比色管中，残渣再用 20mL 三氯乙酸-乙腈溶液重复提取一次，合并提取液于比色管中，定容至刻度，混匀。提取液经滤纸过滤后待净化。

（3）样品净化方法　分取 10mL 提取滤液，于 45℃氮气吹至约 3mL，加入 2mL 正己烷，涡旋振荡 30s，5000r/min 离心 5min，弃去正己烷层，下层溶液以小于 2mL/min 流速过 HLB 柱（6mL/500mg，6mL 甲醇和 6mL 水活化），3mL 水洗涤样品管后上柱，再用 6mL 水淋洗小柱，抽干 10min，以 6mL 甲醇洗脱并收集，洗脱液在 45℃下用氮气吹干，用 1.0mL 定容液（乙酸铵-乙腈溶液，4：6，体积比）溶解，过 0.22μm 滤膜。

19.2.1.6　残留分析技术

（1）仪器测定方法

① 色谱法。色谱柱为 C_{18}（4.6mm×250mm，5μm）；进样量 20μL；流动相为庚烷磺酸钠溶液-甲醇-乙腈（60：3：55，体积比）；流速 1.0mL/min；柱温 30℃；检测波长 267nm。牛脂肪、肌肉、肝脏和肾脏中的检测限为 100μg/kg，定量限为 250μg/kg，牛肉、牛肝、牛肾在 250～2000μg/kg 添加浓度范围内，回收率为 60%～110%，牛脂肪在 200～4000μg/kg 添加浓度范围内，回收率为 70%～110%，批内 RSD<15%，批间 RSD<15%。

HILIC 色谱柱（100mm×3.0mm，2.7μm），流动相为 5mmol/L 乙酸铵-0.1%甲酸水溶液和乙腈，等度洗脱，5mmol/L 乙酸铵-0.1%甲酸水溶液：乙腈＝20：80（体积比），流速为 0.4mL/min，进样量为 20μL，检测波长 267nm。氨丙啉在 0.35～10.0μg/mL 呈良好的线性关系，R^2 大于 0.999。方法的最低定量限为 250μg/kg。在 250～2000μg/kg 的添加水平上，其回收率在 85.0%～96.7%，批内、批间的相对标准偏差小于 6%。

② 质谱法。窦彩云等[75] 以固相萃取前处理技术结合亲水作用色谱-串联质谱检测技术，建立了动物源性食品中氨丙啉残留量的检测方法。鸡肉、鸡肝、鸡肾、鸡蛋、牛肉、牛肝、牛肾、牛奶和牛脂肪样品采用 1%三氯乙酸-乙腈溶液（3：7，体积比）提取，并采用 HLB 小柱净化。采用 HILIC（150mm×2.1mm，5μm）色谱柱进行液相分离，流动

相为含 0.1％甲酸的 5mmol/L 乙酸铵溶液-乙腈（40∶60，体积比）。质谱检测条件为：电喷雾电离、正离子扫描、多反应监测模式测定（结果如图 19-1），基质外标法定量，定性、定量离子对及碰撞电压见表 19-3。该方法结果在 0～500ng/mL 浓度范围内呈良好线性，线性相关系数大于 0.999。定量限为 10μg/kg。在 9 种基质中加标回收率在 73.2％～101.0％，相对偏差在 2.09％～11.93％之内。

表 19-3 氨丙啉质谱条件

化合物名称	定性离子对/(m/z)	定量离子对/(m/z)	碰撞电压/V
氨丙啉	243.3/94.1	243.3/150.1	10
	243.3/150.1		5

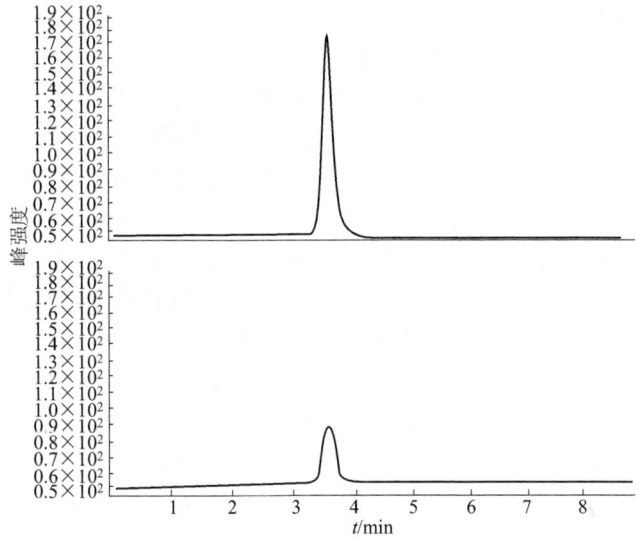

图 19-1 氨丙啉的 MRM 谱图

李丹等[76] 建立了鸡肉和牛肉中氨丙啉残留检测的超高效液相色谱-串联质谱方法。样品前处理包括乙腈提取，氮气吹干，50％甲醇复溶，正己烷脱脂。采用 C_{18} 色谱柱（50mm×2.1mm，1.7μm），乙腈为 A 相，20mmol/L 乙酸铵水溶液为 B 相。梯度洗脱程序如下：0～4min，5％A 线性变化至 100％A；4～5min，100％A 线性变化至 5％A；5～6.5min，维持 5％A。柱温 30℃，流速 0.3mL/min，进样量 10μL。质谱条件为：电喷雾离子源（ESI^+），多反应监测（MRM）方式采集。该方法在 10～500μg/L 浓度范围内线性关系良好（$R^2 > 0.990$），检测限为 5μg/kg，定量限为 10μg/kg，100μg/kg、200μg/kg、500μg/kg 平均回收率为 75.4％～109％，批内、批间 RSD 均小于 15％。

③ 其他方法。分光光度法又称光谱法，是通过测定氨丙啉在特定波长或一定波长范围内的吸光度或发光强度，从而对其进行定性和定量分析的方法。该方法具有操作简便、快速等优点，邵德佳等[77] 采用双波长分光光度法，以 299nm 作为参比波长，再在 249nm 附近寻找等吸收点作为测定波长，测定盐酸氨丙啉含量，方法回收率可达 99.71％±0.37％，回归方程为 $y = 0.0189 + 0.01489x$，线性相关系数为 $R^2 = 0.999996$，线性关系良好，方法简便快捷。

荧光分光光度法是根据物质的荧光谱线位置及其强度进行物质鉴定和含量测定的方法。不同的物质所吸收的紫外-可见光波长和发射光的波长不同，同一种物质应具有相同的激发光谱和荧光光谱，将未知物的激发光谱和荧光光谱图的形状、位置与标准物质的光谱图进行比较，即可对其进行定性分析。如果该物质的浓度不同，它所发射的荧光强度就不同，测量物质的荧光强度可对其进行定量测定。荧光分析法的特点是灵敏度高、选择性好、样品用量少和操作简便。分别取鸡组织 5～10g，准确加入一定量 5％三氯乙酸溶液。匀浆后滤取清液 5mL，加 30％ NaOH 和 2％ AgNO₃ 溶液放置 2 分钟，再加 2％ K₃Fe(CN)₆ 和 3％ H₂O₂ 氧化显色。用正戊醇提取且离心使正戊醇清亮。在日立 MPF-4 型荧光分光光度计上，于激发波长 λ_{ex}＝410nm、发射波长 λ_{em}＝455nm 下，用 10mm 玻璃比色池，以空白试剂正戊醇提取液作参比测定荧光强度。用盐酸氨丙啉标准品配制标准液，分别加入三氯乙酸并取 5mL 此标准样品液。同样用 NaOH 和 AgNO₃ 处理和 K₃Fe(CN)₆、H₂O₂ 显色后用正戊醇提取，使 4mL 正戊醇中盐酸氨丙啉的含量为 0～1μg/g，同样测定荧光强度并绘制工作曲线。由工作曲线查得鸡组织样品提取液中盐酸氨丙啉的量（μg）。

（2）免疫测定方法

① 半抗原设计。由于氨丙啉分子结构中含有—NH₂，可直接采用戊二醛法将氨丙啉嘧啶环上的氨基与牛血清白蛋白的氨基偶联即可制备完全抗原。

② 抗体制备。目前，对各种介质中盐酸氨丙啉的检测，国内外虽然已有一些相关研究报道，但是对于氨丙啉的检测方法主要采用分光光度法和色谱法。氨丙啉是小分子物质，为半抗原，只有反应原性，没有免疫原性，只有将其与大分子载体蛋白连接，借助大分子的 T 细胞表位刺激机体才能产生抗体特异性免疫应答。以戊二醛法将盐酸氨丙啉嘧啶环上的氨基与载体蛋白（BSA/OVA）偶联，制备完全抗原，偶联后的抗原经紫外分光光度计扫描鉴定，其分子结合摩尔比可达到 11.54∶1[75]。采用杂交瘤技术制备了抗盐酸氨丙啉单克隆抗体。单克隆抗体研制中，细胞融合为一随机的过程，难免会受到操作者的主观因素和某些客观因素的影响。pH 值对融合率影响很大，pH 7.6～8.2 可得到较高的融合率。骨髓瘤细胞的维持和生长状态对获得高融合率至关重要，而骨髓瘤细胞未处于最佳状态是融合失败的主要原因之一。融合前一周应使骨髓瘤细胞保持对数生长。在融合后的选择性培养过程中，由于有大量的骨髓瘤细胞和脾细胞死亡，此时的生长环境对为数较少的单个或少数分散的杂交瘤细胞生长不利，如果不及时予以清除将使杂交瘤生长缓慢或死亡，因而细胞融合时一般要加入饲养细胞以加快杂交瘤的繁殖。

③ 免疫分析技术。马丽娜[78] 以戊二醛法偶联的盐酸氨丙啉-卵清蛋白为包被抗原，氨丙啉药物作为竞争半抗原，待检样品与定量的抗氨丙啉单克隆抗体反应，通过酶标抗体作用和底物显色，该方法检测限为 0.797ng/100μL，定量限为 1.502ng/100μL。

（3）其他分析技术 屈健等采用非水溶液滴定来测定盐酸氨丙啉的含量，非水溶液滴定法测定盐酸氨丙啉含量所用的指示剂为结晶紫，它在滴定过程的颜色从紫红色变到蓝色最后到绿色，而电位突跃点（滴定终点）的颜色为蓝色，且滴定到终点时结晶紫指示剂颜色变化非常快，过量少许颜色就会变成绿色，因此，近终点（锥形瓶中液体的变色速度很慢）时，可滴入 1/2 滴甚至 1/4 滴滴定液，并不断摇动，直到溶液显蓝色[79]。

19.2.2 地克珠利

19.2.2.1 结构与性质

地克珠利（diclazuril），化学名 2,6-二氯-2-(4-氯苯)-4-[4,5-二氢-3,5-二氧代-1,2,4-

三嗪-2(3*H*)-基]苯乙腈，分子式 $C_{17}H_9Cl_3N_4O_2$，分子量 407.64。本品为类白色或淡黄色粉末，几乎无臭。本品在二甲基甲酰胺中略溶，在四氢呋喃中微溶，在水、乙醇中几乎不溶。常温常压下稳定，应避免与强氧化剂接触。

19.2.2.2　药学机制

地克珠利属三嗪苯乙腈化合物，是比利时杨森公司研发的一种广谱抗球虫病药，广泛用于鸡球虫病，其抗球虫效果优于莫能菌素、氨丙啉、拉沙洛菌素、那拉菌素、尼卡巴嗪和氯羟吡啶等抗球虫药，其高效、低毒，是目前混饲浓度最低的一种抗球虫药。对球虫发育的各个阶段均有作用，抗球虫作用峰期可能在子孢子和第 1 代裂殖体早期阶段，主要作用峰期随球虫的不同种属而异，如对柔嫩艾美耳球虫主要作用点在第 2 代裂殖体球虫的有性周期。但对巨型艾美耳球虫、布氏艾美耳球虫裂殖体无效。对巨型艾美耳球虫作用点在球虫的合子阶段；对布氏艾美耳球虫小配子体阶段作用高效。地克球利对形成孢子化卵囊也有抑制作用。

19.2.2.3　毒理学

地克珠利毒性较低，不具有遗传毒性、致癌性、胚胎毒性或致畸性。有研究表明高于 2mg/kg 剂量的地克珠利对肉鸡免疫功能有抑制作用，高剂量地克珠利会抑制血清淀粉酶和总超氧化物歧化酶活性。黄言钧等[80] 研究发现地克珠利中毒的病死鸡呈现典型的药物性肝炎症状。孙燕[81] 的研究发现日粮或饮水中添加地克珠利会导致肉鸡肝脏、脾脏、肾脏不同程度的淤血，并推测可能在药物的作用下细胞代谢紊乱，导致脏器血液循环障碍，证明地克珠利会造成肉鸡肝、脾、肾损伤，且损伤程度与用药量存在正相关。

19.2.2.4　国内外残留限量要求

中国和国际食品法典委员会规定畜禽动物肌肉中地克珠利的最大残留限量（MRL）为 $500\mu g/kg$，肝脏为 $3000\mu g/kg$，肾脏为 $2000\mu g/kg$，脂肪/皮肤为 $1000\mu g/kg$。日本规定牛肉中地克珠利 MRL 为 0.05mg/kg，其他哺乳动物肉类产品为 0.5mg/kg，脂肪组织为 1mg/kg，内脏组织限量范围为 0.2～3mg/kg。欧盟规定家禽肉、皮和脂肪中的残留限量为 $500\mu g/kg$，脏器中为 $1500\mu g/kg$。

19.2.2.5　样品处理方法

（1）样品类型

① 动物肌肉、肝脏和肾脏样品：从所取全部样品中取出部分有代表性样品用组织捣碎机充分捣碎均匀，均分成两份，分别装入洁净容器中，密封，并做好标记，避光保存。

② 禽蛋样品：从所取全部样品中取出约 0.5kg，去壳，匀浆，装入洁净容器中，密封，并做好标记，于 −18℃ 以下冷冻避光保存。

（2）样品制备与提取　称取样品于 50mL 离心管中，加入内标，涡旋混合后，加入乙酸乙酯和无水硫酸钠，以 10000r/min 均质提取 1min，3000r/min 转速离心 10min。准确分取提取液于 45℃ 下用氮气吹干。用乙酸乙酯-环己烷溶解残渣并定容以待净化。

（3）样品净化方法　采用凝胶渗透色谱（Bio-Beads S-X3 填料，200mm×20mm），乙酸乙酯-环己烷（50：50，体积比）为流动相，流速 5.0mL/min，上样量 5mL。净化程序：弃去 7.5min 以前的洗脱液，收集 7.5～12.5min 的洗脱液。将收集的洗脱液蒸干，用 1mL 甲醇-水溶液溶解残渣，涡旋振荡，过 $0.45\mu m$ 滤膜，供 HPLC-MS/MS 分析。

19.2.2.6　残留分析技术

（1）仪器测定方法

① 色谱法。李莉等[82] 建立了鸡肉中地克珠利残留量的 HPLC 测定法，色谱柱为 C_{18} 柱，柱温 30℃，流动相为 0.2%磷酸-乙腈（43∶57），检测器为紫外检测器，检测波长 278nm，进样量 20μL，在 200～10000ng/mL 质量浓度范围内，地克珠利的质量浓度和峰面积呈现良好的线性关系，回收率在 80.0%～115%。刘永涛等[83] 建立了鱼血浆、肌肉、皮肤、肝脏、肾脏和鳃组织中地克珠利残留量测定的超高效液相色谱法。鱼血浆、肝脏和肾脏组织采用乙酸乙酯提取，KH_2PO_4 溶液去除组织中的蛋白，正己烷去脂。鱼肌肉、皮肤和鳃组织采用乙腈提取，用乙酸乙酯从盐溶液中进行反萃取，正己烷去除脂肪。以乙腈-0.3%乙酸水溶液为流动相，以 C_{18} 为分离柱，柱温为 30℃，紫外检测波长为 280nm。地克珠利质量浓度在 0.05～10.0mg/L 范围内呈线性相关，线性相关系数 $R^2=0.999$。平均回收率为 70.3%～93.5%，相对标准偏差为 0.81%～8.6%。地克珠利在鱼肌肉、皮肤、脂肪和腮组织中的检出限为 25μg/kg，定量限为 50μg/kg；地克珠利在鱼血浆、肝脏和肾脏中的检出限和定量限分别为 75μg/kg 和 100μg/kg。

高效毛细管电泳是 20 世纪末发展起来的一种高效快速的液相色谱分离分析技术。基本原理是基于在电场作用下离子迁移的速度不同对组分进行分离分析。毛细管电泳是经典的电泳技术和现代微柱分离技术相结合的产物。具有样品分离速度快、前处理步骤少、溶剂消耗少、仪器简单、容易自动化及成本低等多项优点。施祖灏等以硼砂作为基础缓冲液，30mmol/L 作为分离的最佳离子浓度，pH 9.5 作为分离条件，22kV 作为分离电压，在药物浓度为 0.5～100μg/mL 范围内，各浓度与其响应值（色谱峰面积）线性关系良好，准确度和精密度高，样品用量少，分析时间短。

② 质谱法。陈彤等[84] 建立了一种检测猪肉中地克珠利残留的超高效液相色谱-串联质谱方法。该方法使用 C_{18}（2.1mm×100mm，1.7μm）色谱柱，流动相 A 相为 0.1%甲酸水溶液，流动相 B 相为甲醇，柱温为 40℃，进样量 5.0μL，流速 0.3mL/min。梯度洗脱程序如下：0～0.50min 维持 90%的 A 相，0.51～4.50min A 相比例下降为 5%并维持 1min，5.51～7.50min 恢复并维持 90% A 相。采用电喷雾离子源，负离子扫描模式，多反应监测方式，电喷雾电压 5500V，离子源温度 600℃，气帘气压力 28psi，碰撞气压力 10psi，雾化气压力 55psi，辅助加热气压力 60psi。地克珠利保留时间为 6.51min，定量离子为 405.0/333.9（m/z），定性离子为 405.0/335.0（m/z），去簇电压为 90V，碰撞能量为 26/24eV。地克珠利在 10.0 ～500.0μg/kg 线性范围内，标准曲线的线性相关系数均大于 0.996，呈现良好的线性关系。地克珠利的检出限为 1.22μg/kg，在加标回收试验中的回收率范围为 81.4%～105.0%，相对标准偏差范围为 3.8%～6.2%。宫小明等[85] 开发了针对包括地克珠利在内的四种均三嗪类抗球虫药物液相色谱-高分辨质谱检测方法，采用 C_{18} 柱（3.0mm×100mm，1.8μm），柱温为 35℃，流速为 0.3mL/min，进样量为 10μL，流动相 A 为 0.1%甲酸水溶液，B 为甲醇。梯度洗脱程序：0～2.0min（10% B），2.5～6.0min（10% B～90% B），6.0～9.0min（90% B），10.0～12.0min（10% B）平衡 3min。全扫描正/负离子模式，扫描质量范围 m/z 200～1000；分辨率为 25000；扫描速度为 4Da/s；自动增益控制（AGC）目标值为 $10e^6$；喷雾电压为 3500V；离子传输管温度为 320℃；鞘气压为 35Arb；辅助气压为 10Arb；离子源温度为 300℃。地克珠利、妥曲珠利、妥曲珠利砜、妥曲珠利亚砜 4 种均三嗪类药物在 2.0～50.0μg/L 范围内线性关系良好（$R^2>0.99$）。牛粉基质中 4 种化合物在 5μg/kg、10μg/kg 和 20μg/kg 加标水

平的回收率为 74.5%～90.1%，相对标准偏差（RSD）为 15.4%～17.5%。

③ 其他方法。曾勇等[86]采用紫外分光光度法测定地克珠利的含量。取地克珠利适量，精密称定，加 10mL 四氢呋喃溶解后以甲醇制成 15μg/mL 的溶液，另取不含地克珠利的样品按同法溶解制成阴性对照液。在 200～400nm 波长范围内扫描，地克珠利在 220nm、277nm 波长处有最大吸收，其中以 277nm 波长处吸收最大，而阴性对照液在此条件下无吸收，不影响含量测定，故可选择 277nm 波长作为紫外分光光度法测定条件。建立的方法在 5～25μg/mL 的浓度范围内，吸光度与浓度呈良好线性关系，平均回收率99.59%，RSD=0.50%，并用高效液相色谱法进行对照，结果基本一致。具有简便、快速、准确、重现性好等优点。

（2）免疫测定方法

① 半抗原设计。抗寄生虫药在动物源性食品中的残留不仅仅包括其原药，更多的是其在体内的代谢产物，因此在设计半抗原的过程中要考虑到所生产的抗体对其代谢产物的识别。根据 Landsteiner 半抗原理论，地克珠利的分子量太小，无法产生免疫原性。因此，需要与大分子物质偶联来刺激动物的免疫反应。有研究以地克珠利、羧甲基羟胺和吡咯烷为原料制备了地克珠利羧基衍生物，从而可实现直接与载体蛋白（BSA/OVA）偶联形成完全抗原。

此外，Wang 等[87]考虑到，在半抗原的修饰位点选择上，地克珠利与代谢产物拥有共同的三嗪环结构，为使所生产的抗体可以同时识别地克珠利及其几种代谢产物，将修饰位点选在苯并咪唑环上，衍生出带有四个碳原子的连接臂，用于通过活泼酯法连接载体蛋白。

② 抗体制备。单克隆抗体是由单个 B 细胞分化为浆细胞后产生的可特异性识别一种抗原决定簇的抗体。1975 年，Kohler 和 Milstein 等开发了杂交瘤技术，即利用 B 淋巴细胞杂交瘤技术将小鼠脾脏中的 B 淋巴细胞和小鼠骨髓瘤细胞在体外融合，形成既能无限增殖培养，又能分泌特异性抗体的杂交瘤细胞。杂交瘤技术是抗体制备技术发展过程中的一个重要里程碑，在很大程度上促进了抗体的广泛应用。Hong Shen 等利用地克珠利羧基衍生物通过活泼酯法制备了地克珠利-BSA 和地克珠利-OVA 完全抗原，获得的单克隆抗体对 16 种地克珠利表现出比较好的识别性能，其 IC_{50} 范围为 0.449～0.517ng/mL。Fodey 等选择利用地克珠利的两种结构类似物重氮地克珠利和羧基地克珠利作为模拟半抗原与两种载体蛋白（HSA 和 BTG）连接后，分三种剂量（1mg、0.5mg 和 0.2mg）对 7只兔子进行免疫。除免疫 diazo-diclazuril-HSA 的兔子没有检测到抗体外，其余 6 只兔子都产生了免疫反应，获得的最灵敏的抗血清的 IC_{50} 为 1.5ng/mL，除与克拉珠利有 15%交叉反应率外，与其他常用化学合成抗球虫药的交叉反应率都小于 0.3%。

③ 免疫分析技术。2013 年，Nielen 等[88]建立了一种多重流式细胞仪免疫分析法，用于检测饲料和鸡蛋中的地克珠利。在鸡蛋中其对地克珠利的检测限为 2g/kg。Fitzgerald 等[89]建立了一种用于检测地克珠利的免疫色谱试纸条方法，其检出限为 100ng/mL。

19.2.3 尼卡巴嗪

19.2.3.1 结构与性质

尼卡巴嗪（nicarbazin），化学名为双硝苯脲二嘧啶醇，分子式 $C_{19}H_{18}N_6O_6$，分子量

426.383，为黄色或黄绿色粉末；无臭，稍具异味。本品在二甲基甲酰胺中微溶，在水、乙醇、乙酸乙酯、氯仿、乙醚中不溶。

19.2.3.2 药学机制

尼卡巴嗪的作用机制与离子型抗球虫药物有些相似之处。通常被认为是一种氧化磷酸化的解偶联剂。尼卡巴嗪进入球虫细胞内后干扰线粒体代谢，麻痹球虫细胞内的 ATP，中断细胞能量供应，使细胞壁上的钾钠泵停止工作，大量的 Na^+ 和水同时进入细胞内，导致球虫细胞内离子失衡或细胞壁膨胀破裂而使球虫死亡。尼卡巴嗪对球虫第 2 代裂殖体活性最强，活性高峰为球虫感染后第 4 天。尼卡巴嗪对球虫第 1 代裂殖体也有抑制作用。

19.2.3.3 毒理学

有研究发现尼卡巴嗪与马杜霉素合用对鸡的平均饲料消耗率没有明显影响，但是对鸡的热应激有增强作用。当尼卡巴嗪的饲喂量超过 48mg/kg 时，热应激死亡率急速上升。杨建斌等发现在饲料中添加 100mg/kg 尼卡巴嗪即可引起肉鸡中毒。McLoughlin 等[90]研究发现尼卡巴嗪对产蛋母鸡繁殖性能有一定影响，认为残留在蛋黄中的尼卡巴嗪是造成产蛋率、种蛋孵化率等繁殖性能指标下降的重要原因。Ott 等[91] 研究发现：200mg/kg 的尼卡巴嗪使种蛋孵化率下降 60％，700mg/kg 的尼卡巴嗪即可引起母鸡停产。我国学者张素[92] 研究发现当尼卡巴嗪的添加量超过 125mg/kg 时，种鸡的产蛋率开始显著下降，添加量超过 20mg/kg 时，可引起种蛋孵化率显著下降，尼卡巴嗪添加量越高，下降的幅度就越大。此外尼卡巴嗪还可以引起蛋质量下降，棕色蛋壳色泽变浅，故禁止在产蛋鸡中使用。还有研究表明，尼卡巴嗪对雏鸡有潜在的生长抑制，认为不足 5 周龄雏鸡以不用为宜。

19.2.3.4 国内外残留限量要求

美国食品药品管理局宣布禁止在进出口动物源性食品中检出尼卡巴嗪。国际食品法典委员会规定禽肌肉、肝脏、皮和肾中尼卡巴嗪最大残留限量为 0.2mg/kg。联合国粮农组织和世卫组织食品添加剂专家联合委员会规定了尼卡巴嗪的最大添加量为 0.2mg/kg。根据农业农村部、国家卫生健康委员会和国家市场监督管理总局颁布的《食品安全国家标准 食品中兽药大残留限量》（GB 31650—2019）规定，鸡肉、皮、脂肪、肝和肾中尼卡巴嗪残留均不得超过 200µg/kg。新西兰在 2004 年规定禽肉中尼卡巴嗪最大残留限量为 0.2mg/kg。比利时规定尼卡巴嗪残留限为 0.01mg/kg。英国规定鸡蛋中的尼卡巴嗪残留临界值为 0.1mg/kg。日本明确规定水产品中尼卡巴嗪残留的最高限量为 0.02mg/kg。

19.2.3.5 样品处理方法

（1）样品类型

① 鸡肉、鸡肝、鸡蛋、牛肉、牛肝：从所取全部样品中取出有代表性样品可食部分约 500g，充分搅碎混匀，试样装入洁净容器中，密封，并做好标记，于 −18℃以下冷冻存放。

② 牛奶：从所取全部样品中取出有代表性样品约 500g，装入洁净容器中，密封，并做好标记，于 4℃冷藏存放。

（2）样品制备与提取

① 肌肉和肝脏：称取试样 5g（精确至 0.01g），置于 50mL 聚丙烯离心管中，根据样

品含水量情况加入 5～10g 无水硫酸钠，加入 15mL 乙腈，均质 3min，低温超声提取 20min（温度低于 10℃），3000r/min 离心 5min（温度低于 10℃），取上清液。残渣再加入 15mL 乙腈，重复上述提取过程一次，9500r/min 离心 5min 后合并上清液（温度低于 10℃），加入 10mL 乙腈饱和正己烷，液-液萃取两次，弃去正己烷层，待净化。

② 鸡蛋、牛奶：称取试样 5g（精确至 0.01g），置于 50mL 聚丙烯离心管中，加入 15mL 乙腈，旋涡振荡 2min，低温超声提取 20min（温度低于 10℃），3000r/min 离心 5min（温度低于 10℃），取上清液。残渣再加入 15mL 乙腈，重复上述提取过程一次，9500r/min 离心 5min 后（温度低于 10℃）合并上清液，乙腈提取液中加入足量的无水硫酸钠以除去水分，加入 10mL 乙腈饱和正己烷，液-液萃取两次，弃去正己烷层，待净化。

（3）样品净化方法　将乙腈提取液转入硅胶固相萃取小柱，收集流出液，溶液全部通过柱体后，再加入 2mL 乙腈淋洗，合并流出液。将收集的流出液转移到 100mL 鸡心瓶中，于 40℃ 水浴上减压旋转蒸发至近干，加入 1mL 乙腈，超声振荡 30s，再加入 1mL 0.005mol/L 乙酸铵水溶液（含 0.05% 甲酸），混合均匀，转移至 2mL 离心管中，12000r/min 低温高速离心 5min（温度低于 10℃），取清液过 0.22μm 有机滤膜。

19.2.3.6　残留分析技术

（1）仪器测定方法

① 色谱法。周伟伟[93] 将鸡组织样品经乙腈提取，正己烷液-液萃取，利用碱性氧化铝小柱固相萃取净化，选用 ODS 高效液相色谱柱进行色谱分析，结果表明尼卡巴嗪标准品工作液在 0.04～50.0mg/L 浓度范围内线性关系良好（$R^2 = 0.9999$）。组织中药物添加浓度分别为 0.1mg/kg、0.2mg/kg、0.4mg/kg 时，肌肉样品、肝脏样品、肾脏样品中药物平均回收率分别为（80.21±0.95）%、（75.37±5.04）%、（78.84±2.78）%，日内及日间变异系数分别低于 7% 和 10%，检测限为 0.02mg/kg，满足鸡组织中尼卡巴嗪残留检测的要求。Draisci 等[94] 利用微型高效液相色谱法检测鸡肉组织、蛋、禽饲料和废弃物里的尼卡巴嗪残留，样品采用液-液分离法纯化，旋转真空蒸发器脱水干燥，反固相填充，在 340nm 处紫外分光光度计测定，结果表明回收率高，检测限是 25pg/g。此法灵敏、选择性强、快速且花费少。Kondo 等[95] 用反相高效液相色谱技术检测鸡蛋中尼卡巴嗪的残留标记物，使用反相 C_{18} 柱，流动相为乙腈-水（7∶3，体积比），用可调节波长的检测器在 340nm、0.02 AUFS 处检测，4mm/min 记录。结果表明尼卡巴嗪在 0.05～2.0μg/mL 浓度范围内呈现良好的线性关系，添加样品回收率为 90.2%，此方法的检测限是 0.005μg/mL。章虎等[96] 采用 ODS 柱，用乙腈-水（6∶4，体积比）作为流动相，分离效果比较明显，用反相高效液相色谱仪在波长 340nm 对尼卡巴嗪含量进行测定。结果表明，尼卡巴嗪回收率在 80.9%～95.7% 之间。研究还表明在饲料中添加 125mg/kg 的尼卡巴嗪连续饲喂鸡 42 天，使停药 7 天后，在鸡肝脏中检测到尼卡巴嗪残留量为 0.18mg/kg。

② 质谱法。孙雷等[97] 建立了鸡蛋和鸡肉中尼卡巴嗪残留标记物 4,4′-二硝基碳酰替苯胺（DNC）检测的高效液相色谱-串联质谱方法（LC-MS/MS）。液相色谱条件为：色谱柱为 C_{18} 柱（150mm×2.1mm，5μm），流动相为甲醇-0.1mol/L 的乙酸铵水溶液（75∶25，体积比），柱温 30℃，流速 0.2mL/min，进样量 20μL。质谱条件为：电喷雾离子源（ESI⁻），多反应监测（MRM）方式进行采集；DNC-D 同位素内标法定量。结果表

明，DNC 在 $10 \sim 500 ng/mL$ 浓度范围内呈现良好的线性关系，R^2 为 0.9997；鸡蛋和鸡肉中 DNC 残留检测方法检测限为 $0.5 ng/g$，定量限均为 $1 ng/g$；鸡蛋中从 $2 ng/g$、$5 ng/g$ 和 $10 ng/g$ 三个添加浓度检测结果可以看出，方法平均回收率为 $95.9\% \sim 102.2\%$，批内 RSD 为 $0.9\% \sim 4.4\%$，批间 RSD 为 $0.3\% \sim 2.1\%$；鸡肉组织从 $100 ng/g$、$200 ng/g$ 和 $300 ng/g$ 三个添加浓度检测结果可以看出，方法平均回收率为 $94.0\% \sim 103.3\%$，批内 RSD 为 $2.0\% \sim 6.3\%$，批间 RSD 为 $3.1\% \sim 5.2\%$。Dubreil-Cheneau 等[98] 建立了液质联用测定鸡蛋中尼卡巴嗪残留量的方法。组织样品通过酸性乙腈提取，经氮气 $50℃$ 脱水干燥，在醋酸钠/乙腈水溶液中混合，滤器过滤，流动相为超纯水-甲醇（80∶20），流速为 $0.6 mL/min$，用电喷雾正离子源进行离子化，多反应监测（MRM）方式对尼卡巴嗪的离子进行检测。本方法检测尼卡巴嗪的线性范围为 $0 \sim 10 \mu g/kg$，线性相关关系数 R^2 大于 0.9745，检测限为 $0.27 \mu g/kg$，定量限为 $0.37 \mu g/kg$，在 $1 \sim 10 \mu g/kg$ 的 4 个添加水平范围内的平均回收率为 $0.8\% \sim 2.8\%$。

③ 其他方法。Michielli 等[99] 报道用差向脉冲极谱法检测鸡组织中的尼卡巴嗪，以乙酸乙酯提取样品，二甲基亚砜溶解，方法敏感度是 $2 mg/kg$，检测限是 $0.2 \sim 0.3 mg/kg$，回收率为 94.5%，回收范围是 $85\% \sim 102\%$。Wood 等[100] 通过改良样品抽提方法和增加抽提次数提高样品提取率，将样品中尼卡巴嗪检出率提高到 $0.1 mg/kg$ 水平，样品回收率 $>90\%$。

（2）免疫测定方法

① 半抗原设计。1998 年，Beier 等[101] 先利用药物中提取的 DNC 与对羧基苯肼合成衍生物，利用碳二亚胺法将此衍生物与钥孔血蓝素连接作为免疫原免疫小鼠，细胞融合后获得抗 DNC 的单克隆抗体，但随后检测抗体活性发现不能识别游离的 DNC，随后分子研究发现所合成的 DNC 衍生物与 DNC 在结构形态和表面静电势上有差别。基于此，2001 年，Beier 等[102] 利用计算机辅助制作分子模型工具了解抗体-配基的相互关系帮助设计半抗原，并证明一个半抗原可以存在不同反应位点的构象，并能影响免疫应答，合成 DNC 类似物，与载体蛋白连接后制备半抗原。

② 抗体制备。2001 年，Beier 等通过计算机分子建模以 p-nitrosuccinanilic acid（PNA-S）作为半抗原成功制备出可以特异性识别 DNC 的单克隆抗体 Nic 6，其 IC_{35} 为 $277 ng/mL$，检测限为 $99.6 ng/mL$。2002 年 Connolly 等使用同样的方法比较了 3 种不同的结构类似物（SAN、GAN、NSA）制备出的多克隆抗体之间的差异。结果发现有两种类似物（SAN、NSA）产生了很好的免疫反应，而 GAN 类似物无任何免疫反应产生。所获得的五株抗体 IC_{50} 介于 $2.3 \sim 7.6 ng/mL$ 之间。SAN 类似物获得的抗体特异性较高，只识别 DNC 而与其他球虫类药物无交叉反应。NSA 类似物获得的抗体亲和力最高。Huet 等[103] 在 2005 年建立了尼卡巴嗪的 ELISA 检测方法，经过一系列优化后，该方法对常山酮的 IC_{50} 为 $0.08 ng/mL$，对 DNC 的 IC_{50} 为 $2.5 ng/mL$。陈龙飞等成功制备 DNC 半抗原并将其与大分子蛋白进行偶联，制成人工抗原，通过免疫小鼠获得抗 DNC 的单克隆抗体。乔亚辉在此基础上成功制备抗尼卡巴嗪的单克隆抗体和多克隆抗体，并利用制备的多抗建立 ELISA 检测方法，IC_{50} 为 $47.53 ng/mL$，检测限为 $0.004 \sim 10 \mu g/mL$。王鹤佳在 2014 年建立了酶联免疫分析方法测定鸡肉中尼卡巴嗪的残留，该方法的检测限为 $9.2 \mu g/kg$，添加回收率介于 $49.4\% \sim 118\%$ 之间，批间及批内变异系数均小于 20%。部分已报道的尼卡巴嗪半抗原结构见表 19-4。

表 19-4　部分已报道的尼卡巴嗪半抗原结构

半抗原结构式	名称
	p-nitrosuccinanilic acid (PNA-S)
	p-nitro-*cis*-1,2-cyclohexanedicarboxanilate acid (PNA-C)
	(*N*-succinyl-L-alanyl-L-alanyl-L-alanine 4-nitroanilide) (SAN)
	L-glutamic acid gamma-(*p*-nitroanilide) (GAN)

③ 免疫分析技术。Beier 等[102] 获得的 6 号单抗的 IC_{35} 为 0.92nmol/mL，检测限为 0.33nmol/mL，并与其他 15 种抗球虫药没有交叉反应性。2001 年，Beier 等[104] 制备单克隆抗体为 IgMs 型，在高浓度尼卡巴嗪时标准曲线没有出现高峰，IC_{50} 时尼卡巴嗪浓聚物范围是 459～1139ng/孔。Connolly 等[105] 制备了用于检测尼卡巴嗪的多克隆抗体，合成了三种 DNC 类似物（SAN、GAN 和 NSA），分别连接载体蛋白后接种家兔，获得 5 种不同的多克隆抗体血清，竞争 ELISA 测定抗体的 IC_{50} 值范围是 2.3～7.6ng/mL，其中 R555 株的 IC_{50} 值是 2.9ng/mL，交叉反应性研究发现血清对 DNC 有特异性，与其他抗球虫药没有交叉反应。Huet 等[103] 报道了竞争 ELISA 方法检测鸡蛋和鸡肉组织中的尼卡巴嗪和溴氯哌喹酮。作者利用 HSA-PNA 免疫家兔获得多抗血清抗体的 IC_{50} 为 0.08ng/mL，检测范围是 3～10μg/kg。结果显示敏感度比先前 Beier 报道的低，最高浓度测试显示与其他抗球虫药没有交叉反应性，具有 DNC 特异性。

2003 年，Mccarney 等[106] 首次运用 SPR 生物传感器流程测定鸡蛋和肝脏组织中尼卡巴嗪残留，结果表明此方法快速、敏感，样品制备简便。将 DNC 类似物固定于 CM_5 传感器芯片表面，提取分离样品上清液脱水干燥，鸡蛋提取物重悬于 20% 甲醇，肝脏提取物重悬于环己烷，将提取物与等量抗体混合，注入芯片表面，与其他抗球虫药无交叉反应性（<0.6%），肝脏中和鸡蛋中检测限和测定值分别为 17.1ng/g、33.2ng/g 和 18.9ng/g、34.8ng/g。与 LC-MS 法相比每个肝脏样品分析时间节省了 0.57～1.1h，鸡蛋样品节省 0.33～1.1h。

2004 年，Hagren 等[107] 采用时间分辨荧光测定法检测鸡蛋和鸡肝脏中尼卡巴嗪残留。用 HRP 标记的羊抗鼠二抗包被微孔板，加入特异性抗体，室温孵育洗涤后，加入保温层过夜，热空气干燥，加铕标记的连接物干燥后，贴封片，4℃ 保存，加待测样品，采用时间分辨荧光检测器检测，18min 内观察结果。定性检测限（$n=12$）是 0.1ng/mL，鸡蛋（$n=6$）和肝脏（$n=6$）的定量检测限分别是 3.2ng/g 和 11.3ng/g。样品回收率 97.3%～115.6%。批内变异系数<10%，批间变异系数 8.1% 和 13.6%。

参考文献

[1] 李俊锁，钱传范．兽药残留免疫分析及其进展[J]．中国兽医学报，1998（4）:100-104.

[2] 蒋金书，刘钟灵，陆信武，等．球虫生物学[M]．广西：广西科学技术出版社，1990:192-193.

[3] 李云峰，曾振灵，杨桂香．抗球虫药研究进展[J]．养禽与禽病防治，2001（9）:6-7.

[4] 王国永．氟苯尼考与聚醚类离子载体抗球虫药在肉鸡体内的相互作用初步研究[D]．南京:南京农业大学，2012.

[5] Sályi G, Mézes M, Bánhidi G. Changes in the lipid peroxide status of broiler chickens in acute monensin poisoning[J]. Acta Vet Hung, 1990, 38:263-270.

[6] Donoho A L. Biochemical studies on the fate of monesin in animals and in the environment [J]. J Anim Sci, 1984, 8（6）:1528-1539.

[7] Fahim M, Pressman B C. Cardiovascular effects and pharmacokinetics of the carboxylic ionophore monensin in dogs and rabbits[J]. Life Sci, 1998, 129:1090.

[8] Bergen W G, Bates D B. Ionophores: their effect on production efficiency and mode of action[J]. J Anim Sci, 1984, 58（6）:1465-1483.

[9] Dowling L. Ionophore toxicity in chickens: a review of pathology and diagnosis[J]. Avian Pathol, 1992, 21:355-368.

[10] Mcevoy J D G, Smyth W G, Kennedy D G. Contamination of animal feedingstuffs with nicarbazin:investigations in a feed mill[J]. Food Addit Contam, 2003, 20（2）:136-140.

[11] Clarke L, Fodey T L, Crooks S R H, et al. A review of coccidiostats and the analysis of their residues in meat and other food[J]. Meat Sci, 2014, 97:358-374.

[12] 李浪红，倪腾腾，彭大鹏，袁宗辉．聚醚类抗生素残留分析方法研究进展[J]．中国畜牧兽医，2018，45（7）:2015-2024.

[13] Martins R R, Silva L J G, Pereira A M P T, et al. Coccidiostats and poultry:a comprehensive review and current legislation. [J]. Foods, 2022, 11（18）:2738.

[14] 动物源产品中聚醚类残留量的测定 GB/T 20364—2006[S]. 2006.

[15] 牛奶和奶粉中六种聚醚类抗生素残留量的测定 液相色谱-串联质谱法 GB/T 22983—2008[S]. 2008.

[16] 蓝丽丹，黄永辉，周鹏．HPLC-MS/MS 快速测定动物肌肉中 6 种聚醚类抗生素[J]．食品与机械，2011，27（6）:139-143.

[17] 雒丽丽．液-质联用法检测乳品中 6 种聚醚类抗生素的残留[D]．兰州:甘肃农业大学，2009.

[18] 臧国栋，符靖雯，杨钦沾，等．QuEChERS dSPE EMR-Lipid-LC-MS-MS 测定鸡蛋中 3 种聚醚类抗球虫药物残留[J]．安徽农业科学，2017，45（32）:83.

[19] 曹亚青，宋歌，王曼曼，等．Turbo Flow 在线净化/液相色谱-串联质谱法快速测定动物源性食品中聚醚类抗生素的研究[J]．分析测试学报，2016，35（10）:1273.

[20] 童德文，曹光荣，耿果霞，等．薄层扫描测定 5 种疯草中苦马豆素含量[J]．中国兽医学报，2003，23（2）:183-184.

[21] Owles P J. Identification of monensin, narasin, salinomycin and lasalocid in premixes and feeds by thin-layer chromatography[J]. Analyst, 1984, 109（10）:1331-1333.

[22] Landgraf W W, Ross P F. Thin-layer chromatographic determination of monensin in feeds: Screening method[J]. Journal of Aoac International, 1998, 81（4）:844-847.

[23] 陈运勤，李跃龙，伍绍登，等．用薄层扫描法测定马杜霉素残留[J]．中国动物保健，2003，7:21-23.

[24] 马立农，陈杖榴．高效液相色谱柱前衍生化法测定饲料中的盐霉素[J]．中国兽药杂志，2002，

36（2）:33-35.

[25] 李燕鹏，杨膺白，李启琳，等．高效液相色谱柱前衍生化法检测牛奶中莫能菌素的残留[J]．畜牧与饲料科学，2008，29（1）:93-94.

[26] Gliddon M J，Wright D，Markantonatos A，et al. Determination of maduramicin ammonium in poultry feedstuffs by high-performance liquid chromatography[J]. Analyst，1988，113（5）:813-816.

[27] Markantonatos A. Derivatization of HPLC / fluorescence quantitation of maduramicin ammonium in feed and premixes at levels down to 5 ppm[J]. Journal of Liquid Chromatography & Related Technologies，1988，11（4）:877-890.

[28] 陈明，耿志明，王冉，等．饲料中聚醚类抗生素的柱后衍生同时测定方法研究[J]．中国饲料，2005，20:27-28.

[29] 张素霞，沈建忠，贾明宏．高效液相色谱柱后衍生化法测定饲料中盐霉素[J]．中国饲料，1998，2:38-39.

[30] 陈明，龚兰，陈旺，等．蜂蜜中聚醚类抗生素的一次性快速检测方法研究[J]．蜜蜂杂志，2017，37（04）:8-10.

[31] 陈笑梅，施旭霞．柱后衍生高效液相色谱法测定鸡肉中莫能菌素残留量[J]．色谱，1999，1:77-79.

[32] 吴银良，王立君，杨挺，等．高效液相色谱柱后衍生测定鸡组织中甲基盐霉素残留量[J]．分析化学，2009，37（7）:1069-1072.

[33] Ward T L C，Moran J W，Turner J M，et al. Validation of a method for the determination of narasin in the edible tissues of chickens by liquid chromatography[J]. Journal of Aoac International，2005，88（1）:95-101.

[34] 刘素梅，张发旺，方忠意．超高效液相色谱-串联质谱法测定饲料中5种聚醚类抗球虫药的含量[J]．中国饲料，2009，17:30-32.

[35] 李丹，孙雷，毕言锋，等．超高效液相色谱-串联质谱法测定鸡肉和牛肉中5种常用抗球虫药[J]．中国兽药杂志，2013，47（4）:38.

[36] Ha J，Song G，Ai L F et al. Determination of six polyether antibiotic residues in foods of animal origin by solid phase extraction combined with liquid chromatography-tandem mass spectrometry[J]. J Chromatogr B，2016(1017/1018): 187-194.

[37] Dubois M，Pierret G，Delahaut P. Efficient and sensitive detection of residues of nine coccidiostats in egg and muscle by liquid chromatography-electrospray tandem mass spectrometry[J]. J Chromatogr B，2004，813:181-189.

[38] Liu X，Xxie S，Ni T，et al. Magnetic solid-phase extraction based on carbon nanotubes for the determination of polyether antibiotic and striazine drug residues in animal food with LC-MS/MS [J]. Journal of Separation Science. 2017，40（11）:2416-2430.

[39] 臧国栋，符靖雯，杨钦沾，等．QuEChERS dSPE EMR-Lipid-LC-MS/MS 测定鸡蛋中3种聚醚类抗球虫药物残留[J]．安徽农业科学，2017，45（32）:75-76.

[40] 李银生，王秀红．液相色谱串联质谱法同时测定鸡肉或鸡蛋中常见抗球虫类药物残留[J]．上海交通大学学报（农业科学版），2011，29（6）:16-23.

[41] 薄海波，雒丽丽，曹彦忠，等．超高效液相色谱-串联质谱法测定牛奶和奶粉中6种聚醚类抗生素残留量[J]．分析化学，2009，37（8）:1161-1166.

[42] 曹亚青，宋歌，王曼曼，等．Turbo Flow 在线净化/液相色谱-串联质谱法快速测定动物源性食品中聚醚类抗生素的研究[J]．分析测试学报，2016，35（10）:1277.

[43] 刘建宇．鸡蛋、鸡肌肉和牛肉中8种抗球虫药物残留液相色谱串联质谱确证分析方法的研究[D]．扬州:扬州大学，2016.

[44] Rokka M，Peltonenk. Simultaneous determination of four coccidiostats in eggs and broiler meat :Validation of an LC-MS/MS method[J]. Food Additives & Contaminants，2006，23（5）: 470-478.

[45] Chen M，Gong L，Chen W，et al. Simultaneous determination of polyether antibiotics in

honey withpost-column derivatization[J]. Journal of Bee, 2017, 37（4）:8-10.

[46] 曾兆国，刘波，陈永辉，等．分光光度法测定莫能菌素含量[J]. 中国兽药杂志，2007，41（4）：19-21.

[47] 宋荣，常碧影．饲料中盐霉素的测定方法[J]. 中国饲料，2003，8:25-26.

[48] 宋秀娟．盐霉素预混剂中盐霉素含量的分光光度法检测[J]. 中国饲料，2001，16:22-23.

[49] 徐恩民．紫外分光光度法测定马杜霉素制剂的含量[J]. 山东农业科学，1999，3:47.

[50] 邢玮玮，陈燕敏，王文涛．聚醚类抗生素莫能霉素多克隆抗体的制备[J]. 黑龙江畜牧兽医，2018，（09）:170-173+176.

[51] Li Q X, Zhao M S, Gee S J, et al. Development of enzyme-linked immunosorbent assays for 4-nitrophenol and substituted 4-nitrophenols[J]. Journal of Agricultural and Food Chemistry. 1991, 39（9）:1685-1692.

[52] 张泽英，袁宗辉．兽药人工抗原合成的研究进展[J]. 中国兽药杂志，2006，40（5）：44-47.

[53] Shen J, Qian C, Jiang H, et al. Development of an enzyme-linked immunosorbent assay for the determination of maduramicin in broiler chicken tissues[J]. J Agric Food Chem, 2001, 49（6）:2697.

[54] Shen J, Qian C, Jiang H, et al. Development of an enzyme-linked immunosorbent assay for the determination of maduramicin in broiler chicken tissues[J]. Journal of Agricultural and Food Chemistry, 2001, 49（6）:2699.

[55] 魏瑞成．莫能菌素多克隆抗体制备及应用[D]. 南京:南京农业大学，2006.

[56] Pauillac S, Halmos T, Labrousse H, et al. Production of highly specific monoclonal antibodies to monensin and development of a microELISA to detect this antibiotic[J]. Journal of Immunological Methods, 1993, 164（2）:165-173.

[57] 肖娟，薛亚南，李建成，等．鸡肉中马杜霉素免疫磁珠净化-酶联免疫检测方法研究:中国畜牧兽医学会兽医药理毒理学分会会员代表大会暨第十三次学术讨论会与中国毒理学会兽医毒理专业委员会第五次学术研讨会[C]. 2015.

[58] 张小辉．马杜霉素免疫学快速检测方法的研究[D]. 洛阳:河南科技大学，2012.

[59] 何方洋，万宇平，祝旋，等．动物源性食品中莫能菌素残留 ELISA 试剂盒的研制[J]. 中国动物检疫，2010，27（10）:52-55.

[60] 杨小康，张绘艳，顾建红，等．拉沙里菌素单克隆抗体的研制及间接竞争 ELISA 检测方法的建立[J]. 中国畜牧兽医，2017，44（10）:3049-3056.

[61] 黄婧洁，李建成．抗马杜霉素和盐霉素双特异性抗体的制备及免疫分析方法的建立:中国毒理学会第十次全国毒理学大会论文集[C]. 2023:136.

[62] 沈建忠，钱传范，江海洋，等．马杜霉素在鸡组织中残留检测方法的研究——免疫亲合色谱-酶联免疫吸附法（IAC-ELISA）[J]. 畜牧兽医学报，1999，30（6）:533-548.

[63] Shen J, Qian C, Jiang H, et al. Development of an enzyme-linked immunosorbent assay for the determination of maduramicin in broiler chicken tissues[J]. J Agric Food Chem, 2001, 49（6）:2701.

[64] Hu X F, Yao J J, Wang F Y, et al. Eu^{3+}-labeled IgG-based time-resolved fluoroimmunoassay for highly sensitive detection of aflatoxin B$_1$ in feed[J]. J Sci Food Agric, 2018, 98（2）：674-680.

[65] Sheng E, Shi H Y, Zhou L L, et al. Dual time-resolved fluoroimmunoassay for simultaneous detection of clothianidin and diniconazole in agricultural samples[J]. Food Chem, 2016, 192: 525-530.

[66] Peippo P, Hagren V, Lovgren T, et al. Time-resolved fluoroimmunoassay for the screening of narasin and salinomycin residues in poultry and eggs[J]. Agric Food Chem, 2004, 52（7）:18-24.

[67] Hagren V, Peippo P, Tuomola M, et al. Rapid time-resolved fluoroimmunoassay for the screening of monensin residues in eggs[J]. Analytica Chimica Acta, 2006, 557（1/2）:164-168.

[68] Avrameas S. Method of antigen and antibody labelling with enzymes and its immunodiffusion

application[J]. Comptes Rendus Hebdomadaires Des Seances De Lacadémie Des Sciences, 1966, 262（24）:2543-2545.

[69] Engvall E, Perimann P. Enzyme-linked immunosorbent assay（ELISA）quantitative assay of immunoglobulin G[J]. Immunochemistry, 1971:871-874.

[70] Mount M E, Failla D L. Production of antibiotics and development of enzyme immunoassay for determination of monensin in biological samples[J]. J Assoc Off Anal Chem, 1987（70）:201-205.

[71] Godfrey M A, Luckey M F et al. IAC/C-ELISA detection of monensin elimination from chicken tissues, following oral therapeutic dosing[J]. Food Addit Contam, 1997（14）:281-286.

[72] Watanabe H, Satake A, Kido Y, et al. Monoclonal-based enzyme-linked immunosorbent assay and immunochromatographic rapid assay for salinomycin[J]. Analytica Chimica Acta, 2001, 437（1）:31-38.

[73] 李娜. 鸡组织中 3 种聚醚类抗生素残留的微生物法检测研究[D]. 合肥:安徽农业大学, 2007.

[74] 赵光华, 陈红歌, 董小海, 等. 微生物抑制法检测饲料中盐霉素含量的研究[J]. 饲料工业, 2010, 31（13）:45-47.

[75] 窦彩云, 马育松, 艾连峰, 等. 亲水作用色谱-串联质谱法测定动物源食品中氨丙啉残留量[J]. 中国食品卫生杂志, 2016, 28（03）:348-351.

[76] 李丹, 孙雷, 毕言锋, 等. 超高效液相色谱-串联质谱法测定鸡肉和牛肉中 5 种常用抗球虫药[J]. 中国兽药杂质, 2013,47（4）: 41.

[77] 邵德佳, 刘佩玉. 紫外分光光度法测定盐酸氨丙啉、乙氧酰胺苯甲酯预混剂中各组分的含量[J]. 中国兽药杂质, 2000（02）:29-31.

[78] 马丽娜. 抗盐酸氨丙啉单克隆抗体的研制及其 ELISA 检测方法的初步建立[D]. 扬州:扬州大学, 2006.

[79] 屈健. 非水溶液滴定法测定盐酸氨丙啉含量的影响因素分析[J]. 中兽医医药杂志, 2002（04）:42-43.

[80] 黄言钧, 冯美贵. 一起大剂量使用抗球虫药引起鸡中毒报告[J]. 福建畜牧兽医, 2005（03）:66.

[81] 孙燕. 地克珠利和妥曲珠利对肉鸡生产安全性评价[D]. 青岛:青岛农业大学, 2012.

[82] 李莉, 马岩, 陈娟, 等. 鸡肉中地克珠利残留检测方法及应用[J]. 农业科学研究, 2017, 38（03）:90-92.

[83] 刘永涛, 艾晓辉, 李乐, 等. 超高效液相色谱法测定鱼体组织中地克珠利残留量[J]. 分析实验室, 2014, 33（04）:420-423.

[84] 陈彤, 吴雯娟, 黄婷, 等. 建立一种基于超高效液相色谱-串联质谱测定猪肉中地克珠利和妥曲珠利残留的方法[J]. 国外畜牧学（猪与禽）, 2019, 39（08）:74-77.

[85] 宫小明, 杨丽君, 王洪涛, 等. 液相色谱-高分辨质谱测定动物源性食品中均三嗪类药物残留[J]. 安徽农业科学, 2015, 43（28）:114-117+121.

[86] 曾勇, 余祥华. 紫外分光光度法测定地克珠利预混剂的含量[J]. 中国兽药杂志, 2002（01）:16-18.

[87] Wang, Wu X, Liu L, et al. Rapid and sensitive detection of diclazuril in chicken samples u-sing a gold nanoparticle-based lateral-flow strip[J]. Food Chemistry, 2019, 312:126116.

[88] Bienenmann-Ploum M E, Vincent U, Campbell K, et al. Single-laboratory validation of a multiplex flow cytometric immunoassay for the simultaneous detection of coccidiostats in eggs and feed[J]. Analytical and Bioanalytical Chemistry, 2013, 405（29）:9571-9577.

[89] Fitzgerald J, Leonard P, Danaher M, et al. Rapid simultaneous detection of anti-protozoan drugs using a lateral-flow immunoassay format[J]. Appl Biochem Biotechnol, 2015, 176（2）:387-398.

[90] McLoughlin D K, Wehr E E. Stages in the life cycle of Eimeria tenella affected by nicarbazin [J]. Poult Sci, 1960, 39:534-538.

[91] Ott W H, Dickinson A M, Peterson A C. Studies on the effect of Nicarbazin on reproduction in chickens[J]. Poult Sci, 1956, 35（5）:1163-1165.

[92] 张素 . 球虫净对种鸡繁殖性能的影响[J]. 饲料博览, 1992, (5) :19-20.

[93] 周伟伟 . 鸡组织中尼卡巴嗪残留的 HPLC 检测法及消除规律研究[D]. 扬州:扬州大学, 2007.

[94] Draisci R, Lucentini L, Boria P, et al. Micro high-performance liquid chromatography for the determination of nicarbazin in chicken tissues, eggs, poultry feed and litter[J]. J Chromatogr A, 1995, 697 (1/2) :407-414.

[95] Kondo F, Hamada E, Tsai CE, et al. A reverse-phase high-performance liquid chromato- gram- Phic determination of nicarbazin residues in eggs [J]. Cytobios, 1993, 76 (306/307) : 175-182.

[96] 章虎, 吴俐勤, 杨彩梅, 等 . 尼卡巴嗪残留量测定和安全性分析[J]. 现代科学仪器, 2005 (1) : 68-70.

[97] 孙雷, 张骊, 刘智宏, 等 . 鸡蛋和鸡肉中尼卡巴嗪残留检测高效液相色谱-串联质谱法研究[J]. 中国兽药杂志, 2008 (05) :1-4.

[98] Dubreil-Cheneau E, Bessiral M, Roudaut B, et al. Validation of a multi-residue liquid chro- matography-tandem mass spectrometry confirmatory method for 10 anticoccidials in eggs ac- cording to Commission Decision 2002/657/EC[J]. J Chromatogr A, 2009, 1216 (46) :8149-8157.

[99] Michielli R F, Downing G V. Differential pulse polarographic determination of nicarbazin in chicken tissue[J]. J Agric Food Chem, 1974, 22 (3) :449-452.

[100] Wood Jr J S, Downing G V. Modified pulse polarographic determination of nicarbazin in chicken tissue at the 0. 1-ppm level[J]. J Agric Food Chem, 1980, 28 (2) :452-454.

[101] Beier R C, Stanker L H. 4,4 -Dinitrocarbanilide:hapten development utilizing molecular mod- els [J]. Anal Chim Acta, 1998, 376 (1) :139-143.

[102] Beier R C, Ripley L H, Young C R, et al. Production, characterization, and cross-reactiv- ity studies of monoclonal antibodies against the coccidiostat nicarbazin[J]. J Agric Food Chem, 2001, 49 (10) :4542-4552.

[103] Huet A C, Mortier L, Daeseleire E, et al. Screening for the coccidiostats halofuginone and nicarbazin in egg and chicken muscle:development of an ELISA[J]. Food Addit Contam, 2005, 22 (2) :128-134.

[104] Beier R C, Stanker L H. An antigen based on molecular modeling resulted in the develop- ment of a monoclonal antibody-based immunoassay for the coccidiostat nicarbazin [J]. Anall Chim Acta, 2001, 444 (1) :61-67.

[105] Connolly L, Fodey T L, Crooks S R, et al. The production and characterisation of dinitro- carbanilide antibodies raised using antigen mimics[J]. J Immunol Methods, 2002, 264 (1/2) :45- 51.

[106] Mccarney B, Traynor I, Fodey T, et al. Surface plasmon resonance biosensor screening of poultry liver and eggs for nicarbazin residues[J]. Anal Chim Acta, 2003, 483 (1/2) :165-169.

[107] Hagren V, Crooks S R H, Elliott C T, et al. An all-in-one dry chemistry immunoassay for the screening of coccidiostat nicarbazin in poultry eggs and liver[J]. J Agric Food Chem, 2004, 52 (9) :2429-2433.

第 20 章
阿维菌素类
药物残留
分析

阿维菌素类药物（avermectins，AVMs）是一类由阿维链霉菌发酵产生的天然化合物，这些化合物来源于一个 16 元内酯环，可被分为 4 个主要组分（A1a、A2a、B1a 和 B2a）和 4 个次要组分（A1b、A2b、B1b 和 B2b）。主要的 AVMs 包括阿维菌素（avermectin，AVM）、伊维菌素（ivermectin，IVM）、多拉菌素（doramectin，DOR）、埃普里诺菌素（eprinomectin，EPR）、甲氨基阿维菌素苯甲酸盐（emamectin benzoate，EMA）、莫西菌素（moxidectin，MOX）和塞拉菌素（selamectin，SEL）等。AVMs 的作用机制独特、杀虫活性强、杀虫谱广，对线虫和体外节肢动物有较强的驱杀作用，是目前应用最广泛的抗寄生虫药物之一。虽然 AVMs 的作用剂量较小（μg/kg），但作为脂溶性药物，其在动物体内的残留时间较长，WHO 将其列为高毒化合物，因此阿维菌素类药物在动物组织中的残留需要得到有效监控。本章阐述了 AVMs 的理化性质、作用机制、危害、国内外动物组织中最大残留限量要求以及动物源性组织中 AVMs 残留检测的方法和前处理技术等内容，重点介绍了动物源性基质中 AVMs 检测的各种检测技术、AVMs 的提取和净化方法，以期为读者全面了解该类药物和相应的残留检测技术提供参考。

20.1

结构与性质

AVMs 的命名是根据 C5 位上取代基的不同、C22 和 C23 之间单双键的差异及 C25 位上取代基的不同，分别用 A、B，1、2，a、b 的组合来命名：A1a、A1b、A2a、A2b、B1a、B1b、B2a 和 B2b。其中 A2a、B1a 和 B2a 含量最高，B 组分的药效较 A 组分要强，B1 组分药效较 B2 组分略强，a 组分与 b 组分有相似的生物活性。B1a 所占比例在 80% 以上，B1b 少于 20%。AVM B1 是天然提取 AVM 纯化后的主要成分，又称 ABM。IVM 是将 AVM C22 和 C23 间的双键加氢饱和后获得的半合成衍生物，其在保持了 AVM 优良的抗虫活性的同时降低了毒性。DOR 是在 AVM 的 C25 上引入一环己烷基而得到，其优越性在于消除率低、生物半衰期长，因而生物利用率更高。EPR 是在 AVM 的 4″端引入一个乙酰氨基而成，与其他 AVMs 显著不同的是 EPR 的奶/血分配系数低（仅为 0.17），在奶中的残留量低，因此应用于泌乳奶牛而无需休药期。此外 EPR 在肌肉中同样具有残留量低的优势，因此应用于肉牛也无需休药期。SEL 是在 DOR 的 C22～C23 位上加氢合成的，可用于对其他 AVMs 敏感的物种，如柯利牧羊犬。

AVMs 含有糖链，分子量较大，属二糖苷衍生物，其基本结构为十六元的大环内酯，C6～C8、C17～C19 分别连接苯并呋喃和螺酮缩醇结构。AVMs 属于弱极性物质，水溶性极低（溶解度 0.006～0.009mg/L），易溶于有机溶剂，如甲醇、乙醇、丙酮、氯仿、乙酸乙酯、二氯甲烷、环己烷、二甲基亚砜等。AVMs 在常温、避光、密封或 pH 5～9 环境下相当稳定，但 AVMs 对酸敏感，在进行样品前处理时应避免强碱和酸性条件，如用稀酸处理，则可引起 C13 位上第一糖基的断裂。此外，该类化合物对光敏感，如用紫外线照射，则可导致 8、9 位和 10、11 位之间双键的异构化。C2 上的质子由于受羰基等吸电子基团的影响较为活泼，在强碱条件下能发生差向异构化（2-差向异构体），同时 C3、C4 间双键可移至 C2、

C3（Δ^2-异构体）。Δ^2-异构体结构和性质与原药相似，是一个良好的分析内标物，而长时间强碱处理将发生 C2～C7 芳环化、内酯环打开等一系列变化。

20.2

药学机制

目前认为 AVMs 的作用机制为其对受体通道的作用，从而抑制神经递质的传导。阿维菌素通常通过放大抑制性神经递质（GABA、甘氨酸或谷氨酸）对无脊椎动物特异性门控氯离子通道的作用来阻止无脊椎动物肌肉和神经中电脉冲的传递，在这个过程中，抑制性神经递质从突触前的神经末端释放，结合到突触后受体蛋白，此受体蛋白含有一种固有的氯离子通道。当抑制性神经递质与受体结合后，通道被打开，大量氯离子涌入突触后神经元，造成神经膜电位超极化，致使神经膜处于抑制状态，从而阻断神经冲动传导，导致无脊椎动物神经肌肉系统瘫痪，使其麻痹、拒食、死亡。在脊椎动物的神经、肌肉传导中，γ-氨基丁酸（GABA）和甘氨酸通过增加氯离子来阻断神经和肌肉细胞中的电信号传导。目前已报道可与 AVMs 结合的受体有 GABA 受体、谷氨酸受体和甘氨酸受体，而只有在非常高的剂量下，才能观察到 AVMs 与GABA 受体的相互作用，这表明 AVMs 的作用机制并不仅仅是通过与这些受体相互作用来实现的。更有研究表明 AVMs 与甘氨酸受体的结合只发生在脊椎动物的肌肉。与之相反，AVMs 只与无脊椎动物肌肉组织的谷氨酸受体结合。

IVM 是最常见的阿维菌素衍生物，是第一个广谱的可同时抗线虫和节肢动物的抗寄生虫药物。其被人类用于治疗盘尾丝虫病和类圆线虫病。在动物中，它可用于预防心丝虫、治疗体外寄生虫和作为杀微丝虫剂。其剂量取决于治疗的种类，$0.006～0.012\,mg/kg$ 用于狗心丝虫病的预防，$0.024\,mg/kg$ 用于猫心丝虫病的治疗，$0.05～0.2\,mg/kg$ 用于狗大丝虫杀灭剂和 $0.3～0.6\,mg/kg$ 治疗体外寄生虫。它在动物中以高浓度（$10～18.7\,mg/mL$）给药，可能由于计算错误或暴露导致过量。有相关研究表明，德国牧羊犬对低剂量IVM 敏感，有一小部分存在 ABCB1 基因缺陷，这可能与犬在低剂量下观察到的临床症状相关。然而，在正常或 ABCB1 基因缺陷的狗中，用治疗剂量来避免心丝虫并未遇到这些问题。当对 IVM 敏感的牧羊犬以 $0.06\,mg/kg$ 的高剂量给药时，未观察到临床症状，而患有 ABCB1 基因缺陷的狗在使用大剂量的 IVM 作为杀微丝虫剂或用于蠕形螨病时会出现临床症状。有时，具有正常 ABCB1 基因型的狗在服用高剂量 IVM 时也会出现临床症状。已观察到其他临床症状，包括心动过缓、震颤、唾液分泌过多、嗜睡、共济失调和失明。

研究表明 AVMs 在动物体内代谢较少，多数经粪便排出，而且其组织残留主要为原型药物，因此一般均以 AVMs 原型作为残留标志物。生物转化的主要场所是肝脏和脂肪，在这两种组织中药物分布浓度最高，消除速率也最为缓慢，故肝脏和脂肪常作为检测AVMs 残留的靶组织。以 IVM 为例，IVM 在血液中循环良好，它与血浆蛋白结合，在肝脏中发现的量最大，而由于血脑屏障的限制，在大脑中发现的量最低。它由肝脏中的细胞色素 P450 系统代谢，几乎全部通过粪便排出。不同器官之间的不均匀分布是决定 IVM在无脊椎动物与哺乳动物宿主之间不同毒性的主要因素。

AVMs 在动物组织中残留的时间与药物种类、给药方案和动物种属相关，研究表明皮下注射给药的残留时间要比使用浇泼剂长，所以皮下注射给药的休药期一般长达 34～45 天。而使用 IVM、MOX、EPR 和 DOR 浇泼剂的休药期分别为 28 天、14 天、17 天和 35 天。AVMs 主要代谢产物有 24-羟甲基代谢物、3″-O-去甲基代谢物等。对于 ABM 和 IVM，在牛、绵羊和大鼠肝脏中的主要代谢产物为 24-羟甲基代谢物，在脂肪中的主要代谢产物为 24-羟甲基代谢物与脂肪酸的酯化产物，其极性较母药略有降低；而在猪脂肪中的主要代谢产物为 3″-O-去甲基代谢物，由于其难与脂肪酸反应形成极性低的酯化产物，因此脂肪中含量较少。而 DOR 在牛和猪中的主要代谢产物均为 3″-O-去甲基代谢物。MOX 的代谢产物主要为单羟基代谢物（C14 位羟基化）。EMA 在鲑中的主要代谢产物为 N-去甲基代谢物。

20.3

毒理学

与大多数药物一样，AVMs 也有不良反应的报道。受 AVMs 影响的一些生化过程包括阻断脂多糖（LPS）诱导的肿瘤坏死因子（TNF）、前列腺素 E2（PGE2）、一氧化氮（NO）的释放，以及增加细胞内钙离子浓度。AVMs 的潜在毒性使得其在用于人医治疗时受到极大的关注，其严重影响通常与过量摄入有关。然而，调查世界范围内以 IVM 治疗人盘尾丝虫感染的病例，结果表明仅有很少的人会出现瘙痒、水肿、出疹、头痛、肌肉痛等副作用，这可能是由死亡的丝虫引起的过敏反应。

对由 AVMs 引发中毒致死的动物进行研究，发现在其脑组织中均可检测到高含量的药物。有研究者认为，大脑药物含量过高可能与这些物种缺乏 P-糖蛋白有关。P-糖蛋白是一种跨膜蛋白，可以将某些药物运进或运出细胞，从而减少药物的组织分布和生物利用度，并促进药物消除。而且它还限制药物进入机体潜在的敏感区域，如中枢神经系统。因此 P-糖蛋白活性低的动物在口服药物后生物利用度更高，而且其中枢神经组织会蓄积更多药物。一般认为，使用AVMs 后，宿主动物所产生的副作用与寄生虫的死亡有关。牛皮蝇第一期幼虫迁移并寄生于牛的椎管和食管，在这些部位死亡的寄生虫可能会导致出血而引起动物轻瘫，或引起食管肿胀发炎，但这种副作用的发生概率极低。马属动物出现的腹部皮下肿胀可能与寄生的颈盘尾丝虫有关。犬体内如果寄生了犬恶丝虫，则用药后可能出现呕吐、流涎、腹泻、抑郁甚至死亡。

WHO 将 AVMs 列为高毒化合物，但其治疗剂量应远低于其毒性剂量。一般来说AVMs 对于大多数可批准使用的物种是相对安全的，如 IVM 对反刍动物、马属动物、猪等的安全范围大于 10mg/kg。但有报道表明某些具有牧羊犬血统的犬（如柯利牧羊犬）和墨瑞灰牛分别对 IVM 和 ABM 敏感，容易受到其毒性影响。AVMs 对不同动物的毒性不同，例如口服 IVM 对大鼠、小鼠、比格犬的 LD_{50} 分别为 25mg/kg、50mg/kg 和80mg/kg，柯利牧羊犬仅为 0.01～2.5mg/kg。AVMs 种类不同，毒性也不同。AVM 对大鼠的口服 LD_{50} 为 12～24mg/kg，而 IVM 为 25～40mg/kg；SEL 对柯利牧羊犬的毒性是 IVM 的 1/10。EPR 对大鼠的急性经口毒性 LD_{50} 雌性为 35.9mg/kg，雄性为 38.3mg/kg；对大鼠的急性经皮毒性 LD_{50} 雌性为 316.0mg/kg，雄性为 464.0mg/kg。

20.4
国内外残留限量要求

关于 AVMs 在动物源性产品中的 MRL，各个国家或地区的要求不尽相同，具体限量要求如表 20-1 所示。

表 20-1 阿维菌素类药物在不同动物组织中的最大残留限量

单位：μg/kg

物种	组织	中国			欧盟					CAC/日本/新西兰					澳大利亚						加拿大					美国			
		AVM	IVM	DOR	AVM	IVM	DOR	EPR	MOX	AVM	IVM	DOR	EPR	MOX	AVM	IVM	DOR	EMA	EPR	MOX	IVM	DOR	EMA	EPR	MOX	IVM	DOR	EPR	MOX
牛	脂肪	100	40	150	10	100	150	250	500	100	40	150	250	500	100	100	100		500		100	180			550				900
	肌肉	100	100	100				50	50	10	10	10	100	20	5	40	10	2	100	1000	10	30		100	50	10	30	100	50
	肝脏	50		30	20	100	100	1500	100	100	100	100	2000	100		100	100				70	70		100	150	100	100	4800	200
	肾脏		10	10		30	30	300	50	50	10	30	300	50			50				140	120			400				
	奶		10					20	40	5			20	40	20		50	0.5	30	2000				20	40			12	40
猪	脂肪	20	20	100			20			20	20	150			20	20	100				100	120				20			
	肌肉	20	20	20	100	100				10	20	5/10			20	10	50				10	10							
	肝脏	15	15	50	100	100	50			20	15	100			10	10	50				15	35				20	160		
	肾脏			30	30	30	30			10	10	30									150	70							
绵羊	脂肪	50	20	100	20	100		500	500	40	20			500	50	20	100				120								900
	肌肉	25	20	20	50	50		50	50	10	10			50	50	20	20		500		10								50
	肝脏	25	15	50	25	100	100	100	100	100	15			100	15					50	30					30			200
	肾脏	20		30	20	30	50		50	100	10			50	10						180								
	奶							20	40																				
鲑	肉									5								100											
	皮																	1000											

20.5

样品处理方法

20.5.1　样品类型

　　药物残留分析通常需要在复杂的样本基质中对微量甚至痕量的药物进行分析检测，因此，样品前处理技术在药物残留分析中起着非常重要的作用。阿维菌素类药物（AVMs）通常残留在固态和液态两类动物源样品中，固态样品主要是给药动物的各个组织，如肌肉、肝脏、肾脏、脂肪，以及鱼、虾和贝类的组织等，液态样品主要为奶样、血清和尿液。不同样品中的基质干扰物有很大差异，因此针对不同基质需选取不同的提取、分离和纯化方法，从而最大程度降低样品基质干扰，提高分析方法的性能。

20.5.2　样品制备与提取

　　（1）样品的制备　《食品安全国家标准　动物性食品中阿维菌素类药物残留量的测定　高效液相色谱法和液相色谱-串联质谱法》（GB 31658.16—2021）中，从原始样品中取出部分有代表性样品（取适量新鲜或解冻的组织），经高速组织捣碎机均匀捣碎后，使之均质。取均质的样品作为供试试料；取均质的空白样品作为空白试料；取均质的空白样品，添加适宜浓度的标准溶液，作为空白添加试料。

　　（2）样品的提取　《食品安全国家标准　动物性食品中阿维菌素类药物残留量的测定　高效液相色谱法和液相色谱-串联质谱法》（GB 31658.16—2021）中，称取试料 2g（准确至±0.02g），于 50mL 离心管中，加乙腈 8mL，涡旋 2min，4000r/min 离心 5min。收集上清液，残渣中加乙腈 8mL，重复提取 1 次。合并 2 次提取液，混匀。取提取液 4mL，加水 6mL 和三乙胺 10μL，混匀，备用。

20.5.3　样品净化方法

　　与繁多的内源性干扰物相比，AVMs 的残留水平低，理化性质缺乏特性，而荧光衍生化对净化有较高的要求，所以 AVMs 提取和净化方法相当复杂。目前已报道的动物源样品中 AVMs 残留检测的前处理方法主要包括：液-液萃取技术（LLE）、固相萃取技术（SPE）、基质固相分散技术（MSPD）、超临界流体萃取法（SFE）和免疫亲和色谱技术（IAC）等。

　　（1）液-液萃取技术　液-液萃取法方法是药物残留检测前处理的传统方法之一，但该方法操作步骤过于烦琐，目前已基本不使用。

　　（2）固相萃取技术　固相萃取法将富集（目标物吸附）和净化（杂质吸附）两部分结合，目标化合物被固体吸附剂吸附，从而与样品基质和干扰物分开，之后通过洗脱得到分离。固相萃取小柱根据其填料性质的不同，适用于不同基质中不同性质的目标物的分离，最为常见的 SPE 小柱有 C_{18} 柱、硅胶柱、离子交换柱和聚苯乙烯-二乙烯苯柱等。固相萃取技术适合用于复杂基质样品检测的前处理，已成为动物源样品中 AVMs 残留检测过程中常见的前处理手段。

AVMs 的分子量大，含糖链，极性较弱，一般采用 C_8、C_{18}、氨基及氧化铝柱进行前处理。魏广智[1] 对不同固相萃取柱的净化效果进行了评估，分别使用 C_{18} 柱、硅胶柱和氧化铝柱测定血浆中 AVM 和 IVM 浓度，结果发现用氧化铝柱处理后的样品提取溶液中的残余物明显减少，净化效果最好。贾方等[2] 使用 C_{18} 固相萃取柱净化乙腈提取的样品，衍生化后实现牛筋样品中 AVM 和 IVM 的高效液相色谱分析。Csuma 等[3] 使用 RP-18 柱萃取，通过液相色谱-串联质谱技术对多种动物组织样品中的 EPR 残留进行分析检测。

近年来，整体 SPE 柱的开发使得在线 SPE 得以实现，主要利用的是其可重复使用的性质。目前较为常用的 SPE 整体柱有疏水性整体柱、Hysphere Resin C_{18} 柱和介孔性整体柱等。宓捷波等[4] 对不同在线 SPE 柱的效果进行了评估，分别考察了 C_8、Resin SH、Resin GP 和 C_{18} HD 等 4 种在线 SPE 柱净化动物源食品中 AVMs 的性能，发现 C_{18} HD 柱的保留和净化效果最好，适用于猪肉、牛肉和香肠样品中 AVM 和 IVM 残留处理。目前，在线 SPE 方法已应用于牛肝[5]、牛肉[4,6]、牛奶[6]、猪肉[4] 和香肠[4] 中 AVMs 残留量的测定。

（3）**基质固相分散技术** 基质固相分散技术能够直接用于从固态、半固态和黏稠基质样品中提取目标化合物，实现样品的均化、提取、净化的一步完成，因此减少了样品和溶剂的用量，降低了分析的成本和时间。因此，自 1989 年 Barker 教授首次提出 MSPD 的概念以来，其已被广泛应用于各种基质中的多种痕量化合物的分析检测。

Schenck 等[7] 结合基质固相分散技术和 SPE 柱进行复杂基质样品的深度净化，将牛肝组织与 C_{18} 填料混合并研磨成均质的半固态后装柱，用正己烷洗涤，二氯甲烷-乙酸乙酯（3∶1）洗脱，结合氧化铝固相萃取纯化后，IVM 被衍生化并通过带有荧光检测的液相色谱进行分析，检测限为 0.001mg/kg。Alvinerie 等[8] 基于基质固相分散技术建立了一种测定牛组织中莫昔克丁的高效液相色谱法，将组织样品与 C_{18} 填料混合，正己烷洗涤，甲醇洗脱，洗脱液衍生化后通过带有荧光检测的高效液相色谱进行测定，检测限为 1mg/kg。Shaikh 等[9] 参照 Benville 等[10] 的方法，填料由虹鳟鱼肌肉与 C_{18} 材料混合填装，正己烷洗涤，二氯甲烷/乙酸乙酯洗脱，通过高效液相色谱对 AVMs 残留物进行表征。

（4）**超临界流体萃取** 超临界流体特殊的热力学和流体动力学性质，保证能够随着压力和温度的变化，改变对溶质的溶解能力，从而达到萃取目的。超临界流体用作流动相时，能够使需要提取的组分从多种液态混合物或固态混合物中萃取出来，适用于分析热不稳定和高分子量的化合物。

Danaher 等[11] 以超临界 CO_2 作为提取溶剂，建立了动物肝脏中阿维菌素、伊维菌素、依立菌素和多拉菌素的多残留净化方法。李珠柱等[12] 以空心多孔 SiO_2 纳米球作为新型吸附介质，采用超临界流体技术，有效地把模型药物阿维菌素吸附到多孔空心结构中，吸附量可达 61.5%。

（5）**免疫亲和色谱技术** 免疫亲和色谱技术是以抗体、抗原特异性的分子识别的免疫结合反应为基础的色谱技术。其原理是将抗体与惰性填料偶联制成免疫吸附剂装柱，当待测样品流经免疫亲和柱时，目标化合物与相应抗体特异性结合被保留，而其他杂质流出，利用适当的洗脱剂使目标物洗脱，从而实现具有较强特异性和选择性的有效分离、净化和浓缩。

李俊锁[13]利用溴化氰（CNBr）法或碳酰二咪唑（CDI）法将纯化的抗 ABA 抗体（IgG）与珠状琼脂糖 CL-4B 偶联，合成免疫吸附剂装柱，制备能特异性吸附 IVR 和 ABA 的免疫亲和柱，对 IVR 和 ABA 的吸附容量相近。Li 等[14]将抗 IVM 的多克隆抗体与羧基二咪唑活化的琼脂糖 CL-4B 偶联制备免疫吸附剂，样品用甲醇萃取后经免疫亲和柱纯化，通过反相液相色谱法检测 245nm 处的吸光度，IVM 的检测限为 2μg/kg。采用类似的净化方法，Wu 等[15]建立了猪肝组织中 ABA 和 IVR 的液相色谱串联质谱测定法。

20.6

残留分析技术

20.6.1　仪器测定方法

AVMs 由于分子量大，极难气化，所以无法使用气相色谱分析，而液相色谱法最为常用。目前，国内用于阿维菌素类药物残留检测的方法主要有液相色谱-紫外检测法（LC-UV）、液相色谱-荧光检测法（LC-FLD）、液相色谱-串联质谱法（LC-MS/MS）、液相色谱-光电二极管阵列检测法（LC-PDA）及酶联免疫吸附法（ELISA）等。

20.6.1.1　色谱法

液相色谱法是目前国内外使用最广泛、最常用的药物残留检测方法，我国 AVMs 药物残留的检测也多以该方法为标准。液相色谱法是由于混合物中各组分与流动相之间的亲和力差别而实现分离，其中高效液相色谱法（HPLC）根据检测器的不同还可以分为高效液相色谱-紫外检测法、高效液相色谱-荧光检测法等。

HPLC-UV 就是使用液相色谱仪进行组分分离，以紫外-可见分光光度计为检测器检测各组分的含量。紫外检测器的灵敏度不如荧光检测器或联用质谱的方法，且检测组分单一，相关残留分析方法仅见于 IVM 和 AVM 单个药物的检测。AVMs 的分子中的共轭烯结构使对其检测均采用 245nm 波长，但在这一区域同时存在多种内源性干扰物质，对检测灵敏度产生较大影响，因此液相色谱-紫外检测法已无法满足目前动物源样品中 AVMs 的残留分析要求。

液相色谱-荧光检测法就是使用液相色谱仪进行组分分离，以荧光检测器作为系统检测器检测各组分的含量，具有灵敏、准确和高效的特点，但需进行衍生化过程。这些方法一般都在无水乙腈溶液中，通过 N-甲基咪唑和三氟乙酸酐的作用使 AVMs 发生硅烷化，经反向 C_{18} 色谱柱分离后，365nm 激发波长和 475nm 发射波长检测，检测限一般为 $0.5\sim2\mu g/kg$（$S/N=3$）。液相色谱-荧光检测法的灵敏度较液相色谱-紫外检测法高，但由于阿维菌素本身没有荧光基团，需要进行衍生化反应，操作复杂，不适合进行大量的实用性检测。表 20-2 总结了通过高效液相色谱法检测阿维菌素类药物残留的方法。

表 20-2　检测阿维菌素类药物残留的高效液相色谱分析法

被测组分	样品	方法	回收率/%	变异系数/%	LOQ/(μg/L)	参考文献
IVM	牛奶	HPLC-UV	93.83	4.2	0.4	[16]
AVM	猪肉	HPLC-UV	90.20～100.58	2.23～6.68	0.4	[17]
EPR	血浆	HPLC-FLD	90.55～101.30	2.81～8.02	0.3	[18]
IVM	血浆	HPLC-FLD	85	7	0.2	[19]
EPR	血浆	HPLC-FLD	89.0～110	4.57	0.5	[20]
MOX,AVM,DOR,IVM	肝脏	HPLC-FLD	90～96	5～10	2	[21]
AVM,DOR,埃玛菌素(EMM),EPR,IVM,MOX	肝脏,肌肉,牛奶	HPLC-FLD	73～104		0.5	[22]

20.6.1.2　质谱法

液相色谱-串联质谱法分析具有高灵敏度、快速、检测限低等优点，对药物具有良好的完全分离和定性分析的能力。液相色谱-串联质谱法主要有超高效液相色谱-串联质谱法（UPLC-MS/MS）、高效液相色谱-串联质谱法（HPLC-MS/MS）和传统液相色谱-串联质谱法（LC-MS/MS）。LC-MS/MS 检测阿维菌素类药物残留的报道较多，而 HPLC-MS/MS 是 AVMs 药物的理想确证方法。《食品安全国家标准　动物性食品中阿维菌素类药物残留量的测定　高效液相色谱法和液相色谱-串联质谱法》（GB 31658.16—2021）就采用了高效液相色谱法和液相色谱-串联质谱法。与液相色谱法、酶联免疫法相比，HPLC-MS/MS 无需衍生化反应，灵敏度高、定性定量准确，但 HPLC-MS/MS 的前处理技术通常为固相萃取，操作烦琐、耗时，可以对固相萃取条件进行优化，从而建立快速、高通量的液相色谱-串联质谱法。UPLC-MS/MS 法和 HPLC-MS/MS 相比检测限较低，一般在电喷雾正离子（ESI$^+$）扫描条件下进行，该方法快速、灵敏度高，可应用于不同动物食品中阿维菌素残留的定量分析。阿维菌素类药物的色-质联用分析法见表 20-3。

表 20-3　检测阿维菌素类药物残留的色-质联用分析法

被测组分	样品	方法	回收率/%	变异系数/%	LOQ/(μg/L)	参考文献
AVM,IVM,DOR,埃普里诺菌素(EPR),MOX	禽蛋	LC-MS/MS	79～108	1.2～9.3	0.5	[23]
AVMs	肌肉,牛奶	LC-MS/MS	71.8～101.3	8.94	5	[6]
AVMs	肌肉,肝脏,牛奶	LC-MS/MS	82～107	15	5	[24]
AVM,DOR,EPR,伊维菌素(IVR),MOX	肌肉	LC-MS/MS	88.9～100.7	0.28～9.0	0.4～3.4	[25]
AVM,IVM	猪肉	HPLC-MS/MS	74.8～96.5	11	5	[4]
阿巴美丁(ABA),DOR,EPR,IVM,MOX	牛奶	UPLC-MS/MS	77～110	20	0.55～0.99	[26]
ABA,IVM,DOR,EPR	肝脏,鱼,牛奶	UPLC-ESI-MS/MS	62.4～104.5	8.2	0.17～2.27	[27]

20.6.2　免疫测定方法

阿维菌素类药物是目前应用最广泛的抗寄生虫药物之一，作为脂溶性药物，其在动物体内的残留时间较长，建立简单、快速、高灵敏度、高通量且低成本的残留快速检测方法尤为重要。目前用于动物源样本中 AVMs 残留快速检测的方法多为免疫分析技术，包括免疫传感器、生物芯片、荧光免疫分析法（FIA）、酶联免疫吸附试验（ELISA）以及胶体金试纸条等，其核心试剂是抗体。AVMs 是低分子量化合物（MW＜5000），不具有免疫原性，不能诱导动物免疫系统的抗体产生，因此必须与载体蛋白结合制备人工抗原。但 AVMs 的结构中不具有在温和的条件下能直接与载体蛋白结合的活性基团（如—COOH 或—NH₂），因此需要对其进行设计，使其产生带有可与载体蛋白连接的氨基或羧基的半抗原。半抗原的设计是生产性能优秀的小分子抗体的关键一步。以下简述目前阿维菌素类药物半抗原设计和抗体制备方法及相关免疫分析技术的建立。

20.6.2.1 半抗原设计

利用免疫分析技术检测时，需要首先对其进行半抗原设计，使其能够与载体蛋白相连，从而完成进一步的抗体制备。AVMs 含有 3 个可供衍生化的羟基（5-OH、7-OH 和 4″-OH），其中 5-OH 位阻最小、7-OH 位阻最高。故半抗原设计位点可以考虑 C4″位和 C5 位。目前大多数报道的 AVMs 半抗原是通过在 C4″位进行琥珀酰化，制备方法如下。使用叔丁基二甲基甲硅烷基氯化物作为保护剂，通过活性酯法或混合酸酐法在半抗原的 C4″位置处添加羧基，与载体蛋白（如 BSA、KLH 或 OVA）连接。取代反应完成后，可以使用对甲苯磺酸去除保护剂。针对 C4″位置的修饰有若干优点：其一，突出了 AVMs 的特征结构。根据计算机模拟的优势构象，大环内酯部分呈较刚性的、"粗糙"的盘状结构，而弯曲的双糖链恰似一个"勺柄"，针对 C4″位置修饰的半抗原与载体连接后，使大环内酯部分位于免疫原的远端，能最大程度地保留并突出 AVMs 的特征结构。其二，AVMs 的免疫活性部分一般是大环内酯结构的一部分，也是其产生药效的基团，C4″位置的修饰有利于产生比特异性抗体更方便用于免疫测定、筛选多分析物的广谱性抗体。

除了将 C4″位置添加羧基，也可以将 C5 位琥珀酰化，获得免疫原。C5-OH 是烯丙醇结构，较 C4″-OH 活性强，连接载体蛋白突出的是 AVM 的双糖部分，属于非免疫活性部位。故实验中利用 C5-OH 获得的免疫原，免疫产生的抗体没有特异性。因此，通常选择在 C4″-OH 偶联载体蛋白，制备具有特异性的免疫原，同时 C5-OH 可以作为包被原使用。在王硕等[28] 进行半抗原的实验设计中，他们首先使用了 t-BuMe₂Si-Cl 保护高活性的 C5-OH，然后用对二甲基吡啶进行催化，最终实现了 C5-OH 保护的条件下，AVM 半抗原的合成。C5-OH 包被原可以在对甲基苯磺酸的作用下脱去保护。C5 位的琥珀酰化还可用于制备高灵敏 ELISA 的包被原，在无水吡啶催化下直接酰化制备半抗原，根据综合产物的 HPLC 和 UV 试验结果，可以初步确定琥珀酰化在 C5 位发生。

Mitsui 等[29] 通过在 C5 位引入硝基苯基，生成的 IVM 的硝基苯基衍生物在吡啶存在下与 BSA 结合，合成了一种新的 IVM 半抗原 IVM-5-NC，使用产生的 pAb 建立竞争性直接 ELISA，检测限为 0.1ng/mL，对包被原 IVM-肟的 CR 为 30.9%，对红霉素（ERY）、MILO 和竹桃霉素（OLE）的 CR 也低于 0.1%。这证明了以 AVMs 的 C5 位衍生物作为半抗原，也可以产生对 AVMs 敏感和特异的抗体，但过程复杂且产量相对较低（48%），因此这一策略没有被任何其他实验室重复。

20.6.2.2 抗体制备

AVM 制备得到的半抗原，不能有效刺激动物机体产生免疫应答，需要与载体蛋白偶联，才能进一步刺激动物产生特异性抗体，实现免疫分析检测。

Schmidt 等[30] 首次报道合成了 AVMs 的半抗原，分别通过 C4″和 C5 位的琥珀酰化制备了两种半抗原 IVM-4″-HS 和 IVM-5-HS（其中 IVM-5-HS 不具有免疫原性，但可用作包被原），制备的一株单克隆抗体 mAb C4D6 对 IVM 的 IC_{50} 值为 3ng/mL，对 ABA 的 IC_{50} 值为 7ng/mL，并且制备的所有五种单克隆抗体都对 ABA 具有高交叉反应率（CR）。Wang 等[31] 通过 C4″ 位的琥珀酰化合成了半抗原 4″-O-琥珀酰-ABM，合成了一株多克隆抗体 pAb 和两株单克隆抗体 mAb 2C11、3A9。其中 pAb 对 ABA、EPR、IVM 和 DOR 的 CR 分别为 100%、145.4%、25% 和 12.3%。mAb 2C11 和 3A9 具有与 pAb 相似的识别谱，但对 DOR 的 CR 更高，对 EMA 的 CR 为 20%。因此，普遍认为使用 AVMs 的 4″ 位衍生物，可以获得广谱性抗体，这种类型的抗体容易用于开发多种分析物免疫测定和用于制备纯化提取的免疫亲和柱。然而，制备 4″ 位的 AVMs 衍生物的合成过程较为复杂，需要三个步骤并且收率低，也有研究者对 C5 位进行修饰。

崔恒华[32] 用琥珀酸酐法对 IVM 的 C5 位的羟基进行化学改造，合成了半抗原 IVM-5-琥珀酰半酯，再用碳化二亚胺法将其与载体蛋白（BSA、OVA）偶联制备人工抗原，制备的 mAb 的 IC_{50} 为 7.947ng/mL，对结构类似物阿维菌素 B_1 的 CR 为 51%，对米比菌素肟化物的 CR<0.2%。张梅[33] 比较了半抗原 IVM-5-HS 和 IVM-4″-HS 制备 pAbs 的有效性，发现从这两种半抗原中获得的 pAbs 的 IC_{50} 相当，分别为 4.1ng/mL 和 4.48ng/mL。陆江[34] 通过琥珀酸酐法、EDC 法合成了 IVM 的 2 种人工抗原，用其中的 IVM-BSA 作为免疫抗原，获得 mAb 3D8 的 IC_{50} 为 200ng/mL，对 ABA 的 CR 为 20%，对泰乐菌素（TYL）和 ERY 的 CR <0.5%。这些结果表明，使用一步法合成的 AVMs C5 位的琥珀酰化是有效的半抗原，并且可以诱导产生高亲和力抗体。尽管由于 IVM-5-HS 的化学结构，可以预期针对它产生的抗体具有更高的特异性，但 Crooks 等[35] 通过使用仔细和广泛的筛选程序获得了广谱性抗体。

Wring 等[36] 认为，载体蛋白分子量的增加可引起抗体滴度增加，但对亲和力没有显著影响。在 Crooks 的工作之前，用于制备 AVMs 免疫原的载体蛋白主要是 BSA、OVA 和 KLH。Crooks 等[35] 使用铁传递蛋白作为载体蛋白，获得了针对 IVM 的 mAb，对 EPA、AVM 和 DOR 的 CR 分别为 92%、82% 和 16%。张梅[33] 使用一种多聚赖氨酸（PLL）载体蛋白合成半抗原 IVM-5-HS-PLL，用于生产抗 IVM 的 pAb。因此，载体蛋白的类型不是产生抗 AVMs 抗体的最重要试剂。普遍认为半抗原与载体蛋白偶联的比例在 5:1～25:1 之间会使抗体灵敏度提高，而过高或过低的比例对抗体的制备都没有益处。在适当的范围内，较高的比例可能会引发更迅速的免疫反应，较低的比例可能产生相对较高亲和力的抗体，因此我们建议优先选择相对较低的半抗原与载体蛋白的偶联比例和较长的免疫期。理论上，异源包被原能导致抗体在竞争性免疫测定中对包被原的识别性降低，这允许目标分子在较低浓度下与异源包被抗原竞争，因而可以获得更高的残留检测灵敏度。因此，将分别在 C5 和 C4″ 位置进行琥珀酰化的半抗原用作免疫抗原和包被抗原，是提高竞争性免疫测定灵敏度的有效策略。

20.6.2.3 免疫分析技术

（1）**免疫传感器** 电化学免疫传感器将传统的免疫测试和传感器技术融为一体，基于抗原-抗体的免疫反应性，具有电化学技术灵敏度高、免疫识别反应特异性高等优点。抗体为免疫传感器最主要的识别元件，亲和力好、稳定性高的抗体可用于对相应兽药残留进行快速定性定量检测。

2002 年，Samsonova 等[37] 采用基于表面等离子体共振的光学仪器作为传感器，5-O-琥珀酰肝菌素-载脂蛋白-转铁蛋白缀合物用于生产单克隆抗体，同时将第二衍生物伊维菌素-肟固定在传感器芯片的表面上，开发了一种快速灵敏的生物传感器免疫测定法，用于检测牛肝中IVM，检测限为19.1ng/g。同年，Samsonova等[38]基于同样的方法构建光学免疫生物传感器，用于快速、灵敏地测定IVM在牛乳中的残留，该方法的检测限为16.2ng/mL。

（2）生物芯片　生物芯片是对生物样品进行高通量、快速分析和检测的一项高新技术。生物芯片阵列技术为从单个样品中测定多种分析物提供了一个平台。该技术具有高效、快速、并行处理及分析自动化等优点，应用前景广泛。

O'Loan等[39]通过使样品中的药物和与连接有辣根过氧化物酶的药物竞争位于生物芯片上的抗体的结合位点，从而产生与生物样品中分析物浓度成间接比例的化学发光信号，过冷电荷耦合器件（CCD）相机用于同时检测来自所有测试点的信号。该技术可以实现54个样品的同时处理，检测残留在牛肝脏和肌肉中的AVMs，对牛肌肉中AVMs的检测限为0.75ng/mL，而用ELISA方法检测相同的牛肝脏组织中的AVMs的检测限为5ng/mL，此研究表明生物芯片技术比ELISA方法更灵敏。

（3）荧光免疫分析法　荧光免疫分析法将待测物、抗血清、荧光标记的抗原混合，结合荧光标记的待测物沉淀，未被结合的荧光标记物留在上清液中，从而实现待测物的灵敏检测。相比于其他检测方法，荧光免疫分析方法具有操作简单、灵敏度较高、特异性强等优势，将荧光材料的灵敏光学性质与免疫原理有机结合，能够实现微量残留检测。常用的荧光标记物包括荧光素、荧光标记蛋白质、绿色荧光蛋白以及纳米颗粒、碳纳米点等纳米粒子荧光标记物。

Crooks等[35]以5-O-琥珀酰-IVM作为半抗原，制备IVM-转铁蛋白偶联物的mAb，以该抗体为核心试剂的免疫试纸条实现了牛奶样品的竞争性解离增强镧系元素荧光免疫测定，检测限为4.6ng/mL，该方法与EPR、AVM、DOR的交叉反应率分别为92%、82%和16%。Chen等[40]利用单链可变片段抗体（ScFv）和绿色荧光蛋白（AcGFP）制备了一种荧光单域抗体，并用于开发一种快速灵敏的荧光联免疫吸附试验（FLISA）用于牛奶样品中的AVM的检测，IC_{50}和LOD分别为2.13ng/mL和1.07ng/mL。不难看出，FLISA方法比传统的ELISA检测方法更加灵敏。

（4）酶联免疫吸附试验　ELISA方法是指以微量反应板、试管、棒、纸和珠等在水中不改变其形状作固相载体的免疫分析技术。可分为直接ELISA和间接ELISA两种，后者为两步反应方法，在增加了操作步骤的同时提高了反应的灵敏度，非常适用于抗体小分子的检测。ELISA方法按抗原抗体反应动力学又分为竞争和非竞争两种，AVMs残留检测方法中多采用间接竞争ELISA方法。

目前国内外都有关于AVMs药物残留检测的ELISA方法的报道。Shi等[41]使用4'-O-琥珀酰-ABM与牛血清白蛋白偶联作为免疫原，以制备针对AVM的多克隆抗体，与ABM、EPR、IVM的CR分别为100%、145.4%和25%，可以检测牛肝组织中的ABM、IVM和EPR的残留，定量限为1.06ng/mL。Wang等[31]制备了一种广谱性单克隆抗体，开发了一种用于快速检测牛奶中AVMs的间接ELISA方法。在优化条件下，对阿维菌素、伊维菌素、依立诺菌素、多拉菌素、甲氨基阿维菌素苯甲酸盐检测的IC_{50}分别为3.05ng/mL、13.10ng/mL、38.96ng/mL、61.00ng/mL和14.38ng/mL，这种方法可用于不经过前处理的牛奶中AVM的多残留快速检测。王爱萍等[42]通过对IVM进行化学修饰合成了具有半抗原结构特征的伊维菌素半琥珀酸酯，通过NHS法将半抗原与BSA和OVA偶联合成免疫原IVM-BSA和检测原IVM-OVA，制备伊维菌素多克隆抗体，该抗体对IVM的IC_{50}为6.07μg/mL。Zhang等[43]在抗AVM特异性抗体的基础上，开发了基于介孔二氧化硅包裹的金纳米颗粒（EMSN-AuNPs）的用于检测 AVM 的 ELISA 方法，检测限为 2.17ng/mL，与大环内酯类抗生素类似物的 CR 小于 0.1%。

随着人们对动物性食品需求量的增加，动物性食品中的兽药残留也逐渐成为全民关注的公共卫生问题。为了便于基层开展工作，开发便携简单的快速检测产品，建立灵敏度高、快捷、操作简单、成本低、高通量、同时实现多种成分的现场筛查的方法，无疑是今后快速筛查方法发展方向。酶联免疫分析技术自身的优势与免疫磁珠、碳纳米材料、化学发光、上转换荧光等标记探针材料相结合，在饲料与畜产品 AVMs 多残留快速检测中必将发挥愈来愈重要的作用。

20.6.3 其他分析技术

（1）荧光探针检测法　Guo 等[44] 通过合成"章鱼"状偶氮苯荧光探针 1,3,5-三 [5'-[(E)-(对苯氧基偶氮) 二氮烯基] 苯-1,3-二羧酸] 苯（TPB），实现了苹果中阿维菌素 B1 的定量检测。TPB 分子中的三个偶氮基团可与阿维菌素 B1 产生独特的荧光信号。该荧光探针对苹果中的阿维菌素 B1 检出限和定量限分别可达 $1.3\mu g/L$ 和 $4.4\mu g/L$。

（2）金属有机骨架探针检测法　金属有机骨架材料因巨大的比表面积和独特的荧光发光特性，成为荧光检测探针的理想选择。Wang 等[45] 以镉（Cd）为金属中心，合成了具有水稳定性的 2D-Cd（Ⅱ）-MOF 材料。该材料对阿维菌素表现出高选择性、高灵敏度和快速发光响应。其对阿维菌素苯甲酸盐（AMB）的 LOD = $2.39\mu mol/L$。

（3）吸收光谱检测法　Ji 等[46] 基于吸收光谱建立了两种准确检测桃汁中阿维菌素残留量的简单方法。一种方法集中于分析原始吸收光谱在 219nm 波长处的强度。另一种是针对计算比值光谱的一阶导数在 223mm、249mm 和 259nm 波长处的强度的技术。此外，两者的相关系数都高于 0.99。得到桃汁中阿维菌素残留量的预测模型，预测精度较高。原吸收光谱法的检出限为 0.1377g/mL，定量限为 0.4591g/mL；而比值光谱法的一阶导数法的检出限为 0.0285g/mL，定量限为 0.0949g/mL。因此，它们适用于桃汁中阿维菌素残留量的检测。

参考文献

[1] 魏广智．油制剂阿维菌素和伊维菌素注射液及其药代动力学研究[D]．北京:中国农业大学，2001.

[2] 贾方，杨霖，孙雷，等．柱前衍生-高效液相色谱法测定牛筋中阿维菌素和伊维菌素[J]．理化检验（化学分册），2011，47（11）:1302-1304.

[3] Csuma A, Cristina R T, Dumitrescu E, et al. Application of QuEChERS-high performance liquid chromatography with postcolumn fluorescence derivatization（HPLC-FLD）method to analyze Eprinomectin B1a residues froma pour-on conditioning in bovine edible tissues[J]. Open Chemistry, 2015.

[4] 宓捷波，张然，王飞，等．在线固相萃取-液相色谱-串联质谱法测定动物源食品中阿维菌素和伊维菌素的残留量[J]．理化检验（化学分册），2017，2（9）:1009-1013.

[5] 李欣，张瑶琴，艾连峰，等．疏水整体柱在线固相萃取与高效液相色谱-串联质谱联用测定牛肝中

5 种阿维菌素类药物残留[J]. 色谱，2015，33（06）:590-596.

[6] Li X, Wang M M, Zheng G Y, et al. Fast and online determination of five avermectin residues in foodstuffs of plant and animal origin using reusable polymeric monolithic extractor coupled with LC-MS/MS. [J]. Journal of Agricultural and Food Chemistry, 2015, 63（16）: 4096-4103.

[7] Schenck F J, Barker S A, Long A R. Matrix solid-phase dispersion extraction and liquid chromatographic determination of ivermectin in bovine liver tissue[J]. Journal of AOAC International, 1992, 75（4）:655-658.

[8] Alvinerie M, Sutra J F, Capela D, et al. Matrix solid-phase dispersion technique for the determination of moxidectin in bovine tissues[J]. Analyst, 1996, 121（10）:1469-1472.

[9] Shaikh B, Rummel N, Gieseker C, et al. Residue depletion of tritium-labeled ivermectin in rainbow trout following oral administration[J]. Aquaculture, 2007, 272（1/4）:192-198.

[10] Benville Jr P E, Tindle R C. Dry ice homogenization procedure for fish samples in pesticide residue Analysis[J]. Journal of Agricultural and Food Chemistry, 1970, 18（5）:948-949.

[11] Danaher M, Howells L C, Crooks S R H, et al. Review of methodology for the determination of macrocyclic lactoneresidues in biological matrices [J]. Journal of Chromatography: B, 2006, 844（2）:175-203.

[12] 李珠柱，文利雄，黎颖，等. 正交实验法优化空心多孔 SiO$_2$ 纳米球对阿维菌素的吸附条件[J]. 过程工程学报，2006，6（1）:82-86.

[13] 李俊锁. 环境中阿维菌素类药物的分离与检测方法研究——ELISA, IAC/HPLC/UVD[D]. 北京: 北京农业大学，1995.

[14] Li J S, Li X W, Hu H B. Immunoaffinity column cleanup procedure for analysis of ivermectin in swine liver[J]. Journal of Chromatography B:Biomedical Sciences and Applications, 1997, 696（1）:166-171.

[15] Wu Z, Li J, Zhu L, et al. Multi-residue analysis of avermectins in swine liver by immunoaffinity extraction and liquid chromatography-mass spectrometry[J]. Journal of Chromatography B: Biomedical Sciences and Applications，2001，755（1/2）:361-366.

[16] 卢平，古丽曼，宫秀杰，等. 伊维菌素在牛奶山羊奶中药物残留检测方法的复核研究[J]. 动物医学进展，2002（06）:104-105.

[17] 邵金良，刘宏程，兰珊珊，等. 高效液相色谱紫外检测法测定猪肉中阿维菌素药物残留[J]. 肉类工业，2011，2:51-54.

[18] 许晓琳，潘婷婷，张树栋，等. 鸡血浆中乙酰氨基阿维菌素 HPLC 检测法的建立及口服给药后的药代动力学研究[J]. 中国兽药杂志，2019，53（11）:66-72.

[19] Saumell C, Lifschitz A, Baroni R, et al. The route of administration drastically affects ivermectin activity against small strongyles in horses[J]. Veterinary Parasitology, 2017, 236:62-67.

[20] Hamel D, Bosco A, Rinaldi L, et al. Eprinomectin pour-on（EPRINEXReg. Pour-on, Merial）:efficacy against gastrointestinal and pulmonary nematodes and pharmacokinetics in sheep [J]. BMC Veterinary Research, 2017, 13（1）:148.

[21] Danaher M, O'keeffe M, Glennon J D. Validation and robustness testing of a HPLC method for the determination of avermectins and moxidectin in animal liver samples using an alumina column cleanup[J]. Analyst, 2000, 125（10）:1741-1744.

[22] Galarini R, Saluti G, Moretti S, et al. Determination of macrocyclic lactones in food and feed[J]. Food Additives & Contaminants:Part A, 2013, 30（6）:1068-1079.

[23] 赵志勇，张艳梅，鄂恒超，等. 固相萃取净化结合液相色谱-串联质谱法测定禽蛋中 5 种阿维菌素类化合物[J]. 分析试验室，2022，41（06）:720-725.

[24] Qin Y, Jatamunua F, Zhang J, et al. Analysis of sulfonamides, tilmicosin and avermectins residues in typical animal matrices with multi-plug filtration cleanup by liquid chromatography-tandem mass spectrometry detection[J]. Chromatogr B, 2017, 1053:27-33.

[25] Ruebensam G, Barreto F, Hoff R B, et al. Determination of avermectin and milbemycin residues in bovine muscle by liquid chromatography-tandem mass spectrometry and fluorescence detection using solvent extraction and low temperature cleanup[J]. Food Control, 2013,

29（1）:55-60.

[26] dos Anjos M, de Castro I, de Souza M, et al. Multiresidue method for simultaneous analysis of aflatoxin M_1, avermectins, organophosphate pesticides and milbemycin in milk by ultra-performance liquid chromatography coupled to tandem mass spectrometry[J]. Food Additives & Contaminants:Part A. 2016, 33（6）:995-1002.

[27] Wang F, Chen J, Cheng H, et al. Multi-residue method for the confirmation of four avermectin residues in food products of animal origin by ultra-performance liquid chromatography-tandem mass spectrometry[J]. Food Additives & Contaminants:Part A. 2011, 28（5）:627-639.

[28] 王硕, 于姣, 刘冰, 等. 阿维菌素特异性半抗原合成及多克隆抗体的制备[J]. 食品与机械, 2010, 26（02）:33-35.

[29] Mitsui Y, Tanimori H, Kitagawa T, et al. Simple and sensitive enzyme-linked immunosorbent assay for ivermectin[J]. Am J Trop Med Hyg, 1996, 54:243-248.

[30] Schmidt D J, Clarkson C E, Swanson T A, et al. Monoclonal antibodies for immunoassay of avermectins[J]. Journal of Agricultural and Food Chemistry, 1990, 38（8）:1763-1770.

[31] Wang C, Wang Z, Jiang W, et al. A monoclonal antibody-based ELISA for multiresidue determination of avermectins in milk[J]. Molecules, 2012, 17（6）:7401-7414.

[32] 崔恒华. 依维菌素免疫学检测技术研究[D]. 扬州:扬州大学, 2006.

[33] 张梅. 伊维菌素的抗体制备及 ELISA 法残留分析[D]. 北京:中国农业科学院, 2006.

[34] 陆江. 伊维菌素单克隆抗体的研制与应用[D]. 扬州:扬州大学, 2007.

[35] Crooks S R H, Ross P, Thompson C S, et al. Detection of unwanted residues of ivermectin in bovine milk by dissociation-enhanced lanthanide fluoroimmunoassay[J]. Luminescence:the Journal of Biological and Chemical Luminescence, 2000, 15（6）:371-376.

[36] Wring S A, Williams J L, O'Neill R M, et al. Development of a sensitive radioimmunoassay for the potential anti-migraine drug GR151004:including cross-validation to liquid chromatography-mass spectrometry-mass spectrometry and application to pharmacokinetic studies [J]. Analytica Chimica Acta, 1996, 334（3）:225-237.

[37] Samsonova J V, Baxter G A, Crooks S R, et al. Determination of ivermectin in bovine liver by optical immunobiosensor[J]. Biosens Bioelectron, 2002, 17（6/7）:523-529.

[38] Samsonova J V, Baxter G A, Crooks S R H, et al. Biosensor immunoassay of ivermectin in bovine milk[J]. Journal of Aoac International, 2002, 85（4）:879-882.

[39] O' Loan N, Farry L, Bell B, et al. Biochip based immunoassay and enzyme-linked immunosorbent assay for the screening of multiple avermectins in beef muscle and liver[J]. Archivos Latinoamericanos De Producción Animal, 2014, 22（5）:190-193.

[40] Chen M, Ding S Y, Wen K, et al. Development of a fluorescence-linked immunosorbent assay for detection of avermectins using a fluorescent single-domain antibody[J]. Analytical Methods, 2015, 7（9）:3728-3734.

[41] Shi W M, He J H, Jing H Y, et al. Determination of multiresidue of avermectins in bovine liver by an indirect competitive ELISA[J]. Journal of Agricultural and Food Chemistry, 2006, 54（17）:6143-6146.

[42] 王爱萍, 裴艳艳, 周景明, 等. 伊维菌素人工抗原的制备及鉴定[J]. 中国农学通报, 2015, 17:22-27.

[43] Zhang C, Zhong Y, He Q, et al. Positively charged nanogold combined with expanded mesoporous silica-based immunoassay for the detection of avermectin[J]. Food Analytical Methods, 2020, 13（5）:1129-1137.

[44] Guo Z, Su Y, Li K, et al. A highly sensitive octopus-like azobenzene fluorescent probe for determination of abamectin B_1 in apples[J]. Scientific Reports, 2021, 11（1）:4655.

[45] Wang L, Wang J, Yue E, et al. Water-Stable Cd-MOF with fluorescent sensing of Tetracycline, Pyrimethanil, abamectin benzoate and construction of logicgate[J]. Spectrochimica Acta Part A:Molecular and Biomolecular Spectroscopy, 2023, 285:121894.

[46] Ji R, Wang X, Wang M, Zhang Y, et al. Analysis of Abamectin Residues in Peach Juice by Absorption Spectrum[J]. Asian Journal of Chemistry, 2014, 26（21）.

第 21 章

β-受体
激动剂类
药物残留
分析

β-受体激动剂在世界范围引起了一系列的中毒事件。1990 年，在法国，22 人因食用含有克伦特罗的牛肝导致中毒；同年，在西班牙的几个自治区共有 135 人因同样的原因中毒；1992 年，在西班牙，232 人因盐酸克伦特罗而中毒；1996 年，意大利 Caserta 市发生 62 例因食用含 "瘦肉精" 残留的牛肉而引起的中毒事件；1997 年，香港 17 名居民因食用含 "瘦肉精" 的猪内脏而中毒。

据相关资料统计，2001 年我国发生多起 β-受体激动剂类 "瘦肉精" 群体性中毒事件，总计中毒人数超过 1000 人。我国逐渐加大了对 β-受体激动剂等违禁药物的监管力度。自 1995 年以来，国家发布了一系列法规。2002 年，农业部 176 号公告明令禁止在动物饲养过程中使用盐酸克伦特罗和盐酸莱克多巴胺等 7 类 β-受体激动剂。2010 年，农业部再次发布 1519 号公告，明令禁止使用苯乙醇胺 A 等 8 种 β-受体激动剂。同时，为了加强对饲料、养殖环节和动物产品中 β-受体激动剂的监控，我国政府组织制定了相关的 β-受体激动剂检测方法标准。国外，欧盟也颁布了一系列的法规，规定了动物组织中克伦特罗的最大残留限量（MRL）。但 β-受体激动剂类药物种类繁多，用于临床且可获取的有 20 多种。部分不法商贩为了获取更大经济利益，同时逃避政府监管和法律处罚，在动物养殖过程中非法使用其他 β-受体激动剂类药物，这给动物养殖过程以及动物源性食品中 β-受体激动剂类药物的常规检测和日常监管带来极大挑战。

21.1

结构与性质

β-受体激动剂是一类人工合成化合物，在结构上均具有苯乙醇胺的母核。β-受体激动剂类化合物具有肾上腺素功能，常用来刺激器官平滑肌和肥大细胞膜表面的 β_2 受体，以促使气管平滑肌舒张，减少肥大细胞和嗜碱性粒细胞脱除颗粒，降低微血管的通透性，增加气管上皮纤毛的摆动等缓解哮喘症状[1]。

β-受体激动剂的基本结构是苯环上连接有碱性的 β-羟胺侧链。侧链的取代基通常为 N-叔丁基、N-异丙基或 N-烷基苯等。其中—NH 为仲胺，能与无机酸或有机酸形成稳定的盐。按照 β-受体激动剂母核结构中苯环上取代官能团不同，可以将 β-受体激动剂分为苯胺型、苯酚型和二酚型等三种类型。苯胺型 β-受体激动剂结构中均具有芳伯氨基，中等极性，pK_a 值约为 9.5。苯胺型 β-受体激动剂主要包括溴布特罗、马布特罗、克伦特罗、西马特罗和马喷特罗等。苯酚型 β-受体激动剂是指苯环结构上含有一个酚羟基，如莱克多巴胺和利妥君。二酚型 β-受体激动剂是指苯环上含有邻位或间位二苯羟基的结构，可分为邻苯二酚型、间苯二酚型和水杨醇型。此类结构能够与过渡区金属离子形成配合物。此类化合物主要包括沙丁胺醇、特布他林、西布特罗、非诺特罗。另外一种类型 β-受体激动剂的苯环结构上只有卤原子取代基，如氯丙那林等。通常，β-受体激动剂的结构中含有 1 个或 2 个手性碳原子，因此该类化合物分子具有旋光性[2]。

β-受体激动剂多为白色晶型结构，通常易溶于甲醇、乙酸乙酯、乙醚或氯仿等溶剂。临床上，一般应用 β-受体激动剂盐酸盐，其易溶于水、甲醇和乙醇等极性溶剂。在不同 pH 值下，β-受体激动剂解离状态影响其溶解性。

β-受体激动剂类药物的结构见表 21-1。

表 21-1　β-受体激动剂类药物的结构

名称	β-受体激动剂通用化学式	R^1	R^2	R^3	R^4	R^5
克伦特罗 （clenbuterol）		—H	—Cl	—NH_2	—Cl	—$C(CH_3)_3$
克伦丙罗 （clenproperol）		—H	—Cl	—NH_2	—Cl	—$CH(CH_3)_2$
克伦潘特 （clenpenterol）		—H	—Cl	—NH	—Cl	—CH_2CH_3
羟甲基克伦特罗 （hydroxymethyl clenbuterol）		—H	—Cl	—NH_2	—Cl	—$C(CH_3)_2$ —CH_2—OH
溴布特罗 （brombuterol）		—H	—Br	—NH_2	—Br	—$C(CH_3)_3$
马布特罗 （mabuterol）		—H	—Cl	—NH_2	—CF_3	—$C(CH_3)_3$
马喷特罗 （mapenterol）	R^3 —HC—CH_2—NH—R^5 结构图：苯环带 R^1、R^2、R^3、R^4，侧链 OH	—H	—Cl	—NH_2	—CF_3	—$C(CH_3)_2$—C_2H_5
西马特罗 （cimaterol）		—H	—CN	—NH_2	—H	—$CH(CH_3)_2$
西布特罗 （cimbuterol）		—H	—CN	—NH_2	—H	—$C(CH_3)_3$
肾上腺素 （adrenalin）		—H	—OH	—OH		—CH_3
特布他林 （terbutaline）		—H	—OH	—H	—OH	—$C(CH_3)_3$
非诺特罗 （fenoterol）		—H	—OH	—H	—OH	—$C(CH_3)$-p-CH_3 PhOH
沙丁胺醇 （salbutamol）		—H	—CH_2OH	—OH	—H	—$C(CH_3)_3$
吡布特罗 （pirbuterol）		—H	—CH_2OH	—OH	—H	—$C(CH_3)_3$
莱克多巴胺 （ractopamine）		—H	—H	—OH	—H	—$C(CH_3)$-p-CH_2CH_2PhOH
福莫特罗 （formoterol）		—H	—NHCHO	—OH	—H	—$CH(CH_3)CH_2$ $PhOCH_3$
氯丙那林 （clorprenaline）		—Cl	—H	—H	—H	—$CH(CH_3)_2$
妥布特罗 （tulobuterol）		—H	—H	—H	—H	—$C(CH_3)_3$
斑布特罗 （bambuterol）		—H	—OCON$(CH_3)_2$	—H	—OCON$(CH_3)_2$	—$C(CH_3)_3$
苯乙醇胺 A （phenylethanolamine A）		—H	—H	—OCH_3	—H	—$C(CH_3)$-p-$CH_2CH_2PhNO_2$

齐帕特罗（zilpaterol）

HCl

21.2

药学机制（抗菌机制）

β-受体激动剂常用来兴奋呼吸道平滑肌和肥大细胞膜表面的 $β_2$-受体，具有舒张气管平滑肌、减少肥大细胞和嗜碱性粒细胞脱颗粒及介质的释放、降低微血管的通透性、增加气道上皮纤毛的摆动等缓解哮喘症状等作用[3]。β-受体激动剂类药物的作用机制是其结构中活性基团结合组织细胞膜中的 $β_2$-受体，激活腺苷酸环化酶，催化三磷酸腺苷（ATP）转化为环一磷酸腺苷（cAMP），cAMP 使蛋白激酶活化，诱发一系列酶的磷酸化过程和生理效应，主要表现为促使支气管、子宫和肠壁平滑肌松弛。因此，在医学和兽医临床上，该类药物主要用于扩张平滑肌，增加肺的通气量，通常可用于治疗支气管哮喘、阻塞性肺炎、平滑肌痉挛和休克等症。另外，也可用于牛、马产道松弛。β-受体激动剂类药物对代谢的影响主要包括胰岛素释放增加和糖原分解增强，使体液中钾离子浓度下降，脂肪分解加强，骨骼肌血管扩张和收缩增强等。β-受体激动剂类药物可以通过口服、肌注或静脉注射等方式给药。一次用药剂量通常低于 1.0ng/g[2]。

21.3

毒理学

20 世纪 80 年代初，美国有研究人员通过一系列的动物实验表明，当 β-受体激动剂类药物的使用剂量超过治疗剂量 5～10 倍时，能对牛、猪、羊、家禽等养殖动物体内营养再分配起到促进作用，导致动物体内的脂肪分解代谢增强，蛋白质合成增加，能显著提高胴体的瘦肉率，改善养殖动物日增重和饲料转化率。如给动物饲喂克伦特罗剂量达到 4～8μg/kg 时，可以提高瘦肉率和饲料转化率，获得很好的经济效益。由此，美国开始将克伦特罗用于动物养殖，并逐渐推广到其他国家[4,5]。随后，我国也一度在饲料及养殖业中应用克伦特罗。由于克伦特罗等 β-激动剂类化合物对提高动物瘦肉率的效果非常明显，故被形象地称为"瘦肉精"。β-受体激动剂的营养再分配作用与动物种属有关，如克伦特罗对大鼠和牛，莱克多巴胺对猪，西马特罗对猪和羊具有很好的促生长作用。在美国，莱克多巴胺是唯一允许使用的猪、牛和火鸡等养殖动物的促生长剂。

目前，世界各国在动物养殖过程中使用最为广泛的 β-受体激动剂类药物是克伦特罗，其次是莱克多巴胺、沙丁胺醇、马布特罗、班布特罗等。近年来，其他 β-受体激动剂类药物也开始被用于动物促生长剂，如溴布特罗、西布特罗、西马特罗等。通常，β-受体激动剂类化合物可作为药物添加剂使用，使用剂量一般均超过 5mg/kg 才能够有效促进动物生长和改善动物肉品质。但高剂量的 β-受体激动剂类药物易在可食性动物组织中残留，当人体摄入剂量累计超过一定值或食入高残留（100ng/g）的内脏组织时，易出现 β-受体激动剂的毒副作用。其中，克伦特罗中毒事件报道较多[6]。1989 年，西班牙发生首例因食用含克伦特罗残留的牛肝汤中毒事件。之后，法国、意大利也相继报道了数起克伦特罗食物中毒事件，报道中毒人数累计 400 余人。我国自 1997 年以来发生多起因食用含有克伦特罗残留的动物性食品中毒事件，最多一次中毒人数超过 500 人。其中，死亡病例报道 1例，但该死者生前患有其他严重疾病，没有直接证据表明是因克伦特罗中毒致死。克伦特罗属于中等毒性物质，中毒症状主要表现为心率过快、呼吸困难、肌肉震颤、头痛、眩晕等，严重者可发生高血压危象。成年人（以体重 60kg 计）食用克伦特罗不出现任何反应的剂量为 2.5μg，即当动物源性食品中克伦特罗残留浓度达到 0.1μg/g 时，成年人食用25g 此类食品后就可能产生不良反应。克伦特罗在可食性动物组织中残留浓度由高到低的顺序依次是：肝脏、肺脏、肾脏、肌肉。

目前，对于 β-受体激动剂类药物在养殖动物体内的代谢残留规律研究较多的是克伦特罗和莱克多巴胺，主要靶动物是猪。克伦特罗在生猪体内吸收代谢很快，主要以药物原型通过尿液排泄，能够在肝脏等组织中蓄积，喂药期和停药期尿液中残留浓度与组织中残留浓度呈正相关，尿液可以作为残留监控的靶组织。刘士杰[7]和单吉浩[8] 对克伦特罗在生猪体内的代谢做了较为详细的研究。生猪饲喂不同浓度克伦特罗 （10mg/kg 、3mg/kg、2mg/kg 、0.5mg/kg）的饲料后，蓄积浓度最高的为肺、肝和肾三种组织，蓄积浓度较低的是肌肉、心脏、血液、脂肪等。猪肝、猪肺和猪肾是克伦特罗的主要蓄积器官。各种组织的降解消除规律基本一致。在停药初期，降解消除速率很快；在停药后期，降解消除速率则变得比较缓慢。在停药初期，高蓄积组织中克伦特罗残留浓度的顺序是肺＞肝＞肾，停药末期浓度顺序是肝＞肾＞肺，表明克伦特罗在肝脏的降解速率最慢，肺组织最快。停药初期和后期，高蓄积组织和低蓄积组织的浓度比值基本一致。高蓄积组织肺、肝、肾与低蓄积组织肉、心脏、血液、尿液之间的浓度比值基本上在(14∶1)～(18∶1)之间。随着克伦特罗饲喂剂量的增加，在动物组织中残留浓度增大，消除时间延长。饲喂高浓度克伦特罗 （10mg/kg） 30 天，经过 60 天停药期后，在猪肝、猪肺、猪肾、猪肉中检出克伦特罗残留；而在心脏、脂肪和血液中未检出 （低于方法检出限 0.2μg/kg）。饲喂3mg/kg 克伦特罗 30 天，经过 60 天停药期，仍能在猪肝、猪肺、猪肾中检出克伦特罗；而在猪肉、心脏、脂肪、血液中未检出。饲喂低浓度克伦特罗 （0.5mg/kg） 30 天，经过60 天停药期，在猪肝、猪肺、猪肾、猪肉、心脏、脂肪和血液等组织中均未检出。生猪饲喂含不同浓度的克伦特罗后，2 小时后即可在猪尿液中检出，说明克伦特罗在动物体内的吸收、代谢非常快。尿液中的残留浓度与其他组织有较强的正相关关系，通过监测猪尿中克伦特罗的含量可以真实地反映生猪各种组织中的克伦特罗残留情况。高浓度克伦特罗（10mg/kg）饲喂 30 天，并经 60 天停药后仍能在猪尿液中检测到克伦特罗的残留；而在其他浓度给药 （3mg/kg、2mg/kg 和 0.5mg/kg） 条件下，停药 60 天后均未在猪尿液中检出克伦特罗。

强致懿[9] 基于停药期间猪组织和尿液样品中莱克多巴胺的残留含量，对莱克多巴胺在猪体内的代谢进行了较为系统的研究。研究了停药时间点 1、2、3、7、9、14 天和猪样品 （肝脏、肾脏和尿液）中莱克多巴胺残留浓度的乘幂曲线关系，并初步探讨了尿液中药物浓度和体内组织药物含量的残留预测模型。结果表明由尿液中药物残留量推断肾脏中的药物水平比由尿液中药物残留量推断肝脏中药物浓度更接近真实情况。对于拟合预测的结果和实测结果的 t 检验显示，差异不显著 （$P>0.05$）。在停药 0 天时肝脏和肾脏中莱克多巴胺的预测值均低于美国食品药品管理局 （FDA） 建立的耐受量及联合国粮农组织和世界卫生组织下的食品添加剂联合专家委员会（JECFA）建立的最大残留限量（MRL）。

21.4

国内外残留限量要求

对于β-受体激动剂在动物组织中的残留限量，不同国家和地区有不同的要求。2019年，我国农业农村部依据《兽药管理条例》的有关规定，在农业部公告第193号等文件的基础上，发布农业农村部公告第250号，将β-受体激动剂类及其盐、酯列入《食品动物中禁止使用的药品及其他化合物清单》，要求所有动物组织和饲料等投入品中不得检出β-受体激动剂。欧盟兽药残留法规 Council Directive 96/22/EC 中规定，禁止在畜牧业中使用β-受体激动剂，而且在欧盟兽药残留法规 Commission Regulation（EU）No37/2010 中规定了瘦肉精的残留限量，对"瘦肉精"的限量较为严格。美国 FDA、EPA、USDA 等机构相互协作来管理和监控美国的兽药市场。在美国，克伦特罗是禁止使用于动物的药物，而莱克多巴胺（RAC）在美国可以合法使用，日允许摄入量（acceptable daily intake，ADI）不超过 1.25μg/kg，在动物内脏（包括肝脏、肾脏）和眼睛等器官组织中，RAC 含量水平更高并且持续更长时间内不能被代谢掉，但是北美人通常不食用动物内脏，而一些内脏在中国等国家却是被食用的。美国对 RAC 限量相较于其他国家较为宽松。日本厚生劳动省兽药残留法规为《肯定列表制度》。除了肯定列表上规定的项目外，日本政府还发布年度进口食品的监控计划。日本对动物组织各部位"瘦肉精"的规定较为全面和明确。不同国家或地区对克伦特罗和莱克多巴胺的相关规定分别见表21-2 和表 21-3。

表 21-2　不同国家或地区对克伦特罗的相关规定

国家或地区	使用情况	最大残留限量/(μg/kg)								
		牛肌肉	牛脂肪	牛肝脏	牛肾脏	牛奶	马肌肉	马脂肪	马肝脏	马肾脏
中国	禁止	—	—	—	—	—	—	—	—	—
美国	禁止	—	—	—	—	—	—	—	—	—
欧盟	禁止	0.1	—	0.5	0.5	0.05	0.1	—	0.5	0.5
日本	禁止	0.2	0.2	0.5	0.5	0.05	0.2	0.2	0.5	0.5

注："—"代表不得检出。

表 21-3　不同国家或地区对莱克多巴胺的相关规定

国家或地区	使用情况	最大残留限量/(μg/kg)							
		牛肌肉	牛脂肪	牛肝脏	牛肾脏	猪肌肉	猪脂肪	猪肝脏	猪肾脏
中国	禁止	—	—	—	—	—	—	—	—
美国	允许	30	—	90	—	50	—	150	—
欧盟	禁止	—	—	—	—	—	—	—	—
日本	允许	10	10	40	90	10	10	40	90

注："—"代表不得检出。

21.5

样品前处理方法

21.5.1 样品类型

针对β-受体激动剂类药物的监测和监管，涉及的主要样品类型有动物养殖投入品，包括饲料和动物饮用水等；可食动物组织，包括肌肉、肝脏、肾脏、肺脏等；动物体液，包括尿液和血液等。近年来，随着对β-受体激动剂在动物体内代谢残留和蓄积规律认识的不断深入，发现动物毛发可以作为β-受体激动剂监测靶标。2022 年，农业农村部发布了《动物毛发中克仑特罗、莱克多巴胺、沙丁胺醇和苯乙醇胺 A 的测定 液相色谱-串联质谱法》。

21.5.2 样品制备和提取

采用何种提取方式取决于样品的特性和β-受体激动剂的存在形态，对于以轭合形态存在的残留，则需要在样品提取时进行水解处理。除克仑特罗外，其他β-受体激动剂在动物组织和生物样品中主要以硫酸轭合物或葡萄糖醛酸轭合物等形式存在，因此须对样品进行水解处理，使待测残留物游离出来或者从组织中释放出来以进行后续检测步骤[10,11]。对动物组织和生物样品中β-受体激动剂残留物进行提取的方法主要包括酶水解法、酸水解法、碱水解法、有机溶剂提取法和其他提取方法。

21.5.2.1 酶水解法

酶水解法又称酶消化法，它是在不同 pH 值及不同温度条件下，用不同的酶使生物检材如组织、血液中呈结合状态的物质解离和释放出来的过程。以轭合物等形式存在的残留物无法用有机溶剂直接提取，只有先采用一定方式促使结合态的残留物解离出来后再用有机溶剂提取，酶水解法就是其中的一种。水解条件对水解效率有显著影响，因此需要严格控制水解过程中的温度和 pH 值。酶水解法常采用的水解酶主要有枯草杆菌蛋白酶、葡萄糖醛酸苷酶、硫酸酯酶、芳基硫酸酯酶及蛋白酶[10]。β-葡萄糖醛酸苷酶/芳基硫酸酯酶的存在能够破坏苯酚类、间苯二酚类β-受体激动剂苯环上的羟基结合位点，能够迅速使β-受体激动剂由结合态转化为游离状态，因而葡萄糖醛酸苷酶、硫酸酯酶或它们的混合酶系是最常用的水解酶。如标准 GB/T 31658.22—2022、农业部 1025 号公告-18-2008、NY/T 3144—2017《饲料原料 血液制品中 18 种β-受体激动剂的测定 液相色谱-串联质谱法》、农业部 1031 号公告-3-2008《猪肝和猪尿中β-受体激动剂残留检测 气相色谱-质谱法》、DB44/T 1006—2012《动物组织中 11 种β-受体激动剂残留的测定 液相色谱-串联质谱法》、农业部 1031 号公告-3-2008《猪肝和猪尿中β-受体激动剂残留检测 气相色谱-质谱法》、农业部 1025 号公告-11-2008《猪尿中β-受体激动剂多残留检测 液相色谱-串联质谱法》均使用了葡萄糖醛酸苷酶、硫酸酯酶或它们的混合酶系进行试样的酶解。但酶解时间较长，通常需十几个小时以上，而实际市场监管常需要批量检测大量的实际样品，工作效率较低[12]。陈蕾等[13] 采用乙腈提取、吸附剂净化的快速前处理方法，省去了国标方法中 12h 的酶解时间，成功地用于猪肉样品中盐酸克伦特罗的快速检测，提高了大宗食品的检验效率。近年来，超声化学因其可显著加速各类生化反应，在化学合成、天然物质提取和蛋白质组学等领域应用广泛，与传统超声波水浴不同，超声探针辅助酶解技术将能量集中于一根直径仅为几毫米的钛探针上，其能量是传统超声波水浴的 100 倍以上，从而大幅提高酶促反应效率，使传统需要十几个小时甚至数天的酶促反应在几分钟内即可完成[12]。中国农业科学院樊霞研究员团队[12] 成功建立了动物组织中 β-受体激动剂残留的超声探针辅助酶解方法，提高了大批量样品处理时的工作效率和检测通量。

21.5.2.2　酸水解法

酸水解法一般在稀盐酸、稀磷酸、稀高氯酸或三氯乙酸溶液中进行。稀酸除具有水解轭合物的作用，还起到沉淀蛋白质的作用。如农业部 1063 号公告-6-2008《饲料中 13 种 β-受体激动剂的检测　液相色谱-串联质谱法》、农业部 1629 号公告-1-2011《饲料中 16 种 β-受体激动剂的测定　液相色谱-串联质谱法》、《动物毛发中克伦特罗、莱克多巴胺、沙丁胺醇和苯乙醇胺 A 残留量的测定　液相色谱-串联质谱法》，以及王守英等[14] 在研究中均用盐酸或者盐酸-甲醇混合溶液提取样品中的 β-受体激动剂残留物。聂建荣等[15]、潘云山等[16]、白凌等[17]、王硕等[18] 利用高氯酸溶液酸解样品完成 β-受体激动剂残留物的提取。莫彩娜等[19] 采用磷酸-甲醇溶剂完成提取流程。吴永宁等[20] 在用高效液相色谱-线性离子阱质谱法测定畜禽肌肉中沙丁胺醇等 β2-受体激动剂残留时，采用三氯乙酸水解。用稀酸水解轭合物时一般采用水浴超声辅助萃取，然后再在一定温度的水浴中水解，因此酸水解过程也是萃取过程。如 NY/T 3145—2017《饲料中 22 种 β-受体激动剂的测定　液相色谱-串联质谱法》文件除了规定使用盐酸甲醇提取液进行提取，还采用了超声辅助手段完成试样的提取过程。顾国平等[21] 还利用超声辅助高氯酸溶液完成了猪肉中盐酸克伦特罗的提取分析。

21.5.2.3　碱水解法

碱水解法常用于毛发样品中 β-受体激动剂轭合物的水解，是毛发中克伦特罗提取最常见的方式，一般采用 NaOH 或 KOH 进行处理，不同方法所用提取液浓度、提取温度及提取时间不尽相同，一般操作比较简单。Fente 等用氢氧化钠溶液水解牛毛发测定其中的 β-受体激动剂残留[22]。针对毛发中克伦特罗的检测，酸水解比碱水解更有效，主要原因可能是由于碱与克伦特罗反应，使其无法质子化，难以形成分子离子 [M＋H]+ 峰，用 LC-MS/MS 无法进行有效检测[23]。张雪曼等[24] 在测定动物尿液中克伦特罗和沙丁胺醇含量时，先用 NaOH 溶液调节尿液的 pH，再进行提取。Lau 等[25] 在测定牛眼中沙丁胺醇和克伦特罗含量时，利用碱性缓冲液进行水解。一般情况下，碱液浓度越大，提取温度越高，所需水解时间越短。从现有文献报道来看，使用碱水解的相对较少。

21.5.2.4　有机溶剂提取法

有机溶剂提取法是一种常用的分析技术，它用于提取和分离有机物质中的有效成分，并将其集中到一个封闭系统中。有机溶剂提取法最初由德国科学家 Hermann Kolbe 于 1840 年发明，旨在更好地分离和提取有机质中的有效成分。高燕红等[26]、蔡春平等[27] 采用丙酮提取饲料中的莱克多巴胺、克伦特罗和沙丁胺醇，无须净化即可进行检测。张文华等[28]、哈婧等[29] 利用乙酸乙酯提取技术建立了测定猪尿和猪肉中克伦特罗含量的分析方法。翟晨等[11] 在碱性环境下利用乙酸乙酯对猪肉样品中沙丁胺醇进行提取，建立了基于表面增强拉曼技术的快速检测肌肉组织和肝脏中瘦肉精含量的方法。关学农等[30]、刘瑜等[31] 通过乙腈提取牛乳和血液样品中的 β-受体激动剂成功用于后续超高效液相色谱-串联质谱法测定。岳秀英等[32] 用乙腈、无水硫酸钠提取了牛奶中残留的盐酸克伦特罗用于后续 GC-MS 测定。彭科怀等[33] 使用正己烷完成了猪尿中克伦特罗残余物的提取。Turberg 等[34] 用甲醇萃取猪和火鸡组织中的莱克多巴胺，经高效液相色谱法测定。

21.5.2.5 其他提取方法

磁性材料在分析化学中的应用日渐普遍，有效地简化了前处理流程，提高了富集效率，缩短了前处理时间[35-37]。免疫磁珠分离技术是以抗体包被的磁珠为载体，利用抗原、抗体的特异性结合形成抗原-抗体-磁珠复合物，该复合物在磁场作用下可定向运动，从而实现抗原的特异性分离，可以有效地简化前处理流程，缩短前处理时间，提高富集、净化效率[38,39]。李超辉等[39] 以生物素-链霉亲和素系统为介导，将克伦特罗单克隆抗体与纳米磁珠偶联制备免疫磁珠，建立了特异性快速富集提取猪肉中盐酸克伦特罗的方法。超声波具有的机械效应、空化效应及热效应对细胞壁渗透力更强，促使细胞内含物更易释放[40]。朱慧贤等[41]、康莉等[42]、彭永芳等[43]、韩巍等[44]、张群等[45] 仅用水浴超声振荡提取即完成了饲料和肉中盐酸克伦特罗的快速分离。超临界流体萃取技术利用超临界流体作为提取剂，从液体或固体中提取出特定成分，以达到分离目的。超临界萃取的特点决定了其应用范围十分广阔。如在医药行业、食品行业、化学工业中均有应用。O′Keeffe 等[46] 采用超临界流体萃取牛肝中的克伦特罗和沙丁胺醇后经 ELISA 测定。

21.5.3 样品净化方法

在化学分析中，样品净化主要是为了去除样品基质对目标分析物的干扰。样品基质主要是指样品中目标分析物之外的物质。通常情况下，样品基质对目标分析物的分析具有较为显著的干扰，进而影响分析结果的准确度和精密度，这些影响和干扰被称为基质效应（matrix effect）。在不同的分析方法中，基质效应的作用和影响规律也不同。例如，样品杂质改变溶液的离子强度，进而对目标分析物活度系数有影响；在 ELISA 分析中，样品中杂质可能与抗体发生反应，产生假阳性；样品中杂质会影响 LC-MS/MS 分析过程中喷雾液滴的极性，干扰目标物的电离；在色谱分析过程中，样品基质成分可能会对目标分析物的分离产生干扰。在质谱分析过程中，样品基质效应对确证分析结果的准确性和精密度的影响仍然是一个巨大挑战。LC-MS/MS 仪器原理决定了样品基质效应的存在。无论是电喷雾电离源还是大气压化学电离源，目标分析物与样品基质成分共存，导致喷雾液滴表面电荷分布变化，影响雾化效果进而影响质谱电喷雾接口的离子化效率改变，表现为离子增强或离子抑制作用。Richard 等[47] 研究发现，LC-MS/MS 基质效应与喷雾液滴中非挥发性的基质组分有较大关系。非挥发性基质组分强化了雾滴的强度，阻止雾滴进一步分裂，影响了目标分析物的离子化效率。通常情况下，此类基质效应对目标物的响应强度具有抑制作用。基质效应现象已引起众多研究人员[48-50] 的重视，一致认为应用 LC-MS/MS 建立痕量残留分析方法时应评价基质效应的强度。2001 年，美国食品药品管理局（FDA）在《生物分析方法验证准则》中对 LC-MS/MS 检测中的基质效应提出了明确要求，指出在开发和验证 LC-MS/MS 检测方法过程中需要对基质效应进行评价。因此，在复杂样品基质中痕量目标物的分析中，样品前处理对于消除样品基质干扰，提高检测灵敏度和准确度发挥了重要作用。

最常用的样品净化方法包括液-液萃取（LLE）、固相萃取（SPE）、固相微萃取（SPME）、免疫亲和色谱（IAC）等。但在目前的程序中，上述不同的方法总是结合在一起，以减少样品基质的干扰。例如，Moragues 等[51] 开发了一种方法，包括水萃取和两步净化，以减少β-受体激动剂的基质效应。结果表明，该方法具有更高的特异性和更好的信噪比。Shao 等[52] 将 Oasis HLB 和 MCX SPE 药筒结合起来，以减少样品基质效应，并开发了猪肉组织中 16 种 β-受体激动剂的同时分析方法。通过采用基质加标校准曲线，以消除样品制备过程中的基质效应和损失。对于β-受体激动剂的 CCα 和 CCβ 分别为 $0.02\sim0.79\mu g/kg$ 和 $0.04\sim1.62\mu g/kg$。

21.5.3.1　固相萃取技术

β-受体激动剂药物残留含量低，常规的待检基质如尿液成分复杂，有效的提取和纯化是后续检测的先决条件。固相萃取技术[53] 主要利用β-受体激动剂分子与 C_{18} 萃取柱或磁性纳米颗粒固定相相互作用，随后采用反向色谱柱在液相色谱仪、高效液相色谱-串联质谱仪等系统进行检测。SPE 具有成本低、灵敏度高、回收率好、样品转移量小等优点，整个过程操作简单，安全性高。柱内部试剂的吸附能力直接影响了萃取效率和分析灵敏度。近年来，为了提高 SPE 的吸附性能，研究者采用如石墨烯基纳米复合材料、功能化共价有机框架（COFs）、磁性纳米颗粒等多种手段提高萃取柱对目标分析物的选择性和特异性吸附。目前用于从复杂样品中提取β-受体激动剂的 SPE 吸附剂有 C_{18}、聚合阳离子交换树脂、二苯基苯、混合模式阳离子交换（MCX）、多孔有机聚合物（POPs）等。其中 POPs 是一类由有机单体合成的新型多孔材料，根据其结构特征和制备方法，分为超交联聚合物（HCPs）、固有微孔隙率聚合物（PIMs）、共价有机框架（COFs）、共轭微孔聚合物（CMPs）、共价三嗪框架（CTFs）和多孔芳香族框架（PAFs）等类型。这种材料具有良好的理化稳定性、结构和功能多样性，可与β-受体激动剂中苯基乙醇胺结合，从而实现β-受体激动剂的选择性提取。Janku 等[54] 采用多孔聚合物整料开发了在线 SPE-LC 系统，测定尿液样本中的莱克多巴胺。基于与多巴胺顺式二醇的特定成环反应，使用 4-乙烯基苯基硼酸单体聚合混合物制备捕集柱萃取多巴胺，用具有两性离子官能团的固定相制备毛细管色谱柱，用于多巴胺的分离。Wu 等[55] 采用直接编织法合成了一种具有高比表面积的功能化膦基有机多孔聚合物（PPOP），用于牛奶中β-受体激动剂的萃取。UPLC-HRMS 分析结果显示 PPOP 具有良好的吸附能力，回收率在 $62.4\%\sim119.4\%$ 范围内，相对标准差为 $0.6\%\sim12.1\%$（$n=4$），从而提高了方法灵敏度（LOQ：$0.05\sim0.25ng/g$）。且该方法的重现性良好，日间精密度低于 11.7%（$n=5$），日内精密度低于 12.2%（$n=4$），可成功地应用于乳制品中 10 种β-受体激动剂的吸附与检测。

共价有机聚合物（COPs）是一种由共价键构成的有机聚合物，因其良好的热稳定性、可调的孔隙结构，在储气、催化、传感等方面有极大的应用潜力。以苯乙胺为主要结构的β-受体激动剂可通过疏水基团的疏水作用或带正电荷的氨基的阳离子交换作用被聚合物吸附。Xiao 等[56] 利用该原理设计了一种新颖的磺酸酯键合的共价有机聚合物（COP TP-BA-BPDA @SA），具有良好的抗干扰能力、令人满意的混合模式提取能力，以及良好的适用性。该研究针对所需的 SPE 性能优化了洗脱条件，如洗脱液的 pH 值、甲酸百分比和乙腈百分比，检出限在 $0.08\sim0.22\mu g/kg$ 之间。三种加标水平（$0.4\mu g/kg$、$4.0\mu g/kg$、$8.0\mu g/kg$）在不同样品中的回收率在 $83.2\%\sim98.5\%$ 之间，RSD 小于 5.2%。

石墨烯和磁性石墨烯（MG）是具有超高比表面积、高稳定性、高吸收能力、高耐酸碱性的新型纳米材料。Wang 等[57] 建立了一种用于猪尿中 9 种微量 β-受体激动剂药物高效提取纯化的 MG-DSPE 技术。主要步骤为将 MG 颗粒与尿样混合吸附被分析物，然后用外磁场将 MG 颗粒与尿样进行分离，对 MG 表面吸附的分析物进行洗脱分析。此方法简单、快速，可实现高富集系数。更重要的是，MG 可以被重复使用几十次，具有很好的回收性能。纳米纤维静电纺丝具有独特的机械和化学性能，如较大的表面积和体积比，价廉易得，也是一种有潜力的固相萃取吸附材料。Chu 等[58] 设计了一种基于填充纤维固相萃取和超高效液相色谱-串联质谱（PFSPE-UPLC-MS/MS）的选择性分析方法，用于测定 6 种 β-受体激动剂。通过静电纺丝法制备了聚苯乙烯-聚合冠醚（PS-PCE）复合纳米纤维，对极性靶分子的吸附位点增加，吸附效应增强。在此基础上优化培养基的 pH 值和洗脱液的体积，从猪肉样品中有效提取目标化合物并实现很好地分离，回收率为 $79.3\%\sim110.1\%$，且在 $5.0\sim25.0\mu g/kg$ 范围内线性关系良好。

Mastrianni 等[59] 在 HamiltonMicrolab® NIMBUS96® 平台上使用自动分散移液萃取（DPX）这一固相萃取技术萃取了猪肉中的 10 种 β-受体激动剂（西马特罗、特布他林、沙丁胺醇、异克舒令、莱克多巴胺、西布特罗、克伦特罗、溴布特罗、马布特罗和马喷特罗）。DPX 利用填充有松散吸附剂的移液管尖端通过多个抽吸和分配步骤进行，松散的吸附剂在被吸入和分配的溶液中分散。整个过程自动化且快速高效，可最大限度地提高回收率（$>85\%$），检出限为 $0.7ng/g$。

21.5.3.2　分子印迹技术

样品中 β-受体激动剂分析常用的前处理技术主要有液-液萃取（LLE）、固相萃取（SPE），以及免疫亲和萃取等。由于 β-受体激动剂检测样品种类繁多，基质成分复杂，常规固相萃取柱前处理主要基于离子交换的原理，缺乏选择性，不能有效富集目标分析物和消除基体干扰，影响常规快速检测方法以及大型仪器对兽药残留的有效检测。免疫亲和 SPE 柱抗体制备程序复杂，使用环境要求苛刻，且目标范围有限，不宜规模化生产和推广。因此，基于分子识别原理开发具有选择性且适用性强的新型样品前处理技术，对于有效降低或消除样品基质干扰，提高样品中 β-受体激动剂残留检测灵敏度和准确性十分重要。分子印迹聚合物（MIP）是基于分子识别原理，具有预定性、识别性和实用性。因此，MIP 具有从复杂样品中选择性提取目标分析物或与其结构相近的某一类化合物的能力，适合作为固相萃取填料、固相微萃取涂层以及分子印迹薄膜来分离富集复杂样品中的痕量分析物，克服样品基质复杂、预处理烦琐等不利因素，达到样品分离纯化的目的。自 Sellergren[60] 首次报道在 SPE 中使用 MIP 材料以来，分子印迹固相萃取技术（MISPE）在国外逐渐被广泛研究和应用。Kootstra 等[61]、Blomgren 等[62]、Davies 等[63] 和 Widstrand 等[64] 应用分子印迹技术结合 LC-ESI-MS/MS 研究了 MIP 对牛肉、尿液等样品基质中 β-受体激动剂的净化效果。结果表明，MIP 柱能够有效去除样品基质干扰，降低在检测过程中样品基质对目标分析物的基质抑制，对样品中 β-受体激动剂的检出限为 $0.13ng/g$，定量限为 $0.23ng/g$。但此类分子印迹材料识别能力有限，只能识别 7 种 β-受体激动剂化合物。Xu 等[65] 以莱克多巴胺为模板分子，通过在磁性转子表面聚合获得具有选择性识别的表面印迹聚合物，能够对莱克多巴胺、克伦特罗、异克舒令和非诺特罗四

种 β-受体激动剂化合物进行有效识别，结合液相色谱建立了猪肝、猪肉和饲料中四种化合物的检测方法。该方法的检测限低于 0.21ng/g，对于不同样品基质中不同添加浓度的回收率高于 73.6%，相对标准偏差低于 8.1%。

近年来，国内以中国农业科学院苏晓鸥团队为代表的研究团队在分子印迹聚合物提升 β-受体激动剂前处理效率方面取得系列进展。他们以莱克多巴胺为模板分子，甲基丙烯酸为功能单体，乙二醇二甲基丙烯酸酯（EDMA）为交联剂，在亲水性聚偏氟乙烯（PVDF）膜上通过表面接枝聚合法获得了莱克多巴胺分子印迹膜。该分子印迹膜能够对莱克多巴胺、利托君和福莫特罗 3 种 β-受体激动剂类化合物进行特异性识别。结果表明莱克多巴胺分子印迹膜具有良好的选择性、较强的富集能力，能够有效消除样品基质对目标分析物的干扰，提高复杂样品基质中 3 种 β-受体激动剂检测的灵敏度和准确性。在优化条件下，方法的检测限和定量限分别低于 0.006ng/mL 和 0.02ng/mL，回收率高于 67.9%，相对标准偏差低于 10.8%。该团队进一步以苯乙醇胺 A 为模板分子，对乙烯苯甲酸为功能单体，二乙烯苯为交联剂，通过沉淀聚合获得新型分子印迹聚合物。由于对乙烯苯甲酸具有更为丰富的功能基团，使获得的分子印迹聚合物对 β-受体激动剂具有更好的亲和力和吸附容量，吸附容量达到 12.6μg/g，且对克伦特罗等 5 种 β-受体激动剂类化合物具有选择性吸附能力。为了克服痕量分析中模板分子渗漏造成的干扰，该团队以 4-羟基苯乙醇为虚拟模板分子，甲基丙烯酸为功能单体，乙二醇二甲基丙烯酸酯为交联剂，通过沉淀聚合获得了对 β-受体激动剂具有类特异性识别能力的分子印迹聚合物，能够有效识别 14 种β-受体激动剂，是识别能力较强、吸附范围较广的分子印迹聚合物材料。

21.5.3.3 其他净化技术

液-液萃取法又称溶剂萃取或抽提，是用溶剂分离和提取液体混合物中组分的过程。在液体混合物中加入与其不相混溶（或稍相混溶）的溶剂，利用其组分在溶剂中的不同溶解度而达到分离或提取目的。常规液-液萃取所需的溶剂和样品量太大，液相微萃取（LPME）在一定程度上可以减少溶剂的消耗。主要通过先将尿液等水样提取到有机相中，然后反提取到水受体相。但是对于沙丁胺醇（SB）和特布他林（TB）这种高亲水性激动剂，在疏水介质中的提取相对困难。因此，需要一些有效的驱动力。由于可电离化合物在电场中可以跨膜迁移，利用电位差作为驱动力效果优于单纯中空纤维液相微萃取。Reza-zadeh 等[66] 采用电膜萃取法萃取沙丁胺醇和特布他林。选用 2-硝基苯辛醚（NPOE）作为支撑液膜，并优化其中邻苯二甲酸二（2-乙基己基）酯（DEHP）与磷酸三辛酯（TE-HP）的比例，优化后的条件是 10% DEHP、10%TEHP、80%NPOE 作为最优负载的液膜放入中空纤维内腔内的 pH 1.0 的酸性受体溶液中。在此基础上进一步优化体系的 pH、萃取时间，施加电压等因素。最优条件下可有效提取 SB 和 TB，回收率分别为 53% 和 43%，检测限达分别为 10ng/mL 和 5ng/mL。具有简单、线性范围宽、灵敏度高、重复性好等优点，可用于水样、尿液中 SB、TB 的分析测定。

液-液萃取多使用有毒的有机溶剂。除此之外，采用离子对试剂、水混溶有机溶剂也可提取 β-受体激动剂和极性有机化合物。Vichapong 等[67] 建立了一种简单、灵敏的高效液相色谱法测定猪肉中的 β-受体激动剂。首次应用四丁基溴化铵作为离子对试剂，水-乙腈为萃取溶剂萃取 β-受体激动剂（沙丁胺醇、克伦特罗和莱克多巴胺），无须离心直接注射到高效液相色谱仪中进行分析。通过优化缓冲液的浓度和 pH 值、盐的添加量、四丁基溴化铵的浓度以及萃取溶剂的类型和体积，辅以基质匹配校准消除了来自实际样品的基质干扰。在最佳条件下，回收率在94%～106%之间。该方法分离速度快，效率高，分析效果好。

QuEChERS是一种快速、简便、廉价、有效、安全的方法，在各种高含水量食品基质中农药的多种类、多残留分析中应用十分广泛。可最大限度地减少了提取和清理过程所需的时间，而且成本低。此外，QuEChERS程序减少了样品量和所需的实验室玻璃器皿数量，并降低了溶剂消耗。QuEChERS程序中通常使用的清理剂为PSA和C_{18}。由于β_2-受体激动剂是碱性化合物，因此可以溶解在酸性水溶液中，使用清洁剂（如DVB-NVP-SO_3Na）进行清理。基于此，Xiong等[68]采用QuEChERS方法合成了DVB-NVP-SO_3Na，用于肉类样品中β_2-受体激动剂的纯化提取，之后采用LC-MS/MS直接分析，建立了一种快速多残留检测法测定肉类样品中10种β_2-受体激动剂（塞曼特罗、特布他林、沙丁胺醇、非诺特罗、莱克多巴胺、氯丙那林、克伦特罗、妥布特罗、苯乙醇胺A和环戊丁心安）。该方法只需要离心和涡流等纯化方法，相比于需要多个程序的固相萃取技术，更加快捷。此外，该方法具有较高的灵敏度和准确性，良好的抗干扰能力和重现性。

21.6

残留分析方法

21.6.1 仪器分析方法

用于β-受体激动剂检测的仪器分析技术主要有液相色谱（LC）、毛细管电泳（CE）、气相色谱-质谱（GC-MS）以及液相色谱-串联质谱（LC-MS/MS）等。仪器检测的主要优点是分析结果精确度高，缺点是操作技术要求高，对于生物样品基质需要复杂的前处理。

21.6.1.1 色谱法

LC主要通过化合物在流动相和固定相的保留能力的差异对目标物和杂质进行分离，使得各组分被固定相保留的时间不同，从而按一定次序由固定相中流出。与适当的柱后检测方法结合，实现混合物中各组分的分离与检测。Turberg等[69]应用高效液相色谱结合电化学检测器建立了猴子和猪血清中莱克多巴胺的测定方法。方法在0.5～40ng/mL范围内具有良好的线性关系，方法的定量限为2.0ng/mL，考察添加浓度1.0～20ng/mL范围内方法的准确度和精密度。Lin等[70]应用高效液相色谱结合电化学检测器研究建立了牛组织中克伦特罗的检测方法。方法的检测限为2.0ng/mL，方法的回收率高于75%。Koole等[71]通过免疫亲和净化，应用高效液相色谱结合电化学检测器研究建立了克伦特罗、西马特罗、溴布特罗、马步特罗和马喷特罗5种β-受体激动剂类药物的检测方法。方法的检测限为ng/mL水平，回收率高于79%。Kramer等[72]通过N-(氯甲酰基)-咔唑（CARB）衍生，应用高效液相色谱结合荧光检测器建立了人血清中非诺特罗的测定方法。方法的检测限为ng/mL水平，回收率高于91%。

21.6.1.2 色谱-质谱联用

色谱-质谱联用仪主要有 GC-MS 和 LC-MS/MS，色谱-质谱联用仪充分结合了色谱的高效分离和质谱的高灵敏度，实现了色谱的时间分离和质谱空间分离的有机结合，适合于复杂样品基质中痕量 β-受体激动剂类药物的检测。GC-MS 主要适用于小分子、易于挥发化合物的检测。由于 β-受体激动剂类药物极性较强，难以气化，故在分析检测前需要衍生化。Hernandez 等[73] 研究建立多残留 GC-MS 检测方法用于牛组织中 β-受体激动剂类药物的检测。通过固相萃取消除样品基质影响，目标分析物应用 MSTFA 进行衍生，方法的回收率为 27.0%～53.2%，检测限为 10ng/g。因为衍生产物的稳定性对于 β-受体激动剂的检测至关重要，Reig 等[74] 考察了 MSTFA、BSTFA 和 MBA 等衍生试剂对 β-受体激动剂衍生产物的稳定性。结果表明，MBA 衍生试剂表现出较好的稳定性，结合 GC-MS 检测，具有较好的灵敏度。

随着大气压电离源（API）的发展，LC-MS/MS 开辟了复杂样品基质中痕量药物残留检测的新时代，逐渐成为复杂样品基质中 β-受体激动剂检测的强大工具。Blanca 等[75] 应用 LC-MS/MS 建立了动物肝脏和尿液中克伦特罗、莱克多巴胺和齐帕特罗的检测方法，方法的检测限和定量限分别低于 0.11ng/g 和 0.15ng/g。方法的回收率高于 80%，同时方法具有很好的稳定性，相对标准偏差低于 5.2%。Shao 等[52] 应用 UPLC-MS/MS 研究建立了猪肝、猪肉以及猪肾中 16 种 β-受体激动剂的检测方法。研究人员考察了 3 种样品基质对目标分析的基质效应，同时通过样品基质补偿以消除样品基质对目标分析的干扰。Nielen 等[76] 研究建立了猪和牛的饲料、尿液以及毛发中 22 种 β-受体激动剂的测定方法。

21.6.1.3 其他方法

近年来，质谱仪器得到迅速发展。质谱的灵敏度和分辨率得到极大提升，质谱直接进样技术得到开发。中国农业科学院相关研究团队建立了基于大气压固体探针-串联质谱（ASAP-MS/MS）检测动物尿液中 β-受体激动剂类药物快速筛选方法。在优化条件下，方法的检测限达到 0.2ng/mL，回收率高于 58.5%，相对标准偏差低于 15.9%。该技术操作简单，分析时间大大缩短，平均一个样品的分析时间不到 10min。最为重要的是，借助于质谱的高灵敏度和 ASAP 较小的样品基质效应，该方法无需样品前处理。

21.6.2 免疫测定方法

21.6.2.1 半抗原设计

半抗原的设计是小分子抗体制备的关键步骤，决定着制备抗体的性质。由于 β-受体激动剂主要包括苯胺型、苯酚型和二酚型等三种类型，不同类型的 β-受体激动剂半抗原设计策略也存在较大差异。苯胺型的 β-受体激动剂通常是在芳香氨基处以重氮化法进行衍生化，从而制备半抗原。如 Du 等[77] 采用重氮化法将溴布特罗进行了衍生化以制备半抗原，最终获得的多克隆抗体对溴布特罗的 IC_{50} 为 0.17ng/mL，且对克伦特罗、莱克多巴胺、沙丁胺醇和苯乙醇胺 A 等多个 β-受体激动剂没有交叉反应。而对于苯酚型和二酚型的 β-受体激动剂，重氮化法同样也是常用的半抗原衍生化策略。典型的苯酚型 β-受体激动剂苯乙醇胺 A 通常就是以重氮化法进行衍生化半抗原设计，Zhang 等[78] 通过催化加氢合成了苯乙醇胺 A 的胺化衍生物，再通过重氮化与牛血清白蛋白偶联制备免疫原。获得了苯乙醇胺 A 的单克隆抗体，IC_{50} 为 0.204ng/mL，与其他 15 个常见的 β-受体激动剂基本不存在交叉反应。相对于苯胺型的 β-受体激动剂，苯酚型和苯二酚型的 β-受体激动剂的半抗原设计策略更加灵活，苯酚型结构中的仲胺处和苯二酚型的 β-受体激动剂的醇羟基处也常作为衍生化位点进行半抗原设计。Yuan 等[79] 通过直接将沙丁胺醇的醇羟基与琥珀酸酐反应制备了含有羧基的沙丁胺醇半抗原，所获的抗体对沙丁胺醇的 IC_{50} 为 0.47ng/mL。

对于广谱 β-受体激动剂抗体半抗原的设计，由于结构差异较大，要实现对所有 β-受体激动剂的识别几乎是不可能的。但目前也有少量关于广谱 β-受体激动剂抗体半抗原的报道，这些广谱 β-受体激动剂抗体半抗原的设计基本上均以沙丁胺醇结构进行改造，如 Wang 等[80] 首先通过 R-(—)-SAL 合成了衍生的半抗原，产生了能够识别 31 个 β-受体激动剂及其类似物的超广谱单克隆抗体。

21.6.2.2 抗体制备

具有所需亲和力和特异性的抗体是免疫测定的核心。抗体决定着免疫分析的灵敏度和特异性。目前针对 β-受体激动剂的抗体主要包括两类，一类是针对特定 β-受体激动剂的高特异性抗体，另一类是针对多种 β-受体激动剂的具有广谱识别性的广谱识别抗体。

（1）**β-受体激动剂的高特异性抗体制备**　Liu 等[81] 基于莱克多巴胺的片段结构半抗原制备了一株 IC_{50} 为 0.34ng/mL 的单克隆抗体，其对于克伦特罗和沙丁胺醇没有显著交叉反应。随后，Gu 等[82] 基于同一半抗原获得了莱克多巴胺的单克隆抗体，其 IC_{50} 为 0.05ng/mL，对克伦特罗、福莫特罗、苯乙醇胺 A 和沙丁胺醇的交叉反应率低于 0.1%。Wang 等[83] 则通过在莱克多巴胺的仲胺原子引入了三种具有不同间隔臂长度和衍生位点的新型莱克多巴胺半抗原，获得的多克隆抗体 IC_{50} 低至 0.12ng/mL，与克伦特罗、沙丁胺醇等 10 种 β-受体激动剂不存在交叉反应。针对沙丁胺醇，Liu 等[84] 设计了一种新的沙丁胺醇半抗原，保留了苯环的结构，并去除了其他 β-受体激动剂共有的叔丁基，得到了针对沙丁胺醇的高特异性抗体，抗体对沙丁胺醇的 IC_{50} 为 0.31ng/mL，而对莱克多巴胺和沙丁胺醇的交叉反应率低于 0.1%。而对于克伦特罗，Bui 等[85] 分别通过马来酰亚胺和硫醇与苯环的脂肪族胺反应合成了两种新型半抗原。与先前报道的重氮化方法相比，两种新型半抗原获得的抗体对克伦特罗具有较高的亲和力和特异性，IC_{50} 值为 0.4ng/mL，并且对肾上腺素、沙丁胺醇和特布他林几乎没有交叉反应。

（2）**β-受体激动剂的广谱识别抗体制备**　由于多种 β-受体激动剂可能同时被非法滥用。因此，通过制备广谱识别抗体，实现多种 β-受体激动剂的同时检测尤为重要。Liu 等[86] 设计合成了一种琥珀酸酐衍生的 SAL 半抗原，突出 β-受体激动剂的公共苯乙醇胺环并获得了一株广谱单克隆抗体，其对 SAL 的 IC_{50} 值为 1.04ng/mL，可检测溴布特罗、班布特罗、克伦特罗、西马特罗、吡布特罗、马喷特罗和特布他林等多种 β-受体激动剂，交叉反应率在 20%～83.3% 之间。此后，Peng 等[87] 和 Yuan 等[79] 使用沙丁胺醇作为半抗原，分别获得的两株单克隆抗体 IC_{50} 为 0.46ng/mL 和 0.47ng/mL。这两株单抗对克伦特罗、莱克多巴胺、沙丁胺醇等 8 种 β-受体激动剂的交叉反应率在 1%～100% 之间。

尽管上述研究已经制备了针对 β-受体激动剂的广谱抗体，但均无法同时识别三种典型的受体激动剂，即克伦特罗、莱克多巴胺和沙丁胺醇。这可能是因为这三种化合物属于不同的 β-受体激动剂类型，结构上存在显著差异。Liu 等[88] 通过重氮化反应将克伦特罗和莱克多巴胺偶联到 BSA 的同一载体蛋白上，合成了克伦特罗-莱克多巴胺二聚体人工抗原，得到了一种能同时结合克伦特罗和莱克多巴胺的多克隆抗体。该抗体可识别 7 种 β-受体激动剂，包括 1 个苯二酚型 β-受体激动剂和 6 个苯胺型 β-受体激动剂。然而，该策略不适用于实际样品筛选，因为这些具有多功能特异性的不同抗体的 pAbs 可以通过简单的混合很容易地实现。更重要的是，不同抗体的混合物很难在单个样本中建立小分子的竞争免疫测定法。

21.6.2.3　免疫分析技术

（1）侧流免疫色谱分析　侧流免疫色谱试纸条应用了竞争抑制免疫色谱的原理，样本中的目标分析物在色谱流动过程中与金标抗体结合，占据了抗体上特异性识别位点，抑制硝酸纤维膜检测线上抗原与抗体的结合，信号读取多采用胶体金。因此，若样品中目标分析物含量大于一定浓度，检测线不显色，则表示样品为阳性；反之，检测线显色，结果表示样品为阴性。目前，市场上主要有克伦特罗、莱克多巴胺和沙丁胺醇 3 种 β-受体激动剂的胶体金试纸条。不同的胶体金试纸条产品灵敏度有较大差异，克伦特罗检测卡产品对动物组织和尿液中克伦特罗检测灵敏度为 2～3ng/mL。莱克多巴胺试纸条对饲料样品中莱克多巴胺检测灵敏度为 10ng/mL，动物组织和尿液中莱克多巴胺检测灵敏度为 5ng/mL。沙丁胺醇试纸条对尿液中沙丁胺醇的检测灵敏度为 5ng/mL。值得注意的是，胶体金试纸条仅是一种定性的筛选鉴定方法，不能确定目标分析物在样品中的精确浓度。在检测过程中，检测过程操作失误或样品中存在干扰物质，有可能导致错误的结果。特别是实验操作环境和温度对检测结果影响较大，环境温度过低时，会影响线条浓淡，并可能出现假阳性结果，因此环境温度最好不低于 10℃。

为了进一步提升检测灵敏度，研究人员采用发光纳米材料替代胶体金，开发了系列高灵敏度的侧流免疫色谱分析技术。Wang 等[89] 应用发光的红色荧光微球标记克伦特罗、莱克多巴胺和沙丁胺醇的单克隆抗体，通过竞争免疫反应，实现对 3 种常见 β-受体激动剂的半定量检测，对 3 种 β-受体激动剂的检测限分别为 0.1ng/g、0.1ng/g 和 0.09ng/g。由于荧光信号的定量变化，可以对样品中 β-受体激动剂进行半定量检测，检测回收率为 70.0%～100.5%。进一步，该团队应用具有良好交叉反应的单克隆抗体，通过荧光微球标记，实现了 9 种 β-受体激动剂的高灵敏检测，检测通量进一步提升[90]。通常，复杂多变的样品基质会对荧光微球的发光产生干扰。为了避免样品基质的干扰，Wang 等[91] 制备了一种上转换发光纳米材料。该上转换发光纳米材料能够在低能量光下激发，产生高能量发射光，可有效消除样品基质杂散光的干扰，提高检测灵敏度和定量准确度。应用该上转换发光材料标记克伦特罗抗体，通过竞争免疫反应，制备出一种 β-受体激动剂的侧流免疫色谱分析方法。该方法对克伦特罗的检测限达到 0.01ng/g，检测回收率为 73.0%～92.2%，相对标准偏差低于 12%，是目前报道的方法中检测灵敏度最高的技术。

另外，苯乙醇胺 A 作为一种新型的 β-受体激动剂，在其出现之初引起了畜牧养殖业的极大震动。为了更好地监控苯乙醇胺 A 在畜牧养殖过程中的非法使用，中国农业大学江海洋课题组研发了苯乙醇胺 A 的单克隆抗体。该抗体与苯乙醇胺 A 的交叉反应率为 100%，与其他 β-受体激动剂的交叉反应率低于 1.7%。进一步应用该抗体，开发出侧流免疫色谱分析技术。对苯乙醇胺 A 的检测限达到 5ng/g，检测时间仅需 5min。

（2）**酶联免疫分析技术（ELISA）**　酶联免疫分析技术是指以酶作为标记物，以抗原和抗体之间的免疫结合为基础的固相吸附测定方法。通常，抗原或抗体通过蛋白质和聚苯乙烯表面间的疏水性部分相互作用的物理吸附方式固定于固相载体表面，且能够保持抗体或抗原的免疫学活性。抗原或抗体可通过共价键与酶连接形成酶结合物，酶结合物与相应抗原或抗体结合后，可根据加入底物的颜色反应来判定是否有免疫反应的存在，而且颜色反应的深浅是与标本中相应抗原或抗体的量成正比例的，因此，可以按底物显色的程度确定试验结果。Degand 等[92] 以克伦特罗叠氮衍生物结合人血清白蛋白对新西兰兔进行免疫，获得克伦特罗多克隆抗体，并建立了动物尿液和肝脏组织的酶免疫分析方法。方法在尿液和肝脏组织中的检测限分别为 0.15ng/mL 和 0.3ng/g。Bucknall 等[93] 用克伦特罗偶联卵清蛋白（OVA）免疫家兔获得了抗克伦特罗的多克隆抗体。与竞争 ELISA 检测法组合检测牛肝中的克伦特罗残留，在 99％的置信区间检测限达到 0.5ng/g。Petruzzelli 等[94] 用克伦特罗-牛血清白蛋白偶联物作为免疫原免疫小鼠，并用细胞杂交瘤技术首次获得克伦特罗的单克隆抗体，建立了竞争 ELISA 检测尿液中克伦特罗的方法，灵敏度达到 1ng/mL。Sheu 等[95] 开发出沙丁胺醇 ELISA 快速筛选方法，采集 222 个猪肉样品和 120 个饲料样品，并与市场上 ELISA 方法进行比较。结果表明，以 2.0ng/g 为判定限，市售 ELISA 试剂盒的假阳性率为 4.8％，而自制的 ELISA 试剂盒的假阳性率为零。

国内应用 ELISA 方法对克伦特罗、莱克多巴胺和沙丁胺醇等药物残留检测的报道较多。何方洋等制备与鉴定了克伦特罗单克隆抗体，并建立了 ELISA 分析方法。郭柏雪等[96] 研究建立了一种用于检测动物组织中沙丁胺醇的 ELISA 方法。该方法对猪肉样品中沙丁胺醇的 LOD 为 0.6ng/g，不同添加浓度的沙丁胺醇，回收率均在 85％～100％，相对标准偏差（RSD）低于 5.51％。另外，一些高校和研究单位在 β-受体激动剂类药物免疫分析方面进行了深入研究，制备了克伦特罗、莱克多巴胺、沙丁胺醇等典型 β-受体激动剂类药物的特异性抗体，研制了相关试纸条和试剂盒产品[97-99]。

21.6.3　其他分析技术

21.6.3.1　电化学传感器

电化学传感技术主要由电化学等组件作为理化换能器结合识别元件组成。所产生的电化学信号与待测物浓度呈现一定的数量关系。由于其响应灵敏、操作简单、成本低等优点，近年来在环境监测、药剂学、临床诊断、食品安全分析等多个领域得到了广泛的应用。纳米技术的兴起为电化学传感器的发展提供了巨大的机遇。许多新兴的纳米材料（金属 NPs、金属氧化物 NPs、碳基纳米材料、聚合物纳米材料、MOFs 和 COFs）由于其独特的物理、化学和电子性质而用于电极修饰以获得所需的灵敏度和选择性。在这些新兴的 NPs 中，贵金属 NPs（包括 AuNPs、AgNPs、PtNPs、PdNPs、CuNPs、核壳 NPs 等）在形状、大小，以及化学、物理和电化学性质方面展现出一定的优势，基于此构建的电化学传感器在信号放大提高选择性和灵敏度方面也显示出了极大的潜力。目前，各种金属氧化物 NPs，如二氧化锰、氧化铜、氧化锡、二氧化锆和氧化铈已被用于电化学检测与分析。

NPs 的电化学传感器被广泛用于 β-受体激动剂的测定，又因壳聚糖可以放大电极的电化学信号这一特性，He 等[100] 使用壳聚糖稳定的金纳米粒子（chit-AuNPs）吸附抗 RAC 的抗体（抗 RAC）建立莱克多巴胺（RAC）的电化学免疫分析，检测限低至

2.3pg/mL。Zhang 等[101] 首次将 ZrO_2 用作 POM 载体来制备了一种基于异多酸阴离子 $(NH_4)_5PV_8Mo_4O_{40}$（NPVMo）和二氧化锆（ZrO_2）纳米复合材料的新型电化学传感器，用于同时检测盐酸克伦特罗（CLB）和莱克多巴胺（RAC）。NPVMo/ZrO_2/GCE 表现出很高的稳定性，良好的电导率和电催化活性。CLB 和 RAC 的检测限低至 5.03×10^{-9} mol/L 和 9.3×10^{-7} mol/L，回收率在 94.4%～102.3%之间。

此外，碳基纳米材料（如碳纳米管和石墨烯）具较高的比表面积、机械强度和优异的导电性，可实现对各种分析物的高灵敏度检测。Mo 等[102] 将双金属的多壁碳纳米管（MWCNT）用作支持物以改善电子传输，聚二烯丙基二甲基氯化铵（PDDA）用作传感器制备了 MWCNT-PDDA-AuPd 电化学传感体系，显示出高灵敏度和良好的稳定性。由于 Fe_3O_4/rGO 可促进电子转移并提高传感器的灵敏度，Poo-arporn 等[103] 使用经掺杂有还原氧化石墨烯的氧化铁磁性纳米粒子（Fe_3O_4/rGO）修饰磁性丝网印刷电极（MSPE），制作一次性电化学传感器用于快速测定猪肉中莱克多巴胺（RAC）的含量，检测范围在 0.05～10μmol/L 和 10～100μmol/L 的浓度范围内，检测限为 13nmol/L（$S/N=3$），具稳定性和可重复性。Yola 等[104] 设计了二维六方氮化硼（2D-hBN）纳米片修饰功能化多壁碳纳米管（f-MWCNT），用于苯乙醇胺 A（PEA）、盐酸克伦特罗（CLE）、莱克多巴胺（RAC）和沙丁胺醇（SAL）的电化学检测。对 PEA、CLE、RAC 和 SAL 的检测限分别为 1.0×10^{-12} mol/L、1.0×10^{-8} mol/L、1.0×10^{-13} mol/L 和 1.0×10^{-13} mol/L。此外，CuNPs 也被用于修饰丝网印刷的碳电极，用于构建电化学传感器，Regiart 等[105] 用电沉积的金属铜纳米粒子对丝网印刷碳电极表面进行修饰，建立了一套可用于牛尿样品中净特罗的富集和电化学检测的方法。

虽然电化学传感器已广泛应用于 β-受体激动剂半定量和定性检测，但在精确的功能程序设定和设备的精度方面还需进一步提升。电化学传感器对充电和电极污染有一定的要求，通常存在稳定性低、稳定性差等缺陷。因此，为了最终减少实验室研究和实际应用之间的差距，仍需开发一些基于电化学传感器的便携式、简单、小型化、低成本、快速和高通量的设备，用于快速和现场检测。

21.6.3.2　表面增强拉曼光谱

拉曼光谱分析法是基于印度科学家拉曼（Raman）所发现的拉曼散射效应，并应用于分子结构研究。由于普通的拉曼散射信号较弱（通常是入射光强度的 100 万分之一），在有害化合物分子检测过程中面临不小挑战。随着纳米技术和材料表面科学的发展而迅猛发展，表面增强拉曼光谱技术（surface enhanced Raman spectroscopy，SERS）在环境科学、食品科学等领域的有害物质检测方面发挥了巨大作用。电磁增强和化学增强是 SERS 信号增强的基础。电磁增强是由具有扩展特性的金属衬底表面的局域表面等离子体激发决定的，这一等离子体激发过程为 SERS 的核心。当激光照射在金属表面后被金属表面的分子吸收，电荷在金属和分子之间转移改变系统的极化，导致 SERS 信号显著增加。而化学增强主要依靠底物和被分析物之间的电荷转移。一般认为电磁增强比化学增强效果更优。SERS 分析过程中无须复杂的样品前处理，与水系统的兼容性良好，分析速度快。加之光谱强度与分析浓度之间良好的线性关系，可用于待测分子的定量分析。

目标分子、金属纳米结构和电磁辐射是 SERS 分析过程中必不可少的元件。检测灵敏度在很大程度上取决于金属纳米粒子间隙的"热点"。此分子的局域表面等离子体共振（LSPR），可以大幅增强局部场。聚焦离子束（FIB）和电子束光刻、微球光刻等纳米光刻技术和自组装技术可以很好地控制纳米颗粒结构的粒径和形状，用于制备高稳定性和重复性的固体表面纳米结构衬底结构。此外测定过程中纳米颗粒的非均匀分布会导致检测数据的重现性差。为解决这一问题，研究人员设计了一种壳层分离的金纳米颗粒"Smart dust"[106]。包裹在金纳米颗粒表面的超薄硅或氧化铝外壳直接与探测材料接触，避免了纳米颗粒团聚的现象。除优化纳米颗粒改善 SERS 光谱质量外，还可通过开发有效的目标分离或浓缩技术[107]，更快、更有效地从复杂基质中提取目标分子。

Zhu 等[108] 设计 4,4′-联吡啶（DP）和克伦特罗抗体分别标记金纳米颗粒（GNP）和 SERS 纳米探针检测猪尿液中的克伦特罗，通过游离克伦特罗与克伦特罗-BSA 之间的竞争性结合进行。检测限为 0.1pg/mL。这种新的竞争性 SERS 免疫测定将克伦特罗-BSA（抗原）而不是克伦特罗抗体固定在基质上，降低了化验的成本。同样是对猪尿液中克伦特罗的鉴定，Xie 等[109] 采用基于表面增强拉曼散射的新型免疫色谱测定法（ICA），使用 $Au^{MBA}@Ag-Ab$ 作为探针。测定过程耗时 15min，检测限为 0.24pg/mL。Liang 等[110] 使用拉曼信号作为 ELISA 的信号生成系统，并将表面增强拉曼散射与银纳米颗粒相结合，用于超灵敏分析物检测。ELISA 的酶标记物控制过氧化氢对拉曼报告分子标记的银纳米颗粒的溶解，并在存在雷托巴胺（ractopamine）时产生强拉曼信号，检测限为 10^{-6}ng/mL。Xiao 等[111] 利用与莱克多巴胺具有类似骨架结构的利托君作为分子印迹聚合物（MIP）的虚拟模板分子。MIP 在固相萃取中用作吸附剂以选择性富集莱克多巴胺，用于分析猪组织样品中的莱克多巴胺和异克舒令。在最佳条件下，莱克多巴胺和异克舒令分别在 842cm^{-1} 和 993cm^{-1} 处达到 20.0～200.0μg/L 的良好线性。检测限为 3.1～4.3μg/L，该方法灵敏，选择性好，对复杂样品中痕量 β-受体激动剂的定量分析具有良好的潜力。

在未来，NPs 的 SERS 传感器仍需进一步研究以提高检测精度和稳定性。如开发具有新特性、多功能的先进纳米材料用于信号产生与放大。此外，开发基于新模式的传感器（如光电化学传感），用于稳定和准确地检测多种 β-受体激动剂，也是一种非常有前途的研究方向。

21.6.3.3 化学传感

近年来，以分子印迹聚合物作为识别单元的传感器研究越来越受关注。Zhou 等[112] 应用分子印迹聚合物结合化学发光建立了尿液中克伦特罗的在线传感器检测方法。该项研究以克伦特罗为模板分子，通过本体聚合获得分子印迹聚合物，用于样品中克伦特罗的富集，同时流动检测池作为克伦特罗的传感单元。应用该项技术不但提高了方法的灵敏度和选择性，同时避免了样品基质的干扰。Huang 等[113] 应用分子印迹技术结合微流控芯片建立了 β-受体激动剂多参数传感器检测技术。应用分子印迹芯片对克伦特罗、特布他林和阿布特罗进行检测，在 1～50nmol/L 的范围内均具有良好的线性关系，线性相关系数为 0.9995，重复使用 20 次目标分析物的峰值变化为 1.802～2.453pA，RSD 为 7.88%。Chai 等[114] 以沙丁胺醇为模板分子，在电极上通过自组装获得分子印迹聚合物，研制了便携式的分子印迹传感器。通过分子印迹识别单位对样品中沙丁胺醇进行选择性吸附，导致电极电流信号发生变化，从而对样品中的沙丁胺醇进行检测。该传感器的线性范围为 50～280nmol/L，检测限为 13.5nmol/L，在猪尿液中沙丁胺醇的回收率为 92.1%～98.3%。Zhou 等[115] 利用 MIP 识别元件通过化学发光传感器检测尿样中沙丁胺醇，检测限为 0.016μg/L。

21.6.3.4　比色分析

比色分析具有分析速度快、无需仪器设备等优点，适合于现场对β-受体激动剂的快速筛查和检测。2012年，Zhao等[116]首次报道了应用纳米可视化探针检测克伦特罗的方法。他们应用三聚氰胺对金纳米颗粒进行修饰，利用三聚氰胺与克伦特罗分子中氨基和羟基形成特异性的氢键作用，改变金纳米颗粒距离，引起表面等离子体的变化，实现肉眼可见的克伦特罗选择性检测。该方法对克伦特罗检测的灵敏度达到 2.8×10^{-11} mol/L。进一步，该课题组通过调整金纳米颗粒尺寸，并通过自组装的方式将三聚氰胺修饰到金纳米颗粒上，获得功能化纳米探针。该纳米探针能够对莱克多巴胺和沙丁胺醇进行检测，检测灵敏度达到 1.0×10^{-11} mol/L。后来，Kang等[117]利用类似的思路，在金纳米颗粒表面修饰巯基乙胺，同样利用巯基乙胺与克伦特罗分子间氢键作用，实现对克伦特罗的肉眼可见检测，检测灵敏度为 5.0×10^{-8} mol/L。Wang等[91]应用纳米金的团簇建立了莱克多巴胺的纳米可视化检测方法。在该方法中莱克多巴胺适配体作为识别单元，适配体上的羧基与纳米金颗粒表面正电荷作用，能够有效保护纳米颗粒，避免团簇。而莱克多巴胺出现时，与适配体作用，不能保护纳米金颗粒。在氯化钠的作用下，纳米金颗粒团簇呈现蓝色。该方法对莱克多巴胺的检测限达到 10ng/mL。

21.6.3.5　其他方法

随着分析检测技术的发展，β-受体激动剂的检测技术受到越来越多的关注。除了常规的胶体金试纸条和 ELISA 试剂盒外，新技术不断出现，包括传感器、微流控芯片等。传感器是基于识别单位对目标分析物进行选择性识别，并引起信号、物理条件（光、热和湿度）或化学组成的变化，并将探知的信号转换成可以识别的信息的一种装置。传感器具有快速、简单、低成本、高灵敏、低检测限等优点。传感器在分析检测中应用较为广泛，如常见的烟雾探测器、电子鼻、电子舌等。微流控芯片技术是将分析过程中的样品提取、净化、分离、反应和检测等基本操作单元集成到芯片上，自动完成分析全过程的一个装置。

在复杂样品基质中β-受体激动剂检测用的传感器主要包括免疫传感器、化学传感器等。He等[118]研制了一种用于克伦特罗测定的无标记电化学免疫传感器。应用 1-(3-(二乙基氨基)丙基)-3-乙基碳二胺和 Sulfo-NHS（N-羟基磺基琥珀酰亚胺）通过两步反应法将克伦特罗共价结合在碳纳米管上。克伦特罗-MWCNT 结合物包覆在玻璃电极上，通过循环伏安法和示差脉冲伏特计进行检测，方法的检测限为 0.32ng/mL。肖红玉、史贤明等[119,120]对单酶体系和双酶体系进行了比较研究，结果表明在双酶反应体系下传感器检测克伦特罗的灵敏度大约提高 2 倍，响应时间为 200s，更适合于免疫生物传感器法检测克伦特罗。同时，应用自行设计和制作的免疫生物传感器对样品中 CL 进行检测。结果表明免疫传感器的稳定性、重现性、检出限较好。检出限达到 0.1ng/mL，添加回收率高于 97%，检测时间低于 20min，且单个样品检测成本仅为 2 元。吕会田等[121]通过免疫学方法和生物化学技术，通过量子点标记 ATP 合酶，构建了分子马达免疫旋转生物传感器，应用 BPCL 弱光检测器实现了对 CL 快速、高灵敏度的检测。Zhang等[122]基于纳米金颜色变化研制了克伦特罗的快速检测比色传感器。该传感器在 $2.8 \times 10^{-10} \sim 2.8 \times 10^{-7}$ mol/L 和 $2.8 \times 10^{-7} \sim 1.4 \times 10^{-6}$ mol/L 范围具有较好的线性关系，线性相关系数分别为 0.996 和 0.993。方法的检测限为 2.8×10^{-11} mol/L（$S/N = 3$）。

Kong等[123]研究设计并制作了一种规模集成竞争免疫微流控芯片，该芯片以常闭微泵阀为构架，实现了竞争免疫分析中所涉及的众多操作，包括进样、封闭、反应、洗涤等。芯片由流体通路层、PDMS层及气路控制层组成，集成有 36 个微阀及多个微泵。微阀与微泵可实现自动化的液体输送，极大地简化了操作，降低了试剂的消耗量，减少了分析时间。该芯片包含 8 个独立分析单元，能够实现 8 个通道的免疫分析过程同步进行。检测器为自行设计的扫描阵列激光诱导荧光检测系统，仪器扫描直径为 2cm，扫描速率最大为 1 周/s，检测灵敏度为 1.0×10^{-9} mol/L（FITC 标准品计），实现了多通道高通量检测。以 $0 \sim 10.0$ng/mL 多个浓度梯度的 CL 为检测样本考察全集成芯片的重复性与重现性，同一芯片上不同通道间的重现性及不同芯片间的重现性分别低于 7.9% 和 9.6%。向空白猪尿样本中添加 1.0ng/mL 与 2.0ng/mL CL 的添加回收率分别为 98.74% 和 102.51%。利用上述集成化芯片免疫分析系统，可实现 CL 的高通量、快速、自动化分析。何德勇[124] 以特布他林为模板分子，甲基丙烯酸为功能单体，乙二醇二甲基丙烯酸酯为交联剂，制备了特布他林分子印迹聚合物。将此印迹聚合物填充在芯片的微检测池中作为分子识别单元，并基于特布他林对鲁米诺-铁氰化钾化学发光体系的增敏作用，建立了一种新型的化学发光微流控分子印迹传感器芯片测定特布他林。该传感器对血液中特步他林的检测限为 4.0ng/mL。

参考文献

[1] 陈平，赵海涛. β-受体激动剂在支气管哮喘治疗中的合理应用[M]. 中华哮喘杂志，2008: 2.

[2] 李俊锁，邱月明，王超. 兽药残留分析[M]. 上海:上海科学技术出版社，2002.

[3] Sillence M N. Technologies for the control of fat and lean deposition in livestock[J]. The Veterinary Journal, 2004, 167（3）:242-257.

[4] Howells L, Sauer M, Sayer R, et al. Extraction and clean up of the β-agonist from liver and its determination by enzyme immunoassay[J]. Anal Chim Acta, 1993, 275（1/2）:275-278.

[5] Kuiper H A, Noordam M Y, van Dooren-Flipsen M M H, et al. Illegal use of β-adrenergic agonists:European Community[J]. J Anim Sci, 1998, 76（1）:195-207.

[6] Hogendoorn E A, van Zoonen P, Polettini A, et al. The potential of restricted access media columns as applied in coupled column LC/LC-TSP/MS/MS for the high speed determination of target compounds in serum[J]. Application to the direct trace analysis of salbutamol and clenbuterol. Anal Chem, 1998, 70（7）:1362-1368.

[7] 刘士杰. 盐酸克伦特罗在动物组织中的残留分布及代谢规律[D]. 北京:中国农业科学院，2006.

[8] 单吉浩. β2-受体激动剂在动物组织中的多残留检测与降解消除规律研究[D]. 北京:中国农业大学，2007.

[9] 强致懿. 猪肝脏、肌肉、尿液和血液中莱克多巴胺残留检测方法及残留消除的研究[D]. 北京:中国农业大学，2007.

[10] 白凌. 动物组织中 β-受体激动剂分析方法研究[D]. 北京:北京化工大学，2007.

[11] 翟晨，李永玉，彭彦昆，等. 表面增强拉曼光谱快速检测生鲜肉中的瘦肉精[D]. 农业工程学报，2017, 33（07）:275-280.

[12] 肖志明，王石，索德成，等. 超声探针辅助酶解结合全自动固相萃取快速测定动物组织中 β-受体激动剂残留[J]. 分析化学，2022, 50（06）:957-980.

[13] 陈蕾, 石盼盼, 魏法山, 等. 液相色谱-串联质谱法法快速检测猪肉中盐酸克伦特罗[J]. 食品研究与开发, 2017, 38 (22): 163-166.

[14] 王守英, 司文帅, 杨海锋, 等. 高效液相色谱-串联质谱法测定动物尿液中 23 种 β-受体激动剂[J]. 食品安全质量检测学报, 2021, 12 (14): 5620-5628.

[15] 聂建荣, 朱铭立, 连槿, 等. 高效液相色谱-串联质谱法检测动物尿液中的 15 种 β-受体激动剂[J]. 色谱, 2010, 28 (8): 6.

[16] 潘云山, 聂建荣, 朱铭立, 等. 高效液相色谱串联三重四极杆质谱检测饲料中 10 种 β-受体激动剂[J]. 广东农业科学, 2010, 37 (11): 4.

[17] 白凌, 陈大舟, 李蕾. 液相色谱-质谱法检测肝脏中 5 种 β-受体激动剂[J]. 质谱学报, 2008, 29 (1): 4.

[18] 王硕, 李细芬, 生威, 等. 增强化学发光酶免疫法对猪肉中盐酸克伦特罗的检测[J]. 分析测试学报, 2010, 29 (03): 215-219.

[19] 莫彩娜, 王卓铎, 衡春民, 等. 液相色谱-质谱联用法测定饲料中的 4 种 β-受体激动剂[J]. 广州化工, 2013, 41 (16): 4.

[20] 吴永宁, 苗虹, 范赛, 等. 高效液相色谱-线性离子阱质谱法测定畜禽肌肉中 β₂-受体激动剂及 β-阻断剂类药物残留[J]. 中国科学 (B 辑: 化学), 2009, 39 (08): 774-784.

[21] 顾国平, 王森, 周亚莲, 等, 固相萃取高效液相色谱法测定猪肉中盐酸克伦特罗残留[J]. 浙江农业科学, 2008 (05): 624-626.

[22] Fente C A, Vázquez B I, Franco C, et al Determination of clenbuterol residues in bovine hair by using diphasic dialysis and gas chromatography-mass spectrometry[J]. Journal of Chromatography B:Biomedical Sciences and Applications, 1999, 726 (1): 133-139.

[23] 杨静, 苏晓鸥, 索德成, 等. 毛发中克伦特罗检测方法的研究进展[J]. 中国畜牧兽医, 2011, 38 (04): 228-231.

[24] 张雪曼, 程雪梅, 苏青云. 气相色谱-质谱联用法同时测定动物尿液中克伦特罗和沙丁胺醇[J]. 分析试验室, 2007 (02): 89 93.

[25] Lau J H W, Khoo C S, Murby J E. Determination of clenbuterol, salbutamol, and cimaterol in bovine retina by electrospray ionization-liquid chromatography-tandem mass spectrometry [J]. Journal of AOAC International, 2004, 87 (1): 31-38.

[26] 高燕红, 吴西梅. 液质联用快速测定饲料中的莱克多巴胺和克伦特罗[J]. 中国卫生检验杂志, 2005, 15 (6): 643-645.

[27] 蔡春平, 陈枝华, 翁若荣, 等. 高效毛细管电泳法快速测定饲料中的盐酸克伦特罗与沙丁胺醇[J]. 中国卫生检验杂志, 2002, 12 (6): 655-656, 660.

[28] 张文华, 侯建波, 荣杰峰, 等. 超高效合相色谱法对克伦特罗对映体的拆分及其在猪尿中的残留分析[J]. 分析测试学报, 2021, 40 (12): 1758-1764.

[29] 哈婧, 王秋平, 张佳丽. 固相萃取-流动注射化学发光法测定猪肉中盐酸克伦特罗[J]. 食品科学, 2012, 33 (20): 167-170.

[30] 关学农, 张敏, 苏运聪, 等. 超高效液相色谱-串联质谱法同时测定牛乳中 19 种 β-受体激动剂残留[J]. 乳业科学与技术, 2020, 43 (04): 23-28.

[31] 刘瑜, 李晓东, 张彤, 等. 超高效液相色谱-串联质谱法检测动物血液中 6 种 β-受体激动剂类药物残留[J]. 食品安全质量检测学报, 2019, 10 (18): 6248-6253.

[32] 岳秀英, 程江, 彭莉, 等. 牛奶中残留的盐酸克伦特罗 GC/MS 测定[J]. 四川畜牧兽医, 2005 (12): 25+27.

[33] 彭科怀, 汤晓勤, 向仕学. 单扫描极谱法测定猪尿中克伦特罗残留量[J]. 中国卫生检验杂志, 2006 (03): 307-308.

[34] Turberg M P, Macy T D, Lewis J J, et al. Determination of ractopamine hydrochloride in swine, cattle, and turkey feeds by liquid chromatography with coulometric detection[J]. Journal of AOAC International, 1994, 77 (4): 840-847.

[35] 张建文, 熊勇华, 陈雪岚, 等. 磺酸化磁珠富集鱼塘水中的孔雀石绿[J]. 分析化学, 2011, 39 (05): 753-756.

[36] 吴科盛，许恒毅，郭亮，等．磁性固相萃取在检测分析中的应用研究进展[J]．食品科学，2011，32（23）：317-320.

[37] 熊齐荣，牛瑞江，解泉源，等．磁珠离子交换吸附法纯化兔血清中多克隆抗体的研究[J]．食品科学，2011，32（13）：259-263.

[38] 喻伟．免疫磁珠的制备及其初步应用[D]．武汉：华中农业大学，2010.

[39] 李超辉，熊勇华，郭亮，等．纳米免疫磁珠富集猪肉中的盐酸克伦特罗[J]．食品科学，2013，34（14）：182-186.

[40] 王国民，李应国，郗存显，等．动物组织中沙丁胺醇残留检测的样品前处理方法研究进展[J]．食品工业科技，2011，32（04）：400-404.

[41] 朱慧贤，章新，王林，等．饲料中盐酸克伦特罗的快速分离柱高效液相色谱法测定[J]．玉溪师范学院学报，2007（03）：53-56.

[42] 康莉，仲岳桐，陈春晓，等．固相萃取-高效液相色谱法测定肉中盐酸克伦特罗[J]．中国卫生检验杂志，2003（01）：53-54.

[43] 彭永芳，马银海，郭亚东，等．快速分离柱高效液相色谱法测定肉中盐酸克伦特罗[J]．食品科学，2005（04）：226-228.

[44] 韩巍，张文治．固相萃取-HPLC-PDA法测定猪肉中的盐酸克伦特罗的研究[J]．齐齐哈尔大学学报（自然科学版），2012，28（03）：28-30+39.

[45] 张群，刘烨．固相萃取-反相高效液相色谱法测定鲜肉中盐酸克伦特罗残留量的条件优化[J]．现代食品科技，2009，25（03）：337-340.

[46] O′Keeffe M J, O′Keeffe M, Glennon J D. Supercritical fluid extraction（SFE）as a multi-residue extraction procedure for beta-agonists in bovine liver tissue[J]. Analyst, 1999, 124（9）: 1355-1360.

[47] Richard K, Bonfiglio R, Fernandez-Metzler C, et al. Mechanistic investigation of ionization suppression in electrospray ionization[J]. Journal of the American Society for Mass Spectrometry, 2000, 11: 942-950.

[48] Taylor P J. Matrix effects:the achilles heel of quantitative high-performance liquid chromatography electrospray tandem mass spectrometry[J]. Clinical Biochemistry, 2005, 38（4）: 328-334.

[49] Annesley T M. Ion suppression in mass spectrometry[J]. Clinical Chemistry, 2003, 49（7）: 1041-1044.

[50] Rogatsky E, Tomuta V, Jayatillake H, et al. Trace LC/MS quantitative analysis of polypeptide biomarkers: Impact of 1-D and 2-D chromatography on matrix effects and sensitivity[J]. Journal of Separation Science, 2007, 30（2）:226-233.

[51] Moragues F, Lgualada C. How to decrease ion suppression in a multiresidue determination of β-agonists in animal liver and urine by liquid chromatography-mass spectrometry with ion-trap detector[J]. Analytica Chimica Acta, 2009, 637（1/2）: 193-195.

[52] Shao B, Jia X, Zhang J, et al. Multi-residual analysis of 16 β-agonists in pig liver, kidney and muscle by ultra performance liquid chromatography tandem mass spectrometry[J]. Food Chemistry, 2009, 114（3）: 1115-1121.

[53] Salem A A, Wasfi I, Al-Nassib S S, et al. Determination of some beta-blockers and β₂ agonists in plasma and urine using liquid chromatography-tandem mass spectrometry and solid phase extraction[J]. Journal of Chromatographic Science, 2017, 55（8）; 846-856.

[54] Janku S, Komendova M, Urban J. Development of an online solid-phase extraction with liquid chromatography method based on polymer monoliths for the determination of dopamine[J]. J Sep Sci, 2016, 39（21）:4107-4115.

[55] Wu C, Ning X, Chen X, et al. Multi-functional porous organic polymers for highly-efficient solid-phase extraction of β-agonists and β-blockers in milk[J]. RSC Adv, 2021, 11（46）: 28925-28933.

[56] Xiao J, Ni B, Tao Y, et al. Sulfonate-bonded covalent organic polymer as mixed-mode sor-

bent for on-line solid-phase extraction of 2-receptor agonists[J]. Journal of Chromatography B, 2020: 122342.

[57] Wang G N, Wu N P, He X, et al. Magnetic graphene dispersive solid phase extraction-ultra performance liquid chromatography tandem mass spectrometry for determination of β-agonists in urine[J]. J Chromatogr B Analyt Technol Biomed Life Sci, 2017, 1067: 18-24.

[58] Chu L, Zheng S, Qu B, et al. Detection of beta-agonists in pork tissue with novel electrospun nanofibers-based solid-phase extraction followed ultra-high performance liquid chromatography/tandem mass spectrometry[J]. Food Chem, 2017, 227: 315-321.

[59] Mastrianni K R, Metavarayuth K, Brewer W E, et al. Analysis of 10 β-agonists in pork meat using automated dispersive pipette extraction and LC-MS/MS[J]. Journal of Chromatography B, 2018, 1084: 64-68.

[60] Sellergren B. Direct drug determination by selective sample enrichment on an imprinted polymer[J]. Anal Chem, 1994, 66: 1578.

[61] Kootstra P R, Kuijpers C J P F, Wubs K L, et al. The analysis of β-agonists in bovine muscle using molecular imprinted polymers with ion trap LCMS screening[J]. Analytica Chimica Acta, 2005, 529 (1/2): 75-81.

[62] Blomgren A, Berggren C, Holmberg A, et al. Extraction of clenbuterol from calf urine using a molecularly imprinted polymer followed by quantification by high-performance liquid chromatography with UV detection[J]. J Chromatogr A, 2002, 975 (1): 157-164.

[63] Davies M R, De Biasi V, Perrett D. Approaches to the rational design of molecularly imprinted polymers[J]. Anal Chim Acta, 2004, 504 (1): 7-14.

[64] Widstrand C, Larsson F, Fiori M, et al. Evaluation of MISPE for the multi-residue extraction of β-agonists from calves urine[J]. J Chromatogr B Analyt Technol Biomed Life Sci, 2004, 804 (1): 85-91.

[65] Xu Z, Hu Y, Hu Y, et al. Investigation of ractopamine molecularly imprinted stir bar sorptive extraction and its application for trace analysis of beta2-agonists in complex samples[J]. J Chromatogr A, 2010, 1217 (22): 3612-3618.

[66] Rezazadeh M, Yamini Y, Seidi S. Electrically assisted liquid-phase microextraction for determination of β2-receptor agonist drugs in wastewater[J]. J Sep Sci, 2012, 35 (4): 571-579.

[67] Vichapong J, Burakham R, Srijaranai S. Determination of β-agonists in porcine meats by ion-pair extraction and high performance liquid chromatography[J]. Analytical Letters, 2016, 49 (2): 208-216.

[68] Xiong L, Gao Y Q, Li W H, et al. Simple and sensitive monitoring of β2-agonist residues in meat by liquid chromatography-tandem mass spectrometry using a QuEChERS with preconcentration as the sample treatment[J]. Meat Science 2015, 105: 96-107.

[69] Turberg M P, Rodewald J M, Coleman M R, et al. Determination of ractopamine in monkey plasma and swine serum by high-performance liquid chromatography with electrochemical detection[J]. Journal of Chromatography B, 1996, 675 (2): 279-285.

[70] Lin L A, Tomlinson J, Satzger R. Detection of clenbuterol in bovine retinal tissue by high-performance liquid chromatography with electrochemical detection[J]. Journal of Chromatography A, 1997, 762:1-2.

[71] Koole A, Bosman J, Franke J P, et al. Multiresidue analysis of β-agonists in human and calf urine using multimodal solid-phase extraction and high-performance liquid chromatography with electrochemical detection[J]. Journal of Chromatography B, 1999, 726: 149-156.

[72] Kramer S, Blaschke G. High-performance liquid chromatographic determination of the β2-selective adrenergic agonist fenoterol in human plasma after fluorescence derivatization[J]. Journal of Chromatography B, 2001, 751 (1): 169-175.

[73] Hernandez C M. Gas chromatography-mass spectrometry analysis of β2-agonists in bovine retina[J]. Analytica Chimica Acta, 2000, 408 (1/2): 285-290.

[74] Reig M, Batlle N, Navarro J L, et al. Stability of β-agonist methyl boronic derivatives before gas chromatography-mass spectrometry analysis[J]. Analytica Chimica Acta, 2005, 529（1/2）: 293-297.

[75] Blanca J. Muñoz P, Morgado M, et al. Determination of Clenbuterol, ractopamine and zilpaterol in liver and urine by liquid chromatography tandem mass spectrometry[J]. Analytica Chimica Acta, 2005, 529: 199.

[76] Nielen M W F, Lasaroms J J P, Essers M L, et al. Multiresidue analysis of beta-agonists in bovine and porcine urine, feed and hair using liquid chromatography electrospray ionisation tandem mass spectrometry[J]. Anal Bioanal Chem, 2008, 391（1）: 199-210.

[77] Du H, Chu Y, Yang H, et al. Sensitive and specific detection of a new β-agonist brombuterol in tissue and feed samples by a competitive polyclonal antibody based ELISA[J]. Anal Methods, 2016, 8（17）: 3578-3586.

[78] Zhang L, Gong Y, Zhang M, et al. Development of a monoclonal antibody-based direct competitive enzyme-linked immunosorbent assay for a new β-adrenergic agonist phenylethanolamine A[J]. Anal Methods, 2014.

[79] Yuan Y, Zhao Y, Wu K, et al. A sensitive andgroup-specific monoclonal antibody-based indirect competitive ELISA for the determination of salbutamol in swine meat and liver samples[J]. Anal Methods, 2017, 9（39）:5806-5815.

[80] Wang L, Jiang W, Shen X, et al. Four hapten spacer sites modulating class specificity: nondirectional multianalyte Immunoassay for 31 β-agonists and analogues[J]. Anal Chem, 2018, 90（4）: 2716-2724.

[81] Liu L, Kuang H, Peng C, et al. Fragment-based hapten design and screening of a highly sensitive and specific monoclonal antibody for ractopamine[J]. Anal Methods, 2013, 6（1）: 229-234.

[82] Gu H, Liu L, Song S, et al. Development of an immunochromatographic strip assay for ractopamine detection using an ultrasensitive monoclonal antibody[J]. Food Agric Immunol, 2016, 27（4）: 471-483.

[83] Wang Z, Liu M, Shi W, et al. New haptens and antibodies for ractopamine[J]. Food Chem, 2015, 183: 111-114.

[84] Liu L, Kuang H, Peng C, et al. Structure-specific hapten design for the screening of highly sensitive and specific monoclonal antibody to salbutamol[J]. Anal Methods, 2014, 6（12）: 4228-4233.

[85] Bui Q A, Vu T H H, Ngo V K T, et al. Development of an ELISA to detect clenbuterol in swine products using a new approach for hapten design[J]. Analytical & Bioanalytical Chemistry, 2016, 408（22）: 6045-6052.

[86] Liu R, Liu L, Song S, et al. Development of an immunochromatographic strip for the rapid detection of 10 β-agonists based on an ultrasensitive monoclonal antibody[J]. Food Agric Immunol, 2017, 28（4）: 1-14.

[87] Peng D, Zhang L, Situ C, et al. Development of monoclonal antibodies and indirect competitive enzyme-linked immunosorbent assay kits for the detection of clenbuterol and salbutamol in the tissues and products of food-producing animals[J]. Food Anal Method, 2017, 221（15）: 1004-1013.

[88] Liu M, Ma B, Wang Y, et al. Research on rapid detection technology for β2-agonists:Multiresidue fluorescence immunochromatography based on dimeric artificial antigen[J]. Foods, 2022, 11（6）:863.

[89] Wang P, Wang Z, Su X. A sensitive and quantitative fluorescent multi-component immunochromatographic sensor for β-agonist residues[J]. Biosens Bioelectron, 2015, 64: 511-516.

[90] Wang R, Zhang W, Wang P, et al. A paper-based competitive lateral flow immunoassay for multi beta-agonist residues by using a single monoclonal antibody labelled with red fluores-

cent nanoparticles[J]. Mikrochim Acta, 2018, 185（3）: 191.

[91] Wang P, Su X, Shi L, et al. An aptamer based assay for the β-adrenergic agonist racto-pamine based on aggregation of gold nanoparticles in combination with a molecularly imprinted polymer[J]. Microchimica Acta, 2016, 183（11）: 2899-2905.

[92] Degand G, Bemes-Duyckaerts A, Maghuin-Rogister G. Determination of clenbuterol in bo-vine tissues and urine by enzyme immunoassay[J]. J Agric Food Chem, 1992, 40: 70.

[93] Bucknall S D, MacKenzie A L, Sauer M J, et al. Determination of clenbuterol in bovine liver by enzyme immunoassay[J]. Analytica Chimica Acta, 1993, 275: 227.

[94] Petruzzelli E, Ius A, Berta S, et al. Preparation and characterization of a monocolonal anti-body specific for the β-agonist clenbuterol[J]. Food Agricultural Immunology, 1996, 8（1）: 3-10.

[95] Sheu S Y, Lei Y C, Tai Y T, et al. Screening of salbutamol residues in swine meat and ani-mal feed by an enzyme immunoassay in Taiwan[J]. Analytica Chimica Acta, 2009, 654（2）: 148-153.

[96] 郭柏雪，生威，余桂春，等. 直接竞争酶联免疫分析方法检测猪肉中的沙丁胺醇[J]. 食品工业科技, 2011, 6:112.

[97] 王凤侠. 动物组织中莱克多巴胺残留免疫检测方法研究[D]. 天津:天津科技大学, 2007.

[98] 阳露. 莱克多巴胺单克隆抗体的研制及其ELISA检测方法的建立[D]. 扬州:扬州大学, 2007.

[99] 张海棠，王自良，邓瑞广，等. 高亲和力莱克多巴胺单克隆抗体的研制及ciELISA检测方法的建立[J]. 中国生物工程杂志, 2009, 1: 64.

[100] He L, Guo C, Song Y, et al. Chitosan stabilized gold nanoparticle based electrochemical ractopamine immunoassay[J]. Microchimica Acta, 2017, 184（8）: 2919-2924.

[101] Zhang L, Wang Q, Qi Y, et al. An ultrasensitive sensor based on polyoxometalate and zirconium dioxide nanocomposites hybrids material for simultaneous detection of toxic clen-buterol and ractopamine[J]. Sensors and Actuators B Chemical, 2019, 288: 347-355.

[102] Mo F, Xie J, Wu T, et al. A sensitive electrochemical sensor for bisphenol A on the basis of the AuPd incorporated carboxylic multi-walled carbon nanotubes[J]. Food Chem, 2019, 292: 253-259.

[103] Poo-arporn Y, Pakapongpan S, Chanlek N, et al. The development of disposable electro-chemical sensor based on Fe_3O_4-doped reduced graphene oxide modified magnetic screen-printed electrode for ractopamine determination in pork sample[J]. Sensors and Actuators B: Chemical, 2019, 284: 164-171.

[104] Yola M L, Atar N. Simultaneous determination of β-agonists on hexagonal boron nitride nanosheets/multi-walled carbon nanotubes nanocomposite modified glassy carobon electrode [J]. Materials Science & Engineering C, 2019, 96: 669-676.

[105] Regiart M, Escudero L A, Aranda P, et al. Copper nanoparticles applied to the precon-centration and electrochemical determination of β-adrenergic agonist: an efficient tool for the control of meat production[J]. Talanta, 2015, 135: 138-144.

[106] Li J F, Huang Y F, Ding Y, et al. Shell-isolated nanoparticle-enhanced Raman spectros-copy[J]. Nature, 2010, 464（7287）: 392-395.

[107] Chen J, Huang Y, Kannan P, et al. Flexible and adhesive surface enhance raman scat-tering active tape for rapid detection of pesticide residues in fruits and vegetables[J]. Anal Chem, 2016, 88（4）: 2149-2155.

[108] Zhu G, Hu Y, Jiao G, et al. Highly sensitive detection of clenbuterol using competitive sur-face-enhanced Raman scattering immunoassay[J]. Analytical Abstracts, 2011, 697（1/2）: 61-66.

[109] Xie Y, Chang H, Zhao K, et al. A novel immunochromatographic assay（ICA）based on surface-enhanced Raman scattering for the sensitive and quantitative determination of clen-buterol[J]. Analytical Methods, 2015, 7.

[110] Liang J, Liu H, Huang C, et al. Aggregated silver nanoparticles based surface-enhanced Raman scattering enzyme-linked immunosorbent assay for ultrasensitive detection of protein biomarkers and small molecules[J]. Anal Chem, 2015, 87（11）: 5790-5796.

[111] Xiao X, Yan K, Xu X, et al. Rapid analysis of ractopamine in pig tissues by dummy-template imprinted solid-phase extraction coupling with surface-enhanced Raman spectroscopy[J]. Talanta, 2015, 138: 40-45.

[112] Zhou H J, Zhang Z, J, He D Y, et al. Flow chemiluminescence sensor for determination of clenbuterol based on molecularly imprinted polymer[J]. Analytica Chimica Acta, 2004, 523 （2）: 237-242.

[113] Huang H C, Huang S Y, Lin C I, et al. A multi-array sensor via the integration of acrylic molecularly imprinted photoresists and ultramicroelectrodes on a glass chip[J]. Anal Chim Acta, 2007, 582（1）: 137-146.

[114] Chai C, Liu G, Li F, et al. Towards the development of a portable sensor based on a molecularly imprinted membrane for the rapid determination of salbutamol in pig urine[J]. Analytica Chimica Acta, 2010, 675（2）: 185-190.

[115] Zhou H, Zhang Z, He D, et al. Flow through chemiluminescence sensor using molecularly imprinted polymer as recognition elements for detection of salbutamol[J]. Sensors & Actuators B Chemical 2005, 107（2）:798-804.

[116] Zhang X F, Zhao H, Xue Y, et al. Colorimetric sensing of clenbuterol using gold nanoparticles in the presence of melamine[J]. Biosensors and Bioelectronics, 2012, 34: 112-117.

[117] Kang J, Zhang Y, Li X, et al. A rapid colorimetric sensor of clenbuterol based on cysteamine-modified gold nanoparticles[J]. ACS Applied Materials & Interfaces, 2015, 8（1）: 1-5.

[118] He P L, Wang Z Y, Zhang L Y, et al. Development of a label-free electrochemical immunosensor based on carbon nanotube for rapid determination of clenbuterol[J]. Food Chemistry, 2009, 112（3）: 707-714.

[119] 肖红玉, 柴春彦, 史贤明. 氯霉素分子印迹膜的制备及其吸附特性的电化学研究[J]. 上海交通大学学报（农业科学版）, 2006, 24: 499.

[120] 肖红玉, 柴春彦, 刘国艳, 等. 检测克伦特罗的免疫生物传感器的研制[J]. 中国卫生检验杂志, 2006, 16: 1.

[121] 吕会田, 张云, 乐佳昌, 等. 旋转生物传感器高灵敏检测盐酸克伦特罗方法研究[J]. 食品科学, 2007: 28.

[122] Zhang X F, Zhao H, Xue Y, et al. Colorimetric sensing of clenbuterol using gold nanoparticles in the presence of melamine[J]. Biosensors & Bioelectronics, 2012, 34（1）: 112-117.

[123] Kong J, Jiang L, Su X, et al. Integrated microfluidic immunoassay for the rapid determination of clenbuterol[J]. Lab on a Chip, 2009, 9（11）: 1541-1547.

[124] 何德勇. 化学发光微流控传感器芯片和微流动注射芯片的研究[D]. 重庆: 西南大学, 2006.

第 22 章
皮质激素类
药物残留
分析

皮质激素（肾上腺皮质激素）由肾上腺皮质分泌，结构与胆固醇相似，又称类固醇类激素。其化学结构系 4 个环状结构上有三个支链，形状与汉字"甾"相似，故又称为甾体激素，通常分为糖皮质激素、盐皮质激素和氮皮质激素三类。糖皮质激素是由皮质的束状带细胞分泌，主要影响糖的代谢，对 Na、K 代谢作用较弱，具有良好抗炎、抗过敏、抗毒素、抗休克等作用。通常所指的皮质激素就是该类激素。这类药物除天然的激素制剂外，还包括许多人工合成的结构、功能与激素类似的制剂以及一些能对抗激素作用的制剂。天然代表药物主要有可的松和氢化可的松等，人工合成的主要有地塞米松、倍他米松、氟地塞米松等。盐皮质激素是由球状带细胞分泌，调节体内水、盐代谢，仅在肾上腺皮质功能不全时应用，实用价值小。氮皮质激素由网状带细胞分泌，包括雄激素、雌激素、无药理意义。故本章着重讨论糖皮质激素类药物。

糖皮质激素的主要作用是能降低机体对内外环境各种刺激的反应性，具体表现在抗炎、免疫抑制、抗病毒和抗休克等方面，还可使血糖升高，蛋白质分解加强，血淋巴细胞、嗜酸性粒细胞减少，红细胞、嗜中性粒细胞和血小板增多等。糖皮质激素主要用于各种炎症、严重感染及传染病、过敏性疾病、风湿病、休克、引产以及代谢性疾病等方面的治疗。糖皮质激素会引起水分在体内滞留，增加肉的重量，因而在畜牧业中有可能被当作增重剂而被滥用。滥用这类药物后，肉品感官上多汁、肉瘦，不良养殖场可能会将皮质激素作催长剂，属于违禁使用。

本章对皮质激素类药物的理化性质、药理与毒理、国内外残留限量要求、样品前处理以及残留检测方法等进行了综述，以期为对该类药物的全面了解和残留检测提供参考。

22.1

结构与性质

皮质激素为甾体化合物，其共同结构特点为 C4 和 C5 之间有一双键，C3 上有酮基，C17 上有二碳侧链，系保持其生理活性所必需的。由于皮质激素作用广泛，不良反应多，为寻找高选择性化合物，研究者曾对该类药物结构进行改造。部分糖皮质激素类药物的结构与性质见表 22-1。

表 22-1　部分糖皮质激素类药物结构与性质

名称	英文名	CAS	分子式	分子量	结构式
可的松	cortisone	53-06-5	$C_{21}H_{28}O_5$	360.44	
氢化可的松	hydrocortisone	50-23-7	$C_{21}H_{30}O_5$	362.47	

名称	英文名	CAS	分子式	分子量	结构式
泼尼松	meprednisone	1247-42-3	$C_{22}H_{28}O_5$	372.45	
泼尼松龙	prednisolone	50-24-8	$C_{21}H_{28}O_5$	360.45	
甲泼尼龙	methylprednisolone	83-43-2	$C_{22}H_{30}O_5$	374.47	
地塞米松	dexamethasone	50-02-2	$C_{22}H_{29}FO_5$	392.47	
倍他米松	betamethasone	378-44-9	$C_{22}H_{29}FO_5$	392.47	
氟轻松	fluocinonide	356-12-7	$C_{26}H_{32}F_2O_7$	494.52	

22.2

药学机制

糖皮质激素类药物作用的靶细胞广泛分布于肝、肺、脑、骨、胃肠平滑肌、骨骼肌、淋巴组织、胸腺等，因而作用广泛而复杂。本类药物大部分效应系糖皮质激素受体（GR）介导的基因效应，即与细胞内 GR 结合，通过启动基因转录或阻抑基因转录，促进合成某些特异性蛋白质，或抑制某些特异性蛋白质合成，从而产生药理生理效应。这种 GR 属于核受体超家族，由约 800 个氨基酸构成，存在 GRα 和 GRβ 两种高度同源性亚型。GRα 活化后产生经典的糖皮质激素效应（基因效应），而 GRβ 不具备与糖皮质激素类结合的能力，作为 GRα 生理性拮抗体而起作用。对糖皮质激素不敏感的哮喘患者可见 GRβ 表达增强。存在于细胞质的 GR 在与糖皮质激素等配体结合前是未活化型的，未活化的 GRα 在胞质内与热激蛋白等结合形成一种大的复合物，能够防止 GRα 对 DNA 产生作用。本类药物易于透过细胞膜进入细胞质，与 GRα 结合，GRα 构象发生变化，HSP 等成分与 GRα 分离，随之这种激活的类固醇-受体复合体易位进入细胞核，在细胞核内与特异性 DNA 位点即靶基因启动子序列的糖皮质激素受体元件（GRE）相结合，包括正性 GRE 和负性 GRE，可诱导基因转录或抑制基因转录，进而诱导或抑制活性蛋白质的合成，从而发挥其生长抑制、抗炎、免疫抑制等效应。

非基因快速效应是糖皮质激素发挥作用的另一重要方式，其特点为起效迅速、对转录和蛋白质合成抑制剂不敏感。非基因快速效应的机制涉及以下方面。①通过细胞膜上糖皮质激素受体介导（非基因的受体介导效应）。除了糖皮质激素核受体外，尚存在细胞膜糖皮质激素受体，该受体主要结构已基本清楚，已成功克隆。②对细胞能量代谢的直接影响。③细胞质受体的受体外成分介导的信号通路。

22.3

毒理学

在临床应用中，长期或大剂量应用糖皮质激素类药物有可能产生以下不良反应：

（1）**诱发或加重感染**　糖皮质激素可抑制机体的免疫功能，且无抗菌作用，故长期应用常可诱发感染或加重感染，可使体内潜伏的感染灶扩散或静止感染灶复燃，特别是原有抵抗力下降者，如肾病综合征、肺结核、再生障碍性贫血病人等。由于用糖皮质激素时病人往往自我感觉良好，掩盖了感染进展的症状，故在决定采纳长程治疗之前应先检查身体，排除潜伏的感染，应用过程中也宜时刻警惕，必要时需与有效抗菌药合用，特别注意对潜伏结核病灶的防治。

（2）**物质代谢和水盐代谢紊乱**　长期大量应用糖皮质激素可引起物质代谢和水盐代谢紊乱，出现类肾上腺皮质功能亢进综合征，如水肿、低血钾、高血压、糖尿、皮肤变薄、满月脸、水牛背、向心性肥胖、多毛、痤疮、肌无力和肌萎缩等症状，一般不需格外治疗，停药后可自行消退。但肌无力恢复慢且不完全。低盐、低糖、高蛋白饮食及加用氯化钾等措施可减轻这些症状。此外，糖皮质激素由于抑制蛋白质的合成，可延缓创伤病人的伤口愈合。在儿童中可因抑制生长激素的分泌而造成负氮平衡，使生长发育受到影响。

（3）**心血管系统并发症**　长期应用糖皮质激素，由于可导致钠、水潴留和血脂升高，可诱发高血压和动脉粥样硬化。

（4）**消化系统并发症**　刺激胃酸、胃蛋白酶的分泌并抑制胃黏液分泌，降低胃黏膜的防御能力，故可诱发或加剧消化性溃疡，糖皮质激素也能掩盖溃疡的初期症状，以致出现突发出血和穿孔等严重并发症，应加以注意。长期使用糖皮质激素类药物可使胃或十二指肠溃疡加重。在同时使用其他有胃刺激作用的药物（如阿司匹林、吲哚美辛、保泰松）时更易发生此副作用。对少数患者可诱发胰腺炎或脂肪肝。

（5）**白内障和青光眼**　糖皮质激素能诱发白内障，全身或局部给药均可发生。白内障的产生可能与糖皮质激素抑制晶状体上皮 Na^+-K^+ 泵功能，导致晶体纤维积水和蛋白质凝集有关。糖皮质激素还能使眼内压升高，诱发青光眼或使青光眼恶化，全身或局部给药均可发生，眼内压升高的原因可能是由于糖皮质激素使眼前房角小梁网结构的胶原束肿胀，阻碍房水流通。

（6）**骨质疏松及椎骨压迫性骨折**　骨质疏松及椎骨压迫性骨折是各种年龄患者应用糖皮质激素治疗中严重的合并症。肋骨及脊椎骨具有高度的梁柱结构，通常受影响最严重。这可能与糖皮质激素抑制成骨细胞活性、增加钙磷排泄、抑制肠内钙的吸取，以及增加骨细胞对甲状旁腺素的敏感性等因素有关。如发生骨质疏松症则必需停药。为防治骨质疏松宜补充维生素 D（vitamin D）、钙盐和蛋白同化激素等。

（7）**神经精神异常**　糖皮质激素可引起多种形式的神经精神异常。如欣快现象常可掩盖某些疾病的症状而贻误诊断。又如神经过敏、激动、失眠、情感改变甚至出现明显的精神病症状。某些病人还会出现自杀倾向。此外，糖皮质激素也可能诱发癫痫发作。

22.4

国内外残留限量要求

糖皮质激素类药物同 β-受体激动剂和合成类固醇激素一样，具有增加体重和脂肪再分配的作用，常被一些养殖户超标超量使用。但是，残留于动物源性食品中的此类药物会对人体产生严重的毒副作用。因此，我国严格规定，糖皮质激素类药物禁止在饲料中添加使用，而且对于用作治疗目的的一些药物，如地塞米松和倍他米松，也规定了严格的最大残留限量（MRL），见表 22-2。另外，欧盟和日本制定的糖皮质激素类药物的 MRL 分别见表 22-3 和表 22-4。

表 22-2　中国规定的糖皮质激素类药物在动物源性食品中的 MRL

药物	动物种类	靶组织	MRL/(μg/kg)
倍他米松	牛、猪	肌肉	0.75
		肝	2
		肾	0.75
	牛	奶	0.3
地塞米松	牛、猪、马	肌肉	1
		肝	2
		肾	1
	牛	奶	0.3

表 22-3　欧盟规定的糖皮质激素类药物在动物源性食品中的 MRL

药物	动物种类	靶组织	MRL/(μg/kg)
地塞米松	牛、猪、马	肌肉、肾	0.75
		肝	2
	牛	奶	0.3
甲泼尼龙	牛	肌肉、脂肪、肝、肾	10
泼尼松龙	牛	脂肪、肌肉	4
		肝、肾	10
		奶	6

表 22-4 日本规定的糖皮质激素类药物在动物源性食品中的 MRL

药物	动物种类	靶组织	MRL/(μg/kg)
地塞米松	陆生哺乳动物	肌肉、脂肪、肝	1
		肾	2
	家禽	肌肉、脂肪、肝、肾、蛋	ND
	*	奶	0.3
	蜂蜜	蜂蜜	—
泼尼松龙	牛	肌肉、脂肪	4
		肝、肾	10
	其他陆生哺乳动物	肌肉、脂肪、肝、肾	1
	*	奶	6
	家禽	肌肉、脂肪、肝、肾	—
	蜂蜜	蜂蜜	—
氢化可的松	*	奶	10
倍他米松	陆生哺乳动物	肌肉、脂肪、肝、肾	ND
	家禽	肌肉、脂肪、肝、肾、蛋	ND
	*	奶	ND
	蜜蜂	蜂蜜	—

注: ND 表示不得检出; * 表示未给出; —表示不超过"一律标准"(对于未制订最大残留限量标准或未豁免限量的农业化学品,日本要求其在食品中的含量不超过"一律标准",即 10μg/kg 或 μg/L)。

22.5

样品处理方法

22.5.1　样品类型

样品种类繁多,根据不同实验目的,可划分为不同类型。动物组织可分为食用和不可食用,可食用组织主要包括肌肉(牛、猪、鸡、羊)、蛋(鸡蛋、鸭蛋)、奶(牛奶、羊奶)、内脏(鸡肝、牛肝、鸡心、鸭舌)等;不可食用组织主要包括骨骼和皮毛等。糖皮质激素类(GCs)药物会与内源性葡萄糖醛酸结合,形成结合态存在于生物基质中,在分析 GCs 残留时,常需通过酶(大多使用 β-葡萄糖醛苷酶/芳基硫酸酯酶)水解样品,释放出游离态的 GCs。

Yang 等[1] 通过酶水解的方法,提取了肌肉(猪肉、牛肉和虾)、牛奶和肝脏中的 50 种同化激素,包括曲安西龙、泼尼松、可的松、氢化可的松、泼尼松龙、氟米松、醋酸氟氢可的松、甲泼尼龙、倍氯米松、地塞米松、曲安奈德、氟轻松、布地奈德、丙酸氯倍他索等糖皮质激素类药物。李存等[2] 在猪肝脏样品中添加了 $50\mu L$ β-葡萄糖醛苷酶/芳基硫酸酯酶,随后在 10mL 乙酸铵溶液中于 40℃ 条件下酶解 2h,用以提取地塞米松和倍他米松。韩立等[3] 利用酶水解的方法提取动物尿液样品的 9 种糖皮质激素类药物,包括泼尼松、泼尼松龙、甲泼尼龙、地塞米松、倍他米松、倍氯米松、醋酸氟氢可的松、醋酸可的松和氢化可的松。

Van Den Hauwe 等[4] 使用蜗牛液在 pH 5.2、40℃、时间不超过 4h 的条件下,对牛肝脏样品进行水解,并提取了 11 种糖皮质激素类药物,包括倍他米松、地塞米松、氟米松、泼尼松、泼尼松龙、甲泼尼龙、氟氢可的松、曲安西龙、曲安奈德、倍氯米松和可的松等。

22.5.2　样品制备与提取

样品制备是分析过程中的关键步骤，通常包括采集、前处理、分析和评价等环节[5]。制备方法的选择取决于法规要求和食品本身的特性。不同国家的法规可能要求以不同的计量方式，有些以全样计，而有些以脂肪计。一般而言，可食部分被选取用于样品制备。例如，对于肉类样品，某些国家法规要求以脂肪计算食品中危害物的含量，而其他国家法规要求以全样计算。蛋类要去壳，鱼类要去头、尾、翅、鳞、内脏和非食用鱼骨。对于加工食品，通常按原样制备实验室样品，如浓缩产品和脱水食品[6]。

主要采用液-液萃取（LLE）方法提取不同样品基质中的糖皮质激素类药物。近年来，一些新的提取技术也开始用于提取糖皮质激素类药物，如加压溶剂萃取（PLE）、超声辅助萃取（UAE）、固相微萃取（SPME）等。这些提取方法提取效率更高，效果更好，利于推广。

22.5.2.1　液-液萃取

LLE 是提取糖皮质激素类药物最常用的方法，常用的提取溶剂主要包括甲醇、乙腈、甲基叔丁基醚、乙醚、乙酸乙酯及缓冲溶液等。酶解后的样品液通常在一定的 pH 条件下用单一或多种有机溶剂混合（如水-丙酮、氯仿-甲醇等）来进行提取。

Shearan 等[7] 开发了一种用于检测牛肉、肾脏、肝脏和脂肪组织中地塞米松的方法。牛肉、肾脏和肝脏样品用乙酸乙酯提取，脂肪组织则用乙醚提取，提取后，样品经净化处理，并通过高效液相色谱（HPLC）进行检测。该方法的检测限（LOD）可达 0.01mg/kg。Mazzarino 等[8] 通过调节 pH 后，采用甲基叔丁基醚提取尿液中的 16 种合成糖皮质激素类药物并用于液相色谱-串联质谱（LC-MS/MS）测定。Earla 等[9] 采用甲基叔丁基醚提取兔眼组织中的地塞米松和泼尼松龙，用于 LC-MS/MS 测定。Zou 等[10] 利用乙醚-环己烷混合溶液提取血浆中的倍他米松，用于 LC-MS/MS 检测分析。Salem 等[11] 采用乙醚-环己烷提取血液中的倍他米松及其乙酸和磷酸酯，用于 LC-MS/MS 测定。以上研究表明，可采用相同提取溶剂提取不同样品基质中的不同糖皮质激素类药物，同时选择 LC-MS/MS 进行检测，最终实现对糖皮质激素类药物的准确测定。

22.5.2.2　加压溶剂萃取

PLE 是指在较高温度（50～200℃）和压力（10.3～20.6MPa）下，用溶剂萃取固体或半固体样品的样品前处理方法。与传统提取方式相比，PLE 具有速度快、溶剂用量少、萃取效率高、待测组分回收率高的优点，并可实现全自动安全操作。Chen 等[12] 以正己烷-乙酸乙酯（50∶50，体积比）为提取溶剂，在 1500psi 和 50℃下进行加压溶剂萃取，建立了牛、猪、羊可食组织中 8 种糖皮质激素类药物（泼尼松、泼尼松龙、氢化可的松、甲泼尼龙、地塞米松、倍他米松、丙酸倍氯米松和氟氢可的松）的 LC-MS/MS 测定方法。

22.5.2.3 超声辅助萃取

UAE 是利用超声波辐射压强产生的强烈机械振动、扰动、乳化、扩散、击碎和搅拌等多级效应，增大物质分子运动频率和速度，增加溶剂穿透力，从而加速目标成分进入溶剂，促进提取。UAE 具有萃取效率高和价格低廉等优点。崔晓亮等[13] 利用 UAE 提取牛奶中的 12 种糖皮质激素类药物用于 LC-MS/MS 分析。Caretti 等[14] 采用三氟乙酸溶液在 UAE 条件下提取牛奶中的 13 种糖皮质激素类药物，经富集和净化后进行 LC-MS/MS 测定。

22.5.2.4 固相微萃取

SPME 是基于固相萃取技术发展起来的一种微萃取分离技术，是一种集采样、萃取、浓缩和进样于一体的无溶剂样品微萃取新技术。与固相萃取技术相比，SPME 具有操作简单、便携、成本低等优点，并且能够克服固相萃取回收率低和吸附剂孔道易堵塞的缺点。Ebrahimzadeh 等[15] 报道了一种基于载体介导转运的三相中空纤维微萃取技术用于提取牛奶和血清中地塞米松磷酸钠的方法。该方法使用含有 5% Aliquate-336 的正辛醇作为载体，将地塞米松磷酸钠从 7.5mL pH 3 的酸性溶液（源相）萃取到有机相中，然后将有机相浸渍在中空纤维的孔中，并最终通过在中空纤维内腔中使用 24μL pH 9.5 的碱性溶液（接收相）进行萃取。在优化条件下，预浓缩因子为 276，LOD 为 0.2μg/L，线性范围为 1~1000μg/L，RSD 小于 7.2%。

22.5.3 样品净化方法

糖皮质激素类药物的净化通常采用液-液分配（LLP）、沉淀（PT）和固相萃取（SPE）等方法。近年来，一些新的净化技术，如免疫亲和色谱（IAC）、基质固相分散（MSPD）以及 QuEChERS 等，也用于净化糖皮质激素类药物。

22.5.3.1 液-液分配

样品中的脂肪通常加入正己烷进行 LLP 去除。徐锦忠等[16] 用乙腈超声提取鸡肉和鸡蛋中的泼尼松、泼尼松龙、地塞米松、氟氢可的松、甲基泼尼松、倍氯米松及氢化可的松，经正己烷 LLP 脱脂净化后，进行 LC-MS/MS 分析，该方法的 LOQ 为 0.5μg/kg。

Zhang 等[17] 采用 LLP 技术提取净化血浆和尿液中的氢化可的松和泼尼松龙，用于 HPLC 检测。该方法的回收率为 88.4%~104.4%；尿液中泼尼松龙的 LOD 和 LOQ 分别为 1.7ng/mL 和 5.2ng/mL，氢化可的松的 LOD 和 LOQ 为 0.8ng/mL 和 2.5ng/mL；血浆中泼尼松龙的 LOD 和 LOQ 分别为 1.0ng/mL 和 3.0ng/mL。

22.5.3.2 沉淀法

生物基质（如牛奶）中含有大量蛋白质，会干扰糖皮质激素类药物的残留分析，常采用试剂沉淀的方法来去除这种干扰。通常加入氢氧化钠、三氯乙酸、三氟乙酸等溶液进行脱蛋白处理。

Iglesias 等[18] 在牛肝中加入氢氧化钠溶液，再用乙酸乙酯提取地塞米松，蒸干、乙腈复溶后，用正己烷进行 LLP，再用 HPLC 检测。Caretti 等[14] 用纯水将 5mL 牛奶稀释到 20mL，加入 300μL 三氟乙酸酸化，涡旋混匀 1min，超声 5min，6000r/min 离心 10min，再用 10mL 2％三氟乙酸溶液洗涤蛋白沉淀物 2 次，经 C_{18} 固相萃取柱净化后，用 LC-MS/MS 检测 13 种糖皮质激素类药物，其回收率超过 70％。Cherlet 等[19] 向牛奶中加入三氯乙酸沉淀蛋白，过滤，再用固相萃取柱净化，经 LC-MS/MS 分析检测，地塞米松的 LOQ 为 0.15ng/mL，LOD 为 41pg/mL。以上结果表明，试剂沉淀方法可以有效去除生物基质中的蛋白质干扰，从而提高检测方法的准确性和灵敏度。

22.5.3.3 固相萃取

糖皮质激素类药物残留的常用净化方法为固相萃取（SPE），SPE 柱填料主要有 C_{18}、HLB、氨基、MCX 和硅胶等。

李存等[2] 将猪肝提取液经过 C_{18} 固相萃取柱净化，进行 LC-MS/MS 分析。该团队还开发了牛奶中地塞米松和倍他米松残留的检测方法。样品直接过 C_{18} 固相萃取柱富集净化，洗脱后经 LC-MS/MS 分析。Van Den Hauwe 等[4] 用 C_{18} 固相萃取柱净化牛肝中的 11 种糖皮质激素类药物用于 LC-MS/MS 检测。吴敏等[20] 采用 SPE 技术净化猪肉中地塞米松、倍他米松和倍氯米松，在提取液中加入磷酸盐缓冲溶液，在弱酸性条件下过 HLB 固相萃取柱，用于 LC-MS/MS 检测。Hidalgo 等[21] 比较了 HLB 和 C_{18} 固相萃取柱对尿液中地塞米松的净化效果，发现 HLB 净化效果好、回收率高，可以显著降低基质的本底信号，方法 LOD 可以达到 0.2ng/mL。Salem 等[11] 采用乙醚-环己烷提取血液中的倍他米松、醋酸倍他米松、倍他米松磷酸酯，MCX 固相萃取柱净化后，经 LC-MS/MS 检测，在 2.0～200.0ng/mL 范围呈良好线性，倍他米松的 LOD 为 0.50ng/mL，倍他米松磷酸酯的 LOD 为 1.00ng/mL。

为了提高净化效果，也有采取联合用柱的方式进行净化。Shao 等[22] 建立同时测定猪肉、猪肝和猪肾中 16 种糖皮质激素类药物残留的分析方法，酶解液首先用石墨化炭黑（ENVI-Carb）柱净化，然后再用氨基柱进一步净化，用于 LC-MS/MS 测定。Kaklama-nos 等[23] 联合使用 HLB 和氨基 SPE 柱净化肌肉组织中的糖皮质激素类药物用于 LC-MS/MS 检测。崔晓亮等[13] 联合使用 HLB、硅胶、氨基 SPE 柱净化牛奶中的 12 种糖皮质激素类药物用于 LC-MS/MS 测定。以上结果表明，采用 SPE 方法净化样品基质，可以提高净化效率，从而提高灵敏度。

22.5.3.4 免疫亲和色谱

IAC 是一种基于抗原抗体特异性和可逆性免疫结合反应的净化方法。当含有待测组分的样品通过 IAC 柱时，固定抗体选择性地结合待测物，其他未被识别的样品杂质则不受阻碍地流出 IAC 柱，经洗涤除去杂质后，抗原-抗体复合物解离，待测物被洗脱，从而实现样品净化。IAC 方法具有对目标化合物高效、高选择性的保留能力，特别适用于复杂样品中痕量组分的净化和富集。Bagnati 等[24] 报道了采用 IAC 提取牛尿中地塞米松和倍他米松的检测方法，使用含地塞米松抗体的硅胶填料制备 IAC 柱，连入 HPLC 系统，用于在线提取和净化。尿液直接进样，收集经 HPLC 净化后的组分，经浓缩和 N,O-双（三甲基硅烷基）三氟乙酰胺（BSTFA）衍生化后，采用 GC-MS 测定，地塞米松和倍他米松的 LOD 分别为 0.1ng/mL 和 0.2ng/mL。牛晋阳等[25] 采用 IAC 柱净化，建立了猪肉中糖皮质激素类药物残留分析方法。

22.5.3.5 基质固相分散

MSPD 是将样品与填料一起混合研磨，使样品均匀分散于固定相颗粒表面，制成半固态后装柱，然后根据"相似相溶"原理选择合适的洗脱剂洗脱。该技术浓缩了传统样品前处理中匀浆、组织细胞裂解、提取和净化等多个过程，避免了待测物在这些过程中的损失，因此具有高效、耗时短、节省溶剂以及样品用量较少等优点。然而，研磨粒度大小和填装技术的差异，会使 MSPD 淋洗曲线有所差异，不易标准化。Desi 等[26] 报道了采用 MSPD 技术净化牛奶中地塞米松和氢化泼尼松残留的方法，比较了 C_{18}、C_8、C_4、C_2 和苯基等填料的净化效果，发现 C_2 填料净化后共萃取的脂肪较少，且过柱速度更快，通过将提取、净化和浓缩合为一步，简化并加快了样品前处理步骤。

22.5.3.6 QuEChERS

QuEChERS 是近年来国际上最新发展起来的一种用于农产品检测的快速样品前处理技术。其原理与 HPLC 和 SPE 相似，都是利用吸附剂填料与基质中的杂质相互作用，通过吸附杂质来实现除杂净化的目的。连英杰等[27] 采用 QuEChERS 方法进行样品前处理，建立了鸡肉中 4 种糖皮质激素类药物的多残留分析检测方法。首先称取 5.00g 鸡肉样品于 50mL 离心管中，加入 10mL 乙酸乙酯，均质 1min，再加入 5mL pH 12 的氢氧化钠缓冲液，涡旋 1min，4000r/min 离心 5min，收集上清液移入 50mL 离心管，试样残渣中再加入 10mL 乙酸乙酯均质离心重复提取一次，合并上清液。离心管中加入 0.6g 分散剂（PSA 50mg，石墨化炭黑 7.5mg，C_{18}EC 50mg，硫酸镁 50mg），涡旋 2min 净化，4000r/min 离心 5min，取上层液体过有机滤膜，采用 UPLC-MS/MS 检测。4 种药物在相应的浓度范围内线性关系良好，LOD 和 LOQ 分别为 0.37～9.55μg/kg 和 1.11～28.65μg/kg。这种快速、简单、廉价、有效、安全和稳定的 QuEChERS 方法为鸡肉中 4 种糖皮质激素类药物的多残留分析提供了一种可靠的样品前处理技术。

22.6

残留分析技术

22.6.1　仪器分析方法

糖皮质激素类药物的仪器分析方法主要有高效液相色谱法（HPLC）、液相色谱-质谱法（LC-MS）、气相色谱-质谱法（GC-MS）和毛细管电泳法（CE）等。

22.6.1.1　高效液相色谱法（HPLC）

在 HPLC 检测中，反相 C_{18} 色谱柱是目前 GCs 分离最常用的液相色谱柱，而酸性流动相有助于改善峰形，通常采用甲醇或乙腈-甲酸溶液，甲酸的浓度通常为 0.1%～0.5%，也有采用乙酸铵溶液和三氟乙酸溶液的报道。GCs 常用的检测器主要有紫外检测器、荧光检测器和化学发光检测器等。

（1）紫外检测器（UVD）和二极管阵列检测器（DAD/PDA）　UVD是HPLC方法中常用的检测器。GCs在紫外（200～400nm）有强吸收，但在200nm处基质干扰严重；多数糖皮质激素类药物有共轭双键，在240nm有强吸收，基质干扰减少，采用最多。Shearan等[7]建立了牛组织中地塞米松的反相HPLC-UVD检测方法，在254nm处检测，LOD为0.01mg/kg。Zhang等[17]建立了检测血浆和尿液中氢化可的松和泼尼松龙的HPLC-DAD方法，在200～380nm检测，尿液中泼尼松龙的LOD和LOQ分别为1.7ng/mL和5.2ng/mL，氢化可的松的LOD和LOQ分别为0.8ng/mL和2.5ng/mL；血浆中泼尼松龙的LOD和LOQ分别为1.0ng/mL和3.0ng/mL。盛欣等[28]建立了测定血液和尿液中倍他米松的HPLC-UVD法，在240nm波长处测定，倍他米松在血液和尿液中LOD均为0.02μg/mL。

（2）荧光检测器（FLD）　FLD也是HPLC常用的一种检测器。用紫外线照射色谱馏分，当试样组分具有荧光性能时，即可检出。FLD选择性高，只对荧光物质有响应；灵敏度也高，检出限可达10～12μg/mL，适合于各种荧光物质的痕量分析，也可用于检测不发荧光但经化学反应后可发荧光的物质。Wu等[29]建立了血浆中倍他米松和地塞米松的HPLC-FLD检测方法，激发波长360nm，发射波长410nm，LOQ为80.0fmol/20μL，回收率均优于90%。

（3）化学发光检测器（CLD）　CLD的原理是某些物质在常温下进行化学反应，生成处于激发态势反应中间体或反应产物，当它们从激发态返回基态时，就发射出光子。由于物质激发态的能量是来自化学反应，故叫作化学发光，其光强度与该物质的浓度成正比。这种检测器不需要光源，也不需要复杂的光学系统，只需要恒流泵将化学发光试剂以一定的流速泵入混合器中，使之与柱流出物迅速而又均匀地混合，产生化学发光，通过光电倍增管将光信号变成电信号，即可进行检测。CLD有设备简单、价廉、线性范围宽、快速、灵敏等优点。

Iglesias等[18]建立了牛肝脏中地塞米松的HPLC-CLD检测方法，发光氨作为化学发光试剂，CLD检测，方法回收率高于80%，LOD达到0.2μg/L。Zhang等[30]建立了在线电解生成$[Cu(HIO_6)_2]^{5-}$发光氨化学发光-HPLC法检测猪肝脏中的7种糖皮质激素类药物的方法。

22.6.1.2　质谱法

（1）液相色谱-质谱法（LC-MS）　在糖皮质激素类药物的残留分析中，HPLC法难以区分互为差向异构体的地塞米松和倍他米松，而GC-MS虽然可以做定性分析，但是需要复杂的衍生化过程。而LC-MS技术已经成为检测这类药物的首选方法。主要采用电喷雾电离（ESI）和大气压化学电离（APCI）两种电离方式。

① 电喷雾电离（ESI）。Pavlovic等[31]报道了采用液相色谱-单四极杆质谱测定牛尿中皮质醇、可的松、泼尼松龙和泼尼松的方法。Panderi等[32]报道了绵羊血浆中地塞米松的LC-MS方法，LOD和LOQ分别为1ng/mL和6ng/mL。

Chen等[12]建立了牛、猪、羊可食组织中8种糖皮质激素类药物的LC-MS/MS测定方法。样品采用PLE提取，在ESI负离子模式下，采用选择反应监测（SRM）测定，LOQ为0.5～2μg/kg。Shao等[22]建立了LC-MS/MS同时测定猪肉、猪肝、猪肾中16种糖皮质激素类药物的残留分析方法，LOQ为0.1～1.0μg/kg。Tolgyesi等[33]建立了一种同时测定牛肌肉、肝脏和肾脏样品中8种糖皮质激素类药物残留的LC-MS/MS方法。Dusi等[34]建立了同时测定肝脏中9种糖皮质激素类药物的LC-MS/MS方法。Deceuninck等[35]采用UPLC-MS/MS技术建立了肝脏样品中地塞米松、倍他米松、泼尼松龙和甲泼尼龙的残留分析方法。Tolgyesi等[36]建立了猪脂肪中5种糖皮质及激素类药物（泼尼松龙、甲基泼尼松、氟米松、地塞米松和甲泼尼龙）的LC-MS/MS检测方法。崔晓亮等[13]建立了UPLC-MS/MS检测牛奶中的12种糖皮质激素类药物（泼尼松、泼尼松龙、可的松、氢化可的松、甲泼尼龙、地塞米松、倍氯米松、氟米松、醋酸氟氢可的松、布地奈德、曲安奈德、氟轻松）残留的方法。该方法的LOD为$0.02 \sim 0.38\mu g/kg$，LOQ为$0.07 \sim 1.27\mu g/kg$。Yang等[1]利用LC-ESI-MS/MS检测肌肉、牛奶和肝脏中的50种同化激素（包括曲安西龙、泼尼松、可的松、氢化可的松、泼尼松龙、氟米松、醋酸氟氢可的松、甲泼尼龙、倍氯米松、地塞米松、曲安奈德、氟轻松、布地奈德、丙酸氯倍他索等糖皮质激素类），方法LOQ为$0.04 \sim 2.0\mu g/kg$。

② 大气压化学电离（APCI）。Cherlet等[37]建立了定量测定牛奶中地塞米松的LC-APCI-MS/MS检测方法，还采用类似的技术建立了牛血浆和组织中地塞米松的测定方法。方法LOQ为：肌肉、肾$0.375ng/g$，肝$1ng/g$，血浆$1ng/mL$；LOD为：肌肉$0.09ng/g$，肾$0.13ng/g$，肝$0.33ng/g$。

（2）气相色谱-质谱法（GC-MS） 糖皮质激素类药物中含有多个羟基极性基团，不挥发、热稳定性差，因此必须进行衍生化后（主要包括硅烷化、酰化）才能进行GC-MS分析。一般多用N,O-双(三甲基硅烷基)三氟乙酰胺、三甲基硅烷咪唑和三甲基氯硅烷的混合物对糖皮质激素类药物进行硅烷化衍生。硅烷化试剂可对多个基团同时进行衍生化，产物挥发性高、产生的碎片离子易于辨认。既可采用电子电离源（EI），也可采用化学电离源（CI）。

① 电子电离源（EI）。Bagnati等[24]报道了采用GC-MS检测牛尿中地塞米松和倍他米松的方法。采用N,O-双(三甲基硅烷基)三氟乙酰胺衍生化后，反应生成地塞米松和倍他米松的四甲基硅烷衍生物，在选择离子监测（SIM）正离子模式下测定，地塞米松和倍他米松的LOD分别为$0.1ng/mL$和$0.2ng/mL$。Fritsche等[38]报道了检测肉中GCs的GC-MS方法，分析物采用溶剂提取，硅胶和氨基SPE柱净化，三甲基硅烷衍生化后，GC-MS测定，方法LOQ为$0.02 \sim 0.1\mu g/kg$。Shibasaki等[39]也开发了GC-MS方法测定血浆中泼尼松龙、泼尼松、可的松等的浓度。

② 化学电离源（CI）。Hidalgo等[21]建立了尿液中地塞米松的GC-MS检测方法，LOD可以达到$0.2ng/mL$。Courtheyn等[40]也建立了检测动物排泄物中倍他米松和曲安奈德的GC-MS分析方法。通过优化衍生化程序，加入氯铬酸吡啶、重铬酸钾氧化，将衍生化时间由3h缩短为10min。

22.6.1.3 其他方法

（1）毛细管区带电泳（CZE） CZE是CE中最常见的分离模式，是以弹性石英毛细管为分离通道，以高压直流电场为驱动力，依据样品中各组分之间淌度和分配行为上的差异而实现分离的电泳分离分析方法。CZE用以分析带电溶质，样品中各个组分因为迁移率不同而分成不同的区带。Baeyens等[41]建立了检测泪液中地塞米松磷酸钠及其代谢物地塞米松的CZE方法，该方法的LOD和LOQ分别为$0.5\mu g/mL$和$2.0\mu g/mL$。

（2）毛细管胶束电动力学色谱（MECC） MECC为一种基于胶束增溶和电动迁移

的新型液体色谱，在缓冲液中加入离子型表面活性剂作为胶束剂，利用溶质分子在水相和胶束相分配的差异进行分离。MECC柱效高，流行平面没有谱带扩展，散热好，胶束本身处于动态，和离子接触多，分离效率高。由于应用的表面活性剂的种类不同，明显改变分离效果，加有机改性剂可改变MECC选择性，从而大大提高分离效能。适合于中性物质的分离，还可以分析离子，亦可区别手性化合物，成本低，操作简单。Noe等[42]建立了检测血清中泼尼松龙的MECC方法，LOD为250ng/mL，LOQ为500ng/mL。

（3）加压毛细管电色谱（pCEC） pCEC是近年发展起来的一种新型微分离分析技术，它整合了CE与HPLC的优点，通过在填充有HPLC填料的毛细管电色谱柱两端施加高压直流电场，样品在CE柱中的保留行为同时受到电渗流及其在流动相与固定相之间分配系数的影响，双重分离机制大大提高了样品分离能力，适用于复杂生物样品中待测物的分离。结合毛细管柱上检测技术，pCEC可与UVD、荧光检测器（FLD）、激光诱导荧光检测器（LIF）、电化学检测器（ECD）及质谱（MS）等多种检测手段联用。李博祥等[43]采用反相pCEC-UVD技术，建立了一种高效、简便的检测毛发中糖皮质激素类药物的方法。使用C_{18}反相毛细管填充柱（内径100μm，毛细管全长45cm，有效长度20cm，ODS填料粒径3μm），流动相为1.5mmol/L的Tris-乙腈溶液（pH 8.0，65∶35，体积比），检测波长为245nm，分离电压为-10kV，反压阀压力为10.5MPa，泵流速为0.05mL/min，进行等度洗脱，8种糖皮质激素类药物在20min内实现快速分离。该方法的LOQ分别为：泼尼松龙0.72μg/g、泼尼松0.72μg/g、倍他米松0.59μg/g、地塞米松1.37μg/g、醋酸可的松1.41μg/g、醋酸泼尼松龙1.07μg/g、醋酸氢化可的松1.03μg/g、皮质脂酮1.36μg/g。

22.6.2 免疫分析方法

22.6.2.1 半抗原设计

糖皮质激素类药物分子量在300～500间，属于小分子量物质，不能直接刺激动物机体产生免疫应答，需与大分子物质如牛血清白蛋白、人血清白蛋白、钥孔血蓝蛋白等连接作为免疫原。糖皮质激素类结构中都含有羟基，多采用糖皮质激素类羟基衍生化，生成具有羟基结构的半抗原[44]，半抗原羧基与载体蛋白游离氨基缩合反应，连接合成人工抗原。首先将糖皮质类激素衍生化，得到糖皮质类激素半抗原，通过活性酯法将衍生物与牛血清白蛋白（BSA）交联，合成免疫原。半抗原结构采用薄层色谱法（TLC）、液相-质谱（LC-MS）联用方法进行了鉴定，同时，半抗原与BSA、OVA的交联结果也通过紫外扫描的方式来初步鉴定。

Meyer等[45]将地塞米松-21-琥珀酸半酯与牛血清白蛋白结合为完全抗原，然后免疫兔子获得抗体，以波尼松龙-21-琥珀酸半酯-山葵过氧化物酶为标记物，建立ELISA体系。该体系与地塞米松、氟米松、倍他米松、曲安西龙、波尼松龙等人工合成类糖皮质激素均有较高的交叉反应率，其检测限（LOD）为1.45ng/mL。

22.6.2.2 抗体制备

用于免疫检测方法的抗体一般采用单克隆抗体或多克隆抗体。单克隆抗体具有识别单一抗原决定簇、特异性高、实验重现性好等优点，但是制备复杂，成本高；而多克隆抗体则具有制备比较简单、群选择性的优点，是酶联免疫检测中最常用的抗体来源。供免疫用的动物主要是哺乳动物和禽类，如家兔、绵羊、山羊、马、骡、豚鼠及小鼠等。对蛋白质抗原，大部分动物皆适合，常用的是山羊和家兔。同时，家兔对体液免疫和细胞免疫的反应敏感性较强，产生抗体的概率高，因此，选择性格温和的新西兰白兔，其易于饲养，取血容易并能承受反复多次采血。

动物免疫的过程主要包括剂量、免疫途径以及免疫间隔时间。抗原的免疫剂量依照动物的种类、免疫周期以及所要求的抗体特性等不同而调整。剂量过低，不能引起足够强的免疫刺激；免疫剂量过多，可能引起免疫耐受。在一定的范围内，抗体的效价随注射剂量的增加而增高。一般而言，兔为 0.2～1mg/次，免疫注射的途径很多，包括足掌及肘窝淋巴结周围、背部两侧、下颌、耳后等处皮内或皮下注射，以及肌内、腹腔、静脉、脑内注射等。此外，免疫间隔时间也是重要因素，特别是首次与第二次之间更应注意。第一次免疫后，因动物机体正处于识别抗原和 B 细胞增殖阶段，若很快进行第二次注入抗原，极易造成免疫抑制。因此，选择间隔 3 周以后进行第二次免疫。二次以后每次的间隔一般为 7～10 天，不宜过长，以免刺激变弱，抗体效价不高。

22.6.2.3　免疫分析技术

基于抗原/半抗原抗体特异性反应的免疫分析法作为一种分析手段已经渗透到残留分析的各个环节，包括提取、净化、分离和检测，如免疫亲和色谱法和 ELISA。免疫分析法用于检测动物源性食品中的兽药残留或其他化学物质的含量，灵敏度高、特异性强，具有很高的使用价值。免疫分析法由于成本低、快速、可靠、灵敏度高，目前已广泛用于兽药残留的监测，如高灵敏度的 ELISA 成为国内兽药残留现场监控、大量样品筛查的主要方法。

（1）放射免疫分析法（RIA）　RIA 将放射性的灵敏度与免疫的特异性融合于一体，既简便准确，又灵敏可靠。Blahova 等[46] 报道了采用 RIA 测定血清、血浆和尿液中氢化可的松的方法。采用 RIA 试剂盒直接检测样品中氢化可的松的含量，无须提取。该 RIA 方法的线性范围为 3.64～725ng/mL，LOQ 为 3.64ng/mL。采用 HPLC 和该 RIA 方法对 66 份鲤鱼样品进行分析，线性相关系数为 0.815。

（2）酶联免疫分析法（ELISA）　ELISA 是采用抗原与抗体的特异反应将待测物与酶连接，并将已知的抗原或抗体吸附在固相载体表面，使抗原抗体反应在固相载体表面进行，用洗涤法将液相中的游离成分洗除，然后通过酶与底物产生颜色反应，用于定量测定。其灵敏度高，操作安全，不需要昂贵的仪器，可以满足大批量快速筛选的需求。

Roberts 等[47] 报道了采用 ELISA 方法检测马尿中的地塞米松。药物-蛋白结合物被固定在微孔板上，抗体与样品或标准品和药物-蛋白结合物竞争。抗体与固定在微孔板上的药物-蛋白结合物结合的比例可以被原位测定，而达到定量目的。该 ELISA 方法不仅快捷、方便，而且准确率高。胡拥明等[48] 分别以地塞米松、倍他米松、氟米松为半抗原制备抗体，结果发现地塞米松抗体的群选性最强，对氟米松、倍他米松、曲安西龙和泼尼松龙的交叉反应率分别为 120%、73%、37% 和 21%，由此建立了间接竞争 ELISA 方法检测鸡肌肉组织中的糖皮质激素类药物。该方法的回收率为 61.3%～80.3%，地塞米松、倍他米松、氟米松的 LOD 分别为 0.14ng/mL、0.56ng/mL 和 0.21ng/mL。同时，将 ELISA 方法与 LC-MS 法对比，线性相关系数为 0.9981。姚添淇等[49] 制备了能够广谱性识别 12 种糖皮质激素类药物的单克隆抗体，并建立牛奶中检测这 12 种糖皮质激素类药物的 ic-ELISA 方法。王英姿等[50] 建立了基于异源包被的检测曲安奈德的竞争 ELISA 方法。张世伟等[51] 制备了一种能够广谱性识别 28 种糖皮质激素的免疫色谱检测卡。

22.6.3 其他分析技术

电化学传感器方法可以为皮质激素类药物的检测提供简单、智能、小型化和廉价的平台。Lo 等[52] 基于掺有碳量子点（QD）的聚合 L-精氨酸（Arg）制备聚磺基水杨酸（PSSA）玻碳复合电极，最终获得 GCE-Arg-PSSA-QD 传感器。其中 QDs 的快速电子转移和 Arg 的信号放大效应允许同时灵敏且直接检测地塞米松（DXM）和氢化可的松（HC），检测限（LOD）分别为 9nmol/L 和 37nmol/L。此外，将该方法用于实际废水样品中 DXM 和 HC 的同时检测，结果良好。Sharma 等[53] 报道了用 Nafion 改性玻碳电极（GCE）绿色合成的氧化钴纳米颗粒检测血清样品中的 HC，其 LOD 为 0.49nmol/L。Mazloum-Ardakani 等[54] 使用赤铁矿和氧化石墨烯修饰 GCE，并将修饰后的 GCE 用于血浆样本中 DXM 的检测，最低 LOD 为 0.046μmol/L。Alimohammadi 等[55] 研究了五种石墨烯修饰的 GCE 表面 DXM 的电化学行为，石墨烯纳米板对 DXM 的检测具有更好的电化学响应。

参考文献

[1] Yang Y, Shao B, Zhang J, et al. Determination of the residues of 50 anabolic hormones in muscle, milk and liver by very-high-pressure liquid chromatography electrospray ionization tandem mass spectrometry[J]. Journal of Chromatography B, 2009, 877（5/6）：489-496.

[2] 李存，吴银良，杨挺. 同位素稀释高效液相色谱串联质谱法测定猪肝中地塞米松和倍他米松残留量[J]. 分析化学，2010，38（2）：271-274.

[3] 韩立，宋善道，李华岑，等. 液相色谱-串联质谱法测定动物尿液中糖皮质激素类药物[J]. 中国兽药杂志，2011，45（5）：26-29.

[4] Van Den Hauwe O, Dumoulin F, Antignac J P, et al. Liquid chromatographic-mass spectrometric analysis of 11 glucocorticoid residues and an optimization of enzymatic hydrolysis conditions in bovine liver[J]. Analytica Chimica Acta, 2002, 473（1/2）：127-134.

[5] Boyaci E, Rodríguez-Lafuente Á, Gorynski K, et al. Sample preparation with solid phase microextraction and exhaustive extraction approaches: Comparison for challenging cases[J]. Anal Chim Acta, 2015, 873: 14-30.

[6] Girmatsion M, Mahmud A, Abraha B, et al. Rapid detection of antibiotic residues in animal products using surface-enhanced Raman spectroscopy: a review[J]. Food Control, 2021, 126: 108019.

[7] Shearan P, Keeffe M, Smyth M R. Reversed-phase high-perfdrmance liquid chromatographic determination of dexamethasone in bovine tissue [J]. Analyst, 1991, 116（12）：

1365-1368.

[8] Mazzarino M, Torre X, Botrd F. A screening method for the simultaneous detection of glucocorticoids, diuretics, stimulants> anti-oestrogens, beta-adrenergic drugs and anabolic steroids in human urine by LC-ESI-MS/MS[J]. Analytical and Bioanalytical Chemistry, 2008, 392（4）: 681-698.

[9] Earla R, Boddu S H S, Cholkar K, et al. Development and validation of a fast and sensitive bioanalytical method for the quantitative determination of glucocorticoids-quantitative measurement of dexamethasone in rabbit ocular matrices by liquid chromatography tandem mass spectrometry[J]. Journal of Pharmaceutical and Biomedical Analysis, 2010, 52（4）: 525-533.

[10] Zou J, Dai L, Ding L, et al. Determination of betamethasone and betamethasone 17-monopropionate in human plasma by liquid chromatography positive/negative electrospray ionization tandem mass spectrometry[J]. Journal of Chromatography B, 2008, 873（2）: 159-164.

[11] Salem I I, Alkhatib M, Najib N. LC-MS/MS determination of betamethasone and its phosphate and acetate esters in human plasma after sample stabilization[J]. Journal of Pharmaceutical and Biomedical Analysis, 2011, 56（5）: 983-991.

[12] Chen D, Tao Y, Liu Z, et al. Development of a liquid chromatography-tandem mass spectrometry with pressurized liquid extraction for determination of glucocorticoid residues in edible tissues[J]. Journal of Chromatography B, Analytical Technologies in the Biomedical and Life Sciences, 2011, 879（2）: 174-180.

[13] 崔晓亮, 邵兵, 赵榕, 等. 超高效液相色谱-串联电喷雾四极杆质谱法同时测定牛奶中12种糖皮质激素的残留[J]. 色谱, 2006, 24（3）: 213-217.

[14] Caretti F, Gentili A, Ambrosi A, et al. Residue analysis of glucocorticoids in bovine milk by liquid chromatography-tandem mass spectrometry[J]. Analytical and Bioanalytical Chemistry, 2010, 397（6）: 2477-2490.

[15] Ebrahimzadeh H, Yamini Y, Ara K M, et al. Three-phase hollow fiber microextraction based on carrier-mediated transport combined with HPLC-UV for the analysis of dexamethasone sodium phosphate in biological samples[J]. Analytical Methods, 2011, 3（9）: 2095-2101.

[16] 徐锦忠, 张晓燕, 丁涛, 等. 高效液相色谱-串联质谱法同时检测鸡肉和鸡蛋中合成类固醇类激素和糖皮质激素[J]. 分析化学, 2009, 37（3）: 341-346.

[17] Zhang M, Moore G A, Jensen B P, et al. Determination of dexamethasone and dexamethasone sodium phosphate in human plasma and cochlear perilymph by liquid chromatography/tandem mass spectrometry[J]. Journal of Chromatography B, 2011, 879（1）: 17-24.

[18] Iglesias Y, Fente C A, Vazquez B, et al. Determination of dexamethasone in bovine liver by chemiluminescence high-performance liquid chromatography[J]. Journal of Agricultural and Food Chemistry, 1999, 47（10）: 4275-4279.

[19] Cherlet M, De Baere S, De Backer R. Quantitative determination of dexamethasone in bovine milk by liquid chromatography-atmospheric pressure chemical ionization-tandem mass spectrometry[J]. Journal of Chromatography B, 2004, 805（1）: 57-65.

[20] 吴敏, 郑向华, 齐士林, 等. 超高效液相色谱-串联质谱测定猪肉中地塞米松、倍他米松和倍氯米松[J]. 理化检验-化学分册, 2010, 46（11）: 1282-1285.

[21] Hidalgo O H, Lopez M J, Carazo E A, et al. Determination of dexamethasone in urine by gas chromatography with negative chemical ionization mass spectrometry[J]. Journal of Chromatography B, 2003, 788（1）: 137-146.

[22] Shao B, Cui X, Yang Y, et al. Validation of a solid-phase extraction and ultra-performance liquid chromatographic tandem mass spectrometric method for the detection of 16 glucocorticoids in pig tissues[J]. Journal of AOAC International, 2009, 92（2）: 604-611.

[23] Kaklamanos G, Theodoridis G, Papadoyannis I N, et al. Determination of anabolic steroids in muscle tissue by liquid chromatography-tandem mass spectrometry[J]. Journal of Chromatography A, 2009, 1216（46）: 8072-8079.

[24] Bagnati R, Ramazza V, Zucchi M, et al. Analysis of dexamethasone and betamethasone in bovine urine by purification with an "on-line" immunoaffinity chromatography-high-perfbrmance liquid chromatography system and determination by gas chromatography-mass spectrometry [J]. Analytical Biochemistry, 1996, 235: 119-126.

[25] 牛晋阳, 时宏霞. 液质法测定猪肉中八种糖皮质激素残留[J]. 食品科学, 2010, 31（12）: 212-214.

[26] Desi E, Kovacs A, Palotai Z, et al. Analysis of dexamethasone and prednisolone residues in bovine milk using matrix solid phase dispersion-liquid chromatography with ultraviolet detection [J]. Microchemical Journal, 2008, 89（1）: 77-81.

[27] 连英杰, 林升航, 曾琪, 等. QuEChERS/超高效液相色谱-电喷雾串联质谱法检测鸡肉中 11 种激素类药物残留[J]. 食品安全质量检测学报, 2014, 5（2）: 384-392.

[28] 盛欣, 廖林川, 颜有仪, 等. RP-HPLC 测定人血液和尿液中的倍他米松[J]. 华西药学杂志, 2016, 26（2）: 179-181.

[29] Wu S, Wu H, Chen S. Determination of betamethasone and dexamethasone in plasma by fluorogenic derivatization and liquid chromatography[J]. Analytica Chimica Acta, 1995, 307（1）: 103-107.

[30] Zhang Y, Zhang Z, Song Y, et al. Detection of glucocorticoid residues in pig liver by high-perfbrmance liquid chromatography with on-line electrogenerated $[Cu（HIO_6）_2]^{5-}$-luminol chemiluminescence detection[J]. Journal of Chromatography A, 2007, 1154（1/2）: 260-268.

[31] Pavlovic R, Chiesa L, Soncin S, et al. Determiantion of cortisol, cortisone, prednisolone and prednisone in bovine urine by liquid chromatography-electrospray ionization single quadrupole mass spectrometry[J]. Journal of Liquid Chromatography and Related Technologies, 2012, 35（1/4）: 444-457.

[32] Panderi I, Gerakis A, Zonaras V, et al. Development and validation of a liquid chromatographyelectrosprayionization mass spectrometric method for the determination of dexamethasone in sheep plasma[J]. Analytica Chimica Acta, 2004, 504（2）: 299-306.

[33] Tolgyesi A, Sharma V K, Fekete S, et al. Simultaneous determination of eight corticosteroids in bovine tissues using liquid chromatography-tandem mass spectrometry[J]. Journal of Chromatography B, 2012, 906（1）: 75-84.

[34] Dusi G, Gasparini M, Curatolo M, et al. Development and validation of a liquid chromatography-tandem mass spectrometry method for the simultaneous determination of nine corticosteroid residues in bovine liver samples[J]. Analytica Chimica Acta, 2011, 700（1/2）: 49-57.

[35] Deceuninck Y, Bichon E, Monteau F, et al. Determination of MRL regulated corticosteroids in liver from various species using ultra high performance liquid chromatography-tandem mass spectrometry（UHPLC）[J]. Analytica Chimica Acta, 2011, 700（1/2）: 137-143.

[36] Tolgyesi A, Sharma V K, Fekete J. Development and validation of a method for determination of corticosteroids in pig fat using liquid chromatography-tandem mass spectrometry[J]. Journal of Chromatography B, 2011, 879（5/6）: 403-410.

[37] Cherlet M, De Baere S, Croubels S, et al. Quantitative determination of dexamethasone in bovine plasma and tissues by liquid chromatography-atmospheric pressure chemical ionization-tandem mass spectrometry to monitor residue depletion kinetics[J]. Analytica Chimica Acta, 2005, 529（1/2）: 361-369.

[38] Fritsche S, Schmidt G, Steinhart H. Gas chromatographic-mass spectrometric determination of natural profiles of androgens, progestogens, and glucocorticoids in muscle tissue of male cattle[J]. European Food Research and Technology, 1999, 209（6）: 393-399.

[39] Shibasaki H. Nakayama H, Furuta T, et al. Simultaneous determination of prednisolone, prednisone, cortisol, and cortisone in plasma by GC-MS: estimating unbound prednisolone concentration in patients with nephrotic syndrome during oral prednisolone therapy[J]. Journal of Chromatography B, 2008, 870（2）: 164-169.

[40] Courtheyn D，Vercammen J，Logghe M，et al. Determination of betamethasone and triamcinolone acetonide by GC-NCI-MS in excreta of treated animals and development of a fast oxidation procedure for derivatisation of corticosteroids [J]. The Analyst，1998，123（12）：2409-2414.

[41] Baeyens V，Varesio E，Veuthey J L，et al. Determination of dexamethasone in tears by capillary electrophoresis[J]. Journal of Chromatography B，1997，692（1）：222-226.

[42] Noe S，Bohler J，Keller E，et al. Determination of prednisolone in serum：method development using solid-phase extraction and micellar electrokinetic chromatography [J]. Journal of Pharmaceutical and Biomedical Analysis，1998，18（3）：471-476.

[43] 李博祥，郑敏敏，卢兰香，等 . 加压毛细管电色谱-紫外检测法分析糖皮质激素及其在头发检测中的应用[J]. 色谱，2011，29（8）：798-804.

[44] Yoshino N，Yoshiharu K，Noriko T，et al. Enzyme immunoassay for serum dexamethasone using 4-（carboxymethylthio）dexamethasone as a new hapten[J]. Steroids，1992，57（4）：178-182.

[45] Meyer H H，Dürsch I. Dexamethasone：an enzyme immunoassay for residue analysis and pharmacokinetics[J]. Arch Lebensmittelhyg，1996，47：22-24.

[46] Blahova J，Dobsikova R，Svobodova Z，et al. Simultaneous determination of plasma cortisol by high performance liquid chromatography and radioimmunoassay methods in fish[J]. Acta Veterinaria Brno，2007，76（1）：71-77.

[47] Roberts C J，Jackson L S. Development of an ELISA using a universal method of enzymelabelling drug-specific antibodies. Part I：detection of dexamethasone in equine urine[J]. Journal of Immunological Methods，1995，181（2）：157-166.

[48] 胡拥明，王利兵，袁媛，等 . 糖皮质激素 ELISA 检测方法的建立及群选性抗体的筛选[J]. 食品科学，2009，30（24）：331-336.

[49] 姚添淇，劳翠瑜，王士峰，等 . 糖皮质激素广谱特异性单克隆抗体的制备及其 ic-ELISA 方法的建立[J]. 食品科学，2019，40（14）：186-191.

[50] 王英姿，闫剑勇，张世伟 . 基于异源包被的曲安奈德竞争酶联免疫检测方法[J]. 食品工业科技，2020，41（8）：263-267.

[51] 张世伟，姚添淇，杨国武，等 . 一种糖皮质激素免疫层析广谱检测卡及其制备方法与应用[J]. CN 109324183A. 2019-02-12.

[52] Lo E S，Huttinot G，Fein M，et al. Direct radioimmunoassay procedure for plasma dexamethasone with a sensitivity at the picogram level[J]. Journal of Pharmaceutical Sciences，1989，78（12）：1040-1044.

[53] Sharma N，Reddy A S，Yun K. Electrochemical detection of hydrocortisone using green-synthesized cobalt oxide nanoparticles with nafion-modified glassy carbon electrode [J]. Chemosphere，2021，282：131029.

[54] Mazloum-Ardakani M，Sadri N，Eslami V. Detection of dexamethasone sodium phosphate in blood plasma：application of hematite in electrochemical sensors[J]. Electroanalysis，2020，32（6）：1148-1154.

[55] Alimohammadi S，Kiani M A，Imani M，et al. Electrochemical determination of dexamethasone by graphene modified electrode：Experimental and theoretical investigations[J]. Sci Rep，2019，9（1）：11775.

第 23 章
同化激素类
药物残留
分析

同化激素（anabolic hormone）亦称蛋白同化激素家族，从化学结构上看是一类含环戊烷多氢菲基本骨架的化合物，如图 23-1 所示，可分为睾酮衍生物、雄烷衍生物、诺龙（19-去甲基睾酮）衍生物、杂环衍生物、杂类合成类固醇五组。由于其主要结构与雄激素颇为相似，因此具有与雄激素相似的生理作用，但其雄性化作用甚弱，而蛋白同化作用却很强，用药后易吸收，血中浓度高，体内活性大，具有多种作用[1]。其属于脂溶性化合物，弱极性或中等极性，难溶于水，易溶于有机试剂，多在密封避光干燥的条件下保存。

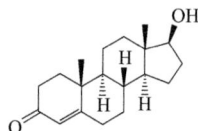

图 23-1　环戊烷多氢菲基本结构

人工合成的性激素类药物属于促蛋白同化激素，目前临床应用的雄激素主要是睾酮的衍生物，常用药物主要包括甲睾酮、诺龙、群勃龙、丙酸睾酮、苯丙酸诺龙、去氢甲睾酮等。通过结构改造以后，减弱了一些睾酮衍生物的雄激素活性，但是同时保留或加强了其蛋白同化作用。若大剂量摄入雄激素会对骨髓的造血功能有刺激作用，尤其是能够促进生成红细胞并能刺激长骨的生长。其还可促进第二性征的形成。雄激素应用在临床上也有较好的功效，如治疗儿童发育不良、骨质疏松症、蛋白质缺陷疾病等，并且对血液学疾病、烧伤治疗、恶病质等都有良好的治疗效果。但是由于外源激素作用力很强，即便是很微小的量，也会对动物机体造成巨大的影响。比如食用型动物体内残留有蛋白同化激素的话，它就会通过食物链进入人体，从而引起人体生殖机能低下，造成生长发育障碍，对肝脏造成不可逆转的损坏，并引起水、磷、钾、钙、钠等的潴留，更可怕的是具有致癌作用[2]，因此在许多国家同化激素都被禁止用于食用型动物。

23.1

结构与性质

（1）甲睾酮（methyltestosterone，MT）　又名甲基睾丸酮、甲基睾酮、甲基睾丸素，化学名为 17α-甲基-17β-羟基雄甾-4-烯-3-酮，分子式为 $C_{20}H_{30}O_2$，分子量为 302.45，是一种人工合成的类固醇激素，与睾丸激素不同的是在 C17 位上有个甲基。甲睾酮是一种具有轻微吸湿性的白色粉末，几乎不溶于水，在植物油中能完全溶解，溶解于乙醇及其他中等极性有机溶剂。熔点为 162～167℃，在空气中稳定。甲睾酮的辛醇-水分配系数为 3.36，说明其具有较高的亲油性。甲睾酮也是一种光敏性激素，能被光降解，因此需要避光保存[3]。甲睾酮是在睾丸激素被发现后不久制造的，是最早开发的合成蛋白同化雄性类固醇类药物之一。其结构式如图 23-2 所示。

（2）群勃龙（trenbolone，TRE）　又名去甲雄三烯醇酮，化学名 17β-羟基-雌甾-4,9,11-三烯-3-酮，分子量 270.37，熔点 170℃，不溶于水和多种有机溶剂，通常在 2～

8℃的干燥环境中较为稳定。是应用广泛的甾类同化激素，曾对畜禽疾病控制和治疗起重要作用。用其喂养畜禽时，可使营养成分从脂肪组织向肌肉组织转移，使瘦肉率增加。人类长期食用此类食品会产生头痛、胸闷、心悸、肌肉疼痛等中毒症状，甚至导致染色体畸变，诱发恶性肿瘤。结构方面，群勃龙与睾酮结构相比少了一个甲基，多了两组双键。是一种将雄性激素（睾酮或甲睾酮）经结构修饰后得到的雄性作用减弱，同化作用增强的合成甾体激素。群勃龙主要代谢产物在肝脏内为β-去甲雄三烯醇酮，在肌肉中是α-去甲雄三烯醇酮[4]。群勃龙不但被世界反兴奋剂机构禁用，我国农业部早在2002年4月发布的第193号公告《食品动物禁用的兽药及其它化合物清单》也明确表示性激素类原料药及其单方、复方制剂产品不准以抗应激、提高饲料报酬、促进动物生长为目的在所有食品动物的饲养过程中使用。群勃龙结构式见图23-3。

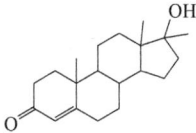

图 23-2　甲睾酮结构式

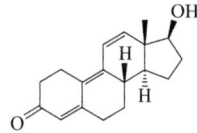

图 23-3　群勃龙结构式

（3）诺龙（nandrolone，NT）　化学名为17β-羟基-19-去甲雄甾-4-烯-3-酮，也称19-去甲睾酮，分子式为 $C_{18}H_{26}O_2$，分子量为274.40，是一种天然存在的雌甾烷醇和睾酮衍生物[5]。诺龙是一种内源性中间体，通过包括人类在内的哺乳动物的芳香酶从睾丸激素中产生雌二醇，并且以微量天然成分存在于体内。诺龙为白色结晶粉末，熔点为120～125℃，沸点在434.5℃，诺龙合成代谢率比睾酮还要高，雄性化率却较低，只有37%。低雄性化性质是因为它会变成双氢诺龙而不是双氢睾酮，这使诺龙成为一种比睾酮温和得多的合成代谢类固醇。其芳香化率低，只有睾酮的20%，蛋白同化作用是睾酮的12倍，同时抑制糖皮质激素，促进胰岛素样生长因子1（insulin-like growth factor 1，IGF-1）产出。研究显示低剂量的诺龙激素就可以大大提高肌肉中的氮贮存，增加骨骼中的矿物质含量和增强胶原蛋白合成，因此酯化诺龙具备缓解关节不适的能力。其结构式如图23-4所示。

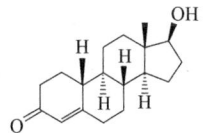

图 23-4　诺龙结构式

（4）苯丙酸诺龙（nandrolone phenylpropionate）　是一种蛋白同化激素，是由雄激素衍生出的人工合成类固醇化合物。化学名为17β-羟基雌甾-4-烯-3-酮-3-苯丙酸酯，中文别名苯丙酸诺酮、苯丙酸去甲睾酮，分子式为 $C_{27}H_{34}O_3$，分子量406.57，熔点93～99℃，苯丙酸诺龙为白色或类白色结晶粉末，有特殊臭味，溶于乙醇，略溶于植物油，几乎不溶于水。苯丙酸诺龙是具有环戊烷并多氢菲母核的甾体激素类药物，是在诺龙基础上加上了一个较短的苯丙酸酯链，属于蛋白同化激素类，具有蛋白同化作用。能促进畜禽生长，提高饲料转化率，有利于蛋白质的沉积。但蛋白同化激素在动物源性食品中的残留可能会危及消费者的健康，具有潜在的致癌性[6]，其结构式如图 23-5 所示。

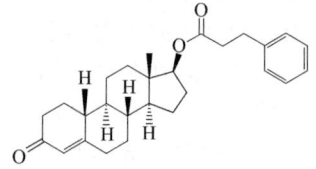

图 23-5　苯丙酸诺龙结构式

23.2

药学机制

　　同化激素是一类拟雄性激素的人工合成的甾体激素，甲睾酮、群勃龙、诺龙和苯丙酸诺龙都属于这一类。同化激素的药效学与肽激素不同。水溶性肽类激素不能穿透脂肪细胞膜，只能通过与细胞表面受体的相互作用间接影响靶细胞的细胞核。然而，作为脂溶性激素，同化激素是膜通透的，并通过直接作用影响细胞核。当外源性激素穿透靶细胞膜并与位于该细胞细胞质中的雄激素受体（androgen receptor，AR）结合时，同化激素的药效学作用开始。化合物激素受体扩散到细胞核中，在那里它要么改变基因的表达[7]，要么激活向细胞其他部分发送信号的过程。不同类型的同化激素与雄激素受体合，具有不同的亲和力，这取决于它们的化学结构[8]。

　　雄激素受体未与配体-激素结合时，一分子 AR 与两分子特异热休克蛋白（heat-shock proteins，HSP）结合，以受体杂合寡聚体形式存在。HSP 掩盖 AR 上的 DNA 结合结构域，阻止 AR 与 DNA 结合。当 AR 与激素结合后，受体杂合寡聚体磷酸化，受体蛋白与 HSP 解离并发生构象变化，暴露出 DNA 结合结构域，激素受体复合物激活，即雄激素受体配体依赖性诱导活化，与靶基因启动子部位具有 GGTACAnnnTCTTCT 回文结构的核苷酸序列即雄激素应答元件（androgen-response element，ARE）结合，起到转录增强子的作用，从而启动 DNA 转录，形成特异 mRNA，诱导新蛋白质的生成，发挥其基因组作用。另外，活化的激素-受体复合物还可直接作用于细胞膜及 mRNA，对 mRNA 起稳定作用，促进蛋白质的翻译，发挥其非基因组作用。当雄激素存在或不存在时，蛋白激酶 A（protein kinase A，PKA）、蛋白激酶 C（protein kinase C，PKC）、成视网膜细胞瘤蛋白（retinoblastoma protein，RBP）、cAMP 反应元件结合（cAMP response element binding，CREB）蛋白等非配体物质分子，可直接作用于 AR 的 N 端 AF1 反式激活区靶蛋白磷酸化而活化 AR，或通过结合激活蛋白 1（activator protein-1，AP-1）减轻 AP-1 对 AR 活化的抑制而活化 AR，基础转录因子（basal transcription factor）TF ⅡA-J 等由 RNA 聚合酶Ⅱ催化，在 TATA 盒处组装转录起始复合体蛋白（multipleinitiation complex protein，MICP）而活化受体，进而发挥其生理功能[9]。

　　甲睾酮是雄激素受体的激动剂，类似于睾酮和二氢睾酮（dihydrotestosterone，DHT）等雄激素。它是 5α-还原酶(如睾酮)的底物，通过转化为更有效的 AR 激动剂甲甾烷醇酮（17α-甲基-DHT），在皮肤、毛囊和前列腺等组织中具有类似雄激素的作用。因此，甲睾酮的合成代谢与雄激素活性的比例相对较低，与睾酮的比例相似（接近 1：1）。由于有效地芳香化成有效和抗代谢的雌激素甲基雌二醇（17α-甲基雌二醇），甲睾酮具有相对较高的雌激素活性，因此可能产生雌激素副作用，如男性乳房发育和液体潴留。该药物具有可忽略不计的孕激素活性。

群勃龙具有合成代谢和雄激素作用。合成代谢方面，群勃龙具有增加肌肉对铵离子吸收的作用，促进蛋白质合成速率的增加。它也可能具有刺激食欲和降低分解代谢率的次要作用，然而，一旦群勃龙停用，分解代谢可能会显著增加。有一项针对大鼠的研究表明，群勃龙可引起雄激素受体的基因表达，其效力与二氢睾酮相近。这一证据倾向于表明，群勃龙可导致男性第二性征增加，而无须在体内转化为更有效的雄激素[10]。群勃龙也与黄体酮受体具有高亲和力，黄体酮可使子宫内膜及异位病灶细胞失活、退化，从而导致异位病灶萎缩。群勃龙也与可糖皮质激素受体结合[11]。

诺龙是雄激素受体的激动剂，AR 是睾丸激素和二氢睾酮等雄激素的生物靶标。诺龙是小分子的脂溶性的外源性类固醇，其作用机制是通过细胞膜进入细胞质和细胞核内，由雄激素受体介导，发挥其类固醇激素基因组和非基因作用，产生蛋白同化和雄性化效应。

苯丙酸诺龙是一种诺龙酯或诺龙的前体药物。因此，它是一种雄激素和合成代谢类固醇或雄激素受体的激动剂，雄激素受体是睾丸激素等雄激素的生物靶标。相对于睾酮，苯丙酸诺龙具有增强的合成代谢作用和减少的雄激素作用。除了合成代谢和雄激素活性外，它还具有低雌激素活性（通过其代谢物雌二醇）和适度的孕激素活性。像其他合成代谢雄激素类固醇一样，苯丙酸诺龙具有抗促性腺激素作用[12]。

23.3

毒理学

研究表明，同化激素及其代谢物可引起肝脏、肾脏病变，还可引起低蛋白血症、生殖器官及生殖系统的一系列疾病，并能造成内分泌失调、痤疮、毛发减少和秃顶等[13]，还可能引起心血管系统疾病以及肿瘤等。欧盟自 1988 年起严格禁止使用蛋白同化激素来促进肉食性动物的生长，以保护消费者的健康安全，防止消费者因食用含有激素残留的可食性动物组织而引发生长发育、神经毒性、遗传毒性和癌症问题[14]。

甲睾酮的急性毒性主要影响的是胃痉挛和中枢神经系统（易怒、兴奋等）。Taylor 等[15] 的研究发现甲睾酮慢性致毒性的主要靶器官是肝脏，会导致肝细胞发育异常以及肝细胞结节。人长期服用甲睾丸会引起恶心、胆汁淤积性黄疸、肝紫癜症，以及原发性肝瘤。对于女性来说，甲睾酮等雄性激素带来的副作用最常见的就是抑制促性腺激素的分泌以及男性化，停药后这种男性化通常是不可逆的。妊娠后，摄入甲睾酮将引起女性胎儿男性化甚至致畸。对于成年男性来说，甲睾酮的摄入将会引起乳腺发育，高剂量时还会引起少精症。

群勃龙在动物的细胞、组织或器官中蓄积以原型或中间代谢产物（β-去甲雄三烯醇酮、α-去甲雄三烯醇酮)形式存在。一旦被人食用后，可产生系列激素样作用，如破坏人机体的激素平衡、干扰人的内分泌功能、影响生育能力，并具有潜在致癌性、发育毒性（儿童早熟）及女性男性化，大剂量时可致肝功能障碍[16]。

研究表明，诺龙及其代谢物残留可影响人的肝功能，损害心血管系统，还可造成生殖器官受损、肾上腺萎缩、情绪失控及内分泌失调等[17]。

应用同化激素出现的一些毒副作用可能不是因为激素的作用，而是由睾酮结构被化学修饰导致的（如 17α-烷基物导致肝功能不全）。有些有害效应的发生机制还不清楚，如脂蛋白代谢发生的改变。儿童对药物的毒性、女性化效应易感性高，药物的男性化效应在女性表现更明显。有动物实验表明外源性睾酮可促进雄性高脂血症大鼠早期动脉粥样硬化的形成。

23.4

国内外残留限量要求

动物源性食品中残留的蛋白同化激素被人体摄入后具有潜在的致癌性，不能保证消费者的健康安全。从 1988 年欧盟就禁止食品性动物的饲养过程中添加生长激素，我国于 2002 年规定在动物性食品中不得检出甲睾酮、群勃龙、丙酸睾酮、苯丙酸诺龙等性激素药物。国内外动物源性食品中同化激素的最大残留限量如表 23-1 所示。

表 23-1　国内外动物源性食品中同化激素的最大残留限量

国家/地区	残留标示物	基质	MRL/(μg/kg)
中国	甲睾酮、群勃龙、诺龙、苯丙酸诺龙	所有食品动物的所有可食用组织	禁用
欧盟	甲睾酮、群勃龙、诺龙、苯丙酸诺龙	所有食品动物的所有可食用组织	禁用
美国	群勃龙	牛的可食用组织	禁用

23.5

样品处理方法

23.5.1　样品类型

样品类型有组织（肌肉、肾脏、肝脏）、鸡蛋、中药散剂、饲料、毛发、牛奶、动物血浆、尿液、乳和乳粉、水产品。

23.5.2　样品制备与提取

（1）**甲睾酮**　属于疏水性有机化合物，易溶于大多数有机溶剂，常用的提取剂有甲醇、乙腈、乙醚和乙酸乙酯等。甲醇与水互溶，当甲醇作为提取剂时，提取液中残留大量的水溶性蛋白质，易造成净化过程中固相萃取柱堵塞。

Moussa 等[18]　建立了一种液相色谱-串联质谱（LC-MS/MS）检测肌肉和其他牛基质（肝脏、肾脏、胆汁和毛发）中甲睾酮等 14 种天然和合成激素的新方法。该方法采用乙腈进行萃取和提取，用 2.1mm×100mm Zorbax SB-C_{18} 色谱柱净化，该方法 CCα 和 CCβ 分别为 0.2～0.53μg/kg 和 0.41～1.55μg/kg，回收率在 71％～95.3％。Zheng 等[19]　建立一种基于液相色谱-串联质谱的可靠筛查方法，用于检测鳗鱼、比目鱼和虾中萘普生、甲睾酮和 17α-羟孕酮己酸酯的残留。样品用乙腈和 1％的冰醋酸提取，然后用正己烷除脂。色谱柱为反相分析柱，流动相为含有 10mmol/L 甲酸铵蒸馏水的 0.1％甲酸（A）和甲醇（B）。所有的矩阵匹配的标准曲线在被测试分析物的浓度范围内都是线性的（$R^2 \geqslant 0.99$）。该方法的检测限（LOD）和定量限（LOQ）分别为 2μg/kg 和 5μg/kg。三个添加水平（0.005mg/kg、0.01mg/kg 和 0.02mg/kg）的回收率在 68％～117％之间。周迎春等[20]建立了超高效液相色谱-串联质谱法测定动物源性食品中甲睾酮残留量。比较了乙酸乙酯、乙腈和甲醇等提取溶剂的提取效果，结果发现，乙酸乙酯的极性较弱，在萃取甲睾酮的同时溶解了大部分的脂肪等非极性化合物，对目标化合物造成了干扰；与甲醇相比，乙腈的提取效果更好。方法检出限为 0.3μg/kg，定量限为 1.0μg/kg，以甲睾酮的添加量分别为 1.0μg/kg、2.0μg/kg、10.0μg/kg、40.0μg/kg 的水平进行方法学验证，回收率在 70.60％～112.41％之间，相对标准偏差（RSD）为 4.33％～9.26％。

马瑞欣等[21]　建立高效液相色谱-串联质谱（HPLC-MS/MS）法用于测定水产品中甲睾酮残留量，比较了乙腈、甲基叔丁基醚、乙酸乙酯和二氯甲烷分别作为提取溶剂的提取效果。结果表明，乙酸乙酯和二氯甲烷的基质效应小；乙酸乙酯和甲基叔丁基醚的提取效率高，乙酸乙酯的提取效果更好。在 2.0～500ng/mL 浓度范围内，线性良好，$R^2 \geqslant$ 0.999，定量限为 5.0μg/kg。空白样品添加标准物质后的回收率在 75％～105％之间，相对标准偏差≤10％。

（2）**群勃龙**　Chiesa 等[22]　建立了牛奶粉中泼尼松龙、泼尼松、地塞米松、可的松、皮质醇、17α-和 17β-宝丹酮及其前体雄二烯二酮（ADD）、睾酮、甲睾酮、17α-和 17β-诺龙、群勃龙的多残留分析方法。所有分析物经过常规样品前处理后，通过免疫亲和色谱柱提取，正己烷脱脂，并在正负电喷雾电离（ESI）模式下用液相色谱-串联质谱仪进行分析。方法的 CCα 为 0.39～0.73μg/L，CCβ 为 0.46～0.99μg/L，回收率为 99.6％～105.4％。王飞等[23]　比较了叔丁基甲醚、乙腈、乙酸乙酯等不同溶剂对牛肉和牛肾种群勃龙、睾酮和黄体酮激素的提取效果，结果发现：以叔丁基甲醚为提取溶剂能得到更好的加标回收率。

张怡等[24]　比较了叔丁基甲醚、乙腈、甲醇、乙酸乙酯等不同试剂对猪肉中群勃龙等 9 种激素的提取效果，结果发现，甲醇、乙腈作为提取试剂时样品杂质较多，基质干扰较多，净化步骤复杂。叔丁基甲醚提取时，肝脏、肾脏中的丙酸睾酮、苯丙酸诺龙加标回收率低于 50％。采用乙酸乙酯提取时，8 种药物回收率均较高且易于浓缩。在牛奶的兽药残留提取试验中，常用乙腈作为提取溶剂。乙腈不仅可以提取兽药化合物，还能沉淀牛奶中的蛋白质。王卉等[25] 分别用乙腈（含 2% 甲酸）和 80% 乙腈（含 0.2% 甲酸）溶液对牛奶样品中的兽药残留进行提取，结果显示，乙腈（含 2% 甲酸）的提取效果更好，平均回收率为 95.67%。

（3）**诺龙** 诺龙属于脂溶性物质，可溶于乙醇、甲醇和正己烷等有机溶剂，难溶于水。激素类药物极性较弱，常用的提取溶剂有甲醇、乙醚、叔丁基甲醚、乙酸乙酯和乙腈等。衣闻闻等尝试了牛肉中正己烷脱脂和低温冷冻除脂的前处理方法，结果表明，相同加标量下，低温冷冻除脂后的诺龙比正己烷脱脂提取后的峰面积要大[26]。

（4）**苯丙酸诺龙** 极性小，脂溶性强，在质谱仪器分析过程中，脂肪会对苯丙酸诺龙的响应信号造成较大的影响，会形成拖尾甚至是信号峰合并的现象。苯丙酸诺龙不溶于水，溶于乙醇、甲醇、正己烷等有机溶剂。张家华等[27] 比较了叔丁基甲醚、乙酸乙酯、甲醇、乙腈等溶剂或混合溶液的提取效果，发现叔丁基甲醚提取时，丙酸诺龙、苯丙酸诺龙的回收率低于 30%。乙酸乙酯提取时，司坦唑醇、苯丙酸诺龙的回收率低于 55%。以甲醇-乙腈（1:1，体积比）提取时各个药物的回收率较高，且易于浓缩，最终选择甲醇-乙腈（1:1，体积比）作为提取液。吴昊等[28] 比较了甲醇和乙腈对中药散剂中苯丙酸诺龙的提取效果，结果发现，甲醇的提取效果较好，处理空白样品时能较好地排除杂质对主峰的干扰。续情等[29] 比较了甲醇和叔丁基甲醚这两种溶剂对饲料中苯丙酸诺龙的提取效果，结果发现叔丁基甲醚提取液中，杂质组分较少，且目标物分离度较好。

23.5.3 样品净化方法

同化激素与其他兽药的不同之处在于其具有很强的脂溶性，这使得样品的净化极为关键，因此有效的净化手段是实现激素准确灵敏分析的重要前提。样品杂质主要为蛋白质、脂类及极性小分子成分。文献中报道的用于净化的固相萃取柱有炭黑柱、氨基柱、硅胶柱、阳离子交换柱、C_{18} 柱等。但大多是采用 C_{18} 柱作为净化用固相萃取柱。动物源性食品中性激素残留检测的样品净化方法主要有液-液萃取法、超声辅助萃取法、微波辅助萃取法、基质固相分散法（MSPD）、加速溶剂萃取法以及超临界流体萃取法等。前 3 种方法几乎都需要使用乙腈、甲醇、叔丁基甲醚等有机溶剂，存在操作复杂、耗时多、有机溶剂用量大、对操作人员有毒害风险等问题。MSPD 多用于蔬菜、水果中药物残留的前处理，在动物源尤其是肉类中的应用较少。最后两种方法中都需要配置专门的设备，投资较大，难以得到普遍推广和应用[30]。同化激素类药物的提取与净化如表 23-2 所示。

（1）**甲睾酮** Rejtharova 等[31] 为了寻求更有效的净化程序，使用选定的类固醇酯标准对两种方案（Supel TM-Select HLB 柱和玻璃柱中的氧化铝吸附剂）进行了测试。相对于在相同浓度下直接测量的分析标准，确定了分析物的回收率。结果发现，玻璃柱中的氧化铝吸附剂更适合血清样品的净化方案。抑制了分析物在聚合物表面的吸附损失，改善了所用吸附剂的清洗效果。杨金兰等[32] 根据甲睾酮的化学性质，比较了 HLB 和 C_{18} 柱的净化效果，结果显示，C_{18} 柱的回收率（80.2% 以上）较 HLB 柱（57.9% 以上）高，且该柱选择性较 HLB 柱好，杂峰较少，HLB 柱保留杂质较多，影响低质量分数样品的测定。

（2）**群勃龙** Wozniak 等[33] 建立了检测牛肌肉中的群勃龙、甲睾酮等 19 种类固醇激素的高效液相色谱检测方法，建立了正负两种电离方式的高效液相色谱-电喷雾电离串联质谱法。采用流动相为乙腈-甲醇-水的等度洗脱，在 Poro shell 120-EC C_{18} 色谱柱上实现了不到 10min 的分离。化合物是用乙酸乙酯从肌肉组织中提取出来的。提取液采用 C_{18}、伯仲胺和硫酸镁分散固相萃取法进行纯化，方法的 CCα 和 CCβ 分别为 $0.10\sim0.48\mu g/kg$ 和 $0.17\sim0.95\mu g/kg$。该方法对大多数化合物具有良好的线性关系（$R^2 > 0.99$），重现性 < 35%。

房克艳等[34]建立了同时测定饲料中甲睾酮、诺龙和群勃龙等 8 种类固醇激素的超高效液相色谱-三重四极杆质谱检测方法。比较了 0.1mol/L $MgCl_2$ 和 0.1mol/L $ZnCl_2$ 的除脂效果，结果显示，两者均具有除脂效果，相比较而言，经 $MgCl_2$ 除脂后，8 种类固醇激素的回收率高。$MgCl_2$ 能有效降低基质的影响，提高回收率。方法的检出限为 $0.10\sim0.34\mu g/kg$，定量限为 $0.35\sim0.98\mu g/kg$。平均回收率为 70.4%～109%，相对标准偏差为 0.38%～10.3%。

怀文辉等[35]比较了正己烷和低温冷冻除脂效果，群勃龙脂溶性强，正丁烷除脂会造成部分群勃龙药物的损失。结果表明，冷冻低温除脂效果更好。

（3）诺龙　高洁等[36]采用新型通过式固相萃取小柱 Oasis PRiME HLB 净化测定猪肉中 52 种同化激素，净化效果明显，在猪肉基质中，52 种同化激素的检出限为 $0.1\sim2\mu g/kg$，加标回收率为 62.3%～119.6%。吕惠卿等[37]建立的牛奶中 8 种同化激素的液相色谱-串联质谱方法中，采用 C_{18} 固相萃取柱净化牛奶中的杂质，该方法的检出限为 $0.2\sim0.5\mu g/L$，8 种激素的平均回收率在 59.1%～97.7% 之间。

（4）苯丙酸诺龙　李向军等[38]比较了 HLB 固相萃取柱和硅胶固相萃取柱。结果发现，采用 HLB 可以获得很好的回收率；但是在处理大黄鱼、鳗鲡等高油脂样品时，会发生乳化、堵塞小柱现象，而使用硅胶固相萃取柱不易堵塞小柱。

表 23-2　同化激素类药物的提取与净化

样品	提取药物	提取/萃取	净化/纯化	回收率	文献
鳗鱼、比目鱼和虾	甲睾酮、萘普生和 17α-羟孕酮己酸酯	乙腈和 1% 的冰醋酸	正己烷	68%～117%	[19]
猪皮、猪肉	甲睾酮	乙腈	甲醇和 C_{18} 固相萃取柱	70.60%～112.41%	[20]
对虾和罗非鱼	甲睾酮	乙酸乙酯	石油醚	75%～105%	[21]
肝脏和肾脏	群勃龙、甲睾酮和苯丙酸诺龙	乙酸乙酯	C_{18} 固相萃取小柱	76.4%～103.2%	[24]
牛奶	群勃龙、甲睾酮等	乙腈（含 2% 甲酸）	Oasis PRiME HLB 小柱	70.98%～118.63%	[25]
牛肉	勃地龙、诺龙、美雄酮、甲睾酮、丙酸睾酮和丙酸诺龙	乙腈	冷冻离心脱脂净化	84.1%～100.0%	[26]
猪肉和鸡肉	甲睾酮等 11 种同化激素	甲醇-乙腈（1:1）	C_{18} 固相萃取柱	74.3%～101.1%	[27]
牛肌肉	群勃龙、甲睾酮等 19 种类固醇激素	乙酸乙酯	C_{18}、伯仲胺和硫酸镁分散固相萃取法	51.2%～121.4%	[33]
饲料	甲睾酮、诺龙、群勃龙等 8 种类固醇激素	乙腈	三氯乙酸、氢氧化钠、氯化镁和正己烷	70.4%～109%	[34]
尼罗罗非鱼组织	17-甲基睾酮	纯甲醇	纯净的 Milli-Q 水和固相萃取柱	98.41%～100.78%	[39]
牛肌肉	诺龙和甲睾酮等 38 种促生长激素	甲醇和 0.2mol/L 醋酸钠（1:1）	C_{18} 和氨基固相萃取柱，正己烷脱脂	89.4%～125.8%	[40]

样品	提取药物	提取/萃取	净化/纯化	回收率	文献
鸡蛋	群勃龙、诺龙和甲睾酮等7种合成类固醇	甲醇	叔丁基甲醚液-液萃取	66.3%～82.8%	[41]
牛奶	睾酮等9种合成类固醇和16种β-受体激动剂	5%的冰醋酸乙腈	伯仲胺(PSA)＋氧化锌纳米颗粒	63%～126%	[42]

23.6

残留分析技术

23.6.1 仪器测定方法

23.6.1.1 色谱法

Khachornsakkul等[39]建立了一种测定罗非鱼中17-甲基睾酮(MT)残留量的高效液相色谱法(HPLC)，方法的线性范围为25～800μg/kg，R^2为0.9985，LOD和LOQ分别为1.53μg/kg和5.08μg/kg，精密度良好。对实际样品中MT测定的准确度进行了评价，回收率在98.41%～100.78%之间。Rocha等[40]采用高效液相色谱-串联质谱法(HPLC-MS/MS)同时检测牛肉中38种促生长激素剂的残留，样品用C_{18}和NH_2固相萃取柱净化，正己烷脱脂，诺龙的回收率为97.4%，CCα和CCβ分别为0.44μg/kg和0.62μg/kg；甲睾酮的回收率为101.1%，CCα和CCβ分别为0.15μg/kg和0.29μg/kg。Zeng等[41]建立了一种廉价、可靠、实用的HPLC-MS/MS方法同时测定鸡蛋中7种合成类固醇，包括群勃龙、去氢睾酮、诺龙、司坦唑醇、去氢甲睾酮、睾酮和甲睾酮。分析物是用甲醇从鸡蛋样本中提取出来的。提取液经冷冻除脂后，用叔丁基甲醚液-液萃取进一步纯化。采用C_{18}色谱柱，0.1%甲酸-乙腈梯度洗脱。在实验浓度范围内，各标准曲线的R^2均大于0.99。鸡蛋中类固醇类化合物的CCα为0.20～0.44ng/g，CCβ为0.53～1.03ng/g，平均回收率为66.3%～82.8%，日内和日间相对标准偏差在2.4%～11%之间。Liu等[42]建立了一种简便、准确和多残留分析的超高效液相色谱-串联质谱法用于检测牛奶中甲睾酮等9种合成类固醇和16种β-受体激动剂的残留。Kenyon等[43]开发了一种基于固相萃取(SPE)的液相色谱-串联质谱(LC-MS/MS)新方法，用于检测农业用水中相对稳定的群勃龙。对群勃龙的定量限为0.21ng/L，相对回收率在96%～113%。

Matraszek-Zuchowska等[44]建立了一种高效液相色谱-串联质谱法测定屠宰动物血清中部分睾丸酮酯，用典型的、简单的正庚烷和乙酸乙酯混合物的液-液萃取法获得了最佳的表观回收率和重复性参数。该方法的表观回收率为102.4%～113.3%，重复性为2.4%～22.6%。在验证过程中，分别在0.006～0.012μg/L和0.010～0.020μg/L范围内获得了良好的表观回收率、精密度。Chiesa等[45]建立了两种用于分析牛牙齿的LC-MS/

MS 方法，用乙酸乙酯-叔丁基甲醚（4:1）混合物浸提，分析物包括七种 β_2-受体激动剂（西马特罗、克伦特罗、异舒林、马布特罗、莱克多巴胺、沙丁胺醇和特布他林）和多种游离或酯化形式的类固醇（醋酸泼尼松龙、泼尼松龙、地塞米松、苯甲酸雌二醇、苯丙酸诺龙和诺龙）。诺龙的 CCα 和 CCβ 分别为 0.17ng/g 和 0.25ng/g，苯丙酸诺龙的 CCα 和 CCβ 分别为 0.25ng/g 和 0.38ng/g，回收率在 98%～105%。马丹等[46] 建立了检测鱼饲料中 17α-甲睾酮残留的液相色谱法，该方法在 7.5～60.0μg/mL 范围内线性关系良好，R^2 为 0.9998，回收率在 94%～100% 之间，相对标准偏差为 1.97%～3.21%，定量限为 3.4mg/kg。CCα 为 0.007～0.1μg/kg，CCβ 为 0.02～0.4μg/kg。在三个添加水平下，这些化合物的回收率在 63%～126% 之间。Regal 等建立了一种检测动物毛发中 17α-甲睾酮的 HPLC-MS/MS 方法。样品用低温粉碎机单独粉碎，然后用乙腈液体提取 24 小时，使得完整的 17α-甲睾酮能够有效地从角蛋白基质中释放出来。该方法的 CCα 和 CCβ 分别为 0.07ng/g 和 0.12ng/g，实验室内重复性为 11.0%，真实性为 87%[47]。同化激素仪器分析如表 23-3 所示。

Matraszek-Zuchowska 等[48] 采用气相色谱-质谱法测定奶和奶粉中二苯乙烯、类固醇（甲睾酮等）和间苯二酸内酯（RALS）等 18 种合成激素的含量。样品前处理包括乙醚液-液萃取和固相萃取净化。在仪器分析之前，用七氟丁酸酐或 N-甲基-N-(三甲基硅烷基)三氟乙酰胺进行衍生化反应，在 1μg/L（kg）水平下，所有分析物的表观回收率在 70.4%～119.4% 之间，变异系数小于 30%。该方法的 CCα 为 0.11～0.44μg/L（kg），CCβ 为 0.19～0.75μg/L（kg）。Genangeli 等[49] 建立了一种同时检测马尿中 9 种合成类固醇（诺龙、地氯瑞林、地塞米松磷酸钠、泼尼松龙、甲泼尼龙、司坦唑醇、宝丹酮、地塞米松异烟酸盐和阿曲诺孕素）的新型、快速、简便的 UHPLC-MS/MS 的分析方法。该方法的加标回收率大于 89.12%，变异系数小于 6.02%。被分析化合物标准曲线的 R^2 范围为 0.9955～0.9997，检出限和定量限分别为 0.10μg/L 和 0.25μg/L。Jiafeng 等[50] 建立了一种检测动物油中群勃龙和甲睾酮等 19 种合成类固醇的 UHPLC-MS/MS 方法。油样用 20mL 乙腈水溶液提取，洗脱液在氮气中蒸发至干燥，以 0.1% 甲酸-乙腈和 0.1% 甲酸-水溶液为流动相，方法的回收率在 72.9%～110.7% 之间，精密度良好（相对标准偏差＜15%）。群勃龙和甲睾酮的检测限为 0.05μg/kg，定量限为 0.2μg/kg。诺龙的检测限为 0.14μg/kg，定量限为 0.5μg/kg。Zhang 等[51] 建立了气相色谱-串联质谱法用于快速测定猪尿中 3-羟基-5-雄烯-17-酮（HA）、二氢睾酮（DHT）、雄烯二酮（AD）和甲睾酮（MT）的残留。采用固相微萃取技术，无须衍生化，直接提取 4 种合成代谢产物。4 种合成类固醇的检出限（S/N=3）为 2～8pg/mL。该固相微萃取方法对 4 种合成类固醇具有很高的浓缩倍数，当浓度为 8pg/mL 时，对 HA 和 DHT 分别为 1063 倍和 965 倍；当浓度为 16pg/mL 时，对 AD 和 MT 分别为 207 倍和 451 倍。加样回收率为 71.3%～121%，相对标准偏差小于 12.9%。Zhang 等[52] 建立了一种 GC-MS/MS 同时检测 93 种合成类固醇的方法。对色谱和质谱条件进行了优化，整个样品分析过程在 23min 内完成，含有共轭羧基的分析物（如睾酮和诺龙）和含酯键的分析物（如乙酸甲烯诺酮和右旋糖醇酮-丙酸酯）的检测限分别为 0.1ng/mL 和 0.5ng/mL。在液体基质中的 LOD 为 0.1ng/mL，而在固体基质中的 LOD 为 0.5～4ng/mL。冯月超等[53] 建立鱼肉中 23 种性激素的超高效液相色谱-串联四极杆质谱分析方法。鱼肉样品经乙腈提取后，采用 QuEChERS 方法快速提取、净化，浓缩后的目标物均采用 BEH C_{18} 分离柱，雄激素和孕激素采用流动相 0.1% 甲酸水-甲醇分离，电喷雾正离子扫描；雌激素采用乙腈-水为流动相，电喷雾负离子扫描，23种性激素标准曲线线性良好，R^2均大于0.99。方法的回收率范围60.93%~102.1%，相对标准偏差小于16.67%，检出限为0.0015~0.47μg/kg。同化激素液质联用分析如表23-4所示。

表23-3 同化激素仪器分析

样品	检测物质	回收率	CCα/(μg/kg)	CCβ/(μg/kg)	方法	文献
牛肌肉、肝脏、肾脏、胆汁和毛发	甲睾酮等14种天然和合成激素	71%~107%	0.2~0.53	0.41~1.55	LC-MS/MS	[18]
牛奶粉	诺龙、群勃龙、睾酮及其他固醇激素	99.6%~105.4%	0.39~0.73	0.46~0.99	LC-MS/MS	[22]
猪肉和鸡肉	甲睾酮等11种同化激素	70.1%~97.4%	0.1~0.5	0.3~1	UPLC-MS/MS	[27]
牛肌肉	群勃龙、甲睾酮等19种类固醇激素	51.2%~121.4%	0.10~0.48	0.17~0.95	HPLC	[33]
罗非鱼组织	17-甲基睾酮	98.41%~100.78%	1.53	5.08	HPLC	[39]
牛肌肉	诺龙	97.4%	0.44	0.62	HPLC-MS/MS	[40]
	甲睾酮	101.1%	0.15	0.29		
鸡蛋	群勃龙、诺龙和甲睾酮等7种合成类固醇	66.3%~82.8%	0.20~0.44	0.53~1.03	HPLC-MS/MS	[41]
牛牙齿	苯丙酸诺龙	98%~105%	0.25	0.38	LC-MS/MS	[45]
	诺龙		0.17	0.25		
原料奶和奶粉	甲睾酮等18种合成激素	70.4%~119.4%	0.11~0.44	0.19~0.75	GC-MS	[48]

表23-4 同化激素液质联用分析

样品	检测物质	回收率	LOD/(μg/kg)	LOQ/(μg/kg)	方法	文献
鳗鱼、比目鱼和虾	甲睾酮、萘普生和17α-羟孕酮己酸酯	68%~117%	2	5	LC-MS/MS	[19]
猪皮、猪肉	甲睾酮	70.60%~112.41%	0.3	1.0	UPLC-MS/MS	[20]
牛奶	群勃龙和甲睾酮等23种兽药	70.98%~118.6%	0.005~3.026	0.1~10	UPLC-MS/MS	[25]
水产饲料	甲睾酮	80.8%~84.8%	2.00	5.00	UPLC-MS/MS	[32]
饲料	甲睾酮、诺龙、群勃龙等8种类固醇激素	70.4%~109%	0.10~0.34	0.35~0.98	UPLC-MS/MS	[34]
猪肉	甲睾酮、群勃龙等违禁药物	63.9%~117.4%	0.5	1.0	HPLC-MS/MS	[35]
动物油	群勃龙和甲睾酮	72.9%~110.7%	0.05	0.2	UHPLC-MS/MS	[50]
	诺龙		0.14	0.5		
鱼肉	群勃龙和诺龙等23种性激素	60.93%~102.1%	0.0015~0.47	0.0049~1.57	UPLC-MS/MS	[53]

23.6.1.2 质谱法

Cha等[54]采用超快液相色谱法结合电喷雾电离串联质谱法同时分析人尿中78种外源性合成类固醇。在电喷雾电离（ESI）条件下，以正离子模式将目标分析物电离为$[M+H]^+$或$[M+H-nH_2O]^+$，作为前驱体离子进行选择性反应监测分析。64种类固醇的检出限为0.05~20ng/mL。诺龙和群勃龙的检测限分别为0.20ng/mL和1ng/mL，含C3位共轭酮基团的甾体化合物表现出良好的质子亲和力和稳定性，并产生$[M+H]^+$作为最丰富的前体离子。此外，以$[M+H]^+$为前体离子的类固醇类化合物的LOD大多在低浓度下分布。相反，C3 上含有共轭/非共轭羟基官能团的类固醇生成 $[M+H-H_2O]^+$ 或 $[M+H-2H_2O]^+$，这些类固醇由于稳定性差和形成多个离子而表现出较高的 LOD。

Kim 等[55] 建立一种液相色谱-银离子配位离子喷雾/三重四极杆质谱同时分析 84 种合成类雄激素(外源性 65 种，内源性 19 种)。优化了银离子和有机溶剂的浓度，以增加银离子配位络合物的量。25μmol/L 银离子和甲醇的组合灵敏度最高。验证结果表明，筛选分析的日内精密度为 0.8%～9.2%，日间精密度为 2.5%～14.9%，检出限为 0.0005～5.0ng/mL，基质效应为 71.8%～100.3%，其中诺龙和群勃龙的检出限分别为 0.1ng/mL 和 5.0ng/mL。

23.6.1.3 其他方法

Qi 等[56] 开发了一种多重免疫亲和柱毛细管电泳法同时测定诺龙、睾酮和甲睾酮。一种多靶点抗体免疫亲和色谱柱，用于从尿液中纯化和富集诺龙、睾酮和甲睾酮。设计合成诺龙 3 位取代抗原，免疫兔制备多克隆抗体。免疫亲和色谱柱的固定相是通过将针对诺龙、睾酮和甲睾酮的抗体共价连接到溴化氰活化的琼脂糖凝胶上而合成的。用甲醇/水混合物一步提取相应的分析物。免疫亲和柱对一类结构相关的化合物表现出高亲和力和高选择性。然后将洗脱液转移到胶束电动 CE 系统，运行缓冲液为硼酸钠和胆酸钠，用于分离和测定。3 种甾体化合物从复杂基质中的回收率为 88%～94%，RSD<5.2%。对免疫亲和色谱柱的纯化条件进行了优化，探讨了该技术用于类固醇激素分析的可行性。结果表明，多免疫亲和色谱柱与毛细管电泳联用是一种快速、简便、灵敏的测定类固醇的有效方法。

Lopez-Garcia 等[57] 建立了超高效液相色谱与高分辨质谱仪联用的分析新方法（UH-PLC-Orbitrap-MS），测定鸡肉、猪肉和牛肉中类固醇激素（氢化可的松、可的松、孕酮、强的松、强的松龙、睾酮、醋酸美伦甾醇、氢化可的松-21-醋酸酯、可的松-21-醋酸酯、丙酸睾酮、17-甲基睾酮、6-甲基强的松龙和甲羟孕酮）及其代谢物 17-羟孕酮。对几种脱硫剂进行了净化处理，以氟硅石和氧化铝的脱附效果最好。对优化后的方法进行了验证，得到了适用于所评价的三种肉类基质中所有验证参数的结果。回收率为 70%～103%（牛肉样品中强的松除外），重复性和重现性分别小于 18% 和 21%，除鸡肉中的睾酮和猪肉中的氢化可的松-21-醋酸酯和可的松-21-醋酸酯的定量限为 2.0μg/kg 外，其余化合物的定量限均为 1.0μg/kg。在三种基质中的 CCα 和 CCβ 分别为 1.0～2.7μg/kg 和 1.9～5.5μg/kg。

郭添荣等[58] 建立了基于超高效液相色谱-四极杆/静电场轨道阱高分辨质谱联用技术快速筛查和确证鱼肉中 30 种蛋白同化激素（群勃龙、甲睾酮、诺龙等）及糖皮质激素的分析方法。鱼肉样品用 80% 乙腈水溶液（含 0.2% 甲酸）提取，离心，Oasis PRiME HLB 固相萃取柱净化，氮吹后复溶。采用 Waters Acquity BEH C_{18} 色谱柱（2.1mm×100mm，1.7μm）分离，以含 0.1% 甲酸的乙酸铵（20mmol/L）水溶液-乙腈体系作为流动相进行梯度洗脱。结果表明，30 种激素在 0.5～100ng/mL 浓度范围内线性关系良好，线性相关系数均大于 0.9950；检出限介于 0.2～1.0μg/kg 之间，定量限介于 0.5～2.0μg/kg 之间。

23.6.2 免疫测定方法

23.6.2.1 半抗原设计

半抗原设计的原则是将半抗原与载体连接形成完全抗原时能够最大程度地保持和突出

药物及其结构类似物的共有特征结构，同时又能够很好地与载体蛋白结合，使其特征结构能最大程度地被免疫活性细胞识别，从而制备出具有选择性和亲和性的抗体[59]。因此半抗原一般由待测药物的特征结构、用于连接药物和载体的连接臂和通过连接臂引入的活性基团组成。半抗原自身的空间结构、半抗原与载体蛋白连接后的空间结构以及半抗原与载体蛋白的偶联比都是决定人工抗原免疫原性的因素[60,61]。由于免疫系统对载体远端结构的识别能力最强，因此连接臂应当远离待测物的特征结构部分和官能团，这样易产生高选择性和高亲和性的抗体，所以在制备半抗原时，要充分考虑到一类药物的特征结构。另外，在设计半抗原时应充分考虑到药物本身和其有毒理学意义的代谢物，根据被测定对象是单独的药物或某一类药物，设计时应相应地突出特定药物的结构或一类药物中共有的结构部分，从而制备出针对某一药物的特异性抗体或族特异性抗体[62-64]。

甲睾酮半抗原的设计：雄激素药物具有共同的甾体母环结构，其主要的区别在 17 位的取代基以及 19 位上是否有甲基，而环内双键的有无也是影响其电荷分布及药物空间结构扭曲的因素。通过对甲睾酮的结构进行分析，可以看出在其 3 位和 17 位分别有一个羰基和一个羟基，其中羰基可以通过与羧甲基羟胺半盐酸盐反应引入羧基，而羟基可与酯或醚等反应引入羧基。张勋等[65] 报道的方法中药物与羧甲基羟胺半盐酸盐反应引入羧基，此反应是在吡啶溶剂中加热进行，而本实验在进行中采用新的方法，即将甲睾酮溶解于甲醇中，加入适量碳酸钠，与羧甲基羟胺半盐酸盐在常温下反应引入羧基，不仅避免了吡啶可能造成的毒性作用，而且简化了反应条件，降低了反应环境的要求。引入的基团位点与大分子蛋白质偶联后对药物分子结构的影响较小，能充分暴露母环结构。考虑到引入的连接臂的长度是 4 个碳链的长度，既不会因太短而使抗原决定簇无法完全暴露，又不会因连接臂太长而造成折叠，因此免疫后易对动物机体产生免疫应答反应[66]。针对 OLA、CBX、CYA 设计的半抗原及效果如表 23-5 所示。

群勃龙半抗原的设计：从群勃龙的分子结构式分析，群勃龙单体上含有羟基、羰基和双键结构，都是易于反应的位点，羰基结构可以和蛋白质直接进行 Schiff 碱反应；但考虑到抗体在空间上的要求，通常需要将小分子化合物连接一间隔臂，再和蛋白质偶联，从而使半抗原不至于被蛋白质在空间上掩盖而失去作用。群勃龙上的羟基结构易于和丁二酸酐发生开环反应，形成羧基结构再和蛋白质反应。Zhang 等[67] 考虑到群勃龙结构中的活性氢氧化物基团，采用琥珀酸酐方法获得了所需的半抗原。合成了含有 4 个 C 原子羧酸反应基团的群勃龙半抗原，并与载体蛋白中的氨基（NH_2-KLH 和 NH_2-BSA）共价偶联，分别获得了免疫原和包被抗原。

冯才伟等[68] 将群勃龙的 17 位羟基与丁二酸酐反应，通过调节反应体系的 pH 和温度来控制反应进程，并且加入催化剂来催化反应，但通过 TLC 监测并没有发生反应，通过分析药物结构的不同推断 17 位上的甲基，使得空间位阻变大，并且由于甲基的连接使得此位点的羟基属于叔羟基，活性下降，对此位置的修饰较难进行。而后选择对 3 位的羰基进行修饰。周成林通过群勃龙上的羟基采用琥珀酸酐法合成群勃龙半抗原，使群勃龙分子连接上 4 个 C 原子链的活性基团[69]。

诺龙和苯丙酸诺龙半抗原的设计：诺龙分子量 274.40，属于生物小分子，只有反应原性，但不具免疫原性，需要对其分子改造才能与蛋白质偶联。对于苯丙酸诺龙来说，其残留标示物是诺龙，可以按照诺龙半抗原设计的方法来设计苯丙酸诺龙的半抗原。Jiang 等[70] 采用琥珀酸酐法对诺龙的 17 位羟基进行改造，然后分别用 EDC 法和丁二酸酐法制备 NT-BSA 和 NT-OVA。不同的偶联方法有效地避免了桥抗干扰，提高了免疫原性。此外，4 个碳原子的偶联桥既避免了 NT 分子被蛋白质的空间结构所"淹没"，又能被动物的 B 或 T 细胞有效识别，该方法在 PBS 中线性范围为 0.03~38ng/mL，IC_{50} 和 LOD 分别为 0.52ng/mL 和 0.01ng/mL。在所有竞争性类似物中，所制备的单抗与 NT 在动物组织中的主要代谢物 17α-去甲睾酮具有较高的交叉反应率（83.6%）。除与群勃龙（22.6%）和 β-去氢睾酮（13.8%）有中度交叉反应外，其余干扰可忽略不计（<0.05%）。

表 23-5 同化激素半抗原的设计

识别药物	半抗原	蛋白质	抗原	IC_{50}/(ng/mL)	抗体	文献
去甲睾酮、甲睾酮、睾酮和曲诺酮	MT-CMO	KLH	免疫原	0.3	单抗	[71]
		BSA	包被原			
群勃龙		BSA	免疫原	0.323	单抗	[67]
		KLH	包被原			
诺龙		BSA	免疫原	0.52	单抗	[70]
		OVA	包被原			
甲睾酮		KLH	免疫原	3.48	单抗	[72]
		BSA	包被原			
群勃龙		KLH	免疫原	0.323	单抗	[73]
		BSA	包被原			
诺龙		BSA	免疫原	0.55~1.0	单抗	[74]
		OVA	包被原			

23.6.2.2 抗体制备

Gao 等[71] 建立了一种基于广谱单抗的间接竞争酶联免疫吸附试验（ic-ELISA），用于快速筛选各种动物组织中的雄激素。获得了一株群特异性单抗 4D12，其对去甲睾酮、甲睾酮、睾酮和曲诺酮的 IC_{50} 值分别为 2.2μg/L、0.3μg/L、1.6μg/L 和 4.4μg/L。该方法对 11 种动物可食用组织中 4 种雄激素的检出限为 37.2~697.8ng/L，定量限为 70.0~

1524.0ng/L。11 种样品中添加 4 种雄激素的回收率在 65.0％～106.6％之间，变异系数小于 16.9％。王强等[72] 以甲睾酮和羧甲基羟胺半盐酸盐为原料，合成半抗原，经过质谱鉴定合成成功。用 DCC 法将半抗原与钥孔蓝蛋白（KLH）和卵清蛋白（OVA）偶联，合成完全抗原 MT-CMA-KLH（OVA），经过紫外光谱法鉴定，完全抗原偶联成功。将 MT-CMA-KLH 免疫雌性 Balb/c 小鼠，检测小鼠的血清效价和特异性，选择检测结果较好的小鼠经过细胞融合及克隆，筛选得到两株稳定的单克隆细胞株 MT/9C10 和 NT/4D1。张元阳[73] 以群勃龙（TR）和琥珀酸酐为原料，在无水吡啶的催化下，合成半抗原 TR-半琥珀酸酯（TR-HS），经过质谱鉴定合成成功。用混合酸酐法将半抗原 TR-HS 与牛血清白蛋白（BSA）和卵清蛋白（OVA）偶联，合成免疫抗原（TR-BSA）和检测抗原（TR-OVA），经过紫外光谱法鉴定，人工抗原偶联成功。将 TR-BSA 免疫雌性 Balb/c 小鼠，检测小鼠的血清效价和特异性，选择检测结果较好的小鼠经过细胞融合及克隆，筛选得到稳定的单克隆细胞株。将稳定的细胞对小鼠进行腹腔接种制备单克隆抗体。姜金庆等[74] 以诺龙和丁二酸酐为原料，合成半抗原，经过质谱和核磁共振鉴定合成成功。用 EDC 法和琥珀酸酐法将半抗原与牛血清白蛋白（BSA）和卵清蛋白（OVA）偶联，合成免疫抗原和检测抗原，经过紫外扫描和红外光谱法鉴定，人工抗原偶联成功。将免疫抗原免疫雌性 Balb/c 小鼠，检测小鼠的血清效价和特异性，选择检测结果较好的小鼠经过细胞融合及克隆，筛选得到稳定的单克隆细胞株。将稳定的细胞对小鼠进行腹腔接种制备单克隆抗体。Chang 等[75] 采用 EDC 法合成（睾酮）TES-17-BSA 免疫原，采用混合酸化技术合成 TES-3-OVA 包被抗原。然后，用 TES-17-BSA 制备抗 TES 的多克隆抗体，并用间接酶联免疫吸附试验检测抗体效价。IC_{50} 值为 1.8ng/mL 的高特异性抗体用于开发 ic-ELISA。该方法的检出限为 0.032ng/mL。

23.6.2.3 免疫分析技术

有太多直接和间接形式的 ELISA 变种，它们利用样品中存在的类固醇和类固醇与载体蛋白［即牛血清白蛋白（BSA）、卵清蛋白（OVA）、兔血清白蛋白（RSA）］纳米颗粒[76] 或膜[77] 衍生的包被半抗原之间的竞争，通过半抗原偶联，在蛋白质分子上实现了统计上的随机负载，因此可能会影响方法的参数和重复性。此外，蛋白质结合物在长期储存中相当不稳定，由此产生的 ELISA 法总共需要两天的工作。而亲和素-生物素 ELISA 法（AB-ELISA）只需要一天的时间。在这个过程中，亲和素（或类似物）被包被在微滴定板上，结合到半抗原分子上的生物素被亲和素捕获。类固醇部分是分析物的竞争对手。AB-ELISA 似乎比传统方法更具优势，尤其是在灵敏度和稳定性方面。核酸适配体是一种化学抗体或核酸抗体，通常是从随机序列 DNA 或 RNA 文库中筛选出来的单链寡核苷酸，使用指数浓缩配体的体外系统进化。核酸适配体可以折叠成特殊的结构，具有高度的识别特定靶标的能力[78]。与其他抗体相比，适配体易于设计和合成，具有统一的批次间可变性、可逆热变性和无限的保质期[79]。特别是，由于适配体由核酸组成，因此在设计各种均相分析策略时提供了明显的优势，这涉及到将适配体-靶相互作用转化为信号读数。这些示例包括比色、电化学、发光或荧光信号的变化。大多数基于适配子的均相分析依赖于靶诱导构象转换的独特适配子特性，而少数涉及使用两个适配子，这两个适配子同时与同一靶结合以诱导信号变化。

Jurasek 等[80] 应用亲和素-生物素技术建立了一种高灵敏度亲和素-生物素 ELISA 法检测膳食补充剂中的诺龙和睾酮，设计并合成了新的半抗原［接头优化的生物素化诺龙

（NT）和睾酮（T），分别位于 C3 和 C17 位］，然后作为四种不同的固定化竞争对手应用于一组四个间接竞争的 AB-ELISA。分别用由 C3-和 C17-羧甲基肟及 NT 和 T 的琥珀酸半酯衍生物合成的 4 种不同免疫原制备了 4 种不同特异性的兔多克隆抗体。对组装的 AB-ELISA 进行了表征，建立了方法参数，如 IC_{50} 为 $0.18\sim12.99ng/mL$，检出限为 $0.004\sim0.032ng/mL$，最佳的线性工作范围为 $0.02\sim1.38ng/mL$。

同化激素免疫分析方法如表 23-6 所示。

表 23-6　同化激素免疫分析方法

检测方法	检测物质	检测组织	IC_{50}/(ng/mL)	LOD/(µg/kg)	参考文献
ic-ELISA	群勃龙	动物组织、饲料和尿液	0.323	0.06	[67]
ic-ELISA	群勃龙	动物饲料、组织及尿液	0.323	0.6	[73]
ic-ELISA	诺龙	牛肉和猪肉	0.52	0.01	[70]
ic-ELISA	去甲睾酮、甲睾酮、睾酮和曲诺酮	牛可食组织	0.3	$0.0372\sim0.6978$	[71]
ic-ELISA	甲睾酮	水产品	3.48	$0.77\sim13.06$	[72]
ic-ELISA	诺龙	牛尿	$0.55\sim1.0$	$0.004\sim85.8$	[74]
ic-ELISA	睾酮	牛可食组织	1.8	0.032	[75]
AB-ELISA	诺龙和睾酮	膳食补充剂	$0.18\sim12.99$	$0.004\sim0.032$	[80]

23.6.3　其他分析技术

纳米抗体（nanobody，Nb）是一种新型的生物识别元件，通常来自骆驼科动物，具有小分子、高稳定性、大溶解度和在大肠杆菌中高表达的特点。Yang 等[81] 研究以 19-去甲睾酮（19-NT）为靶药物，利用噬菌体展示技术，从骆驼免疫文库中筛选出 3 个抗 19-NT 的特异性 Nb。所得纳米抗体具有良好的热稳定性和有机溶剂性。以性能最好的纳米抗体 Nb2F7 为模板，建立了检测 19-NT 的间接竞争酶联免疫吸附试验（ic-ELISA）。在优化条件下，对 19-NT 进行了标准曲线拟合，IC_{50} 为 1.03ng/mL，LOD 为 0.10ng/mL。同时，与类似物的交叉反应率较低，加标样品中 19-NT 的回收率为 $82.61\%\sim99.24\%$。与超高效液相色谱-串联质谱仪（UPLC-MS/MS）方法的线性相关系数为 0.9975。

典型的电化学传感器由传感电极（或称工作电极）、由一层薄电解液隔开的对电极和参比电极（通常为饱和甘汞电极或 Ag/AgCl 电极）组成。利用适当的伏安技术，随着分析物浓度的变化来监测电流的变化。基于碳糊、玻碳、热解石墨、分子印迹聚合物（MIP）、C_{60}、碳纳米管、纳米复合材料等的各种裸和修饰的电化学传感器已被开发出来用于类固醇的测定。

Cooper 等[82] 建立了一种检测雄激素的无细胞生物测定法，描述无细胞版本的雄激素体外生物测定的发展。阶段 1 包括使用编码增强子/雄激素反应元件（ARE）调节区的 DNA 模板进行体外转录/翻译反应（IVTT），该调节区位于最小启动子的上游，该启动子驱动报告蛋白的表达。该方法在 $0.0144\sim106.7ng/mL$（$5\times10^{-11}\sim3.7\times10^{-7}mol/L$）范围内检测到睾酮，其 EC_{50} 值为 6.63ng/mL（23nmol/L）。为了降低复杂性，开发的第 $2\sim4$ 阶段只包括体外转录（IVT）反应，由此输出的是 RNA 分子。阶段 2 涉及用荧光团标记的核苷酸三磷酸直接标记 RNA 分子。阶段 3 涉及 RNA 分子的逆转录-聚合酶链式反应（PCR）。阶段 4 利用 RNA 适配子Ⅱ作为其 RNA 输出。阶段 4 产物检测到的睾酮浓度范围为 0.0001～

106.7ng/mL（$5\times10^{-13}\sim3.7\times10^{-7}\text{mol/L}$），$EC_{50}$ 值为 0.04ng/mL（0.155nmol/L）。进一步，发现阶段 4 的产物可以检测到其他雄激素分子。相对于基于细胞的生物测定，阶段 4 产品易于操作，并可开发成常规的、高通量的、非靶向雄激素筛查。

Bai 等[83] 建立基于核酸适体的 19-去甲睾酮荧光共振能量转移（FRET）分析方法，将一个 76 聚体 17β-雌二醇适配子分成两个片段（分别称为 P1 和 P2）。用猝灭剂（BHQ）标记 P1，用荧光团标记 P2（6FAM）。两个适配子片段用于在均相溶液中通过 FRET 猝灭来检测 NT。该方法在较宽的动态范围内（$5\sim1000\mu\text{mol/L}$）具有较低的检测限（$5\mu\text{mol/L}$）。结果表明，三种不同浓度 NT 的平均回收率为 $58\%\sim118\%$，相对标准偏差（RSD）小于 1%。

参考文献

[1] A T Kicman. Pharmacology of anabolic steroids [J]. Br J Pharmacol, 2008, 154（3）: 502-521.

[2] 孔祥芬. 食品中蛋白同化激素的可视化检测方法研究[D]. 天津: 天津科技大学，2016.

[3] Gonzalo-Lumbreras R. Optimization and validation of conventional and micellar LC methods for the analysis of methyltestosterone in sugar-coated pills[J]. Journal of Pharmaceutical and Biomedical Analysis, 2003, 31: 201-208.

[4] 李佩佩，张小军，严忠雍，等. 凝胶渗透色谱-超高效液相色谱-串联质谱法测定水产品中多种同化激素残留[J]. 理化检验（化学分册）. 2014, 50（12）: 1539-1543.

[5] 黄冬梅，史永富，王媛，等. HPLC-MS/MS 测定水产品中苯丙酸诺龙、诺龙残留量[J]. 食品科学，2010, 31（22）: 394-397.

[6] Sánchez-Osorio M, Duarte-Rojo A, Martínez-Benítez B, et al. Anabolic-androgenic steroids and liver injury[J]. Liver Internationa, 2008, 28（2）: 278-282.

[7] Lavery D N, McEwan I J. Structure and function of steroid receptor AF1 transactivation domains: induction of active conformations[J]. Biochem J, 2005, 391（Pt 3）: 449-464.

[8] Fred Hartgens H K. Effects of androgenic-anabolic steroids in athletes [J], Sports Med, 2004, 34（8）: 513-554.

[9] 李凯. 苯丙酸诺龙干预烫伤大鼠雄激素受体介导靶基因转录调控的实验研究[D]. 成都: 四川大学，2006.

[10] Wilson V S, Lambright C, Ostby J, et al. In vitro and in vivo effects of 17β-trenbolone: a feedlot effluent contaminant[J]. Toxicological Sciences, 2002, 70（2）: 202-211.

[11] Yarrow J F, McCoy S C, Borst S E. Tissue selectivity and potential clinical applications of trenbolone（17beta-hydroxyestra-4,9,11-trien-3-one）: a potent anabolic steroid with reduced androgenic and estrogenic activity[J]. Steroids, 2010, 75（6）: 377-389.

[12] Gao W, Bohl C E, Dalton J T. Chemistry and structural biology of androgen receptor[J]. Chemical Reviews, 2005, 105（9）: 3352-3370.

[13] Brannvall K, Bogdanovic N, Korhonen L, et al. 19-Nortestosterone influences neural stem cell proliferation and neurogenesis in the rat brain[J]. Eur J Neurosci, 2005, 21（4）: 871-878.

[14] Aman C S, Pastor A, Cighetti G, et al. Development of a multianalyte method for the deter-

mination of anabolic hormones in bovine urine by isotope-dilution GC-MS/MS[J]. Anal Bioanal Chem, 2006, 386（6）: 1869-1879.

[15] Taylor W, Snowball S, Lesna M. The effects of long-term administration of methyltestosterone on the development of liver lesions in BALB/c mice[J]. The Journal of Pathology, 1984, 143（3）: 211-218.

[16] Chen D, Yu J, Tao Y, et al. Qualitative screening of veterinary anti-microbial agents in tissues, milk, and eggs of food-producing animals using liquid chromatography coupled with tandem mass spectrometry[J]. J Chromatogr B Analyt Technol Biomed Life Sci , 2016, 1017-1018: 82-88.

[17] 余德河, 胥传来, 彭池方, 等.食品中残留 19-去甲睾酮免疫原的合成与鉴定[J]. 食品科学, 2006, 5: 195-198.

[18] Moussa F, Mokh S, Doumiati S, et al. LC-MS/MS method for the determination of hormones: validation, application and health risk assessment in various bovine matrices[J].Food Chem Toxicol, 2020, 138: 111204.

[19] Zheng W, Yoo K H, Choi J M, et al. Residual detection of naproxen, methyltestosterone and 17α-hydroxyprogesterone caproate in aquatic products by simple liquid-liquid extraction method coupled with liquid chromatography-tandem mass spectrometry[J]. Biomed Chromatogr, 2019, 33（1）: e4396.

[20] 周迎春, 王林裴, 刘少博, 等 . 超高效液相色谱-串联质谱法测定动物源性食品中甲基睾丸酮残留量[J]. 肉类研究, 2017, 31（09）: 63-68.

[21] 马瑞欣, 苏欢欢, 梁艳红, 等.HPLC-MS-MS 测定水产品中的甲基睾丸酮残留量[J]. 河北渔业, 2014（08）: 20-24.

[22] Chiesa L M, Nobile M, Biolatti B, et al. Detection of selected corticosteroids and anabolic steroids in calf milk replacers by liquid chromatography-electrospray ionisation-tandem mass spectrometry[J]. Food Control, 2016, 61 : 196-203.

[23] 王飞, 宓捷波, 葛含光.超高压液相色谱-串联质谱法快速测定牛肉、牛肾中 3 种甾类同化激素药物残留量[J]. 质谱学报, 2019, 40（01）: 83-89.

[24] 张怡, 李艳芹, 余鹏灵, 等 . 液相色谱-串联质谱测定猪可食性组织中 8 种同化激素的含量[J]. 黑龙江畜牧兽医, 2015（17）: 281-284.

[25] 王卉, 刘庆菊, 韩平 . 超高效液相色谱-串联质谱法测定牛奶中 23 种兽药[J]. 食品工业, 2020, 41（08）: 312-317.

[26] 衣闻闻, 全灿, 金君素.高效液相色谱法同时测定牛肉组织中 6 种类固醇类激素类药物[J]. 化学分析计量, 2011, 20（03）: 26-29.

[27] 张家华, 方炳虎, 王敏儒 . 猪肉和鸡肉中 11 种同化激素残留超高效液相色谱-串联质谱法测定[J]. 动物医学进展, 2021, 42（04）: 48-53.

[28] 吴昊, 吴蕾, 刘红云, 等 . HPLC 法测定兽用中药散剂中非法添加苯丙酸诺龙的方法研究[J]. 安徽农业科学, 2019, 47（10）: 160-162.

[29] 续倩, 何绮霞, 张展, 等 . 高效液相色谱法测定饲料中苯丙酸诺龙含量的研究[J]. 中国饲料, 2014（02）: 41-43.

[30] 李艳芹.猪毛发中同化激素的多残留检测及 17α-甲基睾丸酮蓄积规律研究[D]. 广州: 华南农业大学, 2016.

[31] Rejtharova M, Rejthar L, Cackova K. Determination of testosterone esters and nortestosterone esters in animal blood serum by LC-MS/MS[J]. Food Addit Contam Part A Chem Anal Control Expo Risk Assess, 2018, 35（2）: 233-240.

[32] 杨金兰, 陈俊, 陈成桐, 等 . 超高效液相色谱-串联质谱快速测定水产饲料中甲基睾丸酮的含量[J]. 中国渔业质量与标准, 2017, 7（03）: 38-43.

[33] Wozniak B, Matraszek-Zuchowska I, Klopot A, et al. Fast analysis of 19 anabolic steroids in bovine tissues by high performance liquid chromatography with tandem mass spectrometry [J]. J Sep Sci, 2019, 42（21）: 3319-3329.

[34] 房克艳，赵超敏，陈沁，等．超高效液相色谱-三重四极杆质谱法同时测定饲料中 8 种类固醇激素[J]．食品工业科技，2019，40（13）：172-179.

[35] 怀文辉，李建，倪香艳，等．液相色谱-串联质谱法检测猪肉中 20 种违禁药物残留的研究[J]．中国兽药杂志，2018，52（11）：59-67.

[36] 高洁，陈达炜，赵云峰．通过式固相萃取-超高效液相色谱-串联质谱法快速测定猪肉中 52 种同化激素[J]．中国卫生检验杂志，2018，28（12）：1422-1425.

[37] 吕惠卿，陈慧华，韦敏珏，等．固相萃取-液相色谱串联质谱同时测定牛奶中 8 种甾类同化激素多残留[J]．食品科学，2009，30（16）：235-239.

[38] 李向军，于慧娟，冯兵，等．高效液相色谱串联质谱法同时测定水产品中 24 种性激素[J]．分析试验室，2012，31（05）：62-67.

[39] Khachornsakkul K, Thanasupsin S P, Dungchai W. House microwave-assisted solid phase extraction for residual 17α-methyltestosterone determination in nile tilapia tissues by high-performance liquid chromatography[J]. Solvent Extraction Research and Development, Japan, 2021, 28（2）：149-156.

[40] Rocha D G, Lana M A G, Augusti R, et al. Simultaneous identification and quantitation of 38 hormonally growth promoting agent residues in bovine muscle by a highly sensitive HPLC-MS/MS Method[J]. Food Analytical Methods, 2019, 12: 1914-1926.

[41] Zeng A, Liu R, Zhang J, et al. Determination of seven free anabolic steroid residues in eggs by high-performance liquid chromatography-tandem mass spectrometry[J]. J Chromatogr Sci, 2013, 51（3）：229-236.

[42] Liu H, Lin T, Cheng X, et al. Simultaneous determination of anabolic steroids and beta-agonists in milk by QuEChERS and ultra high performance liquid chromatography tandem mass spectrometry[J]. J Chromatogr B Analyt Technol Biomed Life Sci, 2017, 1043: 176-186.

[43] Kenyon P T, Zhao H, Yang X, et al. Detection and quantification of metastable photoproducts of trenbolone and altrenogest using liquid chromatography-tandem mass spectrometry[J]. J Chromatogr A , 2019, 1603: 150-159.

[44] Matraszek-Zuchowska I, Wozniak B, Sielska K, et al. Determination of selected testosterone esters in blood serum of slaughter animals by liquid chromatography with tandem mass spectrometry[J]. Steroids, 2020, 163: 108723.

[45] Chiesa L M, Nobile M, Panseri S, et al. Bovine teeth as a novel matrix for the control of the food chain: liquid chromatography-tandem mass spectrometry detection of treatments with prednisolone, dexamethasone, estradiol, nandrolone and seven β₂-agonists[J]. Food Addit Contam Part A Chem Anal Control Expo Risk Assess , 2017, 34（1）：40-48.

[46] 马丹，高丽娜，陈永平，等．高效液相色谱法测定鱼饲料中甲基睾丸酮含量的研究[J]．饲料工业，2012，33（04）：20-23.

[47] Regal P, Nebot C, Vázquez B I, et al. Determination of the hormonal growth promoter 17α-methyltestosterone in food-producing animals: bovine hair analysis by HPLC-MS/MS [J]. Meat Science, 2010, 84（1）：196-201.

[48] Matraszek-Zuchowska I, Wozniak B, Posyniak A. Determination of hormones residues in milk by gas chromatography-mass spectrometry [J]. Food Analytical Methods, 2017, 10: 727-739.

[49] Genangeli M, Caprioli G, Cortese M, et al. Simultaneous quantitation of 9 anabolic and natural steroidal hormones in equine urine by UHPLC-MS/MS triple quadrupole[J]. Journal of Chromatography B, 2019, 1117: 36-40.

[50] Jiafeng Y, Decheng S, Xiaoyong L, et al. Multiresidue determination of 19 anabolic steroids in animal oil using enhanced matrix removal lipid cleanup and ultrahigh performance liquid chromatography-tandem mass spectrometry[J]. Anal Methods, 2021, 13（21）：2374-2383.

[51] Zhang Z, Duan H, Zhang L, et al. Direct determination of anabolic steroids in pig urine by a new SPME-GC-MS method[J]. Talanta, 2009, 78（3）：1083-1089.

[52] Zhang Y, Wu X, Wang W, et al. Simultaneous detection of 93 anabolic androgenic steroids in dietary supplements using gas chromatography tandem mass spectrometry[J]. J Pharm Biomed Anal, 2022, 211: 114619.

[53] 冯月超, 贾丽, 王建凤, 等. 超高效液相色谱-质谱联用法检测鱼肉中23种性激素残留量[J]. 食品安全质量检测学报, 2018, 9 (16): 4417-4426.

[54] Cha E, Kim S, Kim H W, et al. Relationships between structure, ionization profile and sensitivity of exogenous anabolic steroids under electrospray ionization and analysis in human urine using liquid chromatography-tandem mass spectrometry[J]. Biomed Chromatogr, 2016, 30 (4): 555-565.

[55] Kim S H, Cha E J, Lee K M, et al. Simultaneous ionization and analysis of 84 anabolic androgenic steroids in human urine using liquid chromatography-silver ion coordination ionspray/triple-quadrupole mass spectrometry[J]. Drug Test Anal, 2014, 6 (11/12): 1174-1185.

[56] Qi X H, Zhang L W, Zhang X X. Simultaneous determination of nandrolone, testosterone, and methyltestosterone by multi-immunoaffinity column and capillary electrophoresis [J]. Electrophoresis, 2008, 29 (16): 3398-3405.

[57] Lopez-Garcia M, Romero-Gonzalez R, Garrido Frenich A. Determination of steroid hormones and their metabolite in several types of meat samples by ultra high performance liquid chromatography-orbitrap high resolution mass spectrometry[J]. J Chromatogr A, 2018, 1540: 21-30.

[58] 郭添荣, 吴文林, 张釜, 等. 基于UHPLC-Q/Orbitrap高分辨质谱多目标快速筛查鱼肉中30种蛋白同化激素及糖皮质激素[J]. 食品科学, 2021: 1-11.

[59] Hegedüs G, Bélai I, Székács A. Development of an enzyme-linked immunosorbent assay (ELISA) for the herbicide trifluralin[J]. Analytica Chimica Acta, 2000, 421 (2): 121-133.

[60] Li Z, Wang S, Lee N A, et al. Development of a solid-phase extraction—enzyme-linked immunosorbent assay method for the determination of estrone in wate[J]. Analytica Chimica Acta, 2004, 503 (2): 171-177.

[61] Morales P, Garcia T, Gonzalez I, et al. Monoclonal antibody detection of porcine meat [J]. Journal of Food Protection, 1994, 57 (2): 146-149.

[62] Le Bizec B, Gaudin I, Monteau F, et al. Consequence of boar edible tissue consumption on urinary profiles of nandrolone metabolites. I. Mass spectrometric detection and quantification of 19-norandrosterone and 19-noretiocholanolone in human urine[J]. Rapid Communications in Mass Spectrometry, 2000, 14 (12): 1058-1065.

[63] Chen F U R C H I, Hsieh Y H P, Bridgman R C. Monoclonal antibodies to porcine thermal-stable muscle protein for detection of pork in raw and cooked meats[J]. Journal of Food Science, 1998, 63 (2): 201-205.

[64] Dong X, Wang N, Wang S, et al. Synthesis and application of molecularly imprinted polymer on selective solid-phase extraction for the determination of monosulfuron residue in soil[J]. J Chromatogr A, 2004, 1057 (1/2): 13-19.

[65] 张勋, 董英, 王云, 等. 去氢甲睾酮单克隆抗体的制备与鉴定[J]. 细胞与分子免疫学杂志, 2011, 27 (10): 1103-1105.

[66] 张勋, 董英, 王云, 等. 去氢甲睾酮抗体的制备与鉴定[J]. 细胞与分子免疫学杂志, 2010, 26 (07): 670-672.

[67] Zhang Y, He F, Wan Y, et al. Generation of anti-trenbolone monoclonal antibody and establishment of an indirect competitive enzyme-linked immunosorbent assay for detection of trenbolone in animal tissues, feed and urine[J]. Talanta, 2011, 83 (3): 732-737.

[68] 冯才伟, 何方洋, 周德刚, 等. 动物源性食品中群勃龙ELISA检测技术的研究与应用[J]. 畜牧与饲料科学, 2011, 32 (01): 105-108.

[69] 周成林. 群勃龙的化学修饰及其免疫原性的构建[D]. 镇江: 江苏大学, 2010.

[70] Jiang J, Wang Z, Zhang H, et al. Monoclonal antibody-based ELISA and colloidal gold immunoassay for detecting 19-nortestosterone residue in animal tissues [J]. J Agric Food

Chem, 2011, 59（18）: 9763-9769.

[71] Gao H, Cheng G, WangH, et al. Development of a broad-spectrum monoclonal antibody-based indirect competitive enzyme-linked immunosorbent assay for screening of androgens in animal edible tissues[J]. Microchemical Journal, 2021, 160.

[72] 王强，王旭峰，黄珂，等.酶联免疫吸附法测定水产品中甲基睾酮残留[J]. 现代食品科技，2015, 31（05）: 303-308.

[73] 张元阳. 群勃龙残留酶联免疫检测法的建立及三种 β 兴奋剂免疫亲和柱的制备[D]. 济南: 山东大学, 2011.

[74] 姜金庆，张海棠，范国英，等.19-去甲睾酮单克隆抗体的筛选及 icELISA 方法的建立[J]. 科学通报，2011, 56（20）: 1622-1628.

[75] Chang X Y, Jiang J Q. Editor screening testosterone residue in the edible tissues of bovine with a polyclonal antibody based heterologous immunoassay[J]. Biomed Environ Sci, 2013, 26（5）: 390-393.

[76] Billingsley M M, Riley R S, Day E S.Antibody-nanoparticle conjugates to enhance the sensitivity of ELISA-based detection methods[J]. PLoS One, 2017, 12（5）: e0177592.

[77] Lotierzo M, Abuknesha R, Davis F, et al. A membrane-based ELISA assay and electrochemical immunosensor for microcystin-LR in water samples[J]. Environ Sci Technol, 2012, 46（10）: 5504-5510.

[78] Kunii T, Ogura S, Mie M, et al. Selection of DNA aptamers recognizing small cell lung cancer using living cell-SELEX[J]. Analyst , 2011, 136（7）: 1310-1312.

[79] Xu S, Zhang X, Liu W, et al. Reusable light-emitting-diode induced chemiluminescence aptasensor for highly sensitive and selective detection of riboflavin[J]. Biosens Bioelectron, 2013, 43: 160-164.

[80] Jurasek M, Goselova S, Miksatkova P, et al. Highly sensitive avidin-biotin ELISA for detection of nandrolone and testosterone in dietary supplements[J]. Drug Test Anal , 2017, 9（4）: 553-560.

[81] Yang Y Y, Wang Y, Zhang Y F, et al. Nanobody-based indirect competitive ELISA for sensitive detection of 19-nortestosterone in animal urine[J]. Biomolecules, 2021, 11（2）.

[82] Cooper E R, Hughes G, Kauff A, et al. A cell-free bioassay for the detection of androgens. Drug Test Anal[J]. 2021, 13（5）: 903-915.

[83] Bai W, Zhu C, Liu J, et al. Split aptamer-based sandwich fluorescence resonance energy transfer assay for 19-nortestosterone[J]. Microchimica Acta, 2016, 183（9）: 2533-2538.

第 24 章

镇静剂类
药物残留
分析

镇静剂（sedative）是指能够轻度抑制中枢神经系统，减弱生理机能从而达到消除焦虑躁动，恢复安静情绪的一类药物的统称。临床上常见的镇静剂主要分为苯二氮䓬类和非苯二氮䓬类。苯二氮䓬类镇静剂有地西泮、氯硝西泮、奥沙西泮、替马西泮、咪达唑仑、艾司唑仑、三唑仑、阿替唑仑等。非苯二氮䓬类又可以分为吩噻嗪类（包括氯丙嗪、异丙嗪和奋乃静等）、巴比妥类（包括巴比妥、苯巴比妥、异戊巴比妥和司可巴比妥等）、喹唑酮类（包括安眠酮等）、咪唑并吡啶类（包括唑吡坦）和其他类（包括佐匹克隆、米氮平、曲唑酮等）[1]。长期以来，镇静剂类药物在临床上被广泛使用，其可以有效地减少某些器官和组织的活性，使人进入睡眠，引起全身麻醉，也可以对症平时出现神经功能异常或者是长期焦虑的患者，缓解焦虑、抑郁，对于精神紧张的状态具有非常好的抑制作用[2]。近年来，有些不法畜牧业饲养者为了追求经济利益最大化，在畜禽饲料中违法添加镇静剂类药物，以达到镇静催眠，降低动物运动量，增重催肥和缩短出栏时间的目的。此外，在动物运输过程中，为减少动物死亡和体重下降，防止肉品质降低，他们也常使用此类药物以减少应激带来的损失。然而，镇静剂类药物在畜禽体内代谢需要一定周期，非法使用会导致原药及其代谢产物残留在各种动物源性食品中，食用此类食品会对人体中枢神经系统等产生较大的危害。长此以往，甚至出现机体代谢和功能性减退等问题，使患者出现体位性低血压、锥体外系不良反应等等，严重的还会出现一些致死性的不良反应[3,4]。

24.1

结构与性质

24.1.1　苯二氮䓬类镇静剂

苯二氮䓬类药物（benzodiazepine，BZD）属第二代安眠镇静药，具有催眠、镇静、抗惊厥等多种药理作用，而且毒性较小，人们对该类药物的研制和应用有较大的兴趣。自从 1961 年利眠宁应用于临床以来，已有 300 多种该类化合物被合成，并进行了药理实验。至 20 世纪 90 年代初，这类药物已有 35 种应用于临床，成为具有相似药理作用的各类药物中品种最多、最重要的一类，也是世界范围内滥用程度最大的一类药物。常见的主要有：地西泮（diazepam）、硝西泮（nitrazepam）、氯硝西泮（clonazepam）、奥沙西泮（oxazepam）、劳拉西泮（lorazepam）、替马西泮（temazepam）、氟西泮（flurazepam）、三唑仑（triazolam）、艾司唑仑（estazdam）、阿普唑仑（alprazolam）、咪达唑仑（midazolam）和氯氮䓬（chlordiazepoxide）。这些药物的基本母核为含氮的稠环 1,4-苯并二氮杂䓬。例如地西泮与氯氮䓬的结构相似，只是氯氮䓬1,2 位之间的双键变成单键，第二位上的甲氨基为酮基取代，C1 多了甲基，N4 去掉氧[5]。大多数可以图 24-1 中的结构通式表示。常见苯二氮䓬类药物的结构如表 24-1 所示。

图 24-1 苯二氮䓬类药物结构
通式

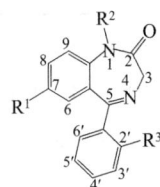

表 24-1 常见苯二氮䓬类药物的结构

药物名称	R^1	R^2	R^3	杂环上的取代
地西泮	Cl	CH_3	H	—
硝西泮	NO_2	H	H	—
氯硝西泮	NO_2	Cl	Cl	—
奥沙西泮	Cl	H	H	3:CHOH
劳拉西泮	Cl	H	Cl	3:CHOH
替马西泮	Cl	CH_3	H	3:CHOH
氟西泮	Cl	$(CH_2)_2N(C_2H_5)_2$	F	—
三唑仑	Cl	—	Cl	1,2:1-甲基二唑
艾司唑仑	Cl	—	—	1,2:咪唑
阿普唑仑	Cl	—	—	1,2:1-甲基二唑
咪达唑仑	Cl	—	F	1,2:1-甲基二唑
氯氮䓬	Cl	—	H	2:CNHCH$_3$;4:N→O

由于 BZD 结构相似，在物理、化学、光谱特征、药理性质等方面均具有相似性。它们都具有环状结构，所以熔点、沸点较高，难挥发；在其基本结构中均含有 N，故大都显中性或弱碱性，在强酸和强碱下均易分解。表 24-2 列出了一些 BZD 的理化性质。

表 24-2 苯二氮䓬类药物的理化性质

药物	分子式	分子量	熔点	性状及稳定性	溶解度
地西泮	$C_{16}H_{13}ClN_2O$	284.74	130～133℃	白色或类白色结晶性粉末；无臭，味微苦。其酸性水溶液不稳定，加热会水解产生黄色的 2-甲氨基-5-氯-二苯甲酮和甘氨酸	在水中几乎不溶，在乙醇中溶解
硝西泮	$C_{15}H_{11}N_3O_3$	281.27	226～229℃	淡黄色结晶性粉末，无臭，无味	不溶于水、乙醚，溶于氯仿、丙酮、乙醇
氯硝西泮	$C_{15}H_{10}ClN_3O_3$	315.71	236.5～238.5℃	微黄色或淡黄色结晶性粉末；几乎无臭，无味	在丙酮或氯仿中略溶，在甲醇或乙醇中微溶，在水中几乎不溶
奥沙西泮	$C_{15}H_{11}ClN_2O_2$	286.71	205～206℃	白色或类白色的结晶性粉末，几乎无臭，对光稳定。在酸性溶液中加热水解，生成 2-苯甲酰基-4-氯苯胺	微溶于乙醇、氯仿，不溶于水
劳拉西泮	$C_{15}H_{10}Cl_2N_2O_2$	321.16	166～168℃	白色或类白色的结晶性粉末，无臭	在乙醇中略溶，在水中几乎不溶
替马西泮	$C_{16}H_{13}ClN_2O_2$	300.74	228～230℃	白色或类白色结晶性粉末，几乎无臭	微溶于乙醇、氯仿，不溶于水
氟西泮	$C_{21}H_{23}ClFN_3O$	387.87		白色棒条状结晶，常用其盐酸盐，为白色或淡黄色结晶性粉末	极易溶于氯仿，易溶于丙酮、甲醇、乙醇、冰醋酸和乙醚，难溶于环己烷，几乎不溶于水

药物	分子式	分子量	熔点	性状及稳定性	溶解度
三唑仑	$C_{17}H_{12}Cl_2N_4$	343.21	239~243℃	白色或类白色结晶性粉末,无臭,味微苦	在冰醋酸或氯仿中易溶,在甲醇中略溶,在乙醇或丙酮中微溶,在水中几乎不溶
艾司唑仑	$C_{16}H_{11}ClN_4$	294.74	229~232℃	白色或类白色的结晶性粉末,无臭,味微苦	在醋酐或氯仿中易溶,在甲醇中溶解,在醋酸乙酯或乙醇中略溶,在水中几乎不溶
阿普唑仑	$C_{17}H_{13}ClN_4$	308.76	228~228.5℃	白色或类白色结晶性粉末	在氯仿中易溶,在甲醇、乙醇、丙酮中可溶,在水或乙醚中几乎不溶
咪达唑仑	$C_{18}H_{13}ClFN_3$	325.76	160~164℃	白色至微黄色的结晶或结晶性粉末;无臭;遇光渐变黄	在冰醋酸或乙醇中易溶,在甲醇中溶解,在水中几乎不溶
氯氮草	$C_{16}H_{14}ClN_3O$	399.75	236~236.5℃	淡黄色结晶性粉末,无臭,味苦	在乙醚、氯仿或二氯甲烷中溶解,在水中微溶

24.1.2 非苯二氮草类镇静剂

24.1.2.1 吩噻嗪类镇静剂

吩噻嗪及其衍生品通常被称为吩噻嗪类,它能够促使中枢神经系统受到抑制,在镇痛、安眠镇静等方面具有显著功效,多用于精神病的治疗,同时吩噻嗪类药物还可对癌症以及药物等因素导致的呕吐进行抑制。吩噻嗪类药物均为苯并噻嗪的衍生物,分子结构中含有硫氮杂蒽母核,不同点主要表现在10位氮原子上的烃基的不同[6]。常见的主要有:氯丙嗪(chlorpromazine)、硫利达嗪(thioridazine)、奋乃静(perphenazine)、氟奋乃静(fluphenazine)、葵奋乃静(fluphenazine decanoate)。图 24-2 为吩噻嗪类镇静剂的结构通式。常见的吩噻嗪类镇静剂结构如表 24-3 所示。

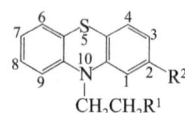

图 24-2 吩噻嗪类镇静剂的结构通式

表 24-3 常见的吩噻嗪类镇静剂结构

药物名称	R^1	R^2
氯丙嗪	$CH_2N(CH_3)_2$	Cl
硫利达嗪		SCH_3
奋乃静		Cl
氟奋乃静		CF_3
葵氟奋乃静		CF_3

吩噻嗪类药物结构相似,10位的 R^1 取代基为碱性侧链,多为 2~3 个碳的烷基链或

二乙氨基，或为哌嗪或哌啶的衍生物。遇硫酸、硝酸等氧化剂，会随着取代基的不同而呈现不同的颜色。

24.1.2.2 巴比妥类镇静剂

巴比妥类药物（又称巴比妥酸盐）是一类作用于中枢神经系统的镇静剂，属于巴比妥酸的衍生物。巴比妥类药物为取代的丙二酰脲类化合物，其母体结构为嘧啶三酮。分子中的内酰亚胺结构能够互变为烯醇式而呈弱酸性，pK_a 为 7.4，溶于氢氧化钠或碳酸钠溶液中。巴比妥类属非特异性结构类型药物，其作用的强弱、快慢和作用时间的长短主要取决于药物的理化性质及体内代谢是否稳定[7]。常用的巴比妥类药物主要有巴比妥（barbital）、苯巴比妥（phenobarbital）、异戊巴比妥（amobarbital）和司可巴比妥（secobarbital）。图 24-3 为巴比妥类镇静剂的结构通式。常见的巴比妥类镇静剂结构如表 24-4 所示。

图 24-3　巴比妥类镇静剂的结构通式

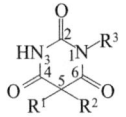

表 24-4　常见的巴比妥类镇静剂结构

药物名称	R^1	R^2	R^3	杂环上的取代
巴比妥	C_2H_5	C_2H_5	H	—
苯巴比妥	C_2H_5	苯环	H	—
司可巴比妥	$CH_2CH=CH_2$	$H_3CCHC_3H_7$	—	—
异戊巴比妥	C_2H_5	$(CH_3)_2CHCH_2CH_2$	H	—

巴比妥类药物分子结构中都有 1,3-二酰亚胺基团，能发生酮式和烯醇式的互变异构，在水溶液中可以发生二级电离。因此，本类药物的水溶液显弱酸性（pK_a 为 7.3～8.4），可与强碱形成水溶性的盐类。

24.1.2.3 其他镇静剂

其他镇静剂结构如表 24-5 所示。表 24-6 列出了部分非苯二氮䓬类药物的理化性质。

表 24-5　其他镇静剂的结构式

药物名称	结构式
甲苯喹唑酮	
曲唑酮	
唑吡坦	

药物名称	结构式
佐匹克隆	
扎莱普隆	
安非他明	
安非他酮	

表 24-6 非苯二氮䓬类药物的理化性质

药物	分子式	分子量	熔点	性状及稳定性	溶解度
氯丙嗪	$C_{17}H_{19}ClN_2S$	318.86	194～198℃	氯丙嗪常用其盐酸盐,为白色或灰白色结晶粉末,有微臭,味苦,遇光渐变色,水溶液呈酸性反应	在水、乙醇或氯仿中易溶,在乙醚或苯中不溶
硫利达嗪	$C_{21}H_{26}N_2S_2$	370.58	159～165℃	硫利达嗪常用其盐酸盐,为白色或灰白色结晶粉末,有微臭,味苦	在水、乙醇或氯仿中易溶,在乙醚或苯中不溶
奋乃静	$C_{21}H_{26}ClN_3OS$	403.97	94～100℃	白色或淡黄色的结晶性粉末,几乎无臭,味微苦	在氯仿中极易溶解,在乙醇中溶解,在水中几乎不溶
氟奋乃静	$C_{22}H_{26}F_3N_3OS$	437.52	268～274℃	白色或类白色结晶性粉末,无臭,味微苦,遇光易变色	易溶于水,略溶于乙醇,极微溶于丙酮,不溶于苯、乙醚
癸氟奋乃静	$C_{32}H_{44}F_3N_3O_2S$	591.77	225～227℃	淡黄色或黄棕色黏稠液体,遇光色渐变深	在甲醇、乙醇、氯仿、无水乙醚或植物油中极易溶解,在水中不溶
巴比妥	$C_8H_{12}N_2O_3$	184.19	188～192℃	无色针状结晶或白色粉末,无臭,味微苦	溶于热水、乙醇,在乙醚、氯仿中略溶,在氢氧化钠溶液或碳酸钠溶液中溶解
苯巴比妥	$C_{12}H_{12}N_2O_3$	232.24	174℃	白色结晶粉末,无臭,微苦	微溶于水,溶于热水和乙醇,易溶于碱性溶液
异戊巴比妥	$C_{11}H_{18}N_2O_3$	226.27	155～158℃	为白色结晶性粉末,化学性质和稳定性与苯巴比妥相似	在水中溶解度很小,水溶液显弱酸性

药物	分子式	分子量	熔点	性状及稳定性	溶解度
司可巴比妥	$C_{12}H_{18}N_2O_3$	238.28	97℃	为白色结晶性粉末,无臭,微苦	在水中溶解度很小
甲苯喹唑酮	$C_{16}H_{14}N_2O$	250.29	114~116℃	白色结晶性粉末,无臭,味微苦	易溶于氯仿、乙醇、乙醚、丙酮,不溶于水
曲唑酮	$C_{19}H_{22}ClN_5O$	371.86	223℃	类白色结晶性粉末,无臭	易溶于氯仿、乙醇、乙醚、丙酮,不溶于水
唑吡坦	$C_{19}H_{21}N_3O$	307.39	196℃	唑吡坦为无色结晶,无臭	易溶于氯仿、乙醇、乙醚、丙酮,难溶于水
佐匹克隆	$C_{17}H_{17}ClN_6O_3$	388.81	178℃	白色至淡黄色结晶或结晶性粉末	易溶于二甲亚砜或氯仿,较易溶于醋酸,较难溶于甲醇、丙酮或乙腈,极难溶于乙醚或异丙醇,几不溶于水
扎莱普隆	$C_{17}H_{15}N_5O$	305.33	186~187℃	淡黄色结晶粉末	不溶于水,微溶于乙醇
安非他明	$C_9H_{13}N$	135.21	127~129℃	无色油状液体。沸点203℃,相对密度0.913	微溶于水
安非他酮	$C_{13}H_{18}ClNO$	239.74	233~234℃	白色结晶性粉末	其盐酸盐在水、甲醇或乙醇中易溶,在乙酸乙酯中几乎不溶

24.2

药学机制

24.2.1 苯二氮䓬类镇静剂

苯二氮䓬类药是 20 世纪 50 年代末至 60 年代初发现的,其初型为氯氮䓬和地西泮。之后又发现很多衍生物。据临床使用观点可分为长作用药和短作用药。其药理作用为:①抗焦虑作用;②镇静、催眠作用;③肌肉松弛作用;④抗惊厥,抗癫痫作用;⑤对行为的影响;⑥麻醉前用药。其中,地西泮抗焦虑作用选择性很强,是氯氮䓬的 5 倍,是目前临床上最常用的催眠药。奥沙西泮和替马西泮为地西泮的主要代谢产物,药理作用与地西泮相似但较弱,有催眠作用,自体内消除快。在睡眠深度、睡眠时间及夜间觉醒次数方面均优于氯硝西泮,具有良好的抗焦虑作用。咪达唑仑作用特点为起效快而持续时间短,毒性小,安全范围大。艾司唑仑和劳拉西泮均为短效苯二氮䓬类镇静、催眠和抗焦虑药,其镇静催眠作用比氯硝西泮强 2.4～4 倍。

本类药物为苯二氮䓬类受体激动剂，它们的作用机制是作用于中枢神经系统的苯二氮䓬受体（BZR），加强中枢抑制性神经递质 γ-氨基丁酸（GABA）与 GABA$_A$ 受体的结合，增强 GABA 能神经元所介导的突触抑制，使神经元的兴奋性降低。临床适应证为精神病、内源性抑郁症伴焦虑状态、其他重性精神病伴紧张焦虑状态、各种躯体所致的焦虑紧张状态和强迫症状态、癫痫等。禁忌证为严重心血管病、肾病、药物过敏及药瘾症。苯二氮䓬类药物是一类作用突出的化合物，具有抗惊厥、松弛肌肉、安眠和抗焦虑等临床功用，且毒性较小。所有苯二氮䓬类均在肝脏被降解，经去乙基、水解或其他代谢途径产生具有生物活性的代谢物，这些代谢物消除缓慢，具生物活性，有一定作用。某些代谢产物是由多种苯二氮䓬产生的。如服用氯氮䓬、地西泮或氯硝西泮后，血中产生代谢物去甲地西泮和去氧地西泮。苯二氮䓬类在血清中与血清白蛋白紧密结合，在尿中主要以羟化代谢物与葡萄糖醛酸复合物，以及肝脏中生成的相应化合物的形式被清除。在尿中只发现少量的未变化药物。

24.2.2　非苯二氮䓬类镇静剂

24.2.2.1　吩噻嗪类镇静剂

吩噻嗪类药物主要作用于网状结构，其多孔结构可以减轻焦虑紧张、幻觉妄想和病理性思维等精神症状。这类作用被认为是药物抑制中枢神经系统多巴胺受体，减少邻苯二酚胺的生成所致。其能抑制脑干血管运动和呕吐反射，以及阻断 α-肾上腺素能受体，具备抗组胺及抗胆碱能等作用。吩噻嗪类药物阻断下橄榄核的 DA 受体，DA 从中脑黑质释放出来，允许信息沿着黑质纹状体通到下橄榄核，在突触与基底神经细胞结合。吩噻嗪类药物阻断 DA 与其受体的连接，黑质纹状体通路和下橄榄核与调节随意肌运动有关。服用吩噻嗪药的某些病人出现运动改变是因为正常 DA 受到破坏而致的药物副作用。

24.2.2.2　巴比妥类镇静剂

巴比妥类药物的酸性对药效很重要，因为药物通常以分子形式吸收而以离子形式作用于受体，因而要求有适当的解离度。在生理 pH 7.4 的条件下，巴比妥类药物在体内的解离程度不同，透过细胞膜和通过血脑屏障进入脑内的药物量也有差异，表现在镇静催眠作用的强弱和作用的快慢也就不同。巴比妥酸在生理条件下 99% 以上是离子状态，几乎不能透过细胞膜和血脑屏障，进入脑内的药量极微，故无镇静催眠作用。药物作用时间的长短与药物在体内的代谢稳定性有关，容易代谢则药物作用时间短，反之则长。5 位取代基的氧化是巴比妥类药物代谢的主要途径。当 5 位取代基为饱和直链烃或芳烃时，由于不易被氧化代谢，因而作用时间长。而当 5 位取代基为支链烃或不饱和烃时，氧化代谢迅速，主要以代谢产物形式排出体外，所以镇静催眠作用时间短。

巴比妥类药物长期残留会导致成瘾性。巴比妥类药物能够干扰大脑的信号传递，降低大脑的活跃程度。低剂量的条件下，巴比妥类药物能够引发精神欢愉，但高剂量的条件下极易引发呼吸停止以及死亡。巴比妥和苯巴比妥为较早应用的长效巴比妥类催眠药，有镇静、催眠、抗惊厥、麻醉等不同程度的中枢抑制作用。其还有增强解热镇痛的作用，并能诱导肝脏微粒体葡萄糖醛酸转移酶活性，促进胆红素与葡萄糖醛酸结合，降低血浆胆红素浓度，治疗新生儿高胆红素血症。异戊巴比妥作用机制与苯巴比妥相似。司可巴比妥为短效巴比妥类镇静催眠药。

24.3

毒理学

24.3.1　苯二氮䓬类镇静剂

　　苯二氮䓬类药物使人中毒的主要原因是抑制中枢神经系统，可引起中枢神经系统不同部位的抑制，会使人和动物产生不同程度的嗜睡、头昏、镇静、乏力等不良反应，大量服用可无先兆地突然进入昏迷或昏睡状态，血压下降，呼吸循环系统受到抑制。它们与酒类饮料共用时，药效和毒性均增强。并且长期的药物残留会产生依赖性。使用该药物可出现耐受性和依赖性，无论是一次滥用或长期使用都有可能引起急性或慢性中毒，特别是与其他镇静剂混合使用时，中毒的可能性更大。由于苯二氮䓬类药物容易得到，使用剂量小，体内代谢快，往往成为犯罪分子实施抢劫犯罪的主要选择药物。另外自杀、误服等原因引起的中毒也不在少数。表 24-7 列出了苯二氮䓬类镇静剂的不良反应。表 24-8 为苯二氮䓬类镇静剂毒理学试验 LD 值。

表 24-7　部分苯二氮䓬类镇静剂对人体的不良反应

药物名称	免疫系统	消化系统	泌尿系统	血液系统	神经系统	心血管系统	其他
地西泮	皮疹	腹泻，腹痛	—	—	嗜睡，意识模糊，头晕、言语障碍	低血压，血管舒张	虚弱、哮喘、鼻炎
氯硝西泮	皮疹或过敏	恶心、便秘、腹泻	排尿障碍	—	嗜睡、头晕、精神错乱、幻觉、精神抑郁	—	视物模糊、气管分泌物增多
劳拉西泮	高敏反应、脱发	—	—	—	镇静、眩晕、乏力	—	—
艾司唑仑	皮疹	口干、肝损害	—	白细胞减少	头胀、嗜睡、睡眠障碍	呼吸抑制、低血压	乏力
阿普唑仑	皮疹、光敏、多汗	口干、便秘或腹泻	尿潴留	白细胞减少	嗜睡、头晕，甚至幻觉；有成瘾性；精神不集中	心悸、低血压	视物模糊、呼吸抑制
氯氮䓬	皮疹	便秘、恶心、肝功能不全	阳痿	粒细胞缺乏症、骨髓抑制症	脑电图异常、共济失调、意识模糊、嗜睡、药物引起的锥体外系反应	水肿、晕厥	—

表 24-8　苯二氮䓬类镇静剂 毒理学试验 LD 值　　　　　　　　　　　　　　　　　　　　　　　　　　单位：mg/kg

药物名称	实验动物	经口	腹腔	皮下	静脉
地西泮	大鼠	825	733		
氯硝西泮	小鼠	550	275	＞400	130
劳拉西泮	小鼠	1850	1810	＞10	
	大鼠	4500	870	＞10	

24.3.2　非苯二氮䓬类镇静剂

24.3.2.1　吩噻嗪类镇静剂

吩噻嗪类化合物很早就作为化疗药物来治疗某些疾病。二十世纪四十年代中期，人们还合成了一系列在第 10 位氮原子和第 2 位碳原子上带有取代基的吩噻嗪类衍化物。本类药物曾被认为毒性不大而广泛应用于临床各科。但随着临床应用范围的日益扩大，国内外有关应用本类药物所致不良反应的报道日渐增多，少数患者还可发生严重毒性反应而危及生命，故应引起注意。吩噻嗪类药物最常见的毒理学反应为锥体外系反应，临床表现有帕金森病、静坐不能、急性肌张力障碍。

24.3.2.2　巴比妥类镇静剂

巴比妥类残留会引起中枢神经系统抑制，症状严重程度与剂量有很大关系。轻度残留会导致嗜睡、情绪不稳定、记忆力减退和眼球震颤。重度残留会由嗜睡到深昏迷。呼吸抑制由呼吸浅而慢到呼吸停止。可发生低血压或休克。长期昏迷患者可并发肺炎、肺水肿、脑水肿和肾衰竭。巴比妥类药物分为长效、中效、短效、超短效四类。过量使用本类药物会导致中枢抑制的表现。大剂量中毒可出现深度昏迷、呼吸中枢麻痹、休克甚至死亡。一次使用这类药物 5~10 倍的催眠剂量，即可引起急性中毒；实际吸收的药量超过其本身治疗量的 15 倍时，则有致命危险。口服长效巴比妥＞6mg/kg、短效巴比妥＞3mg/kg，即可出现毒性反应。长期服用较大量的长效巴比妥类药物，较易发生蓄积中毒，肝、肾功能不全患儿尤易出现。静脉注射速度过快，可发生严重的中毒反应。

表 24-9 为部分非苯二氮䓬类镇静剂的不良反应。表 24-10 为部分非苯二氮䓬类镇静剂毒理学试验 LD 值。

表 24-9　部分非苯二氮䓬类镇静剂对人体的不良反应

药物名称	免疫系统	消化系统	泌尿系统	血液系统	神经系统	心血管系统	其他
氯丙嗪	皮炎、皮肤光敏性、皮肤色素沉着	便秘、恶心、口干症	乳房充血、射精障碍、假阳性妊娠试验	粒细胞缺乏症、再生障碍性贫血	癫痫、嗜睡、帕金森病、头晕、肌张力障碍	心电图异常、直立性低血压、心动过速	视物模糊、角膜变化、视网膜色素变性
奋乃静	过敏性皮疹、注射局部红肿	口干、便秘、中毒性肝损害	—	血浆中催乳素浓度增加	视物模糊、乏力、头晕	心动过速	锥体外系反应、僵直、运动迟缓、静坐不能

药物名称	免疫系统	消化系统	泌尿系统	血液系统	神经系统	心血管系统	其他
癸氟奋乃静	荨麻疹或麻疹样皮疹	肝功能障碍、恶心、呕吐、胃肠功能紊乱	—	粒细胞、白细胞减少症	急性肌张力障碍、头晕、头痛、失眠	心肌病、心肌炎、低血压	—
巴比妥	皮肤及面部红晕、瘙痒或皮疹、过敏性休克	胃贲门括约肌松弛（误吸和反流）	—	—	神志持续不清、兴奋乱动、幻觉、全身发抖	心律失常	咳嗽、喉与支气管痉挛

表 24-10 非苯二氮草类镇静剂毒理学试验 LD 值　　　　　　　　　单位：mg/kg

药物名称	实验动物	经口	腹腔	皮下	静脉
氟奋乃静	大鼠	—	100	640	—
癸氟奋乃静	小鼠	220	89	—	51
巴比妥[8]	大鼠	>5	—	—	—
	小鼠	—	505	—	—
苯巴比妥	大鼠	162±14	—	—	—
	小鼠	—	88	—	—
异戊巴比妥	大鼠	250	—	—	—
	小鼠	345	—	—	—

24.4

国内外残留限量要求

24.4.1　苯二氮草类镇静剂

国外在 20 世纪 70 年代对苯二氮草类食欲促进剂作了大量深入的研究，试验了近 1500 种化合物对动物摄食的影响，发现多种 BZD 可促进动物摄食，其中乙磺氟安定的效果最为显著：肌注、灌服及日粮添加均可有效增加健康动物特别是反刍动物的每餐摄食量及摄食频率，提高日摄食量。近几年来，有些饲料企业为了追求饲料的转化率和高额利润，在饲料中随意添加镇静、催眠类违禁药物。地西泮经肝脏代谢为奥沙西泮，仍有生物活性，故连续应用可蓄积。虽未见食入地西泮饲料饲养的动物食品中毒报道，但医学界已证实畜禽产品中的激素及其他合成药物的滥用与残留往往与人类常见的疾病问题和某些食物中毒有关。

目前，国际食品法典委员会（Codex Alimentarius Commission，CAC）、欧盟、澳大利亚等国家、地区和组织均已经对畜禽中镇静剂添加的最高限量值做出了相关规定。《出口食品中苯二氮草类药物残留量的测定　液相色谱-质谱/质谱法》（SN/T 3847—2019）中规定了出口保健食品和动物源性食品中普拉西泮、去甲西泮、氯氮草、氯甲西泮、替马西泮、奥沙西泮、氯硝西泮等苯二氮草类药物残留量应低于 1.0μg/kg。我国农业部第

176号公告中规定严禁在动物饲料和饮用水中添加使用此类药物，在动物源性食品中不得检出。我国农业部第235号公告中明确规定氯丙嗪、地西泮等在动物源性食品中不得检出；阿扎哌隆和阿扎哌醇具有相应的限量值；甲苯喹唑酮禁止使用[9,10]。

24.4.2 非苯二氮䓬类镇静剂

24.4.2.1 吩噻嗪类镇静剂

近年来，动物源性食品中吩噻嗪类使用已经引起了日本、美国和欧盟等多个国家和地区的重视。欧盟早在1997年就将氯丙嗪列入禁用清单。2002年，我国农业部第176、235号公告规定：对动物允许使用治疗剂量，但是严禁在动物食用的饲料和饮水中添加氯丙嗪，其在动物源性食品中更是不能检出。中国农业部第193号公告规定：氯丙嗪被明确禁止作为兽药使用。GB/T 20763—2006标准规定了猪肾和肌肉组织中氯丙嗪、丙酰二甲氨基丙吩噻嗪、咔唑心安残留量检出限均为0.5μg/kg。在进出口贸易中，氯丙嗪已被认为是禁用类药物，并且规定不得检出。

24.4.2.2 巴比妥类镇静剂

苯巴比妥注射后2~18h在动物体内达到峰值，半衰期为40~70h。人类长期食用含有巴比妥类药物残留的动物源性食物，易导致药物积累，长期会有致癌、致畸等毒性风险，严重危害人类身体健康。因此，许多国家严令禁止将巴比妥类药物添加于食物中，并禁止将其用作饲料添加剂，且兽药临床也严格规定了巴比妥类药物的休药期，防止动物体内该类药物蓄积浓度过高而影响食用者安全。我国农业部于2002年发布公告严禁巴比妥、异戊巴比妥和苯巴比妥用于畜禽养殖业，且在动物源性食物组织中不得检出[11,12]。

24.4.2.3 其他镇静剂

甲苯喹唑酮残留在人体中，会使人肌肉放松、运动机能失调，在精神上出现幻觉，而且极易成瘾。美国FDA警告服用唑吡坦可能会削弱警觉能力，并建议降低唑吡坦的服用量。

中国和欧盟关于镇静剂的限量标准见表24-11。

表24-11 中国和欧盟关于镇静剂的相关限量标准

药物	国家/地区	鸡肉	猪肉	水产品	标准
BZD	中国	不得检出	不得检出	不得检出	中华人民共和国农业部公告第235号《动物性食品中兽药最高残留限量》
	欧盟	—	—	不得检出	(EC) No. 508-2002
氯丙嗪	中国	不得检出	不得检出	不得检出	GB 31650—2019《食品安全国家标准 食品中兽药最大残留限量》 国际食品法典委员会第三十七届会议
苯巴比妥	中国	不得检出	不得检出	不得检出	中华人民共和国农业部公告第176号《禁止在饲料和动物饮用水中使用的药物品种目录》
甲苯喹唑酮	中国	不得检出	不得检出	不得检出	中华人民共和国农业部公告第235号 中华人民共和国农业部公告第1519号
扎莱普隆	中国		肌肉:60μg/kg; 肝脏:100μg/kg; 肾脏:100μg/kg; 脂肪:60μg/kg		

24.5

样品处理方法

24.5.1 样品类型

主要包括动物的肌肉、肝脏、肾脏、脂肪、奶、血液、尿液等。

24.5.2 样品制备与提取

镇静剂类药物主要残留在给药动物的各个组织，如肌肉、肝脏、肾脏、脂肪，以及奶样、血清和尿液。不同样品中的基质干扰物有很大差异，因此针对不同基质需选取不同的提取、分离和纯化方法，从而最大程度降低样品基质干扰，提高分析方法的性能。

样品提取的目的主要是将样品中痕量的药物从复杂的基质中分离出来。目前应用较多的提取方法有液-液萃取、超声辅助萃取等。

24.5.2.1 液-液萃取（LLE）

液-液萃取是最为常用的提取方法。由于镇静剂类药物种类较多，且各类药物的理化特性差异较大，一般采用甲醇、乙腈、乙酸乙酯等有机溶剂作为提取溶液，并调节溶液pH 值后对不同的样品进行提取。孙珊珊等利用乙腈-1％三氯乙酸水溶液（7∶3）作为提取液，依次用均质和涡旋混匀 2 种方式对饲料中 8 种镇静剂和 15 种受体激动剂类药物进行了提取，方法的 LOD 在 0.7～1.3μg/kg 范围内。并对乙腈、乙酸乙酯、甲醇等作为提取溶剂进行了比较，结果显示，提取液中加入 1％三氯乙酸能更好地起到沉淀蛋白的作用，提取效率更高。张秋云等比较了乙腈、1％甲酸乙腈、1％氨水乙腈、1％氨水乙酸乙酯、1％甲酸乙酸乙酯、乙酸乙酯等 6 种提取溶液对 15 种苯二氮䓬类药物的提取效果，结果发现，采用 10mL 乙腈，涡动 30s 后超声提取 10min，8000r/min 离心后，取 5mL 上清液过 PRiME HLB 固相萃取柱净化，对草鱼、对虾中 15 种药物的回收率为 78％～125％；同时采用内标法进行校正，可有效去除基质效应的影响。孙雷等采用"酶解＋提取"的方式对猪肉和猪肾中 10 种镇静剂药物进行测定，2g 样品中先加入 pH 5.2 的乙酸铵溶液和β-葡萄糖醛酸苷酶-芳基硫酸酯酶，37℃避光水浴振荡 16h 后，调节 pH 至 9.7 左右，加入乙酸乙酯提取，离心后在下层水相中加入叔丁基甲醚进行提取，合并有机相后，氮气吹干，残余物用 50％甲醇水溶液复溶，LC-MS/MS 测定。魏晋梅等以"酶解＋提取"同时进行的方式对牛肉中 24 种镇静剂药物进行了提取，样品中加入内标物、15mL 氨水-乙腈提取液和 30μL β-葡萄糖醛酸苷酶-芳基硫酸酯酶，37℃避光水浴振荡 10h 后，30℃超声 10min 后离心取上清，残渣再加 15mL 提取液重复提取 2 次，合并上清液后，在其中加入 5g NaCl 和 5mL 正己烷去脂，将乙腈层氮吹至干后用 3mL 甲醇溶解后，通过 HLB 小柱净化，LC-MS/MS 测定。

Kim 等建立了一种同时测定毛发中 27 种苯二氮䓬类药物及其代谢物的 LC-MS/MS 方法，取 10mg 预先用水和甲醇洗涤的毛发，加入 2mL 甲醇 38℃ 孵育 16h 后离心取上清液，将提取溶液氮吹蒸发至干，流动相复溶后经 LC-MS/MS 检测，方法的 LOD 为 0.005～0.5ng/mg，LOQ 为 0.25～0.5ng/mg，回收率为 55%～124%。该方法同时还比较了深色毛发和白色毛发对样品检测参数的影响。Montesano 等建立了测定毛发中包括苯二氮䓬类、巴比妥类、吩噻嗪类、抗抑郁类等 96 种药物的方法，将预先经异丙醇、水清洗后的毛发样品剪碎，加入内标物后用甲醇-乙腈-甲酸铵溶液（pH 5.3）37℃ 孵育 18h 提取。

24.5.2.2 超声辅助萃取（UAE）

超声辅助萃取是利用超声波辐射压强产生的强烈振动、扰动效应、乳化、扩散、击碎和搅拌等多级效应，增大物质分子运动频率和速度，增加溶剂穿透力，从而加速目标成分进入溶剂，促进提取的进行。Wang 等在 5g 猪肉样品加入 40mL 乙腈和无水硫酸钠，超声提取 10min，样品净化后，用于 LC-MS/MS 分析，建立了测定地西泮、艾司唑仑、三唑仑、阿普唑仑等 4 种镇静剂的样品提取方法。王京等用乙腈-乙酸乙酯（4∶1）溶液均质 1min 超声提取 10min，提取液经改良的分散固相萃取净化（加入了二乙烯苯/N-乙烯基吡咯烷酮共聚物），取全部上清液加入 5g 盐析剂反萃浓缩后测定；由于镇静剂药物极性差异较大，为了兼顾极性较弱和极性较强的化合物的提取效率，同时尽可能去除脂肪、蛋白质等干扰物，考察了不同比例的乙腈-乙酸乙酯的提取效率。作者在进行样品净化时加入二乙烯苯/N-乙烯基吡咯烷酮共聚物作为亲水亲脂材料，能吸附极性范围更大的干扰物。实验结果表明，使用 1g 的量能实现良好的杂质去除，且对目标化合物无明显吸附。

24.5.3 样品净化方法

24.5.3.1 固相萃取（SPE）

用 HLB 96 孔板（10mg 吸附剂）净化了血液中阿普唑仑等 8 种苯二氮䓬类药物，每孔加入 1.5mL 血样后，分别经 0.5mL 30% 甲醇水溶液淋洗后，用 0.25mL 甲醇洗脱后经 LC-MS/MS 检测。Saracino 等使用氰丙基固相萃取柱对氯丙嗪等 4 种镇静类药物进行了净化，血浆样品上样后用水淋洗，再用 1.5mL 甲醇洗脱，洗脱液氮吹至干流动相复溶后，经 HPLC 检测。作者系统比较了 HLB、C_8、C_{18}、C_2 及氰丙基固相萃取柱的净化效果，结果发现氰丙基柱能很好地纯化血浆基质，并可使目标待测物获得较高的回收率。赵思俊等建立了测定猪尿液中镇静剂的方法，尿液样品经离心后，利用 MCX 柱进行净化，分别经水和甲醇洗涤后，用 5% 氨水甲醇洗脱，该方法简便、快速，可用于大批量样品的筛查确证。

Arnhard 等将经离心酶解后的尿液样品加入经活化的 MCX 柱，分别经 3mL 水、1mL 0.1mol/L 乙酸、3mL 乙腈-0.1mol/L PBS（2∶8）和 2mL 正己烷淋洗后，35 种镇静剂用 1.5mL 乙酸乙酯-正己烷（1∶1）和 1.5mL 二氯甲烷-异丙醇-氨水（78∶20∶2）洗脱，样品衍生化后经 GC-TOF-MS 检测。Wang 等利用多壁碳纳米管作为吸附剂建立了测定猪肉中 4 种镇静类药物的 GC-MS 方法，将 CNT 用水和丙酮清洗后，称取 0.2g 装入 SPE 柱中，填充高度约 1cm，并利用柱塞板封端，5g 猪肉样品中加入 40mL 乙腈和无水硫酸钠，超声 10min，4000r/min 离心 3min，在上清液中加入 50mL 正己烷去脂后，利用基于 CNT 吸附剂的 SPE 柱进行样品的净化，同时对吸附剂的吸附能力、超声温度、时间、功率等进行了优化、选择。

24.5.3.2 固相微萃取（SPME）

SPME 是在固相萃取技术上发展起来的一种微萃取分离技术，是一种集采样、萃取、浓缩和进样于一体的无溶剂样品微萃取新技术。与固相萃取技术相比，SPME 操作更简单，携带更方便，操作费用也更加低廉；另外，克服了固相萃取回收率低、吸附剂孔道易堵塞的缺点。Bairros 等利用中空纤维液相微萃取（hollow-fiber liquid-phase microextraction，LPME）方法建立了一种测定尿液中苯二氮䓬类药物及其代谢物的方法，首先利用 β-葡萄糖醛酸苷酶-芳基硫酸酯酶在 55℃ 下对样品进行酶解，90min 后，将制备的 LPME 纤维（9cm）和二己醚-正壬醇（9∶1）混合物填充在中空内，加入 HCl 后水解，2400r/min 振荡 90min，残留物干燥后用三氟乙酸酐衍生化，利用 GC-MS 检测。Cruz-Vera 等利用一个注射泵和连接有巴斯德移液管的注射器组成 DLPME 歧管（如图 24-4 所示），通过流动的不同离子液体进行吩噻嗪类药物的吸附、洗涤和洗脱，样品被连续吸入系统并通过离子液体塞，通过动态的流速进而实现离子流体微萃取-色谱检测分析，整个检测过程不到 35min。

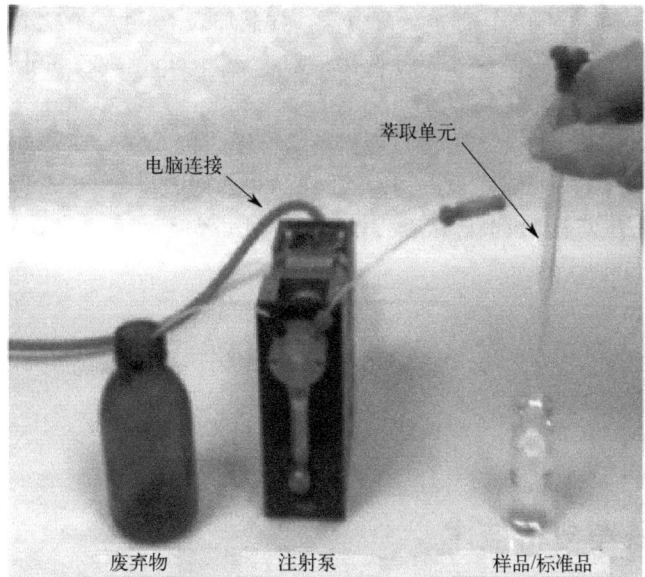

图 24-4 中空纤维液相微萃取示
意图

24.5.3.3 微波辅助萃取（MAE）

微波辅助萃取是利用微波能加热来提高萃取效率的一种新技术，与传统的热传导、热传递加热方式不同，它是通过偶极子旋转和离子传导两种方式里外同时加热，无温度梯度，因此热效率高、升温快速且均匀，大大缩短了萃取时间，提高了萃取效率。在微波场中，不同物质对微波能的吸收程度不同，这样就使得基体物质的某些区域或萃取体系中的某些组分被选择性加热，从而呈现出较好的选择性。Aneta 等利用微波辅助萃取建立测定 5 种苯二氮䓬类药物的方法，在血清、血液中加入 1mL pH 9.5 硼酸盐溶液和 3mL 乙酸乙酯，75℃ 微波作用 10min，离心后将 3mL 有机层氮吹后用 0.1mL 流动相溶解后高速离心，用 LC-MS-TOF 进行检测。

24.5.3.4 基质固相分散（MSPD）

基质固相分散是将待测样品与 C_{18}、PSA 等不同类型固相萃取材料混合，可以实现提取和净化的同时完成，较常规液-液萃取、固相萃取、固相微萃取方法，具有操作简捷、试剂消耗少的优势。此外，正相分散剂、反相分散剂及离子分散剂均可作为 MSPD 净化的吸附材料，进而选择适宜的洗脱溶剂将待测物有效分离，达到提取、净化的目的。

渠岩等建立了基质固相分散-LC-MS/MS 方法测定畜禽肉中 13 种镇静剂药物，取 15g 肌肉样品加入 DisQuE 提取管中，加入 15mL 1％乙酸乙腈溶液，涡旋振荡 5min 后离心，取 7.5mL 上清液加入 DisQuE 提取管中，充分混匀后，10000r/min 离心 5min，取上清待测。该方法前处理时间约 15min，较传统的固相萃取法、液-液萃取方法缩短近 80％，13 种药物在猪肉中的添加回收率为 77.4％～100.2％，RSD 小于 14.8％。

24.5.3.5 QuEChERS

QuEChERS 是近年来发展起来的一种用于样品检测的快速样品前处理技术。其原理与 MSPD 类似，都是利用吸附剂填料与基质中的杂质相互作用，吸附杂质从而达到除杂净化的目的。邹游等利用 QuEChERS 方法测定猪肉、鱼肉、肝脏、肾脏等组织中氯丙嗪、地西泮、甲苯喹唑酮的样品前处理方法，样品加入 10mL 乙酸乙酯和无水硫酸钠均质提取 1min，清洗均质刀头后混合并充分振荡提取，4000r/min 离心 5min，重复提取一次，合并上清液，将 5mL 上清液加入装有 10mg PSA、100mg C_{18} 和 400mg 氨基填料的离心管中，涡旋振荡 2min，10000r/min 离心后，氮吹至干，用 1mL 乙腈-甲酸复溶，经 LC-MS/MS 测定。结果显示，3 种镇静剂在 4 种基质样品中的回收率为 92.5％～117.8％，RSD 为 0.7％～11.6％。该方法灵敏度高、溶剂毒性低且消耗量少，可有效克服基质干扰问题。

24.6

残留分析技术

24.6.1　仪器测定方法

24.6.1.1　色谱法

HPLC 法柱效高，分离效果好，灵敏度高，且不需要衍生化，是苯二氮䓬类镇静剂残留检测方法之一。Aurélie 等使用 HPLC 整体分离柱，磷酸盐缓冲液-乙腈为流动相，以二极管阵列检测器（DAD）测定人血浆中 20 种 BZD 的含量，除硝西泮外，所有 BZD 的检测限均低于血药浓度范围。汤文利等使用同类色谱柱和检测器，改进流动相后，地西泮和甲苯喹唑酮的检测限分别降低至 1.2ng/L、4.0ng/L，而且其他镇定安眠药物对检测效果干扰很小。黄波等用一种流动相快速分析5种血液中镇静催眠药，色谱条件为：填料 YWG-C$_{18}$ 柱，流动相为甲醇-水-四甲基乙二胺-冰醋酸（67∶33∶0.4∶0.32），检测波长254nm。以甲苯喹唑酮为内标，地西泮的检出限为 0.2μg/mL（血清），线性范围 0.4～10μg/mL。Manabu 等使用 HPLC-UV 法，以乙腈-三氯乙酸为流动相，检测血液中多种镇静药物残留量，盐酸异丙嗪、氯丙嗪和氟硝西泮的检出限分别为 0.43μg/mL、0.24μg/mL 和 0.04μg/mL。刘贵银等指出流动相用甲醇-水即可使各组分流出，但柱压较高，加入乙腈可降低流动相黏度，降低柱压，因波长＜290nm 时空白甲醇色谱图有负峰干扰样品测定，选 292nm 为测定波长，内标物为己烯雌酚，且避免使用磷酸盐类，减少了对色谱柱的损害。洪燕敏将内标物改为二苯胺，使得线性范围达 0.05～1μg/mL，检测限为 5ng/mL。Meyler 等用 Hichrom Spherisorb CN 柱，以甲醇-乙腈-5mmol/L 乙酸钠（pH 6.3）（5∶20∶75，体积比）作流动相，在 10min 内同时测定戊巴比妥等 4 种镇静药物。Tanaka 等用键合的 2μm 多孔硅胶微球作固定相建立了 10 种巴比妥类药物的 HPLC 测定方法，与常规的 ODS 柱相比，此法有更高的灵敏度并缩短了分析时间。Forgacs 等研究了多种巴比妥药物在聚乙烯包被的硅胶柱（PEE）上的分离情况，以甲醇-水为流动相，每种药物都能获得对称的色谱峰，研究表明药物的脂溶性和原子的空间效应与保留行为有关。冯翠玲等采用二极管阵列检测器进行多波长检测，建立了同时测定地西泮、巴比妥、吩噻嗪三大类 13 种安眠镇静药物的多残留分析方法，线性范围为 0.5～10μg/mL。Garcia Borregon 等采用 Micro-HPLC 系统和柱后光学衍生化技术，分析了多种巴比妥药物，克服了一些巴比妥药物对光不稳定，最大吸收在 270nm，而不是典型的 220nm 的缺点。

24.6.1.2　质谱法

Verplaetse 等利用高 pH 值的流动相建立了测定苯二氮䓬类及其类似物的 LC-MS/MS 方法。结果表明，pH 9 的 10mmol/L 碳酸氢铵缓冲液和甲醇作为流动相，较常规使用的 pH 2.5～4.0 的酸性流动相能获得更高的保留率和电喷雾电离信号。Hayashida 建立了测定苯二氮䓬类药物残留的 TOF 数据库，在电离过程中引入嘌呤和氟化物溶液，并进行实时质量调节，利用分子特征提取方法（molecular feature extraction）建立了 41 种苯二氮䓬类药物（包括活性代谢物）的 TOF-MS 质量数据库，数据库包括药物的分子式、精确质量数、保留时间、校准系数、检测限等，并通过日内、日间变异系数对血清、尿液样品中的苯二氮䓬类药物进行了测试，可实现准确的定性、定量检测。

孙雷等建立了超高效液相色谱-串联质谱法检测猪肉和猪肾中残留的 10 种镇静剂的方法，以 0.1％甲酸水溶液和 0.1％甲酸乙腈溶液为流动相进行梯度洗脱，电喷雾正离子模式电离，利用基质匹配标准溶液进行定量，10 种镇静剂药物检测限为 0.5μg/kg，回收率为 64.5％～111.4％，日内、日间变异系数均小于 15％。邓晓军等建立了同时检测动物性产品中 14 种苯二氮䓬类药物及其代谢物残留量的液相色谱-串联质谱方法，其定量限为 1.0μg/kg，线性范围为 1.0～20.0μg/kg，各基质的平均回收率为 64％～117％。Spell 等建立了 SFE 提取和负离子 LC-ESI-MS/MS 分析人血中的 4 种巴比妥类药物的方法，在 40℃和 500atm❶ 下，用甲醇提取 35min，浓缩后经 HPLC-MS/MS 检测，电喷雾负离子模式电离，4 种药物的离子对分别为：m/z 231.1＞188.0（苯巴比妥）、m/z 222.8＞

❶　1atm=1.01×10^{5}Pa。

179.9（布他比妥）、m/z 225.10＞181.9（戊巴比妥）、m/z 241.20＞58.0（戊硫代巴比妥）。Zhao 等研究了气相色谱-串联质谱（GC-MS/MS）检测猪肉中巴比妥类药物，对巴比妥、异戊巴比妥、苯巴比妥的最低检测浓度分别为 $0.2\mu g/kg$、$0.1\mu g/kg$ 和 $0.1\mu g/kg$，三种物质在 $0.5\sim50\mu g/kg$ 之间均存在良好的线性范围。Montesano 等建立了测定毛发中包括苯二氮䓬类、巴比妥类、吩噻嗪类、抗抑郁类等 96 种药物的方法，将预先经异丙醇、水清洗后的毛发样品剪碎，加入内标后用甲醇-乙腈-甲酸铵溶液（pH 5.3）37℃孵育18h 提取，检测结果表明 96 种待测物中，75% 的药物的回收率在 70%～106%，脂溶性较强的药物回收率最低，在 49%～69% 之间。

路平等建立了测定猪肝中氯丙嗪残留量的 GC-MS 方法，采用 EI 电离源方式，选择离子包括 m/z 86、m/z 233、m/z 272 和 m/z 318，方法检测限 $1\mu g/kg$，药物的回收率为 68.0%～92.1%。汪丽萍等建立了测定猪肉中 4 种苯二氮䓬类药物的气相色谱-质谱法，利用电子轰击电离源选择离子模式检测，外标法定量，4 种药物的线性范围 5～1000ng/mL，回收率大于 60%，RSD 小于 19.7%，检出限为 2～10$\mu g/kg$。朱馨乐等建立了猪尿中地西泮的 GC-MS 检测方法，样品经 C_{18} 固相萃取后进行 GC-MS 分析，检测限为 $0.5\mu g/L$，线性范围为 0～500$\mu g/L$，平均回收率 70%～120%。有报道采用 GC-MS 同时检测人血液中 10 种精神药物残留，异丙嗪和氯丙嗪在 0.50～25mg/L 范围内线性关系良好，检出限在 $5\mu g/kg$ 以下。吴惠勤等用 GC-MS 方法同时检测氯丙嗪在内的 10 种精神药物，氯丙嗪在 0.1～25mg/L 浓度范围内线性关系良好，检出限 5.0$\mu g/kg$。

24.6.1.3 其他方法

薄层色谱（TLC）兼具柱色谱和纸色谱的优点，适用于挥发性小或高温易变化而不适宜用 GC 分析的物质。TLC 作为一种廉价的筛选技术，适用于高熔点的精神类药物残留检测，但不适合巴比妥类药物。高青等采用 TLC 筛选中药制剂和保健食品中包括地西泮、阿普唑仑、氯氮䓬在内的 12 种镇静药，筛选结果与液质联用方法一致。李太平等使用硅胶 GF254 薄层板，以氯仿-苯-丙酮-甲醇（5∶5∶3∶1）为展开剂，反射锯齿扫描，散射参数 $sx=3$，测定波长为 230nm，参比波长为 350nm，测定尿中的地西泮，检出限60ng/mL。目前，高效薄层色谱（HPTLC）技术也被应用到精神类药物的检测中。有资料报道尿中氟硝西泮代谢物 7-氨基氟硝西泮的高效薄层色谱定性分析和半定量分析方法，分析物斑点用荧光胺进行荧光显现，灵敏度高，检测限为 $5\mu g/L$。HPTLC 技术在保持了 TLC 简便、快速的特点的同时，弥补了常规 TLC 在灵敏度和重现性方面的不足，分辨率几乎和 HPLC 相当。

24.6.2 免疫测定方法

24.6.2.1 半抗原设计

（1）苯二氮䓬类镇静剂

① 半抗原 S1 合成参考了李秋生[13] 的研究，以地西泮、丁二酸酐为原料，利用傅-克酰基化反应在地西泮的 5 位苯环上引入羧基，半抗原 S1 合成步骤如图 24-5 所示。具体的衍生步骤为：根据 Earley 等[14] 的方法，称取地西泮溶解于乙酸溶液中，加入过硼酸钠，80℃反

应 5h 后减压蒸馏，残留物用 1mol/L 的氢氧化钠溶液洗涤，过滤后溶解于 THF，加入乙酸酐，反应液回流 2h，减压蒸馏后用少量甲醇溶解，加入 1mol/L 氢氧化钠，搅拌 1h 后加入 20mL 水，继续搅拌 3h，过滤得到白色沉淀；将白色固体溶解于 10mL THF，加入丁二酸酐和三乙胺，回流反应 30min，在室温下静置 1h 后减压蒸馏，残留物用 1mol/L 的盐酸洗涤，无色沉淀析出，过滤得到半抗原 S1。该半抗原可以用于偶联检测地西泮等。

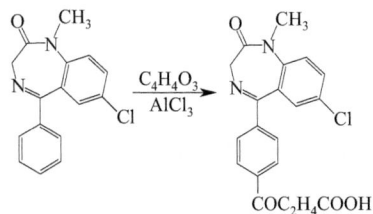

图 24-5　半抗原 S1 的合成

② 半抗原 $S1_B$ 合成参考了 Wang 等[15] 的研究，采用 Pd/C 催化加氢还原法，将硝西泮分子中的 NO_2 还原为 NH_2，半抗原 $S1_B$ 合成步骤如图 24-6 所示。具体步骤为：将硝西泮（0.01mmol）溶解在 5mL 去离子水中，然后向溶液中加入 Pd/C，反应在氢气下进行 30min。滤除 Pd/C，然后用自动旋转蒸发仪干燥反应溶液。该半抗原可以用于检测地西泮、替马西泮、阿替唑仑等。

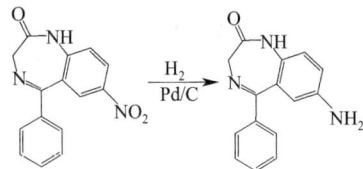

图 24-6　半抗原 $S1_B$ 的合成

③ 半抗原 S3 合成参考了李秋生[13] 和 Guan 等[16] 的研究，采用铁粉还原法，将其分子中的 NO_2 还原为 NH_2，半抗原 S3 合成步骤如图 24-7 所示。具体的操作为：将还原铁粉置于 50mL 圆底烧瓶中，加入水、氯化铵，水浴中加热 15min。称取硝西泮，用一定量的甲醇溶解后，分 3 次加入上述的反应液中，回流反应 4～6h。趁热过滤铁粉，将滤液进行减压蒸馏，得到的残留物用少量热甲醇溶液溶解，低温析出沉淀，过滤、干燥得到半抗原 7-氨基硝西泮。该半抗原可以用于检测硝西泮等。

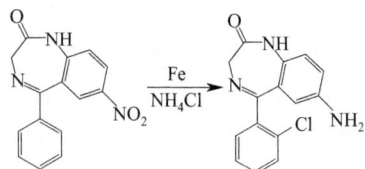

图 24-7　半抗原 S3 的合成

④ 半抗原 S4 合成参考了单文宠[17] 的研究，对氯硝西泮进行结构改造，类似于上述半抗原 S2 和 S3 的合成方法，将其分子中的 NO_2 还原为 NH_2，从而合成半抗原，半抗原 S4 合成步骤如图 24-8 所示。该半抗原可以用于检测氯硝西泮、奥沙西泮等。

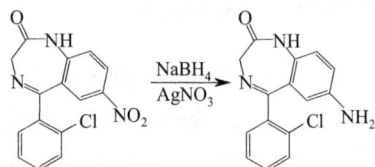

图 24-8　半抗原 S4 的合成

⑤ 半抗原 S5 合成参考了袁强等[18] 的研究，以奥沙西泮、丁二酸酐为原料，采用傅-克酰基化反应，在奥沙西泮的 5 位苯环上引入羧基，得到所述奥沙西泮半抗原 S5。其具体步骤参考半抗原 S1 合成的具体步骤。半抗原 S5 的合成如图 24-9 所示。该半抗原可以用于检测奥沙安定等。

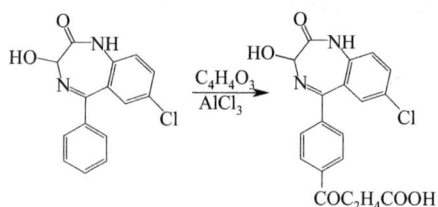

图 24-9　半抗原 S5 的合成

⑥ 半抗原 S6 合成参考了黄琴蓉等[19] 的研究，采用浓硝酸和浓硫酸 1∶3 组成的混合酸液在三唑仑分子的 6 位苯环对位上引入活性氨基基团，半抗原 S6 合成步骤如图 24-10 所示。具体衍生步骤为：称取三唑仑溶解于浓硫酸，冰盐浴中冷却至 −5℃，加入浓硝酸和浓硫酸 1∶3 组成的混合酸液，0℃ 条件下反应 2h。当有白色固体析出时，抽滤，得到硝基三唑仑。将硝基三唑仑溶于水中，搅拌下加入浓盐酸，升温至 30～40℃ 时，缓慢加入锌粉，直至 50～60℃，反应 2h。过滤反应液，用 20%NaOH 溶液中和至弱碱性，抽滤，收集滤液。用 30mL 二氯甲烷萃取 3 次，合并二氯甲烷溶剂，用饱和食盐水洗至达中性，干燥后得到半固体状黄色物质。该半抗原可以用于三唑仑等的检测。

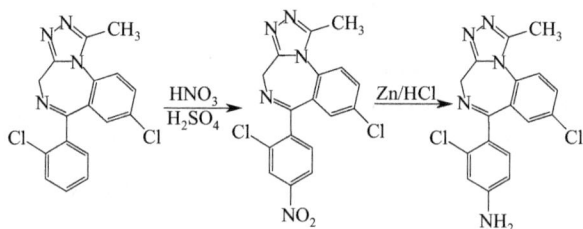

图 24-10　半抗原 S6 的合成

（2）非苯二氮䓬类镇静剂

① 半抗原 S7 合成参考了刘建静[20] 的研究，与 3-甲氧羰基丙酰氯进行傅-克酰基化反应，在吩噻嗪侧环上引入一个甲氧羰基基团，再进行碱水解，在分子中引入羧基作为蛋白偶联活性位点。其具体的衍生操作参考半抗原 S1 的傅-克酰基化反应步骤，半抗原 S7 合成如图 24-11 所示。该半抗原可以用于氯丙嗪、奋乃静等的检测。

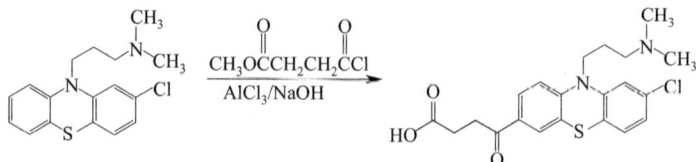

图 24-11　半抗原 S7 的合成

② 半抗原 S8 合成参考了 Wang 等[21] 的研究，选择乙酰丙嗪作为与载体蛋白偶联的半抗原，羟胺盐酸盐和琥珀酸酐被羧甲氧基胺取代。具体的合成过程为将乙酰丙嗪马来酸盐和羟甲基羟胺半盐酸盐溶解在去离子水中，边搅拌边向混合溶液中滴加乙酸钠，pH 调

节至 8~9，然后将反应混合物在 40℃下回流 10h。使用盐酸（0.1mol/L）将 pH 值调节至 2~3，随后将乙酸乙酯添加到反应溶液中。接下来，收集乙酸乙酯层并随后使用自动旋转蒸发装置干燥。半抗原 S8 合成步骤如图 24-12 所示。该半抗原可以用于氯丙嗪、硫利达嗪等的检测。

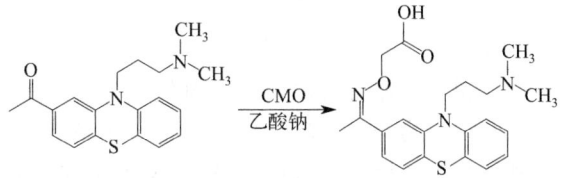

图 24-12　半抗原 S8 的合成

③ 半抗原 S9 的合成参考了史芳舒[22] 的研究，将 2-氯吩噻嗪置于三颈圆底烧瓶中，向其加入 NaH、甲苯使其充分溶解，然后加热回流 2h。然后再加入 N-(3-溴苄基)酞亚胺回流 24h。水浴中蒸发至干燥，并以适当体积的氯仿重新得到沉积物。当氯仿溶液蒸发到 0.5mL 左右时，在薄层色谱板上分离得到中间体半抗原。将中间体半抗原、水合肼和乙醇加入干净的圆底烧瓶中回流 24h。冷却至室温后，用盐酸将混合物的 pH 调至 4.0，水浴中蒸发至干燥，并将沉淀物重新溶于蒸馏水中，用氢氧化钠溶液调节 pH 至 9.0，过滤，干燥，即得 2-氯吩噻嗪半抗原。半抗原 S9 合成步骤如图 24-13 所示。该半抗原可以用于氯丙嗪、奋乃静、氟奋乃静等的检测。

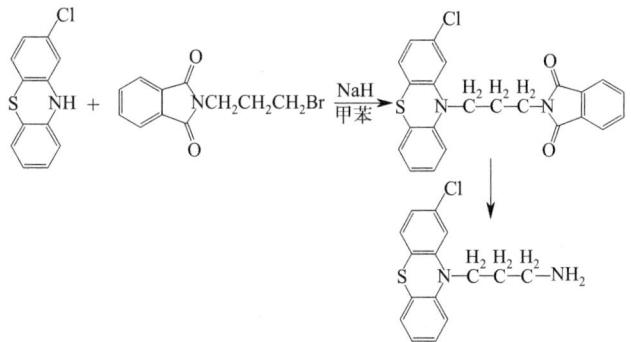

图 24-13　半抗原 S9 的合成

④ 半抗原 S10 合成参考了王自良等[23] 的研究，将苯巴比妥改造成对氨基苯巴比妥。半抗原 S10 合成步骤如图 24-14 所示。该半抗原可以用于巴比妥、苯巴比妥等的检测。

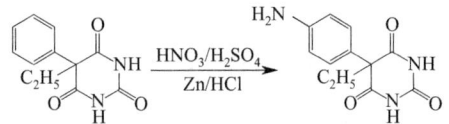

图 24-14　半抗原 S10 的合成

⑤ 半抗原 S11 合成参考了胡刚等[24] 的研究，在巴比妥分子丙二酰脲环的氨基上引入活性羧基。将巴比妥和琥珀酸酐加入吡啶中，60℃反应 24h。待反应冷却至室温，加入水，用 1mol/L 盐酸调节 pH 值至 5.0；用乙酸乙酯提取，再用 1mol/L 碳酸氢钠溶液萃取有机相，收集水相。再以盐酸调节 pH 值至 5.0，用乙酸乙酯提取水相，收集乙酸乙酯层，经干燥、浓缩，用硅胶柱层析纯化得到白色固体半抗原 S11。半抗原 S11 合成步骤如图 24-15 所示。该半抗原可以用于巴比妥、苯巴比妥等的检测。

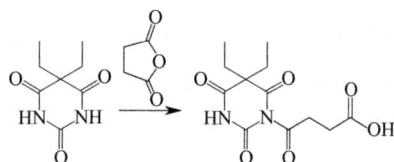

图 24-15　半抗原 S11 的合成

⑥ 半抗原 S12 合成参考了王志成等[25] 的研究，本研究以丙二酸酯和尿素为主要原料合成司可巴比妥抗原，先以卤代戊烷与丙二酸酯反应制备 2-(1-甲基丁基)丙二酸酯，丙二酸酯衍生物与尿素环合反应制备巴比妥衍生物，最后用长链卤代烯酸与巴比妥衍生物反应制备出半抗原；半抗原与 N-羟基琥珀酰亚胺及 N,N-环己基碳二酰亚胺在氮气保护下反应得到活性酯，其活性酯与蛋白发生偶联反应同时脱去三氟乙酰保护基，得到司可巴比妥人工抗原。半抗原 S12 合成步骤如图 24-16 所示。该半抗原可以用于司可巴比妥等的检测。

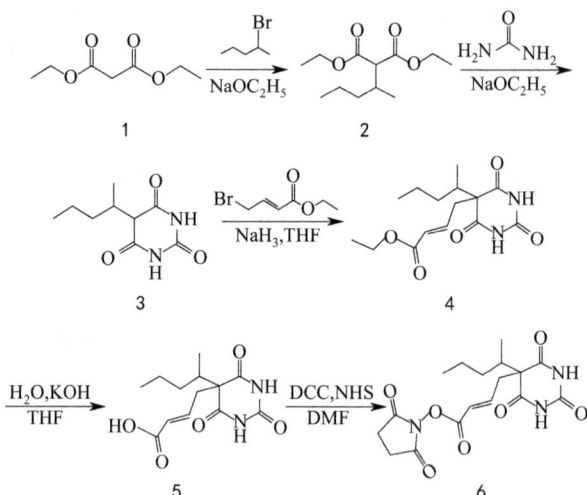

图 24-16　半抗原 S12 的合成

⑦ 半抗原 S13 合成参考了曾繁荣等[26] 的研究，以邻乙酰氨基苯甲酸和 3-氨基-2-甲基苯甲酸为原料，通过缩合反应生成 2-甲基-3-(2-甲基-3-羧基苯基)-4(3H)-喹唑啉酮。半抗原 S13 合成步骤如图 24-17 所示，该半抗原可以用于甲苯喹唑酮等的检测。

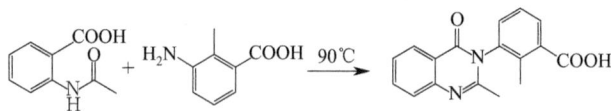

图 24-17　半抗原 S13 的合成

⑧ 半抗原 S14 合成参考了袁强等[27] 的研究，将唑吡坦溶于乙腈-水溶液（2∶1，体积比）中，用甲酸调至 pH 5，在搅拌条件下，逐滴滴加新制 2mol/L KMnO₄ 水溶液，密封室温反应 14h。过滤后将滤液调 pH 至 7，用乙酸乙酯萃取，有机相减压蒸干，得到化合物 A。在化合物 A 中加入 (C₂H₅)₃N、K₂CO₃、KI、TBAB 和溴丁酸乙酯，在氮气保护下，50℃反应 20h。将反应体系降至室温，在搅拌条件下加入水，用乙酸乙酯萃取，后用有机相减压蒸干，得到化合物 B。将化合物 B 加入乙醇和饱和氢氧化锂溶液中，40℃反应 4h。重复上述萃取、减压干燥步骤，得到唑吡坦半抗原。半抗原 S14 合成步骤如图 24-18 所示。该半抗原可以用于唑吡坦等的检测。

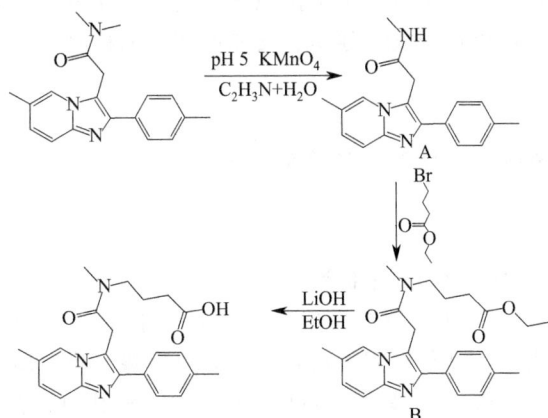

图 24-18　半抗原 S14 的合成

⑨ 半抗原 S15 合成参考了邵越水等[28] 的研究，将 6-(5-氨基-2-吡啶基)-6,7-二氢-7-羟基-5H-吡咯并[3,4-b]吡嗪-5-酮与二碳酸二叔丁酯和碳酸氢钠在四氢呋喃和水的混合溶液中，室温下搅拌反应 2～3h，得淡黄色油状产物 A。将产物 A 和 4-甲基哌嗪-1-甲酰氯盐酸盐在吡啶中溶解，在－10℃冰浴中搅拌反应 3h，得灰白色固体 B。将产物 B 溶于三氟乙酸（TFA）和二氯甲烷（DCM）的混合溶液，室温下搅拌反应 16h，得黄色油状物 C。将产物 C 溶于无水乙醇中，置于 0℃冰水浴中，再加入乙醇钠和丙烯酸叔丁酯，室温下搅拌反应 18h，得棕色油状物 D。将产物 D 溶于三氟乙酸和二氯甲烷的混合溶液中，室温下搅拌反应 16h，得到半抗原 S15。半抗原 S15 合成步骤如图 24-19 所示。该半抗原可以用于佐匹克隆等的检测。

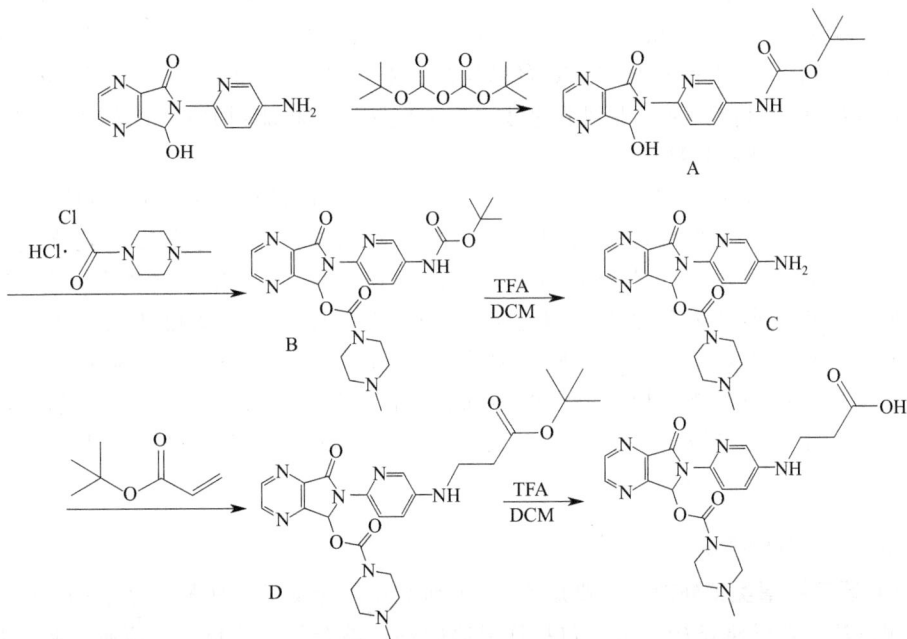

图 24-19　半抗原 S15 的合成

⑩ 半抗原 S16 合成参考了郑鹏等[29] 的研究，选择甲基苯丙胺与琥珀酸酐进行衍生，

详细合成步骤参考半抗原 S11 的合成步骤。半抗原 S16 合成步骤如图 24-20 所示。该半抗原可以用于安非他明、安非他酮等的检测。

图 24-20　半抗原 S16 的合成

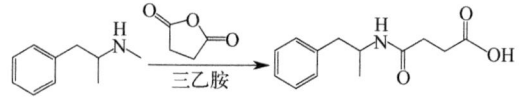

24.6.2.2　抗体制备

① 半抗原与大分子载体偶联得到完全抗原。镇静剂类小分子半抗原及完全抗原的合成是免疫分析方法建立很重要的步骤。蛋白质是常用的大分子载体，常见的有牛血清白蛋白（BSA）、鸡卵清蛋白（OVA）、钥孔血蓝蛋白（KLH）、兔血清白蛋白（RSA）、人血清白蛋白（HSA）等。目前，用得最多的是牛血清白蛋白（BSA）。

② 偶联方法的选择。根据不同的活性基团，选用不同的连接剂，采用不同的方法使半抗原与载体蛋白偶联，合成具有免疫原性的人工抗原，避免连接臂成为抗原决定簇。常用的连接方法主要包括以下几种：a. 通过羧基连接的混合酸酐法、活化酯法和碳二亚胺法；b. 通过羟基连接的琥珀酸酐法；c. 通过醛基连接的戊二醛法；d. 通过酚羟基连接的重氮化法；e. 通过氨基连接的 Mannich 反应和丙烯酸法；f. 通过酮基连接的氨基氧乙酸法；等等。如半抗原 S1 通过混合酸酐法偶联，具体步骤为：先加入三乙胺，将反应液冷却至 5℃，再加入氯甲酸异丁酯，在低温下搅拌 20min，得到活化液；将反应液逐滴滴加到 BSA 溶液中，并用 0.1mol/L 的氢氧化钠溶液调节 pH，使 pH 保持在 8～9 之间，低温下搅拌 2h，得到偶联物[30-31]。

③ 半抗原 S2 通过重氮法进行偶联，用 1mol/L 盐酸将 pH 值调至 1～2，滴加亚硝酸钠在 4℃下搅拌至碘化钾淀粉试纸变成蓝色，将反应液逐滴滴加到 BSA 溶液中，反应过夜，得到偶联物[32]。半抗原 S5 与 N-羟基琥珀酰亚胺(NHS)和 1-(3-二甲氨基丙基)-3-乙基碳二亚胺盐酸盐混合反应，得到活化液。将反应液逐滴滴加到 BSA 溶液中，反应过夜，通过碳二亚胺法得到偶联物[33-34]。

④ 得到完全抗原后，准备雌性 Balb/c 小鼠（6～8 周龄），通过颈部和背部皮下注射免疫原进行免疫，免疫程序已有报道。所有小鼠均以等体积完全佐剂乳化免疫原进行第一次免疫，然后以相同体积的不完全佐剂加强免疫 4～5 次。每次免疫间隔 3 周，每次免疫后 1 周从尾部采集血液并通过 ic-ELISA 进行评估。选择血清表现出高亲和力的小鼠在处死前 3 天腹腔注射免疫原，取脾经 PEG 4000 与 SP2/0 骨髓瘤细胞融合。克隆杂交瘤细胞 3 次获得能够稳定分泌的纯细胞系，然后注入小鼠腹腔。1 周后取小鼠腹水，用辛酸和饱和硫酸铵沉淀法纯化。最后，将制备的 mAb 储存在 4℃下以供进一步使用[35-36]。

24.6.2.3　免疫分析技术

（1）苯二氮䓬类镇静剂　在贾嘉等[37] 的研究中，开发了一种苯二氮䓬的 FITC 试纸条的检测方法。该试纸条构成依次包括样品吸收垫、结合物释放垫、反应膜、吸水垫和底板。结合物释放垫上喷涂有 FITC 标记的抗体，反应膜上包被有半抗原载体蛋白偶联物的检测线和羊抗鼠二抗的质控线。本发明以 FITC 标记抗体，采用免疫色谱技术，实现苯二氮䓬的快速免疫分析。在万志静等[38] 的研究中，开发了一种快速检测苯二氮䓬类药物

（BZD）的胶体金试纸条。试纸条是由底板、吸水板、硝酸纤维素膜、单抗金标垫、玻璃纤维样品吸液层组成，底板中部为硝酸纤维素膜，硝酸纤维素膜上有苯二氮䓬类药物合成免疫原试验线和一条多克隆抗体控制线，底板一端端头为吸水板，另一端端头为样品吸液层，硝酸纤维素膜两端分别与吸水板和单克隆抗体金标垫相互交叠连接，在单克隆抗体金标垫上压有样品吸液层，通过胶体金免疫竞争方法制成试纸。其原理是利用抗原抗体的特异结合反应和免疫色谱技术，在试纸上出现特定的显色结果。

（2）非苯二氮䓬类镇静剂

① 吩噻嗪类：在王建平等的研究中，公开了一种吩噻嗪类药物的半抗原，该半抗原含有吩噻嗪类药物的共有结构部分，并且在所述吩噻嗪类药物人工抗原的制备过程中，利用了引入的羧基与载体蛋白连接，也就是使该共有结构部分远离载体蛋白，充分暴露给动物的免疫识别系统。因此，以该人工抗原作为免疫原免疫动物，可以获得能同时识别多种吩噻嗪类药物的广谱特异性抗体，用于快速免疫分析和筛选，提高检测效率，缩短检测时间，降低检测成本。在 Wang 等[21] 的研究中，制备了一种具有广泛特异性的单克隆抗体，随后开发了一种灵敏的基于单克隆的间接竞争性酶联免疫吸附试验（ic-ELISA），首次通过简单的样品制备程序测定动物饲料中的吩噻嗪类药物。获得的抗体 3A5 是免疫球蛋白 G1（IgG1）同种型，具有 kappa 轻链，可与九种吩噻嗪广泛交叉反应。该方法在猪饲料和鱼饲料中的检测限为 $1.1\sim15.3\mu g/kg$。

② 巴比妥类：在张改平等[39] 的研究中，公开了一种苯巴比妥快速检测试纸条。其中，金标抗体纤维层用吸附苯巴比妥的金标抗体玻璃纤维棉，苯巴比妥金标抗体为胶体金标记的苯巴比妥单克隆抗体或多克隆抗体，偶联苯巴比妥的载休蛋白溶液为苯巴比妥与载体蛋白偶联的复合物溶液。在王自良等[40] 的研究中，用 BSA-pAPB 免疫 Balb/c 小鼠，用细胞融合技术制备并用间接 ELISA 和阻断 ELISA 筛选抗苯巴比妥单克隆抗体（PB mAb）杂交瘤细胞株，体内诱生腹水法生产 PB mAb，应用 PB mAb 研制 PB 残留竞争 ELISA（ic-ELISA）快速检测试剂盒（PB-Kit），并测定其性能。其中，3F6-C4 株的 PB mAb 间接 ELISA 效价为 $1:6.4\times10^{5}$，亲和常数（K_a）为 $1.96\times10^{10}L/mol$，半数抑制浓度（IC_{50}）为 $5.7\mu g/L$，与巴比妥的交叉反应率为 12.4%。

24.6.3 其他分析技术

24.6.3.1 苯二氮䓬类镇静剂

① 在朱云等[41] 的研究中，基于自行设计合成的化学探针三苯胺-苯并噻二唑-丙二腈衍生物（TPA-BTD-MT）为电化学探针，将四辛基溴化铵（TOAB）修饰于玻碳电极（GCE）表面，构建一种电流型电化学传感器，实现对地西泮的灵敏检测。该传感器对微量地西泮具有高灵敏响应，线性范围在 $0.67\sim211.11nmol/L$ 之间，灵敏度高达 $41.3\mu A/(\mu mol/L)$，可应用于鸡尾酒和安定药片实际样品中地西泮的高效检测。在刘晓芳等[42] 的研究中，通过在一次性丝网印刷电极上原位制备地西泮的分子印迹膜，将丝网印刷电极通过电极插口与便携式电导仪相连接，组装成检测地西泮残留的电导型传感器，建立了检测地西泮的标准曲线并测试了实际肉类样品中的地西泮含量。在 Fritea 等[43] 的研究中，开发了一种基于还原氧化石墨烯的新型纳米平台，用于灵敏和选择性地测定硝西泮。该传

感器检测的线性范围宽（0.5～400μmol/L），检测限低（0.166μmol/L），可以高灵敏度、高选择性地测定血清中的硝西泮，且样品回收率较高（99%～102.4%）。在谭学才等[44]的研究中，以奥沙西泮为模板分子，白藜芦醇为功能单体，偶氮二异丁腈为引发剂，镍基金属有机骨架材料为掺杂剂，以异土木香内酯作为交联剂，制备了一种高灵敏度的奥沙西泮分子印迹电化学传感器，用于检测实际样品中的奥沙西泮。

② 在陈其锋等[45]的研究中，以阿普唑仑为模板分子，白藜芦醇为功能单体，偶氮二异丁腈为引发剂，镍钴双金属有机骨架材料为掺杂剂，乙酰紫草素为交联剂，制备了一种高灵敏度的阿普唑仑分子印迹电化学传感器，用于检测实际样品中的阿普唑仑。在Ashrafi等[46]的研究中，合成了一种基于银纳米粒子-氮掺杂石墨烯量子点（Ag/N-GQD）的独特导电纳米墨水，并用于开发一种新颖、独特且灵敏的生物传感器，用于测定阿普唑仑、氯氮䓬、地西泮、奥沙西泮和氯硝西泮等多种苯二氮䓬类镇静剂。

24.6.3.2 非苯二氮䓬类镇静剂

① 吩噻嗪类：在李利军等[47]的研究中，制备了多壁碳纳米管修饰玻碳电极，采用循环伏安法（CV）开发了一种新的检测盐酸氯丙嗪的电化学分析方法。在刘蓉等[48]的研究中，以氯丙嗪为模板分子，邻氨基酚为功能单体，在金电极表面电聚合制备具有特异性识别孔穴的氯丙嗪分子印迹敏感膜传感器，并与其结构相似的化合物奋乃静和异丙嗪的选择性响应进行了比较，发现传感器对氯丙嗪具有良好的选择性。在Zeng等[49]的研究中，开发了一种电化学测定奋乃静的新方法。该方法基于奋乃静在用癸硫醇（DEC）自组装单层（SAM）修饰的金电极上的积累及其在约0.6V下的氧化［与饱和甘汞电极（SCE）相比］。由于一些共存的电活性物质被阻隔，奋乃静被SAM选择性积累，电极传感器表现出良好的选择性和灵敏度。

② 巴比妥类：在黄学艺等[50]的研究中，以马来松香丙烯酸乙二醇酯为交联剂，甲基丙烯酸为功能单体，在玻碳电极表面电聚合了一种对苯巴比妥分子具有专一识别性能的分子印迹电化学传感器，并采用循环伏安法（CV）、差分脉冲伏安法（DPV）及电化学交流阻抗法（EIS）对印迹传感器的性能进行了研究。在余会成等[51]的研究中，在四丁基高氯酸铵的支持电解质溶液中，以甲基丙烯酸为功能单体，马来松香丙烯酸乙二醇酯为交联剂在纳米氧化铜修饰过的玻碳电极上电聚合了一种识别苯巴比妥的分子印迹电化学传感器。在程定玺等[52]的研究中，建立了快速测定苯巴比妥含量的荧光探针法。在pH 6.0的Clark-Lubs（C-L）缓冲溶液中，向一定浓度十六烷基三甲基溴化铵中加入荧光桃红，体系荧光增强，再加入苯巴比妥，体系荧光强度降低，且药品加入量与降低程度呈良好线性关系。在优化实验的条件下，线性范围是0.008～0.72mg/L，检出限为0.02mg/L。在黄学艺等[53]的研究中，将合成的纳米镍修饰裸玻碳电极，再在修饰电极表面热聚合一种以甲基丙烯酸为功能单体、马来松香丙烯酸乙二醇酯为交联剂，纳米氧化铜掺杂的异戊巴比妥分子印迹传感器。并且用循环伏安法（CV）和电化学交流阻抗法（EIS）对印迹传感器的电化学性能进行表征。

③ 其他镇静剂：在白慧萍等[54]的研究中，开发了一种安非他明的电化学检测方法。选取石墨烯/壳聚糖修饰电极作为工作电极，Ag/AgCl电极作为参比电极，铂柱电极作为对电极，利用循环伏安法或示差脉冲伏安法对缓冲溶液中安非他明类药物进行测定。取高纯石墨烯悬液滴于处理过的玻碳电极表面，成膜后将配好的壳聚糖滴于玻碳电极表面，自然晾干，得到石墨烯/壳聚糖修饰电极。该传感器检测灵敏度高，线性范围宽，稳定性好，抗干扰能力强。

参考文献

[1] 孙雷，张骊，徐倩，等．超高效液相色谱-串联质谱法检测猪肉和猪肾中残留的 10 种镇静剂类药物[J]．色谱，2010，（01），43-47.

[2] 秦炯．镇痛剂及镇静剂的分类及其作用机理[J]．中国实用儿科杂志，1998（3）：131-133.

[3] 付体鹏．猪样品中 20 种禁用兽药质谱检测方法的优化研究[D]．重庆：西南大学，2013.

[4] 王智．牛生物样品中抗生素类药物及镇静剂类药物的检测方法研究[D]．重庆：重庆医科大学．

[5] 刘克林，张春水，周淑光，等．生物样品中苯二氮䓬类药物检验概述[J]．刑事技术，2002（4）：25-28.

[6] 周丽雯．吩噻嗪类药物的主要分析方法研究进展[J]．继续医学教育，2018，32（5）：3.

[7] 杨晓君，梅博，宋宇迎，等．畜产品中巴比妥类药物残留检测技术的研究进展[J]．上海农业科技，2021，5：32-34.

[8] 郭文．巴比妥类药物的耐受性和依赖性机理的研究进展[J]．国外医学：药学分册，1999，26（2）：4.

[9] 王晓慧，王萍，景宝兰．苯二氮䓬类药物的医源性成瘾[J]．临床精神医学杂志，1995（1）：36-37.

[10] 严善明．苯二氮䓬类药物的依赖问题[J]．临床精神医学杂志，1996，006（001）：41-44.

[11] 赵海香，邱月明，汪丽萍，等．巴比妥类镇静剂的检测研究进展[J]．猪业科学，2004，21（003）：29-30.

[12] 杨晓君，韩奕奕，丰东升，等．一种检测生鲜乳中 7 种巴比妥类药物残留量的试剂盒．CN 112083115A[P]. 2020.

[13] 李秋生．苯二氮䓬类药物残留免疫分析方法的研究[D]．无锡：江南大学，2008.

[14] Earley J V, Fryer R I, Ning R Y. Quinazolines and 1, 4-benzodiazepines LXXXIX: haptens useful in benzodiazepine immunoassay development[J]. Journal of Pharmaceutical Sciences, 1979, 68（7）: 845-850.

[15] Wang J, Wang Y, Pan Y, et al. Preparation of a broadly specific monoclonal antibody-based indirect competitive ELISA for the detection of benzodiazepines in edible animal tissues and feed[J]. Food Analytical Methods, 2016, 9（12）: 1-13.

[16] Guan D, Guo L, Liu L, et al. Development of an ELISA for nitrazepam based on a monoclonal antibody[J]. Food & Agricultural Immunology, 2015, 26（5）: 611-621.

[17] 单文宠．苯二氮䓬类药物广谱单克隆抗体及沙拉沙星单链抗体的制备[D]．保定：河北农业大学，2016.

[18] 袁强，洪裕好，黄俊兴．一种奥沙西泮半抗原，奥沙西泮抗原及其制备方法和应用．CN 112174902A[P]. 2021.

[19] 黄琴蓉，陈连康，胡小龙，等．高特异性三唑仑代谢物单克隆抗体的制备[J]．中国法医学杂志，2013（3）：4.

[20] 刘建静．氯丙嗪酶联免疫检测方法（ELISA）的建立[D]．北京：中国农业科学院，2009.

[21] Wang J, Wang Y, Pan Y, et al. Preparation of a generic monoclonal antibody and development of a highly sensitive indirect competitive ELISA for the detection of phenothiazines in animal feed[J]. Food Chemistry, 2017, 221: 1004-1013.

[22] 史芳舒．吩噻嗪类药物单链抗体的制备及进化[D]．保定：河北农业大学，2018.

[23] 王自良，王建娜，张海棠，等．苯巴比妥单克隆抗体的研制及竞争 ELISA 血药浓度监测方法的建立[J]．中国药学杂志，2006，41（023）：1826-1830.

[24] 胡刚，陈连康，胡小龙，等．巴比妥单克隆抗体制备及其免疫学特性鉴定[J]．中国法医学杂志，2013（3）：4．

[25] 王志成，杜君，刘其琪．一种司可巴比妥人工抗原和制备方法．CN 108503594A[P]．2018．

[26] 曾繁荣，郑曙剑，刘静．一种安眠酮抗原及其制备方法．CN 111363027A[P]．2020．

[27] 袁强，梁飞敏，伍丽贤．唑吡坦抗原的合成与鉴定[J]．中国药物滥用防治杂志，27（3）：5．

[28] 邵越水，王镇．一种佐匹克隆人工半抗原，人工抗原及其制备方法和应用．CN 109824673A [P]．2019．

[29] 郑鹏，朱喆，刘翠秀，等．甲基苯丙胺半抗原设计与抗体间接 ELISA 检测方法的优化[J]．中国药物依赖性杂志，2021，30（1）：5．

[30] Dixon R. Radioimmunoassay of benzodiazepines[J]. Methods in Enzymology 198, 84, 490-515.

[31] Xu L G, Kuang H, Song S S, et al. Synthesis and characterization of antigen of furazolidone[J]. Journal of Food Science and Biotechnology, 2013.

[32] Guan, D, Guo, L, Liu, L, et al. Development of an ELISA for nitrazepam based on a monoclonal antibody[J]. Food Agric Immunol, 2015, 26（5）, 611-621.

[33] Liu J, Xu X, Wu A, et al. An immunochromatographic assay for the rapid detection of oxadixyl in cucumber, tomato and wine samples[J]. Food Chem, 2022, 379: 132131.

[34] Lu L, Shanshan S, Xiaoling W, et al. Determination of robenidine in shrimp and chicken samples using the indirect competitive enzyme-linked immunosorbent assay and immunochromatographic strip assay[J]. Analyst, 2021, 146（2）, 721-729.

[35] Wang Z, Zou S, Xing C, et al. Preparation of a monoclonal antibody against testosterone and its use in development of an immunochromatographic assay[J]. Food Agric Immunol, 2016, 27（4）, 547-558.

[36] Zeng L, Guo L, Wang Z, et al. Gold nanoparticle-based immunochromatographic assay for detection Pseudomonas aeruginosa in water and food samples[J]. Food Chemistry: X, 2021, 9: 100117.

[37] 贾嘉，张振兴，吕小翠，等．一种检测苯二氮䓬的 FITC 试纸条及其制备方法和应用方法：CN108918896A[P]．2018．

[38] 万志静，万志强．快速检测苯二氮䓬类药的胶体金试纸．CN 2938101 Y[P]．2007-8-22．

[39] 张改平，王自良，邓瑞广，等．苯巴比妥快速检测试纸条：CN 1811448[P]．2012-2-15．

[40] 王自良，张改平，张海棠，等．抗苯巴比妥单克隆抗体杂交瘤细胞株的筛选及 ciELISA 试剂盒的研制[J]．农业生物技术学报，2006，14（05）：711-715．

[41] 朱云，徐彬彬，曾巧，等．基于三苯胺衍生物化学探针的电化学传感器在地西泮分析中的应用：中国化学会第十四届全国电分析化学学术会议论文集[C]．2020．

[42] 刘晓芳．检测肉品中地西泮的仿生传感器研制[D]．上海：上海交通大学，2011．

[43] Fritea L, Banica F, Costea T O, et al. A gold nanoparticles-graphene based electrochemical sensor for sensitive determination of nitrazepam[J]. Journal of Electroanalytical Chemistry, 2018, 830: 63-71.

[44] 谭学才，李浩，余会成．一种高灵敏度的奥沙西泮分子印迹电化学传感器的制备方法．CN 201710015252 [P]．2017．

[45] 陈其锋，马祥英，余会成．一种高灵敏度的阿普唑仑分子印迹电化学传感器的制备方法．CN 106770558A[P]．2017-5-31．

[46] Ashrafi H, Hassanpour S, Saadati A, et al. Sensitive detection and determination of benzodiazepines using silver nanoparticles-N-GQDs ink modified electrode: a new platform for modern pharmaceutical analysis[J]. Microchem J, 2019, 145: 1050-1057.

[47] 李利军，程龙军，程昊，等．多壁碳纳米管修饰电极检测盐酸氯丙嗪的研究[J]．分析试验室，2010（2）：4．

[48] 刘蓉，钟桐生，龙立平，等．氯丙嗪分子印迹敏感膜传感器的制备与应用[J]．应用化学，2013，30（11）：5．

[49] Zeng B Z, Yang Y X, Ding X G, et al. Electrochemical study and detection of perphenazine using a gold electrode modified with decanethiol SAM[J]. Talanta 2003, 61 (6): 819-827.

[50] 黄学艺. 巴比妥类药物的分子印迹电化学传感器的制备与应用[D]. 南宁: 广西民族大学, 2015.

[51] 余会成, 黄学艺, 李浩, 等. 纳米氧化铜修饰的苯巴比妥分子印迹传感器的制备及其电化学性能[J]. 物理化学学报, 2014, 30 (11): 7.

[52] 程定玺, 杨璐, 梁宇. 荧光探针法快速检测苯巴比妥含量[J]. 分析试验室, 2012, 31 (12): 4.

[53] 黄学艺, 余会成, 韦贻春, 等. 纳米镍修饰的氧化铜掺杂的异戊巴比妥电化学传感器制备与应用[J]. 分析试验室, 2015, 34 (5): 5.

[54] 白慧萍, 王世雄, 张瑞林, 等. 一种苯丙胺类毒品的电化学检测方法. CN 108614021A [P]. 2018.

第25章
非甾体类
抗炎药物
残留分析

在公元前五世纪，希波克拉底（Hippocrates）发现咀嚼柳树皮可以减轻疼痛，1897年，化学家霍夫曼（Hoffmann）成功合成临床应用至今的阿司匹林。随后，百余种非甾体类抗炎药（non-steroidal anti-inflammatory drugs，NSAIDs）被发现。

NSAIDs 也称非类固醇抗炎药，是一类具有解热镇痛效果的药物，在使用较高剂量时也具有消炎作用。NSAIDs 一词首次使用于 1960 年，以将此类药与具有抑制花生酸生成、抗炎作用的甾体类药物划清界限。与甾体抗炎药相比，NSAIDs 具有安全性较高、副反应较小等优点。大多数 NSAIDs 不仅具有抗炎作用，而且兼有解热镇痛之功效。近年来，NSAIDs 在养殖业中的使用有明显增长的趋势，一般和抗生素联合使用，治疗奶牛乳腺炎、无乳综合征，以及马、猪、犬和猫等哺乳动物的疼痛和运动性损伤。现在已成为继抗生素后，全球使用量最大的兽药。

25.1

结构与性质

按其分子结构，NSAIDs 可分为水杨酸类、苯胺类、吡唑酮类、芬那酸类、芳基烷酸类和 1,2-苯并噻嗪类（见图 25-1）。

水杨酸类

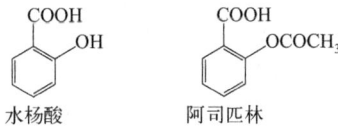

苯胺类

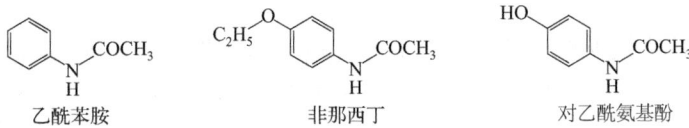

吡唑酮类

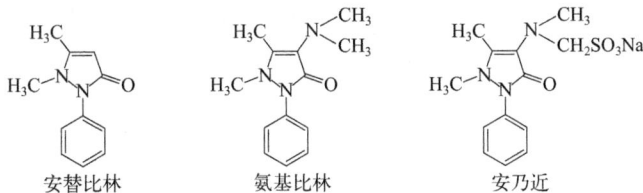

芬那酸类

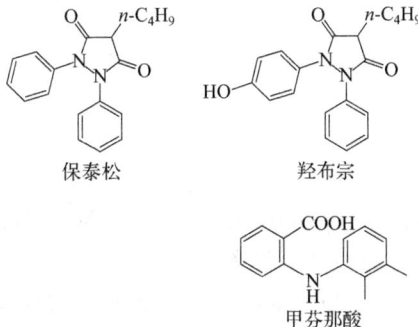

图 25-1

芳基烷酸类

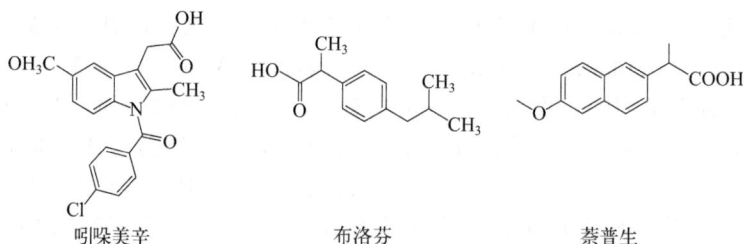

图 25-1　NSAIDs 的化学结构

呫哚美辛　　　　　布洛芬　　　　　萘普生

　　水杨酸类是苯甲酸类衍生物，水杨酸阴离子为主要生物活性部分。代表药物阿司匹林为白色结晶或结晶性粉末，无臭或微带醋酸臭，味微酸。其遇湿气会缓慢水解，在乙醇中易溶，在乙醚或氯仿中溶解，在水或无水乙醚中微溶，在氢氧化钠或碳酸钠溶液中溶解的同时会分解。

　　苯胺类药物的母核为苯胺，本类药物有非那西丁和对乙酰氨基酚。非那西丁又称对乙酰氨基苯乙醚，室温下为白色结晶固体。对乙酰氨基酚为白色结晶粉末，无味，能溶于乙醇、丙酮和热水，难溶于水，不溶于石油醚及苯。

　　吡唑酮类的常用药物都是安替比林的衍生物，其基本结构是苯胺侧链延长的环状化合物——吡唑酮。这类药物常用的有氨基比林、安乃近、保泰松等。氨基比林又称匹拉米洞，为白色结晶或晶状粉末，无臭，味微苦。溶于水，水溶液呈碱性。见光易变质，遇氧化剂易被氧化。保泰松又被称为布他酮，性质较稳定。其为白色或微黄色结晶性粉末，味略苦。难溶于水，能溶于醇和醚，易溶于碱或氯仿。安乃近又称为诺瓦经，为氨基比林与亚硫酸钠的复合物。易溶于水，水溶液放置后渐变为黄色。略溶于乙醇，几不溶于乙醚。

　　芬那酸类也称为灭酸类，为邻氨苯甲酸衍生物，甲芬那酸是其主要药物。甲芬那酸又称为扑湿痛，为白色或类白色结晶粉末，味初淡而后略苦。不溶于水，微溶于乙醇。久露于光则色变暗。

　　芳基烷酸类药物抗炎作用较强，对炎性疼痛镇痛效果显著。本类药物主要有呫哚美辛、布洛芬和萘普生。呫哚美辛为类白色或微黄色结晶性粉末，几乎无臭，无味。溶于丙酮，略溶于甲醇、乙醇和氯仿，不溶于水。布洛芬又称为异丁苯丙酸、芬必得。溶于乙醇、丙酮、氯仿或乙醚，几乎不溶于水。萘普生又称为萘洛芬、消通灵。为白色或类白色结晶性粉末，无臭或几乎无臭。溶于甲醇、乙醇或氯仿，略溶于乙醚，几乎不溶于水。

25.2

药学机制

　　NSAIDs 的作用机制为抑制环氧合酶（cyclooxygenase，COX），从而抑制花生四烯酸（arachidonic acid，AA）合成前列腺素（PGs）（见图 25-2）。AA 是二十碳烯酸类最重要的前体物质，可经两条途径代谢，一条是 COX 途径，另一条是 5-脂氧合酶（5-lipoxygenase，5-LOX）途径。两条途径有一定的平衡关系，其中一条途径受阻，会有更多的 AA

进入另一条代谢途径，结果均导致炎症的进一步发展。COX 存在两种亚型：原生型的 COX-1 和诱生型的 COX-2。COX-1 是正常生理酶，主要存在于血管、胃和肾脏等正常组织，在保护胃肠黏膜细胞、维持血小板及肾脏功能方面具有重要的作用。COX-2 则主要存在于炎症组织，其表达可被致炎的细胞因子（如 IL-1、TNF-α）和有丝分裂原等诱导。研究还表明，传统的 NSAIDs 的胃肠道副作用与其抑制 COX-1 有关，而抗炎活性与抑制 COX-2 有关。一般认为，NSAIDs 因抑制 COX-2 产生解热镇痛、抗炎的效果。部分 NSAIDs，例如阿司匹林，也同时抑制了 COX-1，因而容易导致胃肠道出血和溃疡。在临床上，NSAIDs 有以下共同作用：

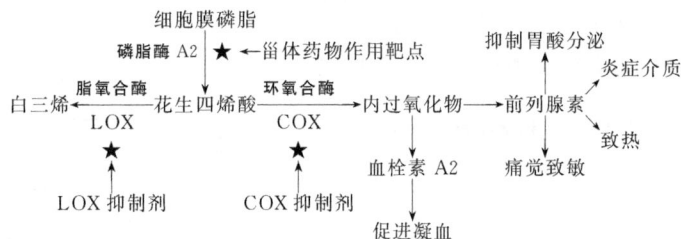

图 25-2 NSAIDs 药效作用

（1）**解热作用** 致热原作用于下丘脑的前部，促使 PGs 大量合成和释放。PGs 使下丘脑后部体温调节中枢的调定点上移，致使机体产热增加，散热减少，体温升高。NSAIDs 能减少 PGs 的合成，使调定点下移，通过扩张血管、加速外周血流、出汗等增加散热，恢复机体的正常产热和散热的平衡。本类药物只能使过高的体温下降到正常，而不使正常体温下降。

（2）**镇痛作用** NSAIDs 的镇痛作用主要在外周。组织损伤或发炎时，局部产生和释放某些致痛化学物质（如缓激肽、组胺、5-HT、PGs 等）引起疼痛。NSAIDs 抑制 PGs 的合成，故能起镇痛作用。

（3）**抗炎作用** PGs 也是参与炎症反应的活性物质，在发炎组织中大量存在，与缓激肽等致炎物质有协同作用。NSAIDs 抑制 PGs 的合成，从而能缓解炎症。本类药物对控制风湿性及类风湿性关节炎的症状有肯定的疗效，但不能阻止疾病的发展及并发症的发生。

因此，这类具有抗炎、抗风湿、止痛、退热和抗凝血等作用的药物，广泛用于临床治疗一些自身免疫性疾病，例如骨关节炎、类风湿性关节炎、红斑狼疮及强直性脊柱炎等，此外，其对感染性炎症、发热和各种疼痛症状也有一定的疗效。其中，属阿司匹林、布洛芬、萘普生最为著名，在绝大多数国家可作为非处方药销售。对乙酰氨基酚主要通过抑制分布在中枢神经系统的 COX-2，以减少 PGs 的生成，从而缓解疼痛，但由于 COX-2 在周边组织中数量较少，因此作用微弱。

阿司匹林又名乙酰水杨酸（acetylsalicylic acid），是水杨酸类的代表药物。100 多年的历史证明，它是一个优良的解热镇痛及抗风湿病药物，而且还发现有抗血栓形成的新用途，为临床常用药物。现广泛用于治疗伤风、感冒、头痛、神经痛、关节痛、急性和慢性风湿痛及类风湿痛，还可预防和治疗心血管系统疾病，对结肠癌也有预防作用。其主要副作用是胃肠道副反应，原因之一是它是环氧合酶不可逆抑制剂，抑制了胃黏膜内 PGI2 的生物合成，而 PGI2 有抗胃酸分泌、保护胃黏膜和防止溃疡形成的作用，从而造成胃溃疡甚至胃出血；另一原因是阿司匹林及水杨酸酸性较强，易造成刺激胃肠道的副作用。阿司匹林在干燥空气中较稳定，遇湿气即缓缓水解生成水杨酸和乙酸，遇碱和加热水解更快。故应置于密闭容器中于干燥处贮存。

苯胺有一定的解热镇痛作用，但毒性太大，对中枢神经系统先兴奋后抑制，且引起高铁血红蛋白症导致缺氧，不能药用。代表药物对乙酰氨基酚（paracetamol）为乙酰苯胺和非那西丁的代谢产物，1893年上市。解热镇痛作用良好，毒性和副作用都降低，现在仍是临床上常用的解热镇痛药，可治疗发热、疼痛等，但该药无抗炎作用，原因是该药只能抑制中枢神经系统的PGs的合成，而不影响外周系统的PGs的合成。

吡唑酮类解热镇痛药有5-吡唑酮和3,5-吡唑二酮两种结构类型，具有较明显的解热、镇痛和一定的抗炎作用，一般用于高热和镇痛。5-吡唑酮类药物安替比林（antipyrine），是在研究奎宁类似物的过程中偶然发现的第一个用于临床的解热镇痛药物，但因其毒性较大，而未能在临床长期使用。

NSAIDs和镇痛药的区别见表25-1。

表 25-1 NSAIDs 和镇痛药的不同点

药物	作用部位	作用靶点	镇痛效果	成瘾性
NSAIDs	外周	环氧合酶	只对慢性钝痛有良好的作用	无
镇痛药	中枢	阿片受体	对创伤性剧痛、内脏痛有效	有

25.3

毒理学

NSAIDs主要抑制COX，由于COX-1主要分布于血管、胃和肾，而由COX催化生成的PGs具有保护消化道黏膜的作用，因此NSAIDs会降低PGs对消化道黏膜的保护作用；另外，大部分的NSAIDs在结构上都属于弱酸，对消化道刺激较强。因此，NSAIDs最主要的不良反应是消化性溃疡。对有消化性溃疡病史或有其他严重基础疾病、高龄患者，可在服用NSAIDs的同时，预防性地同时服用抗溃疡药如H_2受体拮抗剂、氢离子泵阻断剂等。与胃肠道和心血管风险相比，NSAIDs的肾脏副作用被认为不常见。然而，高龄患者发生肾毒性的风险更高。NSAIDs可抑制PGs和血栓素合成，导致肾血管收缩，从而导致肾功能异常[1]。

25.4

国内外残留限量要求

由于频繁大量的使用、人与动物的排泄、污水处理技术的局限性以及废弃药物的不合理处置等，未被完全吸收和利用的 NSAIDs 及其代谢物以多种途径最终进入水环境，在地表水环境中频频检出。环境污染带来的危害不容小觑，虽然其在水环境中的残留浓度很低，只有微量级别，但是因其有源源不断的输入源头，导致其会给水环境中非靶向水产品带来潜在环境风险，甚至通过食物链和食物网影响人类健康。

美国食品药品管理局（FDA）对氟尼辛的残留限量做了相关规定（表 25-2）[2]。欧盟对部分 NSAIDs 的最大残留限量（MRL）做了详细规定（表 25-3）[3]。

表 25-2 FDA 关于 NSAIDs 的 MRL 和每日允许摄入量（ADI）规定

活性成分	残留标志物	动物品种	靶组织	MRL/(μg/kg)	ADI/(μg/kg)
氟尼辛	氟尼辛	猪	肝脏	30	
			肌肉	25	
		牛	肝脏	125	0.72
			肌肉	25	
	5-羟基氟尼辛		牛奶	2	

表 25-3 欧盟关于 NSAIDs 的 MRL 规定

活性成分	残留标志物	动物品种	靶组织	MRL/(μg/kg)
卡洛芬	卡洛芬和卡洛芬葡糖苷酸	牛/马	肌肉	500
			脂肪	1000
			肝脏	1000
			肾脏	1000
双氯芬酸	双氯芬酸	牛	肌肉	5
			脂肪	1
			肝脏	5
			肾脏	10
			牛奶	0.1
		猪	肌肉	5
			皮肤和脂肪	1
			肝脏	5
			肾脏	10
非罗考昔	非罗考昔	马	肌肉	10
			脂肪	15
			肝脏	60
			肾脏	10
氟尼辛	氟尼辛	牛	肌肉	20
			脂肪	30
			肝脏	300
			肾脏	100
		猪	肌肉	50
			皮肤和脂肪	10
			肝脏	200
			肾脏	30
		马	肌肉	10
			脂肪	20
			肝脏	100
			肾脏	200
	5-羟基氟尼辛	牛	牛奶	40

活性成分	残留标志物	动物品种	靶组织	MRL/(μg/kg)
美洛昔康	美洛昔康	牛/羊/猪/兔/马	肌肉	20
			肝脏	65
			肾脏	65
		牛/羊	牛奶	15
安乃近	4-氨甲基-安替比林	牛/猪/马	肌肉	100
			脂肪	100
			肝脏	100
			肾脏	100
		牛	牛奶	50
水杨酸钠	水杨酸	火鸡(产蛋期禁用)	肌肉	400
			皮肤和脂肪	2500
			肝脏	200
			肾脏	150
托芬那酸	托芬那酸	猪/牛	肌肉	50
			肝脏	400
			肾脏	100
		牛	牛奶	50
维达洛芬	维达洛芬	马	肌肉	50
			脂肪	20
			肝脏	100
			肾脏	1000

欧盟关于不需要制定 MRL 的 NSAIDs 规定见表 25-4。

表 25-4 欧盟关于不需要制定 MRL 的 NSAIDs 规定

活性成分	动物种类或其他样品	其他规定
卡洛芬	牛奶	无
对乙酰氨基酚	猪	仅作口服用
水杨酸	除鱼外所有食品动物	仅作外用
水杨酸钠	牛/猪	口服,泌乳期禁用
	除鱼外所有食品动物	仅作外用

我国动物源性食品中 NSAIDs 的 MRL 和 ADI 规定见表 25-5。

表 25-5 我国动物源性食品中 NSAIDs 的 MRL 和 ADI 规定[4-6]

活性成分	残留标志物	动物品种	靶组织	MRL/(μg/kg)	ADI/(μg/kg)
氟尼辛	氟尼辛	牛	肌肉	20	0~6
			肝脏	300	
			肾脏	100	
			皮+脂	30	
		猪	肌肉	50	
			肝脏	200	
			肾脏	30	
			皮+脂	10	
	5-羟基氟尼辛	奶牛	牛奶	40	
安乃近	4-氨甲基-安替比林	牛/羊/猪/马	肌肉	100	0~10
			脂肪	100	
			肝脏	100	
			肾脏	100	
		牛/羊	奶	50	

水杨酸、水杨酸钠、阿司匹林、萘普生、对乙酰氨基酚为允许用于食品动物，不需要制定残留限量的兽药。

我国关于不需要制定 MRL 的 NSAIDs 规定见表 25-6。

表 25-6　我国关于不需要制定 MRL 的 NSAIDs 规定

活性成分	动物种类	其他规定
阿司匹林	牛、猪、鸡、马、羊	泌乳期禁用,产蛋期禁用
萘普生	马	—
对乙酰氨基酚	猪	仅作口服用
水杨酸	除鱼外所有食品动物	仅作外用
水杨酸钠	除鱼外所有食品动物	仅作外用,泌乳期禁用

25.5

样品处理方法

25.5.1　样品类型

NSAIDs 主要存在于肌肉、肝脏、肾脏、皮脂和奶制品中。

25.5.2　样品制备与提取

中华人民共和国农业部公告第 2543 号规定，样品（肉、肝、肾）中残留的氟尼辛，经乙腈、盐酸和二氯甲烷提取并沉淀蛋白后，吹干、复溶；皮＋脂试样经乙酸乙酯提取后吹干、复溶。Igualada 等[7] 采用 0.25mol/L 盐酸过夜水解，后加入 0.3mol/L 十二水合磷酸钠溶液和 2mol/L 的氢氧化钠溶液，中和至 pH 为 7.1±0.2，使用乙酸乙酯先后三次提取动物组织中的美洛昔康、氟尼辛、卡洛芬和托芬那酸。Jedziniak 等[8] 采用 β-葡萄糖醛酸酶进行酶解，使用乙腈先后两次提取动物肌肉中的双氯芬酸、氟尼辛、酮洛芬、甲芬那酸、美洛昔康、萘普生、羟布宗、保泰松、托芬那酸和卡洛芬。Chrusch 等[9] 采用 1％甲酸处理动物组织样品，后加入 0.2mol/L 的 Tris 缓冲液和 0.1mol/L 的氯化钙，使用 XIV 型蛋白酶过夜酶解，加入异丙醇来提取萘普生、美洛昔康、酮洛芬、氟尼辛、氟尼酸、卡洛芬、依托度酸、甲芬那酸、托芬那酸和维达洛芬。Gentili 等[10] 使用甲醇均质动物组织样品，后加入乙腈涡旋、超声提取对乙酰氨基酚、水杨酸、布洛芬、双氯芬酸、氟尼辛、5-羟基氟尼辛、尼美舒利、保泰松、甲氯芬那酸、托芬那酸、美洛昔康、卡洛芬、酮洛芬、萘普生和依托度酸，转移上清液后，加入丙酮再次提取；对于牛奶样品，加入乙腈，后涡旋、超声提取。Hu 等[11] 通过加入酸化乙腈（乙腈-磷酸，80：1，体积比）和无水硫酸钠，采用振荡、超声，后重复上述步骤一次来提取猪肉中的水杨酸、洛索洛芬、芬布芬、双水杨酯、尼美舒利、依托度酸、对乙酰氨基酚、氨基安替比林、4-甲酰氨基安替比林、替诺昔康、美吡哌唑、依托考昔、非那西丁、吡罗昔康、苄达明、酮咯酸、吲哚洛芬、罗非考昔、舒林酸、托美汀、非罗考昔、氟尼辛、酮洛芬、美洛昔康、萘普生、佐美酸、奥沙普秦、萘丁美酮、吲哚美辛和阿西美辛。van Pamel 等[12] 在牛肉样品中加入无水硫酸钠，后加入乙腈振荡提取卡洛芬、双氯芬酸、氟芬那酸、氟尼辛、酮洛芬、甲芬那酸、美洛昔康、4-氨甲基安替比林、萘普生、氟尼酸、保泰松、羟布宗、雷米那酮、水杨酸和依托度酸；对于牛奶样品，使用乙腈涡旋提取。Dubreil-Chéneau 等[13] 使用甲醇提取牛奶中的保泰松、羟布宗、萘普生、甲芬那酸、维达洛芬、氟尼辛、5-羟基氟尼辛、托芬那酸、美洛昔康、双氯芬酸、卡洛芬和酮洛芬。Jedziniak 等[14] 在牛奶样品中加入乙腈和醋酸铵，振荡提取卡洛芬、双氯芬酸、氟尼辛、布洛芬、酮洛芬、甲芬那酸、美洛昔康、萘普生、保泰松、羟布宗、托芬那酸、安乃近、塞来昔布、非罗考昔和罗非考昔。Dowling 等[15,16] 对于牛奶样品，加入乙腈、涡旋、离心，转移上清液，再次加入乙腈提取卡洛芬、双氯芬酸、布洛芬、酮洛芬、甲芬那酸、保泰松、氟尼辛、羟基氟尼辛、托芬那酸、美洛昔康、萘普生、羟布宗、氟尼酸和琥布宗。Gallo 等[17] 使用乙腈-甲醇（90：10，体积比）经涡旋，提取牛奶样品中的水杨酸、萘普生、卡洛芬、氟比洛芬、布洛芬、甲氯芬那酸、氟尼酸、氟尼辛、5-羟基氟尼辛、酮洛芬、琥布宗、双氯芬酸、甲芬那酸、托芬那酸、保泰松和羟布宗。Malone 等[18] 使用乙腈和氯化钠来提取牛奶样品中的美洛昔康、4-氨甲基安替比林、托芬那酸和5-羟基氟尼辛。

25.5.3　样品净化方法

Igualada 等[7] 通过离心分离提取液与组织样品，合并三次提取液，氮吹至干，使用 10mmol/L 甲酸-甲醇混合溶液（1：1，体积比）复溶，进样。Jedziniak 等[8] 先将提取液通过 Sep Pak 氧化铝 N 小柱，收集全部滤液，经旋转蒸发，将提取液加入 C_{18} 小柱中，先后使用 0.02mol/L 维生素 C 溶液和水进行洗涤，真空干燥后，正己烷洗涤，再次真空干燥后，使用正己烷-乙酸乙酯（1：1，体积比）进行洗脱，氮气吹干后，使用乙腈-0.1%甲酸（3：7，体积比）复溶，滤膜过滤后进样。Chrusch 等[9] 转移提取液后，加入水、正己烷，振荡离心后，弃正己烷层，将提取液加入 C_{18} 小柱中，收集全部滤液，通过 Oasis MAX 小柱，依次使用25%异丙醇、甲醇、含20%甲醇的5%氨水、异丙醇、水、含10%异丙醇的1%甲酸、12mmol/L盐酸、异丙醇洗涤，待真空干燥后使用乙酸乙酯再洗涤，使用含2%甲酸的乙酸乙酯进行洗脱，洗脱液蒸干后，加入甲醇-水（2：3，体积比）复溶，滤膜过滤后进样。Gentili 等[10] 将提取液加入 Oasis HLB 小柱中，真空干燥后使用正己烷洗涤，后使用甲醇-丙酮（1：3，体积比）进行洗脱，氮吹浓缩后，经滤膜过滤，进样。Hu 等[11] 将提取液与乙腈饱和的正己烷混合，振荡、离心后，弃上清，下层提取液经氮气吹干后，使用甲醇-0.02mol/L磷酸（5：95，体积比）复溶，再次加入乙腈饱和的正己烷混合，离心后，弃上清液，下层提取液加入 HLB 小柱中，经水洗涤后，先后使用氨水-乙腈-甲基叔丁基醚（5：95：1，体积比）、甲基叔丁基醚进行洗脱，蒸发干燥后，使用乙腈-0.1%甲酸（1：9，体积比）复溶，经滤膜过滤，进样。van Pamel 等[12] 对于牛肉样品，将提取液蒸发干燥后，使用含0.1%甲酸的水-乙腈（1：1，体积比）复溶，经超声溶解，滤膜过滤，进样；对于牛奶样品，浓缩提取液后，经滤膜过滤，进样。Dubreil-Chéneau 等[13] 将提取液氮吹至干，使用 1mmol/L 乙酸-乙腈（4：1，体积比）复溶，经高速离心、滤膜过滤后，进样。Jedziniak 等[14] 将部分提取液在氮气下吹干，使用甲醇-乙腈-10mmol/L 甲酸铵（0.25：0.75：9，体积比）复溶，滤膜过滤后进样测定安乃近代谢物含量；部分上清加入含硫酸钠的 Sep Pak 氨基小柱，使用含 5% 甲酸的乙腈洗脱，洗脱液中加入二甲基亚砜，浓缩后进样。Dowling 等[15,16] 在提取液中加入 10mmol/L 维生素 C 和 1mol/L 盐酸，使溶液 pH 值至 3，将溶液加入 Evolute ABN SPE 小柱中，使用甲醇-水（1：9，体积比）洗涤，干燥后，经正己烷-二乙基醚-乙腈-甲醇（45：45：7：3，体积比）洗脱，氮吹干燥后，加入水-乙腈（9：1，体积比）复溶，后进样。Gallo 等[17] 在提取液中加入 10mmol/L 维生素 C 溶液和 1mol/L 盐酸溶液，将混合液加入 C_{18} 小柱中，先后使用维生素 C 溶液、水-甲醇（9：1，体积比）洗涤，真空干燥后，使用正己烷-二乙基醚（1：1，体积比）洗脱，氮气吹干后，加入甲醇复溶，进样。Malone 等[18] 在乙腈提取液中加入正己烷，振荡后，离心，弃掉正己烷层，乙腈层经氮吹浓缩后，高速离心，上清液经氮气吹干，复溶于乙腈-水（28：72，体积比），进样。

25.6

残留分析技术

25.6.1 仪器测定方法

25.6.1.1 高效液相色谱

高效液相色谱法检测 NSAIDs，主要以血液、尿液为主，而动物组织，如肌肉、肝脏等报道较少，如 Gowik 等[19] 建立的高效液相色谱-光电二极管阵列方法可以检测血液中阿司匹林、水杨酸、卡洛芬、维达洛芬等 12 种 NSAIDs，该方法检测浓度范围为 0.05~64ng/mL。沈金灿等[20] 基于待测物的紫外吸收特性，建立了检测牛肉、猪肉中 4-氨甲基安替比林、4-甲酰氨基安替比林、氨基安替比林等 3 种安乃近代谢物残留的高效液相色谱方法，检测限为 12.5~20μg/L。Gallo 等[21] 基于待测物的荧光特性，建立了可检测牛奶中卡洛芬、萘普生、维达洛芬等 9 种 NSAIDs 残留的高效液相色谱方法，其定量限介于 0.25~20μg/kg。康永锋等[22] 基于待测物的紫外吸收特性，建立了羊肉组织中可检测氟尼辛葡甲胺、美洛昔康、酮洛芬、双氯芬酸钠等 4 种 NSAIDs 残留的高效液相色谱方法，检测限为 5~10μg/kg，定量限为 15~30μg/kg。

25.6.1.2 液质联用

随着质谱技术的不断改进与创新，液相色谱-串联质谱（LC-MS/MS）技术在食品残留检测领域快速发展与应用。该方法分离效果好，具有高选择性和灵敏度，Peng 等[23] 建立了乳制品中同时检测 9 种 NSAIDs 的超高效液相色谱-串联质谱法（UPLC-MS/MS）。

利用 0.01mol/L 的抗坏血酸缓冲液和乙腈-乙酸乙酯混合物萃取蛋白质，离心蒸发后用乙腈-0.1%甲酸（1:1，体积比）溶解。样品经正己烷去除脂质后，采用电喷雾电离（ESI）接口、多反应监测（MRM）模式分析。该方法的检测限和定量限分别为 0.03~0.30μg/kg 和 0.10~1.00μg/kg。在牛奶、奶粉等乳制品中，1、10 和 100 倍定量限的加标水平下的回收率为 61.7%~117%，相对标准偏差（RSD）均小于 17.9%。Chang 等[24] 建立了用于猪血清中卡洛芬、双氯芬酸、氟尼辛、布洛芬、酮洛芬、甲氯芬那酸钠、甲芬那酸、尼氟酸、托芬那酸等 9 种 NSAIDs 的单阴离子交换色谱柱-离子阱质谱联用检测方法。该方法利用在线萃取和柱切换技术，中性洗脱液和 pH 梯度洗脱液分别用于 NSAIDs 的提取和分离；9 种 NSAIDs 的检测限和定量限分别是 1.3ng/mL/4.3ng/mL、0.5ng/mL/1.6ng/mL、0.2ng/mL/0.5ng/mL、2.5ng/mL/8.2ng/mL、1.5ng/mL/4.9ng/mL、0.6ng/mL/2.1ng/mL、0.6ng/mL/2.0ng/mL、0.5ng/mL/1.7ng/mL、0.6ng/mL/2.1ng/mL。动态线性范围介于 0.5~20ng/mL（$R^2 > 0.9950$）。在 20ng/mL、100ng/mL 和 200ng/mL 加标浓度下的准确度为 80.5%~99.9%，说明该方法可用于实际样品的检测。Hu 等[11] 建立了可检测猪肉中水杨酸、洛索洛芬、芬布芬等 30 种 NSAIDs 残留的 UPLC-MS/MS 方法，检测限为 0.4~2.0μg/kg，定量限为 1.0~5.0μg/kg，在添加浓度为 1.0~500μg/kg 时，回收率介于 61.7%~125.7%，重复性良好。

25.6.1.3　气质联用

少数 NSAIDs 具有羧酸基团，在液质联用的正电离模式下难以被检测到，负电离模式下检测效率也不高。Goktas 等[25] 建立了一种气相色谱-质谱法检测马尿中萘普生、氟尼辛、酮洛芬等 9 种 NSAIDs。该方法采用 C_{18} 固相萃取小柱，选择了二甲基苯基氢氧化铵-甲醇（20:80，体积比）作为衍生化试剂。Dowling 等[26] 使用乙腈提取牛奶样品，提取液经 Isolute C_{18} 固相萃取小柱净化，建立了可检测布洛芬、酮洛芬、双氯芬酸和保泰松等 4 种 NSAIDs 残留的气相色谱-串联质谱法，检测限为 0.59~2.69ng/mL，回收率为 104%~112%。Arroyo 等[27] 使用乙腈提取牛奶样品，建立了可检测布洛芬、萘普生、酮洛芬等 7 种 NSAIDs 残留的气相色谱-质谱联用法，检测限为 3.36~7.75μg/kg。

25.6.1.4　其他方法

毛细管电泳法也被用来分析生物样品，如血浆、尿液中的 NSAIDs 含量。Botello 等[28] 使用 1mol/L 盐酸酸化血浆或尿液样品至 pH 为 2，加入乙酸乙酯-正己烷（1:4，体积比）进行提取，结合紫外检测器和毛细管区带电泳法，建立了可检测萘普生、非诺洛芬、双氯芬酸、酮洛芬和吡罗昔康的方法，其检测限为 0.07~0.75μg/mL。

25.6.2　免疫测定方法

25.6.2.1　半抗原设计

早在 1978 年，Takatori 等[29] 就利用重氮偶联反应将 4-氨基安替比林偶联牛血清白蛋白（BSA）制得安替比林免疫原[见图 25-3(a)]。Bennett 等[30] 将 4-氨基水杨酸偶联钥孔血蓝蛋白（KLH）制得水杨酸免疫原[见图 25-3(b)]。Brady 等[31] 采用 N-羟基琥珀酰亚胺（NHS）活泼酯法制备了 KLH-氟尼辛免疫原和兔血清白蛋白-氟尼辛（RA-F）包被原。贺莉等[32] 用DCC/NHS活泼酯法将吲哚美辛分子与BSA共价交联制成免疫抗原。Abuknesha等[33] 利用琥珀酸酐制备对乙酰氨基酚半抗原，再利用NHS活泼酯法偶联KLH以获得免疫原。王晓敏等[34] 将酮洛芬与BSA偶联制得免疫原。郭杰标等[35] 以活泼酯法将萘普生连接BSA制备免疫抗原。熊艳华等[36] 通过活泼酯法制备了以BSA为载体的免疫原卡洛芬-BSA。Lin等[37] 通过碳二亚胺（EDC）法将氟尼辛葡甲胺与载体蛋白偶联制得氟尼辛葡甲胺免疫原。Chen等[38] 以5-羟基氟尼辛与BSA偶联制备免疫原。Na等[39] 采用活泼酯法将卡洛芬与载体蛋白BSA和OVA偶联，分别作为免疫原和包被原。

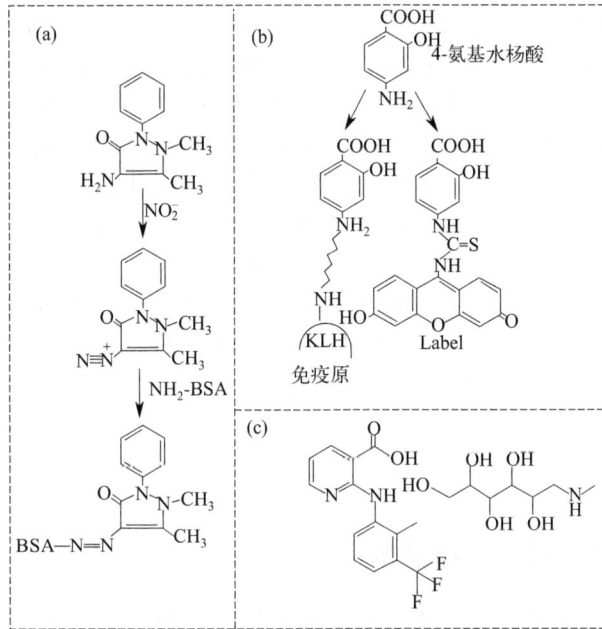

图25-3 NSAIDs免疫原
（a）安替比林半抗原偶联牛血清白蛋白；（b）4-氨基水杨酸偶联钥孔血蓝蛋白；（c）氟尼辛与葡甲胺复方盐

25.6.2.2 抗体制备

针对非甾体抗炎药的抗体主要分为两种：单克隆抗体和多克隆抗体。Takatori等[29] 将免疫原免疫白兔，制备了针对安替比林的兔多克隆抗体。Bennett等[30] 将免疫原免疫绵羊，制备了针对水杨酸的羊多克隆抗体。Brady等[31] 将免疫原免疫新西兰白兔，制备了针对氟尼辛的兔多克隆抗体。Abuknesha等[33] 将免疫原免疫绵羊，制备了针对对乙酰氨基酚的羊多克隆抗体。贺莉等[32] 和王晓敏等[34] 分别将免疫原免疫新西兰白兔，制备了针对吲哚美辛和酮洛芬的兔多克隆抗体。熊艳华等[36] 和Na等[39] 分别将卡洛芬免疫原免疫Balb/c小鼠，利用杂交瘤技术制备了针对卡洛芬的单克隆抗体。

25.6.2.3 免疫分析技术

免疫分析方法的优点是操作简单，检测快速，一些生物样品如牛奶等可以直接测定。大部分针对非甾体类抗炎药的免疫分析技术是基于酶联免疫吸附方法（ELISA）。Brady等[31] 利用兔多抗建立了氟尼辛ELISA微量试条。该方法无须样品前处理，在尿液中的检测限为25ng/mL。贺莉等[32] 利用多克隆抗体建立的ELISA半抑制浓度（IC_{50}）值为0.09ng/mL，LOD为0.005～0.01ng/mL。Abuknesha等[33] 将羊多克隆抗体偶联辣根过氧化物酶

（HRP）以建立直接测定血清中对乙酰氨基酚的免疫分析方法。该方法 LOD 为 $0.2\mu g/mL$，动态范围为 $0.2\sim10\mu g/mL$。王晓敏等[34] 建立了测定酮洛芬的间接竞争 ELISA（ic-ELISA），该方法线性范围为 $0.010\sim10.0ng/mL$，LOD 为 $0.0040ng/mL$，与布洛芬、双氯酚酸的交叉反应率均小于 4%。郭杰标等[35] 经过条件优化建立萘普生竞争抑制 ELISA。该方法 IC_{50} 值为 $23.0ng/mL$，LOD 为 $3.1ng/mL$，在保健酒中萘普生加标回收率为 $87.3\%\sim102.1\%$，变异系数小于 8.9%，与吲哚美辛、舒林酸、布洛芬、萘普生、双氯芬酸、阿司匹林、美洛昔康、酮布芬等 8 种相关药物交叉反应率都小于 0.05%。熊艳华等[36] 制备的卡洛芬单克隆抗体 51C3 的灵敏度为 $0.32ng/mL$，IC_{50} 为 $0.882ng/mL$，与布洛芬、酮洛芬、萘普生、非诺洛芬、吲哚洛芬、芬布芬的交叉反应率均小于 0.04%。且猪肉样品中卡洛芬的添加回收率在 $81.4\%\sim104.4\%$ 之间，变异系数在 $16.3\%\sim25.8\%$ 之间。Lin 等[37] 制备了一种灵敏的抗氟尼辛葡甲胺鼠单克隆抗体 2H4，并用于建立 ic-ELISA 和免疫色谱试纸条试验，用于检测牛奶中的氟尼辛葡甲胺。该抗体 IC_{50} 值 $0.29ng/mL$，检出限为 $0.432ng/mL$，线性范围为 $0.08664\sim0.97226ng/mL$。利用该抗体建立的免疫色谱试纸条法截断值为 $0.29ng/mL$，适用于牛奶中氟尼辛葡甲胺的检测。

Chen 等[38] 制备的多克隆抗体对氟尼辛的 IC_{50} 为 $1.43ng/mL$，对 5-羟基氟尼辛的 IC_{50} 为 $0.29ng/mL$。牛肉中氟尼辛的检出限为 $2.98\mu g/kg$，牛奶中 5-羟基氟尼辛的检出限为 $0.78\mu g/L$。在加标和回收试验中，平均回收率为 $83\%\sim105\%$，变异系数为 $5.8\%\sim11.3\%$。该方法适用于氟尼辛和 5-羟基氟尼辛的残留分析。Na 等[39] 研制了一种快速筛查牛肌肉中卡洛芬的免疫色谱试纸条。该试纸条肉眼目测截断值为 $12.5ng/g$，试条阅读器扫描测得 IC_{50} 值为 $1.743ng/g$，LOD 为 $0.283ng/g$。

25.6.3　其他分析技术

人们对开发具有高特异性和灵敏度的便携式、快速和灵敏的设备非常感兴趣。由于抗原-抗体间高亲和力而表现出高度的特异性和较低的检测限，抗体生物传感器自 20 世纪 50 年代被发现以来得到了越来越广泛的应用。Tertis 等[40] 首次报道了一种针对对乙酰氨基酚的无标记免疫传感器。该团队将 NHS 修饰后的氧化石墨烯沉积在石墨基丝网印刷电极上，使其具有较高的活性表面和羧基密度以便固定抗体。该传感器在实际样品中的检测限为 $0.17\mu mol/L$（$S/N=3$）。电化学技术是一种灵敏度高、简单、廉价的检测技术，且易于开发出便携式设备。Shi 等[41] 利用抗原-抗体的亲和反应制备了对乙酰氨基酚的电化学传感器。该传感器无须标记，采用方波伏安法在几分钟即可测定样品，检测限为 $10pmol/L$。

参考文献

[1] Wongrakpanich S，Wongrakpanich A，Melhado K，et al. A comprehensive review of non-

steroidal anti-inflammatory drug use in the elderly [J]. Aging and Disease, 2018, 9（1）: 143-150.

[2] CFR. Code of federal regulations part 556-tolerances for residues of new animal drugs in food [S].2011.

[3] E. Commission. Commission Regulation（EU）No. 37/2010 of 22 December 2009 on pharmacologically active substances and their classification regarding maximum residue limits in foodstuffs of animal origin[S]. 2010: 1-72.

[4] 中华人民共和国农业农村部公告第 365 号[S].2020.

[5] 中华人民共和国农业部公告第 2543 号[S].2017.

[6] 中华人民共和国农业农村部. 食品安全国家标准　食品中兽药最大残留限量：GB 31650—2019 [S].2019.

[7] Igualada C，Moragues F，Pitarch J. Rapid method for the determination of non-steroidal anti-inflammatory drugs in animal tissue by liquid chromatography-mass spectrometry with ion-trap detector[J]. Anal Chim Acta, 2007, 586（1/2）: 432-439.

[8] Jedziniak P，Szprengier-Juszkiewicz T，Olejnik M，et al. Determination of non-steroidal anti-inflammatory drugs residues in animal muscles by liquid chromatography-tandem mass spectrometry[J]. Anal Chim Acta, 2010, 672（1/2）: 85-92.

[9] Chrusch J，Lee S，Fedeniuk R，et al. Determination of the performance characteristics of a new multi-residue method for non-steroidal anti-inflammatory drugs, corticosteroids and anabolic steroids in food animal tissues[J]. Food Addit Contam Part A Chem Anal Control Expo Risk Assess, 2008; 25（12）: 1482-1496.

[10] Gentili A，Caretti F，Bellante S，et al. Development and validation of two multiresidue liquid chromatography tandem mass spectrometry methods based on a versatile extraction procedure for isolating non-steroidal anti-inflammatory drugs from bovine milk and muscle tissue[J].Anal Bioanal Chem, 2012, 404（5）: 1375-1388.

[11] Hu T，Peng T，Li X J，et al. Simultaneous determination of thirty non-steroidal anti-inflammatory drug residues in swine muscle by ultra-high-performance liquid chromatography with tandem mass spectrometry[J]. J Chromatogr A, 2012, 1219: 104-113.

[12] van Pamel E，Daeseleire E. A multiresidue liquid chromatographic/tandem mass spectrometric method for the detection and quantitation of 15 nonsteroidal anti-inflammatory drugs （NSAIDs）in bovine meat and milk[J]. Anal Bioanal Chem, 2015, 407（15）: 4485-4494.

[13] Dubreil-Chéneau E，Pirotais Y，Bessiral M，et al. Development and validation of a confirmatory method for the determination of 12 non steroidal anti-inflammatory drugs in milk using liquid chromatography-tandem mass spectrometry [J]. J Chromatogr A, 2011, 1218（37）: 6292-6301.

[14] Jedziniak P，Szprengier-Juszkiewicz T，Pietruk K，et al. Determination of non-steroidal anti-inflammatory drugs and their metabolites in milk by liquid chromatography-tandem mass spectrometry[J]. Anal Bioanal Chem, 2012, 403（10）: 2955-2963.

[15] Dowling G，Malone E，Harbison T，et al. Analytical strategy for the determination of non-steroidal anti-inflammatory drugs in plasma and improved analytical strategy for the determination of authorized and non-authorized non-steroidal anti-inflammatory drugs in milk by LC-MS/MS [J]. Food Addit Contam Part A Chem Anal Control Expo Risk Assess, 2010, 27（7）: 962-982.

[16] Dowling G，Gallo P，Malone E，et al. Rapid confirmatory analysis of non-steroidal anti-inflammatory drugs in bovine milk by rapid resolution liquid chromatography tandem mass spectrometry[J]. J Chromatogr A, 2009, 1216（46）: 8117-8131.

[17] Gallo P，Fabbrocino S，Vinci F，et al. Confirmatory identification of sixteen non-steroidal anti-inflammatory drug residues in raw milk by liquid chromatography coupled with ion trap mass spectrometry[J]. Rapid Commun Mass Spectrom, 2008, 22（6）: 841-854.

[18] Malone E M，Dowling G，Elliott C T，et al. Development of a rapid, multi-class method

for the confirmatory analysis of anti-inflammatory drugs in bovine milk using liquid chromatography tandem mass spectrometry[J]. J Chromatography A, 2009, 1216（46）: 8132-8140.

[19] Gowik P, Julicher B, Uhlig S. Multi-residue method for non-steroidal anti-inflammatory drugs in plasma using high-performance liquid chromatography photodiode-array detection-Method description and comprehensive in-house validation[J]. Journal of Chromatography B, 1998, 716（1/2）: 221-232.

[20] 沈金灿, 庞国芳, 谢丽琪, 等. 高效液相色谱法分析牛和猪肌肉组织中残留的安乃近药物的三种代谢物[J]. 色谱, 2007; 25（6）: 844-847.

[21] Gallo P, Fabbrocino S, Dowling G, et al. Confirmatory analysis of non-steroidal anti-inflammatory drugs in bovine milk by high-performance liquid chromatography with fluorescence detection[J].J Chromatogr A, 2010, 1217（17）: 2832-2839.

[22] 康永锋, 邹世文, 段吴平, 等. 超声波-微波辅助提取-高效液相色谱法同时检测羊肉组织中 4 种非甾体抗炎药物残留[J]. 色谱, 2010, 28（11）: 1056-1060.

[23] Peng T, Zhu A L, Zhou Y N, et al. Development of a simple method for simultaneous determination of nine subclasses of non-steroidal anti-inflammatory drugs in milk and dairy products by ultra-performance liquid chromatography with tandem mass spectrometry[J]. Journal of Chromatography B-Analytical Technologies in the Biomedical and Life Sciences, 2013, 933: 15-23.

[24] Chang K C, Lin J S, Cheng C. Online eluent-switching technique coupled anion-exchange liquid chromatography-ion trap tandem mass spectrometry for analysis of non-steroidal anti-inflammatory drugs in pig serum[J]. Journal of Chromatography A, 2015, 1422: 222-229.

[25] Goktas E F, Kabil E, Arioz F. Quantification and validation of nine nonsteroidal anti-inflammatory drugs in equine urine using gas chromatography-mass spectrometry for doping control [J]. Drug Testing and Analysis, 2020, 12（8）: 1065-1077.

[26] Dowling G, Gallo P, Fabbrocino S, et al. Determination of ibuprofen, ketoprofen, diclofenac and phenylbutazone in bovine milk by gas chromatography-tandem mass spectrometry [J]. Food Addit Contam Part A Chem Anal Control Expo Risk Assess, 2008, 25（12）: 1497-1508.

[27] Arroyo D, Ortiz M C, Sarabia L A. Optimization of the derivatization reaction and the solid-phase microextraction conditions using a D-optimal design and three-way calibration in the determination of non-steroidal anti-inflammatory drugs in bovine milk by gas chromatography-mass spectrometry[J]. J Chromatogr A, 2011, 1218（28）: 4487-4497.

[28] Botello I, Borrull F, Calull M, et al. Simultaneous determination of weakly ionizable analytes in urine and plasma samples by transient pseudo-isotachophoresis in capillary zone electrophoresis[J]. Anal Bioanal Chem, 2011, 400: 527-534.

[29] Takatori T, Yamaoka A. Production of anti-antipyrine antibody by immunization with 4-azo-antipyrine-conjugated bovine serum-albumin[J]. Forensic Science, 1978, 12（2）: 151-155.

[30] Bennett A P, Gallacher G, Landon J. The raising and characterization of antibodies to salicylate[J]. Annals of Clinical Biochemistry, 1987, 24: 374-384.

[31] Brady T C, Yang T J, Hyde W G, et al. Detection of flunixin in greyhound urine by a kinetic enzyme-linked immunosorbent assay[J]. Journal of Analytical Toxicology, 1997, 21（3）: 190-196.

[32] 贺莉, 霍松岷, 杨红, 等 酶联免疫吸附分析法测定环境水样中痕量药物吲哚美辛[J]. 化学研究与应用, 2008（08）: 984-987.

[33] Abuknesha R A, Paleodimos M, Jeganathan F. Highly specific, sensitive and rapid enzyme immunoassays for the measurement of acetaminophen in serum[J]. Analytical and Bioanalytical Chemistry, 2011, 401（7）: 2195-2204.

[34] 王晓敏, 庄惠生. 抗酮洛芬多克隆抗体的制备及其间接竞争 ELISA 检测方法的建立[J]. 分析试验室, 2012, 31（05）: 1-5.

[35] 郭杰标，郝卿辰，李杏娉，等．保健酒中萘普生免疫学检测方法的建立[J]．现代食品科技，2013，29（08）：2011-2014+2034.

[36] 熊艳华，高爱中，汪毅．卡洛芬单克隆抗体的制备[J].中国免疫学杂志，2017，33（11）：1673-1677.

[37] Lin L，Jiang W，Xu L G，et al．Development of IC-ELISA and immunochromatographic strip assay for the detection of flunixin meglumine in milk[J]．Food and Agricultural Immunology，2018，29（1）：193-203.

[38] Chen X N，Peng S M，Liu C，et al．Development of an indirect competitive enzyme-linked immunosorbent assay for detecting flunixin and 5-hydroxyflunixin residues in bovine muscle and milk[J]．Food and Agricultural Immunology，2019，30（1）：320-332.

[39] Na G Q，Hu X F，Sun Y N，et al．A novel gold particle-based paper sensor for sensitively detecting carprofen in bovine muscle[J]．Food and Agricultural Immunology，2020，31（1）：463-474.

[40] Tertis M，Hosu O，Fritea L，et al．A novel label-free immunosensor based on activated graphene oxide for acetaminophen detection[J]．Electroanalysis，2015，27（3）：638-647.

[41] Shi S，Reisberg S，Anquetin G，et al．General approach for electrochemical detection of persistent pharmaceutical micropollutants：application to acetaminophen[J]．Biosensors & Bioelectronics，2015，72：205-210.

第 26 章
抗组胺类
药物残留
分析

抗组胺药（antihistaminic）作为组胺的拮抗剂，在变态反应和过敏性休克中起着重要的作用。抗组胺药有广义与狭义之分。广义的抗组胺药是指三种组胺受体（$H_1/H_2/H_3$）的拮抗剂；而狭义的抗组胺药则主要是指组胺 H_1 受体拮抗剂（包括第一代抗组胺药、第二代抗组胺药、第三代抗组胺药）。抗组胺药作用于体内的组胺受体，可以减轻组胺带给机体的效应。为缓解动物异常躁动、化学保定和配合麻醉等，在兽医临床实践中往往给予动物一些抗组胺类药物以预防和减轻应激症状。此外，一些非法养殖户也会在饲料或动物饮用水中添加某些抗组胺类药物，以促进动物生长。由于抗组胺类药物的毒性作用机制尚不完全明确，应按规定严格使用，避免食品安全事故的发生。因此本部分将综述抗组胺类药物的结构与性质、药学机制、毒理学、国内外残留限量要求，以及残留检测的样品前处理、残留分析技术、其他分析技术，以期为全面了解该类药物及对其进行残留检测提供参考。

26.1

结构与性质

组胺（histamine）是速发变态反应过程中由肥大细胞释放出的一种介质[1]，由组氨酸经特异性的组氨酸脱羧酶脱羧产生，广泛分布在哺乳动物的组织中。组胺的结构式如图 26-1(a)。组胺可引起毛细血管扩张及通透性增加、平滑肌痉挛、分泌活动增强等[2]，临床上可导致局部充血、水肿、分泌物增多、支气管和消化道平滑肌收缩，使呼吸阻力增加、腹绞痛，并可引起子宫收缩[3,4]。组胺在山羊和兔的体内含量较高，在马、犬、猫和人体内含量较低[5]。

在机体中，组胺一经释放，必须首先与细胞上的组胺受体或酶原物质结合，才能发挥作用。早期的抗组胺药结构与组胺十分相似，所以研究人员认为，抗组胺药可与组胺竞争细胞上的受体或酶原物质，抑制组胺的结合，从而使其不能正常发挥作用。

抗组胺类药物根据其和组胺竞争的靶细胞受体不同而主要分为组胺 H_1 受体拮抗剂和组胺 H_2 受体拮抗剂两大类[6]，前者在兽医临床上较常用，代表药物有苯海拉明、异丙嗪、氯苯那敏和阿司咪唑，这类药物普遍具有较强的中枢抑制作用，大剂量注射可能会出现中毒症状，以中枢神经过度兴奋为主[7]。后者在兽医临床上较少见，代表药物有西咪替丁和雷尼替丁[8]。目前也有关于组胺 H_3 受体拮抗剂和组胺 H_4 受体拮抗剂的有关报道，但目前都处于实验阶段，尚未进入临床，因此在兽医临床上的意义尚待研究。

H_1 受体拮抗剂大多数具有组胺的乙基胺结构[图 26-1(b)]，因此 H_1 类抗组胺药大多为该共同结构式的取代物，可以认为该结构是 H_1 受体拮抗剂与组胺竞争 H_1 受体所必需的化学构型。乙基胺与组胺的侧链相似，对 H_1 受体有较强的亲和力，但在体内没有内在活性，所以能产生竞争性阻断作用。其中的 Ar^1 和 Ar^2 基团带有苯环或者杂环，X 则可由氧、碳、氮三种元素组成：若 X 为氧原子，称为氨基乙醇类；X 为氮原子，称为乙二胺类；X 为碳原子，称为烷基胺类。本类药物能选择性对抗或减弱组胺扩张血管、收缩胃肠及支气管平滑肌的作用，也适用于治疗皮肤黏膜的过敏性疾病，同时还可以加强麻醉药和镇静药的作用。

图 26-1　组胺的结构式（a）及抗组胺（H_1）药物的结构式（b）

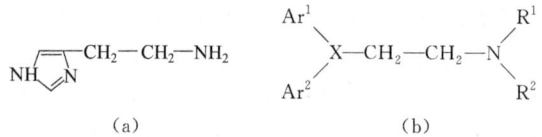

不同于 H_1 受体拮抗剂，H_2 受体拮抗剂在结构上保留了组胺的咪唑环，侧链上变化大。在 H_1 受体的辅助下，H_2 受体拮抗剂对基础胃酸和食物诱导的胃酸分泌都有比较强的抑制作用。因此在兽医临床上也常用于治疗胃炎、十二指肠溃疡、应激和药物引起的糜烂性胃炎。

26.2

药学机制（抗菌机制）

不同于抗生素的抗菌作用，抗组胺类药物的作用机制主要在于拮抗组胺，从而缓解组胺释放带给机体的一系列反应。

26.3

毒理学

第一代抗组胺类药物与镇静、精神运动功能下降、抗胆碱能副作用有关，其他常用剂量的第二代药物未观察到有关的不良反应。曾报道高剂量的第二代药物特非那定和阿司咪唑可延长心脏 Q-T 间期并产生尖端扭转型室性心动过速，会导致心律失常。残留的氯丙嗪、异丙嗪和部分具有原药活性的代谢物能引起白细胞减少和粒细胞缺乏症，从而引起人体肝脏、肾脏的病变，还会引起眼部并发症等[1]。

目前 FDA 以及 Micromedex 均对异丙嗪出示黑框警告，且具有大量文献结果表明异丙嗪用于 2 岁以下儿童会出现致死性的呼吸抑制。

因此抗组胺类药物常见的毒副作用主要包括但不限于抑制呼吸、昏睡（常见于第一代抗组胺药物）、头疼、失眠、肠胃不适及死亡。如果是外用药物，其副作用主要是皮肤对抗组胺药物产生过敏反应。

26.4

国内外残留限量要求

根据中华人民共和国农业部公告第 176 号规定，为加强饲料、兽药和人用药品管理，禁止在饲料和动物饮用水中使用盐酸异丙嗪，在动物源性食品中禁止检出。异丙嗪属于吩噻嗪类抗组胺药，欧盟禁止在动物养殖生产中添加吩噻嗪类药物。

26.5

样品处理方法

26.5.1 样品类型

样品类型主要包括动物的组织器官、动物饮用水和动物饲料。

26.5.2 样品制备与提取

抗组胺类药物的特点为极性均较弱，极性范围较宽。因此在抗组胺类药物残留分析中，甲醇、乙腈、乙酸乙酯等有机溶剂常用作提取剂，这些溶剂的溶剂化作用和渗透能力都比较强，提取过程用时短，且兼具脱蛋白质和脱脂等优点。

于快速残留检测免疫分析技术而言，提取液无须进一步净化，常用的技术为将提取剂和样品进行匀浆提取、振荡提取或者超声波提取等。很多科研工作者为了更好地提高提取效率，也会综合多个提取技术。对于动物组织中的残留检测，提取之前都会将组织样品切碎或匀浆。Shi 等用乙腈和盐酸提取均质的肉类样品，振荡仪辅助提取 5min，正己烷重复提取一次，获得的上清液在 50℃水浴锅中干燥，用 1mL PBS 溶解干燥后的提取液，最后用 0.22mm 膜过滤用于 ELISA 分析，经 ELISA 方法验证添加回收率为 80.2%～96.5%。动物饲料中抗组胺类药物的提取：Shi 等将 10mL 甲醇-0.1mol 盐酸（9∶1，体积比）加入到 1g 粉碎的动物饲料样品中，振动提取 5min 后，离心取上清液用 PBS 稀释 10 倍。用 0.22mm 膜过滤稀释后的上清液，之后用于 ELISA 分析，经 ELISA 方法验证添加回收率为 74.1%～94.5%，与 HPLC 验证结果表现出良好的相关性。

齐士林等[9]建立了猪肉样品中氯丙嗪、异丙嗪及其代谢物（氯丙嗪亚砜和异丙嗪亚砜）的超高效液相色谱-质谱检测方法，样品用乙酸乙酯和氢氧化钠溶液提取，经 UPLC

验证，回收率均为 76% 以上。

王京等[10] 对畜禽产品中的 19 种抗组胺类药物进行检测，用乙酸乙酯-乙腈（20：80）作为提取液，匀浆后辅以超声提取 10min，超高效液相色谱-串联质谱技术进行检测，所有药物的回收率均为 75.1% 以上。

王可等[11] 建立了畜禽产品中异丙嗪和氯丙嗪的检测方法，以乙腈作为提取剂，辅以超声提取，取上清液用 0.03g PSA 和 0.10g 无水硫酸镁（$MgSO_4$）进行净化，充分混合后离心、氮吹，最后用乙腈复溶，供 HPLC-MS/MS 检测，异丙嗪和氯丙嗪的回收率分别为 88.1% 和 78.7%。

李志刚等[12] 用酸化乙腈作为提取剂来提取畜肉及内脏中的异丙嗪，经高效液相色谱-串联质谱测定，异丙嗪得到了比较高的提取效率，其回收率在 85% 以上。

Cheng 等[13] 用 25% 氢氧化铵-乙酸乙酯-氯仿（2：17：2，体积比）提取羊肝中的地西泮、氯丙嗪和异丙嗪，经超高效液相色谱-串联质谱测定，三种药物的回收率均高于 90%，表现出了良好的提取效率。

26.5.3　样品净化方法

目标分析物在提取液中的浓度较低，且提取液中的很多共萃取物质进入检测系统会影响色谱分离，从而降低分析方法的灵敏度。因此为了提高检测方法的灵敏度，有效去除提取液中的干扰组分，提取液的进一步净化是必不可少的。净化处理方法主要包括液-液萃取（LLE）和固相萃取（SPE）两大类。

26.5.3.1　液-液萃取

液-液萃取技术是早期残留检测应用非常普遍的净化方法，是用溶剂分离和提取液体混合物中组分的过程。液-液萃取操作简便、用时少，适合样品大批量初筛时使用。黄玲利等建立了猪肾脏中氯丙嗪和异丙嗪残留量检测的高效液相色谱法。采用乙腈为提取液，提取液的净化用酸化乙腈和正己烷，氮气吹干后用甲醇溶解进行下一步的检测分析。

26.5.3.2　固相萃取

最近几十年来，SPE 柱生产技术的提高及产品品种的多元化，为样品中抗组胺类药物的痕量检测提供了更为简便的样品净化方法。分散固相萃取技术是目前实验室开展药物残留检测工作的主流预处理手段，它兼顾了净化效果和效率。AOAC 法和 CEN 法等国际方法中主要用的吸附剂有 PSA、石墨化炭黑（graphitized carbon black，GCB）、十八烷基键合硅胶（C_{18}）、中性氧化铝（Al-N）等。其中 PSA 和 Al-N 主要吸附极性杂质；GCB 主要吸附色素，同时会对平面结构的化合物存在共吸附；C_{18} 主要吸附脂类和糖类物质，但是因针对性较差也导致一些亲脂类化合物回收率偏低。EMR-Lipid 技术是一种基于空间位阻原理的特殊聚合物基质 EMR 的净化手段，专门吸附脂质中 C_5 及以上的碳链，对脂质具有非常强的选择吸附性。

王京等[10] 对动物源性食品中的 19 种抗组胺类药物进行检测，用乙酸乙酯-乙腈（20：80）作为提取液，提取液经空间位阻净化吸附剂 EMR 净化，再经无水硫酸镁和氯化钠盐析并浓缩。之后用超高效液相色谱-串联质谱技术进行检测，所有药物的回收率为75.1%~89.1%。在他们的另一篇文章中，依然用乙酸乙酯-乙腈作为提取液检测畜禽产品中的 19 种抗组胺类药物，提取液经增强型脂质去除剂（EMR）结合经氧化修饰的多壁碳纳米管（MWCNT）净化，经 UPLC-Q-TOF/MS 检测验证，所有药物的回收率均为78%以上，其回收率比单纯用 EMR 净化稍有提高。

王可等[11] 比较了固相萃取柱和分散固相萃取剂净化对异丙嗪和氯丙嗪回收率的影响。采用 PLS、C_{18}、MCX 固相萃取柱净化时，异丙嗪和氯丙嗪的回收率较低，为32.9%~64.4%；使用分散固相萃取剂 PSA 与无水 $MgSO_4$ 进行净化时，异丙嗪和氯丙嗪的回收率分别为 88.1% 和 78.7%，回收率较好。进一步对 PSA 与无水 $MgSO_4$ 的用量进行优化，最终选择采用 0.03g PSA 与 0.1g 无水 $MgSO_4$ 进行净化。

李志刚等[12] 的研究选取 HLB、C_{18}、MCX、PEP 四种 SPE 净化柱进行比对，发现由亲脂性二乙烯苯和亲水性 N-乙烯基吡咯烷酮填料组成的 HLB 固相萃取柱相较于其他固相萃取柱在稳定性，净化效果，以及蛋白、脂肪等杂质的去除方面都有很大优势，对比 $2\mu g/kg$ 添加量目标化合物的回收率结果，HLB 柱优于 C_{18} 柱、MCX 柱及 PEP 柱。故选取 HLB 柱作为净化小柱来进行提取液的进一步净化。

Liu 等[14] 以 Fe_3O_4 纳米颗粒为磁芯，用 1,3,5-三甲酰苯（Tb）和联苯胺（Bd）合成了 Fe_3O_4@TbBd，之后在此基础上合成了复合材料 Fe_3O_4@TbBd@ZIF-8。该复合材料被用作猪肉样品中典型动物镇静剂的磁性固相萃取吸附剂。系统考察了吸附剂用量、pH 值、吸附时间、洗脱溶剂、解吸时间、离子强度等重要吸附参数，结果表明该吸附剂成功地应用于猪肉样品中镇静剂的吸附和检测。回收率在 72.88%~93.16% 之间，证明了该方法的实用性。

26.6

残留分析技术

目前关于畜禽产品中多种抗组胺类药物的检测比较少，相关文献主要是检测部分药物如氯丙嗪、异丙嗪及代谢物。

26.6.1　仪器测定方法

在抗组胺类药物残留的检测方法中，目前较为常用的有高效液相色谱法（HPLC）、液相色谱-质谱法（LC-MS），也有一些方法比如毛细管电泳法等曾经有过研究，但由于方法或设备的局限，目前关于该方面的研究没有进一步应用。综合文献资料来看，LC-MS/MS 因具有高通量和高灵敏度的特点，分析时间短，可信度高，尤其是对复杂基质样品中痕量物质的残留检测有着明显优势，因此对其进行的研究较广泛。

26.6.1.1 色谱法

HPLC 作为色谱法的一个重要分支，已成为很多领域（如化学、生物学、医学和法定检验等）进行分离鉴定的重要分析技术。HPLC 以液体为流动相，采用高压输液系统。向装有固定相的色谱柱中输入具有不同极性的单一溶剂或不同比例的混合溶剂，各组分会在柱内进行分离后进入检测器进行检测，从而实现对试样的分析。

范盛先等[15] 建立了猪肾脏中氯丙嗪和异丙嗪残留量检测的高效液相色谱检测方法，色谱柱为 Hypersil ODS-2，用乙腈-超纯水-乙酸铵作为流动相，检测波长为 254nm，内标法定量。结果表明，氯丙嗪和异丙嗪在猪肾脏中的最低检测限均为 $10\mu g/kg$，两种药物的回收率分别为 83％和 84％。

26.6.1.2 质谱法

随着分析仪器的现代化、定性分析和定量分析技术的进一步发展，液相色谱-质谱法在兽药残留分析研究中得到了广泛的应用。将两种或两种以上方法结合起来的技术称为联用技术，常用的联用技术主要有气相色谱-质谱（GC-MS）、液相色谱-质谱（LC-MS）、气相色谱-傅里叶变换红外光谱（GC-FTIR）以及色谱-色谱等。两种结合特别是联用仪器可以集高效分离和结构鉴定为一体，提供大量有机合成中间体、药物代谢物、基因工程产品等的分析结果，为生产和科研提供了许多有价值的数据，解决了许多在此之前难以解决的问题。

HPLC-MS 集高效分离和多组分定性、定量于一体，以 HPLC 作为分离系统，MS 作为检测系统。待测样品在 MS 部分和流动相分离，经离子化步骤后，再由 MS 的质量分析器将离子碎片按质量数分开，经检测器得到质谱图。HPLC-MS 是色谱分离系统和质谱检测优势上的互补，高分离性加上高选择性使得它在药物分析、食品分析和环境分析等许多领域得到了广泛的应用。

饲料样品是造成抗组胺类药物在动物体内残留的主要源头，饲料中该类物质简便、灵敏的分析方法可有效监测抗组胺类药物的使用情况，做到及时预警。索德成等[16] 建立了同时检测饲料中 7 种精神类药物（硝西泮、奥沙西泮、氯丙嗪、异丙嗪、地西泮、奋乃静、硫利达嗪）的色谱-串联质谱检测方法，采用乙腈-水（9：1，体积比）作为提取剂，选用了 WCX（弱阳离子交换柱）进行净化，色谱条件为 Thermo Hypersil GOLD C_{18} 色谱柱，质谱采用电子喷雾离子源，采用 SRM 模式进行定性与定量分析。7 种精神类药物在饲料中的回收为 53.9％～110.2％，相对标准偏差为 3.4％～18.4％，其中异丙嗪的检出限为 1.0ng/g。

齐士林等[9] 建立了猪肉样品中氯丙嗪、异丙嗪及其代谢物（氯丙嗪亚砜和异丙嗪亚砜）的超高效液相色谱-质谱检测方法，样品用乙酸乙酯和氢氧化钠溶液提取，Oasis HLB 柱富集净化，采用多反应监测正离子模式，检测结果显示异丙嗪的检测限为 $1.5\mu g/kg$，满足检测要求。

王可等[11] 以超声辅助提取，分散固相萃取净化，建立高效液相色谱-串联质谱对禽蛋中异丙嗪和氯丙嗪同时检测的方法。色谱柱为 ZORBAX Eclipse XDB-C_{18}，流动相为 0.1％的甲醇水溶液-乙腈（36：65，体积比），质谱条件采用电喷雾电离（ESI）源正离子模式，异丙嗪和氯丙嗪的检出限分别为 $0.05\mu g/kg$ 和 $0.10\mu g/kg$，在 $10.0\mu g/kg$、

20.0μg/kg 和 100.0μg/kg 的加标水平下，回收率为 80.2%～102.0%。

李志刚等[12] 建立了解冻猪肉及内脏中异丙嗪检测的高效液相色谱-串联质谱法，异丙嗪为弱极性化合物，在 C_{18} 柱上有较好的保留，且相对于 C_8 色谱柱，C_{18} 柱对弱极性化合物中极性更强的一类化合物有更好的保留分离效果。异丙嗪含有氨基，容易失去 H^+ 得到 $[M+H]^+$ 型分子离子峰，因此选取 ESI^+ 模式检测，乙腈-甲酸溶液（0.1%）作为流动相可以得到较好的目标物分离度及峰形。结果表明：本方法在 0.5～50ng/mL 范围内线性关系良好，线性相关系数大于 0.999，检出限和定量限分别为 0.1μg/kg 和 0.3μg/kg，基质添加回收范围在 85.7%～102.0% 之间。

梁玉禧等[17] 建立了在猪肉产品中检测违禁添加物异丙嗪和氯丙嗪的液质联用法，用 1:1 乙腈水溶液提取，提取液经 Oasis HLB 固相萃取小柱净化，在正离子模式下进行检测，结果显示，异丙嗪在 1.0～100ng/mL 时线性关系良好，线性相关系数为 0.996，LOD 为 0.03ng/g；氯丙嗪在 1.0～100ng/mL 有较好的线性关系，线性相关系数达 0.999，LOD 为 0.006ng/g。

王京等[18] 利用超高效液相色谱-四极杆飞行时间质谱仪建立了快速测定畜禽产品中 19 种抗组胺类药物的残留检测方法，该方法选取了 0.1% 甲酸水-0.1% 甲酸乙腈作为流动相进行梯度洗脱，使用 EclipsePlus-C_{18} 色谱柱，以 Q-TOF/MS 电喷雾正离子模式分析检测。不同的是，为了确证分析结果，该方法采用了先在全扫描模式下采集一级质谱数据，以待测物的准分子离子峰的峰面积定量，以保留时间、精确质量数、同位素丰度比等特征信息定性，然后在 Target MS/MS 模式下靶向采集二级质谱数据，通过特征碎片离子的精确质量数等信息进一步确证。在牛肉、鸡肉和猪肝中的加标回收率为 78.2%～105.3%，相对标准偏差（RSD）为 3.2%～8.2%，LOD 为 0.5～2.0μg/kg。在另一篇关于空间位阻净化-超高液相色谱-串联质谱技术的研究中[10]，以 0.1% 甲酸和 0.1% 甲酸-乙腈作为流动相进行梯度洗脱，在 Poroshell 120 EC-C_{18} 色谱柱上分离，柱温 35℃，流速 0.3mL/min，进样量 10μL，在电喷雾正离子模式下以动态多反应监测采集数据，外标法定量。结果显示 19 种抗组胺类药物及其代谢物在牛肉、鸡肉和猪肝中的添加回收率为 75.1%～89.1%，相对标准偏差为 2.3%～7.1%，方法检出限为 0.2～2.0μg/kg，适用于动物源性食品中 19 种抗组胺类药物及其代谢物的快速筛查和定量检测。

Cheng 等[13] 用超高效液相色谱-串联质谱法测定羊肝中地西泮、氯丙嗪和异丙嗪的残留，建立了一种简便、灵敏的同时测定羔羊肝中三种药物含量的方法。肝脏样品用氢氧化铵-乙酸乙酯-氯仿（2:17:2，体积比）提取，用氧化铝进行清洗。采用超高效液相色谱（UPLC）-电喷雾电离串联质谱（ESI/MS/MS）在多反应监测模式下对目标化合物进行定量分析。在 0.5～5μg/kg 的强化水平下，羔羊肝脏中所有药物的回收率为 94.84%～99.52%。三种药物的检出限和定量限分别为 0.05～0.16μg/kg 和 0.15～0.50μg/kg。

26.6.1.3 其他方法

毛细管电泳法（CE）是指在内径小于 100μm，长度一般在 30～100cm 的弹性石英毛细管柱两端加超高电压，以高压直流电场驱使溶液中的水合阳离子向负极方向移动，依据样品中不同组分浓度和分配行为差异而实现分离的分离分析方法。

辛慧君等[19] 用高效毛细管区带电泳柱端安培法检测了尿液中的抗组胺药物异丙嗪，

在优化的缓冲液浓度、pH 值下，异丙嗪的线性范围为 $1\times10^{-7}\sim1\times10^{-4}\,mol/L$，检测限为 $3.5\times10^{-8}\,mol/L$。

氯丙嗪是中枢神经类药物，异丙嗪是抗组胺类药物，它们的结构相近，一般实验中也会建立同时检测这两种药物的方法。比如杨晓云等[20] 就建立了同时检测这两种药物的毛细管电泳安培法，可分别检测氯丙嗪和异丙嗪。

王立世等[21] 采用自制的毛细管电泳扫描伏安电化学检测装置，同时分离检测了肾上腺素、异丙嗪和氯丙嗪，由于不同物质的伏安特性曲线有差异，因此可以作为一种鉴别的依据，这样较恒电位安培检测中单纯以保留时间来确定待测物更科学，本方法中 3 种物质在 $10\mu mol/L\sim5.0\,mmol/L$ 的范围内，线性回归系数不低于 0.997，检出限范围为 $1.0\sim5.0\mu mol/L$。

26.6.2 免疫测定方法

26.6.2.1 半抗原设计

因盐酸异丙嗪在兽医临床上的广泛使用，目前已知的文献报道中半抗原设计主要与盐酸异丙嗪相关，且因为盐酸异丙嗪在化学结构上属于吩噻嗪类药物，所以很多该部分的半抗原设计会和吩噻嗪类药物的半抗原设计有部分交叉。

吩噻嗪类药物（phenothiazine，PZ）由吩噻嗪环衍生得到，目前文献报道制备得到的广谱性抗体在很大程度上都保留了吩噻嗪类药物的母核结构吩噻嗪环。一些研究人员通过吩噻嗪环和 2-氯吩噻嗪（ChPZ）制备出可以识别 5 种吩噻嗪的广谱识别抗体。但半抗原合成过程相对复杂，反应时间长且反应步骤繁多。也有文献报道以 APZ 来设计半抗原结构，合成的半抗原衍生物 APZ-CMO，在保留吩噻嗪类药物母核结构的同时，还可以减免乙酰丙嗪特有结构的影响，利于 APZ-CMO 与蛋白质偶联后免疫动物，成功制备出能够识别 9 种吩噻嗪类药物的广谱性抗体。已报道的半抗原结构见表 26-1。

表 26-1　已报道的半抗原结构

半抗原结构	连接载体蛋白	抗体类型	异丙嗪 IC_{50}	检测方法	文献
	BSA	mAb	0.33ng/mL	ic-ELISA	[22]
	HSA	mAb	1.3ng/mL	ic-ELISA	[23]
	HSA	mAb	10.2μg/L	ic-ELISA	[24]

26.6.2.2 抗体制备

抗体制备一般包括多克隆抗体制备和单克隆抗体制备。多克隆抗体的制备过程一般是通过将小分子兽药半抗原与载体蛋白进行连接，形成半抗原-蛋白复合物后免疫兔等动物，获得被免疫动物的血清。通过这种方式获得的多抗具有抗体来源不稳定、均一性较差、批间差异较大的缺点，但是其优势也非常突出，即制备技术成熟、制备过程较为简单且免疫分析效果良好。

单克隆抗体技术自1975年创立以来，已被广泛应用于免疫学各个方面，尤其是小分子免疫分析技术。相比于多克隆抗体，单克隆抗体的制备过程更为复杂、对技术操作要求较高，但是其特异性高、交叉反应率小、批间差异小且可大批量生产，目前已成为兽药残留免疫分析技术的主要发展趋势。目前针对异丙嗪检测的抗体大多来自于针对吩噻嗪类药物的广谱性抗体。

Liu 等[22] 将吩噻嗪半抗原与 BSA 蛋白连接制备免疫原，通过间接酶联免疫分析检测血清抗体滴度，经过7次免疫制备得到了能识别5种吩噻嗪类药物的广谱性抗体，其中针对盐酸异丙嗪标准曲线的 IC_{50} 为 0.33ng/mL。

Shi 等[23] 研究人员以 2-氯吩噻嗪（ChPZ）作为半抗原制备单克隆抗体，制备了对盐酸异丙嗪具有较强交叉反应率的3株广谱性吩噻嗪类抗体，且这3株抗体对 PTZ 的 IC_{50} 为 1.3～2.2ng/mL，对 PTZ 的交叉反应率为 78%～92%。

Wang 等[24] 以 APZ 作为半抗原用于生产广谱性单克隆抗体，以两种免疫剂量（100μg 和 50μg）免疫小鼠，但是这两种免疫剂量获得的血清效价均在 1∶2000～1∶4000 之间，差别不明显。制备得到的广谱性抗体对异丙嗪的 IC_{50} 为 10.2μg/L，交叉反应率为 15.4%。

26.6.2.3 免疫分析技术

免疫分析技术是建立在抗原抗体特异性结合基础上的分析手段，具有高度的选择性和灵敏度，可以简化分析过程，适合在复杂基质中对待测样品进行痕量分析。目前文献报道的对抗组胺类药物的免疫分析方法主要包括 ELISA、荧光免疫测定、免疫传感器等。

（1）酶联免疫分析技术 酶联免疫吸附分析（ELISA）是将抗原或抗体吸附到固相载体表面，加入待检测的样品溶液以及某种酶标记的抗体或抗原，使其与固相载体上的抗体或抗原反应。通过多次洗涤去除溶液中的游离组分，加入酶反应底物显色，通过底物的显色程度反映样品中的待测物浓度。

Shi 等[23] 建立了检测动物饲料和肉类（鸡肉和猪肉）中吩噻嗪类药物残留的间接竞争 ELISA，探讨了该间接竞争 ELISA 的反应条件和样品前处理方法，并进行了样品添加回收实验。该方法通过棋盘法筛选最佳抗原抗体配对，最终选择 PZ-OA 作为包被原，制备得到的 7C6G 作为配对抗体。标准缓冲液中，PTZ 的 IC_{50} 为 1.3ng/mL，检测限可达 0.6ng/mL。在各种肉类样品介质中，PTZ 的检测限为 0.8ng/g，在动物饲料中，其检测限为 0.1μg/g。在肉类介质添加 PTZ，其回收率为 80.2%～96.5%，变异系数为 6.4%～11.8%。5种吩噻嗪类药物在饲料中的回收率为 74.1%～94.5%，变异系数低于 15.1%。此方法较为简便，在肉类和饲料中的检测结果较为理想，可对大量样品进行快速检测。

随后，该研究团队将制备的单克隆抗体的杂交瘤细胞株单链可变片段（ScFv）基因直接转化大肠杆菌表达[25]。获得的单链抗体对5种吩噻嗪类药物的识别性能与其亲本单克隆抗体相似。利用分子对接技术研究了 5 种药物对单链抗体的分子识别机制，分子对接结果表明，突变体的分析物分子间作用力和总结合能均增加，因此突变体对 5 种药物的敏感性显著提高，IC_{50} 值降低至 1/13。LOD 在 $0.1\sim1.8ng/g$ 之间，加样回收率在 $66.4\%\sim97.2\%$ 之间。

Wang 等[24] 利用所制备的能识别 9 种吩噻嗪类药物的广谱性抗体，建立了在饲料中（猪饲料、鱼饲料）检测 PZ 多残留的间接竞争 ELISA。其前处理方法为：2g 样品以 4mL 甲醇-PBS（2∶8）进行超声振荡提取 5min，然后立即以 8000g/min 离心 5min，取上清液用 PBS 进行稀释，然后进行 ELISA 方法检测。在猪饲料和鱼饲料中的检测限为 $1.1\sim15.3\mu g/kg$，变异系数均小于 16.1%。且作者对添加样品进行了测定，9 种吩噻嗪类药物的添加回收率为 $78.2\%\sim116.6\%$。该方法同时经过 HPLC 检验，检测结果呈正相关，证明了该方法的可靠可用性。但是该方法对 PTZ 的交叉反应率仅为 15.4%，交叉反应率较低，不能较好的对 PTZ 进行检测。

（2）化学发光共振能量转移　Wang 等[26] 建立了基于石墨烯的化学发光共振能量转移免疫分析方法（graphene-based chemiluminescence resonance energy transfer immunoassay，GCRET-IA）检测 4 种吩噻嗪类药物［氯丙嗪（CPZ）、异丙嗪（PTZ）、乙酰丙嗪（APZ）、丙酰丙嗪（PPZ）］。该方法中的供体为抗原结合的 HRP，受体是 PZ 的广谱单克隆抗体与石墨烯组合形成的石墨烯抗体复合物（G-Ab），然后加入高效的鲁米诺-H_2O_2-4-(咪唑-1-基)苯酚化学发光体系激发发光信号。化学光信号与分析物的含量呈正相关，PTZ 的 LOD 为 3.0pg/mL，线性范围为 $0.02\sim20ng/mL$，针对 PTZ 的批间回收率在 $84.7\%\sim93.1\%$ 之间，批内回收率在 $88.9\%\sim94.5\%$ 之间，变异系数在 $5.9\%\sim7.4\%$ 之间。该方法可用于检测猪尿中的 PTZ，用 UPLC 进行验证，相关性良好。

总之，大多数针对 PTZ 的分析技术，基本上都和吩噻嗪类药物的检测分析重叠，单独针对 PTZ 的单克隆抗体目前还没有报道。但是目前已报道的针对多种吩噻嗪类药物残留的研究，大多都能满足 PTZ 的检测要求。免疫分析技术，因具有灵敏度高、特异性强等优点，可满足目前兽药残留检测的需要；而且其对样品前处理的要求简单，非常适用于现场的大量样品快速检测。但是免疫分析方法的稳定性易受到多种因素的影响，容易出现假阳性结果，无法作为一种最终确证方法。但是随着免疫技术的不断进步，免疫分析技术将在动物源性食品残留快速检测领域发挥越来越重要的作用。

参考文献

[1] Parsons M E, Ganellin C R. Histamine and its receptors[J]. British Journal of Pharmacology, 2006, 147（S1）：S127-S135.

[2] Maintz L, Novak N. Histamine and histamine intolerance[J]. The American Journal of Clinical Nutrition, 2007, 85（5）：1185-1196.

[3] Brown R E, Stevens D R, Haas H L .The physiology of brain histamine[J]. Progress in Neu-

robiology, 2001, 63（6）: 637-672.

[4] Jutel M, Akdis M, Akdis C A. Histamine, histamine receptors and their role in immune pathology[J]. Clinical & Experimental Allergy, 2009, 39（12）: 1786-1800.

[5] Johnson Jr H H. Variations in histamine levels in guinea pig skin related to skin region; age （or weight）; and time after death of the animal[J]. Journal of Investigative Dermatology, 1956, 27（3）: 159-163.

[6] Church M K, Church D S .Pharmacology of antihistamines[J]. Indian Journal of Dermatology, 2013, 58（3）: 219-224.

[7] Simons F E R. Advances in H_1-antihistamines[J]. New England Journal of Medicine, 2004, 351（21）: 2203-2217.

[8] Slater J W, Zechnich A D, Haxby D G.Second-generation antihistamines[J]. Drugs, 1999, 57（1）: 31-47.

[9] 齐士林, 吴敏, 严丽娟, 等. 超高效液相色谱-质谱对动物源食品中氯丙嗪、异丙嗪及其代谢物的测定[J]. 分析测试学报, 2009, 28（6）: 677-681.

[10] 王京, 叶佳明, 王潇, 等. 空间位阻净化-超高效液相色谱-串联质谱技术测定动物源性食品中抗组胺类药物残留[J]. 食品科学, 2019, 40（12）: 345-352.

[11] 王可, 曹倩玉, 赵灵芝, 等. 高效液相色谱串联质谱法测定禽蛋中异丙嗪和氯丙嗪[J]. 食品工业, 2020, 41（3）: 299-302.

[12] 李志刚, 李慧晨, 马燕红, 等. 高效液相色谱-串联质谱法检测动物源性食品中异丙嗪[J]. 食品科学, 2019, 40（24）: 320-324.

[13] Cheng L, Shen J, Zhang Q, et al. Simultaneous determination of three tranquillizers in lamb liver by ultra-performance liquid chromatography-tandem mass spectrometry[J]. Food Analytical Methods, 2015, 8（7）: 1876-1882.

[14] Liu J, Li G, Wu D, et al. Facile preparation of magnetic covalent organic framework-metal organic framework composite materials as effective adsorbents for the extraction and determination of sedatives by high-performance liquid chromatography/tandem mass spectrometry in meat samples[J]. Rapid Communications in Mass Spectrometry, 2020, 34（10）: e8742.

[15] 范盛先, 黄玲利, 袁宗辉, 等. 猪肾脏中氯丙嗪和异丙嗪残留检测方法的建立[J]. 中国兽医学报, 2005（4）: 412-413, 416.

[16] 索德成, 赵根龙, 李兰, 等. 液相色谱-串联质谱法同时检测饲料中 7 种精神类药物[J]. 分析化学, 2010, 38（7）: 1023-1026.

[17] 梁玉禧, 李益珍, 郭小敏, 等. 液质联用法测定猪肉产品中违禁添加物氯丙嗪、异丙嗪和万古霉素残留研究[J]. 粮食与饲料工业, 2016（2）: 69-73.

[18] 王京, 叶佳明, 钟世欢, 等. 超高效液相色谱-四极杆飞行时间质谱法快速测定畜禽产品中抗组胺类药物残留[J]. 食品工业科技, 2021, 42（05）: 250-256+264.

[19] 辛慧君, 刘志明, 吴明嘉, 等. 高效毛细管电泳柱端安培检测异丙嗪[J]. 分析化学, 1997（5）: 555-558.

[20] 杨晓云, 王立世, 莫金垣, 等. 毛细管电泳安培法同时检测异丙嗪和氯丙嗪[J]. 分析化学, 1999（8）: 991.

[21] 王立世, 杨晓云, 莫金垣, 等. 毛细管电泳扫描伏安电化学法分离检测肾上腺素、氯丙嗪和异丙嗪[J]. 色谱, 1999（5）: 435-437.

[22] Liu J, Gao B L, Zhang L, et al. Synthesis of novel hapten and production of the generic monoclonal antibody for phenothiazine drugs[J]. Journal of Environmental Science and Health, Part B, 2014, 49（5）: 324-330.

[23] Shi F S, Liu J, Zhang L, et al. Development of an enzyme linked immunosorbent assay for the determination of phenothiazine drugs in meat and animal feeds[J]. Journal of Environmental Science and Health, Part B, 2016, 51（10）: 715-721.

[24] Wang J, Wang Y, Pan Y, et al. Preparation of a generic monoclonal antibody and development of a highly sensitive indirect competitive ELISA for the detection of phenothiazines in animal

feed[J]. Food Chemistry, 2017, 221: 1004-1013.

[25] Shi F S, Zhang L, Xia W Q, et al. Production and evolution of a ScFv antibody for immunoassay of residual phenothiazine drugs in meat based on computational simulation [J]. Analytical Methods, 2017, 9（30）: 4455-4463.

[26] Wang G, Wang G N, Wang J P. A graphene-based chemiluminescence resonance energy transfer immunoassay for detection of phenothiazines in pig urine[J]. Microchemical Journal, 2019, 147: 150-156.

附录
现有公定
方法

（一） 磺胺类药物

序号	标准编号	标准名称
1	GB 29694—2013	食品安全国家标准　动物性食品中13种磺胺类药物多残留的测定　高效液相色谱法
2	GB 29702—2013	食品安全国家标准　水产品中甲氧苄啶残留量的测定　高效液相色谱法
3	GB 31658.17—2021	食品安全国家标准　动物性食品中四环素类、磺胺类和喹诺酮类药物残留量的测定　液相色谱-串联质谱法
4	GB/T 18932.5—2002	蜂蜜中磺胺醋酰、磺胺吡啶、磺胺甲基嘧啶、磺胺甲氧哒嗪、磺胺甲基异噁唑、磺胺二甲氧嘧啶残留量的测定方法　液相色谱法
5	GB/T 18932.17—2003	蜂蜜中16种磺胺残留量的测定方法　液相色谱-串联质谱法
6	GB/T 20759—2006	畜禽肉中十六种磺胺类药物残留量的测定　液相色谱-串联质谱法
7	GB/T 21173—2007	动物源性食品中磺胺类药物残留测定方法　放射受体分析法
8	GB/T 21316—2007	动物源性食品中磺胺类药物残留量的测定　液相色谱-质谱/质谱法
9	GB/T 22943—2008	蜂蜜中三甲氧苄氨嘧啶残留量的测定　液相色谱-串联质谱法
10	GB/T 22947—2008	蜂王浆中十八种磺胺类药物残留量的测定　液相色谱-串联质谱法
11	GB/T 22951—2008	河豚鱼、鳗鱼中十八种磺胺类药物残留量的测定　液相色谱-串联质谱法
12	GB/T 22966—2008	牛奶和奶粉中16种磺胺类药物残留量的测定　液相色谱-串联质谱法
13	SN/T 1765—2006	动物组织中磺胺类抗生素残留量检测方法　放射免疫受体筛选法
14	SN/T 1960—2007	进出口动物源性食品中磺胺类药物残留量的检测方法　酶联免疫吸附法
15	SN/T 2538—2010	进出口动物源性食品中二甲氧苄氨嘧啶、三甲氧苄氨嘧啶和二甲氧甲基苄氨嘧啶残留量的检测方法　液相色谱-质谱/质谱法
16	农业部781号公告-12-2006	牛奶中磺胺类药物残留量的测定　液相色谱-串联质谱法
17	农业部958号公告-12-2007	水产品中磺胺类药物残留量的测定　液相色谱法
18	农业部1025号公告-7-2008	动物性食品中磺胺类药物残留检测　酶联免疫吸附法
19	农业部1025号公告-23-2008	动物源食品中磺胺类药物残留检测　液相色谱-串联质谱法
20	农业部1025号公告-24-2008	动物源食品中磺胺二甲嘧啶残留检测　酶联免疫吸附法
21	农业部1077号公告-1-2008	水产品中17种磺胺类及15种喹诺酮类药物残留量的测定　液相色谱-串联质谱法
22	农业部公告第236号	动物源食品中磺胺二甲嘧啶残留检测方法——高效液相色谱法
23	农牧发〔2001〕38号	动物源食品中磺胺类药物残留检测方法——高效液相色谱法 动物源食品中磺胺对甲氧嘧啶残留检测方法——高效液相色谱法 动物源食品中磺胺二甲嘧啶残留检测方法——高效液相色谱法 动物源食品中磺胺喹噁啉残留检测方法——高效液相色谱法

（二） 喹诺酮类药物

序号	标准编号	标准名称
1	GB 29692—2013	食品安全国家标准　牛奶中氟喹诺酮类药物残留量的测定　高效液相色谱法
2	GB 31656.3—2021	食品安全国家标准　水产品中诺氟沙星、环丙沙星、恩诺沙星、氧氟沙星、噁喹酸、氟甲喹残留量的测定　高效液相色谱法
3	GB 31657.2—2021	食品安全国家标准　蜂产品中喹诺酮类药物多残留的测定　液相色谱-串联质谱法
4	GB 31658.17—2021	食品安全国家标准　动物性食品中四环素类、磺胺类和喹诺酮类药物残留量的测定　液相色谱-串联质谱法
5	GB/T 20366—2006	动物源产品中喹诺酮类残留量的测定　液相色谱-串联质谱法
6	GB/T 20751—2006	鳗鱼及制品中十五种喹诺酮类药物残留量的测定　液相色谱-串联质谱法
7	GB/T 21312—2007	动物源性食品中14种喹诺酮药物残留检测方法　液相色谱-质谱/质谱法
8	GB/T 23198—2008	动物源性食品中噁喹酸残留量的测定
9	SN/T 1751.2—2007	进出口动物源食品中喹诺酮类药物残留量检测方法　第2部分：液相色谱-质谱/质谱法
10	SN/T 1921—2007	进出口动物源性食品中氟甲喹残留量检测方法　液相色谱-质谱/质谱法

序号	标准编号	标准名称
11	SC/T 3028—2006	水产品中噁喹酸残留量的测定　液相色谱法
12	农业部781号公告-6-2006	鸡蛋中氟喹诺酮类药物残留量的测定　高效液相色谱法
13	农业部783号公告-2-2006	水产品中诺氟沙星、盐酸环丙沙星、恩诺沙星残留量的测定　液相色谱法
14	农业部1025号公告-8-2008	动物性食品中氟喹诺酮类药物残留检测　酶联免疫吸附法
15	农业部1025号公告-14-2008	动物性食品中氟喹诺酮类药物残留检测　高效液相色谱法
16	农业部1025号公告-25-2008	动物源食品中恩诺沙星残留检测　酶联免疫吸附法
17	农业部1077号公告-1-2008	水产品中17种磺胺类及15种喹诺酮类药物残留量的测定　液相色谱-串联质谱法
18	农业部1077号公告-7-2008	水产品中恩诺沙星、诺氟沙星和环丙沙星残留的快速筛选测定　胶体金免疫渗滤法
19	农业部公告第236号	动物源食品中恩诺沙星和环丙沙星残留检测方法——高效液相色谱法 动物源食品中噁喹酸和氟甲喹残留检测方法（鸡）——高效液相色谱法 动物源食品中噁喹酸和氟甲喹残留检测方法（鱼）——高效液相色谱法

（三）　喹噁啉类药物

序号	标准编号	标准名称
1	GB/T 20746—2006	牛、猪肝脏和肌肉中卡巴氧、喹乙醇及代谢物残留量的测定　液相色谱-串联质谱法
2	GB/T 20797—2006	肉与肉制品中喹乙醇残留量的测定
3	GB/T 21322—2007	动物源食品中3-甲基喹噁啉-2-羧酸残留的测定　高效液相色谱法
4	SC/T 3019—2004	水产品中喹乙醇残留量的测定　液相色谱法
5	农业部781号公告-3-2006	动物源食品中3-甲基喹噁啉-2-羟酸和喹噁啉-2-羟酸残留量的测定　高效液相色谱法
6	农业部1077号公告-4-2008	水产品中喹烯酮残留量的测定　高效液相色谱法
7	农业部公告第236号	动物源食品卡巴氧标示残留物检测方法——高效液相色谱法

（四）　硝基呋喃类药物

序号	标准编号	标准名称
1	GB 31656.13—2021	食品安全国家标准　水产品中硝基呋喃类代谢物多残留的测定　液相色谱-串联质谱法
2	GB/T 18932.24—2005	蜂蜜中呋喃它酮、呋喃西林、呋喃妥因和呋喃唑酮代谢物残留量的测定方法　液相色谱-串联质谱法
3	GB/T 20752—2006	猪肉、牛肉、鸡肉、猪肝和水产品中硝基呋喃类代谢物残留量的测定　液相色谱-串联质谱法
4	GB/T 21311—2007	动物源性食品中硝基呋喃类药物代谢物残留量检测方法　高效液相色谱-串联质谱法
5	SN/T 2061—2008	进出口蜂王浆中硝基呋喃类代谢物残留量的测定　液相色谱-质谱/质谱法
6	SN/T 2451—2010	动物源性食品中呋喃苯烯酸钠残留量检测方法　液相色谱-质谱/质谱法
7	SC/T 3022—2004	水产品中呋喃唑酮残留量的测定　液相色谱法
8	农业部783号公告-1-2006	水产品中硝基呋喃类代谢物残留量的测定　液相色谱-串联质谱法
9	农业部781号公告-4-2006	动物源食品中硝基呋喃类代谢物残留量的测定　高效液相色谱-串联质谱法
10	农业部1025号公告-17-2008	动物源性食品中呋喃唑酮残留标示物残留检测　酶联免疫吸附法
11	农业部1077号公告-2-2008	水产品中硝基呋喃类代谢物残留量的测定　高效液相色谱法
12	农牧发〔2001〕38号	动物源食品中呋喃唑酮残留检测方法——高效液相色谱法

（五）　硝基咪唑类药物

序号	标准编号	标准名称
1	GB/T 18932.24—2005	蜂蜜中呋喃它酮、呋喃西林、呋喃妥因和呋喃唑酮代谢物残留量的测定方法　液相色谱-串联质谱法

序号	标准编号	标准名称
2	GB/T 18932.26—2005	蜂蜜中甲硝哒唑、洛硝哒唑、二甲硝咪唑残留量的测定方法　液相色谱法
3	GB/T 20744—2006	蜂蜜中甲硝唑、洛硝唑、二甲硝咪唑残留量的测定　液相色谱-串联质谱法
4	GB/T 21318—2007	动物源性食品中硝基咪唑残留量检验方法
5	GB/T 22982—2008	牛奶和奶粉中甲硝唑、洛硝唑、二甲硝唑及其代谢物残留量的测定　液相色谱-串联质谱法
6	SN/T 1928—2007	进出口动物源性食品中硝基咪唑残留量检测方法　液相色谱-质谱/质谱法
7	NY/T 1158—2006	动物性食品中甲硝唑残留的检测方法　高效液相色谱法
8	SC/T 3022—2004	水产品中呋喃唑酮残留量的测定　液相色谱法
9	农业部 1025 号公告-2-2008	动物性食品中甲硝唑、地美硝唑及其代谢物残留检测　液相色谱-串联质谱法
10	农业部 1025 号公告-22-2008	动物源食品中 4 种硝基咪唑残留检测　液相色谱-串联质谱法
11	农业部公告第 236 号	动物源食品中硝基咪唑类药物残留检测方法——高效液相色谱法

（六）　β-内酰胺类药物

序号	标准编号	标准名称
1	GB 29682—2013	食品安全国家标准　水产品中青霉素类药物残留量的测定　高效液相色谱法
2	GB 31656.12—2021	食品安全国家标准　水产品中青霉素类药物多残留的测定　液相色谱-串联质谱法
3	GB 31658.1—2021	食品安全国家标准　动物性食品中头孢噻呋残留量的测定　高效液相色谱法
4	GB 31658.4—2021	食品安全国家标准　动物性食品中头孢类药物残留量的测定　液相色谱-串联质谱法
5	GB/T 18932.24—2005	蜂蜜中呋喃它酮、呋喃西林、呋喃妥因和呋喃唑酮代谢物残留量的测定方法　液相色谱-串联质谱法
6	GB/T 18932.25—2005	蜂蜜中青霉素 G、青霉素 V、乙氧萘青霉素、苯唑青霉素、邻氯青霉素、双氯青霉素残留量的测定方法　液相色谱-串联质谱法
7	GB/T 20755—2006	畜禽肉中九种青霉素类药物残留量的测定　液相色谱-串联质谱法
8	GB/T 21174—2007	动物源性食品中 β-内酰胺类药物残留测定方法　放射受体分析法
9	GB/T 21314—2007	动物源性食品中头孢匹林、头孢噻呋残留量检测　液相色谱-质谱/质谱法
10	GB/T 21315—2007	动物源性食品中青霉素族抗生素残留量检测　液相色谱-质谱/质谱法
11	GB/T 22942—2008	蜂蜜中头孢唑啉、头孢匹林、头孢氨苄、头孢洛宁、头孢喹肟残留量的测定　液相色谱-串联质谱法
12	SN/T 2050—2008	进出口动物源食品中 14 种 β-内酰胺类抗生素残留量检测方法　液相色谱-质谱/质谱法
13	SN/T 2127—2008	进出口动物源性食品中 β-内酰胺类药物残留检测方法　微生物抑制法
14	NY/T 829—2004	牛乳中氨苄青霉素残留的测定
15	NY/T 830—2004	动物性食品中阿莫西林残留检测方法——HPLC
16	农业部 781 号公告-11-2006	牛奶中青霉素类药物残留量的测定　高效液相色谱法
17	农业部 958 号公告-7-2007	猪鸡可食性组织中青霉素类药物残留检测方法　高效液相色谱法
18	农业部 1025 号公告-13-2008	动物性食品中头孢噻呋残留检测　高效液相色谱法
19	农业部 1163 号公告-5-2009	动物性食品中氨苄西林残留检测　高效液相色谱法
20	农业部公告第 236 号	动物源食品中苯唑西林残留检测方法（鸡）——高效液相色谱法 动物源食品中青霉素抗生素残留检测方法（鸡）——高效液相色谱法 动物源食品中苯唑西林残留检测方法（牛奶）——高效液相色谱法 动物源食品中青霉素抗生素残留检测方法（牛奶）——微生物法

（七）　氨基糖苷类药物

序号	标准编号	标准名称
1	GB 29686—2013	食品安全国家标准　猪可食性组织中阿维拉霉素残留量的测定　液相色谱-串联质谱法

序号	标准编号	标准名称
2	GB 29685—2013	食品安全国家标准　动物性食品中林可霉素、克林霉素和大观霉素多残留的测定　气相色谱-质谱法
3	GB/T 18932.3—2002	蜂蜜中链霉素残留量的测定方法　液相色谱法
4	GB/T 21164—2007	蜂王浆中链霉素、双氢链霉素残留量测定　液相色谱法
5	GB/T 21323—2007	动物组织中氨基糖苷类药物残留量的测定　高效液相色谱-质谱/质谱法
6	GB/T 21329—2007	动物源性食品中庆大霉素残留量测定方法　酶联免疫法
7	GB/T 21330—2007	动物源性食品中链霉素残留量测定方法　酶联免疫法
8	GB/T 22945—2008	蜂王浆中链霉素、双氢链霉素和卡那霉素残留量的测定　液相色谱-串联质谱法
9	SN/T 1925—2007	进出口蜂产品中链霉素、双氢链霉素残留量的检测方法　液相色谱串联质谱法
10	SN/T 2059—2008	进出口蜂王浆中链霉素和双氢链霉素残留量测定方法　酶联免疫法
11	SN/T 2487—2010	进出口动物源食品中阿布拉霉素残留量检测方法　液相色谱-质谱/质谱法
12	农业部 1025 号公告-1-2008	牛奶中氨基苷类多残留检测-柱后衍生高效液相色谱法
13	农业部 1077 号公告-3-2008	水产品中链霉素残留量的测定　高效液相色谱法
14	农业部 1163 号公告-2-2009	动物性食品中林可霉素和大观霉素残留检测　气相色谱法
15	农业部 1163 号公告-7-2009	动物性食品中庆大霉素残留检测　高效液相色谱法
16	农牧发〔2001〕38 号	动物源食品中新霉素残留检测方法——微生物学检测法

（八）　四环素类药物

序号	标准编号	标准名称
1	GB 31656.11—2021	食品安全国家标准　水产品中土霉素、四环素、金霉素和多西环素残留量的测定
2	GB 31658.6—2021	食品安全国家标准　动物性食品中四环素类药物残留量的测定高效液相色谱法
3	GB 31658.17—2021	食品安全国家标准　动物性食品中四环素类、磺胺类和喹诺酮类药物残留量的测定　液相色谱-串联质谱法
4	GB/T 18932.4—2002	蜂蜜中土霉素、四环素、金霉素、强力霉素残留量的测定方法　液相色谱法
5	GB/T 5009.95—2003	蜂蜜中四环素族抗生素残留量的测定
6	GB/T 18932.23—2003	蜂蜜中土霉素、四环素、金霉素、强力霉素残留量的测定方法　液相色谱-串联质谱法
7	GB/T 18932.28—2005	蜂蜜中四环素族抗生素残留量测定方法　酶联免疫法
8	GB/T 20444—2006	猪组织中四环素族抗生素残留量检测方法　微生物学检测方法
9	GB/T 20764—2006	可食动物肌肉中土霉素、四环素、金霉素、强力霉素残留量的测定　液相色谱-紫外检测法
10	GB/T 21317—2007	动物源性食品中四环素类兽药残留量检测方法　液相色谱-质谱/质谱法与高效液相色谱法
11	GB/T 22990—2008	牛奶和奶粉中土霉素、四环素、金霉素、强力霉素残留量的测定　液相色谱-紫外检测法
12	GB/T 23409—2009	蜂王浆中土霉素、四环素、金霉素、强力霉素残留量的测定　液相色谱-质谱/质谱法
13	SC/T 3015—2002	水产品中土霉素、四环素、金霉素残留量的测定
14	农业部 958 号公告-2-2007	猪鸡可食性组织中四环素类残留检测方法　高效液相色谱法
15	农业部 1025 号公告-20-2008	动物性食品中四环素类药物残留检测　酶联免疫吸附法

（九）　酰胺醇类药物

序号	标准编号	标准名称
1	GB 29688—2013	食品安全国家标准　牛奶中氯霉素残留量的测定　液相色谱-串联质谱法
2	GB 29689—2013	食品安全国家标准　牛奶中甲砜霉素残留量的测定　高效液相色谱法

序号	标准编号	标准名称
3	GB 31658.2—2021	食品安全国家标准 动物性食品中氯霉素残留量的测定 液相色谱-串联质谱法
4	GB 31658.5—2021	食品安全国家标准 动物性食品中氟苯尼考及氟苯尼考胺残留量的测定 液相色谱-串联质谱法
5	GB/T 18932.19—2003	蜂蜜中氯霉素残留量的测定方法 液相色谱-串联质谱法
6	GB/T 18932.20—2003	蜂蜜中氯霉素残留量的测定方法 气相色谱-质谱法
7	GB/T 18932.21—2003	蜂蜜中氯霉素残留量的测定方法 酶联免疫法
8	GB/T 20756—2006	可食动物肌肉、肝脏和水产品中氯霉素、甲砜霉素和氟苯尼考残留量的测定 液相色谱-串联质谱法
9	GB/T 21165—2007	肠衣中氯霉素残留量的测定 液相色谱-串联质谱法
10	GB/T 22338—2008	动物源性食品中氯霉素类药物残留量测定
11	GB/T 22959—2008	河豚鱼、鳗鱼和烤鳗中氯霉素、甲砜霉素和氟苯尼考残留量的测定 液相色谱-串联质谱法
12	SN/T 2058—2008	进出口蜂王浆中氯霉素残留量测定方法 酶联免疫法
13	SN/T 2063—2008	进出口蜂王浆中氯霉素残留量的检测方法 液相色谱串联质谱法
14	SN/T 2423—2010	动物源性食品中甲砜霉素和氟甲砜霉素药物残留检测方法 微生物抑制法
15	SC/T 3018—2004	水产品中氯霉素残留量的测定 气相色谱法
16	农业部 781 号公告-1-2006	动物源食品中氯霉素残留量的测定 气相色谱-质谱法
17	农业部 781 号公告-2-2006	动物源食品中氯霉素残留量的测定 高效液相色谱-串联质谱法
18	农业部 781 号公告-10-2006	蜂蜜中氯霉素残留量的测定 气相色谱-质谱法(负化学源)
19	农业部 958 号公告-13-2007	水产品中氯霉素、甲砜霉素、氟甲砜霉素残留量的测定 气相色谱法
20	农业部 958 号公告-14-2007	水产品中氯霉素、甲砜霉素、氟甲砜霉素残留量的测定 气相色谱-质谱法
21	农业部 1025 号公告-21-2008	动物源食品中氯霉素残留检测 气相色谱法
22	农业部 1025 号公告-26-2008	动物源食品中氯霉素残留检测 酶联免疫吸附法
23	农业部公告第 236 号	动物性食品中氯霉素残留检测方法(牛奶)——高效液相色谱法

（十） 大环内酯类和林可胺类药物

序号	标准编号	标准名称
1	GB 29684—2013	食品安全国家标准 水产品中红霉素残留量的测定 液相色谱-串联质谱法
2	GB 29685—2013	食品安全国家标准 动物性食品中林可霉素、克林霉素和大观霉素多残留的测定 气相色谱-质谱法
3	GB 31660.1—2019	食品安全国家标准 水产品中大环内酯类药物残留量的测定 液相色谱-串联质谱法
4	GB 31613.2—2021	食品安全国家标准 猪、鸡可食性组织中泰万菌素和 3-乙酰泰乐菌素残留量的测定 液相色谱-串联质谱法
5	GB 31656.2—2021	食品安全国家标准 水产品中泰乐菌素残留量的测定 高效液相色谱法
6	GB/T 18932.8—2002	蜂蜜中红霉素残留量的测定方法 杯碟法
7	GB/T 18932.27—2005	蜂蜜中泰乐菌素残留量测定方法 酶联免疫法
8	GB/T 20762—2006	畜禽肉中林可霉素、竹桃霉素、红霉素、替米考星、泰乐菌素、克林霉素、螺旋霉素、吉它霉素、交沙霉素残留量的测定 液相色谱-串联质谱法
9	GB/T 21168—2007	蜂蜜中泰乐菌素残留量的测定 液相色谱-串联质谱法
10	GB/T 22941—2008	蜂蜜中林可霉素、红霉素、螺旋霉素、替米考星、泰乐霉素、交沙霉素、吉他霉素、竹桃霉素残留量的测定 液相色谱-串联质谱法
11	GB/T 22946—2008	蜂王浆和蜂王浆冻干粉中林可霉素、红霉素、替米考星、泰乐菌素、螺旋霉素、克林霉素、吉他霉素、交沙霉素残留量的测定 液相色谱
12	GB/T 22964—2008	河豚鱼、鳗鱼中林可霉素、竹桃霉素、红霉素、替米考星、泰乐霉素、螺旋霉素、吉他霉素、交沙霉素残留量的测定 液相色谱-串联质谱法
13	GB/T 22988—2008	牛奶和奶粉中螺旋霉素、吡利霉素、竹桃霉素、替米卡星、红霉素、泰乐菌素残留量的测定 液相色谱-串联质谱法

序号	标准编号	标准名称
14	GB/T 23408—2009	蜂蜜中大环内酯类药物残留量测定　液相色谱-质谱/质谱法
15	SN 0666—1997	出口肉及肉制品中竹桃霉素残留量检验方法　杯碟法
16	SN/T 1777.1—2006	动物源性食品中大环内酯残留测定方法　第1部分:放射受体分析法
17	SN/T 1777.2—2007	动物源性食品中大环内酯类抗生素残留测定方法　第2部分:高效液相色谱串联质谱法
18	SN/T 1777.3—2008	动物源食品中大环内酯类药残留检测方法　第3部分:微生物抑制法
19	SN/T 2060—2008	进出口蜂王浆中泰乐菌素残留量测定方法　酶联免疫法
20	SN/T 2062—2008	进出口蜂王浆中大环内酯类抗生素残留量的检测方法　液相色谱串联质谱法
21	SN/T 2218—2008	进出口动物源性食品中林可酰胺类药物残留量检测方法　液相色谱-质谱/质谱法
22	农业部958号公告-1-2007	牛奶中替米考星残留量的测定　高效液相色谱法
23	农业部958号公告-5-2007	鸡可食性组织中泰乐菌素残留检测方法　高效液相色谱法
24	农业部1025号公告-10-2008	动物性食品中替米考星残留检测　高效液相色谱法
25	农业部1163号公告-2-2009	动物性食品中林可霉素和大观霉素残留检测　气相色谱法
26	农业部1163号公告-6-2009	动物性食品中泰乐菌素残留检测　高效液相色谱法

（十一）　多肽类药物

序号	标准编号	标准名称
1	GB/T 20743—2006	猪肉、猪肝和猪肾中杆菌肽残留量的测定　液相色谱-串联质谱法
2	GB/T 20765—2006	猪肝脏、肾脏、肌肉组织中维吉尼霉素 M_1 残留量测定　液相色谱-串联质谱法
3	SN 0668—1997	出口肉及肉制品中粘菌素残留量检验方法　杯碟法
4	SN/T 2223—2008	进出口动物源性食品中硫粘菌素残留量检测方法　液相色谱-质谱/质谱法

（十二）　抗病毒药物

序号	标准编号	标准名称
1	GB 31660.5—2019	食品安全国家标准　动物性食品中金刚烷胺残留量的测定　液相色谱-串联质谱法

（十三）　驱线虫类药物

序号	标准编号	标准名称
1	GB 31658.10—2021	食品安全国家标准　动物性食品中氨基甲酸酯类杀虫剂残留量的测定　液相色谱-串联质谱法
2	GB 29681—2013	食品安全国家标准　牛奶中左旋咪唑残留量的测定　高效液相色谱法
3	GB 29687—2013	食品安全国家标准　水产品中阿苯达唑及其代谢物残留量的测定　高效液相色谱法
4	GB 29695—2013	食品安全国家标准　水产品中阿维菌素和伊维菌素多残留的测定　高效液相色谱法
5	GB 29696—2013	食品安全国家标准　牛奶中阿维菌素类药物多残留的测定　高效液相色谱法
6	GB 31656.1—2021	食品安全国家标准　水产品中甲苯咪唑及代谢物残留量的测定　高效液相色谱法
7	GB 31656.8—2021	食品安全国家标准　水产品中有机磷类药物残留量的测定　液相色谱-串联质谱法
8	GB 31658.11—2021	食品安全国家标准　动物性食品中阿苯达唑及其代谢物残留量的测定　高效液相色谱法
9	GB 31658.16—2021	食品安全国家标准　动物性食品中阿维菌素类药物残留量的测定　高效液相色谱法和液相色谱-串联质谱法
10	GB/T 20742—2006	牛甲状腺和牛肉中硫脲嘧啶、甲基硫脲嘧啶、正丙基硫脲嘧啶、它巴唑、硫基苯并咪唑残留量的测定　液相色谱-串联质谱法

序号	标准编号	标准名称
11	GB/T 20748—2006	牛肝和牛肉中阿维菌素类药物残留量的测定　液相色谱-串联质谱法
12	GB/T 21319—2007	动物源食品中阿维菌素类药物残留的测定　酶联免疫吸附法
13	GB/T 21320—2007	动物源食品中阿维菌素类药物残留量的测定　液相色谱-串联质谱法
14	GB/T 21321—2007	动物源食品中阿维菌素类药物残留量的测定　免疫亲和-液相色谱法
15	GB/T 21324—2007	食用动物肌肉和肝脏中苯并咪唑类药物残留量检测方法
16	GB/T 22953—2008	河豚鱼、鳗鱼和烤鳗中伊维菌素、阿维菌素、多拉菌素和乙酰氨基阿维菌素残留量的测定　液相色谱-串联质谱法
17	GB/T 22955—2008	河豚鱼、鳗鱼和烤鳗中苯并咪唑类药物残留量的测定　液相色谱-串联质谱法
18	GB/T 22994—2008	牛奶和奶粉中左旋咪唑残留量的测定　液相色谱-串联质谱法
19	SN 0531—1996	出口肉品中育畜磷残留量检验方法
20	SN 0607—1996	出口肉及肉制品中噻苯哒唑残留量检验方法
21	SN 0638—1997	出口肉及肉制品中苯硫苯咪唑残留量检验方法
22	SN/T 1628—2005	进出口肉及肉制品中氯氰碘柳胺残留量检验方法　高效液相色谱法
23	SC/T 3034—2006	水产品中三唑磷残留量的测定　气相色谱法
24	农业部 781 号公告-5-2006	动物源食品中阿维菌素类药物残留量的测定　高效液相色谱法
25	农业部 783 号公告-3-2006	水产品中敌百虫残留量的测定　气相色谱法
26	农业部 958 号公告-9-2007	动物可食性组织中阿苯达唑及其主要代谢物残留检测方法　高效液相色谱法
27	农业部 1025 号公告-5-2008	动物性食品中阿维菌素类药物残留检测——酶联免疫吸附法,高效液相色谱和液相色谱-串联质谱法
28	农业部 1025 号公告-9-2008	动物性食品中多拉菌素残留检测　高效液相色谱法
29	农业部 1163 号公告-4-2009	动物性食品中阿苯达唑及其标示物残留检测　高效液相色谱法

（十四）　抗球虫类药物

序号	标准编号	标准名称
1	GB 29690—2013	食品安全国家标准　动物性食品中尼卡巴嗪残留标志物残留量的测定　液相色谱-串联质谱法
2	GB 29691—2013	食品安全国家标准　鸡组织中尼卡巴嗪残留量的测定　高效液相色谱法
3	GB 29693—2013	食品安全国家标准　动物性食品中常山酮残留量的测定　高效液相色谱法
4	GB 29699—2013	食品安全国家标准　鸡肉组织中氯羟吡啶残留量的测定　气相色谱法-质谱法
5	GB 29700—2013	食品安全国家标准　牛奶中氯羟吡啶残留量的测定　气相色谱-质谱法
6	GB 29701—2013	食品安全国家标准　鸡可食性组织中地克珠利残留量的测定　高效液相色谱法
7	GB 29703—2013	食品安全国家标准　动物性食品中呋喃苯烯酸钠残留量的测定　液相色谱-联质谱法
8	GB 31613.1—2021	食品安全国家标准　牛可食性组织中氨丙啉残留量的测定　液相色谱-串联质谱法和高效液相色谱法
9	GB 31658.13—2021	食品安全国家标准　动物性食品中氯苯胍残留量的测定　液相色谱-串联质谱法
10	GB/T 20362—2006	鸡蛋中氯羟吡啶残留量的检测方法　高效液相色谱法
11	GB/T 20364—2006	动物源产品中聚醚类残留量的测定
12	SN 0643—1997	出口肉及肉制品中溴氯常山酮残留量检验方法
13	SN/T 2318—2009	动物源食品中地克珠利、妥曲珠利、妥曲珠利亚砜和妥曲珠利砜残留量的检测　高效液相色谱-质谱/质谱法
14	农业部公告第 236 号	动物源食品中拉沙洛西钠残留检测方法——高效液相色谱法
15	农牧发〔2001〕38 号	动物源食品中氯羟吡啶残留检测方法——高效液相色谱法　动物源食品中莫能菌素和盐霉素残留检测方法——高效液相色谱法

（十五） 阿维菌素类药物

序号	标准编号	标准名称
1	GB 29695—2013	食品安全国家标准　水产品中阿维菌素和伊维菌素多残留的测定　高效液相色谱法
2	GB 29696—2013	食品安全国家标准　牛奶中阿维菌素类药物多残留的测定　高效液相色谱法
3	GB 31658.16—2021	食品安全国家标准　动物性食品中阿维菌素类药物残留量的测定　高效液相色谱法和液相色谱-串联质谱法
4	GB/T 20748—2006	牛肝和牛肉中阿维菌素类药物残留量的测定　液相色谱-串联质谱法
5	GB/T 21319—2007	动物源食品中阿维菌素类药物残留的测定　酶联免疫吸附法
6	GB/T 21320—2007	动物源食品中阿维菌素类药物残留量的测定　液相色谱-串联质谱法
7	GB/T 21321—2007	动物源食品中阿维菌素类药物残留量的测定　免疫亲和-液相色谱法
8	GB/T 22953—2008	河豚鱼、鳗鱼和烤鳗中伊维菌素、阿维菌素、多拉菌素和乙酰氨基阿维菌素残留量的测定　液相色谱-串联质谱法
9	GB/T 22968—2008	牛奶和奶粉中伊维菌素、阿维菌素、多拉菌素和乙酰氨基阿维菌素残留量的测定　液相色谱-串联质谱法

（十六） β受体激动剂类药物

序号	标准编号	标准名称
1	SN/T 1924—2011	进出口动物源食品中克伦特罗、莱克多巴胺、沙丁胺醇和特布他林残留量的测定　液相色谱-质谱/质谱法
2	NY/QY 421—2003	动物尿液中盐酸克伦特罗（瘦肉精）残留的检测——气相色谱/质谱（GC/MS）方法
3	NY/T 468—2006	动物组织中盐酸克伦特罗的测定　气相色谱/质谱法
4	NY/T 933—2005	尿液中盐酸克仑特罗的测定　胶体金免疫层析法
5	SN/T 1924—2011	进出口动物源食品中克伦特罗、莱克多巴胺、沙丁胺醇和特布他林残留量的测定　液相色谱-质谱/质谱法
6	农业部 958 号公告-3-2007	动物源食品中莱克多巴胺残留量的测定　高效液相色谱法-质谱法
7	农业部 958 号公告-4-2007	动物组织及动物尿液中莱克多巴胺残留检测方法　气相色谱-质谱法
8	农业部 958 号公告-8-2007	牛可食性组织中克仑特罗残留检测方法　气相色谱-质谱法
9	农业部 1025 号公告-6-2008	动物性食品中莱克多巴胺残留检测　酶联免疫吸附法
10	农业部 1025 号公告-18-2008	动物源性食品中β-受体激动剂残留检测　液相色谱-串联质谱法
11	农业部 1031 号公告-3-2008	猪肝和猪肉中β-受体激动剂残留检测　气相色谱-质谱法
12	农业部 1063 号公告-3-2008	动物尿液中 11 种β-受体激动剂的检测　液相色谱-串联质谱法
13	农牧发〔2001〕38 号	猪尿中克伦特罗检测方法——酶联免疫吸附测定法

（十七） 皮质激素类药物

序号	标准编号	标准名称
1	GB/T 20741—2006	畜禽肉中地塞米松残留量测定　液相色谱-串联质谱法
2	GB/T 22978—2008	牛奶和奶粉中地塞米松残留的测定　液相色谱-串联质谱法
3	SN 0700—1997	出口乳及乳制品中氢化可的松残留量检验方法
4	农业部 958 号公告-6-2007	猪可食性组织中地塞米松残留检测方法　高效液相色谱法
5	农业部 1031 号公告-2-2008	动物源性食品中糖皮质激素类药物多残留检测　液相色谱-串联质谱法
6	农业部 1063 号公告-1-2008	动物尿液中 9 种糖皮质激素的检测　液相色谱-串联质谱法

（十八） 同化激素类药物

序号	标准编号	标准名称
1	GB 31658.14—2021	食品安全国家标准 动物性食品中α-群勃龙和β-群勃龙残留量的测定 液相色谱-串联质谱法
2	GB/T 20758—2006	牛肝和牛肉中睾酮、表睾酮、孕酮残留量的测定 液相色谱-串联质谱法
3	GB/T 20760—2006	牛肌肉、肝、肾中的α-群勃龙、β-群勃龙残留量的测定 液相色谱-紫外检测法和液相色谱-串联质谱法
4	GB/T 20761—2006	牛尿中α-群勃龙、β-群勃龙、19-乙烯去甲睾酮和epi-19-乙烯去甲睾酮残留量的测定 液相色谱-串联质谱法
5	SC/T 3029—2006	水产品中甲基睾酮残留量的测定 液相色谱法
6	农业部1063号公告-2-2008	动物尿液中10种同化激素的检测 液相色谱-串联质谱法

（十九） 镇静剂类药物

序号	标准编号	标准名称
1	GB 29697—2013	食品安全国家标准 动物性食品中地西泮和安眠酮残留量的测定 气相色谱-质谱法
2	GB 31656.4—2021	食品安全国家标准 水产品中氯丙嗪残留量的测定 液相色谱-串联质谱法
3	GB 31656.5—2021	食品安全国家标准 水产品中安眠酮残留量的测定 液相色谱-串联质谱法
4	GB/T 20763—2006	猪肾和肌肉组织中乙酰丙嗪、氯丙嗪、氟哌啶醇、丙酰二甲氨基丙吩噻嗪、甲苯噻嗪、阿扎哌隆、阿扎哌醇、咔唑心安残留量的测定 液相色谱-串联质谱法
5	SN/T 2113—2008	进出口动物源性食品中镇静类药物残留量的检测方法 液相色谱-质谱/质谱法
6	SN/T 2215—2008	进出口动物源性食品中吩噻嗪类药物残留量的检测方法 酶联免疫法
7	SN/T 2217—2008	进出口动物源性食品中巴比妥类药物残留量的检测方法 高效液相色谱-质谱/质谱法
8	农业部1025号公告-4-2008	动物性食品中安定残留检测——酶联免疫吸附法
9	农业部1163号公告-8-2009	猪肝中氯丙嗪残留检测 气相色谱-质谱法

（二十） 非甾体类抗炎药物

序号	标准编号	标准名称
1	GB 29683—2013	食品安全国家标准 动物可食性组织中对乙酰氨基酚残留量的测定 高效液相色谱法
2	GB/T 20747—2006	牛和猪肌肉中安乃近代谢物残留量的测定 液相色谱-紫外检测法和液相色谱-串联质谱法
3	GB/T 20754—2006	畜禽肉中保泰松残留量的测定 液相色谱-紫外检测法
4	SN/T 1922—2007	进出口动物源性食品中对乙酰氨基酚、邻乙酰水杨酸残留量的检测方法 液相色谱-质谱/质谱法
5	SN/T 2190—2008	进出口动物源性食品中非甾体类抗炎药残留量检测方法 液相色谱-质谱/质谱法

（二十一） 抗组胺类药物

序号	标准编号	标准名称
1	GB 31656.4—2021	食品安全国家标准 水产品中氯丙嗪残留量的测定 液相色谱-串联质谱法
2	GB/T 20763—2006	猪肾和肌肉组织中乙酰丙嗪、氯丙嗪、氟哌啶醇、丙酰二甲氨基丙吩噻嗪、甲苯噻嗪、阿扎哌隆、阿扎哌醇、咔唑心安残留量的测定 液相色谱-串联质谱法
3	SN/T 2215—2008	进出口动物源性食品中吩噻嗪类药物残留量的检测方法 酶联免疫法
4	农业部1163号公告-8-2009	猪肝中氯丙嗪残留检测 气相色谱-质谱法